DAS ASBESTZEMENT-DRUCKROHR

DAS ASBESTZEMENT-DRUCKROHR

VON

DR.-ING. KURT HÜNERBERG

DIREKTOR DER BERLINER WASSERWERKE UND DER BERLINER STADTENTWÄSSERUNG

HONORARPROFESSOR AN DER TECHNISCHEN UNIVERSITÄT BERLIN

MIT 617 ABBILDUNGEN
UND EINER TAFEL

SPRINGER-VERLAG

BERLIN / GÖTTINGEN / HEIDELBERG

1963

ISBN 978-3-642-48997-6   ISBN 978-3-642-92861-1 (eBook)
DOI 10.1007/978-3-642-92861-1

Additional material to this book can be downloaded from http://extras.springer.com

Vorwort

Die zunehmende Bedeutung des Asbestzement-Druckrohres im Trinkwasser-, Abwasser-, Gas-
und Industrieleitungsbau hat den Wunsch nach einer umfassenden Behandlung aller mit diesem
Rohrleitungsmaterial verknüpften Probleme immer dringlicher werden lassen. Eine zusammenfassende Darstellung über Asbestzement-Druckrohre liegt bisher noch nicht vor. Zwar gibt es
zahlreiche Einzelveröffentlichungen im In- und Ausland, sie liegen jedoch zum größten Teil
schon länger zurück, so daß sie dem heutigen Stande vielfach nicht mehr entsprechen. Darüber
hinaus haben sie meistens auch nur spezielle Probleme zum Inhalt.

Aus diesem Grunde trat die ETERNIT Aktiengesellschaft in Berlin an mich heran mit der
Bitte, die bestehende Lücke zu schließen und dem planenden und ausführenden Ingenieur alles
Wissenswerte über das heutige Asbestzement-Druckrohr an Hand zu geben.

Für diese Aufgabe wurde neben der Auswertung der vorhandenen Literatur ein umfangreiches
Versuchsprogramm aufgestellt, in dessen Rahmen vielseitige Untersuchungen an Asbestzement-
Druckrohren durchgeführt wurden. Besonderes Augenmerk wurde dabei gerichtet auf die hydraulischen Eigenschaften, die mechanischen Festigkeiten und die Widerstandsfähigkeit gegenüber
chemischen Angriffen. Weiterhin interessierte auch das Verhalten der Asbestzement-Druckrohre
in bakteriologischer Hinsicht. Mit Rücksicht auf die Errichtung zahlreicher Reaktoren für die
Forschung und Gewinnung von Kernenergie und in Anbetracht der zunehmenden Verwendung
radioaktiver Isotope wurde das Versuchsprogramm auch auf radiologische Untersuchungen
ausgedehnt. Schließlich wurden verschiedene alte, seit Jahren oder schon seit Jahrzehnten unter
besonderen Bedingungen in Betrieb befindliche Asbestzement-Druckrohre ausgegraben und näher
untersucht, sowie Rohre in Abwasserleitungen, die besondere Abwässer führen, eingebaut, um
ihren Zustand nach einer gewissen Betriebsdauer festzustellen.

An den Untersuchungen waren hauptsächlich folgende Institute und Prüfanstalten beteiligt:
BATTELLE-Institut e.V., Frankfurt/Main;
Bundesgesundheitsamt-Institut für Wasser-, Boden- und Lufthygiene in Berlin-Dahlem mit
den Herren
Prof. Dr. phil. P. HÖFER, für die chemischen Untersuchungen;
Prof. Dr. med. H. KRUSE, für die bakteriologischen Untersuchungen;
Prof. Dr. phil. F. MEINCK, für die Abwasseruntersuchungen;
CURT-RISCH-Institut für Schwingungs- und Meßtechnik beim Lehrstuhl für Baumechanik der
Technischen Hochschule Hannover, unter Leitung von Prof. Dr.-Ing. habil. H. W. KOCH;
Forschungs- und Entwicklungsinstitut für Industrie- und Siedlungswirtschaft sowie Abfallwirt-
schaft e.V. in Stuttgart, unter Leitung von Prof. Dr.-Ing. habil. F. PÖPEL;
Institut für Baukonstruktionen und Festigkeit an der Technischen Universität Berlin, unter
Leitung von Prof. Dr.-Ing. F. PILNY;
Institut für Gastechnik, Feuerungstechnik und Wasserchemie der Technischen Hochschule
Karlsruhe, vormals Gasinstitut, unter Leitung von Prof. Dr. phil. H. PICHLER;
Institut für Materialprüfung und Forschung des Bauwesens an der Technischen Hochschule
Hannover, unter Leitung von Prof. Dr. techn. habil. J. WEINHOLD;
Institut für Siedlungswasserwirtschaft der Technischen Hochschule Hannover, unter Leitung
von Prof. Dr.-Ing. habil. D. KEHR;
Institut für Wasserbau und Wasserwirtschaft an der Technischen Universität Berlin, unter
Leitung von Prof. h. c. Doct. h. c. Dott. ing. h. c. Dr. techn. h. c. Dr.-Ing. E. h. Prof. Dr.-Ing.
H. PRESS;

Physikalisch-Technische Bundesanstalt — Institut Berlin, Berlin-Charlottenburg.

All diesen Instituten und ihren Leitern sowie allen darüber hinaus an einzelnen Untersuchungen beteiligten Wissenschaftlern und Ingenieuren möchte ich an dieser Stelle für ihre wertvolle Mitarbeit meinen verbindlichen Dank aussprechen.

Mein Dank gilt auch meinem Assistenten Herrn Dipl.-Ing. H. NEUBERT, der mich bei der Durchführung der umfangreichen Arbeiten in ausgezeichneter Weise unterstützt hat.

Nicht zuletzt möchte ich der ETERNIT Aktiengesellschaft meinen besten Dank für ihre wertvolle Unterstützung aussprechen, insbesondere für die erhaltene Möglichkeit zum eingehenden Studium der Produktion und zur Auswertung ihres Archivs sowie für das zur Verfügung gestellte Asbestzement-Druckrohrmaterial.

Berlin, im Mai 1963

Kurt Hünerberg

Inhaltsverzeichnis

In der Tasche: Tafel I. Druckabfall nach PRANDTL und COLEBROOK für ETERNIT-Druckrohre mit $k = 0,025$ mm und für Wasser von 12 °C.

1. Die historische Entwicklung des Asbestzement-Druckrohres

Als vor mehr als 60 Jahren die ersten Platten aus Asbestzement den langen und mühevollen Weg von der Idee bis zur Verwirklichung beendeten, gab ihr Erfinder — LUDWIG HATSCHEK — der Welt damit einen neuen Baustoff in die Hand, dessen vielseitige Verwendungsmöglichkeit und dessen gute Eigenschaften zur Herstellung der verschiedensten Bauteile führte, so daß dieses Material immer mehr Eingang in die Bauwirtschaft fand.

Abb. 1. LUDWIG HATSCHEK.

LUDWIG HATSCHEK war nicht nur Erfinder, sondern zugleich auch Unternehmer. Seinem Ideenreichtum, seiner Tatkraft, seinem Weitblick und nicht zuletzt seinem Unternehmergeist ist es zu verdanken, daß der neue Baustoff „Asbestzement" nicht nur gefunden, sondern auch sofort hergestellt und verbreitet wurde.

Am 9. Oktober 1856 in Olmütz geboren, erlernte er den Beruf seines Vaters und Großvaters, die beide Bierbrauer waren. Das Studium auf der weltbekannten Brauereihochschule Weihenstephan bei München sollte ihm das Rüstzeug für die Mitarbeit im väterlichen Betrieb, der Linzer Brauerei, verleihen. Die Mitarbeit in dem Familienbetrieb scheint dem vor Tatenlust überschäumenden jungen Mann jedoch ziemlich schwer gefallen zu sein. Er mußte auf eigenen Füßen stehen. Als daher das väterliche Geschäft in eine Aktiengesellschaft umgewandelt wurde, schied HATSCHEK aus, ließ sich seinen Anteil auszahlen und begann nach neuen Aufgaben zu suchen.

Damals, gegen Ende des 19. Jahrhunderts, war Asbest auf dem Kontinent noch nicht allzu bekannt; viele Menschen kannten Asbest nicht einmal dem Namen nach. Zu den wenigen, die durch das eigenartige Material Asbest gefesselt wurden, zählte auch der junge LUDWIG HATSCHEK. Es nimmt daher nicht wunder, daß er, 1890 durch eine Zeitungsanzeige aufmerksam gemacht, in

Abb. 2. Die alte Fabrik in Vöcklabruck.

der alte Maschinen einer Asbestspinnerei zum Verkauf angeboten wurden, sich bald darauf zum Ankauf dieser Maschinen entschloß. 1893 erwarb er eine alte Papiermühle in Schöndorf bei Vöcklabruck. Hier stellte er die erworbenen Maschinen auf und gründete die „Erste österreichisch-ungarische Asbestwaren-Fabrik Ludwig Hatschek".

Die zunächst betriebene Herstellung von Asbestwaren aller Art, wie Dichtungen, Schnüre, Gewebe und sonstige Geflechte, aber auch Papier und Pappe aus Asbest, alles Dinge, welche die Industrie für die verschiedensten Zwecke benötigt, befriedigte HATSCHEK nur wenig. Seine ständigen Überlegungen bewegten sich um die Frage, bei welchen Massenartikeln die besonderen Eigenschaften der Asbestfaser besser ausgenützt werden könnten. Angeregt durch die Pappenerzeugung in seiner Fabrik konzentrierte er sich dabei auf die Herstellung einer künstlichen Dachplatte. Zwar waren bereits Verfahren zur Herstellung künstlicher Platten aus Faserzement bekannt, sie benutzten aber Drahtsiebe als Träger für den Faserzement. (Östr.-Ung. Privilegien von 1881 und 1884) [94]. Die gebräuchlichen Dachdeckungsmaterialien widerstanden chemischen und sonstigen Angriffen nur im beschränkten Maße und waren zum Teil auch wenig frostbeständig, verhältnismäßig schwer und leicht zerbrechlich. Naturschiefer dagegen war teuer, ebenfalls bruchempfindlich und mußte obendrein eingeführt werden.

Begleitet von nicht abreißenden finanziellen Schwierigkeiten verbrachte HATSCHEK nun die nächsten Jahre mit Versuchen. Ausgehend von mit Teer getränkter Asbestpappe, suchte er mit Mischungen von Asbest mit Asphaltpulver, Magnesit, Chlormagnesium, Zinkweiß, Chlorzink und Kalk zum Ziele zu gelangen. Im Jahre 1897 schien sich ein Erfolg anzubahnen. Es gelang, Asphalt durch Schmelzen und nachfolgendes Zerstäuben zu pulverisieren. Er wurde dann mit Asbest vermischt auf heißen Kalandern zu Platten geformt. Diese Arbeiten zogen sich etwa zwei Jahre hin, mußten dann aber eingestellt werden, weil das Verfahren bei großen Platten zu teuer wurde. Platten, in denen die Asbestfasern mit Zinkweiß und Chlorzink gebunden wurden, ergaben nach anschließender Imprägnierung mit Teer und Magnesit schon brauchbare Dachplatten. Sie fanden jedoch keinen Absatz. Kalk als Bindemittel führte ebenfalls zu keinem Erfolg.

Der entscheidende Schritt wurde getan, als HATSCHEK auf den Gedanken kam, Portlandzement zu verwenden. Zunächst freilich drohten auch diese Versuche zu scheitern. Der dicke Asbest-Zement-Brei verschmutzte die Pappenmaschine und den Transportfilz in kürzester Zeit so, daß der Betrieb eingestellt und Maschine wie Filz gründlich gereinigt werden mußten. Erst nachdem HATSCHEK den Asbest-Zement-Brei mit viel Wasser, das ihm aus seinem Mühlgraben in genügender Menge zur Verfügung stand, in eine dünnflüssige Brühe verwandelte, stellte sich der endgültige Erfolg ein. Ein neuer Baustoff war entstanden.

Unter dem Titel: „Verfahren zur Herstellung von Kunststeinplatten aus Faserstoffen und hydraulischen Bindemitteln" meldete HATSCHEK sein erstes Patent am 30. 3. 1900 an, das ihm unter der Nummer 5970 am 15. 6. 1901 erteilt wurde. Das deutsche Patent, bereits am 28. 3. 1900 angemeldet, wurde erst 1905 endgültig erteilt (Nr. 162 329) [67].

Als Utopist verlacht, doch durch den wirtschaftlichen Aufschwung in seinem Unternehmen bestärkt, setzte sich HATSCHEK in den nun folgenden Jahren gegen viele Konkurrenten durch, die ihm seine Erfindungsrechte streitig machten. So wurde besonders sein „Naßverfahren" von den Gegnern stark angegriffen[1]. Unter Hinweis auf die schädigende Wirkung der großen Wasserzugabe auf den Zement erhielten sie sogar eigene Patente für sogenannte „halbtrockene" Verfahren.

HATSCHEK war deshalb gezwungen, 26 Patentprozesse durchzukämpfen, konnte aber in den meisten Ländern außer Deutschland eine baldige Patenterteilung erwirken. Heute nach mehr als 60 Jahren ist der Patentstreit überholt. Es spricht für HATSCHEK, daß sich die meisten Konkurrenten auf das „HATSCHEK-Verfahren" umgestellt haben.

Noch während der Patentstreitigkeiten gingen die Produktionsziffern in Vöcklabruck steil in die Höhe. Nach Verkauf des französischen Patentes wurde bereits 1903 in Poissy bei Paris eine Asbestzementfabrik gegründet. Im gleichen Jahre baute HATSCHEK eine neue Fabrik in Nyerges Ujfalu in Ungarn. Es entstand die Markenbezeichnung „ETERNIT".

Weitere Neugründungen erfolgten in Beraun in Böhmen und in Mährisch-Schönberg in Mähren.

---

[1] Auch das Deutsche Patentamt bezeichnete zunächst die Erfindung als undurchführbar. Man konnte sich nicht vorstellen, daß es möglich ist, Asbest und Zement mit großem Wasserüberschuß zu verarbeiten, ohne daß der Zement seine Abbindekraft verlieren würde. Die Erfindung gründet sich aber gerade auf die Erkenntnis, daß der Erhärtungsvorgang erst dann beginnt, wenn das Wasser dem dünnen Asbestzementbrei entzogen ist.

Nachdem der Jahresverbrauch an Zement 1906 bereits auf 935 Waggon gestiegen war und HATSCHEK einen zukünftigen Jahresverbrauch von 3000 Waggon Zement voraussah (dieser Jahresverbrauch wurde 1913 tatsächlich erreicht), beschloß er eine eigene Zementfabrik aufzubauen. Die nach seinem Sohn benannte „Gmundener Portlandzementfabrik Hans Hatschek" wurde im Rekordtempo in den Jahren 1906/07 aus dem Boden gestampft. Da der am Werk anstehende Mergel die Voraussetzungen für einen guten Portlandzementklinker nicht besaß, mußte zusätzlich ein Kalksteinbruch aufgetan werden, um den Kalkanteil im Klinker zu verbessern.

Seine kaufmännische Weitsicht und seinen Mut bewies der inzwischen 1908 für seine Verdienste um die Schaffung einer bedeutenden Industrie in Österreich-Ungarn zum „Kaiserlichen Rat" ernannte LUDWIG HATSCHEK bei seiner sicherlich größten geschäftlichen Transaktion im Jahre 1910. Um den immer größer werdenden Asbestbedarf sicherzustellen, der 1907 bereits auf 2,5 Millionen kp pro Jahr gestiegen war, schloß er mit russischen Minenbesitzern einen langjährigen Vertrag ab, in dem er sich verpflichtete, die gesamte Produktion des für ihn brauchbaren Asbestes abzunehmen. Er machte dabei jedoch den Minenbesitzern die Auflage, an keinen anderen Kunden Asbest der Art, die HATSCHEK benötigte, abzugeben. Durch die vertraglichen Vereinbarungen, deren Wert mehr umfaßte, als sein ganzes Vermögen ausmachte, sicherte sich HATSCHEK den Nachschub eines in seiner Qualität und Zusammensetzung einheitlich bleibenden Asbestes. Den Minenbesitzern wiederum war es möglich, der Sorge um den Absatz eines großen Teiles ihrer Produktion enthoben, günstiger zu kalkulieren und somit den Verkaufspreis für HATSCHEK zu senken.

Als LUDWIG HATSCHEK am 15. Juli 1914 nach langer und schwerer Krankheit starb, hatte seine Erfindung bereits viele Länder erobert. Die Entwicklung einer Asbestzementindustrie stand jedoch noch an ihrem Anfang.

Tabelle 1. *Gründung von Asbestzementfabriken*

1903—10	1910—20	1920—30	1930—40	1940—55
Frankreich	Holland	Polen	Argentinien	Algerien
Böhmen	Portugal	Norwegen	Chile	Angola
Mähren	Dänemark	Finnland	Peru	Belg.-Kongo
Ungarn	Jugoslawien	Spanien	Uruguay	Mozambique
Schweiz	Rumänien	Indien	Mexiko	Brasilien
Belgien	Kanada	Japan	Marokko	Kolumbien
Italien			Ägypten	Venezuela
England			Südafr. Union	Argentinien
Schweden			Australien	Libanon
Rußland			Neuseeland	Israel
USA				Philippinen
Deutschland				

War der neue Werkstoff ursprünglich als Ersatz bzw. als Verbesserung bestehender Baustoffe gedacht, so entwickelte sich der Asbestzement bald zu einem eigenen Material mit einer Vielzahl von Anwendungsgebieten und Formen.

Der plastische Zustand der Asbestzementplatte nach Verlassen der Maschine und der erst zwei bis drei Stunden danach einsetzende Abbinde- und Erhärtungsprozeß ergab zwangsläufig die Herstellung der verschiedensten handgeformten Erzeugnisse. So stellte man bereits in dem 1906 in Casale-Monferrato bei Mailand erstellten Werk Rohre aus Asbestzement her, die aus einer der Plattenmaschine entnommenen, noch weichen Platte rundgeformt waren. Ihre Nähte wurden entweder mit Zement vergossen oder durch Zusammenpressen der Überlappung an der Nahtstelle „verschweißt". Diese Rohre waren naturgemäß nur wenig druckfest und fanden daher zunächst nur Verwendung für Gefälle-Leitungen, als Lüftungsrohre usw. Sie wurden unter der Bezeichnung „handgeformte Rohre" in den Handel gebracht und werden auch heute noch in großen Mengen produziert.

1*

Betrachtet man die Arbeitweise der HATSCHEKschen Plattenmaschine genauer, so stellt man fest, daß sich auf der dicken Formatwalze bereits ein nahtloses Rohr aus Asbestzement bildet, dessen Mantel erst aufgeschlitzt und ausgelegt werden muß, ehe man eine Platte aus Asbestzement erhält (siehe Abb. 50, Abschnitt „Herstellung"). Der Gedanke lag daher nahe, direkt ein nahtloses Rohr herzustellen, das dann auch entsprechend druckfest sein würde.

HATSCHEK hatte noch kurz vor seinem Tode seinen Sohn veranlaßt, Versuche zur Herstellung von Rohren auf der Plattenmaschine durchzuführen. Die angestellten Versuche gelangen an und für sich, zu einer praktischen Auswertung kam es jedoch nicht. Immerhin wurde hiermit das Problem aufgegriffen und die wesentlichsten Gedanken hierzu 1913 patentiert. HATSCHEK und sein Sohn HANS wollten durch Verbreiterung der Plattenmaschine auf 4 bis 5 Meter eine entsprechende Rohrlänge erreichen. Sie dachten die Kontinuität des Wickelvorgangs dadurch zu ermöglichen, daß sie eine ganze Reihe von Wickelkernen hintereinander anordneten, von denen jeweils nur einer am Transportfilz anlag.

Es blieb dem Italiener MAZZA mit seinem Mitarbeiter MATTEI vorbehalten, die Entwicklung in die entscheidende Richtung zu lenken. MAZZA hatte in dem italienischen Asbestzementwerk Casale seit 1912 ebenfalls an der Verwirklichung der Herstellung nahtlos gewickelter Rohre aus Asbestzement gearbeitet. Sein schließlich zum Ziele führender Gedanke war der, die HAT-SCHEKsche Plattenmaschine dahingehend abzuwandeln, daß die Formatwalze, um die sich der Mantel aus der Asbestzement-Masse formt, herausnehmbar ist. Damit konnte der Asbestzement-

Abb. 3. ADOLFO MAZZA.

Mantel insgesamt von der Formatwalze — nun besser als Kernwalze oder Rohrkern bezeichnet — abgestreift werden, während ein zweiter Rohrkern in der Maschine bewickelt wurde.

Die Societa Anonima „ETERNIT" Pietra Artificiale mit Sitz in Genua, der das Werk in Casale gehört, ließ sich diese Rohrmaschine System „MAZZA" patentieren und begann bereits 1913, wenn auch im bescheidenen Umfang, mit der ersten serienmäßigen Herstellung von nahtlosen Asbestzement-Druckrohren. In der Gemeinde Casale wurde im gleichen Jahre die erste Wasserversorgungsleitung aus Asbestzement-Druckrohren verlegt, kurze Zeit später wurde die Gruppenwasserversorgung Casale-Monferrato ganz in Asbestzement ausgeführt.

Es waren natürlich noch viele Verbesserungen notwendig, bis die Rohrmaschine ihr heutiges Gesicht bekam[1], aber der Anfang war gemacht. Der 1. Weltkrieg und die Nachkriegsjahre stoppten die sich anbahnende weitere Entwicklung. Danach stieg der Bedarf jedoch wieder sprunghaft an. Waren bis 1916 in Italien 4120 lfdm Asbestzement-Druckrohre verlegt, so belief sich die Gesamtlänge aller in Asbestzement-Druckrohren ausgeführten Hauptwasserleitungen im gleichen Lande im Jahre 1935 bereits auf rund 10 000 km.

Auf Grund von ausgegebenen Lizenzen der Societa Anonima „ETERNIT" wurden nun in vielen Ländern eigene Rohrfabriken ins Leben gerufen:

       1927   in Spanien,
       1929   in Frankreich,
       1930   in Österreich, Deutschland, Tschechoslowakei, Ungarn und in den USA,
       1931   in England, Belgien und den Niederlanden,
       1932   in Kanada und Japan.

In Deutschland begann die damalige Deutsche Asbestzement AG — jetzt ETERNIT AG — in Berlin-Rudow 1930 mit der Herstellung von Druckrohren.

Die erste Wasserversorgungsleitung aus Asbestzement-Druckrohren wurde in der Gemeinde Frauenzimmern (Württemberg) ebenfalls im Jahre 1930 verlegt. Sie hatte eine Länge von 1,8 km. Im nächsten Jahre folgte eine 5,4 km lange Leitung NW 125 mit einem Betriebsdruck von 8 atü

---

[1] s. auch Kapitel „Herstellung", Abschnitt 3.2.

für die Gemeinde Haunshein/Bay. Ferner baute die Stadt Kempten eine 1,3 km lange Leitung NW 300, der Wasserleitungs-Zweckverband Kayna (Kreis Zeitz) verlegte 4,2 km NW 125 und die Bremer Stadtwerke rund 1,1 km NW 100 — um einige Beipiele zu nennen.

Ähnlich liegen die Dinge auch in anderen Ländern. So wurde z. B. in den Niederlanden 1931 mit einer kurzen Versuchsstrecke NW 200 in der Gemeinde s'Hertogenbosch der Anfang gemacht. Bald folgten weitere Verlegungen nach, und zu Anfang des Jahres 1956 waren von insgesamt 35 000 km Hauptleitungen 10 000 km, also etwa 28%, in Asbestzement ausgeführt.

Asbestzement-Druckrohre sind heute aus dem Rohrleitungsbau nicht mehr wegzudenken. Sie werden in den verschiedensten Ländern hergestellt und unter bestimmten Markenbezeichnungen in den Handel gebracht. Der Name „ETERNIT" verbindet eine ganze Reihe verschiedener Hersteller in mehreren Ländern, z. B. die von

Argentinien,	Frankreich,	Österreich,
Belgien,	Italien,	Peru,
Brasilien,	Kongo,	Schweden,
Columbien,	Libanon,	Schweiz,
Dänemark,	Niederlande,	Venezuela,
Deutschland,	Norwegen,	Japan.

Darüber hinaus gibt es noch eine ganze Reihe von verschiedenen Bezeichnungen, z. B. in Deutschland „TOSCHI", „HIMANIT" und neuerdings auch „WANIT". In den USA und in Kanada werden Asbestzement-Druckrohre unter der Bezeichnung „TRANSITE" herausgebracht, während in England der Name „EVERITE" gebräuchlich ist.

2. Die Bestandteile des Asbestzementes

Asbestzement besteht, wie der Name schon besagt, aus Asbest und Zement.

Die Einlagerung der Asbestfasern, die gleichsam als eine über den ganzen Querschnitt verteilte Bewehrung aufgefaßt werden kann, verleiht diesem Zementprodukt eine besondere Eigenschaft, nämlich die Fähigkeit, Zugkräfte aufzunehmen. Dieser Fähigkeit verdankt das Material Asbestzement seine vielfache Verwendungsmöglichkeit als Baustoff. Da, wo in Folge Armierungsschwierigkeiten Beton als Baumaterial ausscheidet, ist unter Umständen das Ausweichen auf Asbestzement möglich und auch wirtschaftlich. Besonders gut eignet sich dieses in sich zugfeste Material zur Herstellung von Druckrohren. Entsprechende Herstellungsverfahren, wie z. B. das Wickelverfahren nach Mazza, können dabei diesen Vorzug noch unterstreichen.

Abb. 4. Abbildung einer Asbestcrude.

Die physikalischen und chemischen Eigenschaften des Asbestzementes werden wie bei allen Materialien weitgehend von denen der Ausgangsstoffe beeinflußt, sofern nicht bei der Herstellung aus den einzelnen Rohstoffen neue chemische Verbindungen mit eigenen spezifischen Eigenschaften hervorgegangen sind. Zum besseren Verständnis der Eigenschaften des Asbestzementes scheint es daher notwendig, die beiden Hauptbestandteile Asbest und Zement, im Hinblick auf ihre Verwendung zur Erzeugung von Asbestzement, näher zu betrachten.

2.1 Der Asbest

Die Verwendung von Asbest läßt sich bis ins Altertum verfolgen. Es ist überliefert, daß die Chinesen, ebenso auch die Ägypter Tücher und Matten aus Asbest herstellten. Auch die Römer benutzten die in Italien und auf Cypern vorkommenden Asbestfasern zur Fertigung von Stoffen für den täglichen Bedarf, wobei wegen der Kürze der Fasern des Asbestes pflanzliche Fasern mit eingeknüpft wurden. Das ,,unsterbliche Leinen" galt als große Kostbarkeit. In ihren Tempeln verwendeten sowohl die Römer als auch die Griechen Asbest für die Dochte der ,,ewigen" Flammen. Der griechische Ausdruck ,,aosseoia", von dem sich später der Begriff ,,asbestos" für unverbrennbare Dinge herleitete, bedeutet die unvergängliche, unauslöschbare Flamme. Die Römer nannten das Material ,,amiantus", das heißt ,,unbefleckt", ,,makellos" — heute in der Bezeichnung ,,Amiant" wiederzuerkennen [75].

2.11 Das Vorkommen von Asbest

Asbest wird fast in allen Ländern gefunden. Sein Vorkommen ist jedoch qualitativ und quantitativ sehr verschieden, so daß letzten Endes nur wenige Lagerstätten einen Abbau lohnen. Im allgemeinen rechnet man mit einem Asbestgehalt von etwa 5% als unterste Grenze der Rentabilität eines Abbaus, wenn die einliegende Faser genügende Länge ausweist [75]. Die vier größten Asbesterzeuger sind Kanada, Rußland, Rhodesien und die Südafrikanische Union. Danach folgen die USA, Cypern, Italien und Finnland.

Deutsche Asbestfunde waren vor 1914 kaum bekannt, ein Abbau von bis dahin fündigen Vorkommen fand praktisch nicht statt. Erst im ersten Weltkrieg begann man mit ihrer Ausbeutung, auch wurden damals neue Lagerstätten erschlossen. Es seien hier nur die Fundstätten im sächsischen Erzgebirge und im Vogtland, in Thüringen und in der Gegend von Hof erwähnt. Bei diesen Asbesten handelt es sich um durchweg kurzfaserige und zum Teil talkhaltige Amphibolasbeste, die nur Ersatz für die wertvolleren ausländischen Asbestsorten bildeten, wenn diese nicht beschafft werden konnten. Sie finden heute noch als Füllstoffe Verwendung und werden unter der Bezeichnung „Asbestine" in den Handel gebracht [17].

Abgesehen von den bereits im Altertum bekannten Vorkommen auf Cypern und in Italien und dem ostsibirischen Fund, von dem MARCO POLO um 1250 berichtete, fallen die Entdeckung der großen Fundstellen ins 19. Jahrhundert. 1815 wurden Blauasbestlager in Südafrika in der Nähe des Oranje-Flusses gefunden. 1824 entdeckte man in Vermont, USA, Serpentin-Asbest. Nachdem bereits 1860 einige Lagerstätten in der Nähe von St. Joseph in der Provinz Quebec festgestellt worden waren, erschloß man 1877 die berühmten Chrysotil-Minen von Thetford und Colorain, sowie später die größte Asbestmine der Welt, die Jeffrey-Mine. Mit diesen Minen ist Kanada heute in der Lage, rund 50% des Weltbedarfes an Asbest zu decken. In Rhodesien fand man 1905 die ersten größeren Chrysotil-Vorkommen. Zwei Jahre später folgten die Lager in Zentral-Transvaal, die den gelblichen Amphibol-Asbest „Amosit" (genannt nach Asbestos Mines Of Southafrica) enthalten. Neben diesen wichtigsten Vorkommen wurden in den verschiedensten Ländern kleinere Funde gemacht, die im allgemeinen jedoch nur örtliche Bedeutung erlangten. Erwähnt seien schließlich noch Entdeckungen in jüngster Zeit von zum Teil größeren Asbestlagerstätten, die jedoch bisher wegen ihrer ungünstigen Lage und mangelhaften Verkehrserschließungen noch nicht abgebaut werden konnten. Es handelt sich hierbei um Funde im Inneren Asiens, auf Borneo und den Philippinen, sowie auf Neufundland [17, 18, 59, 75, 186]. Weitere Vorkommen werden in der Antarktis vermutet.

Einen Überblick über den Anteil der Weltproduktion an Asbest geben die nachfolgenden Zahlen wieder, die dem „Minerals Yearbook 1950, Bureau of Mines" und der „Asbest-Fibel" von BERGER [18] entstammen:

Tabelle 2. *Weltproduktion von Rohasbest* (in Mp)

Ort	1937	1938	1949	1950	1959[6]
Süd-Rhodesien	51 722	53 352	72 246	64 888	190 000
Südafrik. Union	25 975	21 025	64 334	79 298	170 000
Australien	168	176	1 619	783[1]	15 000
Kanada[2]	371 967	262 894	521 543	794 107	> 1 000 000
Cypern[3]	11 892	5 668	12 556	[4]	15 000
Finnland	7 260	6 422	8 395	[4]	[4]
Japan	[4]	1 000[5]	6 456	4 948	[4]
Italien	6 393	6 860	15 365	21 433	[4]
UdSSR	125 000	86 000	[4]	[4]	600 000
USA	10 958	9 471	39 360	38 495	45 000

[1] Januar bis Juni inklusive.   [2] Nur Verkauf (ohne Sand und Gestein).   [3] Export.   [4] Angaben nicht verfügbar.   [5] geschätzt.   [6] nach BERGER [18].

Nach einer vorsichtigen Schätzung des Bureaus of Mines belief sich die gesamte Weltproduktion an Asbest im Jahre 1950 zum ersten Male auf über $1 \cdot 10^6$ Mp. Leider liegen keine genauen Angaben von Rußland vor, das neben Kanada als zweitgrößter Asbesterzeuger angesehen werden muß. Nach BERGER [18] betrug die Weltjahresproduktion 1961 einschließlich der Sowjetunion etwa 2 380 000 Mp.

2.12 Die Entstehung des Asbestes

Der Asbest wird in Gesteinsadern oder -nestern gefunden. Seine Faserrichtung verläuft hauptsächlich quer, in einigen Fällen aber auch längs zur Gesteinsader. Man unterscheidet je nach ihrem Muttergestein Serpentin- und Amphibol-Asbeste[1]. Die Serpentinasbeste werden auch Chrysotil oder Weißasbeste genannt [18]. Das Muttergestein selbst, das im Gegensatz zum Asbest nicht kristallisiert ist, hat nicht dieselbe chemische Zusammensetzung wie der anliegende Asbest, sondern ist frei von chemisch gebundenem Wasser, während alle Asbeste mehr oder weniger Kristallwasser und chemisch gebundenes Wasser enthalten (Chrysotile bis etwa 15%). Es handelt sich hierbei um endogene Erstarrungsgesteine ultrabasischer (mafischer) Art, wie hauptsächlich Olivine beim Chrysotil oder neben Olivin Pyroxen- und Augit-Gestein beim Amphibolasbest [186].

Wie kam es zur Asbestbildung? An Hand zahlreicher Untersuchungen kann man sich heute ein ungefähres Bild über die Vorgänge machen, die zur Auskristallisation von Asbesten geführt haben. Wenn auch im Rahmen dieser Abhandlung eine ausführliche Darstellung darüber nicht gebracht werden kann, so soll doch zur Vervollständigung unserer Betrachtung, wenn auch nur kurz, auf die Entstehung des Asbestes eingegangen werden.

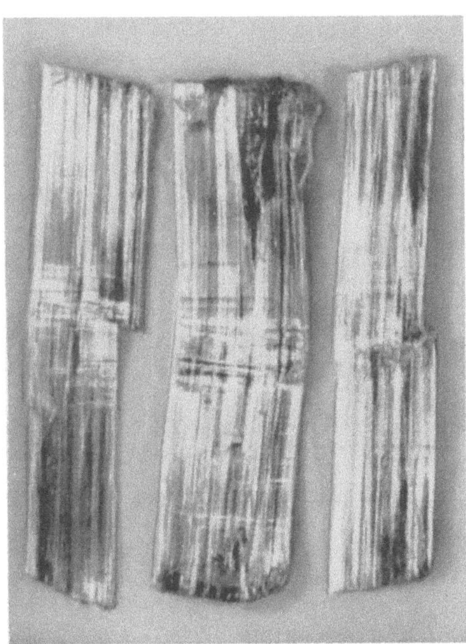

Abb. 5. Verwerfung bei einer Chrysotilcrude [75].

Voraussetzung für die Bildung der Asbestfasern sind neben Temperaturen und Drücken die Zeitabstände, die uns aus der Erdgeschichte geläufig sind. In die durch tektonische Bewegungen entstandenen Verwerfungsspalten eines mafischen Gesteins, z. B. Olivin, konnten aus der eutektischen Restschmelze entstammende hydrothermale Lösungen unter hohem Druck eindringen. Unter ihren Einflüssen begann eine Umwandlung der Randzonen an den Gesteinsspalten, sie wurden „serpentinisiert". Das ursprüngliche Magnesiumsilikat nahm Wasser auf und vergrößerte dabei unter gleichzeitiger Anreicherung von SiO_2 sein Volumen erheblich.

Man kann entsprechend den spezifischen Gewichten von Olivin (3,3 bis 4,0) und Serpentin (2,3 bis 2,5) eine Volumenvergrößerung um etwa 33% zugrunde legen. Daß hierbei wiederum erhebliche Spannungen im Gestein entstanden und zu neuen Rissen und Spalten führten, liegt auf der Hand. Infolgedessen wurde der Angriff auf das Muttergestein auf immer tiefere Zonen ausgedehnt. Hand in Hand mit der Umwandlung in wasserreiches Magnesiumsilikat ging die Auflösung der unter den vorliegenden Bedingungen wasserlöslichen Magnesiumsilikate vor sich, wie dies z. B. beim Antigorit, einem Magnesiumsilikat mit blättriger Struktur, der Fall ist. Mit sinkender Temperatur der hydrothermalen Lösungen begann Asbest auszukristallisieren. Bei schmalen Rissen im Gestein bildeten sich einfaserige Adern, während in breiteren Spalten die Kristallisation von beiden Spaltenrändern zur Mitte hin einsetzte, es entstanden zweifaserige Adern. Teilweise zeigen derartige Cruden, das sind Asbestfaserbündel (Abb. 5), Verwerfungen, die auf Erdrindenbewegungen während des Kristallisationsvorganges hindeuten.

2.13 Die Gewinnung der Asbestfasern

Die eigentümliche Art des Vorkommens der Asbestfasern bringt es mit sich, daß bei ihrer Gewinnung riesige Mengen an Gestein anfallen, die sich zu hohen und weitläufigen Halden auftürmen und der Asbestmine ihr Gepräge geben.

---

[1] Amphibole (griech.: „zweideutig"), wichtige gesteinsbildende Mineralien von der Zusammensetzung $(R)_7Si_8O_{22}(OH)_2$. Hierbei können für R die Elemente Mg, Fe, Ca und auch Na, Al und Ti eintreten und Si durch Al und Fe ersetzt werden.

Das asbesthaltige Gestein wird entsprechend seinem Fundort entweder im Tagebau (Hang- oder Grubenabbau) gewonnen oder aber in Bergwerken unter Tage abgebaut. Die Erschließung einer Asbestlagerstätte ist nur dann lohnend, wenn der Asbestgehalt des anstehenden Gesteins den für Gewinnung und Abtransport notwendigen Aufwand rechtfertigt. Neben der Mächtigkeit und der Ausdehnung des Vorkommens, der Qualität des Asbestes, der Dicke der Deckschichten und schließlich auch der Aufschließbarkeit des Asbestgesteins muß also auch noch die Verkehrserschließung der Fundstätte berücksichtigt werden. Wie schon früher erwähnt, beträgt die untere Grenze des Asbestgehaltes, bis zu der sich ein Abbau lohnen wird, etwa 5%. In Kanada kann

Abb. 6. Luftbild einer kanadischen Asbestmine.

diese Grenze bei besonders günstiger Verkehrslage sogar bis auf 3% absinken. Die Vorkommen mit dem höchsten Asbestgehalt finden sich in Rhodesien, wo er bis zu 15% betragen kann. In Kanada sind es im Schnitt 6—12% und in Rußland und auf Cypern 5—10%. Die meisten anderen Vorkommen erreichen kaum 10% [75].

Von dem gewonnenen Asbest fällt lediglich ein geringer Prozentsatz, in Kanada z. B. nur etwa 5—10%, sonst meistens unter 2% an langen, verspinnbaren und daher besonders wertvollen Fasern an. Alle übrigen Fasern sind zu den mittleren und vor allem kurzen Fasern zu rechnen, für die man früher kaum eine Verwendung hatte und die daher größtenteils mit auf die Halde gekippt wurden. Als um die Jahrhundertwende auch diese weniger wertvollen, kürzeren Fasern industriell einer Verwendung zugeführt werden konnten, erhielt die Asbestgewinnung einen neuen Auftrieb.

2.131 Der Abbau des Asbestgesteins

Bis zum heutigen Tage wurden Asbestlager dadurch erkannt, daß sie an einer Stelle sichtbar zu Tage traten. Durch Schürfgruben und Aufschlußbohrungen konnte man sich dann ein Bild von dem Umfang und der Mächtigkeit der neuen Fundstelle machen.

Am einfachsten liegen die Verhältnisse für den Abbau dann, wenn das asbestfündige Gestein an einem Berghang ansteht. Hier läßt sich mit verhältnismäßig geringem Aufwand der Abbau vornehmen, da er lediglich horizontal vorwärts zu treiben ist. Bei größerer Mächtigkeit des Asbestgesteins empfiehlt sich ein terrassenförmiger Abbau.

Im Hangabbau werden einzelne Asbestvorkommen in Rußland, in Rhodesien und auf Cypern ausgebeutet.

Liegt das Asbestgestein, wie es meistens der Fall ist, unterhalb der Geländeoberkante, so ergibt sich daraus die Anlage großer offener Gruben, deren Form von der Art der Ausdehnung des Asbestlagers abhängig ist. Im Ural liegt das Asbestmuttergestein in langgestreckten Bänken vor, so daß sich dort entsprechend langgezogene, terrassenförmig abgeböschte Tagebau-Gruben ergeben (Abb. 8), während in Kanada mehr die amphitheatrisch angelegten Gruben vorherrschen (Abb. 6).

Abb. 7. Abbau des Asbestgesteins am Hang [75].

Abb. 8. Asbestgrube im Ural [75].

Die Förderung des gebrochenen Asbestgesteins erfolgte früher häufig mit Kabelkränen, die die Grube überspannten. Da diese Methode meistens unwirtschaftlich war, ging man wieder zum Fahrzeugtransport über, wobei allerdings der gleislose Transport den älteren, schienengebundenen Verkehr immer mehr verdrängte. In den kanadischen Tiefgruben, wo die inzwischen erreichte Schürftiefe die Anlage von Rampen nicht mehr zuläßt, hat man nunmehr begonnen, Schrägstollen anzulegen. Diese Stollen beherbergen gleichzeitig die Aufbereitungsanlagen und stellen zum anderen den Transportweg sowohl für den aufbereiteten Asbest als auch für das Abfallgestein nach außen dar. Man erreicht auf diese Weise eine wettergeschützte Aufbereitungsstation, was besonders in Kanada wegen seiner lang anhaltenden Winter von großer Bedeutung ist.

In einer Asbestmine gilt der Grundsatz, kein Holz zu verwenden, da Verunreinigungen durch dann nicht vermeidbare Holzsplitter zu Materialstörungen im Asbest-Endprodukt führen könnten. Daher werden alle notwendigen Abstützungen und Absteifungen nur aus Stahlprofilen oder Beton hergestellt. Aus gleichem Grund wird auch im allgemeinen das Rauchen nicht gestattet, um von vornherein das achtlos weggeworfene Streichholz zu vermeiden.

Von einer Tiefe von 80 m bis 100 m an wird die Gewinnung im Tagebau unwirtschaftlich und wegen der Bergrutschgefahr infolge der steilen Grubenwände auch gefährlich. Es ergibt sich daher für jede Asbestlagerstätte mit größerer Mächtigkeit im Verlauf ihrer Ausbeutung ein Zeitpunkt, an dem man zur bergmännischen Gewinnung unter Tage übergehen muß. Vor etwa 30 Jahren wurde dieser Zeitpunkt in Kanada zum ersten Male erreicht. Damals nahm die Untertage-Gewinnung als jüngste Form des Asbestabbaus ihren Anfang. Es ergab sich bald eine interessante und sehr rationelle als „block-caving" bezeichnete Methode des Untertageabbaus. Dieses „block-caving"-Verfahren wurde ursprünglich im Kupferbergbau eingeführt und dort bereits seit längerer Zeit mit Erfolg angewandt. Große Erzblöcke werden dabei von unten nach oben abgebaut, wie dies schematisch in Abb. 9 gezeigt ist.

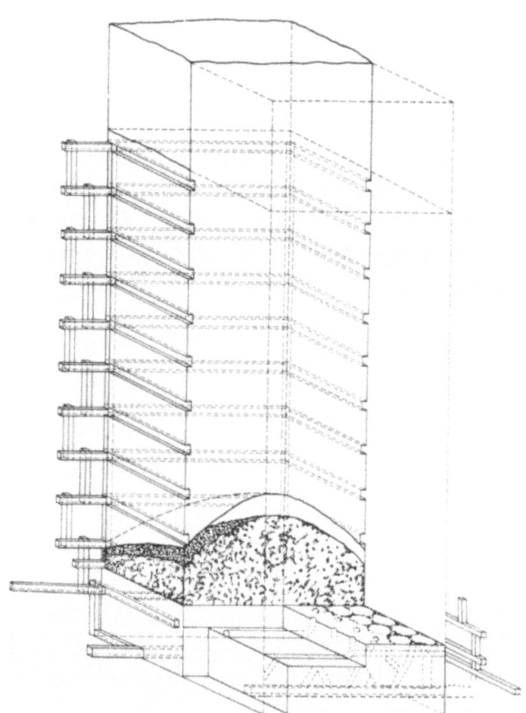

Abb. 9. Schematische Darstellung der block-caving-Methode beim Abbau von Kupfererzen [75].

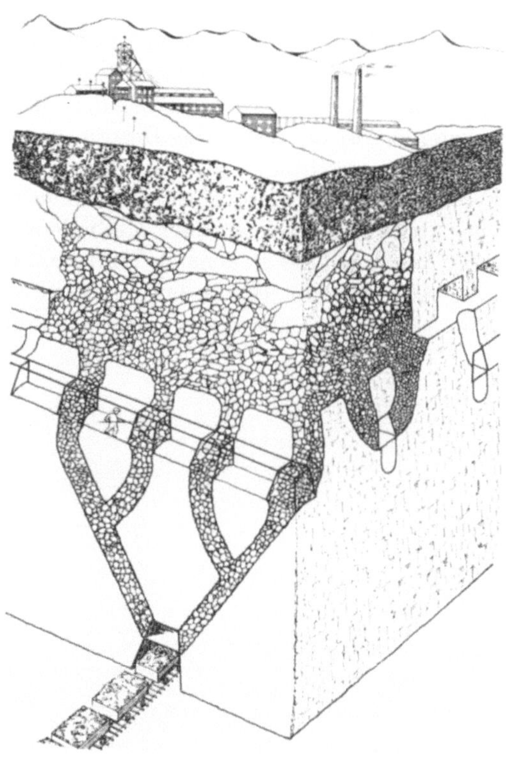

Abb. 10. Schema eines zum Abbau nach dem block-caving-Verfahren vorbereiteten Erzblockes [75].

Es setzt voraus, daß das Erz in sich brüchig ist und nachsetzt. Infolge der Spaltung und Klüftung des Asbestmuttergesteins war zu erwarten, daß diese Voraussetzung erfüllt wird und daß daher die block-caving-Methode auch zur Gewinnung von Asbestgestein herangezogen werden konnte. 1933 wurde in der berühmten King-Mine in Kanada mit diesem Verfahren begonnen, viele andere Minen mit ähnlich gelagerten Verhältnissen sind seitdem diesem Beispiel gefolgt. Durch die Anlage von horizontalen Stollen, die jeweils in ihrer Ebene ein geschlossenes Viereck von quadratischer Form bilden und entsprechend der Mächtigkeit des Erzstockes in vielen Etagen übereinander liegen, wird hierbei ein Block abgegrenzt. Die Ausmaße eines so abgegrenzten Blockes können bis zu 50 m Seitenlänge und — je nach Mächtigkeit des Asbestlagers — bis zu 150 m Höhe betragen. Senkrechte Schächte verbinden die Horizontalstollen insbesondere an den Ecken des Blockes und stellen auch in vertikaler Richtung die eindeutige Abgrenzung des Blockes gegenüber dem gewachsenen Boden her. Am Fuße des Blockes werden sogenannte „Roststollen“ oder „Rostgänge“ angelegt, die durch schrägabfallende Stollen mit den unter ihnen verlaufenden Hauptfördergängen verbunden sind.

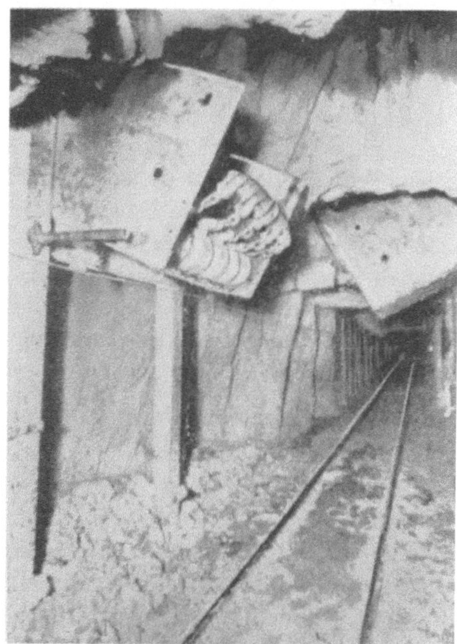

Abb. 11. Förderstollen mit Auslaßschleuse an der Stollendecke [75].

Sind alle Stollen vorgetrieben, soweit notwendig, ausbetoniert und mit den erforderlichen maschinellen Einrichtungen versehen, so werden auf Höhe der Rostgänge Querstollen angelegt, die den Erzblock „unterhöhlen" (engl. to cave) und nach Sprengung der zwischen den Querstollen stehengebliebenen Stützwände bzw. Pfeiler den Block, seiner Stützen beraubt, zusammenbrechen lassen. Dabei wird das Asbestgestein zertrümmert und kann in den Schrägstollen abgelassen und auf diese Weise elegant zu beladenden Grubenbahnen abtransportiert werden. Im Zuge des weiteren Abbaus stürzt das Gestein immer wieder nach — gegebenenfalls durch leichte Sprengungen unterstützt —, bis schließlich der ganze Block abgebaut ist. Das von der Aufbereitungsanlage kommende Abfallgestein wird meistens gleich als Rückfüllung benutzt, so daß der Bedarf an Abraumhalden bei dieser Methode vermindert wird. Die Nachfüllung verhindert obendrein das Ausfrieren des Bodens im Winter und unterstützt das Nachsetzen des Gesteins. Gegen Ende des Abbaus muß jedoch dafür gesorgt werden, daß das taube Gestein der Rückfüllung nicht durchbricht und abermals in den Gewinnungskreislauf gelangt.

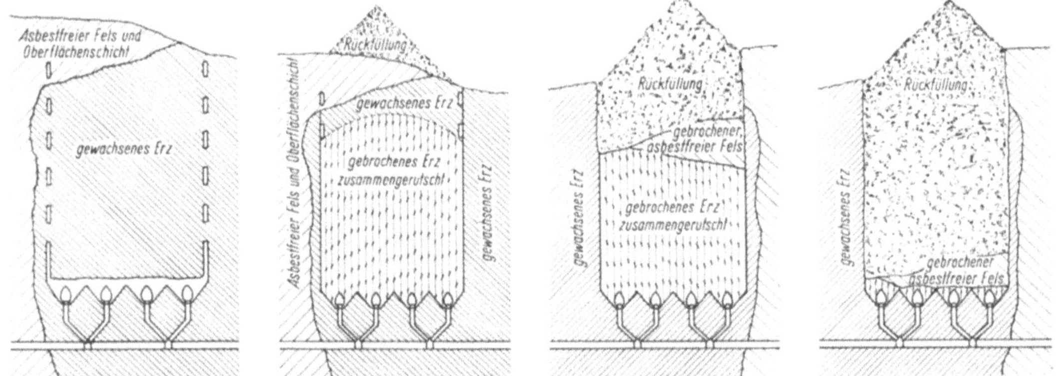

Abb. 12. Schematische Darstellung des Abbaus im block-caving-Verfahren bei gleichzeitiger Rückfüllung des Abfallgesteins [75].

Nach Frank [75] benötigt der Abbau eines Blockes mit den ungefähren Abmessungen $48 \times 48 \times 100$ bis 150 m und einem Inhalt von etwa 200 000 bis 400 000 m³ etwa 20 Monate. Die Hälfte der Zeit dient dabei der Vorbereitung des Abbaus, wie Stollenvortrieb und dergleichen.

2.132 Die Aufbereitung des Asbestgesteins

Zur Gewinnung der Asbestfasern muß das geförderte Asbestgestein zerkleinert werden, um die eingelagerten Asbestgänge freizulegen und die Trennung der Fasern vom Gestein zu ermöglichen. Die Schwierigkeit für die maschinelle Lösung dieses Problems besteht vor allem darin, daß die Asbestfaser das gleiche Gewicht und die gleiche Härte wie das Muttergestein besitzt. Die Faserlänge soll außerdem bei der Aufbereitung erhalten bleiben. Letzteres ist besonders wichtig, da lange Fasern am wertvollsten sind. Daher bemüht man sich, die Fasern sofort nach ihrer Freilegung aus dem Aufbereitungsprozeß abzuscheiden. Die maschinelle Trennung der Asbestfaser vom zertrümmerten Gestein erfolgt durch eine Kombination von Absieben und Absaugen. Besonders langfaserige Asbeste werden jedoch auch heute unter Umständen noch handverlesen.

Im einzelnen erfolgt der Aufbereitungsgang folgendermaßen:

Das von dem Gewinnungsort angeförderte Asbestgestein wird zunächst grob und anschließend etwas feiner gebrochen. Während als Grobbrecher meistens Backenbrecher verwendet werden, übernehmen Kegelbrecher die weitere Zerkleinerung im Zuge des Aufbereitungsfortganges. In dem dem Grobbrecher nachgeschalteten Kegelbrecher wird das Rohgut bis zu einer Korngröße von 70 mm heruntergebrochen und anschließend in einer Trocknungsanlage (Trockentrommel oder Trockenofen) von seiner natürlichen Feuchtigkeit befreit. Hierbei muß darauf geachtet werden, daß der Asbest nicht überhitzt wird, da dann seine Qualität vermindert würde. Aus der Trocknung gelangt das Rohgut in ein Puffersilo und wandert zunächst zu Mittel- und zuletzt zu Feinbrechern, die die letzte Aufschließung übernehmen. Das Rohgut wird hierbei bis zur Korngröße 5 mm aufgearbeitet. Als Feinbrecher finden Titanbrecher oder Hammermühlen Verwendung, bei denen das Brechgut nicht wie bei den Backen- oder Kegelbrechern durch Druck oder Reibung zerquetscht, sondern zerschlagen wird.

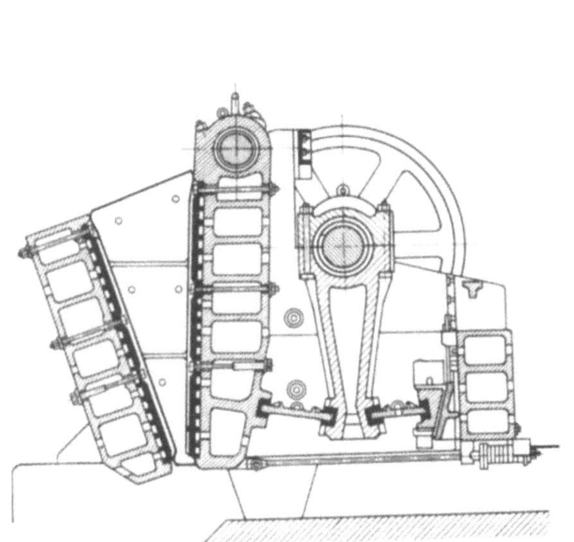

Abb. 13. Schnitt eines Backenbrechers.

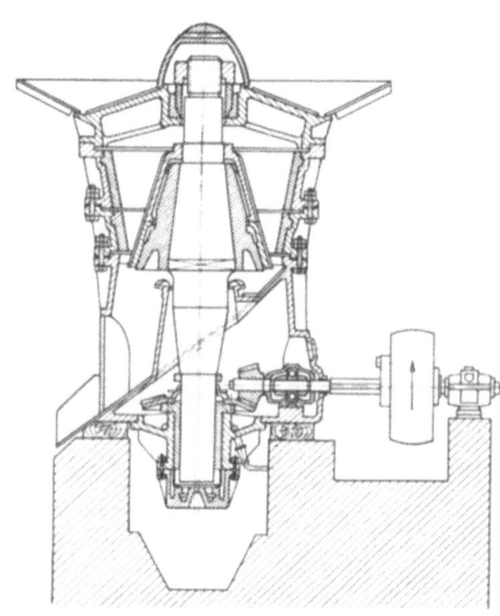

Abb. 14. Schnitt eines Kegelbrechers.

Nach jedem einzelnen Brechvorgang wird das gebrochene Gut über geneigte Rüttelsiebsätze geleitet, an deren Enden jeweils Saughauben die freigewordenen Asbestfasern absaugen und somit vor weiterer Zerstörung bewahren. Durch Vibration der Rüttelsiebe werden die halbgelockerten Gesteinstrümmer vollkommen zerkleinert, die Siebe übernehmen also neben dem Absieben noch eine zusätzliche Aufgabe. Der Siebrückstand wird den Brechern im Rücklauf erneut zugeführt bzw. nach der letzten Brechstufe als Abraum auf die Halde gekippt.

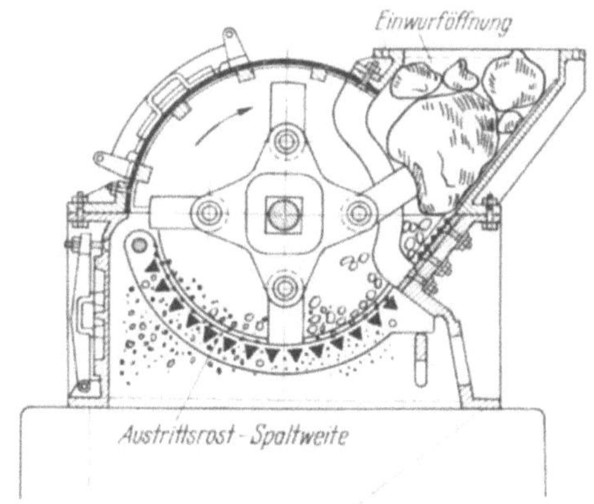

Abb. 15. Schnitt einer Hammermühle.

Abb. 16. Rüttelsieb mit Saughaube [75].

Je länger die Asbestfaser ist, um so leichter läßt sie sich von ihrem Muttergestein trennen. Daher fallen die langen Fasern hauptsächlich in den ersten Brechstufen nach der Trocknung an, während die Gewinnung der kurzen und kürzesten Fasern die vollkommene Zertrümmerung des Rohgesteins voraussetzt und daher erst am Schluß des Aufbereitungsprozesses erfolgt. Die durch die Saughauben von den Sieben gezogenen Asbestfasern werden in sogenannten Klassiertrommeln (Lochwand- oder Siebtrommeln) nach bestimmten Standardgrößen sortiert, wobei bis zu 24 verschiedene Klassen möglich sind. Die Weiterbeförderung erfolgt auf pneumatischem Wege. Das hat den Vorteil, daß man mit Hilfe der Förderluft durch entsprechende Formgebung der Silos gleichzeitig die Befreiung der Fasern vom anhaftenden Staub erzielt. Während nämlich die Schleppkraft des Luftstromes infolge Erweiterung des Querschnitts im Silo nicht mehr ausreicht, die Asbestfaser zu tragen und diese sich daher absetzt, ist sie jedoch noch groß genug, Staub mitzunehmen und in besonderen Staubabscheidern abzulagern. Der mit der Asbestgewinnung stets verbundenen großen Staubentwicklung muß energisch vorgebeugt werden, weil Asbeststaub zu der gefürchteten Asbestose, einer Erkrankung der Atmungswege und Lunge ähnlich der Silikose, führen kann [184, 185].

Abb. 17 zeigt die schematische Darstellung der Asbestgewinnung, dargestellt an einem Hangabbau.

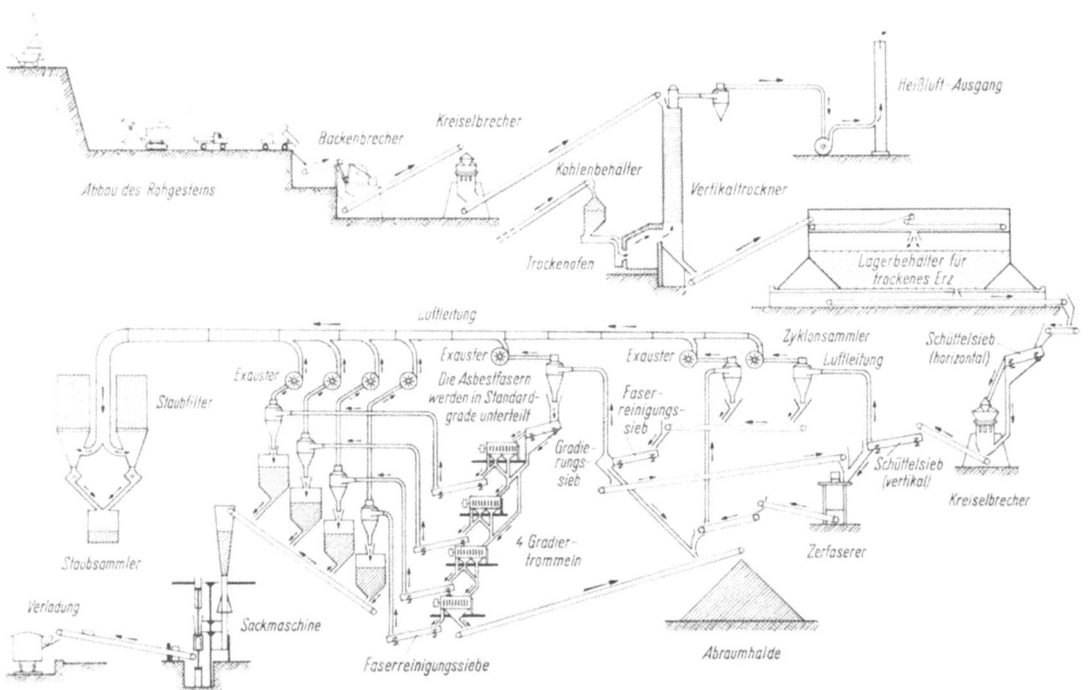

Abb. 17. Schematische Darstellung der Asbestgewinnung nach FRANK [75].

2.14 Die verschiedenen Asbestarten

Asbest ist ein Magnesiumsilikathydrat, das daneben noch Kalk oder Alkalien oder auch Eisen enthalten kann. Diese Unterschiede ergeben sich aus der Verschiedenheit des Muttergesteins.

2.141 Serpentinasbest

Serpentinasbest, auch *Chrysotil* oder Weißasbest genannt, kommt in dem serpentinisierten Olivin, der das Muttergestein darstellt, vor und hat meistens keinen oder nur einen geringen Gehalt an Kalk. Seine bedeutendsten Vorkommen liegen in Kanada, Rußland, Rhodesien und auf Cypern.

Die chemische Zusammensetzung ist $Mg_6(OH)_6(Si_4O_{11}) \cdot H_2O$. Ältere Darstellungen der Struktur lauten $H_4Mg_3Si_2O_9$ oder $Mg_3Si_2O_7 \cdot 2H_2O$. In der neueren Formel kommt zum Ausdruck, daß von dem im Chrysotil enthaltenen Wasser etwa ein Viertel beim Glühen schon bei mittleren Temperaturen bis 493° C ausgetrieben wird. Nach Erhitzen auf mehr als 493° C kann Chrysotil z. B. nicht mehr mit einer aus Jod und Glyzerin bestehenden Farblösung angefärbt werden. Dieser Prozeß ist nach FRANK [75] nicht umkehrbar, woraus er schließt, daß hierbei ein Strukturwechsel im

Molekül stattfindet. Das eine Viertel Hydratwasser scheint die Magnesia im Chrysotil gegenüber dem Jod zu aktivieren. Diese Färbungsmöglichkeit gibt ein wertvolles Mittel zur Hand, Chrysotil von Amphibolasbesten und sonstigen Fasern zu unterscheiden.

Tabelle 3. *Analysenwerte verschiedener Chrysotile in Prozenten* [75]

Asbestart	Kieselsäure	Tonerde	Eisenoxyd	Magnesia	Wasser
Kanada					
a) Thetford	39,0 — 43,0	1,5 — 3,5	0,2 — 2,5	40,0 — 41,5	14,0 — 14,5
b) Danville	41,8 — 42,8	0	2,2 — 3,7	39,5 — 42,0	14,0 — 14,5
Rußland:					
a) Ural	42,5 — 43,5	Spuren	0,0 — 0,2	41,8 — 42,6	14,3 — 15,3
b) Sibirien	41,5 — 42,0	0	6,0 — 7,0	35,1 — 36,0	16,0 — 16,5
Rhodesien:	40,0 — 43,0	0,6 — 1,7	bis 4,9	38,2 — 39,0	11,7 — 14,0
Cypern:	40,6	1,0	4,9	39,0	14,6

Das spezifische Gewicht beträgt bei Chrysotil 2,3 bis 2,5 (p/cm³) die Härte (nach MOHS) 3 bis 4. Der Schmelzpunkt des Chrysotils liegt mit 1550° C sehr hoch, während seine Festigkeiten, die unter Umständen bei einer Erhitzung bis auf etwa 400° C noch ansteigen können, bei höheren Temperaturen infolge des Verlustes von Verbindungswasser stark abnehmen (siehe auch Abb. 25). Die Faserlänge liegt allgemein unter 40 mm. Die Farbe schwankt je nach Herkunft zwischen Weiß, Hellgrau und Graugrün.

Cruden, das sind dickere Faserbündel, erscheinen dunkler gefärbt als aufgeschlossene Fasern. Daraus kann der Fachmann den Grad des Aufschlusses von Asbest erkennen. Die Faser ist weich und hat einen seidenartigen Glanz. Daneben gibt es auch sprödere und härtere Formen. Die Bearbeitung in Schlagmühlen und Kollergängen zum Aufschließen der Faserbündel verträgt Chrysotil besser als der Amphibolasbest. Die Widerstandsfähigkeit gegenüber chemischen Angriffen kann als gut bezeichnet werden. Erst bei höheren Konzentrationen und Temperaturen der Agenzien ist ein stärkerer Angriff vorhanden. Naturgemäß sind alkalische Agenzien dem Asbest ungefährlicher als Säuren.

In der Technik nimmt Chrysotil den größten Raum ein. Dies ist nicht nur darauf zurückzuführen, daß diese Asbestart am häufigsten vorkommt, sondern auch darauf, daß sie besondere Eigenschaften, wie Weichheit und Biegsamkeit der Faser besitzt. Amphibolasbeste haben im allgemeinen höhere mechanische Festigkeiten, diese können jedoch wegen der Sprödigkeit ihrer Fasern nicht ausgenutzt werden.

Neben dem Chrysotil findet man noch den ebenfalls langfaserigen *Pikrolith* oder Bastardasbest, der chemisch und mineralogisch mit dem Chrysotil verwandt ist. Für technische Zwecke hat Pikrolith jedoch keine Bedeutung, da er nur noch im stark verwitterten Zustand angetroffen wird und seine Zugfestigkeit praktisch gleich Null ist. Das blättchenförmige *Talkum* ist zwar auch ein Magnesiumsilikat, zählt aber infolge seiner Struktur nicht zu den Asbesten. Beide Arten kommen häufig in Verbindung mit Chrysotil vor und müssen von diesem getrennt werden, was oft mit Schwierigkeiten verbunden ist.

2.142 Amphibolasbest

Die Amphibol- oder Hornblendeasbeste können sehr verschieden zusammengesetzt sein. Sie unterscheiden sich vom Chrysotil vor allem dadurch, daß sie kein freies Kristallwasser besitzen und auch nicht mit einer Jodlösung verfärbt werden können. Der Gehalt an Verbindungswasser ist wesentlich geringer als der der Chrysotile. Die Amphibolasbeste sind daher auch wesentlich härter und spröder. Chemisch unterscheiden sich die Amphibolasbeste vom Chrysotil dadurch, daß sie einen höheren Gehalt an Kieselsäure haben und neben zum Teil beträchtlichen Mengen an Eisenoxydul auch Alkalien aufweisen. Je kalkreicher und eisenärmer ein Amphibolasbest ist, um so höher liegt sein Schmelzpunkt, der jedoch bei höherem Eisengehalt sowie bei Vorhandensein von Alkalien sinkt und dann bereits bei 1150°C liegen kann.

Die technisch wichtigsten Arten der Amphibolasbeste sind *Anthophyllit, Amosit, Tremolit* und *Blauasbest*.

Da bei der Herstellung von Asbestzement-Druckrohren aus fabrikatorischen Gründen dem Chrysotil nur Blauasbest zugesetzt wird, soll hier nur dieser näher betrachtet werden. *Blauasbest*, dessen mineralogische Bezeichnung *Krokydolith* lautet, hat seinen Namen von seiner blauen Farbe, die vom Gehalt an Eisenoxydul herrührt. Er wird hauptsächlich im nördlichen Teil des Kaplandes gewonnen, daher auch die Bezeichnung „Kapasbest". Das Muttergestein des Blauasbestes ist eine sehr eisenreiche und harte Form des Jaspis, eines Quarzgesteins mit gelber, roter bis brauner Färbung. Die chemischen Bestandteile des Blauasbestes sind Kieselsäure, Eisenoxydul, Magnesia und Alkalien. Der Wassergehalt ist gering. Die Struktur beschreibt in etwa die Formel $Na_2MgFe_5^{II}(OH)_2(Si_4O_{11})_2$. Seine Härte schwankt um 5,5 bis 6,0, mithin ist er der härteste Asbest überhaupt. Sein spezifisches Gewicht beträgt 3,4 p/cm³. Der Blauasbest besitzt die größte Zugfestigkeit. Seine Härte und Sprödigkeit erschweren jedoch seine Verarbeitung. Die Faserlängen sind meistens gering, da es sich um Querfasern handelt. Die chemische Widerstandsfähigkeit des Blauasbestes gegenüber Säureangriffen ist noch größer als die schon beachtliche der übrigen Asbestarten. Wird Blauasbest erhitzt, so verliert er seine höhere Festigkeit bald, bei Temperaturen um 400°C ist sie bis auf die des Chrysotils abgesunken (Abb. 25). Heißdampf verträgt Blauasbest schlecht; durch ihn sinkt die Festigkeit bei etwa 400°C noch unter die des Chrysotils. Infolge der hierbei stattfindenden Oxydation des Eisenoxyduls zu Eisenoxyd geht die blaue Farbe in eine rostbraune über.

Die verschiedenen chemischen Zusammensetzungen einzelner Amphibolasbeste sind in nachfolgender Tab. 4 wiedergegeben.

Tabelle 4. *Analysenwerte verschiedener Amphibolasbeste in Prozenten* [75]

Asbestart	Kieselsäure	Tonerde	Eisenoxydul	Eisenoxyd	Magnesia	Alkalien	Wasser
Blauasbest:							
Kapland	51,10	0	35,80	0	2,30	6,90	3,90
Amosit:							
Transvaal	50,24	0	32,00	7,80	3,96	2,12	3,00
Tremolit:							
Finnland	62,02	2,08	3,54	0	27,30	0,71 CaO	5,04
Italien	55,10	3,40	4,60	0	29,50	2,40 CaO	5,00
Anthophyllit:							
USA	57,60	0,90	5,80	0	31,20	0	4,50

2.15 Die Eigenschaften des Asbestes

2.151 Die Faserstärke und die innere Struktur des Asbestes

Asbeste sind faserig kristallisierte Mineralien. Sie bauen sich aus Tetraedern engster Kugelpackung mit kleinen Si-Ionen in der Mitte und vier großen Sauerstoff-Ionen außen zu einem Ionengitter mit vier freien Valenzen auf. Beim Chrysotil und Krokydolith treten diese Tetraeder in einfachen oder doppelten Ketten von Sechserringen (Si_4O_{11}) auf. Die basischen Teile sind in diese Gitter eingelagert, wobei sie je nach ihrer Größe das Gitter aufweiten und die verschiedenen Eigenschaften des Asbestes dadurch mit hervorrufen.

Asbestfasern sind viel feiner als alle tierischen, pflanzlichen und synthetischen Fasern. Über den tatsächlichen Durchmesser bestand lange Zeit ziemliche Unklarheit, die sich in verschiedenen Angaben über die Dicke einer Faser ausdrückte. Dies war einmal darauf zurückzuführen, daß die Aufschließung des Asbestes bis zur einzelnen Faser große Schwierigkeiten machte — die feinste isolierte Faser zeigte sich unter dem Mikroskop immer noch als Faserbündel — zum anderen genügte der Vergrößerungsfaktor der herkömmlichen Mikroskope für die Betrachtung einer Einzelfaser nicht mehr. Erst mit Hilfe des erheblich größeren Auflösevermögens der Elektronenmikroskope in Verbindung mit verbesserten Methoden zur Aufspaltung der Faserbündel konnte eine genauere Aussage über die Dicke der Asbestfaser getroffen werden. Die Abb. 18 bis 22 zeigen elektronenmikroskopische Vergrößerungen verschiedener Asbestfasern, von denen in der physikalischen Abteilung der Farbwerke Hoechst und in Berlin von Professor RUSKA mehr als 200 Aufnahmen hergestellt und ausgewertet wurden.

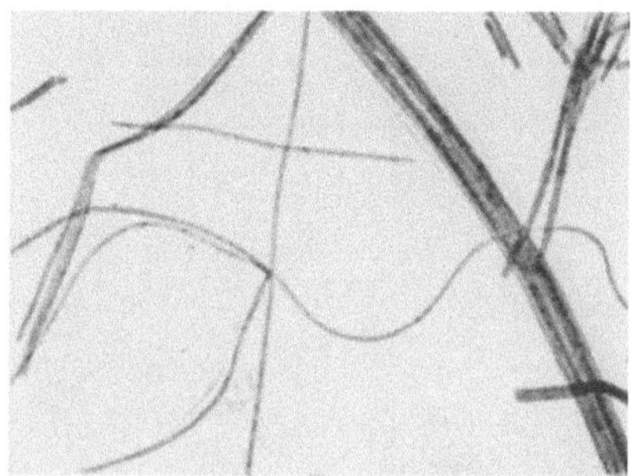

Abb. 18. Kanadischer Asbest $V = 12\,000$.

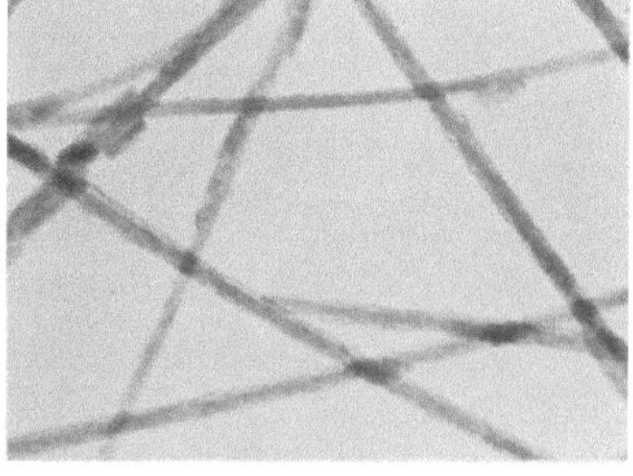

Abb. 19. Kanadischer Asbest, durch Überhitzung geschädigt, $V = 29\,600$.

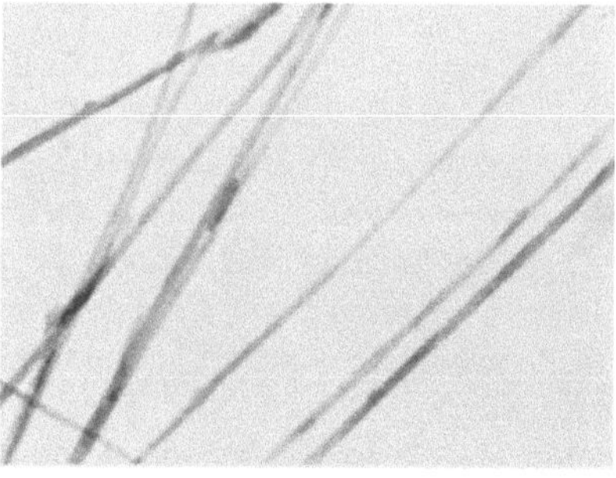

Abb. 20. Rhodesiaasbest $V = 33\,000$.

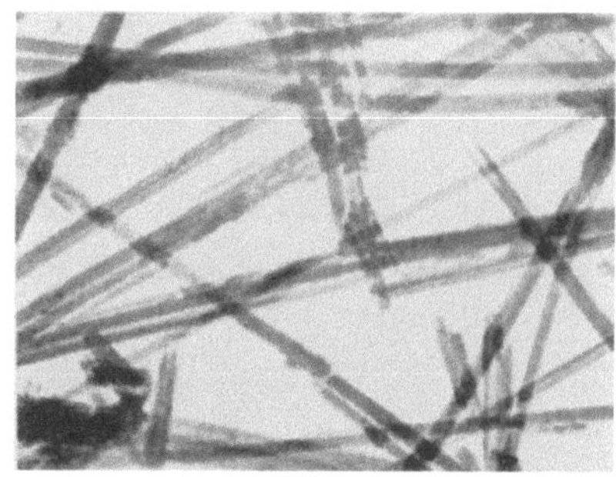

Abb. 21. Amositasbest $V = 33\,000$.

(Sämtliche Aufnahmen aus [75].)

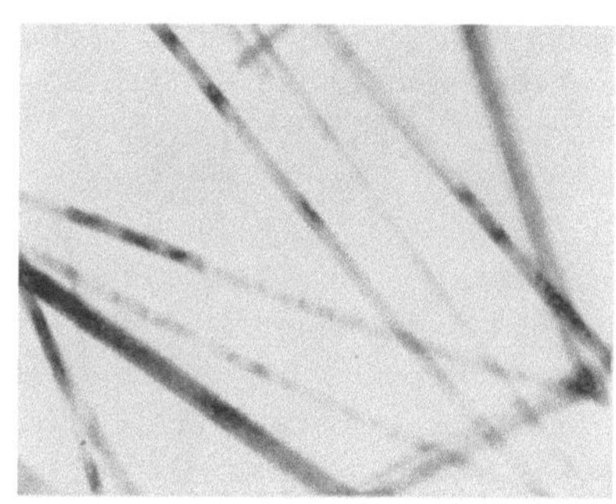

Abb. 22. Blauasbest $V = 32\,500$.

Übereinstimmend mit anderen Forschern wurde aus den Aufnahmen eine Faserdicke des Chrysotiles von etwa $2 \cdot 10^{-5}$ mm (200 Å) ermittelt. Während die Fasern der Amphibolasbeste dicker und starrer ausgerichtet erscheinen, wirken die Chrysotilfasern feiner und biegsamer, sie liegen in geschwungenen Formen durcheinander.

BADOLLET [13] hat eine Aufstellung der verschiedensten Fasern mit Faserstärke, Faserzahl auf 1 mm (linear) und Faseroberfläche in cm² je Pondgewicht gegeben, wobei die Oberfläche mittels Stickstoff-Adsorption gemessen wurde.

Lange Zeit war die Hohlheit der Chrysotilfaser umstritten. Vorsichtige Forscher sprachen nur von Vermutungen einer Röhrenstruktur auf Grund elektronen-mikroskopischer Untersuchungen, wobei sie auf die Schwierigkeit bei der Arbeit mit derartigen Geräten hinwiesen. So ist bei starker Vergrößerung die Gefahr verzerrter und unscharfer Aufnahmen z. B. infolge nicht-zentrischer

Linsen, einseitiger Einstellung des Fokus oder sonstiger ungenauer Einstellung sehr groß, sie kann leicht zu Täuschungen führen. Auch muß berücksichtigt werden, daß die auf das Untersuchungsobjekt einwirkende Energiemenge um so größer wird, je stärker die Vergrößerung ist. Verbrennungen und Verformungen der Probe sind dann leicht möglich [75]. Inzwischen ist aber die Hohlheit der Chrysotilfaser allgemein bestätigt. Sie erklärt auch mit die größere Biegsamkeit und Geschmeidigkeit gegenüber der nicht hohlen Faser des Amphibolasbestes.

Tabelle 5. *Zusammenstellung verschiedenster Fasern* [75]

Faserart	Durchmesser (mm)	Zahl der Fasern auf 1 mm	Faseroberfläche (cm²/p)
Nylon	0,0075	132	3 100
Azetatkunstseide	—	—	3 800
Baumwolle	0,01	100	7 200
Seide	—	—	7 600
Wolle	0,02 bis 0,0275	36 bis 50	9 600
Viskosekunstseide	—	—	9 800
Chrysotil	0,000018 bis 0,000029	34 000 bis 56 000	130 000 bis 220 000
Menschl. Haar	0,0395	25	—
Nessel (Ramie)	0,0246	40	—
Glas	0,0065	153	—
Schlackenwolle	0,00355 bis 0,0071	141 bis 282	—

Während die Abb. 18 und 20 die Röhrchenform nicht erkennen lassen, zeigt Abb. 19 deutlich die Hohlform der Fasern, die aufgebläht sind und fast die Stärke der Amphibolasbestfasern erreichen. Die Probe selbst ist durch zu lange Bestrahlungszeit in Mitleidenschaft gezogen, die Konturen der Fasern sind deshalb nicht mehr gerade, sondern gewellt.

Eine interessante Beobachtung machte FRANK [75] beim Mahlen verschiedener Fasern in einer mit destilliertem Wasser gefüllten Glaskugelmühle. Der gemahlene Chrysotil setzte sich nach Trennung von den Kugeln in der Flasche nicht nach unten ab, sondern schwamm zunächst oben am Flüssigkeitsspiegel. Mahlungen mit unzerschnittenen Fasern und mit Cruden aus Chrysotil blieben noch 4 Tage, solche mit zerschnittenen Fasern etwa 2 Tage an der Wasseroberfläche, auch wenn das Gefäß immer wieder geschüttelt wurde. Gab man aber zu einer derartigen, oben schwimmenden Probe ein Netzmittel, oder kochte die Probe etwa 5 Minuten ab, so sank der Asbest auf den Grund. Mahlungen mit Blauasbest oder Amosit dagegen begannen sofort sich auf den Boden des Gefäßes abzusetzen. FRANK schließt aus diesem Verhalten der Asbestfasern gleichfalls, daß die des Chrysotils im Gegensatz zu denen der Amphibolasbeste hohl sind.

In ULLMANNs Encyklopädie der techn. Chemie [226] wird die Hohlform der Chrysotilfaser damit erklärt, daß jeweils eine Magnesiumhydroxydschicht mit einer Silikatschicht zu einer Doppelschicht kondensiert ist, wobei beide Schichten in ihren Atomabständen nicht genau aufeinanderpassen, so daß Spannungen erzeugt werden, die eine Krümmung auslösen. Als Ursache für die gute Zerfaserbarkeit des Chrysotiles wird die Tatsache angeführt, daß die genannten Doppelschichten nur geringe Haftkräfte (VAN DE WAALsche Kräfte) nach außen abgeben, so daß die einzelnen Fasern nur einen geringen Zusammenhalt mit ihren Nachbarfasern haben. Im Gegensatz dazu sind die Schichten der Amphibolasbestfasern so miteinander verknüpft, daß ein fester Zusammenhalt in allen Richtungen, also längs und quer zur Faserrichtung, entsteht. Daher lassen sich Amphibolasbeste besonders schwer bis zur einzelnen Faser aufschließen.

Der wesentlich kompliziertere Kristall-Aufbau der Amphibolasbeste geht auch aus dem Röntgen-Diagramm nach DEBYE-SCHERRER hervor.

Über die Größe der Haftfestigkeit der Fasern untereinander liegen keine Angaben vor. Doch sei an dieser Stelle auf Versuche von FRANK [75] hingewiesen, bei denen für Festigkeitsversuche Blauasbestproben 15,5 mm tief in Zementwürfel eingekittet und nach Abbinden des Zementes Zugbelastungen unterworfen wurden. In einem Falle wurde die aus einem Faserbündel bestehende

Probe bei 11 kp, im anderen bei 26 kp aus dem 4 Tage alten Zementwürfel herausgezogen ohne selbst zu zerreißen. Die äußeren Fasern blieben jeweils am Zement haften, während die inneren Fasern sich von den äußeren abgelöst hatten. FRANK errechnete aus dem Querschnitt und der Eintauchtiefe in den Zement die zementbedeckte Oberfläche und in Verbindung mit der Zugkraft eine spezifische Ausreißlast, die im ersten Falle 10,8 kp/cm², im zweiten 25,6 kp/cm² betrug.

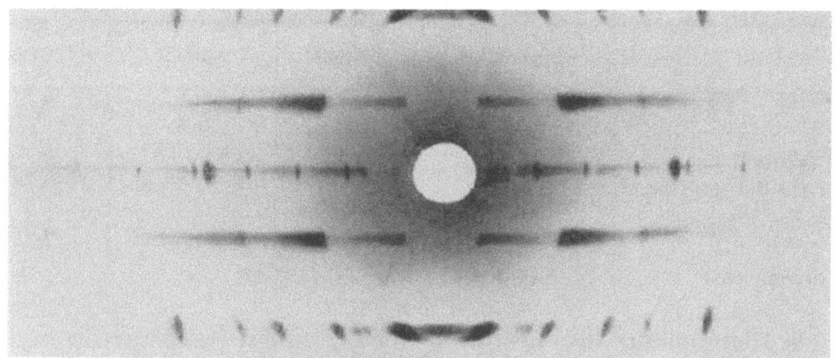

Abb. 23. DEBYE-SCHERRER-Diagramm vom Chrysotil [75].

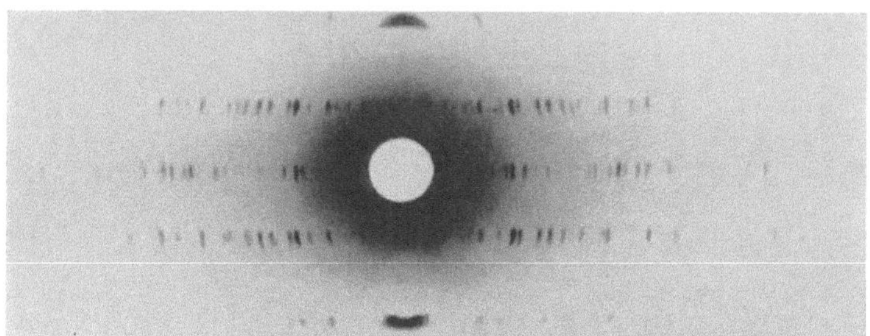

Abb. 24. DEBYE-SCHERRER-Diagramm vom Kapasbest [75].

Während die tatsächliche Haftfestigkeit zwischen Asbestfasern und Zement offensichtlich mindestens dem höheren Wert entsprechen dürfte, kann der kleinere als ein Anhalt für die Haftfestigkeit der Fasern untereinander angesehen werden.

2.152 Die Zugfestigkeiten und der Elastizitätsmodul des Asbests

In früheren Zeiten wurde der Asbest in Hinsicht auf seine Festigkeit einfach mit „schwach", „fest" und „sehr fest" bezeichnet. Höhere Ansprüche an das Material sowie verfeinerte Meß- und Prüfmethoden führten in den Jahren nach dem ersten Weltkrieg jedoch zwangsläufig zu genaueren Bestimmungen der tatsächlichen Festigkeiten der Asbestfasern, wobei die relativ kurze Faserlänge die außerordentlich hohe Zugfestigkeit und nicht zuletzt die schwierige, meistens optisch durchgeführte Querschnittsbestimmung für die Zerreißprobe hohe Anforderungen an die Versuchstechnik stellen.

Die Festigkeit einer Faser wird zweckmäßigerweise durch die Bruchspannung, auch Substanzfestigkeit genannt, angegeben. Darunter versteht man das Verhältnis: Bruchlast zur Querschnittsfläche (kp/mm²). In der Textilbranche ist es üblich, die Substanzfestigkeit mit der sogenannten Reißlänge auszudrücken. Als Reißlänge bezeichnet man dabei die Länge eines Fadens, dessen Eigengewicht bei seiner Aufhängung der Rechnung nach den Faden zerreißen würde. Die Reißlänge berechnet sich demnach aus dem Verhältnis der Bruchlast zum Metergewicht des Fadens und wird in Meter (m) oder Kilometer (km) ausgedrückt. Es ist offensichtlich, daß man die Reißlänge nur von Stoffen gleicher spezifischen Gewichte vergleichen darf.

Die Reißlänge eines Garnes ist von der Reißlänge des Materials selbst, also von der Substanzfestigkeit, streng zu trennen. Eine Garnfestigkeit hängt außer von der Substanzfestigkeit von der Faserlänge, der Oberflächenbeschaffenheit sowie von der Verdrillung ab und erreicht naturgemäß nur erheblich geringere Werte. Da Asbest in großen Mengen versponnen wird, findet man daher häufig Angaben über die Reißlänge sowohl für Substanzfestigkeiten als auch für Garnfestigkeiten.

2*

In der Encyclopedia of Chemical Technology, Band 2, 1948 sind Angaben über die Bruchspannungen verschiedener Asbeste aufgeführt. Unter Benutzung dieser Werte hat FRANK in einer Aufstellung die zugehörigen Reißlängen zusammengestellt und darüber hinaus zum Vergleich einige Garnfestigkeiten angegeben.

Tabelle 6. *Substanzfestigkeit und Garnfestigkeit von verschiedenen Asbestsorten* [75]

Asbestsorte:	Chrysotil	Blauasbest	Amosit	Tremolit	Anthophylit
spez. Gewicht (p/cm³)	2,5	3,4	3,3	3,1	3,2
Substanzfestigkeit (kp/mm²)	56 — 75	75 — 225	11 — 63	0,75 — 5,6	2,8
Substanzfestigkeit in Reißlänge (km)	22,4 — 30	22 — 66	3,3 — 19	0,24 — 1,8	0,87
Garnfestigkeit bei Techn. Packungen Reißlänge (m)	2 500	3 500	2 000	—	—
desgl. von feinsten Garnen (m)	5 000	9 600	—	—	—

Wie schon bei der allgemeinen Beschreibung der einzelnen Asbestarten hervorgehoben, sinkt die Festigkeit mit zunehmender Temperatur. Abb. 25 zeigt die Abnahme der Reißlänge bei der Erhitzung des Asbestes.

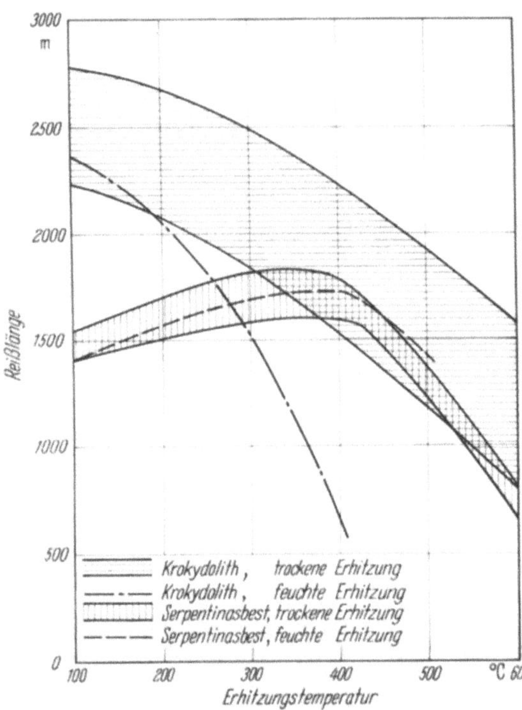

Abb. 25.

Reißfestigkeit von Blauasbest und Chrysotil unter Berücksichtigung der Festigkeitsstreuung und der Temperatur

(DIN 3751, Entwurf April 53, Seite 2).

Da über die elastischen Eigenschaften von Asbesten noch keine Angaben vorlagen, hat FRANK diesbezügliche Versuche durchgeführt und nach Überwindung versuchstechnischer Schwierigkeiten die in nachstehender Tabelle aufgeführten Ergebnisse erhalten.

Tabelle 7. *Elastizitätsmodul und bleibende Dehnung bei Blauasbest und Chrysotil* [75]

Belastungsstufe (kp/mm²)	Chrysotil		Blauasbest	
	E-Modul (kp/cm²)	bleibende Dehnung (%)	E-Modul (kp/cm²)	bleibende Dehnung (%)
2 — 22	644 000	0,0013	1 058 000	0
2 — 42	352 000	0,0180	1 075 000	0
2 — 62	286 000	0,0270	1 250 000	0
2 — 82	—	—	1 280 000	0

Vergleichsweise sei der E-Modul des Betons mit etwa 200 000 kp/cm² und der des Stahles mit etwa 2 100 000 kp/cm² aufgeführt. In ihrem elastischen Verhalten unterscheiden sich die Chrysotile vom Krokydolith grundsätzlich. Wie die Tab. 7 zeigt, wächst mit der Steigerung der Last der E-Modul beim Blauasbest, während er beim Chrysotil absinkt. Einer Zunahme der geringen bleibenden Dehnung mit Laststeigerung beim Chrysotil steht das ideal-elastische Verhalten des Blauasbestes gegenüber. Nach FRANK sind diese Unterschiede für die größere Widerstandsfähigkeit des Chrysotils gegenüber einer Zermürbung verantwortlich zu machen. Um jedoch zu einem einwandfreien Bild zu kommen, müssen diese Untersuchungen noch erweitert und ergänzt werden.

2.153 Die elektrischen Eigenschaften

Asbeste haben keine vollisolierenden Eigenschaften. Bei Niederspannungen können sie unter der Voraussetzung der Trockenheit als Isolatoren benutzt werden. Die elektrischen Eigenschaften hängen in der Hauptsache von der Reinheit des Asbestes ab. Beimengungen von z. B. Magnetit (Fe_3O_4) oder Pyrit (FeS_2) erhöhen die Leitfähigkeit und vermindern den Durchschlagswiderstand erheblich. In den International Critical Tables, New York — London, Band III, 1926 (Seite 310) ist für Asbestpapier aus Chrysotilasbest bei 20°C ein spezifischer Widerstand von $2 \cdot 10^5$ (Ohm · cm) angegeben, die Durchschlagsfestigkeit beträgt nach gleicher Quelle 4000 V pro 1 mm Dicke.

In der folgenden Tabelle sind einige Durchschnittswerte der Leitfähigkeit bzw. des spez. Widerstands aufgeführt.

Tabelle 8. *Elektrische Leitfähigkeit und spezifische Widerstände verschiedener Asbestarten*

Asbestart	Leitfähigkeit (1/Ohm · cm)	spez. Widerstand (Ohm · cm)
Chrysotil	$1{,}82 \cdot 10^{-6}$	$0{,}55 \cdot 10^6$
Blauasbest	$0{,}84 \cdot 10^{-6}$	$1{,}19 \cdot 10^6$
Amosit	$1{.}34 \cdot 10^{-6}$	$0{,}75 \cdot 10^6$
Anthophyllit	$0{,}58 \cdot 10^{-6}$	$1{,}73 \cdot 10^6$

2.154 Die Wärmeleitfähigkeit und Wärmeausdehnung des Asbestes

Die Wärmeleitung von Asbest entspricht etwa der von keramischen Stoffen. Sie schwankt, je nach Raumgewicht und Feuchtigkeitsgehalt, innerhalb der Grenzen von $\lambda = 0{,}06$ und $\lambda = 0{,}175$ kcal/m·°C·h. Die hohe Dämmeigenschaft des Asbestes ist auf die bei loser Packung eingeschlossene Luft zurückzuführen. Asbestpackungen behalten ihre Form auch bei hohen Temperaturen, wenn keine sonstigen Kräfte auf sie einwirken. Als Kälteisolator ist Asbest weniger gut zu gebrauchen, weil sich an ihm infolge seiner hygroskopischen Eigenschaft die Luftfeuchtigkeit niederschlägt. [197].

Nach Messungen von FRANK [75] wurde beim Chrysotil innerhalb des Temperaturbereiches von $+ 20°C$ und $+ 400°C$ ein Wärmeausdehnungskoeffizient von $\alpha = 2{,}2 \cdot 10^{-3}$ mm/m · °C gefunden, bei Messungen zwischen $+ 25{,}6°C$ und $+ 73°C$ dagegen ein Wert von $\alpha = 1{,}59 \cdot 10^{-2}$ mm/m · °C ermittelt. FRANK führt diese Erscheinung wohl mit Recht auf die Tatsache zurück, daß bei den höheren Temperaturen der Schwund infolge Wasserverlustes die Ausdehnung infolge Erwärmung kompensiert.

2.155 Die Widerstandsfähigkeit des Asbestes gegenüber chemischen Angriffen

Asbest gilt allgemein als ein gegenüber Chemikalien widerstandsfähiges Material. Dies ist nicht grundsätzlich der Fall, sondern mehr eine Frage der jeweiligen Bedingungen, unter denen ein Angriff stattfindet. Allgemeingültige Aussagen lassen sich über das Verhalten des Asbestes gegenüber Agenzien nicht machen, wie eine Reihe von entsprechenden Korrosionsversuchen ergaben [14, 75]. Man muß daher die Versuchsergebnisse sehr sorgfältig prüfen, wenn man daraus eine allgemeine Aussage treffen will. Die in der Literatur sich widersprechenden Meinungen dürften auf solche unkritischen Verallgemeinerungen zurückzuführen sein.

Das Ausmaß des Angriffs durch Chemikalien hängt einmal ab von der Asbestart, auf die das Agens einwirkt, zum anderen wird es von den Umständen bestimmt, unter denen der chemische Angriff stattfindet. Hierzu sind Temperatur, Einwirkungszeit und Konzentration der angreifenden Lösung zu zählen. In den Grenzen, in denen bei der Wasserversorgung, bei der Abwasserbeseitigung und im Boden selbst Agenzien vorkommen, darf Asbest als korrosionsfest betrachtet werden.

Das teilweise verschiedene Verhalten einzelner Asbestarten gegenüber chemischen Einflüssen veranlaßte FRANK, umfangreiche Korrosionsversuche durchzuführen. Er fand hierbei, daß der Angriff durch Säuren mineralischer wie auch organischer Art bei Steigerung der Konzentration zunächst rasch anwächst, dann jedoch langsamer fortschreitet und schließlich bei höchsten Konzentrationen sogar zurückgehen kann. Er stellte bei Extremversuchen mit siedender Säure fest, daß sich Blauasbest etwa dreifach säurefester erwies als Chrysotil.

Über das Verhalten gegenüber Laugen liegen ebenfalls Ergebnisse von FRANK vor, die er aus Versuchen mit Natron- und Kalilauge sowohl am Chrysotil als auch am Blauasbest gewonnen hat. FRANK konnte hierbei beim Chrysotil einen etwas geringeren Angriff als beim Blauasbest feststellen. Natürlich war der Angriff durch Laugen bei weitem nicht so stark wie der durch Säuren. Es zeigte sich bei diesen Versuchen jedoch ein speziell für den Asbestzement bedeutungsvolles Phänomen. FRANK beobachtete nämlich, daß mit zunehmender Temperatur der Angriff auf den Chrysotil abnahm und daß bei den Versuchen mit Natronlauge sogar eine Gewichtszunahme eintrat. Wurden die Chrysotilfasern nach dem Laugenversuch ausgewaschen, so ergab sich die Tatsache, daß die Alkalien nicht mehr restlos zu entfernen waren. FRANK schließt aus diesem Ergebnis auf Adsorption der Alkalien oder auf eine Bildung von Additionsverbindungen, die nicht mehr auswaschbar sind. Die Konzentration der Lauge hat dabei wohl weniger einen Einfluß als die Temperatur, deren Erhöhung diese Erscheinung deutlicher werden läßt. Diese Tatsache, daß Chrysotil unter dem Einfluß von Basen zur Bildung von Additionsverbindungen neigt, die ihrerseits gegen einen chemischen Angriff sehr widerstandsfähig sind, darf mit als Ursache dafür gelten, daß Asbestzement im allgemeinen höheren Widerstand gegen chemische Angriffe aufweist als andere Zementprodukte.

2.2 Der Zement

Als Bindemittel für Asbestzement kommt überwiegend genormter Portlandzement in Frage. In besonderen Fällen wird zur Erzielung bestimmter Materialeigenschaften auch auf andere Zementarten zurückgegriffen, sofern diese Zemente der DIN 1164 „Portlandzement, Eisenportlandzement und Hochofenzement"[1] entsprechen.

Zemente sind hydraulische Bindemittel, die sowohl an der Luft als auch unter Wasser erhärten. Sie werden durch Feinmahlen einer aus Kalk und den sogenannten „Hydraulefaktoren" (Kieselsäure, Tonerde, Eisenoxyd) bestehenden, gesinterten oder geschmolzenen Rohmasse gewonnen, wobei Gips als Abbinderegler addiert wird.

Schon verhältnismäßig frühzeitig erkannte man die besondere Wirkung, die durch Zugabe von kieselsäure- und tonhaltigen Materialien auf den gewöhnlichen Kalkmörtel ausgeübt wird. Wir wissen, daß die Römer ihren Kalkmörtel durch Zugabe von Ziegelmehl verbesserten, wenn er den geforderten Ansprüchen, wie z. B. bei Wasserbauten, nicht genügte. Es war ihnen, wie auch den Griechen, bekannt, daß natürliche Puzzolane, besonders die Trachyttuffe auf der griechischen Insel Santorin (Santorinerde), an den Hängen des Vesuvs und in seiner Umgebung (Puzzuoli) und in der Eifel (Traß)[2] den Kalkmörtel wesentlich verbessern. Doch war ihre Anwendung wegen des Fehlens größerer Transportmöglichkeiten weitgehendst an den Gewinnungsort gebunden. Eine Reihe von römischen Wasserbauten, bei denen hydraulische Kalke angewendet waren, lassen darauf schließen, daß den Römern die Herstellung hydraulischer Kalke durch Brennen tonhaltiger Kalksteine bekannt gewesen ist. In Ägypten wurde ein mit Aragonit[3] verunreinigter Alabastergips gebrannt und verarbeitet. W. WALLACE[4] fand bei einer Analyse

---

[1] s. Anhang „Normen".

[2] Unter Traß wird eigentlich der gemahlene Tuff dieser Gegend verstanden, häufig findet man jedoch die Bezeichnung „Traß" auch für den Trachyttuff selbst.

[3] Ein dem Kalkspat ähnliches Mineral, $CaCO_3$(H.3,5—4,0; spez. G. 2,9—3,0).

[4] WALLACE W.: Chem. News 11, (1865) 185 aus [131].

des Mörtels der Cheops-Pyramide einen Gipsgehalt von 81,5%, während der Rest größtenteils aus Kalziumkarbonat bestand. Es handelt sich demnach um einen Gipsmörtel, wie er auch heute noch Anwendung findet. Mit dem Niedergang der alten Kulturen geriet auch der hydraulische Kalk wieder mehr oder weniger in Vergessenheit und wurde erst im 18. Jahrhundert wieder entdeckt. Etwa ab 1750 beginnt die systematische Herstellung ungesinterter hydraulischer Kalke und damit auch die bewußte Beobachtung und Erforschung dieses Bindemittels. Seine Entwicklung auf dem Kontinent erhielt vor allem in den damaligen Industrieländern England und Frankreich die größten Impulse. In *England* stellte SMEATON[1] nach langem Probieren fest, daß Kalk mit Ton zusammen den besten Wassermörtel abgibt. Leider veröffentlichte er seine Erfahrung erst viel später, so daß ein weiterer Fortschritt in der Entwicklung der hydraulischen Bindemittel erst 1796 erfolgte. In diesem Jahre ließ sich J. PARKER[2] ein Herstellungsverfahren patentieren, mit dem er durch Brennen eines Mergels mit höherem Tongehalt ein hochhydraulisches Bindemittel erhielt. Er nannte das neue Bindemittel „Römischer Zement"[3] oder „Romanzement", weil es die gleiche Festigkeit erzielte, die die Mörtel der alten römischen Bauten aufwiesen. Dieser „Romanzement", der mit dem heutigen Bindemittel Zement noch nicht viel Gemeinsames besaß und heute folgerichtig als „Romankalk" bezeichnet wird, wurde 1810 erstmals fabrikmäßig hergestellt. In *Frankreich* hatte SAUSSURE[4] etwa um 1780 beobachtet, daß Kieselsäure im Kalkstein dem gebrannten Kalk hydraulische Eigenschaften verleiht. Später stellte VICAT[5] fest, daß neben der Kieselsäure auch das Vorhandensein von Tonerde zu den wesentlichsten Merkmalen der hydraulischen Kalke zählt. Bedingt durch die Verschiedenheit der natürlichen Rohstoffe — dem kalkreichen Mergel Frankreichs steht der tonige Mergel Südenglands gegenüber — zeichnete sich die Entwicklung in Frankreich durch eine stärkere Tendenz zum hydraulischen Kalk aus, während sie in England schon mehr in Richtung auf den Zement hin drängte.

Tatsächlich nimmt der hydraulische Kalk in Frankreich trotz des reichen Angebots an Portlandzement auch heute noch einen großen Raum ein [*131*]. Einen weiteren Schritt zum Portlandzement bedeutete die Entdeckung des sogenannten „Naturzementes". 1850 fand SAYLOR[6] in Pennsylvanien ein Gesteinsmaterial, das nach Brennen in Schachtöfen und Feinmahlen ein zementähnliches Bindemittel ergab. Es handelte sich bei diesem Rohmaterial um einen Kalkmergel, der alle zur Zementherstellung erforderlichen Ausgangsstoffe enthielt. Bei zufällig richtigem Mengenverhältnis dieser Ausgangsstoffe können die Naturzemente dem Portlandzement durchaus ebenbürtig sein. Im allgemeinen unterliegt die natürliche Zusammensetzung des Kalkmergels starken Schwankungen, so daß in Deutschland Naturzemente für den Stahlbetonbau nicht zugelassen sind. In anderen Ländern, besonders in den USA[7], werden auch heute noch Naturzemente hergestellt und verwendet. Ihre Güte liegt etwa zwischen der des hydraulischen Kalkes und der des Portlandzementes. Nachdem bereits J. F. JOHN[8] darauf hingewiesen hatte, daß hydraulische Kalke ebenso durch Brennen einer künstlichen Mischung von Kalk und Ton hergestellt werden können, verfuhr der englische Maurer J. ASPDIN[9] zum ersten Male nach dieser Methode, indem er Kalkschlamm und geschlämmten Ton zusammenbrachte und verrührte. Diese anschließend in der Sonne oder künstlich getrocknete Mischung brannte er in der üblichen Weise bis zur Austreibung der Kohlensäure und erhielt nach Mahlen des Brenngutes ein Bindemittel, das er in Anlehnung an den in seiner Heimat vorkommenden und damals als beliebtes Baumaterial bekannten Portlandstone „Portlandzement" nannte. Damit wurde der Name „Portlandzement" eingeführt. Der entscheidende Schritt zum heutigen Portlandzement erfolgte jedoch erst, als man

---

[1] SMEATON J.: Narrative of the building and the description of the construction of the Edystone Lighthouse, London 1791 aus [*131*].

[2] PARKER J.: Brit. Patent 2120/1796 aus [*131*].

[3] lat. caementum = Bruchstein.

[4] SAUSSURE: Voyage dans les Alpes, Neufchâtél 1779—1796 [*131*].

[5] VICAT L. J.: Recherches experiment. sur le chaux de constr. les bétons et les mortiers ordinaires, Paris 1818.

[6] s. [*131*].

[7] Häufig werden hier Romankalke als Naturzemente bezeichnet.

[8] JOHN J. F.: Über Kalk und Mörtel, Berlin 1819 aus [*131*].

[9] ASPDIN J.: Brit. Patent 5022/1824 [*131*].

erkannt hatte, daß sich durch Sinterung der Rohmasse, also durch Brennen mit einer noch höheren Temperatur, als sie beim Brennen des Kalkes üblich war, chemische Reaktionen ergeben, die für die Eigenschaften des Zementes bestimmend sind. Es ist das Verdienst von I. C. JOHNSON, diese Zusammenhänge etwa um 1845 aufgedeckt zu haben. Nunmehr entstanden überall Portlandzementfabriken. In Deutschland kam es 1855 zur ersten Fabrikgründung. Je mehr die verstärkt einsetzende wissenschaftliche Forschung die inneren Vorgänge sowohl bei der Herstellung als auch bei der Verarbeitung des Portlandzementes klären konnte, um so feiner wurden deren Methoden und Verfahren. Sie führten schließlich zu einer Reihe hochqualifizierter Bindemittel, die heute für die verschiedensten Zwecke zur Verfügung stehen.

2.21 Allgemeines über Portlandzement

2.211 Die Bestandteile des Portlandzementes

Die Rohmasse für den Zement enthält im wesentlichen die vier Komponenten
Kalk — Kieselsäure — Tonerde — Eisenoxyd.

Diese Rohstoffe werden gemeinsam in genau abgewogenem Mengenverhältnis bis zur Sinterung gebrannt. Dabei entstehen besondere Verbindungen, die das Wesen des Portlandzementes bestimmen. Hierin unterscheidet sich auch der Portlandzement von dem hydraulischen Kalk, bei dem diese Verbindungen fehlen, weil die Kalke mit geringeren Temperaturen gebrannt werden. Die gesinterte Rohmasse ergibt den Portlandzementklinker, aus dem durch Feinmahlen unter Zugabe von Gips dann das Portlandzementpulver erhalten wird. Maßgebend für die Zusammensetzung des Portlandzementes ist der Aufbau des Klinkers, dessen wichtigste Bestandteile folgende vier chemische Verbindungen sind:

1. Dikalziumsilikat	(C_2S)[1]	3. Trikalziumaluminat	(C_3A)
2. Trikalziumsilikat	(C_3S)	4. Tetrakalziumaluminatferrit	(C_4AF)

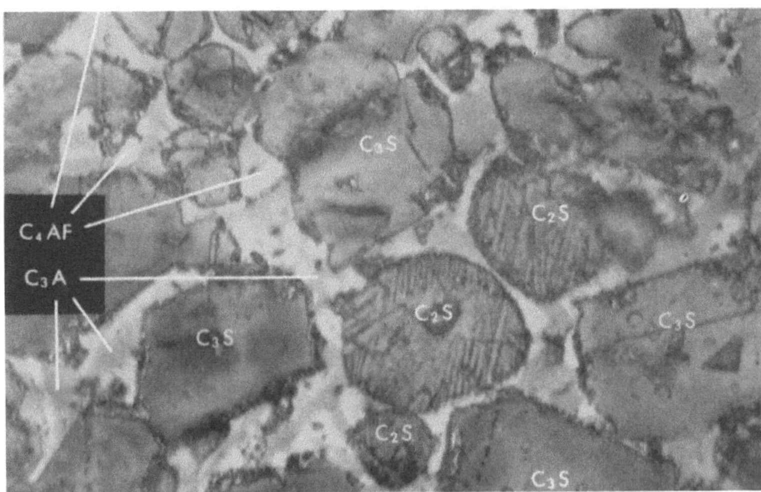

Abb. 26. Anschliff eines Portlandzementklinkers. (Aus einem Prospekt der Dyckerhoff Zementwerke Aktiengesellschaft.)

Hierbei ist allerdings zu beachten, daß diese Verbindungen nie in reiner Form vorliegen, daß sich vielmehr die Grenzen zwischen den einzelnen Bestandteilen verwischen. Darüber hinaus komplizieren Modifikationen, insbesondere des Dikalziumsilikates, den Überblick über den Aufbau des Portlandzementklinkers. Schließlich sind außer den bereits angeführten Verbindungen noch zusätzliche Bestandteile zu erwähnen, wie z. B. ein Kalziumaluminat der Form $12\,CaO \cdot 7\,Al_2O_3$[2] (häufig auch 12/7 Kalziumaluminat oder $C_{12}A_7$ geschrieben), das unter bestimmten Umständen an Stelle des Trikalziumaluminats treten kann oder das Dikalziumferrit, das in tonerdefreien oder

---

[1] Diese Abkürzungen haben sich immer mehr eingebürgert.
[2] In der Baustoffchemie bedient man sich zweckmäßigerweise der alten Schreibweise für chemische Formeln.

nahezu tonerdefreien Zementen außerhalb des Tetrakalziumaluminatferrits möglich ist oder einige Verbindungen der Alkali und des Schwefels. In fehlerhaften Zementen ist auch die Anwesenheit des Kalkoxydes in freier Form möglich, so z. B. dann, wenn der Kalkanteil höher ist als zur Sättigung der hydraulen Faktoren im Sinterbrand notwendig ist. Es kann weiterhin auch freie Magnesia vorhanden sein, wenn ihr Gesamtgehalt etwa 4% überschreitet, da nur bis zu 4% MgO vom Tetrakalziumaluminatferrit gebunden werden.

Zement beruht auf kalkgesättigten Verbindungen, wobei beim Portlandzement der Kalkanteil am größten ist. Beim gemeinsamen Erhitzen von Kalk und Kieselsäure bilden sich Kalksilikate verschiedener Art, je nach Höhe der Temperatur. Zunächst entsteht Monokalziumsilikat[1] $CaO.SiO_2$, das bei ausreichendem Kalkvorrat zu Dikalziumsilikat, $2\,CaO.SiO_2$, überführt wird. Eine weitere Steigerung der Brenntemperatur läßt Trikalziumsilikat, $3\,CaO.SiO_2$, entstehen. Diese Verbindung ist kalkübersättigt und nur im Sinterbrand stabil. CHARISIUS [43] gibt hierzu an, daß die Stabilität im Temperaturbereich 1250° bis 1900° vorhanden ist. Bei normalen Temperaturen (z. B. Raumtemperaturen) wird sie dagegen labil und hat das Bestreben, bei der Hydratation wieder in die stabile Form von Dikalziumsilikat zurückzugehen, wobei Kalkhydrat frei wird. Während Dikalziumsilikat etwas träger reagiert, ist Trikalziumsilikat vor allem für die Anfangserhärtung verantwortlich. Dikalziumsilikat erhärtet dagegen über einen längeren Zeitraum und ist somit an der Nachhärtung beteiligt.

Ähnlich liegen die Verhältnisse, wenn Kalk mit Tonerde zusammen erhitzt wird. Es bilden sich dann Kalziumaluminate verschiedener Formen, von denen besonders das kalkgesättigte Trikalziumaluminat zu erwähnen ist. Dieses Aluminat hat auf die Erhärtung des Portlandzementes einen maßgeblichen Einfluß, nicht aber auf die Festigkeit. Seine Reaktion ist spontan, daher ist es als Abbindebeschleuniger zu bezeichnen. Die große Wärmeentwicklung bei der Abbindung und vor allem die Neigung, mit Sulfaten eine Verbindung einzugehen, die als „Zementbazillus"[2] bekannt und berüchtigt ist, lassen es aber angeraten sein, die Höhe des Anteils an Aluminaten zu beschränken, sofern nicht besondere Verhältnisse einen höheren Aluminatgehalt erfordern.

Kalk und Eisenoxyd reagieren zu Mono- und Dikalziumferrit, $CaO \cdot Fe_2O_3$ und $2\,CaO \cdot Fe_2O_3$. Diese Verbindungen nehmen zwar keinen direkten Einfluß auf die Zementeigenschaften, sie bilden aber dennoch einen wichtigen und nicht wegzudenkenden Bestandteil des Zementes. Das Dikalziumferrit verbindet sich mit dem Trikalziumaluminat zu einer Doppelverbindung etwa nach dem Schema

$$3\,CaO \cdot Al_2O_3 + 2\,CaO \cdot Fe_2O_3 = 4\,CaO \cdot Al_2O_3 \cdot Fe_2O_3 + CaO.$$

Es entsteht Tetrakalziumaluminatferrit, das vor allem die Widerstandsfähigkeit gegenüber chemischen Angriffen verbessert. Neuere Forschungen haben gezeigt, daß auch im Tetrakalziumaluminatferrit geringe Mengen des 12/7 Kalziumaluminates der Form $12\,CaO \cdot 7\,Al_2O_3$ gelöst sein können. Zusammengefaßt haben die einzelnen chemischen Verbindungen in der Hauptsache Einwirkung auf folgende Eigenschaften des Portlandzementes:

Dikalziumsilikat	$2\,CaO \cdot SiO_2$:	Nachhärtung
Trikalziumsilikat	$3\,CaO \cdot SiO_2$:	Anfangserhärtung
Trikalziumaluminat	$3\,CaO \cdot Al_2O_3$:	Abbindebeschleuniger
Tetrakalziumaluminatferrit	$4\,CaO \cdot Al_2O_3 \cdot Fe_2O_3$:	chem. Widerstandsfestigkeit

Die prozentuale Zusammensetzung dieser Verbindungen ist in Tab. 9 wiedergegeben.

Tabelle 9. *Zusammensetzung der wichtigsten Zementkomponenten in Prozent*

Verbindung	CaO	SiO_2	Al_2O_3	Fe_2O_3
$2\,CaO \cdot SiO_2$	65,1	34,9	—	—
$3\,CaO \cdot SiO_2$	73,7	26,3	—	—
$3\,CaO \cdot Al_2O$	62,3	—	37,7	—
$4\,CaO \cdot Al_2O_3 \cdot Fe_2O_3$	46,2	—	21,0	32,8
$12\,CaO \cdot 7\,Al_2O_3$	48,5	—	51,5	—

---

[1] Neueren Forschungsergebnissen zufolge soll sich sofort Dikalziumsilikat bilden.   [2] s. S. 41 Abb. 43.

Die Tatsache, daß die Rohmischung bei der Zementerzeugung als künstliches Gemisch angesetzt werden kann, ermöglicht es dem Hersteller, bei der Rohmischung einen bestimmten Bestandteil besonders zu bevorzugen. Es lassen sich so Spezialelemente für besondere Zwecke herstellen, bei denen eine Komponente verstärkt, abgeschwächt oder ganz weggelassen wird. Dies bezieht sich in der Hauptsache auf Trikalziumaluminat, das, wie später noch gezeigt wird, meistens einen unliebsamen Bestandteil des Zementes darstellt. Portlandzement soll für die verschiedensten Aufgaben verwendbar sein, seine Zusammensetzung muß daher „universell" sein. Zu diesem Zweck wurden daher bereits früher, als die Portlandzementherstellung noch auf der handwerklichen Erfahrung des jeweiligen Brennmeisters beruhte, Formeln aufgestellt, die die rechnerischen Grundlagen für die optimale Zusammensetzung des Portlandzementes schaffen sollten, um der willkürlichen und zufälligen Zusammensetzung eines Brennsatzes ein Ende zu machen. Gleichzeitig konnte mit diesen Formeln eine Vorhersage auf die zu erwartenden Eigenschaften des Zementes gemacht werden. Heute läßt sich gegen diese, meistens empirisch gefundenen, als Moduli bezeichneten Formeln vieles einwenden, zumal die Nebenbestandteile im Zement bei diesen Moduli keine Berücksichtigung finden. Sie haben aber trotz des Vorhandenseins moderner analytischer Verfahren (z. B. nach BOGUE)[1] ihre Bedeutung nicht ganz verloren und finden nach wie vor in der Praxis Anwendung. KÜHL [131] sagt, daß den modernen Methoden dann unbedingt der Vortritt zu überlassen ist, wenn einmal völlig gesicherte wissenschaftliche Unterlagen für die Berechnungen nach diesen Methoden vorhanden sind und wenn zum anderen der dabei erforderliche Rechenaufwand auf ein Mindestmaß beschränkt werden kann. Solange jedoch beides nicht endgültig verwirklicht ist, wird die Praxis auch an den Moduli festhalten, weil sie ein einfaches Mittel darstellen, schnell einen Überblick zu gewinnen.

Alle Moduli haben einen oberen und einen unteren Grenzwert. Daraus ergibt sich für den Hersteller ein kleiner Spielraum für die Festlegung der Menge der einzelnen Zementbestandteile. Mit diesem Spielraum läßt sich einmal die unterschiedliche Zusammensetzung der natürlichen Rohstoffe berücksichtigen, zum anderen gibt er die Möglichkeit, die eine oder andere Eigenschaft des Zementes zu betonen, ohne daß die Berechtigung verloren wird, das Erzeugnis z. B. Portlandzement nennen zu dürfen. Während die Moduli als Erfahrungswerte einen Maßstab der Zusammensetzung der Zemente abgeben, versuchen die modernen Methoden die potentielle Zusammensetzung des Zementes aus der Analyse exakt zu berechnen. In Tab. 10 sind die Grenzwerte für die chemische Zusammensetzung der wichtigsten Zementarten angegeben. Zum Vergleich sind die der übrigen Normenzemente sowie die des Tonerdezementes mit aufgeführt.

Tabelle 10. *Chemische Zusammensetzung der Normenzemente und des Tonerdezementes*

	Portland-zement	Eisenportland-zement	Hochofen-zement	Tonerde-zement	Sulfathütten-zement
	%	%	%	%	%
SiO_2	19,0 — 24,0	21,0 — 27,0	24,0 — 30,0	3,0 — 10,0	25,0 — 26,0
Al_2O_3	4,0 — 9,0	6,0 — 10,0	7,0 — 16,0	38,0 — 48,0	11,0 — 13,0
Fe_2O_3 (+ FeO)	1,7 — 6,1	1,3 — 3,5	0,8 — 3,0	1,0 — 18,0	1,5 — 2,0
CaO	60,0 — 67,0	54,0 — 60,0	43,0 — 55,0	35,0 — 50,0	41,0 — 46,0
MnO	—	0,2 — 2,3	0,2 — 4,0	0 — 1,0	1,3 — 1,7
MgO	0,7 — 3,1	1,3 — 4,3	1,0 — 8,0	0,5 — 1,5	2,5 — 7,5
$CaSO_4$	1,7 — 5,1	1,6 — 5,2	1,6 — 6,8	1,0 — 3,0	8,0 — 12,0
CaS	—	0,4 — 2,0	0,9 — 3,0	—	0 — 2,5

2.212 Die Herstellung des Portlandzementes

Als Rohmaterial für die Herstellung des Portlandzementes kommen Kalkstein und kieselsäurereiche Tone, wie z. B. Mergel, als Träger der Hydraulefaktoren Kieselsäure, Tonerde und Eisenoxyd in Betracht; sie werden im allgemeinen über Tage in Steinbrüchen und Schürfgruben ge-

---

[1] BOGUE R. H.: Ind. Eng. Chem. Anal. Ed. 1, (1929) 192 [*131*].

wonnen. Das Rohmaterial soll nach Möglichkeit in seiner Zusammensetzung bereits weitgehend dem gewünschten Mischungsverhältnis entsprechen. Das bedingt neben sorgfältiger Auswahl der Abbaustelle vor allem auch noch eine laufende Überwachung seiner Zusammensetzung während des Abbaus selbst. Die natürliche Struktur der Rohstoffe ermöglicht in den seltensten Fällen die Gewinnung eines ständig gleichbleibenden Materials, meistens schwankt seine chemische Zusammensetzung innerhalb derselben Fundstätte stark. In diesen Fällen wird das gebrochene Gut verschiedener Gewinnungsstellen gemeinsam aufbereitet. Mitunter genügt auch bereits der gleichzeitige Abbruch großer Massen, um einen brauchbaren Mittelwert in der chemischen Zusammensetzung des Brechgutes zu erzielen.

2.212 1 Aufbereitung der Rohstoffe und Brennverfahren

Ziel der Aufbereitung ist es, die einzelnen Komponenten in das richtige Mengenverhältnis zueinander zu bringen und gleichzeitig eine innige Berührung untereinander herzustellen, damit eine einwandfreie und gleichmäßige Reaktion beim Brennvorgang gewährleistet ist. Hierbei unterscheidet man heute zwei grundsätzliche Verfahren: das Trockenverfahren und Naßverfahren.

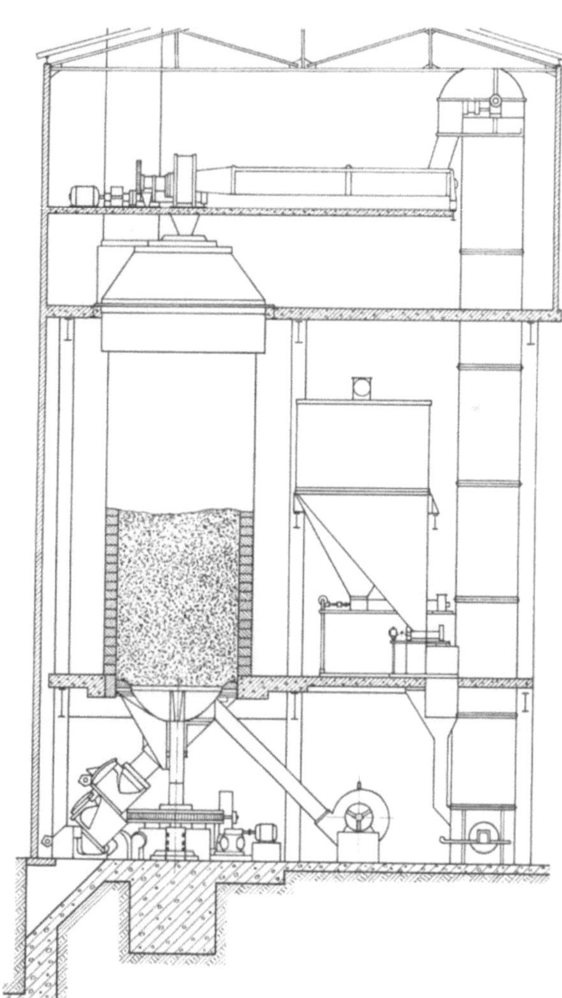

Abb. 27. Automatischer Schachtofen (Schema) nach [131].

a) Das Trockenverfahren. Zunächst wird das Rohgut in Grob-, Mittel- und Feinbrechern (Backenbrecher, Hammerbrecher, Kegelbrecher) zerkleinert, sodann in Kugelmühlen fein gemahlen und schließlich in Silos gelagert. Danach erfolgt eine eingehende Durchmischung, wobei die Zusammensetzung des Rohmehles korrigiert wird. Im allgemeinen gilt der Grundsatz, daß die

Mahlung des Rohmaterials um so feiner ausfallen muß, je unterschiedlicher seine Zusammensetzung ist und je höher die Qualität des späteren Zementes sein soll [*131*].

Das Brennen geschieht entweder in automatischen Schachtöfen, in Drehöfen oder auf dem in den letzten Vorkriegsjahren entstandenen Sinterband. Ursprünglich wurde der gewöhnliche, vom Kalkbrennen her bekannte *Schachtofen* auch für die Zementherstellung verwendet. Dies führte jedoch zu Schwierigkeiten, die auf dem unterschiedlichen Brennvorgang beruhten. Erst 1910 erfolgte der Schritt zum modernen, automatischen Zement-Schachtofen, als A. HAUENSCHILD durch eine besondere Entleerungsvorrichtung den kontinuierlichen Abzug des Zementklinkers ermöglichte.

Mit Hilfe eines beweglichen Rostes am unteren Ende des Schachtofens wird der beim Brennen entstehende Klinkerstock, der von dem Rost getragen wird, zerschlagen und kann in kleinen Stücken, die durch den Rost fallen, während des Brennbetriebes abgezogen werden. Abb. 28 zeigt den von HAUENSCHILD eingeführten Drehrost mit Brechnocken, durch die bei langsamer Rotation des Drehrostes um seine vertikale Achse der Klinkerstock angenagt und zertrümmert wird.

Abb. 28. Ansicht eines Drehrostes [*131*].

Daneben sind als wichtigste Vertreter der beweglichen Roste für Schachtöfen der Walzenrost und der Schieberost zu nennen. Die Leistung eines modernen Schachtofens liegt bei 140 bis 170 Mp und mehr pro Tag.

Damit das Rohmaterial während des Brennens allseitig gut und gleichmäßig von den Brenngasen bestrichen werden kann, ist es notwendig, es als lose gelagertes Schüttgut in den Ofen einzubringen. Dazu ist die Herstellung von Formlingen aus dem angefeuchteten Rohmehl erforderlich. Ursprünglich formte man regelrechte Ziegel, die lose aufgeschichtet und mit Brennmaterial, z. B. Stückkoks, umgeben wurden. Eine wesentliche Verbesserung war die Vermischung von Rohmehl und Brennmaterial vor der Formung. Heute werden mit Hilfe von Zweiwalzenpressen oder Vielstrangpressen hergestellte zylindrische Formlinge verwendet. Ein Schema der Zementherstellung im Trockenverfahren mit Schachtofen zeigt Abb. 29.

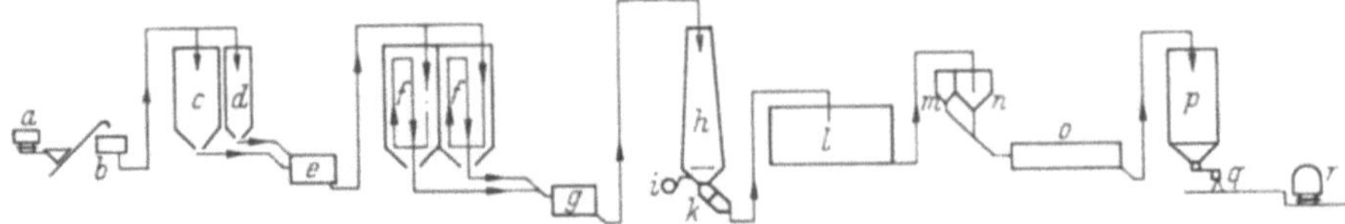

Abb. 29. Schema des Trockenverfahrens mit Schachtofen [*151*].

a Rohstoffanfuhr, *b* Brecher, *c* Rohstoffsilo, *d* Brennstoffsilo, *e* Mühle, *f* Rohmehlsilo mit Umwälzung, *g* Granuliertrommel, *h* Schachtofen, *i* Gebläse, *k* Schleusenaustragung, *l* Klinkerlager, *m* Gipssilo, *n* Klinkeraufgabe, *o* Mühle *p* Zementsilo, *q* Packmaschine, *r* Versand.

Die Einführung des *Drehofens* brachte eine umwälzende Neuerung auf dem Gebiete der Brenntechnik. Der erste Ofen dieser Art wurde in Amerika in den 90er Jahren aufgestellt. 1896 erbaute K. v. FORELL den ersten Drehofen in Deutschland, der mit Kohlenstaub geheizt, bei einer Länge

von 16,0 m eine Tagesproduktion von 30 bis 35 Mp Zement erreichte [*131*]. Das Wesen des Drehofens beruht einmal, wie der Name schon besagt, in dem Rotationsvorgang, zum andern in dem
völlig anders gearteten Brennprozeß. Drehöfen werden heute mit Längen von 50 bis 100 m und
Durchmesser bis 3,80 m gebaut. Die Grenzen in der Ofenlänge liegen aber weit höher. Abb. 30
zeigt die Abbildung eines amerikanischen Drehofens mit einer Länge von etwa 150 m und einem
Durchmesser von 3,65 m.

Abb. 30. Ansicht eines im Freien liegenden Großdrehofens mit einer Länge von ca. 153,0 m.

KÜHL [*131*] berichtet von einem Bauvorhaben in Schlesien, das infolge des Krieges nicht mehr
verwirklicht werden konnte, bei dem ein 177 m langer Drehofen geplant war.

Damit das Rohmaterial den Drehofen durchwandern kann, wird das Ofenrohr mit einer Neigung zu seinem Ende hin versehen, die im allgemeinen zwischen 3% und 5% liegt. Die Um-
drehungsgeschwindigkeit beträgt etwa 1,0 bis 1,2 U/Min. Gegen die Hitzeeinwirkung ist das Rohr
mit einem 15 bis 20 cm dicken Futter aus entsprechendem Material geschützt. Während in
Deutschland die Drehöfen bisher meistens mit eingeblasenem Kohlenstaub beheizt wurden,
lassen sich grundsätzlich alle hierfür geeigneten Brennstoffe verwenden. Neben Öl und Gas
wurden bereits Großversuche mit elektrischer Beheizung mittels Lichtbogens durchgeführt [*131*].
Die Leistung moderner Drehöfen liegt bei 500 Mp und darüber pro Tag. In Amerika rechnet man
für einen 150-m-Ofen sogar mit einer Tagesleistung von rund 1200 Mp Zement.

Beim Brennvorgang durchwandert das Rohmaterial, mit Wasser granuliert, infolge der Rotation und der Neigung das Ofenrohr gegen den Strom der Brenngase. Demgemäß wird es erst
langsam erhitzt, um dann am Ende des Ofenrohrs in der Sinterzone dem eigentlichen Sinter-

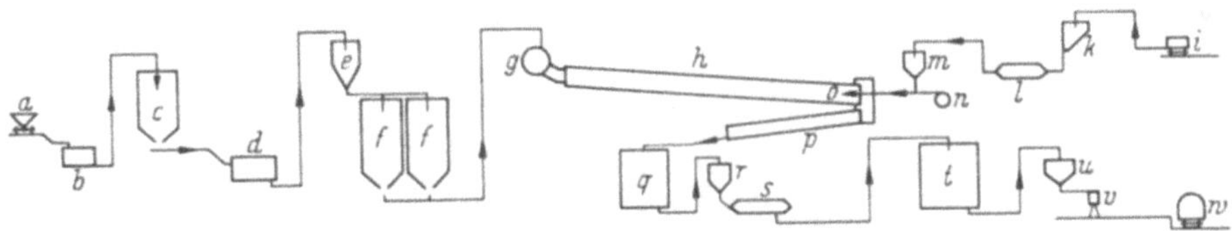

Abb. 31. Schema des Trockenverfahrens mit Drehofen [*151*].

a Rohstoffanfuhr, *b* Brecher, *c* Rohstoffsilo, *d* Mühle, *e* Mischsilo, *f* Rohmehlsilo, *g* Kalzinator, *h* Drehofen, *i* Brennstoffanfuhr, *k* Brennstoffsilo, *m* Staubkohlensilo, *n* Gebläse, *o* Düse, *p* Trockentrommel, *q* Klinkersilo, *r* Klinkeraufgabe,
s Klinkermühle, *t* Zementsilo, *u* Packsilo, *v* Absackmaschine, *w* Zementabfuhr.

prozeß unterworfen zu werden. Es fällt dann als weißglühendes Klinkermaterial in besondere
Vorrichtungen, in denen es abgekühlt wird, bis seine Temperatur eine weitere Behandlung zuläßt. Eine unangenehme Begleiterscheinung des Betriebes von Drehöfen stellt die damit verbundene Staubentwicklung dar. Die Abgase enthalten neben der Asche vom Kohlenstaub zum

großen Teil Rohmehl. Nach KÜHL [131] haben Autoren vor der Einführung moderner Entstaubungsanlagen einen Rohmehlverlust von über 10% angegeben. Mit modernen, meist mit elektrostatischer Aufladung arbeitenden Anlagen wird der Staubgehalt der Abgase stark reduziert. Trotzdem ist die mit Zementstaub überzogene und weiß gefärbte Umgebung eines Zementwerkes Kennzeichen dieser Industrie.

Als drittes und modernstes Verfahren ist das *Sinterband* zu nennen. Hierbei findet der Brennvorgang auf einem Wanderrost statt. Rohmehl und Brennstoff werden zusammen granuliert und in einer Schicht von etwa 50 cm auf den Wanderrost aufgegeben. Beim Durchfahren einer Zündflamme entzündet, brennt das Rohgut von sich aus weiter, wobei der Brennvorgang von einem

Abb. 32. Blick auf ein Sinterband [*131*].

durch Vakuum unter dem Sinterband erzeugten Luftstrom unterstützt, von oben nach unten fortschreitet. Durch die darüberliegenden Schichten vorgewärmt, steigt die Temperatur mit der Tiefe an und erreicht am Boden der Rohgutschicht ihren höchsten Wert, der die Sintertemperatur des Drehofens wesentlich überschreitet. Zur Vermeidung einer Zerstörung der Rostplatten des Sinterbandes gibt man eine Wärmebremsschicht aus bereits gebranntem Klinker zwischen Rost und Rohgutschicht auf.

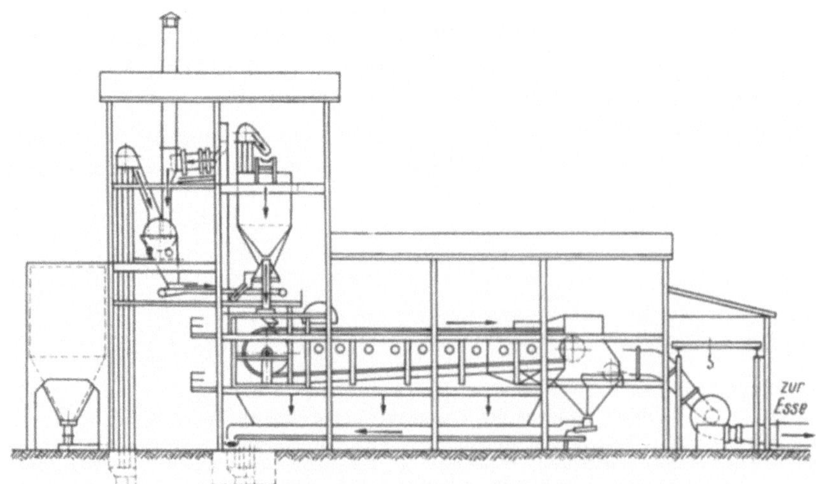

Abb. 33. Schnittzeichnung eines Sinterbandes [*131*].

Beim Sinterband werden schnell hohe Temperaturen erreicht, gleichzeitig erfolgt aber auch die Abkühlung äußerst rasch. Vorteile dieses Brennverfahrens sind neben der geringen räumlichen Ausdehnung Wegfall einer empfindlichen Ausfütterung mit hitzebeständigen Materialien, geringe

Staubentwicklung und vor allem die Tatsache, daß der Brennvorgang jederzeit unterbrochen werden kann. Die Tagesleistung eines derartigen Sinterbandes beträgt nach KÜHL [131] für ein Sinterband von 2,0 m Breite und 30,0 m Länge etwa 600 Mp Zement.

b) Das Naßverfahren. Neben dem Trockenverfahren besteht das Naß- oder Dickschlammverfahren. Dieses Verfahren wird besonders dort bevorzugt, wo die Rohmaterialien wasserreich und schwer zu trocknen sind (fette Tone, Kreiden usw.). Die Aufbereitung der Rohstoffe erfolgt durch Schlämmen, an das sich meistens noch ein Mahlvorgang anschließt. Steht z. B. neben einem gut schlämmbaren Ton harter, unschlämmbarer Kalkstein als Rohmaterial an, so stellt man häufig eine dünne Schlammbrühe aus dem Ton her und schickt sie zusammen mit dem bereits zu Grieß vorzerkleinerten Kalkstein durch eine Mühle, z. B. eine Kugel- oder Rohrmühle. Der Wasseranteil des Schlammes soll möglichst gering gehalten werden, da die Verdunstung des Wassers im Ofen wertvollen Brennstoff kostet.

Auf der anderen Seite muß der Schlamm transportfähig, d. h. pumpfähig sein. Im allgemeinen wird der Wassergehalt zwischen 32 und 35% liegen, je nachdem, ob fette oder magere Tone zur Verarbeitung gelangten. Im Gegensatz zum Trockenverfahren läßt das Naßverfahren nur die Verwendung von Drehöfen zu. Ursprünglich hatte man den Dickschlamm durch ein Rohr einfach in den Drehofen hineingepumpt, was naturgemäß eine sehr ungünstige Wärmebilanz gegenüber dem Trockenverfahren ergab. Später gelangte man zur Schlammeinspritzung, bei der der Schlamm durch Düsen fein verteilt von den Flammengasen erfaßt und getrocknet wurde. Hierbei ergab sich jedoch eine ziemliche Staubentwicklung. Durch Einhängen von Ketten in die Vorwärmezone des Drehofens versuchte man schließlich, die Schlammoberfläche zu vergrößern. Diese Ketten liegen am Boden des Rohres im Schlammfluß, wenn ihr Aufhängepunkt ebenfalls seine tiefste Stelle im Rohr eingenommen hat. Beim Drehen des Rohres wandert der Auf-

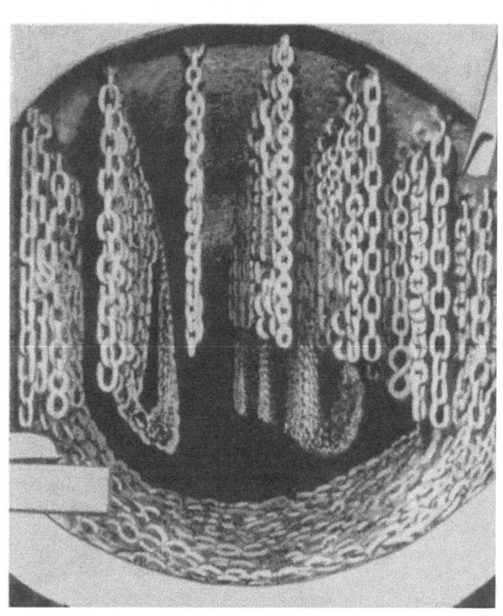

Abb. 34. Blick in die Vorwärmezone eines Drehofens mit Ketteneinbau [131].

hängepunkt hoch und zieht die Kette langsam aus dem Schlamm, der in dünnen Schichten an den Kettengliedern klebt. Durch die Flammengase zu Krusten erstarrt, die durch die Bewegung der Kette abgestoßen werden, wird bei diesem Vorgang der Schlamm gewissermaßen „granuliert".

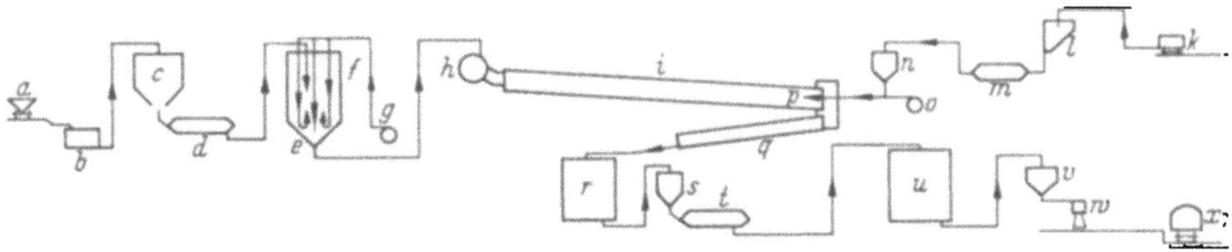

Abb. 35. Schema des Naßverfahrens mit Drehofen [151].

a Rohstoffanfuhr, *b* Brecher, *c* Rohstoffsilo, *d* Dickschlamm-(Naß-)Mühle, *e* Dickschlamm-Silo, *f* Druckluftleitung, *g* Gebläse, *h* Kalzinator, *i* Drehofen, *k* Brennstoffanfuhr, *l* Brennstoffsilo, *m* Brennstoffmühle, *n* Staubkohlensilo, *o* Gebläse, *p* Düse, *q* Trockentrommel, *r* Klinkersilo, *s* Klinkeraufgabe, *t* Klinkermühle, *u* Zementsilo, *v* Packsilo, *w* Absackmaschine, *x* Zementabfuhr.

Durch die Kombination der Schlammeinspritzung mit dem Ketteneinbau ließ sich die Rentabilität des Naßverfahrens erheblich steigern. Abb. 35 zeigt ein Schema der Zementherstellung nach dem Naßschlammverfahren im Drehofen.

2.212 2 Der Brennvorgang

Die Herstellung des Klinkers beruht auf einem thermo-chemischen Prozeß. Man kann den Brennvorgang in zwei Abschnitte zerlegen, wobei der erste dem Kalkbrand entspricht, während erst der zweite, in dem das Rohmaterial bis zur Sinterung erhitzt wird, der eigentlichen Zementbildung dient. Im Bereich der unteren Temperaturen wird den Tonmineralien zunächst das adsorptiv gebundene Wasser entzogen, eine weitere Erwärmung treibt dann das chemisch gebundene Wasser aus, wobei eine Umbildung der Tonmaterialien erfolgt. Ab etwa 580 °C entsteht die Zwischenphase Metakaolin $Al_2O_3 \cdot SiO_2$. Ab etwa 850 °C bilden sich nun in einem exothermen Prozeß Aluminate des Kalziums. Da unter atmosphärischem Druck, d. i. bei 760 Torr, die Dissoziationstemperatur des Kalziumkarbonats 894,4 °C beträgt, kann man annehmen, daß die Kalzination des $CaCO_3$, d. h. die Zerlegung in Kalkoxyd und Kohlensäure etwa bei 900 °C stattfindet. Der dabei freigewordene Kalk tritt in lebhafte Reaktion mit den Oxyden der Tonmineralien und mit den inzwischen neu gebildeten Aluminaten, wobei diese Reaktionen mit wachsenden Temperaturen zunehmen. Ist die Temperatur bei etwa 1250 °C angelangt, so ist der Kalk bereits fast völlig an die Hydraulefaktoren gebunden. Mit beginnender Schmelze und Erreichung der unteren Stabilitätsgrenze des Trikalziumsilikats bei 1250 °C wird der noch vorhandene restliche Kalk an das Dikalziumsilikat angelagert. Dieser Vorgang erstreckt sich bis zur eigentlichen Sinterung, die bei 1450 °C (als Mittelwert) erreicht wird. Hierbei entsteht dann auch das Tetrakalziumaluminatferrit. Die Höchsttemperatur, die sogenannte „Garbrandtemperatur“, liegt bei 1450°—1500 °C, der Anteil der Schmelze am Klinker soll dabei etwa 20—25% betragen. Zu hoch erhitzte Zemente zeigen meistens schlechtere Zementeigenschaften. Dies ist darauf zurückzuführen, daß beim „Überbrennen“, insbesondere von kalkreichen Zementen, sich Kalkoxyd abscheidet und somit zur Bindung an Hydraulestoffe ausfällt. Die chemischen Reaktionen ver-

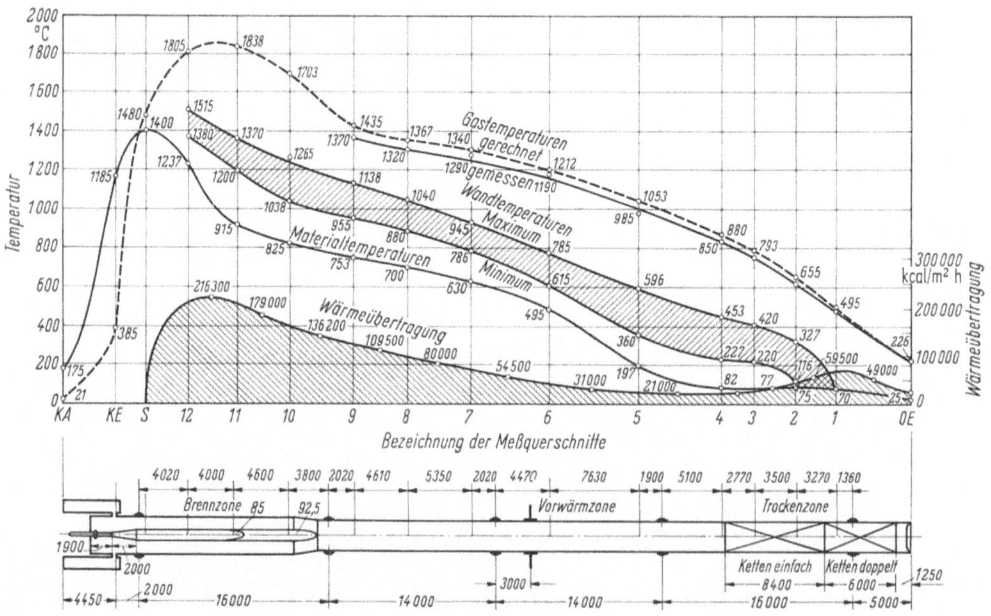

Abb. 36. Der Temperaturverlauf in einem Drehofen [131].

laufen nicht spontan, sondern benötigen eine bestimmte Zeit. Die einzelnen Reaktionsstufen lassen sich auch nicht streng unterteilen und abgrenzen. Die Bildung aller Verbindungen im Zementklinker muß grundsätzlich sowohl in der festen Phase als auch in der Schmelzphase als möglich angenommen werden. Das schließt natürlich nicht aus, daß die besonderen Zementbestandteile hauptsächlich durch Auskristallisation aus der Schmelze entstehen.

Zusammenfassend lassen sich folgende hauptsächlichen Reaktionen während des Brennvorgangs verfolgen:

1. Verdampfung des mechanisch gebundenen Wassers
   (endothermer Vorgang bis etwa 160 °C),
2. Dissoziation der Tonmineralien unter Bildung der Zwischenphase Metakaolin
   (endothermer Vorgang bis etwa 850 °C),
3. Neubildung von Kalziumaluminaten
   (exothermer Vorgang ab 850 °C)
4. Kalzination des Kalziumkarbonates
   (endothermer Vorgang um 900 °C),
5. Aufbau der Zementmineralien
   (endothermer Vorgang ab 1000 °C),
6. Bildung der kalkreichen Verbindungen und der ferritischen Aluminate
   (endo- und exothermer Vorgang ab etwa 1300 °C).

Der Verlauf der Temperatur in einem Drehofen ist aus der Abb. 36 ersichtlich.

2.212 3 Die Abkühlung des Klinkers

Früher glaubte man, daß mit dem Sinterungsprozeß der chemische Aufbau des Zementes beendet und die Abkühlung eine rein physikalische Angelegenheit sei, der man keine besondere Bedeutung beizumessen brauche. Die heutigen Erkenntnisse lehren aber, daß gerade der Abkühlungsvorgang maßgebend an der Zusammensetzung des Zementes beteiligt ist. Wenn eine Klinkerschmelze ganz allmählich auskühlt, bewegt sich die Kristallisation auf den theoretischen Gleichgewichtskurven zwischen den Schmelzphasen der einzelnen Komponenten und deren festen Phasen. Wird dagegen ein Klinker abgeschreckt, so erstarrt die Schmelze zur glasigen Masse, ohne daß eine Kristallisation erfolgen kann. Es bleibt also der Zustand erhalten, der im Augenblick des Abkühlens bestand, er „friert" ein. In der Praxis der Zementherstellung bewegt man sich zwischen diesen beiden Extremfällen. Die Abkühlung erfolgt erst rascher und dann langsamer. Daraus erklärt sich z. B. ein höherer Gehalt an Trikalziumsilikat im erkalteten Klinker als dies nach der Kristallisationsgleichgewichtslehre der Fall sein dürfte. C_3S bildet sich bei langsamer Kristallisation bis zu einem Höchstwert, der im Zuge des weiteren Erkaltens zum Teil durch Disproportionierung wieder abgebaut wird. Beim intensiven Abkühlen unterbleiben jedoch diese Vorgänge. Schließlich ist von Bedeutung, ob z. B. die als Schmelze vorhandenen Bestandteile des Klinkers glasig erstarren (plötzliche Abkühlung), ob sie ungestört kristallisieren, oder ob sie mit bereits kristallisierten Teilen des Klinkers in Reaktion treten. Kalkreiche Zemente, in denen neben Trikalziumsilikat auch das kalkarme 12/7 Kalziumaluminat auftritt, deuten z. B. auf stattgefundene Reaktionen der Schmelze mit den bereits vorhandenen festen Bestandteilen hin.

2.212 4 Die Fertigstellung des Zementes

Der weißglühende Zementklinker wird vom Ofen abgezogen und in besonderen Kühlvorrichtungen auf etwa 200 °C abgekühlt. Erst dann kann sich der weitere Verarbeitungsprozeß anschließen. Früher wurde der Zementklinker zunächst möglichst im Freien gelagert. Dies hatte seinen Grund in der Tatsache, daß vor Einführung der modernen Verfahren keine Gewähr dafür gegeben werden konnte, daß ein Zementklinker frei von Leichtbrand, d. h. von nicht ausreichend gebranntem Rohmaterial und frei von Kalkoxyd ist. Während ein Zementklinker im Gegensatz zum Zement, d. h. zum gemahlenen Zementklinker, inaktiv ist und sogar stundenlang im Wasser gekocht werden kann, ohne daß er sich wesentlich verändert, hydratisiert Leichtbrand durch die Aufnahme der Luftfeuchtigkeit sehr schnell und der freie Kalk ebenfalls, wenn auch etwas träger. Das Lagern hatte also die Aufgabe, die fehlerhaften Bestandteile des Zementklinkers unschädlich zu machen. Ferner wirkte sich diese „Teilhydratation" günstig auf die Abbindegeschwindigkeit aus, da dadurch besonders bei tonerdereichen Zementen die Abbindegeschwindigkeit verlangsamt wurde.

Wie bereits ausgeführt, entspricht der Zementklinker zwar in seiner Zusammensetzung dem Zement, er ist aber noch kein Zement. Die am deutlichsten ins Auge springende Eigenschaft des

Abb. 37. Verbundmühle zum Zementmahlen [131].

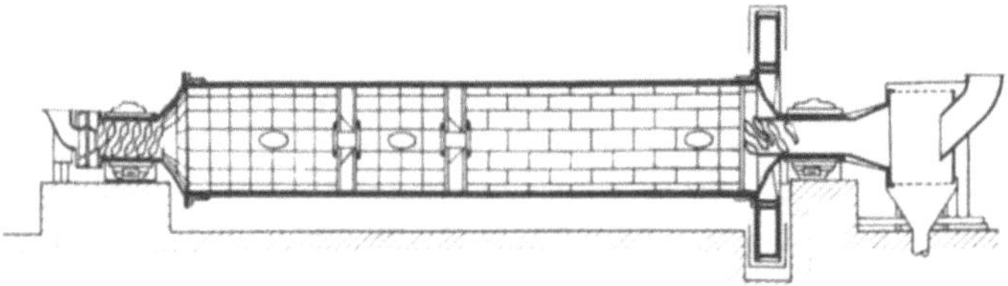

Abb. 38. Schnittzeichnung einer Verbundmühle [131].

Abb. 39. Prallmühle [131].

Zementes, mit Wasser spontan zu reagieren, fehlt dem Klinker völlig. Erst die Vergrößerung der Oberfläche aktivierte die Reaktionsfähigkeit. Hierbei gilt es allerdings, die richtigen Verhältnisse zu treffen. Schon MICHAELIS hatte erkannt, daß für die Mahlfeinheit beim Zement eine untere Grenze existiert, bei der zwar eine spontane Hydratation erfolgt, sich aber keine Erhärtung mehr einstellt. Aufgabe der Mahlung ist es daher, ein feines, aber nicht überfeines Produkt herzustellen. Zur Zementmahlung werden die sogenannten Verbundmühlen benutzt, die in mehreren Kammern Kugel- und Rohrmühlen vereinen.

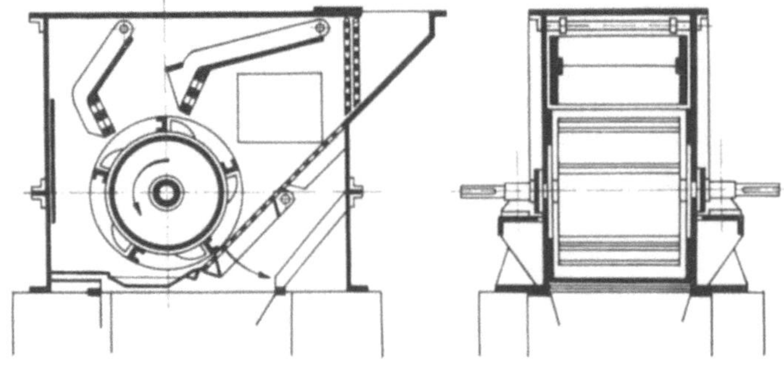

Abb. 40. Schnittzeichnung einer Prallmühle [131].

Neuerdings finden auch Prallmühlen immer mehr Eingang in die Zementproduktion. Hier werden die Klinkerkörner durch rotierende Trommeln beschleunigt und auf Prallböden geschleudert, wo sie durch den Aufprall zerschlagen werden. Eine weitere Zerkleinerung erfolgt dabei durch den Umstand, daß die einzelnen Partikel aufeinander prallen und sich so gegenseitig zertrümmern.

Zur Regelung der Abbindezeit wird zusammen mit dem Klinker bis zu 5% Rohgips vermahlen. Schon MICHAELIS fand, daß Gips die Abbindezeit verlängert, später zeigte sich auch, daß die Festigkeit hierdurch noch gesteigert wird. Die Zugabe von Gips ist streng zu dosieren, da ein Zuviel die Gefahr des Ettringits $3CaO \cdot Al_2O_3 \cdot 3CaSO_4 \cdot 32H_2O$ heraufbeschwört. Die DIN 1164 schreibt daher die Begrenzung des Gehalts an SO_3 auf maximal 3% vor. Zur Steigerung des Erhärtungsvermögens gibt man u. U. auch Kalziumchlorid zu. Nach DIN 1164 ist der Chloridgehalt auf der Verpackung oder bei loser Ablieferung auf dem Lieferschein zu vermerken, wenn er 0,1% übersteigt.

2.213 Der Erhärtungsvorgang

Gegen Ende des vorigen Jahrhunderts stellte LE CHATELIER[1] 1882 die Kristallisations-Theorie auf. Er führte die Erhärtung auf die Bildung von sich gegenseitig verzahnenden Kristallformen zurück. Dieser Theorie stellte MICHAELIS[2] 1893 eine andere Überlegung gegenüber. Er betrachtete die Erhärtung als Folge einer bei der Hydratation der Silikate entstehenden Ausscheidung von Kieselsäure in Gelform, die sich nachträglich verfestigt. Beide Theorien wurden viele Jahre lang gegeneinander ausgespielt. Heute wissen wir, daß beide Theorien ihre Existenzberechtigung haben und daß wahrscheinlich der Gel-Bildung die größere und maßgeblichere Bedeutung zukommt.

Wird *Trikalziumsilikat* als fein gemahlenes Pulver mit Wasser in Berührung gebracht, so beginnt schon bald eine Wasserbindung, wobei das Trikalziumsilikat unter Abspaltung des dritten Kalkmoleküls über Dikalziumsilikat in freien Kalk und in eine wasserhaltige, fast wasserunlösliche Kieselsäure-Verbindung als Gel mit unbekanntem molekularem Verhältnis ihrer Einzelbestandteile zerfällt.

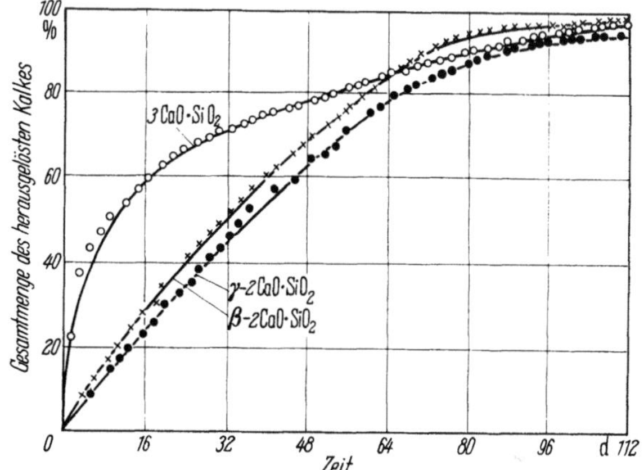

Abb. 41. Geschwindigkeit der Hydratation der Kalziumsilikate [*131*].

Der freie Kalk verbindet sich mit dem vorhandenen Wasser zu Kalziumhydroxyd, das geringfügig wasserlöslich, das Mörtelwasser mehr oder weniger zu gesättigtem Kalkwasser überführt und dem frischen Mörtel die bekannte alkalische Aggressivität verleiht. Das überschüssige Kalkhydrat scheidet sich in Form kleiner Kristalle aus. Ähnlich liegen die Verhältnisse beim *Dikalziumsilikat*. Auch hier erfolgt die Hydratation unter Abspaltung von Kalkhydrat. Wie schon früher angeführt, verlaufen aber die Reaktionen beim Dikalziumsilikat langsamer als die beim Trikalziumsilikat. Während also das letztere für die Anfangserhärtung bestimmend ist, ist ersteres als Ursache der Nachhärtung anzusehen.

Die Erhärtung schreitet von außen nach innen weiter fort. Das erforderliche Hydratationswasser wird dem gelförmigen *Kalziumsilikathydrat* entzogen, was Austrocknen und Schrumpfen der Gele zur Folge hat. Die Schrumpfung und die nachfolgende Kristallisation der Umsetzungsprodukte bewirken die Verfestigung der Mörtelmasse. Der Beginn der Erstarrung und die Erstarrung selbst ist hauptsächlich der Hydratation der Tonerde-Verbindungen im Zement zuzuschreiben. Im Gegensatz zu den Silikaten reagiert *Trikalziumaluminat* mit Wasser sehr stark unter Bildung sehr kleiner, plättchenförmiger Kristalle, die im Laufe einiger Wochen in das Trikalziumaluminathexahydrat $(3CaO \cdot Al_2O_3 \cdot 6H_2O)$ übergehen. Eine Abspaltung von freiem Kalk erfolgt dabei nicht. Das *Tetrakalziumaluminatferrit* reagiert zwar etwas träger, bildet aber ebenfalls Trikalziumaluminathexahydrat. Der hierbei freiwerdende Kalk wird in Form von

---

[1] CHATELIER LE H.: ,,Recherches Expérim. sur la Constut. des Mortiers Hydraul., 2. Auflage, Paris 1904 [*131*].
[2] s. KÜHL [*131*] S. 113.

amorphem Monokalziumferrit gebunden, so daß ungebundener Kalk nicht vorhanden ist. Die beschriebenen Vorgänge dauern verhältnismäßig lange und können sich auf Jahre erstrecken. Eine zeitliche Begrenzung der Erhärtungszeit von vornherein ist praktisch nicht möglich. Hinzu kommt, daß bei der Karbonatisierung des Kalziumhydroxyds durch das in der Atmosphäre befindliche Kohlendioxyd Wasser frei wird, das das Austrocknen der gallertartigen Kieselsäure verzögert. Daneben spielen natürlich auch äußere Umstände, wie Temperatur und Feuchtigkeit, eine wichtige Rolle und können den Erhärtungsvorgang sehr stark beeinflussen.

Beim Arbeiten mit Zementmörtel ist von großer Wichtigkeit die Kenntnis der Zeitdauer, in der sich der Mörtel verarbeiten läßt, ehe der Erstarrungsbeginn einsetzt. Grundsätzlich ergeben sich zwei Forderungen für den Zementmörtel: auf der einen Seite soll er nach dem Anmachen eine gewisse Zeit weich und verarbeitungsfähig bleiben, auf der anderen soll er möglichst bald in der ihm bei der Verarbeitung gegebenen Lage erstarren und diese Lage bewahren. Man unterscheidet daher definitionsgemäß zwischen dem „Erstarren", das auch „Abbinden" genannt wird, und dem „Erhärten". Unter Erstarren versteht man die erste Phase des Erhärtens, in der der Zementmörtel seine Plastizität verliert, ohne jedoch schon höhere Festigkeiten aufzuweisen. Als Ende der Erstarrungszeit betrachtet man hierbei den Zeitpunkt, an dem der Zementmörtel soweit erhärtet ist, daß er sich nicht mehr mit dem Fingernagel ritzen läßt. Dies ist natürlich eine willkürliche Festsetzung. Beim sogenannten „Normalbinder" soll der Erstarrungsbeginn bei einer Stunde nach dem Anmachen liegen[1]. Früher einsetzende Erstarrung kennzeichnet den Schnellbinder, späterer Erstarrungsbeginn — bei manchen Zementen 5 bis 7 Stunden nach dem Anmachen — den Langsambinder. Die Erstarrungszeit soll 12 Stunden nicht überschreiten.

Die vorhandenen Aluminate lösen sich im allgemeinen in reinem Wasser auf[2]. Wird das Wasser aber durch bestimmte Stoffe verunreinigt, dann verringert sich diese Löslichkeit. Eine Verringerung des Lösungsvermögens bewirkt bereits das im abbindenden Zement vorhandene Kalkhydrat. Man verstärkt diese Wirkung durch die Zugabe von Gips beim Mahlen des Klinkers. Wegen der dann erfolgenden Bildung schwer löslicher Kalziumsulfoaluminate (u. a. auch des Ettringits) muß die Gipszugabe jedoch streng dosiert werden. Andere Chemikalien, wie Chloride, Alkalihydroxyde, Pottasche, Soda, Nitrate und Silikate heben die Bremswirkung der Kalk-Gips-Lösung auf und werden als sogenannte Abbindebeschleuniger unter den verschiedensten Bezeichnungen auf den Markt gebracht. Der Einfluß dieser abbindebeschleunigenden oder -hemmenden Chemikalien auf die Hydratation der Kalziumsilikate ist gering [24]. Die Anwesenheit von Zuschlagstoffen in Mörtel und Beton ändert am Erhärtungsvorgang prinzipiell nichts, wohl aber an den Eigenschaften des erhärteten Produkts. Abgesehen von den mechanischen Festigkeitseigenschaften können auch die chemischen günstig beeinflußt werden, insofern, als durch die alkalischen Hydratationsprodukte in Verbindung mit dem vorhandenen Wasser die Zuschlagstoffe oberflächlich gelöst und in den chemischen Umwandlungsprozeß mit einbezogen werden können. Dies trifft sicherlich bei der Verkittung des Zementleimes mit den Zuschlagstoffen zu.

Beim Abbindeprozeß wird Wärme frei. Es liegt also ein exothermer Vorgang vor. Nach HUMMEL [100] können folgende Werte für die Wärmeentwicklung angegeben werden[3]:

Tabelle 11. *Wärmeentwicklung der Mineralbestandteile des Portlandzementklinkers* [100]

Mineralbestandteil	Entwickelte Wärmemenge in cal/g
Trikalziumaluminat 3 CaO · Al$_2$O$_3$	207
Trikalziumsilikat 3 CaO · SiO$_2$	120
Tetrakalziumaluminatferrit 4 CaO · Al$_2$O$_3$ · Fe$_2$O$_3$	100
Dikalziumsilikat 2 CaO · SiO$_2$	62

---

[1] § 5 und § 24, DIN 1164.

[2] s. auch D'ANS-EICK „Zement-Kalk-Gips" 6 1953 „Das System CaO—Al$_2$O$_3$—H$_2$O und das Erhärten der Tonerdezemente".

[3] s. auch Betonkalender 1962, II, 3.

Da Trikalziumaluminat bei der Hydratation die größte Wärmeentwicklung zeigt, kann der Tonerdegehalt eines Zementes mit als Maßstab für die zu erwartende Wärme beim Abbinden angesehen werden.

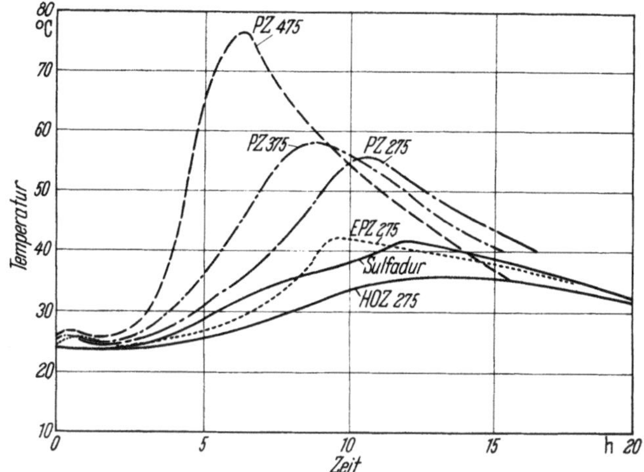

Abb. 42. Verlauf der Abbindetemperaturen bei verschiedenen Zementarten
(aus einem Prospekt der Dyckerhoff-Zementwerke AG).

2.214 Einige Ursachen für Schäden am erhärteten Zementprodukt

Das Eintrocknen der gelartigen Kieselsäure verringert das Volumen, während die Kristallisation meist mit einer Vergrößerung des ursprünglichen Volumens verbunden ist. Daraus resultieren einander entgegenwirkende Kräfte, die im richtigen Verhältnis zueinander stehen müssen. Es ist daher wichtig, daß das Erhärten des Betons unter kontrollierten äußeren Umständen erfolgt. Zu warme und zu trockene Luft, ungenügende Ableitung der Abbindewärme beschleunigen das Austrocknen der Kieselgele, dem dann die Bildung der Kristalle nicht folgen kann. Es entstehen Schwindspannungen, die zu Rissen im Beton führen. Geht die Austrocknung so weit, daß es an dem notwendigen Hydratwasser fehlt, dann wird die Hydratation in Frage gestellt, der Zement „verdurstet". Das Ergebnis ist ein wenig fester Beton, der im Extremfall zerfällt. In der Praxis schützt man sich vor diesen Gefahren durch Feuchthalten, Schutz vor der Sonneneinwirkung usw. Asbestzement-Druckrohre läßt man aus den gleichen Überlegungen im Wasserbad erhärten (s. S. 59).

Abgelagerte Zemente können infolge Aufnahme von Luftfeuchtigkeit und Kohlensäure aus der Luft bereits in ein Vorstadium des Erhärtens geraten sein. Derartige Zemente sind nicht mehr vollwertig. Angemachte Zementmörtel, die bereits in die Erstarrung eingetreten waren und zum „Wiederschlankmachen" nochmals mit Wasser versehen und durchgerührt werden, erreichen die ihnen zugeschriebenen Endfestigkeiten nicht mehr. Die bei beginnender Erstarrung sich bereits gebildeten und untereinander sich verzahnenden und verdübelnden Kristalle und Gelrinden werden wieder auseinandergerissen und sind nicht mehr in der Lage, sich noch einmal so innig miteinander zu verbinden, wie dies beim ersten Erstarren geschieht.

Eine häufige Ursache von späteren Schäden an fertigen Zementprodukten ist die Treibwirkung mancher Zemente. Diese Schäden unterscheiden sich von den eben aufgeführten dadurch, daß sie erst nach dem Erhärten auftreten. Der Zement soll raumbeständig[1] sein. Solange er erhärtet, arbeitet er. Die Verfestigung der gallertartigen Kieselsäure auf der einen und die Kristallisation auf der anderen Seite lassen das Zementprodukt erst dann zur Ruhe kommen, wenn sich diese Vorgänge im Verlaufe der Erhärtung stabilisieren. Wenn zum Beispiel das Gleichgewicht der inneren Spannungen durch Kristallisationsüberdruck dahingehend gestört ist, daß die inneren Kräfte nach außen gerichtet sind, dann muß — da anderseits der erhärtete Beton nicht mehr nachgeben kann — das Gleichgewicht durch Lockerung des Gefüges wieder hergestellt werden. Hierbei vergrößert sich das Volumen; der Beton „treibt". Überwiegen jedoch die Schrumpf-

---

[1] s. Abschn. 2.215c).

spannungen, d. h. nach innen gerichtete innere Kräfte, so „schwindet" der Beton. Das innere Gleichgewicht stellt sich hierbei durch die bekannten Schwindrisse wieder her. Während das Schwinden im allgemeinen keine besondere Gefahr für das fertige Zementprodukt darstellt, es läßt sich sogar mit genügender Genauigkeit abschätzen, kann durch das Treiben die völlige Zerstörung des Gefüges hervorgerufen werden. Als Ursache der Treiberscheinung können äußere Einwirkungen auf das Zementprodukt angeführt werden. In früheren Jahren lag die Ursache oft jedoch im fehlerhaften Verhalten des Bindemittels selbst. Solche fehlerhaften Zemente nannte man „Treiber". Hierbei wurden hauptsächlich vier Arten unterschieden, der Kalktreiber, der Magnesiatreiber, der Gipstreiber und schließlich der Leichtbrandtreiber. Weiterhin können Alkalien auf Grund ihrer Wechselwirkung mit den Zuschlagstoffen und Chloride zu Treiberscheinungen führen.

2.215 Einige physikalische Eigenschaften

a) Spez. Gewicht, Raumgewicht. Das spezifische Gewicht des Portlandzementes liegt zwischen 3,0 und 3,2 (p/cm³).

Beim Raumgewicht wird zwischen loser und eingerüttelter Füllung unterschieden. Bei loser Einfüllung können 1,0 bis 1,3 kp/dm³, bei eingerüttelter Füllung 1,6 bis 2,0 kp/dm³ angenommen werden. Die Zemente höherer Güte (Z 375 und Z 475) nehmen etwas geringere Werte an. In der Praxis rechnet man für Z 275 bei loser Füllung mit 1,2 kp/Liter und für die höheren Zemente mit 1,1 kp/Liter [100].

b) Mahlfeinheit. Von der Mahlfeinheit ist der Abbinde- und Erhärtungsprozeß stark abhängig. Je feiner die Mahlung ist, um so größer wird die dem Anmachwasser ausgesetzte Oberfläche, um so schneller und heftiger verläuft die Hydratation. Aus diesem Grunde werden die Zemente der Güteklassen Z 375 und Z 475, bei denen die Zusammensetzung der Rohmasse besonders gut aufeinander abgestimmt ist, auch feiner gemahlen. Die Mahlfeinheit findet jedoch ihre Grenze einmal in den mit zunehmender Feinheit steigenden Mahlkosten, zum andern in der Tatsache, daß eine vergrößerte Oberfläche auch eine erhöhte Menge an Anmachwasser benötigt, was wiederum das Schwinden des Zementes begünstigt. Aus der Erkenntnis, daß sich die obere Grenze der Mahlfeinheit von selbst ergibt, ist in der deutschen Vorschrift DIN 1164, § 3[1] nur die untere Grenze festgelegt worden. Die Verteilung der einzelnen Korngrößen sei als Beispiel an zwei handelsüblichen Portlandzementen aufgezeigt.

c) Druck- und Zugfestigkeit. Zemente und die mit ihnen hergestellten Erzeugnisse haben die Fähigkeit, größere Druckkräfte aufzunehmen, wogegen sie Zugkräften einen geringeren Widerstand entgegensetzen. In der Praxis wird Zement niemals allein für sich verarbeitet, sondern immer mit Zuschlagstoffen gemischt. Daher wäre die Prüfung von Körpern aus reinem Zement kein Maßstab für den Gebrauchswert eines Bindemittels. Man stellt vielmehr zur Bestimmung der Festigkeiten Prüfkörper aus einem Zementmörtel her. Da weiterhin die Festigkeiten eines Zementmörtels oder Zementbetons sehr stark von Art, Menge und Kornabstufung der Zuschlagstoffe, sowie der Verdichtung abhängig sind, wird für die Prüfkörper als Zuschlagstoff ein genau definierter Normensand festgelegt und die Form der Prüfkörper, die Art der Verdichtung und die Wasserzugabe genau vorgeschrieben[2]. Auf diese Weise schafft man für alle Zemente stets gleiche Versuchsbedingungen und erhält außerdem einen guten Vergleichsmaßstab. In DIN 1164, § 6 sind die zu fordernden Mindestbiegezug- und Druckfestigkeiten in Abhängigkeit vom Alter der normgerechten Prüfkörper angegeben. Die Mindestfestigkeit nach 28 Tagen bestimmt gleichzeitig die Güteklasse des jeweiligen Zementes.

Tabelle 12.
Korngrößenverteilung von Portlandzementen
(Windsichtung) [43]

Korngröße in μ	Zement I %	Zement II %
unter 10	31,2	21,6
10 bis 20	19,0	16,6
20 bis 30	15,2	9,0
30 bis 40	8,0	12,2
40 bis 50	10,4	10,4
50 bis 60	3,3	10,7
über 60	12,9	18,6

---

[1] s. Anhang „Normen".

[2] s. DIN 1164, § 8 und § 25.

Die tatsächlichen Druck- und Biegezugfestigkeiten liegen jedoch wesentlich höher. Die reine Zugbeanspruchung ergibt bei entsprechend geformten Prüfkörpern eine Zugfestigkeit, die im allgemeinen unter den Werten der Biegezugfestigkeit liegt und etwa 22 kp/cm² beträgt.

Tabelle 13. *Mindestfestigkeiten gemäß DIN 1164* (kp/cm²)

	1 Tag	3 Tage	7 Tage	28 Tage
		Zement 275		
Biegezug	—	—	30	50
Druck	—	—	110	275
		Zement 375		
Biegezug	—	30	40	60
Druck	—	150	225	375
		Zement 475		
Biegezug	30	50	60	70
Druck	100	300	360	475

d) Verhalten bei Hitze und Frost. Obwohl bei Temperaturen über 500°C die Festigkeiten des Zementbetons resp. des Zementes merklich abfallen, da dann bereits das Kristallwasser ausgetrieben wird, ist Zement gegen Feuer relativ unempfindlich. Das ist auf die schlechte Wärmeleitung zurückzuführen, die selbst bei großen Bränden die Hitze nicht bis ins Innere z. B. von Stahlbetonkonstruktionen eindringen läßt, so daß lediglich die Randzonen in Mitleidenschaft gezogen werden. Frisch abgebundener Beton ist naturgemäß empfindlicher, aber weniger, als man vermutet. DIECKMANN führt ein Beispiel an, wonach bei einem Brand eines Schalholzstapels in einem Stahlbetonneubau trotz eines sehr heftigen Feuers der erst drei Tage alte Beton des Geschosses, in dem der brennende Holzstapel sich befand, keinen Schaden genommen hatte [58]. Die Wärmedehnung und Wärmeleitzahl ist bei Zementerzeugnissen zu stark von der Verdichtung, vom Mischungsverhältnis und den Zuschlagstoffen abhängig, als daß man allgemeingültige Zahlen angeben kann. Im Stahlbeton rechnet man mit einer Wärmeausdehnung von

$$1,0 \cdot 10^{-2} \text{ mm/m} \cdot \text{°C}.$$

Erhärteter Zement ist gegen Frost unempfindlich, sofern er dicht und genügend fest ist. Beim Beton verlangt man eine Mindestfestigkeit von 150 kp/cm², die Schweizer auf Grund ihrer Erfahrungen im Hochgebirge sogar eine Mindestfestigkeit von 400 kp/cm², soll er als frostbeständig gelten [100]. Die Frostbeständigkeit eines Zementes läßt sich daher mit durch die Erhöhung des Gehaltes an Di- und Trikalziumsilikat verbessern [43]. Während des Abbindeprozesses ist Frost sehr schädlich, ein in dieser Zeit durchfrorener Beton erreicht keine nennenswerte Festigkeit. Beim bereits abgebundenen Beton wird der Erhärtungsprozeß infolge Frost unterbrochen, aber nach Wegfall des Frostes weiter fortgesetzt. Magerer oder poröser Beton kann durch Eisbildung in den Poren zerstört werden.

e) Schwinden, Quellen und Kriechen. Während das Treiben eines Zementes auf Fehler in der Zusammensetzung oder Behandlung zurückzuführen ist und nur in seltenen Fällen auftritt, ist das Schwinden, Quellen und schließlich Kriechen allen Zementen mehr oder weniger eigen. Schwinden und Quellen erklärt sich aus den Vorgängen beim Erhärten des Zementes. Das Austrocknen der gelförmigen Kalkverbindungen bedingt ein Schwinden des Volumens. Solange die Gele dabei nicht in Verbindung mit den kristallisierten Umsetzungsprodukten verfestigt werden, kann infolge Wasseraufnahme ein Aufquellen der noch vorhandenen Gele erfolgen. Das Schwindmaß kann daher durch Feuchthalten oder Wasserlagerung verringert werden. Daneben lassen geringerer Zementanteil und weniger Anmachwasser ebenfalls das Schwindmaß zurückgehen. Nach CHARISIUS [43] ist das Schwinden an der Luft hauptsächlich durch das Trikalziumaluminat bedingt, während die Kalziumsilikate das Schwinden weniger beeinflussen. Kieselsäurereiche Zemente schwinden weniger als kieselsäurearme.

Unter Kriechen versteht man eine dem Schwinden ähnliche Verformung des Betons unter einer Dauerbelastung. Das Material weicht gewissermaßen der Beanspruchung aus. Die Größe des Kriechmaßes hängt von vielen Umständen ab, z. B. von Temperaturen, Feuchtigkeit, Dichte des Betons und natürlich auch von der Größe und Dauer der Belastung. Durch Erhöhung der Festigkeit, also Verwendung einer fetten Mischung, guter Kornzusammensetzung der Zuschlagstoffe und durch Verlängerung der Ausschalfristen kann das Kriechmaß günstig beeinflußt werden.

2.216 Das Verhalten des Portland-Zementes gegen chemische Angriffe

Portlandzemente werden von verschiedenen Stoffen angegriffen. Hierbei muß unterschieden werden zwischen Stoffen, die den Abbinde- und Erhärtungsvorgang stören und solchen, die dem erhärteten Zementprodukt selbst gefährlich werden. Zu ersteren gehören vor allem huminöse Verunreinigungen und auch Zuckerlösungen, die sich als Verunreinigungen im Anmachwasser befinden können. Weit häufiger sind die Möglichkeiten der Schädigung des erhärteten Zementes, da sie auf Umwelteinflüsse zurückzuführen sind und sich meistens nicht oder nur selten vermeiden lassen. Der verschiedentlich geäußerten Meinung, daß sich die Säureangriffe in der Hauptsache gegen das im Zementprodukt enthaltene freie Kalkhydrat richten und deshalb der Gehalt an freiem Kalkhydrat als Maßstab für die Korrosionsanfälligkeit zu werten sei, kann nicht zugestimmt werden. Unter bestimmten Bedingungen zeigen an freiem Kalkhydrat arme Rohre (besonders dampfgehärtete) ein gleiches oder sogar ungünstigeres Korrosionsverhalten gegenüber Säureangriffen als Rohre aus Portlandzement mit dem normalen Gehalt an freiem Kalkhydrat. Ferner ist festzustellen, daß die Gefährdung des Asbestzements durch gewisse Salze, z. B. Sulfate, nicht im Zusammenhang steht mit dem Gehalt an Kalkhydrat. Viele Versuchsergebnisse und praktische Erfahrungen deuten darauf hin, daß die gegenüber Beton bei Asbestzement festgestellte höhere Korrosionsbeständigkeit auch auf das Verhalten des eingelagerten Asbests zurückzuführen ist. Man zieht hierbei gewisse Oberflächenverbindungen mit dem freien Kalkhydrat in Betracht[1]. Ganz allgemein und ohne jede Einschränkung gilt aber der Grundsatz, daß ein Zementbeton um so widerstandsfähiger gegenüber chemischen Angriffen ist, je dichter sein Materialgefüge ist.

Die für Zement und Beton aggressiv wirkenden Stoffe können in drei Gruppen eingeteilt werden:

1. alle anorganischen und viele organische Säuren,

2. eine Anzahl von organischen Salzen,

3. organische Fette und Öle und einige mineralische Öle, die Säure enthalten.

Im Gegensatz dazu sind alkalische Agenzien in den praktisch vorkommenden Konzentrationen im allgemeinen unschädlich, weil der Zement selbst alkalisch ist. Von den in der Praxis am häufigsten auftretenden Stoffen sind an erster Stelle die Salze der Schwefelsäure, der schwefligen Säure und der Schwefelwasserstoffsäure, also die Sulfate, Sulfite und Sulfide zu nennen. Auch Rauchgase, die meistens Schwefeldioxyd enthalten, gehören hierzu. Sie bilden, zum Teil über den Umweg der Oxydation, in Verbindung mit den Kalkaluminaten ein Kalziumaluminatsulfat, das wegen seiner zerstörenden Wirkung auch volkstümlich „Zementbazillus" genannt wird. Sulfate, wie z. B. Gips ergeben mit dem Trikalziumaluminat über die gelöste Phase Hydrate, die erheblich Wasser aufnehmen und dabei ihr Volumen um ein Vielfaches vergrößern. Dies drückt sich in der Formel dieser Hydrate

$$3\,CaO \cdot Al_2O_3 \cdot 3\,CaSO_4 \cdot 32\,H_2O \quad bzw. \quad 3\,CaO \cdot Al_2O_3 \cdot CaSO_4 \cdot 12\,H_2O \quad aus.$$

Die Kalziumaluminatsulfathydrate werden nach ihrem Entdecker auch als CANDLOTsches Salz[2] bezeichnet. Mineralogisch gesehen, handelt es sich um *Ettringit*, Abb. 43 zeigt in einer mikroskopischen Aufnahme die Größenunterschiede der Kristalle sehr demonstrativ.

---

[1] s. auch [*90*].

[2] CANDLOT, E.: Bull. Soc. Encour. 89, (1890) 682 [*131*].

Die Salze der Salpetersäuren und Salzsäuren bilden zum Teil lösliche Kalkverbindungen, wie Kalksalpeter oder Kalziumchlorid. Kalksalpeter kann auch durch die Anwesenheit von Jauche und Dünger entstehen. Hierbei wird das in den Fäkalien enthaltene Ammoniak durch mikrobiologische Vorgänge zu salpetriger Säure und schließlich zu Salpetersäure aufoxydiert. Bekannt ist die Erscheinung des sogenannten „Mauerfraßes". Von den Chloriden ist besonders Ammonium-

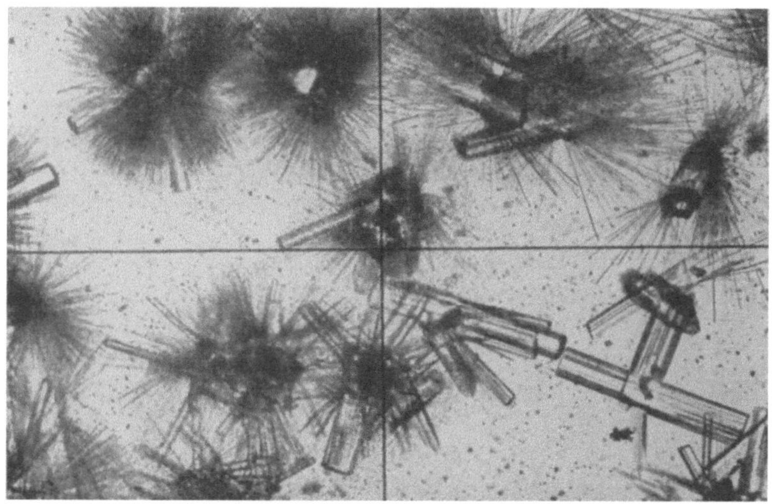

Abb. 43. Mikroskopische Aufnahme von Ettringit
(aus einem Prospekt der Dyckerhoff-Zementwerke AG).

chlorid und Magnesiumchlorid zu erwähnen. Letzteres ist im Meerwasser enthalten. Einen besonderen Rang nimmt die Kohlensäure ein. Zwar handelt es sich hier um eine verhältnismäßig schwache Säure. Sie befindet sich aber in den meisten natürlichen Wässern und bedeutet daher eine dauernde Gefahr für alle Bauwerke im Boden, besonders auch für Rohrleitungen. Von den organischen Säuren seien vor allem die Milchsäure, die Essigsäure und die Gerbsäure erwähnt. Organische Öle und Fette werden durch das freie Kalkhydrat gespalten, wobei u. U. betonfeindliche Fettsäuren entstehen können.

2.22 Die Normenzemente

Normenzemente sind Zemente, deren Zusammensetzung und Eigenschaften bestimmten Vorschriften unterliegen und deren Herstellung laufend überwacht wird.

Bisher bestehen folgende Zementnormen:[1]

DIN 1164 „Portlandzement, Eisenportlandzement, Hochofenzement",

DIN 1167 „Traßzement",

DIN 4210 „Sulfathüttenzement".

Als grundlegende Vorschrift für Zemente ist die DIN 1164 in der Neufassung vom Dezember 1958 anzusehen. Sie teilt die Zemente in drei Güteklassen ein, schreibt eine entsprechende Beimischung vor (§ 1), enthält Bestimmungen über Raumbeständigkeit (§ 4), Erstarren (§ 5) und Festigkeiten (§ 6), sowie über die laufende Überwachung der Zementherstellung (§ 7). Diese Bestimmungen der DIN 1164 gelten allgemein für alle genormten Zemente. Ihrer Einteilung in drei Güteklassen liegt die Mindestdruckfestigkeit[2] nach 28 Tagen zugrunde. Danach unterscheidet man:

Zement 275*   (Kurzzeichen Z 275)
Zement 375*   (Kurzzeichen Z 375)
Zement 475*   (Kurzzeichen Z 475).

---

[1] s. Anhang „Normen".

[2] Es handelt sich um eine Mörtelfestigkeit.

* In der alten DIN 1164 vom Juli 1942 lagen diese Werte jeweils um 50 kp/cm² niedriger. Die Qualitätssteigerung in der Zementherstellung ließ schon seit geraumer Zeit die Beibehaltung der alten Werte als nicht mehr angemessen erscheinen.

2.221 Portlandzement[1]

Der zweifellos wichtigste und älteste Vertreter der Normenzemente ist der Portlandzement, dessen erste Normung bereits im Jahre 1878 erfolgte. Später wurden dann auch noch die beiden anderen Zementarten, Eisenportlandzement (1909) und Hochofenzement (1917), in die Norm mit einbezogen. Außer den bereits erwähnten Bestimmungen dieser Norm wird für diese Zementarten neben der Mahlfeinheit noch vorgeschrieben, daß z. B. der Anteil an Magnesia höchstens 5%, der an Schwefelsäureanhydrid höchstens 3% betragen darf. Die anteilige Menge der einzelnen chemischen Komponenten wird in den deutschen Normen zahlenmäßig nicht festgelegt, wie das z. B. in den USA der Fall ist (ASTA Specification C—150). Durch Beschränkung des Glühverlustes auf 5% zur Zeit der Anlieferung des Zementes wird aber eine weitgehende Gleichheit der Ausgangsstoffe gewährleistet. Zusätze für spezielle Zwecke dürfen 1% nicht übersteigen, während der maximale Gipsanteil, der zur Regelung der Abbindezeit notwendig ist, sich aus der Begrenzung des Glühverlustes bzw. des Gehaltes an Schwefelsäureanhydrid ergibt. Es werden demnach hinsichtlich der allgemeinen Eigenschaften und besonders der Festigkeiten an alle Zementarten die gleichen Anforderungen gestellt. Sie unterscheiden sich voneinander lediglich durch ein verändertes Verhältnis der Aufbaumaterialien, wie dies aus Tab. 10 auf S. 26 ersichtlich wird.

Tabelle 14.
Analyse eines Portlandzementes gemäß DIN 1164

Bestandteil	%
Kieselsäure	22,0
Tonerde	6,0
Eisenoxyd(ul)	2,5
Manganoxydul	—
Kalk	66,0
Magnesia	2,0
Alkalien	0,7
SO_3	0,3
Kalziumsulfid	—
Glühverlust	0,5
Hydraul. Modul	2,16
Silikatmodul	2,59
Tonerdemodul	2,4

Portlandzement nimmt von allen Zementarten den breitesten Raum ein. Von der jährlichen Zementerzeugung z. B. in der Bundesrepublik entfallen etwa 75% auf den Portlandzement. Auch bei der Herstellung von Asbestzement findet in der Hauptsache dieser Zement Verwendung. Die Zusammensetzung eines Portlandzementes nach DIN 1164 zeigt die Tab. 14.

2.222 Hüttenzemente

Während Portlandzement von sich aus beim Anmachen mit Wasser erhärtet, liegen in den Hüttenzementen Bindemittel vor, die erst durch die Anwesenheit einer weiteren als Erreger dienenden Komponente zum Abbinden und Erhärten veranlaßt werden. Nach KÜHL [*131*] können diese Bindemittel als „konjugierte Bindemittel" mit latent-hydraulischem Erhärtungsvermögen bezeichnet werden. Latent-hydraulische Stoffe sind die Hochofenschlacken, die als Abfallprodukt bei der Eisengewinnung anfallen. Ihre chemische Zusammensetzung ist von der Art des Eisenerzes und der Methode der Aufbereitung abhängig. Hochofenschlacken zeigen nur dann latent-hydraulische Erhärtungseigenschaften, wenn sie möglichst schnell gekühlt werden, sie müssen glasig bleiben. Der Glaszustand ist natürlich nicht allein für das latent-hydraulische Verhalten verantwortlich zu machen, vielmehr spielt die chemische Zusammensetzung der Schlakke eine wichtige Rolle. Insbesondere ist der Kalkgehalt und der Gehalt an Tonerde von Bedeutung, während demgegenüber die Anwesenheit der Kieselsäure weniger ins Gewicht fällt. Eine Schlacke eignet sich um so besser für die Herstellung von Hüttenzementen, je höher ihr Kalk- und Tonerdegehalt ist. Hierbei ergibt sich allerdings die Schwierigkeit, daß kalkreiche Schlacken leichter zur Kristallisation neigen und daher besonders abrupt abgekühlt werden müssen. In der Hauptsache kommen die Hämatit- und die Gießereiroheisenschlacke in Frage. Zwar weist die Spiegeleisenschlacke auch einen höheren Kalkgehalt auf, ihr Tonerdegehalt ist jedoch niedriger, vor allem aber läßt sie der hohe Anteil an Manganoxydul für vorliegende Zwecke unbrauchbar werden. Um aus der Hochofenschlacke ein Bindemittel, einen Hüttenzement, zu machen, bedarf es eines Erregers, der sowohl alkalischer als auch sulfatischer Natur sein kann.

Hüttenzemente mit alkalischer Erregung werden heute ausschließlich durch gemeinsames Mahlen von schnell gekühlter Hochofenschlacke (Hämatit- oder Gießereiroheisenschlacken) und Port-

---

[1] Abkürzung: PZ.

landzementklinker (als alkalischer Erreger) hergestellt. Zur Steuerung des Abbinde- und Erhärtungsprozesses werden ähnlich wie bei der Erzeugung von Portlandzement geringe Mengen von Gips zugesetzt. Diese Hüttenzemente verhalten sich bei entsprechend sorgfältiger Herstellung und Verarbeitung wie die Portlandzemente und sind daher zusammen mit letzteren in einer gemeinsamen Norm, der DIN 1164[1], beschrieben. Daher gilt diese Norm sowohl für Portlandzement, als auch für Eisenportlandzement und Hochofenzement.

Unter *Eisenportlandzement* sind die Hüttenzemente zu verstehen, deren Gehalt an Portlandzementklinker 70% und mehr ausmacht, während alle Hüttenzemente mit einem Portlandzementklinkeranteil unter 70% in der Norm als Hochofenzemente bezeichnet werden.

Die Hüttenzemente zeigen im allgemeinen etwas geringere Endfestigkeiten als Portlandzemente, da sie kalkärmer sind. Das trifft insbesondere für die Hochofenzemente zu. Der Gehalt an SO_3 darf beim Eisenportlandzement 3%, beim Hochofenzement 4% nicht übersteigen. Die Zusammensetzung der Hüttenzemente ergibt sich aus Tab. 15.

Tabelle 15. *Analysen von Hüttenzementen gemäß DIN 1164*

Bestandteil in Prozent	Eisenportland-zement	Hochofen-zement
Kieselsäure	25,3	29,7
Tonerde	8.7	12,3
Eisenoxyd(ul)	1,9	1,1
Manganoxydul	0,09	0,21
Kalk	59,7	51,3
Magnesia	2,36	2,84
Alkalien	0,48	0,21
SO_3	0,21	0,09
Kalziumsulfid	0,9	2,1
Glühverlust	0,35	0,15
Hydraul. Modul	1,66	1,18
Silikatmodul	2,37	2,22
Tonerdemodul	4,37	9,30

Hüttenzemente mit sulfatischer Erregung wurden früher „Gipsschlackenzemente" genannt, heute lautet die offizielle Bezeichnung jedoch „Sulfathüttenzemente". Sie werden durch gemeinsames Feinmahlen von hochbasischer, schnell gekühlter Hochofenschlacke mit 12—15% Gips hergestellt. Sie sind in der DIN 4210[1,2] vom Juli 1959 genormt und sind hinsichtlich ihrer Verwendung den übrigen Normenzementen nach DIN 1164 gleichgestellt. Da die Voraussetzung für die sulfatische Erregung des hydraulischen Erhärtungsvermögens ein genügend hoher Anteil an Tonerde ist, wurde in der DIN 4210 festgelegt, daß deren Gehalt mindestens 13% betragen muß. Gleichzeitig darf der Anteil der Hochofenschlacken 75% und der Gehalt an SO_3 3% nicht unterschreiten. Genauere Untersuchungen haben ergeben, daß die sulfatische Erregung nur dann einsetzt, wenn eine bestimmte Alkalienkonzentration vorhanden ist[3,4]. Aus diesem Grunde gibt man den Sulfathüttenzementen eine geringe Menge an gemahlenem Portlandzementklinker zu. Sulfathüttenzemente dürfen nicht zusammen mit Kalk, Gips oder anderen Normenzementen verarbeitet werden.

2.223 Traßzement

Traßzement besteht aus einer innigen Mischung feingemahlenen Portlandzementklinkers mit normengemäßem Traß und ist in der DIN 1167 vom Juli 1959[5,6] genormt. Hierbei unterscheidet man je nach dem Mischungsverhältnis zwei Arten von Traßzement. Der Regeltraßzement 30 : 70

---

[1] Erstmals 1953 in die Norm aufgenommen.

[2] s. Anhang „Normen".

[3] D'ANS-EICK „Zement-Kalk-Gips" 12 1954. „Untersuchungen über das Abbinden hydraulischer Hochofenschlacken".

[4] D'ANS-EICK „Zement-Kalk-Gips" 9 1953. „Das System $CaO—Al_2O_3—Ca\ SO_4—H_2O$".

[5] s. Anhang „Normen".

[6] Erstmals 1941 in die Normen aufgenommen.

besteht aus 30% Traß und 70% Portlandzement, während sich der Traßzement 40 : 60 entsprechend aus 40% Traß und 60% Portlandzement zusammensetzt. Auf Grund des geringen Gehaltes
an Tonerdeverbindungen zeichnet sich der Traßzement besonders durch eine geringere Wärmeentwicklung beim Abbinden aus und ist daher besonders dort angebracht, wo größere Bauwerke
die einwandfreie Ableitung der Abbindewärme erschweren. Demgegenüber steht eine langsamere
Abbindereaktion, daher müssen diese Zemente besonders fein gemahlen werden.

2.23 Einige Spezialzemente

Neben den normalen Zementen sind noch einige Sonderzemente zugelassen, von denen die
wichtigsten hier in diesem Rahmen erwähnt werden sollen.

2.231 Tonerdeschmelzzement

Tonerdezemente zeichnen sich, wie der Name schon besagt, durch hohen Gehalt an Tonerde
aus, der zwischen 35% und 48% liegen kann. Die Rohmasse besteht aus Bauxit und Kalkstein
die bei etwa 1500°C geschmolzen wird. U. U. wird auch Hochofenschlacke herangezogen. Die

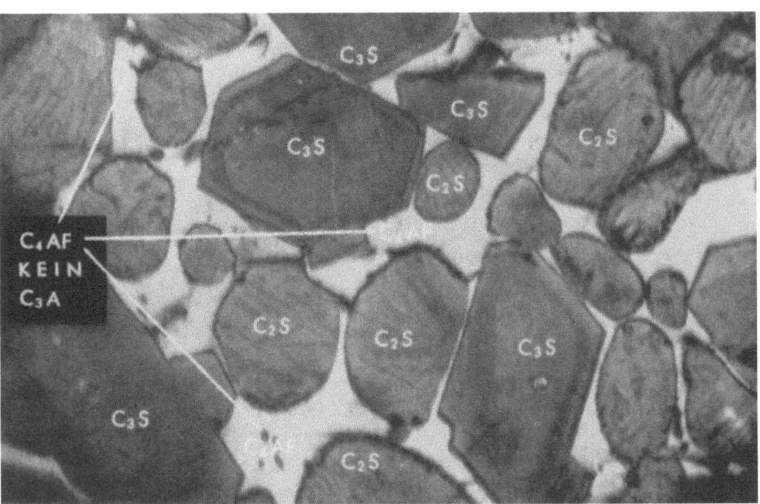

Abb. 44. Schliffbild eines C_3A-freien Portlandzementklinkers
(aus einem Prospekt der Dyckerhoff-Zementwerke AG).

Tonerdeschmelzzemente erreichen sehr schnell hohe Festigkeiten, entwickeln aber auf Grun
ihres hohen Tonerdegehaltes erhebliche Abbindetemperaturen, weshalb sie vorteilhaft bei Fros
temperaturen verarbeitet werden. Gegenüber sulfatischen Angriffen zeichnen sie sich durc
besonders hohe Widerstandsfähigkeit aus, daher werden sie im Seehafenbau häufig angewand

2.232 Erzzement

Im Gegensatz zu den Tonerdezementen haben die Erzzemente einen äußerst herabgesetzte
Tonerdegehalt. MICHAELIS hatte um die Jahrhundertwende entdeckt, daß sich die Tonerde i
Portlandzement praktisch weitgehendst durch andere Oxyde ersetzen läßt. Er hatte hierb
vornehmlich Eisenoxyd an Stelle der Tonerdeverbindungen gestellt. Der Vorteil dieser Möglic
keit liegt auf der Hand. Der Wegfall der Tonerdeverbindungen macht den Zement gegen sulfa
sche Einflüsse immun. Da weiterhin nicht nur Eisenoxyd, sondern die verschiedensten Oxyd
an Stelle der Tonerde treten können, ist der Weg für die Herstellung farbiger Zemente fr
Allgemein bezeichnet man diese Art von Zementen als „Ferrozemente". Nach KÜHL kann ma
nur so lange von Ferrozementen sprechen, solange der Tonerdemodul unter 0,3 liegt.

2.233 Hochsulfatbeständiger Zement

Ausgehend von der Erkenntnis, daß der Sulfatangriff auf einen Zement von dessen Bestandt
Trikalziumaluminat abhängt, da nur dieses Mineral mit Sulfaten in die bekannten Doppelve
bindungen Kalk-Tonerde-Sulfat eingeht, hat man in Analogie zu dem unter 2.232 Gesagten ein

Portlandzement entwickelt, der völlig frei von Trikalziumaluminat ist. Abb. 44 zeigt ein Schliffbild eines C_3A-freien Portlandzementklinkers, in dem im Gegensatz zu dem der Abb. 26 auf S. 24
die dunklen Stellen des C_3A fehlen.

Einen derartigen Zement stellt z. B. die Dyckerhoff-Zementwerke AG her, deren Prospekt die
gezeigte Abbildung entnommen wurde. Er wird unter der Handelsbezeichnung „Dyckerhoff-
SULFADUR" auf den Markt gebracht. Ein anderer auch C_3A-freier Zement wird von der Heidel-
berger Portlandzement AG herausgebracht. Hier handelt es sich allerdings um einen Normen-
Hochofenzement (HOZ 275) unter der Bezeichnung DUR-ATHERM. Durch das Fehlen des
Trikalziumaluminates wird auch die Abbindewärme heruntergesetzt.

2.3 Das Anmachwasser

Für die Hydratation der Verbindungen des Zementes ist Wasser notwendig. Es ist also für die
Betonherstellung ein nicht weniger wichtiger Bestandteil als der Zement selbst. Seine Menge und
Qualität sind mitbestimmend für die Qualität des späteren Zementerzeugnisses.

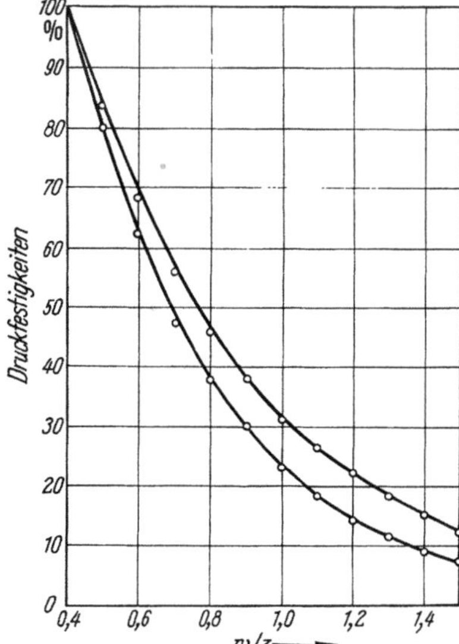

Abb. 45.
Beziehung zwischen Wasser-Zement-
Faktor und Druckfestigkeit [100].

Das Anmachwasser soll rein sein. Am besten eignet sich Leitungswasser zur Betonherstellung.
Aber auch natürliche Grund- und Oberflächenwässer sind verwendbar, wenn sie frei von Verunreinigungen sind. Geruchs- und Geschmackswahrnehmungen sind verdächtig und bedürfen
einer genaueren Überprüfung des Wassers. Mineralwässer, öl- und fetthaltige Wässer sowie
Wässer, die sulfat-, kalisalz-, soda- und ganz besonders zuckerhaltig sind, können je nach Ver-
unreinigungsgrad ungeeignet sein. Verunreinigungen durch Kohle, Torf und sonstige huminöse
Stoffe machen ein Wasser gleichfalls unbrauchbar. Freie Kohlensäure in geringen Mengen
schadet nicht. Chlornatrium oder Chlormagnesium sind nach MÄKELT [151] dann für Beton
ungeeignet, wenn ihr Gehalt im Wasser 3% übersteigt. Der gleiche Autor hält SO_3 im Anmachwasser für schädlich, wenn sein Anteil im Wasser 0,8% übersteigt.

Neben der Beschaffenheit des Wassers ist seiner Menge eine besondere Beachtung zu schenken,
weil zur Hydratation der Zementverbindungen ein ganz bestimmter Anteil erforderlich ist. Wüßte
man, welche hydratischen Verbindungen aus dem Erhärtungsprozeß tatsächlich hervorgehen,
ließe sich der genaue Bedarf an Anmachwasser ohne weiteres berechnen. Damit wäre aber noch
nicht alles Wasser erfaßt. Vielmehr geht der Bedarf über die Hydratwassermenge hinaus. Nach
KÜHL [131] können vier Bindungsstufen des Wassers im erhärteten Zement unterschieden werden.
Neben dem eigentlichen Hydratwasser muß man das Wasser berücksichtigen, das als Adsorptions-
schicht die einzelnen Gelteilchen umhüllt und die Verkittung der Feinbauteile des Geles vermit-
telt. Daneben existiert Kapillarwasser und schließlich das in Poren und Hohlräumen angesam-

melte freie Wasser. Zur Erzielung optimaler Eigenschaften des Zementerzeugnisses müßte ma
die Wassermenge beim Anmachen genau auf die erforderliche Hydratwassermenge abstimmel
Bei der Annahme, daß die tatsächlich benötigte Wassermenge diejenige ist, die dem erhärtete
Zement im Vakuumexsikkator über einem hygroskopischen Material nicht mehr entzogen werde
kann, erhält man etwa 26% des Zementgewichts an verbrauchtem Wasser. Dieser Prozentsal
schwankt natürlich in weiten Grenzen, je nach Mahlfeinheit, Zementart und Alter des Zemente
Für die Praxis spielt jedoch diese Tatsache keine ausschlaggebende Rolle, weil allein aus Grü
den der Verarbeitbarkeit des Zementmörtels oder -betons ein höherer Wasserzusatz notwend
ist. Hierbei muß man sich aber vor Augen halten, daß alles Wasser, das die Hydratwassermen
überschreitet, die Eigenschaften des Zementes, insbesondere die Festigkeitseigenschaften, nacl
teilig beeinflußt. Darüber hinaus muß bei der Bemessung der Anmachwassermenge berücksichti
werden, daß auch die Zuschlagstoffe gewisse Wassermengen aufsaugen. Daraus ergibt sich ei
praktischer Wasserbedarf, der größer als der theoretisch bedingte bzw. der im Laboratoriu
gefunden ist. In der praktischen Anwendung wird das Verhältnis der Anmachwassermenge zι
Zementmenge in einem Beton als Wasserzementfaktor(W/Z-Faktor) bezeichnet. Für die völlig
Hydratation rechnet man etwa 40% Wasser, d. h. einen W/Z-Faktor von 0,4. Für Stahlbeto
kann im allgemeinen ein W/Z-Faktor von 0,5 angesetzt werden. Setzt man die Druckfestigke
eines Betons mit dem W/Z-Faktor 0,4 gleich 100%, so erhält man den in Abb. 45 wiedergegebene
Abfall der Druckfestigkeit in Prozent bei Erhöhung der Anmachwassermenge.

Dem Praktiker ist bekannt, daß eine gute Verdichtung des Betons einen entscheidende
Einfluß auf die Festigkeit hat. Andererseits läßt sich ein Beton besser verdichten, wenn er etwa
feuchter gehalten wird, was die Endfestigkeit wieder verringert. Hieraus ergibt sich die Not
wendigkeit, einen Mittelweg bezüglich des W/Z-Faktors zu suchen. Zwar gestattet die inzwische
hoch entwickelte Verdichtungstechnik, den W/Z-Faktor verhältnismäßig niedrig zu halten, trotz
dem genügt dies den modernen Ansprüchen an den Beton oftmals nicht. Man sucht vielmeh
nach Methoden, mit denen man nachträglich das überflüssige Wasser — oder wenigstens eine
Teil desselben — wieder abziehen kann. Als Beispiel dafür darf hier die Vakuumschalung ge
nannt werden.

Abschließend ist noch zu bemerken, daß der W/Z-Faktor im Augenblick des Abbindens maß
gebend ist. Der große Wasserüberschuß, mit dem die Asbestzementmischung angesetzt wird
bedeutet also keine Festigkeitsverminderung, da das überschüssige Wasser bereits beim Wickel
prozeß wieder entzogen wird. Beim Abbinden besitzt das Asbestzement-Druckrohr einen W/Z
Faktor von $\leq 0,3$. Ein entsprechend erdfeuchter Beton läßt sich nur durch intensives Stampfei
verdichten. Darüber hinaus sei betont, daß Asbestzement in verschiedener Hinsicht sich im Ver
gleich zum normalen Beton sehr unterschiedlich verhält.

3. Die Herstellungsverfahren für Asbestzement-Druckrohre

Die Herstellung von Druckrohren aus Asbestzement ist mit der Entwicklung geeigneter Spezialmaschinen unlösbar verkettet. Erst mit der Konstruktion der entsprechenden Rohrmaschine gelang der Übergang vom handgeformten, mit einer Nahtstelle versehenen Rohr zum maschinell erzeugten nahtlosen und druckfesten Rohr. Grundsätzlich läßt sich der Herstellungsgang in vier Abschnitte unterteilen:

1. Aufbereiten des Asbestes und Herstellen der Asbestzement-Mischung,
2. Wickeln der Rohre auf einer Rohrmaschine,
3. Abbinden und Erhärten der Rohre,
4. Nachbearbeiten der Rohre.

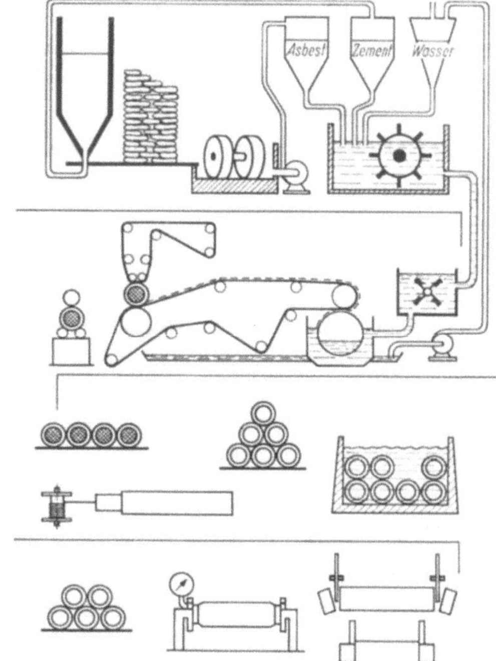

Abb. 46.
Schematische Darstellung der vier Herstellungsstufen für Asbestzement-Druckrohre.

3.1 Aufbereiten des Asbestes und Herstellen der Asbestzement-Mischung

Asbestzement besteht, wie der Name schon besagt, aus Asbest und Zement[1]. Praktisch können alle vorkommenden Asbeste für die Herstellung von Asbestzement Verwendung finden, sofern die Fasern nicht zu klein sind. Man gibt jedoch dem Chrysotil wegen seiner günstigen Materialeigenschaften den Vorzug und setzt diesem lediglich zur Regulierung der Standfestigkeit der Rohre während ihrer Herstellung etwas Blauasbest zu.

Als Bindemittel benutzt man im allgemeinen normalen Portlandzement PZ 275 entsprechend DIN 1164. Zur Erzielung besonderer Eigenschaften des Asbestzementes, wie z. B. Erhöhung der Korrosionsbeständigkeit, können u. U. Spezialzemente herangezogen werden. Hierbei kommen besonders die hochsulfatbeständigen Zemente in Betracht. Zuschlag- oder Füllstoffe sind nach DIN 19800, Blatt 2[2], nicht erlaubt. Beim Dampfhärtungsverfahren nach MORBELLI wird jedoch ein Teil des Bindemittels durch Quarzmehl ersetzt, das aber kein Zuschlag- oder Füllstoff im Sinne der DIN 19800 ist, sondern lediglich einen Teil des Bindemittels darstellt.

---

[1] Eine chemische Analyse des Asbestzementes einschließlich der Spurenelemente bringt Abschnitt 4.8, s. dort.
[2] s. Anhang.

Die Asbestfasern haben die Aufgabe, dem Asbestzement eine hohe Zugfestigkeit zu verleihen
daher beeinflussen Asbestqualität, Zusammensetzung des Asbestes (bei gleichzeitiger Verwendun
mehrerer Asbestarten) die vorhandenen Faser-Sieb-Kurven und schließlich die Größe des Asbes:
anteils an der Mischung in viel stärkerem Maße die Güte des Asbestzements als es die Beschaffer
heit des Bindemittels, also des Portlandzementes, vermag. ROSENBAUM [192] hat Untersuchunge
darüber angestellt, inwieweit die Bruchfestigkeiten der auf der HATSCHEKschen Plattenmaschir
hergestellten Asbestzementplatten von Art, Faserlänge und Menge des Asbestes, von Güte un
Menge des Zementes, sowie von der Zugabe von Zuschlag- und Füllstoffen abhängig sind. Er fan
u. a. bei der Verwendung eines um 18% festeren Zementes eine Steigerung der Asbestzemen:
festigkeit um lediglich 3%. Lange kanadische Fasern mit einem Staubgehalt von 10,5% ergabe
eine Festigkeit, die nur 80% derjenigen ausmachte, die durch Zugabe von kurzen Rhodesiafaser
mit nur 4% Staubgehalt erzielt werden konnte. Ähnliche Ergebnisse lieferten Festigkeitsunte:
suchungen an mit reinen und mit durch Talkum verunreinigten Asbestfasern hergestellten Platte:
Vom gleichen Autor wurde auch festgestellt, daß sich die Zugabe einer größeren Menge kur:
faserigen Asbestes auf die spätere Festigkeit günstiger auswirkt, als die Zugabe einer kleiner
Menge langfaserigen Asbestes. Er fand schließlich ein optimales Verhältnis Asbest zu Zement, da
die Höchstfestigkeit liefert.

Von der Konsistenz der Asbestzementmischung ausgehend, unterscheidet man

das *Naßverfahren,*
das *Halbtrockenverfahren* und
das *Trockenverfahren.*

Die Herstellung der Mischung erfolgt beim Naß- und beim Halbtrockenverfahren in der gleiche
Weise, wobei lediglich der Wassergehalt verschieden ist. Beim Trockenverfahren wird Asbest un
Zement ohne Wasserzusatz, also trocken, gemischt und erst unmittelbar vor der Verarbeitun
oder auch erst nach Einbringen in eine Form mit Wasser zusammengebracht, z. B. durch Be
sprengen oder Tauchen. Für die Herstellung von Druckrohren kommt hauptsächlich das Naß
verfahren zur Anwendung.

Das von HATSCHEK entwickelte Naßverfahren zur Erzeugung von Asbestzement beruht au
dem Grundgedanken, Asbest und Zement mit sehr großem Wasserüberschuß zu mischen, den s
erzeugten wäßrigen Brei zu verarbeiten und das Überschußwasser während der Verarbeitun
wieder abzuziehen. Die Möglichkeit, mit überschüssigem Wasser arbeiten zu können, ist auf di
Fähigkeit der Asbestfaser zurückzuführen, die Zementpartikelchen an ihre Oberfläche zu binder
Entsprechend der vorhandenen Gesamtoberfläche des Asbestes in der Mischung gibt es eine ober
Grenze der Zementaufnahme, die man auch als Tragfähigkeit des Asbestes bezeichnen kann [94
Bei Überschreitung dieser Tragfähigkeit wird nur der Zementanteil an den Asbest gebunden, de
seiner Tragfähigkeit entspricht. Der restliche Zement geht im Anmachwasser verloren und führ:
da dieses infolge seiner ständigen Wiederverwendung im Kreislauf voll gesättigt ist, zu unlieb
samen Zementabsetzungen. Aus diesem Grunde wird beim Naßverfahren der Mischung ein be
stimmter Asbestgehalt vorgeschrieben. Für Asbestzement-Druckrohre ist das übliche Mischungs
verhältnis Asbest zu Zement 1 : 6 (Gewichtsteile). Es wurde schon an anderer Stelle darauf hin
gewiesen, daß der Wasserüberschuß im Hinblick auf die Materialeigenschaften des Asbest
zements nicht schädlich ist, da der Erstarrungsbeginn normalerweise etwa 1 Stunde nach den
Anmachen eintritt und bis dahin das Überschußwasser wieder entfernt ist.

Im Gegensatz zum genormten Portlandzement erfordert Asbest eine Vorbehandlung, ehe e
verarbeitet werden kann. Der angelieferte Rohasbest besteht größtenteils aus dicken oder dünne:
Faserbündeln. Je feiner die Asbestfasern sind, um so besser ist ihre festigkeitserhöhende Wirkun
um so größer auch ihre Oberfläche mit der Möglichkeit, Zement anzulagern. Die gute und gleich
mäßige Verteilung der einzelnen Fasern im Gemisch ist auch zur Erzielung eines möglichs
homogenen Materialgefüges notwendig. Daher müssen die Faserbündel soweit wie möglich ir
einzelne Fasern zerlegt oder aufgeschlossen werden. Dies geschieht am besten in einem Kollergang
dessen mehr quetschende und reibende Wirkung die Faserlängen weitgehend erhält. Dabe
kann der Asbest trocken oder auch unter Wasserzugabe gekollert werden. Aber auch Kugel

und Hammermühlen (Desintegratoren) werden im zunehmenden Maße benutzt. Neuerdings verbindet man Hammermühlen mit einem Exhaustor zum Transport des aufbereiteten Asbestes.

Die Mischung der entsprechend dem Mischungsverhältnis abgewogenen Rohmaterialien Asbest und Zement erfolgt beim Naßverfahren in dem bereits von HATSCHEK benutzten Holländer, dessen Messerwalze für eine gute Verteilung der Rohmaterialien sorgt.

Abb. 47. Blick in einen Kollergang während der Arbeit.

Abb. 48.
Abbildung eines Holländers mit Wiegeeinrichtung.

Betrachtet man den im Holländer entstehenden wäßrigen Brei genauer, so findet man im Wasser schwimmende Asbestfasern, an denen die Zementpartikel hängen. Das Wasser selbst ist klar. Ein sichtbarer Beweis für die Richtigkeit der diesem Verfahren zugrunde liegenden Idee. Ist das Mischen beendet, wird der dünnflüssige Asbestzementbrei, den man in der Fabrikation auch „Stoff" nennt, zu einer Rührbütte gepumpt, von der er dann zur Rohrmaschine fließt. Die Rührbütte ist als Puffersilo notwendig, da die Stofferzeugung in Chargen erfolgt. Rührhaspeln sorgen in der Rührbütte dafür, daß sich die mit Zement behafteten Asbestfasern nicht absetzen.

Da der „Stoff" mit reichlich Überschußwasser angesetzt ist, muß ihm später bei seiner Verarbeitung der größte Teil dieses Wassers wieder entzogen werden. Das so zurückgewonnene Wasser wird wieder zur „Stoff"herstellung benutzt, so daß bis auf den geringen Zufluß an Frischwasser zur Deckung des tatsächlich benötigten Abbindewassers sowie des Verdunstungsverlustes ein Wasserkreislauf vorhanden ist, in dem ein der Zementart entsprechend voll gesättigtes Wasser zirkuliert. Dadurch wird einmal der Zementverlust auf ein Mindestmaß beschränkt und zum anderen verhindert, daß die leicht löslichen Gipsbestandteile des Portlandzementes herausgelöst werden, was zu folgenschweren Abbindestörungen führen könnte. Nach ROSENBAUM [192] verringert allerdings die Wiederverwendung des Anmachwassers die spätere Festigkeit des Asbestzementes und erhöht auch die Abbindezeit. Besagter Autor fand im ungünstigsten Fall eine Verminderung der Festigkeit um rund 20% und eine Verdoppelung der Abbindezeit. Der gleiche Verfasser weist auch auf den festigkeitsmindernden Einfluß der Zugabe von gemahlenem Hartasbestzement sowie von nicht abgebundenen, noch frischen Asbestzement-Abfällen. Deshalb entfallen derartige Maßnahmen bei der Herstellung von Druckrohren, an die hohe Ansprüche hinsichtlich der Festigkeiten gestellt werden müssen.

Beim Trockenverfahren benutzt man schnell rotierende Zwangsmischer, die die Rohmaterialien hochwerfen und sie dabei in innigen Kontakt miteinander bringen. Die Wasserzugabe erfolgt erst während der Verarbeitung.

Soll das Asbestzementprodukt später noch einer Dampfhärtung unterzogen werden (MORBELLI Verfahren), muß der Mischung reine Kieselsäure, z. B. in Form von Quarzmehl in feinster Mah lung, beigegeben werden. Im gleichen Verhältnis kann sich der Anteil des Zementes vermindern Der Mischungsvorgang selbst wird dadurch nicht berührt.

3.2 Wickeln der Druckrohre auf einer Rohrmaschine

Zur Lösung des maschinellen Problems der Asbestzement-Druckrohrherstellung wurdei naturgemäß verschiedene Wege eingeschlagen. Doch nur wenige Ideen brachten es bis zu praktischen Verwertbarkeit. Die meisten blieben bereits im Versuchsstadium stecken ode scheiterten bei der praktischen Erprobung. Von einer ganzen Reihe von Erfindungen haben sicl zwei Verfahren durchgesetzt, nämlich das MAZZA- und das MAGNANI-Verfahren. Eine weitere ebenfalls anwendungsreif entwickelte Herstellungsmethode, das DALMINE-Verfahren, hat weger besonders großer produktionstechnischer Umstände praktisch keine Anwendung in der Industri« erfahren. Daneben seien der Vollständigkeit halber noch einige andere Wege angedeutet, au: denen die Lösung des Problems, Druckrohre aus Asbestzement herzustellen, gesucht wurde.

3.21 Das Mazza-Verfahren

Das nach seinem Erfinder, dem Italiener ADOLFO MAZZA, benannte Verfahren hat sich au: Grund seiner technischen und wirtschaftlichen Vorzüge gegenüber den anderen Verfahren am meisten durchgesetzt und die größte Verbreitung gefunden. Nach diesem Verfahren werder

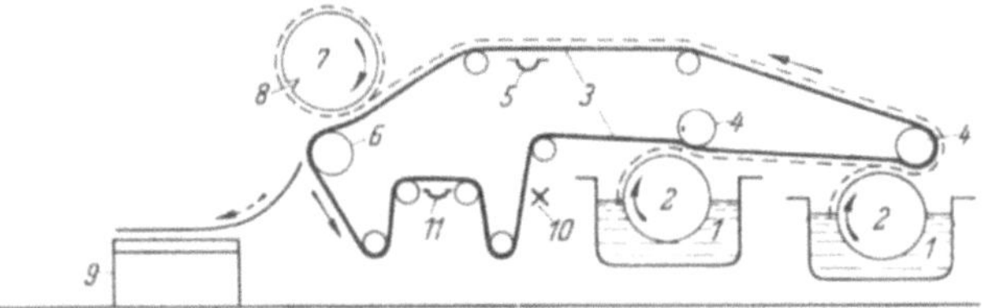

Abb. 49. Schema der Plattenmaschine von HATSCHEK.

1 Stoffkästen, *2* Siebzylinder, *3* Trans portfilz, *4* Gautschwalzen, *5* Saugkasten, *6* Brustwalze, *7* Formatwalze, *8* Nut, *9* Tisch zur Aufnahme der Platt, *10* Filz schläger, *11* Saugkasten.

heute, nachdem der Besitzer der Maschinenpatente, die S.A. ETERNIT in Genua[1], Lizenzen an Firmen in den verschiedensten Ländern vergeben hat, Asbestzement-Druckrohre in über 3C Staaten hergestellt.

Abb. 50.
Aufschneiden der Platte an der Formatwalze [77].

Betrachtet man die Plattenherstellung nach der von HATSCHEK entwickelten Methode genauer, so findet man bereits das maschinell geformte und nahtlose Rohr aus Asbestzement vor. Um eine Platte zu gewinnen, muß das zunächst hergestellte nahtlose Rohr in seiner Längsrichtung aufgeschlitzt und sein Mantel von der Formatwalze abgewickelt und ausgelegt werden.

---

[1] s. Kapitel 1, S. 4.

Es ist daher nicht verwunderlich, daß schon bald der Gedanke auftauchte, die Formatwalze der Plattenmaschine als Rohrkern zu benutzen und auswechselbar zu machen. Wie ein Patent von BERMIG im Jahre 1912 zeigt, dachte man jedoch zunächst nur an einen Überzug für die Formatwalze, auf dem das Rohr gewickelt wird, der das Abziehen des gewickelten Rohres von der Formatwalze leicht ermöglicht und schließlich das frisch gefertigte Rohr vor dem Zusammenfallen bewahrt (DRP 266 278) [193]. Doch schon kurze Zeit später, 1913, ließen sich L. HATSCHEK und sein Sohn die Verwendung einzelner, hintereinander angeordneter Rohrkerne patentieren, von denen jeweils nur einer am Transportfilz anliegt und bewickelt wird, während die übrigen hochgezogen zum Einsatz bereitliegen (DRP 284 755) [94, 193]. Einen Schritt weiter ging im gleichen Jahre im Werk *Casale* der S. A. ETERNIT Genua, der Italiener MAZZA mit seinem Mitarbeiter MATTEI[1]. Wie HATSCHEK verwendete auch er besondere Rohrkerne an Stelle der Formatwalze, ordnete jedoch rechts und links der Maschine je ein drucköigesteuertes Scharnier an, in das der Rohrkern einseitig eingehängt und getragen wird. Das Scharnier gestattet einmal das Einschwenken des Rohrkernes in die Wickelstellung, in der der Kern am Transportfilz anliegt, zum anderen das Ausschwenken des Rohrkernes mit dem aufgewickelten Asbestzementmantel in eine Stellung senkrecht zur Wickelstellung, in der das gewickelte Rohr dann vom Kern gezogen werden kann. Mit dieser Konstruktion ist das wechselweise Arbeiten mit zwei Kernen möglich, während der eine Kern in der Maschine liegt, kann der vorher gewickelte Rohrmantel von dem anderen Kern entfernt werden. Das sofortige Abziehen des frischen Rohres vom Kern machte das Einschieben von Blechseelen bzw. Holzkernen notwendig, damit sich das Rohr bis zu seinem Erstarren nicht deformierte (DRP 288 601 der S. A. ETERNIT, Genua) [94, 193]. Diese erste Rohrmaschine wies jedoch noch große Mängel auf. Es zeigte sich, daß der von der Plattenmaschine übernommene Vakuum-Flachsauger nicht ausreicht, um das Asbestzementvlies genügend zu entwässern und das Eigengewicht des herzustellenden Rohres samt Kern nicht genügt, den gewickelten Rohrmantel so zu verdichten, wie dies wasserdichte und druckfeste Rohre erfordern. Außerdem wurde das Rohr mit zunehmender Wanddicke infolge Dehnens und Streckens des aufgewickelten Asbestzementvlieses unrund und löste sich vom Kern ab, ein Umstand, der die Herstellung von dickwandigen Rohren aus Asbestzement zunächst verhinderte. Zusätzliche Patente der S. A. ETERNIT in Genua, behoben diese Übelstände. Nach einem zweiten Patent von 1920 wurde als

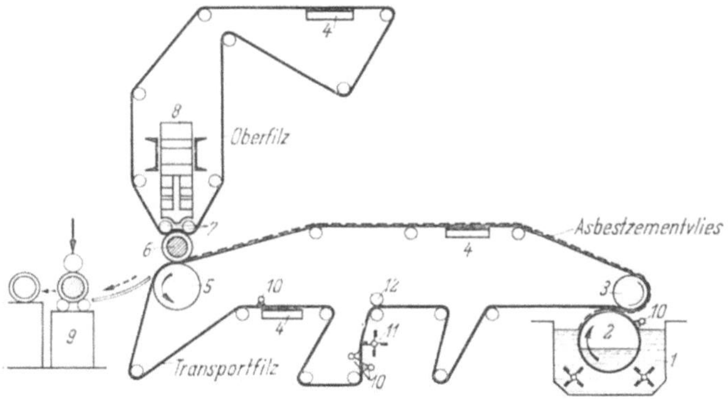

Abb. 51. Schema der MAZZA-Rohrmaschine.
1 Stoffkasten, *2* Siebzylinder, *3* Gautschwalze, *4* Saugkasten, *5* Brustwalze, *6* Rohrwalze, *7* Druckrollen, *8* Druckpartie, *9* Kalander, *10* Spritzrohr, *11* Filzschläger, *12* Filzpreßwalze.

grundsätzliche Neuerung die sogenannte Druckpartie mit dem Oberfilz eingeführt. Preßrollen der Druckpartie verdichten während des Wickelvorganges den Asbestzementmantel, während das ausgepreßte Wasser von dem Oberfilz aufgenommen und abgeführt wird. Da dieser Oberfilz einen Teil der Rohroberfläche umgibt, hält er das Rohr am Formkern an und verhindert so das Loslösen des Rohres vom Kern. Allerdings blieb diese Wirkung auf Rohre mit geringeren Wanddicken beschränkt. Rohre mit größeren Wanddicken zeigten weiterhin das Bestreben,

---

[1] Daher wird dieses Verfahren oft auch MAZZA-MATTEI-V. genannt.

sich nach längerer Druckwirkung vom Kern zu lösen. Daher schlug ein drittes Patent 1923 vor, den Anpreßdruck für die Preßwalzen im Laufe des Wickelvorgangs entsprechend der Wanddicke zu verringern, gleichzeitig beschrieb es die Vorrichtung für eine automatische Steuerung dieser Druckverminderung [94, 193].

Diese drei Patente der S. A. ETERNIT in Genua bilden die Grundlage der Rohrmaschine System MAZZA.

Die Arbeitsweise der entsprechend der gewünschten Rohrlänge 5,0 oder 4,0 m breiten Rohrmaschine System MAZZA geht aus der Abb. 51 hervor. Aus der Rührbütte fließt der wäßrige Asbestzement-Brei in den Siebzylindertrog oder Stoffkasten (1). Von dem rotierenden Siebzylinder (2) werden die Asbestfasern mit den an ihnen haftenden Zementpartikeln aufgenommen und an der Gautschwalze (3) an den endlosen Transportfilz als dünnes Vlies in einer Stärke von 0,1 bis 0,2 mm abgegeben. Der Transportfilz befördert das Vlies über einen Saugkasten (4), der es vorentwässert, zur Brustwalze (5), die den hochpolierten Stahlkern (6) trägt, um den das Vlies dann gewickelt wird. Die einzelnen Wickellagen werden hierbei durch die Druckrollen (7) der hydraulisch betätigten Druckpartie (8) aufeinandergepreßt, entwässert und verdichtet. Ist die gewünschte Wanddicke erreicht, was durch entsprechende Meßgeräte angezeigt wird, wird der Lauf der Maschine gestoppt, die Druckpartie angehoben und der Kern mit dem aufgewickelten Asbestzementrohr in seinem Scharnier an der Seite der Maschine herausgeklappt. Gleichzeitig schwenkt man von der anderen Seite einen neuen Kern ein, senkt die Druckpartie ab, bis ihre Druckrollen den Kern teilweise umschließen und setzt die Maschine wieder in Betrieb. Ein neuer Wickelprozeß beginnt. Unterdessen wird das eben hergestellte Rohr mit einer besonderen, muldenförmigen Vorrichtung, in der das fertige Rohr eingebettet liegt, vom Kern abgezogen, mit einem zweiteiligen Holzkern oder einer Blechseele versehen und zur Weiterbehandlung abgelegt.

Abb. 52.
Ansicht der ursprünglichen Rohrmaschine
System MAZZA. Ausschwenken eines Kerns
mit fertig gewickeltem Asbestzement-
Druckrohr [77].

Das von den Druckrollen ausgepreßte und vom Oberfilz aufgenommene restliche Überschußwasser wird diesem durch einen Vakuumsauger entzogen (4), während der Transportfilz auf dem Rückweg zur Siebtrommel intensiv gewaschen und gereinigt wird (10, 11, 12). Der Anpreßdruck für die Druckrollen schwankt zwischen 10 und 30 kp/cm², je nach Durchmesser und Wanddicke des Rohres. Im Laufe des Wickelprozesses wird dieser Druck auf die Hälfte, u. U. bis auf Null verringert. Die Wickelgeschwindigkeit beträgt je nach Rohrdurchmesser etwa 20 bis 50 U/Min., das entspricht einer Laufgeschwindigkeit des Transportfilzes von etwa 25 m/Min.

Im Gegensatz zur HATSCHEKschen Plattenmaschine, die ununterbrochen läuft, zwingt das Auswechseln der Rohrkerne bei der Rohrmaschine jedesmal zu einer Betriebsunterbrechung, die es im Interesse der Wirtschaftlichkeit kurz zu halten gilt. Die Methode mit den schwenkbaren Formkernen nimmt bei kleinen Durchmessern aber oft mehr Zeit in Anspruch als der Wickelvorgang selbst. Das gleiche gilt auch für das Abziehen des gewickelten Rohres vom Kern; zur Erleichterung dieses Vorganges müssen die Rohre auf der Rohrmaschine noch kalandriert werden, was zwar ohne weiteres möglich ist, aber einem möglichst gleichmäßigen Produktionsgang zuwiderläuft. Schließlich erfordert die Behandlung des frischen, vom Kern abgezogenen und nicht erhärteten Rohres besondere Sorgfalt. Aus diesem Grunde schlug die S. A. ETERNIT in Genua in einem weiteren Patent 1930 vor, bei Rohren kleiner Nennweiten die Formkerne ohne ausschwenkbare Scharniere zu lagern [94]. Heute werden die Formkerne aller Durchmesser fast ausschließlich ohne Scharniere gelagert. Nachdem die Wicklung beendet und die Maschine gestoppt ist, rollt man den Kern mit dem Rohr nach vorn heraus und schiebt, ebenfalls von vorn, einen neuen Kern ein. Ein Schienengestell vor der Rohrmaschine, dessen obere Etage die Formkerne bereitstellt und dessen untere Etage die der Maschine entnommenen bewickelten Rohrkerne aufnimmt, ehe sie über den Kalander der weiteren Behandlung zugeführt werden, verkürzt die Stillstandzeit der Rohrmaschine auf Sekunden, so daß man dem Ideal des kontinuierlichen Betriebs sehr nahekommt. Im Kalander (Abb. 51 (9)) weitet sich das rotierende Rohr unter dem Druck der oberen Walze auf, so daß der Rohrkern lose wird. Rohre mit großen Durchmessern weiten sich bereits unter dem Druck ihres Eigengewichtes beim Rollen auf sorgfältig planiertem Fußboden auf, so daß ein für diese Nennweiten ausgelegter Kalander entbehrlich wird. Neben der das Ziehen der Formkerne ermöglichenden Aufweitung bewirkt das Kalandrieren der Rohre eine zusätzliche Nachverdichtung der Rohrwand und eine Glättung der äußeren Oberfläche, durch die u. a. auch chemische Angriffe von außen her erschwert werden.

Abb. 53.
Wickeln eines Großrohres auf der
Rohrmaschine System MAZZA.

Der Wegfall der Scharniere für die Formkerne erlaubt nunmehr auch, den günstigsten Zeitpunkt für das Entfernen des Rohrkernes zu wählen. Man läßt das Rohr solange an der Luft erstarren, bis es eine genügende Eigenfestigkeit besitzt, die eine Verformung des kernlosen Rohres infolge seines Eigengewichtes verhindert. Im Gegensatz zu früher, wo das Rohr vom Kern gestreift

Abb. 54.
Ausziehen des Kernes mittels
Motorwinde.

werden mußte, zieht man heute den Kern aus dem Rohr heraus. Kleine Durchmesser gestatten das Ausziehen der Rohrkerne mit Handhaken, bei größeren Nennweiten werden die Kerne mit einer Motorwinde aus dem Rohr gezogen.

Die vom Kern befreiten Druckrohre bleiben weiterhin an der Luft liegen, bis sie soweit abgebunden haben, daß sie ohne Schaden zu nehmen zum Wasserbecken transportiert und dort während der Erhärtung eingelagert werden können.

Abb. 55.
Blick in ein frisches Asbestzement-Druckrohr,
dessen Kern soeben gezogen wurde.

Um die Wickelzeit zu verkürzen, besteht die Möglichkeit, ähnlich wie bei der Plattenmaschine, zwei und mehr Siebzylinder anzuordnen. Die dadurch erreichte größere Dicke des Vlieses verringert die Zahl der zur Erzielung einer bestimmten Rohrwanddicke notwendigen Wicklungen. Dafür muß aber der Anpreßdruck beim Wickeln erhöht werden, um die gleiche Verdichtung und Entwässerung wie früher zu erhalten.

Die nach dem MAZZA-Verfahren hergestellten Druckrohre weisen auf Grund der Herstellungsmethode bestimmte Eigenschaften auf, die als kennzeichnend, d. h. als typisch für diese Rohre gewertet werden müssen. Das vom Siebzylinder aus dem Stoff geschöpfte Asbestzementvlies besteht aus einem Geflecht verfilzter Asbestfasern mit angelagerten Zementkörnern. Wegen der geringen Stärke des Vlieses liegen die Asbestfasern nur in der Ebene des Vlieses, und zwar größtenteils in der Transportrichtung, aber niemals senkrecht zu dieser Ebene. Daher können beim gewickelten Rohr Asbestfasern niemals in radialer Richtung, sondern immer nur in Umfangsrichtung senkrecht, schräg oder parallel zur Längsachse verlaufen. In der Praxis hat sich gezeigt, daß der Anteil der in Umfangsrichtung gelagerten Fasern größer ist als der parallel zur Rohrachse verlaufende. Diese bemerkenswerte Tatsache verleiht dem Druckrohr eine besonders hohe Ringzugfestigkeit, die bei großen Nennweiten in erster Linie verlangt wird. Die Ursache hierfür dürfte eine durch die gleichgerichtete Rotation von Siebzylinder und Rührhaspeln erzeugte Walzenströmung im Stoffkasten sein, die die Asbestfasern in Richtung des geringsten Widerstandes dreht. Eine Vergrößerung des Faseranteils in Längsrichtung des Rohres, wodurch die Längsbiegefestigkeit erhöht wird, läßt sich durch Veränderung der Stoffbewegung im Stoffkasten erzielen.

Die polierte Oberfläche des Rohrkernes erzeugt eine gleich glatte Innenfläche des Rohres, weshalb Asbestzement-Druckrohre, nach dem MAZZA-Prinzip hergestellt, hervorragende hydraulische Eigenschaften besitzen. Durch Aufwickeln des sehr dünnen Asbestzementvlieses und durch die gleichzeitige starke Komprimierung der gewickelten Schichten erzielt man ein weitgehend homogenes und dichtes Materialgefüge [191].

Als Nachteile der MAZZA-Maschine sind ihre erheblichen Anschaffungskosten, sowie die verhältnismäßig kurze Lebensdauer der Filzbahnen, insbesondere des Transportfilzes zu erwähnen. Demgegenüber steht jedoch eine sehr große Leistungsfähigkeit der Maschine, die bei entsprechender Auslastung diese Nachteile ausgleicht. In früheren Jahren wurde als Mangel auch die Tatsache empfunden, daß sich mit der MAZZA-Maschine keine Rohre mit monolithischen Muffen herstellen ließen. Wie groß das Bedürfnis nach einer festen Muffenverbindung war, geht aus einer Patentanmeldung der Eternitwerke L. HATSCHEK in Vöcklabruck im Jahre 1934 hervor, in der zur Herstellung von Muffen vorgeschlagen wird, das auf der Rohrmaschine gewickelte Rohr im nichtabgebundenen Zustand auf einer der Länge der gewünschten Muffe angepaßten Plattenmachine weiter zu bewickeln, wobei diese einen nur 30 bis 40 cm breiten Asbestzementflor liefert (Österreich. Patent Nr. 140 652). Ein späteres Patent des gleichen Werkes beschreibt die Herstellung von Muffenrohren durch Aufwalzen (Aufweiten) eines Endes des noch weichen Rohres (Österreich. Patent Nr. 156 419 von 1939) [94]. Heute ist die Muffenverbindung für Druckrohre gegenstandslos geworden, nachdem brauchbare Überschiebmuffen-Verbindungen entwickelt worden sind, die darüber hinaus eindeutige technische Vorteile bringen. Mit der Rohrmaschine System MAZZA konnten erstmalig nahtlose Asbestzement-Druckrohre für die verschiedensten Anwendungsgebiete in wirtschaftlicher Weise hergestellt werden.

3.22 Das Magnani-Verfahren

Einen völlig anderen Weg zur Herstellung von Asbestzementrohren ging der Italiener MAGNANI. Er pumpt einen dickflüssigen Asbestzementbrei über ein an den Walzen entlang fahrendes Führungsrohr in den Spalt zwischen einer Hohlwalze, deren Mantel aus einem feinen Metallsieb besteht und einer mit Rillen versehenen Formierungswalze. Die Hohlwalze dient als Rohrkern und nimmt den Asbestzementbrei in einzelnen Schichten auf, während die Formierungswalze gegen die Hohlwalze gedrückt wird und die Asbestzementschichten verdichtet. Durch ein Vakuum im Innern der Hohlwalze wird die erste Asbestzementschicht an die Hohlwalze angeheftet und weiterhin das in das Innere der Hohlwalze austretende Überschußwasser abgezogen. Ist die gewünschte Wanddicke erreicht, wird die Hohlwalze ausgehoben und durch eine neue ersetzt. Die Verdichtung bei dieser Art der Herstellung ist jedoch ungenügend, so daß das Rohr außerhalb der Maschine durch besondere Vorrichtungen nachträglich noch gepreßt werden muß. In seinem

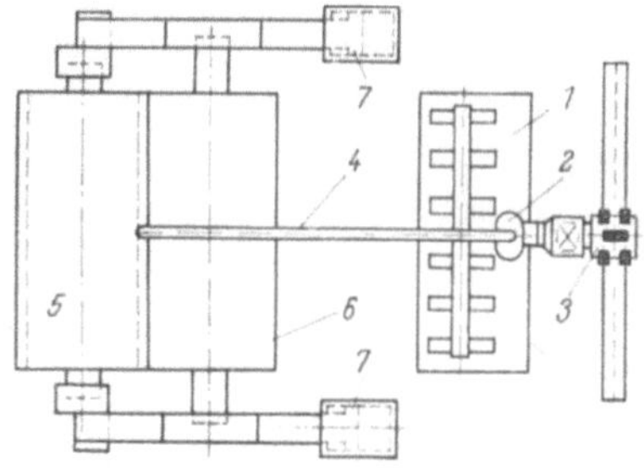

ersten ital. Patent von 1929 (DRP 554 845) beschrieb MAGNANI eine Druckvorrichtung, die aus einer Druckkammer besteht, in der sich eine schlauchartige, dem Rohraußendurchmesser angepaßte elastische Hülse befindet. Nach Einführen der Hohlwalze mit dem aufgewickelten Asbestzementmantel in diesen Schlauch wird durch ein Druckmittel die elastische Hülse von allen Seiten fest gegen das Asbestzementrohr gepreßt. Die Entwässerung wird durch Unterdruck im Innern der Hohlwalze unterstützt [94, 138, 193]. Für Rohre, an die geringere Festigkeitsansprüche gestellt werden, genügt die Verdichtung der Asbestzementmasse durch straffes Umwickeln des Rohres mit Filzbändern oder ähnlichen wasserdurchlässigen Materialien. Der Vorteil dieses Verfahrens besteht in der Möglichkeit, durch entsprechende Formgebung der Walzen auch Rohre mit veränderlichem Durchmesser, wie z. B. Muffenrohre, herstellen zu können. Abb. 56 zeigt das Schema dieses Verfahrens.

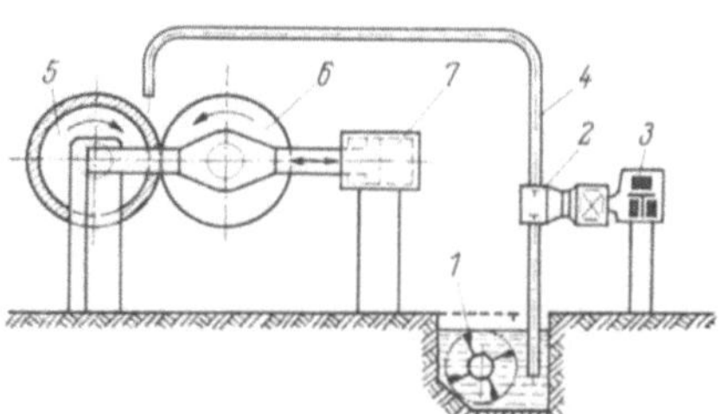

Der Widerstandsfähigkeit der als Siebzylinder ausgebildeten Hohlwalzen ist aus wirtschaftlichen Gründen eine Grenze gesetzt. Daher kann der zur Verdichtung aufgebrachte Druck nur bis zu einer bestimmten Höhe gesteigert werden. Sollen jedoch Druckrohre erzeugt wer-

Abb. 56. Schema des MAGNANI-Verfahrens.
1 Stoffkasten, 2 Stoffpumpe, 3 Fahreinrichtung, 4 Stoffleitung, 5 Formwalze, 6 Druckwalze, 7 Druckzylinder.

den, so langt der damit erzielbare Höchstdruck nicht aus, um das Material so zu entwässern und zu verdichten, daß es später die erforderlichen Festigkeiten aufweist. Es wird deshalb eine Nachpressung notwendig, der die Rohre, nachdem sie von der Hohlwalze abgezogen worden sind, in einer besonderen Druckkammer unterworfen werden. Der Innendurchmesser dieser Kammer entspricht dem Außendurchmesser des Rohres. Nachdem das Rohr in die Kammer eingeschoben ist, wird ein elastischer Dorn in das Rohr geschoben und mit einem Druckmittel aufgeweitet. Dieser Druckdorn preßt das Rohr von innen gegen die Wand der Druckkammer, wobei das austretende Wasser durch Schlitze in der Wand der Druckkammer nach außen entweichen kann. Gleichzeitig wird die infolge der rauhen Oberfläche der Siebholzwalze ebenfalls rauhe innere Oberfläche des Rohres geglättet [138].

In einem späteren Patent hat MAGNANI sein Verfahren dahingehend abgewandelt, daß ein Walzentrog mit dem Asbestzementbrei angefüllt, dieser von einer darin teilweise eingetauchten umlaufenden Walze aufgenommen und sofort an eine andere, die Aufwickelwalze (Hohlwalze) abgegeben wird [94]. Mit diesem Patent nähert sich der Erfinder dem in der HATSCHEKschen Plattenmaschine zur Anwendung gekommenen Siebzylinder im Stoffkasten. Schließlich schlug MAGNANI vor, das Asbestzementgemisch trocken auf die Formwalze zu bringen und erst dort anzufeuchten (DRP 587 689) [94].

Die Aufbringung eines dickbreiigen Materials, wie es das erste Patent MAGNANIs vorsieht, führt zu einer mehr oder weniger zufälligen Asbestfaserlage. Das begünstigt im gewissen Umfang die Längsbiegefestigkeit, ist jedoch dort von Nachteil, wo die Ringzugfestigkeit maßgebend ist, also bei größeren Nennweiten (über NW 200). Der bei diesem Verfahren auch radial gelagerte Anteil der Asbestfasern wird im Hinblick auf die für erdverlegte Rohre charakteristischen Rohrbeanspruchungen nicht ausgenutzt. Bis vor einiger Zeit galt noch als Vorteil, daß mit diesem Verfahren monolithische Muffenrohre hergestellt werden konnten.

3.23 Das Dalmine-Verfahren

Das DALMINE-Verfahren benutzt ebenfalls eine Plattenmaschine zur Erzeugung eines dünnen Asbestzementvlieses, welches aber im Gegensatz zum MAZZA-Verfahren in mehreren schmalen, etwa 25 cm breiten Streifen spiralförmig auf einen Kern aufgewickelt wird. Dieser Kern wird dazu in seiner Längsrichtung hin- und herbewegt.

Die auf diese Art kreuzweise gewickelten Rohre weisen eine gute Längsbiegefestigkeit auf, so daß auch größere Rohrlängen damit hergestellt werden können. In der Tat wickelte man Rohre von 6,0 bis 8,0 m Länge, wobei dann allerdings dem Entfernen des Formkernes einige Schwierigkeiten entgegenstanden. Nach diesem Verfahren lassen sich auch ohne weiteres monolithische Muffen anwickeln, die jedoch nachträglich noch bearbeitet werden müssen.

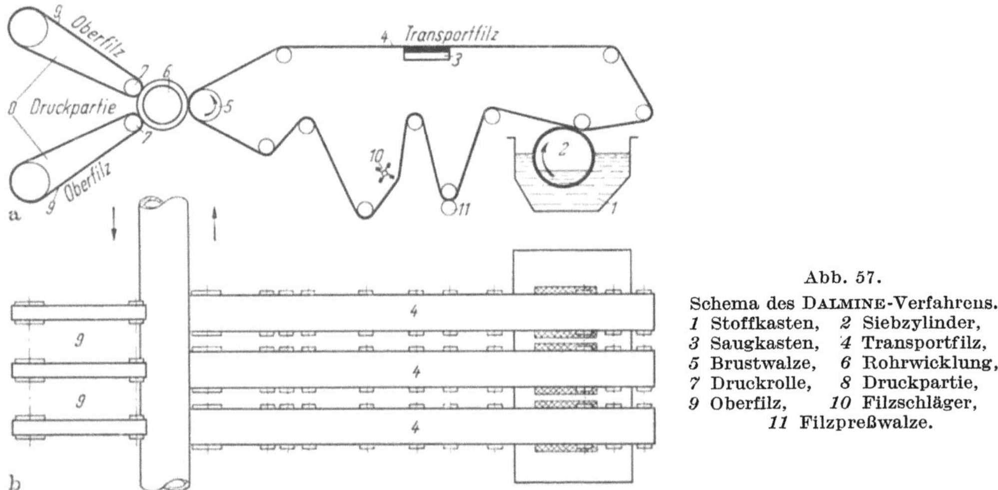

Abb. 57.
Schema des DALMINE-Verfahrens.
1 Stoffkasten,   2 Siebzylinder,
3 Saugkasten,   4 Transportfilz,
5 Brustwalze,   6 Rohrwicklung,
7 Druckrolle,   8 Druckpartie,
9 Oberfilz,   10 Filzschläger,
         11 Filzpreßwalze.

Wie schwer oft der Weg von der Idee bis zu ihrer brauchbaren Verwirklichung ist, zeigt sich besonders an diesem Beispiel. Dieses Beispiel zeigt aber andererseits auch, daß ein zu kompliziertes Verfahren trotz seiner Anwendbarkeit das Interesse der Industrie schließlich nicht findet. Dies hat nicht nur seine Ursache im Wirtschaftlichen, sondern ist auch in der Gefahr begründet, daß die Störungsquellen mit der Kompliziertheit zahlreicher werden. Der Gedanke, eine Stoffbahn schraubenförmig auf einen Formkern aufzuwickeln, war schon verhältnismäßig früh bekannt. So spricht ein Patent bereits 1905 von der Herstellung von Betonrohren durch spiraliges Aufpressen von Betonsträngen auf Dorne [193]. Der Schweizer BÄR beschrieb in seinem Patent von 1914 ein Verfahren, bei dem die auf der Plattenmaschine hergestellte Stoffbahn unmittelbar auf einen in Längsrichtung hin- und hergehenden Dorn in einander überdeckenden Spiralen aufgewickelt und dieser Dorn nach Abbinden des Bindemittels aus der geformten Röhre herausgezogen wird (Schweiz. Pat. Nr. 67385). Es dauerte jedoch noch 13 Jahre, bis die S. A. Stabilimenti di DALMINE in Italien 1927 in ihrem ersten italienischen Patent (Österr. Pat. Nr. 125 845), auf BÄRs Gedanken fußend, einen ersten Weg zur Verwirklichung dieser Idee wies.

Damit der das Asbestzementvlies tragende Transportfilz den Rohrkern in einer Schraubenlinie trifft, werden die Führungswalzen schräg zur Achse des Rohrkernes gestellt. Sie sind schwenkbar, so daß der Anstellwinkel geändert werden kann. Eine Änderung dieses Winkels bewirkt eine Änderung der Wickelganghöhe. Durch entsprechende Einstellung kann daher die Wickelrichtung geändert, das Rohr also in Längsrichtung hin- und herbewegt werden. Die gegenüber der Maschinenbreite wesentlich größere Rohrlänge macht besondere Träger zur Unterstützung des Rohrkernes notwendig. Ein erstes Zusatzpatent (Österr. Patent Nr. 130 364 von 1932) sieht daher solche Träger mit ebenfalls schwenkbaren und schräg zur Rohrkernachse gelagerten Unterstützungswalzen vor, die spiralig am Rohr abrollen, ohne durch ihre Reibung das Rohr zu beschädigen. Damit nach dem DALMINE-Verfahren auch druckfeste Rohre aus Asbestzement hergestellt werden können, wurde eine Vorrichtung zum Entwässern und Verdichten der gewickelten Rohrwandung notwendig, deren Anordnung mit gewissen Schwierigkeiten verbunden war. Im zweiten Zusatzpatent (Österr. Pat. Nr. 133 651 von 1933) werden zusätzliche Preßwalzen beschrieben, die, wiederum schräg zur Rohrkernachse gelagert und schwenkbar gemacht, dem Hin- und Hergehen des Rohrkernes folgen können. Durch hydraulisch betriebene Druckstempel gegen das Rohr gedrückt, werden sie von hydraulischen Motoren, die in die Walzen selbst eingebaut sein können, angetrieben. Die Voraussetzung für ein einwandfreies Arbeiten der Rohrmaschine System DALMINE ist das Zusammenspiel aller am Rohr sich in spiraligen Gängen bewegenden Walzen und Rollen. Die falsche Stellung einer Walze kann infolge zu großer Reibung das frisch gewickelte noch plastische Rohr zerstören. Daher wurde im gleichen Patent ein für die synchrone Veränderung der Einstellung der Walzen sorgendes Steuergestänge vorgeschlagen. Schließlich verbesserten zwei weitere Patente die bestehenden Vorrichtungen, indem die Lagerung der Druckwalze in schwenkbaren Gabeln und Hilfsfilze entsprechend dem Oberfilz der MAZZA-Maschine eingeführt wurden [*94, 193*].

Aber auch das Ausziehen des Kernes aus den 6,0 bis 8,0 m langen Rohren bereitete erhebliche Schwierigkeiten. Mit dem herkömmlichen Dreiwalzen-Kalander ließ sich keine ausreichende Aufweitung erzielen, abgesehen davon, daß derartige Kalander für so lange Rohre nur mit erheblichem Kostenaufwand zu erstellen sind. Daher entwickelten die S. A. Stabilimenti di DALMINE einen Loslösekalander nach dem Prinzip der in Gelenkgabeln gelagerten Druckrollen, die schräg zur Rohrachse gestellt sind [*94*]. Andere Erfinder beschäftigten sich ebenfalls mit diesem Problem. So bedient sich ASSINGER [*94*] eines wasserdurchlässigen Bandes, das er mittels Führungsrollen endlos in einer gespannten Schleife um das Rohr führt, so daß es einen Schraubengang bildet (Österr. Pat. Nr. 146 613). VIANINI wickelt ein endloses Seil in mehreren Windungen um das Rohr. Bei Drehung des Rohres wandern die Windungen des mittels Gewichten gespannten Seiles am Rohr entlang. Sie schmiegen sich auch Änderungen des Durchmessers an, weshalb dieses Verfahren auch für Muffenrohre brauchbar ist (ital. Pat. von 1932, österr. Pat. Nr. 142 004). Die mit der Rohrmaschine System DALMINE gefertigten Rohre weisen die gleichen Merkmale der nach dem MAZZA-Verfahren hergestellten Asbestzement-Druckrohre auf. Der wesentlichste Unterschied besteht nur in der kreuzweisen Ablage des Asbestzementflors. Dadurch werden die Asbestfasern nach den Rohrenden zu gelenkt und die Längsbiegezugfestigkeit erhöht. Der Vorteil der monolithischen Muffe kann bei Abwasserrohren von Bedeutung sein.

3.24 Sonstige Verfahren

Nachdem die drei wichtigsten Verfahren zur maschinellen Herstellung von Asbestzement-Rohren beschrieben wurden, von denen das MAZZA-Verfahren den größten Anteil der Welterzeugung von Asbestzement-Rohren liefert, sollen der Vollständigkeit halber einige weitere Verfahren erwähnt werden.

In der Schweiz wurden in den Jahren 1927 bis 1938 Asbestzement-Druckrohre nach dem HER-
ZOG-Verfahren hergestellt. Bei diesem, nach seinem Erfinder benannten Herstellungsverfahren
werden von der Plattenmaschine abgenommene dünne Asbestzementplatten unter Druck auf
einen Kern gewickelt. Nach dieser Methode hergestellte Asbestzement-Druckrohre zeigten bei
Wanddicken bis etwa 15 mm Festigkeiten, die denen auf der MAZZA-Maschine hergestellten
Rohren entsprachen. Eine Reihe von Erfindern haben versucht, mit dem Schleuderverfahren Asbestzementrohre herzustellen. So beschreibt das Patent Nr. 459 524 von 1924 eine axial bewegte
Düse im Innern einer schnell rotierenden Form zur Verteilung der Asbestzementmasse [94, 193]. Ein
anderes Patent stellt die Schleuderform entsprechend der Konsistenz der Masse schräg und will dadurch eine gleichmäßige Verteilung des Materials beim Schleudern erzielen (DRP Nr. 581 574 von
1931) [94, 193]. Mit Hilfe kammförmiger Richtvorrichtungen in der Form versucht ein weiteres Patent die Asbestfasern hauptsächlich tangential auszurichten. Der gleiche Patentinhaber führt weiterhin einen auftreibbaren, elastischen Dorn ein, der in die Form mit dem geschleuderten Rohr eingeführt, dieses nach Auftreiben des Dornes mit einem Druckmittel gegen die Wand der Form preßt und
so verdichtet (DRP Nr. 587 766 und 607 424 von 1932) [94, 193]. Schließlich sei noch ein Verfahren
erwähnt, bei dem einzelne Schichten durch absatzweises Zugeben des Asbestzementmaterials
geschleudert werden. Man kann dann z. B. die letzte, innere Schicht durch Zusatz spezieller Stoffe
mit besonderen Eigenschaften versehen (DRP Nr. 581 573 von 1931) [94, 193]. Neben Schleuderverfahren ist auch versucht worden, Asbestzementrohre durch Einpressen der Asbestzement-
masse in eine Hohlform mit innerem Kern zu erzeugen. Der in einem österreichischen Patent
(Nr. 138 484) von 1934 zum Ausdruck gebrachte Gedanke, Asbestzementbrei hydraulisch in eine
rotierende Form zu pressen, hat sich maschinentechnisch nicht verwirklichen lassen [94, 138]. Ein
deutsches Patent von 1930 beschreibt die Herstellung von Asbestzementrohren durch Einpressen
eines Asbestzement-Trockengemisches in eine durchlöcherte Hohlform und anschließendes Eintauchen dieser Form in Wasser, wodurch der Abbindeprozeß des Bindemittels eingeleitet wird.
Der gleiche Erfinder schlägt aber auch vor, an Stelle des Eintauchens das Wasser anzusaugen,
indem man im Innern der Form einen Unterdruck erzeugt (DRP Nr. 529 944) [94].

Zum Schluß seien noch einige Verfahren erwähnt, die sich eng an die ursprüngliche Art der
Herstellung handgeformter Rohre anlehnen. Auf eine als Siebwalze mit Vakuum-Einrichtung
ausgebildete Formwalze werden einzelne Asbestzementplatten sich überlappend aufgebracht und
mit Zementmilch verklebt. Anschließend erfolgt die Verdichtung durch zwei sich gegenüberliegende, zwangsläufig gegenseitig verstellbare Druckwalzen mit tief gerändelter Oberfläche
(DRP Nr. 620 619 von 1932) [138]. Nach einem anderen Patent von 1926 wird die Platte, nachdem sie um einen Rohrkern geformt worden ist, durch Aufwickeln eines wasserdurchlässigen
Bandes entwässert und verdichtet (DRP Nr. 477 608) [94]. Ein Australier verdichtet das Rohr
durch Aufwickeln eines Drahtes, der nach Verfestigung des Zementes wieder abgehaspelt wird
[94].

Es braucht nicht besonders betont zu werden, daß alle diese Verfahren — mit Ausnahme des
HERZOG-Verfahrens — keinen gangbaren Weg zur Herstellung von Asbestzementrohren, speziell
von druckfesten Asbestzementrohren, darstellen. Sie sind daher, sofern sie überhaupt bekannt
wurden, bald wieder in Vergessenheit geraten.

3.3 Abbinden und Erhärten der Rohre

Wie bereits früher ausgeführt[1], werden die späteren Festigkeiten eines zementgebundenen
Materials von den äußeren Bedingungen beeinflußt, unter denen der Abbindeprozeß stattgefunden hat. Der im fertigen Rohr verbleibende Wassergehalt, der etwa bei 15% bis 20% liegt, je
nach Anpreßdruck bzw. Absaugung beim Wickelvorgang, muß auf alle Fälle erhalten bleiben.
Solange das vom Kern befreite Rohr noch nicht erstarrt ist, bleibt es entweder in besonderen
Gestellen oder einfach am Fußboden der Fabrikationshalle liegen, deren Luftfeuchtigkeit einem
allzuschnellen Austrocknen entgegenwirkt. Ist die Erstarrung eingetreten und somit eine bestimmte Anfangsfestigkeit erreicht, die Transport und Stapelung in Wasserbecken erlaubt,

---

[1] s. Abschn. 2.214, S. 37.

kommt das Rohr in ein Wasserbad, wo es nun zwei bis drei Wochen verbleibt. Hier vollzieht sich der Erhärtungsvorgang ungestört. Das zur Wasserlagerung benutzte Wasser darf selbstverständlich keine zementgefährdenden Bestandteile enthalten.

Die beim Erhärten von Zement entstehenden Schwindspannungen werden durch die Wasserlagerung weitgehendst[1] vermieden, außerdem sorgt das Wasserbad für eine gleichmäßige Abführung der durch den Abbindeprozeß entstehenden Abbindewärme. Deshalb treten auch die oftmals bei Beton anzutreffenden Schwindrisse bei Asbestzement nicht in Erscheinung, was neben der Wasserlagerung natürlich auch auf die gleichmäßig verteilte „Bewehrung" durch die Asbestfasern zurückzuführen ist.

Abb. 58. Blick auf mit Asbestzement-Druckrohren gefüllte Wasserbecken.

Abb. 59. Blick auf eine Fabrikationshalle mit Rohrmaschine,
Fußboden mit an der Luft erhärtenden Rohren und den Wasserbecken im Hintergrund.

Die Nachhärtung des Asbestzements erstreckt sich nach der Wasserlagerung noch über viele Jahre, in deren Verlauf das bei der Verkieselung des Zementes frei werdende Kalkhydrat unter dem Einfluß der Kohlensäure der Luft in Kalziumkarbonat überführt wird. Praktisch ist ein vollständiges Abbinden des freien Kalkhydrates nicht möglich, es bleibt immer freies Kalkhydrat im Innern des Materials, weil bis dahin die Kohlensäure der Luft nicht oder nur unter bestimmten Voraussetzungen gelangt. Um die Karbonatisierung zu unterstützen, wurde auch eine kombinierte Luft-Wasser-Behandlung angewandt, bei der man die im Freien lagernden Rohre mit Wasser

---

[1] s. Abschn. 2.214, S. 38.

besprühte und somit auf eine Lagerung im Wasserbecken verzichtete. Die durch die Kohlensäure
der Luft bewirkte Karbonatisierung des freien Kalkhydrates dringt von außen nach innen vor
und schreitet infolge des geringen CO_2-Gehaltes der Luft nur langsam vorwärts. Zur Beschleunigung dieses Vorgangs kann eine Behandlung mit Kohlendioxyd erfolgen. Sie wurde allerdings
bisher nur bei Asbestzementplatten angewandt, während sie bei Asbestzementrohren bislang
nicht zu einem dem Aufwand entsprechenden Erfolg führte. Auch die Anwendung von kalk-
bindenden Flüssigkeiten, wie z. B. von Fluaten unter gleichzeitiger Zugabe von leicht benetzbaren
Stoffen, um den hohen Benetzungswiderstand des frischen Asbestzementes herabzusetzen, hat
sich nicht bewährt [141]. Dafür hat aber ein anders Verfahren, die Dampfhärtung, vor allem in
den USA an Bedeutung gewonnen. Bei diesem Verfahren, das von der Kalksandstein-Industrie
übernommen wurde und nach dem Italiener MORBELLI[1] benannt wird, werden die auf übliche
Weise hergestellten, jedoch mit einem Kieselsäureträger angereicherten Asbestzementrohre unter
einem Dampfdruck von 8 bis 12 atü bei 170° bis 200°C Wärme in einem Druckkessel, auch Auto-
klav genannt, gelagert. Nach 8 bis 24 Stunden, je nach der Zusammensetzung der Mischung,
haben die so behandelten Rohre schon eine sehr hohe Festigkeit erreicht. FERRARI [73] berichtet
z. B. über eine größere chemische Widerstandsfähigkeit dampfgehärteter Rohre sowie über teilweise größere Festigkeiten. In bezug auf die Festigkeiten ist jedoch eine Korrektur notwendig,
als bei dampfgehärteten Asbestzement-Druckrohren vielfach starke Festigkeitsschwankungen
beobachtet wurden, die möglicherweise auf Ursachen zurückgeführt werden können, welche in
den Besonderheiten des Verfahrens (Stapelung, Alter, Gleichmäßigkeit usw.) selbst begründet
liegen. Die von FERRARI gefundene größere chemische Widerstandsfähigkeit ist auf Grund selbst
veranlaßter Untersuchungen an der BAM[2] sehr kritisch zu betrachten. Bei diesen Versuchen
zeichnete sich eine eindeutige Überlegenheit des dampfgehärteten Materials keineswegs ab. In
einem Fall erwies sich sogar das wassergehärtete Material als leicht überlegen.

Abb. 60.
Einfahren der Asbestzement-Rohre in einen
Autoklaven (aus einem Prospekt der Johns-
Manville-Co.).

3.4 Nachbearbeiten der Rohre

Nach etwa drei Wochen werden die Rohre aus dem Wasserbad herausgenommen und einer
abschließenden Bearbeitung zugeführt.

Auf der Schneidebank wird das überlange Rohr mit rotierenden Schneidscheiben (Karborun-
dum usw.) auf die gewünschte Länge geschnitten. Die Normallänge beträgt je nach der Breite der
Rohrmaschine 4,0 oder 5,0 m.

Um einmal die in der DIN 19 800, Blatt 1, festgelegten Abmessungen der Wanddicken an den
Rohrenden einzuhalten, zum anderen aber vor allem einen einwandfreien Paßsitz der Rohrverbindung zu gewährleisten, werden die Rohre in den Grenzen der im Blatt 2 der gleichen Norm

---

[1] s. [73] und [141]. M. ließ sich dieses Verf. 1930 in fast allen Staaten patentieren.
[2] Bundesanstalt für Materialprüfung, Berlin-Dahlem.

aufgeführten zulässigen Toleranzen bereits auf der Rohrmaschine etwas stärker gewickelt und
dann an den Rohrenden auf den vorgeschriebenen Außendurchmesser abgedreht. Zur Vermeidung
von Kerbspannungen erfolgt dabei der Übergang vom unbearbeiteten zum bearbeiteten Rohr
allmählich.

Abb. 61. Schneiden eines Rohres auf Normallänge.

Abb. 62. Drehbank für Großrohre bis NW 1000.

Abb. 63. Abdrehen des Rohrendes eines Großrohres.

Heute vereinigen moderne Großmaschinen Schneide- und Drehbank in sich. Während das
Rohr beiderseitig abgedreht wird, schneiden radial von unten nach oben bewegte Stähle das Rohr
auf Länge. Die Leistungsfähigkeit derartiger Maschinen ist natürlich sehr groß.

Sind die Rohre abgelängt und an ihren Enden abgedreht, rollen sie zum Prüfstand, wo alle
Rohre auf ihre Wasserdichtheit geprüft werden. Entsprechend der Norm dürfen hier sich nach
Belastung mit dem doppelten Nenndruck während 30 sek keinerlei Schäden am Rohr zeigen.
Erst dann erhält das Rohr den Prüfvermerk und gelangt schließlich zur Maß- und Oberflächen-
kontrolle. Anschließend werden die Rohre auf dem Lager gestapelt. Bei Auslieferung sind die
Rohre mindestens 5 Wochen alt.

Abb. 64. Prüfung der Asbestzement-Druckrohre auf Wasserdichtheit nach DIN 19 800.

Ist die Anwendung der Rohre unter aggressiven Verhältnissen vorgesehen, d. h. in kalkaggressiven Böden oder für die Beförderung solcher Medien, dann werden sie vor der Auslieferung
mit entsprechenden Schutzüberzügen versehen, wofür es besonders entwickelte Verfahren gibt[1].

Neben der mechanischen Bearbeitung der Rohre erfolgt die Herstellung der Überschiebmuffen
aus Asbestzement für die Rohrverbindungen. Rohmaterial für die Herstellung der Muffen ist
gewickeltes Rohr, das sogenannte Muffenrohr. In einer besonderen Maschine wird dieses Rohr in
einem Arbeitsgang in einzelne Rohrabschnitte von der Länge der Muffen zerschnitten. Die so
gewonnenen Muffenrohlinge erhalten dann auf der Drehbank durch Ausdrehen ihre endgültige
Form. In gleicher Weise werden Spezialmuffen, wie Übergangs-, Reduktions- oder Anbohrkupplungen hergestellt. Bei letzteren ist ein weiterer Arbeitsgang für das Anbohren und Ein-
schrauben des Anbohrstutzens aus Messingbronze notwendig[2].

3.5 Herstellen der Asbestzement-Bögen

Zur Herstellung der Bögen aus Asbestzement werden frisch gewickelte, noch nicht abgebundene
Rohre auf die erforderliche Bogenlänge geschnitten und anschließend entsprechend der gewünschten Bogengröße geformt. Dies geschieht in mehrteiligen Formen, die zur Unter- und Oberform
zusammengestellt werden und sich entsprechend dem gewünschten Zentriwinkel aneinander-
schrauben lassen. Nach Zusammenbau der Unterform wird das zu formende Rohrstück sorgfältig
von Hand in das Formbett der Unterform eingelegt und von der Bogenmitte ausgehend zum
Bogen geformt. Nunmehr kann die Oberform aufgesetzt und mit der Unterform verkeilt werden.
Der erste Arbeitsgang ist damit abgeschlossen. Um bei der Verformung eine Störung des Gefüges
weitgehend zu verhindern, wird das dafür bestimmte Rohr unter geringerem Anpreßdruck auf
der Maschine gefahren. Aufgabe des zweiten Arbeitsganges ist es daher, einmal das zum Bogen
geformte Rohr zu verdichten und gleichzeitig zu entwässern, zum anderen dafür zu sorgen, daß
der Rohrbogen die Form voll ausfüllt und über die ganze Bogenlänge einen runden Rohrquerschnitt erhält. Dies wird durch Einführen eines elastischen, gekrümmten Schlauches erreicht, der,
mit einem Druckmittel (Wasser, Luft usw.) ausgedehnt, die Rohrwandung gleichmäßig an die
Wandung des Formbettes preßt. Je nach dem vorhandenen Innendruck im elastischen Kern

---

[1] s. Kapitel 7., „Rohrschutz".
[2] s. Kapitel 6., „Rohrverbindung und Formstücke".

läßt sich somit eine entsprechende Verdichtung der Rohrwand erzielen. Das ausgepreßte Wasser tritt an den Stirnseiten und gegebenenfalls an besonders angebrachten Bohrungen in der Form aus. Nach kurzer Zeit können die Bögen ausgeschalt und zur Lagerung abtransportiert werden.

Abb. 65 Form zur Herstellung von Bögen aus Asbestzement NW 200.

Das hier beschriebene Verfahren wird bisher bis NW 200 angewendet. Durch Verwendung einer Außenform ist das Einhalten des zulässigen Außendurchmessers gewährleistet.

Es werden jedoch auch Asbestzementbögen größerer Nennweiten hergestellt. Für eine besonders interessante Neuentwicklung, nämlich für die Anwendung von Asbestzement-Druckrohren für die erste Großrohrpostleitung NW 450 in Hamburg und Berlin, sind Asbestzementbögen nach besonderem Verfahren angefertigt worden. Der besondere Schwierigkeitsgrad lag in der für Asbestzementbögen außerordentlichen Toleranzforderung von $\pm$ 2 mm begründet. Nach vielen

Abb. 66. Überprüfung der Innendurchmesser fertiger Asbestzement-Bögen NW 450 mit einer Maßkugel.

Versuchen gelang es auch, die entscheidende Forderung mit guter Sicherheit zu erfüllen. Die Überprüfung des Rohrquerschnitts erfolgte u. a. mit Hilfe mehrerer Maßkugeln mit abgestuften Durchmessern, die mit großer Präzision angefertigt waren.

Der weitere Herstellungsgang entspricht dem der Asbestzement-Druckrohre. Nach der Luftlagerung werden die Bögen im Wasserbad der Erhärtung überlassen, um dann nach etwa drei Wochen zur Nachbearbeitung zu gelangen. Genau wie bei den Druckrohren müssen die Enden der Bögen zur Aufnahme der Kupplung abgedreht werden, wozu spezielle Drehbänke zur Verfügung stehen.

4. Asbestzement-Druckrohre

Da das MAZZA-Verfahren die ursprünglichste Methode zur Herstellung von Asbestzement-Druckrohren darstellt und auch gegenüber den anderen Herstellungsarten die weiteste Verbreitung gefunden hat, war es naheliegend, die nachfolgenden Betrachtungen und Ermittlungen auf MAZZA-Rohre abzustellen. Die im Rahmen des besonderen Untersuchungsprogramms benötigten Versuchsrohre System MAZZA wurden von der ETERNIT Aktiengesellschaft hergestellt. Wenn andere Fabrikate behandelt werden, ist dies ausdrücklich erwähnt.

Um die Ergebnisse der einzelnen Untersuchungen miteinander vergleichen zu können, war es unumgänglich, daß die Versuchsrohre unter einheitlichen Umweltsbedingungen und mit gleichen Mischungsverhältnissen hergestellt wurden. Das bedingte bei dem umfangreichen Materialbedarf eine gesonderte Herstellung dieser Rohre. Zur Kontrolle dafür, daß man für die Versuchsrohre nicht eine besondere Rohstoffmischung verwendete, wurden vom Lagerplatz des Herstellerwerkes verschiedene Asbestzementrohre entnommen und Vergleichsversuchen unterzogen. Es darf hier vorweggenommen werden, daß die Ergebnisse dieser Vergleichsversuche eindeutig bewiesen haben, daß die Materialzusammensetzung der Rohre des besonderen Versuchsprogramms sich nicht von der normaler Rohre unterschied.

4.1 Allgemeine Beschreibung

4.11 Abmessungen

Asbestzement-Druckrohre werden entsprechend der Breite der Rohrmaschine in Längen von 4 und 5 Metern hergestellt und sind in den Nennweiten 50 bis 1000 mm erhältlich.

Seit der Veröffentlichung der DIN 19 800[1], Blatt 1 und 2 im Januar 1956 sind Asbestzement-Druckrohre der Nennweiten 65 bis 400 mm genormt. Inzwischen wurde auf internationaler Ebene die Normung dieser Rohre auf die Nennweiten bis 1000 mm ausgedehnt[2,1].

Die Einteilung der Asbestzement-Druckrohre erfolgt nach Druckstufen. Nachstehend sind die Nenndruckstufen[3] der DIN 19 800 den ISO-Klassen[1] gegenübergestellt:

Nenndruck nach DIN 19 800 atü	ISO-Klassen			
	Serie I		Serie II	
	feet head	kp/cm² (angenähert)	kp/cm²	feet head (angenähert)
2,5	200	6	5	165
6	400	12	10	330
	600	18	15	495
10	800	24	20	660
12,5			25	825

Die Bezeichnung der ISO-Klasse entspricht dem vorgeschriebenen Prüfdruck, mit dem die werkseitige Dichtheitsprüfung durchgeführt werden muß. Es ist hierbei freigestellt, ob der Innendruck gemäß Serie I in feet head (1 ft.head $= 0{,}3048$ mWS) oder gemäß Serie II in kp/cm²

---

[1] s. Anhang. [2] niedergelegt: in ISO Recommendation 160: Asbestos Cement Pressure Pipe.

[3] Nenndruck $=$ höchst zulässiger Betriebsdruck.

angegeben wird. Bei der Auswahl der für den jeweiligen Anwendungszweck in Frage kommenden Druckklasse ist gemäß ISO-Recommendation zu beachten, daß der höchste Betriebsdruck den halben Wert des die ISO-Klasse bezeichnenden Druckes nicht überschreiten soll. Von dieser Überlegung ausgehend, wurde die Klassifizierung in der DIN 19 800 gleich auf den Nenndruck abgestellt. Bei der Dichtheitsprüfung ist dann natürlich der doppelte Nenndruck aufzubringen (Ziff. 4.13, DIN 19 800). Die Nenndruckstufen der DIN 19 800 entsprechen der Serie II der ISO-Klassifizierung mit Ausnahme der Nenndruckstufe 6 atü, die, den deutschen Verhältnissen angepaßt, zwischen den ISO-Klassen 10 und 15 liegt.

Einen Überblick über die Abmessungen der mit DIN 19 800 genormten Asbestzement-Druckrohre einschließlich der nichtgenormten Nennweite 50 mm gibt Tab. 16. Die aufgeführten Wanddicken und Außendurchmesser beziehen sich auf die Rohrenden.

Tabelle 16. *Abmessungen der genormten Asbestzement-Druckrohre einschl. der nicht genormten NW 50*

| Nennweite NW | Für Nenndruck ND | | | | | | | |
| | 2,5 | | 6 | | 10 | | 12,5 | |
d	D	s	D	s	D	s	D	s
(50)	—	—	—	—	—	—	(68)	(9)
65	—	—	—	—	—	—	83	9
80	—	—	—	—	98	9	100	10
100	—	—	118	9	120	10	126	13
125	—	—	145	10	149	12	153	14
150	170	10	172	11	178	14	184	17
200	222	11	226	13	236	18	244	22
250	274	12	280	15	288	19	300	25
300	328	14	334	17	346	23	360	30
350	380	15	388	19	404	27	420	35
400	436	18	442	21	460	30	480	40

$NW = d$ = Nennweite (Innendurchmesser) (mm)
D = Außendurchmesser (mm)
s = Wanddicke (mm)

Diese Abmessungen sind in Blatt 1 der DIN 19 800 verbindlich festgelegt und betreffen die dort angeführten Nennweiten und Nenndruckstufen. Eine Erweiterung dieser Vorschriften auf Asbestzement-Druckrohre größerer Nennweiten ist in Vorbereitung, worauf in der Norm bereits hingewiesen wird. Die Bezeichnung eines genormten Asbestzement-Druckrohres der Nennweite 100 mm und der Länge 4,0 m für einen Nenndruck von 10 atü lautet:

Asbestzement-Druckrohre 100 × 4000 — ND 10 — DIN 19 800.

4.12 Zulässige Abweichungen von den Abmessungen

In den „Technischen Lieferbedingungen", die in Blatt 2 der DIN 19 800 niedergelegt sind und die die Mindestfestigkeiten, die wichtigsten Vorschriften über Festigkeitsprüfungen, sowie Ausführungen über Rohrschutz, Rohrverbindungen und Formstücke enthalten, werden auch Angaben über die Maßtoleranzen gemacht. Vorschriften über einzuhaltende Maßgenauigkeit bestehen hiernach für die Wanddicke und den äußeren Durchmesser an den Rohrenden, sowie für die Abweichung der Rohrachse von der Geraden, gemessen in der Rohrmitte.

Die Einhaltung der angegebenen Toleranzen des Außendurchmessers am Rohrende hängt zusammen mit der Sicherheit der Rohrverbindungen. Wie im Kapitel „Rohrverbindungen und Formstücke" gezeigt wird, erfolgt in der Verbindung die Dichtung durch Dichtungsringe aus Gummi, die in den Zwischenraum zwischen Rohroberfläche und Muffeninnenfläche gepreßt werden.

Die zulässige Abweichung von der Geraden wird in Abhängigkeit von der Nennweite mit 5,5 bis 3,5 Promille der Rohrlänge angegeben, gemessen in Rohrmitte. Bei 5,0 m Rohrlänge dürfen Asbestzement-Druckrohre demnach in Rohrmitte

$$\text{bis NW } 125 \text{ um } \frac{2,75 \text{ cm}}{2}$$

$$\text{bis NW } 200 \text{ um } \frac{2,25 \text{ cm}}{2} \quad \text{und}$$

$$\text{bis NW } 400 \text{ um } \frac{1,75 \text{ cm}}{2}$$

von der Längsachse abweichen.

Die Empfehlungen der ISO/R 160 decken sich hinsichtlich der zulässigen Toleranzen für die Wanddicken mit den Angaben der DIN 19 800, stufen jedoch die Nennweiten bei den zulässigen Abweichungen von der Geraden anders ein. Wiederum bezogen auf ein Asbestzement-Druckrohr von 5,0 m Länge dürfen die zulässigen Abweichungen von der Geraden gemäß ISO/R 160 betragen:

$$\text{bis NW} \quad 60: \frac{2,75 \text{ cm}}{2}$$

$$\text{bis NW} \quad 200: \frac{2,25 \text{ cm}}{2}$$

$$\text{bis NW} \quad 500: \frac{1,75 \text{ cm}}{2}$$

$$\text{bis NW} \quad 1000: \frac{1,25 \text{ cm}}{2}$$

Ein zulässiges Maß für die Abweichung des Innendurchmessers vom Nennwert wird in der DIN 19 800 nicht gegeben. Er ergibt sich aus der Festlegung des Außendurchmessers und der Wanddicke mit den zugehörigen Toleranzen. Nicht erfaßt ist dagegen eine mögliche Unrundheit des Rohres. Die ISO/R 160 geht insofern weiter als die DIN, als sie auch für die Abweichung von der Rundheit Vorschriften enthält (s. hierzu Abschn. 4.223).

4.13 Mindestfestigkeiten

Nach Ziffer 3 der Technischen Lieferbedingungen (DIN 19 800, Blatt 2) sind folgende Mindestfestigkeiten einzuhalten:

a) Ringzugfestigkeit 200 kp/cm^2,

b) Scheiteldruckfestigkeit 450 kp/cm^2,

c) Biegezugfestigkeit 250 kp/cm^2.

Daneben wird in Ziffer 2.3 der Norm gefordert, die Wanddicke so zu bemessen, daß der zum Bruch führende Innendruck gegenüber dem Nenndruck eine mehrfache Sicherheit aufweist. Sie ist von der Nennweite abhängig und läßt sich allgemein ausdrücken:

$$p_{i\,(\text{Bruch})} = \nu \cdot \text{ND} \ (\text{kp/cm}^2) \qquad\qquad (4/1)$$

Hierin bedeuten:

$$p_{i\,(\text{Bruch})} = \text{Berstdruck (kp/cm}^2)$$
$$\nu = \text{Sicherheitsfaktor}$$
$$\text{ND} = \text{Nenndruck (kp/cm}^2)$$

Der Sicherheitsfaktor ν muß hierbei betragen:

$$\text{bis NW } 100; \ \nu = 4,0$$
$$\text{NW } 125 \text{ bis } 200; \ \nu = 3,5$$
$$\text{NW } 250 \text{ bis } 400; \ \nu = 3,0.$$

Für Nennweiten über 400 mm können vorerst den jeweiligen Erfordernissen entsprechende Werte festgelegt werden.

Die angeführten Festigkeiten und Sicherheiten entsprechen voll und ganz den Empfehlungen der ISO/R 160.

4.14 Verlangte Prüfungen

In Ziffer 4 der DIN 19 800, Blatt 2, werden die vorzunehmenden Prüfungen und Prüfverfahren aufgeführt[1]. Danach muß grundsätzlich jedes Rohr vor Verlassen des Werkes auf seine Wasserdichtheit geprüft werden (4.13). Dies geschieht durch Aufbringen des doppelten Nenndruckes für die Dauer von 30 Sek. Dabei dürfen sich keine Undichtigkeiten oder sonstige Mängel zeigen. Zur Bestimmung der Materialfestigkeiten sind die sogenannten „Normprüfungen" heranzuziehen, mit Hilfe derer die einzelnen Bruchspannungen errechnet werden. Die „Normprüfungen" im einzelnen sind:

die Prüfung auf Ringzugfestigkeit	(Ziff. 4.22 in DIN 19 800)
die Prüfung auf Scheiteldruckfestigkeit	(Ziff. 4.23 in DIN 19 800)
die Prüfung auf Biegezugfestigkeit	(Ziff. 4.24 in DIN 19 800)

Vor der Durchführung dieser Prüfungen sind die zu prüfenden Rohre, die mindestens 28 Tage alt sein müssen, in einem Wasserbad zu lagern, wobei der Aufenthalt im Wasserbad 48 Std. nicht unterschreiten darf. Mit der Wasserlagerung soll erreicht werden, daß alle Prüfrohre einen annähernd gleichen Feuchtigkeitsgehalt besitzen. Wie noch unter Abschnitt 4.508 auf Seite 181 gezeigt werden wird, beeinflußt der Wassergehalt des Asbestzementes die Festigkeiten des Materials, ob allerdings eine Wasserlagerung von 48 Stunden immer ausreicht, um eine volle Sättigung des Asbestzement-Druckrohres zu erzielen, muß nach den Untersuchungen von PILNY [*V40*] bezweifelt werden (s. S. 107).

4.141 Prüfung auf Ringzugfestigkeit

Die Ringzugfestigkeit σ_z ergibt sich aus dem Innendruckversuch, bei dem ein jeweils 50 cm langes Asbestzement-Druckrohrstück durch inneren Wasserüberdruck zum Bersten gebracht wird. Die Ringzugbruchspannung errechnet sich nach der Formel:

$$\sigma_z = \frac{p_i \cdot d}{2 \cdot s} \ \ (\text{kp/cm}^2) \tag{4/2}$$

Es bedeuten:

σ_z	=	Ringzugbruchspannung	(kp/cm²)
p_i	=	Berstdruck	(kp/cm²)
d	=	Innendurchmesser	(cm)
s	=	Wanddicke a. d. Bruchfuge	(cm)

Die Gl. (4/2) stellt die sogenannte „Kesselformel" dar, die sich aus der Betrachtung des dünnwandigen Rohres herleiten läßt. Sofern das Verhältnis Innendurchmesser zu Wanddicke $\delta = d/s$ über dem Wert 30 liegt, kann die Kesselformel für dünnwandige Rohre ohne weiteres zugrunde gelegt werden. Bei δ-Werten unter 30, wie das für Asbestzementrohre im allgemeinen zutrifft, wird die mit Gl. (4/2) errechnete Durchschnittsspannung kleiner als die tatsächliche Maximalspannung an der Wandinnenseite, aber größer als die tatsächliche Spannung an der Außenseite[2]. σ_z ist ein Mittelwert, der für die praktische Anwendung genügt.

4.142 Prüfung auf Scheiteldruckfestigkeit

Bei der Prüfung auf Scheiteldruckfestigkeit wird auf das zu prüfende Rohrstück mit der vorgeschriebenen Länge von 20 cm eine Linienlast im Rohrscheitel aufgebracht. Für die gleichmäßige Verteilung der aufgebrachten Lasten und der Auflagerkräfte sorgen Filzplatten von mindestens

---

[1] Diese Prüfungen und Prüfverfahren werden mit ISO/R 160 auf internationaler Ebene empfohlen.
[2] Bei $\delta = 30$ ergibt die „Kesselformel" um ca. 2,0 % zu kleine Werte.

10 mm Dicke, die sowohl am Scheitel als auch an der Sohle des Rohres als Zwischenlage zwischen Rohr und Pressenplatten gelegt werden.

Unter Vernachlässigung der Wirkungsbreite des Belastungsbalkens und der Auflagefläche an der Rohrsohle kann eine Belastung durch 2 Einzellasten der Größe P entsprechend Abb. 67 angesetzt werden. Das rechnerische Maximalmoment stellt sich dann am Scheitel und an der Sohle ein mit

$$M_{\max} = \frac{P \cdot (d + s)}{2 \cdot \pi} \quad \text{(kp/cm)} \qquad (4/3)$$

mit $P =$ Bruchlast (kp)

$\quad d =$ Innendurchmesser (cm)

$\quad s =$ Wanddicke (cm)

Das Vorhandensein von Biegemomenten weist darauf hin, daß das Scheiteldruckproblem eigentlich ein Ring-Biegeproblem ist. Daher läßt sich sofort die Biegespannung

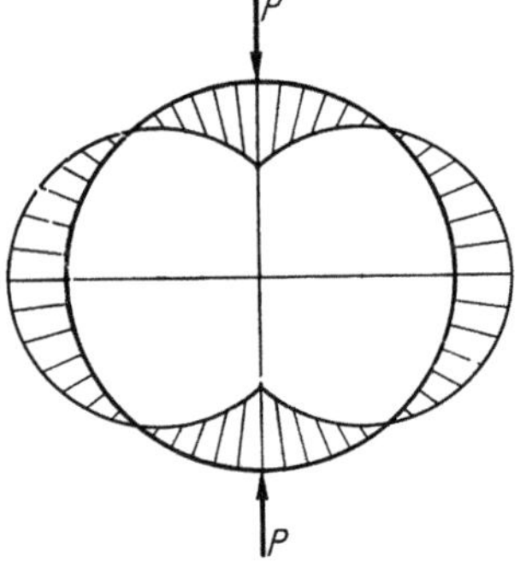

Abb. 67. Verlauf der Momentenfläche bei der Scheiteldruckprüfung nach DIN 19800, Blatt 2.

$$\sigma_{\max} = \frac{M_{\max}}{W} \quad \text{(kp/cm}^2) \qquad (4/4)$$

angeben. Der auf Biegung beanspruchte Ring hat in bezug auf seine Belastung als Balken das Widerstandsmoment

$$W = \frac{b \cdot h^2}{6} = \frac{l \cdot s^2}{6} \quad \text{(cm}^3) \qquad (4/5)$$

$(l =$ Länge der Ringprobe)

Mit den Gl. (4/4) und (4/5), eingesetzt in Gl. (4/4), ergibt sich die Gleichung für die Scheiteldruckfestigkeit

$$\sigma_d = \frac{3 \cdot P\,(d + s)}{\pi \cdot s^2 \cdot l} \quad \text{(kp/cm}^2) \qquad (4/6)$$

Hierin bedeuten:

$\quad P =$ Bruchlast (kp)

$\quad d =$ Innendurchmesser (cm)

$\quad s =$ Wanddicke (cm)

$\quad l =$ Länge des Prüfkörpers (cm)

Auch diese Gleichung gilt streng nur unter Voraussetzung einer linearen Spannungsverteilung über den Rohrwandquerschnitt, die bei dünnwandigeren Rohren bzw. bei höheren δ-Werten erfüllt wird. Mit der Scheiteldruckfestigkeitsprüfung in der vorliegenden Form der sogenannten Zwei-Linien-Lagerung wird also in gleicher Weise wie bei der Ringzugfestigkeit ein rein theoretischer Wert für die Randbiegespannung gewonnen, mit dem lediglich als Vergleichswert gearbeitet werden kann.

4.143 Prüfung auf Biegezugfestigkeit

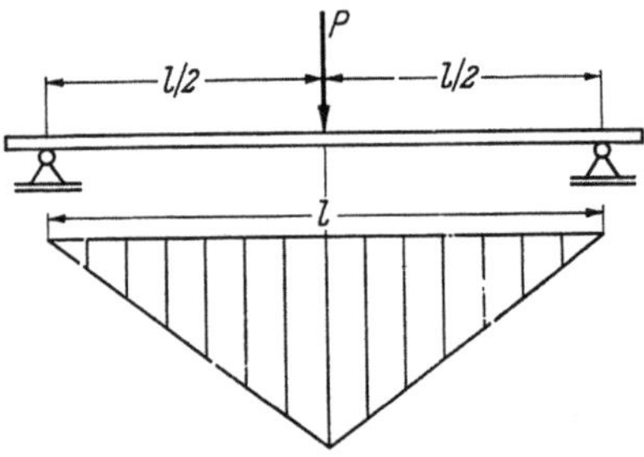

Abb. 68. Stat. System der Biegezugfestigkeitsprüfung mit Biegemomentenfläche.

Entsprechend dem stat. System der Abb. 68. ergibt sich die Biegespannung mit

$$M_{\max} = \frac{P \cdot l}{4} \quad \text{(kp/cm)} \qquad (4/7)$$

und

$$W_{\text{Rohr}} = \frac{(d + 2s)^4 - d^4}{d + 2s} \cdot \frac{\pi}{32} \quad \text{(cm}^3) \qquad (4/8)$$

zu

$$\sigma_b = \frac{8 \cdot P \cdot l}{\pi} \cdot \frac{d + 2s}{(d + 2s)^4 - d^4} \quad \text{(kp/cm}^2) \qquad (4/9)$$

Hierin bedeuten: $P =$ Bruchlast (kp)
$\qquad\qquad\quad l \;=$ Stützweite $= 200$ cm
$\qquad\qquad\quad d \;=$ Innendurchmesser (cm)
$\qquad\qquad\quad s \;=$ Wanddicke (cm)

Die Einleitung der äußeren Kräfte erfolgt über 10 cm breite Metallstützen, die einen Öffnungswinkel von 120° besitzen. Die gleichmäßige Verteilung der Kräfte übernehmen auch hier Filzzwischenlagen zwischen Rohr und Stütze. Die Stützweite beträgt hierbei 200 cm, sie gilt aber nur für Rohre bis zur Nennweite 200 mm[1]. Die Norm nimmt mit Recht an, daß die Widerstandsfähigkeit gegenüber einer Biegebelastung bei größeren Nennweiten so hoch ist, daß sie für die Dimensionierung dieser Nennweiten nicht mehr maßgebend ist und daher bei der Normprüfung nur bis NW 200 berücksichtigt zu werden braucht. Daß diese Annahme zu Recht besteht, möge die nachstehende Betrachtung an Hand von Rohren, deren Verhältnis Nennweite zu Wanddicke in jedem Fall konstant bleibt, ($\delta = d/s =$ konstant) erläutern.

Nach Gl. (4/9) beträgt die Mindestbiegebruchlast

$$P_b^{\min} = \frac{\sigma_b \cdot \pi}{8 \cdot l} \; \frac{(d + 2s)^4 - d^4}{(d + 2s)} = \frac{\sigma_b \cdot \pi}{8 \cdot l} \cdot \left(\frac{(\delta + 2)^4 - \delta^4}{\delta + 2} \right) \cdot s^3 \; \text{(kp)} \qquad (4/10)$$

mit $\qquad\qquad\quad \delta = \dfrac{(\text{NW})}{s} = 10, \quad l = 200$ cm und $\sigma_b^{\mathrm{erf}} = 250$ kp/cm² wird

$$P_b^{\min} = \frac{250 \cdot 3{,}14}{8 \cdot 200} \cdot \left(\frac{12^4 - 10^4}{12} \right) \cdot s^3 = 0{,}1805 \cdot (\text{NW})^3 \; \text{(kp)} \qquad (4/10\,\mathrm{a})$$

Der Mindestberstdruck errechnet sich nach Gl. (4/2) zu

$$p_i = \frac{2 \cdot \sigma_z}{\delta} \; \text{(kp/cm²)} \qquad (4/11)$$

mit $\qquad\qquad\quad \delta = 10$ und $\sigma_z = 200$ (kp/cm²) wird

$$p_i = \text{konstant} = 40 \; \text{(kp/cm²)} \qquad (4/11\,\mathrm{a})$$

Während also der rechnerische Mindestberstdruck bei allen Rohren, sofern deren δ-Verhältnis konstant bleibt, den gleichen Wert behält, wächst die rechnerische Mindestbiegebruchlast mit der 3. Potenz der Nennweite an. Demgegenüber ergibt sich für die Scheiteldruckbruchlast nach Gl. (4/6)

$$P_d^{\min} = \frac{\sigma_d \cdot l \cdot s^2 \cdot \pi}{3 (d + s)} = \frac{\sigma_d \cdot l \cdot \pi \cdot s}{3 (\delta + 1)} \; \text{(kp)} \qquad (4/12)$$

und mit $\qquad\qquad \delta = 10, \; \sigma_d = 450$ kp/cm² und $l = 20$ cm

$$P_d^{\min} = \frac{450 \cdot 3{,}14 \cdot 20}{3 \cdot 11} \cdot s = 85{,}8 \cdot (\text{NW}) \; \text{(kp)} \qquad (4/12\,\mathrm{a})$$

Die Mindestscheitelbruchlast steigt also linear mit der Nennweite an.

Es zeigt sich demnach, daß die Vergrößerung der Nennweite, die ja infolge gleichbleibenden δ-Verhältnisses einer Vergrößerung der Wanddicke gleichkommt, die Biege- und Scheiteldruckbelastung erhöht, dagegen den Innendruck nicht zu steigern erlaubt. Die praktische Anwendung dieser Erkenntnis bedeutet, daß die Rohre kleinerer Nennweiten zur Erfüllung der Anforderungen, die an sie durch die Erdauflasten und Verkehrslasten (z. B. im Graben) gestellt werden, hinsichtlich der Biegezugfestigkeit dimensioniert werden müssen, während bei größeren Nennweiten der Innendruck maßgebend für die Bemessung der Wanddicken ist. Aus diesem Grunde verlangt die DIN 19 800 auch bei kleinen Nennweiten einen höheren Sicherheitsfaktor als bei größeren.

---

[1] Im Gegensatz hierzu empfiehlt die ISO/R 160, die Biegeprüfung lediglich bis zur Nennweite 150 mm durchzuführen.

4.15 Kennzeichnung der Rohre

Alle Asbestzement-Druckrohre sind vor Verlassen des Werkes mit Nenndruck (ND), Nennweite (NW), dem Herstellerzeichen und dem Prüfdatum dauerhaft zu kennzeichnen, sofern die vorgeschriebene Wasserdichtigkeitsprobe bestanden wurde. An Stelle des Prüfdatums wird vielfach das Herstellungsdatum aufgestempelt und durch einen zusätzlichen Vermerk, z. B. „geprüft", angedeutet, daß die Prüfung voll durchgeführt worden ist.

a   b
Abb. 69a u. b. Kennzeichnung der Asbestzement-Druckrohre
a) NW 150, ND 10   b) Großrohr NW 600

4.2 Äußere Beschaffenheit

Um einen Überblick über die äußere Beschaffenheit der Asbestzement-Druckrohre zu bekommen, wurden im Zuge der vom Verfasser veranlaßten Festigkeitsprüfungen von PILNY im Institut für Baukonstruktionen und Festigkeit von 225 zur Verfügung stehenden Versuchsrohren 51 Rohre der verschiedensten Abmessungen herausgegriffen und hinsichtlich ihrer äußeren Beschaffenheit besonders untersucht [*V40*].

4.21 Aussehen

Die untersuchten Asbestzement-Druckrohre waren innen glatt. Nur bei einigen Rohren konnte man an der Außenfläche noch deutlich die Stelle erkennen, an der das Asbestzementvlies beim Herausnehmen des Rohres aus der Rohrmaschine abgerissen worden war. Die Stirnseiten standen rechtwinklig zur Rohrachse und zeigten weder Absplitterung noch sonstige Bruchstellen. Die Fase an der Stirnwand des Rohre war sauber ausgeführt, die Rohrenden einwandfrei abgedreht. Der Übergang zum nichtbearbeiteten Rohr erfolgte allmählich, so daß mit Kerbspannungen an dieser Stelle nicht zu rechnen ist. Zusammenfassend kann festgestellt werden, daß die augenscheinliche Untersuchung der überprüften Asbestzement-Druckrohre keinen Grund zu Beanstandungen bot.

4.22 Maßhaltigkeit

Wie im Abschnitt 4.12 besonders ausgeführt wurde, sind in der DIN 19 800, Blatt 2, die zulässigen Abweichungen von den Abmessungen und von der Geradheit enthalten.

4.221 Geradheit

Die Abweichung von der Rohrachse darf hierbei höchstens 3,5 bis 5,5% der Rohrlänge betragen. Zur Ermittlung dieser Abweichung ist das Asbestzement-Druckrohr gemäß Bild 1 der DIN 19 800, Blatt 2[1], auf zwei Balken zu lagern, deren gegenseitiger Abstand $^2/_3$ der Rohrlänge beträgt.

---

[1] s. Anhang „Normen".

Durch Rollen des Rohres auf diesen Lagerbalken läßt sich eine Abweichung von der geraden Rohrachse in Rohrmitte, sofern sie vorhanden ist, gut sichtbar bzw. meßbar machen. Abb. 70 zeigt die Versuchsanordnung, mit deren Hilfe die vorstehenden Meßergebnisse gefunden wurden.

An einer biegefesten Leichtmetallschiene sind im Abstand von zwei Drittel der Rohrlänge zwei feststehende Taster gleicher Länge angebracht. Genau in der Mitte zwischen den beiden festen Tastern befindet sich eine Meßuhr, an der der Abstand bzw. die Differenz des Abstandes vom Ausgangswert abgelesen werden kann. Der Ausgangswert, auch als „Nullabstand" aufzufassen, entspricht hierbei der Länge der feststehenden Taster an den Enden der Leichtmetall-

Abb. 70. Versuchsanordnung zur Messung der Geradheit von Asbestzement-Druckrohren [V-40].

schiene und wird auf einem einnivellierten Eichstand bestimmt. Nach DIN 19 800, Blatt 2, Bild 1, wird als Abweichung die Strecke bezeichnet, die sich ergibt, wenn man den Ausschlag eines Rohres infolge seiner gekrümmten Rohrachse in einer beliebigen Länge mit dem des um 180° um seine Längsachse gedrehten Rohres addiert. Hat man auf diese Weise die Abweichungen in zwei senkrecht zueinanderstehenden Ebenen Δ_1 und Δ_2 ermittelt, so läßt sich unter Vernachlässigung einer eventuell vorhandenen dreidimensionalen Krümmung der Rohrachse die Maximalabweichung errechnen.

$$\Delta_{\max} = \sqrt{\Delta_1^2 + \Delta_2^2} \tag{4/13}$$

Die gefundenen Meßergebnisse werden in Tab. 17 wiedergegeben. Der Vergleich der Mittelwerte mit den zulässigen Werten der DIN 19 800 (Spalte 5 der Tab. 17) zeigt, daß die größte mittlere Abweichung knapp 9% der zulässigen beträgt. Mit zunehmender Wanddicke scheinen sich bei Rohren gleicher Nennweiten die Abweichungen von der Geraden zu vermindern, was sich mit der erhöhten Steifigkeit infolge dickerer Wandung erklären läßt.

Tabelle 17. *Abweichungen von der Längsachse*

NW/ND	Abweichungen $\Delta_{\max}$ (mm)	Mittelwert Δ_m (mm)	nach DIN 19800 zulässig Δ_{zul} (mm)	$\dfrac{\Delta_m}{\Delta_{zul}} \cdot 100\%$
1	2	3	4	5
200/12,5	1,70; 1,54; 0,31; 0,48; 2,03; 1,71; 0,52; 0,91; 0,85	1,12	18	6,3%
300/2,5	0,93; 0,42; 0,84	0,73	14	5,2%
300/12,5	0,57; 0,45; 0,34	0,45	14	3,2%
400/2,5	1,55; 1,78; 0,79; 0,62; 1,58; 0,96	1,21	14	8,7%
400/12,5	0,82; 0,65; 0,87; 0,57; 0,55; 0,76;	0,70	14	5,0%

Abschließend kann gesagt werden, daß bei einer Abweichung von der Geraden von maximal 9% des zulässigen Maßes die Geradheit der untersuchten Asbestzement-Druckrohre als sehr zufriedenstellend bewertet werden darf.

4.222 Wanddicke

Maßgebend für die Wanddicke ist die zu erwartende Belastung, die sich aus der Beanspruchung durch Scheiteldruckkräfte (Erd- und Verkehrslasten), durch Innendruckkräfte und gegebenenfalls durch Längsbiegekräfte zusammensetzt. Die DIN 19 800 schreibt in Blatt 1 für Asbestzement-Druckrohre bis NW 400 Wanddicken vor, die den normalen Anforderungen der Praxis unter Einschluß eines Sicherheitsfaktors genügen. Sie sind auf die Nenndruckstufe abgestimmt und als Mindestwerte anzusehen, die nicht unterschritten werden dürfen. Sofern Rohrenden zur Auf-

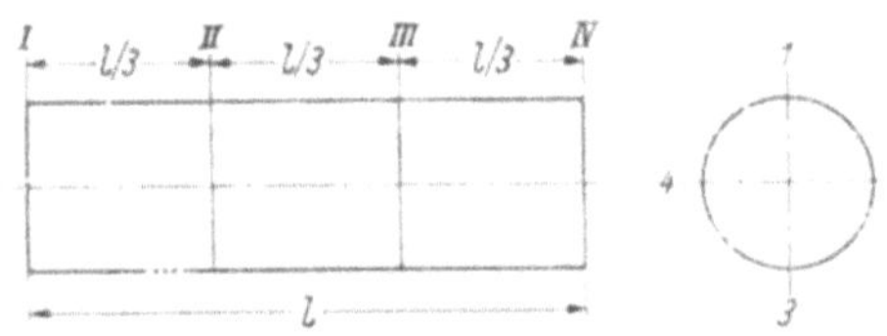

Abb. 71. Lage der einzelnen Meßstellen.

nahme der Rohrverbindungen vorgesehen sind, bestehen darüber hinaus genaue Vorschriften über die Toleranzen, die für die Wanddicke und den Außendurchmesser am Rohrende erlaubt sind. Um sich ein Bild über die Gleichmäßigkeit der Wanddicken machen zu können, wurden diese bei allen untersuchten Proberohren jeweils an vier Stellen gemessen, wobei an jeder einzelnen Meßstelle vier jeweils um 90° versetzte Einzelmessungen erfolgten. Während an den Schnittstellen die Wanddicken mit einer Schublehre auf 1/10 mm genau gemessen werden konnten, erfolgte die Ermittlung der Wanddicken an den Drittelspunkten mit einer Dickenmeßlehre, die auf 2/100 mm ansprach (Abb. 72).

Abb. 72. Messung der Wanddicke mittels Dickenmeßlehre [*V40*].

Die Ergebnisse dieser Untersuchung finden ihren Niederschlag in Tab. 18.

4.223 Rundheit

Aussagen über die notwendige Rundheit bzw. zulässige Ovalität von Asbestzement-Druckrohren sind in der DIN 19 800 nicht enthalten. Dagegen ist in der grundlegenden Internationalen Norm ISO/R 160 — 1960 (E) mit Ziffer 2.5.2 dem Abnehmer von Asbestzement-Druckrohren freigestellt, eine Überprüfung des Innendurchmessers der Rohre über die gesamte Rohrlänge mit einer Prüfkugel oder einer senkrecht zur Rohrachse stehenden, kreisförmigen Prüfplatte vom Durchmesser

$$D_p = d - (2{,}5 + 0{,}01 \cdot d) \qquad (d \mathrel{\widehat{=}} \text{NW des Rohres in mm})$$

zu verlangen. Diese Vorschrift legt somit die Minustoleranz des Innendurchmessers fest. Über die zulässige Plustoleranz wird allerdings direkt keine Vorschrift erlassen. Sie ergibt sich jedoch indirekt aus den zulässigen Abweichungen des Außendurchmessers an den abgedrehten Enden in Verbindung mit den vorgeschriebenen Wanddicken und aus der Bestimmung, daß die Abweichung zweier beliebiger Innendurchmesser eines Rohres nicht mehr als $0{,}1 \cdot d$ (mm) betragen darf.

Um einen Überblick zu erhalten, wurden die Asbestzement-Druckrohre, die für die Festigkeitsprüfung zur Verfügung standen, auch im Hinblick auf ihre Rundheit untersucht. Als Abweichung von der Rundheit definierte PILNY hierbei die Differenz zweier senkrecht zueinander stehenden Außendurchmesser, jeweils auf den größeren von beiden bezogen und in Prozent ausgedrückt. Die Messungen erfolgten an den Meßstellen gemäß Abb. 71 mit einer Schublehre von $^1/_{10}$ mm Ablesegenauigkeit.

Tabelle 18. *Abweichung der Wanddicke von den Nennwerten der DIN 19 800, Blatt 1 [V40]*

NW ND	Meßstelle entsprechend Abb. 71	Anzahl der untersuchten Rohrproben	Anzahl der ausgeführten Einzelmessungen	Mittelwerte der gemessenen Abweichungen (mm) Max.	Min.	Mittelwert der Rohrgruppe (mm) Max.	Min.
1	2	3	4	5		6	
100	I	6	24	+ 2,6	− 0,0		
	II	6	24	+ 2,1	− 0,0	+ 2,3	− 0,0
	III	6	24	+ 2,2	− 0,0		
10	IV	6	24	+ 2,1	− 0,0		
100	I	6	24	+ 2,3	− 0,0		
	II	6	24	+ 2,1	− 0,0	+ 2,1	− 0,0
	III	6	24	+ 2,1	− 0,0		
12,5	IV	6	24	+ 1,9	− 0,0		
200	I	9	36	+ 2,1	− 0,0		
	II	9	36	+ 2,2	− 0,0	+ 2,1	− 0,0
	III	9	36	+ 2,2	− 0,0		
2,5	IV	9	36	+ 1,9	−,0,0		
200	I	8	32	+ 2,9	− 0,0		
	II	9	36	+ 2,9	− 0,0	+ 2,9	− 0,0
	III	8	32	+ 2,9	− 0,0		
12,5	IV	9	36	+ 2,9	− 0,0		
300	I	3	11	+ 2,9	− 0,0		
	II	3	12	+ 2,7	− 0,0	+ 2,7	− 0,0
	III	3	12	+ 3,0	− 0,0		
2,5	IV	3	12	+ 2,0	− 0,0		
300	I	3	12	+ 2,9	− 0,0		
	II	3	12	+ 3,4	− 0,0	+ 2,8	− 0,0
	III	3	12	+ 3,1	− 0,0		
12,5	IV	3	12	+ 1,8	− 0,0		
400	I	6	24	+ 3,1	− 0,0		
	II	6	24	+ 3,0	− 0,0	+ 2,9	− 0,0
	III	6	24	+ 3,4	− 0,0		
2,5	IV	6	24	+ 2,3	− 0,0		
400	I	6	24	+ 2,9	− 0,0		
	Rohrmitte	6	24	+ 2,7	− 0,0	+ 2,3	− 0,0
12,5	IV	6	24	+ 1,4	− 0,0		

Die maximale Abweichung von der Rundheit beträgt nach Tab. 19, S. 74, rund 0,6%. Legt man den Nennwert des Außendurchmessers eines Rohres, z.B. NW 200, ND 10, von 236 mm zugrunde, so ergibt eine Abweichung um 0,6% eine Veränderung des Außendurchmessers um 1,42 mm. Dieser Wert ist so geringfügig, daß man praktisch von einer vollkommenen Rundheit der untersuchten Asbestzement-Druckrohre sprechen kann.

4.3 Hydraulische Eigenschaften

4.31 Reibungsverluste

Asbestzement-Druckrohre zeichnen sich auf Grund ihrer Herstellungsweise durch eine sehr glatte Innenfläche aus. Diese Eigenschaft weist ihnen im Hinblick auf die Fließvorgänge eine Sonderstellung zu, die nur von wenigen anderen Rohmaterialien in gleicher Weise erreicht wird. Die absolute Wandrauhigkeit von Asbestzement-Druckrohren ist sehr gering. Aus dieser Tatsache

Tabelle 19. *Abweichung von der Rundheit* [*V 40*]

NW ND	Meßstelle entsprechend Abb. 71	Anzahl der untersuchten Rohrproben	Anzahl der ausgeführten Einzelmessungen	Mittelwerte der gemessenen Abweichungen (%)	Mittelwert der Rohrgruppe (%)
1	2	3	4	5	6
100	I	9	9	0,210	
	II	9	9	0,231	0,27
10	III	9	9	0,283	
	IV	9	9	0,359	
100	I	6	6	0,664	
	II	6	6	0,358	0,34
12,5	III	6	6	0,294	
	IV	6	6	0,246	
200	I	9	9	0,308	
	II	9	9	0,234	0,26
2,5	III	9	9	0,260	
	IV	9	9	0,241	
200	I	3	3	0,449	
	II	3	3	0,409	0,48
10	III	3	3	0,505	
	IV	3	3	0,559	
200	I	9	9	0,265	
	II	9	9	0,428	0,26
12,5	III	9	9	0,221	
	IV	9	9	0,146	
300	I	3	3	0,219	
	II	3	3	0,528	0,38
2,5	III	3	3	0,160	
	IV	3	3	0,610	
300	I	3	3	0,172	
	II	3	3	0,271	0,18
12,5	III	3	3	0,164	
	IV	3	3	0,110	
400	I	6	6	0,292	
	II	6	6	0,417	0,40
2,5	III	6	6	0,607	
	IV	6	6	0,290	
400	I	6	6	0,307	
	II	6	6	0,239	0,32
12,5	III	6	6	0,559	
	IV	6	6	0,377	

ergibt sich der inzwischen hinlänglich bekannte geringe Reibungswiderstand, den diese Rohre einer Strömung entgegenstellen. Da die Größe der zu erwartenden Druck- bzw. Reibungsverluste in einer Rohrleitung dem planenden Ingenieur bekannt sein müssen, sind diesbezügliche Untersuchungen unumgänglich.

Die ersten umfangreicheren Fließuntersuchungen an fabrikneuen Asbestzement-Druckrohren wurden bereits 1925 von SCIMEMI [206] durchgeführt, die zu der Potenzformel $v = C \cdot R^{0,68} \cdot J^{0,56}$ führten. Der die Wandrauhigkeit berücksichtigende Faktor C wurde hierbei mit $C = 165$ angegeben. Gegenüber später an gleichen Rohren angestellten Fließuntersuchungen verschiedener Forscher (s. Abschn. 9.11), die alle wesentlich niedrigere C-Werte fanden, wenn man von den gerinfügigen Unterschieden der Exponenten absieht, lag der SCIMEMIsche Wert sehr hoch. SCIMEMI selbst verbesserte seine Ergebnisse 1950 und gelangte zu einem etwas niedrigeren C-Wert von 158 (Gl. 9/14). In fairer Weise bemängelte er gewisse Unzulänglichkeiten seiner eigenen früheren Versuche [207]. Es würde zu weit führen, wollte man hier auf alle bisher durchgeführten Fließuntersuchungen an Asbestzement-Druckrohren eingehen. Wegen ihrer besonderen Bedeutung, vor allem in Deutschland, dürfen jedoch die systematischen Versuche von LUDIN [147] im Institut für Wasserbau an der Technischen Hochschule Berlin nicht übergangen werden, die im Winter 1931/32 angestellt worden sind. LUDIN erstreckte seine Untersuchungen auf die Nennweiten 50, 100, 150, 200 und 250 mm und baute jeweils eine etwa 30 m lange Asbestzement-Druckrohr-Versuchsleitung mit Simplex-Kupplungen auf, von der 18—23 m als Meßstrecke zur Verfügung standen. Die Fließgeschwindigkeiten bewegten sich von 0,4 m/s bis zu 4,0 m/s. Bei der Versuchsleitung NW 100 wurden die Grenzen des untersuchten Geschwindigkeitsbereiches nach unten bis auf 0,1 m/s und nach oben bis auf 7,0 m/s ausgedehnt. Zur Bestimmung der Querschnittsfläche der einzelnen Asbestzement-Druckrohre wurde das einzelne Rohr an einem Ende mit einer Stahl- und einer Gummiplatte verschlossen, sodann mit dem abgedichteten Ende nach unten senkrecht aufgestellt und mit Wasser gefüllt. Über eine an der Grundplatte einmündende Schlauchleitung senkte man den Wasserspiegel im vertikal stehenden Rohr jeweils um 50 cm ab und bestimmte die Menge des so abgezogenen Wassers mittels Wägung. Aus dem gefundenen Wasservolumen ließ sich schließlich die mittlere Querschnittsfläche für die jeweilige Teilstrecke errechnen. Auf diese Weise war der tatsächliche mittlere Durchflußquerschnitt Abschnitt für Abschnitt bekannt und konnte später mit den gemessenen Verlusthöhen in Beziehung gesetzt werden. Die endgültige Auswertung berücksichtigte allerdings eine mittlere Querschnittsfläche für die ganze Leitung. Die Untersuchungen wurden nicht nur an geraden

Abb. 73. Blick auf die im Bogen verlegte LUDINsche
Versuchsleitung NW 100 [147].

Abb. 74. Im Zickzack verlegte LUDINsche
Versuchsleitung NW 200 [147].

Versuchsleitungen, sondern auch an gekrümmten Leitungen durchgeführt. Abb. 73 zeigt neben einer geraden Versuchsleitung NW 250, eine im Bogen verlegte Leitung NW 100, während in Abb. 74 eine zickzackförmig verlegte Versuchsleitung NW 200 zu sehen ist.

Die Auslenkung innerhalb der Muffen betrug bei den gekrümmten Leitungen jeweils etwa knapp 12°. Bei der Versuchsleitung NW 200 wurde außerdem die Abwinklung der Rohre in der Verbindungsmuffe auf etwa 7° vermindert.

Die Ergebnisse seiner Untersuchungen an geraden Versuchsleitungen aus Asbestzement faß
LUDIN in einer Potenzformel zusammen. Ausgehend von der Grundform

$$v = k \cdot R^n \cdot J^m \quad {}^1 \tag{4/1}$$

mit

$v = $ Fließgeschwindigkeit　(m/s)
$R = $ hydraulischer Radius　(m)
$J = $ Reibungsfälle
$k = $ Reibungsbeiwert

oder in logarithmierter Form

$$\lg v = \lg k + n \cdot \lg R + m \cdot \lg J \tag{4/14}$$

setzte er unter Verwendung des Ausdruckes $\lg k + n \cdot \lg R = \lg K$ $\tag{4/1}$

$$\lg v = \lg K + m \lg J \tag{4/1}$$

Die in Abb. 75 aufgezeichneten Ausgleichsgeraden durch die einzelnen Meßpunkte lassen si
allgemein durch die Gl. (4/16) ausdrücken. Das Steigungsmaß dieser Gerade entspricht de
Wert „m", während für $J = 1$, d. h. $\lg J = 0$, der Ausdruck $\lg K = \lg v$ wird.

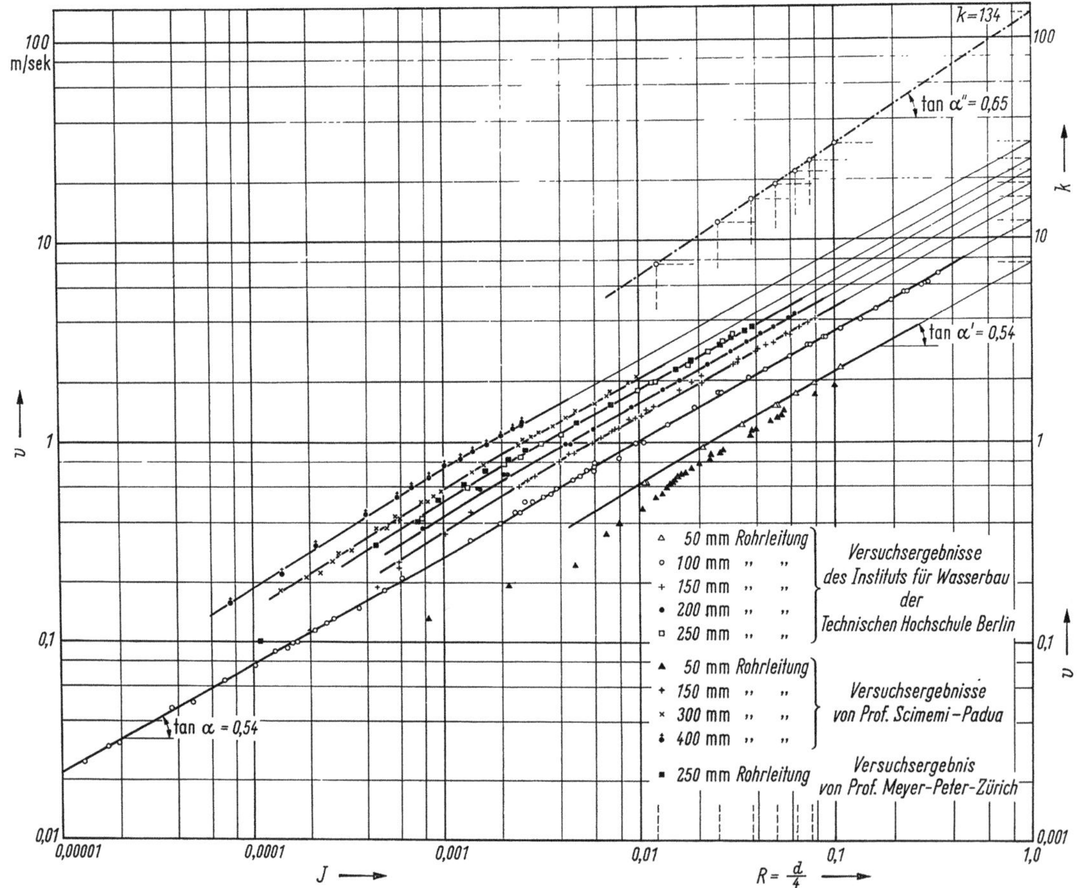

Abb. 75. Doppelt logarithmische Darstellung der LUDINschen Versuchsergebnisse an geraden Asbestzement-Druckrohrleitungen [147].

---

[1] LUDIN nannte den Reibungsbeiwert „k". In der neuen Theorie nach PRANDTL und COLEBROOK bezeic
net man mit „k" die absolute Wandrauhigkeit. Um Verwechselungen zu vermeiden, wäre es daher zweckmäßige
für den LUDINschen Koeffizienten z. B. den Buchstaben „C" zu verwenden. Mit Rücksicht auf die Wiedergal
einiger Diagramme aus der Originalveröffentlichung LUDINs ist hier jedoch die LUDINsche Bezeichnung beib
halten worden.

Die nähere Betrachtung der Abb. 75 zeigt, daß die Ausgleichsgeraden im großen und ganzen das gemeinsame Steigungsmaß $m = 0{,}54$ besitzen, während $\lg K$ mit dem Rohrdurchmesser variiert. Man erkennt aber. auch, daß etwa bei der Geschwindigkeit $v = 0{,}80$ (m/s) die Geraden ihre Neigung wechseln, was einem veränderten Exponenten m gleichkommt. Schließlich läßt sich an der Ausgleichsgeraden für NW 100 feststellen, daß im Bereich der kleinsten Geschwindigkeiten, etwa unter $v = 0{,}30$ (m/s), die Neigung ihren ursprünglichen Wert wieder einnimmt. Wie Gl. (4/16) läßt sich auch Gl. (4/15) graphisch auftragen, indem man die Werte für $\lg K$ der Darstellung der Gl. (4/16) entnimmt. Dies ist in Abb. 75 rechts oben geschehen. Es ergibt sich hieraus für die Neigung „n“ der Wert 0,65 und für „k“ der Wert 134,5. Gl. (4/14) kann nunmehr in der bestimmten Form geschrieben werden

$$v = 134 \cdot R^{0,65} \cdot J^{0,54} \tag{4/17}$$

Diese Gleichung wurde nach ihrem Schöpfer benannt und hat als LUDINsche Formel weiteste Verbreitung gefunden. Streng genommen gilt Gl. (4/17) nur für Geschwindigkeiten oberhalb 0,80 (m/s). Es müßten daher insgesamt drei Gleichungen aufgestellt werden, und zwar je eine für

v kleiner als 0,30 (m/s)

v größer als 0,30 (m/s) aber kleiner als 0,80 (m/s)

v größer als 0,80 (m/s).

Eine Dreiteilung und insbesondere die dabei erforderliche Veränderung der Exponenten ist von Standpunkt der praktischen Anwendung aus nicht erwünscht. Aus diesem Grunde hat LUDIN einen anderen Weg eingeschlagen. Er errechnete aus Gl. (4/17) den k-Wert für alle Versuche und faßte sie in dem in Abb. 76 wiedergegebenen Diagramm zusammen.

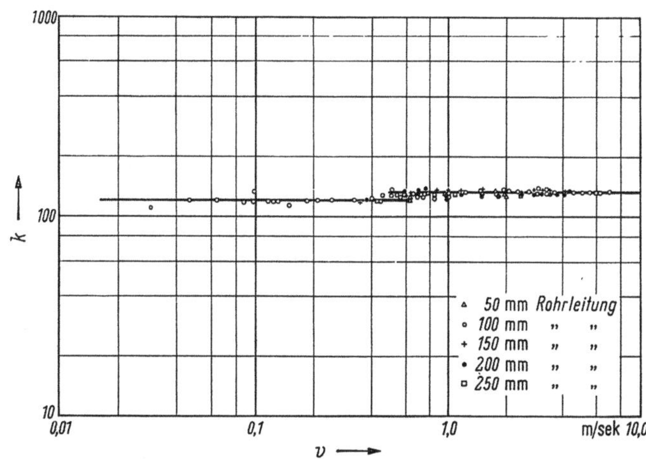

Abb. 76.

k-Werte in Abhängigkeit von der Geschwindigkeit v nach der LUDINschen Gleichung $v = k \cdot R^{0,65} \cdot J^{0,54}$ in logarithmischer Auftragung [147].

Es wird hierbei ersichtlich, daß sich sowohl im Bereich der kleineren als auch der größeren Geschwindigkeiten die k-Werte durch jeweils eine Gerade darstellen lassen, während im Zwischenbereich, etwa zwischen $v = 0{,}4$ (m/s) und $v = 0{,}90$ (m/s) eine beträchtliche Streuung der einzelnen Punkte zu verzeichnen ist, so daß die Form des Übergangs von der einen zur anderen Geraden nicht erkennbar wird. Noch deutlicher wird dies bei der Auftragung der gleichen Punkte im linearen Maßstab (Abb. 77).

Um auf der einen Seite dem verschiedenen Verhalten des k-Wertes Rechnung zu tragen, auf der anderen aber eine für die Praxis einfach anzuwendende Formel zu schaffen, entschloß sich LUDIN entsprechend Abb. 77 zwei k-Werte einzuführen und als Grenzgeschwindigkeit $v = 0{,}60$ m/s festzulegen. Danach ist einzusetzen:

für $v < 0{,}60$ (m/s) $k = 122$

für $v > 0{,}60$ (m/s) $k = 134$

Es wird noch an anderer Stelle[1] darauf hingewiesen, daß nach KREY ein Zusammenhang zwischen den Exponenten und dem Beiwert k besteht, wenn die REYNOLDSschen Ähnlichkeitsgesetze beachtet werden. Die LUDINsche Gl. (4/17) würde danach für $v = 0{,}60$ m/s lauten:

$$v = 145{,}65 \cdot R^{0{,}65} \cdot J^{0{,}55} \tag{4/18}$$

und für $v = 0{,}60$ m/s würde sich k zu 124 ergeben.

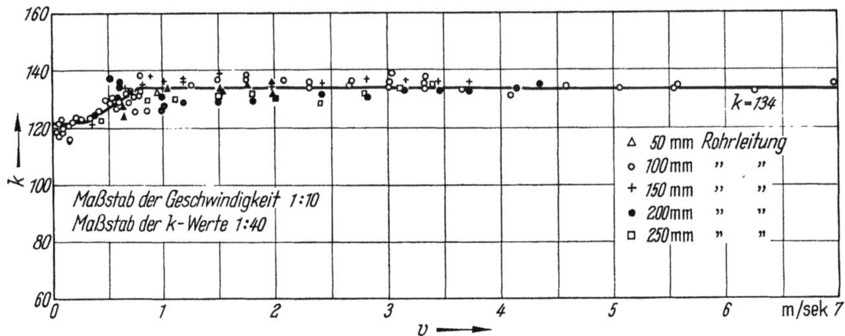

Abb. 77. k-Werte in Abhängigkeit von der Geschwindigkeit v nach der LUDINschen Gleichung $v = k \cdot R^{0{,}65} \cdot J^{0{,}54}$ in linearer Auftragung [147].

LUDIN stellt jedoch mit Recht fest, daß diese theoretische Abhängigkeit voraussetzt, daß sich der Übergang von der laminaren zur turbulenten Strömung als Schnittpunkt der beiden die verschiedenen Widerstandsgesetze darstellenden Kurven ergibt, was in Natur nicht der Fall ist. Vielmehr besteht eine Übergangszone, wodurch die Abweichung seiner Formel von dem Ähnlichkeitsgesetz durchaus gerechtfertigt wird.

Als LUDIN seine Versuche durchführte und deren Ergebnisse in der oben behandelten Potenzformel (4/17) niederlegte, lagen noch keine genauen Aussagen über das hydraulische Verhalten von Asbestzement-Druckrohren bei längerer Betriebszeit vor. Beobachtungen an anderen bisher gebräuchlichen Rohren hatten einen zum Teil erheblichen Anstieg des Fließwiderstandes nach längerem Betrieb gezeigt, der auf Inkrustationen und Ablagerungen im Innern der Rohre zurückzuführen war. Daher schlug LUDIN vor, sofern das zu fördernde Wasser nicht zu hohe Härte oder zu große Aggressivität besitzt, allgemein mit einem k-Wert von $k = 124$ zu rechnen, bis bessere Erkenntnisse eine genauere Abschätzung in dieser Hinsicht erlauben.

Schließlich ist noch zu erwähnen, daß die Gleichung von LUDIN (4/17) auf den Nenndurchmesser der Rohre bezogen, gegenüber den tatsächlich vorhandenen Ist-Durchmessern der Versuchsrohre bei den Nennweiten 100—250 mm eine Sicherheit von 1,5 bis 3,3% einschließt, während sie für die Rohre NW 50 um etwa 4,6% zu günstig liegt.

Interessant ist die Gegenüberstellung der Reibungsverluste an der geraden und der an der einseitig oder zweiseitig gekrümmten Versuchsleitung. LUDIN stellte eine geringe Erhöhung der Fließverluste, hervorgerufen durch die Abwinklung der Rohre in ihren Muffen, nur bei den Versuchsleitungen mit NW 50 und 200 fest. Die Versuchsleitung NW 100 zeigt weder bei einseitiger Krümmung (Bogenverlegung) noch bei der zweiseitigen Krümmung (zickzackförmige Verlegung) meßbare Abweichungen vom Verhalten der geradlinigen.

In Abb. 78 sind die Meßergebnisse der Versuche an den gekrümmten Leitungen aufgetragen und die zugehörigen Ausgleichsgeraden (durchgehende Kurven) eingezeichnet. Daneben wurden die aus den Versuchen an geradlinigen Leitungen der gleichen Innendurchmesser gewonnenen Ausgleichsgeraden (gestrichelte Linien) gestellt. Man erkennt auf den ersten Blick, daß die Unterschiede, sofern überhaupt vorhanden, praktisch ohne weiteres vernachlässigt werden können.

Fünf Jahre nach den ersten, im Institut durchgeführten Fließuntersuchungen an Asbestzement-Druckrohren, hatte LUDIN die Möglichkeit, entsprechende Messungen an einer seit fünf Jahren in Betrieb gewesenen Asbestzement-Druckrohrleitung NW 125 des Wasserversorgungsverbandes

---

[1] s. Abschn. 9.11.

Kayna (Kreis Zeitz, ehem. Prov. Sachsen) anzustellen [148]. Die Auswertung dieser Meßergebnisse brachte eine Überraschung. Gegenüber den Versuchen an fabrikneuen Asbestzement-Druckrohren ergab sich eine Verminderung der Reibungsverluste, die sich in einem um etwa 12% bzw. 4,5% höheren k-Wert ausdrückte. LUDIN fand hier an Stelle von $k = 122$ bzw. 134 den Wert $k = 140$. Die Rohre selbst zeigten weder lose Ablagerungen noch Inkrustierungen; das durchgeleitete Wasser hatte eine Härte von 12—15° dH. Im übrigen ließ sich auch bei diesen Untersuchungen die Veränderung der Exponenten unterhalb einer Fließgeschwindigkeit von 0,7 m/s feststellen. LUDIN faßte das Ergebnis dieser Untersuchungen dahingehend zusammen,

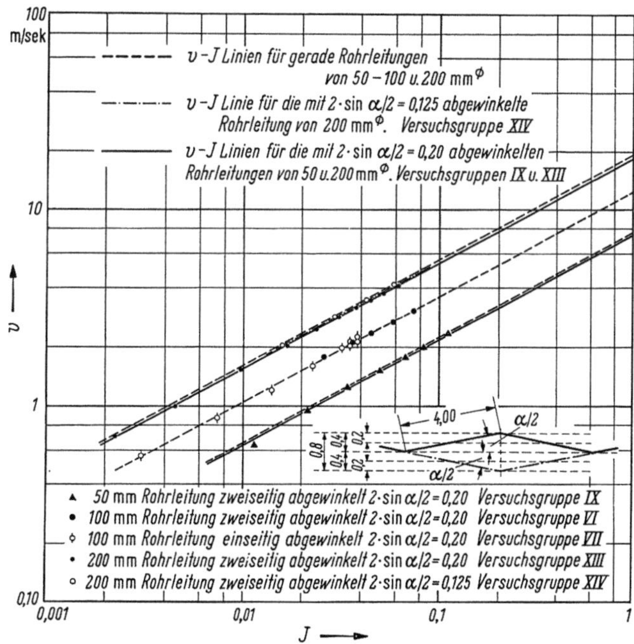

Abb. 78. Einfluß der Abwinklung der Rohre auf den Druckhöhenverlust [147].

daß er vorschlug, für Asbestzement-Druckrohre grundsätzlich mit einem k-Wert von $k = 134$ zu rechnen, sofern die Nennweite 100 mm bzw. größer ist. Er betonte dabei allerdings, daß die Untersuchung einer einzigen alten Rohrleitung natürlich kein bedingungsloses Endurteil erlaube, trotzdem glaube er, die Annahme $k = 134$ rechtfertigen zu können [148]. Erhärtet wurde das vorstehende Ergebnis noch durch erneute Versuche, die NEUMANN [170] im Jahre 1939 anstellte und bei denen er die LUDINschen Angaben bestätigt fand. Auch die Überprüfung der Verhältnisse an einer 25 Jahre in Betrieb stehenden Asbestzement-Druckrohrleitung NW 200, die der Niederländische Studienausschuß „Asbestzement-Rohre" im Jahre 1951 veranlaßte, brachte Druckverluste, die den von LUDIN gemessenen Werten sehr nahekamen. Die Messungen fanden an einer 100 m langen Meßstrecke statt. Die LUDINsche Gleichung $v = R^{0,65} \cdot J^{0,54}$ fand schnell große Verbreitung. Ein bereits 1933 von ZATLOUKAL [248] aufgestelltes Nomogramm für diese Formel machte den notwendigen Rechenaufwand zu einem Minimum. Schließlich entstanden sogar Spezialrechenschieber zur Dimensionierung von Rohrleitungen, denen die LUDINsche Formel zugrunde lagen.

Die Höhe der Reibungsverluste hängt in hohem Maße von der Rauhigkeit der Innenwandung eines Rohres ab. Wie in Abschnitt 9.12 noch näher ausgeführt wird, bezeichnet man die absolute Wandrauhigkeit mit k (m) und setzt diese mit dem Innendurchmesser des Rohres in Beziehung. Der Ausdruck k/d wird als „relative" Wandrauhigkeit betrachtet und gilt als Maßstab für die Wandverhältnisse eines Rohres im Hinblick auf sein hydraulisches Verhalten. Je geringer diese relative Wandrauhigkeit wird, um so glatter ist, hydraulisch gesehen, das betreffende Rohr. Es ergibt sich daraus auch, daß bei gleicher absoluter Wandrauhigkeit das Rohr mit dem größeren

Durchmesser geringere Fließwiderstände aufweist. Nachdem auf dem 2. Internationalen Wasserkongreß 1952 in Paris beschlossen worden war, die hydraulische Berechnung von Rohrleitungen in Zukunft. an Hand der theoretisch besser begründeten Formel nach PRANDTL-COLEBROOK durchzuführen und im Bericht B, Technischer Ausschuß des Internationalen Wasserkongresses in London 1955, für unisolierte Asbestzementrohre die absolute Wandrauhigkeit von $k = 0{,}025$ mm bzw. für isolierte Asbestzementrohre glattes Verhalten, also $k = 0$, vorgeschlagen wurde, interessiert, inwieweit die tatsächlichen Verhältnisse diesen Vorschlägen entsprechen.

Löst man die PRANDTL-COLEBROOKsche Gleichung

$$\frac{1}{\sqrt{\lambda}} = -2 \lg \left[\frac{2{,}51}{Re \cdot \sqrt{\lambda}} + \frac{k}{3{,}71 \cdot d} \right] \quad (4/19) \qquad \text{nach } k \text{ auf, so erhält man:}$$

$$k = \left[\frac{1}{10^{\frac{1}{2 \cdot \sqrt{\lambda}}}} - \frac{2{,}51}{Re \cdot \sqrt{\lambda}} \right] \cdot 3{,}71 \cdot d \qquad (4/20)$$

Mit $\lambda = \dfrac{h_v \cdot d \cdot 2g}{L \cdot v^2}$ lassen sich die LUDINschen Versuchswerte in die obige Gleichung für die absolute Wandrauhigkeit k einsetzen. Man erhält dann die den gemessenen Verlusthöhen zugeordnete absolute Wandrauhigkeit. Die Durchführung dieser Rechnung ergab folgende mittlere k-Werte:

für neue Rohre: NW   50 : $k = 0{,}0000150$ m
                           NW 100 : $k = 0{,}0000166$ m
                           NW 150 : $k = 0{,}0000133$ m
                           NW 200 : $k = 0{,}0000262$ m
                           NW 250 : $k = 0{,}0000262$ m
für alte Rohre: NW 125 : $k = 0$ (glatt).

Die k-Werte der beiden größten von LUDIN untersuchten Nennweiten dürften ungenau und auf versuchstechnische Schwierigkeiten zurückzuführen sein, wofür auch die große Streuung der einzelnen Verlusthöhen bei verschiedenen Fließgeschwindigkeiten spricht. Zur Überprüfung der vorliegenden k-Werte können die Ergebnisse von Fließuntersuchungen herangezogen werden, die von PRESS im Institut für Wasserbau an der TU Berlin [*V43*] an einer eigens dafür und für spätere Druckstoß-Untersuchungen aufgebauten Versuchsleitung, bestehend aus unisolierten, 4,0 m langen Asbestzement-Druckrohren mit REKA-Kupplungen NW 200, ND 12,5, mit einer effektiven Meßstrecke von 105,74 m Länge gewonnen wurden. Diese Untersuchungen wurden im Rahmen des Untersuchungsprogramms über Asbestzement-Druckrohre veranlaßt.

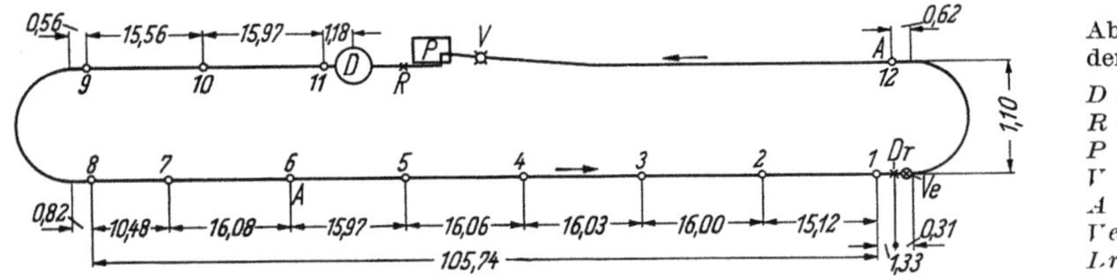

Abb. 79. Schematische Darstellung der Versuchsleitung NW 200 [*V43*].

D = Druckkessel,
R = Regulierschieber,
P = Pumpe,
V = Venturimesser,
A = Anbohrung,
Ve = Ventil,
Dr = Drosselklappe.

Die schematische Darstellung der Versuchsleitung (Abb. 79) zeigt einen in sich geschlossenen Kreislauf, der aus zwei nebeneinanderliegenden Rohrleitungen besteht, die durch je einen Hamburger Bogen verbunden sind. Während die eine Leitungslänge die Meßpunkte 1—8 enthält, ist auf der anderen die Pumpe und ein Druckkessel eingebaut, mit dessen Hilfe Druckschwankungen ausgeglichen werden können. Vor der Pumpe — auf der Saugseite — befindet sich ein Venturi-Rohr zur Bestimmung der Wassermenge.

Bevor die Rohre verlegt wurden, erfolgte eine systematische Vermessung der einzelnen Rohre, um die Ist-Durchmesser sowohl innen als auch außen festzustellen, wobei jeweils an fünf Stellen des Einzelrohres zwei senkrecht aufeinanderstehende Durchmesser ermittelt wurden. Durch Messen des Innen- und Außendurchmessers ließ sich die Wanddicke an der gemessenen Stelle

leicht bestimmen, die für die späteren Druckstoß-Untersuchungen benötigt wurde. In die Meßstrecke wurden die Rohre eingebaut, die annähernd gleichen Innendurchmesser zeigten, so daß
innerhalb der Meßstrecke an jeder Stelle weitgehendst der gleiche Durchflußquerschnitt vorhanden war. Das arithmetische Mittel der Durchmesser innerhalb der Meßstrecke ergab sich zu
200,58 mm.

Abb. 80. Blick auf die Versuchsleitung mit Pumpe
und Druckkessel [$V43$].

Abb. 81. Messen des Innendurchmessers [$V43$].

Die Druckverluste wurden an acht Meßpunkten bestimmt. Hierzu stellte man an den betreffenden Stellen saubere, gratlose Anbohrungen von 4 mm ⌀ her, versah diese mit einem nicht ganz

Abb. 82. Messen des Außendurchmessers [$V43$].

Abb. 83. Blick auf die Harfe mit den nebeneinander angeordneten Druckschläuchen der einzelnen Meßpunkte, in denen
sich der Druckverlauf in der Meßleitung widerspiegelt [$V43$].

durch die Wand gehenden Steckgewinde, in das ein Schlauchnippel eingeschraubt wurde. Vom
Schlauchnippel führte jeweils ein durchsichtiger Kunststoffschlauch zu einer Harfe von etwa
12 m Höhe, an der der Druckverlauf längs der Meßleitung abgelesen werden konnte.

Gleichzeitig mit den Druckschläuchen der einzelnen Meßpunkte waren an der Harfe auch die beiden, den Differenzdruck des Venturirohres anzeigenden Schläuche angebracht, so daß von der Harfe sowohl die Druckverluste längs der Meßleitung als auch die jeweils durchfließende Wassermenge abgelesen werden konnten. Der Verzicht auf eine besondere Sperrflüssigkeit ergab die Anzeige der Druckunterschiede in ihrer tatsächlichen Größe, ausgedrückt durch mWS. Dadurch wurde eine sehr hohe Ablesegenauigkeit an der Harfe erzielt (Abb. 83).

Die Auswertung der Ergebnisse von insgesamt 153 Einzelfließversuchen erfolgt nach dem allgemeinen Widerstandsgesetz

$$h_v = \lambda \cdot \frac{l}{d} \cdot \frac{v^2}{2 \cdot g} \quad (4/21) \qquad \text{und mit } v^2 = \frac{16 \cdot Q^2}{d^4 \cdot \lambda^2} \tag{4/22}$$

$$\lambda = \frac{\pi^2 \cdot d^5}{16 \cdot l} \frac{2g \cdot h_v}{Q^2} \tag{4/23}$$

Abb. 84 zeigt die so ermittelten λ-Werte über der REYNOLDSschen Zahl Re bzw. über den Fließgeschwindigkeiten v aufgetragen.

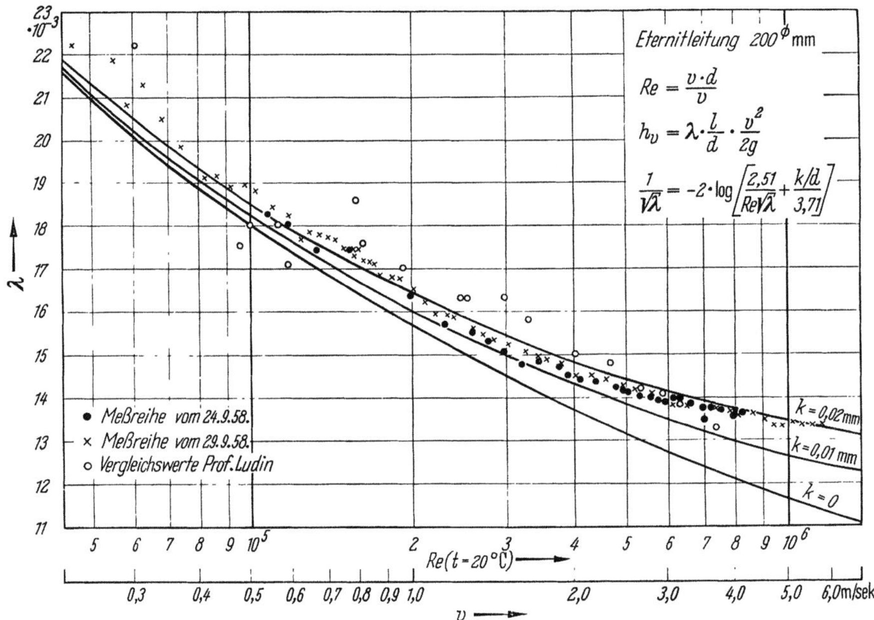

Abb. 84. Auftragung der Versuchsergebnisse zweier Meßreihen von PRESS [V 43].

Man erkennt die große Genauigkeit, mit der die Versuche durchgeführt wurden und die sich in der Bildung einer eindeutigen Kurve ausdrückt. Das Ergebnis ist um so erstaunlicher, berücksichtigt man die große Spreizung des Abszissenmaßstabes. (Zum Vergleich sind einige LUDINsche Versuchswerte für NW 200 in Abhängigkeit von Re eingetragen, die wesentlich stärker streuen, was vermutlich auf die kürzere Meßstrecke zurückzuführen ist. Trotzdem kann man feststellen, daß auch die LUDINschen Werte sehr gut zu einer Kurve zusammengefaßt werden können.) Die Versuchswerte streuen naturgemäß im Bereich der kleinen Fließgeschwindigkeiten stärker, weil hier die Ablesegenauigkeit infolge kleinerer Druckdifferenzen ungenauer wird. In Abb. 84 wurden gleichzeitig 3 k/d-Kurven, entsprechend $k = 0$, $k = 0{,}01$ und $k = 0{,}02$ mm, mit eingezeichnet. Daraus wird ersichtlich, daß bis zur Fließgeschwindigkeit von etwa 1,0 m/s die λ-Werte über der $k/d = 0{,}0001$-Kurve ($k = 0{,}02$ mm) liegen, sich dann zwischen den k/d-Kurven 0,00005 und 0,0001 bewegen, um sich schließlich ab $v = 5{,}0$ (m/s) wieder an die $k/d = 0{,}0001$-Kurve anzuschmiegen. Aus diesem Verhalten läßt sich auch die Tatsache ableiten, daß die λ-Werte der Asbestzement-Druckrohrleitungen nicht parallel der MOODYschen Kurven verlaufen und sich auch nicht der Glattkurve ($k/d = 0$) nähern. PRESS erklärte letzteres durch den Einfluß der Rohrstöße in den REKA-Kupplungen, die jeweils einen Einzelverlust bringen und zu einer konstanten Erhöhung des λ-Wertes führen. Für die vorliegende Versuchsleitung errechnete er einen

Einfluß der Rohrstöße auf den λ-Wert von etwa 2% bis 3%. Hinsichtlich der Abweichung von den MOODYschen k/d-Kurven nimmt PRESS an, daß die Wandrauhigkeit des Asbestzementes eine Annäherung an die Sandrauhigkeit ergibt, bei der gleiche Erscheinungen beobachtet werden konnten [V43]. PRESS macht jedoch darauf aufmerksam, daß zur Festigung dieser Hypothese weitere Untersuchungen, insbesondere an anderen Rohrdurchmessern notwendig sind.

Erwähnt sei noch, daß die von LUDIN festgestellte Unstetigkeit im Bereich der Fließgeschwindigkeiten $v = 0,5$ (m/s) bis $v = 0,8$ (m/s) sich bei den PRESSschen Untersuchungen nicht eingestellt hat und daß sich bei Auftragung der LUDINschen Werte ein, wenn auch geringer Unterschied ergibt, ob über Re oder v aufgetragen wird, da eine exakte Beziehung zwischen v und Re bei der LUDINschen Formel nicht besteht.

Faßt man die Ergebnisse sowohl der LUDINschen als insbesondere auch der PRESSschen Versuche zusammen, so findet man die Richtigkeit des eingangs erwähnten Vorschlags, für unisolierte Asbestzement-Druckrohre die absolute Wandrauhigkeit $k = 0{,}025$ mm zu wählen, bestätigt. Im Bereich der üblichen Fließgeschwindigkeiten $v = 1{,}0$ (m/s) bis $v = 3{,}0$ (m/s) liegt die obige Annahme darüber hinaus auf der sicheren Seite.

Für unisolierte Asbestzement-Druckrohre ist daher die absolute Wandrauhigkeit mit

$$k = 0{,}025 \text{ mm}$$

anzusetzen.

4.32 Verhalten bei Druckstoß [1]

Das Verhalten einer Rohrleitung bei hydraulischen Druckstößen, die sowohl bei Betätigung von Reglerarmaturen als auch infolge Betriebsschäden, wie Rohrbrüche, plötzlicher Ausfall von Pumpen usw., auftreten können, wird durch ihre elastischen Eigenschaften bestimmt. Daneben ist auch die Elastizität des in der Leitung geförderten Mediums zu berücksichtigen. Die Größe der Druckstöße ist vor allem abhängig von der Fließgeschwindigkeit, der Druckwellenfortpflanzungsgeschwindigkeit und von der Art der Erzeugung von Druckstößen. Darüber hinaus ist ausschlaggebend, ob es sich um ein verzweigtes Leitungsnetz oder um einen einzelnen Leitungsstrang handelt. Während in einem verzweigten Rohrnetz Druckstöße infolge Aufspaltung der Reflexionswellen relativ schnell abgebaut werden, können sie bei Leitungen ohne Abzweigungen, wie z. B. bei Fernversorgungsleitungen, zu einer hohen Innendruckbelastung führen und Rohrbrüche und andere Schäden zur Folge haben. Daher müssen für solche Rohrleitungen besondere Vorkehrungen getroffen werden, um etwa auftretende Druckstöße abzufangen und unschädlich zu machen. Hierzu gehören insbesondere die zeitliche Steuerung der Regelarmaturen in Abhängigkeit von der Leitungslänge bzw. der Laufzeit der Reflexionswellen, die Anordnung von Windkesseln, von Ausgleichsbehältern bzw. Wasserschlössern oder auch von Schnüffelventilen und dergleichen.

Die Rohrleitung selbst betätigt sich ebenfalls am Abbau des Druckstoßes. Die Ausweitung des Rohrquerschnittes infolge des Druckstoßes hat eine der Elastizität des Rohrmaterials entsprechende Volumenvergrößerung zur Folge, die über die Kontinuitätsbedingung in die Druckwellenfortpflanzungsgeschwindigkeit eingeht. Darüber hinaus kann die Rohrverbindung eine zusätzliche Elastizität besitzen, so daß in diesem Falle die Elastizität der gesamten Rohrleitung eine andere ist als die des einzelnen Rohres. Wie im Abschnitt 9.2 ausgeführt, läßt sich die maximale Drucksteigerung mit der einfachen Beziehung

$$\frac{\Delta p}{\gamma_w} = \frac{v_0}{g} \cdot a \qquad (4/24)^{[2]}$$

abschätzen. In dieser Gleichung stellt a die Druckwellenfortpflanzungsgeschwindigkeit dar, während v_0 die Fließgeschwindigkeit bedeutet. a bestimmt sich nach

$$a = \sqrt{\frac{\dfrac{g}{\gamma_w}}{\dfrac{1}{E_w} + \dfrac{d}{s \cdot E_r}}} \quad \text{(m/s)} \qquad (4/25)^{[3]}$$

$(E_w = $ Elastizitätsmodul des Wassers$)$

$(E_r = $ Elastizitätsmodul des Rohres$)$.

---

[1] Zur Theorie des Druckstoßes s. Abschn. 9.2. [2] s. auch Abschn. 9.2 Gl. 9/97. [3] s. auch Abschn. 9.2 Gl. 9/89.

Gl. (4/25) gilt für das dünnwandige Rohr. Inwieweit diese Formel für Asbestzement-Druckrohre verwendet werden darf, wird noch zu untersuchen sein. Zunächst möge Abb. 85 einen Überblick über den Einfluß der Rohrelastizität, ausgedrückt durch den Elastizitätsmodul E_r, auf die Laufgeschwindigkeit der Druckwelle vermitteln. Hierbei wurde das Verhältnis des Innendurchmessers zur Wanddicke ($\delta = d/s$) variiert und für E_w der Wert 20 000 (kp/cm²) angenommen.

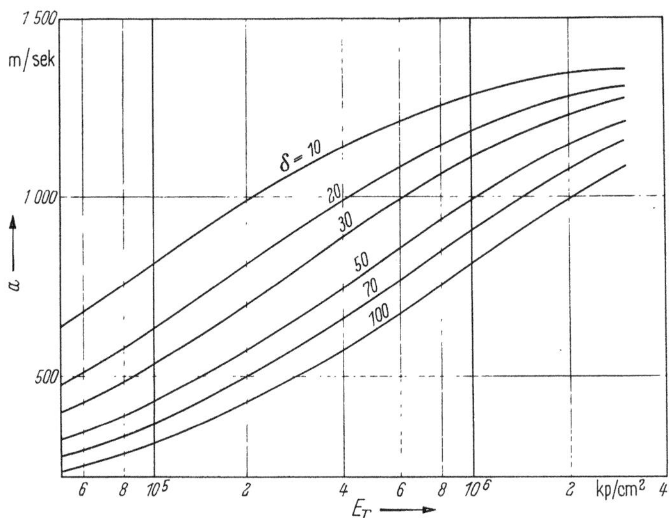

Abb. 85. Abhängigkeit der Druckwellengeschwindigkeit von der Rohrelastizität.

Es zeigt sich, daß ein elastischeres Material eine geringere Druckwellenfortpflanzungsgeschwindigkeit zur Folge hat, was auch ohne weiteres einleuchtet.

Um das Verhalten der Asbestzement-Druckrohre bei Druckstößen näher zu untersuchen und insbesondere auch den Einfluß der REKA-Kupplungen zu erfassen, wurden spezielle Druckstoßversuche von PRESS im Institut für Wasserbau und Wasserwirtschaft an der Technischen Universität Berlin unternommen [V44]. Zur Verfügung stand hierzu eine Versuchsleitung aus Asbestzement-Druckrohren NW 200, ND 12,5 mit REKA-Kupplungen, die auch den im Abschnitt 4.31 beschriebenen Fließuntersuchungen[1] diente. Wie bereits ausgeführt, wurden die Rohre vor dem Zusammenbau einzeln vermessen und so verlegt, daß die Meßstrecke möglichst nur aus Rohren von gleichen Innendurchmessern und gleichen Wanddicken bestand. Der mittlere Innendurchmesser betrug innerhalb der Meßstrecke 200,58 mm, die mittlere Wanddicke 23,5 mm. Eine schematische Darstellung der Versuchsleitung zeigt Abb. 86.

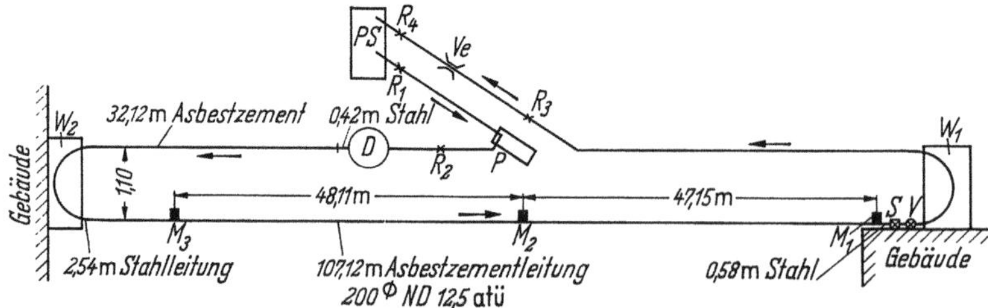

Abb. 86. Schema der Versuchsleitung NW 200, ND 12,5 für Druckstoßuntersuchungen [V44].
PS = Pumpensumpf, R_1, $R_2 \cdots$ = Regulierschieber, P = Pumpe, D = Druckkessel, W_1, W_2 = Widerlager,
M_1, M_2, M_3 = Meßdosen, S = Schnellschlußschieber, V = Luftansaugventil, Ve = Venturidüse.

Die Meßstrecke reichte vom Druckwindkessel (D) bis zum Schnellschlußorgan (S) und bestand aus 139,23 m Asbestzement-Druckrohrleitung mit insgesamt 37 Kupplungen, sowie aus 3,54 m Stahlleitung einschließlich der Gußformstücke. Die Umlenkbögen jeweils am Ende der geraden

---

[1] s. S. 80.

Stränge waren in die Widerlager einbetoniert. Während das Widerlager (W_2) die Umlenkkräfte unmittelbar auf die Kellerdeckenscheibe eines angrenzenden Gebäudes übertrug und als starr angesehen werden konnte, war dies beim Widerlager (W_1) nicht der Fall. Obwohl dieses Widerlager im hinteren Teil 1,2 m in den gewachsenen Boden eingriff, ein Eigengewicht von 4,5 Mp besaß und darüber hinaus über eine Stahlkonstruktion mit einem benachbarten Gebäude verankert war, führte es beim Druckstoß Eigenbewegungen aus, die in den Meßaufzeichnungen zum Ausdruck kamen und rechnerisch eliminiert werden mußten. Seine Eigenfrequenz konnte zu $\omega_e = 10,2$ [1/s] errechnet werden. Zur Erzeugung der Druckstöße diente das in Abb. 87 schematisch dargestellte, für die Versuche eigens konstruierte Schnellschlußorgan.

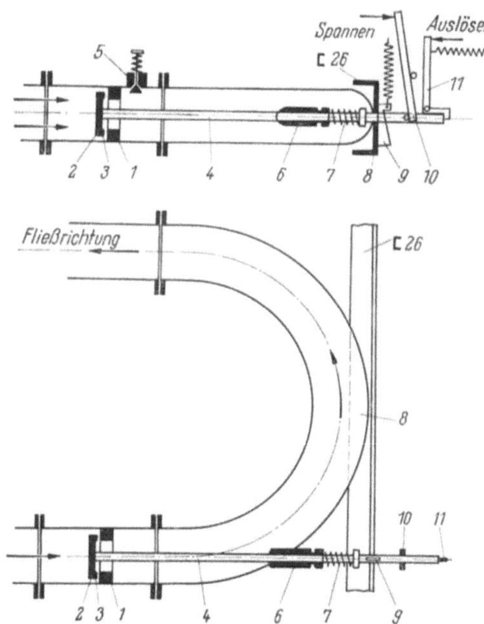

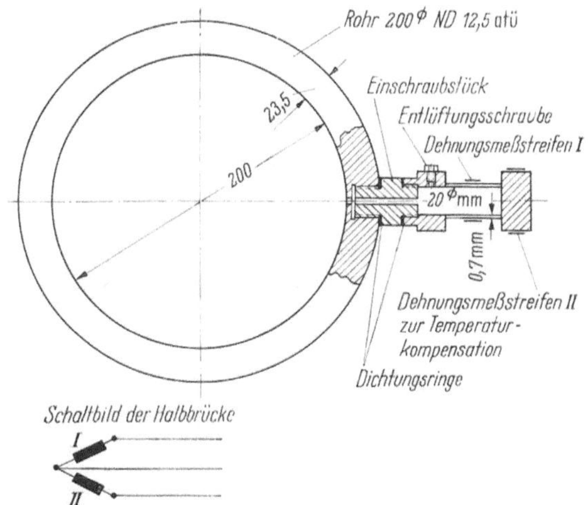

Abb. 88. Systemskizze der Druckmeßdose [*V*44].

Abb. 87. Systemskizze des Schnellschlußorgans [*V*44].
1 Eingeschweißter Kreisring, 2 Verschlußteller, 3 Gummi-dichtungsring, 4 Achse, 5 Lufteinsaugventil, 6 Stopf-buchse, 7 Schließfeder, 8 NP-C 26, 9 Keil zum Arretieren, 10 Spannvorrichtung, 11 Auslösevorrichtung.

Nach den Ausführungen in Abschnitt 9.2 ist der zu erwartende Druckstoß dann am größten, wenn die Schließzeit des Verschlußorgans kürzer ist als die Laufzeit bzw. Reflexionszeit der Druckwelle, d. h. wenn $T < 2\,L/a$[1]. Daraus folgt, daß bei einer vorhandenen Gesamtleitungslänge von $L = 139{,}24 + 3{,}54 = 142{,}78$ m die Schließzeit T unter ca. 0,25 s liegen mußte. Die tatsächlich errechnete Schließzeit betrug etwa 0,02 s. Um den Abreißstoß hinter dem Verschluß in der Rückleitung zu mindern, wurde unmittelbar hinter ihm ein Schnüffelventil eingebaut, das durch Ansaugen von Luft das entstehende Vakuum ausglich und der Reflexionswelle in der Rückleitung ein Luftpolster schuf. Als Geberelemente wurden drei Druckmeßdosen (M 1, M 2, M 3) mit jeweils einer Innenbohrung von $\varnothing$ 20 mm und einer Wanddicke von 0,7 mm entwickelt, bei denen die Ringdehnung mittels Dehnungsmeßstreifen gemessen wurde. Die Geber waren im Abstand von 47,15 m und 48,11 m mit Steckgewinde in die Rohrwand eingeschraubt und durch eine Anbohrung von $\varnothing$ 4 mm mit dem Rohrinneren verbunden. Da durch diese Bohrung bei Drucksteigerung Wassereintrittsgeschwindigkeiten von nur wenigen Zentimetern pro Sekunde auftreten, arbeitet der Geber fast masselos. Eine Entlüftungsschraube gestattete vor jedem Versuch die Entlüftung des Hohlraumes des Gebers. Abb. 88 zeigt die Systemskizze des Gebers.

Zu jedem Geber gehörte eine Dehnungsmeßbrücke und ein Schleifenoszillograph. Die vom auf der Geberhülse befestigten Dehnungsmeßstreifen als Widerstandsänderung angezeigte Ringdehnung infolge einer Drucksteigerung wurde an der Dehnungsmeßbrücke als Stromdurchgang sichtbar gemacht und an den Oszillographen weitergeleitet, dessen Lichtpunkt auf einem lichtempfindlichen und mit konstanter Geschwindigkeit transportierten Registerstreifen das Druckstoßbild aufzeichnete. Eine Präzisionsuhr versorgte den Registrierstreifen über einen weiteren

---

[1] s. Gl. 9/92.

Oszillographen mit einer Zeitmarke. Zur Kompensation von Widerstandsänderungen infolge Temperatur wurde ein zweiter Dehnungsmeßstreifen angebracht, der Ringdehnungen nicht ausgesetzt ist (Dehnungsmeßstreifen II).

Zur Versuchsdurchführung wurde zunächst über den Druckwindkessel (D) ein statischer Vor-druck von 1,0 bis 1,5 atü auf das ganze System aufgebracht. Nach Spannen und somit Öffnen

Abb. 89. Abgleichen der Dehnungsmeßbrücken [V44].

des Schnellschlußorgans (S) erfolgte das Abgleichen aller Dehnungsmeßbrücken, nachdem zuvor alle Geberelemente entlüftet worden waren. Hierbei erhielt der Registrierstreifen den ersten Eichstrich.

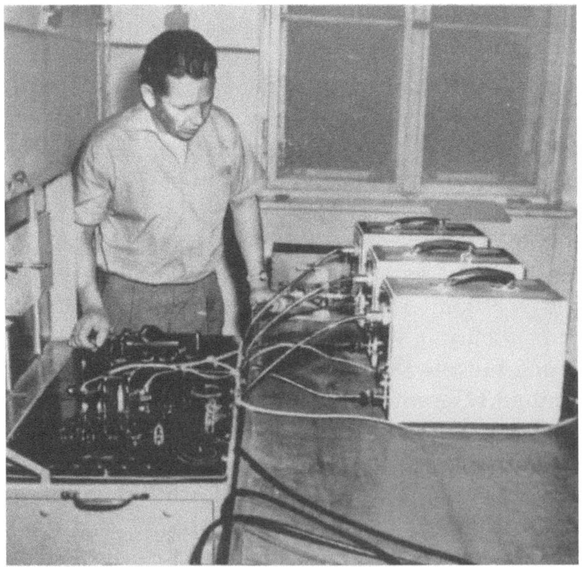

Abb. 90. Blick auf das Registriergerät mit eingebauten Schleifenoszillographen, rechts die Dehnungsmeßbrücken [V44]

Mit Anwerfen der Pumpe (P) gegen den noch geschlossenen Schieber (R_3) erhöhte sich der statische Druck in der Leitung auf etwa 6,6 atü, was dem üblichen Versorgungsdruck entspricht. Ein zweiter Eichstrich wurde auf den Registrierstreifen gegeben. Nunmehr erfolgte die Öffnung der Schieber (R_3) und (R_2), wobei mit letzterem der Druck im Druckwindkessel (D) reguliert und die gewünschte Wasserfließgeschwindigkeit über Ablesung am Venturirohr (Ve) eingestellt werden konnte. (Schieber (R_1) diente lediglich zur Verhinderung des Leerlaufens der Leitung nach Abschluß der Versuche.) Bevor die Registriergeräte in Betrieb gesetzt wurden, erfolgte die Entlüftung aller Kupplungsspalten, wozu alle Kupplungen angebohrt und mit einem Entlüftungshahn versehen worden waren. Dadurch war es möglich, die Leitung luftfrei zu halten. Nunmehr konnte durch Auslösen der Sperre am Schnellschlußorgan der Druckstoß hervorgerufen werden.

Abb. 91. Blick auf die Pumpe mit dem Venturirohr im Vordergrund. Hinter dem Venturirohr befindet sich Schieber (R_3). Rechts außen ist Schieber (R_2) gerade noch zu erkennen [$V44$].

Abb. 92. Widerlager W_1 mit Schnellschlußorgan. Hinten die Spannvorrichtung für den Auslösehebel [$V44$].

Die Auswertung der Aufzeichnung der Oszillographen veranschaulicht Abb. 93, die die Reproduktion von drei charakteristischen Meßaufzeichnungen darstellt. Jeder Versuch beginnt mit

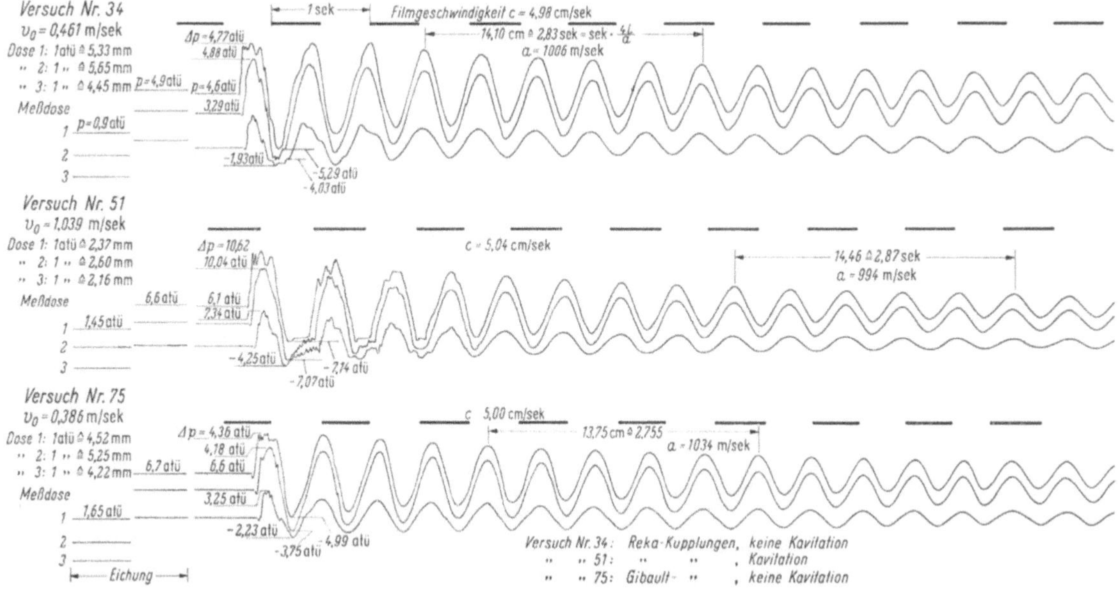

Abb. 93. Druckstoßbilder [$V44$].

der Eichung. Die beiden vor Versuchsbeginn gewonnenen, zu jeder Meßdose gehörenden Eichgeraden gestatten, da ja der zugehörige statische Druck bekannt ist, die Bestimmung des Ampli-

tudenmaßstabes. Nach Auslösen der Schnellschlußarmatur erfolgt zunächst ein winziger Druckabfall, ehe die Amplitude steil anwächst. Dieser Druckabfall ist darauf zurückzuführen, daß das
durch eine Feder gespannte Tellerventil der Schnellschlußarmatur schneller schließt als es der
Fließgeschwindigkeit entspricht. Bei höheren Fließgeschwindigkeiten, die wesentlich über
1,0 m/s lagen, verschwand diese Erscheinung. Bei Meßdose (M_1) zeigt sich in dem ersten Druckanstieg ein Pendeln um den Maximalwert der Amplitude. Dies erklärt sich aus der Überlagerung
mit Schwingungen infolge Ausweichen des Widerlagers (W_1). Der Abstand der Maxima spiegelt
hierbei die Eigenfrequenz des Widerlagers wider. Ein Vergleich des eingangs erwähnten Wertes
von $\omega_e = 10{,}2$ (1/s), der unter Berücksichtigung der vorhandenen Masse rechnerisch ermittelt
wurde, mit dem, der sich aus der dem Druckbild entnommenen Schwingungsdauer ergibt und
$\omega_e = 10{,}5$ (1/s) beträgt, zeigt die gute Übereinstimmung des rechnerischen mit dem gemessenen
Wert.

Eine interessante Erscheinung läßt sich bei dem Druckbild des Versuches Nr. 51 beobachten.
Infolge der höheren Fließgeschwindigkeit $v_0 = 1{,}039$ (m/s) wird der Drucksteigerungsbetrag
größer als der statische Druck $+$ 1 atü. Daher wird im Unterdruckbereich der Dampfdruck des
Wassers erreicht, was sich deutlich im Abkappen der Spitzen der Reflexionswellen und in einer
Vergrößerung der Wellenlänge abzeichnet. Um jedoch eindeutige Ergebnisse zu erlangen, wurden
daher für die Auswertung der Versuchsergebnisse nur Versuche mit Fließgeschwindigkeiten
unter 0,55 m/s herangezogen, bei denen sich Kavitation nicht einstellen konnte.

Zur Bestimmung der Druckwellenfortpflanzungsgeschwindigkeit a kann an Hand der gewonnenen Druckbilder in verschiedener Weise vorgegangen werden. Einmal läßt sich a durch Einsetzen der gemessenen Drucksteigerung $\varDelta p$ in Gl. (4/26) (durch Umformen von Gl. (4/24))

$$a = \frac{g \cdot \varDelta p}{v_0 \cdot \gamma_w} \ (\text{m/s}) \tag{4/26}$$

gewinnen. Dieses Verfahren gibt jedoch eine relativ große Streuung der a-Werte, weil in die Auswertung die Fehler aus Wassermengenbestimmung (Venturirohr), aus Widerlagerschwingungen
und schließlich aus der Amplitudenausmessung selbst eingehen.

Zu wesentlich genaueren Aussagen gelangt man jedoch, wenn man die Laufzeit a aus der
Wellenlänge bestimmt. Der Abstand von Wellenberg zu Wellenberg, die Wellenlänge, ist ein Maß
für die Zeit, die die Druckwelle braucht, um den Weg Schieber—Druckwindkessel—Schieber
zweimal zurückzulegen. Sie ist unabhängig von der Fließgeschwindigkeit v_0 und bleibt eine
konstante Größe, wenn man eine Kavitation verhindert. Zur Auswertung wurde zunächst der
Abstand e von 5 Wellenlängen gemessen (vgl. Abb. 93). Die Zeit für 5 Schwingungen ergibt
sich aus

$$T_5 = \frac{e}{c} \ (\text{s}) \tag{4/27}$$

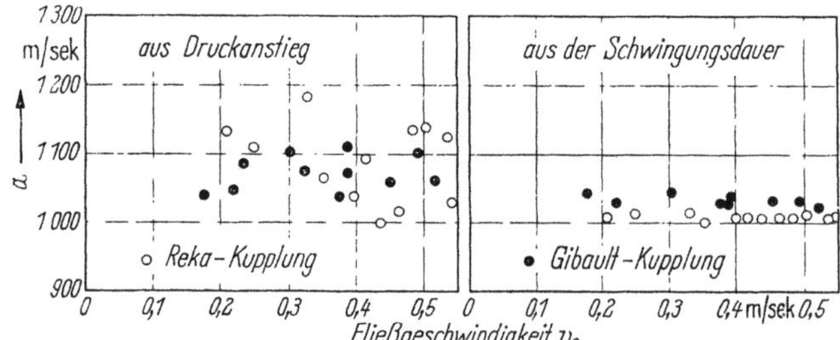

Abb. 94.
Fortpflanzungsgeschwindigkeit der Druckwelle
in Abhängigkeit von der Fließgeschwindigkeit
v_0 [V 44].

○ Reka-Kupplung; ● Gibault-Kupplung.

wobei c die Transportgeschwindigkeit des Registrierstreifens ist, die sich aus den Längen der
Zeitmarken ergibt. (Der Zeitkontakt hält jeweils 0,5 s an, um danach für die gleiche Zeit auszu-
bleiben.) Die Laufzeit a der Druckwelle errechnet sich dann aus

$$a = 5 \cdot \frac{4 \cdot L}{T_5} \ (\text{m/s}) \tag{4/28}$$

Abb. 94 zeigt in Gegenüberstellung der beiden Auswertungsverfahren die unterschiedliche Genauigkeit hinsichtlich der a-Wert-Bestimmung.

Als Ergebnis der Untersuchungen über das Verhalten der Asbestzement-Druckrohrleitung kann festgestellt werden, daß die mittlere Fortpflanzungsgeschwindigkeit der Druckwelle für die Versuchsleitung NW 200, ND 12,5 beim Einbau von REKA-Kupplungen $a = 1007$ (m/s) $\pm\,0,6\%$ betrug [V44]. Es ist nun von Interesse, wie groß der tatsächliche Einfluß der Kupplungen auf die Laufzeit a ist. Zu dieser Überlegung braucht man den a-Wert, der sich bei einer theoretisch angenommenen fugenlosen Asbestzement-Druckrohrleitung mit den Abmessungen der vorliegenden Versuchsleitung einstellen würde.

Nach Gl. (4/25) läßt sich a bei bekanntem E-Moduli errechnen aus

$$a = \sqrt{\dfrac{\dfrac{g}{\gamma_w}}{\dfrac{1}{E_w} + \dfrac{1}{E_r}\dfrac{d}{s}}} \quad (\text{m/s}) \qquad (4/25)$$

Der Elastizitätsmodul für das Wasser E_w ist abhängig von Druck und Temperatur. Aus dem Nomogramm der Abb. 95 ergibt sich für den Druck 6 atü (60 mWS) und der Temperatur $+\,20\,°\text{C}$ ein $E_w = 19\,800$ (kp/cm²). Zur Bestimmung des E-Moduls für das Asbestzement-Druckrohr E_r

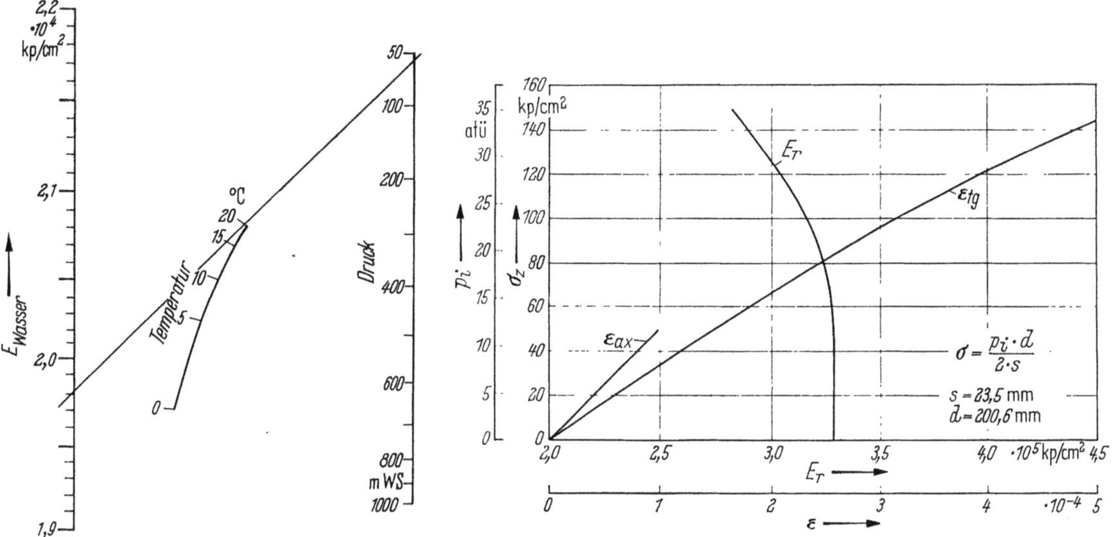

Abb. 95. Nomogramm zur Ermittlung des E-Moduls für Wasser [V44].

Abb. 96. E-Modul E_r und Dehnungen $\varepsilon_{\text{axial}}$ und $\varepsilon_{\text{tangential}}$ infolge Innendruck [V44].

führte PILNY in seinem Institut [V40] an von Rohren für die Versuchsleitung stammenden Rohrstücken entsprechende Messungen durch, bei denen die Rohre mit verschiedenen Innendrücken belastet und die dabei auftretenden Ringdehnungen an der Außenhaut gemessen wurden. Außerdem stellte er auch die Größe der Verformungen in axialer Richtung fest, die sich einmal infolge des Druckes auf die Stirnseiten des Rohres, zum anderen aus der Querkontraktion ergeben. In Abb. 96 sind die gefundenen Dehnungen in Abhängigkeit von der Ringzugspannung sowohl in tangentialer als auch in axialer Richtung eingetragen. Gleichzeitig ist der E-Modul in tangentialer Richtung E_r, der sich aus dem Verhältnis Ringzugspannung zu gemessener Umfangsdehnung ergibt, mit aufgeführt.

Der E-Modul E_r ist hierbei einmal bezogen auf die mittlere Ringzugspannung σ_z, die sich gemäß der „Kesselformel" (4/2)[1]

$$\sigma_z = \frac{p_i \cdot d}{2\,s} \quad (\text{kp/cm}^2) \qquad (4/2)$$

---

[1] s. Abschn. 4.141.

ergibt, zum anderen beruht er auf der Ringdehnung, die an der Außenhaut des Rohres auftrit
Hier liegt eine geringfügige Ungenauigkeit vor, da die „Kesselformel" streng genommen nur fü
dünnwandige Rohre angewendet werden kann und für Asbestzement-Druckrohre nicht meh
zutrifft:

Für dickwandige Rohre gilt:

Innenwand: $\sigma_z^i = p_i \dfrac{(d+s)^2+s^2}{2s(d+s)}$ (kp/cm)$\qquad$(4/2\$

Außenwand: $\sigma_z^a = p_i \dfrac{d^2}{2s(d+s)}$ $\quad$ (kp/cm²)$\qquad$(4/3(

Zu der außen gemessenen Umfangsdehnung müßte daher auch die Außenrandspannung σ_z^a i
Beziehung gesetzt werden. Umgekehrt ist für die Aufweitung die Maximalspannung am Inner
rand der Rohrwandung maßgebend. PRESS [$V44$] hat daher einen korrigierten E-Modul E_r' ei
geführt. In Abb. 96 wurde E_r berechnet nach

$$E_r = \frac{\sigma_z}{\varepsilon_{\text{tan}}^a}\qquad(4/31$$

(σ_z $\;=$ Ringzugspannung nach Gl. 4/2)

($\varepsilon_{\text{tan}}^a$ $=$ tangentiale Dehnung an der Außenhaut).

Es müßte jedoch besser heißen:

$$E_r' = \frac{\sigma_z^a}{\varepsilon_{\text{tan}}^a} = \frac{\sigma_z}{\varepsilon_{\text{tan}}^a}\cdot\frac{\sigma_z^a}{\sigma_z} = E_r\cdot\frac{d}{d+s}\qquad(4/3\$$

Da im Bereich der unteren Innendrücke bis etwa 15 atü die tangentialen Dehnungen linea
proportional den Ringzugspannungen sind (Abb. 96), kann ein analoges Verhalten auch für di
Dehnungen an der Innenhaut der Rohre vorausgesetzt werden, sofern die Ringzugspannun
bzw. die Innendrücke in den angegebenen Grenzen liegen. Somit läßt sich E_r in die Gleichung de
Laufgeschwindigkeit a für das dickwandige Rohr einsetzen.

$$a = \sqrt{\frac{\dfrac{g}{\gamma_w}}{\dfrac{1}{E_w} + \dfrac{1}{E_r}\cdot\dfrac{(d+s)^2+s^2}{s(d+s)}}}\;\text{(m/s)}\qquad(4/3\$$

Schließlich kann zur Vereinfachung der weiteren Rechnung ein äquivalenter E-Modul E
bestimmt werden, der die Benutzung der einfacheren Beziehung (4/25) erlaubt. Es muß gelten

$$\frac{1}{E_r''}\cdot\frac{d}{s} = \frac{1}{E_r}\frac{(d+s)^2+s^2}{s\cdot d}\qquad(4/34$$

$$E_r'' = E_r\frac{d^2}{(d+s)^2+s^2}\qquad(4/34\,\text{a}$$

Hierbei ist für E_r ein der Abb. 96 zu entnehmender Wert einzusetzen. Die wesentlichste
Druckstöße pendelten um einen statischen Druck von 5 bis 6 atü. Es wird daher der Abb. 9
der in diesem Bereich konstante Wert $E_r = 330\,000$ (kp/cm²) entnommen. Die Laufgeschwindig
keit a für eine theoretische, ohne Stöße verlegte Asbestzement-Druckrohrleitung bestimmt sic
somit unter Verwendung von $E_w = 19\,800$ (kp/cm²) zu

$$a = \sqrt{\frac{\dfrac{g}{\gamma_w}}{\dfrac{1}{E_w} + \dfrac{1}{E_r''}\cdot\dfrac{d}{s}}} = 1087\;\text{(m/s)}$$

Die Abschätzung des Anteils der Kupplung versuchte PRESS $\lfloor V44 \rfloor$ über folgenden Ansatz:

$$a = \sqrt{\frac{\dfrac{g}{\gamma_w}}{c_1 + c_2 + c_3}} \qquad (4/35)$$

Hierin bedeuten: $c_1 = 1/E_w = 0{,}0000505 \ (\text{cm}^2/\text{kp})$

$$c_2 = \frac{1}{E_r''} \cdot \frac{d}{s} = 0{,}0000326 \ (\text{cm}^2/\text{kp})$$

Der Wert c_3 stellt den Anteil der Kupplung an der Leitungselastizität dar. Er läßt sich aus Gl. (4/35) bei bekanntem a berechnen.

Das Verhältnis c_1 zu c_2 muß sich bei einer Drucksteigerung verhalten wie die Volumenverminderung des Wassers ΔV_1 zu der Volumenvergrößerung ΔV_2 infolge der Rohrausweitung. Zur Ermittlung der ΔV-Werte wird der Kupplungseinfluß auf das gesamte Rohr von 4,0 m Länge umgelegt. Dies ist erlaubt, wenn das Einzelrohr klein gegenüber der Leitungslänge ist. Die Zusammendrückung der Wassersäule errechnet sich aus:

$$\Delta V_1 = \frac{\sigma}{E_w} \cdot V = \frac{\Delta p_i}{E_w} \cdot \frac{\pi \cdot d^2}{4} \cdot l \qquad (4/36)$$

Durch die Aufweitung des Rohres erfährt der Rohrradius eine elastische Vergrößerung

$$\Delta \cdot \left(\frac{d}{2}\right) = \varepsilon_r \cdot \frac{d}{2} = \frac{\sigma}{E_r''} \cdot \frac{d}{2} = \frac{\Delta p_i \cdot d^2}{4 \cdot s \cdot E_r''}$$

mit E_r'' entsprechend Gl. (4/34) und unter Vernachlässigung der Querkontraktion. Die Volumenvergrößerung beträgt dann

$$\Delta V_2 = \Delta \cdot \left(\frac{d}{2}\right) \cdot d \cdot \pi \cdot l = \frac{\Delta p_i \cdot d^2 \cdot \pi \cdot l}{4} \ \frac{d}{E_r'' \cdot s} \qquad (4/37)$$

Bei einer Drucksteigerung von $\Delta p_i = 10$ atü und der Länge $l = 4{,}0$ m ergeben sich:

$\Delta V_1 = 63{,}4 \ (\text{cm}^3)$ und

$\Delta V_2 = 41{,}3 \ (\text{cm}^3)$

Die Kontrollrechnung ergibt:

$$\frac{c_1}{c_2} = \frac{50{,}5}{32{,}6} = 1{,}549; \quad \frac{\Delta V_1}{\Delta V_2} = \frac{63{,}4}{41{,}3} = 1{,}537 \, .$$

Analog muß auch gelten:

$$c_1 : c_2 : c_3 = \Delta V_1 : \Delta V_2 : \Delta V_3$$

Dies bedeutet, daß man ΔV_3, nämlich die aus einer Drucksteigerung in die Kupplung eintretende Wassermenge, rückwärts aus c_3 ermitteln kann.

Der Wert ΔV_3 setzt sich aus drei Anteilen zusammen:

a) der Volumenvergrößerung der Spalte $\Delta V_{3.1}$ aus der Zusammendrückung der Rohre infolge Stirndruck und Zusammenziehung aus Ring- und Radialspannung über die Querkontraktion;

b) der Volumenänderung $\Delta V_{3.2}$ aus der Ausweitung des Kupplungsringes;

c) der Volumenänderung $\Delta V_{3.3}$ aus der Elastizität der Gummidichtungsringe.

$\Delta V_{3.1}$ errechnet sich mit der axialen Verformung $\varepsilon_{\text{axial}}$ gemäß Abb. 96 zu

$$\Delta V_{3.1} = \varepsilon_{\text{axial}} \cdot \pi \cdot \frac{l}{4} \, (4 \, ds + 4 \, s^2) = 5{,}2 \ (\text{cm}^3) \, .$$

(Hierbei ist $s = 2{,}2$ cm die Wanddicke des abgedrehten Rohrendes.)

$\Delta V_{3.2}$ hat nur geringen Einfluß. Hierfür wird die Rohrdehnung auf 3 cm Länge zwischen den Gummiringen der Kupplung angesetzt:

$$\Delta V_{3.2} = \Delta V_2 \cdot \frac{3}{400} = 0,31 \ (\text{cm}^3)$$

Die c-Werte ergeben sich aus den ΔV-Werten:

$$c_{3.1} = \frac{c_1}{\Delta V_1} \cdot \Delta V_{3.1} = 3,14 \ (\text{cm}^3)$$

$$c_{3.2} = \frac{c_1}{\Delta V_1} \cdot \Delta V_{3.2} = 0,25 \ (\text{cm}^3)$$

$$c_{3.3} = \frac{c_1}{\Delta V_1} \cdot \Delta V_{3.3}$$

Da $c_{3.2}$ unbedeutend ist, stellt $c_{3.3}$ den eigentlichen Kupplungsanteil dar. Für die Versuchsleitung mit REKA-Kupplungen wurde die mittlere Laufzeit

$$a = 1007 \ (\text{m/s})$$

ermittelt. Es ist

$$c = c_1 + c_2 + c_{3.1} + c_{3.2} = 0,0000875 \ (\text{cm}^3/\text{kp})$$

Aus Gl. (4/35) ergibt sich somit

$$c_{3.3} = \frac{g}{\gamma_w \cdot a^2} - \Sigma c = 0,000009 \ (\text{cm}^2/\text{kp})$$

Für die Drucksteigerung $\Delta p_i = 10$ atü entspricht dies einem eintretenden Wasservolumen von

$$\Delta V_{3.3} = \frac{\Delta V_1}{c_1} \cdot c_{3.3} = 12,2 \ (\text{cm}^3)$$

Rechnet man für die dem Wasserdruck ausgesetzte Stirnfläche der Gummiringe

$$F = \frac{\pi}{4} (D^2 - d^2) = \frac{3,14}{4} (27,0^2 - 24,4^2) = 104,9 \ (\text{cm}^2),$$

so erhält man für $\Delta p_i = 10$ atü einen Verschiebungsweg von

$$\Delta l = \frac{\Delta V_{3.3}}{2 \cdot F} = 0,058 \ (\text{cm})$$

Schlägt man die Spaltvergrößerung in der Rohrverbindung der Rohrelastizität zu, so ergeben sich folgende Verhältnisse:

Wasserelastizität		Rohrelastizität		Kupplungselastizität
50,5		35,7		9,5
5,31	:	3,74	:	1

Bezogen auf den Kupplungsanteil hat demnach der Anteil der Rohrelastizität beim Abbau des Druckstoßes den 3,74fachen und der der Wasserelastizität den 5,31fachen Wert.

Die Abminderung der Laufzeit bei Anwendung von REKA-Kupplungen ergibt sich mit

$$\sqrt{\frac{50,5 + 36,7}{50,5 + 36,7 + 9,5}} = 0,95$$

zu 5%. Mit steigendem $\delta = d/s$ wird dieser Wert infolge der größeren Rohrelastizität kleiner werden. Abschließend sei jedoch darauf hingewiesen, daß die vorliegenden Zahlenwerte lediglich eine Abschätzung des Kupplungseinflusses darstellen.

Im Gegensatz zu Druckstoß-Untersuchungen an einer eigens dafür aufgebauten Versuchsleitung, die zu exakten aber mehr theoretischen Angaben über das Verhalten einer Rohrleitung bzw. seines Materials führen, erlauben entsprechende Versuche an bestehenden Betriebsleitungen

einen Einblick in das praktische Verhalten einer Leitung. Besonders beim Druckstoß-Problem
können zwischen dem Verhalten einer in versuchstechnischer Hinsicht einwandfrei aufgebauten
Rohrleitung und einer in der Praxis betriebenen Leitung erhebliche Unterschiede auftreten, weil
bestimmte Voraussetzungen für einen eindeutigen Versuch bei letzterer nur schwer oder über-

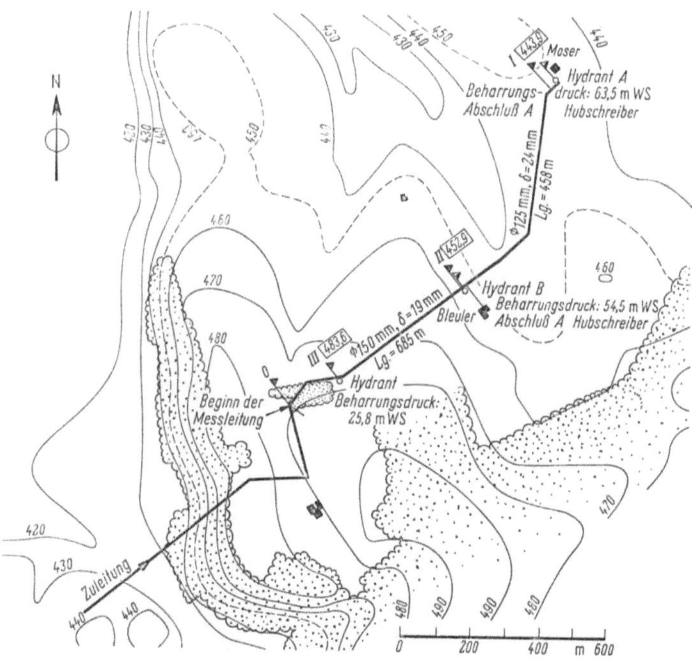

Abb. 97. Lageplan der für Druckstoß-Untersuchungen ausgewählten Versorgungsleitung [V20].

haupt nicht erfüllt werden können. Als Beispiel sei nur die an und für sich notwendige vollständige
Entlüftung erwähnt. Aber gerade weil bei einer Betriebsleitung z. B. mit Luftpolstern zu rechnen
ist, interessiert den Praktiker das Verhalten seiner Leitung unter diesen und nicht unter künstlich

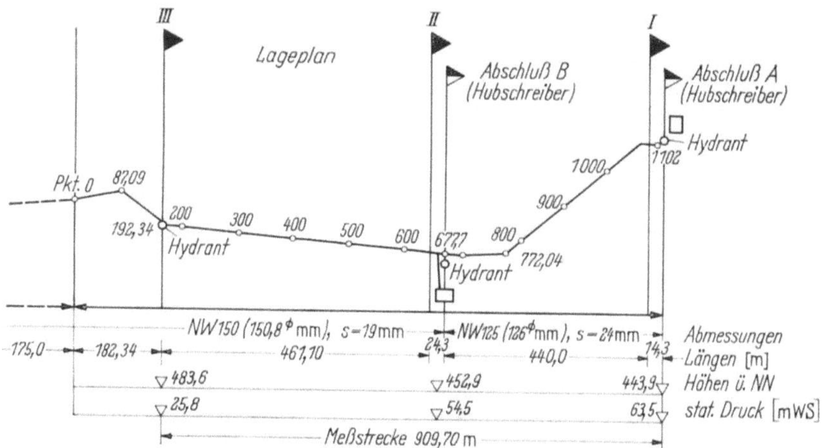

Abb. 98. Schematisch dargestellter Grundriß der Versorgungsleitung [V20].

geschaffenen, idealen Verhältnissen. Es ist aus diesem Grunde notwendig, auf einige, an den verschiedensten Orten durchgeführte Versuche an bestehenden Betriebsleitungen einzugehen und
ihre Ergebnisse gegenüberzustellen.

1939 unternahm die *Druckstoßkommission des S.I.A.* in der Schweiz in Zusammenarbeit m
der EMPA[1] eine Reihe von Druckstoß-Versuchen an einer Versorgungsleitung aus Asbestzeme
(ETERNIT) mit GIBAULT-Kupplung [*V20*][2].

Die genauen Entfernungen und sonstigen Angaben können der Abb. 98 entnommen werde
Zur Messung der Druckstöße wurden an drei Stellen Feder-Indikatoren (I, II und III) ang
bracht. Der Indikator III befand sich am Ausfluß eines Entlüftungshydranten, der mit d
Rohrleitung durch eine etwa 1,50 m lange Stichleitung NW 50 verbunden war, während die beid
Druckgeber I und II über ein 25 cm langes Zwischenstück mit der Leitung in Verbindung stande
In etwa 1,0 m Entfernung vom Indikator I wurde außerdem ein Tensometer zur Bestimmu
der Rohrdehnung in Abhängigkeit von der Zeit installiert.

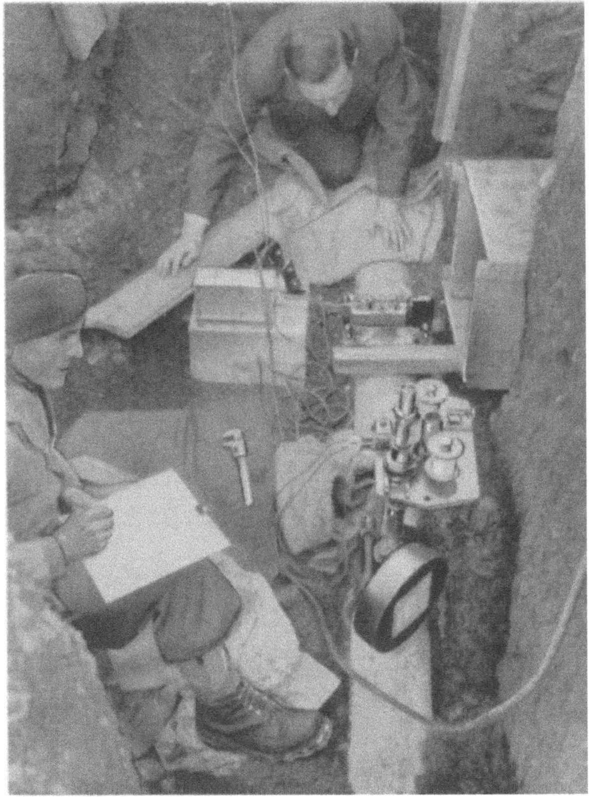

Abb. 99. Meßstelle I mit Apparatur und Tensometer im
Hintergrund [*231*].

Abb. 100. Meßstelle III mit Federindikator und
Manometer [*231*].

Die Erzeugung der Druckstöße fand an den Hydranten A und B statt. Zur Erzielung kürzest
Schließzeiten wurde an einem Seitenauslaß des Hydranten ein von Hand zu betätigender 1
Schnellschlußschieber montiert, während ein ölgesteuerter Flushometer am anderen Auslaß d
Hydranten verschiedene Schließzeiten zuließ. Außerdem konnten nach Ausbau dieser Gerä
durch normales Betätigen der Hydranten mit den zugehörigen Kopfschlüsseln Druckstö
erzeugt werden. Der Wassermengenmessung diente ein rechteckiges Meßgefäß von 240 l Inha

Die ausgeführten Messungen gliederten sich in zwei Hauptserien „A" und „B", wobei innerha
jeder Serie drei Versuchsgruppen (S, H und F) gefahren wurden. Während Serie A die Versuc
umfaßt, bei denen der Abschluß am Hydranten A erfolgte, kennzeichnet B die Serie, bei der d
Abschluß am Hydranten B stattfand. Der Buchstabe „S" bezeichnet die mit einem Schne
schlußschieber, „H" die mit dem Hydranten und „F" die mit einem Flushometer durchgefüh
Versuchsgruppe, die jedoch mehr theoretischen Wert hat und daher nicht näher beschrieben wir

---

[1] Eidgenössische Materialprüfungs- und Versuchsanstalt für Industrie, Bauwesen und Gewerbe, Zürich.
[2] s. auch [*191, 231*].

Vor jedem Versuch fand nach Erreichen des Beharrungszustandes die Wassermengenbestimmung mittels Meßgefäßes statt.

Bei der Versuchsdurchführung zeigte es sich nun, daß zwischen dem Druckindikator II und III ein Luftpolster lag, das nicht zu beseitigen war. Aus diesem Grunde konnten die Anzeigen des

Abb. 101. Hydrant A mit Schnellschlußschieber, Flushometer, Hubschreiber und Meßbehälter [231].

Gebers III nicht mit ausgewertet werden. Außerdem mußte die Serie B wegen Wasserknappheit auf eine geringere Anzahl von Versuchen beschränkt werden. Einen Überblick über das von der Druckstoßkommission durchgeführte Versuchsprogramm gibt Tabelle 20.

Die Versuche der Gruppe S, bei denen der Druckstoß durch plötzliches Schließen des Schnellschlußschiebers ($T = 0{,}1$ sek.) erzeugt wurde, ergaben naturgemäß die höchsten Druckspitzen, weil die Maximalbedingung $T < 2\,L/a$ (siehe Gl. (9/92), Abschnitt 9.2) hierbei erfüllt war. Abb. 102 zeigt die maximalen Druckdifferenzen der Serie A in Abhängigkeit von den Wasserdurchflußmengen[1]. Es lassen sich angenähert Geraden ziehen, deren Neigung durch die Beziehung

$$\varphi = \frac{\Delta H}{Q_0} \ (\text{s/m}^2) \tag{4/38}$$

beschrieben werden kann.

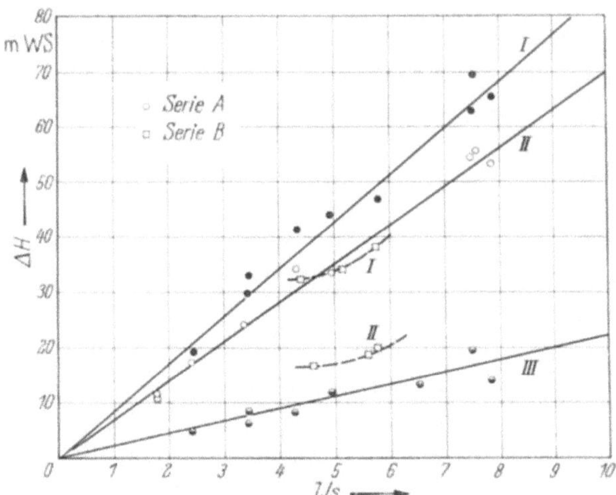

Abb. 102. Darstellung der maximalen Druckspitzen in Abhängigkeit von der Wassermenge Q_0 [V20].

---

[1] Wegen der verschiedenen Rohrdurchmesser bezieht man sich zweckmäßigerweise auf die Wassermenge Q_0 und nicht wie sonst üblich auf die Fließgeschwindigkeit v_0.

Tabelle 20. *Überblick über das Versuchsprogramm vom 21. 2. und 22. 2. 1939 [V20]*

Messungen „Im Hägsten"   Zusammenfassung der Einzelprotokolle

Vers. Nr.	Serie	Gruppe	Art des Versuches	Druckhöhe* H_i^I [mWS]	Wassermenge Q (l/sek.)
1	A	S	Rascher Abschluß mit Schnellschlußschieber; Stellg.: 1.5	59.5	1.290
2	A	S	„ „ „ „ Stellg.: 3.8	62.8	1.730
3	A	S	„ „ „ „ Stellg.: 4.0	62.0	2.436
4	A	S	„ „ „ „ Stellg.: 4.2	61.0	3.417
5	A	S	„ „ „ „ Stellg.: 4.8	57.5	5.762
6	A	S	„ „ „ „ Stellg.: 5.5	54.0	7 491
7	A	S	„ „ „ „ voll offen	53.8	7.804
8	A	H	Hydr. gewöhnl. Öffnen und Schließen		ohne Druckverlust- und
9	A	H	3× „auf—zu"; dann auf, und nach 20 sek. 1 Drehung zu; dann ganz zu		Wassermessung, nur zur Bestimmung der maximalen Über- u. Unterdrücke bei Hydrantenbetätigung
10	A	S	Rascher Abschluß; wie 1 ÷ 7; Stellung: 4.2	61	3.411
11	A	S	„ „ „ 1 ÷ 7; Stellung: 4.6	60	4.970
12	A	S	„ „ „ 1 ÷ 7; Stellung: 5.6	54	7.539
13	A	F			6 0575
14	A	F	Rascher Abschluß mit Flushometer		1.5105
15	A	F	Registrierung der Abschlußkurve		2.375
16	A	F	Flushom. schließt nicht ganz!		5.922
17	B		Demonstrationsversuch		
18	B	S	Vers. mit Schnellschlußschieber, Stellung: 1.3		1.587
19	B	S	„ „ „ voll offen	34.0	5.722
20	B	S	„ „ „ voll offen	34.0	5.587
21	B	—	Aufschaukelungsversuch		
22	B	F	Rascher Schluß mit Flushometer ohne Registr.		
23	B	H	Hydr. ganz auf und zu		
24	B	H	Hydr. 3× „auf und zu"		

* Beharrungsdruckhöhe während der Wassermessung.

Die geringe Neigung der Kurve III gegenüber den Kurven I und II zeigt den Einfluß des Luftpolsters zwischen den Meßstellen II und III. Von der Serie B standen nur drei Versuche zur Verfügung, deren Maximalspitzen mit eingetragen sind. Eine Beziehung ließ sich jedoch aus den

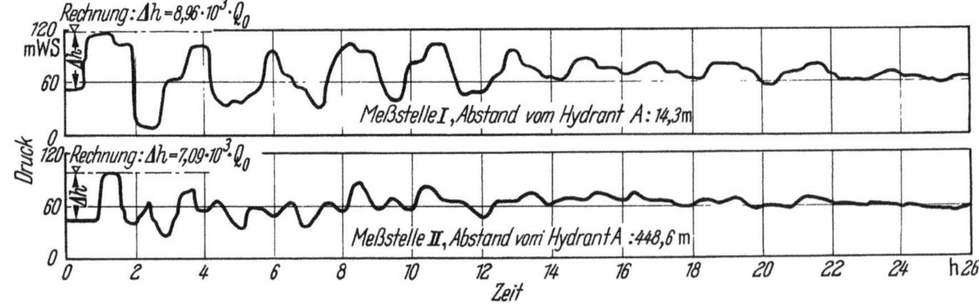

Abb. 103. Verlauf der Druckschwankungen an den Meßstellen I und II beim Versuch Nr. 6 [*V20*].

wenigen Angaben nicht ableiten. Immerhin wies die Druckstoßkommission darauf hin, daß die Druckspitzen bei einer Wassermenge von 5 (l/s) im Mittel an der Meßstelle I 1,89mal größer waren als an der Meßstelle II. Das bedeutet, daß bei einem höheren stat. Druck, so wie er bei den

Versuchen der Serie A vorhanden war, ganz erhebliche Druckstöße hätten auftreten können. Eine Reproduktion des Schwingungsverlaufes an den Meßstellen I und II für Versuch Nr. 6 (siehe Tab. 20) stellt Abb. 103 dar. Die Schließzeit betrug hierbei 0,2 Sekunden.

Die Auswertung der Laufzeiten ergab folgende Druckwellenfortpflanzungsgeschwindigkeiten an den beiden Meßstellen. Die Werte der Serie A wurden außerdem an Hand der Abmessungen der Rohrleitungen sowie der Elastizitätsmoduli für das Wasser und für das Rohrmaterial rechnerisch nachgeprüft.

Tabelle 21. *Gegenüberstellung der gemessenen und errechneten Werte der Serie A*

	Meßstelle I a_1	Meßstelle II a_2
Serie A gemessen	1062 ± 9 (m/s)	961 + 9 (m/s)
Serie A gerechnet	1094 ± 30 (m/s)	1024 + 64 (m/s)

Die Ergebnisse der Druckstoßversuche faßte die Druckstoß-Kommission dahingehend zusammen, daß bei der untersuchten ETERNIT-Druckrohrleitung auf Grund der etwas geringeren Laufgeschwindigkeit a, die maximalen Druckstöße etwa um 10% niedriger liegen als bei Stahlleitungen.

Ein nicht zu beseitigendes Luftpolster zwischen den Meßstellen II und III beeinträchtigte den Druckverlauf im Hinblick auf Zeit und Druckhöhe ganz erheblich, hatte aber auf den maximalen ersten Druckanstieg keinen Einfluß.

Beim plötzlichen Abschluß am Leitungsende (Hydrant A) wurde an der Meßstelle I ein Druckstoß von rund 8,6 Q_0 (mWS) erzeugt, von dem etwa 82% zur Meßstelle II gelangten. Beim Abschluß des Hydranten B ergab sich an der Meßstelle II ein Druckstoß von etwa 3,6 Q_0 (mWS) [V20].

GANDENBERGER hat ebenfalls mehrere Betriebsleitungen aus Asbestzement hinsichtlich des Verhaltens bei Druckstößen untersucht. 1959 führte er Druckstoßversuche an zwei verschiedenen Versorgungsleitungen aus, so einmal an einer Asbestzement-Druckrohrleitung NW 200 der Schozach-Gruppenwasserversorgung, zum anderen an einer Leitung NW 150 der Strohgäu-Gruppenwasserversorgung.

Die mit REKA-Kupplungen versehene Druckleitung der Schozach-Gruppe NW 200 hatte eine Länge von 4755 m. Hiervon besaßen 1500 m eine Wanddicke von 22 mm (ND 12,5), 2700 m von 18 mm (ND 10) und 555 m von 13 mm (ND 6). Die statische Druckhöhe betrug 85,5 (mWS), die Gesamtdruckhöhe war bei einer Fördermenge von 16,6 (l/s) etwa 90 (mWS). Die Leitung führte über vier Hochpunkte, die bei den Kilometern 1,8 (27 m Höhe), 2,65 (45,5 m Höhe), 3,3 (52,5 m Höhe) und 3,6 (53,5 m Höhe) lagen. Bei einem Druckabfall über 40 (m WS) war demzufolge ein Abreißen der Wassersäule bei den Kilometern 3,3 und 3,6 zu erwarten. Abb. 104 zeigt den Verlauf der Druckwelle, die bei der Durchflußmenge von 16,6 (l/s) durch Abschalten der Pumpe erzeugt und durch einen selbstschreibenden Kolbenindikator aufgezeichnet wurde.

Die Auswertung des Druckstoßdiagrammes erbrachte eine Reflexionszeit von $T = 9{,}64$ Sek.

Mit $a = 2\,L/T$ ergab sich mithin eine Druckwellenfortpflanzungsgeschwindigkeit von

$$a = 984 \ (\text{m/s}).$$

Unter Verwendung des Wertes $E_w = 2{,}07 \cdot 10^4$ (kp/cm²) errechnete GANDENBERGER für die einzelnen Rohrwanddicken die E-Moduli der Rohre:

Wanddicke 22 mm: $E_r = 1{,}95 \ \cdot 10^5$ (kp/cm²)

Wanddicke 18 mm: $E_r = 2{,}025 \cdot 10^5$ (kp/cm²)

Wanddicke 13 mm: $E_r = 2{,}14 \ \cdot 10^5$ (kp/cm²)

Daraus folgt ein mittlerer E_r-Modul von $E_m = 2{,}06 \cdot 10^5$ (kp/cm²). Da jedoch der E_r-Mod
der Asbestzementrohre höher liegt und im Mittel etwa $E_r = 3 \cdot 10^5$ (kg/cm²) beträgt, vermut
GANDENBERGER, daß die Rohrverbindungen, hier REKA-Kupplungen, eine Verbesserung d
elastischen Eigenschaften der Rohrleitung zur Folge hatten.

Der maximale Druckabfall muß gemäß Gl. (4/24) betragen:

$$\frac{\Delta p}{\gamma_w} = \Delta h = \frac{a}{g} \cdot v_0 = 53{,}3 \ (\text{mWS})$$

Gemessen wurde $\Delta h = 53{,}0$ (mWS); was eine gute Übereinstimmung mit dem rechnerische
Wert darstellt [*V24*].

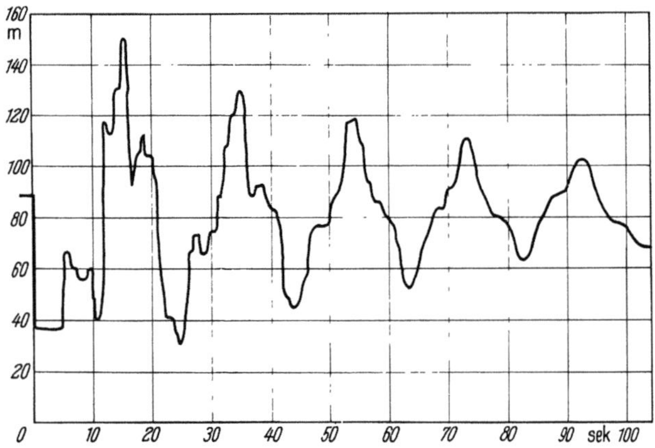

Abb. 104. Druckstoßdiagramm einer Leitung NW 200 von 4755 m Länge, $s = 22{,}18{,}13$ mm, $H_0 = 85{,}5$ (mWS), $H = 90$ (mWS), $Q = 16{,}6$ (l/s) [*V24*].

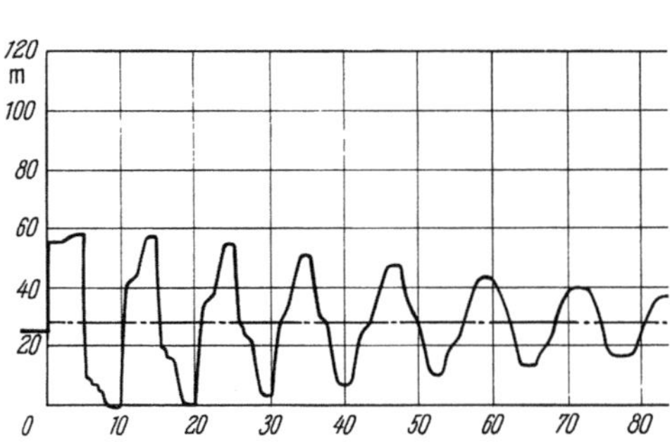

Abb. 105. Verlauf des Druckstoßes bei einer Lei NW 150, ND 12,5 ($s = 17$ mm), $H_0 = 29{,}0$ (mWS), 5,2 (l/s). [*V24*].

Die ebenfalls mit REKA-Kupplungen verbundene Druckrohrleitung NW 150, ND 12,5 (s =
17 mm) der Strohgäu-Gruppe hatte eine Länge von 2706 m. Sie wurde für die Versuche in un
gekehrter Richtung mit einem Druck an der Meßstelle von 2,9 atü gefahren. Als Abschlußorga
stand ein Schwimmerventil zur Verfügung. Zur Verhinderung des Abreißens der Wassersäule
der Leitung wurde die Durchflußwassermenge auf 5,2 (l/s) beschränkt, was einer Fließgeschwi
digkeit von $v_0 = 0{,}294$ (m/s) entsprach. Die Versuche ergaben eine mittlere Druckwellenfor
pflanzungsgeschwindigkeit von

$$a = 1040 \ (\text{m/s})$$

und einen E_r-Modul von

$$E_r = 2{,}09 \cdot 10^5 \ (\text{kp/cm}^2)$$

1961 hatte GANDENBERGER die Möglichkeit, Druckstoßversuche an einer mit REKA-Kupplu
gen versehenen Asbestzement-Druckrohrleitung NW 600 in Trier durchzuführen [*V24*]. Die
Leitung führt von der Aufbereitungsanlage zum Hochbehälter Petriberg und besitzt eine Reih
von Abzweigen, die innerhalb der Versuchsstrecke von 4318 (m) Länge abgesperrt werden konnt
Die Wanddicken schwankten und betrugen im einzelnen:

$$L_1 = 1750 \ (\text{m}); \ s = 30 \ (\text{mm}); \ \frac{d}{s} = 20$$

$$L_2 = \ \ 400 \ (\text{m}); \ s = 35 \ (\text{mm}); \ \frac{d}{s} = 17{,}15$$

$$L_3 = 2168 \ (\text{m}); \ s = 38 \ (\text{mm}); \ \frac{d}{s} = 15{,}8$$

Es ergab sich somit ein mittleres $\delta = d/s = 17{,}67$.

Der Druckstoß wurde durch Schließen eines Entleerungsschiebers erzeugt, der mit Hilfe einer Preßluftbohrmaschine innerhalb der Reflexionszeit von $T = 8$ sek. zugedreht werden konnte. Die Aufnahme der Druckschwankungen erfolgte mit einem Druckschreiber der Firma *Dreyer, Rosenkranz & Dropp* bzw. der Firma *Maihak*. Insgesamt fanden 10 Druckstoßversuche statt. GANDENBERGER fand hierbei die mittlere Druckwellenfortpflanzungsgeschwindigkeit

$$a = 908 \text{ m/s}$$

und errechnete daraus den mittleren Elastizitätsmodul

$$E_r = 250\,900 \text{ kp/cm}^2.$$

Der E_r-Modul liegt hier etwas höher, was darauf zurückzuführen ist, daß der druckstoßmindernde Einfluß der REKA-Kupplungen bei größeren Nennweiten zwangsläufig kleiner wird.

Bei der Ermittlung des E_r-Moduls für die Asbestzement-Druckrohrleitung an Hand der gefundenen Laufzeiten a ging GANDENBERGER von der Gl. (4/25) für das dünnwandige Rohr aus. Daher entsprechen die von ihm vor allem bei kleineren Nennweiten gefundenen Werte nicht dem tatsächlich vorhandenen E_r-Modul, sie stellen lediglich nur einen Vergleichswert dar und lassen sich mit dem in Gl. (4/ 34a) definierten Wert E_r'' in Beziehung setzen. PRESS bestimmte für NW 200, ND 12,5 ($s = 23,5$ mm), E_r'' zu 263000 (kp/cm²), während GANDENBERGER den Wert 206 000 (kp/cm²) für die gleiche Nennweite erhielt, wobei allerdings dieser Mittelwert aus den Werten für drei verschiedene Wanddicken errechnet wurde.

KESSLER [*115*] fand 1937 bei Druckstoß-Untersuchungen in Chicago an einer 10,435 km, mit SIMPLEX-Kupplungen versehenen, langen Versorgungsleitung $\varnothing$ 14 inch (355 mm) der Klasse 150 (10,5 atü) Laufzeiten, die zwischen 1018 (m/s) und 1051 (m/s) lagen. Der aus diesen Versuchsergebnissen errechnete E_r-Modul, ebenfalls besser als E_r''-Modul zu bezeichnen, betrug im Mittel 237 263 (kp/ cm²)[1].

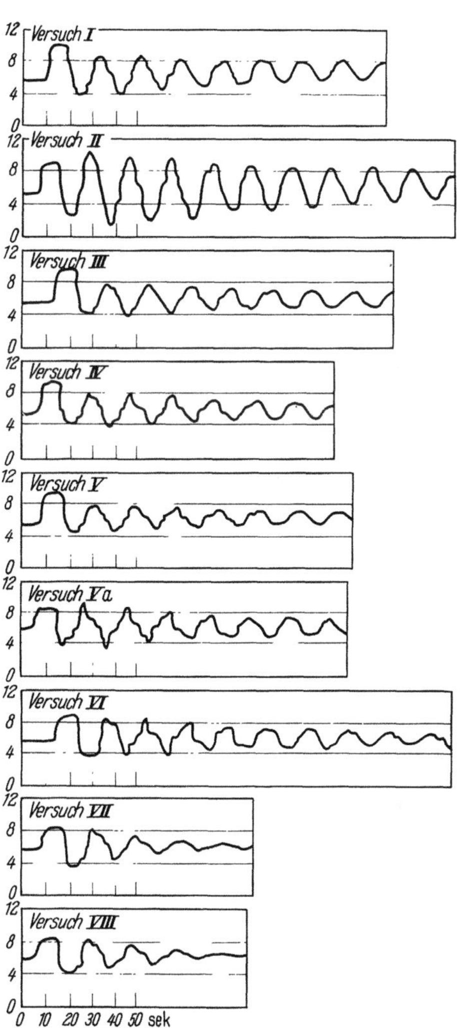

Abb. 106. Druckstoßbilder einer Asbestzement-Leitung NW 600 in Trier [*V 24*].

Stellt man abschließend die oben beschriebenen Ergebnisse zusammen (Tab. 22), so ergeben sich als Mittelwerte:

$$\text{für } a \quad = \quad\quad 999 \text{ (m/s)}$$
$$\text{für } E_r'' = 228\,000 \text{ (kp/cm}^2)$$

Für die überschlägliche Berechnung des zu erwartenden Druckstoßes kann daher ohne Rücksicht auf die Abmessung des Rohres selbst mit einer Druckwellenfortpflanzungsgeschwindigkeit von

$$a = 1000 \text{ (m/s)}$$

gerechnet werden.

---

[1] Möglicherweise handelt es sich hier um dampfgehärtete Asbestzement-Druckrohre.

7*

Tabelle 22. *Zusammenstellung der Untersuchungsergebnisse*

Nr.	Versuche	d_m (mm)	s_m (mm)	$\dfrac{d_m}{s_m} = \delta_m$	a (m/s)	E_T'' (kp/cm²)
1.	PRESS	200,58	23,5	8,53	1007[1]	263 000
2.	GANDENBERGER	200	22 18 13	6,83 8,34 11,55 }	984[1]	206 250
3.	GANDENBERGER	150	17	8,83	1040[1]	209 000
4.	GANDENBERGER	600	38 35 30 }	17,67	908[1]	250 900
5.	KESSLER	350	—	—	1035[3]	237 263
6.	Schweizer Versuch	150 125	19 und 24 mm	7,88 und 5,20	965[2] 1062[2]	— —

[1] REKA-Kupplungen   [2] GIBAULT-Kupplungen   [3] SIMPLEX-Kupplungen

4.33 Festigkeitsverhalten bei Druckstößen

Abschließend sei noch auf einige Festigkeitsuntersuchungen eingegangen, die von der EMPA in Verbindung mit den Versuchen der Druckstoßkommission durchgeführt wurden. Die durch die Druckwelle erzwungene Aufweitung des Rohres wurde in der Nähe der Meßstelle I mit dynamischen Tensometern gemessen. Abb. 107 zeigt eine Tensometer-Aufnahme, aus der sehr gut die Affinität der Dehnung mit der Druckstoßwelle hervorgeht. Es wird außerdem deutlich, daß die tatsächlichen Dehnungen mit denen, die an Hand von statischen Versuchen gewonnen und in Beziehung mit dem zeitlichen Druckverlauf gebracht wurden, gut übereinstimmen [*191*].

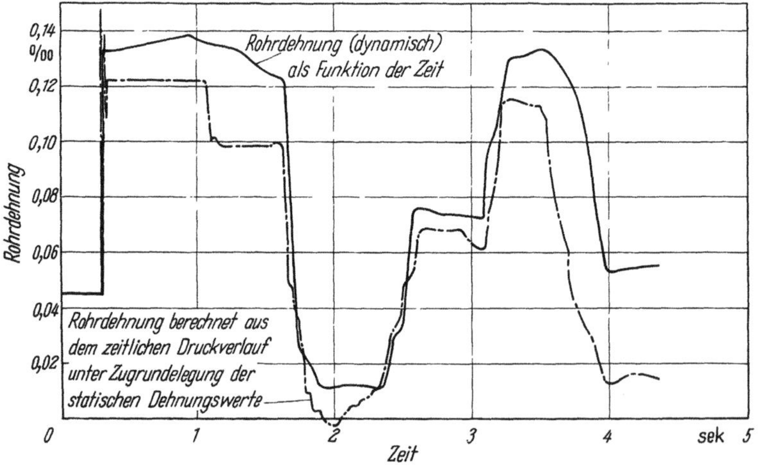

Abb. 107. Tensometer-Aufnahme der Rohrdehnung infolge Druckstoß [*191*].

Das Verhalten von Asbestzement-Druckrohren gegenüber schlagartig eintretendem Wasserinnenüberdruck, den man sehr anschaulich als „Wasserschlag" bezeichnen kann und der durch Roš [*191*] in der EMPA mit Hilfe eines Fallgewichts erzeugt wurde (Abb. 108), brachte eine interessante Erkenntnis. Es zeigte sich nämlich, daß die untersuchten Asbestzement-Druckrohre dem Wasserschlag eine, gegenüber der beim statischen Innendruckversuch um etwa 30% höhere

---

[1] s. Fußnote S. 94.

Festigkeit entgegenstellten. Die Zerstörung der Rohre erfolgte hierbei meistens durch Heraussprengen eines Rohrstückes aus der Wandung, während beim statischen Innendruckversuch im allgemeinen lediglich der bekannte Längenriß in Y-Form auftritt.

Man kann dies gewissermaßen als eine verhinderte Verformung auffassen. Es liegt auf der Hand, daß diese Eigenschaft gerade hinsichtlich Druckstoß eine zusätzliche Sicherheit einschließt.

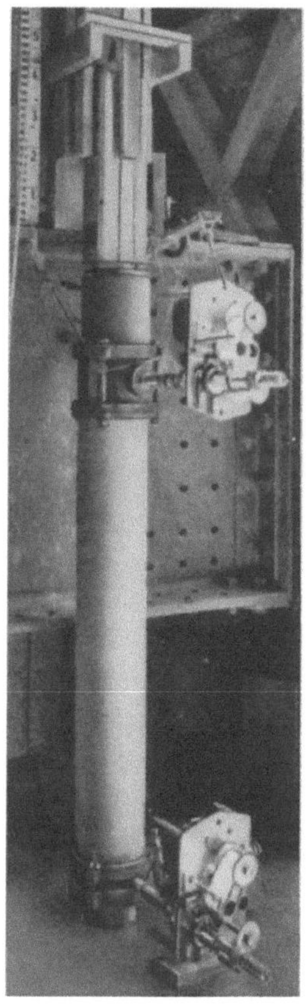

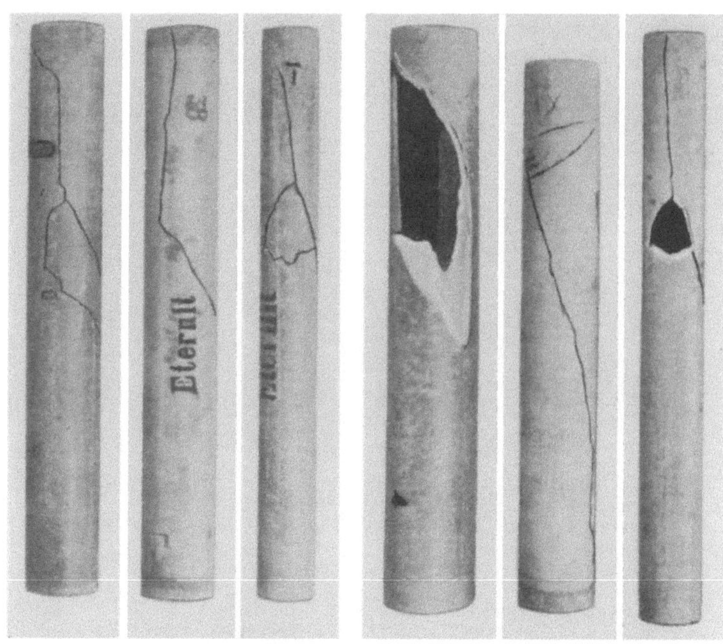

Abb. 109. Gegenüberstellung einiger zerstörter Asbestzement-Druckrohrproben
links: durch stat. Innendruck zerstört; rechts: durch Wasserschlag zerstört [191].

Abb. 108. Versuchsanordnung zur Erzeugung des Wasserschlages [231].

4.4 Physikalische Eigenschaften

4.41 Gefügebeschaffenheit, Quasiisotropie

Wie unter 3.21 erläutert, wird das Asbestzement-Druckrohr durch Wickeln eines dünnen Asbestzement-Filmes um einen Stahlkern hergestellt. Daraus ergibt sich die bekannte Struktur des Asbestzement-Materials, die die Lage der Asbestfasern in Radialrichtung ausschließt.

Die Schliffbilder der Abb. 111b und 111c lassen die einzelnen Wickelschichten deutlich werden. Die Asbestfasern erscheinen hier als heller Streifen. Der Tangentialschnitt (Abb. 111a) zeigt ein unregelmäßiges Fasergeflecht. Hierzu ist zu sagen, daß der ebene Tangentialschnitt infolge der Krümmung der Rohrwand durch mehrere Wickelschichten führt und daher nicht als Aufsicht auf eine Wickelschicht zu werten ist. Man kann aber trotzdem eindeutig erkennen, daß im Bild keine Fasern von oben nach unten (d. h. parallel zur Rohrlängsachse), sondern alle diagonal bzw. von rechts nach links (d. h. zur Umfangsrichtung) verlaufen. Die Besonderheit des Faserverlaufs wirkt sich natürlich auch auf die Materialfestigkeit aus.

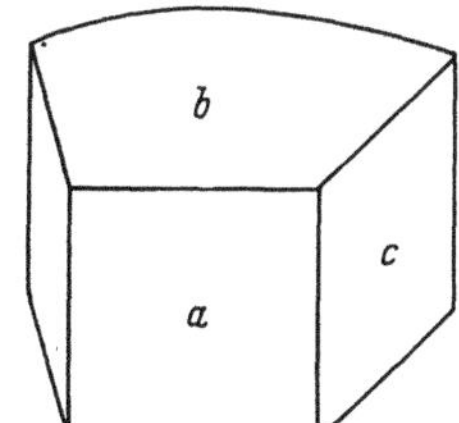

Abb. 110. Schematische Darstellung einer aus einem Asbestzement-Druckrohr NW 300, ND 12,5 herausgearbeiteten Probe, deren Seiten a, b und c geschliffen und fotografiert wurden.

Die Asbestfasern übernehmen ja eine ähnliche Aufgabe, wie sie den Eiseneinlagen in Stahlbeton zukommt. Im Unterschied zum Stahlbeton, bei dem die Bewehrungseisen normalerweise durch das ganze Konstruktionsglied laufen, besteht die „Zugbewehrung" des Asbestzementes aber nur aus kurzen Fasern, die neben-, hinter- und untereinander liegen und gewissermaßen eine „kontinuierliche" Bewehrung ergeben.

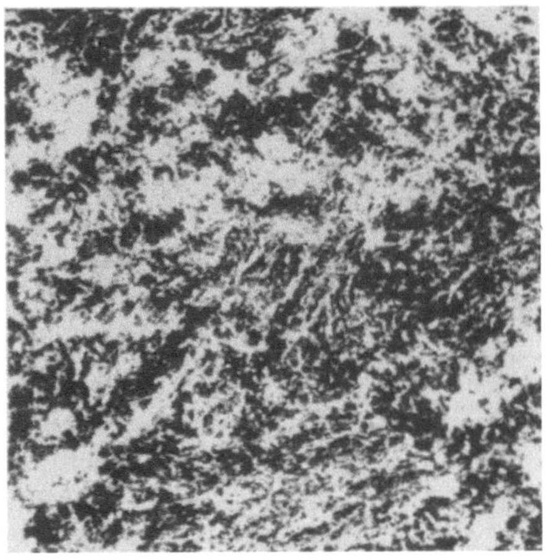

Abb. 111a.

Abb. 111b.

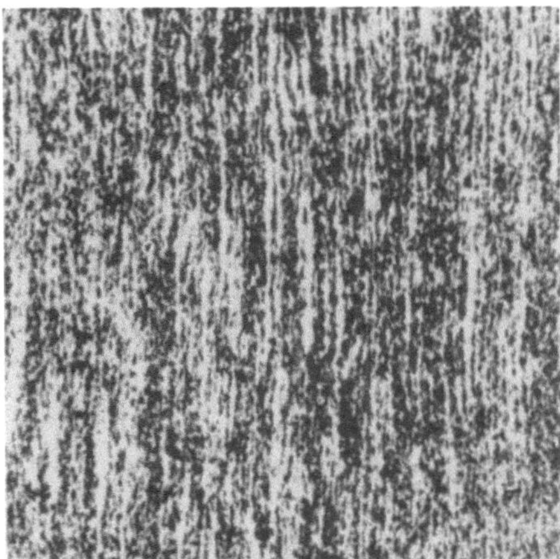

Abb. 111c.

Abb. 111 a — c.
Schliffbilder (2,8fach vergrößert) [*V39*].
a) Tangentialschnitt, b) Radialschnitt,
c) Längsschnitt.

Die Zugfestigkeit des Asbestzementes wird demgemäß am größten in Richtung des Faserverlaufs, verringert sich schräg zur Faserrichtung und sollte schließlich, theoretisch gesehen, senkrecht zur Faserrichtung völlig verschwinden, wenn man von der geringen Zugfestigkeit des Bindemittels selbst absieht. Daraus ergibt sich ein unterschiedliches Verhalten des Asbestzementes, je nachdem, welche Bezugsrichtung betrachtet wird. Asbestzement muß entsprechend seiner Gefügebeschaffenheit und damit seinem Festigkeitsverhalten als ein anisotroper[1] Körper angesehen werden.

Für die praktische Verwendung ist jedoch das Material vorteilhaft, das nach allen Richtungen möglichst gleiche Eigenschaften aufweist. Das bedeutet, daß der Hersteller eines Werkstoffes, welcher auf Grund der Art seiner Fabrikation als anisotrop[2] zu werten ist, dafür Sorge tragen muß, daß die Festigkeitseigenschaften in den drei Hauptspannungsrichtungen des räumlichen Spannungszustandes trotzdem möglichst weitgehend angeglichen werden, zumindest aber, daß auch der ungünstige Wert der drei Hauptspannungen den Anforderungen der technischen Anwendung

---

[1] isotrop = nach allen Richtungen gleiche Eigenschaften aufweisend.
[2] anisotrop = nicht isotrop.

voll gerecht wird. Ein vollisotropes Verhalten, d. h. gleiches Verhalten in allen drei Hauptspannungsrichtungen, findet man praktisch kaum verwirklicht. Es läßt sich höchstens Quasiisotropie[1] erzielen, wozu ein feinkörniger Gefügeaufbau des Materials Voraussetzung ist.

Wie steht es nun damit beim Asbestzement? Wird auch beim Asbestzement-Druckrohr ein quasiisotropes Verhalten erreicht? Zur Klärung dieser Frage wurden im Zuge umfangreicher Festigkeitsuntersuchungen an Druckrohren der ETERNIT AG, Niederurnen (Schweiz), durch die Eidgenössische Materialprüfungs- und Versuchsanstalt für Industrie, Bauwesen und Gewerbe in Zürich in den Jahren 1942 und 1943 [191] entsprechende Versuche an aus Rohren der Nennweite 400 mit einer Wanddicke von 40 mm ($\delta = d/s = 10$) herausgearbeiteten Probekörpern aus tangentialer und radialer Richtung sowie aus der Längsrichtung durchgeführt.

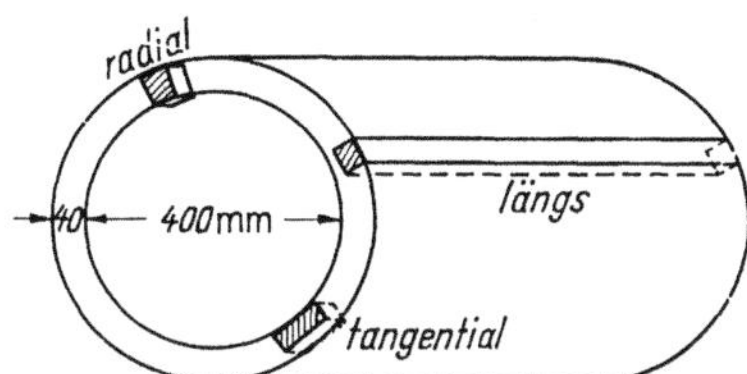

Abb. 112. Schematische Darstellung der Lage der aus dem Asbestzement-Druckrohr herausgearbeiteten Probekörper [191].

Ohne auf die dabei gefundenen absoluten Festigkeitswerte einzugehen, die zum Teil ohnehin nur einen theoretischen Wert besitzen, weil durch Herausarbeiten geradlinig begrenzter bzw. rundgedrehter Probekörper die Wickelschichten durchschnitten werden[2], läßt sich folgendes feststellen:

Tabelle 23. *Quasiisotropes Verhalten des Asbestzementes*

Spannungsart		Tangential	Radial	Längs
Elastizitätsmodul	E	100,0%	—	92,2%
Druckfestigkeit	σ_D	90,5%	100,0%	98,0%
Zugfestigkeit	σ_Z	99,0%	100,0%	89,8%
Längsbiegefestigkeit	σ_B	100,0%	—	80,5%
Biege-Schwellfestigkeit	σ_{BU}	100,0%	—	94,5%
Biege-Schwingungsfestigkeit	σ_{BD}	100,0%	—	95,5%
Scherfestigkeit	τ	100,0%	25,8%	83,4%
Torsions-Ursprungsfestigkeit	τ_U	100,0%	—	100,0%
Torsions-Schwingungsfestigkeit	τ_D	100,0%	—	100,0%

Alle Werte innerhalb einer Zeile sind jeweils auf den Größtwert = 100% bezogen!

Die Abnahme der Längsbiegefestigkeit in Längsrichtung gegenüber der Biegefestigkeit in Tangentialrichtung um etwa 20% erklärt sich aus dem durch die Herstellung bedingten verschiedenen Faserverlauf, worauf schon früher hingewiesen wurde. Die Tatsache, daß bei dem in Umfangsrichtung, also tangential, aus der Rohrwand herausgearbeiteten Probestäben der Faserverlauf infolge der Krümmung der Rohrwand zu den Stabenden hin von der Stabachse abweicht, fällt bei der Längsbiegung dieser Proben kaum ins Gewicht, während dies die Längszugfestigkeit naturgemäß stärker beeinflußt. Aus diesem Grunde muß die Gültigkeit des für die Zugfestigkeit in radialer Richtung gefundenen Wertes, der dem in Umfangsrichtung gleich ist, angezweifelt werden.

Der gleiche Gefügebau ist nämlich für die geringe Scherfestigkeit in Radialrichtung verantwortlich, was auch ohne weiteres einleuchtet. Im übrigen ist jedoch festzustellen, daß die Radialzugfestigkeit im Hinblick auf die in der Praxis auftretenden Rohrbeanspruchungen ohne Bedeutung ist. Von der Überlegung ausgehend, daß ein aus der gekrümmten Rohrwand ausgeschnittener Zugstab unechte Festigkeitswerte liefert, wurde ein besonderes Rohr der Nennweite 400 mm mit einer relativ geringen Wanddicke von $s = 15$ mm ohne Anpreßdruck hergestellt. Ein etwa 60 cm langer Abschnitt dieses Rohres wurde unmittelbar im Anschluß an den Wickelvorgang abgetrennt, im noch plastischen Zustand längs der Erzeugenden aufgeschlitzt und zur ebenen Platte ausgebreitet. Die so erhaltene und anschließend in einer Plattenpresse verdichtete Platte

---

[1] quasiisotrop = fast isotrop.

[2] Dies gilt besonders für den Zugstab in Umfangrichtung (Tangentialrichtung), dessen Faserverlauf zur Stablängsachse gekrümmt ist, so daß die Zugkraftrichtung nicht parallel zur Faserrichtung verläuft.

überließ man zusammen mit dem restlichen Versuchsrohr den üblichen Abbinde- und Erhärtung
prozessen. Die für diese Sonderversuche aus der erhärteten Platte herausgeschnittenen Zu
stäbe, deren Stabachsen einmal der ehemaligen Umfangsrichtung entsprachen, zum ander
quer dazu, also in Rohrlängsrichtung, verliefen, wiesen bei den durchgeführten Zugversuch
quer zur Faserrichtung im Mittel 58% der Zugfestigkeit auf, die in Faserrichtung vorhand
war [*V 40*].

Um daneben den Einfluß der durch die Aufweitung des Rohrmantels erfolgten Gefügeauflock
rung nach Möglichkeit zu erfassen, wurden Vergleichsversuche mit dem Restrohr sowie mit eine
weiteren Druckrohr NW 400, ND 2,5 ($s = 21,5$ mm) durchgeführt [*V 40*]. Während die Zu
festigkeit bei der aus dem Rohr hergestellten Platte quer zur Faser gegenüber den Zugfestigkeit
von ebenfalls quer zur Faserrichtung (Rohrlängsrichtung) aus den beiden Vergleichsrohr
herausgearbeiteten Zugstäben um etwa 17% (Restrohr) bzw. etwa 26% (Vergleichsrohr ND 2,
niedriger lagen, konnte der beim Innendruckversuch am Restrohr gefundene Wert für eine en
sprechende Vergleichsbetrachtung der Verhältnisse parallel zur Faserrichtung nicht herangezoge
werden, weil das Sonderrohr zur Erleichterung der Plattenherstellung ohne Anpreßdruc
gefahren worden war und dementsprechend eine viel zu geringe Ringzugfestigkeit aufwies. Daf
erlauben die Werte des zusätzlichen Vergleichsrohres ND 2,5 ($s = 21,5$ mm) eine diesbezüglich
Aussage. Gegenüber der aus Innendruckversuchen mit Proben dieses Rohres gewonnenen mit
leren Ringzugfestigkeit ergab sich bei den Plattenzugstäben parallel zur Faser eine Mind
rung der Zugfestigkeit um etwa 29%. Es zeigte sich weiterhin, daß der durch die Gefügeau
lockerung bedingte Festigkeitsverlust im großen und ganzen in beiden Richtungen gleich gro
war, so daß das Verhältnis der Zugfestigkeiten quer und parallel zur Faser durchaus auf d
normale Asbestzement-Druckrohr übertragen werden darf. Es sei jedoch noch besonders dara
hingewiesen, daß die vorstehende Betrachtung von reinen Zugspannungen ausgeht und nicht a
Biegezugspannungen übertragen werden kann. Es dürfte noch interessieren, daß das bei diese
Versuchen beobachtete Dehnverhalten durch die Verformung im plastischen Zustand im Geger
satz zu den Zugspannungen nur unwesentlich beeinflußt wurde.

Faßt man die Ergebnisse der Tab. 23 und die der anschließend beschriebenen Versuche zu
sammen, so ergibt sich trotz des starken Einflusses, den der Faserverlauf im Hinblick auf di
Belastungsrichtung ausübt, eine beachtliche Gleichheit der Festigkeiten, so daß man unte
Berücksichtigung des besonderen Gefügeaufbaues von einer Quasiisotropie sprechen darf.

4.42 Spezifisches Gewicht und Raumgewicht des Asbestzements

Zur Bestimmung des spezifischen Gewichts (Reinwichte) und des Raumgewichts (Roh
wichte) wurden im IBF[1] aus der großen Anzahl der für die Festigkeitsversuche vorgesehene
Asbestzement-Druckrohre 57 Druckrohre ausgewählt und von jedem dieser Rohre 5 bis 8 Prisme
herausgeschnitten bzw. Teilspäne gewonnen [*V 40*].

4.421 Spezifisches Gewicht (Reinwichte)

Die hierfür erforderlichen Probenmengen von etwa 10 p Asbestzement-Späne ließen sich durc
Abfeilen leicht herstellen. Hierbei wurden die Proben nach Nennweiten und Nenndruckstufe
getrennt behandelt. Die Ermittlung des spezifischen Gewichtes selbst erfolgte mit der Pykno
meter-Methode unter Verwendung eines 50 cm³ Pyknometers mit Toluol als Meßflüssigkeit, sowi
einer luftgedämpften Waage mit 1/1000 p Ablesegenauigkeit. Das spezifische Gewicht errechne
sich dann aus

$$\gamma = \frac{G_2 - G_1}{V_1 - \dfrac{G_3 - G_2}{\gamma_T}} \quad (\text{p/cm}^3) \tag{4/39}$$

---

[1] Institut f. Baukonstruktionen u. Festigkeit an der TU Berlin.

Hierin bedeuten:

G_1 = Gewicht des Pyknometers,
G_2 = Gewicht des Pyknometers mit Asbestzementspänen,
G_3 = Gewicht des Pyknometers mit Asbestzement-Spänen und Toluolfüllung,
V_1 = Rauminhalt des Pyknometers,
γ_T = spez. Gewicht des Toluols bei der Prüftemperatur (22°C).

Die Ergebnisse dieser Untersuchung zeigten bei einer Streuung des Mittelwertes von $\pm$ 0,05 (p/cm³) keine Abhängigkeit von den Nennweiten bzw. den Wanddicken. Das Gesamtmittel aller Proben ergab ein spez. Gewicht von

$$\gamma = 2{,}452 \ (\text{p/cm}^3)$$

Im Bericht Nr. 148 der EMPA, Zürich [191] wird das spezifische Gewicht für Asbestzement mit

$$\gamma = 2{,}405 \ (\text{p/cm}^3)$$

angeführt.

4.422 Raumgewicht (Rohwichte)

Zum Unterschied vom spezifischen Gewicht, das das reine Materialgewicht darstellt und im allgemeinen mehr theoretischen Wert besitzt, kommt dem Raumgewicht, dem tatsächlichen Gewicht eines Einheitsvolumens des Asbestzement-Druckrohres, mehr praktische Bedeutung zu. Das Raumgewicht der aus den Rohren aller PILNY zur Verfügung stehenden Abmessungen ausgeschnittenen Probeprismen wurde nach der Wasserverdrängungsmethode ermittelt, wobei die Proben durch Kochen weitgehendst gesättigt worden waren. Ihr Trockengewicht ergab sich nach 2 bis 4 wöchentlichem Aufenthalt im Trockenschrank bei 110°C.

Das Raumgewicht errechnet sich aus

$$\gamma_r = \frac{G_2 - G_1}{G_4 - G_3} \cdot \gamma_w \ (\text{p/cm}^3) \tag{4/40}$$

Hierin bedeuten:

G_1 = Gewicht des Wägegefäßes
G_2 = Gewicht des Wägegefäßes mit der getrockneten Probe
G_3 = Gewicht des Behälters für das Nachfüllwasser
G_4 = G_3 vermehrt um das von der Probe verdrängte Wasser
γ_w = spez. Gewicht des Wassers bei Prüftemperatur (22°C)

Auch hier läßt sich bei einer maximalen Streuung des Mittelwertes von $\pm$ 0,046 (p/cm³) keine Abhängigkeit des Raumgewichtes vom Nenndurchmesser und der Wanddicke ableiten. Das Gesamtmittel aller Proben ergab ein Raumgewicht von

$$\gamma_r = 1{,}885 \ (\text{p/cm}^3).$$

In der EMPA (Bericht Nr. 148) fand man

$$\gamma_r = 1{,}943 \ (\text{p/cm}^3).$$

4.43 Porosität, Wasseraufnahme und Längenänderung infolge Wasseraufnahme

Porosität und Wasseraufnahme stehen in enger Beziehung zueinander. Nur durch Hohlräume im Gefüge eines festen Materials kann Wasser aufgenommen und festgehalten werden, sei es in Form von Porenwasser, das die Hohlräume ausfüllt, sei es als sogenanntes Häutchenwasser, das, wie der Name schon besagt, die freien Oberflächen der Gefügeteilchen wie ein Häutchen umgibt und durch Adhäsionskräfte festgehalten wird. Sofern die einzelnen Hohlräume in einem Gefüge miteinander in Verbindung stehen, wie dies bei der lockeren Lagerung eines körnigen, selbst nicht wasseraufnehmenden oder wassergesättigten Materials (z. B. Sande und Kiese) vorstellbar

ist, dann kann die Wasseraufnahme der Porosität entsprechen. Die im festen Körper untereinand
fest verketteten und verzahnten Gefügeteilchen verhindern den Zugang zu allen eingeschlossen
Hohlräumen, so daß die Wasseraufnahme kleiner wird, als es der Porosität entspricht.

4.431 Porosität

Wir betrachten ein Einheitsvolumen V und denken uns dieses Volumen zerlegt in den Anteil V_M
in dem die festen Bestandteile enthalten sind, in den Anteil V_W, der das aufnehmbare Wass
enthält und schließlich in den Anteil V_L, der die aufgenommene Luft darstellten möge (Abb. 113
Der Anteil der Luft werde vernachlässigt, so daß das Einheitsvolumen lediglich aus den beide
Anteilen V_M und V_W besteht.

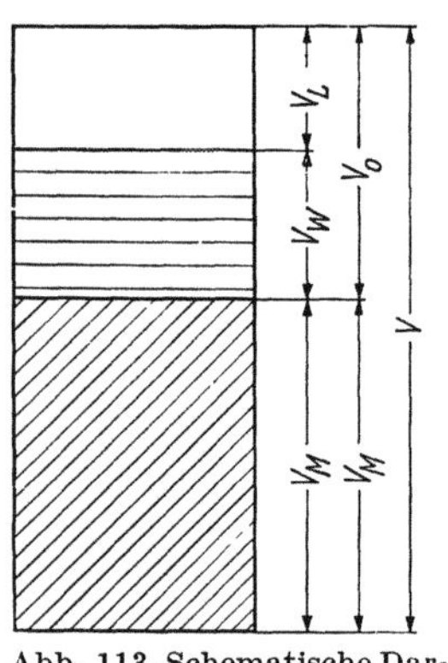

Abb. 113. Schematische Darstellungen des Einheitsvolumens eines Materials.

Es bedeuten:

$$V_M = \text{Volumen der porenfreien Masse}$$
$$V_W = \text{Volumen des freien Porenwassers}$$
$$V_L = \text{Volumen der eingeschlossenen Luft}$$

Es ist

$$V_M \cdot \gamma_M = V \cdot \gamma_r = (V_M + V_W) \cdot \gamma_r \qquad (4/41$$
(unter Vernachlässigung des Anteils V_L)

$$\frac{V_M \cdot \gamma_M}{\gamma_r} - V_M = V_W \qquad \text{bzw.}$$

$$V_M \left(\frac{\gamma_M}{\gamma_r} - 1 \right) = V_W \qquad (4/41\,a$$

Mit $V_M = \dfrac{V \cdot \gamma_r}{\gamma_M}$ wird G. (4/41 a)

$$\frac{V_W}{V} = \frac{\gamma_M - \gamma_r}{\gamma_M} = P \qquad (4/42$$

P ist die wahre Porosität, die sich aus dem Verhältnis des wasseraufnehmenden Volumens V_W
zum Gesamtvolumen V ergibt. In Prozenten ausgedrückt:

$$\underline{P = \frac{\gamma_M - \gamma_r}{\gamma_M} \cdot 100 \; (\text{Vol. \%})}$$

Vergleicht man die Angaben über die Porosität in der Literatur, so stellt man recht ausein
andergehende Werte fest, die sicherlich auf die verschiedenen Versuchsmethoden zur Bestim
mung der Porosität zurückgehen[1]. So beträgt das absolute Porenvolumen nach P. Schläpfe
[199] im Mittel 10%, während F. Mertens [163] als Porenvolumen 12,9% angibt. Während di
diesbezüglichen Untersuchungen in der EMPA Zürich [191] eine absolute Porosität von 19,2%
ergaben, fand Pilny [V 40] bei seinen im Auftrag des Verfassers durchgeführten Untersuchunge
für die absolute Porosität

$$P = 23{,}2\%.$$

Der Unterschied dieses Wertes zu dem in der Literatur angeführten liegt möglicherweise dari
begründet, daß die der Bestimmung des Raumgewichtes zugeführten Proben in kochenden
Wasser gesättigt wurden, also unter einer äußerst extremen Bedingung.

4.432 Wasseraufnahme

Die Wasseraufnahme hängt im starken Maße von der Methode der Wassersättigung der zu
untersuchenden Probe ab. Bei Sättigung durch einfache Wasserlagerung wird die Wasserauf
nahme wesentlich geringer sein, als bei einer Wassersättigung, die durch Druck oder durch Ko
chen der Probe vorgenommen wird.

---

[1] s. hierzu Abschn. 4.432.

Allgemein errechnet sich die Wasseraufnahme aus der Gleichung

$$W_s = \frac{G_N - G_T}{G_T} \cdot 100 \; (\%) \tag{4/43}$$

Hierbei ist:

$$G_N = \text{Gewicht der wassergesättigten Probe}$$
$$G_T = \text{Gewicht der trockenen Probe.}$$

PILNY [*V 40*] fand bei 52 Proben eine durchschnittliche Wasseraufnahme von 15,7% des Trockengewichtes. Hierbei wurden die einzelnen Proben zunächst, bis zu einem Viertel ihrer Höhe im destillierten Wasser stehend, 1 Stunde lang gekocht, wobei der Wasserstand durch gleichmäßiges Nachfüllen konstant gehalten wurde. Im Anschluß daran erfolgte ein zweistündiges Kochen der Proben im untergetauchten Zustand. Das Trockengewicht wurde durch 2—4 Wochen dauerndes Trocknen im Trockenschrank bei 110°C erhalten.

A. KUKUSCHKIN und F. DRASCHKEWITSCH [*132*] stellten nach 24stündiger Wasserlagerung bei russischen Asbestzementrohren ein W_S von 10 bis 12%, bei italienischen Asbestzementrohren von 3 bis 8% des Trockengewichtes fest. L. BAES beschreibt die Wasseraufnahme in Abhängigkeit von den Abmessungen des Probekörpers und der Dauer der Wasserlagerung mit 11 bis 16 Gewichtsprozenten. E. MERTENS [*163*] berichtet von einer Wasseraufnahme von 5,48% nach zweistündiger Wasserlagerung bei einer Temperatur von 23°C. Die Abgabe des Wassers beim Trocknen erfolgte zunächst relativ schnell, wurde dann aber stetig langsamer, woraus der Autor schließt, daß die Kanäle und Poren sehr fein sind. Rechnerisch kommt MERTENS zu einem Wert von 6%. Diese unterschiedlichen Ergebnisse zeigen mit besonderer Klarheit die Bedeutung der richtigen Methode für die Ermittlung der Wasseraufnahme. Fraglos muß eine zweistündige Wasserlagerung als unzureichend bezeichnet werden. Darüber hinaus kann der Vergleich einzelner Angaben nur dann sinnvoll sein, wenn das untersuchte Material unter gleichen Bedingungen hergestellt wurde.

Im Bericht der Underwriters Laboratories [*227*] werden mehrere Werte angegeben, die im Durchschnitt bei 20% des Trockengewichtes liegen, während B. PFEIFFER [*179*] die Wasseraufnahme mit 15% beziffert. Der in der EMPA in Zürich gefundene Wert für die Wasseraufnahme von 6,5% entspricht dem Wert E. MERTENS. Durch Evakuieren konnte hier die Wasseraufnahme auf 11,8% gebracht werden [*191*].

Um festzustellen, wie lange ein Rohrstück aus einem Asbestzement-Druckrohr im Wasser bei Raumtemperaturen lagern muß, um volle Wassersättigung zu erhalten, wurden von PILNY [*V 40*] drei kurze Rohrstücke mit NW 200/ND 12,5, NW 300/ND 2,5 und NW 400/ND 12,5 ver-

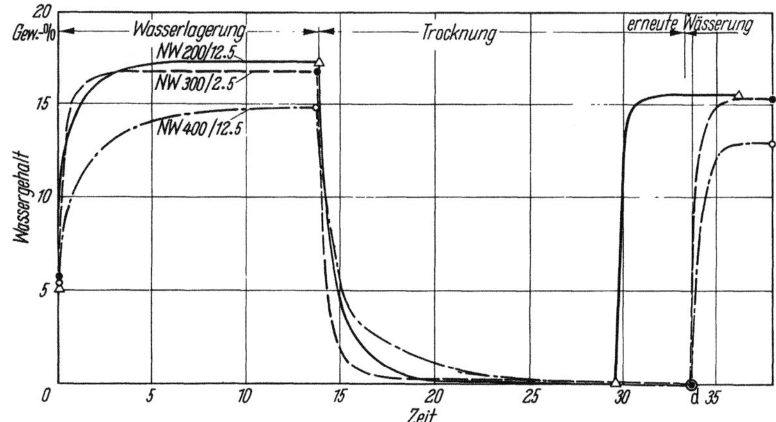

Abb. 114. Darstellung der Wasseraufnahme und der Austrocknung in Abhängigkeit von der Zeit [*V 40*].

schiedenen Wässerungs- und Trocknungsprüfungen unterzogen. Die im raumfeuchten Zustand gehaltenen Proben lagerte er in einem Wasserbad von etwa 20°C und bestimmte ihre Gewichtszunahme in Abhängigkeit von der Zeit, bis eine Gewichtszunahme nicht mehr zu beobachten war. Im Anschluß daran wurden sie einer Ofentrocknung bei 105°C unterzogen, während der ihre Gewichtsabnahme ebenfalls in Abhängigkeit von der Trocknungsdauer registriert wurde. Nach dem Abschluß der Trocknung gelangten die Proben erneut in das Wasserbad bis zur Sättigung.

Die Ergebnisse dieser Untersuchungen sind in Abb. 114 wiedergegeben.

Daraus geht hervor, daß bei Wasserlagerung nach sieben Tagen praktisch eine Vollsättigung der raumfeuchten Asbestzement-Druckrohrproben erhalten wird bzw. die Gewichtszunahme unter 0,5% liegt. Bei der zweiten Wassersättigung, die vom trockenen Zustand ausging, war dies schon nach zwei Tagen der Fall, jedoch wurde hierbei der erste Endwert nicht mehr ganz erreicht. Die Gewichtsabgabe bei der Ofentrocknung betrug nach sechs Tagen weniger als 0,5%. Daß beim zweiten Einlagern der erste Wert der Wasseraufnahme nicht mehr erreicht wird, läßt sich damit erklären, daß das Material durch die Wasserlagerung weiteres Abbindewasser aufnimmt und dadurch dichter wird, was sich u. a. im Ansteigen des Raumgewichtes äußert.

Die Trocknung der vollgesättigten Probe an der Luft zeigt zunächst ebenfalls den steilen Abfall der Kurve, die jedoch nach etwa acht Tagen in eine flach geneigte Gerade übergeht. Nach 27 Tagen betrug der Wassergehalt noch 9,5%. Die anschließende Ofentrocknung ergab das übliche Bild (Abb. 115).

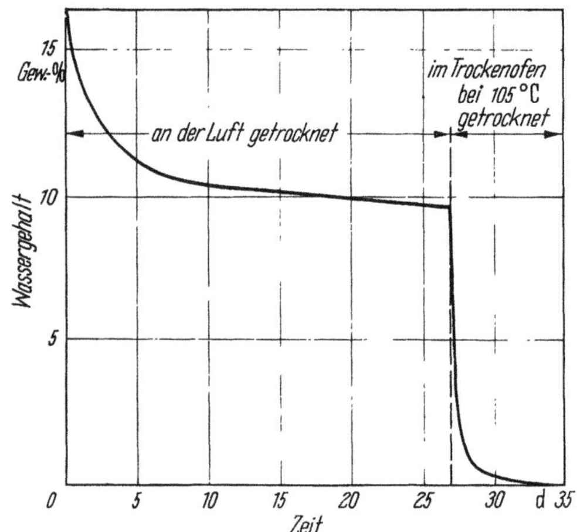

Abb. 115. Lufttrocknung und anschließende Ofentrocknung in Abhängigkeit von der Zeit, Darstellung des Mittelwertes von 3 Proben NW 200, ND 2,5 (s = 11 mm) [Γ 40].

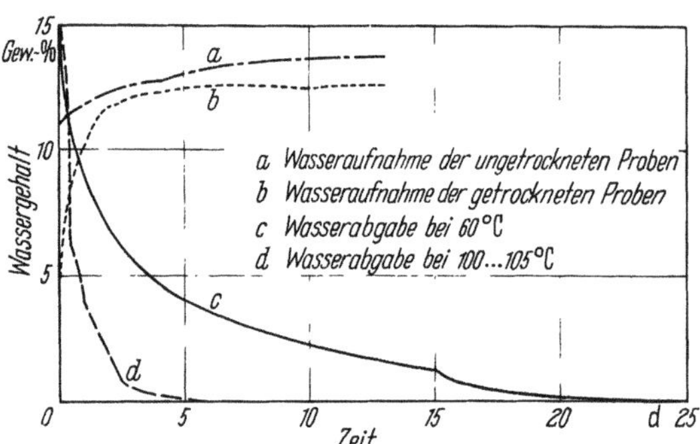

Abb. 116. Wasseraufnahme und Wasserabgabe nach den Versuchen des niederländischen Studienausschusses „Asbestzementrohre" (KIWA) [120].

Ähnliche Versuche führte der *Niederländische Studienausschuß „Asbestzementrohre"* [120] durch, deren Ergebnisse Abb. 116 wiedergibt. Untersucht wurden vier Gruppen, bestehend aus jeweils vier Rohrringen NW 100 mit s = 12 mm. Die Wasseraufnahme betrug hierbei bei einer Wasserlagerung von dreizehn Tagen 10 bis 13 Gewichtsprozente. Während die Versuchsgruppe I im raumfeuchten Zustand gewässert wurde (Kurve a), erfolgte bei der Versuchsgruppe II vorher eine zweitägige Trocknung bei 100° bis 105°C (Kurve b). Im Anschluß an die Wassersättigung wurde ein Teil der Proben bei 60°C (Kurve c) und ein Teil bei 100° bis 105°C (Kurve d) getrocknet.

Es zeigt sich, daß sowohl die raumfeuchten als auch die getrockneten Proben nach sieben Tagen Wasserlagerung den unter Normalbedingungen größten Sättigungsgrad erhielten. Hierbei waren die Rohre nicht vollständig durchfeuchtet, vielmehr fand man an Bruchstellen noch einen trockenen Kern vor. Daß daneben die Austrocknung, die dann als abgeschlossen angesehen wurde, wenn die Gewichtsverminderung innerhalb von fünf Stunden nur noch 2% des Naßgewichtes betrug, bei der höheren Temperatur beschleunigt würde, war natürlich zu erwarten. Interessant war allerdings die Beobachtung, daß die Trocknung bei 60°C etwa dreifach länger dauerte als die bei 100° bis 105°C, die nach etwa einer Woche abgeschlossen war. Ganz allgemein läßt sich eine gute Übereinstimmung der niederländischen Ergebnisse mit den von PILNY gefundenen Werten feststellen.

Die Tatsache, daß Asbestzementrohre auf Grund ihrer Porosität in Abhängigkeit von dem augenblicklichen Sättigungsgrad eine bestimmte Menge an Wasser aufnehmen, wird verschiedentlich als Zeichen eines permanenten Wasserverlustes gewertet. Diese Ansicht entspricht nicht den vorliegenden Erfahrungen. Andererseits ist aber auch die in älterer Literatur häufig vertretene Auffassung zu korrigieren, daß in der Rohrwand von Asbestzement-Druckrohren auch bei höchsten Innendrücken keine vollkommene Wassersättigung erzielt wird [*66, 202*]. Bei der Betrachtung der Wasseraufnahme durch ein trockenes Rohr stellt man in der ersten Kontaktzeit eine geringe Wasseraufnahme fest, die mit zunehmender Sättigung abklingt. Dies ist auf mehrere Umstände zurückzuführen. Die lagenmäßige Struktur des nach dem MAZZA-Verfahren hergestellten Asbestzement-Druckrohres (viele Wickelschichten) schließt über die ganze Wanddicke sich erstreckende Kapillaren weitgehend aus. Zudem handelt es sich beim Asbestzement infolge des hohen Zementgehaltes um ein sehr dichtes Zementprodukt mit außerordentlich feingliedriger Kapillarstruktur, die einer Wasserbewegung hohen Widerstand entgegensetzt. Schließlich leistet die bekannte Eigenschaft der Zementgele, unter Wasseraufnahmen zu quellen, einen sehr bedeutungsvollen Beitrag zum Verschluß der Rohrwand. In diesem Zusammenhang ist jedoch zu bemerken, daß der Quellvorgang sich über eine gewisse Zeit erstreckt, innerhalb welcher bei gewöhnlichen Laborversuchen eine Wasserverdunstung an der äußeren Oberfläche beobachtet werden kann, insbesondere dann, wenn in der Praxis zumeist nicht vorhandene Temperatureinflüsse und Luftbewegungen sich auswirken können. Jedenfalls kann im Blickwinkel der praktischen Anwendung mit ausreichender Sicherheit festgestellt und auch nachgewiesen werden, daß bei erdverlegten Asbestzement-Druckrohrleitungen nach einer bestimmten Zeit ein völliger Stillstand der Wasseraufnahme eintritt, was gleichzeitig als Beweis für die vollkommene Dichtheit anzuerkennen ist. Bei mehreren Leitungen verschiedener Nennweiten, die im Anschluß an die Abnahmeprüfung lt. DIN 19 801 einige Wochen unter Betriebsdruck standen, ergaben erneute Prüfungen nach der Norm weder einen Druckabfall noch eine meßbare Wasseraufnahme. Die Bedeutung des Quellvorganges für die Abdichtung der Rohrwand läßt sich in überzeugender Weise z. B. an einem Innendruck-Standversuch mit Erdöl demonstrieren, wie er unter 4.434 dieses Abschnittes (S. 113) beschrieben ist. Erdöl ist nicht in der Lage, die Quellung auszulösen, daher stellt sich eine vollständige Durchölung der Rohrwand ein.

In der Praxis ist es meist nicht möglich, mit der Durchführung der Abnahmeprüfung bis zur vollständigen Wassersättigung zu warten. Deshalb wurde eine Norm geschaffen, die zulässige Werte für die Wasseraufnahme an die Hand gibt (DIN 19 801[1], Tabelle 1). Da es sich hierbei um die erste Norm dieser Art überhaupt handelt, hat man sich in der Festlegung der oberen Grenz-

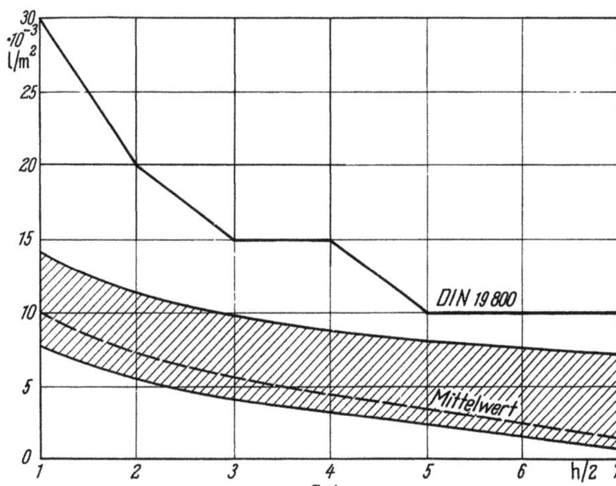

Abb. 117.
Tatsächliche Wasseraufnahme bei der
Druckprüfung nach DIN 19 801.

werte auf die sichere Seite begeben. Die in Liter pro m² benetzte Rohrfläche angegebenen Grundeinheiten sind in Tab. 1 dieser Norm in Abhängigkeit von Nenndruck, Nennweite und Zeit als direkt ablesbare Werte für 100 m Leitungslänge angegeben. Unter sorgfältiger Einhaltung der

____
[1] s. Anhang „Normen".

Ausführungsbestimmungen dieser Norm ausgeführte Druckprüfungen an 58 ungeschützt
Leitungsteilstrecken haben gezeigt, daß die tatsächliche Sättigungsmenge wesentlich geringer i{

Abb. 117 gibt den an 58 verschiedenen Leitungen (NW 80—800) gefundenen Mittelwert d
Wasseraufnahme, sowie den Streubereich wieder. Zur Gegenüberstellung wurde die Grenzkur
nach DIN 19 801 mit eingetragen.

Es muß ausdrücklich bemerkt werden, daß diese Versuchsergebnisse unter den in Deutschla{
herrschenden klimatischen Verhältnissen gefunden wurden, wobei sich die Versuche über d
ganze Jahr erstreckten und somit die jahreszeitlichen Klimaschwankungen mit berücksichti{
sind. Es ist sicher, daß sich unter anderen klimatischen Bedingungen in den ersten Stunden d
Prüfung ein anderer Verlauf der Wassersättigung einstellen wird. Der Korrekturfaktor für ande
geographische Breiten müßte gegebenenfalls experimentell ermittelt werden. Eine Angleichu{
an unterschiedliche klimatische Verhältnisse ließe sich auch durch eine entsprechende Verläng
rung bzw. Verkürzung der in DIN 19 801 vorgesehenen Vorprüfung (Vorbewässerung) erreiche

4.433 Längenänderung infolge Wasseraufnahme

Die Quellfähigkeit des Bindemittels bei Wasseraufnahme bewirkt bei allen Zementerzeugnisse{
so auch beim Asbestzement, eine Vergrößerung des Volumens. Dies hat bei dem Asbestzemen
Druckrohr einmal einen Längenzuwachs, zum anderen eine Umfangserweiterung bzw. Durc{
messervergrößerung zur Folge, deren Größenwerte im Hinblick auf die Legung von Interes{
sind. PILNY [V 40] untersuchte daher jeweils 600 mm lange Asbestzement-Druckrohrstücke ve
schiedener Rohrabmessungen und bestimmte sowohl den Längenzuwachs als auch die Ve
größerung des Durchmessers in Abhängigkeit von dem Wassergehalt, der jeweils durch Wägu{
ermittelt wurde. Ausgehend von der raumfeuchten Probe, deren Wassergehalt zwischen 5 und
(Gewichtsprozent) lag, wurden die Längen- und Durchmesseränderungen bis zur Wassersättigu{
gemessen, die sich bei 15 bis 17 (Gewichtsprozent) einstellte. Im Anschluß daran erfolgte zunäch{
ein Trocknen an der Luft, danach im Ofen mit zunächst 80°C und anschließend bis zur Gewicht{

Abb. 118. Messung der Längenänderung infolge Wasseraufnahme [V 40].

gleiche mit 110°C. Danach wurden die Proben erneut im Wasserbad bis zur Vollsättigung ge
lagert. Die Messung der Längenänderung erfolgte mit einer Längenmeßlehre (Abb. 118), die de
Durchmesseränderung mit einer Meßuhr (Abb. 119). Die einzelnen Meßpunkte waren hierbe
durch Messingbolzen jeweils paarweise festgelegt.

Die *Längenänderung* vom raumfeuchten Zustand (Auslieferungszustand) ausgehend bis zur vollen Wassersättigung ist für die einzelnen Rohrtypen in folgender Tabelle zusammengestellt:

Tabelle 24. *Längenänderung verschiedener Asbestzement-Rohrproben von 600 mm Länge infolge Wasseraufnahme [V 40]*

NW (mm)	ND (atü)	Wassergehalt Gew.-%			Längenänderung (°/₀₀)
		Auslieferungszustand	Sättigungszustand	Differenz	
100	12,5	6,0	15,5	9,5	0,9
200	2,5	7,7	15,7	8,0	0,87
300	2,5	5,1	15,2	10,1	1,13
300	12,5	5,5	14,3	8,8	1,05
400	12,5	12,3	16,9	4,6	0,87

Die einzelnen Werte der Längenänderung sind wenig unterschiedlich. Wie dagegen aus den mit angeführten Differenzmengen ersichtlich wird, spielen die Ausgangswerte des Wassergehalts eine Rolle. Die größten Längenänderungen ergeben sich im allgemeinen bei den Proben, die auch die größte Wassermenge bis zur Vollsättigung aufgenommen haben. Unter klimatischen Verhältnissen, wie sie in Deutschland herrschen, sinkt der Wassergehalt von im Freien gelagerten

Abb. 119. Messung der Durchmesseränderung infolge Wasseraufnahme [V 40].

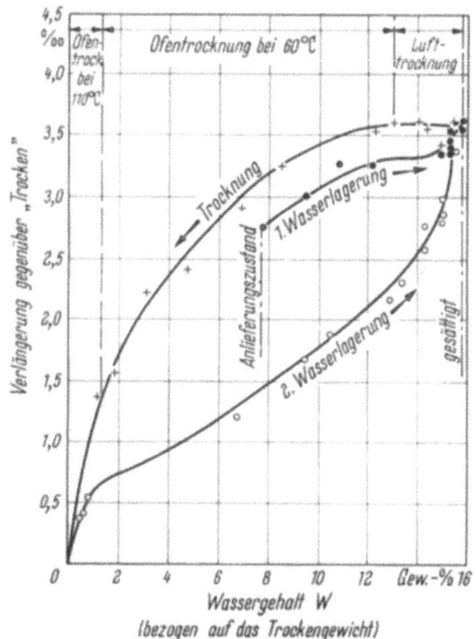

Abb. 120. Verlauf der Längenänderung bei einer Asbestzement-Druckrohrprobe NW 200, ND 2,5 von 600 m Länge [V 40].

Rohren normalerweise nicht unter 8 Gewichtsprozent. Er liegt also in der Regel etwas höher als bei den von PILNY im Raum gelagerten Proben bei Versuchsbeginn. Die in der Praxis auftretenden Längenänderungen bis zur Sättigung werden daher immer unter 1°/₀₀ liegen, etwa bei 0,8 bis 0,9°/₀₀. Immerhin bedeutet dies bei einem 5,0 m langen Druckrohr im ungünstigsten Fall einen Längenzuwachs von 4 bis 4,5 mm, eine Tatsache, die zu beachten ist.

Wie bereits erwähnt und aus Tab. 24 ersichtlich, ist die Verlängerung von dem jeweiligen Zustand abhängig, in dem sich das betreffende Druckrohr gerade befindet. Dies ist eine allgemeine Eigenschaft der gemischtporigen Stoffe und drückt sich in einer Unterschiedlichkeit der Längenänderung aus, je nachdem, ob Feuchtigkeit zu- oder abgeführt wird [V 40]. Die Messung der Längenänderung im Verlaufe der Wasserlagerung, der anschließenden Trocknung und einer erneuten Wasserlagerung machen dies deutlich. In Abb. 120 wird der für alle Asbestzement-Druckrohrproben typische Verlauf der Längenänderung am Beispiel der Probe NW 200/ND 2,5 gezeigt.

Es ergibt sich eine Hysteresisschleife, die sich nicht ganz schließt. PILNY vermutet, daß die feinsten Mikroporen — einmal ausgetrocknet — durch eine verhältnismäßig kurze Wasserlagerung nicht mehr gefüllt werden. Bei der erneuten Wasserlagerung im Anschluß an die erfolgte Trocknung ist bei allen Proben eine besonders ausgeprägte Längenzunahme kurz vor Erreichen des Sättigungsgrades zu beobachten. Dies könnte nach PILNY durch Wegfall der Oberflächenspannung in den Mikroporen durch Füllen der Makroporen erklärt werden. Beim Beginn der Trocknung nach der Sättigung werden zunächst hauptsächlich die außenliegenden Makroporen entleert, die Kennlinien laufen daher fast waagerecht, weil mit diesem Vorgang zunächst noch keine Erhöhung der Oberflächenspannung in den Mikroporen verbunden ist [*V 40*].

In der *Physikalisch-Technischen Bundesanstalt* — Institut Berlin — führte ein Wasserlagerungsversuch von 130 Stunden Dauer bei $+ 20°C$ zu einer Längenzunahme von $0,45°/_{00} \pm 0,05$. Hierbei war allerdings der Ausgangswassergehalt der raumgelagerten Proben nicht bekannt. Außerdem muß bezweifelt werden, ob bei einer etwa $5^1/_2$tägigen Wasserlagerung bereits Vollsättigung erzielt wurde.

Das Verhalten der untersuchten Rohrproben im Hinblick auf die Veränderungen des Durchmessers war dem oben beschriebenen gleichartig. Auch hier konnte zwischen der Trocknung und der Wasseraufnahme eine stark ausgeprägte Hysteresis beobachtet werden.

Die Durchmesser-Vergrößerung der verschiedenen Proben, ausgehend vom raumfeuchten Zustand bis zur vollen Wassersättigung, ergibt sich aus Tab. 25.

Tabelle 25. *Durchmesservergrößerung verschiedener Asbestzement-Druckrohrproben von 600 mm Länge infolge Wasseraufnahme* [*V 40*]

NW (mm)	ND (atü)	Wassergehalt (Gew.-%)			Durchmesservergrößerung (mm)
		Auslieferungszustand	Sättigungszustand	Zunahme	
100	12,5	1,9	16,0	14,1	0,13
200	2,5	4,8	15,7	10,9	0,16
300	2,5	5,1	15,2	10,1	0,26
300	12,5	5,6	14,2	9,6	0,25
400	12,5	12,5	16,9	4,4	0,26

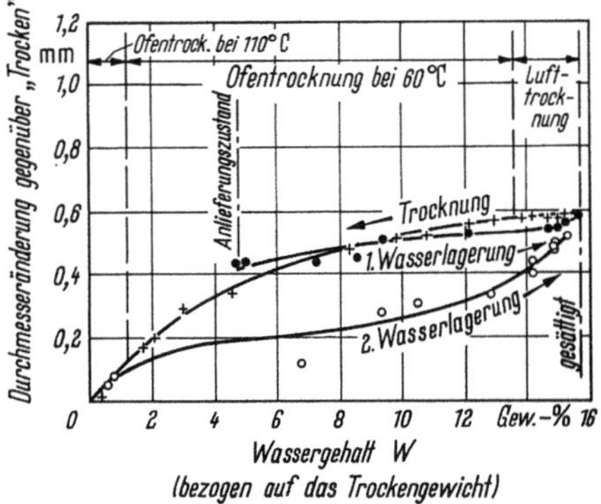

Abb. 121. Verlauf der Durchmesseränderung bei einer Asbestzement-Druckrohrprobe NW 200, ND 2,5 von 600 mm Länge [*V 40*].

Wie zu erwarten war, ist die Durchmesseränderung von der Nennweite abhängig. In der praktischen Auswirkung sind die Durchmesservergrößerungen infolge Wasseraufnahme ohne Bedeutung, da die Verbindungen der Rohre dadurch in ihren Funktionen nicht beeinträchtigt werden.

Der Verlauf der Durchmesseränderung bei Wasserlagerung, anschließender Trocknung und erneuter Wasserlagerung ergibt sich am Beispiel der Rohrprobe NW 200, ND 2,5 aus Abb. 121. Auch hier ergibt sich wieder eine Hysteresisschleife.

4.434 Dichtheit gegenüber Erdölen

Der Ermittlung der Dichtheit von Asbestzement-Druckrohren gegenüber Erdöl diente ein Versuch, bei dem zwei mit unbehandeltem Erdöl gefüllte, je 2,0 m lange Rohre NW 200, ND 10 mit $s =$ 20,8 mm bzw. 21,7 mm unter einem ständigen Innendruck von 10 atü, entsprechend dem

Nenndruck, gehalten wurden. Die Rohre waren sowohl innen als auch außen ungeschützt. Es zeigten sich zunächst an den abgedrehten Rohrenden ölige Flecke an der Außenseite, die sich all-mählich über das ganze Rohr ausbreiteten und die Rohre schließlich mit einem gleichmäßigen, dünnen glänzenden Ölfilm überzogen. Während beim dünnwandigeren Rohr die erste Durchölung nach etwa 26 Tagen sichtbar wurde, ließ sich die gleiche Erscheinung beim dickwandigeren Rohr erst einige Tage später beobachten. Die direkte Abhängigkeit der Durchdringung durch das Erdöl von der Wanddicke läßt sich hieraus ableiten. Der Versuch wurde nach 84 bzw. 177 Tagen abgebrochen. Die Bruchflächen der zerschlagenen Versuchsrohre zeigten, daß das Öl den ganzen Wandquerschnitt durchdrungen hatte [V40].

Erdöl verhält sich grundsätzlich anders als Wasser, wie das bereits bei der Behandlung der Wasseraufnahme (S. 109) erwähnt wurde. Während nämlich bei Vorhandensein von Wasser die Zementgele zu quellen vermögen und somit die Selbstdichtung herbeiführen, ist dies bei Erdöl nicht der Fall. Hier bleibt das Bindemittel im Asbestzement inaktiv, ein allmählicher Porenverschluß findet nicht statt, so daß die Durchdringung entsprechend der Zähigkeit des Öles und des daraus sich ergebenden Kapillarwiderstandes — gleiche Kapillaren und Druckverhältnisse vorausgesetzt — mit gleichbleibender Geschwindigkeit vor sich geht, was sich in der direkten Abhängigkeit der Durchölung von der Wanddicke ausdrückt. Asbestzement-Druckrohre können daher nur mit einem Innenanstrich, der gegen Erdöl widerstandsfähig sein muß, für Erdölleitungen eingesetzt werden.

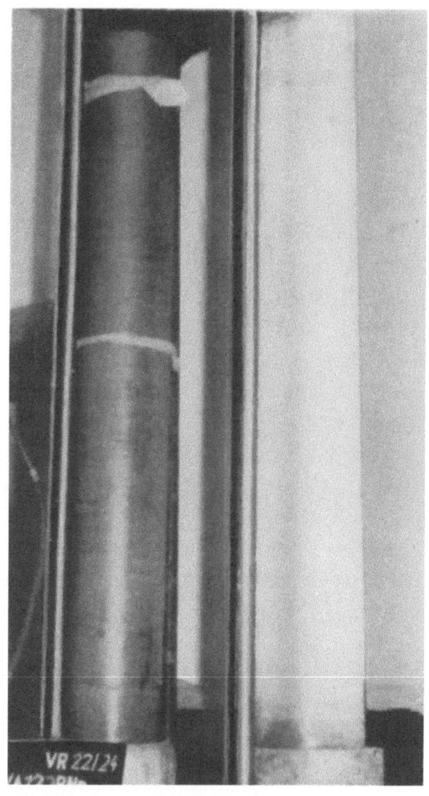

Abb. 122. Versuchsanordnung mit Erdölfüllung. Das linke Rohr ist bereits völlig durchölt, während sich beim rechten Rohr der Beginn der Durchölung, besonders an den abgedrehten Enden, abzeichnet [V40].

4.435 Dichtheit gegenüber Gasen

Um der zunehmenden Bedeutung der Asbestzement-Druckrohre auch für die Verwendung als Gasleitungen gerecht zu werden, wurden Asbestzement-Druckrohre im Institut für Gastechnik, Feuerungstechnik und Wasserchemie der Technischen Hochschule Karlsruhe — vormals Gasinstitut — [V25] eingehend auf ihre Eignung als Gasleitung überprüft.

Über die Verwendung von Asbestzement-Druckrohren für Gasleitungen liegt nunmehr bereits eine mehr als 30jährige Erfahrung vor. FREY [77] berichtet von italienischen Messungen an einer Gasleitung NW 200 mit GIBAULT-Kupplungen in Pisa, die im Jahre 1925 vorgenommen wurden. Hierbei stellte man Gasverluste fest, die in den Größenordnungen von 3 Liter je 100 Meter Leitungslänge und Stunde bei einem Gasdruck von 100 mm WS und 11 Liter je 100 Meter und Stunde bei einem Gasdruck von 500 mm WS lagen und in denen die Kupplungsverluste mit enthalten sind.

In Belgien wurde bereits 1923 eine erste Versuchsleitung NW 75 verlegt. Diese bis 1958 mit benzolhaltigem Gas betriebene Leitung zeigte in der gesamten 35jährigen Betriebszeit keinerlei Mängel oder Undichtigkeiten [V25]. MEYFROOT [164] berichtet, daß von der Antwerpener Gaswerk AG bisher insgesamt 450 km Asbestzement-Druckrohre für Gasleitungen verlegt worden sind. Dies entspricht etwa 22% des insgesamt vorhandenen Gasleitungsnetzes. Die bisher gemachten Erfahrungen sind sehr günstig. Der im Laboratorium an „korktrockenen" Rohren deutlich beobachtete Verlust an H_2 konnte an nassen Rohren nicht nachgewiesen werden.

Von den Laboratorien für Elektrizität und Mechanik des Provinzialausschusses Barcelona lieg
ein Prüfbericht aus dem Jahre 1930 vor. Daraus geht hervor, daß die an einem Asbestzement
Druckrohr NW 50 bei einem Druck von 46 mm WS ermittelte Durchlässigkeit an Stadtgas umge
rechnet 0,05 Liter je 100 Meter Leitung und Stunde betrug [*V25*].

In der Sowjetunion wurden vor etwa 20 Jahren die ersten Gasleitungen aus Asbestzement
Druckrohren vornehmlich für Erdgase verlegt. Hierbei standen vor allem Korrosions
betrachtungen im Vordergrund, da die in Verbindung mit der Erdölförderung auftretende
hochkorrosiven, schwefelwasserstoffhaltigen Erdgase metallische Leitungen in kurzer Zeit zer
störten. Neuerdings wird von einer 6 km langen Ferngasleitung NW 500 berichtet, auf deren Wirt
schaftlichkeit infolge Fortfall der Isolierungs- und Reinigungsarbeiten man besonders hinweist
Es wird betont, daß der Gasverlust selbst unter einem Druck bis zu 6 atü nicht wesentlich ist und
daß die Dichtheit unter Einwirkung fetter Gase zunimmt. Daher werden die Rohre mit paraffin
haltigen Erdölresten getränkt [*150*].

Während in Österreich erst nach dem letzten Kriege Asbestzement-Druckrohre für Gasleitun
gen zur Anwendung gelangten, in Salzburg und in Wiener Neustadt sind 1952/53 Gasleitunger
bis zu 3,2 km Länge aus Asbestzement-Druckrohren gelegt worden [*V25*], wurden in Deutschlanc
bereits vor etwa 25 Jahren die ersten Gasleitungen aus Asbestzement gelegt. An verschiedener
Orten aufgegrabene und vom Institut für Gastechnik an der Technischen Hochschule Karlsruhe
untersuchte jahrelang betriebene Gasleitungen haben keinerlei wahrnehmbare Mängel ode
Schäden gezeigt. So wurde eine der ältesten in Deutschland betriebenen Gasleitungen von runc
2,5 km Länge bei Aurich/Ostfriesland nach 23 Betriebsjahren überprüft. Die Leitung blieb
während der ganzen Betriebszeit ohne Störungen und zeigte bei der Untersuchung keine Be
anstandung. Die gleichen Ergebnisse brachten Prüfungen ausgebauter Leitungsstücke aus den
Netz der Stadtwerke Heide/Holstein [*V25*]. Im Ortsnetz von Obertshausen bei Offenbach/Main
sind seit 1941 etwa 500 m Asbestzement-Druckrohrleitungen mit einem Gasdruck von 150 mm WS
in Betrieb. Gelegentliche Überprüfungen mit Spürgeräten der Firma Sewerin ergaben keiner
Nachweis etwaiger Undichtheit dieser Leitungsstrecke [*V25*].

Mitte Juli 1959 wurden im Beisein von Vertretern des Gas- und Wasserinstituts an der TH
Karlsruhe zwei Rohrproben aus dem Ortsnetz von Obertshausen entnommen. Während das eine
Rohr im Sandboden verlegt war, stand beim zweiten Rohr ein feuchter, sauer reagierender Lehm
an, dessen pH-Wert mit 6 ermittelt wurde. Gasverunreinigungen, wie Ammoniak und Schwefelwasserstoff waren im Boden nicht nachweisbar. Die untersuchten Rohre wiesen außen und innen
einen Schutzanstrich auf, der in beiden Fällen nach 18jähriger Betriebszeit gut erhalten war. Rauhe
Stellen, Verkrustungen oder gar Korrosionserscheinungen konnten nicht festgestellt werden [*V25*].

Um eine Aussage über die Dichtheit gegenüber Gasen zu erhalten, wurden im Gasinstitut
besondere Untersuchungen an insgesamt 34 Asbestzement-Druckrohren NW 100 bzw. NW 80
der Firma ETERNIT und einigen Kupplungen, vorzugsweise REKA-Kupplungen, durchgeführt. Die
Prüfrohre hatten eine Länge von 1,0 m und waren zum Teil ungeschützt, zum Teil innen und zum
Teil beiderseitig mit einem Inertolanstrich auf Teerpechbasis versehen. Um den Gasverlust
volumetrisch erfassen zu können, wurde das Prüfrohr zusätzlich mit einem an den Rohrenden
abgedichteten Blechmantel umgeben, der an eine Bürette unmittelbar angeschlossen war. Die
Prüfungen erstreckten sich auf sechs verschiedene Druckstufen von 10 000, 5 000, 2 000, 1 000,
500 und 200 mm WS. Da Stadtgas unter entsprechendem Druck nicht zur Verfügung stand, wurde
Methan verwendet. Nachdem das Prüfrohr mit Methan unter Druck gesetzt worden war, wurde
es mehrere Stunden lang — in der Regel über den ganzen Tagesverlauf hinsichtlich der Druck-
und Temperaturänderungen beobachtet. An Hand der so gewonnenen Meßwerte konnten dann
die Gasverluste unter Berücksichtigung des bekannten Rohrinhalts berechnet werden. Zu jedem
Meßergebnis wurden die Fehlermöglichkeiten abgeschätzt und der daraus errechnete Wahr-
scheinlichkeitsbereich nach oben und unten angegeben. Um gleichbleibende Temperaturverhältnisse zu schaffen, wurde das mit dem Blechmantel umgebene Prüfrohr in ein Wasserbad
gelagert und die Wassertemperatur gemessen. Es zeigte sich hierbei, daß dieses Meßverfahren
nicht ganz so verläßliche Werte wie die Druck- und Temperaturmessung ergab; es bot aber eine
wertvolle Ergänzung zu den anderen Versuchen und führte praktisch auch zu gleichen Ergeb-

Tabelle 26. *Durchlässigkeit von Asbestzement-Druckrohren für Methan in Liter je Stunde und 100 m Leitungslänge* [*V25*]

1. Messungen über Druck- und Temperaturänderungen, Mittelwerte der Ergebnisse von n Prüflingen

Ordnungs-Nr.	1	2	3	4	5	6	7	8	9	10	11	12
Nenndruck	ND 10	ND 12,5	ND 12,5	Heide[2]	ND 12,5	ND 10	ND 12,5	Heide[2]	—	ND 12,5	Maximaler Fehler einer Messung nach I	Mittelwert des Fehlers aller Messungen nach I
Schutzanstrich	ohne	ohne	außen	außen	ohne	ohne	außen	außen	{ außen { doppelt	{ außen { u. innen		
Zustand	trocken	trocken	trocken	trocken	feucht	feucht	feucht	feucht	feucht	trocken		
Anzahl n der Prüflinge	2	2	20	1	2	2	2	1	1	2		
Prüfdruck [1] mm WS												
10 000	12,0	11,2	7,0	4,4	2,4	1,55	0,80	0,77	0,71	0,57	± 3,1	± 1,0
5 000	5,3	4,6	2,7	2,3	2,6	0,33	0,33	0,31	0,42	0,23	± 2,5	± 0,73
2 000	1,3	1,6	0,72	1,5	0,38	0,27	1,04	<0,48	0,23	0,11	± 1,3	± 0,31
1 000	0,69	1,3	0,59	0,48	0,11	0,26	0,55	0,05	0,12	0,12	± 0,7	± 0,20
500	0,52	0,88	0,34	0,20	0,07	0,15	0,29	—	0,25	0,32	± 1,75	± 0,20
200	0,31	0,28	0,28	0,23	0,20	—	0,27	0,25	0,06	0,09	± 1,2	± 0,20

II. Volumenmessungen, Mittelwerte der Ergebnisse von n Prüflingen

Ordnungs-Nr.	1	2	4	3	5	6	7
Prüfdruck mm WS							
10 000	7,8	4,6	4,2	4,5	1,6	0,57	0,26
5 000	5,9	4,8	3,0	2,5	0	0	0,16
2 000	1.4	2,3	1,3	1,5	0,48	< 0,48	0,27
1 000	1,3	1,5	0,79	0,48	0,82	< 0,24	0
500	0,69	0,56	0,39	0,14			0
200	0,12	0,42	0,30	0,33			0,26

[1] Angegeben ist jeweils der Mittelwert von in der Regel 2 Messungen je Prüfling.
[2] Gebrauchtes Rohr aus Heide/Holstein nach etwa 6jähriger Betriebszeit.

Tabelle 27. *Durchlässigkeit von* REKA-*Kupplungen für Methan in Liter je Stunde für 100 m Leitungslänge (25 Kupplungen bei 4 m Rohrlänge) Messungen über Druck- und Temperaturänderungen* [V25]

Lfd. Nr.	I	II	III	IV	V	Mittelwert I/II	Mittelwert III/IV
Art der Kupplung	REKA-Muffe, neust. Ausf. m. ger. Kammer ⌀ Exempl. Nr. 1 Anschlüsse: maßgebd. EF-Stücke (Guß) mit verstärkten Enden	Desgleichen Exempl. Nr. 2 Anschlüsse: desgleichen	Vorversuch Exempl. Nr. 1 Anschlüsse: EF-Stücke (Guß) nach Wahl des Prüfungs-Instituts	Vorversuch Exempl. Nr. 2 Anschlüsse: desgleichen	Vorversuch Exempl. Nr. 3 Anschlüsse: Stutzen aus Eternitrohr nach Wahl des Prüfungs-Instituts		
Schutzanstrich	ohne	ohne	ohne	ohne	ohne		
Zustand	Wasserlagerung	Wasserlagerung	Wasserlagerung	Wasserlagerung	Wasserlagerung		
Prüfdruck mm WS							
10 000	$0,093 \begin{array}{l} +0,115 \\ -0,093 \end{array}$	$0,093 \begin{array}{l} +0,115 \\ -0,093 \end{array}$	0,105	$0,09 \pm 0,07$	0,120	0,093	0,098
5 000	$0,013 \begin{array}{l} +0,113 \\ -0,013 \end{array}$	$0,013 \begin{array}{l} +0,113 \\ -0,013 \end{array}$	$0,038 \pm 0,035$	$\begin{array}{l} 0,168 \pm 0,063 \\ 0,028 \begin{array}{l} +0,038 \\ -0,028 \end{array} \end{array}$	0,043	(0,013)	0,078
2 000	$0,026 \pm 0,017$	$0,038 \pm 0,015$	$0,005 \pm 0,0035$	$0,06 \pm 0,03$	0,033	0,032	0,033
1 000	$0,020 \begin{array}{l} +0,025 \\ -0,020 \end{array}$	$0,038 \begin{array}{l} +0,068 \\ -0,038 \end{array}$	$0,020 \pm 0,015$	$0,035 \pm 0,015$	0,025	0,029	0,028
500	$0,013 \begin{array}{l} +0,038 \\ -0,013 \end{array}$	$0,013 \begin{array}{l} +0,038 \\ -0,013 \end{array}$	$0,038 \pm 0,015$	$0,050 \pm 0,015$	0,021	0,013	(0,044)
200	$0,038 \begin{array}{l} 0,063 \\ \pm 0,038 \end{array}$	$0,038 \begin{array}{l} +0,063 \\ -0,038 \end{array}$	$0,008 \begin{array}{l} 0,015 \\ \pm 0,008 \end{array}$	$0,006 \begin{array}{l} 0,015 \\ \pm 0,006 \end{array}$	0,005	(0,038)	0,007

nissen. Die als feucht bezeichneten Rohre wurden vor Versuchsbeginn 6 Tage gewässert, außerdem füllte man zur Verhinderung des Austrocknens während des Versuchs etwas Wasser in den Blechmantel ein, so daß die Luft in der Umgebung des Prüfrohres als feuchtigkeitsgesättigt angenommen werden konnte [V25]. Abb. 123 zeigt die Versuchsanordnung mit Wasserbad.

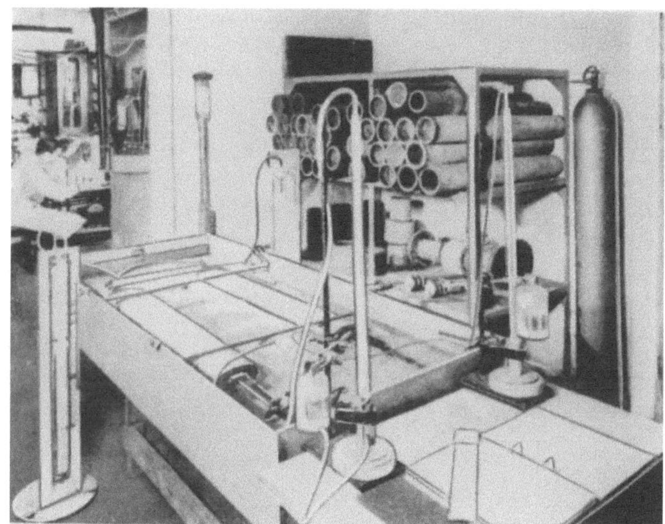

Abb. 123. Versuchsanordnung zur Bestimmung der Gasdurchlässigkeit von Asbestzement-Druckrohren (Aufnahme: Gas- und Wasserinstitut TH Karlsruhe).

Die Versuche mit REKA-Kupplungen fanden in gleicher Weise statt, nur entfiel hierbei der Blechmantel, da auf eine volumetrische Erfassung des eventuellen Gasverlustes verzichtet wurde. Die ungeschützten Kupplungsmuffen waren beiderseits auf gußeiserne Anschlußrohrstücke (EP-Stücke)[1] aufgeschoben und so im Wasserbad gelagert, daß sie gerade noch vom Wasser bedeckt wurden [V25].

Die Meßergebnisse sind für die Rohre in Tab. 26 und für die REKA-Kupplungen in Tab. 27 niedergelegt. Die Gasdurchlässigkeit ist hierbei für Methan in Liter je Stunde bezogen auf 100 m Leitungslänge angegeben. Den Werten für die Kupplungen liegt die Annahme zugrunde, daß je 100 m Leitungslänge 25 Kupplungen vorhanden sind. Es sind also die an einer Kupplung ermittelten Meßwerte jeweils 25fach angegeben. Dadurch ist es möglich, die Werte der einen Tabelle zu denen der anderen unmittelbar zu addieren.

Aus den Meßwerten geht hervor, daß die Durchlässigkeit sowohl von der Wanddicke, als auch von dem Vorhandensein eines einfachen oder mehrfachen Schutzanstriches abhängig ist. Feuchte Rohre erweisen sich als wesentlich weniger durchlässig als trockene Rohre. In Tab. 26 sind die geprüften Rohre nach zunehmender Undurchlässigkeit geordnet. Die günstigsten Werte weist das dickwandigere, außen und innen geschützte Rohr der Nenndruckstufe 12,5 trotz seines trockenen Zustandes auf (Tab. 26, Sp. 10). Hier betragen die Gasverluste rund 0,1 Liter/h bei einem Gasdruck von 200 mm WS und rund 0,6 Liter/h bei einem Druck von 10 000 mm WS je 100 m Leitungslänge. Im mittleren Druckbereich kann als mittlerer Verlust der Wert 0,24 l/h je 100 m Leitungslänge angesehen werden.

Für die Durchlässigkeit der REKA-Kupplungen kommt im mittleren Bereich noch der Wert 0,03 l/h je 100 m Leitungslänge hinzu, so daß sich der Gesamtverlust einer 100 m langen Asbestzement-Druckrohrleitung bei Anwendung von Rohranstrich oder bei entsprechend durchfeuchteter Wand zu 0,27 l/h ergibt. Insgesamt schwanken die Gasverluste gemäß Tabelle 26 zwischen 12,0 und 0,06 l/h je 100 m Leitungslänge. Dies entspricht etwa den eingangs erwähnten älteren Meßergebnissen aus Pisa und Barcelona, sieht man von den dort allerdings wesentlich geringeren Gasdrücken ab [V25].

---

[1] s. Abschn. 6.3 „Formstücke".

Um die erhaltenen Meßergebnisse beurteilen zu können, zog das Gasinstitut die 59. Gasstatistik (1957) des DVGW heran und ermittelte eine rechnerische Rohrnetzbelastung von 1050 l/h je 100 m Leitungslänge. Da erfahrungsgemäß der Rohrnetzverlust 3% und mehr beträgt, ergibt sich ein zugehöriger Verlustbetrag von 31,5 l/h je 100 m Leitungslänge. Hierin sind jedoch die Fehlanzeigen der Meßgeräte enthalten, die den weitaus größten Teil ausmachen. Bei vorsichtiger Beurteilung muß man annehmen, daß für reine Rohrverluste Werte um 1,0 l/h als zulässig erachtet werden können, sie sind also hier über 30fach geringer als das statistische Mittel des DVGW. Selbst dieser Wert liegt gegenüber dem mittleren bei den Versuchen gemessenen Gasverbrauch von 0,27 l/h 100 m noch vierfach höher. Hieraus ergibt sich eine besondere Sicherheit für die Praxis. Andererseits ergibt sich die zulässige Undichtigkeit nach DIN 2470 aus

$$\Delta p = \frac{300}{d} \cdot h \qquad\qquad (4/44)$$

$$
\begin{aligned}
\Delta p &= \text{zulässiger Druckabfall} & \text{(mm HgS))}\\
d &= \text{Nennweite} & \text{(mm)}\\
h &= \text{Versuchsdauer} & \text{(Std.)}
\end{aligned}
$$

Diese Beziehung gilt für Nennweiten bis 200 mm und für Leitungslängen bis 11 km. Für die vorliegenden Asbestzement-Druckrohre NW 100 ergibt sich mit Gl. 4/44 der Betrag

$$\Delta p = \frac{300}{100} = 3 \text{ mm HgS für 1 Stunde}$$

Da die Dichtheitsprüfung nach DIN 2470, Ziff. 4.3 mit mindestens 4 kp/cm² vorzunehmen ist, errechnet sich die Verlustmenge, die einem Druckabfall von 3 mm HgS entsprechen würde zu $V \cdot 3/2280 = 0,785 \cdot 3/2280 = 1,03$ l/h je 100 m Leitungslänge. Dieser Betrag ist nach DIN 2470 als Undichtigkeit zulässig. Für die Dichtigkeitsprüfungen bei Leitungen mit Betriebsdrücken unter 1 atü ist dagegen DIN 19 630[1] zugrunde zu legen, aus der jedoch ein Grenzbetrag für die Undichtigkeit nicht hervorgeht. Das Gasinstitut kommt schließlich zusammenfassend zu folgender Feststellung:

Mit der Festsetzung, daß eine Gasdurchlässigkeit von 1,0 l/h je 100 m Leitungslänge einschließlich der Kupplungen als zulässig betrachtet wird, ergeben sich auf Grund der Meßergebnisse folgende Anwendungsbereiche [V25]:

1. trockene Rohre ohne Schutzanstrich sind nur im Niederdruckbereich bis höchstens 500 mm WS anwendbar,

2. trockene Rohre mit einem Außenanstrich können bis 1000 mm WS verwendet werden.

3. Alle feuchten Rohre ohne oder mit doppeltem Außenanstrich, sowie alle trockenen Rohre, die sowohl außen als auch innen geschützt sind, überschreiten erst oberhalb des Betriebsdruckes von 2000 mm WS die Undichtigkeit von 1,0 l/h je 100 m Leitungslänge.

4. Gebrauchte Asbestzementrohre erwiesen sich sowohl im feuchten, als auch im trockenen Zustand als weniger gasdurchlässig,.

Weiterhin führte das Gasinstitut in seinem Bericht aus, daß Innenanstriche auf Teerpech- oder Bitumenbasis sich für benzolhaltige Gase und solche, die aromatische Kohlenwasserstoffe enthalten, nicht eignen. Dagegen kommen Kunstharzanstriche in Betracht.

Der Unterschied der für Methan gemessenen Durchlässigkeit und der Durchlässigkeit für Stadtgas beträgt etwa 20%. Stadtgas besitzt eine höhere Zähigkeit, die Durchlässigkeit für Stadtgas ist daher geringer.

Abschließend kann gesagt werden, daß die Untersuchungen im Laboratorium und auch die praktischen Erfahrungen bewiesen haben, daß Asbestzement-Druckrohre auch für Gasleitungen, insbesondere Niederdruckleitungen, ohne Bedenken angewendet werden können und einen einwandfreien, störfreien Betrieb gewährleisten. Bei besonderer Berücksichtigung der Betriebsbedingungen und der Bodenverhältnisse ist auch eine Anwendung im Mitteldruckbereich (500—10000 mm WS) nach den praktischen Erfahrungen und Versuchsergebnissen unbedenklich.

---

[1] s. Anhang „Normen".

4.44 Temperaturverhalten und Verformung infolge Temperaturänderung

Asbestzement zeigt sowohl gegenüber höheren als auch gegenüber sehr tiefen Temperaturen eine hohe Widerstandsfähigkeit.Schroffe Temperaturwechsel, wie z. B. langsames Erhitzen und Abschrecken in kaltem Wasser, haben keine äußerlich wahrnehmbare Veränderung, wie Risse und Sprünge gezeigt. Asbestzementerzeugnisse sind außerdem nicht brennbar.

Im Auftrage des Verfassers wurde in der *Physikalisch-Technischen Bundesanstalt* — Institut Berlin [*V35*] — eine Versuchsreihe durchgeführt, in der von vier verschiedenen Asbestzement-Druckrohren abgeschnittene Ringe von je 40 cm Länge mit den Abmessungen NW 100, $s = 10$ mm; NW 200, $s = 22$ mm; NW 300, $s = 14$ mm und NW 400, $s = 30$ mm wechselnder Temperaturbeanspruchung unterworfen wurden.

Hierbei gelangten die Proben nach Lagerung in einem Wasserbad von $+ 20\,^{\circ}\mathrm{C}$ in den Kühlschrank, wo sie jeweils 8 Stunden bei einer Temperatur von $- 20\,^{\circ}\mathrm{C}$ verblieben. Im Anschluß daran erfolgte Wiederauftauen im Wasserbad bei $+ 20\,^{\circ}\mathrm{C}$ über 16 Stunden. Diese Prozedur wurde insgesamt 30 mal wiederholt, wobei man die Gefriertemperatur variierte und bis maximal $- 50\,^{\circ}\mathrm{C}$ steigerte. Die augenscheinliche Untersuchung der Proben nach Abschluß der Versuchsreihe ergab keine Veränderung des Asbestzementmaterials. Die wiederholten Temperaturunterschiede von maximal $70\,^{\circ}\mathrm{C}$ und die zusätzliche Beanspruchung durch Gefrieren blieben ohne Einfluß auf das Material. Daß auch das Gefüge in sich nicht geschädigt wurde, beweisen die Festigkeitsuntersuchungen an gefrorenen Proben, die in Abschnitt 4.509 näher beschrieben werden. Zur Zeit werden Versuche durchgeführt, die sich mit der Verwendung von Asbestzement-Druckrohren als Säulenverkleidungen befassen. Innerhalb der für dieses Anwendungsgebiet notwendigen Brandprüfungen nach DIN 4102 sind bereits gute Zwischenresultate erzielt worden. Eine endgültige Zulassung als Brandschutz gemäß der angeführten DIN ist zu erwarten.

Eine Aussage über die *Verformung der Asbestzement-Druckrohre infolge Temperatur* machten

Abb. 124. Blick auf die Meßapparatur mit eingebauter Asbestzement-Druckrohrprobe NW 400 im Klimaschrank [*V36*].

Versuche, bei denen die radiale und axiale Wärmeausdehnung bei verschiedenen Temperaturen gemessen wurden. Die vom Verfasser mit diesen Arbeiten beauftragte *Physikalisch-Technische Bundesanstalt* — Institut Berlin — [*V36*] untersuchte zur Ermittlung der radialen Verformungen im Temperaturbereich von $- 21\,^{\circ}\mathrm{C}$ bis $+ 60\,^{\circ}\mathrm{C}$ drei Rohrringe mit den Abmessungen

Rohrring 1: NW 400, Außendurchmesser 488 mm

Rohrring 2: NW 200, Außendurchmesser 252 mm

Rohrring 3: NW 100, Außendurchmesser 126 mm

Die Temperatur wurde während des Versuchs in Intervallen von $10\,°$C jeweils 24 Stunden konstant gehalten und hierbei die Verformung gemessen. Die gefundenen Durchmesseränderungen betrugen im Temperaturbereich von $-21\,°$C bis $+60\,°$C maximal

$$\text{NW 400}: d_i = +0,47 \text{ mm} \pm 0,05$$
$$\text{NW 200}: d_i = +0,22 \text{ mm} \pm 0,05$$
$$\text{NW 100}: d_i = +0,12 \text{ mm} \pm 0,05$$

Dies entspricht etwa $1^0/_{00}$ des Außendurchmessers D bei einer Temperaturdifferenz von $81\,°$C. Zur Bestimmung der axialen Längenänderung infolge Temperatur wurde aus einem Rohrstück der NW 300 ein Probestäbchen mit den Abmessungen $75 \times 12 \times 12$ mm herausgeschnitten und zunächst an der Luft getrocknet, um den Einfluß der Schrumpfung infolge Austrocknung auszuschalten. Nach einer 186stündigen Lagerung an der Luft bei $+60\,°$C hörte die Schrumpfung auf, die insgesamt $0,6^0/_{00}$ betrug. Im Anschluß an die Lufttrocknung erfolgte die Messung der Längenänderung, deren Ergebnisse in Tab. 28 niedergelegt sind [V36].

Tabelle 28. Längenänderung infolge Temperatur

$t\,°$ C	0	$+20$	$+30$	$+40$	$+50$	$+60$
$\Delta l/l\ (^0/_{00})$	0	$+0,25$	$+0,37$	$+0,49$	$+0,62$	$+0,75$
Δl (mm)	0	0,01875	0,02775	0,03675	0,04650	0,05655

Aus diesen Versuchsergebnissen errechnen sich im Bereich der üblichen, in der Praxis vorkommenden Temperaturgrenzen für Asbestzement-Druckrohre die Wärmeausdehnungszahlen

$$\text{in radialer Richtung}: \alpha_r = 1,67 \cdot 10^{-2}\ (\text{mm/m} \cdot °\text{C})$$
$$\text{in axialer Richtung}: \alpha_l = 1,25 \cdot 10^{-2}\ (\text{mm/m} \cdot °\text{C})$$

Für die Umfangsdehnung infolge Temperatur gilt:

$$\alpha_u = \alpha_r \cdot \pi \tag{4/45}$$

Im Vergleich hierzu liegen die Wärmeausdehnungszahlen von Asbest zwischen $0,22 \cdot 10^{-5}$ und $1,59 \cdot 10^{-5}$ und von Beton bei $1,0 \cdot 10^{-2}$ (mm/m $\cdot$ $°$C).

An dieser Stelle sei auch noch auf einen interessanten Versuch hingewiesen, der 1935 auf Antrag der damaligen Deutschen Asbestzement AG im Staatlichen Materialprüfungsamt Berlin-Dahlem stattfand. Probestäbchen mit den Abmessungen $5 \times 2 \times 1$ cm wurden in einer Quarzapparatur eingespannt und von $+20\,°$ bis auf $+500\,°$C, bzw. $+650\,°$C erhitzt. Die während der Erhitzung laufend gemessenen Längenveränderungen der Probestäbchen ergab bis etwa $+140\,°$C eine stetige Zunahme der Länge, und zwar bis auf Höchstwerte von etwa $0,6^0/_{00}$. Von da ab verkürzten sich die Probestäbchen mit weiter steigender Temperatur. Bei $+210\,°$C wurde die Ausgangslänge der Stäbchen gemessen. Die bleibende Gesamtverkürzung nach Erwärmen auf $+500\,°$C betrug $2,0^0/_{00}$, während sie nach einer Fußnote im Versuchsbericht bei der Steigerung der Temperatur auf $+650\,°$C sogar $13,5^0/_{00}$ betrug [V49]. Die Verkürzung der Probestäbchen bei höheren Temperaturen ist auf die Austrocknung des Materials zurückzuführen, die zum Austreiben des restlichen Porenwassers führte.

4.45 Wärmeleitfähigkeit

Die Wärmeleitfähigkeit des Asbestzementes im lufttrockenen Zustand ist gering. Messungen der Wärmeleitfähigkeit in der PTB[1] [V34] haben im Gebiet zwischen $+10\,°$ und $+30\,°$C eine Wärmeleitzahl

$$\lambda = 0,583 \left(\frac{\text{kcal}}{m \cdot h \cdot °\text{C}} \right) \pm 3\%$$

---

[1] Physikalisch-Technische Bundesanstalt, Institut Berlin.

ergeben. Dies entspricht nach SAUTTER [*197*] einem Mauerwerk aus Ziegelsplittbeton-Hohlsteinen. Zum Vergleich sei die normale Vollziegelwand aufgeführt, bei der ein λ-Wert von $0{,}75\left(\dfrac{\mathrm{kcal}}{m \cdot h \cdot {}^{\circ}\mathrm{C}}\right)$ anzusetzen ist [*197*].

Nach Untersuchungen der *Bundesanstalt für Materialprüfung* [*V8*] ergab sich bei einer mittleren Temperatur von 65°C und einem volumetrischen Feuchtigkeitsgehalt von 0,7% als mittlere Wärmeleitzahl

$$\lambda = 0{,}367 \left(\frac{\mathrm{kcal}}{m \cdot h \cdot {}^{\circ}\mathrm{C}}\right).$$

In der gleichen Untersuchung wurde für einen volumetrischen Feuchtigkeitsgehalt von 2,5% eine Wärmeleitzahl von

$$\lambda = 0{,}352 \left(\frac{\mathrm{kcal}}{m \cdot h \cdot {}^{\circ}\mathrm{C}}\right)$$

errechnet.

Allgemein gibt die Wärmeleitzahl die Wärmemenge an, die in einer Stunde durch 1 m² Fläche einer 1 m dicken Schicht eines Materials hindurchgeleitet wird, wenn der Wärmestandunterschied zwischen den beiden Oberflächen 1°C beträgt. Es handelt sich also um ein spezifisches Maß. Der tatsächliche Durchlaßwiderstand $1/\lambda$, auch Dämmzahl D genannt, beträgt bei einem Asbestzementrohr mit der Wanddicke $s = 10$ mm

$$D = \frac{0{,}01}{0{,}583} = 0{,}0171 \left(\frac{m^2 \cdot h \cdot {}^{\circ}\mathrm{C}}{\mathrm{kcal}}\right).$$

Wie sich diese Wärmeleitfähigkeit auswirkt, sei an einem einfachen Beispiel gezeigt:

Eine innen geschützte Asbestzement-Druckrohrleitung NW 100 mit der Wanddicke $s = 10$ mm von 100 m Länge ist als Endstrang mit stehendem Wasser gefüllt und liegt im Freien. Die Wassertemperatur beträgt $+ 12°$C, im Freien herrscht eine Temperatur von $+ 30°$C. Der Inhalt der mit Wasser gefüllten Leitung beläuft sich auf 785 Liter. Mit der Temperaturdifferenz von $\Delta t = 18°$C und der auf den mittleren Durchmesser $(d + s)$ bezogenen Wandfläche von 34,6 m² ergibt sich eine Wärmemenge von

$$Q_t = k \cdot F \cdot \Delta t = \frac{34{,}6 \cdot 18}{0{,}0671} = 9280 \left(\frac{\mathrm{kcal}}{h}\right)$$

die durch die Rohrleitung dringt. Die Wärmedurchgangszahl k setzt sich hierbei zusammen aus Wärmedurchlaß und Wärmeübergang Luft—Oberfläche Rohr. (Der Wärmeübergang Wasser—Oberfläche Rohr sei vernachlässigt, ebenso das Speichervermögen des Rohres.) Es ist

$$k = \frac{1}{\dfrac{s}{\lambda} + \dfrac{1}{\alpha_a}} = \frac{1}{0{,}0171 + 0{,}05} = \frac{1}{0{,}0671}$$

$\alpha_a =$ Wärmeübergangszahl Luft—Oberfläche Rohr $= 20 \left(\dfrac{\mathrm{kcal}}{m^2 \cdot h \cdot {}^{\circ}\mathrm{C}}\right).$

Da für die Erwärmung von 785 Liter Wasser um 1°C 785 kcal erforderlich sind, benötigt das Wasser etwa 4,5 Minuten, bis es sich um 1°C erwärmt hat. Die gleichen Ergebnisse ergeben sich in etwa auch bei umgekehrten Temperaturverhältnissen. Danach würde ein Wasser von $+ 30°$C nach etwa 4,5 Minuten um 1°C abgekühlt sein, wenn außen eine Temperatur von $+ 12°$C herrscht.

4.46 Elektrische Leitfähigkeit und Widerstand

Asbestzement-Druckrohre sind schlechte elektrische Leiter. Ihr elektrischer Widerstand ist so hoch, daß in einer Metalleitung eingebaute Asbestzement-Druckrohre als Isolierstellen betrachtet werden müssen. Da in immer größerem Umfange nichtleitende Rohre, Werkstoffe und Dichtungen in Zuleitungen und Versorgungsnetzen zur Anwendung kommen, ist es — im Hinblick darauf, daß diese Entwicklung nicht mehr aufzuhalten ist — aus Gründen der Korrosion zweckmäßig und aus Sicherheitsgründen notwendig, von der Benutzung des Wasserleitungsnetzes für die Schutzerdung grundsätzlich abzusehen. Entsprechende Bestrebungen sind daher Gegenstand von Verhandlungen der einschlägigen Fachkreise [61, 62][1].

Die mit der Materialzusammensetzung im Zusammenhang stehende geringe elektrische Leitfähigkeit der Asbestzement-Druckrohre wirkt sich auf den Zustand der Leitung insofern günstig aus, als eine elektrolytische Korrosion (z.B. durch vagabundierende Ströme) ausgeschlossen ist[2]. Um Werte über ihren elektrischen Widerstand längs der Rohrachse zu erlangen, führte die PTB[3] Versuche durch, bei denen 30 cm lange nicht gefüllte Asbestzement-Druckrohrproben an den Stirnseiten mit Leitsilber bestrichen, zwischen zwei Metallplatten eingespannt und einer Wechselspannung von 30 V mit der Frequenz 800 Hz ausgesetzt wurden. Alle Proben kamen dabei einmal im luftfeuchten Zustand und einmal nach 24stündiger Wasserlagerung zur Untersuchung [*V38*].

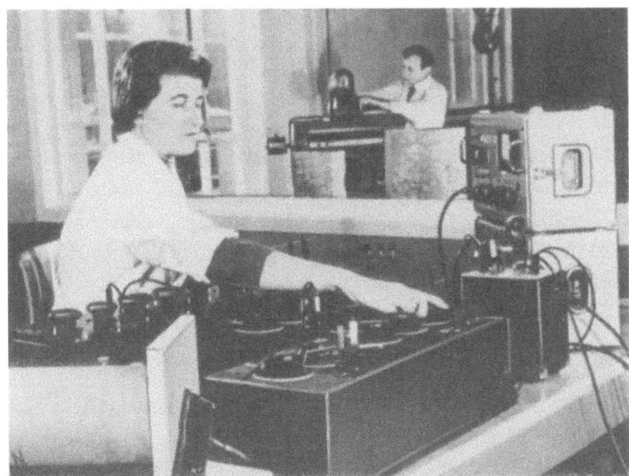

Abb. 125. Messung des elektrischen Widerstandes R_L bei Asbestzement-Druckrohren [*V38*].

Die Ergebnisse sind in Tab. 29 angeführt.

Tabelle 29.   *Elektrische Widerstände von Asbestzement-Druckrohren ohne Wasserfüllung längs zur Rohrachse*

NW (mm)	ND (atü)	s (mm)	F (cm²)	R_L trocken Ω*	R_L feucht Ω*	ϱ_L trocken (Ω · m)	ϱ_L feucht (Ω · m)
100	10	10	35	98 000	2 500	344	8,75
100	12,5	13	46	62 000	900	285	4,14
300	2,5	14	138	28 000	100	386	1,38
300	12,5	30	390	14 000	60	545	2,34

* bezogen auf 1 m Rohrlänge

Mit wachsender Querschnittfläche verringert sich naturgemäß der Widerstand, wie auch das feuchte Asbestzement-Druckrohr gegenüber dem lufttrockenen einen starken Abfall des Widerstandes zeigt. Der spezifische elektrische Widerstand beträgt im Mittel

für das lufttrockene Rohr: $\varrho_{L\ trocken} = 390\ (\Omega \cdot m)$
für das feuchte Rohr: $\varrho_{L\ feucht} = 4\ (\Omega \cdot m)$.

In der Praxis wird im allgemeinen ein wassergefülltes Asbestzement-Druckrohr vorliegen. Deshalb mußte untersucht werden, inwieweit die Wasserfüllung den Widerstand beeinflußt. Aus diesem Grunde wurden die beschriebenen Versuche mit wassergefüllten Rohren wiederholt. Zur

---

[1] S. hierzu Abschn. 8.108, S. 415.   [2] S. hierzu Abschn. 4.64, S. 299.
[3] Physikalisch-Technische Bundesanstalt, Institut Berlin.

Gegenüberstellung fanden nochmals gleiche Versuche ohne Wasserfüllung statt. Außerdem wurden zwei verschiedene Frequenzen angewendet, 50 und 800 Hz. Die Ergebnisse dieser Untersuchungen sind in Tab. 30 niedergelegt.

Tabelle 30. *Elektrische Widerstände von Asbestzement-Druckrohren mit Wasserfüllung längs zur Rohrachse*

NW (mm)	ND (atü)	s (mm)	F (m²)	R_L (Ω*)		ϱ_L (Ω · m)	
				50 Hz	800 Hz	50 Hz	800 Hz
100	10	10	35	11 000	5 400	38,5	18,9
100	12,5	13	46	5 600	3 800	25,7	17,5
300	2,5	14	138	1 800	1 600	24,8	22,1
300	12,5	30	390	400	350	15,6	13,6

* bezogen auf 1 m Rohrlänge

Die Ermittlung des spezifischen elektrischen Widerstandes ergibt hier im Mittel

$$\varrho_{L\,\text{wassergefüllt}} = 18 \ (\Omega \cdot \text{m}).$$

Da die Widerstandsmessung am wassergefüllten Rohr 1 Stunde nach der Wassereinfüllung erfolgt, kann angenommen werden, daß die Wassersättigung der Rohrwand noch nicht den Grad erreicht hat, der bei den Messungen am feuchten Proberohr nach 24stündiger Wasserlagerung vorhanden war. Daraus läßt sich der Unterschied in den spez. elektrischen Widerständen $\varrho_{L\,\text{feucht}}$ und $\varrho_{L\,\text{wassergefüllt}}$ erklären.

Der in Tabelle 30 als ungünstigste Messung ausgewiesene spez. Widerstand betrug

$$\varrho_L = \frac{R_L \cdot F}{L} = 1{,}38 \left(\frac{\Omega \cdot m^2}{m} \right).$$

Demgegenüber ist nach Wessel, ,,Physik'', Leipzig 1950, der spezifische Widerstand bei

Stahl, gehärtet: $\varrho = 0{,}45 \ \cdot 10^{-6} \left(\dfrac{\Omega \cdot m^2}{m} \right)$

Stahl, weich: $\varrho = 0{,}15 \ \cdot 10^{-6}$,,

Eisen: $\varrho = 0{,}098 \cdot 10^{-6}$,,

Kupfer: $\varrho = 0{,}017 \cdot 10^{-6}$,,

Das bedeutet, daß selbst der ungünstigste spez. Widerstand des Asbestzementrohres dreimillionenfach größer ist als z. B. der des gehärteten Stahles.

Bei einer zulässigen maximalen Berührungsspannung von 65 V und der üblichen Nennstromstärke von 10 A ergibt sich mit $K = 3{,}5$ für normale Schmelzsicherungen ein Höchstwert für den Schutzerdungswiderstand von

$$R = \frac{U}{K \cdot I} = \frac{65 \ V}{3{,}5 \cdot 10 \ A} = 1{,}86 \ (\Omega)^{1}.$$

Werden höhere Widerstände gemessen, können die betreffenden noch zu dem Betriebsstrom gehörenden Anlagen zur Schutzerdung nicht herangezogen werden. Es genügt ein Blick auf Tab. 29, um zu erkennen, daß demnach Asbestzement-Druckrohre keine Schutzerde abgeben².

Während der Längswiderstand R_L der Asbestzement-Druckrohre z. B. bei Wasserversorgungsleitungen eine Rolle spielen kann (Schutzerdung, Korrosion), ist der Durchgangswiderstand R_D bei der Verwendung als Kabelschutzrohre von großer Bedeutung. Unter Durchgangswiderstand wird hierbei der elektrische Widerstand der Rohrwand verstanden, der bei Anlegung einer Stromspannung an zwei Elektroden gemessen wird, die sich an der äußeren und an der inneren Rohr-

---

¹ Vgl. VDE 0100/11. 58. ² s. hierzu auch Abschn. 8.108.

oberfläche befinden. Den praktischen Bedingungen entsprechend wird eine der Elektroden durch Wasser dargestellt, wobei man einmal ein mit Wasser gefülltes Rohr und einmal ein Rohr im Wasserbad untersucht.

Aus einer Vielzahl von Versuchen an Asbestzement-Kabelschutzrohren NW 100, $s = 8$ mm, die in der PTB durchgeführt wurden, können folgende Grenzwerte der spezifischen Durchgangswiderstände angegeben werden:

1. lufttrocken:

$$\varrho_D = 3{,}5 \cdot 10^7 \text{ bis } 1{,}88 \cdot 10^3 \left(\frac{\Omega \cdot \text{cm}^2}{\text{cm}}\right)$$

2. naß:

$$\varrho_D = 1 \cdot 10^6 \text{ bis } 9 \cdot 10^6 \left(\frac{\Omega \cdot \text{cm}^2}{\text{cm}}\right).$$

Schließlich seien noch an ungeschützten Kabelschutzrohren NW 100 mit $s = 8$ mm vorgenommene elektrische Durchschlagsversuche gemäß VDE 0303, Teil 2, erwähnt, bei denen eine mittlere Durchschlagsspannung von rund 21 000 Volt gefunden wurde. Da Kabelschutzrohre ebenfalls wie Druckrohre hergestellt werden, darf dieser Wert ohne weiteres auf Druckrohre aus Asbestzement übertragen werden.

4.5 Mechanische Festigkeiten

Die mechanischen Festigkeiten sind naturgemäß besonders interessant. Daher ist es auch nicht verwunderlich, daß die meisten das Asbestzement-Druckrohr behandelnden Veröffentlichungen über Festigkeitsversuche und deren Ergebnisse berichten. Dies gilt insbesondere auch von der älteren diesbezüglichen Literatur. Ein Vergleich der einzelnen Angaben ist nur selten möglich, da keine einheitlichen Prüfbedingungen vorliegen. Es war daher unumgänglich, erneut ein sehr umfangreiches Versuchsprogramm aufzustellen und hierbei Asbestzement-Druckrohre noch einmal in jeder Hinsicht auf ihre mechanischen Festigkeiten hin zu überprüfen. Die nachstehenden Ergebnisse dieser Untersuchungen sollen eine ausführliche und nach Möglichkeit alle Festigkeitsfragen beantwortende Darstellung über die heutigen Asbestzement-Druckrohre vermitteln. Im Zusammenhang damit wird auf entsprechende Untersuchungen verwiesen, die im größeren Umfang an der Eidgenössischen Materialprüfungsanstalt (EMPA) in Zürich von Roš im Jahre 1942/43 durchgeführt und im Bericht Nr. 148 [*191*] niedergelegt sind, sowie auf die des *Niederländischen Studienausschusses ,,Asbestzement-Rohre``*, deren Ergebnisse in der 1948 herausgegebenen Veröffentlichung des Keuringsinstituuts voor Waterleidingartikelen (KIWA) [*120*], nachstehend kurz als ,,KIWA-Bericht`` bezeichnet, ihren Niederschlag fanden. Der Wert dieser beiden Veröffentlichungen liegt vor allem in der erstmals umfassenden Behandlung der Festigkeiten sowie der ausführlichen Darstellung der Versuchsergebnisse. Daher dürften sie für einen Vergleich mit den eigenen Untersuchungen am geeignetsten sein. Die vom Verfasser veranlaßten Festigkeitsuntersuchungen wurden im Institut für Baukonstruktionen und Festigkeit (IBF) an der Technischen Universität Berlin von PILNY durchgeführt, wofür Asbestzement-Druckrohre der ETERNIT Aktiengesellschaft zur Verfügung standen, die im Januar 1958 hergestellt worden waren. Die Ergebnisse sind in einem dem Verfasser vorliegenden Versuchsbericht [*V40*] festgehalten. Weitere Versuchsberichte stellte die ETERNIT Atiengesellschaft Berlin zur Auswertung zur Verfügung, auf die an geeigneter Stelle näher eingegangen wird.

An dieser Stelle darf noch bemerkt werden, daß neben den eigentlichen Versuchsrohren noch zusätzlich Vergleichsrohre geprüft wurden, die direkt vom Lagerplatz entnommen wurden. Es zeigt sich hierbei, daß die Vergleichsrohre hinsichtlich ihrer Festigkeiten mit den Versuchsrohren gut übereinstimmten. Aus diesem Umstand kann auf eine gleichbleibende Materialqualität geschlossen werden.

4.501 Ringzugfestigkeit

Die Ringzugfestigkeit, häufig auch als Innendruckfestigkeit bezeichnet, weist die Eignung für die Verwendung als innendruckfestes Rohr, kurz Druckrohr, nach. Maßgebend ist hierbei der Innendruck, der das Rohr zum Bruch führt und deshalb Berstdruck genannt wird. Die hierbei auftretende Spannung im Material ist die Bruchspannung.

PILNY [*V40*] führte die Innendruckversuche einmal mit der konstanten Probenlänge $l = 50$ cm, entsprechend den Bestimmungen der DIN 19 800, Ziffer 4.22, zum anderen mit einer veränderlichen Probenlänge $l = 5 \cdot d$ durch. Vor den Versuchen wurden die Rohrproben jeweils sieben Tage in einem Wasserbad von 14°C gelagert, um damit einen gleichmäßigen Feuchtigkeitsgehalt aller Proben sicherzustellen[1], der darüber hinaus durch Trocknen einzelner Bruchstücke bis zur Gewichtsgleiche im Anschluß an den Innendruckversuch bestimmt wurde. Die Bestimmung des Außendurchmessers D erfolgte mittels Schublehre an jeweils zwei senkrecht aufeinanderstehenden Durchmessern an den beiden Rohrenden und in Rohrmitte. In gleicher Weise wurden der Innendurchmesser an den Rohrenden und die Länge l der Rohrproben, sofern sie 500 mm nicht überschritten, bestimmt, während größere Probenlängen mit einem Maßstab überprüft wurden. Die Wanddicke ergab sich als Mittelwert von jeweils drei Messungen an der Bruchfuge. Auch hierfür benutzte man eine Schublehre, deren Meßgenauigkeit bei 0,1 mm lag. Die Meßgenauigkeit des Maßstabes hingegen betrug 1,0 mm.

Zur Versuchsdurchführung wurde das Rohrstück entweder über REKA-Kupplungen, GIBAULT-Kupplungen oder — bei einigen Rohrtypen ND 12,5 — über durch Rundstahlbandagen verstärkte REKA-Kupplungen mit gußeisernen Endstopfen (EP-Stücke) verschlossen. Da die Endstopfen bereits fabrikmäßig mit Anbohrungen versehen sind, ließen sich Entlüftungsrohre und die Druckmittelleitung bequem anschließen. Der Aufnahme der längs wirkenden Rohrverschlußkräfte diente ein geschlossener Rahmen, der aus zwei Querhäuptern und zwei starken Spindeln gebildet wurde. Um auf alle Fälle das zu prüfende Rohrstück von axialen Einspannkräften freizuhalten, wurden die Endverschlüsse mit ihrem Querhaupt verspannt, so daß ein Kupplungsspalt von etwa 5 mm zwischen der Stirnseite des Rohres und der des Endstopfens erhalten blieb (Abb. 126).

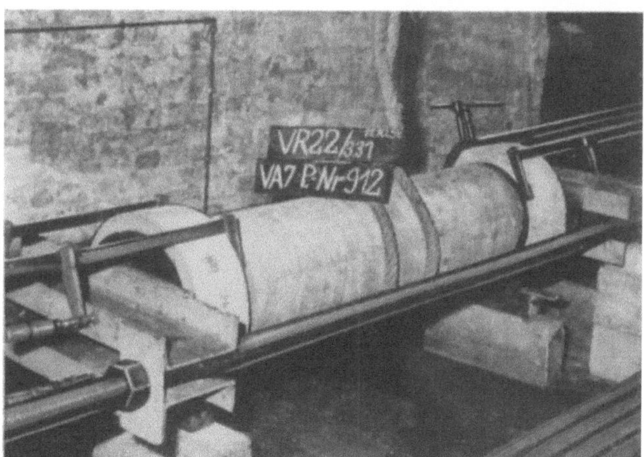

Abb. 126. Blick auf die Versuchseinrichtung für Innendruckversuche mit eingebautem Rohr NW 300, ND 12,5. Schraubzwingen halten die Endverschlüsse fest [*V40*].

Zur Druckerzeugung stand ein gewichtsbelasteter, hydraulischer Akkumulator zur Verfügung, der einen konstanten Druck von 396 atü erzeugte. Durch ein Drosselventil konnte dieser Druck von Null bis zum Berstdruck stufenlos geregelt werden. Als Prüfmanometer diente ein Feinmeßmanometer mit Schleppanzeiger, dessen Anzeigenbereich von 0—100 atü reichte und dessen Ablesegenauigkeit 0,2 atü betrug. Während die Füllung der zu prüfenden Rohre mit Wasser erfolgte, wurde als Druckmittel Bohröl verwendet.

---

[1] Wie in Abschn. 4.432 bereits ausgeführt, ist nach 7tägiger Wasserlagerung die maximale Wassersättigung der Asbestzement-Druckrohre praktisch erreicht.

4.501 1 Berstdrücke

Untersucht wurden Asbestzement-Druckrohre bis zur Nennweite 400 mm und der Nenndruckstufen 2,5; 10; 12,5 atü. Die Probenlänge betrug $l = 50$ cm. Zur Gegenüberstellung wurden außerdem bei einigen Rohrabmessungen zusätzliche Innendruckversuche mit der Probenlänge

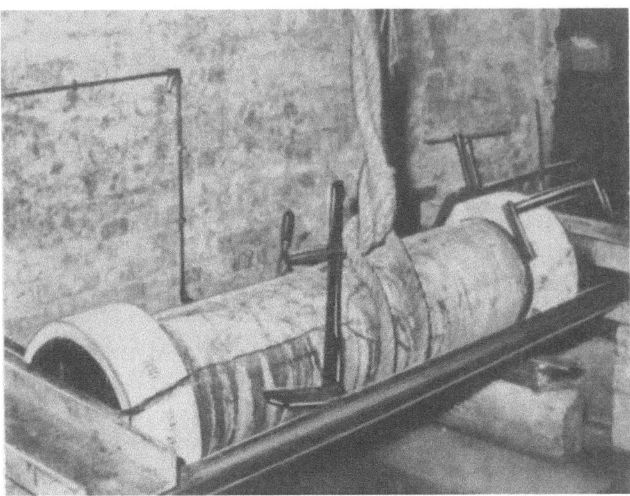

Abb. 127. Berstversuch an einem Rohr NW 300, ND 12,5, $(l = 5\,d)$ Längs- mit Y-Riß. Bei dieser Probe brach außerdem eine REKA-Kupplung [$V40$].

Tabelle 31.   *Berstdrücke p_i*

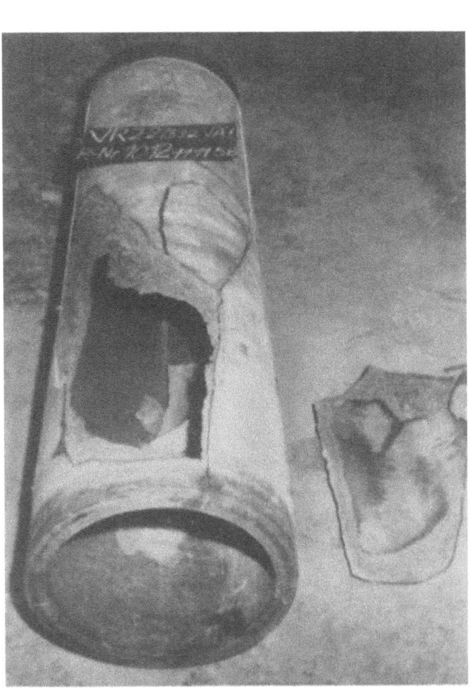

Abb. 128. Schalenbruch infolge Innendruck
(NW 400, ND 12,5; $l = 5 \cdot d$) [$V40$].

	NW	Prüf-länge (cm)	Berstdrücke p_i			mittlere Berstdrücke p_i (atü)
			atü	atü	atü	
ND 2,5	150	50	43,3	37,0	30,5	36,9
	200	50	30,6	30,5	30,6	30,6
	200	100	32,0	31,5	31,0	31,5
	250	50	29,5	29,0	28,5	29,0
	300	50	31,5	27,4	27,4	28,8
	400	50	27,3	24,5	—	26,9
ND 10	100	50	64,9	64,6	45,5	58,3
	150	50	57,8	56,0	55,8	56,5
	200	50	48,0	47,0	45,5	46,8
	250	50	42,8	38,5	37,0	39,1
	300	50	46,3	42,0	40,6	43,0
	400	50	39,7	37,7	37,9	38,4
ND 12,5	50	50	88,0	65,8	64,5	72,8
	80	50	63,5	61,2	55,5	60,4
	100	50	75,5	74,3	70,0	73,3
	150	50	65,9	63,5	60,0	63,1
	200	50	72,0	62,0	60,4	64,8
	200	100	82,7	66,3	60,3	69,8
	250	50	51,0	49,0	48,7	49,6
	300	50	49,0	48,5	48,0	48,5
	300	150	55,2	51,8	47,5	51,5
	400	50	60,5	—	—	60,5[1]
	400	200	57,8	55,5	45,7	53,0

---

[1] Von dieser Versuchsreihe konnte nur eine Probe zerstört werden, weil bei den anderen beiden die Belastungsgrenze der Rahmenkonstruktion erreicht wurde.

$l = 5 \cdot d$ durchgeführt. Die zerstörten Rohrproben zeigten meistens den für Innendruckversuche typischen Längsriß mit der Y-förmigen Gabelung (Abb. 127), bei einigen, vor allem dickwandigen Rohren, brachen Schalen heraus (Abb. 128).

Ein mit GIBAULT-Kupplungen verschlossenes Proberohr zeigen Abb. 129 und 130 vor und nach dem Versuch. Schließlich ist in Abb. 131 eine Versuchskonstruktion mit REKA-Kupplungen, die durch Rundstähle verstärkt wurde, abgebildet.

Abb. 129. Rohrprobe NW 300, ND 10 mit GIBAULT-Kupplungen in der Versuchseinrichtung ($l = 50$ cm) [V-40].

Die Ergebnisse der Berstversuche sind in Tab. 31 aufgeführt. Bis auf zwei Ausnahmen kamen jeweils drei Einzelversuche zur Ausführung. Der Mittelwert der auf den mittleren Berstdruck bezogenen Abweichungen ergibt sich hierbei zu $+ 7{,}5\%$ bzw. $- 7{,}6\%$. Damit beträgt die Streuung der vorliegenden Versuchsergebnisse rund 15%.

Abb. 130. Dieselbe Rohrprobe nach dem Versuch [V-40].

Abb. 131.
Versuchskonstruktion mit durch Rundstahl verstärkten REKA-Kupplungen. (NW 400, ND 12,5; $l = 5 \cdot d$) [V-40].

Die Auftragung der von PILNY gefundenen Berstdrücke der Proben mit $l = 50$ cm in Abhängigkeit von den Nennweiten (Abb. 132) läßt erkennen, daß die Berstdrücke mit wachsender Nennweite innerhalb einer Nenndruckstufe niedriger werden, wie es auch die DIN vorsieht. Die miteingetragenen Mindestberstdrücke gemäß DIN 19 800 zeigen, daß alle Rohrproben die Bedingungen der Norm sehr sicher erfüllt haben. Hierbei liegen die Werte der Nenndruckstufe 2,5 wesentlich höher über dem verlangten Mindestwert, als dies bei den übrigen Nenndruckstufen der Fall ist. Dies zeigt, daß hier andere Belastungen (Scheiteldruck, Längsbiegung) für die Dimensionierung maßgebend sind.

Die Ergebnisse der Proben mit der Länge $l = 5 \cdot d$ zeigen keine eindeutige Abhängigkeit der Berstdrücke von der Probenlänge.

4.501 2 Bruchspannungen

Die Bruchspannungen infolge Innendruckes geben im Gegensatz zu den Berstdrücken einen besseren Überblick über die tatsächlich vorhandenen Bruchfestigkeiten, weil hierbei die Abmessungen des geprüften Rohres berücksichtigt werden. Da die DIN 19 800 zur Berechnung der Ringzugspannung σ_z die sog. „Kesselformel" (s. S. 67)

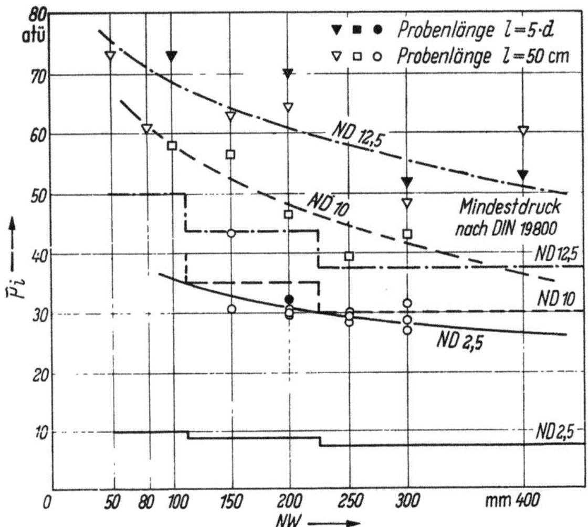

Abb. 132. Berstdrücke $p\,i$ in Abhängigkeit von den Nennweiten ($l = 50$ cm) [$V\,40$].

$$\sigma_z = \frac{r_i \cdot d}{2 \cdot s} = \frac{p_i}{2} \cdot \delta \qquad (4/2)$$

mit

$$\delta = \frac{d}{s} \qquad (4/46)$$

p_i = Berstdruck
d = Innendurchmesser
s = Wanddicke

benutzt, wurden die nachstehend aufgeführten Spannungen $\sigma_z{}^1$ aus den vorliegenden Berstdrücken ebenfalls nach Gl. (4/2) ermittelt. In diesem Zusammenhang wird auf die Ausführungen unter Ziff. 9.48 und 4.32 (S. 90) hingewiesen. Die tatsächlichen Randspannungen σ_z^a und $\sigma_z^i = \sigma_z^{\max}$ können mühelos aus einer Kurve (Abb. 617) im Abschnitt 9.48 abgelesen werden.

Tabelle 32. *Bruchspannungen* σ_z (kp/cm²) [*V 40*]
Nenndruckstufe 2.5

Nr.	NW	Probenlänge (cm)	$\delta = \dfrac{d}{s}$	Bruchspannung σ_z	mittlere Bruchspannung σ_z^m
1	150	50	14,99	227,8	275,5
2	150	50	14,93	323,1	
3	200	50	18,10	277,0	
4	200	50	18,25	272,0	274,0
5	200	50	18,15	273,0	
6	200	100	18,25	293,0	285,2
7	200	100	18,12	277,3	
8	250	50	20,87	295,4	
9	250	50	20,82	298,8	300,0
10	250	50	20,81	305,8	
11	300	50	21,47	338,3	
12	300	50	21,44	293,7	307,0
13	300	50	21,49	291,0	
14	400	50	22,14	271,3	
15	400	50	22,16	300,2	290,9
16	400	50	22,16	301,3	

[1] Bezogen auf die Nennwanddicke.

Tabelle 33.   *Bruchspannungen σ_z (kp/cm²) [V40]*
Nenndruckstufe 10

Nr.	NW	Proben-länge (cm)	$\delta = \dfrac{d}{s}$	Bruch-spannung σ_z	mittlere Bruchspannung σ_{z_m}
1	80	50	8,84	281,0	
2	80	50	8,87	271,3	376,1
3	100	50	9,85	318,0	
4	100	50	9,90	320,1	319,0
5	150	50	10,66	249,5	
6	150	50	10,66	314,0	287,8
7	150	50	10,72	300,0	
8	200	50	11,09	253,0	
9	200	50	11,02	256,3	258,7
10	200	50	11,08	266,9	
11	250	50	13,20	255,5	
12	250	50	13,18	244,5	260,5
13	250	50	13,17	282,4	
14	300	50	13,09	274,2	
15	300	50	13,03	265,1	280,7
16	300	50	13,07	302,7	
17	400	50	13,34	265,0	
18	400	50	13,33	251,3	256,3
19	400	50	13,39	252,5	

Tabelle 34.   *Bruchspannungen σ_z (kp/cm²) [V40]*
Nenndruckstufe 12,5

Nr.	NW	Proben-länge (cm)	$\delta = \dfrac{d}{s}$	Bruch-spannung σ_z	mittlere Bruchspannung σ_{z_m}
1	100	50	7,66	285,8	
2	100	50	7,61	292,1	282,2
3	100	50	7,55	268,5	
4	150	50	8,78	279,3	
5	150	50	8,78	289,1	277,2
6	150	50	8,78	263,2	
7	200	50	9,11	275,1	
8	200	50	9,15	283,8	295,5
9	200	50	9,10	327,5	
10	200	100	9,12	274,1	
11	200	100	9,18	313,0	321,7
12	200	100	9,13	378,0	
13	250	50	10,01	246,2	
14	250	50	9,99	244,3	248,8
15	250	50	10,02	256,0	
16	300	50	10,02	244,4	
17	300	50	10,01	239,3	241,2
18	300	50	10,01	239,8	
19	300	150	10,08	276,7	
20	300	150	10,05	260,0	258,4
21	300	150	10,03	238,6	
22	400	50	9,99	300,0	300,0
23	400	200	9,99	276,2	
24	400	200	10,03	229,4	252,3
25	400	200	10,01	251,2	

Da PILNY für seine Untersuchungen nur genormte Asbestzement-Druckrohre, d. h. also bis NW 400, zur Verfügung standen, sollen hier noch einige Bruchspannungen von Großrohren angegeben werden, die einmal im Prüfgelände der ETERNIT Aktiengesellschaft in Berlin ermittelt

Tabelle 35. *Bruchspannungen σ_z von Großrohren*

Nr.	NW	Wanddicke s (mm)	$\delta = d/s$	Bruch-spannung σ_z (kp/cm²)
a) ETERNIT-Versuche:				
1	500	21	23,8	315
2	500	22	22,7	304
3	600	41	14,65	276
4	800	50	16,0	295
5	800	70	11,45	276
6	900	38	23,7	304
7	1000	34	29,4	305*
b) BAM-Versuche:				
1	500	36,7	13,6	341
2	500	36,8	13,6	346
3	600	41,6	14,4	289
4	600	41,6	14,4	267
5	700	49,3	14,2	389
6	700	48,4	14,5	282
7	800	54,9	14,6	355
8	800	55,9	14,6	355

* Bruch der Probe nicht erreicht

wurden, da hier entsprechende Prüfeinrichtungen zur Verfügung standen, zum anderen bei Innendruckversuchen in der BAM (Bundesanstalt für Materialprüfung)[1] gefunden wurden.

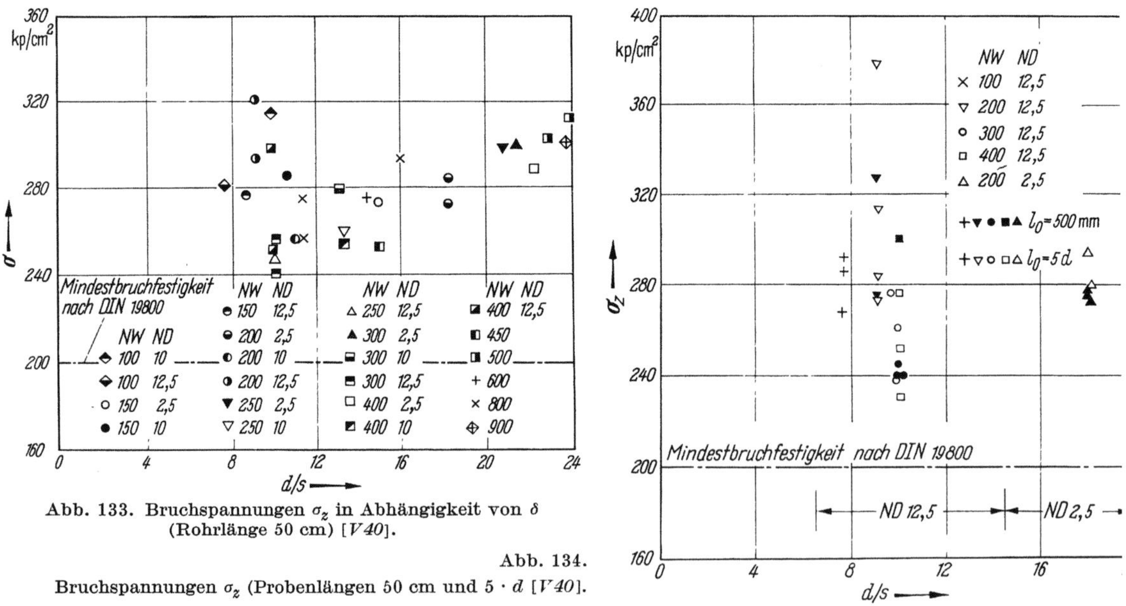

Abb. 133. Bruchspannungen σ_z in Abhängigkeit von δ (Rohrlänge 50 cm) [*V40*].

Abb. 134. Bruchspannungen σ_z (Probenlängen 50 cm und $5 \cdot d$ [*V40*]).

Die DIN 19 800 schreibt als Mindestbruchfestigkeit σ_z^{min} den Wert 200 kp/cm² vor. Überprüft man daraufhin die Tab. 32—35, so stellt man fest, daß dieser Wert bei allen untersuchten Nennweiten und Druckstufen überschritten wird.

---

[1] Prüfzeugnis Nr. 2/6438⁵ v. 15. 12. 62. [*V9*]

Die Abhängigkeit der Bruchspannungen von dem Verhältnis $\delta = d/s$ läßt sich auf Grund der Streuungen nicht ausreichend definieren (Abb. 133). Es deutet sich jedoch eine Festigkeitssteigerung mit wachsenden δ-Werten an.

Stellt man dagegen die Bruchspannungen der Proben mit der Länge $5 \cdot d$ denen mit 50 cm Länge gegenüber, so scheint eine gewisse Stützwirkung durch die Kupplungen bei den kürzeren Proben vorhanden zu sein. Eindeutig zeigt sich jedoch bei den Versuchen mit NW 200, daß bei der Nenndruckstufe 2,5 eine Stützwirkung infolge der größeren Nachgiebigkeit dieser Rohre nicht vorhanden ist. Alle Werte, sowohl die der Probelänge 50 cm als auch die der Länge $5 \cdot d = 100$ cm, liegen hier gleich und haben praktisch denselben Mittelwert [*V40*].

Im Gegensatz zu den vorliegenden Versuchen hat Roš in der Eidgenössischen Material- und Versuchsanstalt für Industrie, Bauwesen und Gewerbe (EMPA) in Zürich Innendruckversuche an durchweg 200 cm langen Rohrproben verschiedener Nennweiten durchgeführt. Die seinem Versuchsbericht — Bericht Nr. 148 [*191*] — entnommenen Ergebnisse dieser Berstversuche enthält Tab. 36. Da Roš die Bruchspannung in seinem Bericht jedoch unter Berücksichtigung des dickwandigen Rohres angegeben hat[1], ist es zum besseren Vergleich mit den nach der Kesselformel (4/2) ermittelten Werten von PILNY notwendig, die Tabelle von Roš entsprechend zu ergänzen. Während also Spalte 6 jeweils die von Roš berechnete echte Maximalspannung unter Beachtung des dickwandigen Rohres enthält, ist in Spalte 9 die nach der Kesselformel erhaltene mittlere Ringzugspannung angegeben, die sich mit den Werten der vorhergehenden Tabellen vergleichen läßt.

Tabelle 36. *Ringzug-Bruchspannungen σ_z nach Roš* [*191*]

Nr.	NW (mm)	s (mm)	$\delta = d/s$	Bruch-druck p_i (atü)	dickwandiges Rohr			Kesselformel	
					(kp/cm²) σ_z	(kp/cm²) σ_z^m	mittlere Abweichung %	(kp/cm²) σ_z	(kp/cm²) σ_z^m
1	2	3	4	5	6	7	8	9	10
1	60	9,0	6,67	70	283	269	± 5	234	223
2	60	8,5	7,06	60	255			212	
3	100	10,0	10,0	56	321			260	
4	100	10,3	9,71	46	256	323	+ 8	224	270
5	100	12,0	8,34	72	350		− 21	300	
6	100	12,0	8,34	71	345			296	
7	150	11,0	13,62	44	324			300	
8	150	12,0	12,50	44	304	295	+ 10	275	267
9	150	13,0	11,55	43	279		− 11	248	
10	150	13,0	11,55	40	263			251	
11	150	15,0	10,0	52,5	301			263	
12	200	9,0	22,25	17	202			189	
13	200	10,0	20,0	20	218	250	+ 21	200	228
14	200	13,5	14,8	35	286		− 19	259	
15	200	15,0	13,35	42	304			280	
16	200	18,0	11,12	38	242			211	
17	400	15,0	26,7	20,5	290			273	
18	400	15,0	26,7	20,5	294	271	+ 8	273	243
19	400	19,0	21,1	21,0	239		− 12	226	
20	400	20,0	20,0	24,5	263			200	

Aus den δ-Werten (Spalte 4) ist zu entnehmen, daß Roš hauptsächlich dickwandigere Asbestzement-Druckrohre geprüft hat. Das Gesamtmittel der 22 Mittelwerte aus Tab. 32 bis 34 beträgt 270 kp/cm², das der Tab. 36 247 kp/cm².

Im Bericht des *Niederländischen Studienausschusses ,,Asbestzementrohre"* [*120*], der 1948 vom Keuringsinstituut voor Waterleidingartikelen (KIWA) in s'-Gravenhage veröffentlicht wurde und im folgenden kurz als ,,KIWA-Bericht" bezeichnet werden soll, sind aufschlußreiche Innendruckversuche beschrieben, die im Rahmen eines Versuchsprogramms zur Beschaffung von Unter-

---

[1] s. Abschn. 9.48.

lagen für eine Normung durchgeführt wurden. Zur Untersuchung gelangten Rohrproben der Nennweiten 100, 150 und 200 mm, mit verschiedenen Längen. Außerdem wurde ein Teil der Proben über ihre ganze Länge abgedreht, während der andere Teil lediglich an den Enden zur Aufnahme der Endkupplungen bearbeitet war. Die in Tab. 37 wiedergegebenen Ergebnisse zeigen wesentlich niedrigere Mittelwerte der Bruchspannungen. Besonders aufschlußreich sind jedoch die niederländischen Versuche hinsichtlich der zweckmäßigsten Länge der Rohrproben. Es zeigte sich nämlich, wie aus der Tab. 37 ersichtlich wird, daß die mittleren Bruchfestigkeiten ziemlich in gleicher Höhe lagen unabhängig davon, wie lang die Rohrprobe war. Lediglich bei den kürzesten Rohrproben mit 50 cm Länge konnte eine geringfügige Erhöhung der Bruchspannungen beobachtet werden, die auf eine tatsächlich vorhandene Stützwirkung durch die Kupplungen schließen läßt. Der Einfluß des zur Aufnahme der Kupplung notwendigerweise abzudrehenden Rohrendes ist relativ klein und kann in der Praxis vernachlässigt werden. Er beträgt, gemessen an den bei den über die ganze Länge abgedrehten Proben gefundenen Werten, etwa 12%. Leider erstreckten sich die niederländischen Versuche nur auf kleinere Nennweiten. Es wäre interessant festzustellen, ob sich die hier gefundenen Verhältnisse auch auf größere Nennweiten übertragen lassen.

4.501 3 Verformungen infolge Innendruckes

Um eine Aussage über das elastische Dehnverhalten von mit einem Innendruck belasteten Asbestzement-Druckrohren machen zu können, führte PILNY im Rahmen der Innendruckversuche auch Dehnungsmessungen an Rohrproben NW 200, ND 2,5 und ND 12,5 durch, bei denen die Umfangsdehnungen an der Rohraußenfläche gemessen wurden. Hierzu wurden jeweils vier Dehnungsmeßgeräte in Rohrmitte ($l/2$) und in einem Viertelspunkt ($l/4$) installiert, wobei die Meßuhren gleichmäßig auf den Umfang verteilt waren. Zur Verfügung standen vier ASKANIAMeßuhren und vier HUGGENBERGER-Dehnungsmesser.

Abb. 135. Dehnungsmessung am Außenumfang eines Asbestzement-Druckrohres NW 200, ND 2,5 (Probenlänge $5 \cdot d$). In Rohrmitte sind ASKANIA-Meßuhren eingebaut, im Viertelpunkt HUGGENBERGER-Dehnungsmesser [*V40*].

Ausgehend von dem Bezugsinnendruck 10 atü, erfolgte eine stufenweise Steigerung des Innendrucks bis knapp unter die Berstdruckgrenze, wobei jedesmal wieder auf den Bezugsdruck von 10 atü zurückgegangen wurde. Jeweils nach Einspielen der Druckstufe und nach Entlastung auf den Bezugsdruck wurden die Dehnungen abgelesen. Gegenübergestellt wurden bei diesen Versuchen Proben mit 50 cm und mit 100 cm Länge ($5 \cdot d$).

Die Ergebnisse der Dehnungsmessungen ergaben keinen eindeutig bestimmbaren Einfluß der Wanddicken. Unter Berücksichtigung der vorhandenen Streuung ist der Verlauf der Dehnungen

Tabelle 37. *Ringzug-Bruchspannungen nach Beilage VIII des KIWA-Berichtes [120]*

| | | | | Wanddicke an der Bruchfuge (cm) | | | | | | | | Ringzugfestigkeit berechnet mit der Wanddicke (kp/cm²) | | | | | | | |
| NW (mm) | s (mm) | Bearbeitung d. Probestückes | Länge d. Probestückes (cm) | Probe 1 | | Probe 2 | | Probe 3 | | Im Mittel | | Probe 1 | | Probe 2 | | Probe 3 | | Im Mittel | |
				am Ende	in Mitte	am Ende	in Mitte	am Ende	in Mitte	am Ende	in Mitte	am Ende	in Mitte	am Ende	in Mitte	am Ende	in Mitte	am Ende	in Mitte
100	12	Enden abgedreht	100	1,10	1,40	1,09	1,40	—	—	1,10	1,40	176	136	179	139	—	—		
150	15		150	1,59	1,74	—	—	—	—	1,59	1,74	207	190	—	—	—	—		
200	17		200	1,80	1,96	—	—	—	—	1,80	1,96	206	189	—	—	—	—	202	177
150	17		150	1,62	1,87	—	—	—	—	1,62	1,87	232	201	—	—	—	—		
200	23		200	2,28	2,58	—	—	—	—	2,28	2,58	189	167	—	—	—	—		
100	12	ganz abgedreht	140		1,13						1,13		160						
100	12		140		1,13						1,13		208						
150	15		160		1,34						1,34		173						
150	15		160		1,34						1,34		196						
200	17		180		1,52						1,52		223					187	
200	17		180		1,66						1,66		199						
150	17		160		1,52						1,52		182						
150	17		160		1,72						1,72		209						
200	23		180		2,15						2,15		144						
200	23		180		1,38						2,38		176						
100	12	ganz abgedreht	50		1,06		1,06		1,13		1,08		175		189		168	177	
150	15		50		1,41		1,34		1,43		1,39		208		207		210	208	
200	17		50		1,57		1,65		1,59		1,60		210		243		233	229	200
150	17		50		1,61		1,62		1,60		1,61		224		232		197	218	
200	23		50		2,27		2,19		2,23		2,23		150		192		157	166	
100	12	Enden abgedreht	50	1,19	1,41	1,15	1,41	1,11	1,41	1,15	1,41	227	192	226	185	189	149	214	175
150	15		50	1,45	1,68	1,41	1,68	1,44	1,68	1,43	1,68	196	170	218	183	200	172	205	175
200	17		50	1,60	1,99	1,64	1,99	1,70	1,99	1,65	1,99	250	201	238	196	218	186	235 } 213	194 } 182
150	17		50	1,71	1,84	1,69	1,84	1,57	1,84	1,66	1,84	219	204	222	204	191	163	211	190
200	23		50	2,22	2,55	2,29	2,55	2,28	2,55	2,26	2,55	221	192	199	178	184	165	201	178

bei allen Proben als gleich anzusehen. Dagegen läßt sich in Anlehnung an die bereits bei den Bruchversuchen gemachte Beobachtung eine gewisse Stützwirkung infolge der Kupplungsmuffen, mit denen die Proben an ihren Enden verschlossen waren, auch hier nachweisen. Sie zeigt sich

Abb. 136. Dehnungsmessungen an einer Probe NW 200, ND 2,5 (Probenlänge 50 cm) [V40].

in der Differenz der gemessenen elastischen Dehnungen in Rohrmitte und an den Viertelspunkten. Allgemein läßt sich in Rohrmitte die größere Aufweitung des Rohrquerschnitts beobachten. Die absolute Differenz zwischen den gemessenen Dehnungen in Rohrmitte und denen an den Viertelspunkten ist am größten bei den längeren Proben und fällt besonders bei den dickwandigeren Rohren ins Auge. Diese Tatsache läßt sich mit der höheren Steifigkeit des dickwandigeren Rohres erklären. Beim dünnwandigeren und daher „weicheren" Rohr erfolgt die Aufweitung infolge eines Innendrucks bald hinter der „Einspannstelle", d. h. hinter den Kupplungen, und erreicht bereits am Viertelspunkt eine Größe, die der maximalen Aufweitung in Rohrmitte schon ziemlich nahe kommt. Dafür spricht auch die Beobachtung, daß mit steigendem Innendruck der Unterschied zwischen den Dehnungen in Rohrmitte und am Viertelspunkt verschwindet. Die nachstehenden graphischen Darstellungen der elastischen Dehnungen infolge Innendrucks sind auf die Ringzugspannung σ_z gemäß Gl. (4/2) bezogen, wobei die Dehnungen ε von der Bezugspannung infolge $p_i = 10$ atü aus

zu betrachten sind. Unterhalb der Bezugspannung wurden die Dehnungskurven extrapoliert.

Ein Vergleich der Mittelwerte der elastischen Dehnungen in Rohrmitte der 50-cm-Proben zeigt eine geringfügige größere Steifigkeit des dickwandigeren Rohres (Abb. 139). Die von PILNY [V40]

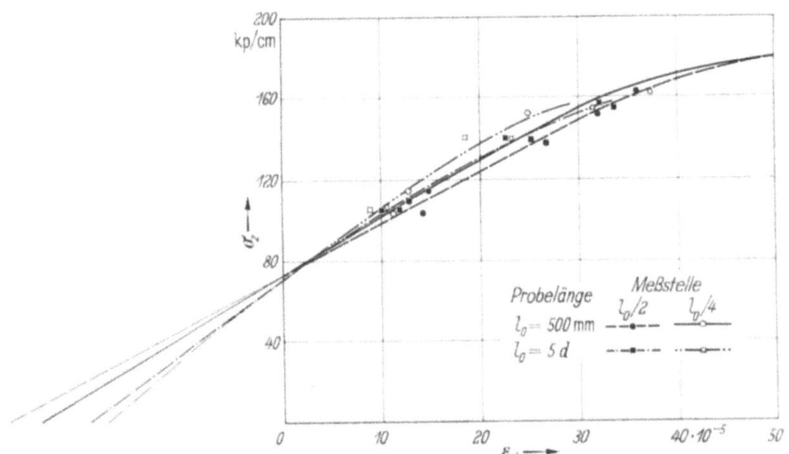

Abb. 137. Spannungs-Dehnungs-Diagramm für NW 200, ND 2,5 [V40].

bei seinen Versuchen gefundenen Einzelwerte und die sich daraus ergebenden Dehnungskurven sind in den Abb. 140 bis 143 wiedergegeben. Hierbei ist auf den ersten Blick festzustellen, daß die Dehnungskurven Affinität aufweisen. Während jedoch die Kurven der elastischen Dehnungen im Bereich der unteren Spannungsintervalle einen fast geradlinigen Verlauf nehmen und eine geringe Neigung besitzen, verhalten sich die der bleibenden Dehnungen völlig entgegengesetzt.

Nach einem sehr steilen Anstieg gehen diese Kurven bald in eine starke Krümmung über und nähern sich mit zunehmender Belastung den elastischen Dehnungen. Während also der Anteil der bleibenden Dehnung zunächst klein bleibt, steigt er bei höheren Spannungen schnell an, das Material beginnt sich zu strecken.

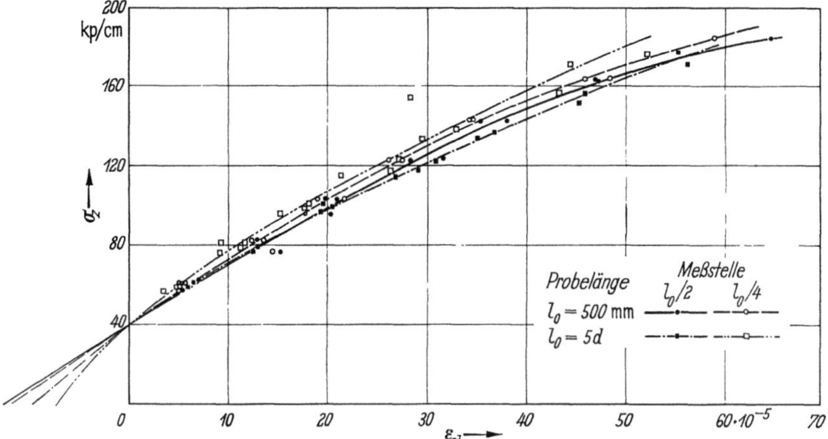

Abb. 138. Spannungs-Dehnungs-Diagramm für NW 200, ND 12,5 [V40].

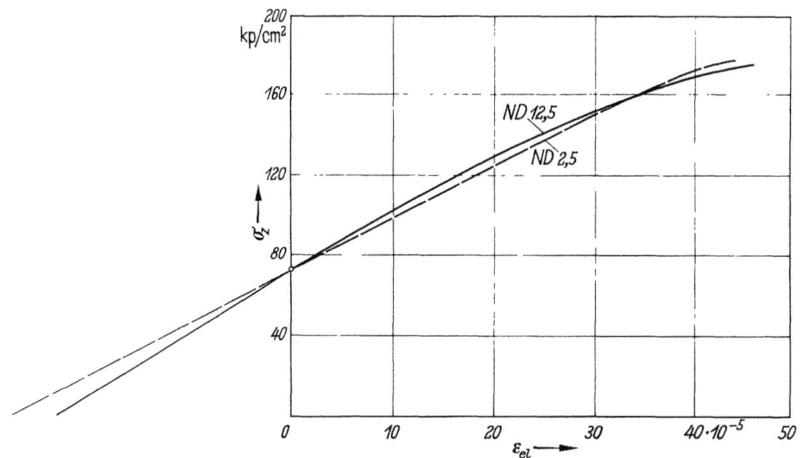

Abb.139. Gegenüberstellung der elastischen Dehnungen in Rohrmitte der Proben ND 2,5 und 12,5 (Probenlänge 50 cm) [V40].

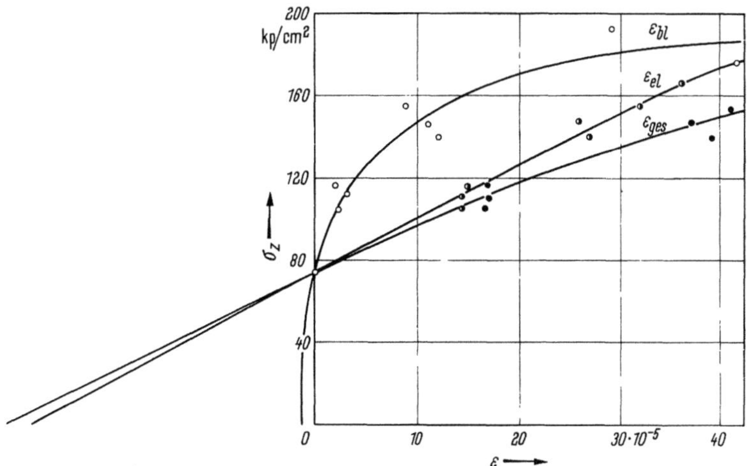

Abb. 140. Einzelwerte und Mittelwertskurven der von PILNY gemessenen Umfangsdehnungen infolge Innendruck in Rohrmitte, NW 200/ND 2,5 ($l = 50$ cm) [40V].

Eine Abhängigkeit der Umfangsdehnung in Rohrmitte von der Probenlänge selbst läßt sich nicht mit Sicherheit feststellen.

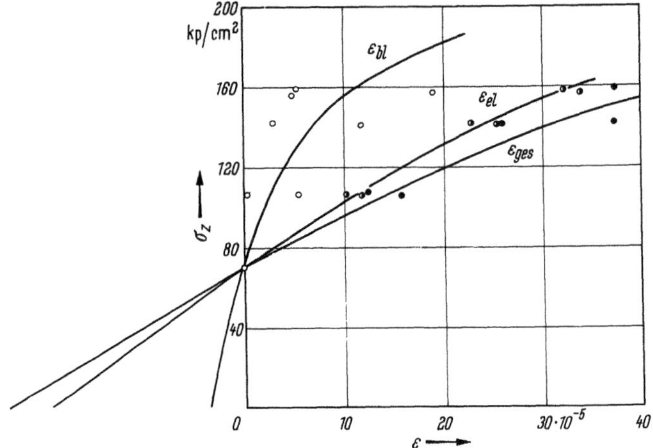

Abb. 141. Einzelwerte und Mittelwertskurven der von PILNY gemessenen Umfangsdehnungen infolge Innendruck in Rohrmitte, NW 200/ND 2,5 ($l = 5 \cdot d = 100$ cm) [$V40$].

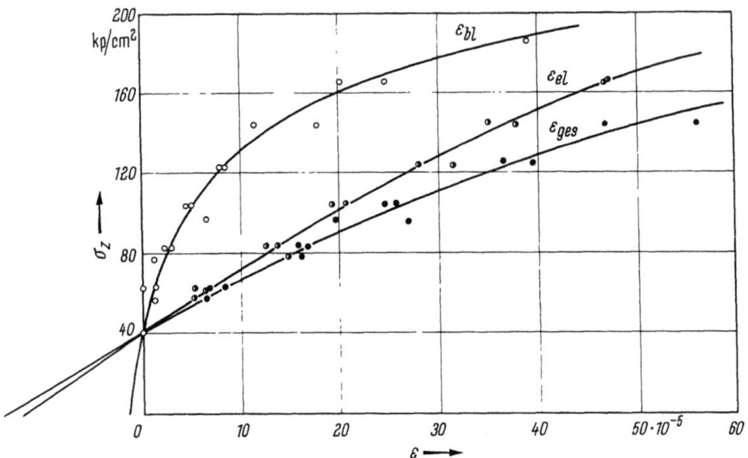

Abb. 142. Einzelwerte und Mittelwertskurven der von PILNY gemessenen Umfangsdehnungen infolge Innendruck in Rohrmitte, NW 200/ND 12,5 ($l = 50$ cm) [$V40$].

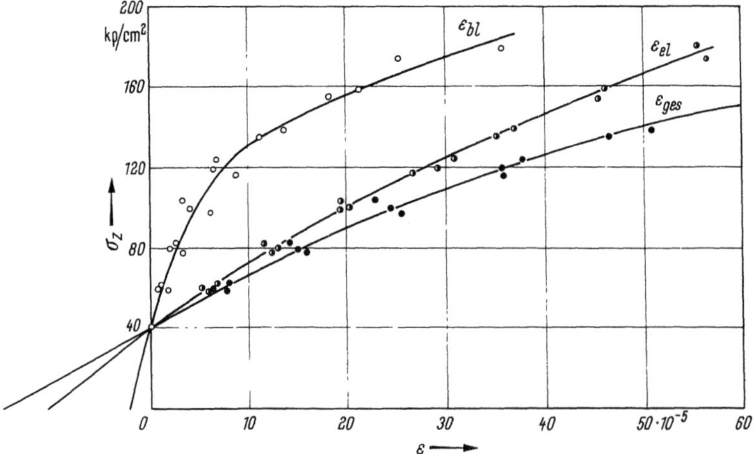

Abb. 143. Einzelwerte und Mittelwertskurven der von PILNY gemessenen Umfangsdehnungen infolge Innendruck in Rohrmitte, NW 200/ND 12,5 ($l = 5 \cdot d = 100$ cm) [$V40$].

Die Dehnungsmessungen von Roš [*191*] entsprechen in ihren Ergebnissen prinzipiell den von PILNY gefundenen Werten. Roš ermittelte die Umfangsdehnungen jedoch ausschließlich in den Drittelspunkten und untersuchte darüber hinaus andere Rohrabmessungen, nämlich die Nennweiten 100, 150 und 400 mm. Die in Abb. 144a bis 144c dargestellten Spannungs-Dehnungs-Kurven zeigen, daß alle Rohrproben sich in gleichem Maße aufweiten, unabhängig davon, welchen Innendurchmesser sie besitzen. Die durchschnittliche Neigung schwankt nur in ganz geringem Maße und scheint lediglich bei dem großen Rohr (NW 400) etwas flacher zu sein, was einer geringeren Steifigkeit dieses Rohres entspräche.

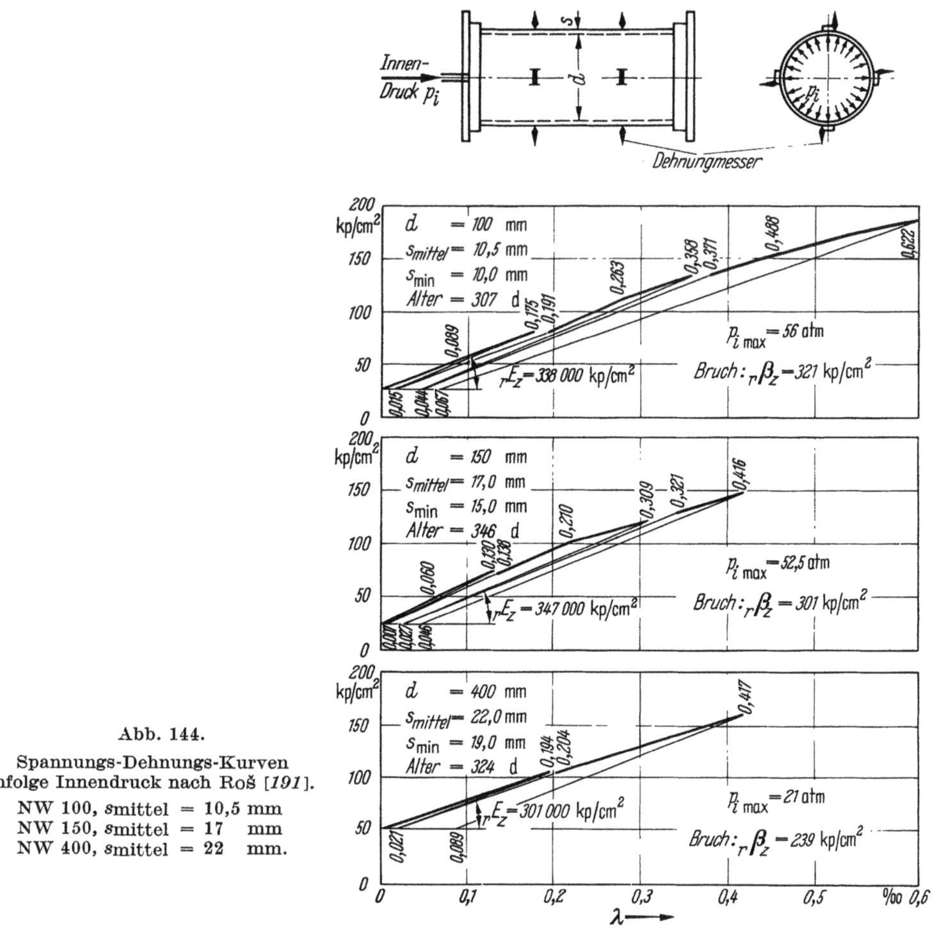

Abb. 144.
Spannungs-Dehnungs-Kurven infolge Innendruck nach Roš [*191*].
NW 100, s_{mittel} = 10,5 mm
NW 150, s_{mittel} = 17   mm
NW 400, s_{mittel} = 22   mm.

4.502 Scheiteldruckfestigkeiten

Im Gegensatz zu der Belastung eines Rohres durch einen Innendruck, die von innen nach außen gerichtet ist, wird das Druckrohr beim Scheiteldruckversuch durch äußere, nach innen gerichtete Kräfte beansprucht. Die Scheiteldruckfestigkeit stellt daher die Festigkeit dar, die das Druckrohr z. B. Erdauflasten bei der Verlegung im Graben oder in einer Aufschüttung oder Verkehrsbelastungen durch Fahrzeuge entgegenstellt. Wie schon unter Ziff. 4.142 ausgeführt, erzeugen die äußeren Kräfte auf ein Rohr Biegemomente in der Rohrwand, sofern es sich nicht um eine radial angreifende gleichmäßige Flächenlast, wie z. B. Wasserdruck, handelt. Aus diesem Grunde bezeichnet man die Scheiteldruckfestigkeit häufig auch allgemein als Ring-biegefestigkeit und speziell da, wo die Zugfestigkeit des Materials geringer ist als die Druck-festigkeit, als Ringbiegezugfestigkeit. Da jedoch die DIN 19 800 den Ausdruck Scheiteldruck-festigkeit benutzt, erscheint es zweckmäßig, diese Bezeichnung auch im Rahmen dieser Betrachtung beizubehalten.

Die Ermittlung der Scheiteldruckfestigkeiten erfolgt bei Asbestzement-Druckrohren gemäß DIN 19 800. Hierbei wird die zu prüfende Rohrprobe durch zwei Einzelkräfte, die im vertikalen Durchmesser angreifen, belastet. Es entstehen Biegemomente entlang des Kreisringes entsprechend Abb. 67. Die Maximalmomente treten dabei an den Angriffspunkten der Einzel-

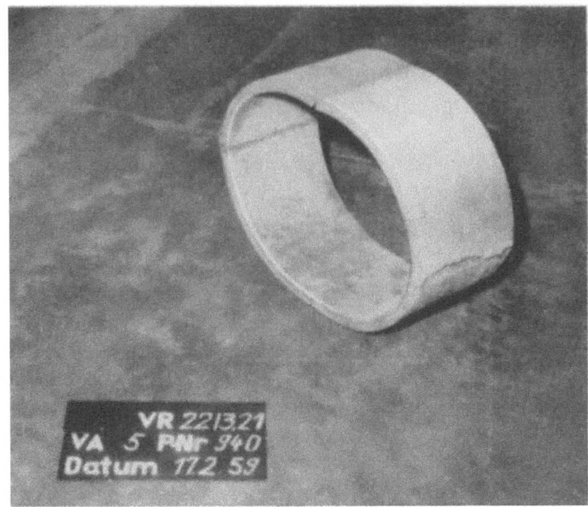

Abb. 146. Probenzustand nach dem Bruch [*V40*].

Abb. 145. Durch Scheiteldruck belastete Rohrprobe in der Prüf-presse. Die Ovalisierung der Probe ist deutlich zu erkennen [*V40*].

kräfte, also im Rohrscheitel und an der Sohle, auf. Das Rohr wird ovalisiert, d. h. der vertikale Durchmesser verkürzt sich, während der horizontale vergrößert wird. Der Bruch tritt dann ein, wenn die Dehnungsgrenze an den inneren Zonen im Scheitel und an der Sohle überschritten wird. Durch die nach dem Bruch der Scheitel- und Sohlfuge in zunehmendem Maße eintretende Ovalisierung wird die Bruchdehnung auch an den äußeren Zonen der Kämpfer erreicht, so daß im Anschluß an den Scheitel- bzw. Sohlenbruch auch die Außenzone an den Seiten der Rohrprobe reißt. Es ergibt sich daher das für Scheiteldruckprüfungen typische Bruchbild der vier Viertel-schalen (Abb. 146).

4.502 1 Bruchspannungen

Die Scheiteldruckspannung infolge einer zentrisch wirkenden Einzel- bzw. Linienlast errechnet sich bei einer ebenfalls punkt- bzw. linienförmigen Auflagerung in gleicher Wirkungsebene allgemein aus Formel (4/6), sie muß nach DIN 19 800, Blatt 2, Ziff. 3, beim Bruch der Probe

$$\sigma_d = \frac{3 \cdot P \cdot (d + s)}{\pi \cdot s^2 \cdot l} \ (\text{kp/cm}^2)^{1} \tag{4/6}$$

mindestens den Wert von 450 (kp/cm²) erreichen. Die Probenlänge beträgt hierbei konstant 20 cm.

Bei den von PILNY [*V40*] durchgeführten Scheiteldruckversuchen, die sich auf die Rohr-abmessungen:

$$\text{NW 100/ND 10} \ ; \quad \text{NW 100/ND 12,5}$$
$$\text{NW 200/ND 2,5}; \quad \text{NW 200/ND 12,5}$$
$$\text{NW 400/ND 2,5}; \quad \text{NW 400/ND 12,5}$$

---

[1] s. Abschn. 4.142.

erstreckten, wurden neben der Probenlänge $l = 20$ cm auch Proben mit den Längen 40 cm und 60 cm untersucht, um einen eventuellen Einfluß der Probenlänge auf die Versuchsergebnisse ermitteln zu können. Theoretisch ist die Probenlänge ohne jede Bedeutung, da in die Gl. (4/6) jeweils die Linienlast P/l eingeht. Beim praktischen Druckversuch wird jedoch eine gleichmäßige Belastung des Rohrscheitels mit wachsender Probenlänge immer schwieriger.

Um einen echten Vergleich zu erhalten, wurden die drei Proben (20, 40 und 60 cm Länge) innerhalb einer Rohrdimension aus einem Rohr herausgeschnitten. Außerdem lagerten alle Versuchsproben vor Versuchsbeginn 7 Tage im Wasserbad von 14°C, so daß sie als wassergesättigt anzusehen waren.

Die von PILNY gefundenen Scheiteldruck-Bruchspannungen sind in Tab. 38 wiedergegeben.

Tabelle 38. *Scheiteldruckbruchspannung nach* PILNY [*V40*]

Nr.	NW (mm)	ND (atü)	l (mm)	σ_d (kp/cm²)	σ_d^m (kp/cm²)	Nr.	NW (mm)	ND (atü)	l (mm)	σ_d (kp/cm²)	σ_d^m (kp/cm²)
1	100	10	200	690		28	200	12,5	200	520	
2			200	615	602	29			200	517	505
3			200	500		30			200	417	
4			400	618		31			400	550	
5			400	640	584	32			400	528	524
6			400	495		33			400	503	
7			600	505		34			600	495	
8			600	545	502	35			600	485	500
9			600	457		36			600	520	
10	100	12,5	200	623		37	400	2,5	200	553	
11			200	611	591	38			200	505	504
12			200	538		39			200	455	
13			400	500		40			400	539	
14			400	583	546	41			400	505	502
15			400	555		42			400	463	
16			600	547		43			600	521	
17			600	532	506	44			600	537	502
18			600	440		45			600	448	
19	200	2,5	200	555		46	400	12,5	200	462	
20			200	535	538	47			200	438	450
21			200	525		48			400	480	
22			400	548		49			400	507	494
23			400	562	546	50			600	517	
24			400	527		51			600	495	491
25			600	515		52			600	460	
26			600	516	516						
27			600	517							

Daraus geht hervor, daß, bis auf 2 Ausreißer innerhalb der Nennweite 400 mm, die geforderte Mindestfestigkeit erreicht und größtenteils hoch überschritten wurde. Ganz deutlich ist eine Verminderung der Festigkeiten mit wachsender Nennweite festzustellen, vergleicht man die gemittelten Spannungen σ_d^m. Eine eindeutige Abhängigkeit der Bruchfestigkeit sowohl von der Wanddicke als auch von den Probelängen kann aus den vorliegenden Ergebnissen nicht abgeleitet werden. Bei den beiden kleineren Nennweiten ist allerdings eine Abnahme der Scheiteldruckfestigkeit mit wachsender Probenlänge zu beobachten. Bemerkenswert ist noch die Tatsache, daß die mittlere Bruchspannung der Proben mit 60 cm Länge in gleicher Höhe liegt.

Im Gegensatz zu PILNY untersuchte WEINHOLD im Institut für Materialprüfung und Forschung des Bauwesens der Technischen Hochschule Hannover [*V27*; *V28*] im Auftrage der ETERNIT Aktiengesellschaft Berlin neben Rohrproben NW 250 und 400 auch Großrohre der Nennweiten 600 und 1000 mm. Die hierbei ermittelten Ergebnisse sind in der folgenden Tabelle zusammengestellt.

Die Auftragung der Mittelwerte[1] σ_d^m über die Nennweiten und Wanddicken bzw. Nenndruckstufen zeigt allgemein einen Abfall der Scheiteldruckfestigkeit mit wachsender Wanddicke. Darüber hinaus stellten die Versuchsdurchführenden auch eine Verringerung der Festigkeiten mit zunehmendem Durchmesser fest. Es ist interessant zu beobachten, daß z. B. WEINHOLD,

Tabelle 39. *Scheiteldruckbruchspannungen nach* WEINHOLD

Nr.	NW (mm)	ND (mm)	s (mm)	l (mm)	σ_d (kp/cm²)	σ_d^m (kp/cm²)
1	250	2,5	13,7	251	596	
2		2,5	13,7	251	560	585
3		2,5	13,4	251	598	
4		10	20,6	252	732	
5		10	20,5	252	728	723
6		10	20,3	252	708	
7		12,5	26,5	252	700	
8		12,5	26,1	252	708	695
9		12,5	25,8	252	678	
10	400	6	20,7	399,8	655	
11		6	21,1	399,3	698	680
12		6	22,0	399,8	687	
13		10	31,2	399,7	668	
14		10	31,4	398,9	680	667
15		10	31,8	399,9	652	
16		12,5	41,2	399,7	673	
17		12,5	40,7	401,5	598	675
18		12,5	40,8	400,1	655	
19	600	--	31,2	601	642	
20		—	30,8	601	710	658
21		—	31,1	601	618	
22		—	46,7	602	590	
23		—	46,8	601	616	602
24		—	45,7	601	587	
25		—	45,7	601	617	
26		—	62,4	599	503	
27		—	61,2	602	633	588
28		—	60,0	601	606	
29	1000	—	46,5	501	593	
30		—	47,1	501	616	580
31		—	46,7	501	532	
32		—	78,1	501	605	
33		—	78,0	502	606	565
34		—	77,8	500	485	

Werkseigene Versuche an Großrohren, deren Ergebnisse Verfasser von der ETERNIT AG erhielt, zeigen ähnliche Werte, von denen einige nachstehend aufgeführt sind.

aber auch das Werkslabor der ETERNIT AG, wesentlich höhere Werte fanden als PILNY. Dies gilt besonders für die Nennweite 400 mm, während bei den von PILNY untersuchten kleineren Nennweiten ein Vergleich nicht möglich ist. Das Gesamtmittel aller Untersuchungen liegt mit 603 (kp/cm²) um etwa 35% über der geforderten Mindestfestigkeit.

Eine Abhängigkeit der Scheiteldruckbruchfestigkeit vom Verhältnis δ (Innendurchmesser: Wanddicke) läßt sich dagegen wegen der großen Streuung der Versuchsergebnisse nicht ohne weiteres feststellen, wie aus Abb. 148 hervorgeht.

---

[1] In einigen Fällen auch Einzelergebnisse.

Um einen möglichst großen Überblick zu erhalten, seien noch einige Ergebnisse von Scheiteldruckversuchen größeren Umfanges mit angeführt.

Tabelle 40. *Scheiteldruckbruchspannungen bei Werksversuchen der* ETERNIT AG

Nr.	NW (mm)	s (mm)	l (mm)	σ_d (kp/cm²)	σ_d^m kp/cm²)
1	700	28	200	685	685
2		39	200	710	
3		39	200	658	659
4		39	200	612	
5	800	48	200	610	
6		48	200	655	570
7		48	200	515	
8	900	38	200	685	685

Roš [191] untersuchte vier verschiedene Nennweiten 100, 150, 200 und 400 mm, mit jeweils verschiedenen Wanddicken. Die Länge der geprüften Rohrproben betrug dabei 100 cm. In

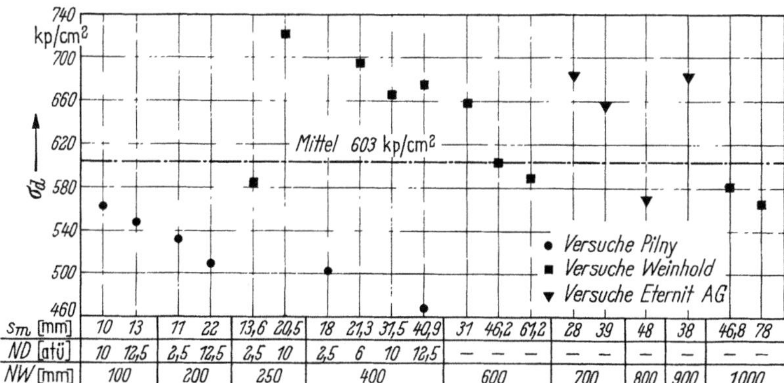

Abb. 147. Scheiteldruckfestigkeiten getrennt nach NW und s.

Tab. 41 sind die bei diesen Versuchen gefundenen Festigkeiten wiedergegeben. Bei der Bestimmung der Maximalspannung im Rohrscheitel wurde die sich rechnerisch ergebende Momenten-

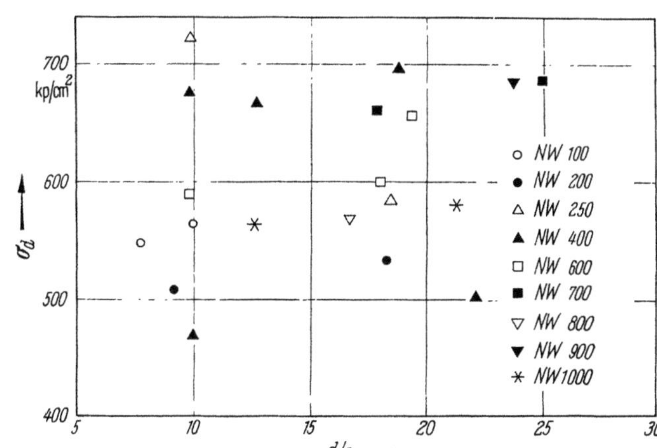

Abb. 148. Scheiteldruckfestigkeiten σ_d in Abhängigkeit von δ.

spitze[1] entsprechend der Auflagebreite des lastverteilenden Querhauptes abgerundet, wodurch sich eine Verringerung der Zahlenwerte gegenüber den Werten der Tab. 38 bis 40 ergibt. Im all-

---

[1] s. Abb. 67.

gemeinen macht die Abrundung 10 bis 15% aus. Die Wirkungsbreite des Auflagers konnte durch Auflegen von Blaupapier auf das Rohr ermittelt werden.

Tabelle 41. *Scheiteldruckbruchfestigkeiten nach* RoŠ *[191]*

Nr.	NW (mm)	s (mm)	Bruch-last (Mp)	Bruchspannung im Scheitel		max. Abweichung v. Mittelwert %
				σ_d (kp/cm²)	Mittelwert (kp/cm²)	
1	100	9,8	6,0	582		
2	100	10,0	6,7	620	586	± 6
3	100	13,1	9,9	555		
4	150	11,8	6,0	521		
5	150	12,0	6,8	584		
6	150	14,8	8,3	530		+ 5
7	150	14,7	9,5	580	554	− 6
8	150	17,5	12,5	536		
9	150	17,8	12,7	569		
10	200	11,8	4,1	515		
11	200	12,0	3,7	446		
12	200	14,8	6,1	489	473	+ 10
13	200	14,8	4,9	459		− 11
14	200	17,8	9,3	500		
15	200	22,6	11,9	427		
16	400	17,6	4,9	552		
17	400	23,2	5,9	490		
18	400	23,2	7,4	481		+ 17
19	400	32,2	11,3	542	474	− 25
20	400	32,4	14,1	497		
21	400	40,0	17,1	401		
22	400	40,0	15,1	354		

Abschließend wird noch auf eine interessante Versuchsreihe hingewiesen, die in den Niederlanden durchgeführt wurde und im KIWA-Bericht *[120]* beschrieben ist. Um den Einfluß der Probenlänge zu ermitteln, wurden von insgesamt 20 verschiedenen Rohrtypen Ringe mit acht verschiedenen Längen abgeschnitten und durch Scheiteldruck zerstört. Hierbei waren von jeder Rohrtype 16 Proben vorhanden, so daß für jede Probenlänge zwei zur Verfügung standen. Die Wanddicken waren bei allen Proben sehr gleichmäßig, so daß der Mittelwert aller 16 Proben einer Reihe nicht mehr als maximal 2 bis 4% von dem jeweils ungünstigsten Einzelwert abwich. Abb. 149 gibt die gefundenen Bruchlasten sowie die Bruchfestigkeiten, letztere allerdings in einem etwas größeren Maßstabe, einiger ausgewählter Rohrtypen wieder, die in Abhängigkeit von der Probenlänge aufgetragen wurden. Man erkennt ganz deutlich den geradlinigen Anstieg der Bruchlast mit wachsender Probenlänge, wie er entsprechend Gl. (4/6) auch zu erwarten ist. Es fällt jedoch auf, daß ab Probenlänge 200 mm die Geradlinigkeit der einzelnen Kurven verschwindet. Eine Tatsache, die sich nur aus der Schwierigkeit der gleichmäßigen Verteilung der Linienlast über die gesamte Länge bei größeren Probenlängen erklären läßt. Aus diesem Grunde hat der *Niederländische Studienausschuß* für Asbestzementrohre die Probenlängen für Scheiteldruckprüfungen auf 200 mm festgesetzt. Es darf angenommen werden, daß auch der deutsche Normenausschuß sich von diesen Erwägungen lenken ließ, als er in der DIN 19 800 ebenfalls 200 mm als Probenlänge bestimmte. Den Bruchlasten sind die zugehörigen Scheiteldruckspannungen im Rohrscheitel gegenübergestellt, die zur deutlicheren Darstellung in einem größeren Maßstab aufgetragen wurden. Es läßt sich hieraus gut entnehmen, wie groß die Streuung der Einzelwerte ist. Weiterhin ist eine allgemeine Festigkeitsverminderung bei den schmalsten Ringen von 25 mm Breite zu beobachten. Da dies bis auf zwei Ausnahmen mehr oder weniger überall der Fall ist, scheidet eine Zufälligkeit aus. Als Ursache für diese Erscheinung läßt sich nur vermuten, daß infolge der geringen Ringbreite ein Ausgleich örtlicher Spannungsspitzen im räumlichen System durch die Dehnungen nicht in dem Maße vorhanden ist, wie dies bei größeren Biegequerschnitten der Fall ist. Schließlich wurde auch bei diesen Versuchen beobachtet, daß die Festigkeiten bei den längsten Proben abnehmen. Die gleiche Tendenz zeigten

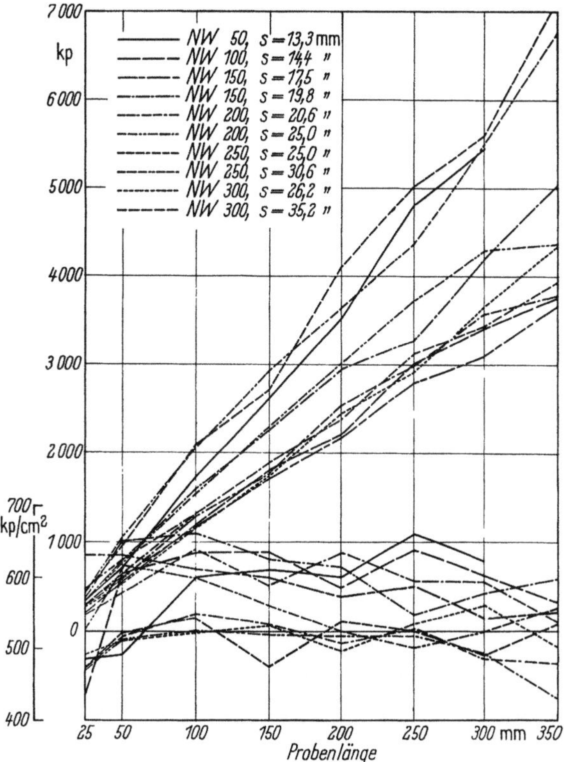

Abb. 149. Scheiteldruck-Bruchlasten und -festigkeiten in Abhängigkeit von der Probenlänge [120].

die längeren Proben der PILNYschen Versuche (Tab. 38). Es darf daher wohl angenommen werden, daß es sich hierbei um einen echten Zusammenhang handelt und ein Zufall, den PILNY objektiverweise auf Grund der wenigen Proben, die ihm zur Verfügung standen, noch unterstellte, ausgeschlossen ist. Eine Begründung dieser Tatsache ist an Hand des vorliegenden Untersuchungsmaterials nicht möglich. Es kann jedoch durchaus als möglich angenommen werden, daß Ungesetzmäßigkeiten in der Verteilung der räumlichen Spannungen vorliegen. Es wäre z. B. denkbar, daß die Abnahme der Festigkeiten bei den längeren Proben zu den richtigen Werten führt, während die kürzeren Proben (mit Ausnahme des Sonderfalles ganz schmaler Ringe) zu hohe Werte liefern. Aus der Betontechnologie ist z. B. bekannt, daß die üblichen Betonwürfel bei Druckproben höhere Festigkeiten zeigen als längere Prismen aus gleichem Material und gleicher Fertigung. Im ersteren Falle sind die Voraussetzungen einer gleichmäßigen Spannungsverteilung nicht mehr einwandfrei.

4.502 2 Verformung des Rohrquerschnittes infolge Scheiteldruckbelastung

Die zum Rohrquerschnitt symmetrisch angeordnete Scheiteldruckbelastung führt zu einer ebenfalls symmetrischen Verformung des Rohres dergestalt, daß sich der senkrechte Durchmesser in der Kraftwirkungsrichtung verkürzt, während sich der waagerechte verlängert. Die Bestimmung der Durchmesseränderungen erlaubt die Feststellung, ob und inwieweit die tatsächlichen Verhältnisse mit den theoretisch-rechnerischen übereinstimmen. Dies ist im Hinblick auf die für die Dimensionierung von Asbestzement-Druckrohren notwendigen statischen Untersuchungen nicht ohne Interesse. Es war daher selbstverständlich, daß neben den im vorigen Abschnitt behandelten Bruchversuchen auch Verformungsbestimmungen durchgeführt wurden. Um den Umfang zu beschränken, wurde jedoch nur eine ausgewählte Rohrtype in dieser Hinsicht untersucht. Die Wahl fiel hierbei auf die Nennweite 200 mm, die, zwischen NW 100 und NW 400 liegend, als am zweckmäßigsten für die Untersuchungen befunden wurde.

Der von PILNY [*V40*] benutzte Versuchsaufbau ist im Schema in Abb. 150 dargestellt. Jeweils in Rohrmitte (*m*) und an den beiden Rohrenden (*e*) wurden zwei Meßuhren (M_1 bis M_6) angeordnet, die den vertikalen (*v*) und den horizontalen (*h*) Durchmesser[1] kontrollierten. Aus ver-

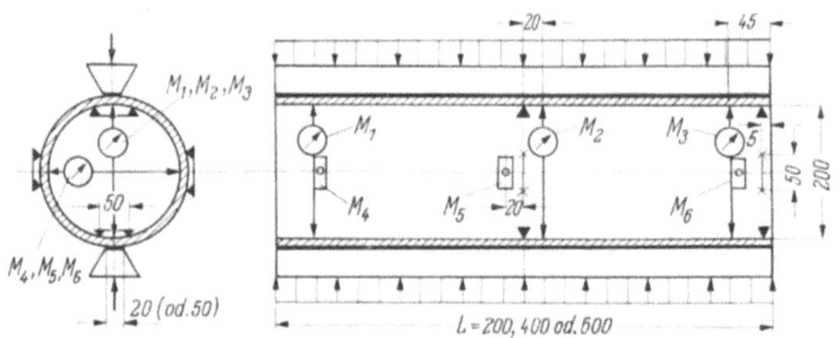

Abb. 150. Schema des Versuchsaufbaus für die Bestimmung der Durchmesseränderungen infolge Scheiteldruckbelastungen [*V40*].

suchstechnischen Gründen mußten die Uhren in Rohrmitte um je 20 mm von der Rohrmitte abgesetzt werden, aus gleichem Grunde befanden sich die äußeren Meßuhren 45 mm vom Rohrende entfernt. Dies war notwendig, weil außerdem Dehnungsmesser zur Ermittlung der Wanddehnungen eingebaut wurden. Abb. 151 zeigt einen Blick auf eine in die Prüfpresse eingebaute Versuchsanordnung.

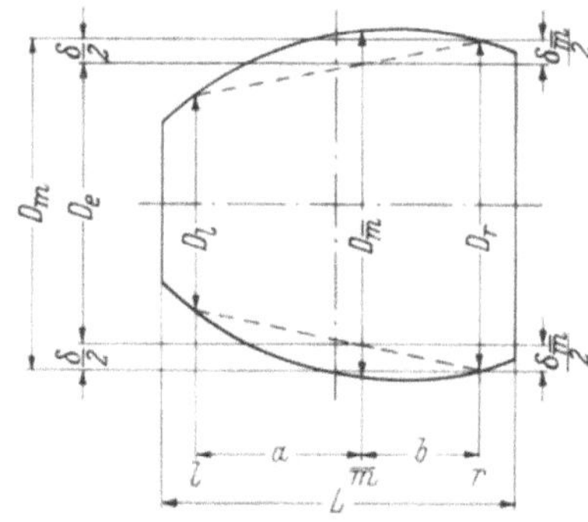

Abb. 152. Schematische Darstellung des Längenschnittes eines durch Scheiteldruck verformten Rohrstückes [*V40*].

Abb. 151. Blick auf die Versuchseinrichtung zur Bestimmung der Verformungen infolge einer Scheiteldruckbelastung [*V40*].

Um die tatsächlichen Durchmesseränderungen in Rohrmitte und an den Rohrenden angeben zu können, rechnete PILNY die an den Meßstellen abgelesenen Werte an Hand der Abb. 152 um.

---

[1] Mit Rücksicht auf die von PILNY verwendete Bezeichnung wird im Rahmen dieser Untersuchungen der Innendurchmesser mit *D* (nicht wie sonst mit *d*) gekennzeichnet.

Gemessen wurden die Durchmesseränderungen ΔD an den Stellen l, $\overline{m}$ und r. Es ist

$$D_m = D_e + \delta = \frac{D_r + D_l}{2} + \delta \tag{4/47}$$

$$D_{\overline{m}} = D_l + (D_r - D_l)\,\frac{a}{a+b} + \delta_{\overline{m}} = \frac{D_r \cdot a + D_l \cdot b}{a+b} + \delta_{\overline{m}}. \tag{4/48}$$

Aus der Annahme, daß

$$\delta_{\overline{m}} - \delta \ll 1 \text{ folgt}$$
$$\delta_{\overline{m}} \approx \delta, \text{ mithin}$$

$$\delta = D_{\overline{m}} - \frac{D_r \cdot a + D_l \cdot b}{a+b} \text{ und}$$

$$D_m = \frac{D_r + D_l}{2} + D_{\overline{m}} - \frac{D_r \cdot a + D_l \cdot b}{a+b} = D_{\overline{m}} - \frac{D_r - D_l}{2}\,\frac{(a-b)}{(a+b)} \tag{4/49}$$

somit

$$\Delta D_m = \Delta D_{\overline{m}} - \frac{\Delta D_r - \Delta D_l}{2} \cdot \frac{(a-b)}{(a+b)} \tag{4/50}$$

weiterhin ist

$$\Delta D_e = \frac{\Delta D_r + \Delta D_l}{2} \tag{4/51}$$

Zur Ermittlung der Durchmesseränderungen wurde die Rohrprobe nach Aufbringen einer Vorlast stufenweise belastet. Im Anschluß an die Ablesung der Meßuhren erfolgte die Entlastung bis zur Höhe der Vorlast, bei der die bleibende Verformung erfaßt wurde. Danach wurde die Probe erneut einem nunmehr höheren Scheiteldruck ausgesetzt. Die Endbelastung entsprach hierbei etwa 65 bis 80% der Bruchbelastung, die aus Parallelversuchen in ihrer ungefähren Größenordnung bekannt war.

Die in der beschriebenen Weise von PILNY [*V40*] gefundenen Ergebnisse sind in den Abb. 153 bis 155 mit ihren Mittelwerten wiedergegeben. Hierbei handelt es sich um Proben von Rohren NW 200, ND 2,5 mit den Längen 20 cm (Abb. 153), 40 cm (Abb. 154) und 60 cm (Abb. 155). Die Verkürzungen des vertikalen Durchmessers ΔD_v und die Verlängerungen des horizontalen Durchmessers ΔD_h sind in Abhängigkeit von der am Rohrscheitel sich einstellenden Ringbiegezugspannung σ_d entsprechend Gl. (4/6) aufgetragen. Der bleibenden Durchmesseränderung ΔD_{bl}

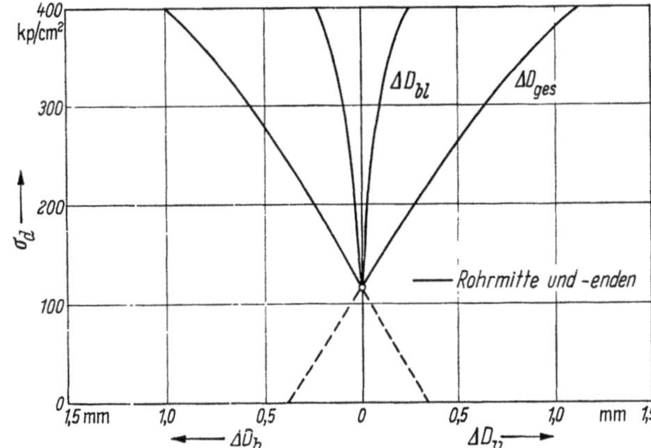

Abb. 153. Änderung des vertikalen und horizontalen Durchmessers infolge Scheiteldruck-Rohrproben NW 200/ND 2,5 von 20 cm Länge [*V40*].

steht die Gesamtverformung ΔD_{ges} gegenüber. Um den Betrag der gesamten Durchmesseränderung von $\sigma_d = 0$ bis zu einer bestimmten Scheiteldruckspannung σ_d zu erhalten, muß die Verformung infolge der Vorlast mit einbezogen werden. Dies ist in den folgenden Abbildungen durch angenäherte tangentiale Verlängerung der Verformungskurven vom Ordinatenschnitt-

punkt auf die Abszisse geschehen. Die Gesamtdeformation ist daher vom Schnittpunkt dieser
Verlängerungsgeraden mit der Abszisse aus abzulesen. Die durch die Vorlast erzeugte Scheiteldruckspannung ist gering und kann mit hinreichender Genauigkeit als im elastischen Bereich
liegend angesehen werden. Daraus leitet sich die Berechtigung ab, die Verformungskurve in

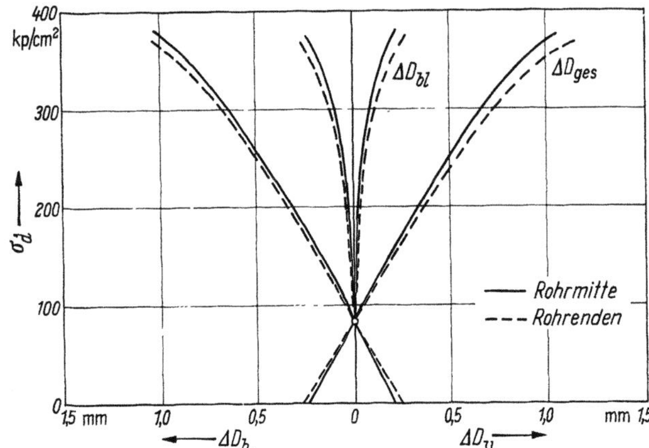

Abb. 154. Änderung des vertikalen und horizontalen Durchmessers infolge Scheiteldruckbelastung an Rohrproben NW 200/ND 2,5 von
40 cm Länge [*V 40*].

diesem unteren Bereich geradlinig anzunehmen. Der Vergleich der Versuchsergebnisse zeigt als
auffälligste Tatsache die Unterschiede zwischen den Verformungen in Rohrmitte (——————)
und denen an den Rohrenden (- - - - - -). Während bei den 20 cm langen Proben keine meßbaren Differenzen zu beobachten sind, weisen die 40-cm-Proben bereits deutliche Abweichungen
auf, die sich bei den 60-cm-Proben noch vergrößern. Dieser Umstand erweist ganz eindeutig

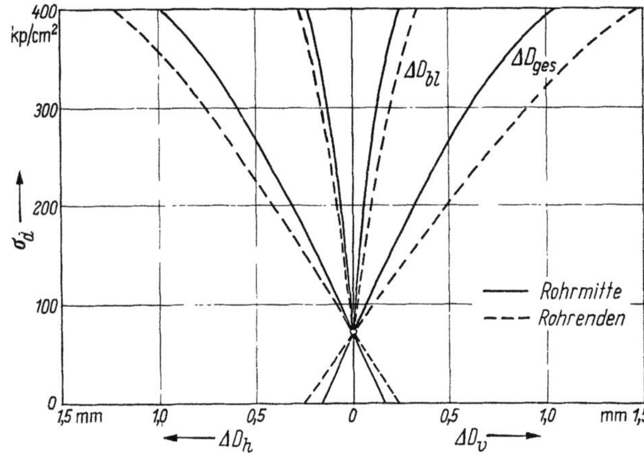

Abb. 155. Änderung des vertikalen und horizontalen Durchmessers infolge Scheiteldruckbelastung an Rohrproben NW 200/ND 2,5 von
60 cm Länge [*V 40*].

die bereits erwähnte Schwierigkeit, bei der Prüfung längerer Rohre eine gleichmäßige Verteilung
der einzuleitenden Linienlast zu erzielen. Hierfür spricht auch der Umstand, daß nach PILNY
bei der 20-cm-Probe das aus den Versuchen gewonnene Verhältnis $\Delta D_h/\Delta D_v$ im Rahmen der
Versuchsgenauigkeit dem aus der Berechnung am ebenen Kreisring sich ergebenden Wert von
0,918 entspricht. Die gleiche Übereinstimmung läßt sich auch noch hinreichend genau in Rohrmitte der 40-cm-Proben feststellen. An den Enden dieser Proben sowie bei den 60-cm-Proben
weichen die gefundenen Werte jedoch von dem rechnerischen ab. Allen Proben gemeinsam ist
ein zunächst linearer Anstieg der Durchmesserveränderungen bis zu einer Scheiteldruckspannung von etwa 250 bis 300 kp/cm², danach wachsen die Verformungen schneller an, so daß die
Kurven in eine Krümmung übergehen.

In Abb. 156 sind die Ergebnisse von Versuchen an Rohrproben NW 200/ND 12,5 von 60 cm
Länge dargestellt, die von PILNY als zusätzliche Vergleichsversuche durchgeführt wurden.

Sie zeigen keine grundsätzlichen Abweichungen von den Ergebnissen der Versuche an dünnwandigeren Rohren der gleichen Nennweite. Allerdings sind die absoluten Verformungen zwangs-

läufig kleiner. Interessant ist hierbei jedoch die von PILNY erwähnte Tatsache, daß die dickwandigeren Rohrproben (ND 12,5) gegenüber den dünnwandigeren (ND 2,5) spezifisch weicher
waren, d. h., daß der Verformungswiderstand nicht in dem Maße mit der Wanddicke wuchs,
wie es rechnerisch zu erwarten gewesen wäre [*V40*].

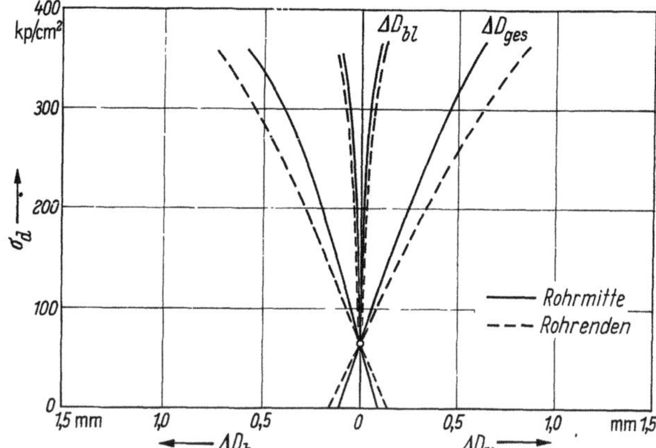

Abb. 156. Änderung des vertikalen und horizontalen Durchmessers infolge Scheiteldruckbelastung an Rohrproben NW 200/ND 12,5 von
60 cm Länge [*V40*].

4.502 3 Die örtlichen Dehnungen infolge Scheiteldruckbelastungen

Gleichzeitig mit der Bestimmung der Durchmesseränderungen wurden die örtlichen Dehnungen in den vertikalen und horizontalen Scheiteln ermittelt, wobei jeweils zwei Dehnungsmesser diametral gegenüberliegend angebracht wurden (s. Abb. 150 und 151). Die Ablesungen
der beiden gegenüberliegenden Messer wurden jeweils in einem mittleren Wert zusammengefaßt.
Die Ergebnisse der Dehnungsmessungen sind ebenfalls mit ihren Mittelwerten in den folgenden

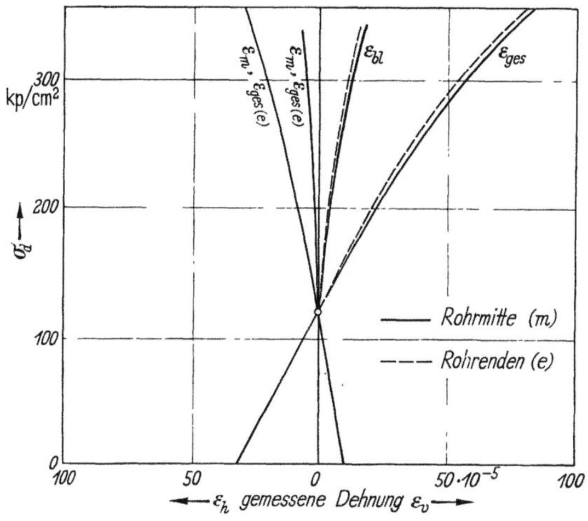

Abb. 157. Örtliche Dehnungen der Rohrwand in den vertikalen und horizontalen Scheiteln infolge Scheiteldruckbelastung bei Rohrproben NW 200/ND 2,5 mit 20 cm Länge
(aus [*V40*]).

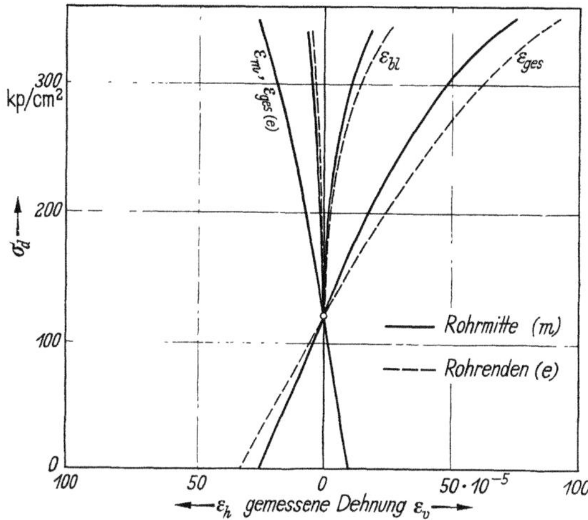

Abb. 158. Örtliche Dehnungen der Rohrwand in den vertikalen und horizontalen Scheiteln infolge Scheiteldruckbelastung bei Rohrproben NW 200/ND 2,5 mit 40 cm Länge
(aus [*V40*]).

Abb. 157 bis 160 analog zu den Darstellungen der Durchmesseränderungen wiedergegeben. Da
hierbei nur an einem Rohrende gemessen wurde und die Rohrverformungen, wie die Versuche
zeigten, nicht ganz symmetrisch zur Rohrmitte erfolgten, mußten die Meßwerte umgerechnet
werden. Dies war bei Berücksichtigung des Umstandes, daß Dehnungen zweier diametral gegen-
überliegender Scheitel der Änderung des dazwischen liegenden Durchmessers verhältnisgleich
gesetzt werden kann, leicht möglich.

Die gemessenen Dehnungen zeigen ähnlich wie vorher die Durchmesserveränderungen ein
verschiedenes Verhalten von Rohrmitte und Rohrenden. Die Unterschiede werden mit zunehmender Probenlänge größer. Insbesondere fällt jedoch auf, daß die Dehnungen an den hori-

10*

zontalen Scheiteln wesentlich kleiner sind als die an den vertikalen und dort teilweise in Rohrmitte und am Rohrende gleich groß sind. So konnte im Gegensatz zu den Durchmesseränderungen selbst bei den kurzen Proben ($l = 20$ cm) keine Übereinstimmung des Verhältnisses

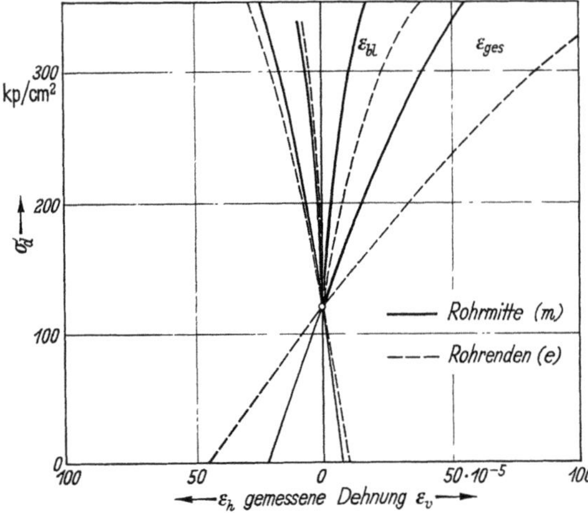

Abb. 159. Örtliche Dehnungen der Rohrwand in den vertikalen und horizontalen Scheiteln infolge Scheiteldruckbelastung bei Rohrproben NW 200/ND 2,5 mit 60 cm Länge (aus [V40]).

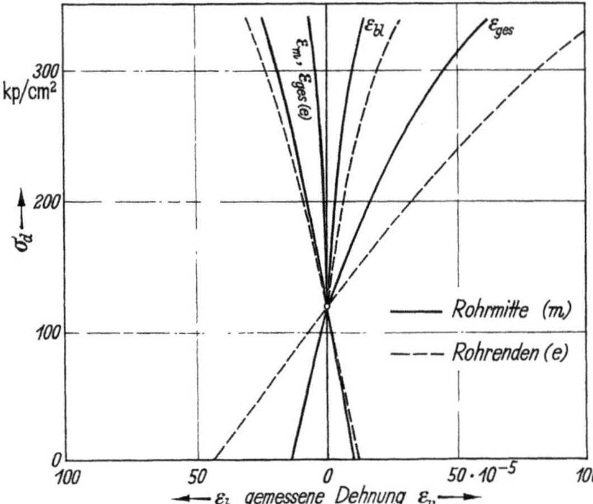

Abb. 160. Örtliche Dehnungen der Rohrwand in den vertikalen und horizontalen Scheiteln infolge Scheiteldruckbelastung bei Rohrproben NW 200/ND 12,5 mit 60 cm Länge (aus [V40]).

$\varepsilon_h/\varepsilon_v$ aus gemessenen und aus berechneten Werten gefunden werden. PILNY führte dies auf einen örtlichen Einfluß der Lasteinleitung in den vertikalen Scheitel zurück [V40]. Wie weit die gemessenen und berechneten Werte auseinandergehen, hat PILNY überdies untersucht und

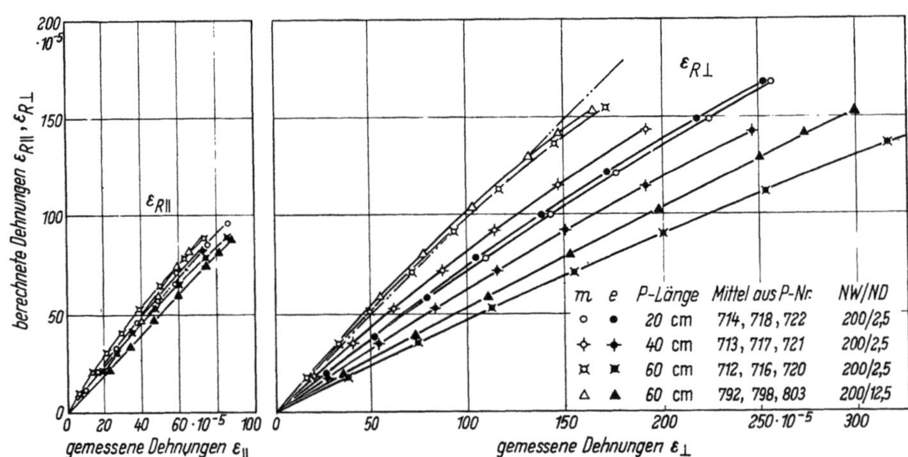

Abb. 161. Darstellung der berechneten Scheiteldehnungen in Abhängigkeit von den zugehörigen gemessenen Dehnungen [V40].

in einer graphischen Darstellung (Abb. 161) aufgezeigt. Hierbei berechnete er die Dehnungen aus den Querschnittsabmessungen und der jeweiligen Belastung nach den Beziehungen des ebenen Kreisringes:

$$\Delta D_v = \frac{1}{E} \cdot \frac{P}{J} (d + s)^3 \cdot \frac{0.1488}{8} \qquad (4/52)$$

$$\Delta D_h = \frac{1}{E} \cdot \frac{P}{J} (d + s)^3 \cdot \frac{0{,}1366}{8} \qquad (4/53)$$

Hierin bedeuten:

ΔD_v = Änderung des vertikalen Durchmessers (cm)
ΔD_h = Änderung des horizontalen Durchmessers (cm)
P = Scheiteldruckkraft (kp)
J = Trägheitsmoment um Rohrachse (cm⁴)
E = E-Modul (kp/cm²)
d = Innendurchmesser (cm)
s = Wanddicke (cm)

Aus (4/52) und (4/53) ergibt sich ferner

$$E = \frac{1}{2} \cdot \frac{P}{J} \frac{(d+s)^3}{8} \left(\frac{0,1488}{\Delta D_v} + \frac{0,1366}{\Delta D_h} \right) \tag{4/54}$$

Unter der Annahme, daß sich der E-Modul von Rohrmitte zu den Rohrenden hin in erster Näherung linear ändert, gelangt PILNY zu dem Ausdruck

$$\text{mittl. } E = \frac{1}{2} \frac{P}{J} \frac{(d+s)^3}{2 \cdot 8} \left[\frac{0,1488}{\Delta D_{mv}} + \frac{0,1488}{\Delta D_{ev}} + \frac{0,1366}{\Delta D_{mh}} + \frac{0,1366}{\Delta D_{eh}} \right] \tag{4/55}$$

(der Index m bedeutet Rohrmitte,
der Index e bedeutet Rohrende).

Mit

$$\frac{P}{J} = 4 \cdot \pi \cdot \frac{\sigma_v}{s\,(d+s)} \qquad (4/56) \qquad \text{für den vertikalen Scheitel}$$

und

$$\frac{P}{J} = \frac{8}{1 - \dfrac{2}{\pi}} \cdot \frac{\sigma_h}{s\,(d+s)} \qquad (4/57) \qquad \text{für den horizontalen Scheitel}$$

und schließlich mit

$$\varepsilon = \frac{E}{\sigma} \tag{4/58}$$

ergibt sich:

$$\text{mittl. } \varepsilon_v = \frac{2,5465}{\dfrac{(d+s)^2}{s} \left[0,1488 \left(\dfrac{1}{\Delta D_{mv}} + \dfrac{1}{\Delta D_{ev}} \right) + 0,1366 \left(\dfrac{1}{\Delta D_{mh}} + \dfrac{1}{\Delta D_{eh}} \right) \right]} \tag{4/59}$$

$$\text{mittl. } \varepsilon_h = 0,5708 \cdot \text{mittl. } \varepsilon_v \tag{4/60}$$

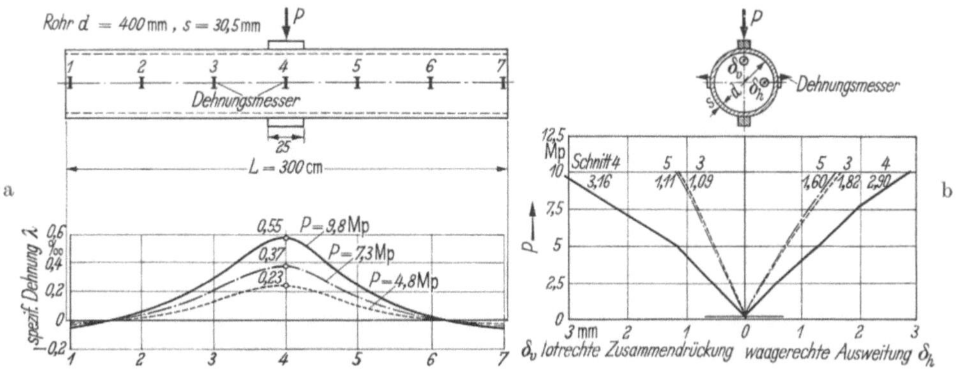

Abb. 162a u. b. Scheiteldruckbelastung in Mitte eines 3,0 m langen Asbestzement-Rohres NW 400 [191].
a) Verlauf der äußeren Umfangsdehnung an den Kämpfern, b) Änderung der Durchmesser.

Die aus Gl. (4/59) und (4/60) errechneten Werte sind in Abb. 161 eingetragen. Es zeigt sich hierbei sehr deutlich, daß die gemessenen Dehnungen größtenteils von den errechneten ab-

weichen. Während die gemessenen Dehnungen im vertikalen Durchmesser größer als die er
rechneten sind, zeigen die in den waagerechten Scheiteln gemessenen ein umgekehrtes Verhalten, allerdings mit wesentlich kleineren Unterschieden.

Abschließend sei noch auf eine Versuchsreihe von Roš hingewiesen [191]. Er belastete in
einem Falle ein Asbestzement-Druckrohr NW 400 mit der Wanddicke $s = 30,5$ (mm) von 3,0 m
Länge in Rohrmitte durch Scheiteldruck, wobei die Belastungslänge nur 25 cm betrug, und
stellte dann in sieben verschiedenen Querschnitten die äußeren Umfangsdehnungen an den
Kämpfern und unmittelbar unter sowie rechts und links des Lastangriffs die Änderungen der
horizontalen und vertikalen Durchmesser fest. Das andere Mal belastete er ein gleiches Rohr
einseitig am Ende und untersuchte wiederum die Verformungen in den beschriebenen Querschnitten.

Wie aus Abb. 163 hervorgeht, klingen die Umfangsdehnungen bei einseitiger Scheiteldruckbelastung sehr schnell ab.

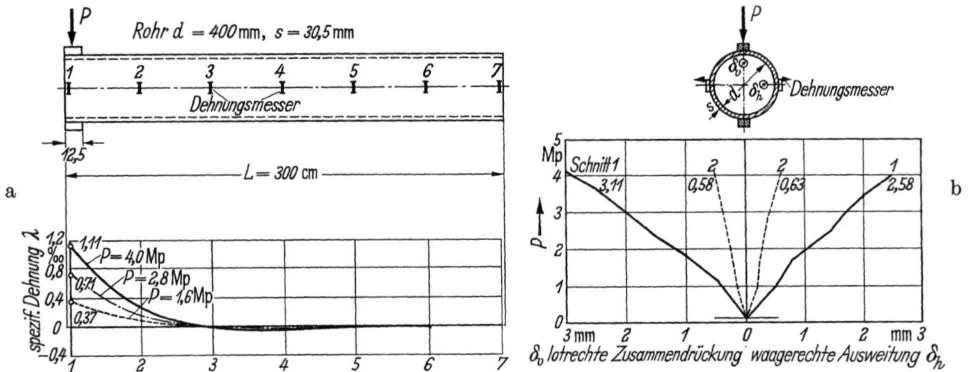

Abb. 163 a u. b. Einseitige Scheiteldruckbelastung bei einem 3,0 m langen Rohr NW 400 [191].
a) Verlauf der äußeren Umfangsdehnungen, b) Änderungen der Durchmesser.

4.503 Längsbiegefestigkeit

Die Belastung auf Längsbiegung ist neben Innendruck und Scheiteldruck die dritte mechanische Beanspruchung, der eine Leitung ausgesetzt werden kann. Sie kann dann gefährlich
werden, wenn eine Leitung nicht satt auf der Grabensohle aufliegt oder auf Sockeln gelagert
und z. B. durch Verkehrslasten oder einseitige Setzungen des Bodens beansprucht wird. Aber
bereits die Auflast der Grabenverfüllung ruft Biegespannungen hervor, die außer den bereits
aufgeführten Gründen auch dann unangenehm werden können, wenn die Bettung des Rohres
zu weich ist und ungleichmäßige Verformung zur Folge hat. Eine bestimmte Längsbiegefestigkeit
ist daher ebenso notwendig wie die anderen Festigkeiten. Für Asbestzement-Druckrohre wird
nach DIN 19 800 eine Biegebruchfestigkeit von mindestens 250 kp/cm² gefordert.

4.503 1 Längsbiegebruchspannungen

Die Ermittlung der Biegezugfestigkeit in Achsrichtung hat nach der Norm bis zu NW 200
durch Belastung eines Rohres durch eine Einzellast in Rohrmitte[1] zu geschehen, die Stützweite
ist dabei mit 200 cm festgelegt. Bei größeren Nennweiten ist für die Dimensionierung die Innendruck bzw. Scheiteldruckfestigkeit maßgebend. Auf Grund der dafür erforderlichen Wanddicken wird bei diesen Nennweiten ein Trägheitsmoment erreicht, das in jedem Fall die geforderte Längsbiegefestigkeit sicherstellt. Bei diesen Rohren lassen sich Biegebrüche infolge
einer Einzellast bis zu einer bestimmten Grenze nur durch Verlängerung der Stützweite erzielen. Über diese Grenze hinaus wird das Rohr durch eine Einzellast lediglich örtlich zerstört
werden, ohne daß ein Biegebruch erfolgt.

---

[1] s. Abschn. 4.143.

Der Berechnung der Biegespannung liegt ganz allgemein die Gleichung für den auf Biegung durch eine Einzellast in Balkenmitte beanspruchten Balken mit kreisringförmigem Hohlquerschnitt zugrunde. Wie noch näher dargelegt wird, trifft diese Annahme nur annäherungsweise zu und führt bei größeren Nennweiten bzw. bei kleineren Verhältnissen $\vartheta = \dfrac{l}{d} = \dfrac{\text{Stützweite}}{\text{Innendurchmesser}}$ zu unrichtigen Ergebnissen. Es ist daher sinnvoll, auch das Verhältnis ϑ mit aufzuführen, wenn Ergebnisse von Biegeversuchen angegeben werden.

Den Asbestzement-Druckrohren eine genügende Längsbiegefestigkeit zu verleihen, stellte die Hersteller, insbesondere bei Anwendung des Wickelverfahrens nach MAZZA, vor einige Probleme. Durch entsprechende Rührbewegungen im Stoffkasten parallel zum Siebzylinder konnte zwar erreicht werden, daß ein größerer Prozentsatz an Fasern sich quer, zumindest aber diagonal zur Wickelrichtung ausrichtet. Immerhin liegen die erzielten Längsbiegefestigkeiten nicht ganz so hoch über der geforderten Mindestfestigkeit, wie das bei der Scheiteldruck- und auch bei der Innendruckfestigkeit der Fall ist.

Tabelle 42. *Längsbiegezugfestigkeiten nach* RoŠ [191]

Nr.	NW (mm)	s (mm)	δ	ϑ	Alter (Tage)	Bruch-last (kp)	Biegebruch-spannung σ_b (kp/cm²)	Mittelwert σ_b^m (kp/cm²)
1	100	14,1	7,10	40	264	580	445	
2	100	14,2	7,05	40	193	570	432	439
3	150	17,0	8,83	26,70	323	1 550	441	
4	150	17,3	8,66	26,70	354	1 850	520	481
5	200	15,5	12,90	20	227	2 300	419	
6	200	21,7	9,21	20	259	3 400	433	426
7	400	18,5	21,60	10	255	9 500	367	
8	400	44,0	9,10	10	235	23 300	380	374
						Gesamtmittel		430

Im Gegensatz zu den von RoŠ ermittelten Längsbiegefestigkeiten liegen die im KIWA-Bericht [120] veröffentlichten Ergebnisse von entsprechenden Untersuchungen des niederländischen Studienausschusses für Asbestzementrohre an 2,0 m langen Rohrproben niedriger.

Tabelle 43. *Längsbiegezugfestigkeiten nach* KIWA [120]

Nr.	NW (mm)	s (mm)	δ	ϑ	Alter (Tage)	Bruch-last (kp)	Biegebruch-spannung σ_b (kp/cm²)	Mittel σ_b^m (kp/cm²)
1	100	13,15	7,61	20	103	700	292	
2	100	13,98	7,16	20	117	750	291	278
3	100	14,03	7,12	20	118	650	252	
4	250	23,40	10,68	8	224	6 750	264	
5	250	24,30	10,29	8	223	6 750	252	261
6	250	25,23	9,88	8	223	700	266	
						Gesamtmittel		269,5

PILNY [V40] ermittelte bei seinen Längsbiegeversuchen mit einer Einzellast entsprechend DIN 19 800 (Abb. 164) die in Tab. 44 aufgeführten Ergebnisse. Die hierbei in der letzten Spalte angegebene Bezugszahl zeigt das Verhältnis Bruchspannung zur Normfestigkeit, ausgedrückt in Prozenten. Danach liegen die gefundenen Biegebruchspannungen im Mittel um etwa 25% über der geforderten Normmindestfestigkeit. Eine Abhängigkeit von der Dünnwandigkeit $\delta = d/s$ läßt sich aus den Werten der Tab. 44 nicht ohne weiteres entnehmen (Abb. 165). Es scheint

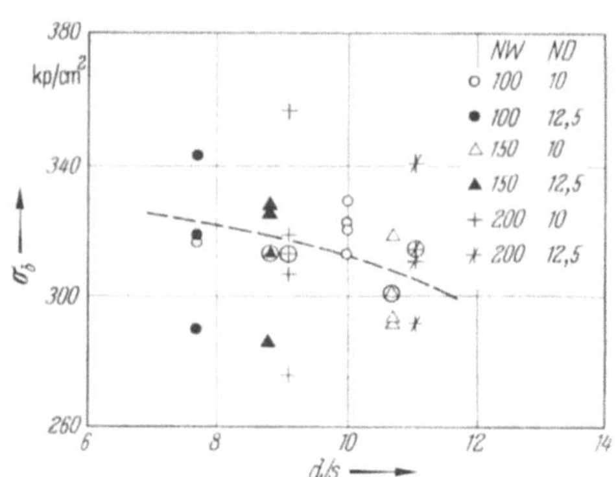

Abb. 165. Biegebruchspannungen nach PILNY in Abhängigkeit von δ [$V40$].

Abb. 164. Biegeversuche mit einer Einzellast in Rohrmitte NW 200, ND 2,5 ($l = 200$ cm) [$V40$].

jedoch eine Abnahme der Biegebruchfestigkeiten mit wachsendem δ-Wert stattzufinden; eine Tendenz, die auch bei Nebenversuchen mit zwei Einzellasten in den Drittelspunkten sowohl bei normalen als auch bei gekerbten Proberohren in Erscheinung trat. Bemerkenswert ist ferner die Tatsache, daß der Einfluß des Rohralters kaum noch vorhanden ist, sofern die anfängliche Erhärtung ein bestimmtes Maß erreicht hat.

Zur Vervollständigung der Biegeversuche prüfte PILNY auch Asbestzement-Druckrohre, bei denen in Rohrmitte an der äußeren Unterseite, also im Bereich der Zugfaser, eine Kerbe entsprechend Abb. 166 eingehobelt war. Diese Bruchuntersuchungen mußten sinnvollerweise mit

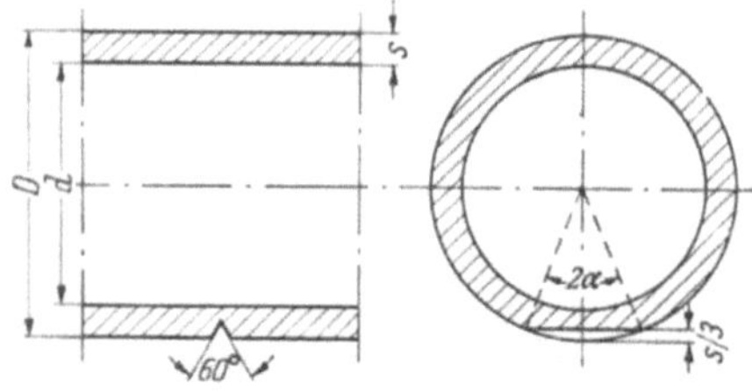

Abb. 166. Schnitt durch die in die Versuchsrohre eingehobelte Kerbe.

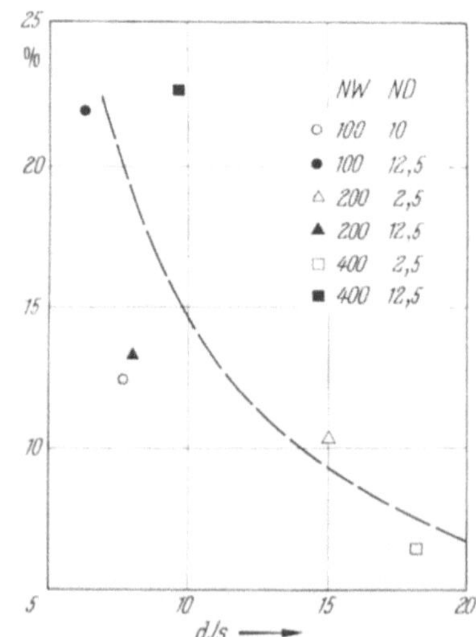

Abb. 167. Prozentuale Verringerung der Biegefestigkeit infolge Kerbung, aufgetragen über die Dünnwandigkeit [$V40$].

zwei Einzellasten, die in den Drittelspunkten der Rohrlänge angriffen (Abb. 168), durchgeführt werden, weil nur so die Gewähr dafür gegeben war, daß der Bruch an der Kerbe infolge des Maximalmomentes erfolgte, ohne daß zusätzliche örtliche Einflüsse infolge Lasteinleitung die Ergebnisse verfälschen konnten. Die Festigkeitsminderung infolge der Kerbe gegenüber gleichen, jedoch

Tabelle 44. *Längsbiegezugfestigkeiten nach* PILNY]V40]

Proben-Nr.	$\delta = d/s$	Nenn-weite (mm)	Nenn-druck (atü)	Alter (Tage)	$\vartheta = l/d$	Bruch-last (kp)	Biegebruch-spannung (kp/cm²)	Bezugszahl (%)
1	10	100	10	45	20	830	330	132
2		100	10	45	20	820	321	128
3		100	10	45	20	805	314	126
Mittelwert				45			321,7	128,7
4		100	12,5	133	20	805	290	116
5	7,7	100	12,5	133	20	980	343	137
6		100	12,5	133	20	935	319	128
Mittelwert				133			317,3	127
7		150	10	97	16,7	2 015	293	117
8	10,7	150	10	97	16,7	2 225	319	128
9		150	10	97	16,7	1 965	292	117
Mittelwert				97			301,3	120,7
10	8,8	150	12,5	216	16,7	2 655	328	131
11		150	12,5	216	16,7	2 265	286	114
12		150	12,5	216	16,7	2 590	326	130
Mittelwert				216			313,3	125
13		200	10	274	10	4 565	292	117
14	11,1	200	10	274	10	4 845	311	124
15		200	10	274	10	5 265	341	136
Mittelwert				274			314,7	125,7
16		200	12,5	(28)	10	5 525	(276)	(110)
17	9,1	200	12,5	268	10	6 045	319	128
18		200	12,5	269	10	5 805	307	123
19		200	12,5	(330)	10	7 555	(357)	(143)
Mittelwert				269			313	125,5
						Gesamtmittel	313,5	125,4

Die eingeklammerten Werte wurden wegen des zu sehr abweichenden Alters der Proben nicht zur Mittelwertbildung herangezogen.

ungekerbten Rohren, die ebenfalls mit zwei Einzelkräften belastet wurden, ist aus Abb. 167 zu ersehen, in der jeweils die Mittelwerte von drei Einzelversuchen aufgetragen wurden. Für δ wurde ebenfalls jeweils ein mittlerer Wert gewählt. Es zeigt sich, daß mit wachsender Dünnwandigkeit der Einfluß der Kerbe stark zurückgeht.

4.503 2 Durchbiegung des Rohres und Verformung der Rohrdurchmesser beim Biegeversuch

Die Angabe der Bruchspannungen allein ergibt noch keine allgemeingültige Aussage über das Biegeverhalten eines Rohres. Vielmehr sind ergänzende Angaben über die bei der Belastung eintretenden Verformungen, Durchbiegungen und schließlich auch Dehnungen notwendig.

Zur Beantwortung dieser Fragen wurden Verformungsmessungen an ebenfalls mit zwei Einzelkräften belasteten Rohren durchgeführt. Einige Verformungsversuche mit einer Einzelkraft in Rohrmitte dienten der Gegenüberstellung; an den Ergebnissen dieser wenigen Versuche läßt sich der Unterschied in den beiden Belastungsarten (ein oder zwei Einzelkräfte) hinsichtlich der Verformungen deutlich machen. Abb. 188 zeigt den schematischen Aufbau der von PILNY verwendeten Versuchsanordnung mit zwei Einzellasten zur Ermittlung der Durchbiegung und der Änderung des vertikalen Durchmessers (Ovalisierung).

Die senkrechten Durchmesseränderungen[1] wurden in Rohrmitte und in den äußeren Achtelpunkten durch ins Rohrinnere eingeschobene Meßuhren erfaßt. An den gleichen Stellen wurden

---

[1] s. Fußnote, S. 144.

Meßuhren auf das Rohr außen aufgesetzt, die von einer feststehenden Bezugslinie aus die Durchbiegung der äußeren Rohrscheitellinie anzeigten. Das Einsetzen der mittleren Meßuhren in das Rohrinnere geschah mit einer eigens dafür konstruierten Greifervorrichtung (Abb. 169).

Abb. 168. Biegeprüfung mit 2 Einzellasten [*V40*].

Die Ablesung der Meßuhren im Rohr erfolgte mittels eingerichteter Fernrohre (Abb. 170). Man erkennt deutlich die aus Lochwinkeleisen bestehende Tragkonstruktion, an der die oberen Meßuhren zur Messung der Durchbiegung befestigt sind.

Abb. 169. Einbau einer Meßuhr mit Hilfe einer Greifervorrichtung [*V40*].

Für die Berechnung der Durchbiegung der Rohrachse in Rohrmitte infolge zweier Einzellasten leitet PILNY folgenden Zusammenhang ab [*V40*]:

$$f = 1{,}6185 \left\{ \left(f_m - \frac{\varDelta D_m}{2} \right) - \frac{1}{2} \left[\left(f_r - \frac{\varDelta D_r}{2} \right) + \left(f_l - \frac{\varDelta D_l}{2} \right) \right] \right\} \quad \text{(mm)} \tag{4/61}$$

Hierin bedeuten:

$$\begin{aligned}
f_m &= \text{Absenkung der oberen Rohrmantellinie bei } l/2 \text{ (mm)} \\
f_r &= \text{desgleichen bei } l/8 \text{ vom rechten Auflager (mm)} \\
f_l &= \text{desgleichen bei } l/8 \text{ vom linken Auflager (mm)} \\
\varDelta D_m &= \text{Änderungen des senkrechten Durchmessers bei } l/2 \text{ (mm)} \\
\varDelta D_r &= \text{desgleichen bei } l/8 \text{ vom rechten Auflager (mm)} \\
\varDelta D_l &= \text{desgleichen bei } l/8 \text{ vom linken Auflager (mm).}
\end{aligned}$$

Der Faktor 1,6185 ergibt sich aus der gedachten Verschiebung der äußeren Meßpunkte unter die Auflager. Für die Durchbiegung infolge einer Einzellast ändert sich in Gl. (4/61) lediglich der

Zahlenfaktor, der dann den Wert 1,5802 annimmt. In den Abb. 171 bis 176 sind die mittlere bleibende und gesamte Durchbiegung in Rohrmitte infolge zweier Einzellasten getrennt nach NW und ND aufgetragen.

Abb. 170. Anordnung der Fernrohre für die Ablesung der Meßuhren im Rohrinneren [*V40*].

Es zeigt sich ganz allgemein, daß die dickwandigeren Rohre (ND 12,5) eine geringere Durchbiegung aufweisen. Weiterhin ist innerhalb einer Nenndruckstufe und bei konstanter Stütz-

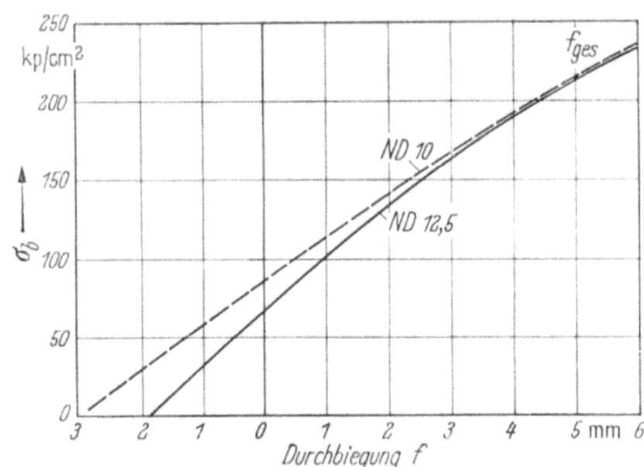

Abb. 171. Darstellung der mittleren Durchbiegung in Rohrmitte nach PILNY, NW 100; ND 10 und 12,5 (l = 200 cm) [*V40*].

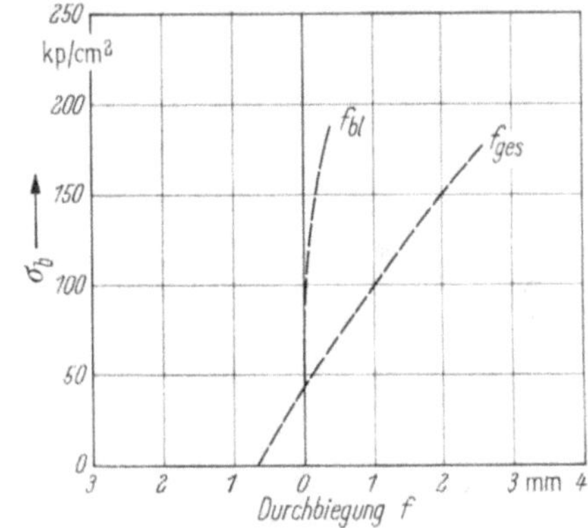

Abb. 172. Darstellung der mittleren Durchbiegung in Rohrmitte nach PILNY, NW 200; ND 2,5 (l = 200 cm) [*V40*].

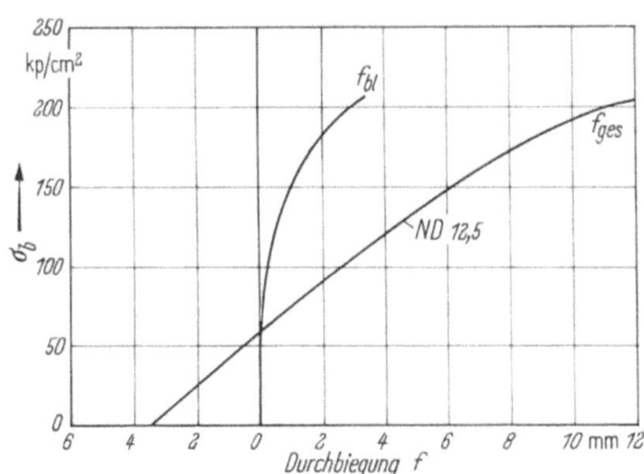

Abb. 173. Darstellung der mittleren Durchbiegung in Rohrmitte nach PILNY, NW 200; ND 12,5 (l = 400 cm) [*V40*].

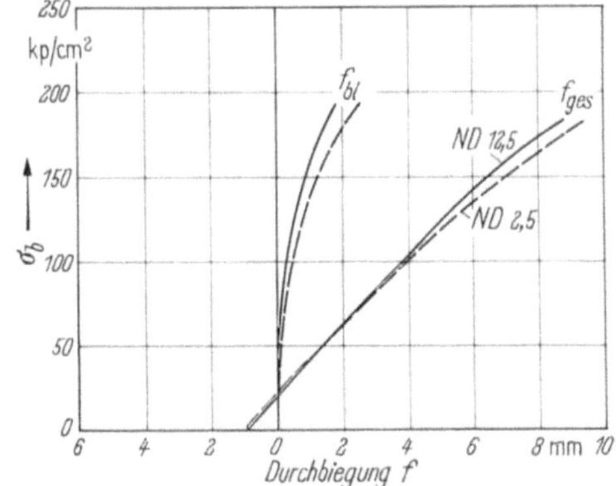

Abb. 174. Darstellung der mittleren Durchbiegung in Rohrmitte nach PILNY, NW 300; ND 2,5 und 1,25 (l = 400 cm) [*V40*].

weite die Abnahme der Durchbiegung mit zunehmender Nennweite zu beobachten. Dies gilt auch für die Nennweite 200 (mm), bei der zu berücksichtigen ist, daß die Nenndruckstufe 12,5 mit einer Stützweite von 400 cm geprüft wurde, während die Rohre mit ND 2,5 lediglich die Stützweite 200 cm besaßen. Es sind daher mit Abb. 172 und 173 keine Vergleichsmöglichkeiten

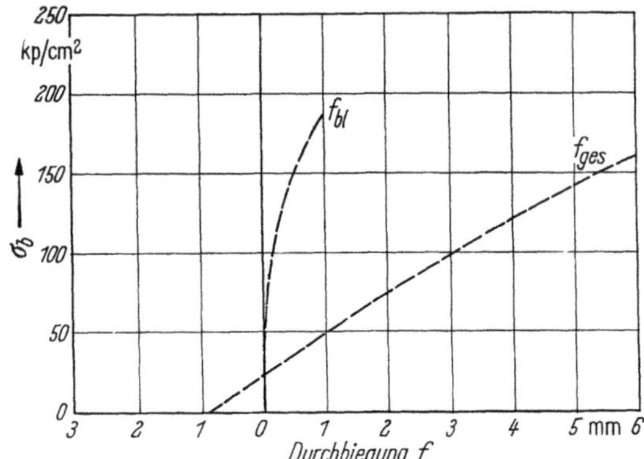

Abb. 175. Darstellung der mittleren Durchbiegung in Rohrmitte nach PILNY, NW 400; ND 2,5 (l = 200 cm) [$V40$].

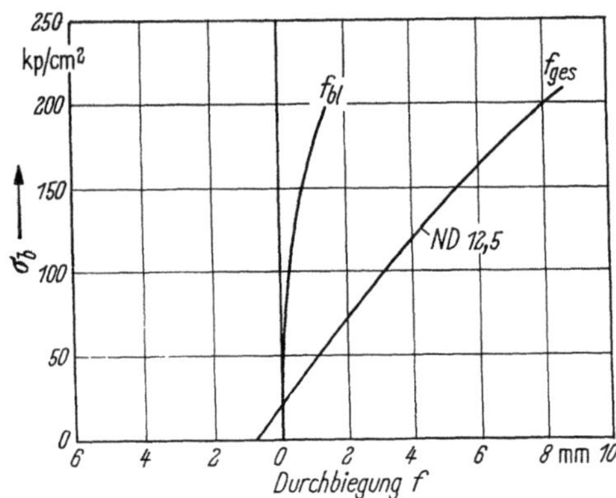

Abb. 176. Darstellung der mittleren Durchbiegung in Rohrmitte nach PILNY, NW 400, ND 12,5 (l = 400 cm) [$V40$].

gegeben. Bei der Nennweite 100 mm sind nur geringfügige Unterschiede vorhanden, wobei außerdem eine elastische Durchbiegung nicht meßbar war; der Unterschied in den Wanddicken zwischen ND 10 und ND 12,5 ist hier so gering, daß eine echte Aussage im Rahmen der üblichen Streuung nicht möglich ist. Auffällig ist bei allen Rohren der zunächst geradlinige Anstieg der Durchbiegungskurve, die erst in ihrem letzten Teil in eine flache Krümmung übergeht, die beim weicheren Rohr

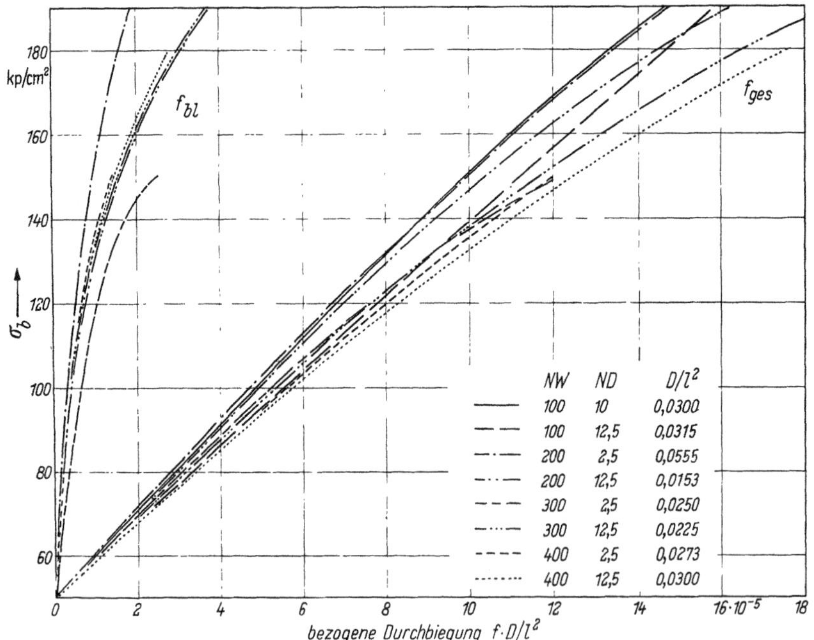

Abb. 177. Darstellung der bezogenen Durchbiegung $f \cdot D/l^2$ nach PILNY [$V40$].

deutlicher zu sehen ist. Um das Verhalten aller Rohre gegeneinander abwägen zu können, hat PILNY die auf das Verhältnis Außendurchmesser : Stützweite im Quadrat bezogene Durchbiegung $f \cdot D/l^2$ errechnet (Abb. 177).

Danach vergrößert sich die bezogene Gesamtdurchbiegung mit wachsendem Außendurchmesser bei gleichbleibender Stützweite, während eine Abhängigkeit allein vom Verhältnis D/l^2

nicht festgestellt werden kann. So haben z. B. die Rohre NW 100/ND 10 das gleiche Verhältnis $D/l^2 = 0,3$ wie die der Nennweite 400 mm, ND 12,5. Trotzdem liegen die bezogenen Durchbiegungen beider Rohre relativ weit auseinander. Zu beachten ist dabei jedoch, daß der Maßstab der Abbildung vergrößert werden mußte, um überhaupt noch eine Differenzierung der einzelnen Kurven zu ermöglichen. Im großen und ganzen liegen alle Durchbiegungskurven eng beieinander, sowohl die absoluten (Abb. 171—176) als auch die bezogenen (Abb. 177).

Um den Einfluß der Belastungsart auf die Durchbiegung in Rohrmitte zu ermitteln, wurden auch Biegeversuche mit einer Einzellast durchgeführt. Diese Versuche blieben jedoch auf die Nennweite 200 mit den Nenndruckstufen 2,5 und 12,5 beschränkt. Die bei diesen Untersuchungen gefundenen absoluten Durchbiegungen sind in Abb. 178 wiedergegeben. Auch hier betrug die Stützweite 200 cm bei dem dünnwandigen Rohr und 400 cm bei dem dickwandigen. Dadurch erklärt sich die größere Durchbiegung des stärkeren Rohres.

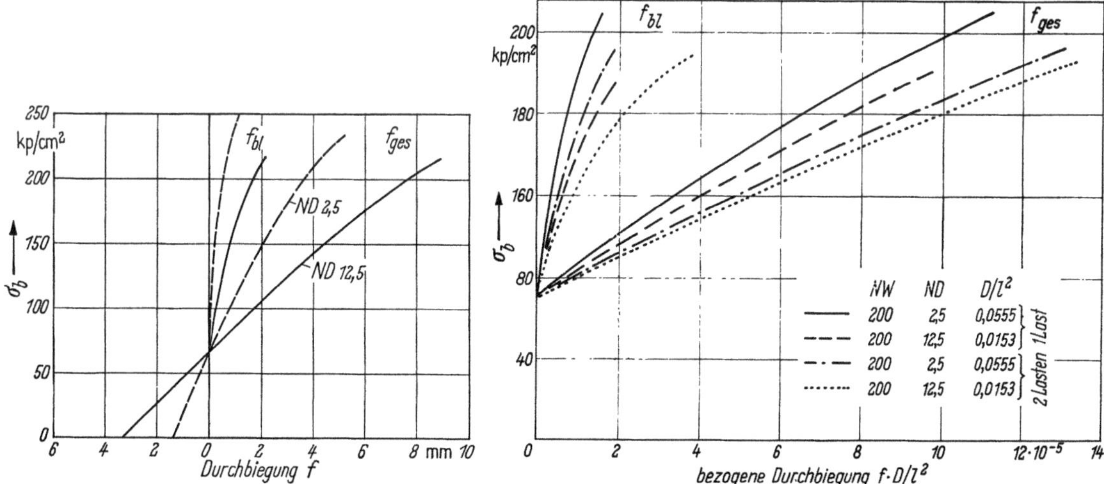

Abb. 178. Durchbiegung in Rohrmitte infolge 1 Einzellast nach PILNY, NW 200, ND 2,5 und 12,5 [*V40*].

Abb. 179. Gegenüberstellung der bezogenen Durchbiegungen aus 1 Einzellast und 2 Einzellasten nach PILNY, NW 200; ND 2,5 ($l = 200$ cm) und ND 12,5 ($l = 400$ cm) [*V40*].

Nach der einfachen Biegetheorie müssen die Durchbiegungen f_2 infolge 2 Einzellasten in den Drittelspunkten größer sein als f_1 infolge einer Einzellast in Rohrmitte. Genau genommen besteht das Verhältnis $f_1/f_2 = 0,78$ [*V40*]. Der Abb. 179, in der die durch zwei Einzellasten gewon-

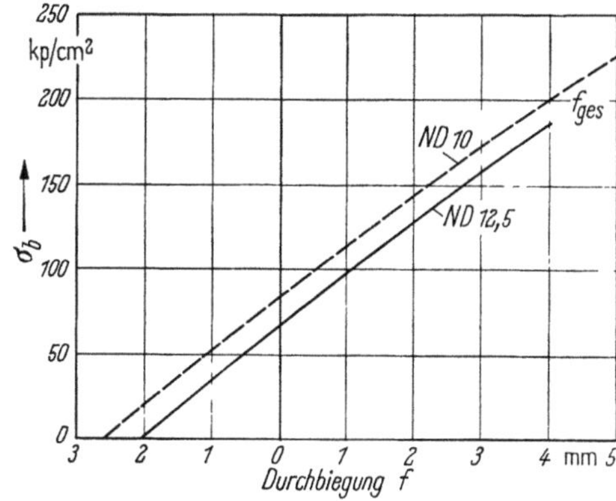

Abb. 180. Durchbiegung der gekerbten Rohre NW 100; ND 10 und 12,5 ($l = 200$ cm) [*V40*].

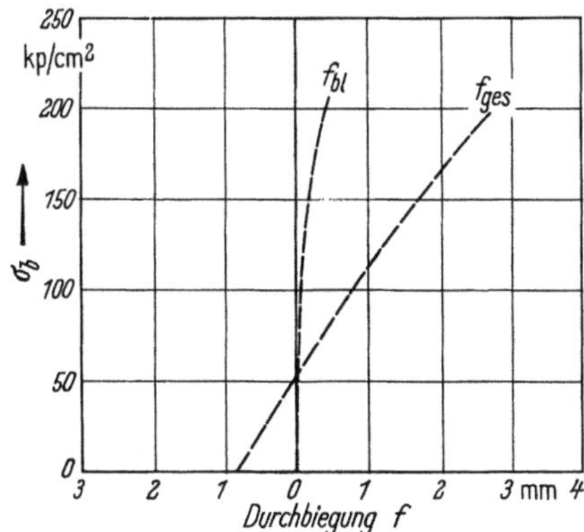

Abb. 181. Durchbiegung der gekerbten Rohre NW 200; ND 2,5 ($l = 200$ cm) [*V40*].

nenen bezogenen Durchbiegungen denen infolge einer Einzellast gegenübergestellt sind, ist zu entnehmen, daß dieses Verhältnis nur beim dickwandigeren Rohr angenähert stimmt. Hierbei beträgt das Verhältnis etwa 0,81, während es sich bei der niedrigeren Nenndruckstufe 2,5

zu 0,67 errechnet. Diese Abweichungen erklären sich aus der Tatsache, daß das dünn
wandigere Rohr bei der Belastung durch eine Einzellast in Rohrmitte stärker ovalisiert unc
damit die Durchbiegung an der gleichen Stelle verfälscht wird. Bei der Betrachtung der Durch
messeränderungen ist darauf noch einmal zurückzukommen.

Zunächst soll jedoch der Vollständigkeit halber noch das Verhalten der unten im Zugbereicl
gekerbten Rohre angeführt werden. Die Abb. 180 bis 183 zeigen die Durchbiegungen in Rohr
mitte infolge zweier Einzellasten. Es läßt sich kein grundsätzlicher Unterschied gegenüber dei
ungekerbten, unter gleichen Bedingungen geprüften Rohren feststellen. Für die Durchbiegung
sind die Eigenschaften aller Querschnitte maßgebend, daher kann der hier an einer Stelle
geschwächte Querschnitt nicht ins Gewicht fallen [*V40*].

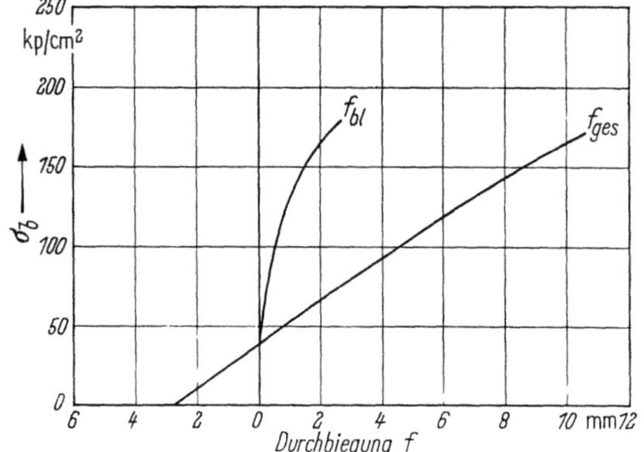
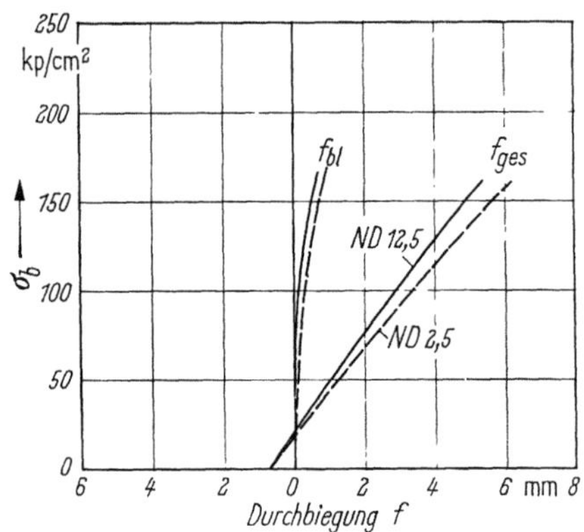

Abb. 182. Durchbiegung der gekerbten Rohre NW 200;
ND 12,5 (*l* = 400 cm) [*V40*].

Abb. 183. Durchbiegung der gekerbten Rohre
NW400; ND 2,5 und ND12,5 (*l* = 400cm) [*V40*].

Die Untersuchungen hinsichtlich der Durchbiegungen eines Rohres wären unvollkommen,
würde dabei die Verformung des Rohrquerschnittes, d. h. also die Veränderungen der Durchmesser, unberücksichtigt gelassen. Hierbei interessiert besonders, ob bzw. welche Unterschiede
sich bei den beiden verschiedenen Belastungsarten, eine Einzelkraft in Rohrmitte — zwei Einzelkräfte in den Drittelspunkten, ergeben. PILNY stellte entsprechende Untersuchungen darüber
an. Um jedoch den Umfang der Versuche zu begrenzen, wurden Verformungsmessungen und in
Verbindung damit Messungen der örtlichen Dehnungen und Stauchungen lediglich an Rohren
der Nennweite 200mm mit den Nenndruckstufen 2,5 atü und 12,5 atü durchgeführt, wobei beide
Belastungsarten zur Anwendung gelangten.

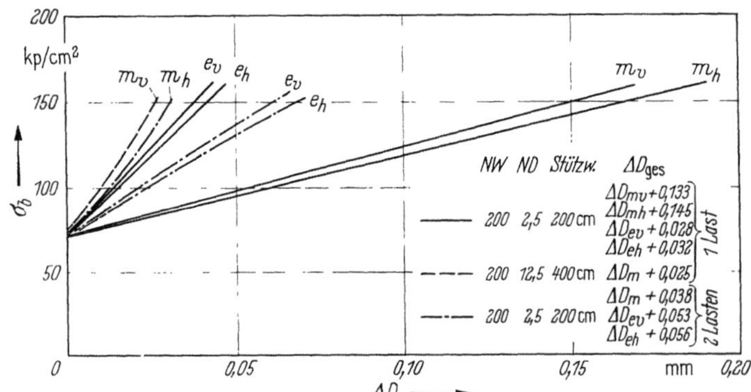

Abb. 184. Änderungen der vertikalen und
horizontalen Durchmesser bei Biegeversuchen
mit 1 und 2 Einzellasten nach PILNY [*V40*].

Die Bestimmung der senkrechten und waagerechten Durchmesseränderungen erfolgte mit
Meßuhren, deren Lage im einzelnen aus den Abb. 187 und 188 ersichtlich ist. In Anlehnung an
die bereits im Abschnitt 4.502.2 gebrauchte Bezeichnungsweise sollen auch hier die Indizes „*v*"
und „*h*" den vertikalen und horizontalen Durchmesser andeuten; für die Rohrmitte möge weiterhin „*m*" und für das Rohrende „*e*" stehen. Abb. 184 gibt die gefundenen mittleren Durchmesser-

änderungen wieder. Hierbei sind die vertikalen Verformungen als Verkürzungen und die horizontalen als Verlängerungen des Durchmessers aufzufassen. Beim Vergleich der in Abb. 184 gezeigten Verformungen des dünnwandigen (ND 2,5) mit denen des dickwandigen (ND 12,5), durch eine Einzellast in Rohrmitte belasteten Rohres, fällt sofort auf, daß ersteres rund fünf- bis sechsfach größere Durchmesserveränderungen in Rohrmitte gegenüber dem letzteren aufweist. Dabei überflügelt die horizontale Aufweitung die vertikale Zusammendrückung. An den Rohrenden, d. h. im Abstand von $l/8$ von den Enden, sind dagegen die Veränderungen wesentlich geringer. Während sie bei der Nenndruckstufe 2,5 den etwa dritten bis vierten Teil der vertikalen Durchmesseränderungen ausmachen, sind sie bei den stärkeren Rohren überhaupt nicht meßbar gewesen. Im Gegensatz dazu zeigen die dünnwandigen Rohre, die mit zwei Einzellasten in den Drittelspunkten belastet wurden, in Rohrmitte Verformungen, die denen des dickwandigen mit 1 Einzellast beanspruchten Rohres entsprechen. Allerdings sind hier die Durchmesseränderungen an den Enden annähernd doppelt so groß, was auf die vorhandene größere Auflager- resp. Querkraft zurückzuführen sein dürfte. Allgemein fällt auf, daß die horizontalen Aufweitungen die vertikalen Verkürzungen meistens übertreffen. Dies hängt mit der zusätzlichen Biegeverformung des Rohres zusammen. Die Messung der Durchmesseränderung unmittelbar unter dem Lastangriffspunkt, wie dies bei den Versuchen mit einer Einzelkraft der Fall war, macht den Einfluß der Lasteinleitung ganz deutlich. Gegenüber den gleichen Rohren, die jedoch mit zwei Einzelkräften belastet wurden, beträgt die Änderung des vertikalen Durchmessers in Rohrmitte etwa das Fünffache. Anders ausgedrückt bedeutet dies, daß etwa 80% der vertikalen Zusammendrückung in Rohrmitte auf die Belastungsart zurückzuführen ist. Aus dieser Betrachtung folgt, daß beim dünnwandigen Rohr die vertikale Durchmesseränderung unter der Einzellast einen großen Einfluß auf die an gleicher Stelle vorhandene Durchbiegung ausübt. Es läßt sich an Hand der vorliegenden Versuchsergebnisse nachweisen, daß dieser in der Größenordnung von etwa 16% liegt [$V40$]. Zusammen mit der, wie oben ausgeführt, um etwa 80% zu großen Zusammendrückung ergibt sich ein Korrekturfaktor von $0,80 \cdot 16 \approx 13\%$ für die gemessene und in Abb. 179 dargestellte Durchbiegung in Rohrmitte für das durch eine Einzellast beanspruchte Rohr ND 2,5. Mit diesem Faktor das gefundene Verhältnis der Durchbiegung beider Belastungsformen von 67% (Abb. 179) korrigiert, erhält man den Wert $67 \cdot 1,13 \approx 76\%$, der nun schon gut mit dem theoretischen von 78% übereinstimmt [$V40$]. Zusammenfassend kann also festgestellt werden, daß man bei Messungen der Durchbiegung unter dem Lastangriff in Rohrmitte wegen des örtlichen Einflusses der Lasteinleitung auf die Änderung des vertikalen Durchmessers zu kleine Werte erhält.

Roš [191] fand bei Messungen der Durchbiegung in Rohrmitte an durch eine Einzellast belasteten Rohren die in den Abb. 185 und 186 wiedergegebenen Werte.

Da Roš die Durchbiegungen in Abhängigkeit von der Belastung angegeben hat, ist zum Vergleich eine Umrechnung auf die Biegespannung notwendig. Sie ergibt unter Verwendung der von Roš angeführten Rohrabmessungen und Stützweiten

$$\text{für NW } 100 : \sigma_b = 0{,}918 \cdot P \ (\text{kp/cm}^2)$$
$$\text{für NW } 200 : \sigma_b = 0{,}127 \cdot P \ (\text{kp/cm}^2) \ .$$

Für den Vergleich bietet sich die PILNYsche Versuchsreihe mit einer Einzellast und den Rohren NW 200/ND 12,5 an (Abb. 178). Der Abb. 186 ist als Durchbiegung in Rohrmitte für $P = 1000$ kg bzw. umgerechnet $\sigma_b = 127$ kp/cm² der Wert 4,32 mm und für $P = 1800$ kg resp. $\sigma_b = 228$ kp/cm² der Wert 7,97 mm zu entnehmen. In Abb. 176 wird für $\sigma_b = 127$ kp/cm² die Gesamtdurchbiegung 3,3 mm. Für die Spannung $\sigma_b = 234$ kp/cm² ist in Abb. 176 keine Durchbiegung mehr angegeben, es läßt sich aber sofort erkennen, daß hier ein wesentlich höherer Wert vorliegen würde als der, den Roš angegeben hat. Während also die Durchbiegungen in den unteren Spannungsbereichen bei Roš etwas größer als die von PILNY angegebenen sind, sind sie in dem höheren Spannungsbereich erheblich kleiner als die PILNYschen Werte. Für die Nennweite 100 liegt keine Vergleichsmöglichkeit vor.

4.503 3 Die örtlichen Dehnungen und Stauchungen

Zur Erfassung der bei der Durchbiegung auftretenden Dehnungen und Stauchungen am Rohrumfang führte PILNY ebenfalls entsprechende Messungen durch, wobei wiederum die Gegenüberstellung der verschiedenen Belastungsformen (eine Einzellast in Rohrmitte und zwei Einzellasten in den Drittelspunkten) interessierte. Aus diesem Grunde wurden auch hier Rohre

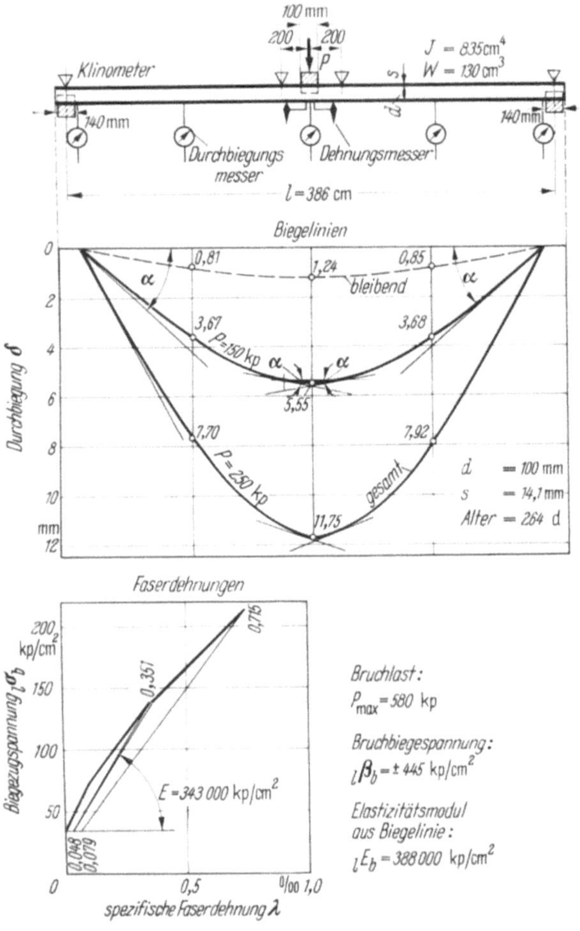

Abb. 185. Durchbiegung in Rohrmitte und Faserdehnung nach Roš, NW 100 [*191*].

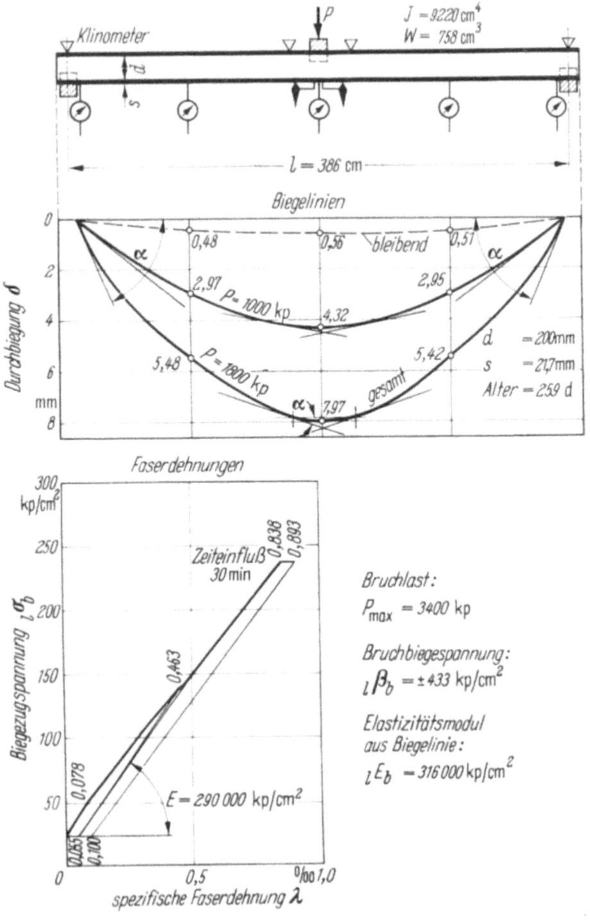

Abb. 186. Durchbiegung in Rohrmitte und Faserdehnung nach Roš, NW 200 [*191*].

NW 200/ND 2,5 und 12,5 benutzt, bei denen PILNY die Umfangsverformungen in Rohrmitte bzw. geringfügig davon versetzt bestimmte. Die Versuchsanordnungen, aus denen die Lage der Dehnungsmesser hervorgeht, sind aus Abb. 187 für Einzelbelastung in Rohrmitte und aus

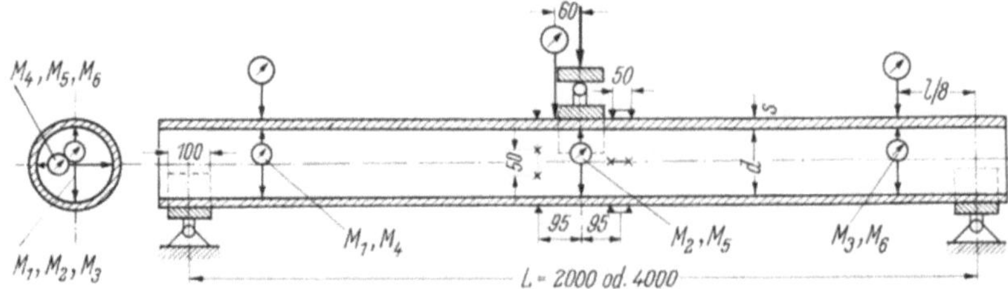

Abb. 187. Schema der Versuchsanordnung für Dehnungsmessungen am durch 1 Einzellast beanspruchten Rohr NW 200 [*V 40*].

Abb. 188 für zwei Einzellasten zu ersehen. Die Untersuchung erstreckte sich jeweils auf die äußere Mantellinie des Scheitels und der Sohle sowie die der beiden seitlichen Kämpfer in Höhe der neutralen Faser. In den nachstehend wiedergegebenen Ergebnissen dieser Messungen sind

die Verformungen an der Scheitellinie mit dem Index „1" und an der Sohllinie mit dem Index „3"
gekennzeichnet. Es darf hier gleich vorweggenommen werden, daß die Messungen an den seitlichen Kämpferlinien so kleine Werte lieferten, daß eine Aussage unter Berücksichtigung der

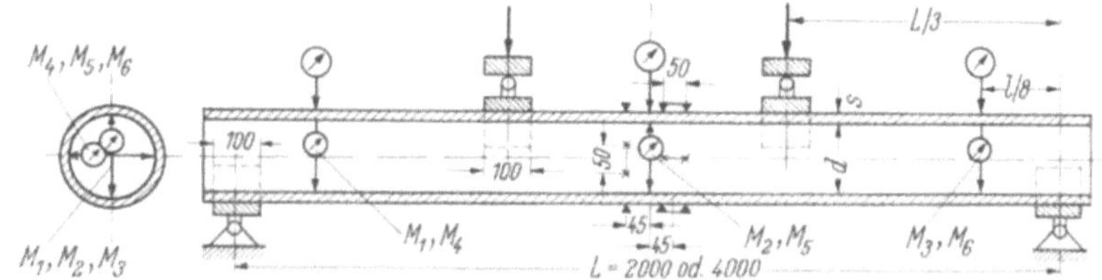

Abb. 188. Schema der Versuchsanordnung für Dehnungsmessungen am durch 2 Einzellasten
beanspruchten Rohr NW 200[*V40*].

Streuung nicht möglich war. PILNY verzichtete daher auf die Wiedergabe dieser Meßwerte.
Die Dehnungen wurden sowohl parallel als auch quer zur Rohrachse erfaßt. Zur Anwendung
gelangen Dehnungsmesser der Firma ASKANIA und solche nach HUGGENBERGER.

Abb. 189. Blick auf die Anordnung der Dehnungsmesser bei durch 1 Einzellast beanspruchtem Rohr [*V40*].

Die Ergebnisse der Dehnungsmessungen sind in den Abb. 191 und 192 aufgetragen.
Die Betrachtungen der Verformungen, die infolge einer Einzellast erzwungen wurden (Abb. 191),
zeigt die bereits mehrfach erwähnte nicht eindeutige Beanspruchung vor allem des dünnwandigen

Abb. 190. Blick auf die Anordnung der Dehnungsmesser bei durch 2 Einzellasten beanspruchten Rohren [*V40*].

Rohres. Während beim dickwandigen Rohr die längsgerichteten Zugdehnungen ε_3 an der unteren
Seite durchweg größer als die gleichgerichteten Druckstauchungen ε_1 in der Scheitellinie waren,

11 Hünerberg, Asbestzement-Druckrohr

liegen die Verhältnisse beim dünnwandigen Rohr gerade umgekehrt. Im Gegensatz dazu zeigten
die durch zwei Einzellasten in den Drittelspunkten belasteten Rohre beider Nenndruckstufen

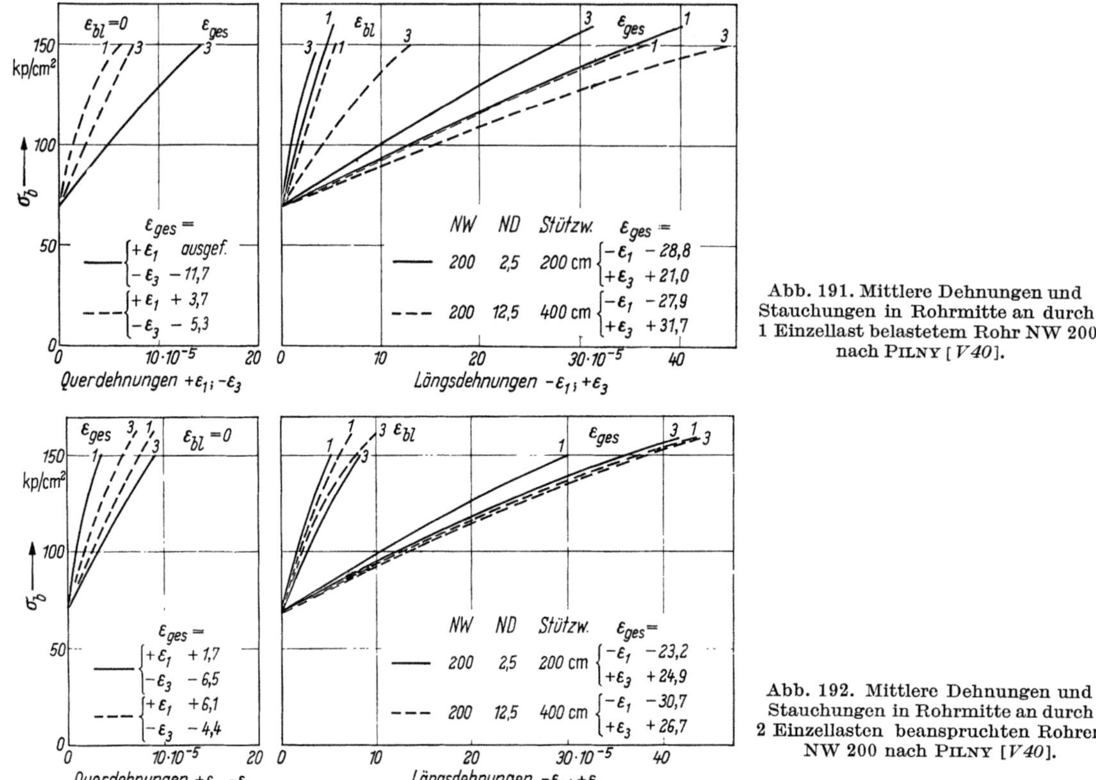

Abb. 191. Mittlere Dehnungen und Stauchungen in Rohrmitte an durch 1 Einzellast belastetem Rohr NW 200 nach PILNY [V 40].

Abb. 192. Mittlere Dehnungen und Stauchungen in Rohrmitte an durch 2 Einzellasten beanspruchten Rohren NW 200 nach PILNY [V 40].

praktisch gleiche Zugfaserdehnungen ε_3 in Längsrichtung (Abb. 192). Es darf abschließend noch
darauf hingewiesen werden, daß die Biegeprüfung mit zwei Einzellasten in den Drittelspunkten,

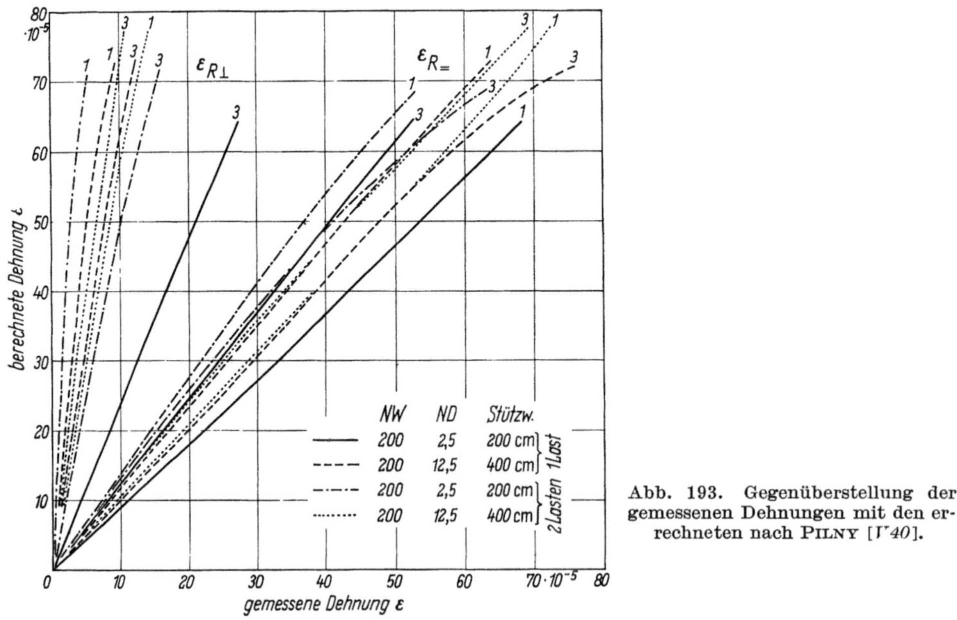

Abb. 193. Gegenüberstellung der gemessenen Dehnungen mit den errechneten nach PILNY [V 40].

einen längeren Bereich maximaler Beanspruchung überdeckt, in welchem der tatsächlich
schwächste Rohrquerschnitt liegen kann. PILNY hat die gemessenen Dehnungen in Beziehung

zu den theoretisch errechneten gesetzt (Abb. 193) und dabei festgestellt, daß innerhalb des Bereiches bis zu zwei Drittel der Bruchspannung fast alle gemessenen Dehnungen bzw. Stauchungen kleiner waren als der Berechnung entspricht. Einen Ausnahmefall bildet die schon erwähnte Druckfaserstauchung ε_1 längs der Rohrachse beim Rohrtyp NW 200; ND 2,5 mit einer Einzellast. Hier lag die gemessene Stauchung über der theoretischen. Diese Tatsache führt PILNY auf eine Störung des Meßfeldes durch die unmittelbar danebenliegende Lasteinleitung zurück.

Weiterhin ist noch festzustellen, daß, wie ein Blick auf Abb. 186 lehrt, Roš für die Nennweite 200 (mm) eine etwas geringere Neigung der Dehnungskurven fand, was geringeren Dehnungen gleichkommt. Unter Beachtung der Streuung der Werte ist der Unterschied jedoch unbedeutend.

4.504 Druckfestigkeit in Rohr-Längsrichtung

Die Druckfestigkeit in Rohrlängsrichtung spielt in der Praxis dann eine Rolle, wenn der Zwischenraum zwischen den Stirnseiten der einzelnen Asbestzement-Druckrohre in einer Leitung infolge Bodenbeweguugen oder auf Grund unsachgemäßer Verlegung — der weitaus häufigere Fall — nicht mehr vorhanden ist und die Rohre daher gewaltsam aneinanderstoßen. Auch eine

Abb. 194. Versuchsanordnung zur Ermittlung der Längsdruckfestigkeiten und der Dehnungen in Rohrmitte [*V 40*].

zu starke Auslenkung der Rohre in ihren Kupplungen kann eine Längsbeanspruchung hervorrufen, in diesem Falle treten meistens einseitige Pressungen auf, die zu örtlichen Materialzerstörungen führen können. Eine gleichmäßige Längsbelastung des gesamten Rohrquerschnittes tritt dabei in der Regel nicht auf. Doch ist gerade in der lokal begrenzten Beanspruchung des Querschnittes die größte Gefahr für das Rohr zu suchen, weil die hierbei auftretenden Spannungen die Festigkeit des Materials schnell übersteigen können. Hinzu kommt bei Druckleitungen noch der zusätzliche Einfluß des Innendrucks, der außer den hauptsächlichen Ringzugspannungen über die Stirnseite der Rohre auch Längsspannungen erzeugt, ganz abgesehen von der Querkontraktion. Zur Ermittlung der Längsdruckfestigkeit führte PILNY [V40] entsprechende Untersuchungen an 1,0 m langen Asbestzement-Druckrohren folgender Abmessugen durch:

$$\text{NW 100; ND 10 und 12,5}$$
$$\text{NW 200; ND 2,5 und 12,5}$$
$$\text{NW 400; ND 2,5 und 12,5}$$

Alle Proben lagerten vor den Versuchen sieben Tage im Wasserbad und wurden, wie dies ja grundsätzlich bei allen Prüfungen geschah, im wassergesättigten Zustand geprüft. Um eine gleichmäßige Lasteinleitung zu gewährleisten, wurde zwischen der Stirnseite der Rohre und dem Pressenstempel ein Gipsbett angeordnet.

4.504 1 Bruchspannungen

Die Druckfestigkeit der Asbestzement-Druckrohre in Längsrichtung wurde nach Gl. (4/62) berechnet.

$$\sigma_l = \frac{4 \cdot P}{(D^2 - d^2) \cdot \pi} \quad (\text{kp/cm}^2) \tag{4/62}$$

Hierin bedeuten:

σ_l = Druckfestigkeit in Längsrichtung (kp/cm²)
P = Bruchlast (kp)
D = Außendurchmesser (cm)
d = Innendurchmesser (cm) .

Die Ergebnisse dieser Versuche sind in den Abb. 195 in Abhängigkeit von der Nennweite und in Abb. 196 in Abhängigkeit von der Dünnwandigkeit $\delta = d/s$ aufgetragen.

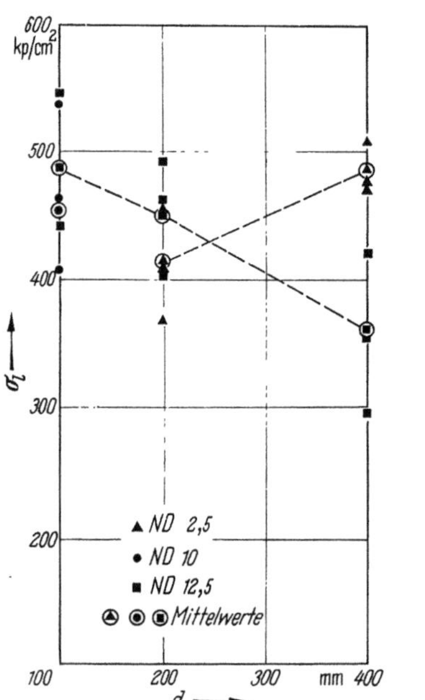

Abb. 195. Bruchfestigkeit in Längsrichtung in Abhängigkeit von der Nennweite [V40].

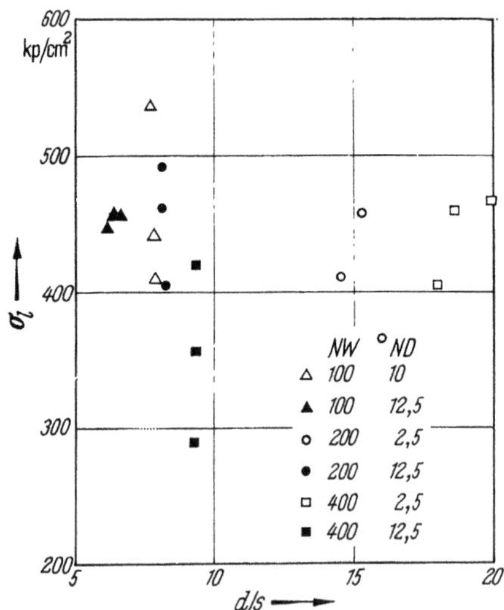

Abb. 196. Bruchfestigkeit in Längsrichtung in Abhängigkeit von der Dünnwandigkeit [V40].

Der Bruch der Proben erfolgte durch örtliche Materialzerstörungen an der Stirnseite, an der die Belastung eingeleitet wurde. Neben der Absplitterung der äußeren Wickelschichten (Abb. 197) brach in den meisten Fällen ein Ring heraus, dessen Querschnitt keilförmig nach unten auslief. Es handelt sich demnach um Bruchfugen entsprechend den Schubspannungsrichtungen ähnlich denen, die sich bei abgedrückten Betonwürfeln ergeben und dort die eigenartige Form der Doppelpyramide entstehen lassen. Die Versuche zeigen einmal, daß eine Abhängigkeit der Druckfestigkeiten von der Dünnwandigkeit nicht besteht, und zum anderen, daß der Einfluß der Nennweite auf das Verhalten der Proben hinsichtlich Längsstauchung nicht eindeutig geklärt werden konnte. Allerdings deutet PILNY, wie aus Abb. 195 hervorgeht, an Hand der Versuchsergebnisse eine Abhängigkeit an dergestalt, daß bei der höheren Nenndruckstufe (12,5) die Druckfestigkeit mit wachsender Nennweite absinkt, während die Verhältnisse bei der niedrigeren Nenndruckstufe (2,5) umgekehrt liegen. Da Roš nach Abb. 198 eine ähnliche Abhängigkeit

Abb. 197. Beim Längsdruckversuch zerstörte Rohrproben [*V40*].

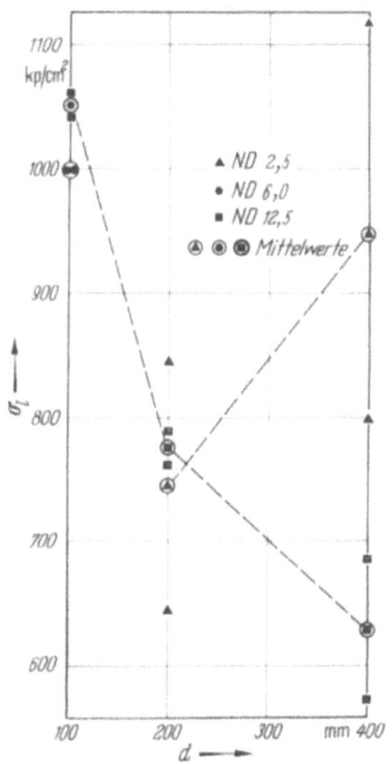

Abb. 198. Längsdruckbruchfestigkeiten in Abhängigkeit von der Nennweite nach Roš [*191*].

feststellte, kann diese als sicher unterstellt werden. Diese Tatsache hängt sehr wahrscheinlich mit der höheren Verdichtung der Wickelschichten in der Nähe des Stahlkerns gegenüber derjenigen in der Außenzone des Rohres zusammen. Das Verhalten der Rohre der Nenndruckstufe 2,5 steht dazu jedoch in einem gewissen Widerspruch. Wenn man allerdings die vorhandenen Wanddicken genauer betrachtet, so findet man bei den Rohren NW 200 ein Verhältnis der Wanddicken beider Nenndruckstufen (2,5) und (12,5) zueinander von 1 : 2, während es bei den Rohren NW 400 1 : 2,23 beträgt. Das bedeutet, daß die Festigkeitsverminderung sich bei den größeren Rohren in stärkerem Maße bemerkbar machen sollte. Trotzdem läßt sich hiermit das Verhalten der niedrigeren Nenndruckstufe noch nicht erklären.

Der Umstand, daß die Druckfestigkeit in Längsrichtung unabhängig von der Dünnwandigkeit ist, läßt den Schluß zu, daß der Bruch durch Zerstörung des Materials und nicht durch instabiles Verhalten der Versuchsrohre, etwa durch Ausknicken, eingetreten ist [*V40*].

Abschließend sollen an dieser Stelle noch Stauchversuche erwähnt werden, die Roš durchführte und deren Ergebnisse dem Bericht Nr. 148 der EMPA [*191*] zu entnehmen sind. Roš untersuchte ebenfalls die Nennweiten 100, 200 und 400 mit jeweils zwei verschiedenen Wanddicken. Bei gleichen Probenlängen kam er jedoch auf höhere Druckfestigkeiten als PILNY. Dies dürfte zum Teil mit darauf zurückzuführen sein, daß Roš seine Untersuchungen an lufttrockenen Proben vornahm, während PILNY wassergesättigte Proben prüfte. Dieser Umstand ist bei allen Vergleichen mit den Ergebnissen der Rošschen Untersuchungen zu berücksichtigen.

Die Auftragung der von Roš gefundenen mittleren Längsdruckbruchfestigkeiten in Abhängigkeit von der Nennweite (Abb. 198) zeigt eine ähnliche Tendenz der Rohre wie bei den Versuchen von PILNY, sieht man von den höhergelegenen Spannungen ab. Eine Abhängigkeit von der Dünnwandigkeit ist auch nach Roš nicht feststellbar (Abb. 199).

4.504 2 Dehnverhalten beim Längsdruckversuch

Die Stauchversuche wurden durch PILNY mit Dehnungsmessungen an den Proberohren NW 200 ergänzt. Zu diesem Zwecke brachte er jeweils in Rohrmitte vier ASKANIA-Dehnungsmesser quer zur Rohrachse (tangential) und vier HUGGENBERGER-Tensometer parallel zur Rohrachse (axial) an.

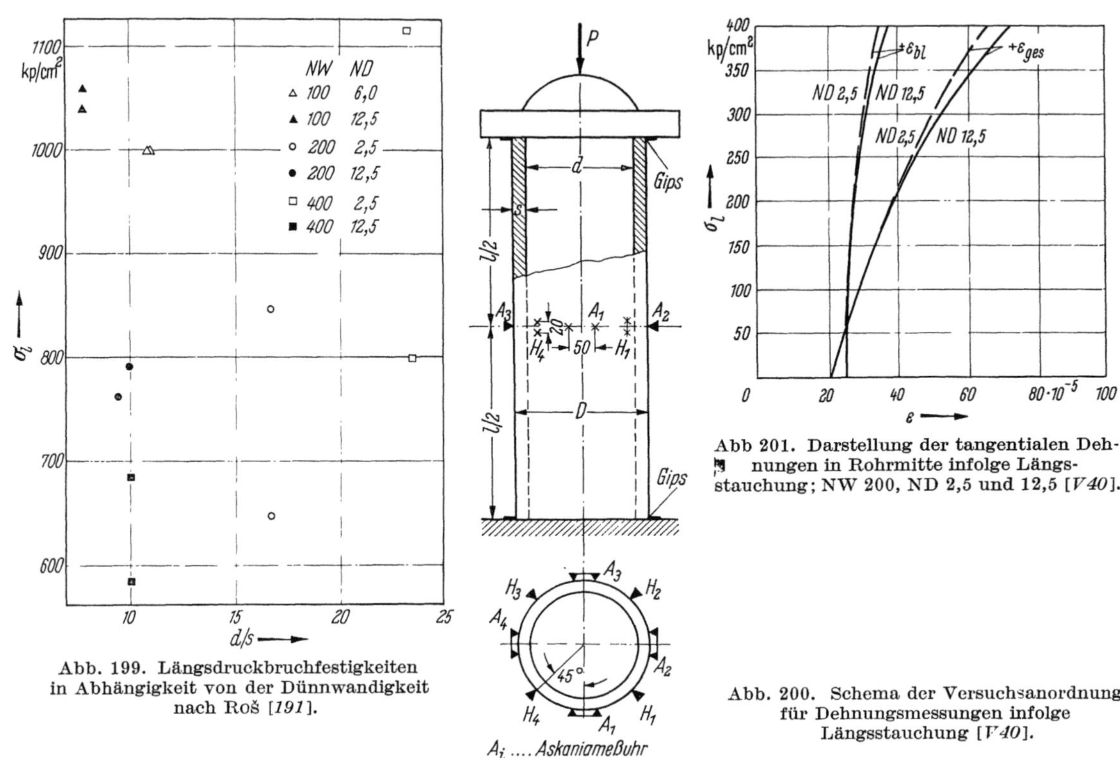

Abb. 199. Längsdruckbruchfestigkeiten in Abhängigkeit von der Dünnwandigkeit nach Roš [191].

Abb. 200. Schema der Versuchsanordnung für Dehnungsmessungen infolge Längsstauchung [V40].

Abb 201. Darstellung der tangentialen Dehnungen in Rohrmitte infolge Längsstauchung; NW 200, ND 2,5 und 12,5 [V40].

Die gemessenen Dehnungen ergeben sich aus den Spannungs-Dehungs-Kurven der Abb. 201 (tangentiale Dehnungen) und Abb. 202 (axiale Dehnungen). Beiden Abbildungen ist zu entnehmen, daß sich im Hinblick auf die verschiedenen Nenndruckstufen nur geringe Unterschiede im Dehnverhalten der Rohre NW 200 ergeben haben. Die Rohre mit den dickeren Wänden (ND 12,5)

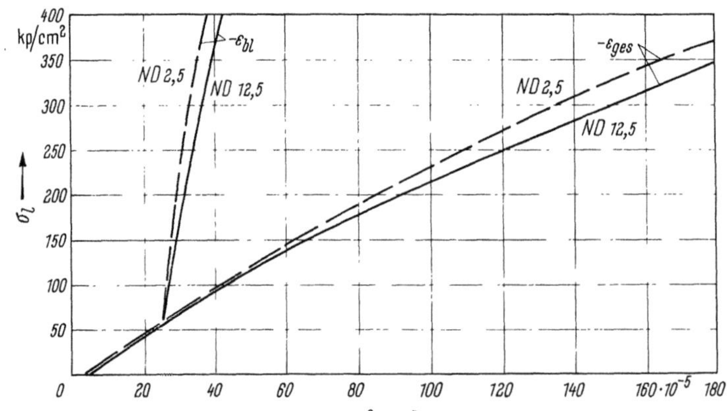

Abb. 202. Darstellung der axialen Dehnungen in Rohrmitte infolge Längsstauchung; NW 200, ND 2,5 und 12,5 [V40].

erwiesen sich weniger steif, so daß hier die Verformungen etwas größer wurden. Diese Beobachtung konnte PILNY auch bei den noch zu behandelnden Druckversuchen an Asbestzement-Prismen machen [V40]. Sie deckt sich mit der eingangs erwähnten Festigkeitsverminderung bei den Bruchversuchen. Abb. 203 vergleicht die elastischen Verformungen der beiden untersuchten Nenndruckstufen, aus der ebenfalls die geringfügige größere Verformbarkeit der dickwandigeren Rohre hervorgeht.

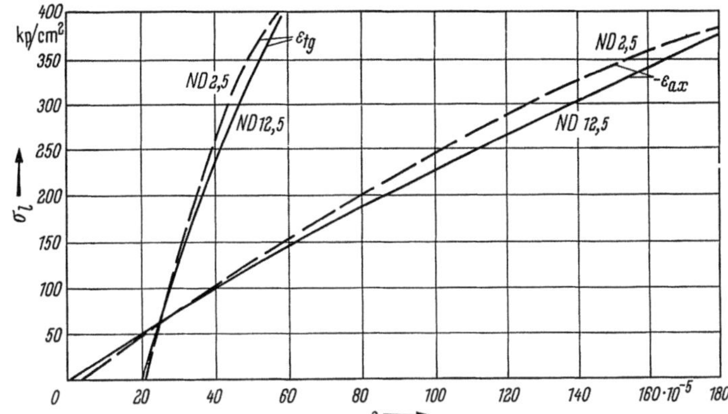

Abb. 203. Gegenüberstellung der elastischen Verformung infolge Längsstauchung an Rohren NW 200, ND 2,5 und 12,5 [V 40].

Neben den Messungen in Rohrmitte beobachtet Roš zusätzlich auch die Verformungen in den Drittelspunkten und in der Nähe der Rohrenden. Darüber hinaus untersuchte er auch andere Nennweiten, so zeigt z. B. Abb. 204 eine Gegenüberstellung der Gesamtdehnungen verschiedener Rohrtypen in Längsrichtung, jeweils in Rohrmitte gemessen. Daraus geht hervor, daß sich die

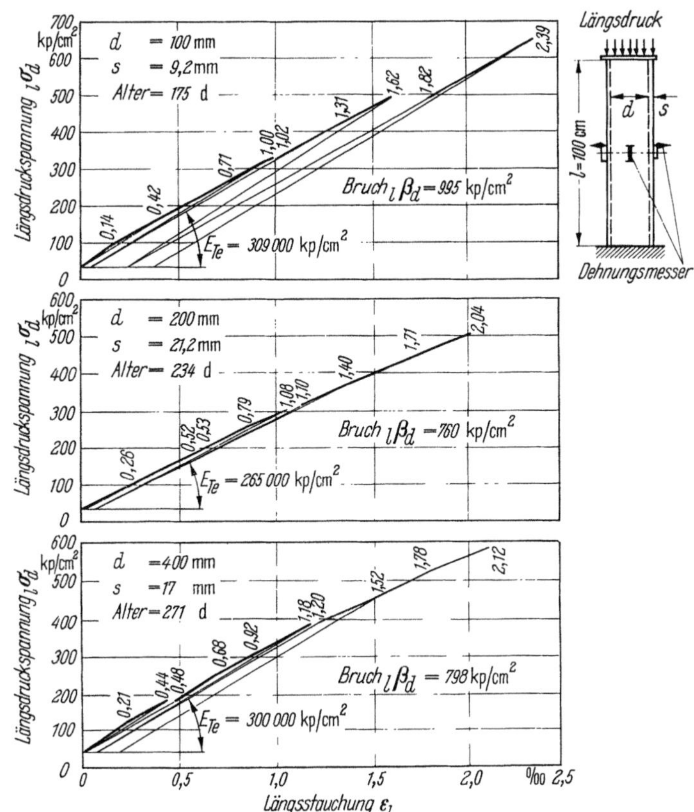

Abb. 204. Gegenüberstellung der Längsdehnungen in Rohrmitte infolge Längsstauchung nach Roš [191].

einzelnen Rohre trotz verschiedener Nennweiten und Wanddicken ganz ähnlich verhalten, die gemessenen Dehnungen zeigen untereinander kaum nennenswerte Abweichungen. Erst bei höheren Spannungen stellt sich besonders bei dem Rohr NW 400 eine stärkere Zunahme der Dehnung ein. Da das Rohr NW 200 mit der Wanddicke $s = 21,2$ mm (Abb. 204) etwa dem von Pilny untersuchten Rohr NW 200, ND 12,5 entspricht (Abb. 202), sollen beide miteinander verglichen werden. Nach PILNY (Abb. 202) ergab sich für die zugehörige Spannung ($\sigma_l = 300$ kp/cm²) die Gesamtdehnung in axialer Richtung $\varepsilon_{ax} = 123 \cdot 10^{-5}$, während nach Roš (Abb. 204) der Wert $\varepsilon_{ax} = 108 \cdot 10^{-5}$ festgestellt wurde. Eine ähnliche Übereinstimmung läßt sich auch bei einem weiteren, von Roš untersuchten Rohr der gleichen Abmessungen finden (Abb. 205).

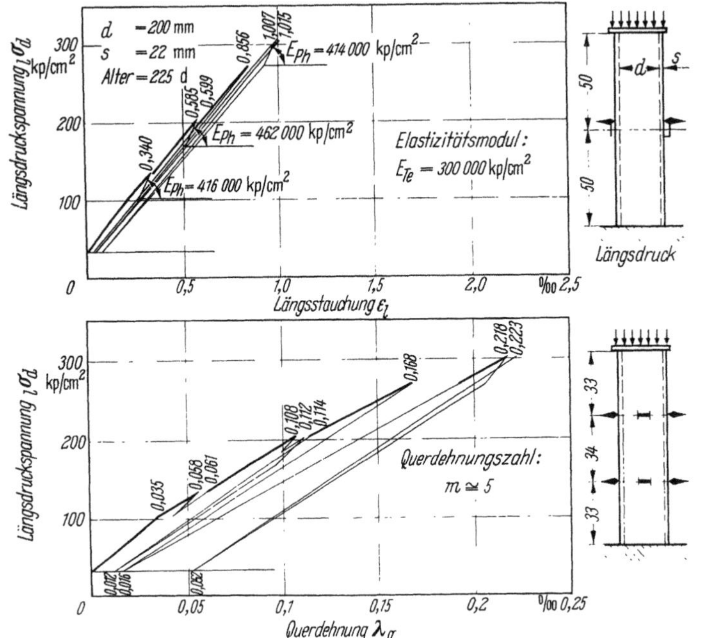

Abb. 205. Längsdehnungen in Rohrmitte und Querdehnungen in den Drittelspunkten infolge Längsstauchung an einem Rohr NW 200 nach Roš [191].

Interessant ist der Vergleich der Querdehnungen. Obwohl Roš im Gegensatz zu PILNY die Querdehnungen nach Abb. 205 in den Drittelspunkten gemessen hat, während PILNY diese in Rohrmitte erfaßte, ergeben sich praktisch gleiche Größenordnungen. Diese Tatsache läßt den Schluß zu, daß die Querdehnungen sich gleichmäßig über die gesamte Rohrlänge erstrecken. Da auf der anderen Seite für diese Annahme die ebenfalls gleichmäßig verteilte Längsspannung unerläßliche Voraussetzung ist, kann angenommen werden, daß alle Stauchversuche ohne die Ergebnisse verfälschenden Knickeinflüsse durchgeführt wurden. In diesem Zusammenhang sei auf Abb. 206 aufmerksam gemacht, in der Dehnungsaufnahmen von verschiedenen Querschnitten ein und derselben Probe wiedergegeben sind.

Die gute Übereinstimmung der einzelnen Dehnungen ist hier deutlich zu erkennen.

4.505 Schlagfestigkeit

Die Beanspruchung durch Schlag oder Stoß auf eine flächenmäßig eng begrenzte Stelle zeigt eine weitere besondere Materialeigenschaft des Asbestzementes auf, nämlich seine Zähigkeit. Je spröder ein Material ist, um so eher geht das daraus gefertigte Stück bei einer Schlagbeanspruchung in seiner Gesamtheit zu Bruch. Beim zäheren Material wird sich eine Schlagbeanspruchung nur lokal auswirken, d. h. lediglich die Schlagstelle selbst wird in Mitleidenschaft gezogen bzw. zerstört, nicht aber das Gesamtstück. Wie noch gezeigt wird, läßt sich gerade diese Tatsache gut bei Asbestzement-Druckrohren beobachten. Durch Schlagarbeit zerstörte Rohre aus Asbestzement weisen eine streng begrenzte örtliche Zerstörung auf, ohne daß dabei von der Bruchstelle ausgehende Randrisse auftreten.

Die Schlagbeanspruchung wird allgemein durch die Schlagenergie bzw. Schlagarbeit ausgedrückt, die sich aus Fallhöhe (m) und Fallkörpergewicht (kp) ergibt. Eine gewisse Schwierigkeit liegt bei der Definition des sog. Erliegekriteriums vor. So kann man z. B. am durch Schlag beanspruchten Rohr zwischen der beginnenden Materialzerstörung und dem vollkommenen Durchschlag praktisch jeden beliebigen Zustand als denjenigen betrachten, bei dem die Schlagfestigkeit des Materials überwunden ist. Aus diesem Grunde lassen sich die an verschiedenen

Orten ermittelten Schlagfestigkeiten auch nur mittelbar miteinander vergleichen. Die Versuchsergebnisse müssen daher stets im Zusammenhang mit dem angewandten Erliegekriterium genannt werden. In der DIN 52 107: Prüfung von Naturstein: ,,Schlagfestigkeit an Würfeln ermittelt'' wurde als Erliegekriterium der Zerstörungsgrad festgesetzt, bei dem die

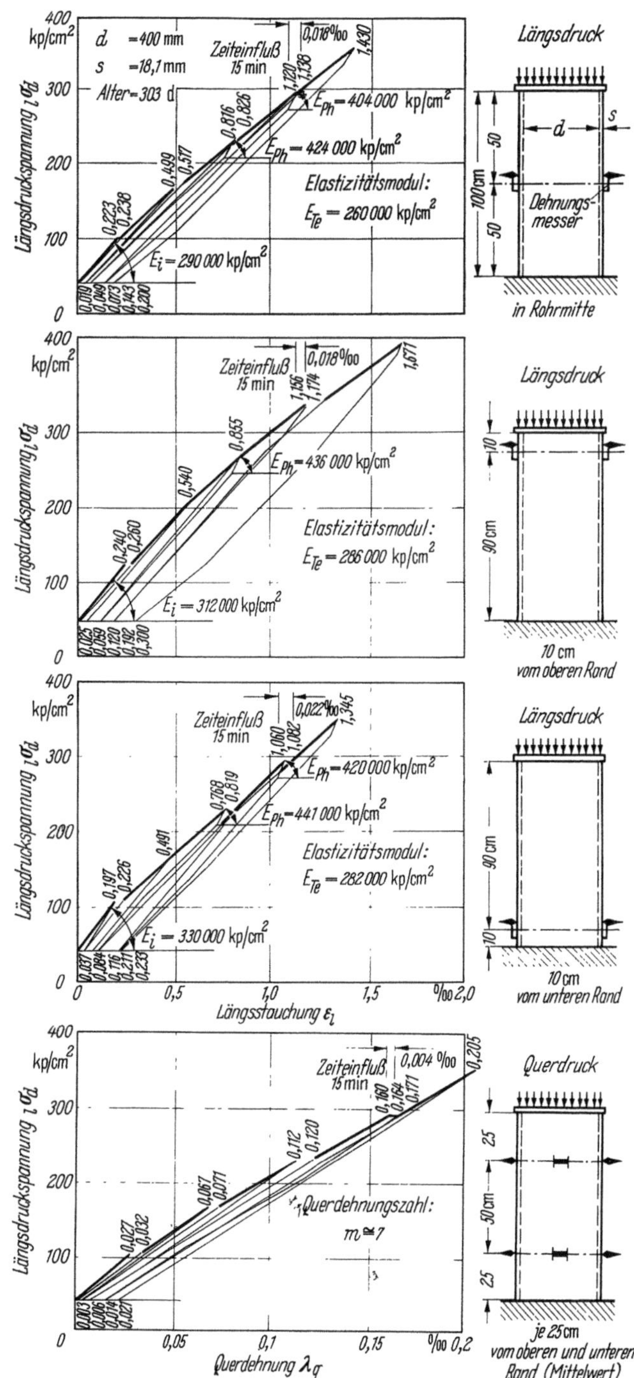

Abb. 206. Längsdehnungen an verschiedenen Stellen einer Probe NW 400 infolge Längsstauchung nach Roš [191].

Rücksprunghöhe des Fallkörpers trotz größerer Fallhöhe gleich bleibt oder sogar kleiner wird. Dies Kriterium läßt sich bei Asbestzement-Druckrohren nicht anwenden, weil die Rücksprunghöhen zu gering sind und, wie PILNY feststellte, ohne erkennbare Gesetzmäßigkeit stark variieren.

PILNY [*V40*] untersuchte Rohre NW 200 und NW 400 der Nenndruckstufen 2,5 und 12,5 atü. Neben Schlagversuchen am gewöhnlichen Rohr wurden auch unter einem Innendruck in Höhe des Nenndrucks stehende Druckrohre untersucht. Das Fallwerk bestand hierbei aus einem 24 kp schweren Bären, der auf einer Führungsstange frei abwärts gleiten konnte. Die Führungsstange diente zur Fixierung des Schlagpunktes. Sie wurde auf das Rohr aufgesetzt und in einer oberen Halterung befestigt. Eine entsprechende Fangvorrichtung am Bären sorgte dafür, daß dieser beim Rückprall vom Schlag in seiner höchsten Lage festgehalten wurde, so daß einmal die

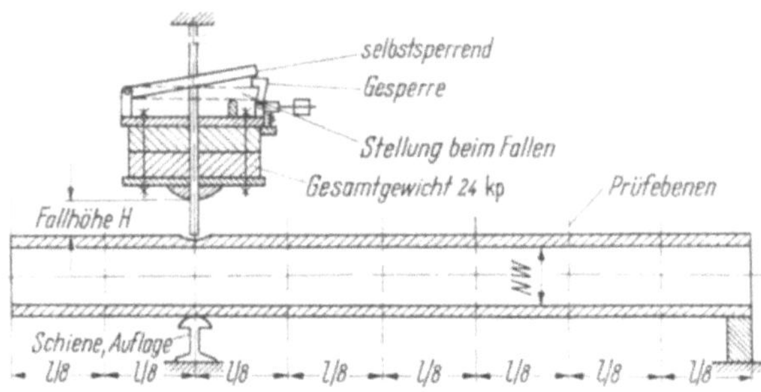

Abb. 207. Schema der Versuchsanordnung für die Schlagversuche ohne Innendruck [*V40*].

Rücksprunghöhe festgestellt, zum anderen ein zweiter Schlag vermieden werden konnte. Die Länge der untersuchten Rohre entsprach jeweils der fünffachen Nennweite. Alle Rohre wurden im wassergesättigten Zustand überprüft. Aus Abb. 207 und Abb. 208 ist das Schema der Versuchsanordnung zu ersehen. Das Proberohr wurde unter der Schlagstelle auf eine Schiene aufgelagert. Das Fallgewicht hatte an seiner Unterseite eine als Kugelkalotte ($R = 50$ mm) aus-

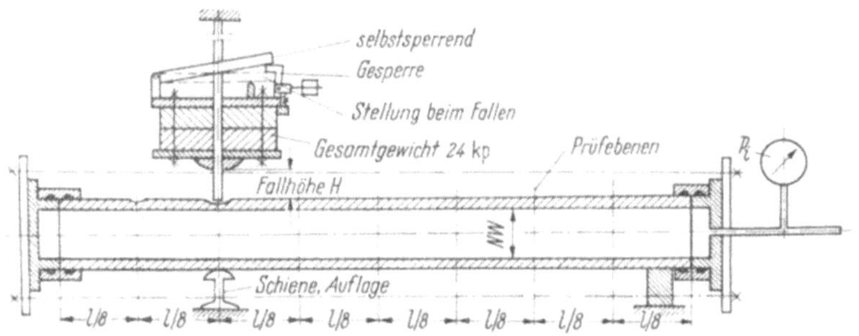

Abb. 208. Schema der Versuchsanordnung für die Schlagversuche
mit Innendruck [*V40*].

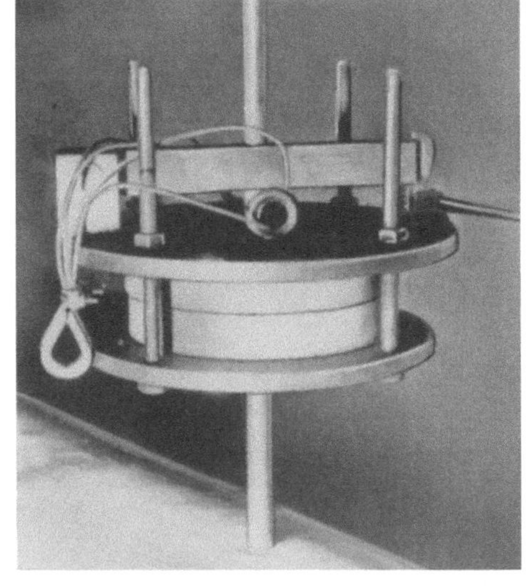

Abb. 209. Blick auf das Fallgewicht
mit Sperreinrichtung nach dem Schlag.

gebildete Schlagplatte, die in der Mitte zum Durchlaß der Führungsstange mit einer Bohrung von 18,2 mm versehen war. An der Oberseite des Bären befand sich das Gesperre (Abb. 209). Zur Versuchsdurchführung wurde jedes Rohr an sieben verschiedenen Stellen geprüft, die jeweils um den Betrag von $l/8$ auseinanderlagen. Jede Stelle wurde nur einmal beaufschlagt. Das Fallgewicht selbst konnte ohne eine zusätzlich eingeleitete Anfangsbeschleunigung ausgelöst werden. Durch Veränderung der Fallhöhe ließ sich bei den sieben je Rohr zur Verfügung stehenden Schlagstellen gut die „kritische" Fallhöhe bestimmen, aus der die für das Erliegen des Rohres hinreichende Schlagenergie berechnet werden konnte. Im Gegensatz zu den Versuchen ohne Innendruck, bei denen die Versuchsrohre gedreht und dadurch die sieben Schlagstellen eines Rohres gegeneinander versetzt werden konnten, mußten bei den Versuchen mit Innendruck wegen der Einspannvorrichtung zur Aufnahme der Stirnkräfte alle Schlagstellen auf eine Mantellinie gelegt werden. Abb. 210 zeigt die Versuchsanordnung für Schlagversuche ohne Innendruck, Abb. 211 desgleichen für Schlagversuche mit Innendruck.

Als Erliegekriterium setzte PILNY bei den Rohren ohne Innendruck den Zustand fest, der eine merkbare Ausbeulung oder einen Riß an der Innenfläche zeigte. Bei den unter Innendruck

Abb. 210. Versuchsanordnung für Schlagversuche an Asbestzement-Druckrohren ohne Innendruck (NW 400, ND 12,5) [*V40*].

Abb. 211. Schlagversuch an einem unter Innendruck stehenden Rohr NW 400, ND 12,5.

stehenden Rohren mußte, da die Einsicht in das Rohrinnere versagt war, als Erliegekriterium der Zerstörungsgrad gelten, bei dem sich spätestens drei Minuten nach dem Schlag eine Durchfeuchtung der Schlagstelle einstellte. Abb. 212 zeigt einen Blick in ein Versuchsrohr, das unter Innendruck stehend geprüft wurde. Deutlich sind die auf einer Mantellinie liegenden Schlagstellen mit den inneren Aufbeulungen zu sehen. Während die beiden ersten Schlagstellen im vorderen Teil des Rohres kaum oder nur wenig Zerstörung an der Rohrinnenfläche zeigen, lassen die starken Aufbeulungen der mittleren Stellen darauf schließen, daß hier die Schlagenergie über der kritischen gelegen hat. Die hinteren Schlagstellen entsprechen in ihrem Zerstörungsgrad schließlich dem Erliegekriterium.

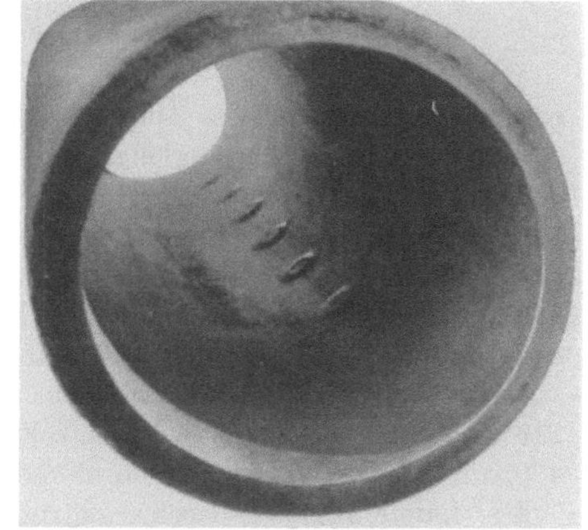

Abb. 212. Blick in ein unter Innendruck geprüftes Asbestzement-Druckrohr NW 400, ND 12,5.

Die Ergebnisse der von PILNY [*V40*] durchgeführten Schlagversuche zeigen ganz allgemein eine höhere Schlagfestigkeit der unter Innendruck geprüften Rohre. Während dieser Unterschied bei den Rohren der Nenndruckstufe 2,5 verhältnismäßig klein ist, wird er bei den dickwandigen Rohren ND 12,5 beachtlich (Abb. 213). Als Begründung hierzu führt PILNY den Umstand an, daß zwangsläufig zwei unterschiedliche Erliegekriterien zur Anwendung gelangen mußten. Während sich bei den Prüfungen ohne Innendruck die Auswirkung des jeweiligen Schlages auf die Rohrwandung sofort auch an der Innenfläche des Rohres überprüfen ließ und entsprechend dem festgelegten Erliegekriterium beurteilt werden konnte, galt für das unter

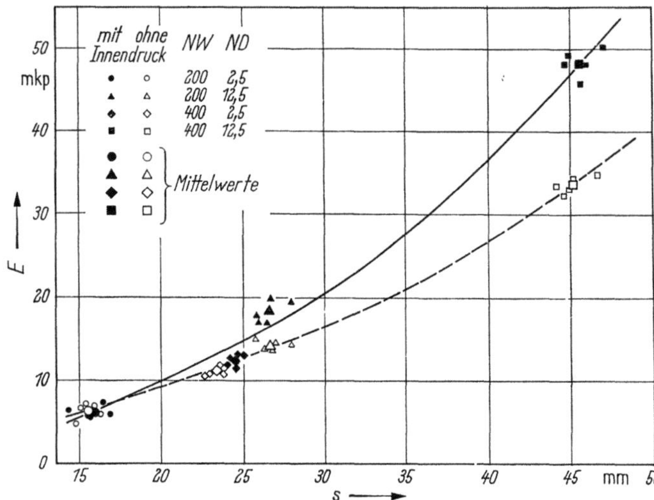

Abb 213. Darstellung der kritischen Schlagenergie in Abhängigkeit von der Wanddicke s getrennt nach NW und ND [$V40$].

Innendruck in Höhe des Nenndruckes stehende Rohr lediglich die sich anschließend zeigende Durchfeuchtung. Eine nachträgliche Überprüfung dieser Rohre im entleerten Zustand ergab hierbei die Tatsache, daß die Ausbeulungen an der Innenfläche, die zur Durchfeuchtung führten, wesentlich größer waren als die, die am leeren Rohr als Erliegekriterium betrachtet wurden.

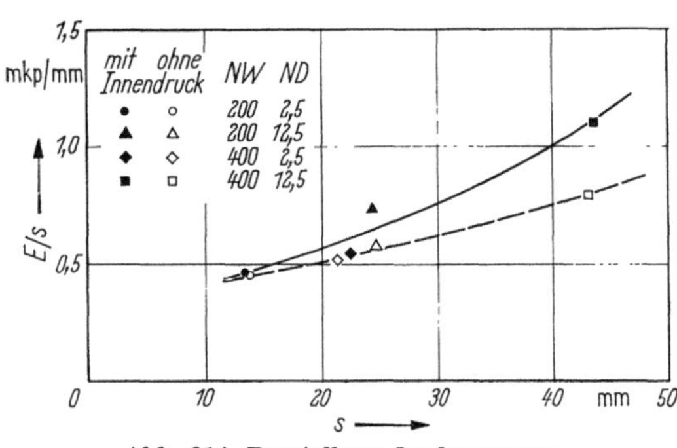

Abb. 214. Darstellung der bezogenen Schlagenergie E/s [$V40$].

Durch den Innendruck wurden die eingeschlagenen Beulen zurückgedrückt und das gelockerte Materialgefüge wieder gedichtet, so daß erst eine wesentlich stärkere Schlagbeanspruchung zur Zerstörung bis zur Undichtheit führte. Beim höheren Innendruck (ND 12,5) mußte sich diese Tatsache um so mehr auswirken. Daher liegen hier auch die größeren Unterschiede vor. Bezieht man die aufgewandte Schlagenergie auf die vorhandene Wanddicke, so stellt man gemäß Abb. 214 einen Anstieg mit wachsender Wanddicke fest, der bei den Versuchen mit Innendruck höher liegt. Eine Gesetzmäßigkeit der Schlagenergie in bezug auf die Dünnwandigkeit läßt sich nicht nachweisen. In Abb. 215 sind die Schlagenergien in Abhängigkeit von der Dünnwandigkeit aufgetragen.

Roš [191] führte ebenfalls Schlagversuche durch. Allerdings benutzte er als Fallgewicht eine 8 kp schwere Eisenkugel und lagerte das leere Asbestzement-Druckrohr in ein 20 cm hohes Sandbett, wobei der Auflagewinkel etwa 60° betrug (Abb. 216). Als Erliegekriterium galt für ihn der Zerstörungsgrad, bei dem sich das Asbestzementmaterial an der Schlagstelle von Hand durchdrücken ließ. Im Vergleich mit der von PILNY getroffenen Annahme ist dies ein weniger strenges Kriterium, da es zweifellos einen höheren Zerstörungsgrad voraussetzt. Abb. 217 und 218 zeigen einige zerstörte Proben. Zur Untersuchung gelangten die Nennweiten 100, 200 und 400 mit je zwei verschiedenen Wanddicken.

Die Länge aller Proberohre betrug jeweils 2,0 m. Zur Gegenüberstellung wurde bei einigen Rohren die Schlagstelle 5 cm vom Rohrende gewählt, sonst erfolgten die Schläge auf die Rohrmitte. Hierbei ermittelte Roš die kritische Schlagarbeit, bei der das Material zum Erliegen kommt, einmal durch Aufbringen eines Schlages, zum anderen durch mehrere Schläge, wobei die Fallhöhe, von einem festliegenden Ausgangswert ausgehend, systematisch gesteigert wurde.

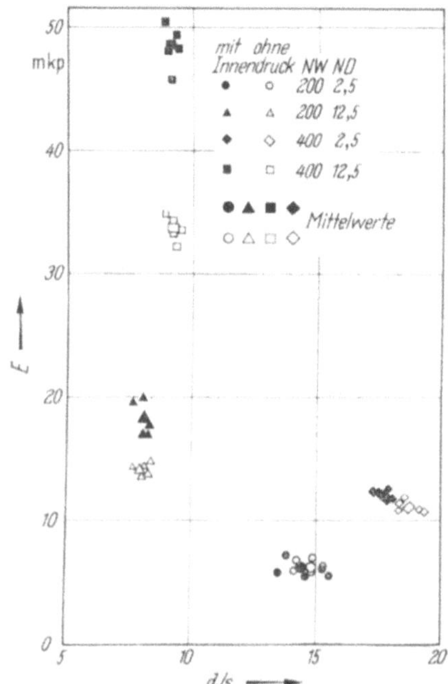

Abb. 215. Schlagenergien in Abhängigkeit
von der Dünnwandigkeit [*V40*].

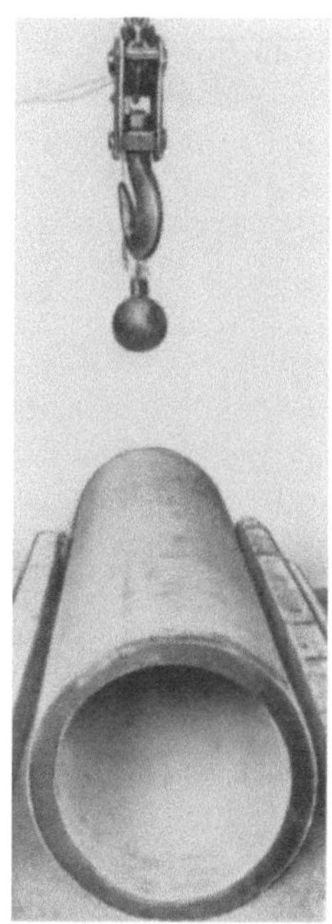

Abb. 216. Versuchsanordnung für die von
Roš durchgeführten Schlagversuche [*191*].

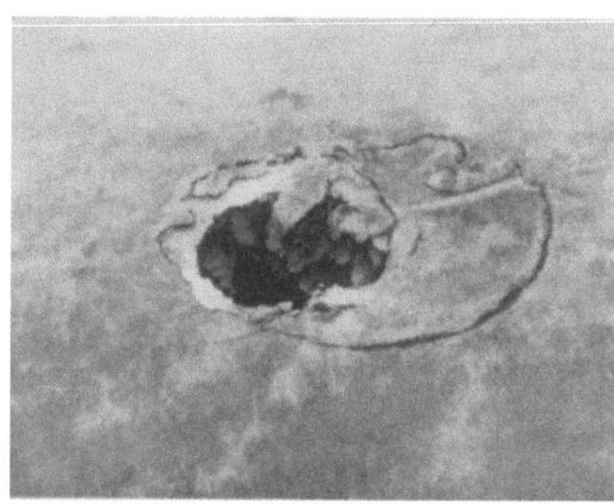

Abb. 217. Durch Kugelschlag auf die Rohrmitte
zerstörte Rohrprobe NW 200 [*191*].

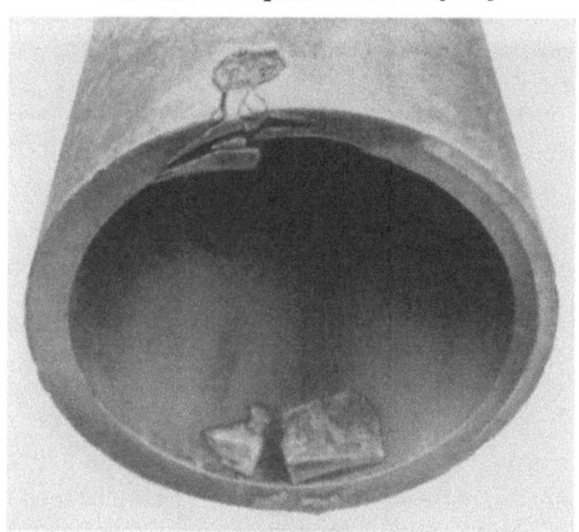

Abb. 218. Durch Kugelschlag auf den Rohrrand
zerstörte Rohrprobe NW 200 [*191*].

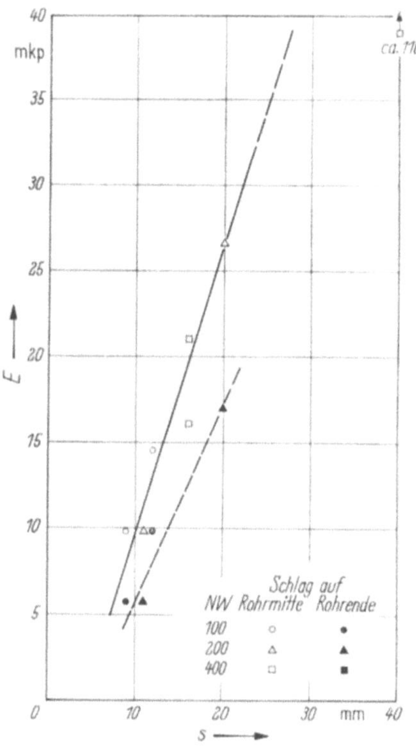

Abb. 219. Kritische Schlagenergien bei *einem*
Schlag nach Roš [*191*].

In Abb. 219 sind die kritischen Schlagenergien dargestellt, die aufgebracht werden mußten, um das Rohr mit einem Schlag zu zerstören. Sie liegen im allgemeinen höher als die PILNYschen Werte, was auf Grund der verschiedenen Erliegekriterien zu erwarten war. Die Zunahme der zum Bruch notwendigen Schlagarbeit mit wachsender Wanddicke bestätigt sich auch hier. Gleichzeitig wird hier noch deutlicher, daß die Nennweite offenbar keinen großen Einfluß auf die kritische Schlagarbeit besitzt, daß also die Dünnwandigkeit δ keine oder nur eine untergeordnete Rolle spielt (s. auch Abb. 215). Als Begründung dieser Tatsache läßt sich die Vermutung ausdrücken, daß die tatsächlich beanspruchte Fläche auch bei den kleineren Rohren (NW 100) im Verhältnis zum Rohrumfang so gering ist, daß Verformungen, gewissermaßen allseitig verhindert, sich nicht auf das ganze System auswirken können. Bei der Schlagbeanspruchung am Rohrrand dagegen läßt sich die Voraussetzung einer allseitig verhinderten Verformung nicht mehr machen, daher liegen hier die Versuchsergebnisse erheblich niedriger. Trotzdem kann auch hier ein Einfluß der Nennweite unter Berücksichtigung der natürlichen Streuung der Einzelwerte nicht festgestellt werden. Betrachtet man die gesamte Schlagarbeit, die aufgebracht werden muß, um einen Zerstörungsgrad entsprechend dem Erliegekriterium herzustellen, so läßt sich nachweisen, daß die Gesamtarbeit um so niedriger wird, je mehr man diese auf einzelne Schläge geringerer Einzelenergie verteilt. Abb. 220 zeigt eine Gegenüberstellung verschiedener Versuche. Einmal wurde der erste Schlag mit der Fallhöhe von 1,0 m und jeder weitere mit einer um je 10 cm vergrößerten Fallhöhe durchgeführt, das zweite Mal betrug die Anfangshöhe 20 cm und wurde jeweils um 5 cm gesteigert. Dementsprechend steigt natürlich die Schlaganzahl an. Die insgesamt aufzubringende Schlagarbeit ist im letzteren Falle am kleinsten. Diese Tatsache läßt sich damit erklären, daß eine Dauerbeanspruchung das Material eher zermürbt [*191*].

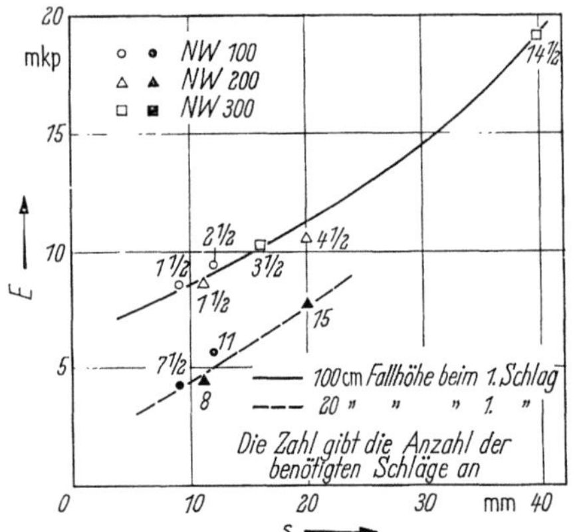

Abb. 220. Gegenüberstellung der kritischen Schlagenergien bei mehrfachen Schlägen und dabei gesteigerten Fallhöhen nach Roš [*191*].

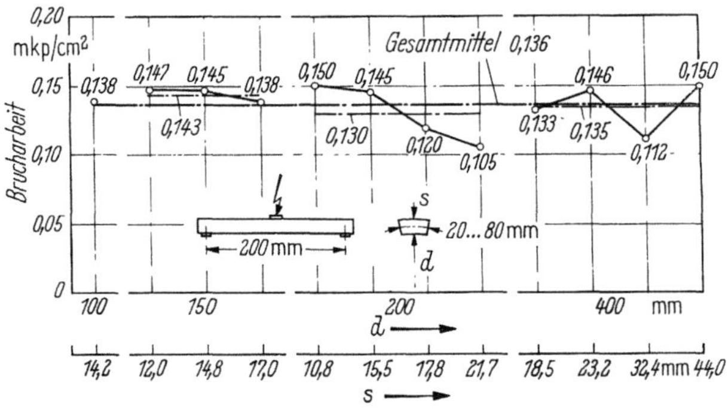

Abb. 221. Schlagbiegefestigkeit von Asbestzement-Druckrohren entnommenen Versuchsstäben nach Roš [*191*].

Roš stellte schließlich auch die Schlagbiegefestigkeit von Längsstäben, die aus verschiedenen Rohrtypen herausgeschnitten waren, mit dem Pendelhammer fest. Die hierbei gefundenen Ergebnisse sind in Abb. 221 wiedergegeben.

Die Werte schwanken in geringen Grenzen und weisen eine sehr gute Gleichmäßigkeit innerhalb der verschiedenen Rohrtypen aus. Das Gesamtmittel aller Ergebnisse beträgt

$$A = 0{,}136 \; [\text{mkp/cm}^2].$$

Um abschließend eine Verbindung mit der Praxis herzustellen, sei als Beispiel erwähnt, daß z. B. ein gewöhnlicher Vorschlaghammer etwa 5 kp wiegt. Bei der Annahme, daß der Hammer aus einer Höhe von 2,0 m im freien Fall niederfällt, beträgt die beim Aufschlag geleistete Arbeit 10 mkp. Im allgemeinen wird dem Hammer jedoch durch die Muskelkraft eine zusätzliche Fallbeschleunigung erteilt, wodurch sich die Schlagarbeit erhöht und u. U. sogar den doppelten Wert annehmen kann.

4.506 Dauerfestigkeit

Die Beanspruchung eines Materials durch statische, d. h. ruhende und gleichgerichtete Kräfte sagt noch nichts darüber aus, wie sich das gleiche Material bei einer dynamischen Belastung, also einer Wechsel- oder Schwellbelastung, verhält. Letztere beanspruchen ein Material in einem wesentlich höheren Maße als dies eine ruhende Last gleicher Größe vermag. Je spröder ein Material z. B. ist, um so geringer wird die Dauerfestigkeit gegenüber den bei statischen Belastungen gefundenen Festigkeiten sein. Es ist daher zur vollständigen Beurteilung eines Materials unerläßlich, neben den statischen Festigkeitsversuchen auch dynamische anzustellen, wobei zwei Formen der dynamischen Belastung möglich sind. Wächst eine Belastung innerhalb einer Periode von Null auf ihren Maximalwert, um dann wieder auf Null zurückzugehen, so spricht man von einer schwellenden Belastung oder Schwellbelastung. Kehrt sich dagegen die Wirkungsrichtung der Belastung nach Durchgang durch die Nullage um, um nun wiederum den Maximalwert, allerdings in entgegengesetzter Wirkungsrichtung, zu erreichen, dann spricht man von einer wechselnden Belastung oder Wechselbelastung. Im ersteren Falle behalten alle Spannungen im Material gleiche Vorzeichen, im letzteren kehren sich innerhalb einer Belastungsperiode die Vorzeichen um, aus Druckspannungen werden Zugspannungen und umgekehrt. Entsprechend den beschriebenen Belastungsformen bezeichnet man als Schwellfestigkeit[1] die bei einer zwischen Null und einem oberen Grenzwert wechselnden Belastung erzeugte Spannungsänderung, die vom Material beliebig oft ertragen wird, ohne daß sich ein Bruch einstellt, während man unter Schwingungs- bzw. Wechselfestigkeit den ertragbaren Halbwert der Spannungsänderung zwischen zwei gleich großen positiven und negativen Grenzwerten versteht. Es ist hierbei auch möglich, die Belastung um eine durch eine statische Vorlast verschobene Nullage pendeln zu lassen. Nach WÖHLER ermittelt man die Schwingungsfestigkeit, indem man mehrere Proben mit verschiedenen Schwingungsbeanspruchungen untersucht und die zum Dauerbruch zugehörige Anzahl der Lastwechsel feststellt. Die so gefundenen Ergebnisse graphisch dargestellt ergeben die WÖHLER-Kurve. Diese Kurve nähert sich asymptotisch der Schwingungsfestigkeit, d. h. der Spannung, die dem Material praktisch unendliche Male aufgezwungen werden darf, ohne daß mit einem Bruch zu rechnen ist.

Für Druckrohre ist die Kenntnis der Dauerfestigkeiten insofern von Wichtigkeit, als z. B. in Straßen verlegte Leitungen durch Verkehrsbelastungen dynamisch beansprucht werden.

4.506 1 Längsbiegewechselfestigkeit

PILNY ermittelte an Asbestzement-Druckrohren NW 100, ND 12,5 mit einer durchschnittlichen Wanddicke von etwa 15 mm die Längsbiegewechselfestigkeit. Er benutzte dazu einen 2 Mp-Zug-Druck-Pulsator der Maschinenfabrik Schenk, in dem die Proberohre mit einer Länge von 1,60 m eingespannt wurden. Abb. 222 zeigt im Schema den Versuchsaufbau. Die Rohrenden waren hierbei momentenfrei und ohne Spiel befestigt. An einem Ende befand sich ein

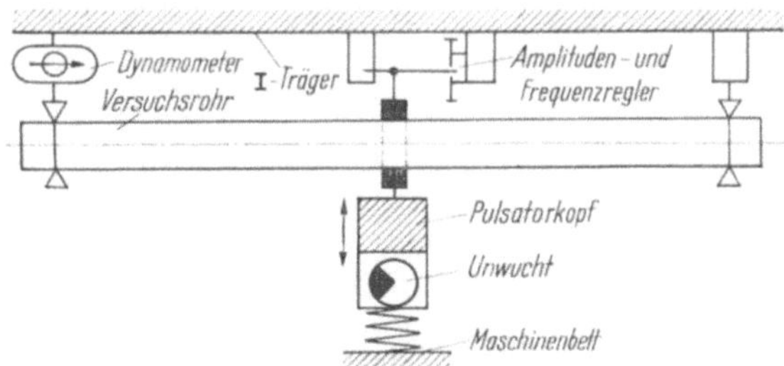

Abb. 222. Schema der Versuchseinrichtung für Biegeschwingungsprüfen [*V40*].

Kraftmesser, der die jeweiligen Auflagerkräfte registrierte, mit denen die auftretenden Biegemomente errechnet werden konnten. Die Einleitung der Biegungskraft in der Rohrmitte erfolgte über eine geteilte Spannplatte, die mit dem Pulsatorkopf fest verbunden war. Es war Sorge

---

[1] auch als Ursprungsfestigkeit bezeichnet.

dafür getragen, daß das Rohr vorspannungsfrei umfaßt wurde. Schließlich diente eine Regeleinrichtung der Konstanthaltung der Schwinglast.

Insgesamt standen vier Versuchsrohre zur Verfügung. Mit einem weiteren Rohr erfolgten Vorversuche, bei denen der Spannungsausschlag nach je 4 bis $5 \cdot 10^6$ Lastwechsel gesteigert

Abb. 223. Blick auf die Versuchsanordnung.

wurde. Die Ergebnisse der PILNYschen Versuche sind in Tab. 45 aufgeführt. Der maximale Spannungsausschlag σ_a wurde hierbei an Hand des Widerstandsmomentes und der gemessenen Auflagerkraft errechnet.

Tabelle 45. *Längsbiegewechselfestigkeiten nach* PILNY [*V40*]

Rohr-Nr.	W (cm³)	σ_a (kp/cm²)	Anzahl der Lastwechsel	Bemerkung
1	145,5	50,5	$5 \cdot 10^6$	
		71,5	$4 \cdot 10^6$	kein
		88,0	$4 \cdot 10^6$	Bruch
		110,0	$4 \cdot 10^6$	
2	139,5	119,3	$2,7 \cdot 10^6$	Bruch
3	143,0	147,8	$1,13 \cdot 10^6$	Bruch
4	144,2	115,3	$15,53 \cdot 10^6$	Bruch
5	144,2	105,5	$83,4 \cdot 10^6$	kein Bruch

Die Tabellenwerte der Rohre 2 bis 5 ergeben die in Abb. 224 aufgetragene WÖHLER-Kurve für Asbestzement-Druckrohre NW 100/ND 12,5. Daraus ermittelte PILNY eine endgültige Längsbiegeschwellfestigkeit von

$$\sigma_A = 107 \text{ (kp/cm}^2).$$

Die absoluten Durchbiegungen schwankten hierbei zwischen 1,5 und 2,0 mm.

Unter Berücksichtigung der Tatsache, daß die statische Biegefestigkeit im Mittel $\sigma_b = 313$ kp/cm² betrug, kann das Verhältnis $\sigma_A : \sigma_b = 0,33$ als sehr gutes Ergebnis angesehen werden. Es entspricht ungefähr dem von C-Stählen [*V40*].

4.506 2 Ringbiegeschwellfestigkeit

Während PILNY die Längsbiegeschwellfestigkeit untersuchte, führte bereits 1959 WEINHOLD in seinem Institut für Materialprüfung und Forschung des Bauwesens der TH Hannover umfangreiche Versuche zur Ermittlung der Ringbiegeschwellfestigkeit von Asbestzement-Druckrohren verschiedener Abmessungen durch [*V 27 bis V 31*]. Um hierbei den praktischen Verhältnissen möglichst nahe zu kommen, übertrug WEINHOLD die Scheiteldruckbelastung über ein oberes und unteres Sandbett auf das zu prüfende Rohr, wobei die Auflagewinkel je etwa 60° betrugen.

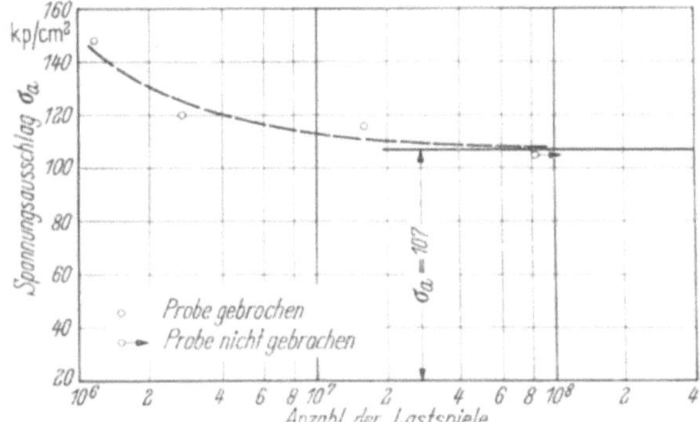

Abb. 224. WÖHLER-Kurve für Asbestzement-Druckrohre NW 100/ND 12,5 nach PILNY [*V 40*].

Abb. 225. Blick auf die Versuchseinrichtung für Ringbiegeschwelluntersuchungen [*V 27*].

Zur Untersuchung gelangten die Nennweiten 400 und 600 mm mit je drei verschiedenen Wanddicken. Außerdem wurde jede Rohrtype mit zwei verschiedenen Vor- bzw. Unterlasten P_u ge-

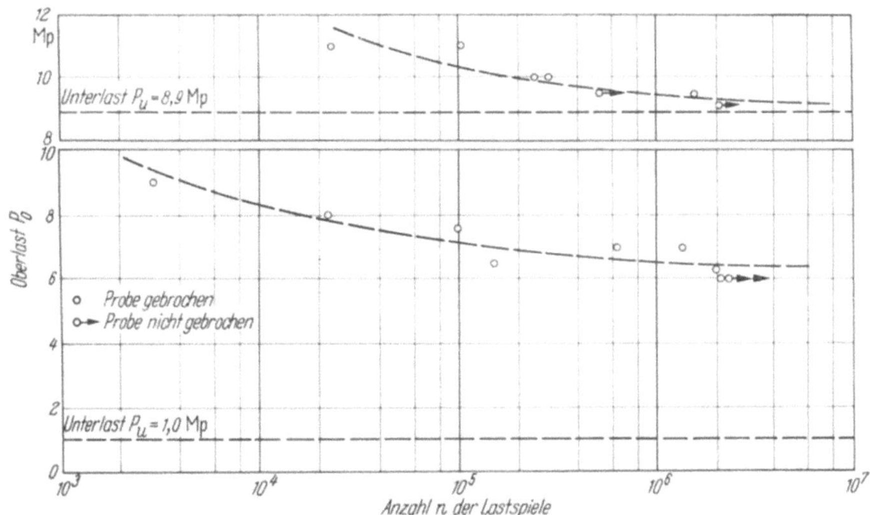

Abb. 226. Ringbiegeschwellbelastung NW 400, s = 40 mm nach WEINHOLD [*V 29, V 30*].

fahren. Zum Vergleich standen Ergebnisse von statischen Scheiteldruckversuchen, ebenfalls mit beiderseitiger Flächenlagerung ($\alpha = 60°$), zur Verfügung. Die nachfolgenden Abbildungen zeigen einige der von WEINHOLD ermittelten Versuchsergebnisse. Gegenübergestellt wurden hierbei jeweils zwei Versuchsreihen mit verschieden hoher Vorbelastung.

An Hand der vorliegenden Einzelwerte hat Verfasser versucht, durch Eintragung der zugehörigen WÖHLER-Kurven auf die kritische Schwellbelastung zu schließen. Die so ermittelten

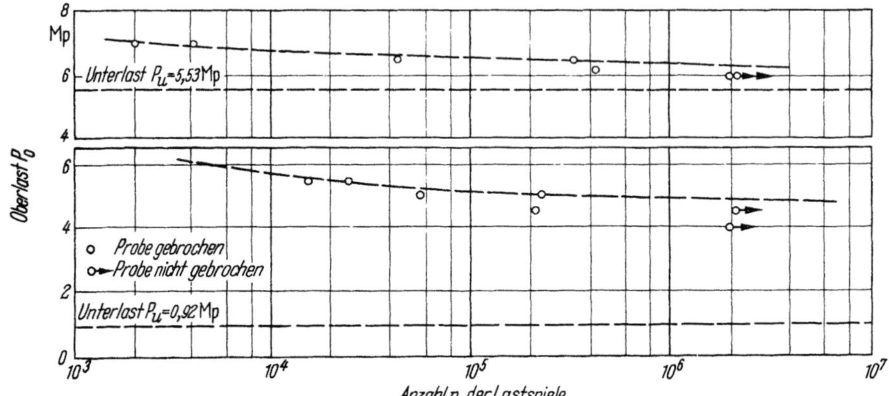

Abb. 227. Ringbiegeschwellbelastung NW 600, s = 30 mm nach WEINHOLD [V 31].

kritischen Schwellasten P_{kr}, die allerdings mit gewissen Vorbehalten betrachtet werden müssen, sind in Tab. 46 zusammen mit den statischen Bruchlasten P_{st} aufgeführt.

Die in den Abb. 226 bis 228 aufgetragenen Versuchsergebnisse zeigen, daß nicht die Höhe der Unterlast, sondern die Differenz $P_o - P_u$ maßgebend für die Größe der kritischen Schwellast

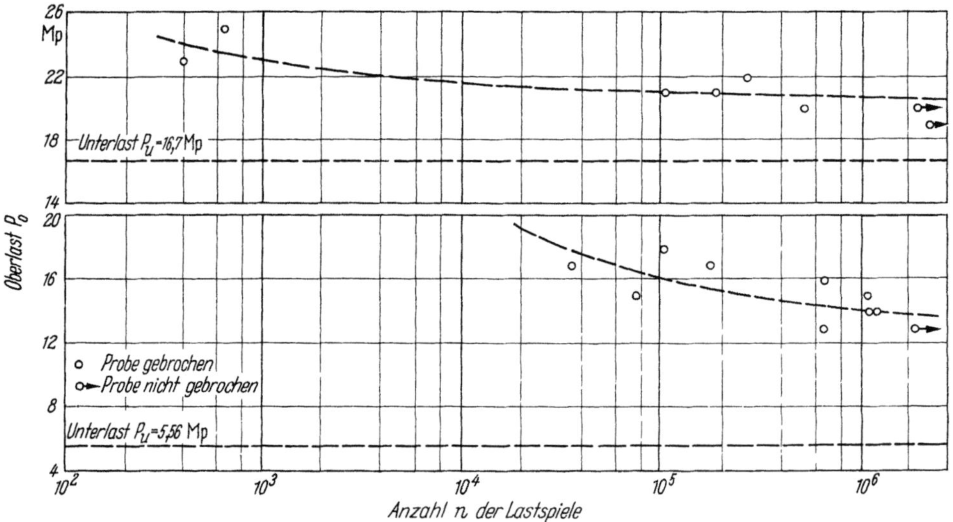

Abb. 228. Ringbiegeschwellbelastung NW 600, s = 60 mm nach WEINHOLD [V 29, V 30].

ist. Das ist auch ohne weiteres verständlich, da bei größerem Schwellbereich viel stärkere Dehnungen auftreten. P_o ist hierbei die Oberlast, mit der eine Probe jeweils bis zum Bruch belastet wird. Sie wird von Probe zu Probe verringert und nähert sich somit der kritischen Last P_{kr}.

4.507 Nachhärtung

Unter Nachhärtung wird allgemein die Tatsache verstanden, daß mineralische Materialien, die auf einem chemischen Erhärtungsprozeß beruhen, nachträglich noch weiter erhärten, was eine Steigerung der Materialfestigkeit zur Folge hat. Zu diesen Stoffen sind besonders die zementgebundenen zu rechnen, somit auch Asbestzement. Wie schon im Abschnitt „Zement" beschrieben, erstreckt sich die Hydratation des Dikalziumsilikats und insbesondere die Umwandlung des freiwerdenden Kalkes zu Kalziumkarbonat auf längere Zeit. Die dabei stattfindende Kristallisation der Umsetzungsprodukte bedingt die Verfestigung. Um den zeitlichen Verlauf der Nachhärtung zu verfolgen, führte PILNY [*V 40*] eine Versuchsreihe durch, bei der Rohre NW 100, ND 10 in sechs verschiedenen Zeitabständen geprüft wurden. Insgesamt standen 18 Rohre zur Verfügung, von denen jeweils drei auf Innendruck, Scheiteldruck und Längsbiegung gemäß

Tabelle 46. *Kritische Ringbiegeschwellasten P_{kr} für Asbestzement-Druckrohre NW 400 und NW 600*

Nr.	NW (mm)	s (mm)	P_{st}* (Mp)	P_u (Mp)	P_{kr} (Mp)
1	400	19	4,964	3,0	3,2
2	400	19		0,250	2,2
3	400	40	14,87	8,9	9,2
4	400	40		1,0	6,3
5	600	30	9,22	5,53	6,1
6	600	30		0,92	4,6
7	600	60	27,8	16,7	20,1
8	600	60		5,56	12,0

* Statische Bruchlast

DIN 19 800 untersucht wurden. Außerdem fanden zur Ergänzung Zugversuche an aus den Rohren herausgeschnittenen Längsstäben statt. Die Ergebnisse der Versuche sind den nachstehenden Abb. 229 bis 232 zu entnehmen, wobei die an Hand der Mittelwerte eingetragenen Kurven den angenäherten zeitlichen Verlauf der Festigkeitszunahme andeuten.

Es war zu erwarten, daß der im voraus festgesetzte Beobachtungszeitraum von einem Jahr nicht ausreichen würde, um eine endgültige Aussage über den Nachhärtungsprozeß machen zu können. Es genügt jedoch vollkommen, um sowohl den Verlauf der Anfangserhärtung als auch den Zeitpunkt zu bestimmen, an dem die erreichte Festigkeit für die praktische Anwendung als Endfestigkeit angesehen werden kann. Alle Kurven zeigen zunächst einen steilen Anstieg der Festigkeiten, werden dann allmählich flacher und gehen schließlich in eine Gerade über. Die Scheiteldruckversuche (Abb. 230) ließen hierbei recht exakte Folgerungen zu, weil die Streuung der einzelnen Versuchswerte verhältnismäßig gering ist. Nach etwa 100 Tagen läßt sich eine Festigkeitszunahme nicht mehr feststellen. Bezogen auf die hierbei gefundenen Endfestigkeiten betrug die nach 28 Tagen erreichte Scheiteldruckfestigkeit etwa 87,5%. Die Innendruckversuche (Abb. 229) ergeben auch nach einem Rohralter von einem Jahr keine eindeutige Endfestigkeit, vielmehr scheint die Festigkeit noch weiter anzuwachsen. Die nach 28 Tagen erreichte Festigkeit macht hier etwa 83% der nach einem Jahr erreichten aus. Wegen der erheblichen Streuung der gefundenen Versuchsergebnisse, die beim Prüfverfahren mit einer Einzellast kaum zu vermeiden ist, lassen die Biegeversuche (Abb. 231) keine eindeutige Aussage zu. Die eingezeichnete Kurve stellt daher nur den vermutlichen Verlauf der Festigkeitszunahme dar. Es fällt jedoch auf, daß die anfängliche Steigerung der Biegezugfestigkeit geringer ist als die der anderen Festigkeiten. Schließlich sind noch die Zugstab-Untersuchungen (Abb. 232) zu erwähnen. Abgesehen davon, daß die Prüfung nach drei und sieben Tagen nach der Herstellung nicht möglich war, fällt besonders auf, daß die Zugstäbe der Versuchsgruppe „63 Tage" geschlossen eine außerordentlich hohe Längszugfestigkeit aufweisen, während demgegenüber die dazugehörigen Rohrproben sich mit ihren Normfestigkeiten gut in den allgemeinen Rahmen einfügen. Eine Erklärung hierfür ist nicht möglich. Im übrigen scheint jedoch auch bei diesen Versuchen nach einem Jahr die Endfestigkeit erreicht zu sein, der gegenüber die nach 28 Tagen erreichten Festigkeit etwa 89% beträgt. Allgemein kann man auf Grund der PILNYschen Versuche daher feststellen, daß, gemessen an der nach 28 Tagen erreichten Festigkeit, innerhalb des ersten Jahres nach Herstellung noch ein Festigkeitszuwachs von etwa 15% zu erwarten ist.

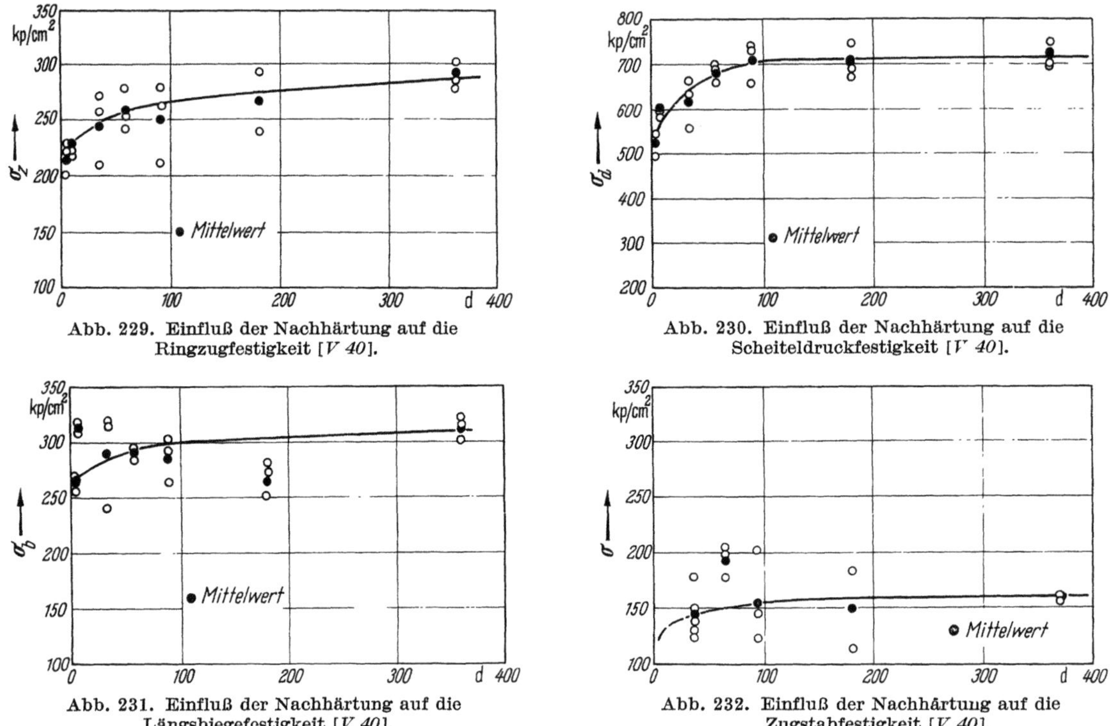

Abb. 229. Einfluß der Nachhärtung auf die Ringzugfestigkeit [V 40].

Abb. 230. Einfluß der Nachhärtung auf die Scheiteldruckfestigkeit [V 40].

Abb. 231. Einfluß der Nachhärtung auf die Längsbiegefestigkeit [V 40].

Abb. 232. Einfluß der Nachhärtung auf die Zugstabfestigkeit [V 40].

Die Beobachtung der Nachhärtung über einen längeren Zeitraum stößt naturgemäß auf Schwierigkeiten. Zwar haben mehrere Autoren bei der Überprüfung älterer Asbestzement-Druckrohre die Vermutung ausgesprochen, daß eine Steigerung der Festigkeiten im Laufe der Betriebszeit stattgefunden hat, eine genaue Aussage war aber nicht möglich, weil in der Regel keine Angaben über die Festigkeiten der betreffenden Rohre vor ihrem Einbau vorhanden waren. Um so mehr verdient daher der Schlußbericht der beiden Forscher ROMANOFF und DENISON [54] über langzeitige Korrosionsversuche mit Asbestzementrohren Beachtung. Diese Versuche sollten das Verhalten von Asbestzementrohren in den verschiedensten Bodenarten aufzeigen; sie erstreckten sich insgesamt über 13 Jahre. Zur Anwendung gelangten Rohre der Klasse 150 (ND 10) mit den Nennweiten 4 inch. (100 mm) und 6 inch. (150 mm). In Verbindung mit diesen Versuchen wurden die Innendruck- und Scheiteldruckfestigkeiten der einzelnen Proben nach verschieden langer Verlegezeit überprüft. Dabei wurden auch Untersuchungen über Wassergehalt und Raumgewicht durchgeführt. Die hierbei gefundenen Mittelwerte sind ohne Berücksichtigung der jeweiligen Bodenart, in dem die einzelnen Proben gelegen haben, d. h. ohne Berücksichtigung der verschiedentlich eingetretenen Außenkorrosion in Abb. 233 aufgezeichnet. Ein Vergleich der Ergebnisse untereinander ist nicht möglich, weil — abgesehen von den verschiedenen äußeren Einflüssen während der Lagerung im Boden — die Rohre nach verschiedenen Verfahren hergestellt wurden. So gelangte bei den 4-inch.-Rohren das DALMINE-Verfahren zur Anwendung, während die 6-inch.-Rohre nach dem MAZZA-Prinzip hergestellt wurden. Überdies wurden diese Rohre dampfgehärtet, die 4-inch.-Rohre dagegen zur Erhärtung im Wasserbad gelagert. Ein solcher Vergleich ist an dieser Stelle aber auch gar nicht beabsichtigt, vielmehr soll hier lediglich die Tendenz der einzelnen Kurven im Hinblick auf das Alter der Rohre betrachtet werden.

Die Gegenüberstellung der beiden Festigkeiten (Innendruck und Scheiteldruck) und der Wasseraufnahme resp. des Raumgewichts zeigt bei beiden Rohrarten eine zeitlich sehr übereinstimmende Tendenz. Bei den 4-inch.-Rohren läßt sich bis zu sieben Jahren eine Steigerung der Festigkeiten feststellen, die, wie das Absinken der Wasseraufnahme bzw. der Anstieg des

Raumgewichts zeigt, auf eine Nachhärtung zurückzuführen ist. Während die Innendruckfestigkeit sich verringert, aber auch nach 13 Jahren noch wesentlich über dem Ausgangswert liegt, bleibt die Scheiteldruckfestigkeit auf ihrem Maximalwert stehen[1]. Die 6-inch.-Rohre zeigen bereits nach zwei bis vier Jahren das Ende der Erhärtung an. Dies dürfte auf die Dampfhärtung

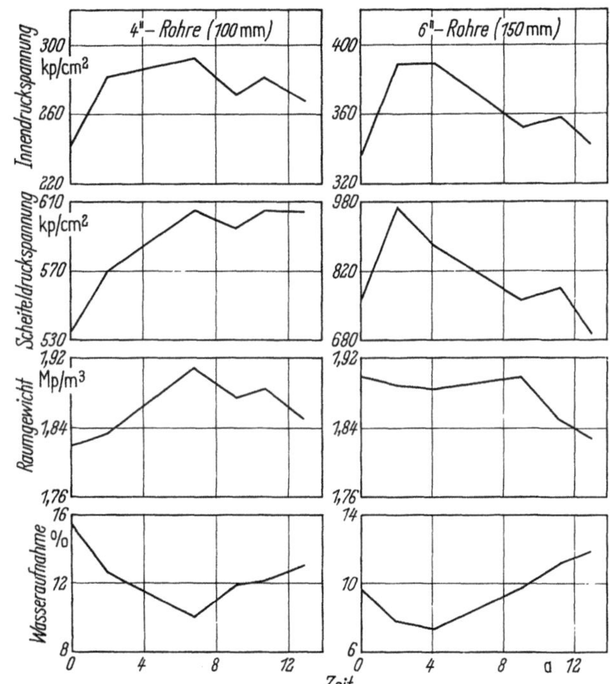

Abb. 233. Zeitstandkurven von Asbestzement-Druckrohren, ⌀ 4 inch. und ⌀ 6 inch., Klasse 150 [54].

dieser Rohre zurückzuführen sein. Aus gleichem Grund ist auch ein höheres Raumgewicht und eine damit verbundene geringere Wasseraufnahme vorhanden. Auffällig ist bei diesen Rohren jedoch der starke Festigkeitsrückgang im weiteren Verlauf der Versuchszeit. Der prozentuale Vergleich der Maximalwerte mit den Ausgangswerten ergibt gegenüber den Ausgangsfestigkeiten eine durchschnittliche Steigerung von etwa 15%. Unter Berücksichtigung der Tatsache, daß PILNY für den Zeitraum 28 Tage bis 360 Tage ebenfalls eine Festigkeitssteigerung um etwa 15% feststellte, ergibt sich die Schlußfolgerung, daß die Nachhärtung hauptsächlich im ersten Jahr nach der Herstellung stattfindet und in den weiteren Jahren allmählich ausklingt, bis der Maximalwert erreicht ist.

4.508 Der Einfluß des Wassergehaltes auf die Festigkeiten

Der Wassergehalt des Asbestzementes schwankt in den Grenzen „trocken" und „vollgesättigt". Dazwischen sind beliebig viele Zustände denkbar und auch möglich. Allein der Begriff „raumfeucht" oder „lufttrocken" läßt einen weiten Spielraum zu, je nachdem, welche Luftfeuchtigkeit gerade vorherrscht. Sofern demnach der Feuchtigkeitsgrad des Asbestzementes einen Einfluß auf die Höhe der Festigkeit nimmt, werden Prüfungen — z. B. an lufttrockenen Proben — an verschiedenen Orten trotz gleichartiger Untersuchungsmethoden jeweils verschiedene Prüfungsergebnisse zeigen, weil mit Sicherheit auch verschiedene atmosphärische Verhältnisse vorliegen. Der Einfluß ist in der Tat vorhanden. Um ihn zu eliminieren, sind in allen diesbezüglichen Prüfnormen Vorschriften über die Wasserlagerung der Asbestzementproben vor ihrer Prüfung enthalten, wobei allerdings verschiedene Auslegungen der zur Sättigung notwendigen Dauer der Wasserlagerung bestehen. Wegen der Schwierigkeit und vor allem Umständlichkeit der exakten Bestimmung des Wassergehalts einer Probe liegt es auf der Hand,

---

[1] Trotz wirkender Bodenkorrosion, s. hierzu auch S. 298.

daß man die auf einfache Art und Weise zu erzielende Vollsättigung durch Wasserlagerung benutzt, um eine einheitliche Vorbedingung für die Prüfungen zu schaffen.

Über die Größe des Einflusses des Wassergehaltes auf die Festigkeiten liegen in der Literatur nur wenig Angaben vor. Es war daher notwendig, durch eine entsprechende Versuchsreihe eine Aussage über diese Frage zu erhalten. Zu diesem Zweck stellte PILNY [*V 40*] besondere Innendruck- und Scheiteldruckversuche an Rohren NW 200, ND 2,5 an. Außerdem fanden Zug- und Druckversuche an aus Rohren verschiedener Abmessungen ausgearbeiteten Probestäben statt, deren Ergebnisse jedoch im Rahmen der Behandlung der Probestabversuche (Abschnitt 4.510 1) besprochen werden sollen. Der Wassergehalt wurde auf die drei Zustände „trocken", „raumfeucht" und „wassergesättigt" abgestimmt. Als „trocken" wurden die Proben bezeichnet, die vor Versuchsbeginn sieben Tage lang im Trockenschrank bei einer Temperatur von 105°C lagerten. „Wassergesättigt" waren die Proben, die sieben Tage im Wasserbad von 14°C aufbewahrt worden waren und einen Wassergehalt von etwa 15—16% hatten, während schließlich die „raumfeuchten" Proben unbehandelt geprüft und danach zur Bestimmung ihres Wassergehaltes getrocknet wurden; dieser lag im allgemeinen bei 6—8%.

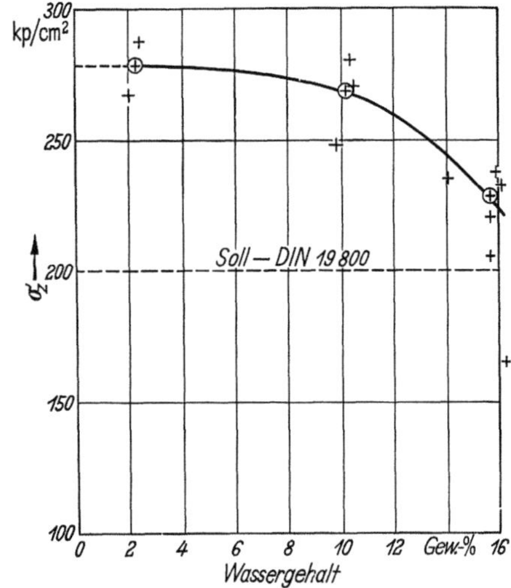

Abb. 234. Innendruck-Festigkeit in Abhängigkeit vom Wassergehalt [*V 40*].

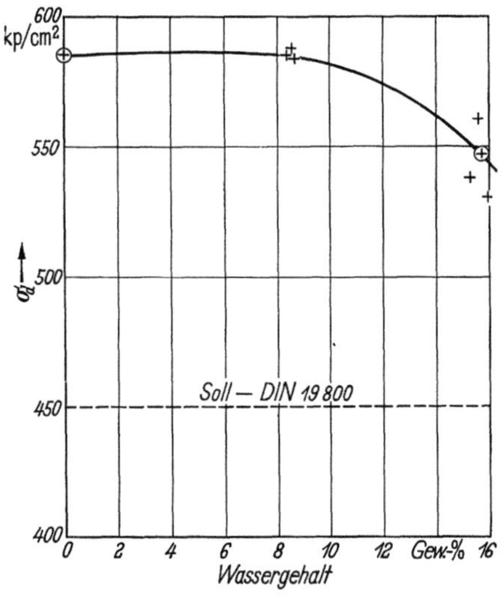

Abb. 235. Scheiteldruck-Festigkeit in Abhängigkeit vom Wassergehalt [*V 40*].

Die in Abb. 234 wiedergegebenen Ergebnisse der *Innendruckversuche* zeigen den festigkeitsvermindernden Einfluß des steigenden Wassergehaltes deutlich. Eine Prüfung „trockener" Proben war wegen der Verwendung von Wasser als Druckmittel nicht möglich, daher extrapolierte PILNY die Kurve in Richtung auf den Nullwert. Der Festigkeitsverlust der wassergesättigten Proben beträgt gegenüber den fast trockenen Proben (Wassergehalt: etwa 2%) 19,1%.

Die Scheiteldruckversuche (Abb. 235) zeigen ein ähnliches Ergebnis, allerdings ist die Verminderung der Ringbiegefestigkeit hier nicht so stark ausgeprägt. Die Abnahme bei der Sättigung macht hier nur 6% der Trockenfestigkeit aus.

Der Versuch, auch entsprechende Längsbiege-Untersuchungen durchzuführen, scheiterte an der Unmöglichkeit, 2,0 m lange Rohrproben zu trocknen. Behelfsmäßig durchgeführte Prüfungen ergaben eine Verringerung um 20,9%. Damit entsprachen sie den Innendruckversuchen. Durchbiegungs- und Dehnungsmessungen sowie der daraus berechnete E-Modul zeigten keine Abhängigkeit vom Wassergehalt.

Faßt man die Versuchsergebnisse zusammen, so kann festgestellt werden, daß Asbestzement-Druckrohre infolge Wassersättigung gegenüber dem trockenen Zustand im Mittel um etwa 15% an Festigkeit verlieren. An dieser Stelle seien auch ROMANOFF und DENISON [*54*] erwähnt, die einen Festigkeitsverlust infolge Wassersättigung von 15—20% beobachteten.

4.509 Scheiteldruckfestigkeit gefrorener Asbestzement-Druckrohrproben

Im Zusammenhang mit den unter Ziffer 4.502 beschriebenen Versuchen wurden drei 20 cm lange Rohrstücke NW 200, ND 2,5 nach siebentägiger Wasserlagerung auf − 60°C abgekühlt und durchfroren. Nach Herausnahme aus dem Gefrierschrank fanden die gefrorenen Proben Aufnahme in einem Isolierbehälter, dem sie erst unmittelbar vor Einbau in die Prüfpresse entnommen wurden. Drei weitere Scheiteldruckproben der gleichen Abmessungen wurden nach Wassersättigung insgesamt zehnmal acht Stunden lang bei einer Temperatur von − 20°C gefroren, danach im Wasserbad mit Raumtemperatur über eine Zeit von 16 Stunden wieder aufgetaut. Am Schluß verblieben diese Proben bis zum Versuchsbeginn im Wasserbad und wurden dann bei Raumtemperatur geprüft.

Die von PILNY [V 40] im gefrorenen Zustand durch Scheiteldruckbelastung zerstörten Rohrproben erbrachten die mittlere Bruchspannung (844 + 831 + 892)/3 = 856 (kp/cm²). Nach Tab. 38 (S. *139*) ergab sich jedoch für 20 cm lange Rohrproben NW 200, ND 2,5 unter normalen Prüfbedingungen eine mittlere Scheiteldruckfestigkeit von 538 (kp/cm²). Die gefrorenen Proben wiesen demnach eine um etwa 59% höhere Festigkeit als die nichtgefrorenen auf. Diese Tatsache muß auf die Stützwirkung des in den Poren enthaltenen Eises zurückgeführt werden.

Bei den bis zu zehn Frostwechseln unterworfenen Proben betrug die mittlere Bruchspannung 535 (kp/cm²). Eine Beeinflussung der Scheiteldruckfestigkeit durch die stattgefundene Behandlung war also nicht zu beobachten, vielmehr hatten die Proben die zehnmalige Durchfrostung ohne Minderung ihrer Festigkeit überstanden.

Zur Ergänzung dieser Versuchsserie führte PILNY noch Zugversuche an gefrorenen Zugstäben durch, auf die im Abschnitt 4.510 1 näher eingegangen wird.

4.510 Allgemeine Festigkeiten, Materialkennwerte

Unter allgemeinen Festigkeiten sollen alle die verstanden sein, die an Probestäben und -würfeln gefunden werden. Da hierbei einachsige Spannungszustände erzeugt werden, liefern diese Ver-

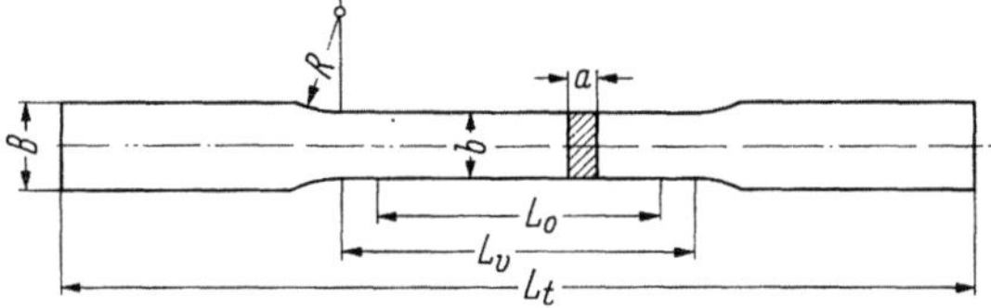

Nennweite mm	100		150	200			300		400		
Nenndruck/Wanddicke atü/mm	10/10	12,5/13	12,5/20	2,5/11	10/18	12,5/22	2,5/14	12,5/30	−/16	2,5/18	12,5/40
Probendicke a mm	10	13	20	11	18	22	14	30	16	18	40
Probenbreite b mm	31,4	24,2	62,8	28,5	57,0	57,0	22,4	41,8	22,4	69,6	31,4
Kopfbreite B mm	40	30	75	40	70	70	30	55	30	85	40
Probenquerschnitt F_0 mm²	314	314,6	1256	313,5	1026	1254	313,6	1254	358,4	1252,8	1256
Versuchslänge L_v mm	131	124	263	129	257	257	122	242	122	270	231
Meßlänge L_o mm	100	100	200	100	200	200	100	200	100	200	200
Gesamtlänge L_t mm	320	320	620	320	620	620	320	500	320	620	500
Radius R mm	40	40	40	40	40	40	40	40	40	40	40
Versuchsreihe Nr.:	(5,0) (16,1) (20,1) (28,2)	(5,0) (16,1)	(27,3)	(5,0) (16,1) (17,0) (18,1)	(28,2)	(5,0) (16,1) (25,1)	(5,0) (16,1)	(5,0) (16,1)	(26,1)	(5,0) (16,1)	(5,0) (16,1)

Abb. 236. Form und Abmessungen der Probestäbe für Zugversuche [*V 40*].

suche eindeutige Festigkeiten und Verformungen, die daher bei isotropen Werkstoffen als Kennwerte dienen können. Etwas schwieriger liegen die Verhältnisse bei anisotropen, inhomogenen Materialien, zu denen auch Asbestzement gehört. Hier lassen sich die an Körpern ermittelten Werte nicht ohne weiteres auf die Endprodukte, wie Druckrohre, Platten usw., übertragen. Aus diesem Grunde sind in der Literatur nur wenige Angaben über Stab-, Würfel- oder Prismenfestigkeiten und deren Verformungen bekannt. Zu den wenigen Autoren, die von derartigen Versuchen berichten, zählt Roš, dessen Bericht Nr. 148 von der EMPA[1], Zürich [*191*] schon mehrfach erwähnt wurde.

Eine Untersuchung der Materialfestigkeiten von Asbestzement-Druckrohren wäre aber unvollständig, würden Probestab-Untersuchungen fehlen. Sie runden das Gesamtbild ab und lassen in vielerlei Hinsicht ergänzende Rückschlüsse zu. Es wäre allerdings falsch, wollte man z. B. die an einem Längsstab gefundene Zugfestigkeit ohne weiteres auf die Längsbiegebeanspruchung eines Rohres übertragen. Insofern muß vor unbedachter Anwendung der allgemeinen Festigkeiten gewarnt werden.

4.510 1 Zugversuche an Probestäben

a) Zugfestigkeit in Rohrlängsrichtung. Zur Bestimmung der Zugfestigkeit in Rohrlängsrichtung wurden von PILNY Probestäbe aus den zu untersuchenden Rohren herausgeschnitten, bearbeitet und geprüft, ihre Form wurde in Anlehnung an die DIN 50 125, Ziff. 7.5 gewählt. (Flachprobe mit Köpfen für Beißkeile, Zugprobe E). Abb. 236 zeigt Form und Abmessungen der Probestäbe, die abhängig von dem Rohrtyp sind.

Die bei den in Längsrichtung aus Rohren herausgesägten Stäben unvermeidbare Krümmung des Querschnittes wurde an den Stabeinspannenden durch geringes Abflachen so weit vermindert, daß die Schwerpunktachse des Probestabes in der Maschine ausreichend mittig zu liegen kam. Dadurch wurde ein Biegeeinfluß beim Zugversuch weitgehendst ausgeschlossen, er konnte jedenfalls bei diesbezüglichen Voruntersuchungen nicht nachgewiesen werden. Alle Proben wurden im wassergesättigten Zustand geprüft. Einige Versuchsreihen, die besonders erwähnt werden, fanden mit verschiedenem Wassergehalt der Probestäbe statt. Abb. 237 zeigt einen in die Prüfmaschine eingespannten Zugstab, der mit Dehnungsmessern versehen ist.

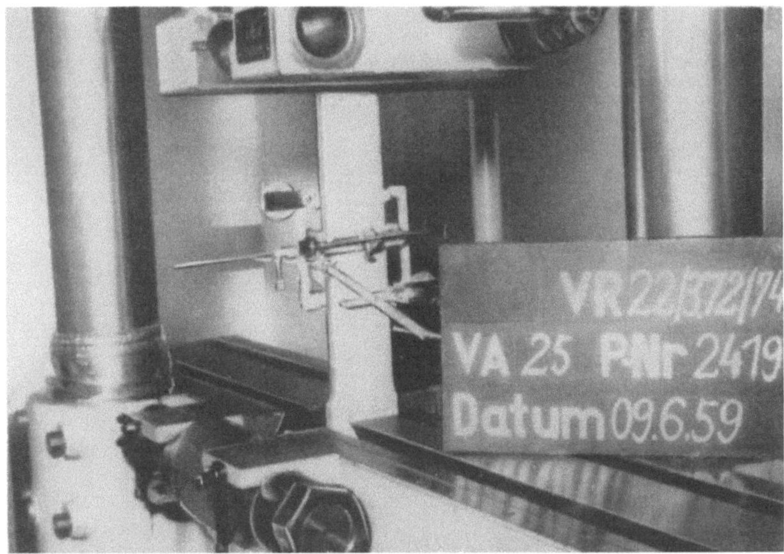

Abb. 237. Probestab mit Dehnungsmessern in der Prüfmaschine [*V 40*].

Die an Längsstäben aus Rohren der Nenndruckstufen 2,5 und 12,5 atü ermittelten Zug-Bruch-Spannungen sind in Abb. 238 wiedergegeben. Die Mittelwerte für die einzelnen Rohrtypen sind besonders gekennzeichnet und durch Kurven verbunden, aus denen die Abhängigkeit der Zugfestigkeiten von den Nennweiten deutlich wird. Mit zunehmender Nennweite nimmt die Zugfestigkeit ab. Dies um so mehr, je dickwandiger das Rohr ist, d. h. je höher die Nenndruckstufe ist. Hierfür ist einmal die Ursache darin zu sehen, daß die Probenform, insbesondere ihr Querschnitt, von der Nennweite abhängig gemacht wurde. Im allgemeinen ergeben größere

---

[1] Eidgenössische Materialprüfungsanstalt.

Querschnitte kleinere Festigkeiten, nicht nur bei Asbestzement. Zum anderen ist es denkbar, daß die dickwandigeren Rohre bei der Herstellung eine etwas geringere Entwässerung und Verdichtung erfahren haben, da der Anpreßdruck der Druckrollen beim Wickeln solcher Rohre etwas niedriger gehalten werden muß. Allerdings spricht in gewissem Maß die Tatsache dagegen, daß PILNY auch bei dicken Wandstärken keine Änderung der Rohwichte und der Wasseraufnahmefähigkeit feststellen konnte. Die Streuung der einzelnen Werte ist relativ groß, wie dies bei den meisten spröden Stoffen der Fall ist; sie beträgt im Mittel $\pm\,7,03\%$.

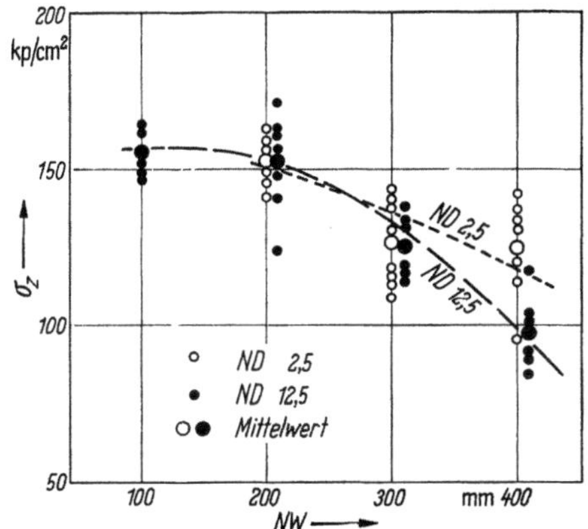

Abb. 238. Bruchfestigkeiten bei Zugbeanspruchung von Längsstäben in Abhängigkeit von der Nennweite [*V40*].

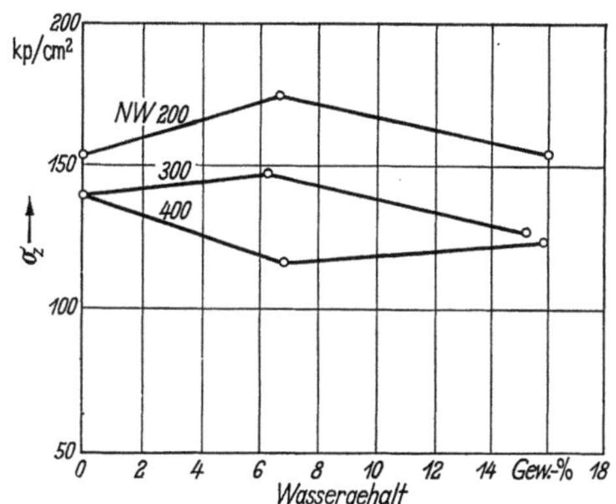

Abb. 239. Zug-Bruchspannungen in Abhängigkeit vom Wassergehalt, ND 2,5 [*V40*].

In diesem Zusammenhang wird noch einmal auf Abb. 232 mit den Ergebnissen der Zugstabversuche, die im Rahmen der Untersuchung über die *Nachhärtung* angestellt wurde, hingewiesen. Die Endwerte liegen in guter Übereinstimmung mit den vorliegenden Werten.

Bei der Ermittlung des Einflusses auf die Festigkeiten, der dem *Wassergehalt* zuzuschreiben ist, führte PILNY neben den im Abschnitt 4.508 besprochenen Untersuchungen an Rohrstücken auch umfangreiche Zugstabversuche durch, bei denen teilweise recht interessante Beobachtungen

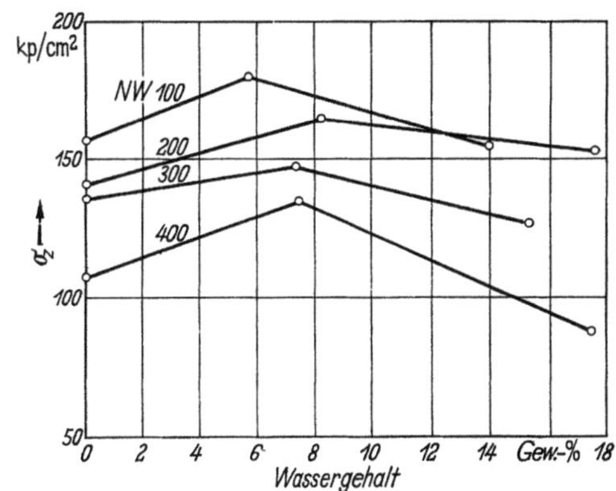

Abb. 240. Zug-Bruchspannungen in Abhängigkeit vom Wassergehalt, ND 12,5 [*V40*].

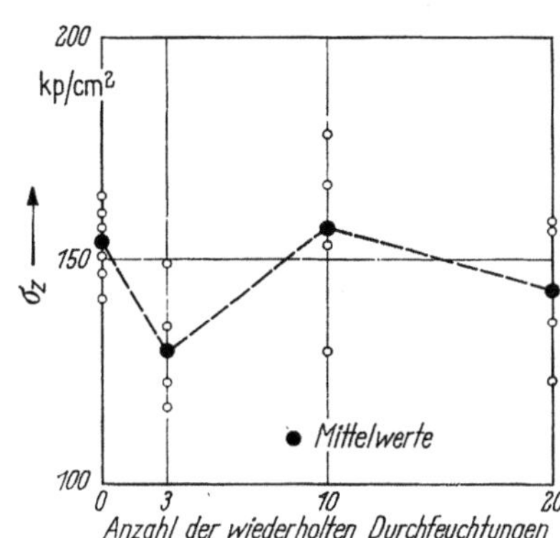

Abb. 241. Zug-Bruchspannungen von wiederholt durchfeuchteten Zugstäben [*V40*].

gemacht werden konnten. Die Auswertung der im „trockenen", „raumfeuchten" und im „wassergesättigten" Zustand geprüften Stabproben ergab, daß die „raumfeuchten" Proben gegenüber den „trockenen" eine etwas höhere Festigkeit aufwiesen. Diese Tatsache ist auch von den beiden Forschern ROMANOFF und DENISON [54] bestätigt. Die Abb. 239 und 240 bringen etwas schematisch den Verlauf der Zugfestigkeit in Abhängigkeit vom Wassergehalt. Hierbei zeigt die Nenndruckstufe 12,5 besonders deutlich den Anstieg und anschließenden Abfall.

Die Festigkeitsminderung bei Vollsättigung beträgt hier im Mittel 10,8%, während im KIWA-Bericht [*120*] als Mittelwert 14% angegeben wurde. Eine grundsätzliche Beeinflussung der Zug-

festigkeit durch wiederholte Durchfeuchtung der Proben konnte laut Abb. 241 nicht festgestell
werden.

Schließlich sind noch Zugversuche mit gefrorenen Zugstäben zu erwähnen. Nach Durchfrierei
im wassergesättigten Zustand bei − 60°C wurden die Proben mit einer Polysterol-Packun{
versehen und geprüft. Kalorimetrische Messungen an Bruchstücken nach der Prüfung ergabei

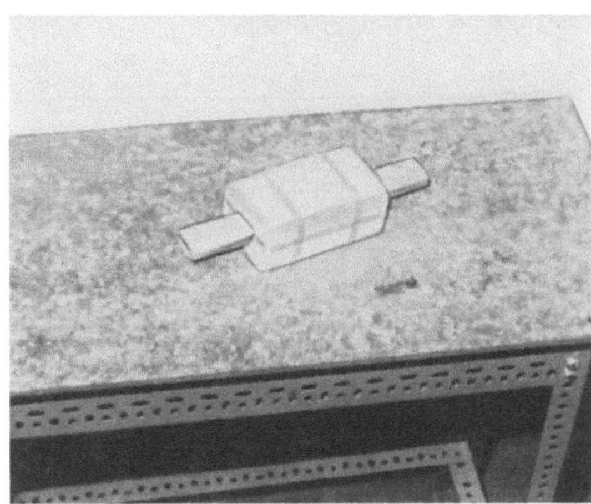

Abb. 242. Mit einer Polysterol-Packung isolierter
Zugstab [*V40*].

hierbei noch Temperaturen von − 30°C, di{
Prüftemperatur lag also sicherlich noch nied
riger. Die Zugfestigkeit der im gefrorenei
Zustande geprüften Proben lag mit im Mitte
258 (kp/cm²) um etwa 70% höher als die dei
unter normalen Bedingungen untersuchtei
Zugstäbe. Diese Steigerung ist ebenfalls aui
die Stützwirkung des in den Poren eingeschlossenen Eises zurückzuführen. Proben, die
mehrmals sechs Stunden lang bei − 20°C gefroren, danach 16 Stunden lang im Wasserbad
mit Raumtemperatur wieder aufgetaut wurden,
zeigten einen geringen Festigkeitsverlust mit
wachsender Anzahl der Frostwechsel (Abb.
243). Die Unterschiede sind jedoch klein und
liegen innerhalb des Streubereiches.

Wesentlich höhere Festigkeiten fand Roš
[*191*], wie dies schon mehrmals, besonders bei
der Längsbiegefestigkeit ganzer Rohre, festgestellt wurde. Da keine besonderen Angaben über die
Versuchsbedingungen vorliegen, darf angenommen werden, daß alle Versuche von Roš mit
lufttrockenen bzw. raumfeuchten Proben durchgeführt worden sind. Das bedingt gegenüber den
von Pilny im wassergesättigten Zustand geprüften Längsstäben eine höhere Zugfestigkeit.

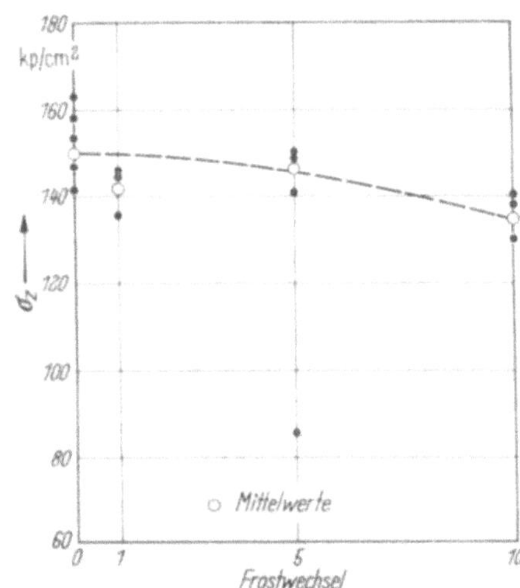

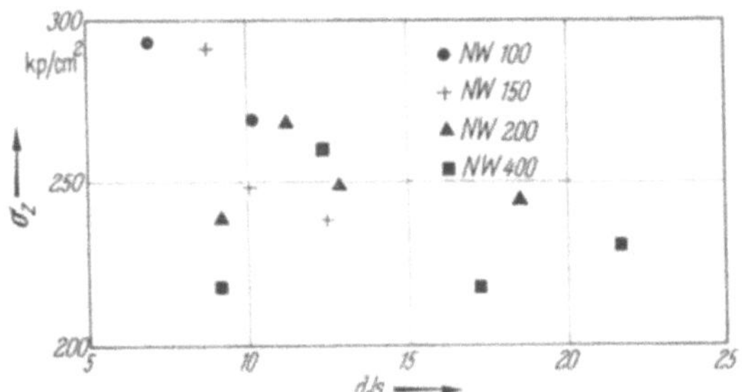

Abb. 244. Zugstabfestigkeiten in Längsrichtung in
Abhängigkeit von *d/s* nach Roš [*191*].

Abb. 243. Zugstabfestigkeit in Abhängigkeit von der Anzahl
der Frostwechsel [*V40*].

Darüber hinaus spielt selbstverständlich die Querschnittsform der Probe eine wichtige Rolle.
Hier liegen erhebliche Unterschiede vor, so daß ein Vergleich der beiden Versuchsergebnisse
schwierig wird. Da Roš jedoch im allgemeinen höhere Werte angibt als Pilny, muß letzten
Endes angenommen werden, daß die Differenzen im Versuchsmaterial selbst begründet liegen.

Die Betrachtung der Abb. 244 zeigt im übrigen ebenfalls deutlich den Abfall der Festigkeiten
mit wachsender Nennweite, wenn man von den verschiedenen Wanddicken innerhalb eines
Durchmessers absieht. Das in Abb. 245 wiedergegebene Bruchbild einer Zugstabprobe zeigt
gut erkennbar das Bild eines Verschiebungsbruches.

Ein überraschendes Ergebnis zeigten Zugversuche mit Proben, die Roš in radialer Richtung aus der Rohrwandung herausarbeitete. Die Länge der Probestäbe entsprach hierbei der Wanddicke. Wegen der hierdurch bedingten kurzen Stablänge war eine Einspannung der Stabenden in die Prüfmaschine nicht möglich. Daher wurden die Proben mit Endgewinden von 10 mm Länge versehen, die in entsprechende Halterungen an den Pressestempeln eingeschraubt werden

Abb. 245. Bruchbild eines gerissenen Längsstabes [191].

konnten. Die mit diesen Proben ermittelten Zugfestigkeiten in Radialrichtung lagen im Mittel bei etwa 273 (kp/cm²), demgegenüber betrug die an Längsstäben der gleichen Rohre gefundene Längszugfestigkeit etwa 245 (kp/cm²).

Es ist in der Tat erstaunlich, daß die Zugfestigkeiten beider Richtungen die gleiche Größenordnung besitzen. Dies erscheint um so verwunderlicher, als ja durch den Wickelprozeß bei der Herstellung der Asbestzement-Druckrohre eine Schichtenfolge entsteht, die beim Radialstab

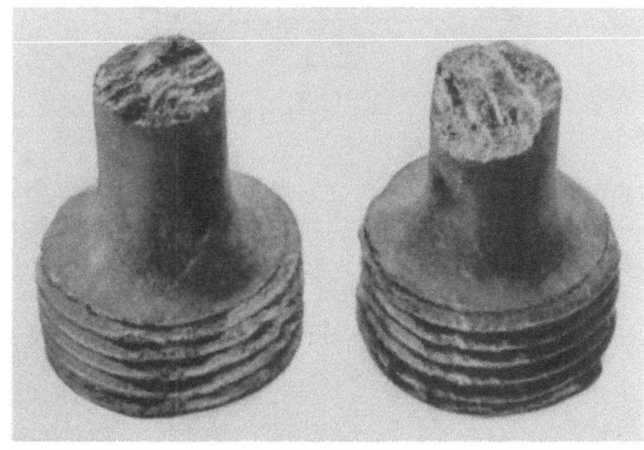

Abb. 246. Bruchbild eines gerissenen Radialstabes [191].

quer zur Stabachse liegt, so daß bei der reinen Zugbeanspruchung ein Mitwirken der Asbestfasern im Sinne einer Zugbewehrung nicht möglich ist. Beim Längsstab kann dagegen ein teilweises Mitwirken der Fasern vorausgesetzt werden, weil diese mit einem bestimmten Anteil auch schräg zur Wickelrichtung zu liegen kommen. Die Gründe für das offensichtliche Mißverhältnis der Versuchsergebnisse sind hier hauptsächlich in der vollkommen verschiedenen Querschnittsform der beiden Probenserien zu sehen. Während die Längsstäbe einen rechteckigen bzw. beinahe quadratischen Querschnitt besaßen, waren die Radialstäbe rund gedreht worden. Außerdem dürfte auch die Art der Einspannung bzw. Befestigung der Proben in der Prüfmaschine eine Rolle spielen. Wie aus Abb. 246 ersichtlich ist, zeigen die Gewindeschneiden an den Enden des Radialstabes Spuren einer Zerstörung. Es ist daher anzunehmen, daß die Übertragung der Zugkräfte beim Radialstab einen anderen Verlauf nahm als beim eingekeilten Längsstab. Aus diesen Gründen ist es fraglich, ob und inwieweit ein Vergleich der beiden Festigkeiten erlaubt ist. In diesem Zusammenhang wird auf Tab. 23 (S. 103) verwiesen, in der die Ergebnisse der Rošschen Probestabversuche mit Prozentzahlen gegenübergestellt wurden. Die dort gemachten Ausführungen sind im Sinne des hier Gesagten zu verstehen.

Schließlich seien der Vollständigkeit halber auch noch Zugversuche erwähnt, die Roš an Tangentialstäben, d. h. an Stäben, die quer aus der Rohrwand herausgearbeitet wurden, durchführte. Er fand eine Zugfestigkeit in tangentialer Richtung von im Mittel 270 (kp/cm²). Auch hierzu darf das wiederholt werden, was bereits auf S. 103 ausgesprochen wurde, daß nämlich die Verhältnisse am Tangentialstab insofern nicht korrekt sind, als zur Herstellung eines geraden Stabes aus einer mehr oder weniger gekrümmten Rohrwand Schnitte notwendig sind, die durch mehrere Wickelschichten führen. Vor allem aber laufen die Wickelschichten bzw. die Faser-ebenen nicht parallel zur Zugrichtung. Dies trifft nur genau in der Stabmitte zu, während die Fasern an den Stabenden schräg einfallen.

b) Dehnungen infolge Zugbeanspruchungen. Messungen der Dehnungen in Richtung der Stab-achse (ε_{ax}) und in tangentialer Richtung, d. h. Umfangsrichtung (ε_{tan}) ergaben elastische Ver-formungen gemäß Abb. 247 und 248. Hierbei zeigt sich ganz allgemein, daß die Verformungen mit wachsender Nennweite zunehmen. Die Nenndruckstufe 12,5 atü weist hierbei erheblich

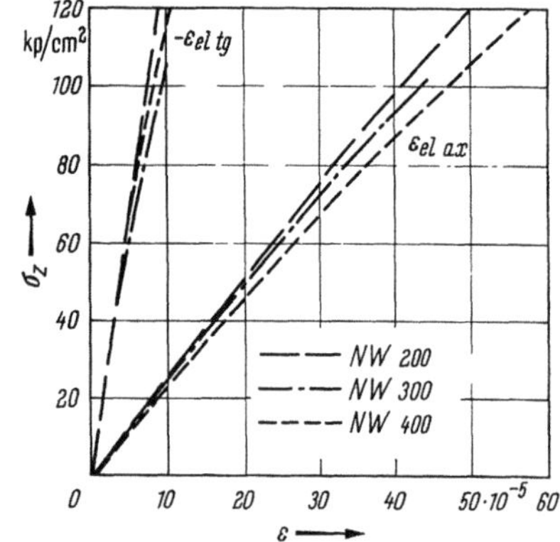

Abb. 247. Elastische Verformungen an Längsstäben infolge Zugbeanspruchung (ND 2,5) [V40].

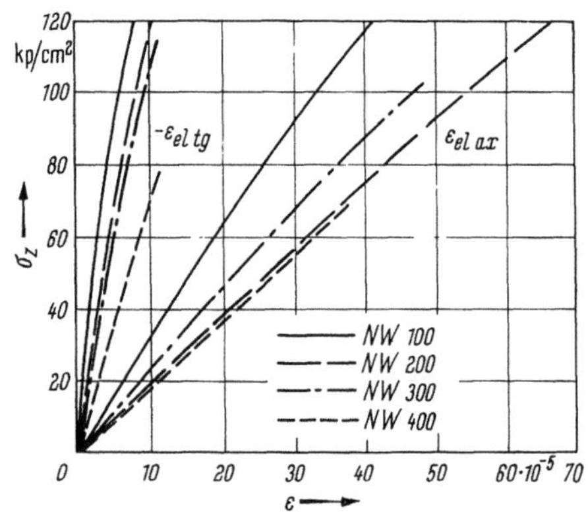

Abb. 248. Elastische Verformungen an Längsstäben infolge Zugbeanspruchung (ND 12,5) [V40].

größere Unterschiede zwischen den einzelnen Nennweiten auf, als dies bei der kleineren Nenn-druckstufe 2,5 atü der Fall ist. Bei letzteren liegen die gemessenen Dehnungen aller Nennweiten relativ eng zusammen. Sie sind auch in axialer Richtung etwas geringer als die der höheren Nenndruckstufe. Es liegt hier, wie schon an anderen Versuchsergebnissen beobachtet, ebenfalls die Tatsache vor, daß das dickwandigere Rohr im großen und ganzen leichter verformbar ist.

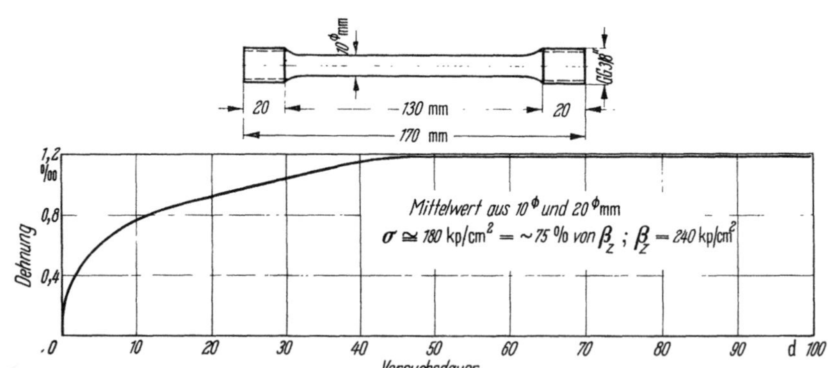

Abb. 249. Zeit-Dehnungs-Diagramm eines auf Zug beanspruchten Längsstabes nach Roš [191].

Der Wassergehalt der untersuchten Längsstäbe wirkt sich auch auf die Verformungen aus. PILNY [V40] stellte die größten Dehnungen, insbesondere in axialer Richtung, bei den getrockneten Proben fest, während die raumfeuchten Proben die kleinsten Dehnungen aufwiesen, also am steifsten waren. Diese Beobachtung deckt sich mit der Feststellung, daß die raumfeuchten Probestäbe auch die höchsten Bruchfestigkeiten bei der Zugbeanspruchung besaßen.

Einen Dauerversuch mit einem auf Zug beanspruchten Längsstab führte Roš [191] durch. Der Probestab war rund gedreht und wurde einer ständigen Zugspannung von $\sigma = 180$ (kp/cm²) ausgesetzt. Der zeitliche Verlauf der daraus entstehenden Dauerverformung ist in Abb. 249 wiedergegeben. Daraus geht hervor, daß die axiale Dehnung bis zu einer Versuchszeit von etwa 45 Tagen ansteigt, wobei sie anfänglich sehr steil, später mit etwas flacherer Neigung verläuft. Nach 45 Tagen kommt sie zum Stillstand, der Kriechprozeß ist abgeschlossen.

4.510 2 Druckversuche an Probestäben

a) Prismendruckfestigkeit in Rohrlängsrichtung. Für die Druckversuche wurden quadratische Stäbe parallel zur Rohrachse aus den zu untersuchenden Rohren herausgearbeitet, deren Länge der vierfachen Kantenlänge des Querschnittes entsprach. Die Querschnittsfläche der einzelnen Prismen wählte PILNY hierbei so groß, wie es die tatsächlich vorhandene Rohrwandstärke zuließ. Da hierfür möglichst dickwandige Rohre in Frage kamen, beschränkten sich die Druckversuche auf Rohre der Nenndruckstufe 12,5 atü. Die Abmessungen der Prismen, die allseitig bearbeitete Flächen erhielten, ergeben sich aus nachstehender Tabelle:

Tabelle 47. *Abmessungen der Prismen für die Druckversuche [V40]*

NW (mm)	Kantenlänge (mm)	Höhe (mm)	Meßlänge für Längsstauchung (mm)
100	13	52	10
200	22	88	50
300	30	120	50 oder 100
400	40	160	50

Die von PILNY an wassergesättigten Proben ermittelten Prismendruckfestigkeiten sind in Abb. 251 aufgetragen. Es zeigt sich eine nahezu linear abnehmende Druckfestigkeit mit wach-

Abb. 250. Versuchsanordnung für die Druckversuche an Prismen [V40].

sender Nennweite. Die Streuung der Einzelwerte ist bei den kleineren Nennweiten größer als die der größeren. Sie beträgt im Mittel etwa $\pm\,7\%$.

Der Einfluß des Feuchtigkeitsgehaltes macht sich bei den Druckversuchen in einem Abfall der Prismendruckfestigkeiten bemerkbar, der mit steigendem Wassergehalt anwächst (Abb. 252). Lediglich die Nennweite 100 mm zeigte, abweichend vom Verhalten der übrigen Rohrtypen,

einen Anstieg der Festigkeit mit höher werdendem Wassergehalt, nachdem zunächst bis etwa
zum Zustand „raumfeucht" ebenfalls ein Festigkeitsverlust eintrat. Eine Erklärung für dieses
Verhalten läßt sich nicht geben. Der Abfall der Druckfestigkeiten mit steigendem Wassergehalt

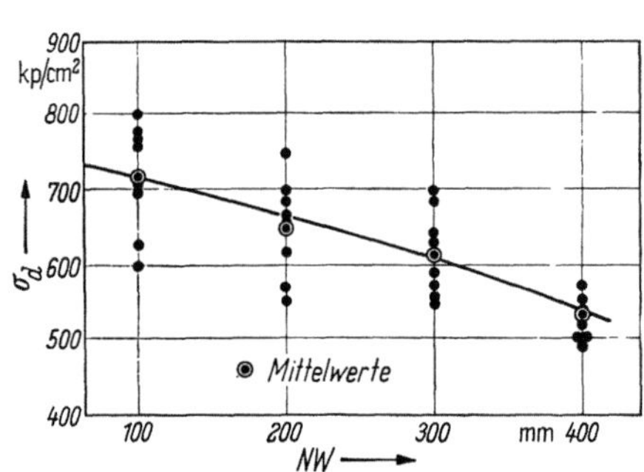

Abb. 251. Prismendruckfestigkeiten in Abhängigkeit von der Nennweite (ND 12,5) [*V40*].

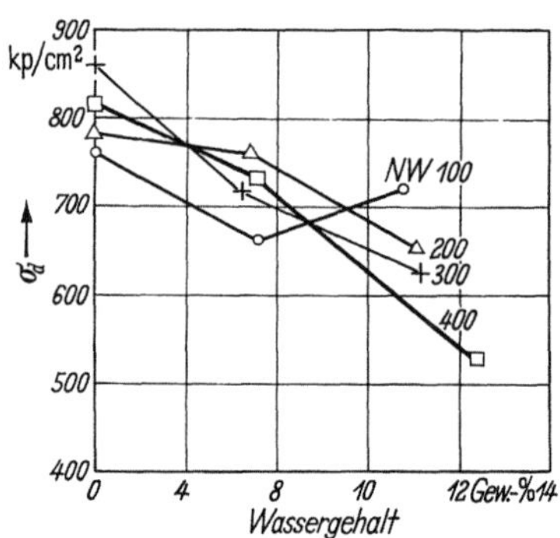

Abb. 252. Prismendruckfestigkeiten in
Abhängigkeit vom Wassergehalt [*V40*].

ist auch aus Abb. 253 zu erkennen, wobei allerdings die Abhängigkeit von der Nennweite je
nach Wassergehalt verschieden verläuft. An dieser Stelle sei noch auf den KIWA-Bericht [*120*]
verwiesen, in dem ein Festigkeitsverlust von etwa 20% infolge Wassersättigung bei Bruchstab-
versuchen in Längsrichtung angegeben wird. Vergleicht man die Prismendruckfestigkeiten einzelner Rohrtypen mit den in Abb. 195 wiedergegebenen Längsdruckfestigkeiten, die an ganzen
Rohrstücken ermittelt werden, so findet man angenähert ein Verhältnis: Prismendruckfestigkeit
zu Längsdruckfestigkeit von 1,48. Damit kommt zum Ausdruck, daß etwa 50% der Prismen-
festigkeit im mehrachsigen Spannungszustand des längsgedrückten Rohres verlorengeht.

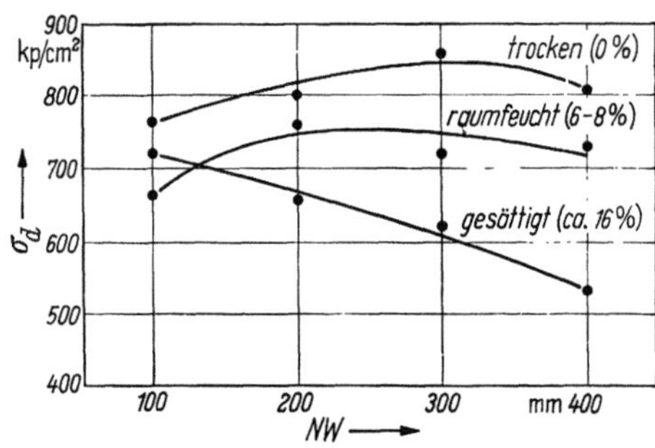

Abb. 253. Prismendruckfestigkeit in Abhängigkeit
vom Wassergehalt und von der Nennweite [*V40*].

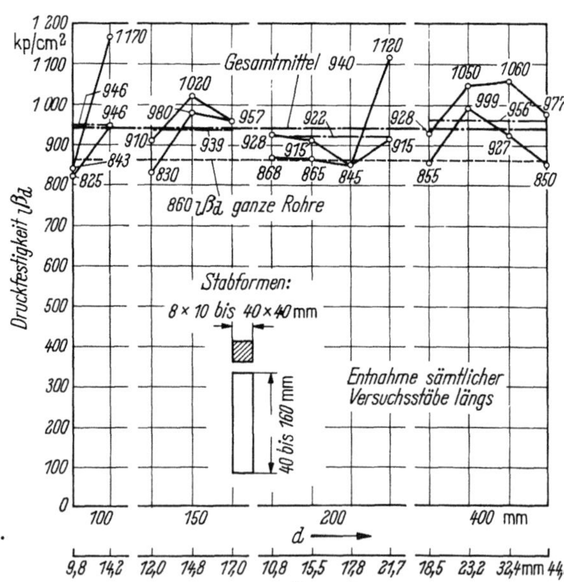

Abb. 254.
Prismendruckfestigkeiten nach Roš [*191*].

Die von Roš festgestellten Prismendruckfestigkeiten liegen auch hier wesentlich höher, wie
dies aus Abb. 254 hervorgeht.

Ein Vergleich der Rošschen Prismendruckfestigkeit mit den vom gleichen Forscher angegebenen Längsdruckfestigkeiten ergibt das Verhältnis von 1,1.

Abschließend sei ein durch Druckbeanspruchung zerstörtes Prisma gezeigt, bei dem sich
deutlich die Bruchfugen in Richtung der Schubspannungen abzeichnen. Sie bilden den für
abgedrückte Proben typischen Keil.

b) Stauchungen und Dehnungen infolge Druckbeanspruchung. Die elastischen Stauchungen der wassergesättigten Prismen in axialer Richtung (ε_{ax}) sowie die zugehörigen elastischen Querdehnungen (ε_{rad}) ergeben sich aus Abb. 256.

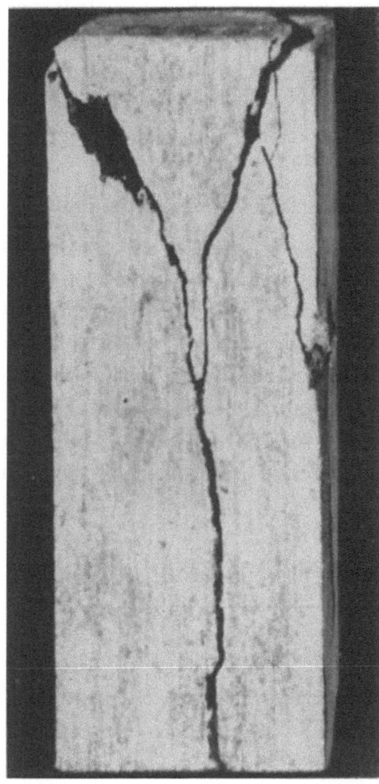

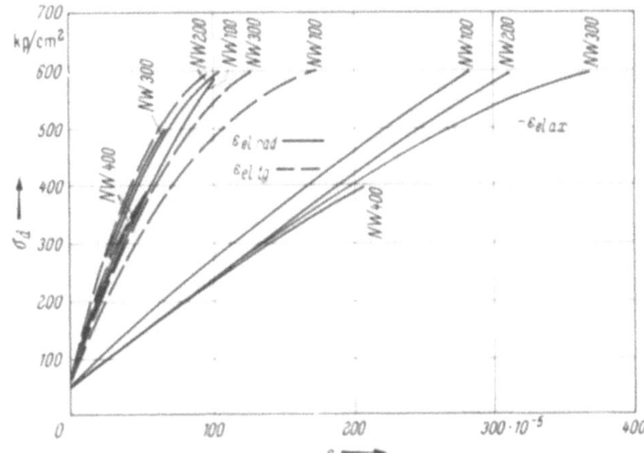

Abb. 256. Elastische Verformungen an Druckprismen nach PILNY [*V40*].

Abb. 255. Durch Axialdruck zerstörtes Prisma [*191*].

Abgesehen davon, daß wegen der höheren Druckfestigkeit die Belastungsbereiche verschieden sind, läßt sich in Vergleich mit den elastischen Zugverformungen ein ähnliches Verhalten der elastischen Druckverformungen feststellen. Interessant ist jedoch, daß die Radialdehnungen infolge einer Druckbeanspruchung etwas größer als die tangentialen werden. Das bedeutet,

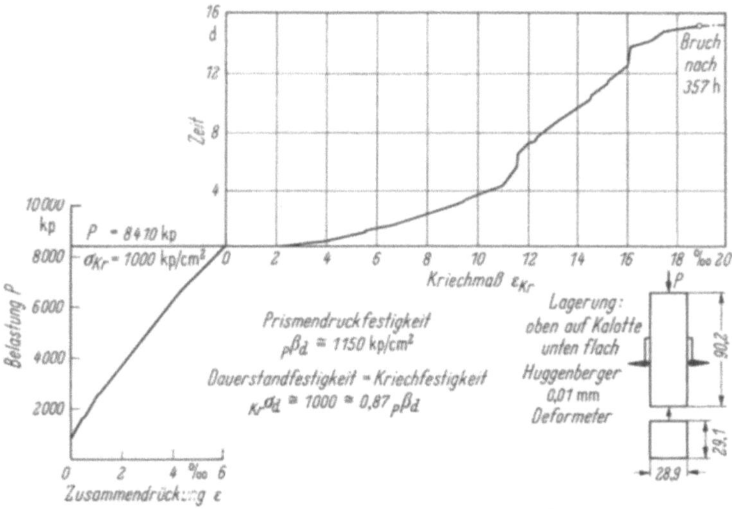

Abb. 257. Druck-Stauchungs-Diagramm nach Roš [*191*].

daß das Material senkrecht zu den Wickelschichten nachgiebiger ist, was auch einleuchtet. Die Abhängigkeit von der Nennweite ist bei den Querdehnungen natürlich nicht so ausgeprägt wie bei den Verformungen in Belastungsrichtung.

Einen Einfluß des Wassergehalts auf die Druckverformungen konnte PILNY nicht nach
weisen [*V40*].

An dieser Stelle sei noch das Ergebnis eines Dauerbelastungsversuchs aufgeführt, das ROʃ
veröffentlichte [*191*]. Gemäß Abb. 257 wurde ein Prisma mit einer Kraft von 8410 kp belastet
was einer Druckspannung von $\sigma = 100$ (kp/cm²) entsprach. Dieser Belastung blieb das Prismɑ
ausgesetzt, bis ein Bruch erfolgte, der nach 357 Stunden eintrat. Das Kriechdiagramm zeig⸀
deutlich den zunächst allmählichen, dann immer steiler werdenden Anstieg der Stauchung
der die Ermüdung des Materials infolge der Dauerbelastung anzeigt.

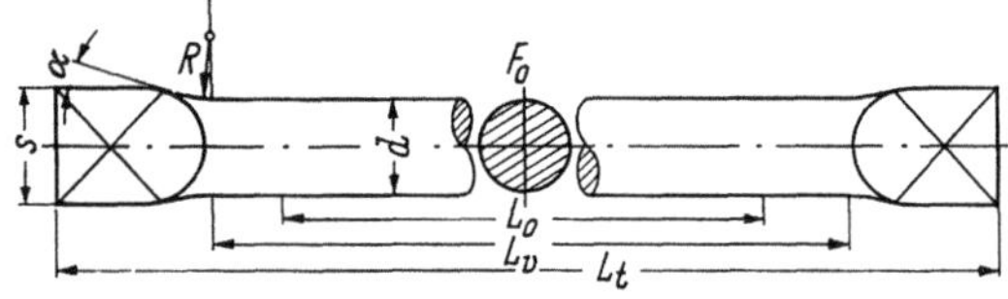

Abb. 258. Form der Probestäbe für die
Torsionsversuche [*V40*].

4.510 3 Torsionsversuche an Drillstäben

Torsionsversuche mit Drillstäben, d. h. mit
in Richtung der Längsachse aus Rohren aus
gearbeiteten Probestäben, haben im Hinblick
auf die praktische Anwendung ihrer Ergebnissɛ
kaum eine Bedeutung. Der Vollständigkeit hal·
ber und insbesondere zur Ermittlung des Schub·
moduls G führte PILNY jedoch auch Torsionsversuche durch, wofür er Probestäbe mit der
in der folgenden Aufstellung angegebenen Abmessungen verwendete. Die Form der Probestäbɛ
ergibt sich hierbei aus Abb. 258.

Tabelle 48. *Abmessungen der Torsionsstäbe* [*V40*]   (siehe hierzu Abb. 258)

Nennweite Nenndruck Stababmessungen	NW 100 ND 12,5	NW 200 ND 12,5	NW 300 ND 12,5	NW 400 ND 12,5
s (mm)	13	22	30	40
d (mm)	13	21	28	38
S (mm)	14	22	30	40
L_0 (mm)	200	200	200	200
L_v (mm)	220	220	220	220
L_t (mm)	340	340	340	340
R (mm)	20	20	20	20
α (°)	15°	15°	15°	15°
F_0 (cm²)	1,328	3,308	6,155	11,330
W_0 (cm³)	0,432	1,818	4,320	10,800

Der Versuchsaufbau ist in Abb. 259 schematisch wiedergegeben. Das Drehmoment wird
über einen Hebelarm aufgebracht, der nach beiden Seiten um 1,0 m auskragt und symmetrisch
dabei stoßfrei belastet wird. Der aus der Kreisbahn der Hebelenden resultierende Verkürzungs-
fehler blieb hierbei immer unter 1%.

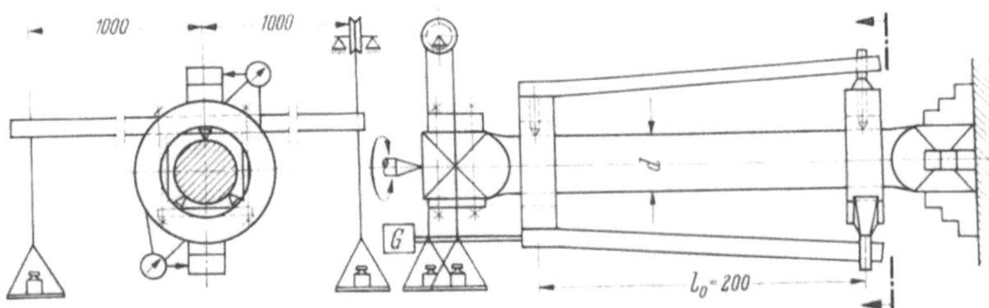

Abb. 259. Schema des Versuchsaufbaus für Torsionsstabversuche [*V40*].

Als festes Widerlager diente das festgelegte Vierbackenfutter einer Drehbank, während das
freie Ende der Probestäbe von der sich mitdrehenden Körnerspitze des Reitstockes der Drehbank getragen wurde. Die Messung der Verdrillung erfolgte an der Außenseite der Probestäbe

mit zwei Ringen, die mit jeweils drei am Umfang verteilten Stellschrauben unter Zwischenlage von aufgegipsten Messingplättchen konzentrisch im Meßabstand von 200 mm auf dem Torsionsstab befestigt waren. Während der eine Ring zwei diametral angeordnete Arme trug, die bis zum anderen Ring reichten, waren am anderen zwei Meßuhren befestigt, die die Verdrehungswege registrierten (s. Abb. 260).

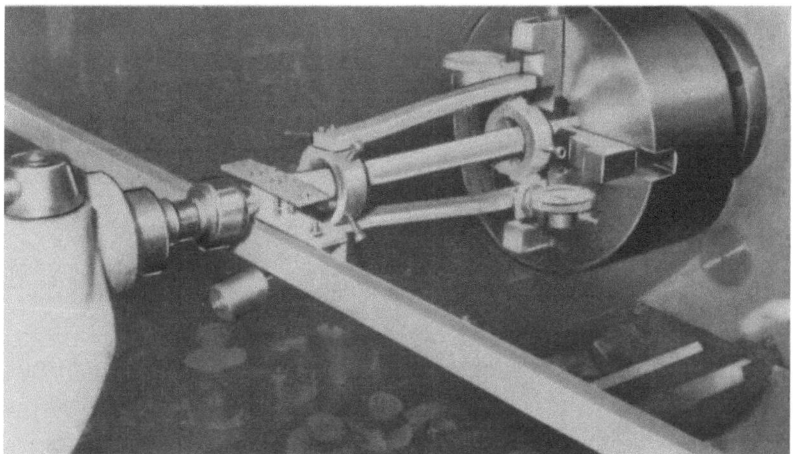

Abb. 260. Blick auf die Versuchseinrichtung [*V40*].

Die Auswertung der Torsionsversuche ergab die in Abb. 261 wiedergegebenen Torsionsbruchfestigkeiten τ.

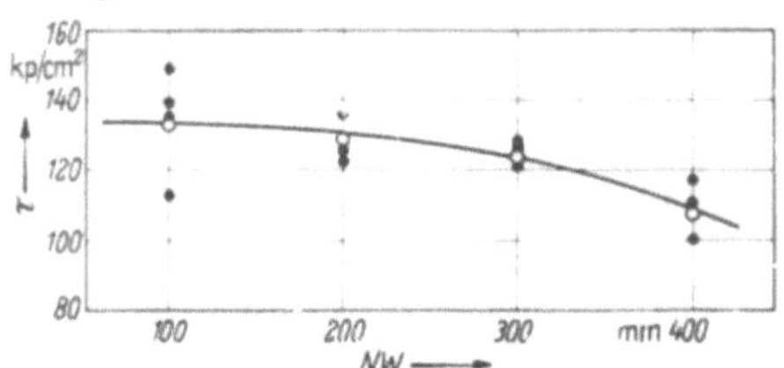

Abb. 261. Torsionsbruchfestigkeit τ in
Abhängigkeit von der Nennweite [*V40*].

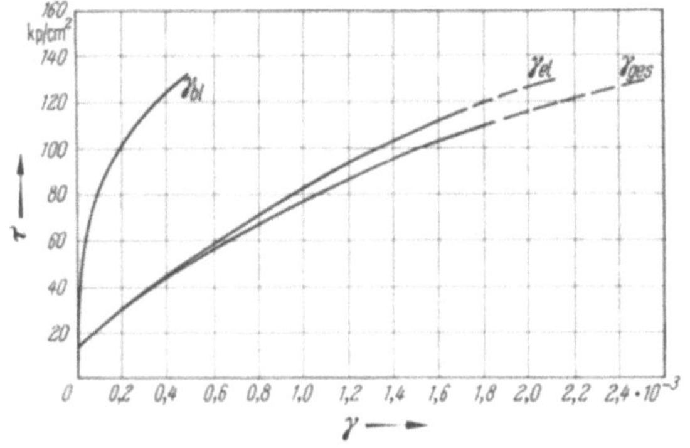

Abb. 262.
τ-γ-Diagramm für Probestäbe aus
Rohren NW 100, ND 12,5 [*V40*].

Es zeigt sich eine Abnahme der Torsionsbruchspannungen mit wachsender Nennweite der Rohre, aus denen die einzelnen Proben entnommen wurden.

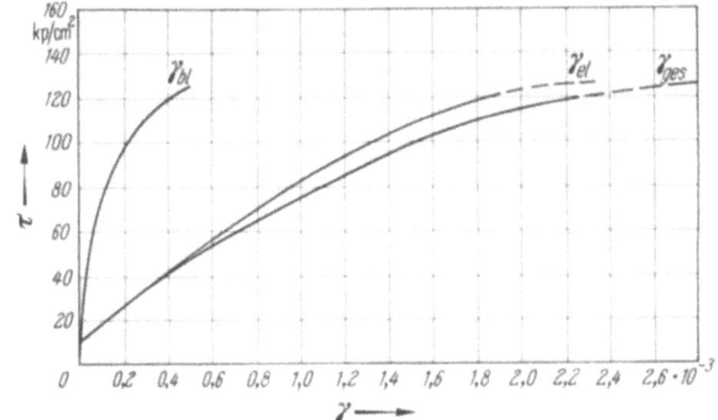

Abb. 263. τ-γ-Diagramm für Probestäbe aus Rohren NW 200, ND 12,5 [*V40*].

Die Ergebnisse der Verformungsmessungen sind in τ-γ-Diagrammen wiedergegeben. Hierbei zeigen die Verdrehungen ein ähnliches Bild wie die Dehnungen bzw. Stauchungen. Der Anteil der bleibenden Verdrehung ist relativ gering. Zur Gegenüberstellung sind in Abb. 266 die elastischen Verdrehungen aller vier Versuchsgruppen gemeinsam aufgetragen. Man erkennt daraus das gleichmäßige Verhalten aller Proben; lediglich bei den aus Rohren NW 400 ausgearbeiteten Proben waren die Verdrehungen etwas größer.

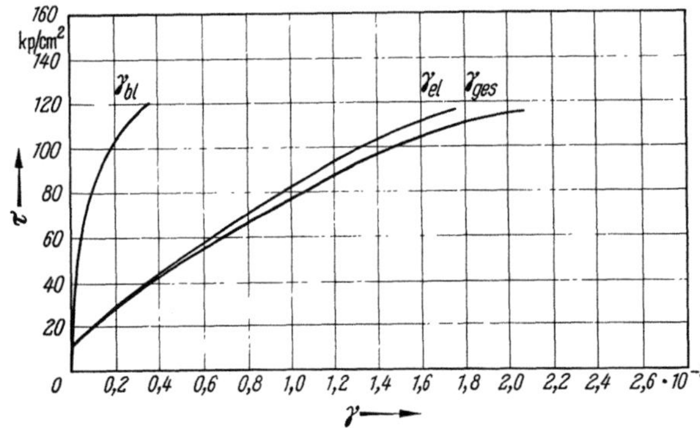

Abb. 264. τ-γ-Diagramm für Probestäbe aus Rohren NW 300, ND 12,5 [$V40$].

Aus dem τ-γ-Diagramm läßt sich, analog zum E-Modul, der sich aus dem σ-ε-Diagramm ablesen läßt, der Schubmodul G entnehmen

$$G = \frac{\tau}{\gamma} \ (\text{kp/cm}^2) \qquad\qquad (4/63)$$

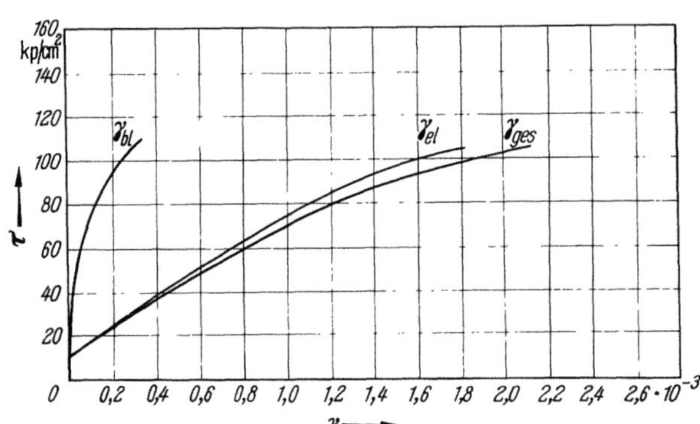

Abb. 265. τ-γ-Diagramm für Probestäbe aus Rohren NW 400, ND 12,5 [$V40$].

Geometrisch ist G als Neigung der Geraden zu verstehen, die vom Schnittpunkt der τ-γ-Kurve mit der Abszisse zur jeweils betrachteten Stelle auf dieser Kurve gezogen wird.

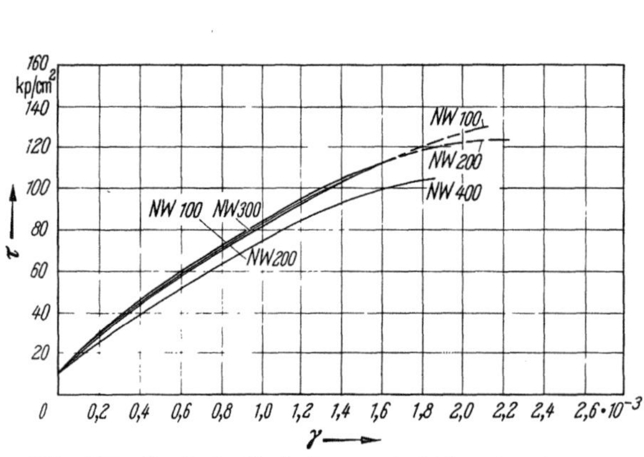

Abb. 266. Elastische Verdrehungen in Abhängigkeit von der Torsionsspannung [$V40$].

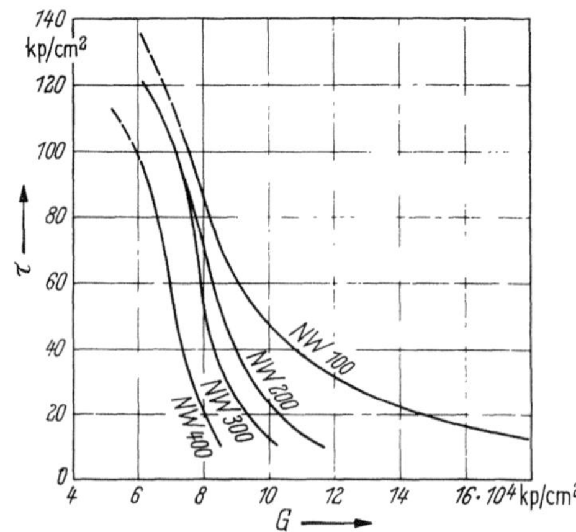

Abb. 267. Darstellung der aus Torsionsversuchen ermittelten G-Moduli [$V40$].

Sofern der Verlauf der τ-γ-Kurve gekrümmt ist, stellt sich demnach innerhalb verschiedener Spannungsbereiche auch ein unterschiedlicher G-Modul ein. Die in der Abbildung Nr. 267

dargestellten G-Moduli wurden Punkt für Punkt den zugehörigen τ-γ-Kurven entnommen und in Abhängigkeit von der Drillspannung τ aufgetragen. Es zeigt sich, daß die Werte für den G-Modul in den unteren Spannungsbereichen sehr weit auseinandergehen, insbesondere liegen die G-Moduli der aus Rohren NW 100 ausgearbeiteten Torsionsstäbe ziemlich hoch. Mit ansteigender Drillspannung τ nähern sich die Einzelkurven einander, so daß bei einer Drillspannung $\tau = 2/3 \cdot \tau_{\text{Bruch}}$ für den G-Modul etwa der Wert

$$G = 67\,000 \text{ bis } 83\,000 \ (\text{kp/cm}^2)$$

angesetzt werden kann.

4.510 4 E-Modul und Poissonsche Zahl

Die elastischen Eigenschaften eines Materials werden durch den Elastizitätsmodul, kurz E-Modul (E) genannt, gekennzeichnet.

$$E = \frac{\sigma}{\varepsilon} \ (\text{kp/cm}^2) \tag{4/64}$$

E entspricht also dem Verhältnis der aufgebrachten Spannung σ zur dadurch erzwungenen Verformung ε, die als Dehnung oder Stauchung in Erscheinung treten kann. Die Verformung ε wird hierbei definiert als Verhältnis der absoluten Verformung Δx zu der Bezugsgröße x

$$\varepsilon = \frac{\Delta x}{x} \tag{4/65}$$

Nach BACH und SCHÜLE kann der Zusammenhang zwischen Spannung und Dehnung durch

$$\varepsilon = \alpha \cdot \sigma^m = \frac{1}{E} \cdot \sigma^m \tag{4/65a}$$

angegeben werden. Hierbei ist α die Dehnzahl, die, wie auch der Exponent m, eine Materialkonstante darstellt. Im Falle der linearen Abhängigkeit der Dehnungen von den Spannungen wird $m = 1$ (HOOKEsches Gesetz).

Zur Bestimmung des E-Moduls eines Materials ist das Spannungs-Dehnungs-Diagramm notwendig, aus dem die einem bestimmten Spannungszustand zugehörige *elastische* Verformung abgelesen werden kann. Als E-Modul wird die Neigung der Tangente der Spannungs-Dehnungs-Kurve in einem betrachteten Punkt, dem die Werte σ und ε zugeordnet sind, definiert. Abb. 268 zeigt den allgemeinen Fall, bei dem das Spannungs-Dehnungs-Diagramm durch eine Kurve dargestellt wird, deren Krümmung von der Eigenart des betreffenden Materials abhängig ist. Hierbei zeigt sich die Abhängigkeit des E-Moduls von der Spannung σ, dessen numerischer Wert von E_0 ($\sigma = 0$) über E_1 ($\sigma = \sigma_1$), E_2 ($\sigma = \sigma_2$) bis E_n ($\sigma = \sigma_n$) reicht. Es ist z. B.:

$$E_2 = \tan \varphi_2 = \frac{d\,(\sigma_2 - \sigma_1)}{d\,(\varepsilon_2 - \varepsilon_1)} = \frac{d\sigma}{d\varepsilon} \tag{4/66}$$

E_2 gibt demnach die Größe der Dehnung $d\varepsilon$ infolge der neu hinzugetretenen Spannung $d\sigma$ an. Will man die elastische Gesamtdehnung infolge einer Spannung ermitteln, die von $\sigma = \sigma_1$ bis $\sigma = \sigma_2$ ansteigt, so müßte streng genommen integriert werden

$$\varepsilon_{\text{gesamt}} = \int\limits_{\sigma_1}^{\sigma_2} \frac{d\sigma}{E_{(\sigma)}} \tag{4/67}$$

In der Praxis wird diese Integration jedoch umgangen, indem man gemäß Abb. 269 einen neuen E-Modul einführt, der durch eine Sehne der Spannungs-Dehnungs-Kurve dargestellt wird.

$$E_s = \frac{\sigma_2 - \sigma_1}{\varepsilon_2 - \varepsilon_1} = \frac{\Delta\sigma}{\Delta\varepsilon} \ (\text{kp/cm}^2) \tag{4/68}$$

Daraus geht nun hervor, daß bei der Angabe von Zahlen für E-Moduli korrekterweise hinzugefügt werden muß, für welche Spannung σ, bzw. für welchen Spannungsbereich $\sigma_1 \ldots \sigma_2$ der genannte Wert Gültigkeit besitzt. Meistens werden Spannungsbereiche zugrunde gelegt.

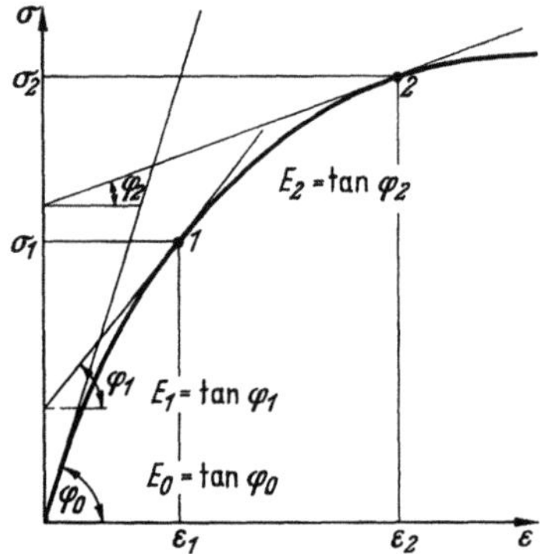

Abb. 268. Spannungs-Dehnungs-Diagramm eines dem HOOKEschen Gesetz nicht folgenden Werkstoffes.

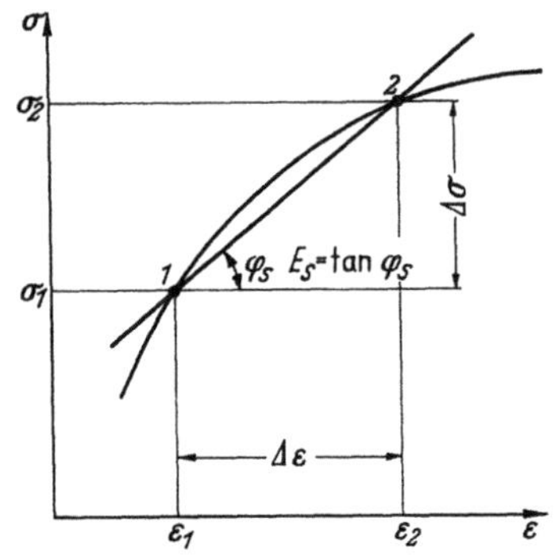

Abb. 269. Ermittlung des E-Moduls für einen bestimmten Spannungsbereich.

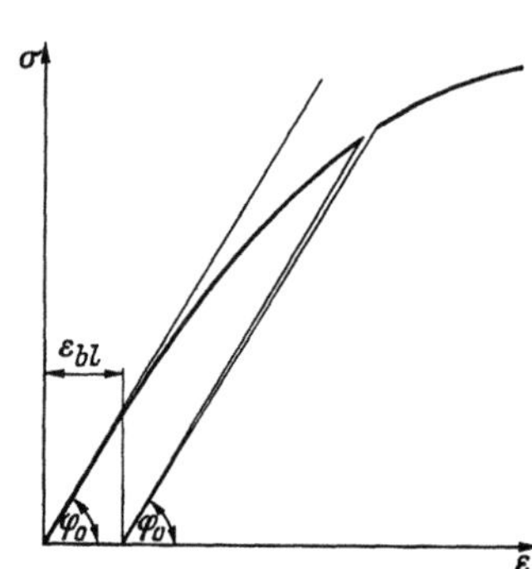

Abb. 270. Spannungs-Dehnungs-Diagramm bei Entlastung und erneuter Belastung.

In Abb. 268 ist auch die Ursprungstangente E_0 für $\sigma = 0$ mit eingezeichnet. Es ist notwendig, auf E_0 noch näher einzugehen. Wird ein Material mit dem Dehnungsdiagramm entsprechend Abb. 268 mit σ_1 belastet und anschließend wieder entlastet, so erreicht die Dehnungskurve nicht mehr ihren Ausgangspunkt; es bleibt vielmehr eine Restdehnung bestehen, die *bleibende* Dehnung. Dies ergibt sich aus der Tatsache, daß bei der Entlastung nicht E_1 oder E_2, sondern E_0 maßgebend ist (Abb. 270).

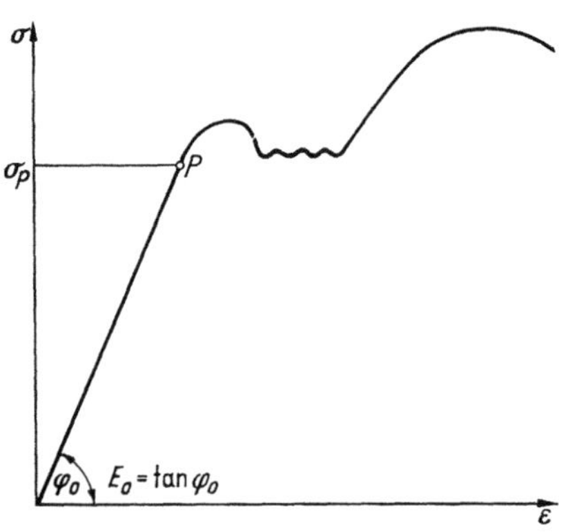

Abb. 271. Spannungs-Dehnungs-Diagramm eines Stahles.

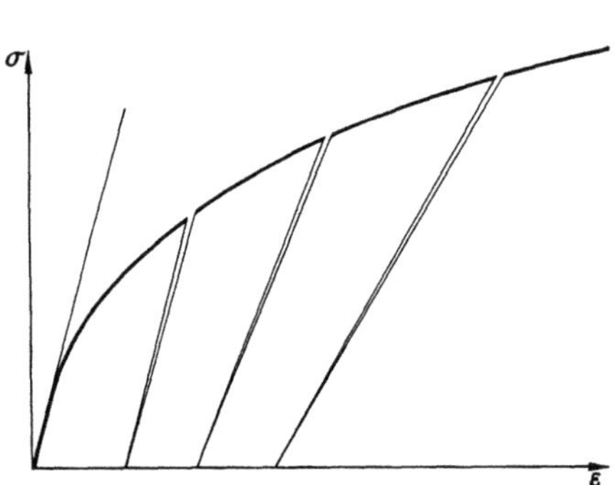

Abb. 272. Spannungs-Dehnungs-Diagramm bei mehrmaliger Entlastung.

Die bleibende Dehnung ε_{bl} wird demnach allgemein durch E_0 bestimmt. Ist ein Material vollelastisch, d. h., es bleibt nach dem Entlasten keine Restdehnung zurück, so findet man ein Spannungs-Dehnungs-Schaubild, das einer Geraden entspricht. Innerhalb der Elastizitätsgrenze des Materials bleibt der E-Modul daher konstant, $E_0 = E = E_{(\sigma)}$. Diese Verhältnisse sind annähernd beim Stahl anzutreffen. Abb. 271 zeigt das Spannungs-Dehnungs-Diagramm eines Stahles. Bis zur sog. Proportionalitätsgrenze σ_p hängen die Dehnungen linear von den aufgebrachten Spannungen ab. Erst nach Überschreiten von σ_p beginnt sich das Material plastisch zu verformen, es „fließt".

Während jedoch beim Stahl die Annahme der Geradlinigkeit der σ/ε-Kurve bis zur Proportionalitätsgrenze in der Praxis tatsächlich bestätigt wird, findet man im Gegensatz dazu bei Entlastungen einiger anderer Materialien, daß die Parallelität der Entlastungsgeraden nicht mehr ganz vorhanden ist. Das ist besonders dann der Fall, wenn die zuvor aufgebrachte Spannung bereits einen höheren Wert besaß. Die Neigung der Entlastungsgeraden wird geringer, mithin auch der E-Modul (Abb. 272).

Beim isotropen Material besitzt der E-Modul den gleichen Wert, unabhängig davon, welche der drei Hauptspannungsrichtungen betrachtet wird. Wir wissen, daß z. B. Stahl mit hinreichender Genauigkeit als isotrop angesehen werden kann. Bei Asbestzement trifft dies jedoch nicht in gleichem Maße zu. Daher muß bei einer Belastung dieses Materials die Wirkungsrichtung mit angeführt werden, wenn man die daraus resultierenden Spannungen oder Verformungen betrachten will. Entsprechend der Abb. 112 von S. 103 (Abschnitt 4.41) werden die drei Hauptrichtungen längs oder axial (in Richtung der Rohrachse), radial (in Richtung des Rohrdurchmessers) und tangential (in Richtung des Rohrumfanges) unterschieden. Man muß aber auch noch weiterhin unterscheiden, ob es sich um eine Zug- oder Druckbelastung handelt und ob schließlich ein ganzes Rohrstück oder nur ein Probestab untersucht wird.

Es ist daher notwendig, daß die Angabe der gefundenen Werte bzw. Kurven für E getrennt nach den einzelnen Versuchsarten aufgeführt werden. Für die praktische Rechnung ist es dann zulässig, einen gemeinsamen Mittelwert zu verwenden.

Nach den Angaben über den Elastizitätsmodul werden die jeweils zugehörigen *Querzahlen m*, auch POISSONsche Zahlen, genannt, angeführt. m gibt das Verhältnis der elastischen Längs- bzw. Hauptdehnung zur elastischen Querdehnung an und stellt ebenfalls eine Materialkonstante dar.

$$m = \frac{\varepsilon_l}{\varepsilon_q} \tag{4/69}$$

Häufig wird auch mit den Ausdrücken

$$\frac{1}{\mu} \text{ bzw. } \frac{1}{\nu} = m \tag{4/70a}$$

oder

$$\mu \text{ bzw. } \nu = \frac{1}{m} \tag{4/70b}$$

gearbeitet[1].

Ein Beispiel möge die POISSONsche Zahl erläutern.

Wird ein Stab (Abb. 273) mit quadratischem Querschnitt in z-Richtung gedrückt, so wird er sich verkürzen. Gleichzeitig erfolgt aber eine Aufweitung nach den Seiten hin, d. h. sowohl in x- als auch in y-Richtung.

Würden am gleichen Körper an Stelle der Druckkräfte Zugkräfte wirken, so würde er sich dehnen, während in den Querrichtungen anstatt einer Aufweitung eine Einschnürung erfolgen würde. Handelt es sich um einen isotropen Körper, so sind die Querverformungen in x- und y-Richtung gleich groß. Bei einem anisotropen Körper dagegen werden sie verschieden sein. Allgemein läßt sich die Verformung einer Hauptrichtung, z. B. in x-Richtung eines räumlichen Spannungszustandes unter Verwendung der Gl. 4/71 darstellen:

$$\varepsilon_x = \frac{1}{E} \left(\sigma_x - \frac{1}{m} \cdot \sigma_y - \frac{1}{m} \cdot \sigma_z \right) \tag{4/71}$$

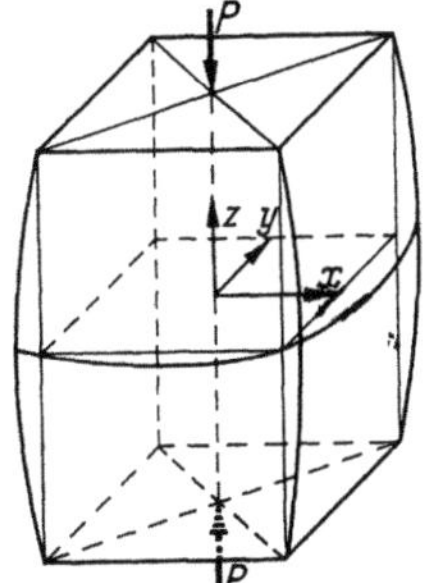

Abb. 273. Schematische Darstellung des räumlichen Verformungszustandes eines prismatischen Druckstabes.

Durch zyklische Vertauschung der Indizes findet man dann die entsprechende Gleichung der anderen beiden Hauptrichtungen. Gl. 4/71 stellt das verallgemeinerte HOOKEsche Gesetz dar und sagt aus, daß die Verformung in x-Richtung sich zusammensetzt aus der Verformung infolge der Spannung σ_x sowie den von den Spannungen σ_y und σ_z in x-Richtung erzeugten Querverformungen, deren Größe bei bekannten Spannungen ermittelt werden kann. Bei Verhinderung der Querverformung werden dagegen die Querspannungen mobilisiert.

Bei Asbestzement ergeben sich infolge der Anisotropie des Materials Verhältnisse von Hauptdehnungen zur Querdehnung, die sehr stark schwanken.

---

[1] In der Literatur findet man sowohl die Bezeichnung μ als auch ν.

POISSON berechnete für den ideal isotropen Körper den Wert $m = 4$, während im völlig plastischen Zustand ohne Volumenelastizität, wie das in etwa für Wasser zutrifft, sich m dem Wert 2 nähert. Das sind die beiden Grenzen, zwischen denen sich alle elastischen, halbelastischen und plastischen Materialien bewegen können. Stahl hat z. B. einen m-Wert von 3,33 und nähert sich somit weitgehend dem ideal isotropen Stoff.

Aus Gründen der Vollständigkeit werden die POISSONschen Zahlen, soweit sie im Rahmen des Versuchsprogrammes ermittelt wurden, mit angegeben. Alle Proben wurden dabei im wassergesättigten Zustand geprüft.

1. Zugstabversuche. Die Auswertung der Spannungs-Dehnungs-Diagramme (Abb. 247 und 248) der im Abschnitt 4.510 1 beschriebenen Zugstabversuche ergab die in den folgenden Abbildungen dargestellten E-Kurven. Die Bezugsspannung σ_{ax} wurde hierbei jeweils bis auf etwa $90^0/_0$ der Bruchspannung gesteigert.Der Bestimmung des E-Moduls liegt die vom Abszissenschnittpunkt als Tangente bzw. Sehne durch den betrachteten Punkt des Spannungs-Dehnungs-Diagramms gezogene Gerade zugrunde. Der bei einer bestimmten Spannung σ_i abgelesene E-Modul in Abb. 274 stellt somit einen mittleren Wert für den Spannungsbereich 0 bis σ_i dar.

Wie auf Grund der Spannungs-Dehnungs-Kurven (Abb. 247 und 248) bereits zu erwarten war, verändern sich die E-Kurven, wie aus Abb. 274 ersichtlich, mit zunehmender Belastung nur wenig und können innerhalb einer Nennweite praktisch bis zur Bruchgrenze als Gerade betrachtet werden. Mit zunehmender Spannung zeichnet sich eine geringfügige Verminderung der Kurvenwerte ab, die, wie aus nachstehender Tab. 49 ersichtlich, durchaus vernachlässigt werden kann. Mit Ausnahme der Nennweite 100, deren Werte vermutlich durch die besonders ausgeprägte Krümmung der Längsstäbe quer zur Stabachse beeinflußt sind, liegen die E-Moduli bei den Rohren der höheren Nenndruckstufen etwas niedriger, was mit den bisherigen Erfahrungen übereinstimmt. Die höhere Dehnbarkeit der Rohre mit größeren Nennweiten drückt sich natürlich im entsprechend verminderten E-Modul aus; oder richtiger definiert: infolge des vorhandenen geringeren E-Moduls werden die Verformungen größer, da ja der als Materialkenngröße bestehende E-Modul die Verformung bestimmt.

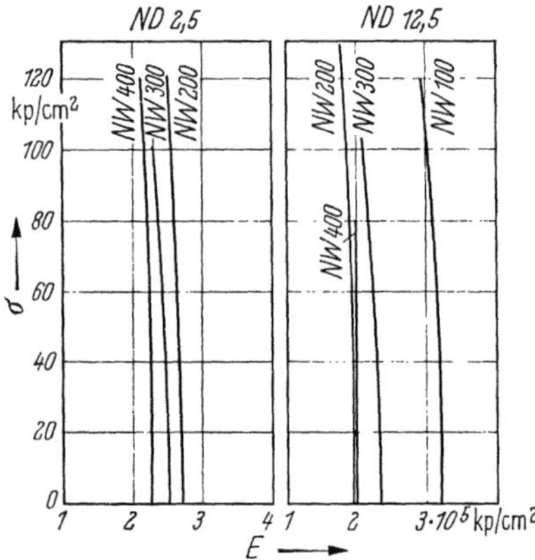

Abb. 274. E-Modul bei axialer Zugbeanspruchung von Längsstäben [*V 40*].

In der nachstehenden Tab. 49 sind die E-Moduli für die Spannungsbereiche $\sigma = 0$ bis $\sigma = 20$ (kp/cm²) und $\sigma = 0$ bis $\sigma = 100$ (kp/cm²) (Rohrtype 400 ND 12.5) herausgestellt und gleichzeitig das Verhältnis der Grenzspannung zur Bruchspannung mit angeführt. Die Indizes kennzeichnen die Bezugs- und Grenzspannungen.

Tabelle 49. *E-Moduli bei axialer Zugbeanspruchung von Längsstäben*

NW mm	ND (atü)	σ_{Bruch} (kp/cm²)	$\dfrac{\sigma_{20}}{\sigma_{\text{Bruch}}}$	$\dfrac{\sigma_{100}}{\sigma_{\text{Bruch}}}$	E_{20} (kp/cm²)	E_{100} (kp/cm²)	E_{mittel} (kp/cm²)
200	2.5	152	0,132	0,658	270 000	260 000	265 000
300	2.5	129	0,155	0,775	250 000	230 000	240 000
400	2.5	125	0,160	0,800	225 000	210 000	217 000
						Gesamtmittel	240 830
100	12.5	155	0,129	0,645	320 000	305 000	312 500[2]
200	12.5	152	0,132	0,657	195 000	180 000	187 500
300	12.5	127	0,157	0,786	232 000	210 000	221 000
400	12.5	98	0,240	0,815[1]	200 000	195 000[1]	197 500
						Gesamtmittel	202 000

[1] Hier ist σ_{80} zugrunde gelegt.   [2] Beim Gesamtmittel nicht berücksichtigt.

Vergleicht man die Gesamtmittel der Nenndruckstufen untereinander, so ergibt sich bei ND 12,5 ein Abfall des E-Moduls gegenüber ND 2,5 von etwa 15%. Mit Rücksicht darauf, daß die Nenndruckstufe 2,5 in der Praxis, insbesondere bei Wasserversorgungsleitungen, weniger von Bedeutung ist, kann nach den Ergebnissen der Untersuchungen von PILNY für Zugstab-Untersuchungen das Elastizitätsmaß

$$E = 200\,000 \text{ bis } 210\,000 \text{ (kp/cm}^2\text{)}$$

zugrunde gelegt werden. Roš [191] fand bei Zugstabversuchen einen mittleren Modul $E = 250\,000$ (kp/cm²), während der KIWA-Bericht [120] den Wert 184 250 (kp/cm²) angibt.

Das Verhältnis der Längsdehnungen zu den gleichzeitig auftretenden Querdehnungen, das die POISSONsche Zahl $m_{ax/tan}$[1] ausdrückt, ergibt sich aus Abb. 275.

Es bedeutet $m_{ax/tan}$, das Verhältnis $\varepsilon_{el\ ax} : \varepsilon_{el\ tan}$, wobei der erste Index ax gleichzeitig die Belastungrichtung angibt.

Allgemein zeigen die m-Zahlen eine größere Abweichung von der Geraden als die E-Kurven. Entsprechend der etwas größeren Streuung der E-Kurven bei ND 12,5 liegen auch hier die Werte der einzelnen Nennweiten bei der höheren Nenndruckstufe weiter auseinander. Dabei weist die Nennweite 400 einen besonders niedrigen m-Wert auf. Da dieser jedoch fast konstant verläuft, d. h. unabhängig von der Bezugspannung ist und überdies alle aufgezeigten Kurven Versuchsergebnisse von Zugstäben aus verschiedenen Rohren darstellen, muß angenommen werden, daß hier eine echte Verminderung des m-Wertes auf Grund der Werkstoffeigenschaft des größeren, dickwandigeren Rohres vorliegt. Bezogen auf die Belastungsspannungen $\sigma = 20$ (kp/cm²) und $\sigma = 100$ (kp/cm²) ergeben sich folgende Vergleiche:

Tabelle 50. POISSONsche Zahlen m bei axialer Zugbeanspruchung von Längsstäben

NW	ND	m_{20}	m_{100}	m mittel
200	2,5	4,5	4,7	4,60
300	2,5	5,3	5,0	5,15
400	2,5	5,0	5,9	5,45
			Gesamtmittel	5,07
100	12,5	6,20	5,50	5,85
200	12,5	6,20	6,35	6,28
300	12,5	5,25	5,10	5,18
400	12,5	3,55	3,65[2]	3,6
			Gesamtmittel	5,23
				5,77[3]

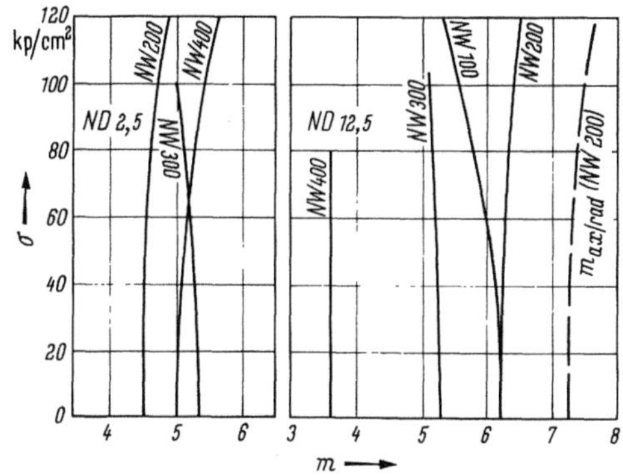

Abb. 275. POISSONsche Zahl $m_{ax/tan}$ bei axialer Zugbeanspruchung von Längsstäben [V40].

Im großen und ganzen gesehen, liegen die POISSONschen Zahlen ziemlich zusammen. Als rechnerischer Wert für die POISSONsche Zahl m von Stäben aus Asbestzement-Druckrohren, die auf Längszug beansprucht werden, kann daher der Wert

$$m = 5 \text{ bis } 6$$

angenommen werden. Roš [191] gibt den Wert $m = 6$ an.

Bei den Rohren NW 200/ND 12,5 wurde von PILNY neben der Querdehnung in tangentialer Richtung auch die in radialer Richtung gemessen. Die aus der Radialdehnung ermittelte POISSONsche Zahl $m_{ax/rad}$ ist für diesen Rohrtyp der Vollständigkeit halber in Abb. 275 mit eingezeichnet. Sie liegt mit im Mittel 7,3 etwa 16% höher als der Wert $m_{ax/tan}$, woraus zu entnehmen ist, daß die Dehnung in radialer Richtung etwas kleiner als in Tangentialrichtung ist.

---

[1] ax = axiale Richtung; tan = tangentiale Richtung.

[2] extrapoliert; [3] ohne NW 400.

2. Druckstabversuche. Die in Abschnitt 4.510 2 beschriebenen Druckversuche an wassergesättigten Prismen, die aus Asbestzement-Druckrohren in Längsrichtung ausgeschnitten worden waren, ergaben auf Grund der dabei durchgeführten Dehnungsmessungen die in Abb. 276 aufgeführten E-Kurven. Zur Untersuchung gelangte hier aus Gründen der für die Herstellung der Druckprismen notwendigen Mindestwanddicken lediglich die Nenndruckstufe 12,5 atü.

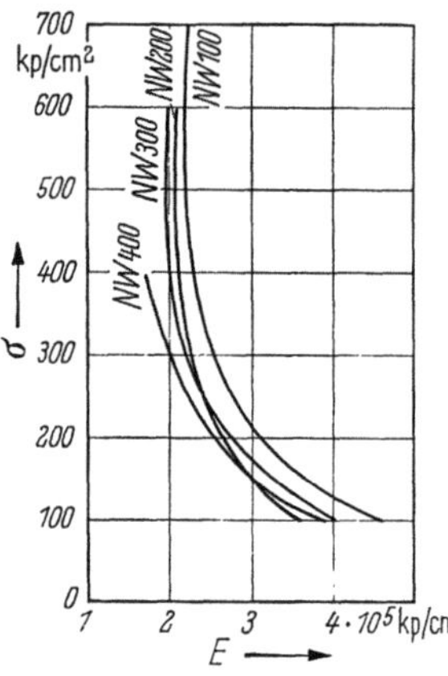

Abb. 276. E-Modul bei axialer Druckbeanpruchung von Längsstäben [*V 40*].

Aus Abb. 276 läßt sich entnehmen, daß die Druckprismen in bezug auf ihr elastisches Verhalten ein einheitlicheres Bild abgeben. Die E-Kurven der einzelnen Nennweiten liegen eng zusammen und zeigen bis auf kleine Abweichungen Affinität zueinander. Insofern liefert der Druckversuch echtere Materialkennwerte als der Zugversuch, was auch auf Grund der Struktur des Materials zu erwarten ist. Es fällt besonders auf, daß der E-Modul bei Druckbelastung wesentlich stärker von der Belastungsspannung abhängig ist, als dies beim Zugversuch der Fall war. Erst bei Spannungen, die etwa zwischen 60% und 70% der Bruchspannung liegen, wird der E-Modul nahezu konstant. Der Vergleich der einzelnen Kurven miteinander ergibt sich aus der Tab. 51. Das Gesamtmittel liegt demnach mit $E_m = 309\,000$ (kp/cm²) wesentlich höher als bei gezogenen Probestäben aus Rohren der gleichen Nenndruckstufe. Für Bezugsspannungen, die über $\sigma = 400$ (kp/cm²) liegen, kann der E-Modul als konstant betrachtet werden. Sein Wert entspricht dem E_{400} der Tab. 51.

Tabelle 51. *E-Modul bei axialer Druckbeanspruchung von Längsstäben*

NW (mm)	ND (atü)	σ_{Bruch} (kp/cm²)	$\dfrac{\sigma_{100}}{\sigma_{Bruch}}$	$\dfrac{\sigma_{400}}{\sigma_{Bruch}}$	E_{100} (kp/cm²)	E_{400} (kp/cm²)	E_{mittel} (kp/cm²)
100	12,5	720	0,139	0,555	465 000	230 000	348 000
200	12,5	650	0,154	0,615	380 000	215 000	298 000
300	12,5	620	0,162	0,645	400 000	200 000	300 000
400	12,5	540	0,185	0,740	390 000	170 000	280 000
					Gesamtmittel		309 000

Vergleicht man die von PILNY gefundenen Gesamtmittelwerte für E aus Druck- und Zugversuchen miteinander, so stellt man einen recht beachtlichen Unterschied fest. Gegenüber dem mittleren E-Modul (Tab. 49 [ND 12,5]) liegt der E-Modul aus den Druckversuchen um etwa 50% höher. Demgegenüber fand Roš [*191*] praktisch gleiche Werte sowohl für Zugbeanspruchung als auch für Druckbeanspruchung, die bei 250 000 (kp/cm²) liegen. Im KIWA-Bericht [*120*] werden für Druckbeanspruchung die Werte 170 000 bis 215 000 (kp/cm²) mit dem Mittelwert 191 000 (kp/cm²) und für Zugbeanspruchung der Mittelwert 184 250 (kp/cm²) angegeben, so daß auch hier nur geringe Unterschiede letztlich bestehen. Woher kommt diese Diskrepanz? Zunächst ist dazu festzustellen, daß, wie die Abb. 274 und 276 zeigen, die Abhängigkeit von der Bezugsspannung sehr unterschiedlich ist. Im Falle der Druckbeanspruchung ergibt sich eine wesentlich größere Abhängigkeit des E-Moduls von der Spannung, deren ebenfalls erheblich größerer Spielraum in Tab. 51 durch die dort betrachteten zwei Bezugsspannungen $\sigma = 100$ und $\sigma = 400$ (kp/cm²) gekennzeichnet wird. Angaben über den E-Modul müssen daher schon bezüglich des Spannungsbereiches näher erläutert sein, um keine falschen Schlüsse aufkommen zu lassen. Der KIWA-Bericht hat für seine Angaben über die E-Werte als Bezugsspannungen die Zahlen $\sigma = 110$ (kp/cm²) für Zug und $\sigma = 300$ (kp/cm²) für Druck genannt. Entnimmt man die zu diesen Spannungen gehörenden E-Werte den Abb. 274 und 276, so erhält man als Mittelwert $E = 222\,500$ (kp/cm²) für Zug und $E = 225\,000$ (kp/cm²) für Druck; eine Übereinstimmung ist also vorhanden, nur liegen die Werte etwas höher als die des KIWA-Berichtes, dagegen niedriger als die von Roš angeführten, denen etwa gleiche Spannungsbereiche zugrunde liegen.

Die Querdehnungen der Probestäbe infolge einer Druckbeanspruchung wurden sowohl in tangentialer als auch in radialer Richtung gemessen. Die daraus errechneten POISSONschen Zahlen $m_{ax/rad}$ und $m_{ax/tan}$ sind in den Abb. 277 und 278 aufgetragen.

Die dargestellten m-Kurven zeigen alle einen mehr oder weniger gekrümmten Verlauf. Sie bleiben im Gegensatz zu denjenigen der Zugversuche bis in den Bereich der Bruchspannungen hinein spannungsabhängig. In radialer Richtung (Abb. 277) läßt sich ein einheitliches Verhalten der m-Kurven feststellen. Allgemein zeigt die kleinste Nennweite (NW 100) jeweils auch die kleinsten m-Werte, das bedeutet, daß die Probestäbe dieser Nennweite die größte Querdehnung in bezug auf die zugehörige Längsstauchung aufweisen. Allen Kurven ist der Abfall der m-Werte mit steigender Spannung eigen, der sich bei der Nennweite 200 in beiden Querrichtungen besonders bemerkbar macht. Die Gegenüberstellung der einzelnen Kurven sei an Hand der beiden Bezugsspannungen $\sigma = 100$ (kp/cm²) und $\sigma = 400$ (kp/cm²) durchgeführt (Tab. 52).

Tabelle 52. *POISSONsche Zahlen m bei axialer Druckbeanspruchung von Längsstäben* (Abb. 277 und 278)

NW	ND	$m_{ax/rad}$			$m_{ax/tan}$		
		m_{100}	m_{400}	m_{mittel}	m_{100}	m_{400}	m_{mittel}
100	12,5	2,9	2,2	2,55	2,8	3,0	2,9
200	12,5	4,3	4,1	4,2	5,5	4,3	4,9
300	12,5	3,5	3,1	3,3	4,7	4,9	4,8
400	12,5	4,6	4,0	4,3	4,6	4,9	4,75
Gesamtmittel				3,78	4,45		4,34
Gesamtmittel ohne NW 100				3,93	4,93		4,82

Die elastischen Querverformungen sind also in radialer Richtung in bezug auf die zugehörige Längsstauchung größer als in tangentialer Richtung. Diese Tatsache leuchtet im Hinblick auf den Schichten- bzw. Faserverlauf des Materials durchaus ein. Nimmt man die Nennweite 100

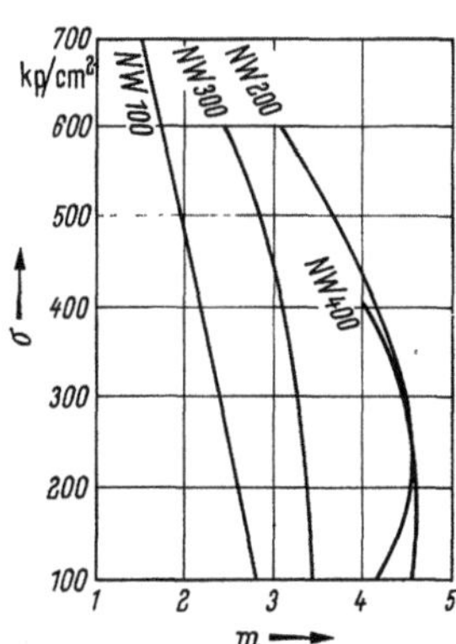

Abb. 277. POISSONsche Zahl $m_{ax/rad}$ bei axialer Druckbeanspruchung von Längsstäben [V40].

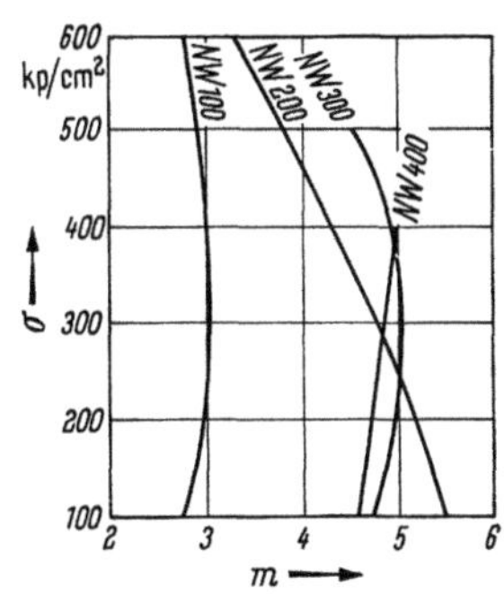

Abb. 278. POISSONsche Zahl $m_{ax/tan}$ bei axialer Druckbeanspruchung von Längsstäben [V40].

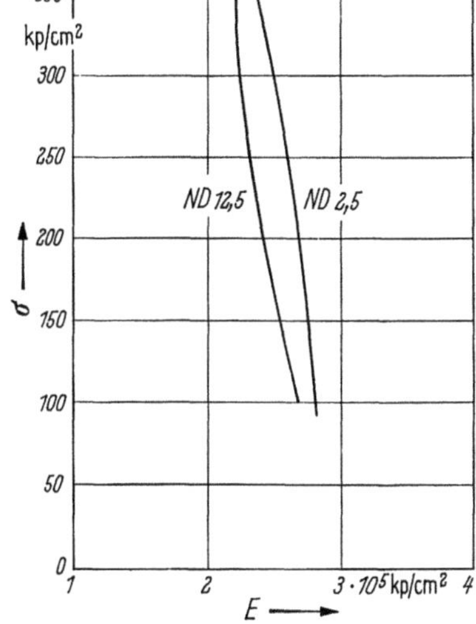

Abb. 279. E-Modul bei Längsstauchung von Rohren NW 200, ND 2,5 und 12,5 [V40].

mit ihren sehr niedrigen m-Werten bei der Gesamtmittelwertsbildung aus, so erhöhen sich die Endwerte der Tab. 52 etwas, trotzdem liegen die mittleren POISSONschen Zahlen für Druckbelastungen immer noch niedriger als die für Zugbelastung. Dies ergibt sich schon aus dem

einfachen Vergleich der m_{100}-Werte der Tab. 50 und 52. Hier lassen sich wegen gleicher Bezugsspannung echtere Vergleiche anstellen, wenn auch immer beachtet werden muß, daß verschiedene
Belastungsarten auch völlig verschiedene Verhältnisse im Asbestzementmaterial mit sich bringen.

Im Gegensatz zu den bisher beschriebenen Materialkennwerten, die an Probestäben gefunden
wurden, werden im folgenden Materialkennwerte angegeben, die sich auf Rohre bzw. kurze
Rohrstücke beziehen. Durch das Zusammenwirken aller Fasern und Schichten im kreisrunden
Rohr ergeben sich zum Teil andere Verhältnisse als am Probestab. Den Praktiker interessiert
naturgemäß in erster Linie das Verhalten des Asbestzementrohres an sich, während die Probestab-
Untersuchungen dazu dienen sollen, das Bild zu vervollständigen.

3. Längsstauchversuche an Rohrstücken. Im Rahmen der unter Ziff. 4.504 beschriebenen Längsstauchversuche mit Rohrstücken von 1 cm Länge wurden Verformungsmessungen lediglich an
Rohren NW 200/ND 2,5 und 12,5 durchgeführt. Hierbei erfolgte sowohl die Messung der Längsstauchung als auch die der Umfangsdehnung jeweils in Rohrmitte am Außenumfang. An Hand
der in Abb. 203 dargestellten elastischen Dehnungen lassen sich die nachstehenden Kurven
für den E-Modul (Abb. 279) und für die POISSONsche Zahl m (Abb. 280) ermitteln. Hierbei ist
auf Grund der großen Ähnlichkeit im Dehnverhalten beider Nenndruckstufen zu erwarten,
daß sich auch die E- und m-Werte nicht wesentlich unterscheiden werden. Wie aus Abb. 279
hervorgeht, ist dies der Fall. Das geringere Dehnvermögen des dünnwandigeren Rohres drückt
sich in dem etwas höher liegenden E-Modul aus. Mit genügender Genauigkeit lassen sich für
die Kurven Geraden annehmen, deren Mittelwerte für den dargestellten Spannungsbereich
betragen:

$$\text{NW } 200, \text{ ND } \ \ 2,5: E = 238\,000 \ (\text{kp/cm}^2)$$
$$\text{NW } 200, \text{ ND } 12,5: E = 220\,000 \ (\text{kp/cm}^2)$$

$$\text{Mittelwert} \ \ \ E = 229\,000 \ (\text{kp/cm}^2)$$

Als mittleres Elastizitätsmaß bei Längsstauchung kann somit der Wert

$$E = 230\,000 \ (\text{kp/cm}^2)$$

angesetzt werden. Die obere Grenze des dargestellten Spannungsbereiches liegt bei etwa 80% der Bruchspannung.

Roš [191] fand bei seinen Längsstauchversuchen einen mittleren
Wert $E = 260\,000$ (kp/cm²). Eine Abhängigkeit des E-Moduls von der
Nennweite konnte Roš, der die Nennweiten 100, 200 und 400 prüfte,
nicht feststellen.

Für die in Abb. 280 dargestellten Kurven der POISSONschen Zahl m
in Abhängigkeit von der Belastungsspannung wurden als Querdehnungen die Umfangsdehnungen an der Außenseite der Rohre gemessen.
Da PILNY auch die Längsstauchungen an der Außenseite ermittelte
und die Meßstelle sich genau in Rohrmitte der untersuchten Rohrproben befand, beziehen sich die angeführten m-Kurven auf die Verformungsverhältnisse an der Außenfläche des Rohres in Rohrmitte
und können korrekterweise nicht auf die Verformungsverhältnisse an
anderen Stellen des Rohres angewandt werden. Wie aus Abb. 206
hervorgeht, nimmt die Verformung infolge Längsstauchung verschiedene Werte an, je nach dem, an welcher Stelle des Rohres sie gemessen wird. Für den praktischen Gebrauch ist es jedoch durchaus
erlaubt, den in Rohrmitte gefundenen m-Wert zu verallgemeinern,
die Grenzen der üblichen Genauigkeit werden daher nicht überschritten.

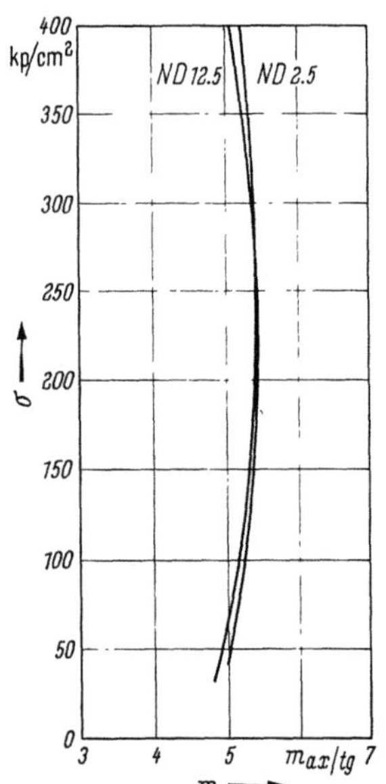

Abb. 280. POISSONsche Zahl $m_{ax/tg}$ infolge Längsstauchung von Rohren NW 200,
ND 2,5 und 12,5 [V40].

Der Verlauf der m-Kurven in Abb. 280 zeigt einen nur unwesentlichen Unterschied der beiden
Nenndruckstufen. Vernachlässigt man die leichte Krümmung, kommt man auf einen gemeinsamen mittleren Wert von

$$m = 5,2.$$

Roš [191] fand für Rohre NW 200 die Poissonsche Zahl $m = 5{,}0$, wobei er allerdings die Längsstauchung in Rohrmitte und die Querdehnungen in den Drittelspunkten der Rohrprobenlänge ermittelte (Abb. 205).

Interessant ist der Vergleich der vorliegenden Werte mit den Ergebnissen der Druckversuche an Längsstäben. Für die Nennweite 200, ND 12,5 ergaben sich $E = 298\,000$ (kp/cm²) und $m_{ax/tan} = 4{,}9$. Die Übereinstimmung der Poissonschen Zahlen läßt darauf schließen, daß die Verformungsverhältnisse am axial gedrückten Rohr ähnlich denen am gedrückten Längsstab sind. Der um etwa 35% höhere E-Modul sagt dagegen aus, daß ein Rohr eine größere Steifigkeit als ein Längsstab besitzt, die auf das räumliche Zusammenwirken der einzelnen Schichten zurückzuführen ist.

4. Längsbiegeversuche mit Rohren. Die Verformungen bei Längsbiegeversuchen sind einmal die Dehnungen bzw. Stauchungen der Zug- bzw. Druckfaser selbst, zum anderen drücken sie sich in der Durchbiegung aus. Im allgemeinen genügt die Angabe der maximalen Durchbiegung als Kriterium für das elastische Verhalten eines Biegebalkens. Aus diesem Grunde errechnete Pilny den E-Modul für Längsbiegungen lediglich aus der auftretenden Durchbiegung in der Symmetrieachse des belasteten Balkensystems.

Für den zweiseitig gelagerten, durch eine mittige Einzelkraft belasteten Träger gilt für die Durchbiegung in Balkenmitte

$$f = \frac{P \cdot l^3}{48\,EJ} \quad \text{und} \quad E = \frac{P \cdot l^3}{48 \cdot J \cdot f} = \frac{1}{6} \cdot \frac{\sigma}{f} \cdot \frac{l^2}{D} \ (\text{kp/cm}^2), \tag{4/72}$$

für den durch zwei Einzelkräfte belasteten Träger für Balkenmitte

$$f = \frac{23}{648} \frac{P \cdot l^3}{EJ} \quad \text{und} \quad E = \frac{23\,P \cdot l^3}{648 \cdot J \cdot f} = \frac{23}{108} \cdot \frac{\sigma}{f} \cdot \frac{l^2}{D} \ (\text{kp/cm}^2). \tag{4/73}$$

An Hand der in Abb. 178 dargestellten Durchbiegungen f_{ges} und f_{bl} lassen sich die spannungsabhängigen E-Moduli für Längsbiegung ermitteln. Für die elastische Durchbiegung f_{el} ist die Differenz f_{ges} minus f_{bl} einzusetzen. In Tab. 53 ist die Rechnung ausgeführt, wobei als Bezugs-

Tabelle 53. *Elastizitätsmoduli für Längsbiegung infolge einer Einzellast in Rohrmitte nach* Pilny *für* $\sigma_b = 100$ (kp/cm²) [V40]

NW (mm)	ND (atü)	mittl. Alter (Tage)	$E_{el\,100}$ (kp/cm²)	$E_{ges\,100}$ (kp/cm²)	(E_{el})	(E_{ges})
200	2,5	274	298 000	275 000	(261 000)	(247 000)
			282 000	259 000	(246 000)	(228 000)
			299 000	280 000	(264 000)	(245 000)
Mittelwert			293 000	271 000	(257 000)	(240 000)
200	12,5	287	260 000	236 000		
			231 000	187 000		
			234 000	210 000		
Mittelwert			242 000	211 000		

spannung der konstante Wert $\sigma = 100$ (kp/cm²) angenommen wurde. Hierbei fallen die wesentlich höheren Werte der niedrigeren Nenndruckstufe sowohl beim elastischen E-Modul (E_{el100}) als auch bei demjenigen, dem die Gesamtdurchbiegung zugrunde gelegt ist (E_{ges100}) besonders auf. Wie schon unter Ziffer 4.503 2 auf S. 159 näher ausgeführt, wird der Wert der Durchbiegung f unter der angreifenden Last durch die gleichzeitig bewirkte Durchmesseränderung (Ovalisierung) verfälscht, man erhält zu kleine Werte für die Durchbiegung. Das gilt besonders für das dünnwandigere Rohr. Korrigiert man jedoch die gemessenen Werte im Sinne der auf S. 159 gemachten Ausführung, so ergeben sich die in Klammer gesetzten Werte für E_{el} und E_{ges}, die sich nunmehr schon besser an die der Nennstufe 12,5 anpassen. Es sei noch auf den Kiwa-Bericht [120] verwiesen, in

dem für $\sigma = 150$ (kp/cm²) der Wert $E = 184\,000$ (kp/cm²) angeführt wird. Roš [*191*] fand schließ·
lich entsprechend den von ihm ermittelten wesentlich höheren Biegebruchspannungen auch höhere
E-Moduli. Als Mittelwert für die Nennweiten 100 bis 400 mit verschiedenen Wanddicken gibt er
den auf die Durchbiegung bezogenen Wert $E = 332\,000$ (kp/cm²) an. Die Bezugsspannung ist
dabei etwa 140 (kp/cm²).

Die Durchbiegung in Rohrmitte kann exakter bestimmt werden, wenn man den Biegeträger
mit zwei Einzellasten belastet. Hierauf wurde a. a. O. bereits mehrfach hingewiesen. An Hand der
gemessenen Durchbiegungen (Abb. 171 bis 176) am mit zwei Einzelkräften belasteten Druckrohr
berechnete PILNY die E-Werte für die Gesamtdurchbiegung und für die elastische Durchbiegung
in Rohrmitte ebenfalls für die Bezugsspannung $\sigma = 100$ (kp/cm²).

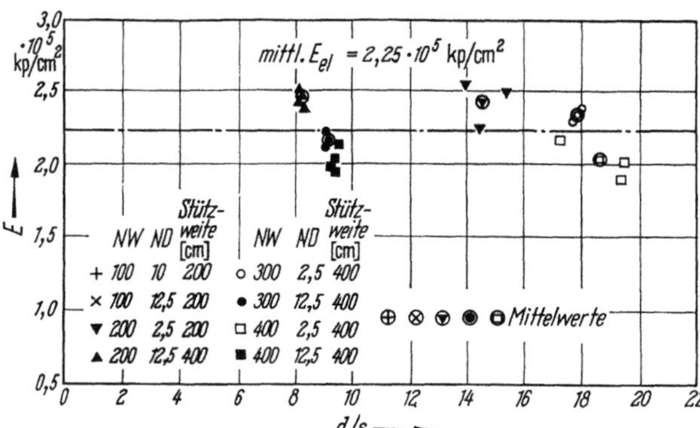

Abb 281. Elastizitätsmodul $E_{(el)}$ für die Bezugsspannung $\sigma = 100$ (kp/cm²), bezogen
auf die elastische Durchbiegung in Rohrmitte
infolge 2 Einzellasten nach PILNY [*V40*].

Die aus den Abb. 281 und 282 sich ergebenden Mittelwerte $E_{\text{ges}} = 206\,000$ (kp/cm²) und $E_{\text{el}} =$
$225\,000$ (kp/cm²) liegen etwas tiefer als die der Versuche mit Einzellast. Mit der berechtigten
Annahme, daß die Versuche mit zwei Einzellasten exaktere Verformungswerte ergeben, läßt sich

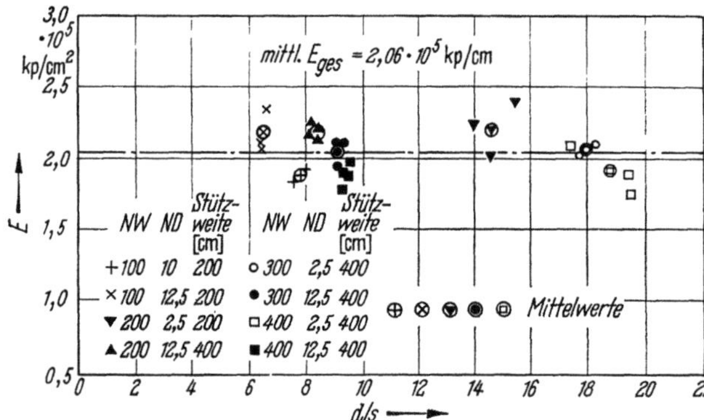

Abb. 282. Elastizitätsmodul $E_{(\text{ges})}$ für die
Bezugsspannung $\delta = 100$ (kp/cm²), bezogen
auf die Gesamtdurchbiegung in Rohrmitte
infolge 2 Einzellasten nach PILNY [*V40*].

aus dieser Differenz schließen, daß die Verformungsverhältnisse bei dem Einzellast-Versuch noch
komplizierter sind als dies bisher zum Ausdruck gebracht wurde, so daß die einfache Umrechnung
nicht genügt, alle störenden Einflüsse zu eliminieren.

5. Scheiteldruckversuche mit kurzen Rohrstücken. Der E-Modul läßt sich bestimmen aus
den Veränderungen des vertikalen und horizontalen Durchmessers gemäß Gl. 4/74 bzw. 4/75

$$E = \frac{1}{2} \cdot \frac{P(d+s)^3}{J\,2\cdot 8} \cdot \left[\frac{0{,}1488}{\Delta D_{mv}} + \frac{0{,}1488}{\Delta D_{ev}} + \frac{0{,}1366}{\Delta D_{m_h}} + \frac{0{,}1366}{\Delta D_{e_h}} \right] \tag{4/74}$$

oder:

$$E = \sigma \cdot \frac{\pi}{8} \cdot \left[0{,}1488 \left(\frac{(d+s)^2}{s\cdot \Delta D_{mv}} + \frac{(d+s)^2}{s\cdot \Delta D_{ev}} \right) + 0{,}1366 \cdot \left(\frac{(d+s)^2}{s\cdot \Delta D_{m_h}} + \frac{(d+s)^2}{s\cdot \Delta D_{e_h}} \right) \right] \tag{4/75}$$

Hierin bedeuten:

$$\sigma = \text{Ringbiegespannung im Scheitel (kp/cm}^2)$$
$$\Delta D_{mv} = \text{vertikale Durchmesseränderung in Rohrmitte (cm)}$$
$$\Delta D_{ev} = \text{vertikale Durchmesseränderung am Rohrende (cm)}$$
$$\Delta D_{mh} = \text{horizontale Durchmesseränderung in Rohrmitte (cm)}$$
$$\Delta D_{eh} = \text{horizontale Durchmesseränderung am Rohrende (cm)}$$
$$s = \text{Wanddicke (cm)}$$
$$d = \text{Innendurchmesser (NW) (cm)}.$$

Gl. (4/75) stellt einen mittleren E-Wert dar, der unter der Voraussetzung gilt, daß er sich von Rohrmitte zu den Rohrenden hin linear ändert. Sofern die ΔD-Werte in Abhängigkeit von der Ringbiegespannung im Rohrscheitel bekannt sind, kann damit der E-Modul ermittelt werden.

An Hand der an Rohren NW 200, ND 2,5 gemessenen Gesamtdurchmesseränderungen bei den Scheiteldruckversuchen (Abschnitt 4.502 2, Abb. 153 bis 155), errechnen sich die E-Kurven der Abb. 283.

Der Einfluß der Probenlänge auf die Verformungsverhältnisse kommt auch hier in den verschiedenen E-Kurven zum Ausdruck. Wie schon früher ausgeführt, wird die gleichmäßige Lasteinleitung mit wachsender Probenlänge immer schwieriger. Daraus ergeben sich Verformungen, die um so weniger den theoretischen Werten entsprechen, je ungleichmäßiger die Lasteinleitung erfolgt. Bei der Betrachtung der Ringbiege-Verformung (Abschnitt 4.502 2) ergab sich, daß die

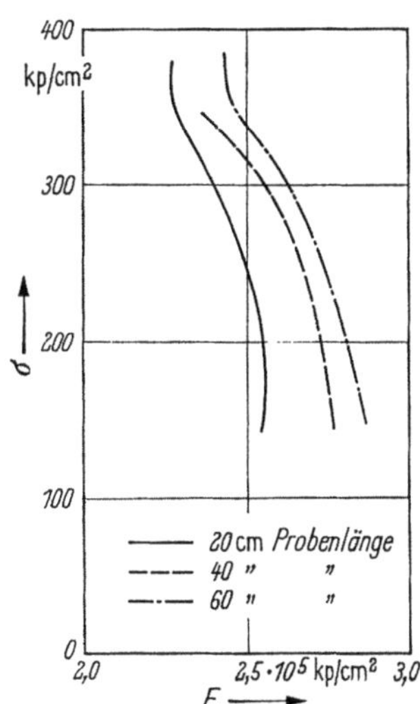

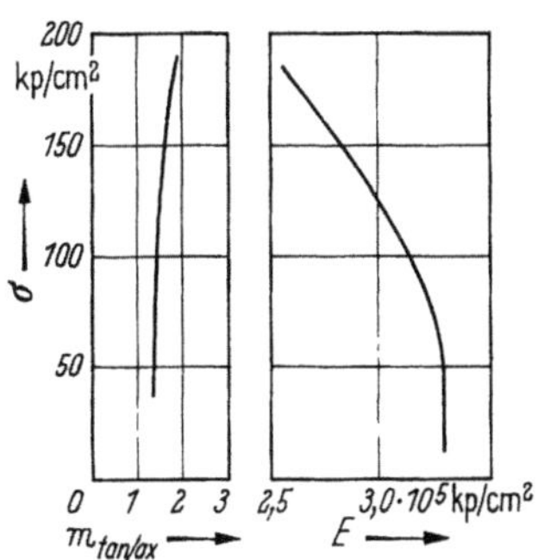

Abb. 284. E-Modul und POISSONsche Zahl $m_{tan/ax}$ infolge Innendruck bei Rohren NW 200, ND 12,5 [V40]

Abb. 283. E-Modul infolge Scheiteldruckbelastung von Rohrproben NW 200, ND 2,5 mit drei verschiedenen Längen [V40].

Durchmesseränderungen und Dehnungen der Proben mit 20 cm Länge sehr gut mit den rechnerischen Werten übereinstimmten, während dies bei den längeren Proben nicht mehr der Fall war. Aus diesem Grunde dürfte der ausgezogenen E-Kurve in Abb. 283 am ehesten eine Allgemeingültigkeit zugesprochen werden können. Bei einer Bezugsspannung, die etwa 1/3 der Bruchspannung beträgt (etwa 180 kp/cm²), kann der Wert

$$E = 255\,000 \; (\text{kp/cm}^2)$$

angesetzt werden. RoŠ [191] gibt ebenfalls für $\sigma = 1/3\,\sigma_{\text{Bruch}}$ den Wert $E = 245\,000$ (kp/cm²) an.

Die Dehnungsmessungen erfolgten alle in Umfangsrichtung, so daß sich keine Querdehnungsverhältnisse angeben lassen. Für das beim Scheiteldruck auftretende Ringbiegeproblem sind die Querverformungen, z. B. in Längsrichtung, auch nicht von Bedeutung, zumal ihre Größenordnung relativ klein ist.

6. Innendruckversuche. Die Kenntnis des sich aus den Verformungen infolge einer Innendruckbelastung ergebenden E-Moduls ist bei allen Druckstoß-Untersuchungen unerläßlich, da ja bekanntlich die Druckwellenfortpflanzungsgeschwindigkeit mit vom E-Modul der Rohrleitung bestimmt wird. Wie im Abschnitt 4.32 „Verhalten bei Druckstoß" bereits ausführlich dargelegt wurde, muß unterschieden werden zwischen dem elastischen Verhalten des Rohres an sich und dem der gesamten Rohrleitung, die sich aus Rohren und Kupplungen zusammensetzt. Dem experimentell ermittelten E-Modul des Rohres steht demnach derjenige gegenüber, der sich aus Druckstoß-Messungen für die untersuchte Leitung ableiten läßt. Es liegt auf der Hand, daß hiermit der Einfluß der Rohrverbindung auf das Druckstoß-Verhalten festgestellt werden kann, was in der Tat auch im Abschnitt 4.32 geschah.

Die Ergebnisse der Verformungsmessungen bei Innendruckversuchen und die daraus resultierende E-Kurve wurden bereits in Abb. 96 wiedergegeben. Abb. 284 wiederholt daher die E-Kurve infolge Innendruck und bringt als Ergänzung dazu die POISSONsche Zahl $m_{\text{tan/ax}}$. Die Werte der E-Kurven beruhen auf den Messungen der Umfangsdehnungen an der äußeren Oberfläche der untersuchten Rohre, die Bezugsspannungen sind dagegen nach der „Kesselformel" ausgerechnet und stellen Mittelwerte dar. Beim dickwandigen Rohr wird aber die Abweichung der tatsächlichen Randspannung vom Mittelwert relativ groß, so daß bei der vorliegenden E-Kurve eine gewisse Ungenauigkeit vorliegt. Im Abschnitt 4.32 wird ein Korrekturverfahren angegeben, das PRESS zur genaueren Berechnung der Druckstoßergebnisse vorschlug, er rechnete damit die PILNYschen Werte um (S. 90 ff.).

Roš [191] gelangte zu ähnlichen Ergebnissen wie PILNY und gibt als Mittelwert für E den Wert 314 000 (kp/cm²) an.

Auffällig ist der niedrige m-Wert, der auf eine sehr erhebliche Verkürzung in Längsrichtung schließen läßt. Bei den im Abschnitt 4.501 beschriebenen Innendruckversuchen waren die zu prüfenden Rohre mit REKA- bzw. GIBAULT-Kupplungen abgeschlossen, so daß der vorhandene Innendruck auch auf die Stirnflächen der Rohre wirken konnte. Die Axialverformung setzt sich also zusammen aus der Stauchung infolge des Stirndruckes und aus der Verkürzung infolge der Aufweitung des Umfangs. Umgekehrt addiert sich zu der Aufweitung infolge des Innendruckes noch die aus dem Stirndruck herrührende Querverformung in Umfangsrichtung. Es überlagern sich also hier Primär- und Sekundärverformungen in beiden der betrachteten Richtungen, hervorgerufen durch einen zweiachsigen Belastungszustand. Aus diesem Grunde lassen sich die vorliegenden Kennwerte nicht so ohne weiteres mit anderen, die aus einachsigen Belastungszuständen stammen, vergleichen.

4.510 5 Abriebfestigkeit

Die Frage der Abrieb- und Verschleißfestigkeit eines Rohrwerkstoffes interessiert besonders im Hinblick auf seine Verwendung für Abwasserleitungen oder Feststofftransportleitungen. Hier gilt es, ein mit Feststoffen der verschiedensten Art versehenes Wasser zu transportieren, das, auch durch den mitgeführten Sand und Kies, beim Durchströmen der Leitung zerstörend wirkt. Um einen Anhalt über die Abriebfestigkeit von Asbestzement-Druckrohren zu erhalten, wurden an verschiedenen Orten Versuche durchgeführt, die alle die Ermittlung der Abrieb- bzw. Verschleißfestigkeit zum Ziele hatten, von jedem Versuchsdurchführenden jedoch anders aufgezogen wurden. Daraus ergab sich glücklicherweise ein relativ vielseitiges Bild über die Abriebfestigkeit von Asbestzement-Druckrohren.

Die im Auftrage des Verfassers von PRESS [V46] durchgeführten Verschleißversuche gingen von der Voraussetzung aus, daß unter Druck fließendes Wasser, dem ein bestimmtes Sand- bzw. Kiesgemisch beigegeben ist, durch die vorhandene höhere Fließgeschwindigkeit eher zu Verschleißerscheinungen führen wird, so daß die Versuchszeit auf ein Minimum beschränkt werden kann. Es war also von vornherein geplant, möglichst extreme Versuchsverhältnisse zu schaffen, deren Ergebnisse anschließend für normale Betriebsbedingungen umgerechnet werden sollten. Schließlich sollte neben einem flächenhaften Angriff auch die punktförmige Beanspruchung geprüft werden.

Eine punktförmige Beanspruchung läßt sich durch den Aufprall eines mit hoher Geschwindigkeit aus einer Düse austretenden Wasserstrahls erzielen. Zu diesem Zweck wurde vor einer aufgeschnittenen Rohrhalbschale NW 100 in einer Entfernung von etwa 1,50 m eine Düse

(Feuerwehrdüse) mit einer Austrittsöffnung von 10 mm Durchmesser installiert und über einen Druckschlauch mit einer Hochdruckpumpe verbunden.

Die Hochdruckpumpe erzeugte einen Druck von 11 atü, so daß der austretende Strahl mit einer Geschwindigkeit von etwa

$$v = \sqrt{2 \cdot g \cdot h} = \sqrt{2 \cdot 9{,}81 \cdot 110} = 45 \ (\text{m/s})$$

auf die Asbestzement-Rohrhalbschale aufprallte. Jeweils nach 10 Stunden Dauer wurde der Versuch abgebrochen und die Eindringtiefe an der Aufprallstelle mit einer Mikrometerschraube gemessen. Nach 20 Stunden Versuchsdauer hatte sich hier eine etwa 1,5 mm tiefe Mulde gebildet, die sich im weiteren Verlaufe des Versuches nur noch langsam vertiefte. Nach insgesamt 83 Stunden Versuchsdauer betrug die gemessene Endtiefe 2,2 mm. Die anfänglich schnellere Abnutzung, die im weiteren Verlauf des Versuches nur noch langsam weiterging, läßt sich damit erklären, daß nach Ausspülung des Bindemittels die freigelegten Asbestfasern ein Polster bzw. eine Schutzschicht bildeten und so den Angriff auf das tieferliegende Material weitgehend verhinderten. In Anbetracht der erheblichen Punkt-Beanspruchung, die in dieser Form in der Praxis nicht auftritt, ist die eingetretene Abnutzung daher als äußerst gering anzusehen.

Für die Versuche zur Ermittlung der Flächenabnutzung durch ein strömendes Wasser-Sand- bzw. Wasser-Kies-Gemisch baute PRESS einen geschlossenen Ring aus Asbestzementrohren und -krümmern NW 100 auf, der zunächst Vorversuchen dienen sollte. Es mußte geklärt werden, welche Fließgeschwindigkeiten und Korngrößen notwendig sind, damit ein meßbarer Verschleiß eintritt. Darüber hinaus war das Problem der Sandzugabe und der Sandrücknahme zu lösen, um die in den Kreislauf zwischengeschaltete Kreiselpumpe sandfrei zu halten. Dies gelang zufriedenstellend durch Einbau eines trichterförmigen Sandabscheiders, in dem die Versuchsleitung endete. Während hier der Sand aufgefangen wurde, floß das überschüssige Wasser ab und wurde der Kreiselpumpe wieder zugeführt. Die Sandzugabe erfolgte dagegen über den Trichterauslauf, der in die Unterdruckseite einer Düse einmündete; die Düse war in der von der Pumpe kommenden Leitung eingebaut. Von der durch sie erzeugten Ejektorwirkung wurde somit das Sandwassergemisch in den Kreislauf gesogen.

Abb. 285. Blick auf die PRESSsche Versuchsanordnung für hydraulische Verschleißversuche während des Betriebes. Die Numerierung der Krümmer 1 bis 5 erfolgt in Fließrichtung (weiße Pfeile) [V46].

Abb. 286. Blick auf die Auslaufdüse mit Druckanbohrungen [V46].

Als Meßstrecke waren zwei hintereinandergeschaltete 90°-Krümmer, die einen 180°-Bogen bildeten, vorgesehen, in denen sich 10 Meßstellen befanden. Jede Meßstelle lag an der Außenkrümmung und konnte über eine mit Stopfen zu verschließende Bohrung an der gegenüberliegenden Krümmerinnenseite abgetastet werden. Die mit dieser Anlage mögliche Strömungsgeschwindigkeit lag bei etwa 2,2 m/s. Sie reichte, wie sich bei den Vorversuchen herausstellte, nicht aus, um das verwendete Korn von 0,7 bis 1,2 mm Durchmesser in Schwebe zu halten. Aus diesem Grunde konnte trotz einer Versuchsdauer von 957 Stunden keinerlei meßbarer Angriff in den Umlenkkrümmern festgestellt werden [V46].

Es stand somit fest, daß die vorliegenden Versuchsbedingungen nicht geeignet waren, eine meßbare Verschleißwirkung zu erzielen, vor allem nicht in versuchstechnisch vertretbaren Zeiträumen. Daher galt es, durch Vergrößerung der Fließgeschwindigkeit und Verwendung von anderen Kornstufen (Kies) neue, zweckmäßigere Versuchsbedingungen zu schaffen. Gleichzeitig wurde der Versuchsaufbau auf Grund der Erfahrungen aus den Vorversuchen verbessert. Abb. 285 zeigt die Ansicht der endgültigen Anlage für die Durchführung der Verschleißversuche im Institut für Wasserbau und Wasserwirtschaft an der TU Berlin.

Diese Anlage steht auf einer der 8,0 m breiten und etwa 3,0 m tiefen Versuchsrinne des Berliner Wasserbau-Institutes, aus der eine Kreiselpumpe das benötigte Wasser entnimmt und in eine Stahlleitung NW 200 drückt, in die zur Wassermengenbestimmung ein Venturirohr eingebaut ist (im Vordergrund rechts). Die Stahlleitung führt bis unter den Kiesfangbehälter, wo sie zunächst auf 60 mm verengt und anschließend allmählich bis auf NW 100 erweitert wird. In die Verengung mündet die Auslaufdüse $\varnothing$ 42 mm des Kiesfangbehälters. Druckanbohrungen im Auslauf gestatten die Ermittlung der Menge des abgegebenen Wasser-Kies-Gemisches (Abb. 286).

Im Anschluß an die konische Erweiterung (Erweiterungwinkel $\alpha = 8°$) beginnt die Versuchsleitung NW 100, ND 10 aus Asbestzement. Für die Verschleißversuche sind hierbei hauptsächlich die eingebauten fünf Krümmer maßgebend, die horizontal, vertikal aufsteigend und vertikal fallend angeordnet sind. Zur Sichtkontrolle ist vor dem ersten aufsteigenden Krümmer ein Stück Plexiglasrohr eingebaut. Der letzte Krümmer endet im Kiesfangbehälter, an dessen Ende eine Prallplatte mit Verteilerkegel und Leitblechen angebracht ist, auf die die mitgeführten Kieskörner aufprallen, um dann seitlich weggeschleudert zu werden. Sie fallen in den darunter befindlichen Auffangtrichter, der in die Auslaufdüse (Abb. 286) mündet. Das überschüssige Wasser steigt im Behälter hoch, läuft über und gelangt wieder in die Versuchsrinne unter Flur. Der Kreislauf ist geschlossen. Es gelang, mit dieser Einrichtung die Versuchsrinne und Pumpe kiesfrei zu halten und eindeutige Versuchsergebnisse zu bekommen.

Abb. 287. Bruch am Krümmer 4. Das Wasser-Kies-Gemisch wird herausgeschleudert [V46].

Jeder Versuch wurde solange gefahren, bis die erhebliche Beanspruchung einen der Krümmer zerstört hatte. Nach Auswechseln des zerstörten Krümmers wurde der Versuch fortgesetzt, bis schließlich jeder der fünf Krümmer mindestens einmal zerstört war. Der Versuch wurde dann als beendet betrachtet.

Nach Reinigung der Leitung und Auswechseln aller Krümmer wurde das geschilderte Verfahren mit einer anderen Wassermenge bzw. Körnung wiederholt. Insgesamt wurden etwa 100 Krümmer eingesetzt, so daß sich relativ sichere Mittelwerte bilden ließen. Die Wucht des Wasser-Kies-Gemisches läßt sich daraus ersehen, daß die Kieskörner sich gegenseitig zerschlugen. Abb. 288 zeigt rechts Kies der Körnung 7 bis 10 mm vor der Zugabe, links den gleichen Kies nach achtstündigem Betrieb.

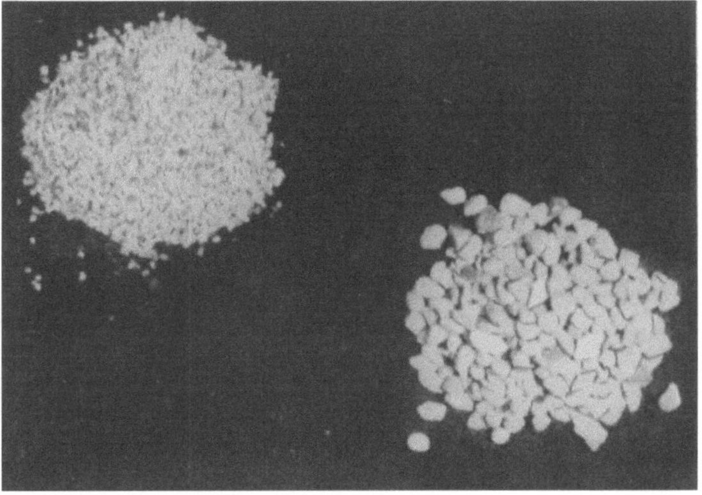

Abb. 288. Benutzter Kies vor der Zugabe und nach 8stündigem Versuchs-betrieb [*V46*].

Die Zerstörung der Krümmer erfolgte grundsätzlich an der Krümmeraußenseite, was selbstverständlich ist, wobei die Stelle der stärksten Beanspruchung genau mittig lag und beim Bruch ein sackartig erweitertes Loch zeigte, das in Fließrichtung spitz zulief.

Wie schmal die Mantellinie ist, auf die sich die Beanspruchung infolge der Fliehkraft beschränkt, zeigt Abb. 290. Die volle Wanddicke ist auf etwa 3/4 des Rohrumfanges erhalten geblieben.

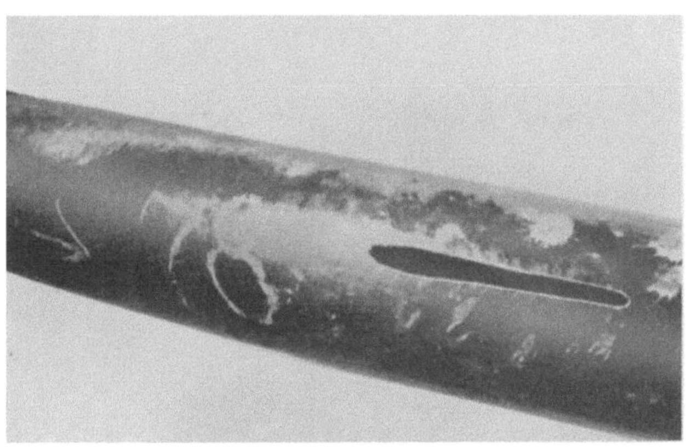

Abb. 289.
Blick auf eine zerstörte Krümmer-außenseite [*V46*].

Zur Erzielung kurzer Verschleiß- bzw. Bruchzeiten wurde bei den vorliegenden Versuchen stets eine möglichst hohe Kieskonzentration des Wasser-Kies-Gemisches angestrebt. Einer veränderten Korngröße folgte zwangsläufig auch eine Änderung der Konzentration, was wiederum eine andere Zerstörungszeit nach sich zog. Um alle Versuchsergebnisse einander gegenüberstellen zu können, war es daher notwendig, die gemessenen Werte auf einen gemeinsamen Nenner zu bringen. Dies geschah dadurch, daß PRESS alle Ergebnisse auf die Konzentration von 1 Gewichtsprozent umrechnete. Die so umgerechneten Versuchsergebnisse sind in den nachstehenden Abbildungen wiedergegeben. Abb. 291 zeigt die Bruchzeit in Abhängigkeit von der Fließgeschwindigkeit, wobei die Korngröße von 5 bis 7 mm konstant gehalten ist. Die Auftragung der Versuchswerte im doppelt logarithmischen System führt zu Geraden, die für die einzelnen Krümmer zwar verschiedene Abszissenwerte haben, jedoch parallel zueinander verlaufen. Abb. 292 dagegen gibt die Bruchzeit in Abhängigkeit von der Korngröße an, wobei die Strömungsgeschwindigkeit $v =$ konstant ($v = 6,2$ m/s) gehalten ist.

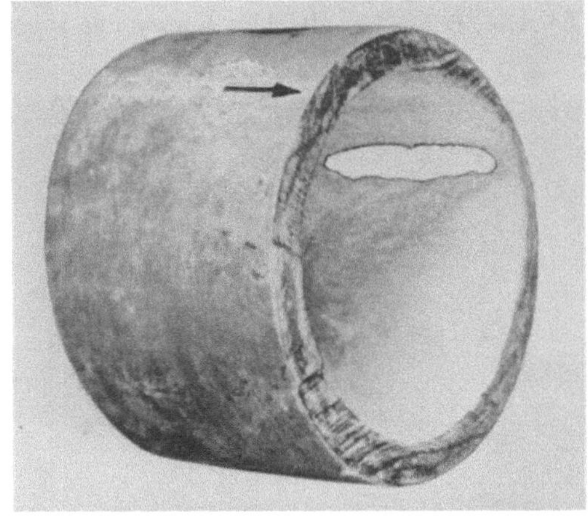

Abb. 290. Blick in ein herausgeschnittenes Krümmerstück mit örtlicher Zerstörung [*V 46*].

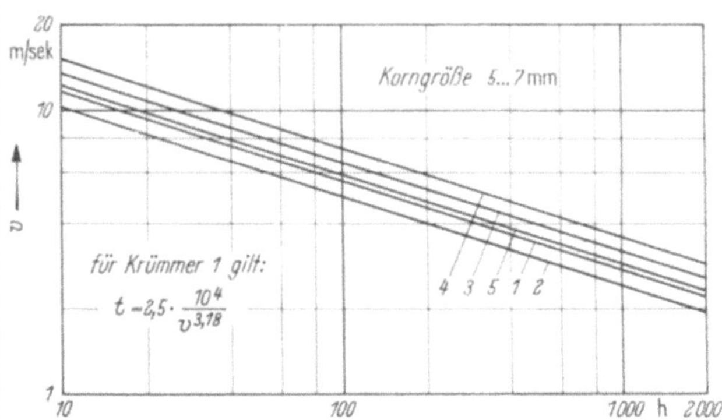

Abb. 291. Darstellung der Bruchzeiten in Abhängigkeit von der Fließgeschwindigkeit bei konstanter Korngröße, getrennt für Krümmer *1* bis *5* [*V 46*].

Auch hier ergeben sich bei doppelt logarithmischer Auftragung Geraden, die parallel verlaufen. Bei ihrer Betrachtung im einzelnen fällt besonders auf, daß der Krümmer 2 am stärksten beansprucht wird. PRESS erklärt die Ursache dafür damit, daß an der Verbindung zwischen Krümmer 1 und 2 Ablösungen aufgetreten sind, die zu überhöhten Geschwindigkeiten in Krümmer 2 führten. Wahrscheinlich werden aber außerdem die Kieskörner im Krümmer 1 noch nicht die dem Wasserstrom entsprechende Geschwindigkeit erreicht haben, sondern erst später im Krümmer 2. Im großen und ganzen zeigt das Versuchsergebnis jedoch einen den theoretischen Annahmen weitgehend entsprechenden Verlauf.

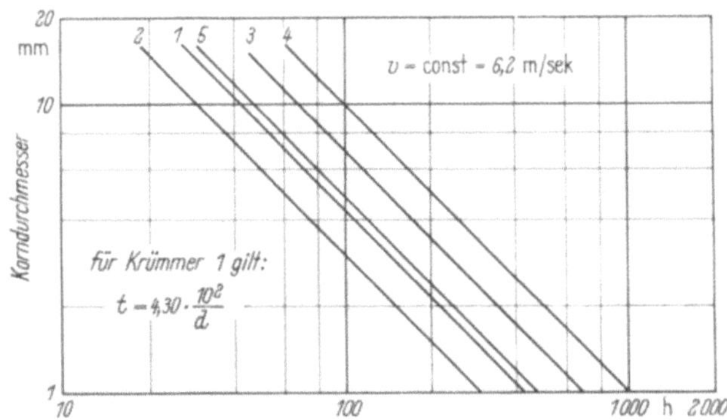

Abb. 292. Darstellung der Bruchzeiten in Abhängigkeit von der Korngröße des Geschiebes, $v =$ konstant $= 6,2$ m/s [*V 46*].

Für den Praktiker ist es nun von Wichtigkeit, welche Nutzanwendung aus diesen Versuchen zu ziehen ist, d. h. wie sich die vorstehenden Ergebnisse auf praktische Verhältnisse reproduzieren lassen. Auf Grund der linearen Abhängigkeit im doppelt logarithmischen System gestaltet sich die Umrechnung sehr einfach, was an einigen Beispielen, die dem Versuchsbericht PRESS [*V 46*] entnommen wurden, aufgezeigt werden soll. Alle Werte sind dabei auf den Krümmer 1 bezogen.

Beispiel 1: Sand, Korndurchmesser 1 mm

$$v = 0,8 \text{ m/s}$$

nach Abb. 291 ist für die Körnung 5 bis 7 mm mit der mittleren Körnung 6 mm:

$$t = 2.5 \cdot \frac{10^4}{0.8^{3,18}} = 2.5 \cdot \frac{10^4}{0.492} = 5,09 \cdot 10^4 \text{ (Std.)}.$$

Es ist weiterhin nach Abb. 292 das Verhältnis der Bruchzeiten zwischen Körnung 6 mm und 1 mm: 1 : 6. Somit ergibt sich für Sand mit Körnung 1 mm

$$t = 5{,}09 \cdot 10^4 \cdot 6 = 30{,}5 \cdot 10^4 \text{ (Std.)}$$
$$t = 34{,}9 \text{ Jahre.}$$

Beispiel 2: Die Erhöhung der Fließgeschwindigkeit auf das Doppelte $v = 1.6$ m/s bringt bei gleichem Sand dagegen:

$$t = 2.5 \cdot \frac{10^4}{1.6^{3{,}18}} \cdot 6 = 2.5 \cdot \frac{10^4}{4.46} \cdot 6 = 33\,700 \text{ Std.}$$

$$t = 3.85 \text{ Jahre.}$$

Beispiel 3: Wenn schließlich der Korndurchmesser 2 mm wird, so erhält man bei $v = 1.6$ m/s

$$t = 2.5 \cdot \frac{10^4}{1{,}6^{3{,}18}} \cdot 3 = 16\,850 \text{ Std.} = 1.92 \text{ Jahre.}$$

Die in den aufgeführten Beispielen errechneten Bruchzeiten, die gleichbedeutend mit der jeweiligen Lebensdauer sind, beziehen sich auf eine ununterbrochene Dauerbeanspruchung. Beim Einsatz von Asbestzement-Druckrohren in der Kanalisation z. B. findet ein Sandtransport und damit Verschleiß nur während der Regenstunden statt, und zwar auch nur dann, wenn die Schleppkraft des Wasser so groß wird, daß der ins Rohr eingespülte und dort abgelagerte Sand aufgewirbelt und transportiert werden kann. Nach Untersuchungen des Meteorologischen Instituts der Freien Universität Berlin beträgt die Zahl der Regenstunden im Mittel 1102 Std./Jahr[1]. Damit ergibt sich ein Verhältnis der Trocken- zu Regenstunde pro Jahr von

$$\frac{24 \cdot 365}{1102} = 8 : 1 .$$

Die Bruchzeiten der oben angeführten Beispiele erhöhen sich also um das Achtfache. Berücksichtigt man darüber hinaus, daß nur ein Bruchteil der angeführten Regenstunden eine Regenintensität aufweist, die zu Sandtransporten in den Rohren führt, daß weiterhin die Untersuchungsergebnisse ausschließlich an Krümmern gefunden wurden, die wesentlich stärker beansprucht werden als gerade Rohrstrecken, daß die Sandgeschwindigkeit größtenteils nur einen Bruchteil der Wasserfließgeschwindigkeit ausmacht und daß schließlich die angegebenen Kurven auf eine Konzentration des Wasser-Kies-Gemisches von 1 Gewichtsprozent bezogen wurden, eine Konzentration, die nach PRESS [V46] in der Praxis bei weitem nicht erreicht wird, so erhöht sich die Lebensdauer noch um ein Vielfaches.

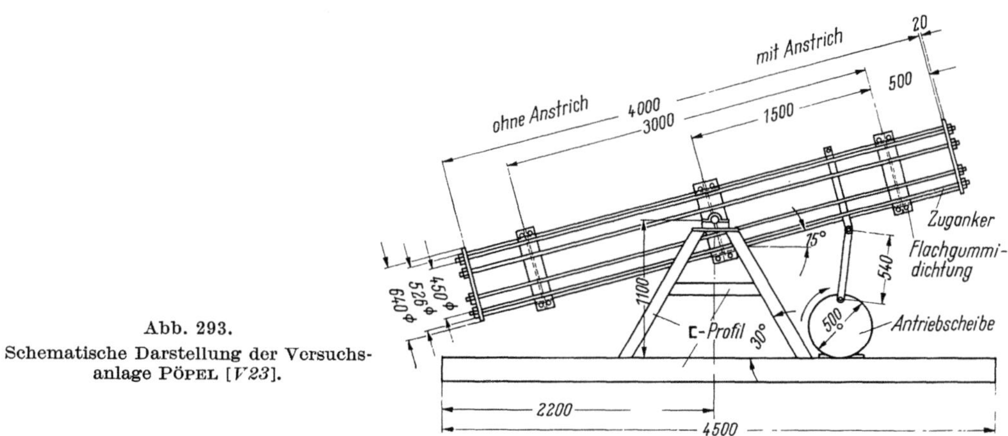

Abb. 293.
Schematische Darstellung der Versuchsanlage PÖPEL [V23].

Es kann daher auf Grund der Versuchsergebnisse von PRESS festgestellt werden, daß Asbestzement-Druckrohre gegenüber Sand- bzw. Kiesabrieb eine erstaunlich hohe Widerstandsfähigkeit

---

[1] Mittel aus 10 Betrachtungsjahren für Berlin-Dahlem.

aufweisen, die sie auch für den Transport von Geschiebe führenden Wässern bzw. Abwässern mit hoher Sicherheit geeignet erscheinen lassen.

Während PRESS mit seinen Untersuchungen die Zeit bis zur Vollzerstörung, d. h. Erreichung des Wanddurchbruchs, unter extremen Bedingungen bestimmte, versuchte im Gegensatz dazu PÖPEL [*V23*] Größenwerte für den Abrieb durch ein Sand-Wasser-Gemisch unter Bedingungen zu ermitteln, die den praktischen Verhältnissen weitgehend entsprechen, jedoch ebenfalls in

Abb. 294. Blick auf die mittleren Rohrstücke der Versuchseinrichtung PÖPEL [*V23*].

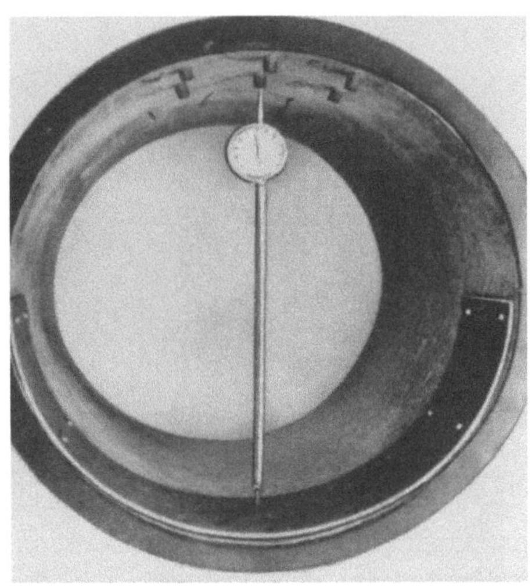

Abb. 295. Meßstelle mit Meßschablone, Meßbolzen und Meßuhr [*V23*].

kurzer Zeit zu meßbaren Ergebnissen führen. Er benutzte als Versuchseinrichtung die in Abb. 293 skizzierte Anlage, in der ein aus vier Einzelstücken bestehendes Asbestzement-Druckrohr NW 450 eingespannt, mit einem Wasser-Sand-Gemisch gefüllt und über eine Exzenterscheibe nach Art einer Bockschaukel auf- und niederbewegt wurde. Die vier Einzelrohrstücke wurden mittels Zuganker zusammengehalten, wobei die Fugen gummigedichtet waren. Von dem insgesamt 4,0 m langen Versuchsrohr war die halbe Länge mit einem 130 μ dicken Innenanstrich aus Inertol 49 W versehen. Abb. 294 zeigt einen Blick auf die Versuchsanordnung, die beiden kurzen Rohrstücke an den Rohrenden sind bereits abmontiert.

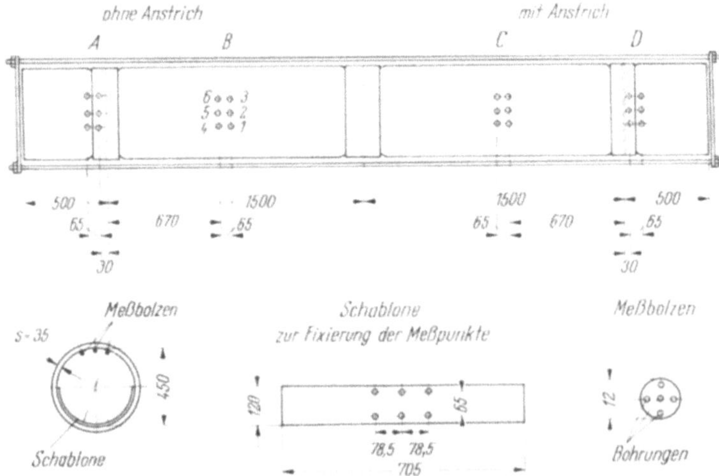

Abb. 296. Lage der Meßstellen am untersuchten Asbestzement-Druckrohr NW 450 [*V23*].

Die Messung des Abriebs fand an vier Stellen des Versuchsrohres statt, wobei jede Meßstelle aus sechs Meßpunkten bestand. Zur genauen Fixierung der einzelnen Meßpunkte diente eine Meßschablone, die zur Messung des Abriebes jeweils in das Rohr eingeschraubt wurde und sechs Bohrungen entsprechend den sechs Meßpunkten besaß. Am Rohrscheitel waren senkrecht über den Meßstellen Meßbolzen mit Körnungen angebracht. Das Abtasten der einzelnen Meßpunkte, zu dem nach Abschluß eines Versuchs das Versuchsrohr auseinandergebaut wurde, geschah mit einer Meßuhr entsprechend Abb. 295.

Die Lage der vier Meßstellen und ihre Bezeichnungen ergeben sich aus der schematischen Darstellung in Abb. 296.

Der für die Untersuchungen verwendete Sand bzw. Kies entstammte einem Mehrkammer-Langsandfang der städt. Kläranlage Stuttgart-Mühlhausen und besaß folgende Kornzusammensstzung:

Nachdem sich beim ersten Versuch herausgestellt hatte, daß bei der Füllung des Versuchsrohres mit 24 (kp) Sand und 20 (l) Wasser zu viel Sand an den Rohrenden liegen blieb, wurden bei den restlichen Versuchen jeweils 12 (kp) Sand mit 10 (l) Wasser vermischt und eingefüllt. Auch bei dieser Füllmenge beteiligten sich nur etwa $^2/_3$ der Gesamtmenge an der Rutsch-bewegung entlang des Rohres.

Tabelle 54. *Kornzusammensetzung des für Abriebversuche von* PÖPEL *verwendeten Sandes* [V23]

Korngröße (mm)	Prozentuale Menge %
1 — 2	55
2 — 3	15
3 — 5	15
über 5	15
Zusammen:	100

Während der aus vier Einzelversuchen bestehenden Versuchsreihe wurden von dem Versuchs-rohr insgesamt rund 90 000 Kippbewegungen ausgeführt, die sich wie folgt auf die einzelnen Versuche verteilen:

1. Versuch	18 860 Kippbewegungen
2. Versuch	18 634 Kippbewegungen
3. Versuch	27 436 Kippbewegungen
4. Versuch	24 640 Kippbewegungen
insgesamt:	89 570 Kippbewegungen

An Hand der Anzahl der Kippbewegungen und der jeweiligen bewegten Sandmenge von $^2/_3 \cdot 12$ (kp) errechnete PÖPEL die insgesamt über die Rohrsohle geförderten Sandmengen:

1. Versuch	320 Mp
2. Versuch	299 Mp
3. Versuch	439 Mp
4. Versuch	393 Mp
insgesamt:	1433 Mp

Nach jedem Versuch wurde die Füllung ausgewechselt, damit stets scharfkantige Körner vorhanden waren. Die Ergebnisse der einzelnen Versuche zeigen, daß der Abrieb mit der Anzahl der Kippbewegungen, also mit der zu fördernden Sandfracht direkt proportional wächst [V23]. In Sohlmitte ist dabei der Abrieb etwas größer als an den Seiten. In den mit Innenanstrich verseh-enen Rohren läßt sich die Ausdehnung der Rohrbeanspruchung infolge der Sandfracht besonders deutlich erkennen. Zu den Rohrenden hin wird die beanspruchte Zone allmählich breiter. Am Rohr-rand selbst ist ein über den ganzen Umfang sich erstreckender Abriebstreifen von etwa 10 cm Breite vorhanden (Abb. 298). Letzteres ist auf die Stauwirkung bei Erreichen des Tiefpunktes zurückzu-führen. Aus der Breite der Abriebzone läßt sich die Füllhöhe und damit die unterschiedliche Sohl-belastung errechnen. Die im einzelnen gemessenen Abrieftiefen sind in den Abb. 299 und 300 in Abhängigkeit von der Anzahl der Kippbewegungen wiedergegeben.

Der größte Abrieb entsteht zwangsläufig in Sohlenmitte (Meßpunkte 2 und 5), während an den Seiten (Meßpunkte 1 und 4, bzw. 3 und 6) eine geringere Beanspruchung stattfindet. Interessant ist die Feststellung, daß auch hier der Abrieb anfangs stärker ist und später langsamer vor sich geht. Diese Erscheinung wurde bereits von PRESS bei der punktförmigen Wasserstrahlbeaufschlagung beobachtet (s. S. 207) und läßt sich damit erklären, daß nach Auswaschen des Bindemittels das übrigbleibende Asbestfasergeflecht gewissermaßen als Schutzschicht den

Abb. 297. Blick in das mit Inertol 49 W geschützte mittlere Versuchsrohr mit eingebauter Meßschablone [V23].

Abb. 298. Blick in das innengeschützte Endstück mit verbreiterter Beanspruchungszone [V23].

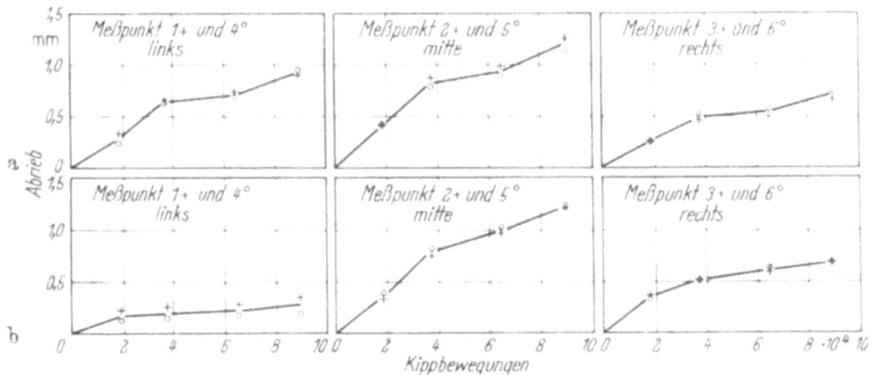

Abb. 299a u. b. Abriebtiefen nach Pöpel in Abhängigkeit von der Anzahl der Kippbewegungen [V23].
a) Meßstelle A (Rohrende ohne Anstrich);   b) Meßstelle B (Rohrmitte ohne Anstrich).

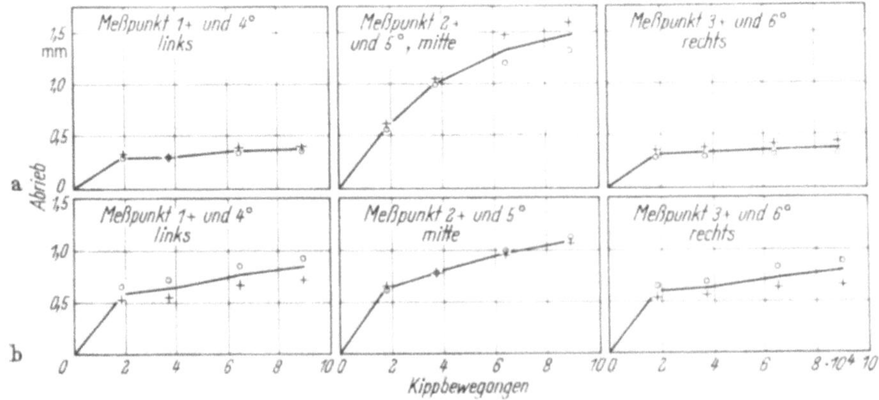

Abb. 300a u. b. Abriebtiefen nach Pöpel in Abhängigkeit von der Anzahl der Kippbewegungen [V23].
a) Meßstelle C (Rohrmitte mit Anstrich);   b) Meßstelle D (Rohrende mit Anstrich).

mechanischen Angriff bis zu einem gewissen Grade mindert. Im großen und ganzen läßt sich der Verlauf des Abriebs als geradlinig abhängig von der Anzahl der Kippbewegungen ansehen. Die schematische Darstellung der abgeriebenen Schichten über den Längsschnitt zeigt Abb. 301. Bemerkenswert ist hierbei die Zunahme des Abriebs an den Rohrenden in den seitlichen Partien, während an der Sohle sogar eine geringfügige Abnahme des Abriebes zu verzeichnen ist. PÖPEL

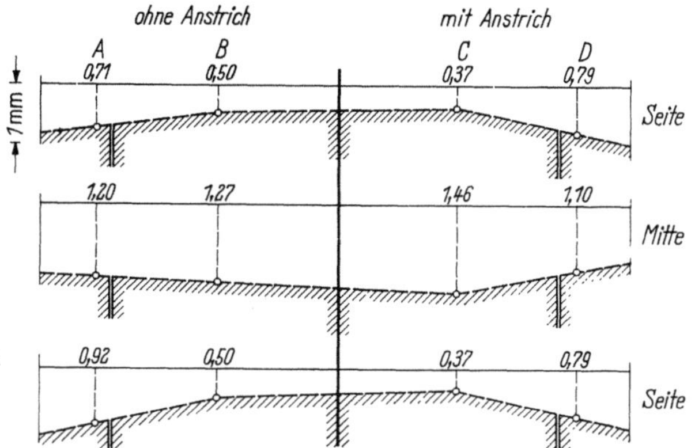

Abb. 301. Darstellung des Abriebs über den Rohrlängsschnitt [V23].

berechnete aus den vorhandenen Meßergebnissen die durch den Transport von insgesamt 1433 Mp Sand an den vier Meßstellen abgeriebene Fläche[1].

Tabelle 55. *Zusammenstellung der bei den Abriebversuchen von* PÖPEL *ermittelten Abriebflächen* [V23]

Meßstelle	Abriebfläche (cm²)	davon entfallen auf	
		Anstrich (cm²)	Rohrmaterial (cm²)
A	2.11	—	2.11
B	1,80	—	1,80
C	1,87	0,3	1,57
D	2,11	0,3	1,81

Um aus den Versuchsergebnissen eine Beziehung zur Praxis zu finden, stellte PÖPEL folgendes Beispiel auf:

Ein Asbestzement-Druckrohr NW 1000 sei mit dem Gefälle 1 : 250 als Hauptkanal verlegt und möge maximal 1800 l/s Abwasser abführen. Bei einer Zusammensetzung des Abwassers von 1 Teil Abwasser und 5 Teilen Regenwasser beträgt demnach der Trockenabfluß 1800/(1 + 5) = 300 (l/s). Unter Zugrundelegung eines 18stündigen Trockenwetterabflusses und eines Verbrauches von 150 l je Kopf und Tag würde dies dem Abwasseranfall von 13 000 Einwohnern entsprechen. Nach IMHOFF[2] rechnet man mit einer Sandausspülung von maximal 12 kp je Siedlungsfläche für 1 Einwohner, das Rohr muß also jährlich

$$\frac{13\,000 \cdot 12}{1000} = 156 \text{ Mp Sand ableiten}.$$

Wenn man den Abrieb proportional der Sandfracht setzt, so ergibt sich z. B. mit dem Wert der Meßstelle B ein jährlicher Abrieb von

$$\frac{1,8 \cdot 156}{1433} = 0,2175 \text{ cm}^2.$$

Demgegenüber stellt PÖPEL fest, daß ein Asbestzement-Druckrohr NW 1000, ohne eine Festigkeitsverminderung zu erleiden, einen Abrieb an der Sohle bis zu 30 cm² der Rohrquerschnittsfläche ohne weiteres vertragen kann. Damit wird die Lebensdauer in obigem Beispiel

$$\frac{30}{0,2175} = 138 \text{ Jahre}.$$

---

[1] Der Wechsel der Bewegungsrichtung ist hierbei nicht berücksichtigt.

[2] IMHOFF, H.: Taschenbuch der Stadtentwässerung, 15. Auflage 1954.

Auch dieser Wert zeugt von der erheblichen Widerstandsfähigkeit des Asbestzement-Druckrohres gegenüber Abrieb, wie er bei Abwasserleitungen auftreten kann. Befürchtungen, daß Asbestzement-Druckrohre dem Abrieb in Abwasserleitungen nicht gewachsen sind, sind somit gegenstandslos.

Die Staatliche Versuchsanstalt für Baustoffe des *Technologischen Gewerbemuseums* in Wien stellte im Jahre 1934 Abriebversuche mit Asbestzement-Druckrohren an, bei denen 18 cm lange Rohrstücke von Rohren NW 150 mit Innenanstrich mit 500 p Basaltsplitt gefüllt und nach Verschluß beider Enden horizontal in eine Rüttelmaschine eingespannt wurden. Durch Hin- und Herbewegen der Proben in Richtung der Rohrachse auf einem Weg von 60 mm Länge, 200mal in der Minute, erfolgte eine intensive Abriebbeanspruchung der Rohrinnenseite, wobei der Basaltsplitt nach 20 Betriebsstunden, wenn seine Kanten stumpf geworden waren, erneuert wurde. Vor Beginn der Versuche trocknete man alle Proben bei etwa 60°C und einem Luftdruck von etwa 10 mm HgS bis zur Gewichtsgleiche. Nach einer Versuchsdauer von 80 Stunden wurden die Proben wieder in gleicher Weise getrocknet und sodann gewogen. Es zeigten sich die folgenden Gewichtsverluste:

Probe 1	12	(p)	Gewichtsverlust
Probe 2	13	(p)	Gewichtsverlust
Probe 3	12	(p)	Gewichtsverlust
im Mittel	12,3	(p)	Gewichtsverlust

Nach dem Versuchsbericht [*V52*] war in dem angegebenen Gewichtsverlust vor allem die abgeschliffene Asphaltschicht enthalten, während ein wahrnehmbarer Angriff auf das Rohrmaterial selbst nicht festzustellen war. Die Übereinstimmung der Versuchsergebnisse bei allen drei Versuchen weist auf relativ gleiche Versuchsbedingungen und vor allem auf eine sehr gleichmäßige Materialbeschaffenheit hin. Es ist jedoch zu bemerken, daß die Wägemethode, vor allem dann, wenn sich nur kleine Gewichtsunterschiede ergeben, eine relativ hohe Fehlermöglichkeit in sich birgt, weil die Einhaltung eines gleichen Wassergehalts der Probe und insbesondere seine Überprüfung schwierig und vor allem umständlich ist. Wiederholte Trocknung bis zur Gewichtsgleichheit besagt noch nicht, daß der Wassergehalt und damit das Gesamtgewicht das gleiche geblieben ist. Insofern sind Gewichtsvergleiche mit einer gewissen Vorsicht zu betrachten.

Um dem vorstehenden Versuchsergebnis eine für die Praxis anwendbare Deutung geben zu können, stellte die Staatliche Versuchsanstalt für Baustoffe in Wien folgende Überlegungen an:

Das infolge seiner Massenträgheit an der Wand des hin- und hergerüttelten Rohres bewegte Scheuermaterial lege einen Weg relativ zur Rohrwand zurück, der die Hälfte des Hubes, also 30 mm betrage. Da je Rüttelhub die Strecke zweimal zurückgelegt wird, ergibt sich bei 200 Hüben pro Minute eine Splittgeschwindigkeit von $v = 12$ m/Min. Das Rohr ist mit 500 p Splitt gefüllt, der sich auf die um den Schüttelweg verminderte Rohrabschnittslänge verteilt und daher eine entsprechende Querschnittsfläche füllt. Aus dieser läßt sich zusammen mit der Geschwindigkeit die Splittmenge errechnen, die je Zeiteinheit bei einer gleichförmigen Bewegung durch den Rohrquerschnitt strömen müßte, um dieselbe mittlere Scheuergeschwindigkeit bei gleicher spezifischer Belastung der Rohrwand und damit den gleichen Abriebeffekt bei gleicher Nennweite des Rohres zu erzielen. Diese Splittmenge berechnete das Versuchsinstitut zu 40 (kp/Min.). Während der 80stündigen Versuchsdauer wurde somit ein Abrieb erzeugt, wie ihn das Durchfließen von 192 Mp des benutzten scharfkantigen und harten Basaltsplitts bewirken würde.

Trifft man die extrem ungünstige Annahme, daß der in den Versuchen festgestellte mittlere Gewichtsverlust von 12,3 p sich allein auf das Asbestzementmaterial bezöge, so entspräche dies unter Zugrundelegung von $\gamma_r = 2,0$ (p/cm³) einem Volumen von 6,15 cm³. Unter Annahme einer Scheuerwirkung von 16 cm Länge käme dies einer Querschnittsverminderung von 0,384 cm² gleich. Setzt man schließlich die Breite der Scheuerzone im Rohr mit 10 cm (Bogenlänge) an, so ergäbe sich eine mittlere Abriebtiefe von 0,38 mm, ein Wert, der tatsächlich nicht festgestellt werden konnte, weil, wie schon ausgeführt, der Innenanstrich den Hauptanteil des Abriebes stellte, dagegen das Asbestzement-Material fast nicht angegriffen war.

Schätzt man den Anteil des Asbestzement-Materials an der gesamten Querschnittsverminderung sehr ungünstig mit 0,15 cm², erreicht in etwa 50 Betriebsstunden, so folgt hieraus, daß bei einer Scheuerbreite von 10 cm (Bogenlänge der Asbestzement-Druckrohrsohle) die Durchscheuerung eines Rohres mit einer Wanddicke von 1 cm den Durchfluß von rund 8000 Mp des vorliegenden Basaltsplittes erforderlich machen würde [*V52*].

Abschließend stellt die Versuchsanstalt fest, daß diese Zahlen, die wegen der zugrunde liegenden Schätzungen auch nur größenordnungsmäßig gelten, zeigen, daß die Gefahr eines mechanischen Durchscheuerns der Asbestzement-Druckrohre bei den üblichen Kanalisationsleitungen innerhalb von sehr großen Zeiträumen nicht zu erwarten ist [*V52*].

Als Ergänzung der Abriebversuche führte das gleiche Institut außer der oben beschriebenen noch eine weitere Versuchsreihe durch, bei der die Asbestzement-Druckrohrproben der Wirkung eines Sandstrahles aus 15,5 cm Düsenentfernung während der Dauer von einer Minute ausgesetzt wurden. Als Sand kam hierbei Quarz-Normensand zur Anwendung, der Blasdruck betrug 2 bzw. 3 atü. Eine Blechschablone mit einem ausgeschnittenen Kreis von 60 mm Durchmesser gewährleistete die Beaufschlagung einer gleichgroßen Fläche bei allen Proben. Die nach der gleichen Methode wie bei den Rüttelversuchen ermittelten Gewichtsverluste betrugen im einzelnen:

Versuche	Gewichtsverminderung in (p)	
	bei 2 atü	bei 3 atü
1	13,10	18,67
2	10,83	17,72
3	12,18	14,79
Mittelwert	12,04	17,06

Die Gewichtsverluste verhalten sich im vorliegenden Falle in etwa entsprechend den Strahldrücken.

In diesem Zusammenhang wird noch auf praktisch gleiche Versuche im Prüflaboratorium des Polytechnikums von Mailand verwiesen [*V48*]. Im Gegensatz zu dem Rüttelversuch der Wiener Versuchsanstalt ließ man hier die mit 1 kp Stahlspänen gefüllte Rohrprobe NW 150 von 13 cm Länge um die Rohrlängsachse mit einer Geschwindigkeit von 30 Umdrehungen/Minute rotieren. Nach 409 300 Umdrehungen wurde ein Gewichtsverlust von 1 p ermittelt.

In einem zweiten Versuch blies man 1 kp der gleichen Stahlspäne mit einem Druck von 1,5 atü auf eine Fläche von 28,3 cm² der Probe. Der Gewichtsverlust wurde hierbei im Mittel mit 0,85 p bestimmt [*V48*]. Ohne auf die angeführten Werte näher einzugehen, erscheint es bemerkenswert, daß sowohl bei den Wiener Versuchen als auch hier jeweils beide Versuche größenordnungsmäßig gleiche Gewichtsverluste ergaben. (Bei den Wiener Versuchen ist dabei der Sandstrahlversuch mit 2,0 atü zum Vergleich herangezogen.)

Die bisher betrachteten Abriebversuche gingen von der Verwendung der Asbestzement-Druckrohre als Abwasserleitungen aus, in denen ein Sandabrieb stattfinden kann. Es gibt jedoch auch andere Verwendungsmöglichkeiten, bei denen mit einer mechanischen Abnutzung gerechnet werden muß. Auch hier ist es wichtig zu wissen, in welchem Umfang ein Abrieb entstehen kann. Aus der Verwendung von Asbestzement-Schutzrohren für Fernheizleitungen stellte sich die Frage nach der Abriebfestigkeit einer kombinierten Auflagerkupplung gegenüber den Längenänderungen der Stahlrohre infolge Temperaturschwankung. Der im Versuchsstand der ETERNIT AG in Berlin durchgeführte Versuch, der nachstehend beschrieben wird, sollte den Grad der Abnutzung ermitteln.

Ausgehend von einer Stahlrohrleitung NW 400 mit dem Außendurchmesser $D = 419$ mm, für die Asbestzement-Schutzrohre NW 500 mit einer Baulänge von 5,0 m und 250 mm breite Auflagerkupplungen in Frage kommen, wurde ein 2,50 m langes mit Wasser gefülltes Stahlrohr der Nennweite 400 beidseitig auf je eine 63 mm breite Asbestzement-Rohrhalbschale aufgelagert.

Letztere unterlagen somit der gleichen statischen Beanspruchung wie die Auflagerkupplungen in der Praxis. Durch einen Schubstangen-Antrieb war es möglich, das Stahlrohr mit einer Geschwindigkeit von 5 (cm/sek.) hin und her zu bewegen (Abb. 302).

Für den Versuch traf man folgende Annahmen:

a) Betriebszeit pro Jahr: $t = 150$ Tage
b) Temperaturbereich: $T = 50°$ bis $130°$C, $T_m = 80°$C
c) Leitungslänge: $l = 150$ m
d) Ausdehnungskoeffizient für Stahl: $\alpha = 1{,}2 \cdot 10^{-5}$ $(1/°C)$.

Hieraus errechnet sich die mittlere Ausdehnung:

$$\varepsilon = \alpha \cdot l \cdot T_m = 150 \cdot 10^3 \cdot 1{,}2 \cdot 10^{-5} \cdot 80° = 144 \text{ mm}.$$

Abb. 302. Blick auf die Versuchsanordnung „Auflagerkupplung für stählerne Heizungsrohre".

Diesem Werte entsprechend wurde an der Versuchseinrichtung ein Horizontalweg des Stahlrohres von 150 mm — jeweils in eine Richtung — eingestellt. Bei einem Hin- und Hergang erzeugte damit das Rohr an der Lager-Halbschale einen Reibungsweg von $2 \times 150 = 300$ mm.

Abb. 303. Blick auf eine Lagerschale nach dem Versuch.

Die Versuchsdauer betrug insgesamt 24 Stunden, während der die Wasserfüllung im Stahlrohr erhitzt wurde. Die Temperatur erreichte hierbei in den letzten 9 Versuchsstunden die Höhe von rund 100°C. Bei der Vorschubgeschwindigkeit des Rohres von 0,05 (m/s) wurde insgesamt ein Reibungsweg von

$$R = 24 \cdot 3600 \cdot 0.05 = 4320 \text{ m}$$

zurückgelegt. Es ergab sich an der Sohle des einen Auflagers ein Abrieb von 1,7 mm, beim anderen von 3,3 mm, im Mittel also 2,5 mm, die ursprüngliche Dicke der Lagerschalen war 40 mm. Der größere Abrieb des einen Auflagers dürfte auf eine ungleichmäßige Belastung infolge des Schubkurbelgetriebes zurückzuführen sein. Abb. 303 zeigt die abgeriebene Lagerschale, wobei an der

Abb. 304. Ansicht des nach dem Versuch ausgebauten Stahlrohres mit den Reibungsflächen.

rechten Innenfläche deutlich der Beginn der Abriebzone zu erkennen ist. Während nämlich der Innenradius der Lagerschale $d_2 = 427$ mm betrug, besaß der Außendurchmesser des Rohres den Wert $D = 418,5$ mm. Auch aus diesem Grunde war die Beanspruchung der Lagerschale ungleichmäßig, was in dem ungleichförmigen Abrieb zum Ausdruck kommt.

Eine nähere Untersuchung des Stahlrohres ergab, daß sich der abgeriebene Asbestzementstaub an den Reibflächen derartig in die Rostnarben und sonstigen Rauhigkeiten der Stahloberfläche eingearbeitet hatte, daß beinahe von einer Reibung Asbestzement auf Asbestzement gesprochen werden kann (Abb. 304).

Für die praktische Anwendung läßt sich aus dem vorstehenden Versuch die Erkenntnis gewinnen, daß die zu erwartende Abnutzung der Auflagerkupplungen ein sehr geringes Maß annimmt, so daß die Abriebfestigkeit dieser Kupplungen und somit letzten Endes die des Rohrmaterials selbst, als beachtlich gut und für die praktischen Belange als völlig ausreichend betrachtet werden kann. Ein Zahlenbeispiel möge dies noch erhärten: Bei der Annahme von 150 Betriebstagen im Jahr ergibt sich ein Reibungsweg von

$$R = 150 \cdot 0,30 = 45 \text{ (m/Jahr)}$$

wenn man pro Tag eine Längenänderung des Heizrohres voraussetzt, die einem Hin- und Hergang in der Versuchsanlage entspricht. Um auf die gleichen Abriebswerte zu kommen, müßte das Heizungsrohr demnach

$$\frac{4320}{45} = 96,5 \text{ Jahre}$$

in Betrieb stehen. Berücksichtigt man darüberhinaus, daß einmal der gemessene Abrieb in dem vorliegenden Versuch noch nicht dem zulässigen Grenzwert entspricht, zum anderen alle Zahlenannahmen von vornherein verhältnismäßig ungünstig getroffen wurden, so ergibt sich daraus ein Betriebsverhalten, das zu keinerlei Beanstandung führen wird.

Abschließend sei noch auf eine Versuchsreihe hingewiesen, die PILNY [V40] auf Veranlassung des Verfassers durchführte. In dieser Reihe untersuchte PILNY die Abnutzbarkeit des Asbestzementmaterials durch Schleifen auf der BÖHME-Scheibe gemäß DIN 52 108[1]. Zu diesem Zweck wurden insgesamt 15 Proben 70,7 $\times$ 70,7 $\times$ 16 mm aus drei Rohren NW 200, ND 12,5 ausgesägt und tangential plangehobelt. Neun Proben (jeweils drei Proben eines Rohres) wurden trocken

---

[1] 2. Ausgabe Oktober 1939.

geschliffen, bei drei weiteren Proben fand ein Naßschliff statt, während die übrigen letzten drei Proben in raumfeuchtem Zustand untersucht wurden. Abb. 306 zeigt einen Blick auf die BÖHME-Scheibe mit aufgestreutem Prüfschmirgel vor Versuchsbeginn. Die Asbestzementprobe ist deutlich unter dem Druckstück zu erkennen.

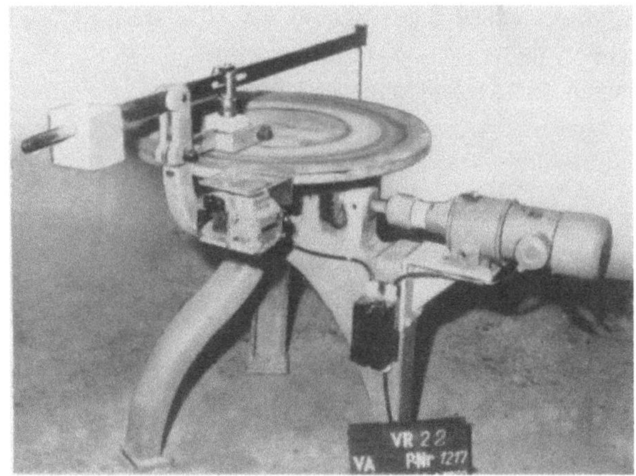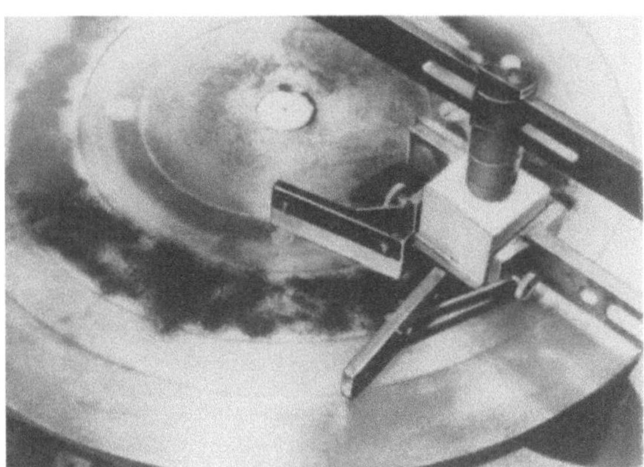

Abb. 305. Gesamtansicht der BÖHME-Scheibe mit Antrieb [V40].   Abb. 306. Blick auf die BÖHME-Scheibe bei Versuchsbeginn

Die Ergebnisse der Schleifversuche sind in Abb. 307 wiedergegeben. Jede Säule stellt die gesamte Abnutzbarkeit nach 440 Umdrehungen einer Probe dar, die sich aus den Ergebnissen von jeweils vier Einzelversuchen mit je 110 Umdrehungen additiv ergibt. Die neun trockenen Proben stammen von drei verschiedenen Asbestzement-Druckrohren und zeigen die verschiedenen Abriebfestigkeiten der einzelnen Proben, während innerhalb der Proben eines Rohres eine verhältnismäßig gute Übereinstimmung herrscht. Dagegen verringert sich die Abriebfestigkeit im

Abb. 307. Abnutzbarkeit von Asbestzement nach BÖHME [V40].

raumfeuchten Zustand. Während der Stoffverlust bei den trockenen Proben des Rohres III im Mittel 17,7 cm³ beträgt, wächst der Abschliff bei den raumfeuchten Proben des gleichen Versuchsrohres auf im Mittel 21,0 cm³, das sind rund 25% mehr. Die Werte des Naßschliffes sind nicht verwertbar, da hier zu große Streuungen vorliegen, die mit darauf zurückzuführen sind, daß sich einmal auf der Schleifbahn ein Schmierfilm bildet, daß zum anderen das feuchte Schmirgel-Asbestzementstaubgemenge vor dem Probenrand unbewegliche Zusammenballungen herbeiführte. [V40].

Zusammenfassend läßt sich sagen, daß bei den trockenen Proben die Abnahme des Raumgewichtes eine größere Abriebfestigkeit bedingt, dagegen die Durchfeuchtung der Proben die Abriebfestigkeit vermindert, wenn sich keine Schmierschicht bildet, die die Verminderung aufhebt. Aber selbst der größte ermittelte Abrieb von 24,5 cm³ bei einer nassen Probe entspricht nach Angaben der Hütte I[1] z. B. immer noch dem eines besonders abriebfesten Marmors, für den 20 bis 40 cm³ angegeben werden. Ganz allgemein ist zum Prüfverfahren nach BÖHME festzustellen, daß die Übertragbarkeit der mehr theoretischen Versuchsergebnisse auf die Praxis, besonders im Hinblick auf die Verwendung von Asbestzement-Druckrohren als Abwasserleitungen, problematisch ist. Auch die übrige, z. B. die Naturstein verarbeitende Industrie distanziert sich aus den gleichen Gründen mehr und mehr von dieser Prüfmethode.

Die Ergebnisse der verschiedenen Verfahren, mit denen die Abriebfestigkeit ermittelt wurde, zeigen trotz der im einzelnen abweichenden Werte gemeinsam, daß Asbestzement-Druckrohre für die Ableitung von Geschiebe führenden Wässern voll geeignet sind und hinsichtlich der Abriebfestigkeit anderen, ähnlichen Materialien nicht nachstehen.

4.511 Untersuchungen an dynamisch belasteten, erdverlegten Asbestzement-Druckrohren

Den Abschluß der Festigkeitsbetrachtungen sollen Großversuche mit erdverlegten Rohren bilden, die von der Hamburger Baubehörde angeregt wurden. Im Auftrage von Prof. Dr.-Ing. habil. KEHR, Institut für Siedlungswasserwirtschaft an der TH Hannover, führte das CURT-RISCH-Institut der gleichen Hochschule Untersuchungen über die dynamischen Beanspruchungen erdverlegter Kanalisationsrohre ohne Innendruck aus [*V18, V19*]. Neben Beton- und Steinzeugrohren wurden hierbei Asbestzement-Druckrohre der ETERNIT AG eingebaut, deren Verhalten an dieser Stelle allein interessiert[2]. Zur Verfügung standen zwei Versuchsplätze in Hamburg, von denen einer einen rolligen Boden (Versuchsplatz A), der andere einen bindigen Boden besaß (Versuchsplatz B). Es war daher möglich, das Verhalten der Rohre, die bei allen Versuchen ungefüllt waren, in den beiden grundsätzlichen Bodenarten gegenüberzustellen.

Dynamische Beanspruchungen für erdverlegte Rohrleitungen nach ihrem Einbau ergeben sich hauptsächlich aus den Verkehrsbelastungen. Jedoch treten bereits beim Leitungsbau u. U. erhebliche Schwingungsbelastungen dann auf, wenn die rückverfüllten Aushubmassen im Graben maschinell verdichtet werden. Aus diesem Grunde war es zweckmäßig, neben den Versuchen mit Verkehrsbelastungen durch Fahrzeuge auch solche mit verschiedenen Verdichtungsgeräten in Abhängigkeit von der Überdeckungshöhe durchzuführen. Um die spätere Auswertung dieser praktischen Versuche mit theoretischen Untersuchungsergebnissen vergleichen zu können, wurde außerdem eine Schwingmaschine eingesetzt.

4.511 1 Schwing- und Verdichtungsversuche an erdverlegten Asbestzement-Druckrohren

a) Rolliger Boden. In dem für die Versuche mit rolligem Boden zur Verfügung stehenden Versuchsplatz A stand ein Fein- bis Mittelsand an, dessen natürliche Lagerungsdichte als mittelfest bis fest zu bewerten war. Die mittlere Korngröße (d_{60}) betrug 0,15 mm, die wirksame (d_{10}) 0,08 mm [*V18*]. Der Versuchsaufbau ist der Abb. 308 zu entnehmen. Zur Verlegung gelangte jeweils ein Asbestzement-Druckrohr NW 600 mit $s = 37$ mm von 4,0 m Länge, an das beidseitig je ein 1,0 m langes Rohrstück der gleichen Abmessung mittels REKA-Kupplung angeschlossen wurde. In der Mitte des 4,0 m langen Rohres befand sich der Meßquerschnitt, an dem über Dehnungsmeßstreifen, Kompensationsmeßstreifen und Tauchspulgeräten temperaturunabhängig die Dehnungen an der Rohrinnenwand gemessen wurden. Ein weiterer vom untersuchenden Institut selbst entwickelter Induktionsgeber diente zur Bestimmung der vertikalen Durchmesseränderung.

Beim Verfüllen der Versuchsleitungen wurde der Boden bis zu einer Überschüttungshöhe von 30 cm über Rohrscheitel mit einem Handstampfer verdichtet. Hierbei traten nur ganz geringe Verformungen am Rohr auf. Beim Stampfen mit einer 100-kp-DELMAG-Explosionsramme ab

---

[1] 27. Auflage 1950.
[2] s. auch WETZORKE [*239*].

30 cm Überdeckungshöhe ergaben sich die in Abb. 309 wiedergegebenen und zu Kurven zusammengefaßten Werte der Bewegung des Bodens in verschiedenen Tiefen, die entsprechenden Gesamtbewegungen des Rohrscheitels und der dazugehörigen Durchmesseränderungsamplitude. Die Einzelwerte streuen verhältnismäßig stark, da einmal die Kraftwirkung beim Stampfen sehr unregelmäßig ist, zum anderen die Einhaltung der Schlagstelle über dem Meßpunkt sehr schwierig ist. Seitliche Abweichungen ergeben aber sofort beträchtliche Verringerungen der Amplituden, worauf noch näher eingegangen wird.

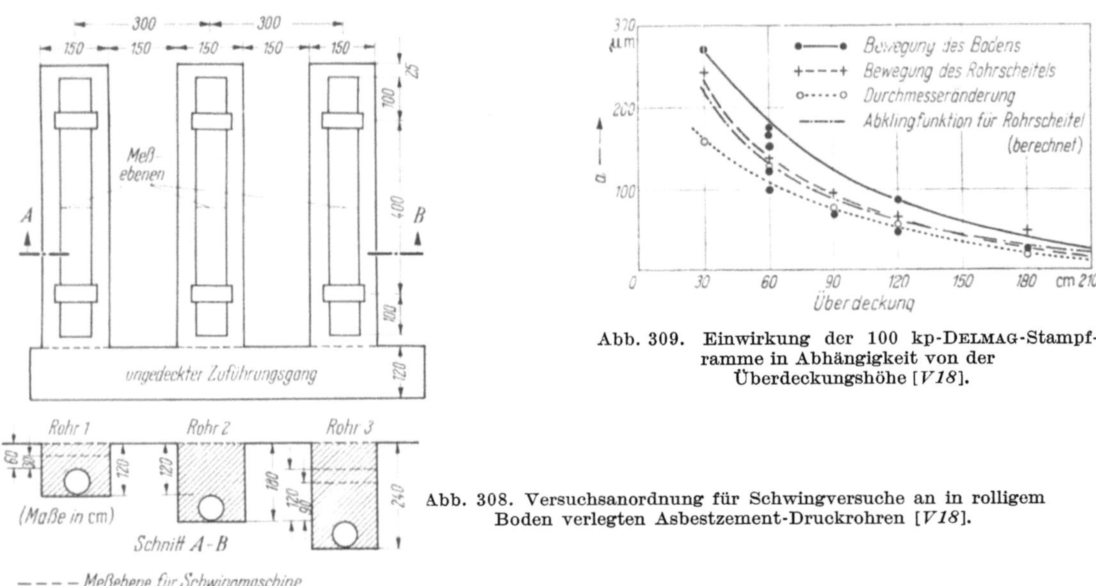

Abb. 309. Einwirkung der 100 kp-DELMAG-Stampf-
ramme in Abhängigkeit von der
Überdeckungshöhe [V18].

Abb. 308. Versuchsanordnung für Schwingversuche an in rolligem
Boden verlegten Asbestzement-Druckrohren [V18].

Der Einsatz eines 500-kp-DELMAG-Frosches zeigte bei einer Überdeckungshöhe von 1,20 m eine vertikale Durchmesseränderung von im Mittel 270 μ. Demgegenüber betrug die bei 0,30 m Überdeckung gemessene Änderung des Durchmessers infolge der 100-kp-Stampframme etwa 110 μ. Unter dem 500-kp-Frosch ist sie also bei 1,20 m Überdeckung etwa 2,5fach größer. Das Stampfen entspricht im allgemeinen einer Stoß-Beanspruchung mit starken Formänderungsspitzen, während ein Nachschwingen der Verformungen mit den Dehnungsmeßstreifen nicht meßbar war. Dagegen zeigten die empfindlicheren Tauchspulgeräte ein leichtes Nachschwingen des gesamten Rohres, allerdings waren die Ausschläge gegenüber der ersten Bewegungsspitze nach dem Stoß sehr stark abgeschwächt. Schließlich wurde noch ein Rüttelverdichter der Firma BOHN & KÄHLER mit einem Gewicht von 1,6 Mp über den Versuchsgraben gefahren. Bei einer Überdeckung von 1,10 m ergab sich eine maximale Durchmesseränderung von ebenfalls 270 μ.

Während die Versuche mit Verdichtungsgeräten mehr praktischen Wert besitzen, sind für grundsätzliche Überlegungen Versuche mit einer Schwingmaschine besser geeignet, weil hierbei die Kräfteeinwirkung bzw. die Erregerfrequenz gesteuert und kontrolliert werden kann. Zur Verfügung stand eine Schwingmaschine, die zur Aufhebung der senkrecht nach oben gerichteten Kraftkomponente auf einem Betonfundament befestigt war. Die Maximalwerte lagen für die Frequenz bei 70 Hz, für die vertikal nach unten gerichtete Kraftkomponente bei etwa 4,0 Mp. Bei den vorliegenden Versuchen wurde die Frequenz bis zu 50 Hz ausgefahren, was einer senkrechten Maximalkraft von etwa 2,0 Mp entsprach. Da das Gewicht des Fundamentes auch etwa 2,0 Mp betrug, übte das System Schwingmaschine—Fundament eine Schwellbelastung von 0 bis 4 Mp aus.

Zunächst wurde die Eigenfrequenz des Schwingungssystems Maschine (einschließlich Fundament)—Untergrund ermittelt. Hierbei konnte die Schwingmaschine als Masse und der Untergrund als Feder betrachtet werden. Die gefundenen Werte spielen im Rahmen dieser Betrachtung eine untergeordnete Rolle, sind jedoch interessehalber mit angeführt. Sie können u. a. für die

Bestimmung der Bettungsziffer verwendet werden. Es wird jedoch ausdrücklich festgestellt, daß alle Ergebnisse der Schwingversuche, streng genommen, nur für das vorhandene Schwingungssystem Gültigkeit haben. Sie lassen sich jedoch durch Umrechnung ohne weiteres z. B. mit der Normalversuchseinrichtung der DEGEBO[1] in Beziehung setzen.

Die gemessenen Eigenfrequenzen betrugen:
1. Schwingmaschine auf ungestörtem Boden   20   Hz
2. Schwingmaschine auf verdichtetem Boden über Rohr   23,5 Hz
3. Schwingmaschine auf der Straßendecke   25,3 Hz
4. Schwingmaschine auf verdichtetem Boden nach Ausbau der Straßendecke 23,5 Hz.

Zu den Punkten 3. und 4. ist ergänzend zu bemerken, daß im Rahmen der „Fahrversuche", die anschließend besprochen werden sollen (Abschnitt 4.511 2), eine Kopfsteinpflaster-Decke über den Rohren eingebracht wurde, die eine Verschiebung der Eigenfrequenz zur Folge hatte. Es wird später noch gezeigt, daß die Decke weiterhin auch zu einer Verkleinerung der Amplituden führte.

Die Bewegungen und Verformungen erdverlegter Rohre unter einer Schwingbelastung sind gegenüber denen im Boden selbst um so verschiedener, je mehr die Elastizität der Rohre von der Elastizität des Bodens abweicht. Rohre der gleichen Elastizität des sie umgebenden Bodens würden zwangsläufig dieselben Verformungen erleiden, die dem Boden aufgezwungen werden. In diesem Falle würden daher z. B. die Durchmesseränderungen gleich der Differenz der im Boden direkt gemessenen Amplituden in Höhe des Rohrscheitels und der Rohrsohle sein [*V18*]. Die vom CURT-RISCH-Institut durchgeführten Messungen ergaben, daß das untersuchte Asbestzement-Druckrohr NW 600 sich den Bewegungen des Bodens sehr gut anpaßte, mithin also eine dem vorliegenden rolligen Boden entsprechende Elastizität besaß. In Abb. 310 sind die Ampli-

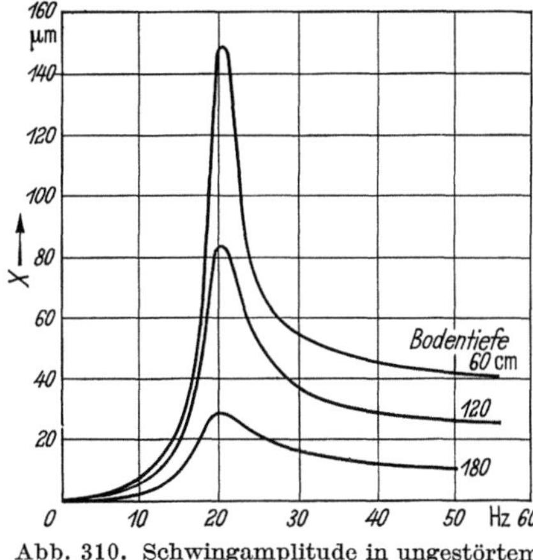

Abb. 310. Schwingamplitude in ungestörtem Boden [*V18*].

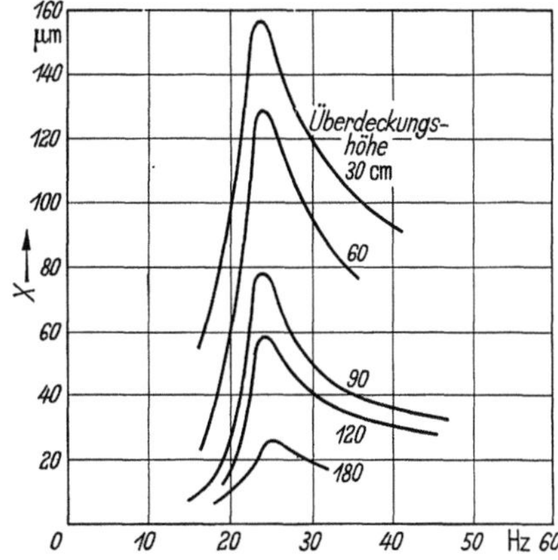

Abb. 311. Durchmesseränderung in Abhängigkeit von Überdeckungshöhe im rolligen Boden (*P* frequenzabhängig) [*V18*].

tuden in den verschiedenen Tiefen des ungestörten Bodens wiedergegeben. Gegenübergestellt sind in Abb. 311 die gemessenen Durchmesseränderungen des Asbestzement-Druckrohres NW 600 in Abhängigkeit von der Überdeckungshöhe. Danach beträgt die Durchmesseränderung bei einer Überdeckung von 1,20 m 58 μ. Aus Abb. 310 läßt sich entnehmen, daß die Schwingamplitude in der Bodentiefe 1,20 m, also in Höhe des Rohrscheitels, den Wert von 83 μ erreicht, während sie in der Tiefe von 1,80 m, die der Sohlenlage des Rohres entspricht, 29 μ ausmacht. Die Differenz beider Amplituden ist mithin 54 μ, ein Wert, der der tatsächlichen Durchmesseränderung von 58 μ beträchtlich nahekommt.

Trägt man die Maximalamplituden (Resonanzspitzenwerte) in Abhängigkeit von der Überdeckungshöhe bzw. Bodentiefe auf, so erhält man Kurven, die das Abklingen der Schwingungs-

---

[1] Deutsche Gesellschaft für Bodenforschung.

anschläge mit wachsender Bodentiefe deutlich machen. Für die Bewegung des Rohrscheitels wurde
die Abklingfunktion gemäß

$$a \; = \; X_2 = X_1 \cdot \frac{h_1}{h_2} \, [e^{-\varkappa(h_2 - h_1)}] \tag{4/76}$$

$$(X = \text{Amplitude})$$

berechnet, wobei der Ausdruck $e^{-\varkappa(h_2 - h_1)}$ die Absorption der Schwingungsenergie berücksichtigt. $\varkappa$ ist hierbei ein Absorptionskoeffizient, der sich aus der Wellenlänge und einer Bodenkonstante b entsprechend der Gleichung

$$\varkappa = \frac{b}{\lambda} \tag{4/77}$$

ermitteln läßt. Für b wurde der Wert 0,62 angesetzt, was einem Mittelsand entspricht. Zur
Bestimmung von λ nahm man die Ausbreitungsgeschwindigkeit 160 m/s bei 25 Hz nach Angaben
der DEGEBO im Bericht über die Anwendung dynamischer Baugrunduntersuchungen an [V18].
Der Vergleich, der für die Bewegungen des Rohrscheitels berechneten Abklingfunktionen
mit derjenigen, die an Hand der gemessenen Scheitelschwingungen aufgestellt wurde, zeigt
eine gute Übereinstimmung beider Kurven. Es ist darüber hinaus interessant festzustellen, daß
die in Abb. 309 dargestellten Abklingfunktionen, die sich aus der Anwendung einer 100-kp-DELMAG-Stampframme ergeben hat, den Kurven der Abb. 312 fast entsprechen.

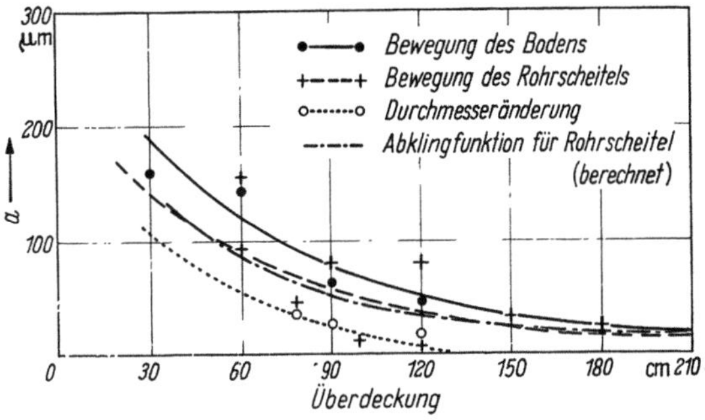

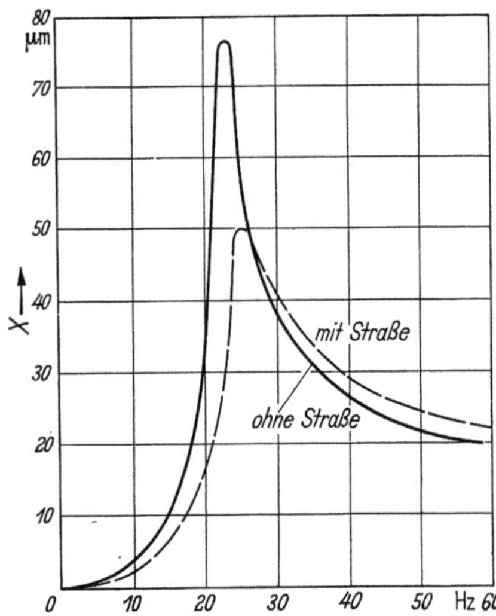

Abb. 312. Abklingfunktionen im Sandboden (Resonanzspitzenwerte) [V18].

Die lastverteilende Wirkung einer Straßendecke geht aus Abb. 313 hervor. Es handelt sich
hierbei um ein Kopfsteinpflaster, das über dem Versuchsrohr eingebaut wurde, dergestalt, daß
einschließlich Pflaster die Überdeckungshöhe von 1,20 m erhalten blieb.

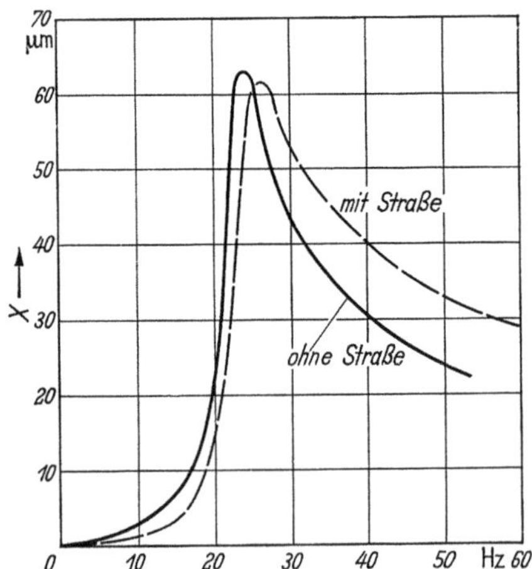

Abb. 313. Scheitelschwingungen bei 1,20 m
Überdeckung (P frequenzabhängig) [V18].

Abb. 314. Amplituden der Durchmesseränderung bei 1,20 m Überdeckung (P frequenzabhängig) [V18].

Die Straßendecke bewirkt einmal eine Frequenzverschiebung, zum anderen verkleinert sich
die Resonanzspitze der Scheitelschwingung des Rohres um etwa 35%, bezogen auf die größere
von beiden. Die Änderung des Rohrdurchmessers wird dagegen durch das Pflaster kaum beeinflußt; die Frequenzverschiebung bleibt jedoch grundsätzlich erhalten (Abb. 314).

Bei den bisherigen Darstellungen der Ergebnisse der Schwingmaschinen-Versuche war die Vertikalkomponente der Erregerkraft frequenzabhängig. Mit wachsender Erregerfrequenz vergrößert sich auch die Kraftwirkung in vertikaler Richtung. Der Verlauf der Kurven läßt dies sofort erkennen. Sie beginnen bei Null (das Eigengewicht des Erregers bleibt unberücksichtigt), erreichen ihr Maximum im Resonanzbereich und klingen nun allmählich aus, wobei sie sich dem Wert C/m asymptotisch nähern (Abb. 315). Da die Erregerkraft bei der Schwingmaschine gemäß

$$P = C \cdot \omega_m^2 \qquad (4/78)$$

$P =$ Erregerkraft (kp)

$C =$ Maschinenkonstante (kp $\cdot s^2$)

$\omega_m =$ Kreisfrequenz der Maschine $\left(\dfrac{1}{s}\right)$

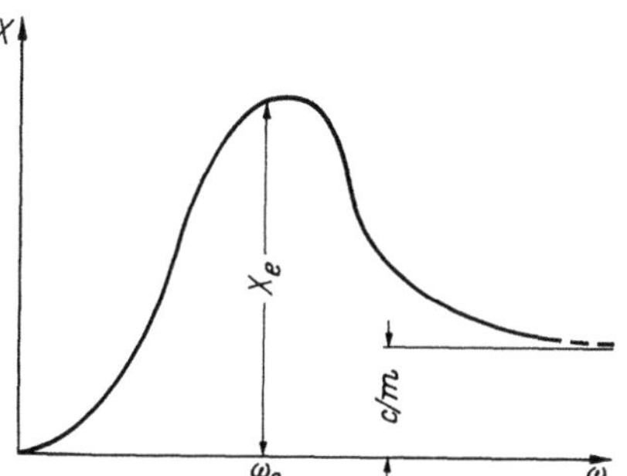

Abb. 315. Schematische Darstellung der Amplitudenkurve bei quadratischer Erregung.

bekannt ist, läßt sich bei Auswertung einer aufgenommenen Amplitudenkurve sofort die schwingende Masse m aus C/m berechnen. Mit m erhält man aber weiterhin die Federkonstante

$$c = \omega_e^2 \cdot m \qquad (4/79)$$

$c =$ Federkonstante $\left(\dfrac{\text{kp}}{m}\right)$

$\omega_e =$ Eigenfrequenz $\left(\dfrac{1}{s}\right)$

$m =$ schwingende Masse $\left(\dfrac{\text{kp} \cdot s^2}{m}\right).$

Schließlich ergibt sich mit der zur Eigenfrequenz zugehörigen Amplitude X_e die Dämpfungskonstante

$$k = \frac{P}{\omega_e \cdot X_e}. \qquad (4/80)$$

Damit sind die drei Kenngrößen des Schwingungsvorganges bekannt. Mit ihrer Hilfe ist es leicht möglich, eine neue Amplitudenkurve aufzustellen, bei der die Erregerkraft als konstant vorausgesetzt wird, z. B. $P = 1$ Mp.

Die Bewegungsgleichung für eine erzwungene, gedämpfte Schwingung lautet:

$$m\ddot{x} + k \cdot \dot{x} + c \cdot x = P \cdot \sin \omega t \qquad (4/81)$$

$m =$ schwingende Masse $\left(\dfrac{\text{kp} \cdot s^2}{m}\right)$

$k =$ Dämpfungskonstante $\left(\dfrac{\text{kp} \cdot s}{m}\right)$

$c =$ Federkonstante $\left(\dfrac{\text{kp}}{m}\right)$

$P =$ Erregerkraft (kp).

Unter Vernachlässigung des homogenen Lösungsteils gilt

$$x_{\text{part}} = \pm\, X \sin (\omega t - \varphi)$$
$$\dot{x} = +\, X \cdot \omega \cdot \cos (\omega t - \varphi)$$
$$\ddot{x} = -\, X \omega^2 \sin (\omega t - \varphi).$$

Nach Einsetzen in Gl. (4/81) erhält man

$$X \cdot [\sin (\omega t - \varphi) \cdot (c - m\omega^2) + \cos (\omega t - \varphi) \cdot (k \cdot \omega)] = P \cdot \sin \omega t \qquad (4/82)$$

Die Randbedingungen in Gl. (4/82) eingesetzt:

$$1. \quad \omega t - \varphi = 0 \rightarrow \omega t = \varphi$$

$$X \cdot k \cdot \omega = P \cdot \sin \varphi \tag{4/83}$$

$$2. \quad \omega t - \varphi = \frac{\pi}{2} \rightarrow \omega t = \varphi + \frac{\pi}{2}$$

$$X (c - m \cdot \omega^2) = P \cdot \cos \varphi \tag{4/84}$$

Aus Gl. (4/83) folgt:

$$X \cdot \frac{P}{k \cdot \omega} \cdot \sin \varphi = \frac{P}{k \cdot \omega} \cdot \frac{\tan \varphi}{\sqrt{1 + \tan^2 \varphi}} \; .$$

mit $\tan \varphi = \dfrac{k \cdot \omega}{c - m^2 \cdot \omega^2}$ und Gl. (4/83) und (4/84)

erhält man schließlich die Amplitude

$$X = \frac{P}{\sqrt{(c - m \cdot \omega^2)^2 + k^2 \cdot \omega^2}} \tag{4/85}$$

Die Erregerkraft geht linear ein, das bedeutet, daß die Amplitude direkt proportional der Erregerkraft ist. Unter Verwendung der Kenngrößen c, m und k und mit $P = 1$ Mp läßt sich nach Gl. (4/85) eine neue Amplitudenkurve aufstellen. Abb. 316 stellt die Amplitudenkurve der Abb. 314, nun auf $P = 1$ Mp bezogen, dar. Für $\omega = 0$ wird die Anfangsordinate $X_0 = P/\sqrt{c}$, während höhere Frequenzen die Amplituden in Richtung auf Null zusammenschrumpfen lassen.

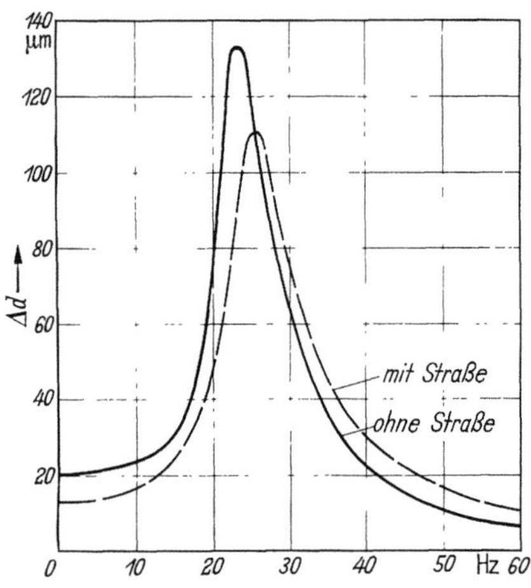

Abb. 316. Amplituden der Durchmesseränderung bei 1,20 m Überdeckung, bezogen auf P = 1 Mp [V18].

Die *Dehnungsmessungen* während der Versuche mit der Schwingmaschine, deren Ergebnisse in Abb. 317 wiedergegeben sind, zeigen im Resonanzbereich einige bemerkenswerte Tatsachen.

Aus den größeren Zugdehnungen am Scheitel gegenüber denen an der Rohrsohle geht hervor, daß das Rohr sehr gut eingebettet wurde, so daß die Auflagerverhältnisse eine günstigere Rohrbeanspruchung ergeben, als dies durch die Überdeckungsmassen der Fall ist. In der Praxis liegen die Verhältnisse beim erdverlegten Rohr im allgemeinen umgekehrt. Die größere Beanspruchung erfolgt an der Rohrsohle, insbesondere natürlich bei Wasserfüllung der Rohre. Erstaunlich hoch sind die Druckstauchungen in Kämpfermitte. Sie können als Beweis dafür angesehen werden, daß das Asbestzement-Druckrohr unter der Einwirkung der Schwingmaschine relativ stark ovalisiert wird. Wie aus den Dehnungen an dem in der REKA-Muffe steckenden Spitzende hervorgeht, klingen die Beanspruchungen zum Rohrende hin stark ab. Dies kann darauf zurückgeführt werden, daß die Muffe selbst verformungshindernd wirkt. Ganz allgemein ist aus den Dehnungskurven zu ersehen, daß die Straßendecke bei Frequenzen oberhalb der Eigenfrequenz die Beanspruchung des Rohres etwas vergrößert, sie unterhalb der Eigenfrequenz jedoch verringert. Im Resonanzbereich selbst wird die Beanspruchung auch etwas geringer, was mit der lastverteilenden Wirkung der Straßendecke begründet werden kann. Es darf angenommen werden, daß eine zusammenhängende Straßendecke (z. B. Betondecke) gegenüber der hier untersuchten Kopfsteinpflasterdecke noch günstigere Werte bringt.

Alle bisherigen Betrachtungen bezogen sich auf die vertikalen Einflüsse. Um jedoch auch eine Aussage über die horizontalen Einwirkungen auf das Rohr machen zu können, wurden diese ebenfalls vom CURT-RISCH-Institut registriert. Es zeigte sich hierbei, daß die horizontalen Bewegungen in allen Fällen um eine Zehnerpotenz kleiner waren als die vertikalen. Im Resonanzbereich wurde bei den Versuchen mit der Schwingmaschine zwar auch ein ausgeprägtes Maximum der Ausschläge erkannt, daneben konnten jedoch auch bei anderen Frequenzen, allerdings in kleinerem Maße, Maxima und Minima beobachtet werden. Ganz allgemein läßt sich feststellen, daß bei einer Verschiebung des Erregers quer zur Rohrachse, die horizontalen Beanspruchungen zunächst etwas zunehmen, dann jedoch sehr schnell abfallen. Gewöhnlich können die horizontalen Schwingungen vernachlässigt werden [*V18*].

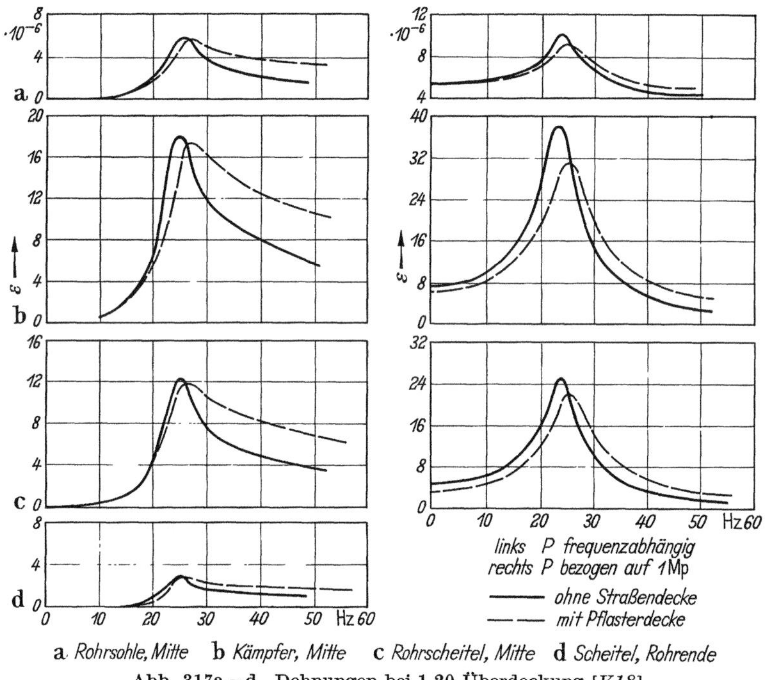

Abb. 317a–d. Dehnungen bei 1,20 Überdeckung [*V18*].

b) Bindiger Boden. Für die Schwingversuche im bindigen Boden stand der Versuchsplatz B zur Verfügung. Hier steht ein als Hackboden zu bezeichnender Geschiebemergel an, der sich aus etwa 45% schlämmbaren Bestandteilen, 50% Sand und 5% Fein- bis Mittelkies zusammensetzt. Die Versuchsanordnung entsprach der für die Versuche im rolligen Boden (Sand), nur wurden die Versuchsrohre im Gegensatz zu früher mit einer begehbaren Querleitung von 800 mm Durchmesser miteinander verbunden. Dies war notwendig, weil der Hackboden beim Verfüllen der Gräben zur dichteren Lagerung stark angefeuchtet wurde. Im Zuge der Versuche wurde auch hier vorübergehend eine Straßendecke aufgebracht, die aus einem Kopfsteinpflaster auf einer 20 cm hohen Sandbettung bestand. Die Sohlentiefe der Versuchsgräben betrug 1,80 m. Untersucht wurden wiederum Kanalisationsrohre NW 600, von denen hier nur das Asbestzement-Druckrohr interessiert. Neben den Versuchen mit der Schwingmaschine fanden nur die schweren Verdichtungsgeräte Anwendung.

Wie schon erwähnt, wurden die Rückfüllmassen in den Versuchsgräben stark angefeuchtet. Das hatte zur Folge, daß die eingesetzten Verdichtungsgeräte sehr schnell einsackten und den weichen Boden seitlich verdrängten, so daß von einer eigentlichen Verdichtungswirkung nicht gesprochen werden konnte. Es kam jedoch vor allem auf die Beanspruchung der Rohre infolge der Verdichtungsgeräte an, daher wurden auch nur schwere Geräte eingesetzt.

Die bei einer Überdeckung von etwa 1,10 m vom CURT-RISCH-Institut gemessenen Durchmesser-änderungen beim Einsatz verschiedener Verdichtungsgeräte sind in nachstehender Tabelle wieder-gegeben. Soweit vorhanden, werden vergleichsweise die Werte der Sand-Versuche danebengestellt.

Es zeigt sich, daß die Rohrbeanspruchung beim Schlagen mit den DELMAG-Fröschen im bindigen Boden wesentlich höher liegt als im Sandboden. Besonders fällt auf, daß die Straßendecke im Gegensatz zu den Sandversuchen größere Durchmesseränderungen bringt. Dies läßt sich damit erklären, daß die Straßendecke, die außer dem 20 cm dicken Sandbett keinen Unterbau besaß, sofort ihren Zusammenhalt verlor. Die Pflastersteine lösten sich aus ihrem Verband, so daß eine lastverteilende Wirkung somit nicht mehr bestand. Die einzelnen unelastischen Steine können im Gegenteil nunmehr als zum Erreger zugehörig betrachtet werden, so daß die Überdeckungs-

Tabelle 56. *Durchmesseränderung in μm beim erdverlegten Asbestzement-Druckrohr NW 600, s = 37 mm, infolge Einsatzes verschiedener Verdichtungsgeräte* [*V18, V19*]

	DELMAG 500 kp Frosch		DELMAG 1000 kp Frosch		BOHN & KÄHLER 1600 kp-Rüttler	
	bindiger B.	Sand	bindiger B.	Sand	bindiger B.	Sand
mit Straße	410	270	540	—	280	270
ohne Straße	220	—	500	—	200	—

höhe um die Höhe der Straßendecke vermindert wird [*V19*]. Das grundsätzlich andere Verhalten des vorliegenden bindigen Bodens gegenüber dem untersuchten Sandboden zeigt sich auch in der Tatsache, daß bei der Schlagverdichtung durch die DELMAG-Frösche hier Nachschwingungen mit einer Frequenz von etwa 10 Hz zu beobachten waren, während dies beim Sandboden nicht der Fall war. Im bindigen Boden liegt demnach eine geringere Dämpfung vor.

Um festzustellen, wie gerade die Wirkung des 1600-kp-BOHN & KÄHLER-Rüttelverdichters von der Erregerfrequenz abhängt, wurde auf der Straßendecke über dem Asbestzement-Druckrohr mit verschiedenen Frequenzen gerüttelt. In Tab. 57 sind die gemessenen Durchmesseränderungen bei verschiedenen Erregerfrequenzen angeführt. Da die Erregerkraft mit der Frequenz quadratisch wächst, sind zum Vergleich in der letzten Spalte die Durchmesseränderungen auf eine Einheitskraft bezogen.

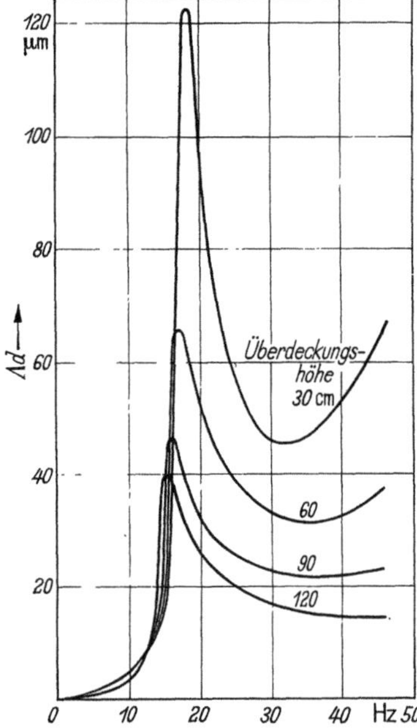

Abb. 318. Durchmesseränderungen in Abhängigkeit von der Überdeckungshöhe bei bindigem Boden. (*P* frequenzabhängig) [*V19*].

Tabelle 57. *Durchmesseränderungen unter einem Rüttelverdichter auf Straßendecke* [*V19*]

Erreger-frequenz f (hz)	Durchmesser-änderungen Δd (μm)	Durchmesseränderungen bezogen auf eine Einheitskraft $\dfrac{d}{f^2}\left(\dfrac{\mu}{\mathrm{Hz}^2}\right)$
6,5	21	0,5
8,5	58	0,8
8,7	93	1,2
9,0	122	1,5
10,0	162	1,6
12,0	203	1,4
12,5	186	1,2
13,0	162	0,95

Tab. 57 zeigt, daß die Beanspruchung der Rohre durchaus nicht mit der zunehmenden Rüttelkraft bei höherer Drehzahl unbegrenzt ansteigt, sondern bei etwa 10 bis 12 Hz ein Maximum hat und dann wieder absinkt. Es ist also möglich, mit Frequenzen zu arbeiten, die oberhalb der Eigenfrequenz liegen. Trotz der damit verbundenen höheren Verdichtungskräfte, die von Vorteil sind, wird die Rohrbeanspruchung selbst geringer. Voraussetzung ist jedoch die Kenntnis der Eigenfrequenz des betreffenden Schwingungssystems.

Die Auswertung der Versuche mit *Schwingmaschine* zeigen erst recht das unterschiedliche Verhalten des bindigen Bodens. Tab. 58 bringt die gemessenen Eigenfrequenzen des Systems Schwingmaschine—Untergrund, denen die des rolligen Bodens gegenübergestellt werden. Sie liegen im bindigen Boden alle tiefer, was zu erwarten war. Dagegen fällt auf, daß im bindigen Boden eine sehr starke Abhängigkeit von der Überdeckungshöhe besteht. Nach dem Versuchsbericht des CURT-RISCH-Institutes [*V19*] läßt sich diese Abhängigkeit damit erklären, daß die Federkonstante des Rohrquerschnitts bei geringer Überdeckung einen größeren Einfluß besitzt, der mit wachsender Überdeckungshöhe zurückgeht. Beim Sandboden kam dies nicht so zur

Tabelle 58. *Eigenfrequenzen vom bindigen und rolligen Boden* [*V19*]

	bindiger Boden	rolliger Boden
Schwingmaschine über Rohr:		
30 cm Überdeckung	18 Hz	
60 cm Überdeckung	16,5 Hz	23,5 Hz
90 cm Überdeckung	15,8 Hz	
120 cm Überdeckung	15,3 Hz	
Schwingmaschine über Rohr mit Straßendecke 1,20 m Überdeckung	17 Hz	25,3 Hz
Schwingmaschine auf Boden ohne Rohr	19 Hz	20 Hz

Geltung, weil dort die Elastizität des Rohres weitgehend der des Bodens entsprach. Auffällig ist auch die relativ hohe Eigenfrequenz des ungestörten Bodens, d. h. dort, wo nur ein Schacht zum Einbau der Tauchspulgeräte ausgehoben wurde. Es geht hieraus hervor, daß die Verhältnisse im rückverfüllten Boden sich nicht wieder denen des ungestörten näherten, sondern völlig anders blieben, während im Gegensatz dazu rollige Böden bei der Verdichtung durchaus einer natürlichen Lagerung nahekommen können. Die Erhöhung der Eigenfrequenz infolge einer Straßendecke konnte auch beim bindigen Boden festgestellt werden. Wie noch näher gezeigt wird, stiegen jedoch auch die Rohrbeanspruchungen unter der Straßendecke an. Eine lastverteilende und damit belastungsändernde Wirkung der Decke war also nicht vorhanden. Diese Tatsache wurde bereits bei den Versuchen mit Verdichtungsgeräten beobachtet (siehe Tab. 56).

Die bei den Schwingmaschinen-Versuchen im bindigen Boden gemessenen Durchmesseränderungen am Asbestzement-Druckrohr NW 600 sind in Abb. 318 in Abhängigkeit von der Überdeckungshöhe aufgetragen. Man erkennt einen völlig anderen Verlauf dieser Amplituden-Kurven als denjenigen beim rolligen Boden (Abb. 311). Abgesehen von der Veränderung der Eigenfrequenz, die schon festgestellt wurde, zeigen die einzelnen Kurven einen viel stärkeren Anstieg zum Resonanzmaximum und auch einen wesentlich stärkeren Abfall hinter der Resonanzspitze. Sie sind weiterhin durch einen sehr schmalen Resonanzbereich gekennzeichnet. Der Wiederanstieg der Amplitudenkurven bei den kleinen Überdeckungshöhen im Bereich höherer Frequenzen deutet darauf hin, daß ein mehrgliedriges Schwingungssystem vorliegt, was auch ohne weiteres einleuchtet. Ein Vergleich der Rohrbeanspruchung in beiden Böden ist nur an Hand von umgerechneten, auf eine konstante Erregerkraft bezogenen Kurven möglich. In Tab. 59 sind die Amplituden der Durchmesseränderung, bezogen auf die Erregerkraft $P = 1$ Mp, angegeben. Hierbei werden drei verschiedene Frequenzverhältnisse, $\eta = {}^1/_2$, $\eta = 1$ (Resonanz) und $\eta = 2$, gegenübergestellt, wobei η das Verhältnis Erregerfrequenz zu Eigenfrequenz darstellt.

$$\eta = \frac{\omega}{\omega_e} \qquad\qquad (4/86)$$

Mit Ausnahme der Messung bei 60 cm Überdeckung liegen die Durchmesseränderungen im bindigen Boden im Mittel um etwa 30% höher als im Sandboden. Die Abklingfunktion der Durchmesseränderung (Resonanzspitzenwerte) in Abhängigkeit von der Tiefe ist in Abb. 319 wiedergegeben. Zum Vergleich ist die für den Sandboden gefundene mit eingezeichnet.

Tabelle 59.   *Durchmesseränderungen in μm bezogen auf $P = 1$ Mp [V18, V19]*

Überdeckungshöhe (cm)	rolliger Boden			bindiger Boden		
	$\eta = 1/2$	$\eta = 1$	$\eta = 2$	$\eta = 1/2$	$\eta = 1$	$\eta = 2$
30	—	340	55	55	450	45
60	—	280	35	28	285	30
90	—	175	25	20	225	21
120	—	145	15	14	205	15

Der Einfluß der Straßendecke — Kopfsteinpflaster auf 20 cm Sandbett — ergibt sich aus der Abb. 320.

Sie zeigt, daß die Durchmesseränderungen mit und ohne Straßendecke etwa gleich sind. Ein Einfluß der Decke ist also nicht vorhanden. Die Ursachen hierfür wurden schon bei der Betrachtung der Versuche mit Verdichtungsgeräten in bindigem Boden aufgeführt und brauchen

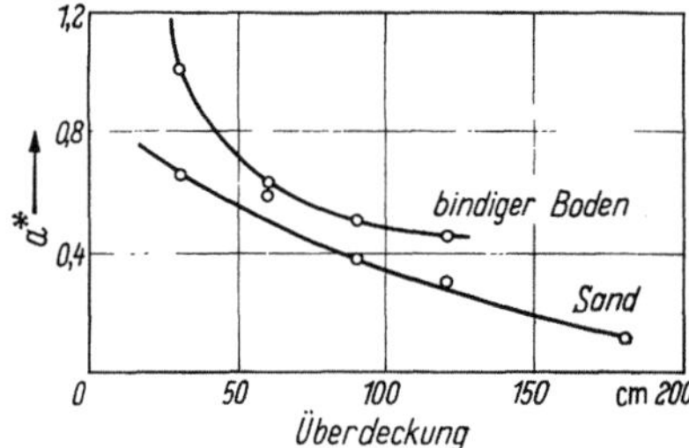

Abb. 319. Abklingfunktion der Durchmesser-änderung in Abhängigkeit von der Über-deckungshöhe (Resonanzspitzenwerte) [V19].

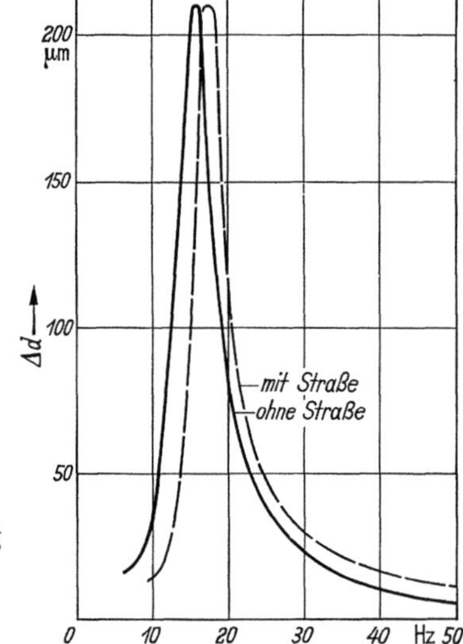

Abb. 320. Durchmesseränderung im bindigen Boden, 1,20 m Überdeckung, bezogen auf P = 1 Mp [V19].

nicht noch einmal wiederholt zu werden. Ergänzend kann lediglich noch bemerkt werden, daß u. U. die übriggebliebene lastverteilende Wirkung der Pflastersteine und der Einfluß des tieferen Kraftangriffs sich gerade aufheben, so daß die Amplituden der Durchmesseränderung des Rohres mit und ohne Straßendecke gerade etwa gleich sind.

Einen Anhaltspunkt für die Beanspruchung des Rohres geben auch die gemessenen Dehnungen ε. Sie zeigen insbesondere die unterschiedliche Belastung, die das Rohr an verschiedenen Stellen erfährt. Führt man nach Vorschlag des CURT-RISCH-Instituts folgendes Verhältnis ein,

$$k = \Delta d/\varepsilon \quad (\mu m) \qquad (4/87)$$

$(\Delta d$ = Durchmesseränderungen in $\mu m)$

$(\ \varepsilon$ = Dehnungen der Rohrinnenwand),

dann ergeben sich die Verhältnisse der Tab. 60:

Für den Sandboden lagen nur Dehnungsmessungen bei 1,20 m Überdeckung vor. Die dabei aufgetretenen Rohrbeanspruchungen haben in etwa die gleiche Größe wie die im bindigen Boden bei 30 cm Überdeckung. Mit wachsender Überdeckungshöhe verringert sich jedoch im bindigen Boden die Scheitelbeanspruchung, wenn auch wesentlich, dafür nimmt aber die Beanspru-

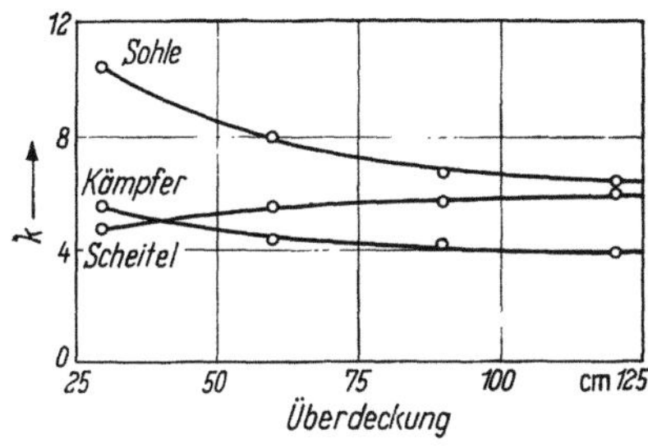

Abb. 321. k-Verhältnisse im bindigen Boden [$V19$].

Tabelle 60. *Verhältnisse* $k \cdot 10^{-6}$ (μm)

Überdek-kungshöhe (cm)	Mitte Scheitel		Mitte Sohle	
	bindiger B.	rolliger B.	bindiger B.	rolliger B.
30	4,8		10,2	
60	5,5		7,9	
90	5,9		6,8	
120	6,1	4,8	6,3	10,2

chung an der Sohle zu. Bei 1,20 m Überdeckung haben sich die Werte für Scheitel und Sohle ausgeglichen, so daß ein symmetrischer Belastungsfall vorliegt. Dies dürfte auf eine verminderte Belastung durch den Füllboden zurückzuführen sein. Bei größer werdenden Überschüttungshöhen im Graben werden einerseits die entlastenden Reibungskräfte an den Grabenrändern aktiv, andererseits findet eine als Brückenbildung aufzufassende Verspannung des Füllbodens in sich statt. Die graphische Auswertung der Tab. 60 zeigt Abb. 321.

4.511 2 Versuche mit Verkehrsbelastungen durch Fahrzeuge an im rolligen Boden liegenden Asbestzement-Druckrohren NW 600

Die Versuche hatten den Zweck, die in der Praxis tatsächlich auftretenden Verkehrsbelastungen von in Straßen und Wegen verlegten Asbestzement-Druckrohren zu ermitteln. Wegen der Bodenverhältnisse war es allerdings nur möglich, derartige Versuche am Versuchsplatz A, d. h. im rolligem Boden durchzuführen. Untersucht wurden wiederum Asbestzement-Druckrohre NW 600 sowie Steinzeug- und Betonrohre gleicher Nennweite. Die Verlegetiefe betrug 1,80 m, d. h. die verlegten Rohre waren 1,20 m überdeckt. An Fahrzeugen standen für diese Versuche zur Verfügung:

Tabelle 61. *Angaben über die Versuchsfahrzeuge*

Fahrzeugart	Vorderachslast (Mp)	Hinterachslast (Mp)	schnellste Versuchsfahrt-geschwindigkeit (km/h)
Büssing I	6	10	ca. 30 — 32
Büssing II	4	8	ca. 38
Mercedes	4	8	ca. 40
Mercedes (halb beladen)	—	—	ca. 45
Panzer	Gesamtgewicht 44 Mp		ca. 26

Allgemein setzt sich die Verkehrsbelastung aus einem statischen und einem dynamischen Anteil zusammen. Der statische Anteil berücksichtigt hierbei das Gewicht des Fahrzeuges, das über die Achsen und Räder in den Boden eingeleitet wird, während der dynamische Anteil eine zusätzliche Belastung bringt infolge Schwingens des Fahrzeugs, Radstöße (Schlaglöcher) sowie sonstiger Fahr- und Bremskräfte, die die statischen Achslasten u. U. wesentlich erhöhen können (die Horizontalkräfte seien dabei vernachlässigt). In der Praxis berücksichtigt man die dynami-

schen Verkehrsbelastungen mit einem Faktor, der *Stoßziffer* φ, mit dem die statischen Verkehrslasten multipliziert werden.

$$p_{\text{Verkehr}} = \varphi \cdot p_{\text{Verkehr (stat.)}} \tag{4/88}$$

Hierbei ist φ abhängig von den jeweiligen Verkehrsverhältnissen und vor allem von dem
Zustand der Straßenoberfläche.

Die dynamischen Fahr-Untersuchungen ergaben, daß bei langsamer Fahrt über die mit der
bereits beschriebenen Kopfsteinpflasterdecke versehene Versuchsstrecke in 1,20 m Tiefe nur noch
geringe, nicht mehr auswertbare Schwingungen auftraten. Dagegen erzeugte die Fahrt über einen
10 cm hohen Meßkeil bereits bei kleiner Fahrgeschwindigkeit (8—10 km/h) zusätzliche Stoßbeanspruchungen, die etwa 30 bis 70% der statischen Lasten betrugen. Versuchsfahrten mit höheren Geschwindigkeiten über die hindernisfreie Strecke ergaben ähnliche Werte. Diese wurden
jedoch bereits beim Anfahren auf dem nur behelfsmäßig befestigten Planum erregt, sie übertrugen
sich auf die in verhältnismäßig kurzer Entfernung befindliche Versuchsstrecke. Daher wurden
diese Versuche nicht ausgewertet. Bei allen Fahrversuchen fanden außerdem Schwingungs-
aufnahmen an einem Versuchsfahrzeug selbst statt, so daß es möglich war, an Hand dieser Auf-
zeichnungen Vergleiche mit solchen anzustellen, die bei Vergleichsfahrten über Stadtstraßen mit
verschiedenen Straßendecken gemacht wurden. Die Ergebnisse der Versuchsfahrten über den
Meßkeil, der in seiner Auswirkung einem entsprechend tiefen Schlagloch gleichzusetzen ist, sind
in den folgenden Ergebnissen niedergelegt.

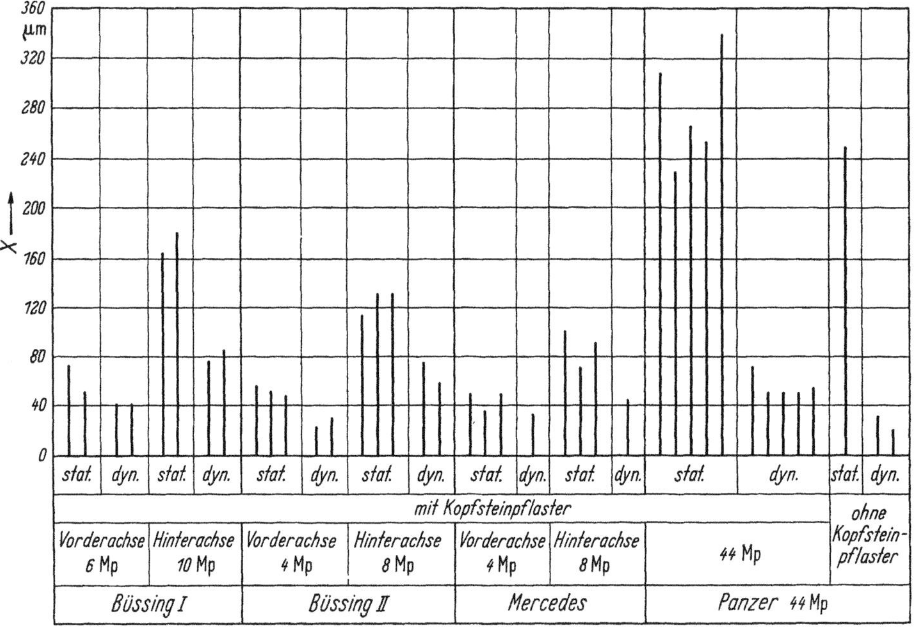

Abb. 322. Durchmesseränderungen beim Überfahren des Meßkeiles
über einem im Sandboden mit 1,20 m Überdeckung gelegten Asbestzement-Druckrohr NW 600, s = 37 mm [*V18*].

Die dynamische Amplitude wurde bei der Überfahrt des 10 cm hohen Meßkeiles mit einer
durchschnittlichen Geschwindigkeit von 8 bis 10 km/h aufgenommen. Es ergab sich dabei, daß
die statischen Achslasten weniger maßgebend waren, als die Höhe der Fahrgeschwindigkeit, mit
der der Keil überfahren wurde.

Die statischen Werte wurden beim Fahren mit einer Spur auf der Leitung, also ohne Überfahren
des Meßkeiles, gemessen. Da aber die genaue Einhaltung der Spur nur schwer möglich war,
geringe seitliche Abweichungen von der Leitungsachse die Einwirkung auf das Rohr jedoch
schnell abfallen ließen, waren Schwankungen bis zu 20% nicht zu vermeiden. Abb. 323 stellt den
prozentualen Einfluß der seitlichen Abweichung auf die vertikale Rohrbeanspruchung dar, und
zwar einmal auf Grund einer Rechnung, zum anderen auf Grund der tatsächlich gemessenen
Werte.

Eine Ausnahme machten die Versuche mit dem 44-Mp-Panzer, der besonders eingesetzt wurde; auf Meßkeilversuche wurde hier verzichtet. Die Ergebnisse zeigten, daß bei normaler Fahrt des Panzers bereits relativ hohe dynamische Zusatzlasten auf das Rohr einwirken. Gegenüber der von allen Versuchsfahrten weitaus größten statischen Einwirkung, die z. B. die des Büssing I mit einer Hinterachslast von 10 Mp um fast das Doppelte übertraf, machten die dynamischen Amplituden bereits bei einer Fahrgeschwindigkeit von etwa 26 km/h im Mittel 30% der statischen aus. Versuchsfahrten nach Entfernung des Kopfsteinpflasters ergaben wesentlich geringere dynamische Beanspruchungen des Rohres, was darauf schließen läßt, daß das Aufschlagen der Kettenglieder des Panzers auf die Pflastersteine Schwingungen erzeugt, deren Frequenz von der Fahrgeschwindigkeit abhängt. Im Sandboden schieben sich die Kettenglieder mehr in den Boden hinein, so daß es nicht zu so starken Stößen kommt [*V18*].

Die gesamte Verkehrsbelastung ergibt sich zu

$$p_{\text{Verkehr}} = p_{\text{stat.}} + p_{\text{dyn.}} = \varphi \cdot p_{\text{stat.}}$$

damit

$$\varphi = \frac{p_{\text{stat.}} + p_{\text{dyn.}}}{p_{\text{stat.}}} \tag{4/89}$$

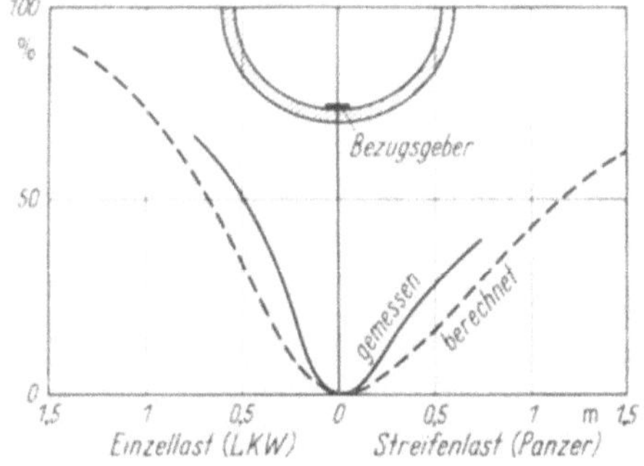

Abb. 323. Einfluß der seitlichen Vorbeifahrt auf die vertikale Rohrbeanspruchung [*V18*].

Abb. 324. Überfahren eines erdverlegten Asbestzement-Druckrohres durch einen Panzer (44 Mp).

Überprüft man hiermit die Durchmesseränderungen der Abb. 322, d. h. setzt man analog Gl. (4/89)

$$\varphi = \frac{\Delta d_{\text{stat.}} + \Delta d_{\text{dyn.}}}{\Delta d_{\text{stat.}}} \tag{4/90}$$

so ergeben sich die in nachstehender Tabelle aufgeführten Stoßziffern:

Tabelle 62. *Berechnete Stoßziffer φ auf Grund der bei den Fahrversuchen mit Meßkeil ermittelten Durchmesseränderungen*

Fahrzeug	Achslast	Stoßziffer
Büssing I	6 Mp — Vorderachse 10 Mp — Hinterachse	1,69 1,46
Büssing II	4 Mp — Vorderachse 8 Mp — Hinterachse	1,51 1,52
Mercedes	4 Mp — Vorderachse 8 Mp — Hinterachse	1,75 1,51
Panzer	mit Kopfsteinpflaster ohne Kopfsteinpflaster	1,2 1,1

Es zeigt sich, daß die durch den Meßkeil künstlich erzeugte Stoßbeanspruchung relativ groß ist. Dagegen liegt sie bei den Fahrversuchen mit dem Panzer niedriger, was darauf zurückgeführt werden kann, daß hier eine Einzelstoß-Belastung, wie sie bei den Keil-Überfahrten entstand, nicht vorlag. Vielmehr gleichen die Fahrketten Bodenunebenheiten eher aus, so daß die dynamischen Zusatzkräfte im Verhältnis zur statischen Auflast gering werden.

Um schließlich noch ein Bild über die tatsächliche Rohrbeanspruchung zu erhalten, sei an Hand der Scheiteldehnung infolge der statischen Auflast der 10-Mp-Hinterachse die Scheitelzugspannung an der Rohrinnenwand kurz überschläglich errechnet. Mit der Annahme eines mittleren E-Moduls von $E = 2,5 \cdot 10^5$ (kp/cm²) und der bei den Versuchen gemessenen Scheiteldehnung (ebenfalls an der Innenwand) von $\varepsilon = 4 \cdot 10^{-5}$ ergibt sich eine Scheitelzugspannung von $\sigma = 10$ kp/cm². Die Beanspruchung ist also verschwindend gering. Die Panzer-Belastung ergab eine Dehnung von $\varepsilon = 9 \cdot 10^{-5}$, dies entspricht einer Scheitelzugspannung von 22,5 (kp/cm²). Nach DIN 4033 ist für eine Verkehrslast die Stoßziffer nach der Gleichung

$$\varphi = 1,0 + \frac{0,3}{H} \quad (H = \text{Überdeckungshöhe in m}) \tag{4/91}$$

zu berechnen.

Für die vorliegende Überdeckungshöhe von 1,20 m ergibt sich somit

$$\varphi = 1,0 + \frac{0,3}{1,20} = 1,0 + 0,25 = 1,25 \,.$$

Vergleicht man diesen Wert mit dem sich aus den Panzerfahrversuchen ergebenden Stoßziffern, so ist eine gute Übereinstimmung zu erkennen. Bezüglich der Stoßziffer wird im übrigen auf Abschnitt 9.42 verwiesen, in dem noch näher auf ihre praktische Anwendung eingegangen wird.

4.511 3 Zusammenfassung

Faßt man die Ergebnisse der vorliegenden Schwingungsuntersuchungen und Fahrversuche zusammen, so kann folgendes festgestellt werden:

a) Schwinger-Versuche. Die Beanspruchung der Rohre ist von der Verlegetiefe abhängig. Während das untersuchte Asbestzement-Druckrohr im Sandboden des Versuchsplatzes A sich gut den dynamischen Einwirkungen anpaßte, war dies beim bindigen Boden des Versuchsplatzes B nicht der Fall. Das drückte sich darin aus, daß die gemessenen Eigenfrequenzen im Sandboden bei allen Überdeckungshöhen gleich blieben, während sie im bindigen Boden von der Überdeckungshöhe abhängig waren. Daher lassen sich auch die Rohrverformungen des im rolligen Boden verlegten Asbestzement-Druckrohres hinreichend genau aus den Schwingbewegungen des Bodens ermitteln, wobei die Verformungen entsprechend der Abklingfunktion des Bodens mit der Tiefe abnehmen. Im bindigen Boden können die Auswirkungen bei gleicher Erregerkraft um etwa 25% größer werden als im rolligen, wo eine stärkere Dämpfung herrscht.

Der Einbau einer Kopfsteinpflasterdecke ergibt bei beiden Bodenarten eine Erhöhung der Eigenfrequenz. Beim Sandboden konnte durch die lastverteilende Wirkung des Kopfsteinpflasters eine Verminderung der Rohrbeanspruchung um 20% bis 40% beobachtet werden.

b) Verdichten der Gräben. Der Einsatz von Stampfgeräten ergibt Stoßbeanspruchungen des Rohres, die sich in einer starken Verformungsspitze ausdrücken. Im rolligen Sand wurden keine Nachschwingungen des Rohres beobachtet. Der Einsatz einer 100-kp-Explosionsramme ist ab 30 cm Überdeckung ungefährlich für das Rohr, dagegen müssen schwerere Geräte mit Vorsicht angewendet werden. Hier zeigen sich erhebliche Einwirkungen auf das Rohr, so daß diese Geräte erst von größeren Überdeckungshöhen ab eingesetzt werden sollten. Im Versuchsbericht des CURT-RISCH-Institutes wird darauf hingewiesen, daß die im „Merkblatt über Zufüllen von Leitungsgräben"[1] angegebenen Mindestüberdeckungshöhen für schwere Verdichtungsgeräte (DELMAG-Frösche usw.) u. U. zu gering sind. Im bindigen Boden ist eine Verdichtung durch Stampfgeräte ungenügend, während hier die Erregerfrequenz des Rüttelverdichters eine größere

---

[1] Herausgegeben von der Forschungsgesellschaft für das Straßenwesen e.V. Köln, Deutscher Ring 17.

Rolle als beim Sandboden spielt. Es konnte gezeigt werden, daß die Beanspruchungen des Rohres nach Überschreiten der Eigenfrequenz trotz höherer Erregerkräfte wieder abnehmen, so daß es bei Wahl geeigneter Arbeitsfrequenzen möglich ist, die Verdichtungswirkung durch höhere Erregerkräfte zu verbessern und gleichzeitig dabei die Rohrbeanspruchung zu vermindern.

c) **Versuche mit Verkehrsbelastungen.** Die statischen Beanspruchungen durch Lastkraftwagen verhalten sich praktisch wie die Achslasten. Eine Abhängigkeit der dynamischen Zusatzbeanspruchung von den Achslasten ist nicht erkennbar. Bei seitlicher Vorbeifahrt klingt die Rohrbelastung sehr schnell ab. Letzteres gilt auch für die Keilüberfahrt (Nachahmung eines Schlagloches), wo jede Achse eine Verformungsspitze im Rohr erzeugt, die sofort abklingt. Bei höheren Fahrgeschwindigkeiten kann eine Entlastung der Vorderachse und eine zusätzliche Belastung der Hinterachse um 10—20% erfolgen.

4.6 Verhalten gegen chemische Einwirkungen

Das Verhalten eines Rohrwerkstoffes chemischen Einwirkungen gegenüber interessiert vor allem im Hinblick auf seine Korrosionsbeständigkeit im praktischen Betrieb. Es sind also vor allem Probleme der Innen- und Außenkorrosion, die in diesem Abschnitt behandelt werden sollen. Sofern eine Verwendung für Trinkwasserleitungen vorgesehen ist, müssen außerdem die Fragen eventueller Geruchs- und Geschmacksbeeinträchtigung sowie die einer eventuellen Abgabe gesundheitsschädlicher Stoffe an das Wasser beantwortet werden.

Bei der Korrosion handelt es sich um ein kompliziertes Zusammenwirken von physikalischen und chemischen, gegebenenfalls auch biologischen Vorgängen, die sich — wenn überhaupt — nur schwer gegeneinander abgrenzen lassen. Dazu kommt, daß der Ablauf dieser Vorgänge im starken Maße von den jeweils herrschenden Umweltsbedingungen (Temperatur, Konzentration, Feuchtigkeitsgrad usw.) gesteuert wird und daß vor allem die Einwirkungszeit von ausschlaggebender Bedeutung ist. Bei Einwirkungszeiten von mehreren Jahren oder Jahrzehnten zeigen auch verhältnismäßig schwach konzentrierte Agenzien aggressiver Natur Korrosionswirkungen. Es ist daher im Gegensatz zu den physikalischen Festigkeiten, die sich bei allen Rohrmaterialien schnell und eindeutig erfassen lassen, nicht ohne weiteres möglich, auch entsprechend eindeutige Aussagen über die zu erwartende Korrosionsbeständigkeit zu erhalten. Dies gilt um so mehr bei einem Material, das sich aus mehreren Komponenten mit verschiedenartigem chemischem Verhalten zusammensetzt.

Laborversuche werden in der Regel jeweils mit einem bestimmten Agens durchgeführt, weil man ja gerade die Einwirkung dieses einen studieren will. Im Gegensatz dazu trifft man in der Natur meistens ein Gemisch von verschiedenen Stoffen in einer mehr oder weniger stark verdünnten wässrigen Lösung an. Eine Aufschlüsselung, insbesondere hinsichtlich vorhandener Korrosionserscheinungen, ist demzufolge meist nicht möglich. Darüber hinaus bewegen sich die Einwirkungszeiten in ganz anderen Grenzen. Es liegen also bei Laborversuchen auf der einen und bei den natürlichen Gegebenheiten auf der anderen Seite grundsätzlich verschiedene Verhältnisse vor. Aus diesem Grunde ist es unerläßlich, die Erkenntnisse aus Korrosionsversuchen im Laboratorium durch Beobachtung an verlegten Leitungen zu ergänzen und umgekehrt. Erst dann rundet sich das Bild ab und erlaubt Rückschlüsse auf das Verhalten der Rohre gegenüber Korrosion. Insofern muß der noch häufig vertretenen Meinung, daß Laborversuche ohne Beziehung zur Praxis ständen, mit aller Entschiedenheit widersprochen werden.

Im Rahmen der vorliegenden Untersuchungen wurden neben Laborversuchen eine ganze Reihe alter Asbestzement-Druckrohrleitungen in den verschiedensten Gegenden der Deutschen Bundesrepublik aufgegraben und untersucht. Diese Leitungen waren den verschiedensten Bedingungen unterworfen, sowohl von der betrieblichen Seite als auch von den Einbauverhältnissen her. Die Ergebnisse dieser Untersuchungen werden im Kapitel 5.0 behandelt. Zunächst sei auf allgemeine Fragen zur Korrosion und auf Laboruntersuchungen eingegangen. Daneben werden jedoch auch einige Untersuchungen an Versuchsrohren bzw. Versuchsstücken mit aufgeführt, die speziell für diesen Zweck in bestehende Betriebsleitungen eingebaut worden waren.

4.61 Allgemeine Betrachtung zur Korrosion von Asbestzement-Druckrohren

Beim Asbestzement besteht infolge des Vorhandenseins von Kalziumkarbonat, Kalziumhydroxyd, Kalziumsilikat, Kalziumaluminat und geringer Mengen von Magnesiumkarbonat die
Möglichkeit einer Korrosion, sofern Agenzien vorliegen, die diese Verbindungen angreifen.
Hierbei kommen im wesentlichen saure Reaktionen in Frage, während alkalische Prozesse ausscheiden, da das Material selbst bereits basisch ist. Das Hauptgewicht aller Boden- und Wasseruntersuchungen im Hinblick auf die Korrosion von Asbestzement-Druckrohren muß daher auf
der Erfassung des jeweiligen Säuregrades liegen. Man unterscheidet dabei zwischen Außen- und
Innenkorrosion, wobei einmal der Angriff durch ein aggressives Transportwasser auf die Rohr-
innenflächen, zum anderen der Angriff aggressiver Stoffe des Bodens oder Grundwassers auf die
Rohraußenfläche zu verstehen ist. Bei Trinkwasserleitungen ergibt sich insofern eine Einschränkung der Agenzien, die eine Innenkorrosion hervorrufen könnten, dergestalt, daß mit
Innenkorrosion hauptsächlich der Angriff durch aggressive Kohlensäure zu verstehen ist, während
für die Außenkorrosion auch bei Trinkwasserleitungen die verschiedensten Einflüsse maßgeblich
sein können.

Allgemein lassen sich die Korrosionsvorgänge auf *chemische* oder *elektrochemische* Umsetzungen
des Materials mit seiner Umgebung zurückführen. Beiden Reaktionsarten ist zunächst der Elektro-
nenübergang innerhalb der reagierenden Atome gemeinsam. Bei den elektro-chemischen Vorgängen kommt jedoch als wesentliches Merkmal hinzu, daß ein geschlossener Stromkreis auftritt,
in dem der Elektronenwechsel stattfindet, bzw. der Ladungsaustausch im Elektrolyten von Ionen
übernommen wird. Es bildet sich also ein Element, das aus einem Elektrolyten, einer Kathode
und einer Anode besteht und dem bekannten galvanischen Element entspricht. Hierbei können
die Elektroden die verschiedensten Ursachen haben. KLAS und STEINRATH [*122*] zählen als
Gründe, die zu einer Elektrodenbildung führen können, u. a. auf:

a) Gefügebestandteile einer heterogenen Legierung,
b) Vorhandensein einer Deckschicht auf dem Grundmetall,
c) Aneinandertreffen verschiedener Metalle,
d) Gebiete verschiedener mechanischer Spannungszustände auf einer Metalloberfläche,
e) gleiche Metalle — Elektrolyten verschiedener Konzentrationen,
f) gleiche Metalle im gleichen Elektrolyten bei verschiedenen Temperaturen,
g) unterschiedliche Belüftung der Elektroden.

Da die Bildung eines Korrosionselementes die elektrische Leitfähigkeit des betreffenden
Materials voraussetzt, bezieht sich die Aufzählung der Elektrodenmöglichkeiten in der Hauptsache auf metallische Materialien.

*Damit wird aber gleichzeitig offensichtlich, daß die erwähnten Korrosionselemente, die auf
elektrochemischen Vorgängen beruhen, beim Asbestzement-Druckrohr wegen seiner äußerst
geringen elektrischen Leitfähigkeit von vornherein entfallen.*

Aus gleichem Grund ist auch die sogenannte Fremdstromkorrosion nicht möglich, worauf jedoch noch näher eingegangen wird (Abschnitt 4.64).

Korrosionserscheinungen an Asbestzement-Druckrohren erkennt man in der Regel daran,
daß die angegriffene Oberfläche bis zu einer bestimmten Tiefe, die sich nach der Intensität des
vorhandenen Angriffs richtet, erweicht ist und ein durch Auslaugen des Kalkes freigelegtes filzartiges Geflecht von Asbestfasern zeigt. Sind dabei schwer lösliche Korrosionsprodukte entstanden, so füllen diese das Fasergeflecht aus, im anderen Falle werden die Korrosionsprodukte von
der korrodierenden Flüssigkeit aufgenommen und abtransportiert. Das ist bei den meisten in der
Praxis vorkommenden Korrosionserscheinungen der Fall. Um nun das Grundsätzliche beim
Angriff auf Asbestzement aufzuzeigen, führte EICK [*63*] einen vereinfachten Korrosionsversuch
durch, bei dem Platten, die aus im frischen Zustand planierten Asbestzement-Druckrohren hergestellt worden waren, im Alter von vier Wochen in verschiedene Bäder eingehängt wurden. Die
Flüssigkeiten hatten das 100fache Volumen der Probekörper und wurden wöchentlich erneuert.
Zur Ermittlung der Korrosionstiefe erhielten die Platten an beiden Seiten sich gegenüberliegende

Meßstellen, an denen wöchentlich nach Abkratzen der entstandenen Korrosionsschicht bis zum harten, unversehrten Material die Korrosionstiefe gemessen wurde. Das arithmetische Mittel aus den beiderseitigen Messungen ergab dann die mittlere einseitige Korrosionstiefe. Die auf einer Temperatur von 18°C gehaltenen Flüssigkeiten hatten folgende Zusammensetzung:

1. Pufferlösung, bestehend aus 0,5%iger HCl mit Natriumacetat in der Menge, daß ein pH-Wert von 4,5 erreicht wurde;

2. 0,5%ige HCl mit einem pH-Wert von 1,5;

3. 0,5%ige H_2SO_4 mit einem pH-Wert von 1,4.

Die Ergebnisse sind in Abb. 325 wiedergegeben. Sie zeigen, daß die Auswirkung der Angriffe keineswegs linear abhängig von der Kontaktzeit ist, sondern anfänglich stärker, dann allmählich nachlassend verläuft. EICK erklärt dies damit, daß sich eine inerte Asbestfilzschicht ausbildet, die wie ein Puffer zwischen der erhalten gebliebenen Rohrwand und dem Korrosionsträger, nämlich der aggressiven Flüssigkeit, wirksam ist; die aggressive Flüssigkeit stagniert in diesem porösen Puffer. Mit zunehmender Dicke der Filzschicht infolge fortschreitender Korrosion wird die aggressive Flüssigkeit weniger

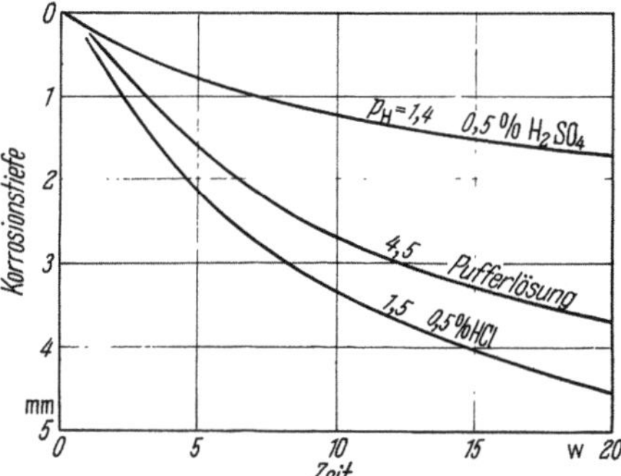

Abb. 325. Einfluß der Kontaktzeit auf die Korrosionstiefe [63].

direkt als mehr über den Weg der Diffusion an das Material herangeführt, damit die Korrosion erschwert, was sich in der flacher werdenden Neigung der Kurven ausdrückt [63]. Insofern leistet Asbestzement auf Grund seiner Struktur eine Art von Selbstschutz, auf den nicht genügend hingewiesen werden kann.

Eine interessante Beobachtung läßt sich noch an der Kurve 3 machen. Obwohl die Versuchslösung 3 etwa den gleichen pH-Wert wie die Lösung 2 aufweist, zeigt sich eine erheblich verminderte Korrosionsauswirkung. Durch Bildung von schwerlöslichem Kalziumsulfat (Gips) auf der Oberfläche, das auch das Asbestfasergeflecht ausfüllt, wird der Kontakt der aggressiven Lösung 3 mit der unberührten Rohroberfläche bzw. der Diffusionsvorgang weitgehend eingeschränkt und die Korrosion dadurch gehemmt.

Das hier gezeigte Korrosionsverhalten kann auch an den meisten Großversuchen, sowie an Hand von Erfahrungen mit verlegten Leitungen nachgewiesen werden und stellt somit ein charakteristisches Verhalten dar. Eine anfänglich stärkere Korrosion verringert sich im Laufe der Zeit allmählich. Ob allerdings der Korrosionsprozeß schließlich ganz zum Erliegen kommt, ist eine andere Frage. Hier gehen die Meinungen sehr stark auseinander. Im allgemeinen dürfte die Frage zu verneinen sein, wobei natürlich die jeweiligen Verhältnisse ausschlaggebend sind. In dem einen oder anderen Fall kann jedoch ein Stillstand durchaus möglich sein.

Ehe auf die Korrosionsversuche nun im einzelnen eingegangen wird, erscheint es zweckmäßig, die wichtigsten Begriffe, die bei der nachfolgenden Behandlung der Korrosion immer wieder auftauchen, in Erinnerung zu rufen. Ein Ausflug in die Theorie sei daher gestattet.

4.611 Der pH-Wert

Der Säuregrad einer wäßrigen Lösung wird in der Praxis meistens mit dem pH-Wert charakterisiert. Hierbei gibt der pH-Wert das Gewicht der durch Dissoziation der vorhandenen Moleküle freigewordenen Wasserstoffionen an. Wie schon eingangs erwähnt wurde, ist die Bildung eines beliebigen Moleküls nur durch vorherige Ionisierung der beteiligten Atome möglich. So haben die Metall- und auch Wasserstoffatome die Neigung, Elektronen abzugeben und umgekehrt Nichtmetallatome und Nichtmetalloxydmoleküle das Bestreben, Elektronen einzufangen. Solange die ursprüngliche Elektronenzahl noch vorhanden ist, wird die positive Kernladung eines Atoms durch die gleichgroße negative Ladung der Elektronen kompensiert. Bei Abgabe z. B. eines Elektrons verringert sich nun die negative Gesamtladung um eine Elementarladung, so daß die positive Kernladung das Übergewicht bekommt. Das Atom ist ein positiv geladenes Ion geworden, das wegen der Tatsache, daß es in einem Elektrolyt stets zur negativen Kathode wandert, auch als „Kation" bezeichnet wird. Wird im anderen Falle ein Elektron aufgenommen, so erhält die negative Ladung das Übergewicht, infolgedessen liegt ein negativ geladenes Ion vor, das im Elektrolyten stets zur positiven Anode wandert und deshalb „Anion" genannt wird. Selbstverständlich können auch mehrere Elektronen gleichzeitig verschoben werden. Mit der Bildung eines Moleküls aus einzelnen Atomen oder Atomgruppen geht die beschriebene Ionisierung der betreffenden Atome vor sich. Dadurch wird die gegenseitige Anziehungskraft erzeugt, die sich nach dem allgemeinen COULOMBschen Gesetz aus dem Produkt der beiden Ladungen, dividiert durch das Quadrat des gegenseitigen Abstandes und der Dielektrizitätskonstante ε ergibt,

$$P = \mp \frac{Q_1 \cdot Q_2}{r^2} \cdot \frac{1}{\varepsilon} \tag{4/92}$$

zum anderen die elektrische Neutralität des Moleküls erwirkt. Im Vakuum und angenähert in Luft und Gasen wird der Wert ε mit 1 angesetzt. Dagegen verringert sich die Anziehungs- $(-)$ oder Abstoßungskraft $(+)$ sofort, wenn das Molekül in ein anderes Medium eingeführt wird, weil hierbei die Konstante ε immer größer als „1" sein muß. Insbesondere nimmt ε bei Wasser den Wert 81 an (18°C, 760 Torr). Daraus ergibt sich eine Verminderung der gegenseitigen Anziehungskraft beim Übergang von Luft zu Wasser gemäß Gl. (4/92) zu

$$P_W = \frac{\varepsilon_L}{\varepsilon_W} \cdot P_L = \frac{1{,}0006}{81} \, P_L = 0{,}0124 \cdot P_L,$$

mit anderen Worten, die Anziehungskraft beträgt im Wasser etwa 1 % derjenigen in Luft, gleiche Ladungen und gleicher Abstand vorausgesetzt. Es leuchtet daher ein, daß schon Zusammenstöße der im Wasser befindlichen Moleküle infolge der thermischen Bewegung genügen, um sie zu ionisieren. Diese Art von Trennung nennt man elektrolytische[1] Dissoziation oder Ionisation. Sie ist verantwortlich für die elektrische Leitfähigkeit der meist direkt als Elektrolyten bezeichneten wäßrigen Lösungen von Ionen. Die Dissoziation stellt sich in jeweils verschieden starkem Maße ein, reicht jedoch nur bei einem sehr großen Verdünnungsgrad unter Umständen an die vollkommene heran. Im allgemeinen bildet sich ein Gleichgewichtszustand[2] zwischen den dissoziierten und nicht dissoziierten Molekülen aus, der durch die Dissoziationskonstante[3] K gekennzeichnet wird. Es bestehen demnach zwei einander entgegengesetzt verlaufende Reaktionen, die sich z. B. beim Wasser wie folgt darstellen lassen:

$$H_2O \rightleftarrows H^+ + OH^-.$$

Einmal spaltet sich das Wassermolekül in das Wasserstoffion[4] (Kation) H^+ und das Hydroxylion (Anion) OH^-, zum anderen bilden die beiden Ione H^+ und OH^- das Wassermolekül H_2O. Die Dissoziationskonstante K beträgt für Wasser bei 18°C 10^{-14}, d. h. daß z. B. von einem Mol/Liter Wasser lediglich der einhundertbillionste Teil dissoziiert ist.

$$\frac{[H^+] \cdot [OH^-]}{[H_2O]} = K = 10^{-14} \tag{4/93}$$

Nun entstehen bei der Spaltung der Wassermoleküle stets paarweise (H^+)- und (OH^-)-Ionen, ihre Anzahl ist also gleich. Daher liegen gemäß Gleichung (4/93) sowohl 10^{-7} (H^+)- als auch 10^{-7} OH^--Ionen je Liter Wasser vor. Anders ausgedrückt: in $10^7 = 10\,000\,000$ Liter Wasser sind 1 Mol H_2O (1 g H^+ und 17 g OH^-) gespalten. Es zeigt sich nun, daß das Produkt der Ionen im Wasser stets konstant bleibt, gleich welche Werte im einzelnen die Wasserstoff- oder Hydroxylionen annehmen. Wird also z. B. durch eine geeignete Maßnahme die Konzentration der Wasserstoffionen erhöht, dann verringert sich im gleichen Ausmaß die der Hydroxylionen bis das Ionenprodukt wieder den Wert 10^{-14} angenommen hat. Daher gilt das bisher Gesagte nicht nur für das Wasser, sondern auch für alle sonstigen verdünnten, wäßrigen Lösungen.

---

[1] Im Gegensatz zur thermischen Dissoziation, bei der Ionisation infolge Wärmeeinwirkung erfolgt.
[2] Entsprechend dem Massenwirkungsgesetz von GULDBERG und WAAGE.
[3] Eigentlich gemäß Fußnote 1 als Massenwirkungskonstante zu bezeichnen.
[4] In diesem Rahmen wird auf die Existenz der Hydroniumionen H_3O^+ nicht weiter eingegangen, da dies für die praktische Anwendung bedeutungslos ist.

Solange die Konzentration der Wasserstoffionen der der Hydroxylionen entspricht, liegt eine chemisch neutrale Lösung vor. Überwiegen jedoch die Wasserstoffionen, so läßt sich eine saure Reaktion, überwiegen dagegen die Hydroxylionen, eine basische Reaktion nachweisen. Damit ergibt sich die wichtige Feststellung:

Je größer die H^+-Ionenkonzentration und je kleiner die OH^--Ionenkonzentration, um so saurer ist die vorliegende Lösung, und je größer die OH^--Ionenkonzentration gegenüber der H^+-Ionenkonzentration, um so basischer wird die betreffende Lösung.

Zur Vereinfachung der Bezeichnung beschränkt man sich auf die Angabe der Wasserstoffionenkonzentration, da damit infolge der bereits angeführten Abhängigkeit auch sofort die Konzentration der Hydroxylionen bekannt ist. Nach Vorschlag des dänischen Chemikers SÖRENSEN wird der Wert für die Wasserstoffkonzentration in Mol/Liter einfach durch seinen negativen dekadischen Logarithmus ersetzt. Die so gefundene Zahl nennt man pH-Wert[1] einer Lösung. Die Beziehungen für den neutralen Fall lauten:

$$[H^+] = 10^{-7} \text{ (Mol/Liter)}$$
$$\lg 10^{-7} = -7,0$$
$$-\lg 10^{-7} = +7,0$$
$$p\text{H} = -\lg [H^+] = +7,0 \qquad (4/94)$$

Gemäß der oben angeführten Definition reagieren Lösungen mit pH < 7 sauer, dagegen Lösungen mit pH > 7 basisch. Je nach ihrem Dissoziationsgrad, d. h. je nach der Wasserstoffionen-Konzentration unterscheidet man hierbei starke oder schwache Säuren bzw. Basen. Demnach findet man starke Säuren, zu denen die Mineralsäuren zu rechnen sind, im allgemeinen in wäßrigen Lösungen in einem fast ausschließlich dissoziierten Zustand vor, während bei Lösungen schwacher Säuren, wie Kohlensäure, Fettsäuren und sonstigen organischen Säuren, jeweils nur ein bestimmter Teil dissoziiert ist. Aus diesem Grunde besteht immer ein mehr oder weniger großer Unterschied zwischen der den pH-Wert ergebenden momentanen Wasserstoffionenkonzentration und der an Hand der insgesamt vorhandenen Moleküle theoretisch denkbaren Wasserstoffionenzahl, die man auch als Gesamtsäuregrad oder Gesamtazidität auffassen kann. Der Unterschied wird als Pufferfähigkeit der betreffenden Lösung bezeichnet. Je größer die Pufferung, desto geringer die chemische Aggressivität bei gleicher Gesamtkonzentration. Die in der Praxis vorkommenden Wässer sind nie reine Lösungen einzelner Agenzien, vielmehr Mischungen aus den verschiedensten Substanzen. Daher können sich auf der einen Seite die in den Wässern enthaltenen Säuren und Basen gegenseitig neutralisieren und somit unwirksam machen. Auf der anderen Seite werden starke Säuren durch gleichzeitige Anwesenheit von Salzen schwacher Säuren, z. B. Bikarbonaten oder Azetaten u. ä., gepuffert. Die hierbei auftretende Verminderung der freien (H^+)-Ionen und der damit verbundene Anstieg der pH-Werte dürfen jedoch nicht darüber hinwegtäuschen, daß eine Korrosionsgefahr trotzdem weiterhin bestehen kann, weil die verbrauchten H^+-Ionen sich durch Dissoziation der bisher undissoziierten schwachen Säure, die sich aus der Reaktion der starken Säuren und dem ebenfalls anwesenden Salz einer schwachen Säure ergeben hat, entsprechend der vorhandenen Gesamtazidität immer wieder ergänzen. Dies ist z. B. ein Grund für die Notwendigkeit der Kenntnis der gesamten Azidität.

Abschließend sei noch erwähnt, daß eine Temperaturerhöhung die chemische Reaktionsgeschwindigkeit erhöht. Nach BÜRKNER [32] kann als Faustregel angenommen werden, daß ein Temperaturanstieg um 10°C die Reaktionsgeschwindigkeit verdoppelt. Daneben nimmt mit steigender Temperatur auch die Dissoziation zu, so daß der pH-Wert im sauren Bereich immer mehr abfällt. Hierbei muß immer wieder darauf hingewiesen werden, daß für die Aggressivität die tatsächlich vorhandene Wasserstoffionenanzahl maßgebend ist und daß diese nach einer logarithmischen Funktion z. B. ansteigt, wenn der pH-Wert fällt. Das wird häufig übersehen, insbesondere dann, wenn der pH-Wert Änderungen erfährt, die sich lediglich auf die Dezimalstellen hinter dem Komma erstrecken.

---

[1] pH = lat. pondus hydrogenii, im übertragenen Sinne manchmal auch potentia hydrogenii.

Gemäß Gl. (4/94) war

$$p\mathrm{H} = - \lg [\mathrm{H}^+] \quad \text{daraus folgt}$$

$$[\mathrm{H}^+] = \frac{1}{10^{p\mathrm{H}}} \; [\text{Mol/Liter}] \tag{4/95}$$

Wenn also z. B. der pH-Wert einer Lösung von 5,8 auf 5,2 — also um rund 10% — abfällt, erhöht sich dagegen die Wasserstoffionenkonzentration um

$$\frac{10^{-5,2}}{10^{-5,8}} = 10^{+0,6} = 3,991 \approx 4,0 \,,$$

also um das Vierfache. Diese Tatsache wird häufig übersehen.

4.612 Der Begriff der Härte und das Kalk-Kohlensäure-Gleichgewicht

Die natürlichen Wasser stellen verdünnte Lösungen von Stoffen dar, die sie auf ihrem Wege durch die Atmosphäre, auf der Erdoberfläche und im Untergrund aufnahmen; sie reagieren sowohl sauer als auch basisch. Durch die meist vorhandene Kohlensäure entstehen dabei aus den schwer wasserlöslichen Karbonaten des Kalziums und Magnesiums lösliche Hydrogenkarbonate. Neben der Kohlensäure ergeben sich natürlich auch Verbindungen mineralischer Säuren, wie Salz- und Schwefelsäure, die als Chloride und Sulfate im Wasser gelöst sind. Auch hier kommen vornehmlich Verbindungen mit Kalzium und Magnesium in Frage. Sie bestimmen die Härte eines Wassers, wobei man zwischen Gesamthärte, Karbonathärte und Nichtkarbonathärte unterscheidet. Der Vollständigkeit wegen sei noch erwähnt, daß natürlich auch andere Metalle, wie z. B. Eisen und Mangan, gelöst werden und im Wasser vorhanden sein können. In diesem Zusammenhang, wie auch im Hinblick auf die Korrosion, sind sie jedoch ohne Interesse und werden daher nicht weiter erwähnt.

Die *Karbonathärte* umfaßt alle im Wasser enthaltenen Verbindungen der Kohlensäure mit den Erdalkalimetallen, vorwiegend Kalzium und Magnesium, sofern sie löslich sind, z. B. die Hydrogenkarbonate. Da die Hydrogenkarbonate bei Erhitzen des Wassers in unlösliche Karbonate überführt werden und dann ausfallen, nennt man die Karbonathärte auch vorübergehende oder temporäre Härte.

Die *Nichtkarbonathärte* schließt im Gegensatz dazu — wie der Name schon besagt — alle Verbindungen ein, die nicht der Kohlensäure entstammen. Es sind dies die Sulfate und Chloride der Erdalkalimetalle. Sie fallen durch Kochen nicht aus, dadurch wird die Nichtkarbonathärte auch häufig als bleibende oder permanente Härte bezeichnet.

Die *Gesamthärte* schließlich bildet die Summe aus Karbonat- und Nichtkarbonathärte. Gemessen wird die Härte in Härtegraden. Neben dem deutschen Härtegrad (°d) sind noch der französische, englische und amerikanische Härtegrad üblich. Die Beziehung des Härtegrades zu der Menge an gelösten Härtebildern ergeben sich wie folgt:

Tabelle 63.

Härte	Bezeichnung
0 — 5 °dG	sehr weich
5 — 10 °dG	weich
10 — 20 °dG	mittelhart
20 — 30 °dG	hart
über 30 °dG	sehr hart

1 deutscher Härtegrad $= 10$ mg CaO/l $= 7,19$ MgO/l

1 französischer Härtegrad $= 10$ mg $CaCO_3$/l

1 englischer Härtegrad $= 10$ mg $CaCO_3$ in 0,7 l Wasser (1 grain $CaCO_3$ in 1 Imp. gallon)

1 amerikanischer Härtegrad $= 10$ mg $CaCO_3$ in 0,585 l Wasser (1 grain $CaCO_3$ in US gallon).

Für die deutschen Bezeichnungen wurden folgende Kurzzeichen eingeführt:

Gesamthärte   °d G

Karbonathärte   °d K

Nichtkarbonathärte   °d NK[1].

Entsprechend seiner Gesamthärte bezeichnet man ein Wasser gemäß Tab. 63:

---

[1] oft auch °dP $=$ Permanente Härte (s. z. B. [*122*]).

Die verschiedenen Härtegrade werden nach DIN 19 640 wie folgt umgerechnet:

Tabelle 64. *Umrechnung der verschiedenen Härtegrade* (nach DIN 19 640)

	Erdalkali-Ionen mval/l	Deutscher Grad °d	Engl. Grad °e	Franz. Grad °f	ppm[1] $CaCO_3$
1 mval/l Erdalkali-Ionen	1	2,80	3,51	5,00	50,0
1 Deutscher Grad	0,357	1	1,25	1,78	17,8
1 Engl. Grad	0,285	0,798	1	1,43	14,3
1 Franz. Grad	0,200	0,560	0,702	1	10,0
1 ppm $CaCO_3$	0,0200	0,0560	0,0702	0,100	1

[1] Bei den Umrechnungsfaktoren dieser Spalte ist vorausgesetzt, daß 1 l Wasser eine Masse von 1 kg enthält.

Die im Wasser enthaltene Kohlensäure wird aus dem gelösten Kohlendioxyd gebildet, von dem sich jeweils nur ein geringer konzentrationsabhängiger Teil mit dem Wasser zur echten Kohlensäure verbindet.

$$CO_2 + H_2O \rightleftarrows H_2CO_3.$$

Nach [*122*] beträgt die Menge der gebildeten tatsächlichen Kohlensäure nur etwa 1/1000 der vorhandenen Menge an gelöstem Kohlendioxyd, wobei letztere sowohl vom vorhandenen Druck als auch im besonderen Maße von der jeweils herrschenden Temperatur abhängig ist. Wie schon früher angedeutet, wird das praktisch wasserunlösliche Kalziumkarbonat durch Kohlensäure in ein leicht lösliches Hydrogenkarbonat überführt, etwa nach dem Schema

$$CaCO_3 + H_2CO_3 \rightleftarrows Ca(HCO_3)_2.$$

Es stellt sich nun zwischen Kalziumkarbonat, Kalziumhydrogenkarbonat und der freien, also ungebundenen Kohlensäure ein den jeweiligen Druck- und Temperaturverhältnissen entsprechendes Gleichgewicht ein, so daß gemäß Massenwirkungsgesetz gilt

$$\frac{[Ca\,CO_3] \cdot [H_2CO_3]}{[Ca\,(HCO_3)_2]} = K. \tag{4/96}$$

Um also eine bestimmte Menge an Kalziumkarbonat in Form von Hydrogenkarbonat in Lösung zu halten, wird stets eine entsprechende Menge an freier Kohlensäure benötigt. Sie gehört dem Lösungsgleichgewicht an und wird deshalb als *zugehörige freie Kohlensäure* bezeichnet. Dieser Anteil der insgesamt vorhandenen Kohlensäure kann sich an einer weiteren Auflösung von Kalziumkarbonat nicht mehr beteiligen, wenn der Gleichgewichtszustand nicht gestört werden soll. Die Kohlensäure wird also auf der einen Seite zur Bildung von Hydrogenkarbonat, auf der anderen zur Inlösunghaltung, damit zur Aufrechterhaltung des Gleichgewichtes, gebraucht. Ist z. B. genügend Kalziumkarbonat da, kann der gesamte Kohlensäurevorrat auf diese Weise in Anspruch genommen werden.

Ganz allgemein setzt sich die Gesamtkohlensäure gemäß Abb. 326 aus folgenden Anteilen zusammen, die bei der Wasseranalyse zu unterscheiden sind:

1. Hydrogen-Karbonat-Kohlensäure. Die Hydrogen-Karbonat-Kohlensäure umfaßt die

a) *gebundene Kohlensäure*: Hierunter ist das an die Erdalkali (CaO; MgO) gebundene Kohlendioxyd (CO_2) zu verstehen

$$CaCO_3 = CaO + CO_2;$$

b) *halbgebundene Kohlensäure*: Dieser Kohlensäureanteil steckt in den Bikarbonaten und entweicht z. B. beim Erhitzen

$$Ca(HCO_3)_2 = CaCO_3 + H_2O + CO_2.$$

Die einfache formelmäßige Darstellung zeigt, daß innerhalb der Hydrogenkarbonat-Kohlensäure die vorhandenen Mengen an gebundener und halbgebundener Kohlensäure gleich groß sind.

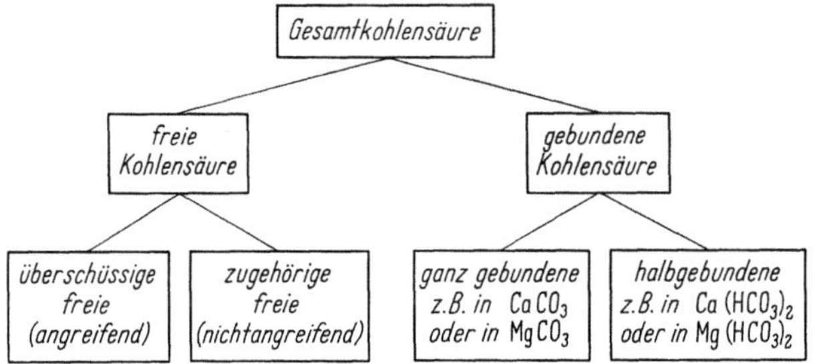

Abb. 326. Übersicht über die Kohlensäure-Anteile.

Die zwischen Karbonathärte auf der einen und der gebundenen Kohlensäure, halbgebundenen Kohlensäure und Hydrogenkarbonat-Kohlensäure bestehende Beziehung lautet wie folgt:

$$1\,°\mathrm{d\,K} = 10\;\mathrm{mg\;CaO/l} = 17{,}848\;\mathrm{mg\;CaCO_3/l}$$
$$= 7{,}848\;\mathrm{mg\;gebundene\;Kohlensäure/l}$$
$$= 7{,}848\;\mathrm{mg\;halbgebundene\;Kohlensäure/l}$$
$$= 2 \cdot 7{,}848 = 15{,}696\;\mathrm{mg\;Hydrogenkarbonat\text{-}Kohlensäure/l}$$

Tab. 65 gibt die gebräuchlichen Umrechnungsfaktoren wieder.

Tabelle 65. *Umrechnungsfaktoren zur Berechnung der verschiedenen Kalk- und Kohlensäureanteile an der Karbonathärte aus* [122]

°dK	CaO mg/l	CaCO₃ mg/l	gebund. CO₂ mg/l	halbgebund. CO₂ mg/l	Hydrogenkarbonat CO₂ mg/l
1	10	17,848	7,848	7,848	15,696
0,1	1	1,7848	0,7848	0,7848	1,5696
0,0559	0,559	1	0,4397	0,4397	0,8794
0,1274	1,274	2,274	1	1	2
0,0637	0,637	1,137	0,5	0,5	1

2. Freie Kohlensäure. Als freie Kohlensäure wird das nicht an Metall gebundene Kohlendioxyd, also die im Wasser frei vorhandene Kohlensäure und das im Wasser gelöste Kohlendioxyd bezeichnet. Die freie Kohlensäure läßt sich durch Titration bestimmen. Man unterscheidet bei der freien Kohlensäure

a) *zugehörige freie Kohlensäure*: Die zugehörige freie Kohlensäure ist diejenige Menge, die entsprechend dem Massenwirkungsgesetz notwendig ist, um das Kalk-Kohlensäure-Gleichgewicht aufrecht zu erhalten.

b) *überschüssige (aggressive) freie Kohlensäure*: Dies ist der Teil an vorhandener freier Kohlensäure, der über den Anteil an zugehöriger freier Kohlensäure hinaus noch vorhanden ist. Dieser Anteil wirkt korrosiv und zerstört das Leitungsmaterial. Die überschüssige freie Kohlensäure wird oft auch rostschutzverhindernde Kohlensäure genannt, weil sie die Bildung einer Deckschicht aus Kalziumkarbonat durch Überführung des wasserunlöslichen Karbonats in lösliches Bikarbonat verhindert. Dagegen kann ein Wasser ohne aggressive Kohlensäure, das mit einer metallischen Rohrwand in Berührung kommt, im Zusammenhang mit der anfänglichen Rostung und der dabei auftretenden Wandalkalität eine rostschützende Deckschicht aus ausfallendem Kalzium-Karbonat, sofern es sich um ein kalkhartes Wasser handelt, bilden. Der eben beschriebene Vorgang findet natürlich auch statt, wenn anderweitig Kalzium-Karbonat zur Verfügung steht, wie dies zum Beispiel bei Beton- oder Asbestzementrohren der Fall ist. Auch hier wird dann von der vorhandenen überschüssigen freien Kohlensäure soviel Kalzium-Karbonat gelöst, bis sich wieder ein Gleichgewichtszustand einstellt. Es ergibt sich demnach die Tatsache, daß von der insgesamt vorhandenen überschüssigen aggressiven Kohlensäure nur ein bestimmter Teil *kalkaggressiv* ist. Der Rest ist nicht *kalkaggressiv*, weil er infolge der Verschiebung des Gleichgewichts nunmehr zur zugehörigen freien Kohlensäure geworden ist.

Wenn ein Wasser gerade soviel freie Kohlensäure enthält, wie auf Grund der vorhandenen Menge an Härtebildern notwendig ist, um diese als Bikarbonate in Lösung zu halten, d. h. wenn also nur zugehörige freie Kohlensäure existiert, dann steht dieses Wasser im Kalk-Kohlensäure-Gleichgewicht. TILLMANS hat die Gleichgewichtsverhältnisse zwischen der zugehörigen freien Kohlensäure und dem Kalziumhydrogenkarbonat eingehend untersucht und folgende Beziehung aufgestellt:

$$CO_{2\ \text{zugehörig frei}} = (CO_{2\ \text{gebunden}})^2 \cdot CaO \cdot K \qquad (4/97)$$

Hierin sind alle Werte in mg/l einzusetzen, während K eine temperaturabhängige Konstante darstellt.

$$K = \frac{1{,}0294^t}{84470} \quad (t = \text{Temperatur in } °C).$$

Tabelle 66.   *Werte für die* T.LLMAN*sche Konstante K* [*122*]

$t\,°C$	$10°$	$20°$	$30°$	$40°$	$50°$	$60°$	$70°$	$80°$	$90°$	$100°$
$K \cdot 10^5$	1,58	2,11	2,83	3,78	5,05	6,75	9,02	12,06	16,12	21,54

Diese Gleichung, mit der sich bei bekannter Härte die zugehörige freie Kohlensäure sofort berechnen läßt, gilt streng nur für kalkhaltige Wässer. Für magnesiumhaltige Wässer schlug TILLMANS vor, an Stelle des vorhandenen Magnesiumoxyds die äquivalente Menge an Kalk einzusetzen, was zu zufriedenstellenden Werten führt, solange das Verhältnis Kalzium zu Magnesium über 10 liegt [*122*]. Die Gleichung von TILLMANS ergibt, graphisch aufgetragen, die TILLMANSsche Kalk-Kohlensäure-Gleichgewichtskurve, die in Abb. 327 wiedergegeben ist. Liegt bei einem Wasser bestimmter Kalkhärte der Gehalt an freier Kohlensäure unter der Kurve, so ist das Wasser nicht aggressiv, da ja die überschüssige Kohlensäure fehlt. Darüber hinaus wird Kalziumkarbonat

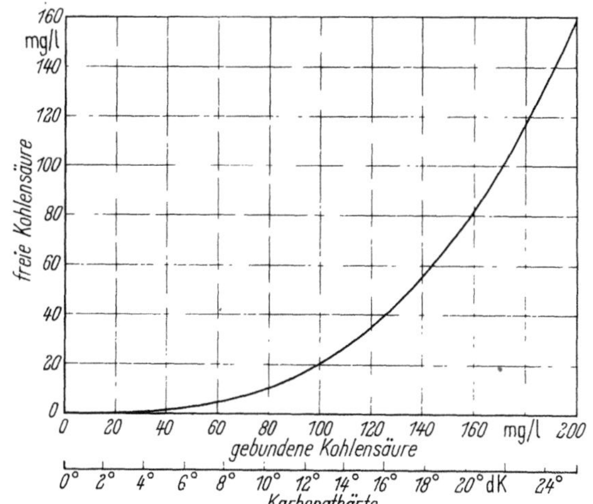

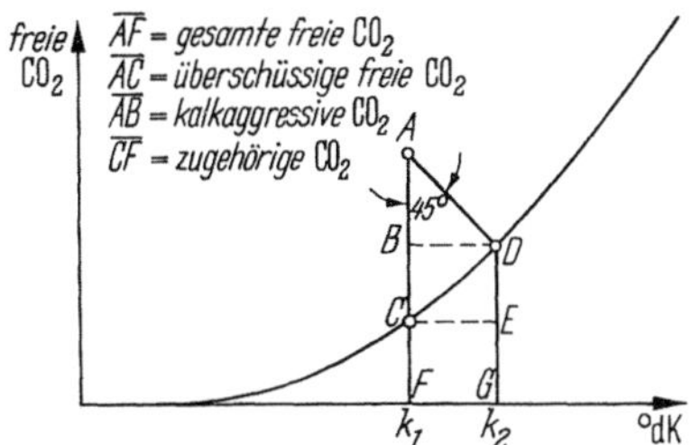

Abb. 328. Schema der TILLMANSschen Kurve mit Eintragung der verschiedenen Kohlensäuremengen eines beliebigen Wassers.

Abb. 327. Kalk-Kohlensäure-Gleichgewichts-Kurve nach TILLMANS ($t = 10\ °C$).

ausfallen, bis sich mit verringerter Kalkhärte ein neues Gleichgewicht ergibt. Derartige Wässer neigen also zur Deckschichtbildung. Im Gegensatz dazu ist ein Wasser, dessen Gehalt an freier Kohlensäure über der Kurve liegt, das also überschüssige freie Kohlensäure enthält, gefährlich für die Rohrleitung, weil es aggressiv ist. Beim Asbestzement- oder Betonrohr wird von dem kalkaggressiven Anteil der überschüssigen Kohlensäure soviel Kalkhydrat bzw. Kalziumkarbonat aus dem Zementmaterial herausgelöst, bis sich infolge der Aufhärtung ein neues Gleichgewicht einstellt. Dieser Vorgang läßt sich an Hand der TILLMANSschen Kurve verdeutlichen (Abb. 328):

Ein Wasser besitze die Menge A an freier Kohlensäure. Die Kalkhärte betrage k_1. Legt man in A einen Winkel von 45°[1] an und verlängert den freien Schenkel, so schneidet dieser die Gleichgewichtskurve im Punkt D. Eine Parallele zur Abszisse durch D ergibt den Punkt B. Schließlich schneidet die Senkrechte $\overline{AF}$ die Gleichgewichtskurve im Punkt C. Die Strecke $\overline{CF}$ entspricht der zum Gleichgewicht gehörenden Menge an zugehöriger freier Kohlensäure, während die Strecke $\overline{AC}$ den aggressiven Anteil der gesamten freien Kohlensäure (Strecke $\overline{AF}$) darstellt. Nach KLAS und STEINRATH [122] findet man mit Hilfe der Winkelkonstruktion über den Punkt D die Strecke $\overline{AB}$, die den kalkaggressiven Anteil der überschüssigen freien Kohlensäure angibt. Nur dieser Anteil ist beim Asbestzement-Druckrohr korrosiv und greift das Material an, und zwar solange, bis sich durch das herausgelöste Kalziumkarbonat die größere Kalkhärte k_2 eingestellt hat. Dann kommt der Angriff auf die Rohrwand zum Stillstand, weil ein Gleichgewichtszustand erreicht ist. Der der Strecke $\overline{BC}$ entsprechende Anteil der überschüssigen freien Kohlensäure, der ebenfalls rostschutzverhindernd ist, wird nun benötigt, um das Gleichgewicht aufrecht zu erhalten, er ist zugehörige freie Kohlensäure geworden, die entsprechend der neuen Kalkhärte k_2 nunmehr eine Menge entsprechend den Strecken $\overline{CF} + \overline{BC} = \overline{DG}$ einnimmt. Es ist demnach grundsätzlich festzustellen, daß von der gesamten überschüssigen freien Kohlensäure nur ein Teil in der Lage ist, Asbestzement bzw. Beton anzugreifen und daß dieser Angriff bei Erreichen des Gleichgewichtszustandes zum Stillstand kommt. Hierzu bedarf es natürlich einer entsprechend langen Einwirkungszeit. Bei durchströmten Rohrleitungen ist jedoch häufig die Kontaktzeit bzw. die Fließlänge zu gering, so daß das Gleichgewicht nicht erreicht wird. Dann findet der Angriff auf der gesamten Rohrstrecke statt, wobei er im ersten Teil der Leitung zwangsläufig größere Ausmaße annimmt.

Es läßt sich also aus der TILLMANSschen Gleichgewichtskurve sofort die zugehörige freie sowie kalkaggressive und nichtkalkaggressive Kohlensäure ablesen, was zur Beurteilung eines Wassers im Hinblick auf mögliche Korrosionsvorgänge wichtig ist. Hierbei darf allerdings nicht übersehen werden, daß bei der praktischen Anwendung der TILLMANSschen Kurve der Einfluß der in allen Wässern mehr oder weniger vorhandenen Magnesiumhärte und die Anwesenheit gelöster Salze (Salzfehler) das Ergebnis etwas verfälscht, insofern ist eine Einschränkung hinsichtlich der Genauigkeit der abgelesenen Ergebnisse zu machen.

4.613 Die Sulfatreduktion und ihre Bedeutung für die Außenkorrosion von Asbestzement-Druckrohren

Die Korrosion von Eisen im Boden ist eine bekannte Erscheinung und auf die Bildung von Eisenhydroxyd zurückzuführen, etwa nach dem Schema

$$\mathrm{Fe} + 2\,\mathrm{H_2O} \rightarrow \mathrm{Fe\,(OH)_2} + 2\,\mathrm{H.}$$

Es entsteht hierbei freier Wasserstoff. Dieser Prozeß entspricht dem bereits anfangs erwähnten Verhalten eines galvanischen Elementes, bei dem zwei Metalle, das eine entsprechend der galvanischen Spannungsreihe „edler" als das andere, miteinander elektrisch leitend verbunden von einem Elektrolyten umgeben sind. Das weniger edle Metall geht als Anode in Lösung, während sich am edleren, der Kathode, der frei gewordene Wasserstoff anhäuft. Derartige galvanische Elemente lassen sich im technischen Eisen infolge der vorhandenen Beimengung immer nachweisen. Nach [120] kann die Eisenkorrosion als eine Anhäufung von galvanischen Elementen aufgefaßt werden, die man daher auch als Korrosionselemente bezeichnet. Als Folge der Wasserstoffanhäufung an der Kathode wird der Korrosionsvorgang gebremst und kommt schließlich ganz zum Stillstand. Man sagt, der Wasserstoff polarisiert die Kathode. Voraussetzung dafür, daß der Korrosionsprozeß weiterläuft, ist also die Depolarisation der Kathode, mit anderen Worten, die Entfernung des Wasserstoffes. Dies kann einmal dadurch geschehen, daß der Sauer-

---

[1] Der Winkel von 45° gilt nur dann, wenn der Abszissenmaßstab (gebundene Kohlensäure) gleich dem Ordinatenmaßstab (freie Kohlensäure) gewählt wird.

stoff der Luft Zugang zum Boden hat und den Wasserstoff zu Wasser oxydiert, was gleichzeitig auch die Umwandlung des Fe (OH)$_2$ zu Fe (OH)$_3$ zur Folge hat und somit den bekannten Rost erzeugt. Man bezeichnet diese Art von Korrosion als aerobe Korrosion. Zum anderen ist eine Depolarisation durch mikrobiologische Vorgänge möglich. Hierbei treten Mikroorganismen auf, die unter Luftsauerstoff-Abschluß leben, also vornehmlich in sehr feuchten Böden wie Moor-, Klei- und nassen Tonböden, und unter bestimmten Voraussetzungen den freigewordenen Wasserstoff aufnehmen. Dadurch wird der Korrosionsprozeß auch trotz Fehlens von Luftsauerstoff aufrechterhalten, man spricht daher in diesem Falle von einer anaeroben Korrosion.

Eine der wesentlichsten mikrobiologischen Prozesse in dieser Hinsicht ist die Sulfatreduktion, die 1895 von BEYERINCK entdeckt wurde [21]. Ihm gelang es, Mikroorganismen zu isolieren, die er *Spirillum desulfuricans* nannte, und die in der Lage sind, Sulfate im Boden zu Schwefelwasserstoff oder Sulfiden zu reduzieren. Diese Spirillen sind Kosmopoliten und fehlen fast in keinem Boden, so daß die Sulfatreduktion überall anzutreffen ist [120]. Bei der Sulfatreduktion kann sowohl der in organischen Nährboden gebundene als auch freier Wasserstoff mit dem im Sulfat gebundenen Sauerstoff oxydiert werden, so daß eine Depolarisation im beschriebenen Sinne möglich ist.

Das Wesen der Sulfatreduktion läßt sich nach BAARS [11] durch die schematische Darstellung[1]

$$H_2SO_4 + 8\,H \rightarrow H_2S + 4\,H_2O$$

aufzeigen. Der entstehende Schwefelwasserstoff wirkt dabei auf das anwesende Eisenhydroxyd ein:

$$3\,H_2S + 2\,Fe\,(OH)_3 \rightarrow 2\,FeS + S + 6\,H_2O.$$

Weiterhin läßt der gebildete freie Schwefel durch Einwirkung auf das Schwefeleisen Pyrit entstehen:

$$FeS + S \rightarrow FeS_2.$$

In Böden, in denen eine Sulfatreduktion stattgefunden hat, kann man daher meistens auch freien Schwefel bzw. Pyrit feststellen[2]. Werden solche Böden anschließend belüftet, z. B. durch Austrocknung (Tide) usw., besteht die Möglichkeit einer Oxydation des Pyrits zu Schwefelsäure, der Boden wird sauer und somit aggressiv. Aber auch der freie Schwefel kann durch Oxydation zur Schwefelsäure führen. Auch hier besteht die Möglichkeit der Mitwirkung von Mikroben [120]. Nach WAKSMAN und JOFFE [234] kann eine aerobe Mikrobe, *Thiobacillus thiooxydans* für die Schwefeloxydation verantwortlich gemacht werden, was nach [120] im Boden zu pH-Werten von 6,0 und kleiner führen kann.

Nach dem KIWA-Bericht [120] lassen sich bezüglich der Korrosion folgende Bodenzustände herausstellen:

Fall 1: Aerob, mit nahezu neutraler Reaktion (pH = 7)
Fall 2: Anaerob, mit aktiver Sulfatreduktion und beinahe neutraler Reaktion (pH = 7)
Fall 3: Aerob mit saurer und sehr starker saurer Reaktion (pH = 3 bis < 1)[3]
Fall 4: abwechselnd aerob und anaerob.

Während bei Metallangriffen im allgemeinen und beim Eisen im besonderen der frei werdende Wasserstoff den Ausgangspunkt für alle Korrosionsbetrachtungen bildet, spielt beim Angriff auf Asbestzement der Wasserstoff keine Rolle. Hierin liegt der wesentliche Unterschied zwischen der Bodenkorrosion des Eisens und der des Asbestzementes [120]. Unter diesem Gesichtspunkt betrachtet, können eiserne Gegenstände daher bei allen vier Bodenzuständen korrodieren, während Asbestzement nur in den Fällen 3 und 4 angegriffen wird. Der Fall 1 scheidet aus, da keine Säure vorhanden ist, die das Kalziumkarbonat des Asbestzements angreifen könnte. Im Fall 2 ist dagegen Sulfat vorhanden, das als zementgefährdend bekannt ist. Durch die statt-

---

[1] Die angeführten Reaktionsschemen stellen eine grobe Vereinfachung dar. In Wirklichkeit handelt es sich um komplizierte Stoffwechselprozesse.

[2] van BEMMELEN: Scheikundige Verhandelingen en Onderzoekingen Teil II, (1863).

[3] Starke Säuren, auf anaerobe Weise gebildet, sind ausgeschlossen.

findende mikrobiologische Reduktion wird dieses Salz jedoch abgebaut. Der dabei entstehende Schwefelwasserstoff schadet dem Asbestzement nicht und wird meistens durch die im Boden vorhandenen Eisenverbindungen in Schweifeleisen umgesetzt. Die Sulfatreduktion übt also in bezug auf Asbestzement eine schützende Wirkung aus. Sofern der Boden kalkhaltig ist, wird Sulfat in Form von Gips auftreten. Kalkhaltige Böden sind hinsichtlich einer Korrosionsgefahr grundsätzlich als besonders günstig zu beurteilen. Gefährlich für Asbestzement sind die Böden des Falles 3. Das Vorhandensein schwacher bis starker Säuren, deren Herkunft und Art nicht interessieren mögen, leistet einer Korrosion Vorschub, so daß auf jeden Fall Maßnahmen für einen Korrosionsschutz ergriffen werden müssen. Der Fall 3 kann, wie schon ausgeführt, aus dem Fall 2 entstehen, wenn ein Boden des Falles 2 nachträglich belüftet wird. Daraus ergibt sich die Gefährlichkeit des Falles 4, bei dem der Boden zeitweise unbelüftet und belüftet ist.

4.62 Innenkorrosion

Mit dem Begriff „Innenkorrosion" werden, wie der Ausdruck schon andeutet, hauptsächlich die Schäden oder Veränderungen an der inneren Rohroberfläche zusammengefaßt, die auf den chemischen Angriff der in den Rohren geförderten Flüssigkeit bzw. des transportierten Gases zurückzuführen sind. Die Korrosion durch Gas ist nur in Verbindung mit vorhandener Feuchtigkeit möglich und dann meistens auf Bildung von mineralischen Säuren zurückzuführen. Der Anteil der vorhandenen gasführenden Asbestzementrohre ist zur Zeit noch gering, gemessen an demjenigen, den die wasserführenden Asbestzementrohrleitungen ausmachen, daher erstrecken sich die bisher durchgeführten chemischen Untersuchungen an Asbestzementrohren hauptsächlich auf Versuche mit wäßrigen Lösungen der verschiedensten Art.

Bei der Verwendung von *Asbestzement-Druckrohren für Abwasserleitungen* können Innenkorrosionserscheinungen die verschiedensten Ursachen haben. Während die reinen häuslichen Abwässer mit einem im allgemeinen neutralen bis schwach alkalischen Charakter in bezug auf Innenkorrosion völlig harmlos sind, enthalten industrielle und gewerbliche Abwässer oft sehr stark angreifende Agenzien. In diesem Zusammenhang darf auf die Widerstandsfähigkeit gegenüber Jauchen hingewiesen werden. Diese Wässer sind hauptsächlich die Träger der Innenkorrosion. In ihnen können sowohl starke mineralische, als auch schwache organische Säuren enthalten sein. Daneben sind neutrale Salze und solche anzutreffen, die infolge Dissoziation sauer reagieren, z. B. Ammoniumchlorid. Mit dem Vorhandensein von Schwefelwasserstoff muß gerechnet werden, und schließlich können neben mikrobiologischen Prozessen Reaktionen mit radioaktiven Agenzien erfolgen. Es bietet sich also ein weites Feld an, das näher untersucht werden muß, will man eine Aussage über das Verhalten eines Rohrmaterials gegenüber verschiedenen industriellen Abwässern erhalten.

Demgegenüber liegen die Verhältnisse bei der Verwendung von *Asbestzement-Druckrohren für Trinkwasser* übersehbar. Trinkwasser ist ein Lebensmittel und muß den hierfür bestehenden Vorschriften entsprechen. Es darf weder gesundheitsschädigende noch geschmacks- oder geruchsbeeinflussende Stoffe enthalten. Diese Forderungen schließen die Anwesenheit der meisten Agenzien, die eine Innenkorrosion hervorrufen könnten, aus. Übrig bleibt in der Hauptsache die Kohlensäure, die in allen natürlichen Wässern in größerer oder kleinerer Konzentration vorkommt und daher auch in vielen Trinkwässern enthalten ist. Wenn es sich hierbei auch um eine schwache Säure handelt, so darf ihre Anwesenheit insofern nicht unterschätzt werden, als sich ihre Einwirkung u. U. über sehr lange Zeiträume erstrecken kann. Neben der Korrosionsgefahr gilt es weiterhin zu untersuchen, inwieweit das transportierte Trinkwasser eine Geruchs- oder Geschmacksbeeinflussung durch die Rohrleitung erfährt und ob u. U. gesundheitsschädigende Bestandteile der Rohrwandung oder der Innenisolierung herausgelöst werden. Zwar handelt es sich hierbei um kein Korrosionsproblem, trotzdem sollen diese Fragen im Zusammenhang mit der Innenkorrosion erörtert werden.

Auf Grund der Einteilung der korrosiven Agenzien in solche, die in Abwässern und solche, die in Trinkwässern anzutreffen sind, liegt es nahe, diese Einteilung auch bei der folgenden Behandlung der Innenkorrosion von Asbestzement-Druckrohren vorzunehmen. Wenn hiervon abgesehen wird, so geschieht das aus Gründen der besseren Übersichtlichkeit, Korrosionsversuche sollen im allgemeinen das Verhalten der betreffenden Rohre, hier Asbestzement-Druckrohre, gegenüber speziellen im Wasser vorkommenden Agenzien aufzeigen. Das bedingt eine labormäßige Durchführung dieser Versuche mit künstlich hergestellten aggressiven Lösungen. Einer Verwendung von in der Praxis vorkommenden Wässern steht entgegen — sieht man vom aufbereiteten, jedoch z. B. mit einer Kohlensäure-Aggressivität belasteten Trinkwasser ab —, daß diese meistens ein Gemisch von verschiedenen, mehr oder weniger aggressiven chemischen Bestandteilen enthalten und die darauf zurückzuführenden Korrosionserscheinungen nur schwer auf ein bestimmtes Agens bezogen werden können. Es bleibt deshalb nur übrig, die Aggresivität des betreffenden Wassers an sich zu konstatieren. Im Sinne eines Nachschlagewerkes erscheint es nun wünschenswert, das Verhalten des Rohrmaterials gegenüber den einzelnen Agenzien herauszustellen.

Die Literatur berichtet von einer Vielzahl von Korrosionsversuchen, die auf verschiedene Art und Weise durchgeführt wurden und daher zwangsläufig auch durch unterschiedliche Ergebnisse gekennzeichnet sind. Es war daher notwendig, neben den bekannten Versuchen eine neue Versuchsreihe durchzuführen, deren Einzelergebnisse bei gleicher Versuchsanordnung einander gegenübergestellt werden konnten. Mit der Durchführung des hiermit verbundenen umfangreichen Versuchsprogramms wurde das Bundesgesundheitsamt — jetzt Bundesgesundheitsministerium — beauftragt, in seinem *Institut für Wasser-, Boden- und Lufthygiene* (WABOLU) in Berlin-Dahlem, Corrensplatz 1, Wiss.-Rat und Prof. Dr. HÖFER die Untersuchungen vornahm; er legte die Ergebnisse in einem Versuchsbericht [*V16*] nieder. Neben einigen Standversuchen fanden in der Hauptsache Durchflußversuche statt, da letztere der praktischen Wirklichkeit mehr entsprechen. Freilich auf die in gelegten Rohrleitungen vorhandenen Druck- und Fließgeschwindigkeitsverhältnisse mußte bei den Versuchsanordnungen verzichtet werden, da letztere sonst zu umfangreich geworden wären. Auch konnte eine größere Leitungslänge nicht installiert werden, da der hierfür notwendige Platz nicht vorhanden war. Durch eine geeignete Wahl der Fließgeschwindigkeit und der Rohrnennweite ließ sich jedoch ein Ausgleich schaffen, so daß trotz der kleinen Anlage brauchbare Ergebnisse erzielt wurden. Um trotz der notwendigen Beschränkungen der Versuchszeiten meßbare Ergebnisse zu erhalten, wurden die Konzentrationen erhöht bzw. überhöht.

Vorversuche hatten ergeben, daß verhältnismäßig stark aggressive Wässer durch ein 2,0 m langes Asbestzement-Druckrohr NW 50 bei einer Durchflußgeschwindigkeit von 5 m/h noch gut nachweisbar beeinflußt werden. Daher konnte für alle Versuche eine einheitliche Versuchsanordnung gewählt werden, zumal es möglich war, bei schwach aggressiven Wässern die Durchflußgeschwindigkeit auf die Hälfte, nämlich 2,5 m/h herabzusetzen. Die Wahl der Nennweite war hierbei versuchsbedingt. Die Versuchsanlage bestand jeweils aus einem sorgsam gereinigten und mit Bitumenanstrich versehenen Behälter, der etwa 200 l faßte, einer Dosierpumpe (Doppelmembran-Säurepumpe Typ R 410) und dem vertikal aufgestellten, von unten nach oben durchflossenen Versuchsrohr, das bei einigen Versuchen durch einen ein- oder mehrlagigen Schutzanstrich geschützt war. In dem Behälter wurde die aggressive Lösung angesetzt, wobei hauptsächlich Berliner Leitungswasser[1] als Lösungsträger Verwendung fand. Über Gummischläuche wurde die angesetzte Lösung durch die entsprechend eingestellte Dosierpumpe zu dem Versuchsrohr gepumpt (Abb. 329). Da vier Pumpen zur Verfügung standen, konnten immer vier Versuche parallel gefahren werden. Die schematische Darstellung der Abb. 330 zeigt das mit Gummistopfen beidseitig verschlossene Versuchsrohr. Am unteren Rohrende, also am Zulauf, ermöglichte ein Zweiwegehahn die Entnahme von Proben der zufließenden Lösung, während die Proben der durch das Rohr geflossenen Lösung am Ablauf des oberen Rohrendes entnommen werden konnte. Die Probeentnahme fand wöchentlich statt, wobei jedesmal zuerst die Ablaufprobe (A) und anschließend die Zulaufprobe (Z) genommen wurde. Insgesamt fanden 20 Durchflußversuche mit verschiedenen Lösungen statt. 8 Versuche befaßten sich hauptsächlich mit der Kohlensäure, sie sind daher mehr auf Trinkwasserleitung ausgerichtet, während die restlichen 12 Versuche mit Lösungen von Mineralsäuren und Salzen mehr dem Abwassersektor

---

[1] Siehe hierzu Unterabschnitt 4.62 01.

entsprachen. Neben den chemisch-analytischen Untersuchungen sowohl der benutzten Flüssigkeit als auch der beanspruchten inneren Rohroberfläche, fanden an den Versuchsrohren Wanddickemessungen statt. Darüber hinaus wurden fotografische Aufnahmen der Oberfläche im

Abb. 329. Blick auf die Versuchsanordnung [V16].

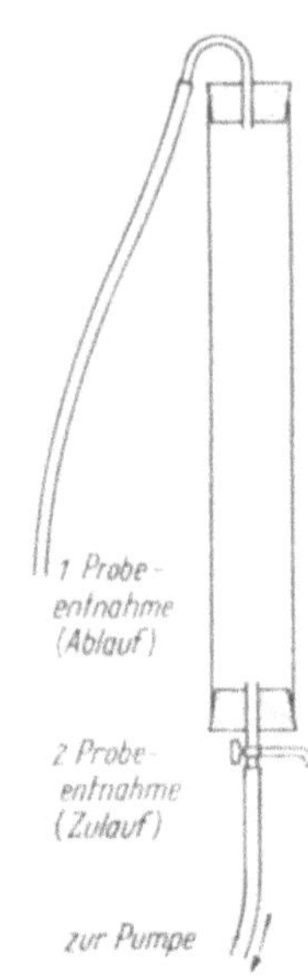

Abb. 330. Schematische Darstellung
des Versuchsrohres [V16].

Vergrößerungsmaßstab 1 : 7 hergestellt, aus denen die jeweilige Veränderung der Oberfläche während des Versuchs ersichtlich wird. Abb. 331 zeigt die Innenwandfläche eines der fabrikneuen Asbestzement-Druckrohre NW 50 ohne Innenisolierung, die als Versuchsrohre Verwendung fanden, zum Vergleich mit den folgenden nach Abschluß der einzelnen Versuche hergestellten Aufnahmen. Es ist schließlich noch festzuhalten, daß alle Versuchsrohre vor Versuchsbeginn 24 Stunden mit Berliner Leitungswasser gespült wurden, um Staub und sonstige oberflächliche Verunreinigungen zu beseitigen.

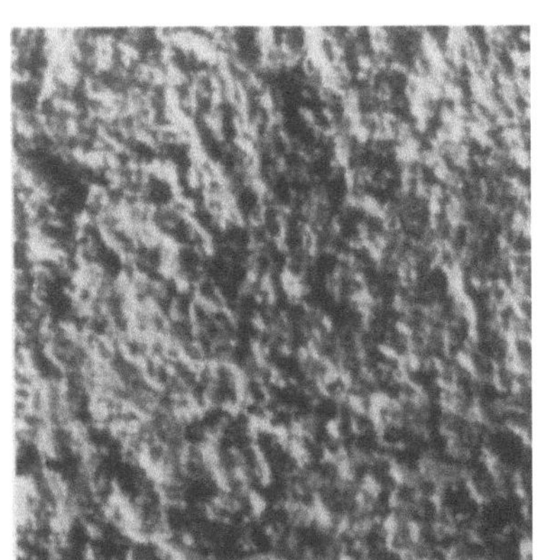

Abb. 331. Innere Oberfläche eines aufgeschnittenen Asbestzement-Druckrohres NW 50, im fabrikneuen Zustand (Vergrößerung 1 : 7) [V16].

4.62 01 Versuch mit aufbereitetem Trinkwasser

Die Verwendung eines Rohrmaterials für Trinkwasserleitungen setzt voraus, daß das Trinkwasser durch das Rohrmaterial hinsichtlich Güte, Geschmack und Geruch nicht beeinflußt wird. Wenn sich Asbestzement-Druckrohre auch seit vielen Jahren als Trinkwasserleitungen hervorragend bewährt haben, so erschien es doch zweckmäßig, in übersehbaren, unter eindeutigen Bedingungen durchgeführten Versuchen verschiedene Einzelwirkungen eingehend zu überprüfen. Insbesondere sollte hier festgestellt werden, inwieweit das durchfließende Wasser durch die bei fabrikneuen Asbestzement-Druckrohren zu beobachtende Wandalkalität, die auf das Vorhandensein von noch nicht karbonatisiertem Kalziumhydroxyd an der Wandoberfläche zurückzuführen ist, beeinflußt wird. Das für den Versuch zur Verfügung stehende Berliner Leitungswasser befand sich praktisch im Kalk-Kohlensäure-Gleichgewicht und setzte sich folgendermaßen zusammen:

Tabelle 67. *Analyse des im Wasserwerk Beelitzhof der Berliner Wasserwerke gewonnenen und aufbereiteten Grundwassers*

	Rohwasser (Grundwasser)	Reinwasser	angestrebte Befunde im Reinwasser
pH-Wert	7,1	7,1	7,0 — 7,6
freie Kohlensäure mg/l CO_2	19	14	Kalk-Kohlensäure-Gleichgewicht
Sauerstoff mg/l O_2	n.n.	9,1	> 6
Eisen mg/l	1,15	0,03	< 0,1
Mangan mg/l Mn	0,22	n.n.	n.n.
Chloride mg/l Cl^-	48	43	< 250
Kaliumpermanganatverbrauch mg/l $KMnO_4$	13,5	8,0	< 15
Gesamthärte °dG	13,7	12,8	4 — 12 (weich bis mittelhart)
Karbonathärte °dK	10,8	10,8	> 2
Sulfate mg/l SO_4^{--}	48	48	< 300
Ammoniak mg/l NH_4^+	0,3	n.n.	n.n.
Nitrit mg/l NO_2^-	n.n.	n.n.	n.n.
Nitrat mg/l NO_3^-	3,5	1,5	< 40
SiO_2 mg/l	16	16	< 25
Abdampfrückstand mg/l	390	350	< 500
freies Chlor mg/l	—	0,20 Überschuß ab Werk gem. Auflage	Chlorzehrungsvermögen abgesättigt

Die Durchflußmenge betrug bei einem Rohrquerschnitt von rund 20 cm² 10 Liter pro Stunde, was einer Geschwindigkeit von 5 m/h entsprach. Die wöchentlichen Nachprüfungen während des Versuches erstreckten sich auf die Bestimmung des pH-Wertes, der freien Kohlensäure, des Gehaltes an Kalk und Magnesia und in Verbindung mit letzterem, die Kalk- und Gesamthärte. Nach acht Wochen wurde der Versuch abgebrochen. Die Ergebnisse sind in Tabelle 68 wiedergegeben. Sie zeigen, daß eine wesentliche Beeinflussung des Wassers während des Versuches nicht erfolgte.

Tabelle 68. *Durchflußversuch mit Berliner Leitungswasser [V 15]*

		1. Woche		2. Woche		3. Woche		4. Woche		5. Woche		6. Woche		7. Woche		8. Woche	
		Z	A	Z	A	Z	A	Z	A	Z	A	Z	A	Z	A	Z	A
pH		7,5	7,5	7,5	7,5	7,6	7,6	7,5	7,5	7,5	7,5	7,6	7,6	7,5	7,5	7,5	7,5
CaO	mg/l	105	106	107	108	105	106	105	106	105	106	107	108	106	106	107	107
MgO	mg/l	8,6	8,6	8,6	8,6	8,6	8,6	8,6	8,6	8,6	8,6	8,6	8,6	8,6	8,6	8,7	8,6
KH	°d	8,7	8,7	9,0	9,2	8,4	8,4	8,4	8,4	8,4	8,4	9,0	9,2	8,4	8,4	9,0	9,0
GH	°d	11,7	11,8	11,9	12,0	11,7	11,8	11,7	11,8	11,7	11,8	11,9	12,0	11,7	11,7	11,9	11,9
CO_2	mg/l	5	7	13	12	12	12	12	12	12	12	13	12	12	12	13	13

Z = Zulauf,   A = Ablauf.

Die beobachteten Veränderungen sind gering und liegen knapp an der Grenze der Feststellbarkeit. HÖFER vermutet, daß die sicherlich vorhandene anfängliche Wandalkalität bereits durch das 24stündige Spülen der Rohre vor Versuchsbeginn beseitigt wurde [V16]. Das Aufschneiden des Versuchsrohres nach Beendigung des Durchflußversuches ergab, daß die gesamte Innenwandung mit einem grauweißen, hauchdünnen, feinkörnigen Belag überzogen war, der die marmorierte Struktur des unbenutzten Rohres nicht mehr erkennen ließ (Abb. 332).

Die mikroskopische Untersuchung machte die feinkörnige, gleichmäßige und verhältnismäßig glatte Oberflächenstruktur deutlich. Der Belag war auf die Abscheidung von Kalziumkarbonat zurückzuführen, worauf auch die Ergebnisse der analytischen Untersuchung des vorsichtig abgeschabten Belags hindeutete (Tab. 69).

Tabelle 69. *Analyse des abgeschabten Innenbelages* [*V 16*]

	Glühverlust %	HCl-Unlösl. %	CaO %	Al_2O_3 + Fe_2O_3 %
Ungebrauchtes Asbestzement-Druckrohr	15,2	21,6	49,3	10,4
Versuchsrohr	30,8	15,9	38,4	7,1

Der höhere Glühverlust sowie die Verminderung des HCl-Unlöslichen und des Gehaltes an CaO und Al_2O_3 + Fe_2O_3 sprechen für die Abscheidung eines Kalziumkarbonat-Niederschlages. In diesem Zusammenhang sei auf die im Abschnitt 4.31 beschriebenen hydraulischen Versuche von LUDIN verwiesen. LUDIN fand bei Druckverlustmessungen an einer seit etwa fünf Jahren in Betrieb stehenden Trinkwasserleitung aus Asbestzement-Druckrohren einen geringeren Reibungsverlust als denjenigen, den er an seinen Versuchsleitungen aus fabrikneuen Asbestzement-Druckrohren ermittelt hatte. Er führte diese Tatsache ebenfalls auf die Bildung eines Niederschlags zurück, der die natürlichen Unebenheiten der Rohrwand ausgleicht. Vergleicht man hierzu die Abb. 332 mit der Abb. 331, so findet sich diese Annahme bestätigt.

Abb. 332. Blick auf die Innenwandung des Versuchsrohres nach 8wöchentlichem Durchflußversuch mit Berliner Leitungswasser (Vergrößerung 1 : 7) [*V16*].

Zusammenfassend kann festgestellt werden, daß beim Durchfluß des im Kalk-Kohlensäure-Gleichgewicht stehenden Berliner Leitungswassers die Asbestzement-Druckrohre nach anfänglicher, sehr geringfügiger Kalziumkarbonat-Ausscheidung von amorpher Struktur keinerlei Veränderung erfahren und damit auch das Wasser praktisch nicht beeinflussen [*V16*].

Parallel zu den Durchflußversuchen wurde von HÖFER ein *Standversuch* angesetzt, der die gegenseitige Beeinflussung von Trinkwasser und Rohr während einer bestimmten Standzeit aufzeigen sollte. Hierzu wurden zwei Asbestzement-Druckrohre NW 50 von 1,0 m Länge, von denen eines mit einem Innenanstrich aus Inertol W 49 versehen worden war, einseitig verschlossen, nach 24stündiger Spülung mit Berliner Leitungswasser senkrecht aufgestellt und ebenfalls mit Berliner Leitungswasser bis zum Rand gefüllt. Den oberen Abschluß bildete eine aufgelegte Glasplatte, die das Verdunsten verhindern sollte. Eine gleichzeitig mit demselben Wasser gefüllte Glasflasche mit eingeschliffenem Glasstöpsel diente als ,,Nullversuch". Die Untersuchungen erstreckten sich auf den Befund des Wassers im Rohr und auch in der Flasche hinsichtlich der chemischen Beschaffenheit, auf Geruch und Geschmack, sowie auf die Beschaffenheit der Versuchsrohre. Dabei ging HÖFER so vor, daß er das Wasser beim Einfüllen und dann jeweils nach 14 Tagen analysierte. Waren die 14 Tage um, so wurden die Rohre entleert und erneut gefüllt. Insgesamt fand der Füllvorgang 14mal statt, so daß sich die Versuchsdauer insgesamt über 28 Wochen erstreckte. In Tab. 70 sind die Untersuchungsbefunde des Wassers sowohl von dem Versuchsrohr als auch von der Flasche wiedergegeben. Gegenübergestellt werden dabei die Analysen des Wassers vor der Einfüllung.

Betrachtet man die Ergebnisse der Versuche mit dem ungeschützten Rohr, so erkennt man, daß das Wasser im Rohr während der ersten beiden Füllungen eine deutliche Veränderung erfährt, die sich in dem völligen Verschwinden der freien Kohlensäure und einem entsprechenden Abfall

Tabelle 70. *Wasseranalysen beim Standversuch mit Berliner Leitungswasser* [V16]

		ungeschütztes Versuchsrohr							bitumiertes Versuchsrohr						
F. = Flasche / R. = Rohr / T. = Tage		CO_2 (mg/l)	°dG	°dK	CaO (mg/l)	MgO (mg/l)	$KMnO_4$-Verbrauch (mg/l)	O_2 (mg/l)	CO_2 (mg/l)	°dG	°dK	CaO (mg/l)	MgO (mg/l)	$KMnO_4$-Verbrauch (mg/l)	O_2 (mg/l)
1. Füllg.	vor Beginn	10	11,7	8,4	105	8,6	8	9,7	10	11,7	8,4	105	8,6	9	9,7
	F. nach 14 T.	10	11,7	8,4	105	8,6	8	8,3	10	11,7	8,4	105	8,6	9	8,3
	R. nach 14 T.	n.n.	5,0	3,6	38	8,6	5	8,5	2	11,3	10,6	101	8,6	16	4,2
2. Füllg.	vor Beginn	10	11,8	8,7	106	8,6	7	9,9	10	11,8	8,7	106	8,6	7	9,8
	F. n. 14 T.	9	11,8	8,7	106	8,6	4	9,2	9	11,8	8,7	106	8,6	4	9,3
	R. nach 14 T.	n.n.	3,5	2,0	23	8,6	8	8,2	3	10,9	10,9	97	8,6	12	5,7
3. Füllg.	vor Beginn	12	12,4	9,5	109	10,8	5	8,9	12	12,4	9,5	109	10,8	5	8,9
	F. nach 14 T.	12	12,4	9,5	109	10,8	8	8,6	12	12,4	9,5	109	10,8	8	8,5
	R. nach 14 T.	3	9,2	7,3	77	10,8	9	8,6	8	11,6	9,8	102	10,1	11	5,6
4. Füllg.	vor Beginn	12	11,8	8,4	105	9,4	8	10,0	12	11,8	8,4	105	9,4	8	10,0
	F. nach 14 T.	12	11,8	8,4	105	9,4	8	8,9	12	11,8	8,4	105	9,4	8	8,9
	R. nach 14 T.	4	8,6	6,4	76	7,2	7	8,6	5	10,9	9,5	96	9,4	10	3,6
5. Füllg.	vor Beginn	14	11,8	9,2	106	8,6	9	8,9	14	11,8	9,2	106	8,6	9	8,9
	F. nach 14 T.	14	11,8	9,2	106	8,6	7	8,5	14	11,8	9,2	106	8,6	7	8,5
	R. nach 14 T.	5	10,5	8,4	93	8,6	6	8,5	9	11,2	10,4	100	8,6	10	5,4
6. Füllg.	vor Beginn	15	12,0	9,0	106	10,1	8	9,1	15	12,0	9,0	106	10,1	8	9,1
	F. nach 14 T.	15	12,0	9,0	106	10,1	8	8,6	15	12,0	9,0	106	10,1	8	8,6
	R. nach 14 T.	6	10,9	8,4	95	10,1	6	7,9	8	11,7	9,8	103	10,1	9	3,4
7. Füllg.	vor Beginn	17	11,8	8,4	106	8,6	10	10,0	17	11,8	8,4	106	8,6	10	10,0
	F. nach 14 T.	17	11,8	8,4	106	8,6	7	9,9	16	11,8	8,4	106	8,6	7	9,9
	R. nach 14 T.	8	10,6	6,7	94	8,6	6	9,2	10	11,4	9,0	102	8,6	8	5,8
8. Füllg.	vor Beginn	13	12,9	10,6	113	11,5	12	7,7	13	12,9	10,6	113	11,5	12	7,7
	F. nach 14 T.	13	12,9	10,6	113	11,5	10	7,4	13	12,9	10,6	113	11,5	10	7,3
	R. nach 14 T.	4	12,1	10,1	105	11,5	8	7,2	7	12,7	10,9	111	11,5	10	5,6
9. Füllg.	vor Beginn	15	12,8	10,9	112	11,5	8	7,4	15	12,8	10,9	112	11,5	8	7,4
	F. nach 14 T.	14	12,8	10,9	112	11,5	9	7,0	14	12,8	10,9	112	11,5	9	7,0
	R. ncah 14 T.	6	12,5	10,9	109	11,5	9	7,1	10	12,3	11,2	106	11,5	9	4,5
10. Füllg.	vor Beginn	14	11,7	8,4	105	8,6	7	10 3	14	11,7	8,4	105	8,6	7	10,3
	F. nach 14 T.	13	11,7	8,4	105	8,6	7	9,3	13	11,7	8,4	105	8,6	7	9,3
	R. nach 14 T.	6	10,5	7,3	93	8,6	7	8,7	10	11,1	8,4	99	8,6	8	4,7
11. Füllg.	vor Beginn	11	12,4	8,1	112	8,6	9	9,7	11	12,4	8,1	112	8,6	9	9,7
	F. nach 14 T.	11	12,4	8,1	112	8,6	8	9,5	11	12,4	8,1	112	8,6	8	9,5
	R. nach 14 T.	6	11,7	7,8	105	8,6	8	8,5	9	12,1	8,4	109	8,6	8	5,4
12. Füllg.	vor Beginn	14	12,8	8,1	116	8,6	6	9,7	14	12,8	8,1	116	8,6	6	9,7
	F. nach 14 T.	12	12,8	8,1	116	8,6	5	8,9	12	12,8	8,1	116	8,6	5	8,9
	R. nach 14 T.	6	12,7	8,1	—	8,6	7	8,4	11	12,8	8,7	116	8,6	7	4,8
13. Füllg.	vor Beginn	11	12,5	8,4	113	8,6	9	9,0	11	12,5	8,4	113	8,6	9	9,1
	F. nach 14 T.	10	12,5	8,4	113	8,6	7	8,7	10	12,5	8,4	113	8,6	7	8,7
	R. nach 14 T.	5	11,8	8,1	106	8,6	8	8,8	5	12,3	9,0	111	8,6	8	5,8
14. Füllg.	vor Beginn	—	12,4	9,0	111	9,4	10	8,6	11	12,4	9,0	111	9,4	10	8,6
	F. nach 14 T.	—	12,4	—	111	9,4	11	8,5	10	12,4	9,0	111	9,4	11	8,5
	R. nach 14 T.	6	12,1	9,0	108	—	7	8,5	8	12,1	9,5	109	9,4	10	4,9

der Gesamt- und der Karbonathärte ausdrückt. Die Flaschenfüllungen hatten während dieser Standzeiten dagegen bis auf den Verlust an Sauerstoff und den damit veränderten $KMnO_4$-Verbrauch keine Veränderungen erfahren. Aus diesem Grunde ist die eingetretene Wechselbeziehung Wasser-Rohrwand als erwiesen anzusehen. HÖFER erläutert die erhaltenen Ergebnisse dahingehend, daß durch die CaO-Alkalität der Wandung eine Entkarbonisierung des Wassers unter Abscheiden von Kalziumkarbonat eingeleitet wird, wobei auch geringe Mengen von Nichtkarbonathärte mit ausgeschieden werden. Letzteres ergibt sich aus der Differenz von Gesamt- und Karbonathärte. An und für sich hätte hierbei die Karbonathärte nach Abbau der Kohlensäure entsprechend dem Kalk-Kohlensäure-Gleichgewicht niedriger liegen müssen. Daß dies nicht der Fall ist, erklärt HÖFER mit einer Übersättigung an Kalziumkarbonat, die auch das weitere Verhalten kennzeichnet. Wie bereits nach dem 3. Wasserwechsel deutlich erkennbar wird, läßt die Entkarbonisierung allmählich nach, es tritt bereits wieder freie Kohlensäure auf und der Härteabfall wird geringer. Nach der 7. Füllung ist nur noch eine geringe Beeinflussung der Härte des Wassers durch die Wandalkalität zu beobachten, obgleich immer noch eine Verminderung der freien Kohlensäure eintritt, was HÖFER mehr auf eine Absorption durch die Wandalkalität und nur zu einem geringen Teil durch Entweichen durch den nicht absolut dichten Verschluß des Rohres durch die aufgelegte Glasplatte zurückführt.

Der Standversuch zeigt, daß durch die Wandalkalität des Asbestzement-Druckrohres etwa 14 Wochen lang eine deutliche Härteverminderung des Wassers eintritt. Mit dem Ausscheiden

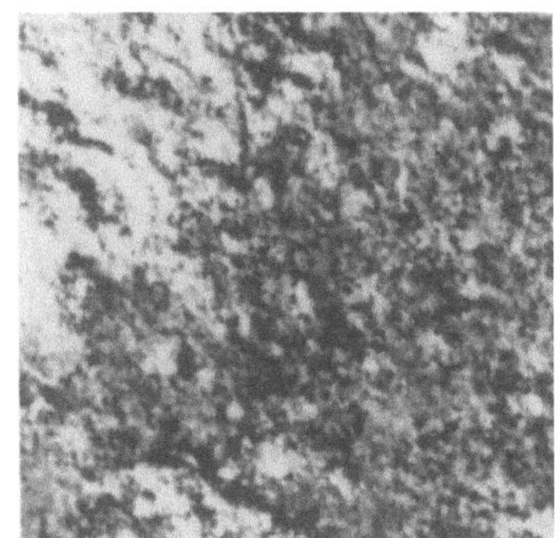

Abb. 333. Blick auf die Innenwandung des ungeschützten Versuchsrohres nach 24wöchentlichem Standversuch mit Berliner Leitungswasser (Vergrößerung 1 : 7) [*V16*].

von Härtebildnern, insbesondere der Kalkhärte, klingt die Wandalkalität ab, was eine verminderte Beeinflussung des Wassers durch die Rohrwand zur Folge hat. Ganz allgemein erfährt der Sauerstoffgehalt des Wassres hierbei infolge Zehrung nur geringfügige Veränderungen, die sich auch bei den Flaschenfüllungen zeigen und daher nicht von einem Einfluß der Rohrwandungen herrühren. Eine Geruchs- oder Geschmacksbeeinflussung des Wassers während der Standzeit konnte nicht festgestellt werden. Die mikroskopische Untersuchung der Innenwandung nach Aufschneiden des Versuchsrohres bestätigte die Annahme des Karbonat-Niederschlages, der sich als hauchdünner, jedoch gleichmäßig verteilter hellgrauer Belag zeigte. Abb. 333 läßt erkennen, daß die Oberfläche des Rohres weniger feinkörnig ist, als sie sich bei dem Durchflußversuch (Abb. 332) ergab. Der Kalziumkarbonat-Belag läßt sich aus dem erhöhten Glühverlust und dem Rückgang des HCl-Unlöslichen in der nachstehenden Analyse der abgeschabten Oberschicht entnehmen (Tab. 71) [*V16*].

Tabelle 71. *Analyse der Oberschicht des ungeschützten Versuchsrohres vom Standversuch mit Berliner Leitungswasser* [*V16*]

	Glühverlust %	HCl-Unlöslich. %	CaO %	$Al_2O_3 + Fe_2O_3$ %
Fabrikneues Rohr (ungebraucht)	15,2	21,6	49,3	10,4
Rohrbelag nach 28wöchigem Standversuch	35,4	11,1	44,3	4,5

Bei dem mit einem Bitumenanstrich versehenen Versuchsrohr konnte bis etwa zur 10. Woche (nach der 5. Wasserfüllung) ein Abfall der Gesamthärte beobachtet werden, die mit einer Verminderung des CaO-Gehaltes parallel lief, während der Gehalt an MgO konstant blieb. Gleichzeitig stieg die Karbonathärte an; das trat in den ersten 10 Wochen deutlich in Erscheinung.

Dieser Anstieg ist nach HÖFER vermutlich auf Inlösunggehen einer basischen Substanz aus dem Bitumenanstrich zurückzuführen, während der Abfall der Gesamthärte nicht erklärbar ist. Von der 10. Woche an ist die Beeinflussung des Wassers nur noch geringfügig. Deutlich wahrnehmbar bis zum Schluß des Versuches bleibt dagegen die Sauerstoffzehrung. Der Geruch und der Geschmack des Wassers selbst konnte etwa vier Wochen lang als beeinflußt gelten, danach nicht mehr. Das aufgeschnittene Rohr zeigte keinen Belag. Der Bitumenanstrich war etwas stumpfer geworden, eine Veränderung der Haftfähigkeit auf der Rohrwand war nicht festzustellen. Die Rohrwand blieb unverändert [*V16*].

Zusammenfassend läßt sich sagen, daß ein karbonathärtehaltiges Leitungswasser vom Typ des Berliner Trinkwassers beim längeren Stehen in einer neuen Asbestzement-Druckrohrleitung nicht nachteilig beeinflußt wird. Anfängliche Veränderungen der Härten klingen nach einiger Zeit ab. In Endsträngen länger stagnierendes Wasser wird demnach in chemischer Hinsicht auch nach Wochen nicht verändert; die besondere Eignung von Asbestzement-Druckrohren für solche Fälle steht damit fest. Während der Geruch und Geschmack des Wassers im ungeschützten Rohr unbeeinflußt bleibt, ist im bituminierten Rohr eine anfängliche Beeinträchtigung möglich.

Von ähnlichen Versuchen aus früherer Zeit seien die von KAATZ und RICHTER [*111*] erwähnt. Diese Forscher beobachteten sowohl bei Standversuchen als auch bei Durchflußversuchen ebenfalls eine anfängliche Verminderung der Härte, die sich in den gleichen Grenzen bewegte. Nach etwa vier Wochen war beim Standversuch die Beeinflussung des Wassers abgeklungen, während beim Durchflußversuch, der allerdings nur sechs Stunden täglich lief, bereits nach wenigen Tagen keine Veränderung der Härte und des pH-Wertes festgestellt werden konnte. Bei einer Stillstandzeit von 66 Stunden ergab sich nur eine geringfügige Veränderung des Wassers.

MASSINK [*157*] fand bei Durchflußversuchen mit Utrechter Leitungswasser, die ebenfalls nachts unterbrochen wurden, noch nach 10 Monaten Versuchszeit eine Veränderung der Härte des Wassers durch die Asbestzement-Druckrohrleitung. Allerdings handelt es sich hier um ein verhältnismäßig weiches und daher aggressives Wasser.

Abschließend läßt sich feststellen, daß vom chemischen Standpunkt aus die Verwendung von Asbestzement-Druckrohren für Trinkwasserleitungen unbedenklich ist und eine Beeinflussung des Wassers lediglich für fabrikneue Rohre kurzzeitig auftreten kann. Die dabei vorübergehend auftretende Verminderung der Härte und damit verbundene Erhöhung des pH-Wertes ist für den Gebrauch des Wassers nicht bedeutend und kann überdies durch entsprechendes Spülen vor der Inbetriebnahme in weitem Maße eingeschränkt werden.

4.62 02 Versuche mit aggressiver Kohlensäure

Da Kohlensäure in allen natürlichen Wässern vorhanden ist, nimmt sie in bezug auf die Rohrkorrosion einen weiten Raum ein und ist als einer der größten Feinde der Rohrleitungen zu bezeichnen. Es nimmt daher nicht wunder, daß von allen an den verschiedensten Orten durchgeführten Korrosionsversuchen, diejenigen mit Kohlensäure schon bald nach Einführung der Asbestzement-Druckrohre begonnen wurden und daher auch zahlenmäßig an der Spitze stehen. Bei der Durchsicht der vorhandenen Literatur, vor allem der älteren, findet man eine Reihe von sich widersprechenden Meinungen über die Ausmaße des Angriffs der Kohlensäure auf Asbestzement-Druckrohre. Während die Mehrheit einen Angriff konstatiert, sind einige wenige davon überzeugt, daß eine Korrosionsgefahr bei Anwesenheit von Kohlensäure nur bedingt oder überhaupt nicht gegeben sei. Auch wird die Meinung vertreten, daß ein anfänglicher Angriff nach und nach abklingt und schließlich ganz zum Erliegen kommt, was auf die schützende Wirkung des freigelegten Asbestfasergeflechts zurückgeführt wird [*120*]. Es möge nicht bezweifelt werden, daß diese auseinanderstrebenden Meinungen auf durchaus echten Versuchsergebnissen beruhen, nur dürften die dabei vorhanden gewesenen Versuchsbedingungen nicht immer richtig gewählt worden sein; ein Umstand, auf den im KIWA-Bericht [*120*] mehrmals hingewiesen wird. Aus all diesen Betrachtungen ergab sich die Notwendigkeit, durch eigene Untersuchungen den wahren Sachverhalt zu klären versuchen, dabei jedoch die praktischen Verhältnisse nicht unberücksichtigt zu lassen. Zu diesem Zweck führte HÖFER im Rahmen der chemischen Untersuchungen an Asbestzement-Druckrohren auch mehrere Versuche mit Berliner Leitungswasser durch, dem verschiedene Mengen an freier Kohlensäure zugesetzt wurden. Da beim hohen Gehalt an aggressiver Kohlensäure in der Praxis die Asbestzement-Druckrohre mit einem entsprechenden Innenschutz versehen werden, war es im Hinblick auf die Übertragbarkeit der Versuchsergebnisse auf die Praxis notwendig, bei den hoch aggressiven Versuchslösungen ebenfalls geschützte Versuchsrohre anzuwenden bzw. den Schutz durch Zugabe von Inhibitoren herbeizuführen. Bei letzteren Versuchen sollte gleichzeitig die Wirkung verschiedener Inhibitoren auf das Asbestzement-Druckrohr beobachtet werden.

a) Ungeschützte Rohre. Für den Durchflußversuch, dessen Versuchsanordnung derjenigen entsprach, die unter Ziff. 4.62 01 (Abb. 329 und 330) beschrieben wurde, setzte HÖFER dem Berliner Leitungswasser soviel Kohlensäure zu, daß das Wasser etwa 65 mg/l freie Kohlensäure enthielt, wovon etwa 55 mg/l als überschüssige freie, und somit aggressive Kohlensäure anzusehen waren. Die Durchflußgeschwindigkeit wurde hierbei auf 2,5 m/h vermindert, um möglichst einwandfrei erkennbare Auswirkungen des Kohlensäureangriffs zu erhalten. Aus gleichem Grunde erfolgte eine Verlängerung der Versuchszeit von 12 auf 24 Wochen.

Zur Gegenüberstellung führte HÖFER einen weiteren Durchflußversuch unter gleichen Bedingungen aus, bei dem er an Stelle des mittelharten Berliner Leitungswassers ein künstlich hergestelltes Weichwasser von etwa 6°dG verwendete, das ebenfalls etwa 55 mg/l aggresive Kohlensäure enthielt.

Ermittelt wurden bei beiden Versuchen in wöchentlichen Abständen der pH-Wert, die Härten und die Gehalte an Kohlensäure im Zu- und Ablauf. Tab. 72 bringt die zweiwöchentlichen Befunde beider Versuche in Gegenüberstellung.

Der Angriff der Kohlensäure äußert sich in der Aufhärtung des Wassers und der Verminderung der Kohlensäure, die allerdings nicht immer der Karbonathärte entsprach. HÖFER führt diese Differenz auf die gegenüber der Gesamthärtebestimmung ungenauere Kohlensäurebestimmung zurück. Da die Kohlensäure nur eine geringe Änderung erfährt, verändert sich der pH-Wert auch kaum. Die beim Versuch mit Weichwasser zu beobachtende Aufhärtung ist deutlich größer und hält auch zum Schluß des Versuches noch deutlich an. Sie beweist, daß das Weichwasser gegenüber dem mittelharten Berliner Leitungswasser trotz gleichen Gehalts an aggressiver Kohlensäure wesentlich angriffslustiger und daher gefährlicher ist, eine Tatsache, die allgemein bekannt ist. Die Betrachtung der TILLMANSschen Kurve (Abb. 327) läßt sofort erkennen, daß ein Weichwasser mit einer geringen Karbonathärte einen viel höheren Anteil an kalkaggressiver Kohlensäure besitzt, als dies bei einem kalkhärteren Wasser mit dem gleichen Gehalt an gesamter freier Kohlensäure der Fall ist. Interessant ist die Feststellung beim Versuch mit aggressivem Berliner Lei-

Tabelle 72. *Wasserbefunde während der Versuche mit etwa 55 mg/l aggressiver Kohlensäure im ungeschützten Asbestzement-Druckrohr [V 16]*

Nummer der Versuchswoche	Berliner Leitungswasser + 55 mg/l aggr. CO_2								Weichwasser + 55 mg/l aggr. CO_2							
	pH		°dG		°dK		CO_2 (mg/l)		pH		°dG		°dK		CO_2 (mg/l)	
	Z	A	Z	A	Z	A	Z	A	Z	A	Z	A	Z	A	Z	A
1.	6,7	6,8	12,5	13,1	8,4	9,0	64	59	6,6	6,8	6,0	6,7	4,2	4,9	57	41
3.	6,7	6,7	12,4	12,9	9,0	9,5	65	62	6,6	6,6	5,8	7,0	4,2	5,3	55	51
5.	6,8	6,8	12,8	13,1	8,7	9,0	68	65	6,6	6,6	6,1	6,5	4,2	4,5	49	47
7.	6,8	6,8	12,6	13,1	8,7	9,2	66	64	6,6	6,6	5,7	6,2	3,9	4,5	52	45
9.	6,6	6,6	12,6	13,2	8,4	9,0	70	68	6,6	6,6	5,8	6,2	4,5	5,1	53	50
11.	6,6	6,6	12,4	12,7	9,0	9,3	70	67	6,6	6,6	6,2	6,8	4,5	5,3	57	54
13.	6,8	6,9	12,6	12,9	10,1	10,4	58	54	6,6	6,7	5,7	6,3	5,3	5,9	55	53
15.	6,6	6,6	12.8	12,9	10,1	10,2	87	83	6,6	6,6	6,0	6,3	4,8	5,0	58	55
17.	6,7	6,7	12,8	12,9	10,1	10,2	70	66	6,7	6,7	6,1	6,3	4,8	5,0	55	51
19.	6,7	6,7	12,8	12,9	10,1	10,2	66	62	6,7	6,7	5,9	6,3	4,8	5,0	55	52
21.	6,7	6,7	12,9	13,0	10,4	10,5	65	63	6,7	6,7	6,3	6,8	4,8	5,3	54	50
23.	6,6	6,6	13,1	13,4	10,6	10,9	75	70	6,7	6,7	6,5	7,1	5,0	5,6	54	50
24.	6,6	6,6	13,1	13,2	10,4	10,5	65	62	6,7	6,7	6,2	6,7	5,0	5,6	55	52

Z = Zulauf,   A = Ablauf.

tungswasser, daß der Angriff anfänglich mit etwa gleicher Stärke stattfindet, dann aber nachläßt und von etwa der 11. Woche an ein verringertes, aber konstantes Maß innehat, obwohl nach wie vor das gleiche Wasser an die Rohrwandung herantritt. Beim Weichwasser läßt sich dies nicht beobachten. Hier bleibt der Angriff im Durchschnitt von Anfang bis Ende des Versuches gleich groß. Im ersteren Fall kann man annehmen, daß der Angriff durch das freigelegte und verbleibende Asbestfaserpolster gehemmt wird. Da sich beim Weichwasserversuch diese Wirkung nicht einstellt, muß man annehmen, daß sich der korrosionshemmende Einfluß nicht grundsätzlich ergibt, sondern nur bis zu einer bestimmten Aggressivität möglich ist. Wird diese überschritten, so wer-

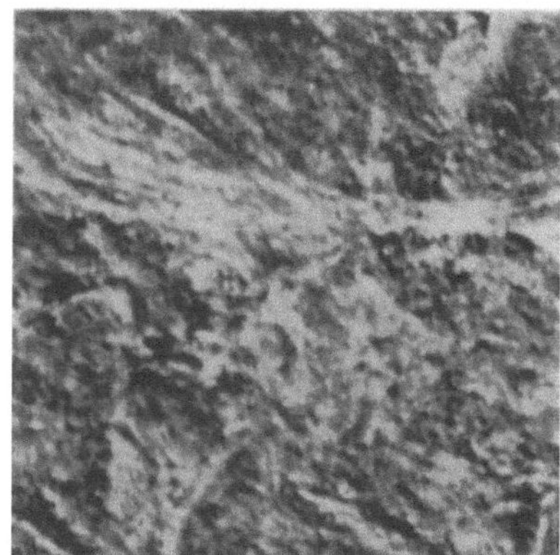

Abb. 334. Rohrwand an der Zulaufseite nach 24-wöchentlichem Durchfluß von Berliner Leitungswasser mit zusätzlich 55 mg/l aggress. CO_2 (Vergrößerung 1 : 7) [*V16*].

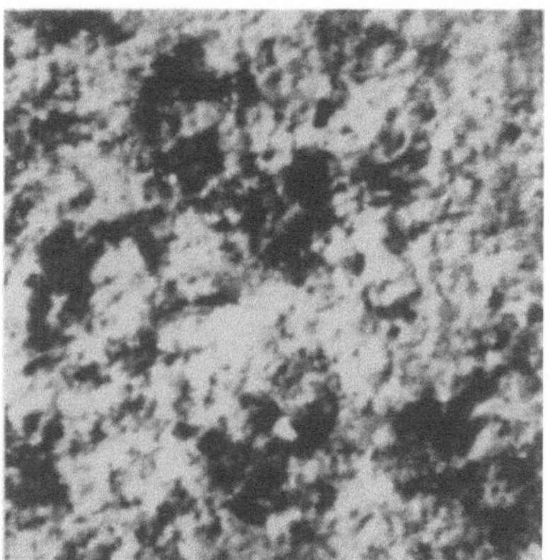

Abb. 335. Rohrwand an der Zulaufseite nach 24-wöchentlichem Durchfluß von Weichwasser mit zusätzlich 55 mg/l aggress. CO_2 (Vergrößerung 1 : 7) [*V16*].

den die zunächst freigelegten Fasern schließlich ganz herausgelöst und fortgespült. Es deutet sich hiermit eine Erklärung dafür an, daß einmal behauptet wird, der korrosionshemmende Effekt des freigelegten Asbestfasergeflechts ist vorhanden, zum anderen, er bestehe nicht. Der Schlüssel hierzu liegt, wie gesagt, vielleicht in der jeweiligen Höhe der Aggressivität unter Berücksichtigung des jeweilig vorhandenen Härtegrades. In keinem Fall kam es jedoch bei den hier verwendeten Aggressivitäten innerhalb der Versuchszeit zu einem Stillstand. Der Angriff hielt vielmehr bis zum Versuchsende an, und es läßt sich nicht eindeutig ablesen, daß sich bei einer Verlängerung der Versuchsdauer eine weitere Verminderung der Korrosion ergeben hätte.

Die aufgeschnittenen Versuchsrohre zeigten eine gleichmäßig gelblichgraue, stumpf aussehende Innenwandung, die sich auf Grund der bloßgelegten Asbestfasern seidig anfaßte. Die Aufnahmen der Innenwandung vom Versuchsrohr, das mit aggressivem Berliner Leitungswasser durchflossen wurde, zeigen deutlich die rauhe, angegriffene Oberfläche. Insbesondere sind in Abb. 334, die von der Zulaufseite stammt, gut die bloßgelegten Asbestfasern zu erkennen. Die Aufnahmen des Versuchsrohres vom Weichwasserversuch (Abb. 335) lassen die Faserstruktur des angegriffenen Materials nicht erkennen, immerhin zeigen sie die zerklüftete Struktur. Nach HÖFER ließen sich bei diesem Rohr die freigelegten Fasern leicht mit dem Finger abreiben und bewiesen damit die wesentlich weitergehende Zerstörung (siehe hierzu auch Abb. 339).

Die Analyse der abgeschabten Oberschicht zeigt Tabelle 73.

Die ziemliche Übereinstimmung der Werte des HCl-Unlöslichen und des Rückgangs des Gehaltes an CaO zeigen, daß es sich um die gleichen Korrosionsvorgänge handelt. Schließlich ist noch zu sagen, daß Wandstärkenmessungen vor Versuchsbeginn und nach einer Versuchsdauer von 12 Wochen an der Zulaufseite des Rohres einen Dickenverlust von etwa 0,05 mm beim aggressiv gemachten Berliner Leitungswasser und 0,15 mm beim zusätzlich aggressiv gemachten Weichwasser ergaben. Während an der Ablaufseite im ersteren Falle keine Veränderung der Wanddicke erfaßt werden konnte, zeigte der Weichwasser-Versuch am Ablauf des Versuchsrohres noch Wanddickenverluste von etwa 0,05 mm. Zu den Dickenmessungen muß jedoch hinzugefügt werden, daß sie nur als Unterstreichung der übrigen Versuchsergebnisse benutzt werden können, eine echte Aussagekraft kann ihnen verständlicherweise nicht zugesprochen werden.

Abschließend ergibt sich an Hand der vorliegenden Versuchsergebnisse, daß ungeschützte Asbestzement-Druckrohre durch aggressive Kohlensäure angegriffen werden, wobei sich das Ausmaß des Angriffes nach der vorhandenen Aggressivität richtet. Ein mehr karbonathärtehaltiges Wasser verhält sich bei gleichem Gehalt an freier Kohlensäure weniger angriffsfreudig als ein Weichwasser. Es liegt die Vermutung nahe, daß die Korrosion durch das freigelegte Asbestfasergeflecht unter bestimmten Verhältnissen gehemmt, keinesfalls jedoch gänzlich unterbrochen

Tabelle 73. *Analyse der abgeschabten Oberschichten [V16]*

	Glühverlust %	HCl-Unlöslich. %	CaO %	$Al_2O_3 + Fe_2O_3$ %
ungebrauchtes Rohr	15,2	21,6	49,3	10,4
Rohr mit Berliner Leitungswasser + 55 mg/l aggressive CO_2	20,1	36,7	8,9	10,7
Rohr mit Weichwasser + 55 mg/l aggr. CC_2	15,8	36,8	9,1	10,8

wird. In der Praxis ist ein Wasser mit 55 mg/l aggressiver Kohlensäure als ein stark aggressives Wasser zu bezeichnen, zu dessen Transport niemals ungeschützte Rohre verwendet würden. Berücksichtigt man diese Tatsache, so kann immerhin eine gewisse Widerstandsfähigkeit der ungeschützten Versuchsrohre konstatiert werden. Unter der Annahme, daß der Angriff linear proportional mit der Zeit fortschreitet, würden nach dem festgestellten Wanddickenverlust beim Versuch mit aggressiv gemachtem Berliner Leitungswasser etwa 15 Jahre benötigt werden, um die Rohrwand um etwa 3 mm zu schwächen.

Der niederländische Studienausschuß für Asbestzement-Druckrohre führte einen Korrosionsversuch mit aggressiver Kohlensäure an 2 cm breiten Ringen aus, die von einzelnen Asbestzement-Druckrohren NW 100 abgesägt worden waren. Sie hingen an Glasstäben in einem etwa 25 l fassenden Prüffaß aus glasiertem Steinzeug, durch das am Tage acht Stunden lang Utrechter Leitungswasser mit künstlich angereicherter aggressiver Kohlensäure floß, während an den übrigen Stunden des Tages und sonntags das Wasser stillstand. Die Durchflußmenge betrug 60 l/h, die Aggressivität entsprach einem Gehalt von etwa 22 mg/l überschüssige freier Kohlensäure. Das Ausmaß des Angriffes wurde an Hand des eingetretenen Gewichtsverlustes ermittelt, wobei man das Gewicht jeder Probe jeweils nach Trocknung bei 110°C bis zur Gewichtsgleiche bestimmte. Im Anschluß an die Gewichtsbestimmung wurden einige Proben wieder in das Prüffaß gehängt und einer weiteren Korrosion ausgesetzt. Die Ergebnisse dieser Versuchsreihe sind in nachstehender Tabelle aufgeführt.

Der Studienausschuß kommt auf Grund der Versuchsergebnisse zu dem Schluß, daß der Angriff stets weiter fortschreitet und daß sich kein Anhalt dafür ergibt, daß die außenliegenden Asbestfasern das Eindringen des aggressiven Wassers zu dem tiefer liegenden, nicht angegriffenen Teil der Rohrwand verhindern [V16]. Vielleicht darf hier einschränkend gesagt werden, daß die Bestimmung des Gewichtsverlustes als Maßstab einer stattgefundenen Korrosion keine echte Aussage erlaubt, wie dies an anderer Stelle auch im KIWA-Bericht zum Ausdruck gebracht wird. Es bleibt daher in den Fällen, wo eine analytische Untersuchung des Korrosionsträgers nicht möglich ist, nichts anderes übrig, als eine augenscheinliche Untersuchung der angegriffenen Flächen vorzunehmen und nach Möglichkeit die Tiefe der eingetretenen Korrosion zu bestimmen, die um so mehr fehlerbehaftet sein wird, je dünner die korrodierende Schicht ist. Insofern bleibt bei den vorstehenden Versuchen offen, inwieweit die bei anderen Korrosionsversuchen beobachtete Tatsache, daß nämlich der anfänglich heftigere Verlauf mit der Zeit allmählich geringer wird, daß also die bereits korrodierte Schicht den Korrosionsverlauf gewissermaßen abbremst, auch hier gegeben war.

Schließlich sei noch ein Großversuch erwähnt, der bereits in den Jahren 1934/35 unter Aufsicht der damaligen Preußischen Landesanstalt für Wasser-, Boden- und Lufthygiene in Berlin-Dahlem im Wasserwerk der Stadt Frankfurt/Oder zur Durchführung gelangte. Hierbei wurde aus Brunnen uferfiltriertes Oderwasser im Verhältnis 1 : 1 mit oberflächlich entnommenem Wasser der Oder, das ebenfalls zur Trinkwasserversorgung der Stadt Frankfurt/Oder diente, vermischt und das so

Tabelle 74. *Ergebnisse der Korrosionsversuche des niederländischen Studienausschusses mit* 22 mg/l *aggressiver Kohlensäure* [120]

Zeitdauer nach Beginn d. Versuchs	Ursprüngliches Gewicht der Ringe (g)	Gewichts- verlust (g)	Gewichts- verlust %	Aussehen der Ringe
¹/₂ Jahr	194,1	3,2	1,6	Keine Angriffserscheinungen
¹/₂ Jahr	205,6	4,3	2,1	
1 Jahr	203,4	6,9	3,4	Deutlich zu sehen, daß Teile des
1 Jahr	208,4	8,7	4,2	Zementes aufgelöst sind, die Fasern stehen etwas heraus, Außenschicht aufgerauht
1 Jahr und 7 Monate	203,4	14,8	7,3	Deutliche Angriffe, Fasern liegen locker und tangential gerichtet
1 Jahr und 7 Monate	208,9	14,4	6,9	
2 Jahre	195,2	16,7	8,6	Außenschicht ist weich wie rauher Karton und kann mit einem
2 Jahre	201,6	17,8	8,8	Messer bis zu einer Tiefe von rd. ³/₄ mm leicht entfernt werden
3 Jahre*	195,2	19,3	9,9	wie nach 2 Jahren

* Im 3. Jahr wurde das Prüffaß lediglich 9 Monate lang mit kohlensäurehaltigem Wasser durchströmt.

gewonnene Mischwasser durch eine 40 m lange Versuchsleitung aus Asbestzement-Druckrohren NW 100 geleitet. Unter Umgehung einer Belüftung wurde das Mischwasser vorher durch eine Enteisenungsanlage geschickt, um einen zu großen Eisenausfall, der zu Niederschlägen im Rohr hätte führen können, zu verhindern. Auf die Belüftung mußte deshalb verzichtet werden, damit die im Wasser enthaltene natürliche Kohlensäure voll erhalten blieb. Bei einer durchschnittlichen Durchflußgeschwindigkeit von 0,95 m/h flossen während der einjährigen Versuchsdauer rund 252 000 m³ Wasser durch die Versuchsleitung. In monatlichen Abständen wurde die Leitung für eine gewisse Zeit stillgelegt, im Anschluß daran Wasserproben entnommen und danach wieder in Betrieb gesetzt. Die Beschreibung und Ergebnisse dieses Versuches sind im Versuchsbericht der Preuß. Landesanstalt vom 16. 4. 1936 — Tgb. Nr. A 2064 — niedergelegt[1] [V47].

Die Beschaffenheit des für den Versuch benutzten Wassers schwankte je nach Jahreszeit und ergab folgende Werte: °d G: 11,4 bis 14,0; °d K: 7,6 bis 9,6; freie CO_2: 25 bis 38 mg/l, hiervon kalkaggressiv: 20 bis 30 mg/l; Fe: 0,35 mg/l; Mn: 1,0 mg/l.

Voruntersuchungen hatten gezeigt, daß in Proben, die dem durchfließenden Wasser entnommen worden waren, eine erfaßbare Beeinflussung des durchgeflossenen Wassers nicht nachgewiesen werden konnte. Dagegen zeigten Proben von ruhendem Wasser erhebliche Unterschiede, so daß nur solche Proben herangezogen wurden. Zunächst wurde monatlich jeweils eine Stillstandzeit von 1×24 Stunden eingeführt, an deren Anschluß die Wasseruntersuchung stattfand. Nach

---

[1] Von der ETERNIT AG freundlicherweise zur Verfügung gestellt.

sechsmonatiger Versuchsdauer hatte es hierbei den Anschein, als wäre ein gewisser Stillstand des Angriffs eingetreten. Daher wurde die Stillstandszeit daraufhin auf 3×24 Stunden verlängert. Die im einzelnen festgestellten Untersuchungsbefunde ergeben sich aus Tab. 75, zu denen die Preuß. Landesanstalt folgendermaßen Stellung nahm:

Tabelle 75. *Wasserbefunde während des Korrosionsversuches mit einer aus ungeschützten Asbestzement-Druckrohren bestehenden Versuchsleitung im Wasserwerk Frankfurt/Oder in den Jahren 1934/1935. Versuchsbericht der Preußischen Landesanstalt für Wasser-, Boden- und Lufthygiene, vom 16. 4. 1936* [V 47]

Datum	pH		freie CO_2 (mg/l)		gebund. CO_2 (mg/l)		°dK		°dG	
	Z	A	Z	A	Z	A	Z	A	Z	A
10. 9. 34	7,0	7,4	27	21	66	73	8,4	9,3	11,2	12,1
10. 10. 34	7,12	7,26	30	26	68	71	8,7	9,0	11,8	12,4
17. 12. 34	7,1	7,36	30	19	68	73	8,7	9,2	11,8	12,7
21. 1. 35	6,98	7,49	33	21	76	80	9,6	10,2	12,8	13,7
18. 2. 35	7,25	7,65	37	17	72	82	9,2	10,4	12,9	14,6
18. 3. 35	7,21	7,40	38	15	71	78	9,0	10,0	12,0	15,7
18. 4. 35	6,91	7,81	30	0	62	77	7,8	9,8	14,0	15,4
16. 5. 35	7,18	7,70	25	5	59	71	7,6	9,0	11,8	13,4
19. 8. 35	7,07	7,45	28	12	67	74	8,5	9,4	11,6	12,3
30. 9. 35	7,16	7,61	29	12	64	73	8,1	9,2	11,4	12,8

Z = Zulauf,   A = Ablauf.

Der pH-Wert wurde während der ganzen Zeit des Versuchsbetriebes bei längerer Einwirkung des ruhenden Wassers auf die ungeschützte Rohrwand nach der alkalischen Seite hin verschoben. Bei einem pH-Wert des Rohwassers vor Zutritt zu den Rohren von im Mittel 7,1 ergab sich jedoch selbst im ungünstigsten Fall keine so hohe Verschiebung, daß ein pH-Wert von mehr als 8,0 auftrat. Die in Übereinstimmung damit stehende Verminderung der freien Kohlensäure führte jedoch in den meisten Fällen nicht bis zum Kalk-Kohlensäure-Gleichgewicht. Während in der ersten Zeit des Versuchs die Abnahme der freien Kohlensäure bei eintägiger Einwirkung etwa 50% der überschüssigen betrug, war gegen Ende des Versuchs erst bei dreitägiger Einwirkung derselbe Grad der Umsetzung erzielt. Es waren immer noch 4 bis 5 mg/l überschüssige freie Kohlensäure vorhanden. Die Kalkaufhärtung war nicht größer, als aus der Bindung der freien Kohlensäure an Kalk zu erwarten war. Die Preuß. Landesanstalt für Wasser-, Boden- und Lufthygiene schließt aus diesen Befunden, daß die Einwirkung des aggressiven Wassers auf die Asbestzement-Druckrohre zwar in gleicher Weise wie bei anderen kalkhaltigen Werkstoffen vor sich geht, daß aber die Reaktionsgeschwindigkeit eine beträchtlich langsamere ist. Die Überprüfung der Innenwandung nach Abschluß des einjährigen Versuchs zeigte eine Erweichung des Materials, die etwa zwei bis drei Wickellagen erfaßt hatte und damit etwa 0,4 bis 0,6 mm tief ging.

b) Geschützte Rohre. Sollen hochaggressive Wässer in Asbestzement-Rohrleitungen transportiert werden, so erhalten die Asbestzement-Druckrohre fabrikseitig einen oder auch mehrere Innenanstriche, bzw. bei aggressiven Böden, auch Außenanstriche, wie dies im Abschnitt 7.0 „Rohrschutz" näher beschrieben ist. Diese Art von Rohrschutz stellt die einfachste und wirtschaftlichste Schutzmethode dar. Sie hat sich seit Jahrzehnten bewährt[1] und ist verhältnismäßig billig. Um den Nachweis der Schutzwirkung zu erbringen, führte HÖFER neben den unter a) beschriebenen auch Versuche mit geschützten Rohren durch.

Weiterhin wurden einige Untersuchungen darüber angestellt, inwieweit Zusätze zum Wasser, die als Inhibitoren bezeichnet werden, Einfluß auf das Asbestzement-Druckrohr nehmen. Bekanntlich werden in einer Reihe von Wasserversorgungsbetrieben Zusätze von bestimmten Chemi-

---

[1] s. hierzu Abschn. 5.0.

kalien dem Wasser zugegeben, um auf diese Weise einmal einen Korrosionsschutz für das metallische Rohrnetz zu erzielen, zum anderen den Ausfall von Härtebildnern einzuschränken (siehe hierzu [122], aber auch [34] und [178]). Die volle Wirksamkeit dieser Inhibitoren setzt eine genaue Dosierung der zuzugebenden Mengen voraus, die sich nach der jeweiligen Wasserbeschaffenheit richtet und in der Praxis durch umfangreiche Voruntersuchungen ermittelt werden muß. Es konnte nicht Aufgabe der Untersuchungen in diesem Rahmen sein, die optimale Zusatzmenge zu ermitteln und damit die Versuche durchzuführen. Vielmehr mußte es zur Beschränkung des Versuchsumfangs genügen, mit Hilfe einiger weniger Versuche das grundsätzliche Verhalten der Asbestzement-Druckrohre aufzuzeigen. Von der Vielzahl der als Inhibitoren verwendeten Chemikalien wurden die herausgegriffen, die aus hygienischen Gründen für Trinkwasseranlagen allein in Frage kommen, nämlich Silikate und Phosphate. Als Silikat-Zusatz benutzte HÖFER das von der Firma HENKEL & Cie. herausgebrachte *Ferrosil*, während die Phosphatierung mit *Dinatriumhydrogenphosphat* erfolgte.

Zunächst wird ein Versuch beschrieben, bei dem *ein Spezialanstrich auf Kunststoffbasis* auf Dichtheit und Korrosionswiderstandsfestigkeit überprüft werden sollte. Dieser Spezialanstrich ist für Asbestzement-Druckrohre vorgesehen, durch die höchst aggressive Flüssigkeiten geleitet werden sollen. Hierzu reicherte HÖFER [*V16*] Berliner Leitungswasser mit 200 mg/l freie Kohlensäure an, von der über 90% als überschüssig und somit aggressiv zu betrachten war. Unter Verwendung der bereits bekannten Versuchsanordnung, jetzt allerdings mit dem durch einen Spezialanstrich innen geschützten Rohr, wurde der Versuch 12 Wochen lang gefahren. Die Durchflußgeschwindigkeit lag bei 2,5 m/h entsprechend der Durchflußmenge von 5 l/h. Neben den üblichen Wasseranalysen wurde von der 4. Versuchswoche an auch der Kaliumpermanganatverbrauch bestimmt. Die Ergebnisse dieser Untersuchungen ergeben sich aus Tab. 76. Die Werte der Karbonathärte sind hierbei nicht mit aufgeführt, da sie, ähnlich wie die der Gesamthärte, keine Veränderungen erfuhren.

Tabelle 76. *Versuchsergebnisse am Asbestzement-Druckrohr mit Spezialanstrich bei einem Wasser mit* 200 mg/l *freier Kohlensäure* [*V 16*]

Nummer der Versuchswoche	pH		°dG		CO_2 (mg/l)		CaO (mg/l)		MgO (mg/l)		$KMnO_4$-Verbrauch (mg/l)	
	Z	A	Z	A	Z	A	Z	A	Z	A	Z	A
1.	6,2	6,2	12,1	12,1	202	202	110	110	7,9	7,9	—	—
2.	6,1	6,1	12,2	12,1	201	201	110	110	7,9	7,9	—	—
3.	6,1	6,1	12,1	12,1	201	201	110	110	7,9	7,9	—	—
4.	6,1	6,1	12,1	12,1	200	200	110	110	7,9	7,9	10,3	11,0
5.	6,1	6,1	12,1	12,1	200	200	110	110	7,9	7,9	8,4	8,3
6.	6,1	6,1	12,1	12,1	201	201	110	110	7,9	7,9	9,3	9,0
7.	6,1	6,1	12,2	12,2	200	200	110	110	7,9	7,9	7,5	7,3
8.	6,1	6,1	12,2	12,2	205	205	110	110	7,9	7,9	10,1	10,2
9.	6,1	6,1	12,1	12,1	198	198	110	110	7,9	7,9	9,3	9,1
10.	6,1	6,1	12,2	12,2	200	200	110	110	7,9	7,9	9,4	9,3
11.	6,1	6,1	12,1	12,1	202	201	110	110	7,9	7,9	8,4	8,7
12.	6,1	6,1	12,2	12,2	200	200	110	110	7,9	7,9	9,6	9,4

Z = Zulauf,　A = Ablauf.

Es zeigte sich, daß das Wasser während des 12 Wochen dauernden Versuchs keine Veränderungen erfahren und auch das Rohr bzw. den Spezialanstrich nicht beeinflußt hatte. Nach Aufschneiden des Versuchsrohres konnte an der glatten, weißen Rohrwandung weder mikroskopisch noch photographisch irgendeine Veränderung festgestellt werden, noch fanden sich auch nur Spuren eines Niederschlages o. ä. Die Haftfähigkeit des Spezialanstrichs blieb unverändert [*V16*]. Der verwendete Spezialanstrich bietet daher selbst bei Anwendung eines derart stark aggressiven

Wassers mit etwa 180 mg/l aggressiver Kohlensäure einen einwandfreien und, vom Standpunkt der Wasserbeschaffenheit gesehen, sowohl chemisch als auch geschmacklich nicht zu beanstandenden Rohrschutz.

Für die Versuche mit *Ferrosil*-Zugabe wurden die gleichen Versuchsbedingungen gewählt, die bereits bei den Versuchen mit aggressiver Kohlensäure an ungeschützten Asbestzement-Druckrohren angewendet worden waren (Tab. 72). Dem Berliner Leitungswasser mit 65 mg/l künstlich zugesetzter freier Kohlensäure, 55 mg/l aggressiver Kohlensäure entsprechend, und dem Weichwasser von 6°d G mit 55 mg/l aggressiver Kohlensäure setzte HÖFER jeweils 40 mg/l *Ferrosil* und 1 mg/l P_2O_5 in Form von *Dinatriumhydrogenphosphat* zu. Der Phosphatzusatz sollte hierbei die Wirkung der Silikate unterstützen und intensivieren. Die Versuchsdauer wurde wiederum auf 24 Wochen, die Durchflußgeschwindigkeit auf 2,5 m/h festgelegt. Tab. 77 bringt die Ergebnisse der Wasseruntersuchungen während der Versuche. Es werden jeweils die 14tägigen Befunde der beiden mit 55 mg/l CO_2 und *Ferrosil* versetzten Wässer gegenübergestellt. Vergleicht man die Werte der Tab. 77 mit denjenigen der Tab. 72, so stellt man fest, daß der Angriff

Tabelle 77. *Wasserbefunde während der Versuche mit etwa 55 mg/l aggressiver Kohlensäure und einem Zusatz von 40 mg/l Ferrosil sowie 1 mg/l P_2O_5 [V 16]*

Nummer der Versuchs-woche	Berliner Leitungswasser + 55 mg/l aggr. CO_2 + Ferrosil								Weichwasser + 55 mg/l aggr. CO_2 + Ferrosil							
	pH		°dG		°dK		CO_2 (mg/l)		pH		°dG		°dK		CO_2 (mg/l)	
	Z	A	Z	A	Z	A	Z	A	Z	A	Z	A	Z	A	Z	A
1.	6,7	6,8	12,4	12,6	9,0	9,2	64	59	6,2	6,3	5,8	6,3	4,5	5,0	67	63
3.	6,7	6,7	12,4	12,7	9,5	9,8	67	67	6,6	6,6	5,6	6,3	4,5	5,3	54	51
5.	6,8	6,8	12,8	13,0	9,2	9,2	65	63	6,7	6,7	6,2	6,6	4,5	4,8	51	49
7.	6,8	6,8	12,7	12,8	9,2	9,2	68	68	6,6	6,6	5,7	6,3	4,2	5,0	54	51
9.	6,8	6,8	12,2	12,7	9,8	10,0	66	65	6,6	6,6	5,8	6,4	5,1	5,6	50	48
11.	6,8	6,8	12,4	12,5	9,8	9,8	67	63	6,7	6,7	5,8	6,4	4,8	5,3	54	50
13.	6,7	6,8	12,7	12,9	9,8	10,1	68	64	6,6	6,6	6,8	7,4	5,0	5,6	54	51
15.	6,6	6,6	12,8	13,1	9,7	9,9	93	89	6,6	6,6	6,5	6,6	5,6	5,6	51	48
17.	6,7	6,7	12,8	13,0	9,8	10,1	66	63	6,7	6,7	6,3	6,6	4,8	5,0	55	51
19.	6,7	6,7	12,8	13,0	9,8	10,1	66	63	6,7	6,7	5,9	6,2	4,5	4,8	53	49
21.	6,7	6,7	13,0	13,2	10,1	10,4	66	63	6,7	6,7	6,0	6,3	5,6	5,9	56	52
23.	6,7	6,7	13,1	13,3	10,4	10,6	68	64	6,7	6,7	6,2	6,7	5,3	5,6	55	51
24.	6,7	6,7	13,0	13,2	10,4	10,6	65	61	6,6	6,6	6,3	6,6	5,6	5,9	56	52

Z = Zulauf,   A = Ablauf.

der mit *Ferrosil*- und Phosphatzusatz versehenen aggressiven Wässer auf das Rohr von Anfang an erheblich geringer ist als bei einem gleichen Wasser ohne Zusätze. Die Aufhärtung des aggressiv gemachten Berliner Leitungswassers mit *Ferrosil* liegt im Mittel bei 0,2°d und besteht aus Karbonathärte. Auch der Angriff des Weichwassers mit *Ferrosil* ist geringer als der des unbehandelten aggressiven Weichwassers. Er entspricht etwa demjenigen, der beim aggressiv gemachten Berliner Leitungswasser ohne *Ferrosil* zu beobachten war. Bis zur 13. Woche betrug die mittlere Aufhärtung etwa 0,8°d, um danach auf etwa die Hälfte zurückzugehen. In beiden Versuchen war die Abnahme der Kohlensäure zu gering, als daß sich eine Veränderung des pH-Wertes hätte ergeben können [*V16*]. Das aufgeschnittene Versuchsrohr vom Versuch mit kohlensäurehaltigem Berliner Leitungswasser und *Ferrosil* zeigte eine gleichmäßige grau-weiße Oberfläche, die sich etwas seidig anfühlte. Unter einem dünnen Belag schimmerte schwach die marmorierte Oberfläche des Rohres durch [*V16*]. Die nachstehenden Abbildungen geben den dünnen Belag nicht ganz wieder. Immerhin erkennt man besonders am Zulaufende des Rohres (Abb. 336) eine verhältnismäßig geglättete Oberfläche, die z. T. lochartige Durchbrüche zeigt. Asbestfasern sind nicht zu erkennen. Die deutlich sichtbaren lochartigen Durchbrüche können auf eine nicht richtig eingestellte Dosierung der Inhibitor-Zusätze zurückgeführt werden. Bei einer ungenügend ausgebildeten Deckschicht, z. B. infolge zu geringer Zugabe an Inhibitor-substanz, werden die frei gebliebenen Stellen dann besonders stark angegriffen, was z. B. bei metallischen Rohren zum Lochfraß führt.

Abb. 336. Rohrwand an der Zulaufseite nach 24-wöchentlichem Durchfluß von Berliner Leitungs-wasser mit zusätzlich 55 mg/l aggressiver Kohlen-säure und *Ferrosil* (Vergrößerung 1 : 7) [*V16*].

Abb. 337. Rohrwand am Zulaufende nach 24-wöchentlichem Durchfluß von Weichwasser, 6d°GH, mit 55 mg/l aggressiver Kohlensäure und *Ferrosil* (Vergrößerung 1 : 7) [*V16*].

Die Betrachtung der Innenwandung des Versuchsrohres vom Weichwasserversuch mit *Ferrosil* ergab rein äußerlich einen ähnlichen Befund wie oben geschildert. Die nähere Untersuchung führte jedoch zu der Feststellung, daß hier ein stärkerer Angriff vorlag. Durch Reiben ließ sich ein filzartiges Geflecht von Asbestfasern ablösen. Die Aufnahme zeigt am Zulaufende lochartige Durchbrüche. Zum Teil ist auch die Asbestfaserung schwach auszumachen.

Daß der Zusatz von *Ferrosil* und Phosphat die Aggressivität eines Wassers mit überschüssiger Kohlensäure tatsächlich hemmt, beweisen Aufnahmen der Schnittfläche des Rohres. In Abb. 339

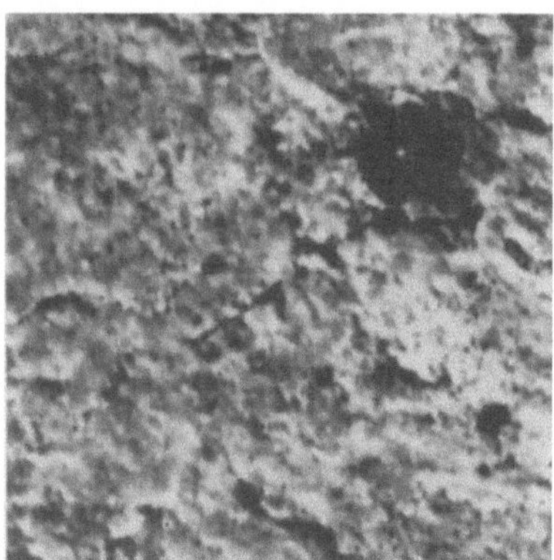

Abb. 338. Rohrwand am Ablaufende nach 24-wöchentlichem Durchfluß von Weichwasser, 6°dGH, mit 55 mg/l aggressiver Kohlensäure und *Ferrosil* (Vergrößerung 1 : 7) [*V16*].

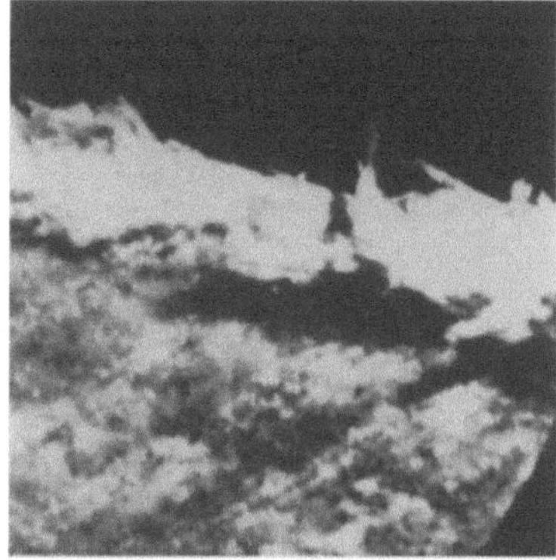

Abb. 339. Querschnitt mit freigelegten Asbest-fasern vom Versuch mit aggressivem Weichwasser ohne Zusätze (Vergrößerung 1 : 7 [*V16*].

ist die angegriffene Oberschicht als weißes, faseriges Geflecht zu sehen. Diese Aufnahme machte HÖFER von dem Versuchsrohr, das mit Weichwasser von 6°dG und 55 mg/l aggressiver Kohlen-säure durchflossen wurde. Demgegenübergestellt wird in Abb. 340 die gleiche Aufnahme von mit Weichwasser wie vor und *Ferrosil* durchströmten Versuchsrohr. Der Unterschied ist deutlich zu erkennen. In letzterer Abbildung ist die Stärke der angegriffenen Schicht geringer und die faserige Struktur dieser Schicht viel weniger ausgeprägt. Nach HÖFER läßt sich aus der Tatsache, daß bei dem karbonatharten Wasser der korrosionshemmende Einfluß des *Ferrosil*-Phosphat-Zusatzes sich sofort bemerkbar machte, während er bei dem aggressiven Weichwasser erst später in Erscheinung trat, schließen, daß die Karbonathärte eine gewisse Rolle spielt. Hierin spiegelt sich *ein* Grund für die Notwendigkeit einer sehr präzisen Dosierung der Zusätze wider, auf die bereits am Anfang hingewiesen wurde.

Die Analyse der abgeschabten Oberschichten ergab folgende Werte, denen die der gleichen Versuche, jedoch ohne *Ferrosil*-Phosphat-Zusätze, gegenübergestellt werden. Die Wirkung der Zusätze *Ferrosil* und Phosphat ist aus dem höheren CaO-Gehalt der Beläge bei den Versuchen mit Zusätzen gegenüber denjenigen ohne Zusätze ersichtlich. Da auch ein geringerer Gehalt an Phosphat nachweisbar ist, kann angenommen werden, daß neben der Bildung von Kalziumkarbonat, die sich aus dem erhöhten Glühverlust ableiten läßt, auch eine geringfügige Menge von Kalziumphosphat entsteht [*V16*]. Aus den Analysen geht auch hervor, daß die Wirkung der Zusätze beim aggressiv gemachten Berliner Leitungswasser eine größere war als beim Weichwasser.

Tabelle 78. *Analyse der abgeschabten Oberschichten von den Versuchsrohren [V 16]*

	Glühverlust %	HCl-Unlöslich. %	CaO %	$Al_2O_3 + Fe_2O_3$ %	P_2O_3 %
Ungebrauchtes Rohr	15,2	21,6	49,3	10,4	—
Berliner Leitungswasser					
+ 55 mg/l CO_2 ohne *Ferrosil*	20,1	36,7	8,9	10,7	—
„ mit *Ferrosil*	30 1	21,9	16,2	5,9	0,7
Weichwasser					
+ 55 mg/l CO_2 ohne *Ferrosil*	15,8	36.8	9,1	10,8	—
„ mit *Ferrosil*	24,3	30,7	14,4	6,1	0,9

Schließlich ergaben Messungen der Wanddicken, die bis zur 12. Versuchswoche durchgeführt wurden, bei beiden Versuchen eine unwesentliche und in der Größenordnung von etwa 0,05 mm liegende Verminderung der Wanddicke am Zulaufende und eine entsprechende Vergrößerung der Wanddicke am Ablaufende. Das bedeutet, daß im unteren Rohrteil, dem Zulauf, Kalk ausgetragen und im oberen, dem Ablauf, Kalziumphosphat bzw. -silikat in geringer Menge angelagert wurde [*V16*].

Die Versuche mit aggressiven Wässern, denen ein Zusatz von *Ferrosil* und Phosphat gegeben wurde, haben gezeigt, daß durch diese Zusätze auch im Asbestzement-Druckrohr eine Verminderung der Korrosion erfolgt und daß die Asbestzement-Druckrohre durch den *Ferrosil*-Zusatz nicht ungünstig beeinflußt werden. Es steht also einer Verwendung dieser Inhibitoren in einem Rohrnetz, in dem auch Asbestzement-Druckrohre verlegt sind, nichts im Wege, sie kann bei entsprechend genauer Dosierung zu guten Erfolgen führen.

Abb. 340. Querschnitt mit angegriffener Oberschicht vom Versuch mit aggressivem Weichwasser mit *Ferrosil* (Vergrößerung 1 : 7) [*V16*].

Neben der Verwendung von Silikaten als Inhibitor findet man in der Praxis für Trinkwasserversorgungsanlagen die Phosphatierung, d. h. die Zugabe von bestimmten Phosphaten, zur Verminderung der Korrosion vor. Daraus ergab sich die Notwendigkeit, konsequenterweise auch Versuche mit ausschließlich *Phosphat-Zusätzen* zu fahren. Um die Versuchsergebnisse den bisherigen gegenüberstellen zu können, benutzte Höfer wiederum Berliner Leitungswasser mit zusätzlich 65 mg/l freier Kohlensäure, was einem Gehalt von etwa 55 mg/l aggressiver Kohlensäure entsprach. *Diesem Wasser wurde nunmehr so viel Dinatriumhydrogenphosphat (Na_2HPO_4) zugesetzt, daß 2,5 mg/l P_2O_5 vorhanden waren.* Während ein Versuch, wie üblich, mit einem ungeschützten Asbestzement-Druckrohr durchgeführt wurde, fand ein weiterer mit einem Versuchsrohr statt, das innen mit einem dreifachen Bitumanstrich geschützt worden war. Hier sollte das Verhalten des Bitumbelags besonders überprüft werden. Die Versuchsdauer wurde auf 12 Wochen beschränkt, die Durchflußgeschwindigkeit dagegen wie bisher mit 2,5 m/h belassen.

Bei den nachstehend aufgeführten Versuchsergebnissen, bzw. Wasseranalysen, verzichtete Höfer auf die getrennte Bestimmung von Kalk und Magnesia, da einmal eine Magnesiazunahme nicht zu erwarten war, zum anderen die Kalziumbestimmung wegen der Anwesenheit von PO_4-Ionen mit der üblichen Komplexonmethode nicht durchführbar war. Die Untersuchung des Wassers vom bituminierten Rohr wurde durch die Bestimmung des $KMnO_4$-Verbrauchs ergänzt, um eine eventuelle Einwirkung des Bitumens auf das Wasser zu erfassen.

Um das Verhalten des bituminierten Rohres gleich vorweg zu nehmen, kann an Hand der Wasserbefunde festgestellt werden, daß hier eine Beeinflussung weder des Bitumenbelags noch des Wassers stattgefunden hat. Die Analysenwerte des Zulaufs entsprechen, von gelegentlichen Differenzen innerhalb der Fehlergrenze abgesehen, denen des Ablaufs. Auch das aufgeschnittene Rohr zeigte nach Höfer keine Veränderung an der Wandoberfläche. Die Haftfestigkeit des Bitumenbelags war ebenfalls in keiner Weise beeinflußt worden [*V16*]. Aus dem Gesamtbefund ergibt sich demnach, daß ein Wasser vom Typ des Berliner Leitungswassers mit künstlich angereicherter aggressiver Kohlensäure und Phosphatzusatz bitumengeschützte Asbestzement-Druckrohre nicht angreift und beim stetigen Durchfluß auch keine Veränderungen erfährt, eine Tatsache, die durch ungezählte Erfahrungen an verlegten Leitungen bestätigt wird.

Demgegenüber zeigt sich beim Wasser des Versuchs mit einem ungeschützten Rohr eine anfängliche Aufhärtung der Gesamthärte um etwa 0,3°dG, die sich aber bereits nach 2 Wochen auf etwa 0,2°dG verringert, um dann diesen Wert bis zum Schluß beizubehalten. Eine Veränderung des pH-Wertes infolge der geringen Aufhärtung und des damit verbundenen ebenfalls geringen, wenn auch deutlich wahrnehmbaren Abfalls des Kohlensäure-Gehaltes ließ sich nicht feststellen. Im Vergleich zu dem Parallelversuch mit dem gleichen Wasser, jedoch ohne Phosphatzusatz ist eine von Anfang an deutlich zu beobachtende geringe Aufhärtung vorhanden, die zeigt, daß sich der Zusatz von *Dinatriumhydrogenphosphat* günstig auswirkt. Die Innenwandung des aufgeschnittenen Rohres ließ einen hauchdünnen, weißgrauen Belag erkennen, der im Zulaufteil des Rohres noch die marmorierte Struktur des neuen Rohres durchschimmern ließ, während er

Tabelle 79. *Wasserbefunde während des Versuchs mit Berliner Leitungswasser unter Zusatz von 55 mg/l aggr. CO_2 und Dinatriumphosphat [V16]*

Nr. der Versuchswoche	ungeschütztes Rohr, 55 mg/l aggr. CO_2 + Na_2HPO_4								bituminiertes Rohr, 55 mg/l aggr. CO_2 + Na_2HPO_4									
	pH		°dG		°dK		CO_2 (mg/l)		pH		°dG		°dK		CO_2 (mg/l)		$KMnO_4$-Verbrauch (mg/l)	
	Z	A	Z	A	Z	A	Z	A	Z	A	Z	A	Z	A	Z	A	Z	A
1.	6,4	6,4	11,6	11,9	9,0	9,2	93	89	6,3	6,3	11,9	11,8	—	—	110	110	7,6	7,3
2.	6,6	6,6	11,8	12,1	8,7	9,0	56	53	6,6	6,6	11,9	11,9	8,7	8,7	55	55	7,9	7,6
3.	6,7	6,7	12,0	12,0	8,7	9,0	57	53	6,7	6,7	11,9	11,9	8,7	8,7	54	54	7,0	7,6
4.	6,6	6,6	12,0	12,1	9,2	9,5	61	61	6,7	6,7	12,0	12,0	9,5	9,5	60	60	8,8	8,8
5.	6,6	6,6	12,2	12,4	9,2	9,5	61	61	6,6	6,6	12,2	12,3	9,2	9,2	71	71	10,4	10,4
6.	6,6	6,7	12,1	12,3	9,0	9,2	62	60	6,6	6,6	12,2	12,2	9,0	9,0	67	65	9,8	9,5
7.	6,6	6,7	12,0	12,1	9,2	9,5	63	59	6,7	6,7	12,0	12,0	9,5	9,5	65	65	7,0	7,6
8.	6,6	6,6	12,0	12,2	9,2	9,5	64	59	6,6	6,6	12,0	12,0	9,2	9,2	68	68	10,4	10,8
9.	6,7	6,7	11,9	12,1	9,0	9,2	65	61	6,6	6,6	11,9	11,9	9,0	9,0	63	63	8,8	8,8
10.	6,6	6,6	12,0	12,2	8,4	8,7	65	62	6,7	6,7	11,9	11,9	8,4	8,4	67	66	10,4	10,8
11.	6,6	6,6	12,0	12,2	8,4	8,7	63	59	6,7	6,7	11,9	11,9	8,4	8,4	65	65	9,8	10,4
12.	6,6	6,6	12,0	12,2	8,7	9,0	65	61	6,6	6,6	12,0	12,0	8,7	8,7	63	63	10,1	10,4

Z = Zulauf,   A = Ablauf.

im Ablaufteil wesentlich dichter war und die ursprüngliche Struktur größtenteils verdeckt. Das untere Rohrende (Zulauf) besaß auch eine etwas glattere Oberfläche als ein fabrikneues Rohr; es ließen sich jedoch auch hier lochartige Durchbrüche in dem Belag nachweisen [*V16*].

Die Analyse des sorgfältig abgeschabten Belags gibt einen Einblick in die Veränderung der Oberfläche. Der CaO-Gehalt hat deutlich abgenommen, desgleichen der in HCl unlösliche Teil. Dagegen hat sich der Glühverlust verdoppelt. Der verhältnismäßig geringe Phosphatgehalt läßt

Abb. 341. Rohrwand am Zulaufende nach 12-wöchentlichem Durchfluß von aggressiv gemachtem Berliner Leitungswasser mit Zusatz von *Dinatriumhydrogenphosphat* (Vergrößerung 1 : 7) [*V16*].

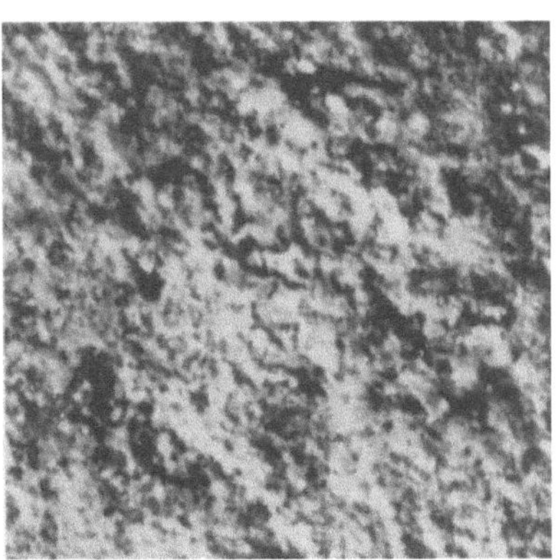

Abb. 342. Rohrwand am Ablaufende nach 12-wöchentlichem Durchfluß von aggressiv gemachtem Berliner Leitungswasser mit Zusatz von *Dinatriumhydrogenphosphat* (Vergrößerung 1 : 7) [*V16*].

nach HÖFER von vornherein die Annahme zu, daß es sich um eine recht dünne phosphatische Schutzschicht handelt. Für diese Annahme spricht auch die Tatsache, daß die Messungen keine Veränderungen der Wanddicke anzeigten. Den hohen Glühverlust erklärt HÖFER damit, daß beim Abschaben des Belags karbonisiertes Kalziumoxyd aus den tiefer liegenden Zonen miterfaßt wurde [*V16*].

Tabelle 80. *Analyse des Belags beim Versuch mit aggressiv gemachtem Berliner Leitungswasser und Phosphatzusatz* [*V 16*]

	Glühverlust %	HCl-Unlöslich. %	CaO %	Al$_2$O$_3$ + Fe$_2$O$_3$ %	P$_2$O$_5$ %
Ungebrauchtes Asbestzement-Rohr	15,2	21,6	49,3	10,4	—
Berliner Leitungswasser + 55 mg/l aggr. CO$_2$ + Na$_2$HPO$_4$	32,0	14,2	35,6	10,0	0,9

Zu der Feststellung, daß Phosphatzusätze zu einem Wasser die Transportleitung aus ungeschützten Asbestzement-Druckrohren nicht nur nicht gefährden, sondern im Gegenteil zu einem zusätzlichen Rohrschutz führen können, kam auch EICK [*63*], der eigene Versuche hierüber anstellte. Aus einem Behälter flossen 50 l/h eines hochaggressiven Wassers (13,2°d K; 500 mg/l freie CO$_2$; *p*H-Werte: 5,4) durch zwei Rohrstränge NW 50 von denen bei einem im Zulauf 5 mg/l *Dinatriumhydrogenphosphat* zugefügt wurden. Die einzelnen Rohrabschnitte der Stränge erhielten Meßstellen, die die Dicke der Rohrwand vor und nach dem Versuch zu ermitteln gestatteten. Die Versuchsdauer erstreckte sich auf drei Monate. Die Ergebnisse der Wanddickenmessung sowie die im Anschluß an den Versuch ermittelten Ringzugfestigkeiten sind in Tab. 81 niedergelegt.

Die Korrosionstiefen sind durch das phosphatierte Wasser nicht vermindert worden, es hat demnach keine Schutzwirkung stattgefunden. Dies bestätigt sich auch in der Tatsache, daß die koloriometrisch bestimmte Phosphatmenge am Ein- und Auslauf unverändert blieb.

Daraus läßt sich schließen, daß die gewählte Dosis an Phosphat bei der vorliegenden hohen Konzentration von freier CO$_2$ zur Ausbildung einer Phosphat-Schutzschicht nicht ausreichte.

Tabelle 81. *Wanddicke und Ringzugfestigkeit beim Phosphatierungsversuch mit 500 mg/l freier* CO_2 *[63]*

Rohrstrang ohne Phosphatierung (500 mg/l freie CO_2)				Rohrstrang mit 5 mg/l *Dinatriumhydrogen-phosphat* (500 mg/l freie CO_2)				„Nullprobe"
Rohr-abschnitt	Meß-punkt	Korrosions-tiefe	Ringzug-festigkeit nach dem Versuch	Rohr-abschnitt	Meß-punkt	Korrosions-tiefe	Ringzug-festigkeit nach dem Versuch	Ringzug-festigkeit vor dem Versuch
		mm	kp/cm²			mm	kp/cm²	kp/cm²
1	1	0,25		7	1	0,19		
	2	0,19	294		2	0,25	—	
	3	0,08			3	0,13		
	4	0,17			4	0,16		
2	1	0,09		8	1	0,10		294
	2	0,11	318		2	0,05	246	
	3	0,04			3	0,22		
	4	0,17			4	0,23		
3	1	0,27		9	1	0,14		282
	2	0,32	272		2	0,14	278	
	3	0,28			3	0,08		
	4	0,17			4	0,16		
4	1	0,14		10	1	0,13		
	2	0,22	282		2	0,15	305	
	3	0,06			3	0,08		
	4	0,17			4	0,24		
5	1	0,12		11	1	0,16		
	2	—	256		2	0,10	278	
	3	0,17			3	0,27		
	4	0,11			4	0,18		
6	1	0,05		12	1	0,21		
	2	0,05	284		2	0,24	282	
	3	0,20			3	0,13		
	4	0,08			4	0,07		
Mittel-werte		0,154	284	Mittel-werte		0,159	278	288

EICK wiederholte daher den Versuch, wobei er dem Wasser anstatt 500 mg/l nur 100 mg/l freie Kohlensäure entsprechend einem pH-Wert von 5,8 bis 6,0 zusetzte. Die Kalkhärte und die Phosphatmenge blieben jedoch die gleichen wie beim ersten Versuch. Tab. 82 gibt die gemessenen Korrosionstiefen sowie die ermittelten Ringzugfestigkeiten wieder. Daraus geht hervor, daß sich eine korrosionshemmende Wirkung infolge der Phosphatisierung deutlich abzeichnete. Der Nachweis von Phosphat an der Wandoberfläche sowie die beobachtete Verringerung des Phosphatgehalts im Wasser am Auslauf bestätigen dies [63]. Der im großen und ganzen jedoch geringe Einfluß deutet darauf hin, daß die gewählte Phosphatdosis bei der vorliegenden Beschaffenheit des Wassers gerade die untere Grenze darstellt, bei der sich eine Einwirkung bemerkbar macht.

Zusammenfassend läßt sich sagen, daß der Angriff eines Wassers mit überschüssiger freier Kohlensäure bei Zusatz von *Dinatriumhydrogenphosphat* geringer wird, sofern eine der Wasserbeschaffenheit entsprechende Menge an Phosphat zugesetzt wird. Die gegenüber kohlensäureaggressiven Wässern ohne Phosphatzusatz verminderte Korrosion ist auf die Bildung einer dünnen Kalziumphosphatschicht zurückzuführen, die bei ungenügender Phosphatmenge die Rohrwand nicht vollständig abdeckt, sondern noch lochartige Druchbrüche aufweist. Hier ist dann mit verstärkter, örtlich begrenzter Korrosion zu rechnen. Es kann hier vielleicht noch

Tabelle 82. *Wanddicken und Ringzugfestigkeiten beim Phosphatierungsversuch mit* 100 mg/l
freie CO_2 *[63]*

Rohrstrang ohne Phosphatierung (100 mg/l freie CO_2)				Rohrstrang mit 5 mg/l *Dinatriumhydrogen-phosphat* (100 mg/l freie CO_2)				„Nullprobe"
Rohr-ab-schnitt	Meß-punkt	Korrosions-tiefe	Ringzug-festigkeit nach dem Versuch	Rohr-ab-schnitt	Meß-punkt	Korrosions-tiefe	Ringzug-festigkeit nach dem Versuch	Ringzug-festigkeit vor dem Versuch
		mm	kp/cm²			mm	kp/cm²	kp/cm²
1	1	0,06		7	1	0,04		
	2	0,08	282		2	0,08	372	
	3	0,06			3	0,00		
	4	0,06			4	0,03		
2	1	0,13		8	1	0,03		356
	2	0,07	330		2	0,09	—	
	3	0,11			3	0,01		
	4	0,05			4	0,01		
3	1	0,08		9	1	0,10		366
	2	0,04	344		2	0,05	349	
	3	0,03			3	0,09		
	4	0,02			4	0,04		
4	1	0,07		10	1	0,05		
	2	0,07	342		2	0,05	367	
	3	0,07			3	0,08		
	4	0,01			4	0,03		
5	1	0,01		11	1	0,06		
	2	0,07	368		2	0,04	400	
	3	0,03			3	0,06		
	4	0,13			4	0,08		
6	1	0,06		12	1	0,01		
	2	0,11	352		2	0,02	302	
	3	0,07			3	0,07		
	4	0,04			4	0,01		
Mittel-werte		0,064	336	Mittel-werte		0,047	358	361

hinzugefügt werden, daß hinsichtlich der Dosis auch nach oben eine Grenze besteht, deren Überschreiten keinen Gewinn mehr bringt. Eine schädigende Wirkung der Phosphatzusätze auf die Asbestzement-Druckrohre hat sich nicht gezeigt, so daß der Anwendung der Phosphatierung auch bei Asbestzement-Druckrohren nichts im Wege steht, sie kann einen zusätzlichen Rohrschutz auch für das Asbestzement-Druckrohr abgeben.

4.62 03 Versuche mit Salzsäure

Während die bisherigen Versuche sich ausschließlich mit der Kohlensäure als Korrosionsagens befaßten und somit die möglichen chemischen Einwirkungen eines Trinkwassers auf Asbestzement-Druckrohre demonstrierten, kommen bei den nun folgenden Versuchen Agenzien zur Anwendung, die hauptsächlich in Abwässern, aber auch in technischen und industriellen Flüssigkeiten zu finden sind. Eine in der Technik sehr vielseitig zur Anwendung gelangende Mineralsäure ist die Salzsäure (HCl), deren Einwirkung auf Asbestzement-Druckrohre natürlich von Interesse ist. Ihre Reaktionen mit Asbestzement können auch in Trinkwasserleitungen auftreten, wenn stärker gechlortes

Wasser angetroffen wird. Doch sind hier die auftretenden Konzentrationen meistens so gering, daß keine Gefahr einer Korrosion besteht.

HÖFER [V16] benutzte für die Durchflußversuche die bekannte Versuchsanordnung (Abb. 329 und 330) und setzte dem Berliner Leitungswasser so viel Salzsäure zu, daß die salzsaure Lösung einem pH-Wert von etwa 3,4 bis 3,6 entsprach. Neben einem ungeschützten Versuchsrohr stand ein weiteres zur Verfügung, das einen dreifachen inneren Schutzanstrich auf Steinkohlenteerpechbasis[1] erhielt (Inertol dick 1 L). Die Durchflußgeschwindigkeit wurde auf 5 m/h festgesetzt, was einer Durchflußmenge von 10 l/h gleichkommt, die Versuchsdauer erstreckte sich auf zwölf Wochen. Während des Versuchs wurde das Wasser jeweils am Zulauf und am Ablauf in wöchentlichen Abständen analysiert. Beim ungeschützten Rohr fanden Bestimmungen des Gehaltes an Kalk und Magnesia, des Kieselsäuregehaltes, des pH-Wertes und der Gesamthärte statt. Demgegenüber beschränkten sich die Wasseruntersuchungen beim geschützten Rohr lediglich auf die Ermittlung des pH-Wertes und der Gesamthärte, sie wurden durch die Bestimmung des Kaliumpermanganatverbrauches ergänzt. Die Ergebnisse der Versuchsreihe mit Salzsäure sind in Tab. 83 niedergelegt.

Tabelle 83. *Wasserbefunde bei der Versuchsserie mit Salzsäure entsprechend einem pH-Wert von etwa 3,4 bis 3,6* [V 16]

| Nr. der Versuchswoche | ungeschütztes Rohr und HCl (pH = 3,4) | | | | | | | | | | geteertes Rohr und HCl (pH = 3,6) | | | | | |
| | pH | | CaO (mg/l) | | MgO (mg/l) | | °dG | | SiO_2 (mg/l) | | pH | | °dG | | KMnO$_4$-Verbrauch (mg/l) | |
	Z	A	Z	A	Z	A	Z	A	Z	A	Z	A	Z	A	Z	A
1.	3,1	3,4	107	117	9,4	9,4	12,0	13,0	17,9	19,8	3,3	3,3	12,9	12,9	9,5	9,8
2.	3,4	3,7	107	117	9,4	9,4	12,0	13,0	17,4	18,2	3,6	3,6	13,2	13,2	10,7	12,7
3.	3,4	3,6	106	115	10,8	10,9	12,1	13,0	17,7	18,9	3,7	3,7	13,2	13,2	10,1	9,8
4.	3,4	3,6	106	114	9,4	9,4	11,9	12,7	17,6	18,5	3,7	3,7	12,9	12,9	10,7	11,0
5.	3,2	3,4	105	115	8,7	8,7	11,7	12,7	17,0	17,7	3,6	3,6	12,9	12,9	10,1	10,1
6.	3,5	3,8	105	111	8,6	8,6	11,7	12,3	17,1	18,2	3,6	3,6	11,4	11,4	7,0	7,6
7.	3,5	3,8	107	112	8,6	8,6	11,9	12,4	17,5	—	3,7	3,7	12,4	12,4	7,0	7,0
8.	3,3	3,5	106	113	8,6	8,6	11,8	12,5	16,5	17,4	3,7	3,7	12,4	12,4	7,9	8,2
9.	3,2	3,3	106	112	8,6	8,6	11,8	12,4	17,2	17,7	3,6	3,6	12,4	12,4	9,5	9,5
10.	3,4	3,6	105	115	7,2	7,2	11,5	12,5	17,3	18,3	—	—	—	—	—	—
11.	3,5	3,7	107	110	8,6	8,6	11,9	12,2	16,7	17,7	—	—	—	—	—	—
12.	3,6	3,8	105	112	8,6	8,6	11,7	12,4	17,4	18,4	—	—	—	—	—	—

Z = Zulauf,   A = Ablauf.

Wie zu erwarten war, zeigte der Versuch mit dem innen durch einen dreifachen Schutzanstrich auf Steinkohlenteerpechbasis geschützten Asbestzement-Druckrohr keine Veränderungen der Analysenwerte. Der Versuch wurde daher auch nach 9 Wochen abgebrochen. Schutzanstrich und Rohrwand waren nach Aufschneiden des Versuchsrohres unbeeinflußt.

Aus dem Kaliumpermanganatverbrauch geht außerdem hervor, daß lediglich in der ersten Zeit eine gewisse Beeinflussung des Wassers durch den Teeranstrich vorhanden zu sein scheint, die dann aber verschwindet. Gegenüber der salzsauren Lösung mit dem pH-Wert von 3,4 bis 3,6 erwies sich der Schutzanstrich als voll wirksam und beständig. Asbestzement-Druckrohre, die einen derartigen Schutzanstrich erhalten, können demnach auch für solche hoch aggressiven Lösungen eingesetzt werden.

Das ungeschützte Asbestzement-Druckrohr zeigte dagegen anfänglich einen beträchtlichen Angriff, der sich jedoch dann verringerte und etwa von der 6. Woche an ziemlich konstant blieb. Dies geht aus der als Folge der Neutralisation durch den im Asbestzement enthaltenen Kalk verminderten Azidität hervor, die sich in einer Verschiebung des pH-Wertes nach der alkalischen Seite

---

[1] s. hierzu auch Abschn. 7.0 „Rohrschutz".

hin und in dem Anstieg des CaO-Gehaltes sowie der Aufhärtung ausdrückt. Da auch ein geringfügiger Anstieg des Kieselsäuregehaltes beobachtet werden konnte, kann vermutet werden, daß
sich der Angriff auch auf die silikatischen Komponenten des Asbestzementes ausdehnte. Dagegen
war ein analytisch erfaßbarer Anstieg des Magnesiagehaltes nach dem im Asbestzement ungefähr
vorhandenen Verhältnis CaO : MgO = 49 : 2,7 nicht zu erwarten und auch nicht feststellbar.

Die mikroskopische Untersuchung der Rohrwand nach Aufschneiden des Versuchsrohres zeigte
eine rauhe Oberfläche, bei der sich der Angriff in Vertiefungen ausgewirkt hatte, was besonders
am Auslaufende des Rohres deutlich zu erkennen war (Abb. 344). Im Zulaufteil des Rohres scheint
dagegen die CaO-Auflösung gleichmäßiger vor sich gegangen zu sein, wobei die Asbestfasern als
erhabene Teile praktisch unberührt geblieben sind (Abb. 343).

Abb. 343. Rohrwand der Zulaufseite nach 12-
wöchentlichem Durchfluß von salzsaurem Wasser
mit pH-Wert 3,4 bis 3,6 (Vergrößerung 1 : 7)
[*V16*].

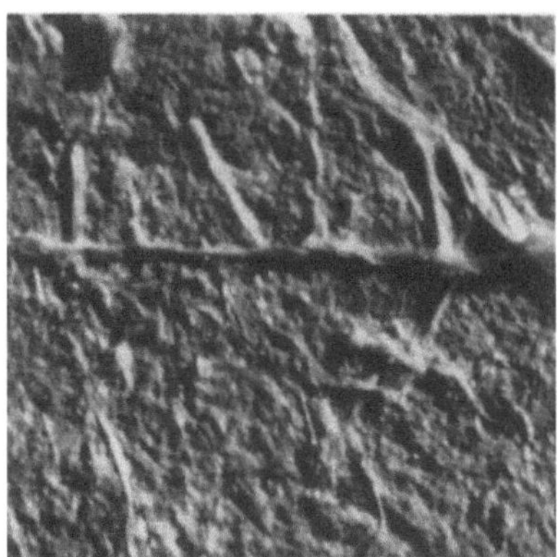

Abb. 344. Rohrwand der Ablaufseite nach 12-
wöchentlichem Durchfluß von salzsaurem Wasser
mit pH-Wert 3,4 bis 3,6 (Vergrößerung 1 : 7)
[*V16*].

Die starke Veränderung der Oberfläche war auch eindeutig chemisch festzustellen, wie aus der
nachstehenden Analyse der abgeschabten Oberschicht hervorgeht (Tab. 84). Danach ist hauptsächlich der Kalk herausgelöst worden, während die Asbestfasern (HCl-Unlösliches) zurückgeblieben und freigelegt worden sind. Auch die übrigen schwerer löslichen Bestandteile haben eine
Anreicherung erfahren. Die angereicherten Substanzen zeigten jedoch eine recht lockere Struktur
und übten eine nur begrenzt hemmende Wirkung auf den weiteren Abbau des Kalziumoxydes
aus, wie dies aus der konstant anhaltenden Aufhärtung ersichtlich ist. [*V16*].

Tabelle 84. *Analysenwerte der Oberschicht vom ungeschützten Rohr nach dem Versuch mit salzsaurem Wasser* [*V 16*]

	Glühverlust %	HCl-Unlöslich. %	CaO %	MgO %	$Al_2O_3 + Fe_2O_3$ %
Ungebrauchtes Rohr	15,2	21,6	49,3	2,7	10,4
Berliner Leitungswasser und HCl (pH = 3,4)	16,9	43,8	5,7	11,4	22,0

Schließlich ergaben die Messungen der Wanddicken eine Verminderung der Rohrwanddicken,
die am Zulaufteil größer war als am Ablaufteil, wo das Wasser bereits eine bestimmte Neutralisation erfahren hatte. Während die Verringerung der Wanddicke am Zulauf, etwa 17 cm vom
Rohrende entfernt, etwa 0,3 mm betrug, ergab sie sich am Auslauf ebenfalls in einer Entfernung
von 17 cm vom Rohrende, zu etwa 0,10 mm.

Es ist aus allem festzustellen, daß ein salzsaures Wasser vom pH-Wert 3,4 bei der angewandten
Fließgeschwindigkeit ein ungeschütztes Asbestzementrohr doch ziemlich stark angreift. Da in der

Praxis bei Wässern, deren p-H-Wert 6,0 und kleiner ist, bereits fabrikseitig ein entsprechender Schutzanstrich für die zur Verlegung kommenden Asbestzement-Druckrohre vorgesehen wird, hat der vorliegende Versuch mehr theoretische Bedeutung. Das gilt auch für die folgenden Versuche mit hochaggressiven Agenzien an ungeschützten Rohren. Es ist aber notwendig, daß die Grenzen eines Materials ergründet werden, um dann daraus die erforderlichen Schutzmaßnahmen und vor allem die Anwendungsgebiete bestimmen zu können. Insbesondere ist auch z. B. die Frage zu beantworten, von welcher Aggressivität an ein Schutzanstrich notwendig wird, wobei zu unterscheiden ist, ob der Schutzanstrich tatsächlich notwendigerweise zu erfolgen hat, oder ob es unter Einschluß gewisser Sicherheiten angeraten ist, einen Schutzanstrich vorzusehen.

Sehr extremen Verhältnissen wurden Rohrschalen aus Asbestzement und aus Eisen bei Korrosionsprüfungen ausgesetzt, die die *Bundesanstalt für Materialprüfung* (BAM) in Berlin-Dahlem [*V7*] durchführte. 10 cm breite Halbschalen von Rohren NW 100, von denen ein Teil ungeschützt war, während der andere Teil durch einen doppelten Anstrich mit Inertol I einen Schutz erhielt, wurden im Wechseltauchgerät, das sämtliche Proben in einer Stunde 20 Minuten lang in diese aggressive Lösung bei einer Temperatur von 20°C mit etwa 80% ihrer Oberfläche eintauchte und anschließend 40 Minuten lang im Normalklima (20°C, 65% relative Luftfeuchtigkeit) zum Trocknen hielt, geprüft. Die Prüfungsmethode wurde deshalb gewählt, weil durch sie die Bedingungen beim Einsatz von Asbestzement-Druckrohren als Abwasserleitungen am besten nachgeahmt werden. In Abwasserrohren ändert sich die Füllhöhe ständig, so daß eine bestimmte Stelle der Innenwandung, u. U. laufend, abwechselnd flüssigkeitsbenetzt und belüftet wird. Der Versuch wurde jeweils nach 2980 Stunden = 124 Tage abgebrochen und die Rohr-

hälften einer näheren Untersuchung unterzogen. Gleichzeitig wurden die in den Tauchflüssigkeiten angetroffenen Bodensätze näher analysiert.

Zur Anwendung gelangte einmal 2%ige *Salzsäure*, zum anderen 5%ige *Salzsäure*, also Konzentrationen, die weit über den in der Praxis im allgemeinen vorkommenden Werten liegen. Nach Beendigung der Versuche zeigten die mit Interol geschützten Proben aus Asbestzement lediglich braune Stellen auf dem Anstrich, dagegen keine Erscheinungen, die auf einen

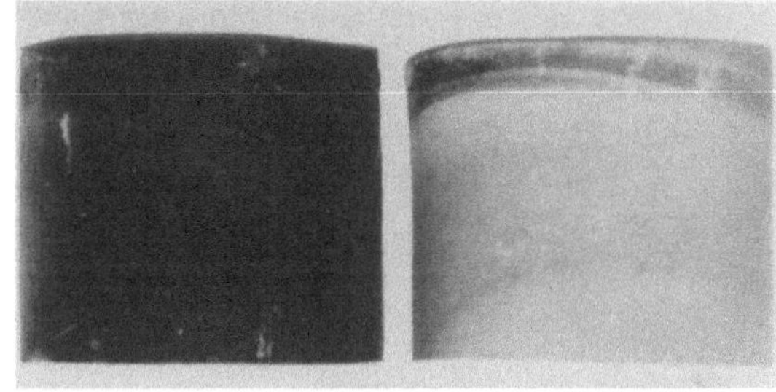

Abb. 345. Blick auf die Proben nach den Wechseltauchversuchen mit 5%iger HCl (links: mit Schutzanstrich, rechts: ohne Schutzanstrich) [*V7*].

stattgefundenen Angriff hingedeutet hätten. Die ungeschützten Asbestzement-Proben waren dagegen korrodiert. Die Korrosionsschicht war braun gefärbt und zeigte zum Teil weiße Ablagerungen. Die Beseitigung der korrodierten Schichten machte deutlich, daß von der ursprünglichen Wanddicke bei der 2%igen Salzsäure etwa 25%, bei der 5%igen Salzsäure etwa 30% angegriffen worden waren.

SCHLÄPFER [*199*] berichtet von einem Versuch, bei dem geteerte und ungeteerte, d. h. ungeschützte Asbestzement-Druckrohre in ein Bad von 1%iger Salzsäure gehängt wurden, wobei man das Salzsäurebad durch Umrühren ständig in Bewegung hielt und dafür sorgte, daß die Säurekonzentration möglichst konstant blieb. Bei diesem Versuch, der von vornherein sehr starke Korrosion erwarten ließ, wurden die ungeschützten Proben ziemlich rasch oberflächlich angegriffen, indem bereits nach 2 Stunden Einliegezeit Korrosionstiefen von 1 mm festgestellt werden konnten. Nach 1 bis 2 Monaten Versuchsdauer waren die in Salzsäure eingetauchten Rohre vollständig weich. Nach 5 Monaten war der abgebundene Zement herausgelöst. Die getrockneten Rohre waren bröcklig und die einzelnen Asbestlagen deutlich erkennbar [*199*]. Dagegen erwiesen sich die geteerten Proben als sehr widerstandsfest. Nach 5 Monaten Versuchszeit unter den gleichen Bedingungen wie vor ließen sich lediglich an einzelnen Stellen Erweichungen von 1 bis 2 mm Tiefe feststellen [*199*]. Hieraus geht die außerordentlich gute Schutzwirkung des Teeranstrichs hervor, der den hochaggressiven Verhältnissen bis auf einige Stellen, an denen der Teerfilm vermutlich nicht restlos geschlossen war, voll Rechnung zu tragen imstande war.

Tabelle 85. *Wasserbefunde bei der Versuchsserie mit* H_2SO_4 *und verschieden eingestellten* pH-*Werten* [*V 16*]
(*ungeschützte Asbestzement-Druckrohre*)

I = pH 3,5   II = pH 4,5   III = pH 5,5

Versuch	I		II		III		I		II		III		I		II		III		I		II		III		I	
Nr. der Versuchs-woche	pH						CaO (mg/l)						MgO (mg/l)				°d K		°d G						SiO_2 (mg/l)	
	Z	A	Z	A	Z	A	Z	A	Z	A	Z	A	Z	A	Z	A	Z	A	Z	A	Z	A	Z	A	Z	A
1.	3,6	4,4	4,4	5,3	5,8	6,0	105	115	110	116	111	116	10,1	10,1	7,9	7,9	1,7	2,0	12,0	13,0	12,1	12,7	12,2	12,7	17,6	18,6
2.	3,5	4,1	4,2	4,8	5,5	5,7	106	116	107	114	111	115	8,6	8,6	7,9	7,9	0,8	1,1	11,8	12,8	11,8	12,5	12,2	12,6	17,5	18,5
3.	3,5	3,9	4,5	5,1	5,6	5,8	106	115	107	115	112	116	10,9	10,9	7,9	7,9	1,1	1,4	12,1	13,0	11,8	12,6	12,2	12,6	17,6	19,0
4.	3,8	4,3	4,6	5,0	5,5	5,7	106	112	110	115	110	115	10,1	10,1	7,9	7,9	0,8	1,1	12,0	12,6	12,1	12,6	12,1	12,6	17,6	18,5
5.	3,4	3,6	4,5	5,1	5,5	5,7	105	113	107	116	107	111	8,6	8,6	7,9	7,9	0,8	1,1	11,7	12,5	11,8	12,7	11,8	12,2	17,0	18,0
6.	3,4	3,6	4,4	4,8	5,5	5,7	105	108	110	115	111	114	8,6	8,6	7,9	7,9	0,8	1,1	11,7	12,0	12,1	12,6	12,2	12,5	16,9	17,8
7.	3,5	3,8	4,5	5,0	5,6	5,8	108	112	111	116	110	114	8,6	10,1	7,9	7,9	0,6	0,8	12,0	12,6	12,2	12,7	12,2	12,6	17,6	18,2
8.	3,2	3,4	4,6	5,1	5,5	5,7	106	112	111	114	111	114	8,6	8,6	7,9	7,9	0,8	1,1	11,8	12,4	12,2	12,5	12,3	12,6	17,0	18,2
9.	3,4	3,6	4,5	4,9	5,5	5,7	106	112	111	115	107	111	8,6	8,6	7,9	7,9	0,8	1,1	11,8	12,4	12,2	12,6	11,8	12,2	17,3	19,1
10.	3,2	3,4	4,2	4,7	5,5	5,7	108	114	111	114	110	115	7,2	7,2	7,9	7,9	0,8	1,1	11,8	12,4	12,2	12,5	12,2	12,5	17,7	18,8
11.	3,3	3,6	4,9	5,4	5,4	5,6	105	112	110	113	110	111	8,6	8,6	7,9	7,9	0,8	1,1	11,7	12,4	12,1	12,4	12,1	12,2	16,8	17,7
12.	3,3	3,8	4,6	5,1	5,5	5,7	106	112	111	113	111	113	8,6	8,6	7,9	7,9	0,8	1,1	11,8	12,4	12,2	12,4	12,1	12,2	17,5	18,4

Z = Zulauf,   A = Ablauf.

Aus den Versuchen mit Salzsäure wird offensichtlich, daß das ungeschützte Asbestzement-Druckrohr von dieser Mineralsäure, je nach der vorhandenen Konzentration stärker oder schwächer angegriffen wird. Die Versuche zeigen jedoch auch weiterhin, daß bereits ein Schutzanstrich auf Teer- oder Bitumenbasis in ein- oder mehrlagiger Ausführung einen wirksamen und zuverlässigen Schutz darstellt. Derart geschützte Asbestzement-Druckrohre können stärkeren Konzentrationen ausgesetzt werden, ohne daß eine wesentliche Wersktoffzerstörung zu erwarten ist.

4.62 04 Versuche mit Schwefelsäure

Analog zu den unter 4.62 03 beschriebenen Versuchen führte HÖFER Parallelversuche durch, bei denen die Salzsäure durch Schwefelsäure (H_2SO_4) ersetzt wurde. Unter Verzicht auf einen Versuch mit geschütztem Versuchsrohr wurde dieser Versuch dreimal wiederholt, wobei HÖFER jedesmal einen anderen pH-Wert einstellte. Sinn dieser Untersuchung sollte es sein, den Einfluß des pH-Wertes bei mineralsauren Lösungen auf die Korrosion zu überprüfen. Die Versuchsdauer betrug wieder 12 Wochen, die Durchflußgeschwindigkeit 5 m/h. Die pH-Werte wurden auf 3,5, 4,5 und 5,5 eingestellt. Tab. 85 bringt die einzelnen Werte der Wasseruntersuchungen jeweils in Gegenüberstellung der drei Versuche.

Nach den Ergebnissen des Versuchs I (pH-Wert 3,5) besteht zwischen dem Angriff dieses schwefelsauren Wassers und dem eines gleichartigen salzsauren Wassers kein Unterschied. Auch hier erfährt die Azidität beim Durchfließen des Rohres eine Verminderung, die sich im Anstieg des pH-Wertes ausdrückt. Der in den ersten vier Wochen stärkere Anstieg des pH-Wertes deutet darauf hin, wie auch die anderen Werte zeigen, daß der Angriff nachläßt. Eine Veränderung des Magnesiumoxydgehaltes war analytisch nicht nachweisbar. Dagegen konnte auch hier eine geringe Zunahme der Kieselsäure im Ablauf beobachtet werden. Das Nachlassen des Angriffs erklärt HÖFER aus der Tatsache, daß nach Herauslösen des CaO-Gehalts in der obersten Schicht das weitere Auflösen durch die vorhandene Asbestschicht gehemmt wird. Wie bereits EICK feststellte, dürfte außerdem die Bildung von Gips einen hemmenden Einfluß ausüben.

Auch der Versuch II (pH-Wert 4,5) ergab einen deutlichen Angriff, der jedoch wesentlich geringer als der beim Versuch I war. Nach anfänglich stärkerer Korrosion kam es auch hier zu einer Verlangsamung. Eine Auflösung von Magnesia konnte nicht nachgewiesen werden.

Tabelle 86. *Analyse der abgeschabten Oberschicht der ungeschützten Rohre aus der Versuchsreihe mit Schwefelsäure [V 16]*

	Glühverlust %	HCl-Unlöslich. %	CaO %	Al_2O_3 + Fe_2O_3 %
Ungebrauchtes Rohr	15,2	21,6	49,3	10,4
Versuch I pH = 3,5	15,9	47,2	3,7	14,9
Versuch II pH = 4,5	15,7	40,3	15,0	16,7
Versuch III pH = 5,5	17,8	39,7	15,6	16,9

Schließlich erwies sich der Versuch III (pH-Wert 5,5) ebenfalls noch korrosiv. Die Aufhärtung des Wassers lag fast bis zum Ende des Versuches recht konstant bei 0,3 bis 0,4°d und erfuhr während des Versuchs keine Änderung. Der pH-Wert stieg dabei nur wenig an. Da das Wasser bei dem eingestellten pH-Wert noch geringe Mengen an Karbonathärte besaß, ist die Aggressivität der Lösung hauptsächlich auf die Kohlensäure zurückzuführen, die von der Schwefelsäure aus den Hydrokarbonaten freigemacht wurde. Die Korrosionswirkung entspricht damit der eines Wassers, das überschüssige Kohlensäure enthält und ist dementsprechend geringer als bei einem mineralsauren Wasser.

Der Versuch I zeigt gegenüber II eine wesentlich stärkere Herauslösung des Kalkanteils und auch den größten Prozentsatz des HCl-Unlöslichen. Damit wird die stärkere Aggressivität der schwefelsauren Lösung mit dem pH-Wert von 3,5 gegenüber einer gleichartigen, jedoch mit dem höheren pH-Wert 4,5 deutlich. Verfälscht ist dagegen das Bild mit der Versuchslösung III, deren Angriff nach den Analysenwerten nicht viel anders in Erscheinung tritt als der der Lösung II. Da es sich in Wirklichkeit um einen kohlensauren Angriff handelt, wofür auch die Erhöhung des Glühverlustes spricht, kann ein echter Vergleich nicht angestellt werden.

Abb. 346. Rohrwand der Zulaufseite nach 12-wöchentlichem Durchfluß von schwefelsaurem Wasser mit einem pH-Wert von 3,5 (Vergrößerung 1 : 7) [$V16$].

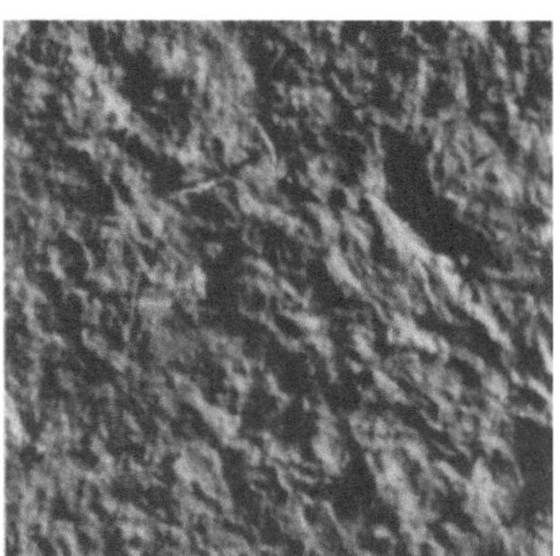

Abb. 347. Rohrwand der Ablaufseite nach 12-wöchentlichem Durchfluß von schwefelsaurem Wasser mit einem pH-Wert von 3,5 (Vergrößerung 1 : 7) [$V16$].

Die photographischen Vergrößerungen der inneren Rohroberflächen bringen die unterschiedlichen Auswirkungen des Angriffs durch verschieden aggressive Lösungen nicht eindeutig zum Ausdruck. Allen Aufnahmen sind jedoch die länglichen Vertiefungen eigen, die besonders an den Zulaufenden zu erkennen sind, während die Aufnahmen von den Ablaufenden eine gleichmäßigere Oberfläche zeigen, die nur hier und da von größeren Vertiefungen unterbrochen wird.

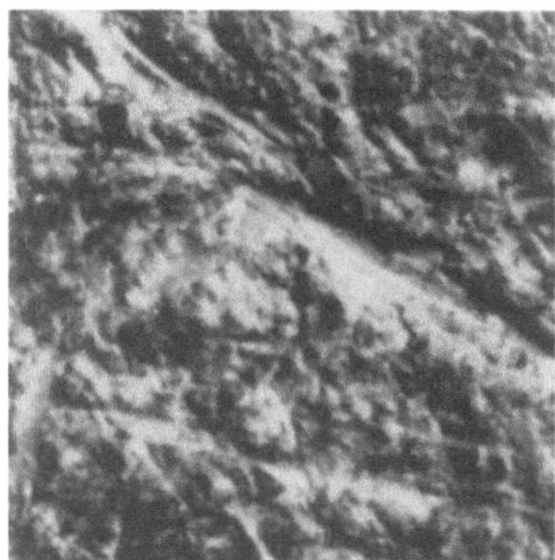

Abb. 348. Rohrwand der Zulaufseite nach 12-wöchentlichem Durchfluß von schwefelsaurem Wasser mit einem pH-Wert von 4,5 (Vergrößerung 1 : 7) [$V16$].

Abb. 349. Rohrwand der Ablaufseite nach 12-wöchentlichem Durchfluß von schwefelsaurem Wasser mit einem pH-Wert von 4,5 (Vergrößerung 1 : 7) [$V16$].

Die Messungen der Wanddicken bestätigen die visuellen Befunde. An den Zulaufenden ergaben sich größere Dickenverminderungen, während an den Ablaufseiten nur geringe oder keine Veränderungen festgestellt werden konnten. So betrug die Korrsosionstiefe beim Versuch I (pH = 3,5) am Zulauf etwa 0,3 mm, am Ablauf dagegen 0 bis 0,05 mm. Versuch II und III ergaben gleiche Verhältnisse: am Zulauf etwa 0,05 mm, am Ablauf keine meßbare Erweichung.

Faßt man die Ergebnisse der vorliegenden Versuchsreihe zusammen, so zeigt sich der Unterschied des pH-Wertes hinsichtlich der Korrosion als sehr bedeutungsvoll, was angesichts der Ausführungen im Abschnitt 4.611 auch nicht verwundert. Nach den dort dargelegten Beziehungen kommt dem Unterschied von 1,0 im pH-Wert eine um das Zehnfache veränderte Wasserstoffionenkonzentration gleich.

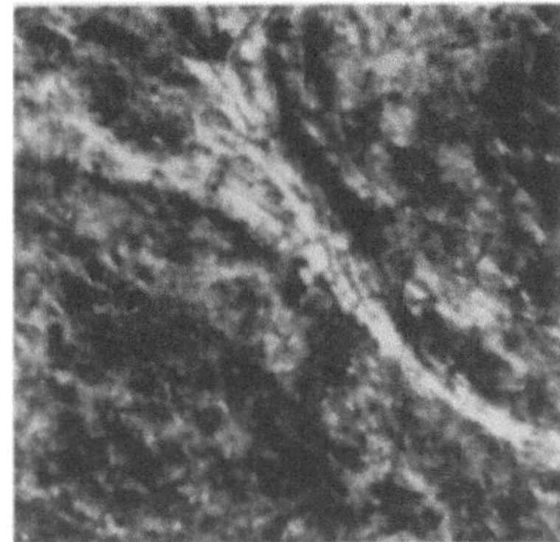

Abb. 350. Rohrwand der Zulaufseite nach 12-wöchentlichem Durchfluß von schwefelsaurem Wasser mit einem pH-Wert von 5,5 (Vergrößerung 1 : 7) [*V16*].

Abb. 351. Rohrwand der Ablaufseite nach 12-wöchentlichem Durchfluß von schwefelsaurem Wasser mit einem pH-Wert von 5,5 (Vergrößerung 1 : 7) [*V16*].

Bei der Wechseltauchprüfung, die von der Bundesanstalt für Materialprüfung (BAM) im Zusammenhang mit den im Abschnitt 4.62 03 beschriebenen Salzsäureversuchen[1] auch mit 2%iger Schwefelsäure durchgeführt wurde [*V7*], wiesen die ungeschützten Asbestzementproben eine starke Quellung auf, die die Wanddicke um etwa 30% vergrößerte. Außerdem waren weiße Ablagerungen zu bemerken. Die gequollene Schicht war außen sehr locker, nahm aber nach innen an Festigkeit zu, so daß auch außerhalb der völlig unveränderten Innenschicht noch eine hohe

Festigkeit vorhanden war. Die Korrosionstiefe, d. h. die Dicke der angegebenen Schicht, machte hierbei etwa 38% der Wanddicke vor dem Versuch aus [*V7*]. In Abb. 352 ist die Quellung des Rohres im Bereich der benetzten Oberfläche deutlich zu erkennen.

Bei den geschützten Asbestzementproben ließ sich dagegen nur eine stellenweise Quellung des Anstriches feststellen [*V7*]. Die Quellungen bei den Asbestzementproben legen die Vermutung nahe, daß es trotz des sauren Angriffs unter dem gebildeten Korrosionsprodukt (Gips,

Abb. 352. Rohrproben nach Wechseltauchversuch mit 2 %iger Schwefelsäure (links: mit Schutzanstrich, rechts: ohne Schutzanstrich) [*V7*].

der als weißer Belag zu bemerken war) in Verbindung mit der dort vorhandenen Wandalkalität zur Bildung von CANDLOTschem Salz (Ettringit) gekommen ist. Leider liegen hierüber keine näheren Aussagen vor.

SCHLÄPFER [*199*] setzte feuchte Asbestzement-Rohrstücke fünf Wochen lang einer Atmosphäre von schwefliger Säure aus. Hierbei bildete sich an den ungeschützten Rohrproben eine dünne Schicht von Gips aus, ansonsten blieben die Rohre intakt. Die geteerten Rohre wurden kaum angegriffen.

Um die Verwendung der Asbestzement-Druckrohre als Rauchrohre bzw. Gasabzugrohre zu prüfen, führte SCHLÄPFER [*199*] 1934 Versuche durch, bei denen drei Asbestzement-Druckrohre, teils mit einem inneren Teeranstrich, teils ungeschützt, vertikal montiert wurden. Unter jedem Rohr befand sich ein Teclubrenner, dessen Flamme direkt in den Kamin brannte. Das obere Ende des Rohres war teilweise abgedeckt, so daß der Luftüberschuß gedrosselt werden konnte,

---

[1] s. S. 269.

die Abzugsverhältnisse ließen sich dabei der Praxis anpassen. Alle Rohre konnten von außen durch Kühlschlangen mit Wasser gekühlt werden. Außerdem war die Möglichkeit gegeben, das gebildete Kondenswasser aufzufangen, um es analysieren zu können.

Kamin I bestand aus einem innen geteerten Asbestzement-Druckrohr. Über den Brenner wurden die Verbrennungsgase zunächst durch ein wassergekühltes Kupferrohr von 80 cm Länge geleitet und gelangten dann in das Asbestzement-Druckrohr. Dieses war zunächst auf 50 cm Länge luftumspült, um dann auf einer Länge von 135 cm durch eine wasserdurchflossene Bleirohrschlange gekühlt zu werden.

Kamin II war ebenfalls ein innen geteertes Asbestzement-Druckrohr, das jedoch direkt über dem Brenner stand. Die unteren 80 cm waren luftumströmt, hierauf folgte eine 100 cm lange Kühlstrecke, die durch eine wasserdurchflossene Kühlspirale hergestellt wurde. Im Anschluß daran wurde das Rohr auf eine Länge von 50 cm durch einen wassergefüllten Blechmantel gekühlt.

Kamin III schließlich wurde durch ein ungeschütztes Rohr dargestellt, das wie beim Kamin I installiert worden war.

Verbrannt wurde Züricher Leuchtgas. Über die Taupunkte und die im Rauchgas enthaltenen SO_2-Mengen bei verschiedenen Kohlendioxydgehalten orientiert Tab. 87.

Tabelle 87. *Gehalt an SO_2 und Taupunkte der Rauchgase* [*199*]

Luft-überschuß-koeffizient	Leuchtgas 10 g Schwefel pro 100 m³			Leuchtgas mit 20 g Schwefel pro 100 m³		Taupunkt der Rauchgase °C
	SO_2 Vol. %	SO_2 g/m³	SO_2 Vol. %	SO_2 g/m³	SO_2 Vol. %	
1	11,5	0,040	0,0014	0,080	0,0028	60
1,2	9,9	0,034	0,0012	0,068	0,0024	57
1,4	8,7	0,030	0,0011	0,060	0,0022	54
1,6	7,8	0,027	0,00095	0,054	0,0019	52
1,8	7,0	0,024	0,00086	0,048	0,0018	51
2,0	6,4	0,022	0,00078	0,044	0,0016	49
3,0	4,4	0,015	0,00054	0,030	0,0011	42
4,0	3,4	0,012	0,00041	0,024	0,0008	37

Die Brenndauer betrug bei jedem Kamin 400 Stunden, dabei wurden die Brenner manchmal innerhalb kurzer Zeit gelöscht und wieder angezündet. Ein anderes Mal brannten sie, ähnlich wie in Badeöfen, etwa 20 Minuten. Einige Dauerbrennerversuche liefen über mehrere Stunden, maximal bis 10 Stunden. Insgesamt wurden pro Kamin etwa 300 m³ Gas verbrannt. Der CO_2-Gehalt im Abgas betrug 4,8%. Die Abgabetemperaturen ergeben sich aus Tab. 88.

Tabelle 88. *Abgastemperaturen* [*199*]

Höhe gemessen ab Unterkante Kamin	Kamin I °C	Kamin II °C	Kamin III °C
50 cm	260 — 270	über 450	200 — 210
130 cm	210 — 220	440 — 450	—
230 cm	140 — 150	210 — 220	110 — 120

Die Kondenswasserbildung betrug beim Kamin I und III etwa 30—40 cm³/h, während sich beim Kamin II infolge der höheren Temperaturen keine Kondenswasserbildung einstellte. Die Analyse des kurz vor Abbruch des Versuchs entnommenen Kondenswassers ist in Tab. 89 niedergelegt.

Die äußerliche Begutachtung der Rohre nach dem Versuch zeigte, daß die Rohre mechanische Beschädigungen, wie Risse oder abgeplatzte Stellen, nicht erfahren hatten. Auch sonstige Veränderungen, wie Ausblühungen usw., konnten nicht festgestellt werden. Durch die zum Teil hohen Temperaturen hatten allerdings die Teeranstriche Schaden genommen. Hierzu muß jedoch

Tabelle 89. *Analyse des gebildeten Kondenswassers*

Zusammensetzung		ungeschütztes Rohr	geteertes Rohr
Aussehen		grün, klar	grün, klar
Reaktion auf Lackmus		sauer	sauer
Cl	(mg/l)	15,8	27,0
SO_3	(mg/l)	1357,0	773,1
CuO	(mg/l)	99,6	55,2
CaO	(mg/l)	21,0	35,0
MgO	(mg/l)	2,5	4,0

Abb. 353. Versuchsanordnung zur Prüfung der Verwendung von Asbestzement-Druckrohren als Gasabzugrohre [*199*].

festgestellt werden, daß in der Praxis Gasgeräte so installiert werden, daß sich die Rauchgase bis auf Temperaturen abkühlen, die den Anstrichen der Abzugrohre nicht mehr schaden. Aus den Abb. 354 und 355 geht hervor, daß der Teeranstrich im unteren Teil des Kamin I unter Blasenbildung verkohlt wurde und abblätterte, während er im oberen Teil noch fest haftete. Zum Teil konnte ein hauchdünner weißer Anflug festgestellt werden [*199*].

Bei dem Kamin II war der Teeranstrich im unteren Teil ebenfalls verkohlt und teilweise in das Material eingebrannt. Dies geht auch aus der mikroskopischen Untersuchung der Oberschicht hervor. Neben den schwarzen Partikelchen des Anstrichs fanden sich größere Kalzitkristalle an [*199*].

Der ungeschützte Kamin III zeigte lediglich stellenweise einen dünnen Kalziumkarbonatbelag, der durch die mikroskopische Feststellung von Kalzitkristallen bestätigt wurde [*199*].

Die Versuche von SCHLÄPFER haben die Verwendungsfähigkeit von Asbestzement-Druckrohren als Gasabzugrohre voll bewiesen. Nicht nur die zum Teil hohen Brenntemperaturen, sondern auch die großen Temperaturunterschiede zwischen erhitzter Innenwand und gekühlter Außenwand, sowie die wechselweise Bedienung der Brenner wurden vom Material einwandfrei aufgenommen

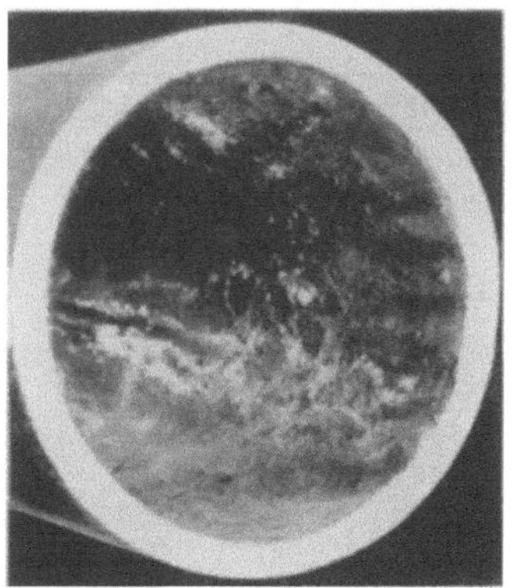

Abb. 354. Blick in den unteren Teil von Kamin I [*199*].

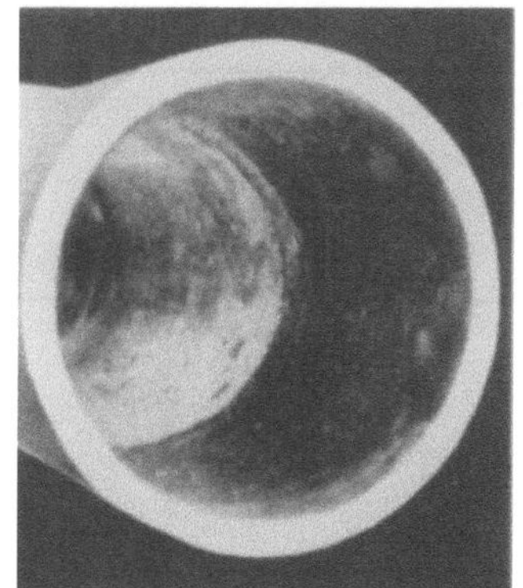

Abb. 355. Blick in den oberen Teil von Kamin I [*199*].

und ohne nachteilige Schäden vertragen. Die chemische Beeinflussung der Rohre durch die Abgase und die Kondenswässer war nicht nennenswert, bei letzteren dürfte die schnelle Entfernung des Kondensates dafür verantwortlich zu machen sein. Unter Berücksichtigung längerer Betriebszeiten ist jedoch die Aufbringung eines Schutzanstriches empfehlenswert.

4.62 05 Versuche mit Sulfaten

Übermäßige Gehalte an Sulfaten (SO_4) führen, wie schon an anderer Stelle ausgeführt[1], zur Bildung des CANDLOTschen Salzes 3 CaO . Al_2O_3 . 3 $CaSO_4$. 32 H_2O, das wegen seiner Volumenvergrößerung zu Treiberscheinungen führt und das Materialgefüge auseinandersprengt. Es

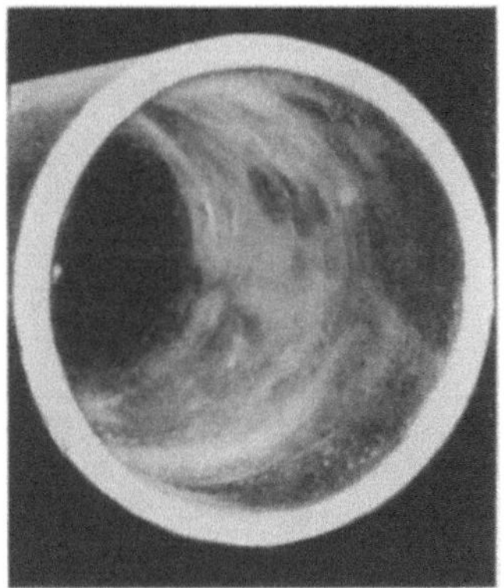

Abb. 356. Blick in den unteren Teil von
Kamin II [*199*].

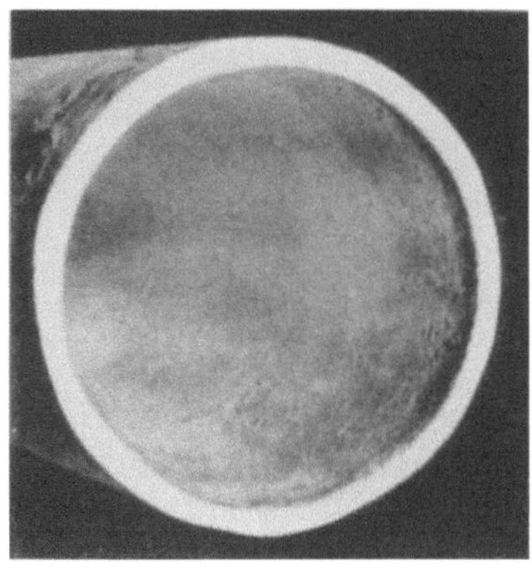

Abb. 357. Blick in den oberen Teil von
Kamin II [*199*].

entsteht nur bei Temperaturen unter 80°C und bei einer neutralen bis alkalischen Reaktion der Mutterlauge [*63*]. Nach EICK ist für Asbestzement-Druckrohre ein Sulfatgehalt von 300 mg/l und mehr bereits als schädlich anzusehen, sofern zur Herstellung der Mischung nicht sulfatbeständige Zemente verwendet wurden [*63*]. Dieser Wert ist hierbei als Sicherheitsgrenze aufzufassen, sofern der Zement hinsichtlich seines Gehaltes an C_3A nicht näher definiert wird.

TILLMANS[2] geht weiter und findet, daß ein SO_4^{--}-Gehalt von 1000 mg/l und mehr beton- bzw. zementfeindlich ist. Um das Verhalten von Asbestzement-Druckrohren auch wesentlich höheren Sulfatgehalten gegenüber zu überprüfen, wurden im Rahmen der Korrosionsuntersuchungen auch Versuche mit sulfathaltigen Wässern durchgeführt. Hierzu benutzte HÖFER [*V16*] Berliner Leitungswasser, dem er 3000 mg/l Magnesiumsulfat ($MgSO_4$) zusetzte. Wiederum wurden je ein ungeschützes und ein bituminiertes Versuchsrohr untersucht. Die Durchlaufgeschwindigkeit des Wassers betrug, wie üblich, 5 m/h. Neben dem pH-Wert bestimmte HÖFER noch den Gehalt des Kalks, während er von Härtebestimmungen absehen mußte, da die aufgetretenen Veränderungen gegenüber der vorhandenen Gesamthärte von etwa 150°dG innerhalb der

Tabelle 90. *Wasserbefunde bei den Versuchen mit sulfathaltigem Wasser* [*13*]

Nr. der Versuchswoche	ungeschütztes Rohr u. 3000 mg/l SO_4^{--}				geschütztes Rohr und 3000 mg/l SO_4^{--}					
	pH		CaO (mg/l)		pH		CaO (mg/l)		$KMnO_4$-Verbrauch (mg/l)	
	Z	A	Z	A	Z	A	Z	A	Z	A
1.	7,7	7,7	112	106	7,7	7,7	112	112	10,1	10,0
2.	7,7	7,7	112	106	7,6	7,6	112	112	9,4	9,6
3.	7,6	7,6	112	107	7,6	7 6	112	112	13,9	13,9
4.	7,6	7.6	113	108	7.6	7,6	112	112	12,0	12,0
5.	7,7	7,7	112	110	7,7	7,7	112	112	10,5	10,5
6.	7,6	7,6	107	107	7,6	7,6	107	107	7,0	7,0
7.	7,6	7,6	106	106	7,6	7,6	106	106	7,0	7,0
8.	7,7	7,7	106	106	7,6	7,6	106	106	8,9	8,5
9.	7,7	7,6	106	106	7,7	7,7	106	106	9,5	9,8

Z = Zulauf,   A = Ablauf.

---

[1] s. Abschn. 2.216.
[2] TILLMANS, J.: „Die chemische Untersuchung von Wasser und Abwasser" 2. Aufl. 1932.

Fehlergrenzen gelegen hätten. Für das Wasser des Versuchs mit dem bituminierten Rohr wurde außerdem der Kaliumpermanganatverbrauch festgestellt. In der vorstehenden Tab. 90 sind die Ergebnisse der wöchentlichen Untersuchungen aufgeführt.

Das Wasser des ungeschützten Rohres zeigt bis zum Ende der 5. Woche eine geringe Abnahme des Kalkgehaltes, die auf eine geringfügige Beeinflussung des Wassers durch das Rohr hindeutet. Danach ergab sich keine Veränderung mehr, so daß HÖFER den Versuch nach neun Wochen abbrach.

Die Oberfläche des aufgeschnittenen ungeschützten Rohres war mit einem hauchdünnen, festhaftenden, weißlichen Belag überzogen, der einen etwas grobkörnigen Charakter hatte, als die bei früheren Versuchen beobachtete Kalziumkarbonat-Ausscheidung. Unterschiede zwischen dem Aussehen des Zulaufendes und des Ablaufendes konnten nicht bemerkt werden (Abb. 358).

Die chemische Veränderung der Oberfläche ergibt sich aus der Analyse der abgeschabten Oberschicht des ungeschützten Rohres.

Abb. 358. Rohrwand nach 9-wöchentlichem Durchfluß eines mit 3000 mg/l MgSO$_4$ angereicherten Wassers (Vergrößerung 1 : 7) [V16].

Tabelle 91. *Analyse der abgeschabten Oberschicht vom Versuch mit sulfathaltigem Wasser[V16]*

	Glühverlust %	HCl-Unlösliches %	CaO %	MgO %	SO$_4$ %
ungebrauchtes Rohr	15,2	21,6	49,3	2,7	—
Berliner Leitungswasser + 3000 mg/l SO$_4$	26,1	11,1	41,1	5,7	15,5

Der Analysenbefund der abgeschabten Oberschicht, in der natürlich immer ein ungewisser Anteil der nicht beeinflußten Rohrwand mitenthalten ist, läßt klar erkennen, daß es sich um eine dünne, recht weiße Gips-Schicht handelt, und zwar nicht um eine Ablagerung, sondern vielmehr um eine Umwandlung des in der Oberfläche enthaltenen freien Kalkes in Gips [V16]. Aus den Messungen der Wanddicken wurde hierbei ersichtlich, daß sie sich sowohl am Zulauf- als auch am Ablaufende in den ersten vier Wochen geringfügig vermindern (0,05 mm), um dann konstant zu bleiben.

Es entsteht also beim Durchfluß von stark sulfathaltigem Leitungswasser zunächst ein Angriff, mit dem Hand in Hand die Bildung einer relativ weichen Gipsschicht erfolgt. HÖFER vermutet, daß diese Gipsschicht eine gewisse Schutzwirkung ausübt, was zumindest für die erste Zeit der Fall sein mag. Eine ausgeprägte Tiefenwirkung, die zu einer Korrosion des Rohres führen könnte, war innerhalb der Versuchszeit nicht festzustellen [V16]. Diese Tatsache darf allerdings nicht zu dem Schluß verleiten, daß damit eine zerstörende Wirkung auf längere Sicht ausgeschlossen ist. Es dürfte vielmehr angeraten sein, das betreffende Rohr bei einer derartigen Sulfatkonzentration durch einen Schutzanstrich zu schützen. Wie aus dem Ergebnis des Versuchs mit einem innen bituminierten Rohr hervorgeht,

Abb. 359. Rohrwand nach 13-monatigem Standversuch mit Berliner Leitungswasser und Zusatz von 3000 mg/l MgSO$_4$ (Vergrößerung 1 : 7) [V16].

genügt bereits ein einfacher Bitumen- oder Teeranstrich, um eine Einwirkung von stark sulfathaltigen Wässern auf das Asbestzement-Druckrohr zu verhindern. Es hat sich gezeigt, daß der Schutzanstrich selbst ebenfalls keine Beeinflussung durch das sulfathaltige Wasser erfuhr.

Parallel zu den Durchflußversuchen führte HÖFER einen *Standversuch* mit dem gleichen Wasser, Berliner Leitungswasser und 3000 mg/l $MgSO_4$, durch, bei dem ein 1,0 m langes Asbestzement-Druckrohr NW 50, einseitig verschlossen, mit dem sulfathaltigen Wasser gefüllt und 13 Monate aufgestellt wurde. Das ungeschützte Versuchsrohr war mit einer Glasplatte abgedeckt, der Inhalt wurde alle vier Wochen auf seinen Kalkgehalt untersucht. Da sich während der gesamten Versuchszeit der Kalkgehalt nicht änderte, verzichtete HÖFER auf die Angabe der Analysenwerte im einzelnen. Nach Aufschneiden des Rohres konnten keine Veränderungen an der Rohrwand festgestellt werden. Erst nach dem Austrocknen machte sich ein weißlich schimmernder hauchdünner Belag (Gips) bemerkbar, der die ursprüngliche Struktur des Rohres nur schwach verdeckte, wie dies auf Abb. 359 zu erkennen ist.

Der Standversuch ließ bei 13 Monate dauernder Versuchszeit keinerlei Auswirkungen erkennen. Die kaum wahrnehmbare Gipsschicht war deutlich geringer als diejenige, die sich bei dem Durchflußversuch im ungeschützten Rohr gebildet hatte.

Der Niederländische Studienausschuß für Asbestzementrohre führte seinerzeit Versuche mit Natrium- und Magnesiumsulfat aus, um festzustellen, bei welcher Konzentration eine Beeinflussung des Asbestzement-Rohrmaterials eintritt [*120*]. Zu diesem Zweck wurden 2 cm breite Ringe von Asbestzement-Druckrohren NW 100 jeweils 22 Monate in Sulfatlösungen[1] verschiedener Konzentration gelegt. Die dabei auftretenden Korrosionserscheinungen versuchte man über die Bestimmung des Gewichtsverlustes zu erfassen. Die nachstehenden Zahlentafeln geben die Versuchsergebnisse wieder:

Tabelle 92. *Asbestzementrohrringe in Natriumsulfatlösung* [*120*]

Konzentration SO_4^{--} (mg/l)	Ringgewicht vor dem Versuch (g)	Ringgewicht nach dem Versuch (g)	Gewichtsverlust (g)	Gewichtsverlust (%)	Anzeichen
0	202,6	199,3	3,3	1,63	etwas Niederschlag gebildet
100	205,9	202,4	3,5	1,71	etwas Niederschlag gebildet
200	201,9	199,4	2,5	1,24	etwas Niederschlag gebildet
500	196,9	193,9	3,0	1,53	etwas Niederschlag gebildet
1 000	203,9	201,4	2,5	1,23	wenig Niederschlag gebildet
1 500	203,4	201,2	2,1	1,04	wenig Niederschlag gebildet
2 000	207,0	205,0	2,0	0,97	wenig Niederschlag gebildet
3 000	198,3	196,5	1,8	0,91	sehr wenig Niederschlag gebildet
4 000	198,3	196,7	1,6	0,81	sehr wenig Niederschlag gebildet
5 000	200,0	198,9	1,1	0,55	sehr wenig Niederschlag gebildet

Der niederländische Studienausschuß faßt die Ergebnisse der Versuche dahingehend zusammen, daß die Asbestzement-Rohrringe sowohl in Natriumsulfatlösung mit 0 bis 5000 mg/l SO_4^{--} als auch in Magnesiumsulfatlösung mit 0 bis 5000 mg/l Mg^{++} völlig unverändert geblieben sind. Die eingetretenen Gewichtsverluste waren beim Versuch mit Na_2SO_4 klein und beim Versuch mit $MgSO_4$ ganz unbedeutend. Der höhere Gewichtsverlust bei der Konzentration „Null" dürfte auf die Einwirkung des destillierten Wassers zurückzuführen sein.

Zu der Methode der Gewichtsbestimmung führt der KIWA-Bericht [*120*] ganz allgemein aus, daß dem Gewichtsverlust zu wenig Aussagekraft innewohnt. Die chemischen Veränderungen, die beim Angriff durch Schwefelsäure aber auch durch Sulfat stattfinden, werden durch eine Vielzahl von Faktoren beeinflußt, so daß es von vornherein schwierig ist, festzustellen, ob die auftretenden Umbildungen eine Gewichtsvermehrung oder einen Gewichtsverlust zur Folge haben. Im Asbestzement können unlösliche Stoffe mit höherem Molekulargewicht als die Ausgangsstoffe gebildet werden, während andererseits unlösliche Verbindungen in lösliche umgesetzt werden

---

[1] angesetzt mit destilliertem Wasser.

können. Für die Beurteilung einer Aggressivität bzw. ihrer Folgeerscheinung liefert bei den geringen Gewichtsunterschieden die Wägemethode keinen brauchbaren Maßstab. Es bleibt daher nur übrig, die Korrosionstiefen nach Entfernung der korrodierten Schichten zu messen [120].

Tabelle 93. *Asbestzementrohrringe in Magnesiumsulfatlösung* [120]

Konzen-tration Mg^{++} (mg/l)	Ring-gewicht vor dem Versuch (g)	Ring-gewicht nach dem Versuch (g)	Gewichts-verlust (g)	(%)	Anzeichen
0	201,6	200,0	1,6	0,79	etwas Niederschlag gebildet
100	202,6	202,0	0,6	0,29	etwas Niederschlag gebildet
200	199,8	199,0	0,8	0,40	etwas Niederschlag gebildet
500	205,1	204,9	0,2	0,09	wenig Niederschlag gebildet
1 000	205,7	205,5	0,2	0,09	Niederschlag gebildet
1 500	202,5	202,2	0,3	0,15	sehr wenig Niederschlag gebildet
2 000	192,8	192,6	0,2	0,11	Niederschlag gebildet
3 000	198,6	198,6	0	0	wenig Niederschlag gebildet
4 000	202,6	202,0	0,6	0,29	etwas Niederschlag gebildet
5 000	207,7	207,7	0	0	wenig Niederschlag gebildet

Ganz allgemein ist zu den Versuchen mit Sulfaten in wäßrigen Lösungen zu sagen, daß die Auswirkungen von Sulfaten auf Asbestzement-Druckrohre derart sind, daß der in der Literatur allgemein vertretene Grenzwert von 300 mg/l SO_4^{--} ohne Bedenken höher gesetzt werden kann. Eine genügende Sicherheit dürfte noch vorhanden sein, wenn man speziell für den Außenschutz die zulässige Grenze auf etwa 1000 mg/l SO_4^{--} heraufsetzt. Mit Rücksicht auf die Gesamt-analyse eines Bodens oder Grundwassers und im Hinblick auf die verhältnismäßig geringen Kosten steht es natürlich frei, Schutzmaßnahmen, d. h. vornehmlich Schwarzanstriche, bereits bei Konzentrationen zwischen 300 u. 1000 mg/l SO_4^{--} anzuwenden. Wie gezeigt wurde, genügt ein einfacher Schwarzanstrich vollkommen, um allen Gefahren aus dem Wege zu gehen.

4.62 06 Versuche mit Sulfiden

Zur Ermittlung der Einwirkung löslicher Sulfide auf Asbestzement-Druckrohre fügte HÖFER [V16] dem Berliner Leitungswasser Natriumsulfid zu. Die erste Zugabe von 150 mg/l Na_2S (= 492 mg $Na_2S \cdot 9\ H_2O$) brachte naturgemäß eine starke Erhöhung des pH-Wertes und mithin eine Herabsetzung der Härte mit sich, so daß der Zusatz auf 30 mg/l Na_2S (= 92 mg $Na_2S \cdot 9$ H_2O) herabgesetzt wurde. Die dadurch bedingte Erhöhung des pH-Wertes von 7,4 auf 7,7 war unbedenklich, da eine Abscheidung von Kalziumkarbonat nicht beobachtet werden konnte. Für den Durchflußversuch wurde ein ungeschütztes Rohr benutzt und die Fließgeschwindigkeit auf 2,5 m/h festgesetzt, der Versuch erstreckte sich wiederum auf 12 Wochen. Neben dem pH-Wert bestimmte HÖFER die Gesamthärte und die m-Alkalität.

Aus den Wasserbefunden geht eindeutig hervor, daß eine gegenseitige Beeinflussung von Wasser der vorliegenden Beschaffenheit und Rohrwand nicht stattfand. Auch konnte aus den Wand-dickenmessungen keine Verminderung der Wanddicke festgestellt werden. Die Rohrwand zeigte einen sehr feinen, z. T. flockigen, weichen und leicht abwischbaren Belag, der, wie an Hand der Analyse der Oberschicht (Tab. 95) anzunehmen ist, aus flockiger Ausscheidung von Kalzium-karbonat aus dem Berliner Leitungswasser infolge der pH-Wert-Erhöhung besteht [V16]. Die photographische Vergrößerung (Abb. 360) zeigt im Ablaufteil, der bevorzugt belegt war, die etwas flockigschaumige Struktur des Belages.

Außer dem Durchflußversuch stellte HÖFER noch zwei Lagerversuche an, bei denen 50 mm breite Ringe von Asbestzement-Druckrohren NW 200, jeweils bituminiert und ungeschützt, einmal in eisensulfidhaltigen Sand, zum anderen in Industrieschlacke eingebettet wurden. Wenn

Tabelle 94. *Wasserbefunde des Versuchs mit sulfidhaltigem Wasser* [*V16*]

Nr. der Versuchswoche	ungeschütztes Rohr und Na_2S					
	pH		°dG		m-Alkalität	
	Z	A	Z	A	Z	A
1.	8,5	8,4	10,2	10,2	3,4 (p-A · 0,2)	3,3 (p-A · 0,2)
2.	7,9	7,9	11,8	11,8	2,9	2,9
3.	7,8	7,8	12,1	12,1	3,4	3,4
4.	7,7	7,8	12,1	12,1	3,4	3,4
5.	7,7	7,7	11,8	11,8	3,4	3,4
6.	7,7	7,7	12,2	12,2	3,4	3,4
7.	7,8	7,8	12,1	12,1	3,4	3,4
8.	7,7	7,7	12,1	12,2	3,3	3,3
9.	7,8	7,8	12,1	12,2	3,3	3,3
10.	7,7	7,7	12,1	12,2	3,4	3,4
11.	7,8	7,8	12,5	12,5	3,4	3,4
12.	7,7	7,7	12,1	12,1	3,3	3,3

Z = Zulauf,   A = Ablauf.

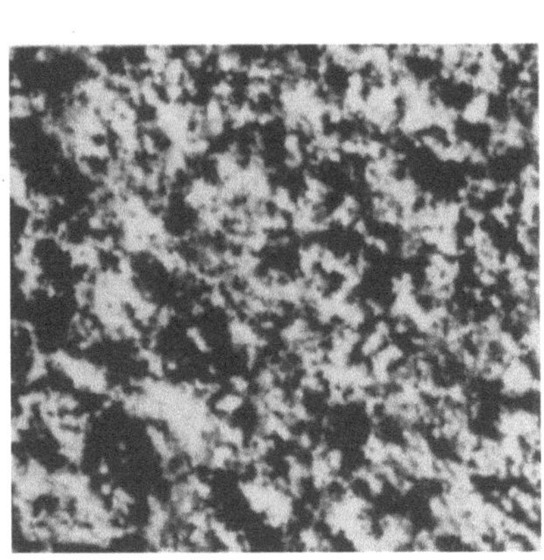

Abb. 360. Rohrwand am Ablaufteil nach 12-wöchentlichem Durchfluß von sulfidhaltigem Wasser (Vergrößerung 1 : 7) [*V16*].

auch diese Versuche eigentlich als Bodenversuche im Abschnitt „Außenkorrosion" behandelt werden müßten, sollen sie doch an dieser Stelle angeführt werden, da sie „echte" Bodenversuche nicht darstellen.

Für den Versuch wurde Berliner Sand mit der Körnung

      20% über 5 mm,
      76% zwischen 0,5 und 0,15 mm
      4% unter 0,15 mm

Tabelle 95. *Analyse der abgeschabten Oberschicht des Versuchs mit sulfidhaltigem Wasser* [*V16*]

	Glühverlust %	HCl-Unlösl. %	CaO	MgO	$Al_2O_3 + Fe_2O_3$ %	H_2S %
Ungebrauchtes Rohr	15,2	21,6	49,3	2,7	10,4	—
Berliner Leitungswasser u. Na_2S	35,5	16,5	39,2	6,7	4,4	nur qualitativ nachweisbar

mit soviel feingemahlenem Eisensulfid versetzt, daß die Mischung (auf trockenen Sand berechnet) insgesamt 0,44% Eisensulfid (FeS) enthielt. Die in einen seitlich gelochten Behälter gefüllte Sand-Sulfid-Mischung wurde mit destilliertem Wasser konstant feucht gehalten, wobei der jeweilige Wasserüberschuß durch die seitlichen Löcher, die auch der Belüftung des Sandbettes dienten, ablaufen konnte. In dieses Sandbett wurden die Asbestzement-Rohrringe eingelagert, nach drei Monaten Liegezeit untersucht und abermals drei Monate vergraben [*V16*].

Die Überprüfung der Ringe nach drei und sechs Monaten Liegezeit ergab keine feststellbaren Veränderungen. Lediglich die ursprünglich glänzende Oberfläche des bituminierten Ringes war etwas stumpf geworden. Es stellte sich heraus, daß das in der Mischung enthaltene Eisensulfid trotz Belüftung und Feuchthalten nur zum Teil zu Eisensulfat, das die Ringe hätte angreifen können, oxydiert war. Nach je drei Monaten waren von den eingangs zugegebenen 0,44% FeS noch 0,36% nachweisbar [*V16*].

Auch der Versuch mit einem Schlackenbett schlug fehl und führte zu keinem Ergebnis. Der geringe Ausgangsgehalt an Sulfid von 0,04% H_2S war auf 0,03% H_2S zurückgegangen, d. h. es war kaum eine Gehaltsminderung eingetreten. Aus diesem Grunde kam es auch zu keiner Oberflächenkorrosion. Es wäre daher verfehlt, aus diesen Versuchen weiterreichende Schlüsse zu ziehen.

An dieser Stelle sei noch ein Wort zum *Schwefelwasserstoff* gesagt. Nach EICK [63] ist H_2S in reduzierendem Transportwasser für das Asbestzement-Druckrohr ungefährlich. Bei Freispiegelleitungen, die nur teilweise gefüllt sind, besteht insofern eine Gefahr, als H_2S-haltiges Abwasser an der Spiegelfläche mit Luftsauerstoff in Berührung kommen kann. In jedem Fall ist jedoch nicht der Schwefelwasserstoff, sondern das aufoxydierte Sulfat bzw. die entstehende Schwefelsäure Ursache der Korrosion.

4.62 07 Versuche mit Orthophosphorsäure

Um zu prüfen, ob phosphorsaure Wässer ähnlich aggressiv sind wie die entsprechenden salz- und schwefelsauren, führte HÖFER vorstehende Parallelversuche zu den bisherigen Versuchen mit mineralsauren Wässern durch. Bei einer Durchlaufgeschwindigkeit von 5 m/h wurde Berliner Leitungswasser mit soviel Orthophosphorsäure (H_3PO_4) versetzt, daß sich ein pH-Wert von 3,6 ergab. Die während des zwölf Wochen dauernden Versuches gemachten Wasseranalysen beschränkten sich jedoch auf die Bestimmung des pH-Wertes, der Gesamthärte und des Gehaltes an Kieselsäure. Neben einem ungeschützten Rohr wurde ein innen mit einem dreifachen Teeranstrich versehenes Rohr beaufschlagt. Hierzu ermittelte HÖFER an Stelle des Kieselsäuregehaltes den Kaliumpermanganatverbrauch. Die Ergebnisse der Wasseruntersuchungen sind in Tab. 96 enthalten.

Tabelle 96. *Wasserbefunde bei der Versuchsserie mit Orthophosphorsäure und dem pH-Wert von 3,6 [V16]*

| Nr. der Versuchswoche | ungeschütztes Rohr und H_3PO_4 (pH = 3,6) | | | | | | geteertes Rohr und H_3PO_4 (pH = 3,6) | | | | | |
| | pH | | °dG | | SiO_2 (mg/l) | | PH | | °dG | | $KMnO_4$-Verbrauch (mg/l) | |
	Z	A	Z	A	Z	A	Z	A	Z	A	Z	A
1.	3,8	4,1	12,0	12,3	16,9	17,8	3,6	3,6	12,9	12,9	10,8	10,8
2.	3,6	3,8	11,8	12,5	17,7	18,7	3,5	3,5	13,1	13,1	12,0	11,1
3.	3,7	3,9	12,1	12,8	17,4	18,5	3,7	3,7	13,1	13,1	11,1	10,1
4.	3,6	3,9	11,9	12,4	17,4	18,1	3,7	3,7	12,9	12,9	11,1	10,7
5.	3,7	4,0	12,0	12,4	17,6	18,5	3,6	3,6	12,9	12,9	12,0	12,0
6.	3,8	4,1	11,7	12,0	17,6	18,3	3,7	3,7	11,4	11,4	7,0	7,0
7.	3,6	3,9	11,9	12,4	17,6	18,1	3,7	3,7	12,4	12,4	7,0	7,3
8.	4,2	4,5	12,1	12,1	17,5	18,0	3,6	3,6	12,4	12,4	7,6	7,0
9.	3,5	3,6	11,8	12,1	17,5	18,5	3,6	3,6	12,4	12,4	9,5	8,9
10.	3,7	3,9	11,8	12,2	18,0	18,3	—	—	—	—	—	—
11.	3,7	3,9	12,1	12,1	17,6	18,4	—	—	—	—	—	—
12.	3,6	3,8	11,7	12,1	17,3	18,3	—	—	—	—	—	—

Z = Zulauf,   A = Ablauf.

Auch hier erwies sich der Schutzanstrich als voll korrosionsbeständig, so daß irgendwelche Korrosionserscheinungen nicht festzustellen waren und der Versuch mit dem geschützten Rohr daher nach neun Wochen Dauer abgebrochen wurde. Eine Beeinträchtigung des Wassers durch den Teeranstrich ließ sich an Hand des Kaliumpermanganatverbrauchs nicht beobachten, was auf die relativ kurze Durchflußlänge zurückzuführen ist. Das aufgeschnittene Rohr zeigte keinen Belag und ergab eine unveränderte Haftfestigkeit des Teeranstriches [V16].

Das ungeschützte Rohr zeigte infolge des phosphorsauren Wassers einen Angriff auf die Rohrwand. Dies geht sowohl aus den steigenden pH-Werten als auch aus dem, allerdings geringeren Anstieg der Gesamthärte hervor. Die Aufhärtung macht in den ersten drei Wochen etwa 0,7°d aus und liegt damit deutlich unter der anfänglichen Aufhärtung bei den salz- und schwefelsauren

Wässern, bei denen sie etwa 1,0 °d betrug. Im Verlauf des weiteren Versuches geht die Aufhärtung dann auf etwa 0,3 °d zurück und bleibt bis zum Schluß auf diesem Wert stehen, d. h. also, daß sie dann nur rund 50% der Aufhärtung der salz- und schwefelsauren Wässer ausmacht.

Aus all dem geht bereits hervor, daß das phosphorsaure Wasser nicht so aggressiv wirkt wie die anderen mineralsauren Wässer.

Einen aufschlußreichen Einblick in die Korrosionsvorgänge bei phosphorsaurem Wasser gibt die Analyse der abgeschabten Oberschicht (Tab. 97). Sie unterscheidet sich deutlich von den bei den Versuchen mit salz- und schwefelsauren Wässern gemachten Beobachtungen. Der Gehalt an HCl-Unlöslichen ist nur gering gestiegen und der Glühverlust hat praktisch denselben Wert behalten.

Tabelle 97. *Analysenwert der abgeschabten Oberschicht vom Versuch mit phosphorsaurem Wasser [V16]*

	Glühverlust %	HCl-Unlöslich. %	CaO %	MgO %	$Al_2O_3 + F_2O_3$ %	P_2O_5 %
Ungebrauchtes Rohr	15,2	21,6	49,3	2,7	10,4	—
Berliner Leitungswasser + H_3PO_4 (pH = 3,6)	15,7	26,2	18,6	11,4	7,1	16,5

Der Kalkgehalt ist nicht ganz so stark zurückgegangen, dafür ist ein beträchtlicher Gehalt an Phosphorsäure festzustellen. Dies deutet nach HÖFER darauf hin, daß sich an den Wandungen schwerlösliche Phosphate gebildet haben, die das Herauslösen des Kalkes stark behinderten. Hierfür spricht auch der geringe Anstieg des HCl-Unlöslichen [V16]. Betrachtet man unter diesem Gesichtspunkt die photographischen Vergrößerungen, so findet man auch eine Erklärung für die

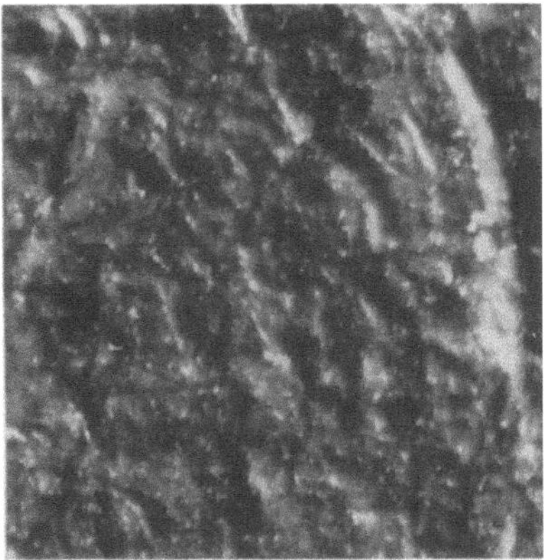

Abb. 361. Rohrwand am Zulaufende nach 12-wöchentlichem Durchfluß von phosphorsaurem Wasser mit einem pH-Wert von 3,6 (Vergrößerung 1 : 7) [V16].

Abb. 362. Rohrwand am Ablaufende nach 12-wöchentlichem Durchfluß von phosphorsaurem Wasser mit einem pH-Wert von 3,6 (Vergrößerung 1 : 7) [V16].

in den Aufnahmen zu erkennenden Oberflächenverhältnisse. Am Zulaufteil sind infolge des Angriffs durch das frisch zugeleitete Wasser längliche, grabenähnliche, z. T. auch kraterförmige Vertiefungen entstanden (Abb. 361). Dagegen zeigt sich die Oberfläche am Ablaufende glatter und gleichförmiger und nimmt teilweise einen schutzschichtartigen Charakter an, wie er bei den Phosphatierungsversuchen zu beobachten war (Abb. 362). Im Grunde handelt es sich ja auch, zumindest am oberen Rohrende (Ablauf), um ähnliche Vorgänge.

Aus den Messungen der Wanddicken geht schließlich hervor, daß ein Angriff nur am Zulaufteil eingetreten ist, wo die gemessenen Korrosionstiefen 0,25 bis 0,3 mm betrugen. Am Ablaufteil des Rohres waren dagegen keine Wanddickenverminderungen festzustellen, ein Meßpunkt zeigte sogar einen Zuwachs der Wanddicke an [V16]. Daß am Ablaufteil des Versuchsrohres eine Korrosion nicht mehr stattgefunden hat, erklärt HÖFER damit, daß das phosphorsaure Wasser nach Durchfluß durch das Asbestzement-Druckrohr einen pH-Wert von etwa 4,0 erreicht und dann die im oberen Rohrteil gebildete Phosphatschicht kaum noch angreift.

Es läßt sich also sagen, daß ein phosphorsaures Wasser eine geringere Aggressivität besitzt, als gleichartige Wässer mit anderen Mineralsäuren. Es bildet sich eine Schutzschicht aus schwerlöslichem Kalziumphosphat, die die Korrosion weitgehend hemmt.

4.62 08 Versuche mit Ammoniumchlorid

Ammoniumsalze wirken auf Asbestzement-Druckrohre wie schwache Säuren, da sie mit dem freien Kalk bzw. Kalziumhydroxyd reagieren und das lösliche Kalziumchlorid sowie Ammoniak bilden, gemäß der Gleichung:

$$2\ NH_4\ Cl + Ca(OH)_2 \rightarrow CaCl_2 + 2\ NH_3 + 2\ H_2O.$$

Um dem nachzugehen, wurden mit Ammoniumchlorid NH_4Cl Durchflußversuche angestellt, wobei wiederum ein ungeschütztes und ein mit einem dreifachen Teerinnenanstrich versehenes Asbestzement-Druckrohr zur Untersuchung gelangten. Als Versuchslösung diente Berliner Leitungswasser, dem 500 mg/l NH_4Cl zugesetzt wurden. Die Versuchsdauer belief sich auf 12 Wochen, die Durchflußgeschwindigkeit wurde hier jedoch auf 2,5 m/h veringert.

Tabelle 98. *Wasserbefunde der Versuchsreihe mit ammoniumchloridhaltigem Wasser* [*V16*]

Nr. der Versuchswoche	ungeschütztes Rohr und 500 mg/l NH₄ Cl						geschütztes Rohr und 500 mg/l NH₄ Cl							
	pH		°dG		°dK		pH		°dG		°dK		KMnO₄-Verbrauch (mg/l)	
	Z	A	Z	A	Z	A	Z	A	Z	A	Z	A	Z	A
1.	7,5	7,6	11,9	12,1	8,7	8,7	7,5	7,4	11,8	12,0	8,7	8,7	8,6	8,9
2.	7,5	7,5	12,0	12,0	8,4	8,4	7,5	7,2	11,9	11,9	8,4	8,1	9,3	12,5
3.	7,5	7,5	12,0	12,0	8,4	8,4	7,5	7,2	11,9	11,9	8,3	8,1	11,4	12,9
4.	7,2	7,4	11,9	12,0	8,1	8,1	7,3	7,1	11,8	11,9	8,4	8,1	15,5	15,2
5.	7,0	7,2	11,9	12,1	7,6	7,6	7,0	7,0	12,1	12,1	8,1	8,1	16,1	16,4
6.	7,1	7,2	12,0	12,2	7,0	7,0	7,0	7,1	12,1	12,1	7,4	7,4	19,3	17,4
7.	7,4	7,4	12,0	12,1	7,0	7,0	7,1	7,0	12,0	12,0	7,0	7,0	16,1	16,1
8.	7,3	7,3	12,0	12,0	7,0	7,0	7,5	7,5	12,0	12,0	7,0	7,0	16,1	17,4
9.	7,5	7,5	11,9	12,0	8,1	8,1	7,4	7,4	11,9	11,9	8,1	8,1	10,1	10,1
10.	7,5	7,5	12,0	12,0	8,4	8,4	7,4	7,4	12,0	12,0	8,4	8,4	9,3	10,4
11.	7,5	7,5	12,0	12,0	8,4	8,4	7,3	7,3	12,0	12,0	8,4	8,4	9,3	10,1
12.	7,5	7,5	12,0	12,0	8,4	8,4	7,4	7,4	12,0	12,0	8,4	8,4	10,1	10,1

Z = Zulauf,   A = Ablauf.

Abb. 363. Rohrwand des Zulaufendes nach 12-wöchentlichem Durchfluß von ammoniumchloridhaltigem Wasser (Vergrößerung 1 : 7) [*V16*].

Abb. 364. Rohrwand des Ablaufendes nach 12-wöchentlichem Durchfluß von ammoniumchloridhaltigem Wasser (Vergrößerung 1 : 7) [*V16*].

Aus den Werten der Tab. 98 geht hervor, daß eine eindeutige Beeinflussung des Wassers durch die ungeschützte Rohrwand nicht eingetreten ist. Bis zur 7. Woche etwa sind gelegentlich sehr geringfügige Erhöhungen des pH-Wertes und der Gesamthärte zu beobachten, eine Änderung der Karbonathärte trat jedoch nicht ein. Auch wies die Oberfläche des ungeschützten Rohres keine Veränderungen auf. Sie war hart und kernig und zeigte deutlich erkennbar die Struktur des fabrikneuen Rohres, abgesehen von stellenweise auftretenden dunklen Eisenabscheidungen. Die Aufnahmen der Rohrwand mögen dies verdeutlichen (Abb. 363 u. 364).

Waren schon am ungeschützten Rohr keine Wahrnehmungen zu machen, so durfte der Versuch mit dem geschützten Rohr erst recht erwarten lassen, daß keine Einwirkung auf das Rohr festzustellen war. In der Tat zeigte es sich, daß außer einer vorübergehenden Beeinflussung des Wassers durch den Teeranstrich, nichts beobachtet werden konnte, was auf eine Korrosion hätte hindeuten können.

Es bleibt also die Feststellung, daß unter den gegebenen Versuchsbedingungen das ammoniumchloridhaltige Wasser keinerlei Einwirkung auf die geschützten und ungeschützten Asbestzement-Druckrohre hatte. Hierzu ist noch zu bemerken, daß Wässer mit hoher Karbonathärte selbst bei größerem Gehalt an Ammoniumsalzen weniger stark aggressiv sind als Weichwässer [*V16*].

4.62 09 Versuche mit Salpetersäure

Eigene Versuche mit Salpetersäure (HNO_3) liegen nicht vor, jedoch können Versuchsergebnisse vorgelegt werden, die dem bereits früher erwähnten und seitdem schon mehrmals benutzten Versuchsbericht der Bundesanstalt für Materialprüfung (BAM) [*V7*] entnommen wurden. Im Rahmen der bereits auf S. 269 beschriebenen Wechseltauchprüfungen wurden geschützte und ungeschützte Proben in eine aus 2%iger Salpetersäure bestehenden Tauchflüssigkeit versenkt und sodann wieder an der Luft getrocknet. Nach einer Versuchsdauer von 2980 Stunden zeigten die ungeschützten Proben einen braunen Anflug, während der Anstrich der geschützten Proben matt geworden war. Die nach Abschluß des Versuchs bei der ungeschützten Probe vorgenommene Beseitigung der korrodierten Schichten ergab eine Korrosionstiefe von 35% der ursprünglichen Wanddicke.

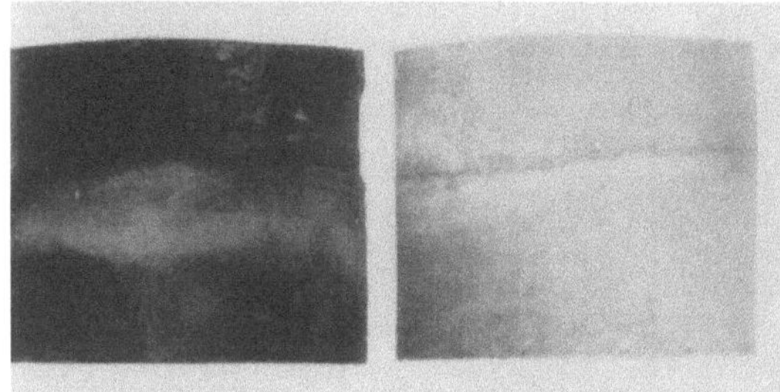
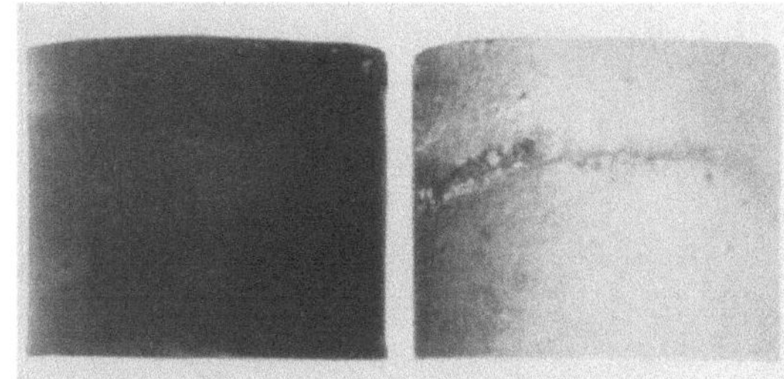
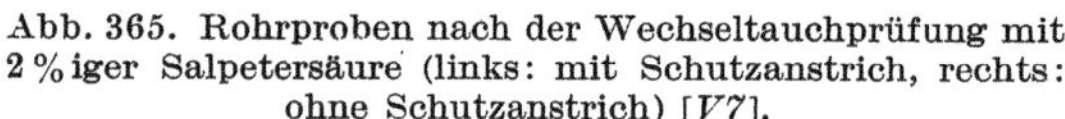

Abb. 365. Rohrproben nach der Wechseltauchprüfung mit 2 %iger Salpetersäure (links: mit Schutzanstrich, rechts: ohne Schutzanstrich) [*V7*].

Abb. 366. Rohrproben nach der Wechseltauchprüfung mit 1 %iger CH_3COOH (links: mit Schutzanstrich, rechts: ohne Schutzanstrich [*V7*].

4.62 10 Versuche mit Essigsäure

Auch hier liegen eigene Versuche nicht vor, jedoch können ebenfalls Versuchsergebnisse vorgelegt werden, die von den Tauchversuchen der Bundesanstalt für Materialprüfung (BAM) [*V7*] stammen. Als Tauchflüssigkeit wurde einmal 5%ige zum anderen 1%ige Essigsäure (CH_3COOH) verwendet. Nach 2980 Stunden Versuchsdauer unter den bereits bekannten Bedingungen, zeigten die ungeschützten Asbestzement-Proben, die der 1%igen CH_3COOH ausgesetzt wurden, weiße Ablagerungen, während die geschützten Proben nur einige matte Stellen aufwiesen. Die Versuche mit der 5%igen CH_3COOH ergaben an den ungeschützten Proben einen hellbraunen Anflug mit einigen dunklen Stellen, letztere zeigten sich hier auch an den geschützten Proben. Die Ablösung der korrodierten Schichten von den ungeschützten Proben ergaben Korrosionstiefen von etwa 15% (5%ige CH_3COOH) und 20% (1%ige CH_3COOH) der ursprünglichen Wanddicke.

SCHLÄPFER [*199*] führte mit 1%iger Essigsäure zwei Versuche durch. Einmal wurden Asbestzement-Rohrproben in einen Behälter mit der essigsauren Lösung gehängt, die dauernd umge-

rührt wurde, zum anderen ließ er die essigsaure Lösung in kleinen Mengen durch ein schrägge-
stelltes Asbestzement-Druckrohr von 1,0 m Länge rieseln. Er beobachtete bei beiden Versuchen
praktisch die gleichen Ergebnisse. Die Essigsäure griff zunächst die Oberfläche des Rohres verhältnismäßig schnell an. Jedoch konnte schon bald ein Abklingen der Korrosion beobachtet
werden. Nach fünfmonatiger Versuchszeit hatte die Korrosion eine Schicht von 1 bis 2 mm erfaßt,
darunter war das Material kernig und unbeeinflußt.

4.62 11 Versuche mit Färbereiabwässern

Färbereiabwässer lassen sich im Labor nicht herstellen, geschweige denn konservieren. Es war
daher für diese — und das gilt auch für die folgenden — mehr den praktischen Verhältnissen
angepaßten Versuche unerläßlich, die Untersuchungen an Ort und Stelle, d. h. in einer Färberei
vorzunehmen. Die vorliegende Versuchsreihe sollte sich über mehrere Jahre erstrecken, um
eine möglichst lange Einwirkungszeit zu erzielen. Nachdem sich die Firma *Färberei Printz* in
Karlsruhe freundlicherweise bereit erklärte, ihre Anlage für diese Versuchsserie zur Verfügung
zu stellen, wofür ihr an dieser Stelle gedankt sei, konnten die Proben am 15. 1. 1959 eingebaut
werden. Zur Verfügung standen 36 Halbschalen, 10 cm breit, von Asbestzement-Druckrohren
NW 100. Diese waren in 12 Gruppen aufgeteilt, wobei jede Gruppe aus einer ungeschützten, einer mit 2 Anstrichen von Inertol I dick L versehenen und einer mit einem Spezialanstrich auf
Kunststoffbasis versehenen Halbschale bestand. Die Halbschalen wurden in einem Kasten,
ebenfalls aus Asbestzement, mit V 2 A-Schrauben befestigt, wobei Sorge dafür getragen wurde,
daß jede Halbschale frei für sich stand. Dieser Kasten wurde direkt unter den Ablauf einer
Färbebütte gestellt, so daß alle den Färbetrog verlassenden, zum Teil heißen Wässer den Versuchs-
kasten passieren mußten. Es handelte sich hierbei um saure oder auch alkalische Waschwässer,
Spülwässer und um die Küpe selbst. Durch den Betrieb bedingt, wurde der Kasten jeweils nur
kurz von den aggressiven Wässern beaufschlagt. Den Großteil des Tages war er mit Reinwasser bzw. mit dem Wasser, das von der Reinigung der Bütte herrührt, gefüllt. Die notwendigen
chemischen Analysen sowie die Begutachtung der Proben nach ihrer Entnahme [V26] lag in den
Händen von Dr. A. FRISKE, Karlsruhe, öffentlich bestellter und vereidigter Sachverständiger
für Trink-, Brauch- und Abwasser für den Regierungsbezirk Nordbaden. Ursprünglich sollte die
Versuchsreihe über mehrere Jahre laufen, sie mußte jedoch im Januar 1961 nach etwa zweijähriger Dauer abgebrochen werden, da durch bauliche Veränderungen in der Färberei die ursprünglichen Versuchsbedingungen nicht mehr gegeben waren. Eine Übersicht über die von
FRISKE entnommenen Wasserproben, sowie die zeitliche Reihenfolge der ausgebauten Asbestzementproben, gibt Tab. 99, während die Analysenwerte der einzelnen Wasseruntersuchungen in
Tab. 100 enthalten sind.

Tabelle 99. *Übersicht über die Wasserproben und über die zeitliche Reihenfolge der Entnahme der Asbest-*
zementproben

	Wasseranalysen			Asbestzement-Proben		
Nr.	Entnahme-tag	Art des Wassers	Nr. der Proben-gruppe	Entnahme-tag	Einwirkungs-zeit (Monate)
1 A	15. 1. 59	Saures Waschwasser aus der Färbereibütte	—	—	—
2 A	23. 3. 59	Brunnen der Eigenversorgung	1	23. 3. 59	etwa 2
3 A	23. 3. 59	Absäuerwasser			
4 A	3. 6. 59	Abwasser aus der Bütte	2	3. 6. 59	etwa $4\frac{1}{2}$
5 A	14. 8. 59	Abwasser aus der Bütte	3	14. 8. 59	7
6 A	21. 10. 59	Abwasser aus der Bütte	4	21. 10. 59	etwa 9
7 A	17. 11. 59	Abwasser aus der Bütte	5	17. 11. 59	10
8 A	26. 1. 60	Spülwasser nach Entkalkung	6	26. 1. 60	$12\frac{1}{3}$
9 A	13. 5. 60	Spülwasser aus der Bütte	7	13. 5. 60	16
		ohne Analyse	8	24. 8. 60	$19\frac{1}{3}$
10 A	31. 1. 61	2. Spülwasser nach Absäuern	9	31. 1. 61	etwa $24\frac{1}{2}$

Tabelle 100. *Analysen der Färbereiabwässer über einen Zeitraum von 2 Jahren* [*V26*]
(Angaben in mg/l)

Nr. der Analyse	1 A	2 A	3 A	4 A	5 A	6 A	7 A	8 A	9 A	10 A
Wassertemperatur °C	95°	15,5°	90°	26,0°	24,5°	13,0°	23,0°	11,3°	16,0°	28,5°
pH	< 1,0*	7,3*	< 1,0*	6,1*	2,3	7,35	6,9*	6,6	6,3*	6,6
Abdampfrückstand	1073	504	1250	600	1805	575	445	471	455	448
°d G	20,1	18,9	23	10,1	17,6	0,46	0,15	15,1	8,4	16,5*
°d K	—	13,1*	—	7,2*	0	—	0,15	—	6,7*	10,1
°d NK	—	5,8	—	2,9	17,6	—	0	—	1,7	6,4
freie CO_2	—	15,5*	—	—	—	1,4	28,0*	—	—	—
gebundene CO_2	—	103	—	59	—	—	—	—	51	79
kalkaggressive CO_2	—	0	—	—	—	—	—	—	—	—
O_2	2,7*	8,2*	—	—	—	8,2	5,3	—	—	—
SiO_2	23	12	38	11	12	11	13	15	14	15
Fe	5,2	0	2,2	0,14	0,42	0	0,1	0,24	0,11	0
Mn	Spur	0,04	0,05	0	0,05	0	0	0,07	0,05	0,02
NH_4^+	—	0	0	0	0	0	0	0	0	Spur
NO_2^-	0	0	0	1,9	18,5	Spur	0	Spur	Spur	0,4
NO_3^-	10	22	9	19	0	17	20	17	16	7
Cl^-	1460	39	878	166	34	111	53	57	92	30
SO_4^{--}	59	82	73	94	1245	76	75	86	73	70
PO_4^{---}	3,0	0,04	11,4	0,01	0,02	0,02	0,17	0,12	1,04	0,05
$KMnO_4$-Verbrauch	390	3,5	215	15,5	14,0	4,4	10,7	28,5	37,5	16,4
Na^+	43,0	31	52,5	120	81	196	164	30,5	92	28,8
K^+	9,7	6,3	10,8	4,2	4,5	1,6	1,2	5,3	3,3	5,0
Ca^{++}	—	—	—	—	—	—	—	—	—	—
P. Ac. ml $n/10$ NaOH/l	352	—	172	74	208	—	—	63,0	79,0	63,0
MA ml $n/10$ HCl	—	47,0*	—	26,0	—	43,0	37,0*	28,0	24,0*	36,2

* an Ort und Stelle bestimmt.

Aus dieser Tabelle geht die erheblich wechselnde Beschaffenheit der Abwässer hervor. Wenn auch nur kurzzeitig, so wurden die Proben doch zum Teil durch sehr saure Wässer beaufschlagt.

Die Überprüfung der Asbestzement-Halbschalen, die in der zeitlichen Reihenfolge entsprechend Tab. 99 entnommen wurden, ergab folgendes Bild [*V26*].

Probengruppe 1. Die Proben waren etwa 2 Monate von den Abwässern der Färberei beaufschlagt worden. Während die mit dem Spezialanstrich versehene Halbschale keinerlei Beeinflussung aufwies, konnten an der geteerten Halbschale kleine Bläschen beobachtet werden, die allerdings eine geschlossene Haut besaßen. FRISKE führte diese Bläschen auf die Einwirkung von Heiß-

Abb. 367. Probengruppe 1 nach 2 monatiger Einwirkung durch Färbereiabwässer.

wässern zurück. Das ungeschützte Probestück zeigte dagegen eine oberflächlich schmierige Beschaffenheit, wobei die äußersten Asbestfasern sich mit den Fingern herauslösen ließen. Das Rohrstück war durch die dauernde Wasserlagerung durchfeuchtet. Nach Trocknung der Probe blieb die Oberfläche etwas faserig, wie dies aus Abb. 367 zu entnehmen ist. Gleichzeitig erkennt man auch die feine Bläschenbildung beim Schwarzanstrich.

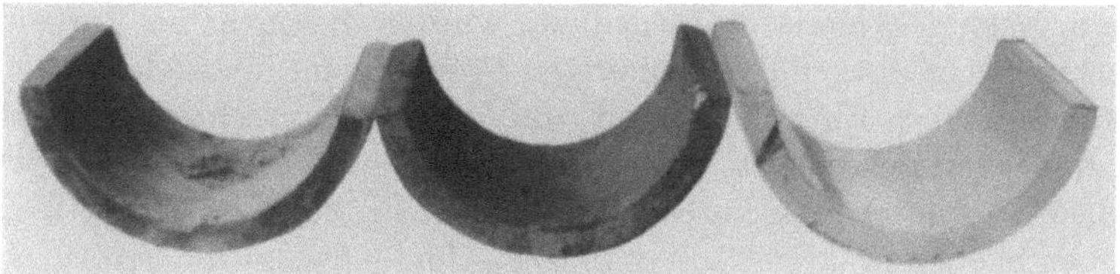

Abb. 368. Probengruppe 3 nach 7 monatiger Einwirkung von Färbereiabwässern.

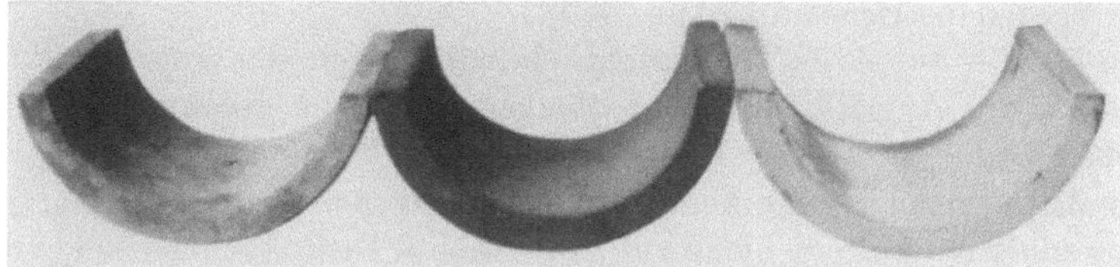

Abb. 369. Probengruppe 4 nach 9 monatiger Einwirkung von Färbereiabwässern.

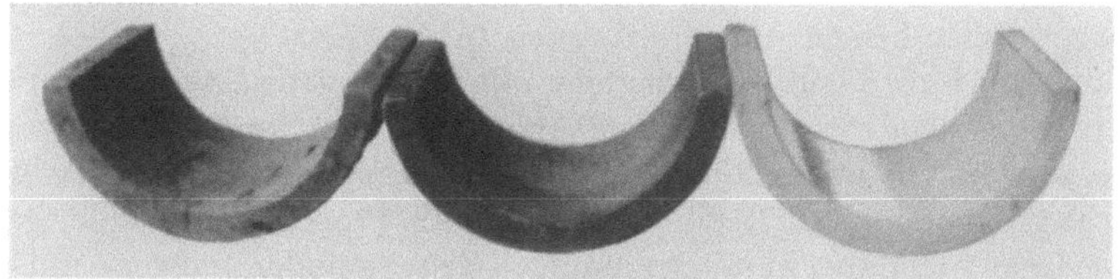

Abb. 370. Probengruppe 5 nach 10 monatiger Einwirkung von Färbereiabwässern.

Abb. 371. Probengruppe 6 nach einjähriger Einwirkung von Färbereiabwässern.

Abb. 372. Probengruppe 9 nach zweijähriger Einwirkung der Färbereiabwässer.

Abb. 373. Gegenüberstellung der 9 Probengruppen der Versuchsreihe mit Färbereiabwässern.

Abb. 367 bis 372. Probengruppen (von links nach rechts: Ungeschützte Probe, Probe mit Inertolanstrich, Probe mit Spezialanstrich).

Probengruppe 2. Nach $4^1/_2$ Monaten Liegedauer wurden die nächsten Proben entnommen. Die nähere Untersuchung ergab gegenüber den ersten Proben keine Veränderung.

Probengruppe 3. Bei einer Einwirkungszeit von 7 Monaten machte sich an der ungeschützten Halbschale der fortdauernde Angriff insofern bemerkbar, als bei der abgetrockneten Probe die Abreibbarkeit der Asbestfasern gegenüber der gleichen Probe von Gruppe 2 verstärkt war. Die geschützten Proben blieben praktisch unverändert. Abb. 368 zeigt die Proben der Gruppe 3. Man kann rein äußerlich erkennen, daß das ungeschützte Probestück weiter angegriffen ist, als dies z. B. in Abb. 367 der Fall war.

Probengruppe 4. Die nach 9 Monaten entnommenen Proben ließen praktisch keine Unterschiede in ihrer Beschaffenheit gegenüber den vorherigen erkennen, sieht man von einer geringfügigen Verfärbung des Spezialanstriches ab (Abb. 369).

Probengruppe 5. Wie aus Abb. 370 ersichtlich wird, zeigt die ungeschützte Halbschale eine deutliche Zunahme des Angriffs, während demgegenüber die geschützten Proben ohne Beeinflussung geblieben sind.

Probengruppe 6. Die nach etwa einem Jahr entnommenen Proben weisen gegenüber den vorherigen keine erkennbaren Unterschiede auf. Auf Abb. 371 ist deutlich die korrodierte Oberfläche der ungeschützten Halbschale zu erkennen.

Probengruppe 9. Schließlich sei noch die letzte Probengruppe aufgeführt, die nach etwa zweijähriger Liegedauer entnommen wurde. Hier ist die Herauslösung der oberen Kalkschicht gut zu erkennen, man sieht einwandfrei die Struktur des freigelegten Asbestfasergeflechts. Die geschützten Proben ließen keinen Angriff erkennen (Abb. 372).

Faßt man die Ergebnisse der Versuchsreihe mit Färbereiabwässern zusammen, so kann man feststellen, daß die geschützten Proben dem Angriff der aggressiven Flüssigkeiten vollen Widerstand entgegensetzten. Die ungeschützten Proben zeigten dagegen eine oberflächliche Korrosion, die jedoch nicht tiefgreifend war. Bedenkt man, daß die Proben während der ganzen Versuchszeit voll im Wasser lagen und dabei in unregelmäßigen Zeitabständen teilweise mit erheblich aggressiven Wässern in Kontakt kamen, dann muß das Ergebnis als sehr zufriedenstellend betrachtet werden. Die unterschiedliche Beaufschlagung der Versuchsproben entspricht ganz den praktischen Bedingungen, da auch ein Ablußrohr in dieser Weise beaufschlagt wird. Abb. 373 bringt alle Proben in Gegenüberstellung. Man erkennt von links nach rechts die fortschreitende Beeinflussung der Proben mit der Versuchsdauer.

4.62 12 Versuche mit Schlachthofabwässern

Im Rahmen der vorliegenden Untersuchungen interessierte auch das Verhalten der Asbestzement-Druckrohre gegenüber den Abwässern von Schlachthöfen, die Fette und sonstige für Schlachthofabwässer charakteristische Stoffe enthalten. Aus diesem Grunde wurde am 14. 5. 1958 in die Abwasserleitung der Kuttelei des Schlachthofes Berlin-Spandau ein etwa 1000 mm langes Asbestzement-Rohr mit einem Durchmesser von 100 mm und rund 12 mm Wandstärke eingebaut. Von den die Abwasserleitung durchlaufenden Abwässern wurden im Dezember 1958, im März 1959 und in den Monaten August und Oktober 1961 Stichproben entnommen und auf ihre Zusammensetzung untersucht (siehe Tab. 101).

Das Bundesgesundheitsamt, *Institut für Wasser-, Boden- und Lufthygiene*, Berlin, das diese Untersuchungen im Auftrage des Verfassers durchführte, gibt hierzu folgenden Bericht [*V17*]:

Bei den Abwässern handelt es sich um durchweg neutrale bis schwach alkalische Abläufe, die vornehmlich durch Darminhalt, Fettpartikelchen, Blut und andere für Schlachthofabwässer charakteristische Stoffe verunreinigt waren. Verglichen mit häuslichen Abwässern stieg die Konzentration der organischen Bestandteile bei mehreren Proben auf ein beträchtliches Maß an. Demzufolge traten beim Stehen Fäulniserscheinungen auf. Bei zwei Proben wurden auch sehr große Mengen absetzbarer Stoffe festgestellt. Der Fettgehalt (Menge des Ätherlöslichen) bewegte sich zwischen 159 und 406 mg/l, war also ebenfalls ziemlich beträchtlich. Das Fett lag vornehmlich in nicht emulgierter Form vor.

Das Rohr, das weder außen noch innen mit einem Schutzanstrich versehen war, wurde nach einer Betriebszeit von rund 40 Monaten am 4. Oktober 1961 ausgebaut und auf seinen Zustand

Tabelle 101. *Analyse der Schlachthofabwässer* [*V17*]

Tag der Entnahme, Uhrzeit	5. 12. 58; 8.50	19. 3. 59; 10.50	17. 8. 61; 12.00	4. 10. 61; 11.00
Bestimmung bei der Entnahme:				
Temperatur °C	18	14	18	
Trübung	trübe	trübe	stark getrübt	trübe
Farbe	grau	gelblichgrau	dunkelgraugrün	gelblich
Geruch	fäkalartig	dumpfig	fäkalartig	urinös
Ungelöstes (Menge, Beschaffht.)	sehr viel Fettstücke, Darminh.	viel Fettstücke, Darminhalt	sehr viel Darminh., Fett u. Schleim	mäßig viel
H_2S	n. n.	n. n.	n. n.	n. n.
pH-Wert	7,2	7,2	7,3	7,05
Absetzbare Stoffe mg/l	37	5,5	40	11
Bestimmung in der unfiltrierten Probe:				
Schwebestoffe mg/l	2008	343	1544	627
Glühverlust mg/l	1764	300	1326	564
Fäulnisfähigkeit (H_2S-Bildung bei 10tägigem Stehen unter Licht- und Luftabschluß	1. — 6. + 2. Sp. 7. + 3. Sp. 8. + 4. + 9. + 5. + 10. +	1. — 6. — 2. — 7. — 3. — 8. — 4. — 9. — 5. — 10. —	1. — 6. + 2. — 7. + 3. — 8. + 4. + 9. + 5. + 10. +	1. + 6. + 2. + 7. + 3. + 8. + 4. + 9. + 5. + 10. +
Ätherlösliches (mg/l)	356	159	406	205
Bestimmung in der filtrierten Probe:				
Abdampfrückstd. mg/l	1742	682	964	1142
Glühverlust mg/l	1308	318	668	836
Cl^- mg/l	162	87	136	166
$NH_4{}^+$ mg/l	19,7	11,0	12,9	57,2
$NO_2{}^-$ mg/l	n. n.	Spuren	n. n.	n. n.
$NO_3{}^-$ mg/l	Spuren	Spuren	n. n.	n. n.
$KMnO_4$-Verbr. mg/l	1549	310	1391	417
Bestimmung in der abgesetzten Probe:				
BSB_5 mg/l	1238	338	1081	1081

untersucht. Auf der Sohle der Innenwandung hatten sich bis 25 mm Höhe Feststoffe abgeschieden, die im wesentlichen aus graubraunem feineren Sand bestanden und stark nach verdorbenem Fleisch rochen. Die 12,9% Wasser enthaltenden sandigen Feststoffe ergaben einen Glühverlust von nur 1,8% und enthielten damit nur geringe Mengen an organischer Substanz.

An den Seiten des Rohrinneren haftete ein hauchdünner weißlicher Belag von Kalziumkarbonat. An der Rohrdecke hatte sich ein schmieriger, brauner, fasrig-torfmullartiger Ansatz gebildet, der etwas ranzig roch und Schichtstärke von etwa 2—3 mm hatte. Der Belag enthielt 63,5% Wasser. Der Glühverlust der bei 105°C getrockneten Substanz betrug 40%. Etwa ein Viertel dieses Glühverlustes war nach dem Ätherauszug als Fettsubstanz anzusprechen. Der Gesamtbeschaffenheit nach handelt es sich bei diesem Belag um fettdurchtränkte, leicht sandige Stalldungstoffe, die bei der Schlachtung der Tiere ins Abwasser gehen und oben schwimmen.

Nach Entfernung der Beläge mittels einer weichen Bürste zeigte die vorher von Sand bedeckte Rohrsohle eine tiefschwarze Verfärbung, die nur durch Schaben mit metallhartem Werkzeug zu entfernen war. Beim Behandeln mit 25%iger Salzsäure entwickelte sich etwas Schwefelwasserstoff. Danach dürfte die Verfärbung, die im übrigen aber keinen Einfluß auf die Härte des

Zementgefüges hatte, auf einen Fäulnisprozeß zurückzuführen sein, wobei der entstandene Schwefelwasserstoff zur Bildung einer hauchdünnen Eisensulfidschicht geführt hat. Die restliche Wandung des Rohres, also Seiten und Decke, zeigte die unveränderte Farbe, Struktur und Härte eines normalen Asbestzementes. Das Eindringen von Öl oder Fett in die Wandungen konnte nicht festgestellt werden. Eine 10%ige Salzsäure griff die Wandungen sofort unter Kohlensäureentwicklung an. Auch der Querschnitt des durchgesägten Rohres ließ eine Beeinflussung des Asbestzementes durch die Abwässer nicht erkennen.

Aus diesem Versuch geht hervor, daß fettreiche Schlachthofabwässer das Asbestzement-Druckrohr nicht beeinflussen. Faulungen, mit denen in derartigen Leitungen immer gerechnet werden muß, finden ohne Mitwirkung der Rohrwand statt, so daß auch keine Korrosionserscheinungen auftreten. Die Ablagerungen blieben relativ gering und bildeten keine Querschnittsverengung, die ins Gewicht fällt.

4.62 13 Versuche mit Abwässern einer Wäscherei und Reinigungsanstalt

Um auch eine Aussage über das Verhalten der von Wäschereiabwässern durchflossenen Asbestzement-Druckrohren zu erhalten, wurde eine Abflußleitung der Firma Wäscherei Elli Klose, Berlin-Charlottenburg, Goslarer Ufer, unterbrochen und ein Teil der Leitung durch Asbestzementrohre ersetzt.

Die Untersuchungen übernahm wiederum das *Institut für Wasser-, Boden- und Lufthygiene*, dessen Untersuchungsbericht wie folgt lautet [*V17*]:

Zur Überprüfung des Verhaltens von Asbestzementrohren gegenüber Abwässern einer Wäscherei und Reinigungsanstalt wurden am 13. 5. 1958 zwei Asbestzementrohre in die Abwasserleitung der Firma Wäscherei Elli Klose, Berlin-Charlottenburg, Goslarer Ufer, eingebaut. Die Rohre hatten eine Länge von je 2000 mm, einen Durchmesser von 250 mm und eine Wandstärke von rund 30 mm. Eines der Rohre hatte innen einen Bitumenschutz und war in der Durchlaufrichtung dem ungeschützten vorgeschaltet. Die Abwässer der Firma liefen zunächst in eine mehrere Kubikmeter fassende Sammelgruppe, die nach Füllung automatisch entleert wurde. Die Belastung der Abwasserleitung erfolgte also stoßweise.

Nach Angabe überwogen Reinigungsabwässer. Eigentliche Wäschereiabwässer fielen weniger an. Gelegentliche saure Färbereiabwässer wurden vor dem Ablassen neutralisiert. Proben wurden im Dezember 1958, im März 1959 und August und Oktober 1961 entnommen (siehe Tab. 102). Die charakteristischen Merkmale der Wäschereiabwässer, ihre stark wechselnde Temperatur, alkalische Reaktion und ihr Gehalt an Seifen und Waschmitteln waren zwar vorhanden, aber nicht besonders ausgeprägt. Bei verschiedenen Gelegenheiten machte sich dafür aber ein Geruch nach chemischen Reinigungsmitteln, wie Benzin, Trichloräthylen usw. bemerkbar. Die Fäulnisprobe fiel nur bei zwei Proben positiv aus; bei den anderen verlief sie negativ.

Die Rohre wurden nach einer Verwendungszeit von rund 40 Monaten am 4. Oktober 1961 ausgebaut und nach Aussägen von Einzelstücken auf ihren Zustand überprüft.

Der Bitumenbelag des *geschützten* Rohres zeigte ein etwas gesprenkeltes Aussehen von glänzenden und stumpfen Bitumenstellen. Auf der Sohle verliefen zwei längliche schmale weißlich-matte Streifen von ausgeschiedenem Kalziumkarbonat, das in einer grobkörnigen Form, aber in dünner Schicht vorlag. Die Beläge ließen sich mit einer weichen Bürste bzw. mit verdünnter Salzsäure leicht entfernen und gaben dann den etwas stumpfen Bitumenbelag frei.

Die Sohle des *ungeschützten* Rohres zeigte neben schmalen dünnen Karbonatstreifen mit derber Kristallstruktur auch zwei schwarze Längsstreifen aus Bitumen. Vermutlich ist dieses Bitumen durch gelegentlich in den Reinigungsabwässern enthaltene organische Lösungsmittel aus dem Schutzbelag des geschützten Rohres herausgelöst und in das ungeschützte Rohr übertragen worden. Die Seitenwände wiesen die glatte unveränderte typisch marmorierte Struktur eines neuen Asbestzementrohres auf, während die Decke einen dünnen hauchartigen Kalziumkarbonatbelag aus sehr feinen Kristallen trug, der sich durch Abwischen leicht entfernen ließ.

Nach dem Ausbürsten des Rohres zeigte — mit Ausnahme der Sohle — die gesamte Wandung die marmorierte Struktur des Asbestzementes. An der Sohle verblieben die schwarzen Bitumenstreifen. Der freiliegende Asbestzement hatte auf der Sohle ein gleichförmiges graues Aussehen

Tabelle 102. *Analysen der Wäschereiabwässer* [V17]

Tag der Entnahme, Uhrzeit	5. 12. 58; 9.40	19. 3. 59; 11.30	17. 8. 61; 10.10	3. 10. 61; 9.30

Bestimmung bei der Entnahme

	5. 12. 58; 9.40	19. 3. 59; 11.30	17. 8. 61; 10.10	3. 10. 61; 9.30
Temperatur °C	15	38	22	23
Trübung	trübe	trübe	trübe	trübe
Farbe	grau	grau	grau	grau
Geruch	seifig	nach Benzin	laugig-seifig	nach Benzin
Ungelöstes (Menge, Beschaffenheit)	wenig, grau, flockig	sehr wenig, grau, flockig	wenig, grau-schwarz, flockig	mäßig viel schwarz, flockig
H_2S	n. n.	n. n.	n. n.	n. n.
pH-Wert	9,6	7,3	10,0	9,8
Absetzbare Stoffe mg/l	1,3	—	—	—

Bestimmung in der unfiltrierten Probe:

	5. 12. 58; 9.40	19. 3. 59; 11.30	17. 8. 61; 10.10	3. 10. 61; 9.30
Schwebestoffe mg/l	286	—	—	—
Glühverlust mg/l	166	—	—	—
Fäulnisfähigkeit (H_2S-Bildung bei 10tägigem Stehen unter Licht- und Luftabschluß)	1. − 6. + 2. − 7. + 3. + 8. + 4. + 9. + 5. + 10. +	1. − 6. − 2. − 7. − 3. − 8. − 4. − 9. − 5. − 10. −	1. − 6. − 2. − 7. − 3. − 8. − 4. − 9. − 5. − 10. −	1. − 6. − 2. − 7. − 3. − 8. − 4. − 9. − 5. − 10. −

Bestimmung in der filtrierten Probe:

	5. 12. 58; 9.40	19. 3. 59; 11.30	17. 8. 61; 10.10	3. 10. 61; 9.30
Adampfrückstd. mg/l	1584	416	1136	1524
Glühverlust mg/l	424	136	394	559
Cl^- mg/l	352	12	50	74
NH_4^+ mg/l	Spuren	0,3	SO_4^{--}: 126 NH_4^-: Spuren	SO_4^{--}: 188 NH_4^-: Spuren
NO_2^- mg/l	2,8	n. n.	0,8	1,4
NO_3^- mg/l	3	Spuren	n. n.	n. n.
$KMnO_4$-Verbrauch mg/l	297	136	275	313
Phenolphtaleïn-Alkalität mg/l	1,2	—	2,6	2,9

Bestimmung in der abgesetzten Probe:

	5. 12. 58; 9.40	19. 3. 59; 11.30	17. 8. 61; 10.10	3. 10. 61; 9.30
BSB_5	278	100	277	477

und war leicht angerauht. Es bleibt dahingestellt, ob diese Anrauhung durch das Abbürsten des etwas derberen ausgeschiedenen Kalziumkarbonates eingetreten oder ob ein geringfügiger Angriff durch die Abwässer erfolgt ist. An dem angesägten Querschnitt ließ sich praktisch kein Angriff ersehen.

Zusammenfassend kann also festgestellt werden, daß die Asbestzement-Druckrohre durch die Wäschereiabwässer der vorliegenden Beschaffenheit, wie zu erwarten war, in keiner Weise beeinflußt wurden. Die Asbestzementrohre haben somit die Verwendungsmöglichkeit für derartige Abwässerleitungen voll bewiesen.

4.6214 Versuche mit Molkereiabwässern

Über das Verhalten von Asbestzement-Druckrohren gegenüber Molkereiabwässern lagen bisher praktisch keine Aussagen vor. Es wurde daher vom Verfasser begrüßt, daß sich in zwei Großmolkereien in der Nähe von Münster/Westf. die Gelegenheit bot, in bestehende Abwasserleitungen für die Molkereiabwässer Asbestzement-Druckrohre einzubauen[1]. Dafür stand einmal eine Abwasserleitung NW 125 (Versuchsleitung I) der Molkerei *Everswinkel* zur Verfügung, in der das gesamte in der Molkerei anfallende Abwasser als Mischwasser zu einem Verrieselungsfeld gepumpt wurde, zum anderen in der Molkerei *Appelhülsen* sowohl eine reine Molkereiabwasserleitung NW 200 (Versuchsleitung II) als auch eine Mischwasserleitung NW 125 (Versuchsleitung III), in der auch die Gemeindeabwässer mit eingeführt wurden. Da von vornherein feststand, daß der Versuch sich über einen längeren Zeitraum erstrecken mußte, wurden in alle drei Leitungen je drei Versuchsrohrsätze eingebaut, wobei für jede Überprüfung jeweils ein Satz herausgenommen werden sollte. Ein Versuchssatz bestand aus drei mit REKA-Kupplungen verbundenen 60 cm langen Rohrstücken, von denen jeweils ein Rohrstück ungeschützt, ein zweites mit einem zweifachen inneren Bitumenanstrich und das dritte mit einem inneren Kunststoffanstrich versehen war.

Im November 1958 wurden die Asbestzement-Druckrohre NW 125 in die Versuchsleitung I eingebaut. Im Juni und Juli des nächsten Jahres folgten die Einbauten in Versuchsleitung II u. III.

Gleichzeitig wurde das JOSEPH-KÖNIG-Institut der Landwirtschaftskammer Westfalen-Lippe mit der Untersuchung der betreffenden Abwässer beauftragt, das im Laufe der ersten Versuchsperiode je Leitung drei Analysen durchführte. Die Werte dieser Analysen sind in nachstehenden Tabellen aufgeführt:

Tabelle 103. *Ergebnisse der Abwasseranalysen. Versuchsleitung I (Everswinkel)*

Entnahmetag		6. 10. 1959	17. 4. 1960	28. 4. 1960
pH-Wert		8,2	6,35	7,85
Kaliumpermanganatverbrauch				
unfiltriert (mg/l)		514	1432	1860
filtriert (mg/l)		347	920	1565
Gesamthärte (°d)		14,0	19,0	15,1
Ammonium (NH_4^+) (mg/l)		14	10	11
Sulfat (SO^{--}) (mg/l)		159	123	63
Chlorid (Cl^-) mg/l)		57	85	74
Kalklösende Kohlensäure (CO_2)	(mg/l)	0	36	0
freie und gebundene Essigsäure	(mg/l)	155	79	60
freie und gebundene Milchsäure	(mg/l)	540	563	370
freie und gebundene Buttersäure	(mg/l)	15	55	68

Tabelle 104. *Ergebnisse der Abwasseranalysen. Versuchsleitung II und III (Appelhülsen)*

Versuchsleitung:		II	III	II	III	II	III
Entnahmetag:		25. 2. 1960		19. 5. 1960		10. 10. 1960	
Herkunft:		Abwasser-leitung	Sammel-behälter	Abwasser-leitung	Sammel-behälter	Abwasser-leitung	Sammel-behälter
pH-Wert		8,45	7,9	6,7	6,95	7,5	7,4
Kaliumpermanganatverbrauch (mg/l)							
unfiltriert		812	610	932	790	182	212
filtriert		744	425	648	585	91	102
Gesamthärte (°d)		19,0	20,2	23,0	24,1	22,4	22,4
Ammonium (NH_4^+)	(mg/l)	1,3	5	4	8	1,3	14
Sulfat (SO_4^{--})	(mg/l)	103	75	90	99	86	83
Chlorid (Cl^-)	(mg/l)	60	64	64	64	43	60
Kalklösende Kohlensäure (CO_2)	(mg/l)	0	0	8	0	0	0
freie und gebundene Essigsäure	(mg/l)	40	20	34	75	1	56
freie und gebundene Buttersäure	(mg/l)	30	30	11	8	36	14
freie und gebundene Milchsäure	(mg/l)	270	190	553	419	172	123

[1] Der Wasserwirtschaftsabteilung des Kreises Münster und dem Wasserwirtschaftsamt Münster sei an dieser Stelle für die freundliche Unterstützung gedankt.

Nachdem die Versuchsrohre der Versuchsleitung I 34 Monate im Boden gelegen hatten, erfolgte der Ausbau des 1. Versuchssatzes am 26. 9. 1961 (Abb. 374).

Einige Tage später wurden die ersten Sätze der Versuchsleitungen II und III ausgebaut, die somit 27 bzw. 26 Monate dem Abwasser ausgesetzt waren (Abb. 375 und 376).

Die Untersuchung und Begutachtung der ausgebauten Rohre übernahm das FORSCHUNGS-INSTITUT DER ZEMENTINDUSTRIE in Düsseldorf, dessen Vertreter beim Ausbau der Versuchs-rohre anwesend war [V 22].

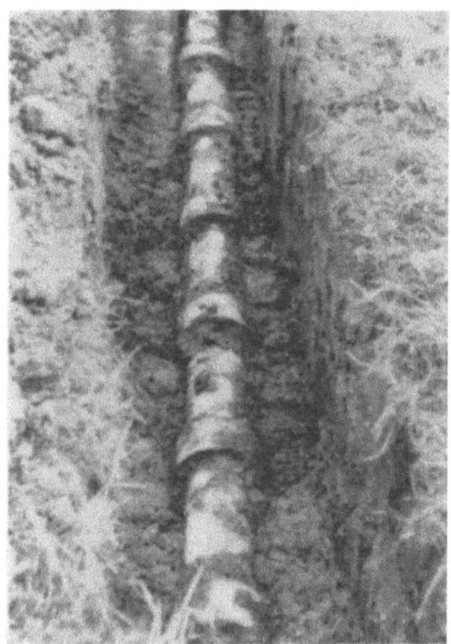

Abb. 374. Zum 1. Ausbau freige-legte Versuchsleitung I (*Everswinkel*).

Abb. 375. Zum 1. Ausbau freige-legte Versuchsleitung II (*Appelhülsen*).

Abb. 376. Zum 1. Ausbau freige-legte Versuchsleitung III (*Appelhülsen*).

In einem von diesem Institut vorgelegten Untersuchungsbericht wurden die Ergebnisse der augenscheinlichen, mikroskopischen und chemischen Untersuchungen niedergelegt. Danach ergab die augenscheinliche Betrachtung der Rohre an den Außenflächen der ausgebauten Versuchsrohre bis auf einige bräunliche Verfärbungen keine Veränderungen. Die Innenwand der *ungeschützten* Rohre aus der Versuchsleitung I zeigte zahlreiche pockenartige Abscheidungen aus dem Abwasser, die aus Kalziumkarbonat bestanden und ziemlich fest an der Rohrwand hafteten. Sie sind unter dem Mikroskop deutlich als aufsitzende Neubildungen zu erkennen; es steht damit als sicher fest, daß es sich nicht um Ausstülpungen oder Aufquellungen der Oberfläche handelte. Die Ab-scheidungen traten weniger stark in den bituminierten Rohren der Versuchsleitung I auf. An den Rohren von *Appelhülsen* (Versuchsleitung II und III) konnten diese Erscheinungen nicht be-obachtet werden. Der Bitumenanstrich löste sich an vielen Stellen ab, die freigelegte innere Wandung zeigte jedoch keine Veränderung. Bei den mit einem Kunststoffanstrich versehenen Rohren konnte der noch zusammenhängende Überzug des Schutzanstriches nachgewiesen werden, jedoch bestand die Haftung an der Rohrwand zum Teil nicht mehr. An diesen Stellen hatten sich Blasen gebildet, unter denen Ausscheidungen von Kalziumkarbonat festgestellt wurden. Mikro-skopische Untersuchungen an Dünnschliffen wiesen eine teilweise Karbonisierung sowohl an der Innen- als auch an der Außenwand nach. Die Dicke dieser Zone betrug in der Innenwand 0 bis 4 mm, in der Außenwand bis 1,2 mm. Ein Zusammenhang mit Liegeort der Proben und deren Anstrichen konnte dabei jedoch nicht erkannt werden. Schließlich wurden die Abscheidungen, die an den Rohren der Versuchsleitung I beobachtet worden waren, chemisch analysiert und dabei festgestellt, daß sie vorwiegend aus Kalziumkarbonat bestehen. Sie enthielten außerdem organi-sche Bestandteile, wie aus dem Kohlenstoffgehalt von etwa 0,4% hervorging.

Wie die Wasseranalysen zeigen, ändert sich die Zusammensetzung der Abwässer sehr stark. Auf Grund ihres Gehaltes an kalkaggressiver Kohlensäure ist von allen Analysen nur die von Everswinkel vom 17. 4. 1960 als stark betonangreifend anzusprechen. Nach Aussage des FOR-SCHUNGSINSTITUTS DER ZEMENTINDUSTRIE läßt die Karbonatausscheidung darauf schließen, daß auch das agressive Wasser den Asbestzement nicht angegriffen hat. Die geringe Karbonatisierung der Oberfläche kann nach dem Untersuchungsbericht eher als verbessernd wirkend angesehen werden. In der Karbonatschicht waren die Asbestfasern nach wie vor im unveränderten Zementstein eingebunden. Alles in allem kann daher festgestellt werden, daß die Untersuchung keine Veränderungen an den Versuchsrohren ergab, die eine Schädigung bedeuten [*V22*].

4.63 Außenkorrosion

Unter Außenkorrosion versteht man die Wirkung eines chemischen Angriffs auf die Außenfläche einer Rohrleitung. Je nachdem, ob die Rohrleitung z. B. im Erdboden oder an der Luft verlegt ist, spricht man auch von Bodenkorrosion oder von atmosphärischer Korrosion. Entsprechend der praktischen Bedeutungslosigkeit der atmosphärischen Korrosion für Asbestzement, wird hier nur die Bodenkorrosion behandelt. Dieser Schritt ist berechtigt, liegen doch große Mengen von Wellasbestzementplatten z. B. als Dacheindeckungen oberirdisch, ohne daß wesentliche atmosphärische Korrosion stattfindet.

Es bereitet keinerlei Schwierigkeiten, einen Innenkorrosionsversuch aufzubauen und mit bestimmten Agenzien durchzuführen. Eine Steigerung der Konzentration zur Verkürzung der Versuchszeit ist ohne weiteres möglich. Darüber hinaus lassen sich die Versuchsergebnisse mit jeweils einem bestimmten Agens in gewissen Grenzen auf die Verhältnisse in der Praxis beziehen, so daß die häufig bestehende Kluft zwischen Theorie und Praxis mehr oder weniger überbrückt werden kann.

Bei der Bodenkorrosion liegen die Dinge nicht so einfach, es ist fast unmöglich, weil zu aufwendig, Bodenkorrosionsversuche im Laboratorium durchzuführen. Dort, wo es geschah, lassen die Versuchsergebnisse meistens Fragen offen. Dies hängt damit zusammen, daß die unbegrenzte Zufuhr der im Boden bzw. Grundwasser gelösten Stoffe im Labor nicht verwirklicht werden kann, so daß der Korrosionsvorgang abgebremst, wenn nicht sogar stillgelegt wird. Die im Boden enthaltenen Agenzien sind vielfältig, ihre Korrosionswirkung beruht jedoch größtenteils auf dem Zusammentreffen von verschiedenen Umständen. Hinzu kommt, daß bei den der Natur entsprechenden Konzentrationen lange Versuchszeiten von vorherein angesetzt werden müßten. Bei Innenkorrosionsversuchen, die der Untersuchung der korrosiven Wirkung eines bestimmten Agens auf das Rohrmaterial dienen, ist es, wie bereits erwähnt, für das Versuchsergebnis prinzipiell ohne Bedeutung, welche Konzentration gewählt wurde. Eine höhere Konzentration des betreffenden Agens bewirkt u. U. einen größeren Angriff; diese Dinge lassen sich übersehen. Bei Bodenkorrosionsversuchen soll die Aggressivität eines bestimmten Bodens gegenüber dem Rohrmaterial überprüft werden. Die künstliche Anreicherung bzw. Konzentrationserhöhung der im Boden bzw. im zugehörigen Grundwasser enthaltenen Stoffe würde jedoch den Charakter des betreffenden Bodens verändern, so daß dann praktisch die Einwirkung eines ganz anderen Bodens untersucht würde. Es bleibt daher nur der eine Weg, die Versuchsrohre draußen in der Natur in den betreffenden Boden einzugraben, also gleichsam die praktische Anwendung nachzuahmen, mit dem Unterschied, daß man die eigens zum Versuch verlegte Leitung jederzeit wieder austauschen kann. An Stelle von Laborversuchen werden also Feldversuche ausgeführt.

Feldversuche größeren Ausmaßes wurden in den Niederlanden sowie in den USA durchgeführt. Im Hinblick auf diese Versuche, die sich auf rund 13 Jahre erstreckten, konnte auf eigene Feldversuche verzichtet werden, zumal außerdem eine Reihe von Betriebsleitungen aus Asbestzement-Druckrohren aufgegraben und untersucht wurden, worüber im Abschnitt 5.0 berichtet wird.

4.631 Die niederländischen Feldversuche mit Asbestzement-Druckrohren

Es erscheint angebracht, einleitend einige Bemerkungen vorauszuschicken, die dem besseren Verständnis, insbesondere der holländischen Feldversuche dienen.

Zur Zeit des Versuchsbeginns im Jahre 1938 verschlangen die Schäden durch Bodenkorrosion an den herkömmlichen Rohrleitungsmaterialien jährlich große Summen. Einer der Hauptgründe für diese Tatsache ist darin zu suchen, daß die Entwicklung und Technologie der Schutzanstriche noch weit von ihrem heutigen Stand entfernt war. Es verwundert aus diesem Grunde nicht, daß die zum Außenanstrich verwendeten Bitumenlösungen nur einen beschränkten Schutz boten. Eine Bestätigung ergibt sich aus den Ergebnissen der holländischen Versuche mit bituminierten Rohren. Wie wenig man den damaligen Schutzanstrichen vertraute, mag auch daraus hervorgehen, daß umfangreiche Versuche mit ungeschützten Rohren ausgeführt wurden. Dabei kommt gerade in den allgemein stark aggressiven Böden Hollands dem Rohrschutz eine ganz besondere Bedeutung zu.

Nach dem heutigen Stand der Entwicklung ist es möglich, auf der Basis von Teerpechlösungen einwandfreie und auf Asbestzement festhaftende Schutzüberzüge herzustellen. Gerade im Zusammenwirken mit diesem Rohrmaterial ergibt sich damit eine hohe Beständigkeit aggressiven Böden gegenüber. Dies kommt zum Ausdruck in einer großen Anzahl entsprechend geschützter Rohrleitungen aus Asbestzement in Holland.

Die Niederländische Studienkommission „Asbestzementrohre" hatte bereits in den Jahren vor dem Krieg Feldversuche angeregt und in die Wege geleitet, die nach dem Krieg fortgeführt und ausgewertet wurden. Die Ergebnisse dieser Feldversuche wurden in einem Ergänzungsbericht zum KIWA-Bericht von 1948 [120] niedergelegt, der als Mitteilung Nr. 5 der *Kommission Nichtmetall-Leitungen* erschienen ist [121].

Für die Feldversuche waren sechs verschiedene Versuchsfelder ausgewählt und eingerichtet worden, wobei man möglichst viele der in den Niederlanden vorkommenden aggressiven Bodenarten mit pH-Werten von 3,7—8,1 zu erfassen suchte. Im einzelnen lagen die Versuchsfelder

a) im Overbraker Binnenpolder,	d) in Dijkshoek (Friesland),
b) in Daarlerveen (Overijsel),	e) in Bergen (N. H.),
c) in Boskoop,	f) in Langweer.

Auf jedem Versuchsfeld wurden 18 ungeschützte Proberohre NW 100 von 30 cm Länge vergraben, mit Ausnahme vom Overbraker Binnenpolder, wo nur 16 Proben verlegt wurden. Die Proberohre wurden jeweils beidseits verschlossen und mit einem gegenseitigen Zwischenraum von 70 cm verlegt. Es wurde darauf geachtet, daß beim Verfüllen der Rohrgräben die ursprüngliche Reihenfolge der Bodenschichten erhalten blieb, und daß insbesondere die Versuchsrohre mit demselben Boden umgeben wurden, der in der Verlegetiefe angestanden hatte.

Die ursprüngliche Absicht, den Angriff auf die Rohre durch Bestimmung des Gewichtsverlustes zu ermitteln, ließ sich, wie die ersten Ausgrabungen zeigten, nicht verwirklichen. Die Unsicherheit hinsichtlich des jeweiligen Wassergehaltes bei lufttrockenen Proben (die Versuchsrohre waren vor der Verlegung im lufttrockenen Zustand gewogen worden) sowie darüber, inwieweit die Adsorptionswassermenge, die im lufttrockenen Zustand in der Rohrwandung vorhanden war, immer gleich blieb, ließ es geraten sein, einen anderen Weg einzuschlagen. Man entschied sich, das Ausmaß des Angriffes dadurch zu bestimmen, daß von dem getrockneten Rohr auf einer Oberfläche von etwa 500 cm² die korrodierten Schichten abgeschabt und gewogen wurden. Gleichzeitig erfolgte dabei die Ermittlung der Korrosionstiefe.

Die Ergebnisse der Versuche in den einzelnen Versuchsfeldern, die sich über einen Zeitraum bis zu 14 Jahren erstreckten, waren zum Teil recht aufschlußreich und bestätigten vielfach die an anderen Orten gemachten Erfahrungen mit erdverlegten Asbestzementrohren.

Es hat sich gezeigt, daß sich die Angriffe dort ausgeprägt eingestellt haben, wo eine besonders enge Berührung mit dem Erdreich vorhanden ist, also vornehmlich an den Rohrscheiteln und Rohrsohlen. Diese Stellen sind im allgemeinen durch die statischen Verhältnisse am erdverlegten Rohr bedingt und ergeben den engsten Kontakt mit dem Erdreich.

Die festgestellte Korrosion erstreckte sich auch auf außen mit Bitumen isolierte Rohre. Dies muß in erster Linie auf die Verwendung geblasener Bitumina zurückgeführt werden. Wie später im Kapitel 7.0 „Rohrschutz" noch ausgeführt wird, ist die Haftfestigkeit derartiger Anstriche auf Grund ihrer großmolekularen Struktur geringer. Darüber hinaus werden Bitumenschichten nach den Untersuchungen von CARRIERE [39] von Wurzeln verschiedener Pflanzen durchwachsen. Aus diesen Gründen geben Bitumina bei der Anwendung als Außenanstriche nur einen bedingten Schutz ab, wie es auch die Ergebnisse der vorstehenden Versuche gezeigt haben.

In Deutschland wurden diese Zusammenhänge frühzeitig erkannt. Die ETERNIT AG verwendet aus diesem Grunde für den Außenschutz ihrer Druckrohre seit längerem ausschließlich Teerpechlösungen.

Die Einlagerung der Versuchsrohre in mit Kalk angereicherte Verfüllmassen erwies sich zunächst als wirksame Schutzmaßnahme, die jedoch nicht von Dauer war.

Die Fluatierung der äußeren Rohroberfläche schien ebenfalls eine gewisse Schutzwirkung auszuüben, während die Behandlung mit Kreide-Zement-Wasser und Kreide-Wasserglas ohne sichtbaren Einfluß blieb.

Die *Niederländische Studienkommission „Asbestzementrohre"*[1] zieht aus den Ergebnissen dieser Feldversuche folgende Schlüsse:

a) Die Ergebnisse der Feldversuche bestätigen die Ausführung des Berichts der S. C. A. B. über die Außenkorrosion bei Asbestzementrohren. Man muß bei Asbestzementrohren mit einem Angriff rechnen, wenn der pH-Wert des die Rohre umgebenden Bodens kleiner als 6 ist. Der Angriff ist um so stärker, je niedriger der pH-Wert ist.

b) Die im S. C. A. B.-Bericht getroffene Feststellung, daß im Gegensatz zu den Ergebnissen der Laboratoriumsversuche mit Asbestzementrohren die Korrosion ungeschützter Asbestzementrohre im Erdboden nicht zum Stillstand kommt, sondern mit der Zeit fortschreitet, wurde bestätigt.

c) Asbestzementrohre, die in kalkaggressiven Böden gelegt werden, sollten zuvor mit einem zweckmäßigen Schutz versehen werden.

Zu diesen Ergebnissen ist zu bemerken, daß sie im wesentlichen keine neuen Gesichtspunkte bringen, was ja auch zu erwarten war. Dies gilt insbesondere für die unter Punkt a) genannten Zusammenhänge.

Zu dem Punkt b) muß auf Grund der Erfahrungen ergänzend bemerkt werden, daß die Korrosion einen mit der Zeit oft stark gedämpften Verlauf nimmt. Es bildet sich u. U. um das Rohr eine Pufferzone aus Korrosionsprodukten. Wie aus den Versuchsergebnissen hervorgeht, handelt es sich in den meisten Fällen um saure Böden, bedingt durch einen ständig wechselnden Grundwasserstand. In diesen Fällen ist damit zu rechnen, daß die neutralen bis alkalischen Korrosionsprodukte durch den wechselnden Grundwasserstrom entfernt werden und die Pufferwirkung schwächen. Hieraus ergibt sich bei ungeschützten Asbestzementrohren unter aggressiven Verhältnissen eine Zunahme der Korrosion mit der Zeit. Von wesentlicher Bedeutung für den Korrosionsfortschritt ist jedoch die Frage, mit welchen Standänderungen des Grundwassers zu rechnen ist. Ist die Grundwasserbewegung gering, so wird auch der Korrosionsfortgang verlangsamt, eventuell kann er ganz zum Stillstand kommen.

Die Aussage des Punktes c) ist in Deutschland nach dem Kriege allgemeingültig geworden, wobei der Begriff „zweckmäßiger Schutz" durch die einschlägige Industrie in Form sicherer Schutzanstriche auf Teerpechbasis realisiert werden konnte.

4.632 Die amerikanischen Feldversuche

Das *National Bureau of Standards* (NBS) hat im Rahmen eines umfassenden Forschungsprogramms u. a. auch Feldversuche mit Asbestzement-Druckrohren durchgeführt, über deren Ergebnisse M. ROMANOFF und J. A. DENSION einen Bericht veröffentlicht haben [*54*]. Danach wurden in den Jahren 1937 und 1939 an 15 verschiedenen Stellen Asbestzement-Rohrproben, die an beiden Enden verschlossen waren, eingebaut und nach der vorgesehenen Liegedauer von 13 Jahren einer eingehenden Untersuchung einschließlich Festigkeitsprüfung unterzogen. Während 1937 dampfgehärtete Rohrproben der Klasse 150 (etwa ND 10) mit einem Durchmesser von 6 inch. (etwa NW 150) eingebaut wurden, gelangten 1939 4-inch.-Rohrproben (etwa NW 100), die zur Härtung im Wasserbad gelagert hatten, zur Verlegung.

Eine Übersicht über die verschiedenen Bodenarten ergibt sich aus Tab. 105.

Die in bestimmten Zeiträumen ausgegrabenen Rohrproben wurden jeweils hinsichtlich der Beschaffenheit ihrer Oberfläche, ihrer jeweiligen Innendruck- und Scheiteldruckfestigkeit, ihrer Wasseraufnahme und ihres scheinbaren spezifischen Gewichts im Laboratorium untersucht.

---

[1] abgekürzt: S.C.A.B.

Tabelle 105. *Beschaffenheit der Böden an den einzelnen Versuchsstellen* [54]

Versuchsstellen			Be-lüf-tung¹	Feuch-tig-keits-gehalt (%)	schein-bares spez. Ge-wicht (Mp/m³)	elektr. Wider-stand bei 15,6°C (Ω·cm)	pH	Total-azidi-tät² (mg/100 g Boden)	Zusammensetzung des Bodenwassers (mg/100g Boden)						
Bodenart	Nr.	Ort							Na+K = Na⁺	Ca⁺⁺	Mg⁺⁺	CO₂	HCO₃⁻	Cl⁺	SO₄⁻⁻
Anorganische, oyxdierende Böden:															
Cecit-Ton-Lehm	53	Atlanta, Ga.	G	33,7	1,60	17800	4,8	5,1							
Hagerstown-Lehm	55	Loch Raven, Md.	G	32,0	1,49	5110	5,8	10,9							
Susquehanna-Ton	62	Meridian, Miss.	A	34,6	1,79	6920	4,5	12,0							
China-Löß	65	Wilmington, Calif.	G	26,4	1,41	148	8,0	A	7,56	12,40	2,20	0	1,30	6,05	16,90
Mohave-Feinkies-Lehm	66	Phoenix, Ariz.	A	16,5	1,79	232	8,5	A	6,55	0,51	0,18	0	0,73	2,77	2,97
Anorganische, reduzierende Böden:															
Arcadia-Ton	51	Spindletop, Tex.	W	47,1	2,07	190	6,2	13,2	10,27	15,55	5,03		0,56	5,75	22,0
Sharkey-Ton	61	New Orleans, La.	W	30,8	1,78	934	6,8	4,9	0,73	0,68	0,33		0,71	0,10	0,91
Docas-Ton	64	Cholame, Calif.	A	41,1	1,88	62	7,5	A	28,10	2,29	0,76		0,89	28,80	0,26
Lake-Charles-Ton	56	El Vista, Tex.	SW	28,7	2,03	406	7,1	5,1	3,12	0,69	0,47		0,80	1,59	3,04
Lehm m. Schlammablag.	70	Buttonvilla, Calif.	A	24,7	1,69	278	9,4	A	8,38	0,38	0,22	0,02	1,87	1,12	5,57
Organische, reduzierende Böden:															
Carliste-Dung	59	Kalamazoo, Mich.	SW	43,6	—	1660	5,6	12,6	1,03	3,08	2,70			3,47	1,04
Dung, Komposterde	58	New Orleans, La.	W	57,8	1,43	712	4,8	15,1	2,03	2,23	1,29			0,47	2,54
Torf	60	Plymouth, Ohio	W	43,4	1,28	218	2,6	297,4	2,91	10,95	2,86			—	56,70
Marschboden	63	Charlestown, S.C.	SW	46,7	1,47	84	6,9	14,6	33,6	6,85	4,0			12,70	36,60
Schlacken:															
Schlacke	67	Milwaukee, Wis.	SW			455	7,6	A	0,77	3,03	0,53		0,55	0,08	2,89

¹ G = gut, A = ausreichend, W = wenig, SW = sehr wenig. ² A = Alkalische Reaktion.

Gleichzeitig fanden dieselben Prüfungen an „Nullproben" derselben Rohre statt, die im NBS aufbewahrt worden waren und zur Gegenüberstellung dienten. Die Ergebnisse dieser Untersuchungen, auf deren Wiedergabe im einzelnen an dieser Stelle wegen ihres größeren Umfanges verzichtet werden muß (es wird auf das Original [54] verwiesen), zeigten, daß die Bestimmung der Erweichungstiefen zu recht unterschiedlichen und sich zum Teil widersprechenden Angaben führte. Die Aussagekraft derartiger Prüfungen ist begrenzt. Dagegen haben sowohl die Festigkeitsuntersuchungen als auch die Ermittlung des Wassergehalts und des scheinbaren spezifischen Gewichts recht eindeutige und miteinander übereinstimmende Ergebnisse gebracht. Es wurde ganz allgemein festgestellt, daß sich zunächst eine Verbesserung der Materialqualität einstellt, die sich in erhöhten Festigkeiten, absinkendem Wasseraufnahme-Koeffizienten und Anstieg des Raumgewichts ausdrückt. Im Laufe der Zeit verschwindet dieser Einfluß. Die Festigkeiten gehen allmählich zurück, dafür steigt die Wasseraufnahme an. Die auf Grund der bewußten Auswahl der Böden für diese Untersuchungen verhältnismäßig stark auftretende Korrosion macht sich in zunehmendem Maße bemerkbar. Es muß jedoch festgehalten werden, daß die Festigkeiten nach Beendigung der Versuche zum größten Teil noch höhere Werte als die Ausgangswerte besaßen (Tab. 106). Bemerkenswert ist dabei jedoch die Tatsache, daß die autoklavierten 6-inch.-Proben nach diesem Korrosionsversuch zum Teil erheblich schlechter in den Festigkeiten abschneiden als die wassergelagerten 4-inch.-Proben, was auch den europäischen Erfahrungen entspricht, daß mit Quarzmehlzusatz dampfgehärtete Rohre gegenüber normalgehärteten keine Qualitätsvorteile aufweisen. Bei den Feldversuchen wurde weiterhin festgestellt, daß

Tabelle 106. *Änderung der Festigkeiten von Asbestzement-Druckrohren nach verschieden langem Einbau in unterschiedlichen Böden [54]*

		Jahre	Änderung der Innendruckfestigkeit gegenüber dem Ausgangswert der Nullprobe	Änderung der Scheiteldruckfestigkeit gegenüber dem Ausgangswert der Nullprobe	Korrosionstiefe mm
Arcadia-Ton	normalgehärtet	7	$+ 20{,}0$ kp/cm²	$+ 160{,}0$ kp/cm²	0,15
	autoklaviert	9	$+ 22{,}5$ kp/cm²	$- 60{,}5$ kp/cm²	0,61
Cecit Ton-Lehm	normalgehärtet	12,8	$- 2{,}81$ kp/cm²	$+ 92{,}0$ kp/cm²	1,09
	autoklaviert	12,7	$+ 20{,}4$ kp/cm²	$+ 53{,}4$ kp/cm²	1,04
Hagerstownlehm	normalgehärtet	13,1	$+ 74{,}0$ kp/cm²	$+ 157{,}0$ kp/cm²	1,55
	autoklaviert	12,6	$- 49{,}9$ kp/cm²	$- 78{,}0$ kp/cm²	1,50
Lake Charles Ton	normalgehärtet	12,8	$- 9{,}14$ kp/cm²	$- -$	3,56
	autoklaviert	12,7	$- 21{,}1$ kp/cm²	$- 125{,}2$ kp/cm²	1,75
Dung, Komposterde	normalgehärtet	12,8	$+ 37{,}3$ kp/cm²	$+ 110{,}3$ kp/cm²	1,19
	autoklaviert	12,7	$- 21{,}1$ kp/cm²	$- 108{,}4$ kp/cm²	1,34
Carliste Dung	normalgehärtet	13,0	$+ 21{,}1$ kp/cm²	$+ 71{,}0$ kp/cm²	2,68
	autoklaviert	12,7	$- 28{,}1$ kp/cm²	$- 148{,}5$ kp/cm²	2,26
Torf	normalgehärtet	13,0	$- 66{,}1$ kp/cm²	$- 63{,}3$ kp/cm²	5,13
	autoklaviert	12,7	$- 31{,}6$ kp/cm²	$- 203{,}8$ kp/cm²	3,96
Sharkey-Ton	normalgehärtet	12,8	$+ 54{,}1$ kp/cm²	$+ 178{,}8$ kp/cm²	0,965
	autoklaviert	12,7	$+ 8{,}44$ kp/cm²	$- 77{,}0$ kp/cm²	1,02
Susquehanna-Ton	normalgehärtet	12,8	$+ 42{,}9$ kp/cm²	$+ 169{,}0$ kp/cm²	1,70
	autoklaviert	12,7	$- 36{,}6$ kp/cm²	$- 164{,}0$ kp/cm²	1,32
Marschboden	normalgehärtet	12,7	$+ 87{,}9$ kp/cm²	$+ 245{,}8$ kp/cm²	0,813
	autoklaviert	12,6	$+ 15{,}5$ kp/cm²	$- 47{,}8$ kp/cm²	0,61
Docas-Ton	normalgehärtet	12,9	$+ 42{,}9$ kp/cm²	$+ 212{,}0$ kp/cm²	0,666
	autoklaviert	12,8	$+ 41{,}5$ kp/cm²	$- 31{,}6$ kp/cm²	0,81
China Löß	normalgehärtet	12,9	$+ 60{,}5$ kp/cm²	$+ 138{,}0$ kp/cm²	0,666
	autoklaviert	12,7	$+ 49{,}2$ kp/cm²	$+ 74{,}0$ kp/cm²	0,89
Mohave-Kies-Lehm	normalgehärtet	12,8	$+ 97{,}0$ kp/cm²	$+ 181{,}8$ kp/cm²	0,40
	autoklaviert	12,7	$+ 80{,}0$ kp/cm²	$+ 64{,}0$ kp/cm²	0,66
Schlacke	normalgehärtet	13,0	$+ 11{,}2$ kp/cm²	$- 12{,}0$ kp/cm²	1,700
	autoklaviert	12,7	$+ 64{,}0$ kp/cm²	$+ 178{,}0$ kp/cm²	3,30
Lehm	normalgehärtet	12,9	$+ 80{,}5$ kp/cm²	$+ 288{,}0$ kp/cm²	0,457
	autoklaviert	12,8	$+ 67{,}5$ kp/cm²	$+ 152{,}0$ kp/cm²	1.45

der Korrosionsprozeß sowohl durch organische als auch durch anorganische Azidität gefördert wird [54].

4.633 Zusammenfassung

Aus den beschriebenen Feldversuchen geht hervor, daß bei pH-Werten unter 6,0 mit Bodenkorrosion zu rechnen ist. Bei derartigen Böden sollte daher nach [121] auf einen Schutzanstrich nicht verzichtet werden. Wie die niederländischen Versuche zeigen, sind besonders die Böden gefährlich, die sich zunächst in Sulfatreduktion befinden und durch eine Belüftung zu stark saurer Reaktion geführt werden können. Diese Bodenverhältnisse sind besonders in Küstennähe anzutreffen, jedoch nicht allein auf diese Gegenden beschränkt.

Einen einfachen und doch verhältnismäßig guten Schutz geben Bitumenanstriche (Innenschutz), in wesentlich größerem Umfange jedoch Teerpechanstriche (Außenschutz) ab. Zusätzliche Maßnahmen, wie das Einlagern von Kalk, können die Lebensdauer einer im aggressiven Boden verlegten Leitung zwar verlängern, jedoch nur bis zu einer gewissen Grenze.

Sofern keine Rohrleitungen zur Untersuchung nach längerer Liegezeit zur Verfügung stehen, kann man mit Hilfe sinnvoll ausgesuchter Versuchsfelder einen guten Überblick über das Verhalten der Rohrleitung gegenüber bestimmten Böden erlangen. Sie stellen darüber hinaus eine wertvolle Ergänzung zu den Laborversuchen mit einzelnen Agenzien dar.

4.64 Erdstrom- und Streustromkorrosion

Neben der chemischen und physikalischen Beschaffenheit des Erdbodens ist im Hinblick auf die Korrosion auch das Auftreten elektrischer Ströme von allgemeiner Bedeutung. Abgesehen von den Erdströmen, die von den Polen in Richtung auf den Äquator und parallel zum Äquator fließen, und denen bisher eine elektrolytische Korrosion nicht nachgewiesen werden konnte [122], unterscheidet man zwei Arten von Erdströmen, die Korrosion erzeugen können.

Es sind dies nach KLAS und STEINRATH [122] einmal die Ströme, die durch Bildung von galvanischen Elementen, Konzentrationsketten, Belüftungselementen oder durch den Erdmagnetismus hervorgerufen werden und als *Rohreigenströme* oder bei beträchtlichen Entfernungen der kathodischen und anodischen Bereiche auch als *Langstreckenströme* (im Schrifttum „long line currents") bezeichnet werden. Zum anderen gibt es die *Fremd-* oder *Streuströme*, auch *vagabundierende* Ströme genannt, die aus der Verbindung von Stromleitern mit der Erde herrühren. Neben Isolierungsfehlern, Kurzschlüssen in elektrischen Systemen durch Wassereintritt usw., um nur einige Möglichkeiten aufzuzählen, aus denen infolge schadhafter Stellen oder Teile Erdverbindungen hervorgehen, kommen als Hauptursachen für Fremdströme die elektrischen Bahnen sowie gewollte Erdungen elektrischer Systeme in Frage.

Erdströme wirken nur dann korrodierend, sofern die äußeren Verhältnisse dazu gegeben sind und sie als Gleichströme vorkommen. Über den Einfluß von Wechselströmen bestehen dagegen noch Meinungsverschiedenheiten. Es scheint jedoch festzustehen, daß auch Wechselströme unter bestimmten Voraussetzungen eine Korrosion hervorrufen können. Jedoch ist ihre Wirkung gering und daher praktisch vernachlässigbar.

Wie entstehen die korrosiven Erdströme und wie wirken sie? Die als *Rohreigenströme* bezeichneten Erdströme entstehen durch Bildung von Elementen. Hierbei ist der feuchte Erdboden als Elektrolyt aufzufassen. Es bildet sich zwischen zwei Elektroden ein Potentialgefälle aus, das die Fließrichtung des Stromes bestimmt. Als Ursache für die Elektrodenbildung ist sehr häufig ein plötzlicher Strukturwandel des Bodens verantwortlich zu machen, also z. B. der Übergang von Ton auf Sand. Hand in Hand gehen damit meistens auch Unterschiede im Salz- oder Sauerstoffgehalt, die zu den sogenannten galvanischen Konzentrationsketten führen. Selbstverständlich ist als Ursache eines Erdstromes auch der einfache Fall des galvanischen Elementes denkbar, zwei benachbarte metallische Körper, die innerhalb der Spannungsreihe auseinander liegen. Bereits verschiedene Oberflächenbeschaffenheiten des gleichen Metalls können schon zu Elektroden- bzw. Elementbildung führen (oxydische Deckschichten). Es gibt noch eine ganze Reihe von Möglichkeiten zur Elementbildung; die vorliegende Aufzählung mag jedoch genügen[1]. Ein Element ist jedoch unvollständig und bleibt funktionsuntüchtig, wenn nicht eine elektrisch leitende Verbindung zwischen den Elektroden besteht. Diese Aufgabe übernimmt die Rohrleitung, sofern sie leitend ist. Am Beispiel eines Konzentrationsunterschiedes im Boden sei die Wirkung des durch Rohrleitung und Boden gebildeten Elementes aufgezeigt.

In Abb. 377 stoßen zwei Böden zusammen, deren Elektrolytgehalte sehr unterschiedlich sind. Dies könnte z. B. dadurch erklärt werden, daß ein Salzstock in der Nähe ist oder daß ein Übergang von Sand auf Ton stattfindet. Eine Rohrleitung, die elektrisch leitend ist, durchquert die Boden- bzw. Konzentrationsgrenze. Der Unterschied im Elektrolytgehalt (hoher Salzgehalt auf der einen, niedriger Salzgehalt auf der anderen Seite) erzeugt trotz der Tatsache, daß die Elektroden aus gleichem Material bestehen, eine Potentialdifferenz. Die Rohrleitung wird Elektrode und Elektrodenverbindung. Je nach den örtlichen

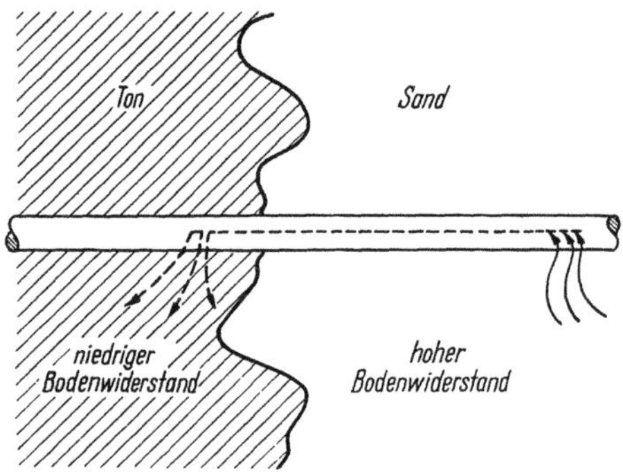

Abb. 377. Schema eines Konzentrationselementes im Boden.

Gegebenheiten bildet sich an einer Stelle der Rohrleitung mehr oder weniger flächenhaft die Kathode und an einer anderen die Anode aus. Hierbei liegt der anodische Bereich immer im Gebiet des höheren Salzgehaltes. Dies läßt sich mit der vereinfachten Vorstellung verdeutlichen, daß der Leiter im Bereich des hohen Bodenwiderstandes den Strom anzieht und ihn im Bereich des geringeren Bodenwiderstandes wieder abgibt. Wie schon eingangs unter 4.61 ausgeführt wurde, treten an einer metallischen Anode positiv geladene Metallionen in den Elektrolyten über. Die Anode wird also abgebaut, sie „korrodiert", wobei die Metallauflösung entsprechend dem FARADAYschen Gesetz stattfindet. Außer diesem Primärvorgang findet jedoch innerhalb des Elektrolyten sekundär ebenfalls eine Ionenwanderung statt. Die Kationen streben zur Kathode, die Anionen zur Anode. Es kommt also im Bereich der Anode zu einer Anreicherung der Anionen, im Boden vornehmlich von Sulfat- und Chlorionen, auf die noch näher einzugehen sein wird.

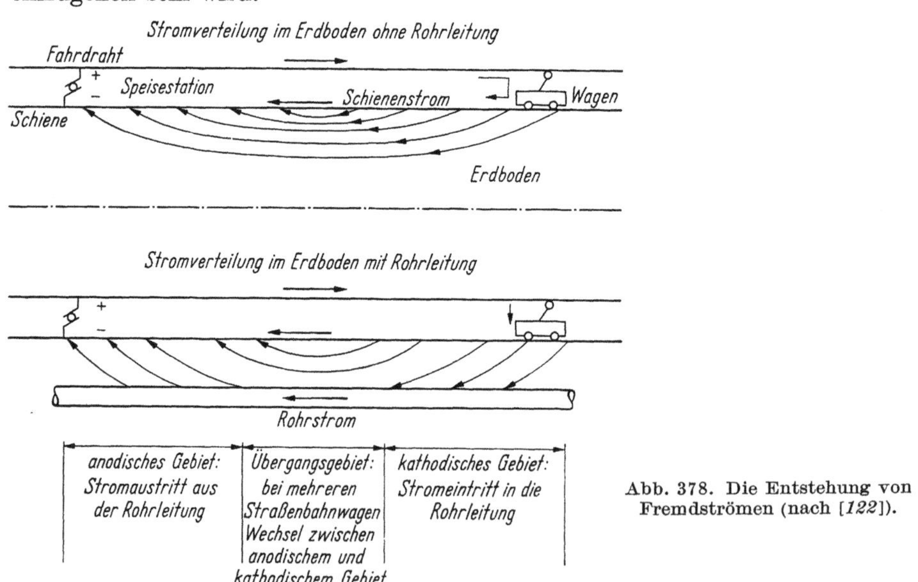

Abb. 378. Die Entstehung von Fremdströmen (nach [122]).

Streu- und Fremdströme benutzen die Rohrleitung im Boden, sofern sie wiederum elektrisch leitend ist, um auf ihrem Weg den höheren Bodenwiderstand zu umgehen. Am Beispiel einer Gleichstrombahn sei dies in Abb. 378 dargestellt.

Die Zerstörung des metallischen Rohres tritt auch hier wieder im anodischen Bereich auf.

---

[1] s. auch Abschn. 4.61.

Wie gezeigt wurde, ist zur Bildung eines Elementes die elektrisch leitende Verbindung der Elektroden notwendig, da nur auf diesem Weg der Abtransport der freigewordenen Elektronen von der Anode zur Kathode möglich ist. Wo diese Verbindung fehlt, kann ein Element der beschriebenen Art nicht entstehen, mithin können auch die in korrosionschemischer Hinsicht bedeutsamen anderen Vorgänge nicht stattfinden. Asbestzementrohre sind sehr schlechte elektrische Leiter. Wie unter Ziff. 4.46 ausgeführt, bewegen sich die Längswiderstände in Größen, die denen der Böden entsprechen. Infolgedessen eignen sie sich nur sehr schlecht als Elektrodenkörper im Sinne der eben behandelten Elemente Boden — Rohrleitung. Wichtiger ist allerdings noch die bemerkenswerte Tatsache, daß selbst unter der Annahme eines wenn auch nur geringen, jedoch durchaus denkbaren Stromzuflusses längs eines Asbestzement-Druckrohres eine Abtragung des Materials im anodischen Bereich nicht möglich ist, da Kationen von der Art der Metallionen nicht existieren. Daraus ergibt sich die Feststellung, daß nämlich

die Bildung von Korrosionselementen beim Asbestzement-Druckrohr infolge der äußerst geringen elektrischen Leitfähigkeit und des nichtmetallischen Charakters des Materials nicht möglich ist.

Um den Beweis dieser Behauptung zu führen, wurde auf Veranlassung des Verfassers der Einfluß vagabundierender Ströme in der *Physikalisch-Technischen Bundesanstalt* — Institut Berlin — untersucht und die Versuchsergebnisse in einem Versuchsbericht niedergelegt [*V37*].

Der Versuchsaufbau bestand aus einem Asbestzement-Druckrohr NW 100, ND 12,5 von 1,0 m Länge, das an beiden Enden durch vorgesetzte und gummigedichtete Stahlplatten verschlossen war. Ein Zuganker im Inneren des Rohres ($\varnothing$ 10 mm) preßte die beiden Abschlußscheiben gegen die Stirnseiten des Rohres und schloß auf diese Weise wasserdicht ab. Das Rohr wurde mit Leitungswasser gefüllt und waagerecht in einem entsprechend großen, im Freien aufgestellten und mit Mutterboden gefüllten Holzkasten eingebettet. An zwei Kupferelektroden (Querschnitt 25×4 mm), die im Abstand von 50 mm von der Außenwand des Rohres und 500 mm voneinander entfernt senkrecht in den Mutterboden gesteckt waren, wurden 220 V Gleichspannung angelegt. Der Mutterboden wurde ständig feucht gehalten, ebenso wurde die Wasserfüllung des Versuchsrohres über ein angebautes Standrohr laufend überwacht und wenn notwendig ergänzt. Der Versuch lief vom 10. 8. 1958 bis 12. 12. 1958, also vier Monate.

Die Ergebnisse dieses Versuches bestätigten die bisherigen praktischen Erfahrungen. Die Kupferanode war, soweit sie im Mutterboden steckte, völlig oxydiert (Abb. 379c). In der Abb. 379

Abb. 379a—f. Elektrodenpaare aus Kupfer der Versuche mit Streuströmen [*V37*].

sind drei Elektrodenpaare dargestellt, von denen das mittlere (c + d) bei diesem Versuch verwendet wurde. Am Asbestzement-Versuchsrohr hatte sich gegenüber der Kupferanode eine kupferoxydgefärbte, verhärtete Erdschicht festgesetzt, die mit Wasser nicht abspülbar war (Abb. 380).

Dagegen zeigte die Innenwand des Versuchsrohres nach dem Aufschneiden an der gleichen Stelle keine Veränderungen (Abb. 381). Der im Rohr verlaufende Stahlanker hatte im Bereich

.der Kupferanode eine abspülbare, weiche, kupferoxydgefärbte Masse abgesetzt (Abb. 382 rechts). Dagegen war er auf der Höhe der Kupferkathode sehr stark angerostet (Abb. 382 links).

Während die Kupferkathode nur wenig oxydiert war (Abb. 379d), klebt auch in Nähe der Kupferkathode am Asbestzement-Versuchsrohr, allerdings im geringeren Ausmaße als an der

Abb. 380. Ansicht der der Kupferanode gegenüberliegenden Seite des Asbestzement-Druckrohres mit der verhärteten Erdschicht [*V37*].

Anodenseite, Bodenmaterial. Die Kupferoxydfärbung fehlte jedoch. Der Schnitt durch die Rohrwandung an dieser Stelle ergab keine Beeinflussung des Materials (Abb. 383).

Die geschilderten visuellen Erscheinungen spiegeln sehr gut den Versuchsverlauf wider. Der von der Kupferanode ausgehende Streustrom findet zunächst im Asbestzementrohr einen Leiter.

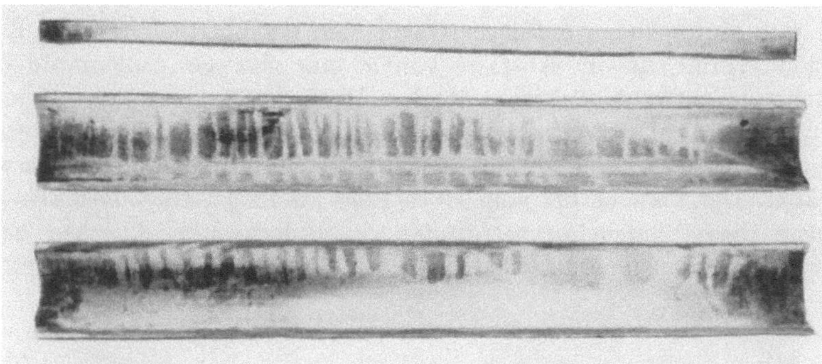

Abb. 381. Ansicht des aufgeschnittenen Versuchsrohres [*V37*].

Die Rohraußenwand wird daher im Bereich der Kupferanode kathodisch. Sie zieht die Kationen des Elektrolyten und der Kupferanode an, die den umgebenden Mutterboden verkitten. Die Kupferoxydfärbung stammt hierbei von den Kupferkationen. Da Asbestzement jedoch ein sehr schlechter Leiter ist, entsteht gleichsam ein Sekundärkreis über den in Rohrmitte verlaufenden

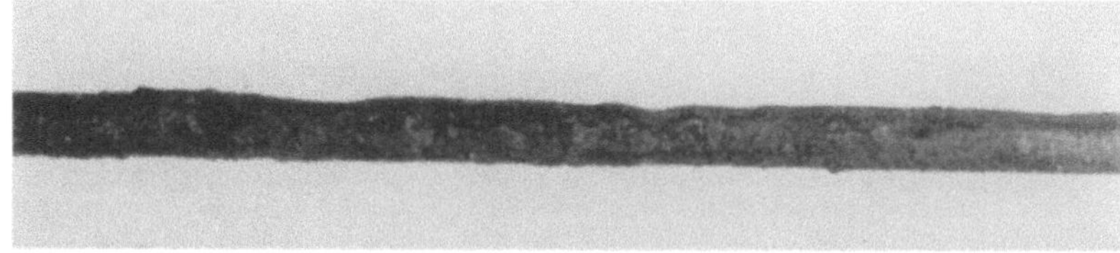

Abb. 382. Zuganker mit der korrodierten Stelle, die der Kupferkathode gegenübergelegen war [*V37*].

Zuganker. Die Rohrinnenwand des Versuchsrohres wird ebenfalls noch im Bereich der Kupferanode anodisch, während der Zuganker an dieser Stelle zur Kathode wird. Es setzen sich Kationen aus dem Leitungswasser als weiche Masse an. Ein Durchtritt von Kupferkationen durch die Asbestzement-Rohrwand bzw. Kupferspuren in der Rohrwand konnten nicht festgestellt werden. In Höhe der Kupferkathode verläßt der Streustrom den Stahlanker wieder, an dieser Stelle bildet sich die Anode, bei der das Metall in Lösung geht. Die Innenwand des Versuchsrohres ist hier braun gefärbt, was von dem Rost des Zugankers herrührt. Es darf dabei nicht unbeachtet bleiben, daß die Rostfärbung genau dort auftritt, wo die kürzeste Verbindungslinie Zuganker-Kupferkathode durch das den Zuganker umhüllende Asbestzement-Druckrohr stößt. Die Erdverklebung an der Außenseite des Versuchsrohres läßt sich wiederum mit einer Anreicherung von Anionen des Elektrolyten erklären. Selbstverständlich fehlen hier die Kationen des Kupfers; eine Kupferoxydfärbung ist nicht vorhanden.

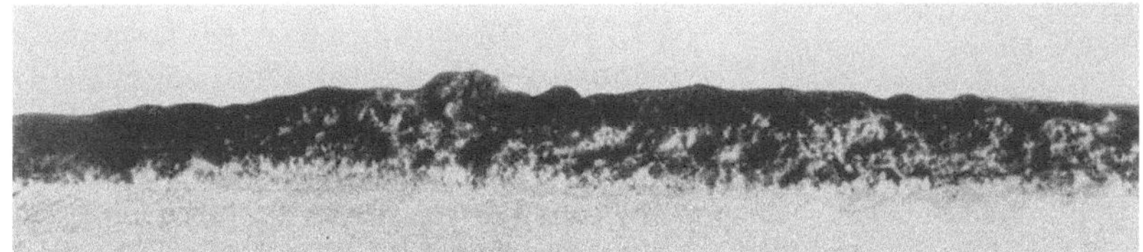

Abb. 383. Schnitt durch die Rohrwand in der Nähe der Kupferkathode [*V37*].

Abschließend sei noch bemerkt, daß ein zur Kontrolle gleichartig aufgebauter Versuch, bei dem jedoch keine Spannung an die Elektroden angelegt wurde, erwartungsgemäß keine Ergebnisse zeigte. Ein Kontrollversuch dagegen mit einem Kupferrohr als Versuchsrohr führte zur vollständigen Auflösung der Kupferanode Abb. 379a.

Das Versuchsrohr aus Asbestzement erhielt bei diesem Versuch demnach je zwei Stromeintritts- und zwei Stromaustrittsstellen. Veränderungen des Materials an diesen Stellen, insbesondere den anodischen Stellen, konnten nicht wahrgenommen werden und sind auch in den Abb. 381 und 383 nicht zu erkennen. Es kann damit als erwiesen angesehen werden, daß eine elektrochemische Korrosion bei Asbestzement-Druckrohren nicht möglich ist.

Es wurde wiederholt festgestellt, daß sich jeweils Kationen und Anionen des Elektrolyten in den zugehörigen Elektrodenbereichen anreichern können. Einige Fachleute sehen hierin auch für Nichtleiter eine gewisse Korrosionsgefahr [*122*]. So ist durchaus eine überhöhte Konzentration von SO_4^{--} im Bereich einer anodisch wirkenden Zone denkbar, die zu Korrosionserscheinungen im Sekundäreffekt führen könnte. Ob und unter welchen Bedingungen allerdings tatsächlich eine Korrosion des Asbestzementes auftritt, bleibt, solange nicht praktische Erfahrungen vorliegen, unbeantwortet. Etwas ganz anderes ist es, wenn z. B. an einem betonummantelten Stahl eine Spannung angelegt wird. Hier korrodiert der Stahl an seiner Oberfläche, gleichzeitig wird der Beton zerstört, wobei hier nicht untersucht werden soll, welcher Ursache die Betonzerstörung zuzuschreiben ist [*10*].

4.7 Bakteriologisches Verhalten

Die Kenntnis des Verhaltens einer Rohrleitung in hygienischer Hinsicht ist bei ihrer Verwendung zum Transport von Trinkwasser unerläßlich. Neben den Forderungen, daß weder Geruch noch Geschmack noch das Aussehen des Trinkwassers beeinträchtigt werden dürfen, steht vor allem die Notwendigkeit im Vordergrund, daß die Rohrleitung selbst keimfrei ist und bleibt, und daß sie zumindest einem Keimwachstum keinen Vorschub leistet. Zur Überprüfung des bakteriologischen Verhaltens von Asbestzement-Druckrohren und der zugehörigen REKA-Kupplungen wurden auf Veranlassung des Verfassers im Bundesgesundheitsamt — *Institut für Wasser-, Boden- und Lufthygiene* — unter der Leitung von Prof. Dr. KRUSE entsprechende Versuche durchgeführt und deren Ergebnisse in mehreren Versuchsberichten [*V10* bis *V15*] niedergelegt. Insgesamt handelt es sich bei diesen Untersuchungen um sechs Versuchsgruppen, wobei die in der 5. und 6. Versuchsgruppe [*V14* u. *V15*] überprüften REKA-Kupplungen an anderer Stelle, nämlich im Kap. 6.0 „Rohrverbindungen und Formstücke" besprochen werden.

Mit der Versuchsgruppe I sollte überprüft werden, ob Asbestzement-Druckrohre im Vergleich mit anderen Rohrmaterialien irgendwelche Stoffe an das durchfließende oder stagnierende Wasser abgeben, die den im Wasser befindlichen Bakterien Möglichkeiten zu einer Vermehrung geben. Darüber hinaus sollte untersucht werden, ob die Innenwandung der Asbestzement-Druckrohre eine Ansiedlung und Vermehrung der Bakterien begünstigt oder behindert bzw. unmöglich macht. Zu diesem Zwecke wurden jeweils zwei etwa 2,75 m lange Rohre NW 50 aus Kupfer, verzinktem

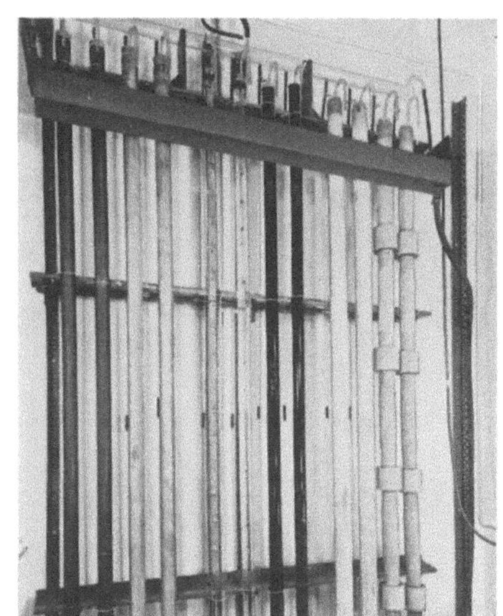

Abb. 384. Blick auf die nebeneinanderstehenden Versuchsrohre.

Eisen, Glas, Glas schwarz gestrichen und Asbestzement sowie Asbestzement mit REKA-Kupplungen nebeneinander aufgestellt und einem entsprechenden Kreislauf angeschlossen. Für die Untersuchung des Verhaltens der Innenwandung war es notwendig, eine herausnehmbare „Ersatzwand" zu schaffen. Dies erfolgte mit Hilfe von kleinen Flachstäben aus Ausbestzement, die an beiden Enden jeweils durchbohrt und mit gläsernen Haken zu einer Kette zusammengeschlossen, in je ein Rohr der verschiedenen Werkstoffe eingehängt wurden. Als Gegenversuch wurde eine ähnliche Kette, jedoch aus künstlich aufgerauhten Glasplättchen bestehend, jeweils in das zweite Rohr der verschiedenen Materialien eingehängt. Abb. 384 zeigt einen Blick auf die verschiedenen Versuchsrohre. Ganz links sind die Kupferrohre angeordnet, daneben stehen die verzinkten Eisenrohre. Es schließen sich die Glasrohre ohne und mit Anstrich an und schließlich folgen die Asbestzement-Druckrohre ohne und mit REKA-Kupplungen. In den beiden durchsichtigen Glasrohren kann man die eingehängten Ketten der Asbestzement- bzw. Glasplättchen erkennen (Abb. 384 u. 387).

Um den Verhältnissen der Praxis gerecht zu werden, wurden die bakteriologischen Versuche nicht mit Reinkulturen bestimmter Bakterienarten durchgeführt, sondern das Versuchswasser dem Abfangegraben eines Rieselfeldes entnommen, in dem ein vollbiologisch gereinigtes Abwasser floß. Auf diese Weise bestand am ehesten die Wahrscheinlichkeit, aus der Vielzahl der in dem Abwasser anwesenden Keime solche herauszufinden, die eventuell durch Asbestzement-Druckrohre hinsichtlich ihres Wachstums günstig beeinflußt werden und gelegentlich auch im Trinkwasser auftreten können [V10].

Der Versuchsaufbau ergibt sich aus den Abb. 385 und 386. Danach (Abb. 385) wurde das aus dem Auffangegraben stammende Abwasser zunächst in einer Rührbütte mit entchlortem Berliner Leitungswasser im Verhältnis 1 : 10 gemischt und von dort mit einer Dosierpumpe über Windkessel und Turbometer zur Mengenbestimmung in das über den Versuchsrohren entlanglaufende gläserne Verteilerrohr gedrückt. Hier im Verteilerrohr erfolgte dann über eine gesonderte Zuleitung die Zugabe weiteren entchlorten Leitungswassers, so daß schließlich eine Verdünnung von 1 : 1000 vorhanden war. Vom Verteilerrohr, das in Abb. 384 deutlich zu erkennen ist, führten einzelne Abzweige zu den Versuchsrohren (Abb. 386), die von unten nach oben durchströmt wurden. Bei einer Gesamtmenge von etwa 400 l/h flossen durch die 12 Versuchsrohre etwa 200 l/h, was einer Fließgeschwindigkeit im Rohr von rund 15 cm/min. entsprach. Die Wassertemperatur schwankte zwischen 11—13°C.

Vor Versuchsbeginn wurden zur Desinfektion 100 mg/l Chlor (Cl_2) zugesetzt und die Anlage drei Stunden gefahren. Im Anschluß daran blieben Verteilerrohr und Versuchsrohr 60 Stunden lang mit der Chlorlösung stehen und wurden danach 12 Stunden lang mit entchlortem Leitungswasser gespült, um die bakterizide Wirkung eines eventuellen Restchlorgehaltes zu beseitigen.

Die bakteriologischen Untersuchungen innerhalb der Versuchsgruppe I begannen am 14. 10. 1958 mit einem Durchflußversuch, bei dem unter den oben beschriebenen Verhältnissen die Anlage drei Wochen lang, montags bis freitags, jeweils von 8—17.00 Uhr und sonnabends von 8—13.00 Uhr in Betrieb war, während sie in der übrigen Zeit stillstand. Hierbei lief dann das Verteilerrohr jedes Mal leer, während die Versuchsrohre gefüllt blieben (siehe Abb. 385). Das

Wandern der Bakterien von einem Versuchsrohr über das Verteilerrohr in ein anderes war damit mit Sicherheit ausgeschlossen. Nach 2, 4, 6, 8, 13, 17 und 21 Tagen Versuchszeit erfolgte jeweils um 10.00 Uhr vormittags die Entnahme einer Wasserprobe an den oberen Abläufen, die durch 48stündiges Bebrüten in Gelatine bei 22 °C auf die Gesamtkeimzahl in 1 ml untersucht wurde. Die Ergebnisse dieser Untersuchung sind in Tab. 107 wiedergegeben.

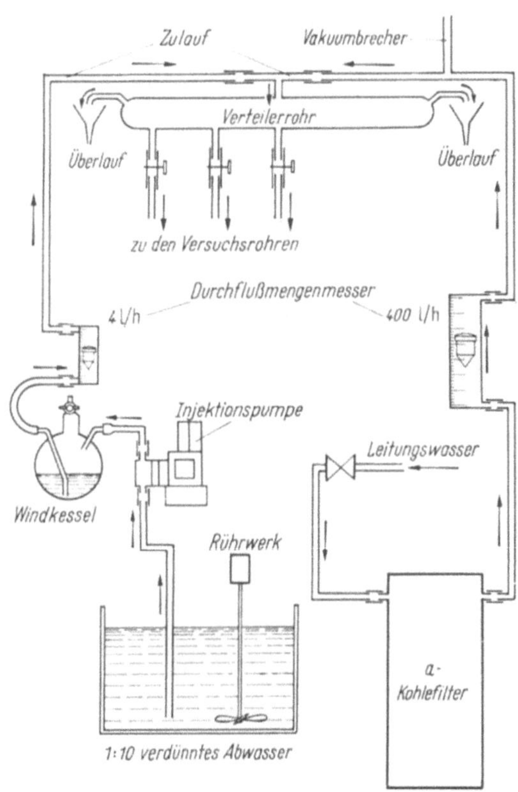

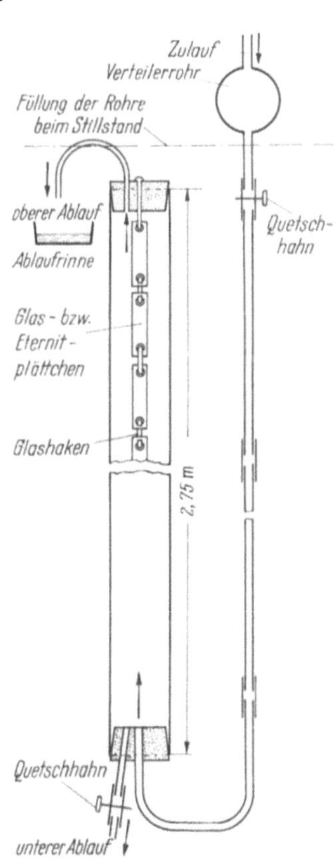

Abb. 385. Schematische Darstellung eines Versuchsaufbaues [*V10*].

Abb. 386. Schematische Darstellung eines Versuchsrohres [*V10*].

Aus der Tabelle geht hervor, daß sich alle Versuchsrohre mehr oder weniger gleich verhalten. Irgendwelche auffallenden Unterschiede zwischen den Keimzahlen in den Abflüssen der einzelnen Versuchsrohre waren nicht feststellbar [*V10*].

Nach Beendigung des Durchflußversuches am 4. 11. 1958 änderte man die Beschickung der Versuchsanlage, um das Verhalten der Asbestzement-Rohrwandung gegenüber Bakterien untersuchen zu können, wobei die eingehängten Asbestzement-Plättchen als Ersatz für die nicht einsehbaren inneren Wandflächen der Asbestzement-Rohre fungierten. An Stelle des bisherigen reinen Durchflußversuches wurde nun ein kombinierter Durchfluß- und Standversuch gefahren, der am 5. 11. 1958 mit einem 24stündigen Durchfluß des im Verhältnis 1 : 1000 verdünnten Abwassers begann. Danach wurde, wie bisher, eine Wasserprobe an den oberen Abläufen der einzelnen Versuchsrohre entnommen und der Keimgehalt bestimmt. Diese Proben sind in Tab. 108, die die Ergebnisse dieser Versuche wiedergibt, mit B 24,1 bezeichnet. Unmittelbar nach der Probenentnahme wurde die Anlage stillgelegt, die oberen Gummistopfen der einzelnen Rohre wurden entfernt und jeweils die obersten Asbestzement- und Glasplättchen zur bakteriologischen Untersuchung aus den Ketten ausgehakt. Diese Proben laufen unter B 24,2. Um irgendwelche Verunreinigungen, die eventuell bei diesen Manövern in die Rohre gelangt sein können, herauszuspülen, wurde die Anlage nochmals für 2 Stunden in Betrieb gesetzt und danach für 24 Stunden stillgelegt. Am nächsten Tag, also nach der Stillstandszeit von 24 Stunden, wurden die Quetsch-

Tabelle 107. *Gesamtkeimzahl bei den Durchflußversuchen der Versuchsgruppe I* [*V10*]

Lfd. Nr.	Entnahme nach:	Gesamtkeimzahl der Wasserproben in 1 ml nach Durchfluß durch Rohre aus:												
		Kupfer mit AZ.-P.	Kupfer mit G.-P.	Eisen verz. mit AZ.-P.	Eisen verz. mit G.-P.	Glas mit AZ.-P.	Glas mit G.-P.	Glas schwarz mit AZ.-P.	Glas schwarz mit G.-P.	Asbestzement mit AZ.-P.	Asbestzement mit G.-P.	AZ mit REKA-Kupplg. mit AZ.-P.	AZ mit REKA-Kupplg. mit G.-P.	aus dem Verteilerrohr (Zulauf)
1	2 Tagen 16. 10. 1958	130	100	160	120	130	150	150	140	170	140	310	100	180
2	4 Tagen 18. 10. 1958	520	200	940	320	400	240	170	150	120	260	160	160	140
3	6 Tagen 20. 10. 1958	140	150	130	110	150	120	80	110	100	100	160	140	180
4	8 Tagen 22. 10. 1958	240	140	200	200	250	250	120	140	250	180	250	190	140
5	13 Tagen 27. 10. 1958	90	90	150	80	110	110	110	120	100	120	120	100	100
6	17 Tagen 31. 10. 1958	40	20	40	40	50	40	40	30	50	70	50	50	40
7	21 Tagen 4. 11. 1958	30	30	70	80	120	110	60	40	40	100	90	20	40

AZ.-P. = Asbestzement-Plättchen, G.-P. = Glas-Plättchen.

hähne des unteren Ablaufs geöffnet und die Hälfte des in den Rohren stehenden Wassers abgelassen, um so die Abläufe bzw. die Quetschhähne sauber zu spülen und zugleich vermehrte Bakterienansammlungen auf der Innenseite der unteren Gummistopfen zu entfernen. Anschließend erfolgte hier die Entnahme der Wasserprobe B 24,3 und außerdem die der nächsten Asbestzement- und Glasplättchen, deren Untersuchungsbefunde in Tab. 108 als Probe B 24,4 aufgeführt sind. Damit war der erste Versuchsabschnitt beendet. Die weiteren Abschnitte entsprachen dem ersten bis auf die Stillstandszeiten, die variiert wurden. Jeder Versuchsabschnitt wurde immer durch einen 24stündigen Durchfluß der Anlage mit dem verdünnten Abwasser eingeleitet. Danach erfolgte die Probeentnahme vor der Stillstandszeit und im Anschluß daran. Im einzelnen betrugen die Stillstandszeiten 24, 48, 72, 96, 120, 120, 96, 72, 48 und wieder 24 Stunden. Entsprechend der Länge der Stillstandszeit sind die Proben der einzelnen Versuchsabschnitte gekennzeichnet (B-24; B-48; B-72). Der Versuch wurde am 21. 1. 1959 beendet.

Um die an den entnommenen Probeplättchen haftenden Keime abzulösen, wurden die Asbestzement- und Glasplättchen in einem Stehkolben mit je 300 p sterilem Kies (Korngröße 2 mm) und 25 ml sterilem destilliertem Wasser zwei Minuten lang geschüttelt und dann die Keimzahl der Schüttelflüssigkeit je ml bestimmt. Die so erhaltenen Keimzahlen sind in Tab. 108 aufgeführt.

Daraus geht hervor, daß die Gesamtkeimzahlen des durch die einzelnen Versuchsrohre geflossenen, bzw. in den Rohren gestandenen Abwassers sowie die der Bakterienansiedlung auf den Probeplättchen bei allen Rohren mit Ausnahme der Kupferrohre nicht unterschiedlich waren. Die zum Teil wesentlich niedrigeren Keimzahlen bei den Kupferrohren sind der oligodynamischen Wirkung des Kupfers zuzuschreiben [*V10*]. Es ist vielleicht noch auf die Tatsache hinzuweisen, daß sich auf den Glasplättchen genau so viel oder so wenig Bakterien angesiedelt hatten, wie auf den Plättchen aus Asbestzement. Daraus läßt sich entnehmen, daß Asbestzement sicherlich keine Stoffe enthält oder abgibt, die ein Wachstum der Keime fördern könnten, sondern sich in dieser Hinsicht wie Glas verhält. Um die ungefähre Gesamtzahl der Keime auf den Plättchen zu erhalten, müssen die in Tab. 108 angegebenen Werte mit 250 multipliziert werden.

Nach Abschluß dieser Versuche wurde die Anlage nochmals 8 Stunden gefahren und dann 4 Tage lang stillgelegt. Am 26. 1. 1959, also nach mehr als dreimonatiger Versuchsdauer, wurden die Versuchsrohre ausgebaut, auf der einen Seite mit neuen sterilen Gummistopfen verschlossen, mit 1000 p sterilem, scharfem Filterkies sowie mit 1500 ml sterilem destilliertem Wasser gefüllt

Tabelle 108. *Keimzahl der Wasserproben und Spülflüssigkeiten für die Probeplättchen in 1 ml* [*V 10*]

Lfd. Nr.	Untersuchungsabschnitte: vor Stillstand: Abfluß 1 / Probeplättchen 2 / nach Stillstand: Abfluß 3 / Probeplättchen 4	Kupfer mit AZ.-P.	Kupfer mit G.-P.	Eisen verz. mit AZ.-P.	Eisen verz. mit G.-P.	Glas mit AZ.-P.	Glas mit G.-P.	Glas schwarz mit AZ.-P.	Glas schwarz mit G.-P.	AZ-Rohr mit AZ.-P.	AZ-Rohr mit G.-P.	AZ-Rohr und REKA-Kuppl. mit AZ.-P.	AZ-Rohr und REKA-Kuppl. mit G.-P.
1	B 24, 1	30	30	70	80	120	110	60	40	40	100	90	20
2	2	2	2	160	9	280	30	360	370	500	20	170	200
3	3	5	3	35	40	110	100	80	120	180	120	70	65
4	4	0	2	90	110	25	40	30	30	50	9	240	70
5	B 48, 1	10	15	30	30	15	20	25	20	20	20	20	20
6	2	0	1	10	20	25	25	25	30	30	20	30	50
7	3	0	0	12	15	15	40	80	40	30	30	40	25
8	4	3	9	8	20	25	25	100	50	50	20	20	35
9	B 72, 1	35	35	75	50	70	70	70	40	55	65	180	45
10	2	0	10	30	30	70	80	75	65	80	50	110	100
11	3	1	0	12	10	250	420	160	110	150	260	180	70
12	4	2	8	35	20	60	70	110	140	40	80	60	50
13	B 96, 1	9	20	80	80	110	100	100	120	110	25	70	80
14	2	15	10	60	15	60	60	50	65	40	50	70	30
15	3	2	0	60	70	250	260	280	300	300	230	160	80
16	4	1	0	7	15	25	60	70	50	50	20	220	15
17	B 120, 1	12	9	9	20	15	10	9	10	10	9	10	9
18	2	1	1	20	6	20	30	20	15	20	15	20	10
19	3	0	0	10	4	50	50	70	15	17	150	12	12
20	4	0	10	10	3	8	12	7	6	13	4	8	17
21	B 120, 1	15	8	25	15	30	15	15	30	10	20	20	10
22	2	0	25	12	1	15	13	4	3	12	10	10	8
23	3	0	0	10	4	50	45	25	30	20	30	30	35
24	4	0	0	15	15	30	7	12	7	15	2	7	10
25	B 96, 1	10	10	10	10	10	10	7	10	3	4	12	3
26	2	0	0	135	10	10	7	20	6	4	6	13	12
27	3	0	0	4	10	40	15	15	20	55	14	13	200
28	4	1	6	6	2	100	20	50	20	20	10	35	50
29	B 72, 1	7	8	25	13	15	13	13	12	13	10	20	11
30	2	0	0	1	3	7	2	4	4	1	1	9	7
31	3	0	1	25	20	20	25	30	25	40	50	25	110
32	4	0	0	15	3	10	10	10	4	10	2	20	13
33	B 48, 1	5	15	10	30	30	30	25	15	20	20	15	17
34	2	0	0	15	0	10	10	10	4	35	0	12	4
35	3	0	0	15	15	20	20	12	15	15	20	15	60
36	4	0	0	3	1	7	1	1	0	0	2	3	0
37	B 24, 1	25	25	35	35	40	35	20	25	20	14	15	25
38	2	0	2	65	6	3	3	7	0	6	2	14	5
39	3	0	3	120	30	50	50	30	20	15	25	30	12
40	4	0	1 [1]	10	1 [1]	2	4	2	1	1 [1]	2	2	1 [1]

AZ.-P. = Asbestzement-Plättchen,   G.-P. = Glas-Plättchen.

[1] kein Plättchen mehr vorhanden.

und nach Abschluß der noch offenen Seite ebenfalls mit sterilem Gummistopfen 5 Minuten lang geschüttelt, um den inneren Rohrbelag abzulösen. Die Schüttelflüssigkeit der einzelnen Rohre wurde anschließend in einen sterilen Glaskolben entleert und Proben hiervon auf Gelatinenährböden bei 22°C 48 Stunden bebrütet. Die Ergebnisse dieser Untersuchung sind in Tab. 109 enthalten.

Tabelle 109. *Gesamtkeimzahlen in 1 ml der Spülflüssigkeit aller Versuchsrohre nach Abschluß der Versuchsgruppe I* [*V10*]

Lfd. Nr.	Datum	Rohre aus:	äußere Beschaffenheit der Spülflüssigkeit	Farbe	Gesamtkeimzahl der Spülflüssigkeit in 1 ml
1	26. 1. 1959	Kupfer mit AZ.-P.	stark trübe, undurchsichtig	weißlichgrau	0
2	26. 1. 1959	Kupfer mit G.-P.	stark trübe, undurchsichtig	weißlichgrau	0
3	26. 1. 1959	Eisen, verzinkt mit AZ.-P.	stark trübe, undurchsichtig	weißlichgrau	75
4	26. 1. 1959	Eisen, verzinkt mit G.-P.	stark trübe, undurchsichtig	weißlichgrau	7
5	26. 1. 1959	Glas mit AZ.-P.	stark trübe, undurchsichtig	weißlichgrau	52
6	26. 1. 1959	Glas mit G.-P.	stark trübe, undurchsichtig	weißlichgrau	23
7	26. 1. 1959	Glas, schwarz mit AZ.-P.	stark trübe, undurchsichtig	weißlichbraun	21
8	26. 1. 1959	Glas, schwarz mit G.-P.	stark trübe, undurchsichtig	weißlichbraun	57
9	26. 1. 1959	Asbestzement mit AZ.-P.	stark trübe, undurchsichtig	weißlichgrau	58
10	26. 1. 1959	Asbestzement mit G.-P.	stark trübe, undurchsichtig	weißlichgrau	41
11	26. 1. 1959	Asbestzement mit REKA-Kupplung mit AZ.-P.	stark trübe, undurchsichtig	weißlichgrau	3000
12	26. 1. 1959	Asbestzement mit REKA-Kupplung mit G.-P.	stark trübe undurchsichtig	weißlichgrau	3300

Die Überprüfung des Rohrbelags ergab, daß die Kupferrohre infolge ihrer oligodynamischen Wirkung einen keimfreien Wandbelag aufwiesen, was auch zu erwarten war. Dagegen ist die Feststellung sehr wichtig, daß die Asbestzementrohre sich auch hier von den Rohren anderer Materials praktisch nicht unterschieden. Allerdings zeigten die aus Asbestzement-Rohrstücken und REKA-Kupplungen bestehenden Versuchsrohre erheblich höhere Gesamtkeimzahlen. Dies kann nach KRUSE so erklärt werden, daß sich in den von der Wasserströmung nicht wesentlich beeinflußten Hohlräumen der Kupplungsmuffen größere Bakterienmengen angesiedelt hatten. Ergänzend ist hier darauf hinzuweisen, daß im Gegensatz zur Praxis, wo alle 4,0 bis 5,0 m Leitungslänge eine Kupplung vorhanden ist, hier jeweils 50 cm lange Rohrstücke mit einer Kupplung verbunden waren, so daß jedes 2,75 m lange Versuchsrohr 4 REKA-Kupplungen besaß. Insofern wird das Versuchsergebnis der Praxis nicht ganz gerecht. Bei den festgestellten Keimen handelte es sich vor allem um harmlose überall vorkommende Sporenbildner, die äußeren Einflüssen gegenüber als besonders resistent bekannt sind, aber keinerlei Bedeutung in seuchenhygienischer Hinsicht besitzen [*V10*].

Die Versuchsgruppe II befaßte sich mit Standversuchen, bei denen an Stelle des Abwassers aus der Havel entnommenes Flußwasser in 10 sterile Glaskolben mit etwa 5 Liter Fassungsvermögen

Tabelle 110. *Verhalten der Gesamtkeimzahl (GKZ) und des E. coli-Titers in stehendem Wasser mit Rohrstücken aus Kupfer, Eisen verzinkt, verschiedenen Kunststoffen und Asbestzement-Plättchen bei Temperaturen von 10° C [V11]*

Glaskolben mit Rohrstückchen bzw. Plättchen aus	GKZ (in 1 ml) E. coli-T.	sofort	nach 1 Tag	nach 2 Tg.	nach 4 Tg.	nach 6 Tg.	nach 9 Tg.	nach 13 Tg.	nach 20 Tg.	nach 30 Tg.	nach 42 Tg.	nach 53 Tg.	nach 69 Tg.	nach 90 Tg.
Kupfer	GKZ	1300	3100	3600	3200	200	2	0	0	0	0	0	0	0
	E. coli-T.		10				>100		>100	>100	>100	>100	>100	>100
Eisen verzinkt	GKZ	1000	700	100	3	4	120	20	70	240	290	260		
	E. coli-T.		>100				>100		>100	>100	>100	>100		
verschiedenen Kunststoffen	GKZ	1300	4200	4400	11400	1800	1300	280	180	140	85	50	40	20
	E. coli-T.		0,1				10		10	100	10	100	100	100
Asbestzement	GKZ	1100	100		1000	900	3400	560	2300	4000	20	1	0	1
	E. coli-T.		>100				>100		>100	>100	>100	>100	>100	>100
ohne (Kontrollversuch)	GKZ	1200	6000	5000	4500	830	320	100	70	55	75	30	35	20
	E. coli-T.		0,1				10		1	0,1	100	10	10	100

Tabelle 111. *Verhalten der Gesamtkeimzahl (GKZ) und des E. coli-Titers in stehendem Wasser mit Rohrstücken aus Kupfer, Eisen verzinkt, verschiedenen Kunststoffen und Asbestzement-Plättchen bei Temperaturen von 20° C [V11]*

Glaskolben mit Rohrstükken bzw. Plättchen aus	GKZ (in 1 ml) E. coli-T.	sofort	nach 1 Tg.	nach 2 Tg.	nach 4 Tg.	nach 6 Tg.	nach 9 Tg.	nach 13 Tg.	nach 20 Tg.	nach 30 Tg.	nach 42 Tg.	nach 53 Tg.	nach 69 Tg.	nach 90 Tg.
Kupfer	GKZ	1300	8800	2800	1900	40	35	1	4	0	1	0	0	0
	E. coli-T.	10					>100	>100	>100	>100	>100	>100	>100	>100
Eisen verzinkt	GKZ	1300	100	100	20500	7000	5000	900	60	25	3	0	0	0
	E. coli-T.		>100				>100		>100	>100	>100	>100	>100	>100
verschiedenen Kunststoffen (Durchschnitt)	GKZ	1300	14000	9700	4900	930	340	180	40	40	25	15	15	9
	E. coli-T.		1				10		100	100	100	>100	>100	>100
Asbestzement	GKZ	1300	8000	230000	320000	13000	28000	7300	500	56	0	0	0	0
	E. coli-T.		>100				>100		>100	>100	>100	>100	>100	>100
ohne (Kontrollversuch)	GKZ	1300	6400	2500	1700	230	230	50	30	25	30	10	10	2
	E. coli-T.		1				10		100	10	10	100	100	100

eingefüllt wurde. In je zwei dieser Kolben wurden je 6 Rohrstücke von 5 cm Länge und 2,5 cm Durchmesser aus Kupfer, Eisen verzinkt und verschiedenen Kunststoffen, in zwei weitere Kolben je fünf Stäbchen aus Asbestzement von $2 \times 1 \times 10$ cm Länge gelegt, nachdem alle Proben vorher gespült und desinfiziert worden waren. Zwei Kolben blieben als Kontrollversuch unbe-

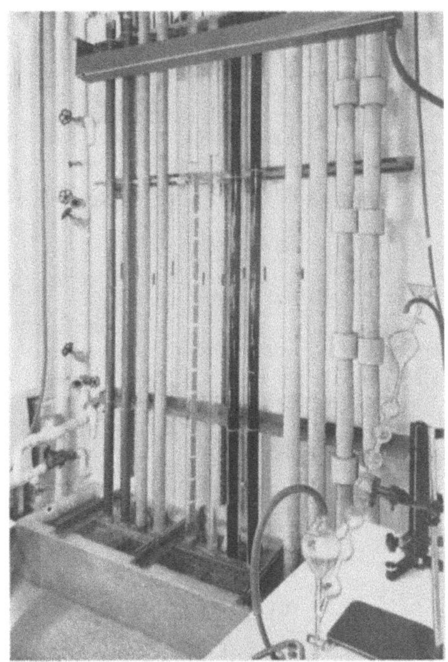

Abb. 387. Blick auf die Versuchsanlage der Versuchsgruppe III.

stückt. Es standen demnach zwei Reihen zu je fünf Kolben zur Verfügung, von denen eine bei 10°C, die andere dagegen bei 20°C 90 Tage lang aufgestellt wurde. In zunächst kürzeren, später dann größeren Zeitabständen wurden die Gesamtkeimzahlen (GKZ) des stehenden, unbelüfteten Wassers in den einzelnen Kolben und ab und zu auch der E.coli-Titer bestimmt. In den Tab. 110 und 111 sind die Ergebnisse dieser Versuchsgruppe niedergelegt. Auch hier fällt die oligodynamische Wirkung des Kupfers sofort auf. Gegenüber dem verzinkten Eisen erweist sich die Asbestzementprobe zwar zunächst als keimreicher, interessanterweise stellt sich jedoch bei beiden nach der gleichen Zeit, nämlich nach 42 Tagen, die Keimfreiheit ein, während dies z. B. bei den Kunststoffproben noch nicht der Fall ist.

KRUSE begründet den Unterschied zwischen dem anfänglichen Keimanstieg im Wasser der Asbestzementproben, die bei der Temperatur von 10°C gelagert wurden, und demjenigen, der sich in stärkerem Maße bei den Asbestzementproben einstellte, die bei der Temperatur von 20°C aufbewahrt wurden, mit einer stattgefundenen pH-Wert-Erhöhung des Wassers infolge Auslaugung von alkalischen Stoffen aus dem Asbestzement [V11]. Abschließend ist noch zu bemerken, daß sich der E.coli-Titer bei den Proben mit Asbestzement während der gesamten Versuchszeit nicht veränderte.

In der Versuchsgruppe III wurden unter Verwendung der Anlage der Versuchsgruppe I Standversuche durchgeführt, bei denen ein in dem Versuchsrohr stagnierendes, biologisch gereinigtes Abwasser (Gesamtkeimzahl 3000 Keime/ml; E.coli-Titer 0,001) künstlich belüftet wurde. Hierzu wurde ein kleiner Kompressor verwendet, der werktags von 8 bis 16.30 Uhr in Betrieb war und in der Minute etwa 18 Liter Luft liefert, so daß auf ein Versuchsrohr etwa 1,5 Liter/Min. Luft entfielen. Die vom Kompressor abgegebene Luft wurde zunächst noch in einem 6-Kugelrohr von etwaigen Staub- und Ölbeimengungen gereinigt und nach Passieren eines Turbometers in das Verteilerrohr eingeführt. Von hier gelangte die Luft von unten in die 12 Versuchsrohre, durchperlte diese und entwich am oberen Auslaufkrümmer (siehe Abb. 386). Wie bei der Versuchsgruppe I wurden auch hier wieder Probeplättchen aus Asbestzement und Glas zu Ketten verbunden, in die Rohre eingehängt, während des Versuchs nacheinander entnommen und der Keimgehalt ihres Belags über die Schüttelflüssigkeit bestimmt. Abb. 387 bringt die Ansicht der Versuchsanordnung. Während links an der Wand die einzelnen Versuchsrohre aufgestellt sind, sieht man rechts auf dem Tisch das 6-Kugelrohr zur Reinigung der Luft und den Turbometer zur Mengenbestimmung.

Am 13. 4. 1959 wurde der Versuch begonnen. In Tab. 112 sind die Ergebnisse der Wasseruntersuchungen enthalten, die jeweils um 10 Uhr am unteren Ablauf der Versuchsrohre entnommen wurden.

Am 28. 4. 1959, also nach 15 Tagen, erfolgte die Entnahme der ersten Asbestzement- bzw. Glasplättchen, deren Keimbelag jeweils durch Abspülen in einem mit einem Kies-Wassergemisch gefüllten Kolben, wie bei der Versuchsgruppe I beschrieben, gewonnen und anschließend bestimmt wurde. Die ermittelten Keimzahlen sind in Tab. 113 wiedergegeben.

Tabelle 112. *Gesamtkeimzahlen der während des Versuches an verschiedenen Tagen entnommenen Wasserproben pro 1 ml [V12]*

lfd. Nr.	Entnahme nach:	Gesamtkeimzahl der Wasserproben in 1 ml nach Stehen unter Belüftung in Rohren aus:											
		Kupfer mit AZ.-P.	Kupfer mit G.-P.	Eisen verz. mit AZ.-P.	Eisen verz. mit G.-P.	Glas mit AZ.-P.	Glas mit G.-P.	Glas schwarz mit AZ.-P.	Glas schwarz mit G.-P.	AZ mit AZ.-P.	AZ mit G.-P.	AZ und REKA-Kupplung mit AZ.-P.	AZ und REKA-Kupplung mit G.-P.
1	1 Tag 14.4.1959	120	90	5400	2300	15000	9000	6500	15000	20000	26000	36000	16000
2	2 Tagen 15.4.1959	450	400	7000	6700	5900	7200	6400	7400	16000	24000	58000	5600
3	3 Tagen 16.4.1959	20	25	33000	3800	3300	7000	3100	2700	10000	7000	8400	7100
4	5 Tagen 18.4.1959	80	150	9600	5600	3100	4000	5500	3600	1600	8700	15000	16000
5	7 Tagen 20.4.1959	70	370	10000	1100	1400	1100	1100	1100	1100	5100	5000	730
6	8 Tagen 21.4.1959	20	27	1700	140	1200	1100	1000	1300	860	1000	3200	1100
7	9 Tagen 22.4.1959	20	20	420	100	900	1100	900	730	320	750	2700	650
8	11 Tagen 24.4.1959	13	11	330	72	610	900	660	640	800	460	930	1100
9	14 Tagen 27.4.1959	25	50	270	240	2100	360	1500	1000	400	3500	1100	620
10	15 Tagen 28.4.1959	3	15	1100	320	1500	180	2700	8100	950	320	2200	950
11	21 Tagen 4.5.1959	1	8	80	50	200	180	220	5600	85	220	300	330
12	23 Tagen 6.5.1959	0	5	86	70	680	480	140	2300	180	100	55	300
13	28 Tagen 11.5.1959	1	5	130	220	730	300	180	880	110	390	660	210
14	30 Tagen 13.5.1959	0	4	20	9	880	20	200	530	35	150	260	120
15	36 Tagen 19.5.1959	0	0	15	3	1800	180	170	2100	27	180	710	160
16	42 Tagen 25.5.1959	17	6	60	70	3400	600	170	1100	22	400	120	16
17	48 Tagen 1.6.1959	8	1	40	2	480	160	90	510	240	100	23	240

AZ.-P. = Asbestzement-Plättchen,　G.-P. = Glas-Plättchen.

Nach Abschluß dieser Versuchsgruppe am 1. 6. 1959 wurde von dem restlichen, noch in den Versuchsrohren vorhandenen Wasser der E.coli-Titer bestimmt (Tab. 114).

Schließlich wurden jeweils 200 ml des restlichen Wassers zentrifugiert. Der Keimgehalt des Bodensatzes wurde qualitativ nachgeprüft, indem er auf Nährboden nach ENDO, Nährböden mit Agar, Agar mit Blutzusatz, sowie Nährböden nach FORTNER ausgestrichen und für 24 bis 48 Stunden bebrütet wurde. Die Ergebnisse dieser Untersuchungen sind in Tab. 115 festgehalten.

Die bei der Versuchsgruppe III gefundenen Ergebnisse lassen sich nach KRUSE wie folgt zusammenfassen:

1. Wie aus Tab. 112 ersichtlich ist, nimmt die Gesamtkeimzahl des in den Kupferrohren gestandenen Wassers schon innerhalb der ersten zwei bis drei Tage stark ab und hält sich dann auf diesem Wert. Ein anfänglich zunehmendes und später unregelmäßiges Absinken der Gesamtkeimzahl ist bei den aus verzinktem Eisen bestehenden Rohren zu beobachten. Verhältnismäßig regellos verläuft die Abnahme in den Rohren aus Glas und Asbestzement. Bemerkenswerte Unterschiede zwischen den Gesamtkeimzahlen des Wassers aus den Rohren aus Glas und Asbestzement bestehen nicht.

          4. Asbestzement-Druckrohre

Tabelle 113. *Gesamtkeimzahlen der Spülflüssigkeiten während des Versuches pro 1 ml* [*V12*]

lfd. Nr.	Entnahme nach:	Kupfer mit AZ.-P.	Kupfer mit G.-P.	Eisen verz. mit AZ.-P.	Eisen verz. mit G.-P.	Glas mit AZ.-P.	Glas mit G. P.	Glas schwarz mit AZ.-P.	Glas schwarz mit G.-P.	AZ mit AZ.-P.	AZ mit G.-P.	AZ und REKA-Kupplung mit AZ.-P.	AZ und REKA-Kupplung mit G.-P.	Kontrol
	Gesamtkeimzahl der Spülflüssigkeit in 1 ml für die Plättchen nach Stehen unter Belüftung in Rohren aus:													
1	15 Tagen 28. 4. 1959	170	0	12	1	10	5	50	35	45	10	200	60	0
2	23 Tagen 6. 5. 1959	0	0	1	270	1	9	4	20	15	3	90	260	0
3	30 Tagen 13. 5. 1959	0	0	0	1	7	3	10	4	4	0	3	20	0
4	36 Tagen 19. 5. 1959	0	0	3	0	8	14	8	11	2	0	25	0	0
5	42 Tagen 25. 5. 1959	0	0	0	210	0	5	7	7	3	4	10	6	0

AZ.-P. = Asbestzement-Plättchen,   G.-P. = Glas-Plättchen.

Tabelle 114. *E. coli-Titer der Wasserproben nach Abschluß des Versuches* [*V12*]

E. coli-Titer der Wasserproben nach 48tägigem Stehen unter Belüftung in Rohren aus:

		Kupfer mit AZ.-P.	Kupfer mit G.-P.	Eisen verz. mit AZ.-P.	Eisen verz. mit G.-P.	Glas mit AZ.-P.	Glas mit G.-P.	Glas schwarz mit AZ.-P.	Glas schwarz mit G.-P.	AZ mit AZ.-P.	AZ mit G.P.	AZ und REKA-Kupplung mit AZ.-P.	AZ und REK Kupplun mit G.-P.
bei Beginn der Versuche	37°	0,001	0,001	0,001	0,001	0,001	0,001	0,001	0,001	0,001	0,001	0,001	0,001
	44°	0,001	0,001	0,001	0,001	0,001	0,001	0,001	0,001	0,001	0,001	0,001	0,001
nach 48tägiger Versuchsdauer	37°	>100	>100	>100	>100	0,1	10	100	0,1	>100	>100	>100	>100
	44°	>100	>100	>100	>100	100	10	>100	100	100	>100	>100	>100

AZ.-P. = Asbestzement-Plättchen,   G.-P. = Glas-Plättchen.

Tabelle 115. *Keimgehalt des Bodensatzes der Spülflüssigkeit nach Abschluß des Versuches* [*V12*]

Wachstum von Sporenbildnern und anderen Saprophyten in Wasserproben nach 48stündigem Stehen unter Belüftung in Rohren aus:

Nährböden und Bebrütungsdauer		Kupfer mit AZ.-P.	Kupfer mit G.-P.	Eisen verz. mit AZ.-P.	Eisen verz. mit G.-P.	Glas mit AZ.-P.	Glas mit G.-P.	Glas schwarz mit AZ.-P.	Glas schwarz mit G.-P.	AZ mit AZ.-P.	AZ mit G.-P.	AZ und REKA-Kupplung mit AZ-.P.	AZ und REKA Kupplung mit G.-P.
nach Endo	24 h	−	−	−	−	−	−	+	+	−	−	+	−
	48 h	+	−	++	−	−	++	+	+++	+	++++	++	++++
Agar	24 h	+++	++	+	+	++	++	+	++	++	+	++	+
	48 h	+++	+++	+	+	++	++	+	++	++	++	+++	+++
Agar mit	24 h	+	+	+	+	+	+	+	+	+	+	++	+
Blutzusatz	48 h	++	+	+	+	+	+	+	+	+	++	+++	++
nach Fortner	24 h												
	48 h	−	+	+	−	++	++	+	−	+	−	+	++

AZ.-P. = Asbestzement-Plättchen,   G.P. = Glas-Plättchen.

2. Die Werte der Tab. 113 lassen erkennen, daß die in der Spülflüssigkeit der Plättchen festgestellten Gesamtkeimzahlen bis auf vereinzelte, aus der Reihe fallende Zufallswerte keine Unterschiede aufweisen.

3. Abgesehen von dem allgemein größeren Gesamtkeimgehalt in den Rohren aus Nichtmetallen (Tab. 115), hat keine stärkere Entwicklung von besonderen Keimgruppen in einer bestimmten Rohrart stattgefunden [*V12*].

Zum Abschluß der bakteriologischen Untersuchungen an Asbestzement-Druckrohren wurde mit der Versuchsgruppe IV überprüft, ob ein Durchwachsen der Asbestzement-Druckrohre durch Bakterien möglich ist. Hierzu wurden Asbestzement-Rohrstücke NW 25 mit 7,5 mm Wanddicke und einer Länge von 27 cm einseitig durch Einkleben eines Asbestzementdeckels dicht verschlossen und nach vierwöchiger Spülung im fließendem Leitungswasser in Erlenmeyerkolben von 500 ml Fassungsvermögen mit dem verschlossenen Ende nach unten aufrecht gestellt. Die Kolben wurden danach mit je 300 ml Nährbouillon ($pH = 6,8$) gefüllt, während ein Teil der Proberohre mit 100 ml Nährbouillon, der andere mit Leitungswasser angefüllt wurde. Nach Abdecken des Rohres mit einer Staniolkapsel und Ausstopfen des Zwischenraums zwischen Kolbenhals und Proberohr mit Watte wurden die so vorbereiteten Kolben 20 Min. im Autoklaven bei 1 atü und 120°C und dann nochmals 1 Stunde lang im Dampftopf bei 100°C sterilisiert. Im Anschluß daran wurde der Wattepfropfen zwischen Rohr und Kolbenhals mit flüssigem Paraffin vergossen und der Inhalt der Rohre mit jeweils 1 ml einer Aufschwemmung der zur Prüfung benutzten Keimarten beimpft, und zwar jedesmal zwei der Proberohre mit Nährbouillon und zwei mit Leitungswasser mit folgenden Keimarten:

1. *E. coli* als Leitkeim für fäkale Verunreinigung in der Wasseruntersuchung.
2. *Mikrokokkus pyogenes var. aureus* als Vertreter der Gruppe grampositiver Kokken.
3. *Pseudomonas aeruginosa* (Bact. pyocyaneum) als gramnegatives Stäbchen.
4. *Bac. subtilis* als überall im Boden und Wasser vorkommender Sporenbildner.

Abb. 388. Durchwachsungsversuch mit negativem Ergebnis.

Abb. 389. Beimpfte Nährbouillon nach mehrtägiger Bebrütung im Anschluß an den Versuch.

Je zwei Kolben wurden dann 20 Tage lang bei 37°C und zwei weitere bei 20°C bebrütet. Während die höhere Temperatur den Bakterien Bedingungen für eine optimale Vermehrung bieten sollte, war die niedrigere Temperatur von 20°C mehr den Verhältnissen der Praxis angepaßt, trotzdem jedoch noch eine ausreichende Keimvermehrung ermöglichend, die bei niedrigeren Temperaturen, beispielsweise 10°C und geringer, nicht mehr gegeben ist [*V13*].

Während des Versuchs wurden die Kolben laufend überwacht. Als Kriterium für eine Durchwachsung der Keime durch die Rohrwand war der Beginn einer Trübung der im Erlenmeyerkolben stehenden Nährlösung anzusehen, die im Falle einer bestehenden Durchlässigkeit bereits nach einer Bebrütungszeit von 24 bis 72 Stunden hätte einsetzen müssen. Jedoch blieben die Nährlösungen in den Kolben während der ganzen Versuchszeit klar. Zwischenzeitliche Abimpfungen und Überprüfungen nach Beendigung der Versuche ergaben völlige Sterilität [V13]. Abb. 388 zeigt eine Probe der Durchwachsungsversuche mit negativem Ergebnis.

Nach Abschluß des Versuchs wurde weiterhin der Inhalt der einzelnen Rohrstücke ausgeimpft und die Lebensfähigkeit der eingesäten Keimarten überprüft. In den mit Nährbouillon beschichteten Proben waren die Keime noch nach 20 Tagen am Leben, in den mit Leitungswasser gefüllten Rohren waren die Mikrokokkus pyogenes var. aureus und Pseudomonas aeruginosa bei einer Bebrütungstemperatur von 37° abgestorben [V13]. Ferner wurde die Bouillon der Erlenmeyerkolben mit den in den Rohrstücken befindlichen Keimarten beimpft und bebrütet. Nach 24 Stunden zeigte sich Trübung und üppiges Wachstum in der Bouillon (Abb. 389), die demnach im Verlauf des Versuchs vollwertig geblieben war.

Die vorstehenden Versuche bewiesen, daß Asbestzement-Druckrohre von Bakterien nicht durchwachsen werden können und daher einen sicheren Schutz vor einer Infektion des in ihnen geförderten Trinkwassers gewährleisten, sofern auch die Rohrverbindungen gegenüber Bakterien dicht sind, was, wie entsprechende Versuche bewiesen haben (siehe Abschnitt 6.153 6), auch tatsächlich der Fall ist.

Um festzustellen, innerhalb welcher Zeit sich Asbestzement-Druckrohre entkeimen lassen, wurden entsprechende Versuche durch die Abteilung Hygiene der *Berliner Wasserwerke* durchgeführt. Hierbei wurden sieben 24 m lange Versuchsleitungen aus verschiedenen Rohrmaterialien aufgebaut und dann mit verschiedenen Fließgeschwindigkeiten bis zur Keimfreiheit gespült. Neben verzinktem Stahl, bituminiertem Stahl, Gußeisen, verschiedenen Kunststoffen wurde auch Asbestzement untersucht. Bis auf die Guß- und Asbestzement-Leitungen, deren Nennweite 65 mm betrug, hatten die übrigen Leitungen einen Durchmesser von 25 mm.

Es zeigte sich bei Beginn der Spülung, die bis zum 18. Spültag mit der Spülgeschwindigkeit von 0,21 bis 0,24 m/s erfolgte, daß alle Rohre zunächst eine Anfangsverkeimung aufwiesen, die bei der Asbestzement-Leitung am höchsten war. Bereits nach dreistündigem Spülen lagen die Keimzahlen jedoch in den Grenzen der übrigen Leitungen. Im Verlauf des weiteren Spülens gingen die Keimzahlen langsam zurück. Eine restlose Entkeimung der Versuchsleitung war mit der angegebenen Spülgeschwindigkeit nicht möglich, daher wurde sie nach dem 18. Spültag auf 0,43 bis 0,48 m/s erhöht. Während nunmehr alle übrigen Versuchsleitungen den gewünschten Entkeimungsgrad erreichten, war für die Asbestzement-Leitung noch eine weitere Erhöhung der Spülgeschwindigkeit nötig, um auch hier die den übrigen Leitungen entsprechenden Keimzahlen zu erhalten. Die Spülzeit betrug hierbei insgesamt 28 Tage. Diese Beobachtung deckt sich mit innerhalb der Berliner Wasserwerke gemachten Erfahrungen bei der Entkeimung verlegter Asbestzement-Druckrohrleitungen im Rohrnetz.

Nachdem die Versuchsleitungen keimfrei gespült worden waren, wurden sie über 135 Tage mit der letzten Wasserfüllung stehengelassen. Alle Leitungen, also auch die Asbestzement-Druckrohrleitung, zeigten nach dieser Zeit einen noch völlig einwandfreien Keimzustand, eine Wiederverkeimung fand nicht statt.

Ein ein Jahr später mit der gleichen Versuchsanlage wiederholter Standversuch über 157 Tage zeigte das gleiche Ergebnis.

Im KIWA-Bericht [120] wird auf BRUYNOGHE[1] verwiesen, der Versuche beschreibt, bei denen Rohrstücke an einer Seite verschlossen und nach Sterilisation bei 120° in eine Kultur von Bact. pyocyanea gesetzt wurden. Im Rohrinnern wurde dabei 48 Stunden lang ein Vakuum aufrechterhalten und einmal steriles Wasser, bei einem weiteren Versuch eine Nährlösung in das Rohr eingefüllt. In allen Fällen blieben die Flüssigkeiten steril.

---

[1] BRUYNOGHE, R.: Essai de la perméabilité du fibrociment aux microorganismes, Rapport (1933).

McGINNIS [159] beschreibt einen Versuch, bei dem ein Asbestzement-Druckrohr verschlossen in ein Abwasser gelegt wurde und selbst unter Vakuum im Innern auch nach 1 Jahr kein Eindringen von Bakterien feststellen konnte.

SCHOTTAK [202] führt Versuche an, die in der Versuchsanstalt der italienischen Staatseisenbahnen durchgeführt wurden und bei denen ein Asbestzement-Druckrohr NW 200 mit 16 mm Wanddicke mit einem Blechmantel umgeben wurde, der mit dem Asbestzement-Druckrohr auf der einen Seite verzementiert war. In den Zwischenraum zwischen Blechmantel und Asbestzementrohr wurde ein mit bact. coli verseuchtes Wasser eingefüllt, während sich im Innern des Rohres steriles Wasser befand. Während der Zeit von vier Monaten wurden wöchentlich Proben entnommen, die jedesmal einen negativen Befund zeigten. Ein Versuch mit Färbemitteln an Stelle der Bakterien ergab nach 20 Tagen ebenfalls, daß die Farbstoffe nicht imstande waren, die Rohrwand zu durchdringen. Leider geht aus der Veröffentlichung nicht hervor, um welche Farbstoffe es sich handelte, so daß auch keine Vorstellungen über die Größe der Farbstoffmoleküle bestehen.

In diesem Zusammenhang ist auch eine Bemerkung von EMPERGER [65] sehr aufschlußreich. EMPERGER weist nämlich auf Versuche von MISSOROLIS hin, dem es gelang, durch eine 2 cm dicke Schicht von Asbestwolle 99% der vorhandenen Bakterien zurückzuhalten. Diese Tatsache darf auf das hohe Adsorptionsvermögen der Asbestfasern zurückgeführt werden.

Die Ergebnisse der aufgeführten Versuche zeigen eindeutig, daß Asbestzement-Druckrohre gegenüber Bakterien undurchlässig sind und auch im verseuchten Grundwasser einen einwandfreien Schutz des transportierten Grundwassers in bakteriologischer Hinsicht gewährleisten, da, wie im Kap. 6.0 „Rohrverbindungen und Formstücke" noch ausgeführt wird, auch die REKA-Kupplungen eine einwandfreie, sichere Dichtheit aufweisen.

Asbestzement-Druckrohre sind im großen und ganzen nach ihrer Herstellung steril. Eine Infektion mit Keimen wird erst durch den Kontakt mit Wasser beispielsweise während der Werksprüfung mit Wasserinnendruck oder auch schon während der Wasserlagerung zur Verlangsamung der Abbindungszeit eintreten können. Nachdem dies bekannt wurde, war es verhältnismäßig einfach, einer solchen Infektion vorzubeugen. Daher wird das Druckspülwasser heute in der einschlägigen Industrie durch spezielle Maßnahmen keimfrei gemacht. Aus diesem Grunde können während der Werksprüfung keine Keime mehr an die Rohrwand gelangen. Die Feststellung, daß die Spülzeiten bei Asbestzement-Druckrohren etwas länger dauern als bei anderen Rohrmaterialien trifft also heute nicht mehr zu. Ist die Entkeimung vollständig erreicht, bleiben Asbestzement-Druckrohrleitungen auch weiterhin keimfrei, sofern keine Impfung von außen erfolgt. Auch dann, wenn das Wasser längere Zeit in der Leitung stagniert, ist keine Gefahr einer Wiederverkeimung gegeben. Die bei der Stagnation des Wassers, besonders bei neuen Leitungen zu beobachtende Erhöhung des pH-Wertes wirkt darüber hinaus desinfizierend.

4.8 Verhalten gegen Radioaktivität

Die zunehmende Verwendung radioaktiver Isotope in Industrie und Forschung sowie die wachsende Zahl an Kernreaktoren macht den Transport von u. U. radioaktiven Flüssigkeiten und Abwässern notwendig und stellt somit an die für diese Zwecke vorgesehenen Rohrmaterialien zusätzliche Ansprüche, die sich von den sonstigen, für normale Rohrleitungen geforderten, wesentlich unterscheiden. Dieser Unterschied ist in der Eigenschaft radioaktiver Isotope begründet, Strahlungen auszusenden. Es muß daher bei der Verwendung eines Rohrmaterials für radioaktive Flüssigkeiten bzw. Abwässer bekannt sein, inwieweit dieses Material Isotope adsorbiert oder sonst chemisch oder physikalisch bindet, um damit selbst strahlend zu werden und in welchem Maße daneben Strahlungen durch das Material hindurch gelassen bzw. absorbiert werden. Schließlich ist von Interesse, ob das Rohrmaterial u. U. in seinen Festigkeitseigenschaften Änderungen erfährt, wenn es einer radioaktiven Strahlung ausgesetzt wird. Um das Verhalten von Asbestzement-Druckrohren unter Einwirkung von radioaktiven Substanzen zu klären, veranlaßte Verfasser entsprechende Untersuchungen, die von dem hierfür besonders geeigneten BATTELLE-Institut in Frankfurt/M. durchgeführt wurden.

4.81 Untersuchungen über die Adsorption von radioaktiven Substanzen an Asbestzement

Praktisch sind von allen chemischen Elementen radioaktive Isotope bekannt, die in vielen Fällen sowohl als Anion als auch als Kation Verwendung finden können. Diese Vielfalt der chemischen Verbindungen macht zur Prüfung der Adsorption radioaktiver Isotope derart umfangreiche Untersuchungen notwendig, daß eine generelle Aussage praktisch nicht zu erreichen ist. Dazu kommt, daß bei Adsorptionsvorgängen zusätzliche Faktoren, wie Konzentration, pH-Wert und Temperatur der Lösung eine wichtige Rolle spielen und die Variationsmöglichkeiten noch vergrößern [V2]. Aus diesem Grunde kann man Aussagen, die mit bestimmten Isotopen gewonnen werden, nicht ohne weiteres als allgemein gültig betrachten. Es ist daher denkbar, daß ein Rohrmaterial für ein bestimmtes radioaktives Abwasser verwendungsfähig ist, während es bei einer anderen Zusammensetzung des radioaktiven Abwassers sich als unbrauchbar erweist. Für spezielle Zwecke sind daher darauf abgestimmte, besondere Untersuchungen zweckmäßig.

Aus der Vielfalt der möglichen Isotope wurden zum Studium des Adsorptionsverhaltens von Asbestzement folgende drei ausgewählt:

$$\text{a) Schwefel} \quad \text{S-35} \quad (\,^{35}\text{S})$$
$$\text{b) Phosphor} \quad \text{P-32} \quad (\,^{32}\text{P})$$
$$\text{c) Jod} \quad\quad \text{J-131} \quad (^{131}\text{J}).$$

Um hierbei echte Vergleiche anstellen zu können, wurden die Isotope in einer chemischen Form ausgewählt, die Lösungen gleicher pH-Werte, gleiche Fremdstoff-Konzentrationen usw. gestattete. Die Wahl fiel daher auf Präparate, die die Isotope als Anionen enthielten und außerdem frei von Trägersubstanzen waren. Es wurden bezogen:

a) ^{35}S als trägerfreies Sulfat in wäßriger, Kochsalz enthaltender Lösung mit pH $= 7$; 0,6 ml entsprechen 6 mC[1]; die Konzentration an Feststoffen war kleiner als 1 mp/ml.

b) ^{32}P als trägerfreies Orthophosphat in salzsaurer Lösung mit pH $= 2$ bis 3; 1 ml entsprach 20 mC, der Feststoffgehalt war kleiner als 0,5 mp/ml.

c) ^{131}J als trägerfreies Jodid in verdünnter Natriumthiosulfat-Lösung mit pH $= 8$ bis 10; 0,7 ml entsprachen 4 mC; der Feststoffgehalt lag unter 1 mp/ml.

Abb. 390. Blick auf die Apparatur für die Adsorptionsversuche [V2].

Alle Lösungen wurden mit destilliertem Wasser auf 4 l verdünnt und hiervon je 1 l für jede der zu untersuchenden Proben eingesetzt. Der Feststoffgehalt lag bei allen Lösungen um 1 mp/ml, der pH-Wert bewegte sich zwischen 6 und 7.

---

[1] 1 mC $= 1/1000$ C; 1 C (Curie) $=$ die Aktivitätseinheit einer Substanzmenge, von der genau $3,7 \cdot 10^{10}$ tps (Teilchen pro Sekunde) ausgehen.

Für die Versuchsdurchführung standen 16 Probestäbe mit den Abmessungen $150 \times 60 \times 40$ mm zur Verfügung, die aus Asbestzement-Druckrohren NW 400, ND 12,5 mit der Wanddicke $s = 40$ mm herausgeschnitten waren.

Um bei den Probestäben nur die Flächen den Lösungen auszusetzen, die auch in der Praxis hauptsächlich mit kontaminierenden Substanzen in Berührung kommen können, wurden alle Schnittkanten, d. h. alle Seitenflächen außer denen, die mit der Rohraußen- und Rohrinnenfläche identisch sind, mit einem Paraffinüberzug versehen. Eine geringfügige Oberflächenadsorption ist zwar auch hier vorhanden, dafür ist Paraffin aber chemisch indifferent und dichtet die Schnittflächen gut ab.

Zur Untersuchung gelangten sowohl lufttrockene als auch wassergesättigte Proben, wobei die Wassersättigung durch siebentägiges Lagern der mit Paraffin behandelten Proben im destillierten Wasser herbeigeführt wurde. Die Proben wurden in jeweils 1 l der betreffenden Lösung mit den genannten radioaktiven Isotopen eingetaucht und durch eine entsprechende Vorrichtung in eine langsame Rotation um die vertikale Achse versetzt.

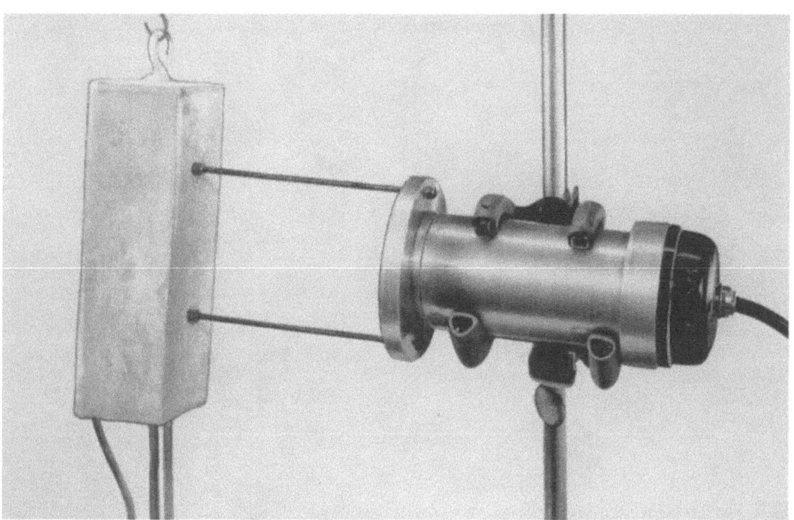

Abb. 391. Messung der Oberflächenaktivität mit dem GEIGER-MÜLLER-Zählrohr [*V2*].

In den Zeitabständen von zwei bis sieben Tagen erfolgten jeweils Messungen der Oberflächenaktivität mit Hilfe eines GEIGER-MÜLLER-Zählrohres. Hierbei ermöglichten Abstandshalter am Zählrohr den konstanten Abstand und bei allen Messungen gleiche Stellung der Proben zum Zählrohr. Gemessen wurden jeweils Rohrinnen- und Rohraußenseiten (Abb. 391).

Die gemessene Impulsrate mußte auf die Anfangsaktivität der einzelnen Lösung umgerechnet werden, da sonst wegen der Halbwertszeit des jeweiligen Isotops ein falsches Bild entstehen würde. Dies geschah mittels Gleichung:

$$A = A_0 \cdot e^{-\lambda \cdot t}. \tag{4/98}$$

Hierin bedeuten:

A = Aktivität nach der Zeit t,

A_0 = Aktivität bei Versuchsbeginn,

t = Versuchszeit bis zur Messung,

$\lambda = \dfrac{0,693}{T}$ = Zerfallkonstante,

T = Halbwertszeit.

Die auf diese Weise und unter Benutzung der Werte der nachstehenden Tabelle umgerechneten
Meßergebnisse sind in den Abb. 392 bis 394 aufgetragen.

Tabelle 116. *Halbwertszeiten und spezifische Anfangsaktivitäten*
der Versuchslösungen [6⁰]

Isotop	Halbwertszeit Tage	spezifische Anfangsaktivität μC/ml
^{35}S	87,1	1,5
^{32}P	14,3	5,0
^{131}J	8,04	1,0

Neben der Messung der Oberflächenaktivität wurde vom BATTELLE-Institut versucht, eine
quantitative Aussage über die absolut adsorbierte Aktivität bzw. Substanzmenge zu geben. Hierzu
bieten sich zwei Methoden an, deren Ergebnisse gegenübergestellt eine einfache Kontrollmöglich-
keit abgeben. Man kann einmal die Aktivität der Lösungen vor Beginn und nach Beendigung

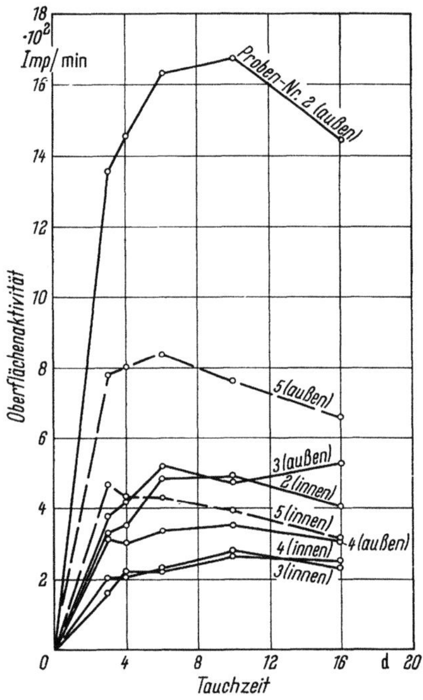

Abb. 392. Oberflächenaktivität infolge Adsorption
von ³⁵S (Sulfat) in Abhängigkeit von der
Tauchzeit [*V2*].

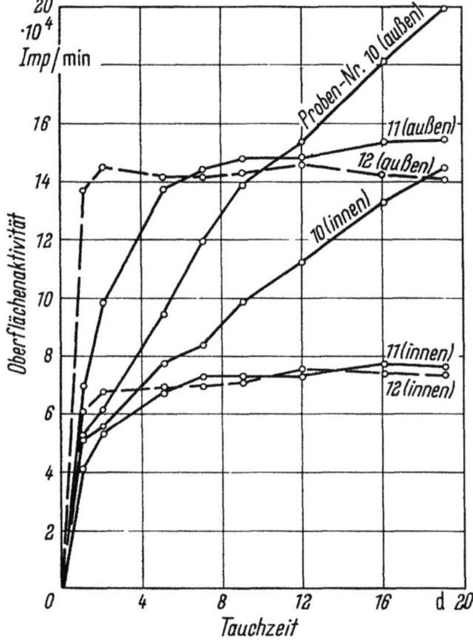

Abb. 393. Oberflächenaktivität infolge Adsorption
von ³²P (Orthophosphat) in Abhängigkeit von der
Tauchzeit [*V2*].

des Versuchs bestimmen, hier gibt der Differenzbetrag die adsorbierte Menge an, zum anderen
läßt sich die Adsorption durch Vergleich mit vorher hergestellten Eichproben bestimmen. Diese
Eichproben lassen sich aus Asbestzementpulver gewinnen, das aus inaktiven Probekörpern
herausgebohrt und mit einer genau definierten Menge Aktivität des entsprechenden Radioisotops
versetzt wurde. Das so hergestellte Gemisch wird jeweils in Zählschälchen eingefüllt und als
Vergleichsprobe herangezogen. Zur Messung der aktiven Proben geht man in gleicher Weise vor,
nur muß zusätzlich das feuchte Asbestzementpulver durch Trocknung auf den Feuchtigkeitsgehalt der Eichproben bzw. der Anfangsprobe gebracht werden. Die Bestimmung der Aktivität
erfolgte mit der in Abb. 395 gezeigten Anordnung, die für alle Messungen gleiche Bedingungen,
wie Abstand vom GEIGER-MÜLLER-Zähler, garantiert. Schließlich gewann man durch Vergleich
der Impulszahlen der Eichproben mit denen der einzelnen Proben die adsorbierte Aktivität,

hier ausgedrückt in μC. Auch hier muß selbstverständlich das Abklingen der Radioaktivität gemäß Gl. (4/98) berücksichtigt werden.

Die Aktivitäten der Lösungen vor und nach dem Versuch wurden in der gleichen Weise, wie beschrieben, bestimmt. Wichtig war, daß auch hier Asbestzementpulver den Proben der Lösungen zugemischt wurde, um die Eigenaktivität des Asbestzementes mit zu erfassen. Die Ergebnisse der Aktivitätsbestimmungen sind in der nachstehenden Tabelle wiedergegeben:

Tabelle 117. *Die Adsorption von Radioisotopen in Asbestzement [V2]*

Probe Nr.	Trockengewicht	Wasseraufnahme nach 7 Tagen	spez. Aktivität der Lösung bei Versuchsbeginn	Proben nach 17 Tagen Tauchzeit in aktive Lösung von je 1 l					
				Wasseraufnahme		bei Nichtanreicherung erwartete Adsorption	gefundene adsorb. Gesamtaktivität	adsorb. Aktivität μC auf 1 g Asbestz.	Adsorption auf 1 g Asbestz. in % der Gesamtaktivität
	p	p	μC/ml	p	%	μC	μC		
1	2	3	4	5	6	7	8	9	10

a) Die Adsorption von ^{35}S (Sulfat) in Asbestzement

2	609,5	82,4	1,5	81,3	13,35	112,2	125	0,205	0,014
3	575,1	67,0	1,5	74,6	12,99	104,4	117	0,203	0,014
4	565,4	65,4	1,5	72,0	12,75	100,8	107	0,189	0,013
5	575,6	—	1,5	76,6	13,32	114,9	395	0,686	0,046

b) Die Adsorption von ^{32}P (Orthophosphat) in Asbestzement

6	595,8	71,3	5	71,5	12,00	331,8	1006	1,68	0,033
7	572,9	67,5	5	74,2	12,95	347,3	1263	2,20	0,044
8	580,7	61,8	5	77,3	13,31	363,9	1890	3,25	0,065
9	599,0	—	5	78,5	13,10	392,5	1653	2,76	0,055

c) Die Adsorption von ^{131}J (Jodid) in Asbestzement

13	585,7	78,0	1	78,3	13,36	72,6	80,9	0,138	0,014
14	577,8	72,1	1	77,0	13,32	71,8	45,2	0,078	0,008
15	626,5	57,8	1	56,6	9,02	53,5	73,3	0,117	0,012
16	576,0	—	1	71,5	12,41	71,5	157,6	0,273	0,027

Zum Abschluß der Adsorptionsversuche wurde mit Hilfe der Autoradiographie ein Überblick über die Verteilung der Aktivität über die Oberfläche der Proben ermittelt. Zu diesem Zwecke überzog man etwa 1 cm dicke Scheiben der Proben auf der einen Seite mit einem entsprechenden Stück Strippingfilm (Kodak AR 50), während die andere Seite mit Nitrolack verschlossen wurde. Besondere Schwierigkeiten bereitete das Aufziehen der Filme insofern, als die verhältnismäßig unebenen Flächen die Einhaltung möglichst gleicher Abstände zwischen Materialoberfläche und Film erschwerte, andererseits jedoch ein vorheriges Abschleifen wegen der dabei eintretenden Verschmierung der Aktivität als unzweckmäßig verworfen werden mußte. Ungleichmäßige Abstände hätten unterschiedliche Schwärzung der Filme zur Folge gehabt, was besonders bei der geringen Reichweite der Betastrahlung des Schwefel-35 (0,167 MeV) ins Gewicht fallen würde. Die folgenden Abbildungen zeigen verschiedene autoradiographische Aufnahmen.

Aus den Vorversuchen ergaben sich als Belichtungszeiten für Schwefel-35 41 Tage, für Phosphor-32 6 Tage und für

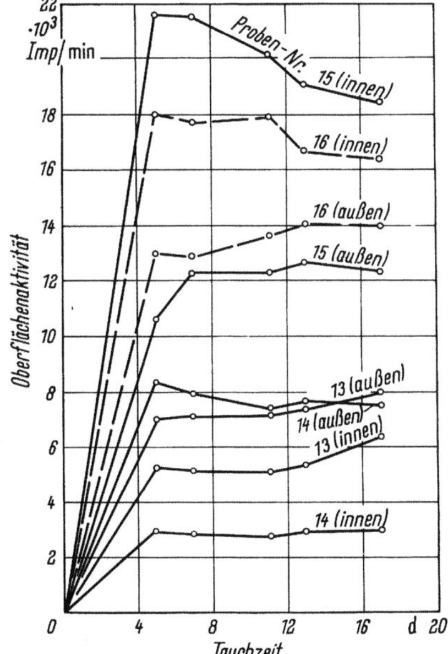

Abb. 394. Oberflächenaktivität infolge Adsorption von ^{131}J (Jodid) in Abhängigkeit von der Tauchzeit [V2].

Jod-131 9 Tage. Das Lösen der Filme von den Proben nach erfolgter Entwicklung erwies sich als
sehr schwierig, aus diesem Grund sind die Filme teilweise nur in einzelnen Stückchen erhalten
geblieben, was jedoch die Auswertung der Aufnahmen nicht weiter beeinträchtigte. Einzelne
stärkere oder schwächere Anhäufungen von Schwärzungen stammen von Unebenheiten auf der
Probe, wie dies eindeutig festgestellt werden konnte [*V2*].

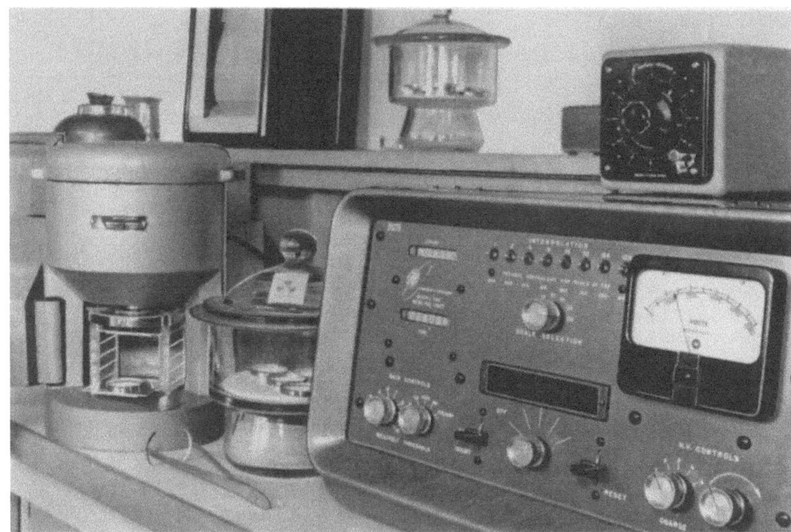

Abb. 395. Messung der Aktivität von Asbestzement-Pulverproben [*V2*].

Die nähere Betrachtung der Ergebnisse aller Adsorptionsversuche zeigt besonders den Einfluß
der Oberflächenbeschaffenheit der Proben auf die Adsorption von Radiosubstanzen. Je rauher
die Oberfläche, um so größer ist im allgemeinen die Adsorption. Dies läßt sich in den Abb. 392 bis
394 gut verfolgen, wo die Außenseiten bis auf wenige Ausnahmen jeweils eine höhere Impulsrate
aufweisen als die Innenseiten. Wenn hierbei auch der Flächenzuwachs infolge des größeren

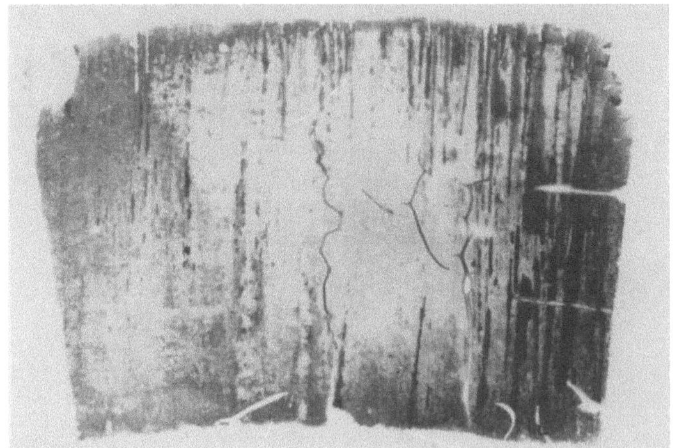

Abb. 396. Autoradiographische Aufnahme von S-35 [*V2*].

Außenradius mit eine Rolle spielt, so dürfte in der Hauptsache jedoch die Rauhigkeit, die auf die
Eindrücke des Webmusters vom Transportfilz zurückzuführen ist, dafür verantwortlich sein.
Die verschieden starke Aktivität der einzelnen Proben deutet auf eine unterschiedliche Oberflächenbeschaffenheit der Proben hin, die sich bei einer augenscheinlichen Untersuchung der
Adsorptionsflächen bestätigte. Insofern wird die angeführte Abhängigkeit der Adsorption
von dem Rauhigkeitsgrad der Oberfläche bestätigt. Wie nicht anders zu erwarten war, zeigen
die im lufttrockenen Zustande in die Lösungen gelagerten Proben ein im allgemeinen höhe-

res Maß an adsorbierter Aktivität, was auf die Aufnahme der aktiven Lösung vom Material zurückzuführen ist (Tab. 117, Spalte 8 bis 10). Eine Ausnahme hiervon bildet die Probe Nr. 9, die der Versuchsreihe mit ^{32}P angehört. Hier bewegt sich die gemessene Adsorption völlig in den bei den wassergesättigten Proben beobachteten Grenzen. In den meisten Fällen wurde eine sehr rasche Adsorption an der Oberfläche festgestellt. Nach 1 bis 5 Tagen hatte sich bereits ein Gleichgewicht eingestellt. Lediglich die Probe Nr. 10 zeigte ein abweichendes Verhalten. Die Adsorption ging hier langsamer vor sich und war auch nach 19 Tagen noch nicht abgeschlossen (s. Abb. 393).

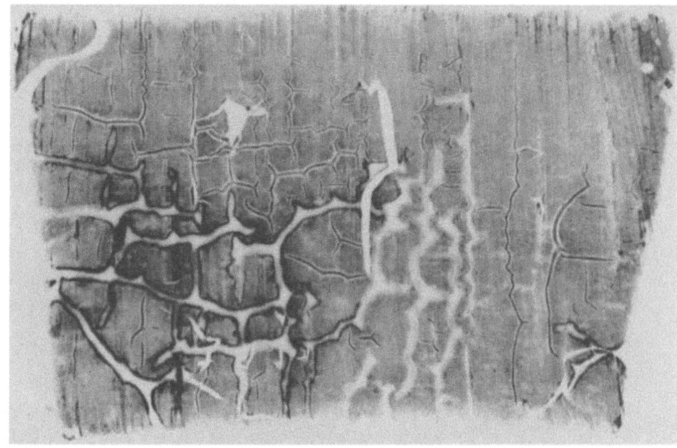

Abb. 397. Autoradiographische Aufnahme von P-32 [*V2*].

Betrachtet man Tab. 117 näher, so stellt man fest, daß die Adsorption von Schwefel-35 und Jod-131 praktisch gleich groß ist, sofern man die wassergesättigten Proben gegenüberstellt. Auch gibt es eine Übereinstimmung der Spalten 7 und 8, die besagt, daß sich hier lediglich ein Konzentrationsausgleich eingestellt hat. Der als echte Anreicherung anzusetzende Differenzbetrag aus beiden Spalten ist gering. Ergänzend ist hierbei zu sagen, daß der Wert der Spalte 7 die Aktivität

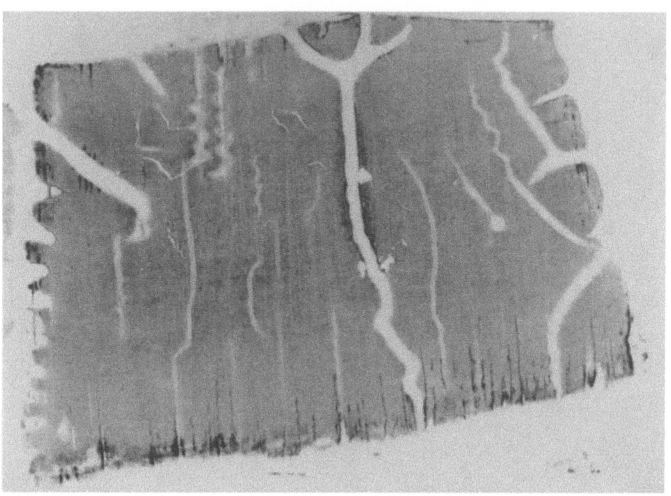

Abb. 398. Autoradiographische Aufnahme von J-131 [*V2*].

angibt, die sich infolge der Lösungsaufnahme durch die Asbestzementprobe ergibt, ohne daß jedoch eine Adsorption oder eine sonstige chemische Umsetzung stattgefunden hat. Anders sieht es bei den mit Phosphor-32 durchgeführten Versuchen aus. Die bestimmten Aktivitäten liegen wesentlich höher und scheinen außerdem unbeeinflußt von der Vorbehandlung der Proben zu sein. Die erheblichen Unterschiede zwischen den Werten der Spalte 7 und 9 zeigen, daß hier zweifellos eine echte Adsorption stattgefunden hat, die gegebenenfalls noch von einem Isotopenaustausch (im Asbestzement ist z. B. auch Phosphor enthalten) oder einer chemischen Umsetzung unterstützt wird. Aus diesem Grunde scheint es auch unerheblich zu sein, ob die Probe im wassergesättigten oder im lufttrockenen Zustand in die aktive Lösung eingehängt wird [*V2*].

Schließlich ergibt die Autoradiographie (Abb. 396 bis 398), daß sich die Aktivität gleichmäßig über die ganze Fläche verteilt, daß also im Asbestzement keine für eine Adsorption bevorzugte Stelle vorhanden ist.

Abschließend läßt sich sagen, daß die Oberflächenadsorption bei Asbestzement sehr von dem jeweiligen Radionukleid abhängig ist. Eine allgemeingültige Aussage ist daher nicht möglich. Für die praktische Anwendung folgt daraus, daß für jeden speziellen Fall entsprechende Untersuchungen nicht zu umgehen sind. Während der Rauhigkeitsgrad der Oberfläche die Adsorption zu beeinflussen scheint, sind keine Anzeichen dafür vorhanden, daß sich im Asbestzement spezielle Stellen zeigen, die die Adsorption besonders begünstigen, vielmehr erwies sich die adsorbierte Aktivität als völlig gleichmäßig über die Oberfläche verteilt.

4.82 Messung der Absorption von Gamma- und Neutronenstrahlen an Asbestzement

Beim radioaktiven Zerfall bestimmter Elemente entsteht eine Strahlung, die mehr oder weniger energiereich ist, je nachdem, ob es sich um α-, β- oder γ-Strahlung handelt. Daneben treten hauptsächlich beim Betrieb von Kernreaktoren Neutronenstrahlen auf. Ziel der vorstehenden Versuche war es, die Absorption von radioaktiven Strahlen zu bestimmen, wobei die α- und β-Strahlung auf Grund ihrer geringen Reichweite vernachlässigt werden konnte, so daß sich die Versuche auf Gamma- und Neutronenstrahlen beschränken ließen. Untersucht wurden in beiden Fällen Asbestzement-Druckrohre mit den fünf Wanddicken: 40, 30, 20, 15 und 10 mm.

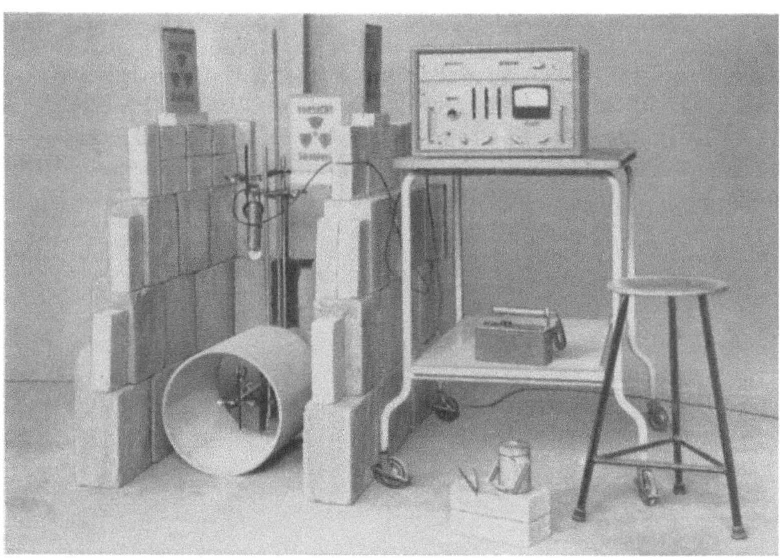

Abb. 399. Anordnung zum Messen der Absorption von γ-Strahlen an Asbestzement-Druckrohren [*V3*].

4.821 Die Absorption von Gammastrahlen

Die Abschwächungswirkung von Stoffen gegenüber Gammastrahlen beruht im allgemeinen auf den Wechselwirkungen zwischen Gammaquanten und Atomen des durchquerten Materials, wobei das Gammaquant in diesem Zusammenhang als Partikel aufgefaßt werden darf[1]. Es folgt daraus, daß neben der Energie der einzelnen Gammaquanten maßgebend für die Absorberwirkung eines Materials seine Wanddicke, seine Dichte, das Atomgewicht und die Kernladungszahl sind.

Bei der experimentellen Ermittlung der Abschirmwirkung von Werkstücken mit großen Flächen und Dicken muß auch der Einfluß der Streuung der Gammaquanten im Untersuchungsmaterial erfaßt werden. Durch die Streuung und durch die Gammaquanten, die infolge Sekundär-

---

[1] SEETZEN, J.: Untersuchungen über Abschirmbeton. VDI-Z Bd. 104, Nr. 3, 21. 1. 1962.

prozesse neu entstanden sind („build-up-Faktor") wird das Absorptionsvermögen eines Materials vermindert. Um bei Versuchen mit γ-Strahlen verschiedener Härten eindeutige Vergleichsmöglichkeiten zu haben, müssen die verschiedenen Strahlungsträger sowohl in einer konstanten Entfernung von der zu untersuchenden Werkstoffwand angeordnet werden, als auch in gleichbleibendem Abstand zum Zählrohr bleiben. Abb. 399 zeigt die Versuchsanordnung. Im Rohrinneren ist die Strahlungsquelle angeordnet, während über dem Rohr das GEIGER-MÜLLER-Zählrohr sitzt. Zählrohr und Strahlungsquelle sind an einem gemeinsamen Gestänge angeklemmt, so daß eine Vertikalverschiebung der Strahlungsquelle gleichzeitig auch von dem Zählrohr mitgemacht wird. Der Abstand zwischen beiden bleibt also immer der gleiche.

Als Strahlungsquellen wurden die Radionukleide Kobalt-60 als harter Strahler, Ruthenium-106—Rhodium-106 als Strahler mittlerer Energie und Thulium-170 als weicher Strahler verwendet. Die Energien der Gammaquanten betragen beim ^{60}Co 1,17 MeV[1] bzw. 1,33 MeV beim ^{106}Ru/^{106}Rh 0,51 MeV bzw. 0,62 MeV und beim ^{170}Tm 0,084 MeV. Gemessen wurde die Impulszahl pro Zeiteinheit, die von der Strahlungsquelle ausgeht, wobei einmal der Absorber, d. h. die Asbestzement-Druckrohrwand, in den Strahlengang gebracht wurde, das andere Mal die Strahlung direkt gemessen wurde. Man erhält so die Größe

$$q = \frac{\text{Intensität der durch die Rohrwand hindurchgetretenen Strahlung} \times 100}{\text{Intensität der auf die Rohrwand auftreffenden Strahlung}} .$$

Dieser Wert ist unabhängig von der Aktivität der Strahlungsquelle und gibt den Prozentsatz der hindurchgehenden Strahlung an. Beim Co-60 betrug die Meßzeit 1 Minute, bei den beiden anderen Strahlern 10 Minuten. Da die tatsächlichen Wanddicken der untersuchten nicht abgedrehten Rohrstücke stets etwas über der Nennwanddicke liegen und damit größere Schwankungen aufweisen, wurden jeweils zwei Rohre mit den gleichen Nennabmessungen untersucht. An jedem Rohr fanden hierbei vier Messungen statt, wobei die vier Meßpunkte in einem Querschnitt lagen und jeweils um 90° versetzt waren. Auf diese Weise erhielt man pro Wanddicke acht Meßwerte, deren arithmetisches Mittel den neuen Wert $\bar{q}$ ergaben. Gleichzeitig wurde auch der durch den überall vorhandenen Strahlenpegel verursachte Nulleffekt berücksichtigt.

Die Ergebnisse der Absorptionsversuche mit Gammastrahlen sind in der nachfolgenden Tab. 119 niedergelegt und in Abb. 400 halblogarithmisch dargestellt. Es zeigt sich, daß die energiereichen Gammastrahlen vom Co-60 selbst bei dem dickwandigsten der untersuchten Rohre noch zu 85% durchtreten, also eine Absorption von lediglich 15% vorhanden ist. Demgegenüber bildet dieselbe Wanddicke für den Weichstrahler Tm-170 die sogenannte „Halbwertsdicke",

Tabelle 118. *Rest-Intensität von Gammastrahlen nach Durchtritt durch Asbestzement-Druckrohre verschiedener Wanddicke [V3]*

Nennwand-dicke (mm)	Mittlere Wanddicke (mm)	$\bar{q}$ (%)		
		Co-60	Ru-106	Tm-170
40	40,4	85	67	51
30	30,3	88	73	54
20	20,8	91	81	57
15	16,0	92	88	59
10	10,8	97	91	60

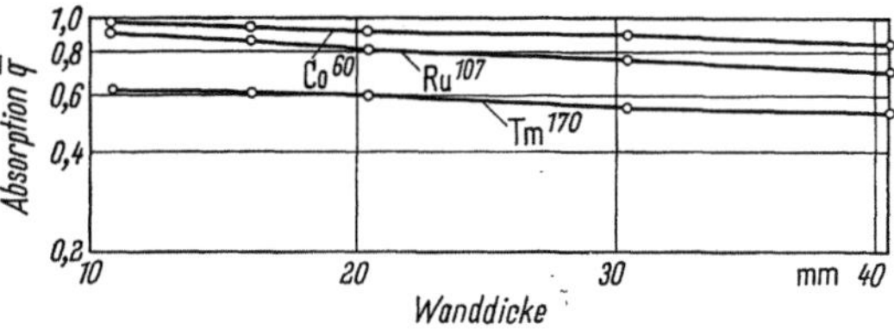

Abb. 400. Halblogarithmische Darstellung der Rest-Intensität $\bar{q}$ in Prozent in Abhängigkeit von der Rohrwanddicke [V3].

d. h. die Wanddicke, die 50% der Strahlung absorbiert. Für Co-60 läßt sich die Halbwertsdicke durch Extrapolation ungefähr abschätzen. Verlängert man die Kurve in Abb. 400 bis sie die Ordinate 50% erreicht, so findet man als Abszissenwert etwa die Wanddicke 11 cm, was dem Wert eines gewöhnlichen Betons entspricht. Allgemein läßt sich feststellen, daß der Einfluß der Wand-

---

[1] 1 MeV = $10^6 \cdot$ eV; 1 eV (Elektronenvolt) = Energie eines Elektrons, das die Spannungen von 1 V durchlaufen hat (1 eV = $1,6 \cdot 10^{-12}$ erg).

dicke auf die Absorption bei allen Strahlern etwa gleich groß ist. Bei einem exponentiellen Abfall von $\bar{q}$ mit wachsender Wanddicke müßten die Kurven in Abb. 400 Geraden ergeben. Die Abweichungen von der Geraden werden durch den „build-up-Faktor" hervorgerufen [*V3*].

4.822 Die Absorption von Neutronenstrahlen

Die Absorption von Neutronenstrahlen, ein Problem, das hauptsächlich bei Kernreaktoren auftritt, hängt zunächst ebenfalls von den bereits bei der Absorption von Gammastrahlen aufgezählten Einflußgrößen ab. Darüber hinaus spielen sich jedoch weit kompliziertere Vorgänge ab. Je nach ihrer kinetischen Energie unterscheidet man zwischen langsamen bzw. thermischen (bis 1 keV Quantenenergie) und schnellen Neutronen. Das Absorptionsvermögen eines Materials ist im allgemeinen bei schnellen Neutronen erheblich kleiner als bei langsamen oder thermischen. Besteht das Material aus „leichten" Atomen, d. h. Atomen mit niederer Kernladungszahl, so werden schnelle Neutronen aus der Kernoberfläche der leichten Atome elastisch reflektiert, dadurch abgebremst und zu thermischen umgewandelt, sie werden moderiert. Dagegen entsteht die Absorption in Materialien aus „schweren" Atomkernen hauptsächlich durch Einfang und durch Kernreaktionen. Die dabei durch Kernzerfall provozierte Strahlung in der absorbierenden Schicht sei in diesem Rahmen nicht weiter verfolgt; sie kommt jedoch in dem „build-up-Faktor" zum Ausdruck.

Der Versuchsaufbau gleicht dem der Versuche mit Gammastrahlen. Zur Messung der Neutronen wird ein mit Bor-10 angereichertes Bortrifluorid-Proportional-Zählrohr verwendet, das jedoch nur auf langsame (thermische) Neutronen anspricht, nicht aber auf Gammastrahlung. Daher müssen schnelle Neutronen, wenn sie hiermit erfaßt werden sollen, abgebremst werden. Zu diesem Zweck umgibt man das Zählrohr mit einem Paraffinmantel. Die auf diesen Mantel auftreffenden schnellen Neutronen stoßen mit den leichten Wasserstoffkernen des Paraffins elastisch zusammen, werden dadurch abgebremst und gelangen als nunmehr langsame Neutronen in das Zählrohr. Eine solche Zählrohranordnung nennt man „longcounter" [*V3*]. Die Abb. 401

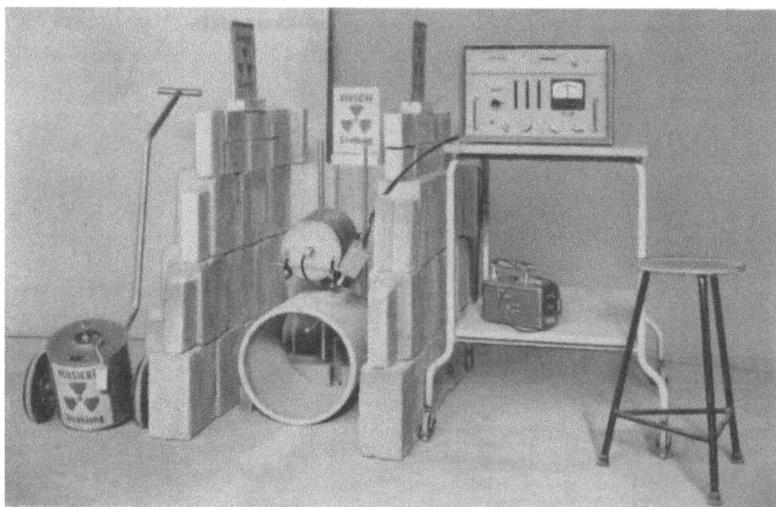

Abb. 401. Anordnung zum Messen der Absorption von schnellen Neutronen durch Asbestzement-Druckrohre [*V3*].

zeigt einen Blick auf die Versuchsanordnung. Deutlich ist die dicke Paraffinwalze über dem Asbestzement-Druckrohr zu erkennen, in deren Mittelbohrung das Zählrohr steckt. Auch hier wurde bei allen Versuchen sowohl der Abstand Strahlungsquelle—Zählrohr als auch der Wandabstand der Strahlungsquelle vom Asbestzement-Druckrohr konstant gehalten. Im Gegensatz zum Versuchsaufbau der Abb. 401, bei dem das Asbestzement-Druckrohr schnellen Neutronen ausgesetzt wurde, zeigt Abb. 402 die Anordnung für langsame Neutronen. Hier wird die Neutronenquelle im Rohr mit dem Paraffinmantel umgeben, der die Neutronen sofort abbremst, so daß langsame Neutronen ausgesendet werden. Das Zählrohr ist wieder das gleiche.

Als Strahlenquelle wurde für die Versuche mit Neutronenstrahlung ein aus Radium und Beryllium zusammengesetztes Präparat benutzt, bei dem die vom Radium ausgesandten Alphastrahlen auf Berylliumkerne treffen und diese unter Aussendung von schnellen Neutronen in Kohlenstoff-12 umwandeln. Die von dem vorhandenen Radium ausgehenden Gammastrahlen

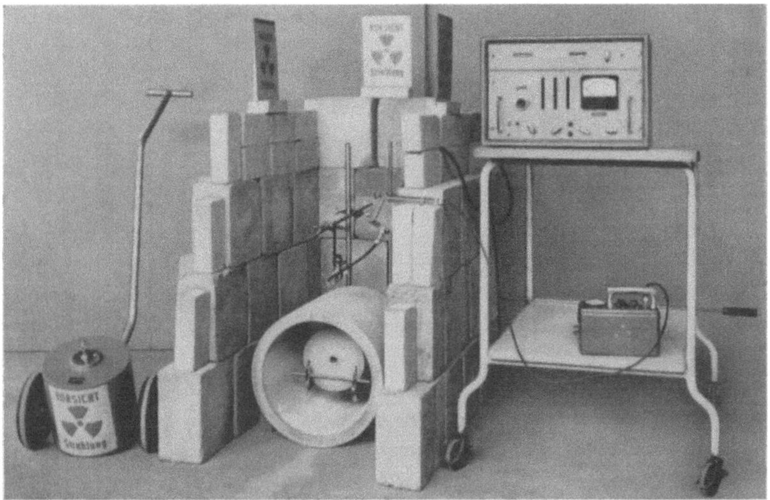

Abb. 402. Anordnung zum Messen der Absorption von langsamen Neutronen durch Asbestzement-Druckrohre [V3].

werden dagegen von dem Bortrifluorid-Zählrohr nicht erfaßt. Gemessen wurde wiederum die Größe q bzw. ihre Mittelwert $\bar{q}$ aus acht Einzelmessungen je Wanddicke, die den Anteil der durch die Rohrwand hindurchgetretenen Strahlung angibt. Die Zeit zur Messung einer Impulsrate betrug bei langsamen Neutronen 10 Minuten, bei den schnellen 5 Minuten.

Die Ergebnisse der Absorptionsversuche mit Neutronenstrahlen sind in der nachstehenden Tabelle wiedergegeben und in Abb. 403 halblogarithmisch aufgetragen. Wie die Tab. 119 zeigt, besitzt das dünnwandige Rohr fast keine Moderatorwirkung, während bei der Wanddicke von

Tabelle 119.
Rest-Intensität der Neutronenstrahlen nach Durchtritt durch die Asbestzement-Rohrwand in Prozent [V3]

Nenn-wanddicke (mm)	mittlere Wanddicke (mm)	$\bar{q}$ (%)	
		langsame Neutronen	schnelle Neutronen
40	40,4	72	83
30	30,3	77	86
20	20,8	85	92
15	16,0	92	94
10	10,8	96	96

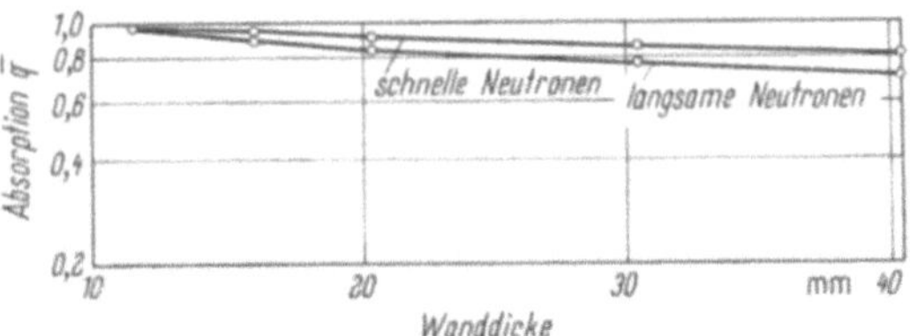

Abb. 403. Halblogarithmische Darstellung der Rest-Intensität $\bar{q}$ von Neutronenstrahlen nach Durchtritt durch Asbestzement in Abhängigkeit von der Wanddicke [V3].

40 mm 28% der Intensität der langsamen und 17% der schnellen Neutronen absorbiert werden. Die leichte Krümmung der Kurven in Abb. 403 weist darauf hin, daß auch bei der Neutronenabsorption ein „build-up-Faktor" auftritt [V3]. Ein Vergleich mit gewöhnlichem Beton zu ziehen ist schwierig, weil die Absorptionsfähigkeit sehr stark vom Wassergehalt des Betons abhängt. Dies gilt besonders für schnelle Neutronen, für die vor allem die leichten Wasserstoffatome des Wassers als Moderator wirken.

4.83 Rechnerische Ermittlung der bei der Einwirkung von langsamen (thermischen) Neutronen auf Asbestzement zu erwartenden Aktivität

Bei der Uranspaltung im Kernreaktor werden Neutronen in großen Mengen frei. Aus diesem Grunde interessiert das Verhalten der im Reaktorbau eingesetzten Materialien gegenüber einer Neutroneneinwirkung besonders stark. Es lassen sich grundsätzlich zwei Wege zu ihrer Untersuchung beschreiten [V4]:

a) Man bestrahlt den zu untersuchenden Stoff in einem Reaktor und vergleicht die erzeugte Aktivität mit der eines ebenfalls bestrahlten Standardpräparates, dessen chemische Zusammensetzung genau bekannt ist. Dieses Verfahren ist sehr einfach, sofern nur ein Element aktiviert wird. Dann lassen sich aus den gefundenen Aktivitäten unter Verwendung des bekannten Gewichts des Standardpräparates das Gewicht des gesuchten Elementes und dessen spez. Aktivität angeben. Werden jedoch mehrere Isotope nebeneinander gebildet, so wird das Verfahren komplizierter und läßt sich oft überhaupt nicht mehr durchführen.

b) Man berechnet die zu erwartende Aktivität jedes einzelnen im Untersuchungsmaterial vorhandenen Elementes. Hierzu muß jedoch eine genaue chemische Analyse des Stoffes vorliegen. Die Gesamtaktivität ergibt sich dann als Summe der errechneten Einzelaktivitäten unter Berücksichtigung der jeweiligen Gewichtsanteile der einzelnen Elemente. Dieses Verfahren ist verhältnismäßig einfach, aber weniger exakt, da die notwendige Genauigkeit der Mengenbestimmung, insbesondere bei den Spurenelementen mit den derzeitigen analytischen Mitteln selbst mit sehr großem Aufwand nicht möglich ist. Ziel derartiger Berechnungen kann es daher nur sein, einen Anhalt über die zu erwartende Aktivierung zu geben, er wird auch in den meisten Fällen durchaus genügen.

Auf Veranlassung des Verfassers hat das BATTELLE-Institut in Frankfurt/M. eine derartige Berechnung durchgeführt und auch die dazu notwendige chemische Analyse vorgenommen [*V4*].

Die beim Spaltungsprozeß im Reaktor freiwerdenden Neutronen besitzen eine hohe Emissionsgeschwindigkeit. Sofern sie auf die Bremsschilde im Reaktor treffen, werden sie abgebremst (moderiert). Je nachdem, an welcher Stelle sich ein Baustoff im Reaktor befindet, kann er also schnellen oder langsamen Neutronen ausgesetzt sein. Schnelle Neutronen durchdringen Materie mit gerichteter Geschwindigkeit, dagegen gleicht das Eindringen von langsamen Neutronen in Materie eher einem Diffusionsvorgang. Die Wahrscheinlichkeit einer Kernreaktion durch Auftreffen eines Neutrons auf einen Atomkern wird durch den Wirkungsquerschnitt angegeben, der bei der (n, γ)-Reaktion mit abnehmender Neutronengeschwindigkeit anwächst. Unter (n, γ)-Reaktion versteht man den Einfangsprozeß, bei dem von einem Atomkern ein Neutron eingefangen wird und das Energiegleichgewicht durch Aussenden eines Gammaquantes wieder hergestellt wird. Aus dem alten Atomkern ist ein neuer entstanden, dessen Masse nun um die des Neutrons schwerer geworden ist. Es ändert sich also die Massenzahl, nicht aber die Kernladungszahl, da das Neutron, wie sein Name schon besagt, elektrisch neutral ist. Mithin ändern sich auch die chemischen Eigenschaften des Elementes, dessen Atome eine Änderung erfuhren, nicht. Die (n, γ)-Reaktion läßt also Isotope eines Elementes entstehen, die sich lediglich durch die Massezahl unterscheiden und instabil oder stabil sein können. Die meisten natürlich vorkommenden Elemente setzen sich aus einem Isotopengemisch zusammen.

Neben der (n, γ)-Reaktion können sich noch andere Kernreaktionen ergeben. Trifft z. B. ein schnelles Neutron auf einen Atomkern auf, so kommt es u. U. an Stelle des oben erwähnten Gammaquantes zur Emission eines Protons oder Alphateilchens; in analoger Schreibweise ausgedrückt: (n, p)- bzw. (n, α)-Reaktion. Bei diesen Reaktionen ändern sich sowohl die Massezahlen als auch die Kernladungszahlen, es entstehen daher Isotope anderer Elemente, die wiederum instabil oder auch stabil sein können. Da in einem Fall ein Proton, im anderen zwei Protonen und zwei Neutronen[1] emittiert werden, bei gleichzeitigem Einfangen eines Neutrons, gehören die neu gebildeten Isotope zu Elementen, die in der üblichen Darstellung der Elemente und ihrer Isotope[2], die Anzahl der Protonen als Ordinaten- und die Anzahl der Neutronen als Abszissenmaßstab aufgefaßt, eine bzw. zwei Zeilen unter dem ursprünglichen Elementen liegen. Als Beispiel möge Abb. 404 gelten, in der ein Ausschnitt der Isotopendarstellung wiedergegeben ist. Betrachtet wird das Isotop mit der Massezahl 27 des Elementes Aluminium (Al), dessen Kern sich aus 13 Protonen und 14 Neutronen zusammensetzt. Beim Einfang eines thermischen Neutrons — (n, γ)-Reaktion — erhöht sich die Massezahl unter Beibehaltung der gleichen Kernladungszahl (Protonen-

---

[1] Lord RUTHERFORD nannte die von zerfallenden Atomen ausgesandten Heliumkerne α-Teilchen, sie setzen sich aus je 2 Protonen und 2 Neutronen zusammen.

[2] z. B. Chart of the Nuclides, General Electric Company, Deutsche Vertretung: Herbert Anger, Frankfurt/M., Taunusstr. 20.

zahl) um eine Einheit; es ergibt sich das instabile Isotop Al-28 mit der Halbwertszeit von 2,3 Min. Im Falle der (n, p)-Reaktion würde, da sich die Protonenzahl um 1 Einheit vermindert, während die Neutronenzahl um eine Einheit zunimmt, das ebenfalls instabile Isotop Mg-27 entstehen. Schließlich führte eine (n, α)-Reaktion zum radioaktiven Isotop Na-24. Sofern instabile Isotope entstehen, ist der Prozeß natürlich nicht abgeschlossen, sondern führt zu weiterer Isotopenbildung bis am Ende einer Reihe ein stabiles Isotop erreicht ist. Im Falle des Na-24 z. B. entsteht unter Emission von β- und γ-Strahlen schließlich das stabile Isotop Mg-24. Es leuchtet hierbei ein, daß beim radioaktiven Kernzerfall, der mit Abgabe eines Elektrons (β-Teilchen) verbunden ist, eine Änderung der Massenzahl nicht eintreten kann. Dagegen verändert sich die Kernladungszahl, da mit Abgang eines negativ geladenen Elektrons ein Neutron positiv werden muß. Während also der Kern von Na-24 aus 11 Protonen und 13 Neutronen besteht, setzt er sich beim Mg-24 aus je 12 Protonen und Neutronen zusammen.

In der hier etwas schematisch aufgezeigten Weise lassen sich die Kernreaktionen aller vorhandenen Elemente eines Materials untersuchen und verfolgen. Die daraus sich ergebenden Aktivitäten müssen dann entsprechend der quantitativen Analyse berücksichtigt werden.

4.831 Die Zusammensetzung des Asbestzementes

Um eine gute Durchschnittsanalyse des Asbestzementes zu erhalten, wurde aus einer ganzen Reihe von Asbestzementproben soviel Material ausgebohrt, daß sich etwa 1 kp Pulver ergab. Nach guter Durchmischung dieses Pulvers wurde vom Battelle-Institut eine chemische Analyse mit der üblichen Genauigkeit angefertigt.

Tabelle 120a.
Chemische Analyse des Asbestzementes nach Battelle-*Institut* [V4]

	%
CaO	43,30
SiO$_2$	20,10
MgO	6,24
Al$_2$O$_3$	5,73
Fe$_2$O$_3$	1,01
H$_2$O	1,30
SO$_3$	1,47
PO$_4$	0,14
Glühverlust	20,70
Gesamt	99,99
Na$_2$O	< 0,1

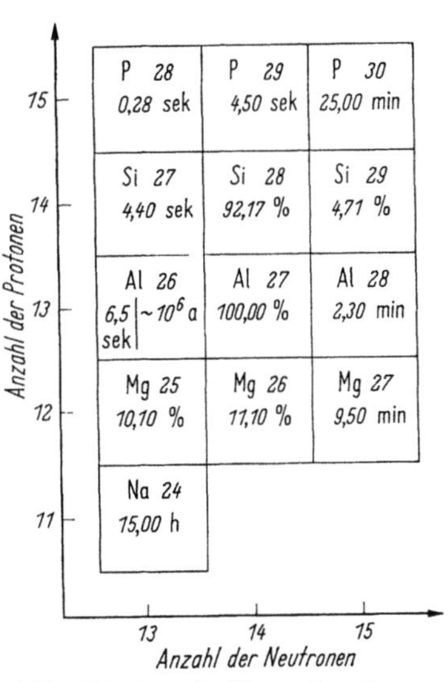

Abb. 404. Ausschnitt aus der schematischen Darstellung der Elemente entsprechend ihres Kernaufbaucs.

Die gewöhnliche Analyse reicht jedoch für die vorgesehenen Zwecke nicht aus, da sie die Spurenelemente nicht mit erfaßt. Aus diesem Grunde wurde das ausgebohrte Material zusätzlich mit Hilfe eines Gitterspektrographen emissionsspektralanalytisch untersucht. Hierbei wurden 10 mp Substanz mit 10 mp Kohlestaub gemischt und im Lichtbogen 320 V/9 A vollständig verbrannt. Diese Methode gestattete den Nachweis sehr kleiner Konzentrationen, wird dagegen ungenau bei Elementen, die in größeren Konzentrationen vorhanden sind (Tab. 120b).

Aus der chemischen und der spektralanalytischen Untersuchung ergeben sich nunmehr die wichtigsten Elemente, aus denen sich Asbestzement zusammensetzt, sowie ihr anteiliger Prozentgehalt an der Gesamtmasse. In Tab. 121 sind diese Werte festgehalten.

Tabelle 120b. *Emissionsspektralanalyse von Asbestzement nach* BATTELLE-*Institut* [*V4*]

A. Übersichtsanalyse

	Prozentgehalt	
Ca	von 3	bis 30
Si	von 3	bis 30
Mg	von 1	bis 10
Al	von 1	bis 10
Fe	von 0,3	bis 3
Mn	von 0,03	bis 0,3
Ti	von 0,03	bis 0,3
Ni	von 0,003	bis 0,03
V	von 0,003	bis 0,03
Zr	von 0,003	bis 0,03
Cr	von 0,001	bis 0,01
Cu	von 0,0003	bis 0,003

B nicht nachweisbar, Nachweisgrenze 0,01
Ba nicht nachweisbar, Nachweisgrenze 0,16
Co nicht nachweisbar, Nachweisgrenze 0,003
Pb nicht nachweisbar, Nachweisgrenze 0,02
Sr nicht nachweisbar, Nachweisgrenze 0,1.

B. Quantitative Alkalibestimmung

K	1,1 % (± 10%)
Na	0,04% (± 10%)

Li nicht nachweisbar, Nachweisgrenze 0,03%.

Tabelle 121. *Für die Berechnung der Aktivierung durch Neutronen verwendete Werte der chemischen und Emissionsspektral-Analyse (Höchstwerte bei der Emissionsspektral-Analyse)*

Element		Prozentgehalt
Kalzium	(Ca)	30,95
Silizium	(Si)	9,39
Magnesium	(Mg)	3,76
Aluminium	(Al)	3,03
Eisen	(Fe)	0,706
Kalium	(K)	1,08
Natrium	(Na)	0,04
Schwefel	(S)	0,59
Phosphor	(P)	0,048
Mangan	(Mn)	0,3
Titan	(Ti)	0,3
Nickel	(Ni)	0,03
Vanadium	(V)	0,03
Zirkonium	(Zr)	0,01
Chrom	(Cr)	0,03
Kupfer	(Cu)	0,003

Sie bilden die Grundlage zur Berechnung der zu erwartenden Aktivität.

4.832 Berechnung der spezifischen Aktivität der durch Einwirkung langsamer (thermischer) Neutronen gebildeten radioaktiven Isotope

Kernreaktionen mit schnellen Neutronen, also (n, α)- oder (n, p)-Reaktionen, können wegen der sehr geringen Wahrscheinlichkeit ihres Auftretens vernachlässigt werden. Daher beschränkt sich die vorstehende Untersuchung auf den Einfangprozeß von langsamen oder thermischen Neutronen [(n, γ)-Reaktion]. Wie bereits gezeigt, ändert sich im Falle des Auftreffens eines thermischen Neutrons auf einen Atomkern die Massezahl des getroffenen Kerns, der nun 1 Neutron mehr enthält. Es entsteht ein Isotop vom gleichen Element. Durch den Einfangprozeß angeregt, gibt der Kern dabei ein Gammaquant ab, was jedoch in diesem Zusammenhang nicht weiter interessiert. Es ist nun zu untersuchen, inwieweit das neu entstandene Isotop radioaktiv ist. In diese Untersuchung müssen alle Elemente der Tabelle 121 einbezogen werden. Darüber hinaus ist es notwendig, die natürliche Isotopenzusammensetzung der einzelnen Elemente zu berücksichtigen. Tab. 122 bringt das Ergebnis dieser Untersuchung, die entsprechend dem auf S. 326 unten angeführten Beispiel durchgeführt wurde.

In dieser Tabelle sind zunächst die natürlich vorkommenden Isotopen eines Elementes und ihr prozentuales Vorkommen aufgestellt. Nach Beschuß mit thermischen Neutronen entstehen neue Isotope mit der um eine Einheit größeren Massezahl, deren Halbwertszeiten in der 5. Spalte zu finden sind, sofern es sich um instabile Isotope handelt. Andernfalls deutet der Hinweis „inaktiv" darauf hin, daß das betreffende Isotop stabil ist. Sofern beim natürlichen radioaktiven Zerfall eines instabilen Isotopes ebenfalls radioaktive Folgeprodukte entstehen, sind diese mit ihren Halbwertszeiten in der letzten Spalte angegeben. Aus dieser Tabelle geht hervor, daß infolge langsamer Neutronen jedes im Asbestzement vorkommende Element aktiviert wird. Unter Berücksichtigung der Tatsache, daß aktive Isotope, deren Halbwertszeit unter 20 Stunden liegt, vom Standpunkt der Praxis aus vernachlässigt werden können, bleiben nur sieben Elemente übrig.

Zur Berechnung der spez. Aktivität eines Isotops infolge Neutronenbestrahlung muß man einmal von einer bestimmten Bestrahlungszeit ausgehen, zum anderen ist die Kenntnis des zu erwartenden Neutronenflusses notwendig. Bei den meisten zur Zeit arbeitenden Kernreaktoren

Tabelle 122. *Umwandlung der in der Analyse gefundenen Elemente durch Neutronenstrahlen nach der (n, γ)-Reaktion [V4]*

Element	Isotopenzusammensetzung im natürlichen Vorkommen		wird verwandelt in Isotop	Halbwertszeit	radioaktive Folgeprodukte
Ca	Ca-40	97,01 %	Ca-41	$1,1 \cdot 10^5$ a	—
	Ca-42	0,67 %	Ca-43	inaktiv	—
	Ca-43	0,15 %	Ca-44	inaktiv	—
	Ca-44	2,01 %	Ca-45	153 d	—
	Ca-46	0,003%	Ca-47	4,7 d	Sc-47 3,4 d
	Ca-48	0,16 %	Ca-49	8,8 m	Sc-49 57,2 m
Si	Si-28	92,17 %	Si-29	inaktiv	—
	Si-29	4,71 %	Si-30	inaktiv	—
	Si-30	3,12 %	Si-31	2,62 h	—
Al	Al-27	100 %	Al-28	2,30 m	—
Fe	Fe-54	5,9 %	Fe-55	2,60 a	—
	Fe-56	91,6 %	Fe-57	inaktiv	—
	Fe-57	2,20 %	Fe-58	inaktiv	—
	Fe-58	0,33 %	Fe-59	45 d	—
K	K-39	93,23 %	K-40	$1,28 \cdot 10^9$ a	—
	K-40	0,0118 %	K-41	inaktiv	—
	K-41	6,76 %	K-42	12,46 h	—
Na	Na-23	100 %	Na-24	15,0 h	—
S	S-32	95,0 %	S-33	inaktiv	—
	S-33	0,76 %	S-34	inaktiv	—
	S-34	4,22 %	S-35	87 d	—
	S-36	0,014%	S-37	5,0 m	—
P	P-31	100 %	P-32	14,2 d	—
Mg	Mg-24	78,8 %	Mg-25	inaktiv	—
	Mg-25	10,15 %	Mg-26	inaktiv	—
	Mg-26	11,06 %	Mg-27	9,5 d	—
Mn	Mn-55	100 %	Mn-56	2,58 h	—
Ti	Ti-46	8,00 %	Ti-47	inaktiv	—
	Ti-47	7,29 %	Ti-48	inaktiv	—
	Ti-48	73,98 %	Ti-49	inaktiv	—
	Ti-49	5,38 %	Ti-50	inaktiv	—
	Ti-50	5,35 %	Ti-51	5,8 m	—
Ni	Ni-58	68,0 %	Ni-59	$7,5 \cdot 10^4$ a	—
	Ni-60	26,2 %	Ni-61	inaktiv	—
	Ni-61	1,1 %	Ni-62	inaktiv	—
	Ni-62	3,7 %	Ni-63	125 a	—
	Ni-64	1,0 %	Ni-65	2,6 h	—
V	V-50	0,25 %	V-51	inaktiv	—
	V-51	99,75 %	V-52	3,77 m	—
Zr	Zr-90	51,12 %	Zr-91	inaktiv	—
	Zr-91	11,22 %	Zr-92	inaktiv	—
	Zr-92	17,40 %	Zr-93	$9 \cdot 10^5$ a	Nb-93 m 12 a
	Zr-94	17,57 %	Zr-95	65 d	Nb-95 m 90 h → Nb-95 35 d
	Zr-96	2,79 %	Zr-97	17 h	Nb-97 m 1 m → Nb-97 74 m
Cr	Cr-50	4,4 %	Cr-51	27,8 d	—
	Cr-52	83,7 %	Cr-53	inaktiv	—
	Cr-53	9,5 %	Cr-54	inaktiv	—
	Cr-54	2,4 %	Cr-55	3,6 m	—
Cu	Cu-63	69,0 %	Cu-64	12,8 h	—
	Cu-65	31,0 %	Cu-66	5,1 m	—
O	O-16	99,759%	O-17	inaktiv	—
	O-17	0,037%	O-18	inaktiv	—
	O-18	0,204%	O-19	29 s	—

a = Jahre, d = Tage, h = Stunden, m = Minuten, s = Sekunden.

variieren die Neutronenflüsse zwischen 10^6 und 10^{15} Neutronen/cm²·sek je nach Reaktortyp und betrachtetem Ort im Reaktor [$V4$]. Es sei daher für den Neutronenfluß der mittlere Wert 10^{10} Neutronen/cm²·sek angesetzt. Als Bestrahlungszeit werden weiterhin 40 Jahre $= 1{,}26 \cdot 10^9$ Sekunden angenommen.

Die zu erwartende Aktivität errechnet sich aus der Gleichung

$$C_{(t)} = \frac{N \cdot \Phi \cdot \sigma}{3{,}7 \cdot 10^{10}} \cdot (1 - e^{-\lambda \cdot t}) \tag{4/99}$$

Hierin bedeuten:

$C =$ erzeugte Aktivität in Curie zur Zeit t (1 $C = 3{,}7 \cdot 10^{10}$ Zerfälle/Sekunde)

$N =$ Zahl der bestrahlten Ausgangskerne

$\Phi =$ Neutronenfluß pro cm² und Sekunde

$\sigma =$ Aktivierungsquerschnitt in barn (1 barn $= 10^{-24}$ cm)

$\lambda =$ Zerfallskonstante des Isotops

$t =$ Bestrahlungszeit in Sekunden.

Es gilt weiterhin

$$N = \frac{m \cdot N_L \cdot H}{A} \tag{4/100}$$

und

$$\lambda = \frac{0{,}693}{T} \tag{4/101}$$

mit

$m =$ Masse des Elementes

$N_L =$ LOSCHMIDTsche Zahl ($6{,}023 \cdot 10^{23}$)

$H =$ Isotopenhäufigkeit in $^1/_{100}$-Prozent

$A =$ Atomgewicht des natürlichen Elementes

$T =$ Halbwertszeit des gebildeten Isotops in Sekunden.

Gl. (4/101) und (4/100) in (4/99) eingesetzt und durch $m = 1$ g dividiert, ergibt die spez. Aktivität S in Curie/g Element:

$$S_{(t)} = \frac{6{,}023 \cdot 10^{23} \cdot H \cdot \Phi \cdot \sigma \cdot 10^{-24}}{3{,}7 \cdot 10^{10} \cdot A} \cdot \left(1 - e^{-\frac{0{,}693 \cdot t}{T}}\right) \tag{4/102}$$

bzw. mit $\Phi = 10^{10}$ Neutronen/cm²

$$S_{(t)} = 0{,}162 \, \frac{\sigma \cdot H}{A} \cdot \left(1 - e^{-\frac{0{,}693 \cdot t}{T}}\right) \tag{4/103}$$

Mit Hilfe der Gl. (4/103) werden die spezifischen Aktivitäten derjenigen Isotope aus Tab. 122 berechnet, deren Halbwertszeiten 20 Stunden überschreiten (Tab. 123).

Isotope mit sehr großen Halbwertszeiten haben entsprechend kleine spezifische Aktivitäten, die daher vernachlässigt werden können. Durch Addition der Werte S in Tab. 123 für jedes Element erhält man die Gesamtaktivität für das betreffende Element. Entsprechend dem prozentualen Anteil des Elementes am Asbestzement läßt sich dann die auf 1 g Asbestzement bezogene Aktivität errechnen. Die Gesamtaktivität für 1 g Asbestzement beträgt gemäß Tab. 124

23,9 (μC/g Asbestzement).

Die hier errechnete, bei Neutronenbestrahlung zu erwartende Aktivität des Asbestzementes von rund 24 μC/g gilt selbstverständlich nur bei dem angegebenen Neutronenfluß und bei einer Bestrahlungszeit von 40 Jahren. Gegebenenfalls können jedoch in Gl. (4/99) auch andere Werte eingesetzt werden, man wird dann andere Aktivitäten errechnen.

Der aktivierte Asbestzement sendet sowohl Beta- als auch Gammastrahlen aus. Die Energien der Betastrahler reichen von 0,067 bis 1,94 MeV, die der Gammastrahler von 0,22 bis 1,3 MeV.

Tabelle 123. *Erzeugung von radioaktiven Isotopen mit mehr als 20 h Halbwertszeit durch Neutronenbestrahlung (n, γ-Reaktion) in einem Kernreaktor mit einem Neutronenfluß von 10^{10} Neutronen/cm² · sek*

$$S = 0{,}162 \; \frac{\sigma \cdot H}{A} \cdot \left(1 - e^{-0{,}693 \cdot \frac{t}{T}}\right)$$

Isotopen-umwandlung	Halbwerts-zeit	T (sek)	$\dfrac{t}{T}$	$0{,}693 \cdot \dfrac{t}{T}$	$1-e^{-0{,}693 \cdot \frac{t}{T}}$	$e^{-0{,}693 \cdot \frac{t}{T}}$	σ	A	H	$\dfrac{\sigma \cdot H}{A} \cdot 0{,}162$	S
Ca-40 → Ca-41	$1{,}1 \cdot 10^5$ a	$3{,}469 \cdot 10^{12}$	$3{,}64 \cdot 10^{-4}$	$2{,}52 \cdot 10^{-4}$	≈ 1	~ 0	0,22	40,08	0,97	$8{,}62 \cdot 10^{-4}$	≈ 0
Ca-44 → Ca-45	153 d	$1{,}322 \cdot 10^7$	95,3	66,0	~ 0	≈ 1	0,67		0,020	$5{,}41 \cdot 10^{-5}$	$5{,}41 \cdot 10^{-5}$
Ca-46 → Ca-47	4,7 d	$4{,}061 \cdot 10^5$	$3{,}10 \cdot 10^3$	$2{,}15 \cdot 10^3$	~ 0	≈ 1	0,25		0,00003	$3{,}03 \cdot 10^{-8}$	$3{,}03 \cdot 10^{-8}$
Fe-54 → Fe-55	2,60 a	$8{,}199 \cdot 10^7$	15,4	10,4	~ 0	≈ 1	2,5	55,85	0,059	$4{,}28 \cdot 10^{-4}$	$4{,}28 \cdot 10^{-4}$
Fe-58 → Fe-59	45 d	$3{,}888 \cdot 10^6$	324	233	~ 0	≈ 1	0,98		0,0033	$9{,}41 \cdot 10^{-6}$	$9{,}41 \cdot 10^{-6}$
K-39 → K-40	$1{,}28 \cdot 10^9$ a	$4{,}037 \cdot 10^{16}$	$3{,}12 \cdot 10^{-8}$	$2{,}16 \cdot 10^{-8}$	≈ 1	~ 0	1,9	39,10	0,932	$7{,}34 \cdot 10^{-3}$	≈ 0
S-34 → S-35	87 d	$7{,}517 \cdot 10^6$	167	116	~ 0	≈ 1	0,26	32,07	0,042	$5{,}52 \cdot 10^{-4}$	$5{,}52 \cdot 10^{-4}$
P-31 → P-32	14,2 d	$1{,}227 \cdot 10^6$	1026	711	~ 0	≈ 1	0,19	30,98	1	$9{,}93 \cdot 10^{-4}$	$9{,}93 \cdot 10^{-4}$
Ni-58 → Ni-59	$7{,}5 \cdot 10^4$ a	$2{,}365 \cdot 10^{12}$	$5{,}33 \cdot 10^{-4}$	$3{,}69 \cdot 10^{-4}$	≈ 1	~ 0	4,4	58,71	0,680	$8{,}26 \cdot 10^{-3}$	≈ 0
Ni-62 → Ni-63	125 a	$3{,}942 \cdot 10^9$	0,320	0,222	0,8009	0,1991	15,0		0,037	$1{,}54 \cdot 10^{-3}$	$3{,}06 \cdot 10^{-4}$
Zr-92 → Zr-93	$9 \cdot 10^5$ a	$2{,}838 \cdot 10^{13}$	$4{,}44 \cdot 10^{-5}$	$3{,}08 \cdot 10^{-5}$	≈ 1	~ 0	0,25	91,22	0,174	$7{,}73 \cdot 10^{-5}$	≈ 0
Zr-94 → Zr-95	65 d	$5{,}616 \cdot 10^6$	225	156	~ 0	≈ 1	0,1		0,176	$3{,}13 \cdot 10^{-5}$	$3{,}13 \cdot 10^{-5}$
Cr-50 → Cr-51	27,8 d	$2{,}402 \cdot 10^6$	524	363	~ 0	≈ 1	13,5	52,01	0,044	$1{,}85 \cdot 10^{-3}$	$1{,}85 \cdot 10^{-3}$

S = Spezifische Aktivität des gebildeten Isotopes in Curie pro Gramm natürliches Element zur Zeit t,
σ = Aktivierungsquerschnitt des bestrahlten Isotops in barn,
H = Isotopenhäufigkeit im natürlichen Element in $^1/_{100}$ %,
A = Atomgewicht des natürlichen Elementes,
t = Bestrahlungszeit in Sekunden (40 Jahre = $1{,}26 \cdot 10^9$ sek),
T = Halbwertszeit des gebildeten Isotops in Sekunden.

Während Ca-47, Fe-59 und Zr-95 beide Strahlen emittieren, sind F-55 und Cr-51 reine Gamma-
und Ca-45, S-35, P-32 und Ni-63 reine Betastrahler.

Die Frage, ob der errechnete Wert 23,9 μC eine große oder kleine Aktivität darstellt, läßt sich
nicht generell beantworten. Vom rein radiochemischen Standpunkt aus betrachtet, ist dies nicht

Tabelle 124. *Durch Neutronenbestrahlung unter den in Tab. 123*
genannten Bedingungen erzeugte Aktivität in 1 g Asbestzement

Akti-viertes Ele-ment	Aktivität in Curie pro g Element (Summe der Aktivitäten der radioaktiven Isotope aus Tab. 123)	Konzentra-tion des Elementes im Asbestzement %	Aktivitäts-anteil Curie/g Asbestzement
Ca	$54{,}13 \cdot 10^{-6}$	30,95	$16{,}753 \cdot 10^{-6}$
Fe	$437{,}41 \cdot 10^{-6}$	0,706	$3{,}088 \cdot 10^{-6}$
S	$552 \quad \cdot 10^{-6}$	0,59	$3{,}256 \cdot 10^{-6}$
P	$993 \quad \cdot 10^{-6}$	0,048	$0{,}476 \cdot 10^{-6}$
Ni	$306 \quad \cdot 10^{-6}$	0,03	$0{,}092 \cdot 10^{-6}$
Zr	$31{,}3 \quad \cdot 10^{-6}$	0,03	$0{,}009 \cdot 10^{-6}$
Cr	$1850 \quad \cdot 10^{-6}$	0,01	$0{,}185 \cdot 10^{-6}$

Gesamtaktivität pro g Asbestzement: $23{,}859 \cdot 10^{-6}$ Curie
                               oder   23,9 μC

viel [*V4*], vom biologischen jedoch schon eine ganze Menge. Bezogen auf die Dosisleistung des
Kolbalt-60 von etwa 1,3 rhm/C[1] würde demnach bei 1 m Abstand die Dosisleistung $\frac{1{,}3 \cdot 24}{1000 \cdot 1} =$
0,031 r/h betragen. Die Deutsche Röntgen-Gesellschaft hat z. B. für einen siebenstündigen
Arbeitstag den Wert von 0,25 r/h bei Röntgenstrahlung als zulässig erklärt. Nach einer Empfeh-
lung der Internationalen Commission of Radiological Protection (ICRP) von 1950 sollte der
Wert von 0,3 rep/Woche[2] nicht überschritten werden. Es kommt daher immer darauf an, welche
Verwendung für das Material vorgesehen ist und inwieweit bzw. bis zu welcher Größe eine Aktivität dann unter den gegebenen Verhältnissen vertretbar ist.

4.84 Der Einfluß von γ-Strahlen
auf die Festigkeit von aus Asbestzement-Druckrohren ausgesägten Probeprismen

Zum Abschluß der radiologischen Untersuchungen sollte geprüft werden, ob und in welchem
Umfang die Festigkeitseigenschaften von Asbestzement-Druckrohren, bzw. von aus derartigen
Rohren ausgesägten Probeprismen durch eine radioaktive Strahlung beeinflußt werden. Hierbei
war ursprünglich geplant, die Proben an einem Reaktor einer Neutronenbestrahlung, d. h. einer
Korpuskularstrahlung, auszusetzen. Da sich einmal in der Bundesrepublik seinerzeit keine Möglichkeit ergab, die Heranziehung eines ausländischen Reaktors sich wiederum als viel zu aufwendig erwies, entschied der Verfasser sich für eine Bestrahlung mit Gammastrahlen, die darüber
hinaus den Vorteil haben, daß ihre Härte nicht ausreicht, um das bestrahlte Material zu aktivieren. Zur Verfügung stand eine Co-60-Bombe im BATTELLE-Institut in Frankfurt/M., deren
Dosisleistung bei 180 000 r/h[3] liegt.

---

[1] 1 rhm/C = 1 r je Stunde in 1 m Abstand, ausgestrahlt von einem Präparat der Stärke von 1 Curie.

[2] 1 r (Röntgen) ist die internationale Dosisleistung der Röntgen- oder Gammastrahlung, die als Folge der
Ionisation von 1 cm³ trockener Luft (0°C und 760 Torr) 1 elektrostatische Einheit der Ladung beider Vorzeichen erzeugt (etwa $2 \cdot 10^{9}$ Ionenpaare/cm³). Umgerechnet auf die in 1 g Luft vor der Strahlung freigemachte
Energie entspricht 1 r etwa 83 erg. Die Dosis anderer radioaktiver Strahlung wird in physikalischen Röntgen-
äquivalenten (rep) gemessen. 1 rep entspricht in jedem Fall von Strahlung der freigemachten Energie von
83 erg in 1 g Luft.

[3] Etwa 5000 r, innerhalb kürzester Zeit gegeben, können bereits tödlich wirken.

Es wurde aus fünf verschiedenen Asbestzement-Druckrohren NW 100 je ein Einzelrohrstück entnommen und aus diesem jeweils 10 Versuchsstäbe mit den Abmessungen $10\times10\times40$ mm in Längsrichtung herausgearbeitet. Insgesamt waren also 50 Versuchsstäbe vorhanden, die auf zehn Versuchsgruppen zu fünf Proben verteilt wurden, und zwar so, daß jede Versuchsgruppe jeweils eine Probe von jedem Versuchsrohr enthielt. Da der eventuelle Einfluß des Wassergehalts erfaßt werden sollte, trocknete man die eine Hälfte der Proben, also fünf Versuchsgruppen, sieben Tage

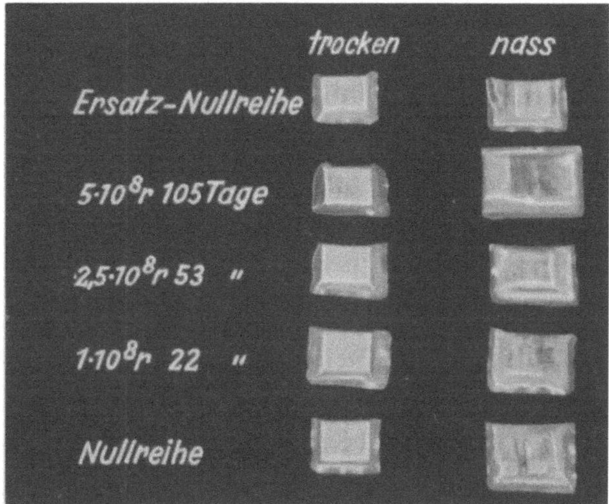

Abb. 405. In Polyäthylenfolien verpackte Proben nach der γ-Bestrahlung [*V40*].

lang bei 110°C, während die andere Hälfte sieben Tage lang in einem Wasserbad mit 18°d H von 20°C lagerte. Sofort im Anschluß an die Trocknung bzw. Wasserlagerung wurden die Proben in Polyäthylenfolien luftdicht eingeschweißt, wobei die wassergelagerten Proben Wasser der gleichen Härte in ihre Beutel eingefüllt erhielten. Da die Kunststoff-Folien nur eine bestimmte Strahlendosis ertragen, wurden die mit Wasser gefüllten länger bestrahlten Probepäckchen mit einer 2. bzw. 3. Hülle umgeben, so daß ein Bruch der Umhüllungen und Ausfließen des Wassers ver-

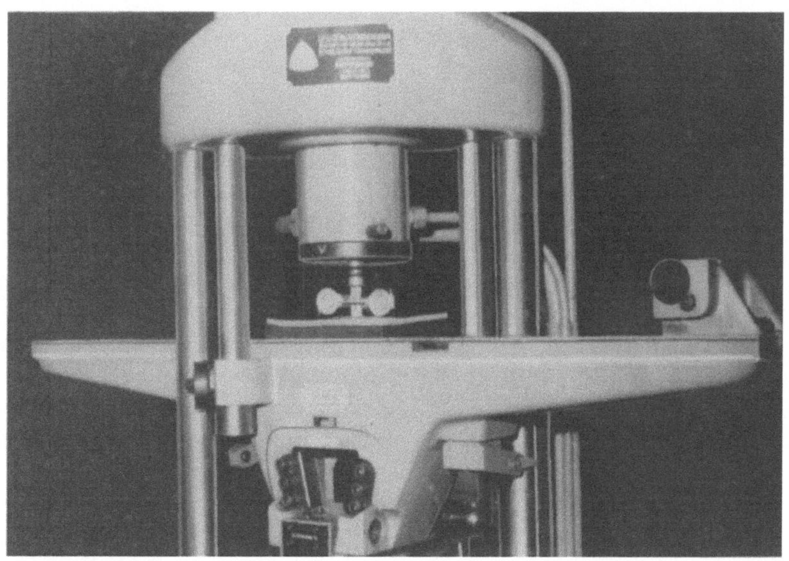

Abb. 406. Probe mit Dehnungsmesser in der Prüfpresse [*V40*].

mieden wurde. Die Vorbehandlung der Proben erfolgte ebenfalls im BATTELLE-Institut, während die Herstellung der Versuchsstäbe und die im Anschluß an die Bestrahlung notwendigen Festigkeitsversuche von PILNY im Institut für Baukonstruktionen und Festigkeiten an der Technischen Universität Berlin übernommen wurden [*V40*]. Abb. 405 zeigt die zehn Versuchsgruppen nach der Behandlung mit γ-Strahlen. Neben zwei „Nullreihen", die nicht bestrahlt wurden, lagen insgesamt sechs Versuchsgruppen vor, die mit verschiedenen Strahlendosen beaufschlagt worden waren. Die Verpackung in Plastikfolien sowie die Wasserfüllung der Beutel mit den „nassen" Proben ist eindeutig zu erkennen.

Da die Strahlungsintensität mit dem Quadrat des Abstandes von der Strahlungsquelle abnimmt, war es notwendig, die Proben möglichst dicht an die Strahlungsquelle zu packen. Aus diesem Grunde mußten sie möglichst klein gehalten werden, was zu den eingangs erwähnten Abmessungen führte. Es stand daher auch von vornherein fest, daß als Festigkeitsprüfung an diesen kleinen Probestäbchen nur die Druckprüfung in Frage kam, die die größtmöglichste Chance bot, einwandfreie Versuchsergebnisse zu erhalten. Neben der Ermittlung der Druckfestigkeit führte hierbei PILNY auch Verformungsmessungen durch, wofür zwei Dehnungsmesser an jeweils zwei gegenüberliegenden Seiten angeordnet wurden. Bei allen Versuchen erfolgte die Öffnung der Plastikverpackung immer erst unmittelbar vor den Versuchen. Der momentenfreien Einleitung der Längskraft diente wiederum ein Kugelgelenk, das zwischen Pressenstempel und Druckprobe angeordnet war (s. Abschnitt 4.510 2). Abb. 406 zeigt einen Probestab in der Presse. Man erkennt deutlich das Kugelgelenk über dem Probestäbchen. Rechts und links ist je ein Dehnungsmesser angeordnet.

Abb. 407. Abgedrückte Proben [*V40*].

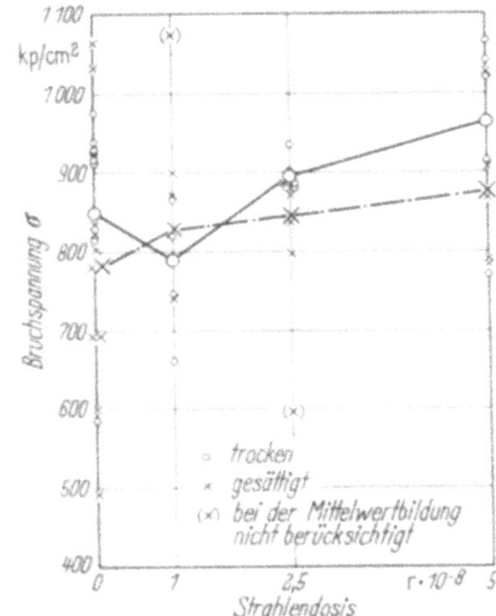

Abb. 408. Druckfestigkeit von Asbestzement-Druckstäben
in Abhängigkeit von der Bestrahlungsdosis [*V40*].

Die zerdrückten Proben weisen alle die mehr oder weniger ausgeprägte Form einer Druckpyramide mit den Bruchfugen in Richtung der Schubspannungen auf, wie dies aus Abb. 407 ersichtlich ist.

Die ermittelten Druckfestigkeiten sind in Abb. 408 in Abhängigkeit von der Bestrahlungsdosis aufgetragen. Danach läßt sich ein geringes Anwachsen der Bruchspannungen erkennen, das auch nach der Dosis von $5 \cdot 10^8$ r noch nicht abgeklungen zu sein scheint. Daß der Festigkeitszuwachs dem Einfluß einer eventuellen Nachhärtung zuzuschreiben ist, scheidet von vornherein aus, da die Proben Rohren entnommen wurden, die zur Zeit der Versuche etwa $2^1/_2$ Jahre alt waren. Wie schon im Abschnitt 4.507 bei der Behandlung der Nachhärtung gezeigt wurde, ist ihr Einfluß, nach Abschluß der Anfangserhärtung, dann nur noch gering (Abb. 229 bis 232). Es muß daher die Einwirkung der Gammastrahlung tatsächlich als Ursache der Festigkeitssteigerung angesehen werden. Die Festigkeiten der trockenen Proben liegen etwas höher, insbesondere wirkt sich die γ-Strahlung bei diesen Proben scheinbar mehr aus. Auffällig ist der Festigkeitsrückgang bei den Proben mit der Strahlungsdosis $1 \cdot 10^8$ r. Dies darf nicht als charakteristisch angesehen werden. Vielmehr scheint es sich hier um die Auswirkung der verhältnismäßig großen Streuwerte der Ergebnisse zu handeln. Es darf sicher angenommen werden, daß die Kurven von Anfang an eine steigende Tendenz haben werden. Gegenüber den Druckstabversuchen im Abschnitt 4.510 2 (Abb. 257) weisen die zum Vergleich mit untersuchten Probestäbchen im unbestrahlten Zustand eine etwas höhere Festigkeit auf. Dies dürfte auf ihre kleineren Abmessungen zurückzuführen sein ($10 \times 10 \times 40$ mm gegenüber $13 \times 13 \times 52$ mm der Abb. 251) [*V40*].

Wie schon bei den früheren Druckstabversuchen festgestellt wurde, wächst der E-Modul mit steigender Druckfestigkeit. Das bedeutet auf der anderen Seite einen größeren Anstieg der Spannungs-Dehnungskurven, wie dies z. B. in Abb. 256 zum Ausdruck kommt. Die Proben der Rohre mit den kleineren Nennweiten haben nach Abb. 251 die größte Bruchfestigkeit und dementsprechend nach Abb. 256 die steilste σ/ε-Kurve. Die Gegenüberstellung der bei den bestrahlten Proben gemessenen Stauchungen in Abb. 409 und 410 weist das gleiche Bild auf. Sowohl bei den trockenen als auch bei den wassergesättigten Druckstäben verlaufen die Spannungs-Dehnungs-Kurven der Proben am steilsten, die die höchste Strahlendosis erhielten.

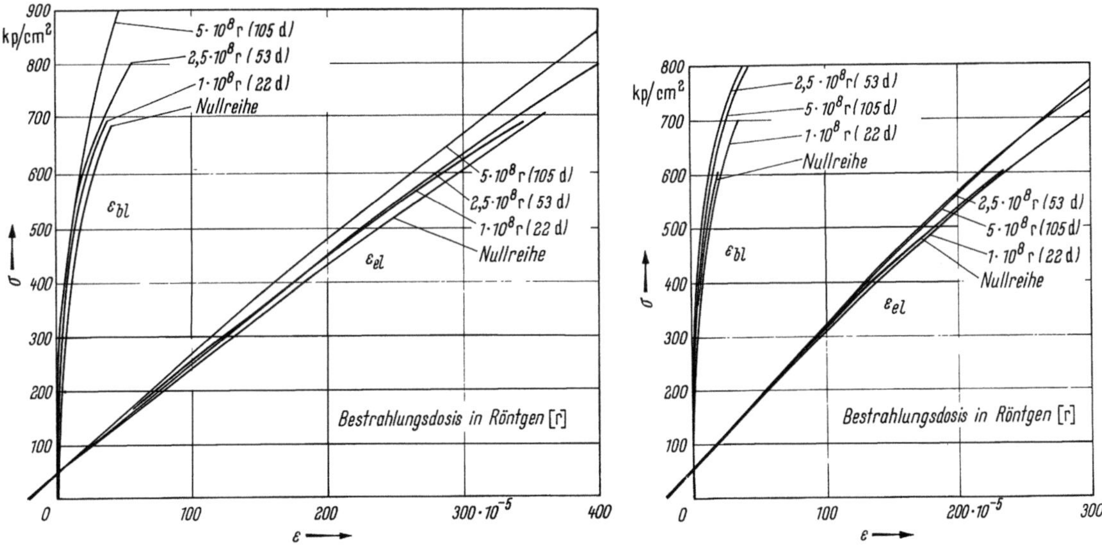

Abb. 409. Spannungs-Dehnungs-Kurven von im trockenen Zustand bestrahlten Asbestzement-Druckstäben [V40].

Abb. 410. Spannungs-Dehnungs-Kurven von im wassergesättigten Zustand bestrahlten Asbestzement-Druckstäben [V40].

Wenn in Anbetracht der großen Streuung der bei den vorliegenden Versuchen gewonnenen Ergebnisse die Zahl der untersuchten Proben auch viel zu klein war, um einen verläßlichen Größenwert der Festigkeitszunahme erhalten zu können, so lassen sowohl die Bruchfestigkeiten als auch die Neigungen der Spannungs-Dehnungs-Kurven eine Zunahme der Festigkeit infolge der Bestrahlung durch γ-Strahlen eindeutig erkennen.

4.85 Zusammenfassende Beurteilung der Untersuchungsergebnisse

Gegenüber Radioaktivität zeigen die Asbestzement-Druckrohre ein dem zementgebundenen Material entsprechendes Verhalten, das mit gewöhnlichem Beton (ohne Schwerzusätze) verglichen werden kann. Dies drückt sich sowohl im Adsorbtionsvermögen von aktiven Lösungen, als auch in der Absorbtion von Strahlen, hier Gamma- und Neutronenstrahlen, aus. Sofern eine Aktivierung des Asbestzementes durch lange Bestrahlungszeiten, wie dies bei der Verwendung als Baumaterial für Reaktoren der Fall sein könnte, zu erwarten ist, kommen sieben Elemente in Frage, deren Halbwertzeiten über 20 Stunden liegen. Die hierbei je nach Dauer und Intensität der Bestrahlung erzeugte Aktivität bewegt sich in relativ niedrigen Grenzen, die in radiochemischer und -biologischer Hinsicht jedoch nur unter Berücksichtigung der jeweiligen Verhältnisse korrekt beurteilt werden können. In bezug auf die Materialfestigkeiten ergeben sich infolge einer γ-Bestrahlung beim Asbestzement keine nachteiligen Einflüsse. Im Gegenteil scheint die Festigkeit etwas zuzunehmen.

5. Erfahrungen mit verlegten Asbestzement-Druckleitungen

Nachdem in Kapitel 4 die Eigenschaften der Asbestzement-Druckrohre auf dem Wege über Laboratoriumsversuche bestimmt wurden, soll nunmehr über die Erfahrungen in der Praxis berichtet werden. Das Verhalten des Asbestzement-Druckrohres gegenüber den Einflüssen, die die Verlegung und der Betrieb mit sich bringen, interessiert natürlich den Fachmann besonders. Aus diesem Grunde wurde eine Reihe von Leitungen nach mehrjährigem Betrieb ausgegraben und die dabei entnommenen Rohrstücke eingehend untersucht. Das besondere Augenmerk richtet sich hierbei vor allem auf den Einfluß solcher Faktoren, die im Laborversuch nicht oder nur angenähert herangezogen werden können. In der Hauptsache bezieht sich das auf den Einfluß des Zeitfaktors, der bei allen Korrosionsvorgängen in der Natur eine wichtige Rolle spielt und der bei bestimmten mechanischen Beanspruchungen zu berücksichtigen ist. So ist z. B. die Frage eines Abriebs des Schutzanstrichs oder des Rohrmaterials selbst, ebenfalls eng mit der Dauer der Beanspruchung — also mit dem Zeitfaktor — verknüpft.

Von der Fülle des inzwischen vorliegenden Untersuchungsmaterials kann natürlich nur eine begrenzte Auswahl getroffen und an dieser Stelle besprochen werden. Es soll daher in erster Linie über die Ergebnisse solcher Untersuchungen berichtet werden, die an Rohrstücken durchgeführt wurden, deren Ausbau zum Teil auf Veranlassung des Verfassers[1] an den verschiedensten Orten Westdeutschlands erfolgte. Daneben wurden einige ausländische Erfahrungen herangezogen, die besondere Gesichtspunkte aufzeigen.

Die Auswahl der Leitungen, aus denen Rohrstücke ausgebaut wurden, erfolgte einmal nach dem Betriebsalter und den Betriebsverhältnissen, zum anderen nach den vorhandenen Bodenverhältnissen und der Beschaffenheit des jeweils in den betreffenden Leitungen geförderten Wassers. Nach Möglichkeit wurden so lange Rohrstücke ausgebaut, daß neben der genauen augenscheinlichen Untersuchung der Probe auch Festigkeitsversuche zur Ermittlung der Scheiteldruck- und Innendruckbruchspannungen durchgeführt werden konnten. Entsprechend der Tatsache, daß der weitaus größte Anteil aller zur Verlegung gelangten Asbestzement-Druckrohre dem Trink- und Brauchwassersektor zugeschrieben werden muß, liegen die meisten Untersuchungsergebnisse auch von solchen Leitungen vor, die entweder unaufbereitete Rohwässer oder aufbereitete Trink- und Brauchwässer fördern. Daneben wurden aber auch Abwasserleitungen untersucht.

5.1 Erfahrungen mit Trinkwasserleitungen
5.101 Ausbau Frauenzimmern

Wie bereits im Kapitel 1 erwähnt, faßte die Gemeinde *Frauenzimmern*/Württ. (Kreis Heilbronn) als erste deutsche Gemeinde den Entschluß, Asbestzement-Druckrohre der Marke ETERNIT zu verlegen. Im Jahre 1930 wurden innerhalb der dortigen Gruppenversorgung u. a. in eine Druckleitung mit einem Betriebsdruck von 7 atü Asbestzement-Druckrohre NW 125 der damaligen Druckstufe ND verlegt. Hierbei führte die Leitung durch Lehm-, Sumpf- und Kiesböden, die sich zum Teil als stark aggressiv gegenüber metallischen Werkstoffen erwiesen. Aus Anlaß des 5. Internationalen Wasserkongresses in Berlin 1961 wurden am 8. 5. 1961 zwei Rohrstücke und drei SIMPLEX-Kupplungen aus der beschriebenen Druckrohrleitung NW 125 ausgebaut und von dem öffentlich bestellten und vereidigten Sachverständigen für Trink-, Brauch- und Abwasser Dr. A. FRISKE, Karlsruhe, der beim Ausbau anwesend war und dabei Proben des dem ausgebauten Rohrstück benachbarten Bodens entnahm, eingehend untersucht. Aus dem von FRISKE

---

[1] Für die hierbei zuteil gewordenen Unterstützungen sei allen Beteiligten herzlich gedankt.

abgegebenen schriftlichen Gutachten, das dem Verfasser vorliegt, geht hervor, daß die ausgebauten, innen mit einem Schutzanstrich versehenen Asbestzement-Druckrohre nach 31 Betriebsjahren völlig intakt waren und weder an der Innen- noch an der Außenseite oder in der Struktur selbst irgenwelche Veränderungen zeigten. An der Innenwand der Rohre befand sich ein hauchdünner, mit den Fingern abwischbarer Rostfilm, der aus dem Leitungswasser des angeschlossenen Ortsnetzes Stockheim abgeschieden worden war. Abb. 411 zeigt das Ende eines der ausgebauten Rohre. Man erkennt deutlich den dünnen, zum Teil abgegriffenen Rostfilm im Innern des mit Bitumen geschützten Rohres, während sich an der Außenseite des Rohrstückes noch deutlich das Muster des Transportfilzes der Rohrwickelmaschine abzeichnet. Aus den von FRISKE aufgestellten Analysen der Boden- und Grundwasserproben (Tab. 125) geht hervor, daß der Boden sich durch

Tabelle 125. *Ergebnisse der Grundwasser- und Bodenuntersuchung beim Ausbau Frauenzimmern*

	Grundwasser	Boden
pH	6,9	7,0
SO_4^{--}-Gehalt	929 mg SO_4^{--}/l	545 mg SO_4^{--}/l
Gesamthärte	80,6° d	263,2 mg CaO/l
Karbonathärte	26,0° d	182 mg CaO/l
freie CO_2	80,0 mg CO_2/l	—
aggressive CO_2	—	—

einen hohen Sulfatgehalt auszeichnet und daher nach FRISKE als betonfeindlich angesehen werden muß. Der hohe Ionengehalt begünstigt durch Steigerung der spez. Leitfähigkeit die elektrolytische Korrosion, ein Umstand, der an einer vorgefundenen Gibault-Kupplung bestätigt werden konnte. Die Stahlbolzen dieser Kupplung, deren ursprünglicher Durchmesser 12 mm betrug, wiesen eine durch Korrosion verursachte Querschnittsverminderung von 90% auf.

Tabelle 126. *Materialfestigkeiten des in Frauenzimmern ausgebauten Asbestzement-Druckrohres NW 125*

Art	mittlere Bruchspannung (kp/cm²)	Mindestwert nach DIN 19 800 (kp/cm²)
Längsbiegezugfestigkeit	347	250
Scheiteldruckfestigkeit	616	450
Innendruckfestigkeit	215	200

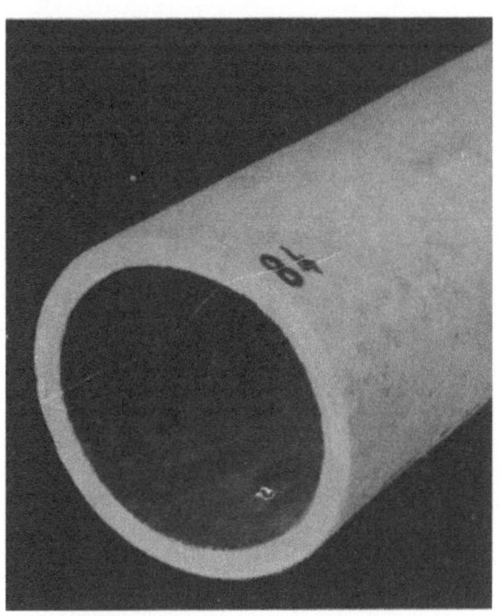

Abb. 411. Blick in das in *Frauenzimmern* nach 31 Betriebsjahren ausgebaute Asbestzement-Druckrohr NW 125.

Der unversehrte Zustand der geprüften Asbestzement-Druckrohre drückt sich auch in den Ergebnissen der Festigkeitsversuche aus, die im Werk Heidelberg-Leimen der ETERNIT A.G. unter Aufsicht von FRISKE durchgeführt wurden. Die Tab. 126 bringt die ermittelten Festigkeitswerte in Gegenüberstellung zu den Mindestwerten der DIN 19 800.

Aus dieser Tabelle geht hervor, daß die mittlere Längsbiegezugfestigkeit um etwa 30%, die Scheiteldruckfestigkeit um etwa 37% und die Innendruckfestigkeit um etwa 8% über den Mindestwerten der DIN 19 800 lagen. FRISKE faßt die Untersuchungsergebnisse dahingehend zusammen, ... „daß die Asbestzement-Druckrohre ohne Rohrschutz *der sehr beachtlichen*

Aggressivität der Grundwässer und Böden ohne jegliche Einwirkung standgehalten haben. Die Materialfestigkeiten des Rohrwerkstoffes sind sehr gut und lassen nach 31jähriger Verwendung im Einflußbereich der betrieblichen Belastung und der aggressiven Medien keine Alterung erkennen, vielmehr ist aus der Materialprüfung eine Festigkeitszunahme abzuleiten." FRISKE stellte weiterhin fest, daß die Verwendung von Asbestzement-Druckrohren in aggressiven Wässern der vorliegenden Art ohne Bedenken möglich ist. Die Lebensdauer des Rohrwerkstoffes erfährt hierdurch keine Einschränkung.

5.102 Ausbau Bayreuth

Die *Stadtwerke Bayreuth* verlegten im Jahre 1938 eine Asbestzement-Druckleitung NW 100, Druckklasse ND (entsprechend ND 10) zur Versorgung eines Flugplatzgeländes. Am 9. 12. 1958 wurde aus dieser Leitung auf Veranlassung des Verfassers ebenfalls unter Aufsicht von Dr. FRISKE, Karlsruhe, ein Rohrstück ausgebaut und begutachtet. Die mit einem Innenanstrich versehene Rohrleitung liegt in einem zum Teil lehmigen Sandboden und führt ein sehr weiches und stark kohlensäurehaltiges Fichtelgebirgswasser, das dementsprechend hoch aggressiv ist. Nach der von FRISKE aufgestellten Wasseranalyse betrug der pH-Wert 5,8, die Gesamthärte 0,5°d und der Gehalt an kalkaggressiver Kohlensäure 26,2 mg/l. Abb. 412 zeigt einen Blick in das ausgebaute Rohrstück. Es läßt deutlich erkennen, daß der innere bituminöse Schutzanstrich in einem sehr guten Zustand erhalten ist. Teilweise haben sich kleine Bläschen gebildet, die jedoch zum größten Teil auf die oberste Lage der Schutzschicht beschränkt blieben und nicht bis auf das Asbestzementmaterial reichten. Zerstörte man nämlich ein derartiges Bläschen, dann wurde darunter wiederum ein schwarzer Untergrund sichtbar. Aus diesem Grunde blieb der Zusammenhang der Schutzschicht erhalten, was sich in der bemerkenswerten Tatsache ausdrückte, daß trotz der beschriebenen Aggressivität des geförderten Wassers keinerlei Korrosionserscheinungen im Innern des Rohres festgestellt werden konnten. Im Gegensatz dazu wies die ungeschützte Außenseite des untersuchten Rohres an einzelnen Stellen einen geringen Angriff auf, während andere ihren ursprünglichen Zustand unverändert behalten hatten. Aus der Boden- bzw. Grundwasseruntersuchung, die FRISKE anstellte, geht hervor, daß der Boden bzw. das Grundwasser neutral bis leicht sauer ist. Auf Grund des Befundes des ausgebauten Rohrstückes muß angenommen werden, daß sich örtlich verschieden starke Konzentrationen im Boden einstellten und zu der stellenweise beobachteten leichten Faserigkeit der Asbestzement-Oberfläche, wie sie in Abb. 412 zu erkennen ist, führte. Inwieweit hierbei auch unterschiedlich intensive Berührung der Rohrwand mit dem umgebenden Erdboden beteiligt ist, sei dahingestellt. Ein sulfatischer Angriff über Oxydation ist bei dem geringen Sulfatgehalt von 79 mg SO_4^{--} je Liter dagegen nicht anzunehmen.

Zur Ermittlung der Materialfestigkeiten wurden einzelne Teilstücke des ausgebauten Asbestzement-Druckrohres im lufttrockenen Zustand den drei Prüfungen gemäß DIN 19 800 unterworfen. Hierbei ergaben sich folgende Werte:

Tabelle 127. *Materialfestigkeiten des in Bayreuth ausgebauten Asbestzement-Druckrohres NW 100, Druckklasse ND*

Art	mittlere Bruchspannung (kp/cm²)	Mindestwert nach DIN 1 8009 (kp/cm²)
Längsbiegezugfestigkeit	255	250
Scheiteldruckfestigkeit	630	450
Innendruckfestigkeit	354	200

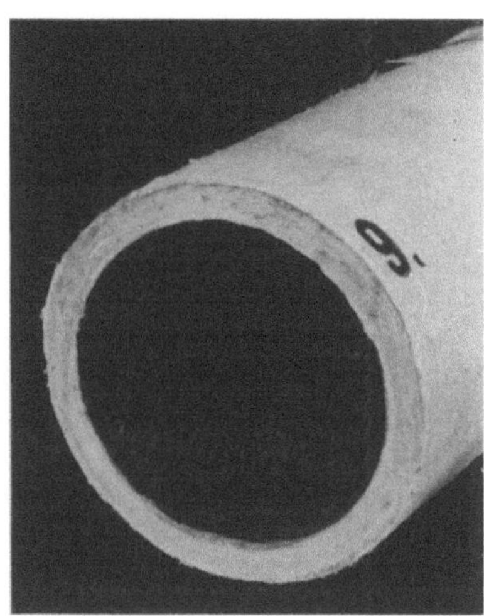

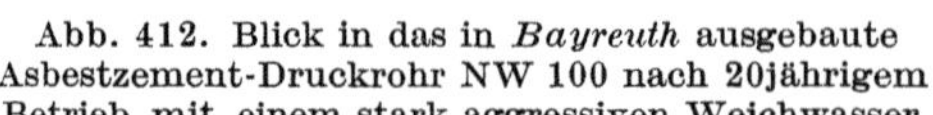
Abb. 412. Blick in das in *Bayreuth* ausgebaute Asbestzement-Druckrohr NW 100 nach 20jährigem Betrieb mit einem stark aggressiven Weichwasser.

Die gefundenen Festigkeitswerte liegen über den Norm-Mindestwerten. Während die Scheiteldruckfestigkeit mit einem um etwa 40% höheren Wert ganz derjenigen des Proberohres aus Frauenzimmern (Tab. 126) entspricht, gestatten die beiden anderen Materialfestigkeiten keinen Vergleich miteinander. Die Längsbiegefestigkeit ist hier so groß wie der geforderte Mindestwert, war dagegen im anderen Falle um etwa 37% höher. Dafür übersteigt die Innendruckfestigkeit im vorliegenden Falle die Mindestfestigkeit der Norm um fast 77%. Es liegt der Schluß nahe, daß beim in Bayreuth ausgebauten Rohr die Fasern mehr in Umfangsrichtung zu liegen kamen, während das Rohr aus Frauenzimmern mehr diagonal, d. h. schräg zur Umfangsrichtung, angeordnete Fasern besaß. Mit diesen Zufälligkeiten mußte früher insofern gerechnet werden, als eine gezielte Ausrichtung der Fasern beim Aufnehmen des Vlieses durch die Siebwalze konstruktiv noch nicht gelöst war.

Es läßt sich alles in allem feststellen, daß die untersuchte Asbestzement-Druckleitung sich auch im vorliegenden Falle trotz sehr ungünstiger Verhältnisse tadellos bewährt hat. Das Rohrmaterial blieb unbeeinflußt, wie die ermittelten Materialfestigkeiten bewiesen, die alle höher als die in der Norm geforderten Mindestwerte lagen. Auf Grund der Wasserbeschaffenheit kam die Bildung einer Schutzschicht nicht in Frage. Die Rohroberfläche blieb in ihrem ursprünglichen Zustand erhalten, so daß es trotz des rund 20jährigen Betriebes zu keiner Leistungseinbuße kam.

5.103 Ausbau Rehau

Ebenfalls sehr aggressives Wasser führte eine Asbestzement-Druckrohrleitung NW 200, die seit 1933 in *Rehau/Bay.* in Betrieb steht. Es handelt sich hier um die Zuführungsleitung von einer Quellfassung. Das geförderte Quellwasser ist mit 1,2°dG (0,7°dK) als sehr weich zu bezeichnen und enthält 22,5 mg überschüssige, kalkaggressive Kohlensäure pro Liter.

Am 4. 12. 1959 wurde mit Unterstützung der *Stadtwerke Rehau* ein Rohrstück aus dieser Leitung, die sowohl innen als auch außen einen bituminösen Anstrich besaß, ausgebaut und eingehend untersucht. Wie aus Abb. 413 ersichtlich wird, sind die Schutzanstriche sowohl innen als auch außen noch sehr gut erhalten. An der Außenfläche zeigten sich lediglich kleine Schadensstellen im Anstrich, die von der Verlegung bzw. Aufgrabung herrühren können, vermutlich aber auch von den harten, oft spitzen Letteneinlagerungen des Bodens hervorgerufen wurden. An diesen Stellen war ein geringfügiger Angriff auf das freiliegende Rohrmaterial festzustellen, sofern es sich um frühere Schadstellen handelte. Im übrigen befand sich die Rohroberfläche jedoch in einem einwandfreien Zustand. Im Innern des Rohres konnte auch hier wieder beobachtet werden, daß die obere Lage des mehrschichtigen Schutzanstriches Bläschen bildete, wie dies in Abb. 413 ganz deutlich sichtbar ist. Jedoch wies der Anstrich an keiner

Abb. 413. Blick in das in *Rehau/Bay.* ausgebaute 26 Jahre lang als Quellzulaufleitung verwendete Asbestzement-Druckrohr NW 200.

Stelle, auch nicht unter den Bläschen, eine Zerstörung auf, die das blanke Asbestzement-Material hätte zum Vorschein kommen lassen. Er bildete vielmehr nach wie vor eine zusammenhängende Abdeckung, so daß das stark aggressive Leitungswasser keinerlei Korrosionsschäden verursachen konnte. Der völlig unversehrte Zustand ergibt sich auch aus dem Bild der Schnittkante, die einen durchgehend kernigen Wandquerschnitt freilegt. Da das Wasser praktisch keine Kalkhärtebildner enthielt und überdies kohlensäurehaltig war, konnte ein Karbonatausfall nicht eintreten, so daß nur ein hauchdünner Ockerfilm festzustellen war, der sich mit einem Tuch leicht abwischen ließ. Eine qualitative Untersuchung dieses Niederschlages wies, wie zu erwarten war, lediglich Eisen und geringe Spuren von Kohlensäure nach, während Härtebildner fehlten.

22*

Das ausgebaute Rohrstück hat bewiesen, daß mit einem bituminösen Schutzanstrich versehene Asbestzement-Druckrohre auch bei stark aggressiven Wässern vorteilhaft eingesetzt werden können.

5.104 Ausbau Mammelzen

Ein Fall stärkerer Außenkorrosion eines ungeschützten Asbestzement-Druckrohres, die sich bei Aufbringung eines Schutzanstriches hätte vermeiden lassen, konnte beim Ausbau eines Rohrstückes aus einer 1936 verlegten und seitdem bis zum Ausbau im März 1960 ununterbrochen in Betrieb gestandenen Asbestzement-Druckrohrleitung NW 80 in *Mammelzen*/Westerwald beobachtet werden. Diese Leitung war nach dem von der Pfälz. Landwirtschaftlichen Untersuchungs- und Forschungsanstalt Speyer vorgelegten Untersuchungsbefund in feuchte Lettenschichten eingelagert. Hierbei betrug der pH-Wert des Bodens 5,9, die rings um das Rohr entnommenen Bodenproben enthielten im Mittel 42,5 mg SO_4^{--}/kg Boden und 10 mg Cl^-/kg Boden. Es ist auf Grund des niedrigen pH-Wertes des Bodens anzunehmen, daß das Grundwasser der hauptsächliche Träger der festgestellten Aggressivität ist.

Das außen ungeschützte Asbestzement-Druckrohr zeigte an der Sohle und am Scheitel, also dort, wo die Berührung mit dem aggressiven Boden am innigsten ist, braun oder rötlich gefärbte Stellen, an denen das Asbestzementmaterial bis zu 4 mm tief weich und filzig geworden war. Dagegen ließen sich an den Kämpferseiten des untersuchten Rohres keine Angriffserscheinungen feststellen. In Abb. 414 sind die korrodierten Stellen an der äußeren Rohrwand kaum zu erkennen. Jedoch lassen sich bei genauerer Betrachtung im rechten oberen Teil des gezeigten Rohrstückes einzelne Stellen ausmachen, an denen die faserige Struktur der Oberfläche sichtbar wird. Auch deutet das Aussehen der gesamten Oberfläche ganz allgemein darauf hin, daß sie einem korrosiven Einfluß ausgesetzt war.

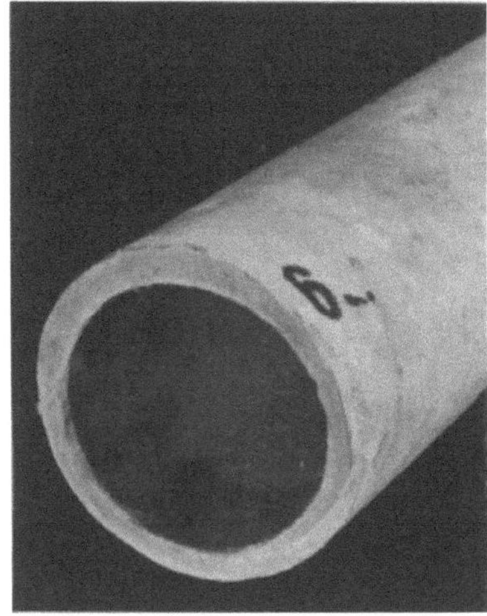

Abb. 414. Blick auf das nach 24jährigem Betrieb in *Mammelzen*/Westerw. ausgebaute Asbestzement-Druckrohr NW 80.

Abb. 415. In *Scheessel* nach 5 Betriebsjahren ausgebautes Asbestzement-Druckrohr NW 150.

Aus dieser Abbildung geht hervor, daß das Rohrinnere im Gegensatz zur Außenfläche mit einem Bitumenanstrich versehen war. Daher konnte das in der Rohrleitung geförderte, ebenfalls aggressive Wasser (pH = 5,4; Gesamthärte: 4,48°d; Kalkhärte: 4,2°d; KM_nO_4-Verbrauch: 7,9 mg/l; 26,4 mg $_{aggr}CO_2$/l; 11,0 mg Cl^-/l; 1,0 mg NO_3^-/l; 0,002 mg NO_2^-/l; SO_4^{--}: Spuren; Fe; Mn und P fehlen) keinen Angriff auf das Asbestzementmaterial ausüben. Lediglich einige wenige Stellen zeigten Angriffspuren bis zu maximal 2 mm Tiefe. Eigenartigerweise war der Schutzanstrich ziemlich spröde, eine Beobachtung, die bisher an derartigen alten Leitungen nicht gemacht worden war. Im Bereich der Rohrsohle hatten sich wiederum Bläschen im Schutzanstrich gebildet, die jedoch, wie in den anderen Fällen, nicht die gesamte Schutzschicht erfaßten. Aus dem unterschiedlichen Korrosionsverhalten des Rohrinnern gegenüber dem des Rohräußeren bei etwa gleich starker Aggressivität der angreifenden Medien wird bereits deutlich, daß ein Außenanstrich der heute üblichen Art (vgl. auch Kapitel 7.0) völlig ausgereicht hätte, die Korrosionsschäden an der Außenfläche des untersuchten Rohres weitgehend zu vermeiden.

Unter Berücksichtigung der Tatsache, daß nach Aussage des 1. Vorsitzenden der Wasserinteressengemeinschaft metallische Rohre infolge der erheblichen Bodenaggressivität nach einer Liegezeit von 18—20 Jahren zerstört werden, muß die Beschaffenheit des nach 24 Betriebsjahren untersuchten Asbestzement-Druckrohres als äußerst zufriedenstellend angesehen werden, dies um so mehr, als die Außenfläche des Rohres völlig ungeschützt den Agenzien des Bodens ausgesetzt war.

5.105 Ausbau Scheessel

Ein nach rund fünfjährigem Betrieb aufgenommenes Asbestzement-Druckrohr, das ein aggressives Trinkwasser geringer Härte förderte, ist in Abb. 415 abgebildet. Dieses Rohrstück entstammt einer 1953 verlegten Druckleitung NW 150 des Versorgungsnetzes der Gemeinde *Scheessel* bei Rotenburg und wurde im November 1958 ausgebaut. Das in einem nicht aggressiven Untergrund verlegte Rohr, das lediglich mit einem Innenanstrich versehen war, zeigte erwartungsgemäß eine unbeeinflußte, völlig intakte Außenfläche, an der deutlich die Abdrücke des Transportfilzes zu erkennen waren. Im Innern hatte sich auf der bituminösen Schutzschicht ein bräunlicher, abwaschbarer, dünner Niederschlag gebildet, der hauptsächlich Eisen enthielt und zum Teil aus den benachbarten metallenen Strecken des Rohrnetzes stammen dürfte. Das Wasser mit dem pH-Wert 6,9 wurde nicht gesondert aufbereitet durch das Rohr gedrückt und enthielt bei 8,4°d Gesamthärte (2,2°d) 11,0 mg aggressive Kohlensäure je Liter, während der Eisengehalt mit etwa 0,1 mg Fe/l niedrig lag. Die nähere Untersuchung des Rohrinneren ergab, daß das aggressive Wasser keine Korrosionsschäden hervorgerufen hatte. Der Schutzanstrich zeigte an einigen Stellen punktförmige über die Oberfläche verteilte und stecknadelkopfgroße Erhebungen, während an anderen Stellen, ebenfalls punktförmig verteilt, das Asbestzementmaterial zum Vorschein kam. Diese Erscheinungen dürften eine Bläschenbildung zur Ursache haben, wie sie auch bei anderen Rohren zu beobachten war. Im übrigen war der Anstrich jedoch unversehrt. Auch an den Stellen, an denen wahrscheinlich infolge Abriebs der Schutzanstrich nicht mehr vorhanden war und das Asbestzementmaterial bloßlag, war bisher keine Korrosion eingetreten. Das Material war kernig und hart und befand sich in einwandfreiem Zustand.

Die Festigkeitsprüfungen ergaben Werte fabrikneuer Rohre und lagen mit $\sigma_z = 256$ kp/cm² für die Ringzugfestigkeit und $\sigma_d = 592$ kp/cm² für die Scheiteldruckfestigkeit weit über den Mindestwerten der Norm. Selbstverständlich ist die Liegezeit dieser Rohrleitung noch zu gering, um eine endgültige Beurteilung abgeben zu können. Der Zustand des Innenanstriches deutet darauf hin, daß die Bläschenbildung bereits frühzeitig einsetzen kann, im Hinblick auf den Korrosionsschutz jedoch keine wesentliche Beeinträchtigung darstellt. Bemerkenswert ist auch die Tatsache, daß die ungeschützten Stellen des Rohrinneren, an denen das Asbestzementmaterial dem aggressiven Wasser ausgesetzt war, bisher keine Korrosionsschäden aufwiesen.

5.106 Ausbau Hohenwestedt

Ein ähnliches Trinkwasser (pH = 7,06; Gesamthärte: 10,6°d; Karbonathärte: 6,1°d; 34,0 mg Cl⁻/l; 28,0 mg SO₄⁻⁻/l; 19,6 mg freie CO₂/l; 47,9 mg gebund. CO₂/l; 18 mg überschüss. CO₂/l) wird in einer Asbestzement-Druckleitung NW 100 der Gemeindewerke von *Hohenwestedt*/Holst. gefördert. Die Leitung wurde im Jahre 1934 verlegt und ein Probestück davon 1957 ausgebaut. Die Leitung ist ohne Anstrich eingebaut worden und hat, wie aus Abb. 416 ersichtlich, zu keinerlei Beanstandung geführt. Im Innern ist die Rohrwand geglättet worden, sonst war keine Veränderung festzustellen. Der helle Ring, der sich an der Schnittkante im Inneren des Rohres abzeichnet, deutet darauf hin, daß die Rohrwand in dieser Zone karbonatisiert ist. Die Außenseite zeigte keine Veränderungen, die auf eine Korrosion schließen ließen. Der anstehende lehmige Boden war nur schwach aggressiv.

5.107 Ausbau Bad Lauterberg

Im Jahre 1938 wurde von den *Stadtwerken Bad Lauterberg* im Harz eine Leitung aus Asbestzement-Druckrohren NW 80 der damaligen Druckstufe ND (entsprechend ND 10) an einem felsigen Berghang eingebaut. Gleichzeitig mußte diese Leitung an einer Stelle gedükert werden. Das in dieser Leitung geförderte Wasser zeichnet sich durch geringe Härte und Aggressivität infolge überschüssiger Kohlensäure aus. Bei einer Karbonathärte von 2,5°d enthält es 20 mg freie CO_2 je Liter, der pH-Wert beträgt 6,9. Nach 23 störungsfreien Betriebsjahren wurde am 27. 9. 1961 ein Rohr aus dieser Leitung ausgebaut und sein Zustand überprüft. Das ungeschützte Rohrinnere zeigte hierbei trotz der Aggressivität des Wassers keinerlei Korrosionsschäden, auch

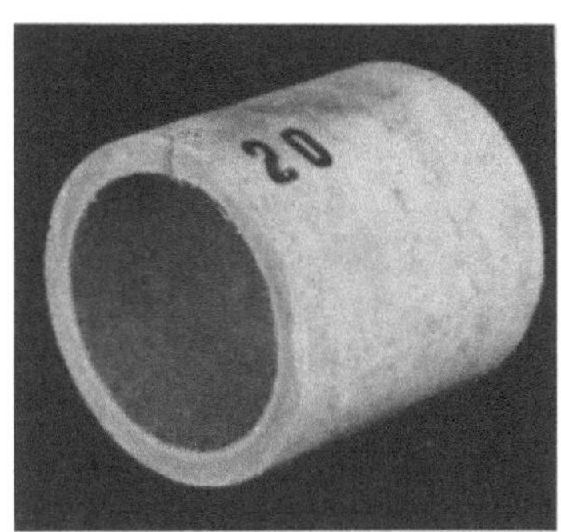

Abb. 416. Blick in ein bei den Gemeindewerken *Hohenwestedt*/Holst. nach 22 Betriebsjahren ausgebautes Asbestzement-Druckrohr NW 100.

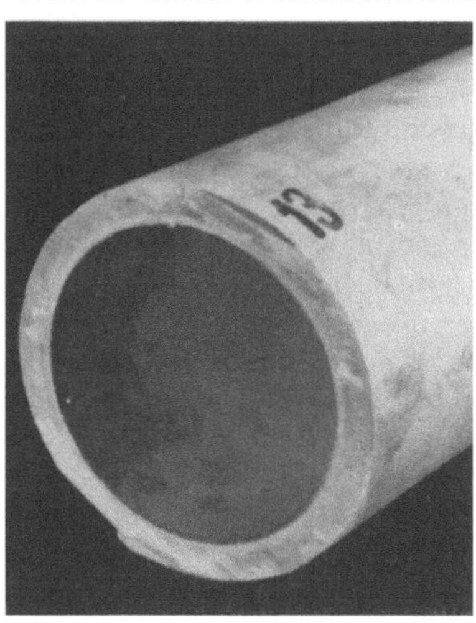

Abb. 417. Blick in ein in *Westerland*/Sylt ausgebautes Asbestzement-Druckrohr NW 100, das mit Orthophosphat geimpftes Wasser förderte.

waren Niederschläge oder sonstige Ablagerungen nicht festzustellen. Eine Festigkeitsuntersuchung ergab für die Innendruckfestigkeit den Wert von 301 kp/cm², für die Scheiteldruckfestigkeit denjenigen von 936 kp/cm². Diese Werte liegen um 50% bzw. 108% über den Mindestwerten der Norm und bestätigen die Unversehrtheit des Asbestzementmaterials, das sich auch in diesem Falle gut bewährt hat und bisher ohne Störungen zu verursachen in Betrieb war. Da gleiche gilt auch von dem Düker.

5.108 Ausbau Westerland

Auf der Insel Sylt wird von den *Stadtwerken Westerland* ein sehr aggressives, weiches Wasser gehoben, das unaufbereitet in das Versorgungsnetz gedrückt wird. Zum Schutz des Rohrnetzes vor Korrosion ist seit 1949 eine Dosieranlage in Betrieb, mit der nach anfänglichen Versuchen auch mit Silikatzugabe ein Orthophosphat dosiert wird. Während ursprünglich noch der Gehalt an Sauerstoff im Wasser durch Einblasen von Luft erhöht wurde, wird seit dem Jahre 1956 lediglich die Phosphatimpfung gefahren. Im Jahre 1954 wurden u. a. auch sowohl innen als auch außen Asbestzement-Druckrohre verlegt, von denen man 1960 nach sechsjährigem Betrieb ein Rohrstück NW 100 ausbaute (Abb. 417). Die Analyse des in der Rohrleitung geförderten Wassers zeigte einen Gehalt von 12 mg kalkaggressiver Kohlensäure je Liter an und wies eine Karbonathärte von 1,7°d bei der Gesamthärte von 5,0°d nach. Der pH-Wert des Wassers betrug dementsprechend im Mittel 6,43.

Es ist normalerweise üblich, daß Asbestzement-Druckrohre bei einem derartig aggressiven Weichwasser durch einen bzw. mehrere Bitumenanstriche geschützt werden. Es ist daher um so interessanter in diesem Falle das Verhalten des ungeschützten Rohres gegenüber dem aggressiven Wasser und dem Einfluß einer Phosphatimpfung von 3g/m³ Wasser untersuchen zu können. Das ausgebaute Probestück wies innen einen dünnen, bräunlichen Niederschlag auf, der in Abb. 417 gut zu erkennen ist. Vorn links ist er abgegriffen worden, hier zeigt sich das blanke Asbestzementmaterial. Das Rohrmaterial selbst war innen kernig und zeigte keinerlei Veränderungen, die auf eine stattgefundene Korrosion hätten schließen lassen. Dieser Umstand muß bei der vorliegenden Beschaffenheit des Wassers auf die Bildung einer Schutzschicht durch die Phosphatierung zurückgeführt werden. Die nähere Untersuchung des Wandbelags bestätigte auch diese Annahme. Nach dem Befund einer Untersuchung durch das Städtische Laboratorium der Stadt Kiel enthielt die gelbbraune Schicht mit der Dicke von ungefähr 10 μ rund 1,8% PO_4^{---}, während eine andere Probe, bei der das Material bis zur Tiefe von 35 μ entnommen wurde, nur noch 0,4% an PO_4^{---} aufwies. Eine Anreicherung von PO_4^{---} in der Oberfläche ist also eindeutig zu erkennen. Auf Abb. 417 zeichnet sich an der Schnittkante im Innern des Rohres gegenüber seiner Umgebung ein etwas hellerer Ring ab. Dies deutet auf eine in die Tiefe gehende Karbonatisierung des freien Kalks $[Ca(OH)_2]$ hin, die eine Kalkauslösung in Verbindung mit der phosphatierten Oberfläche weitgehend verhinderte. Nach EICK wird bei einem in der obersten Schicht angenommenen Gehalt von 2% PO_4^{---} von „Hydroxylapatit" 2,6% $Ca(OH)_2$ gebunden, was in etwa $^1/_3$ des gesamten freien Kalkes in der Rohroberfläche ausmacht.

Es läßt sich hier somit eine schützende Wirkung durch die Phosphatimpfung nachweisen, wie sie auch von HÖFER beim Laborversuch (Abschnitt 4.620.2) festgestellt wurde. Asbestzement-Druckrohre können daher unbedenklich auch dort verwendet werden, wo eine Phosphat- oder auch Silikatdosierung vorgesehen ist, die Schutzwirkung erstreckt sich auch auf diese Rohre.

5.109 Ausbau Birkheim

Ein aggressives Trinkwasser, dessen Analyse in Tab. 123 angegeben ist, fließt auch in einer Asbestzement-Druckrohrleitung NW 100 innerhalb des Wasserversorgungsnetzes von *Birkheim*, Kreis St. Goar.

Tabelle 128. *Analyse des Wassers von Birkheim, Kreis St. Goar*

Gesamthärte	0,28° d
Bikarbonathärte	0,56° d
Gebundene CO_2	4,4 mg CO_2/l
Aggressive CO_2	15,4 mg CO_2/l

Abb. 418. Blick in das in *Birkheim*, Krs. St. Goar nach 27 Betriebsjahren ausgebaute Asbestzement-Druckrohr NW 100

Diese Leitung, die sowohl innen als auch außen mit einem Schutzanstrich versehen war, wurde im Jahre 1932 verlegt. Infolge eines Umbaus erfolgte 1959, also nach 27 Betriebsjahren, der Ausbau eines Rohrstückes, das bei dieser Gelegenheit näher untersucht wurde. Wie das in Abb. 418 abgebildete Rohrstück zeigt, waren die Schutzanstriche noch gut erhalten. An der Außenseite ließen sich zwar zahlreiche Schadstellen feststellen, sie dürften jedoch von mechanischen Beschädigungen beim Ausbau stammen. Im Inneren war der Schutzanstrich stellenweise durch Bläschenbildung aufgerauht, wie dies im Bild gut zu erkennen ist. Die einzelnen aneinandergereihten und ausgetrockneten Bläschen wurden jeweils durch eine hauchdünne, stark versprödete Bitumenhaut gebildet, die sich mühelos wegwischen ließ. Darunter gelangt dann eine ebenfalls bituminöse, schwarze Unterschicht zum Vorschein. Da das Asbestzementmaterial unter der Schutzschicht völlig unversehrt war und keine Korrosionsschäden aufwies, muß angenommen werden, daß die unter den Bläschen befindliche Bitumenschicht zusammenhängend blieb und das Rohrmaterial trotz der Bläschenbildung voll abdeckte. Eine an anderen Rohrproben beobachtete Karbonatisierung der inneren Materialschichten fand hier nicht statt, wie die Schnittkante des auf Abb. 418 gezeigten Rohrstückes ausweist.

Es ergibt sich demnach auch hier die bereits an anderen ausgebauten Rohrproben festgestellte Tatsache, daß die häufig zu beobachtende Bläschenbildung beim Innenanstrich nicht grundsätzlich zu einer Aufhebung der Schutzwirkung führen muß. Diese Bläschen bilden sich nicht durch Abheben der gesamten Schutzschicht von der Rohroberfläche, sondern vielmehr durch Abheben einzelner Lagen innerhalb der Bitumenschicht. Dadurch aber bleibt die Rohrwand selbst mit einer zusammenhängenden, wenn an Stelle der entstandenen Bläschen auch dünneren Bitumenschicht, bedeckt.

5.110 Ausbau Langenfeld

Beim Verbandswasserwerk *Langenfeld-Rheingemeinden* floß in einer 1934 verlegten Asbestzement-Druckrohrleitung NW 80, der Druckstufe ND vom 1. 9. 1939 bis zum April 1950, also über 10 Jahre lang ein sehr stark angreifendes Wasser, dessen pH-Wert 6,0 betrug, wobei die freie Kohlensäure zwischen 24 und 70 mg/l schwankte. 1954 wurde dieser Leitung das in Abb. 419 gezeigte Rohrstück entnommen. Der Innenanstrich hat das Rohr vor größeren Zerstörungen durch das sehr aggressive Wasser bewahrt. Man erkennt einzelne kleine Stellen, an denen infolge lokaler Beschädigungen des Schutzanstriches Korrosion stattgefunden hat.

Zu einer kalkhaltigen Niederschlagsbildung konnte es bei dem stark kohlensäurehaltigen Wasser natürlich nicht kommen.

In Anbetracht der vorhandenen Aggressivität des Wassers und der Länge der Betriebszeit muß der Zustand des ausgebauten Asbestzement-Rohrstückes als vortrefflich angesehen werden. Es läßt sich leicht abschätzen, daß die Lebensdauer dieses Rohres noch erheblich größer sein wird, als die bisher vergangene Betriebsperiode von rund 20 Jahren.

Abb. 419. Blick in das nach rund 20 Betriebsjahren in *Langenfeld* ausgebaute Asbestzement-Druckrohr NW 80, in dem zum Teil stark aggressives Trinkwasser floß.

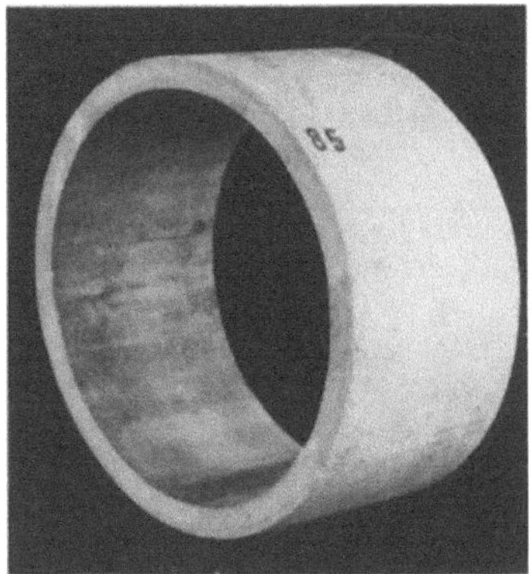

Abb. 420. Blick in das in *Kempten*/Allgäu nach 24 Betriebsjahren ausgebaute Asbestzement-Druckrohr NW 300.

5.111 Ausbau Kempten

Als Beispiel einer Asbestzement-Druckrohrleitung mit etwas größerem Durchmesser, nämlich 300 mm, sei noch die Leitung in *Kempten*/Allgäu erwähnt, die ebenfalls zu den ältesten Asbestzement-Druckrohrleitungen in Deutschland zählt und im Jahre 1931 verlegt wurde. Das Rohrstück der Abb. 420 wurde 1955, also nach 24 Jahren ununterbrochenen Betriebes, aus dieser Leitung ausgebaut. Das sowohl außen als auch innen ohne einen Schutzanstrich benutzte Rohr machte einen fabrikneuen Eindruck und zeigte keinerlei Inkrustierungen oder sonstige Ablagerungen.

Korrosionserscheinungen waren hier allerdings auf Grund der Boden- und Wasserverhältnisse nicht zu erwarten. Die Asbestzement-Druckrohrleitung, der das Probestück entnommen wurde, hat bisher ohne eine Störung zu verursachen in Betrieb gestanden und so seine Aufgabe voll erfüllt. Die Lebensdauer dieser Leitung ist auf Grund der vorhandenen Verhältnisse nicht zu übersehen.

5.112 Ausbau Hinterlangenbach

Bei der im Jahre 1938 in *Hinterlangenbach*, Krs. Freudenstadt, eingebauten Asbestzement-Druckrohrleitung NW 175 handelt es sich zwar um keine Trinkwasserleitung, trotzdem soll sie an dieser Stelle mit aufgeführt werden. Das Wasser eines Baches, des Langenbaches, wird durch diese Asbestzement-Druckrohrleitung einer kleinen Wasserturbine zugeführt, welche einen Generator zur Eigenstromversorgung des dortigen Forsthauses und einiger benachbarter Anwesen antreibt. Nach einer Analyse des chemischen Landesuntersuchungsamtes Reutlingen, welche nachfolgend auszugsweise wiedergeben ist, ist das Bach- und Grundwasser außerordentlich weich

Tabelle 129. *Analyse des Wassers aus der Stauhaltung des Langenbaches*

pH	6,55
Gesamthärte	0,50° d
Karbonathärte	0,45° d
freie CO_2	6,5 mg CO_2/l
kalkaggressive CO_2	6,5 mg CO_2/l
Kieselsäure	3,3 mg SiO_2/l
Huminsäure	0,08 mval/l

Abb. 421. Blick in die ausgebaute Rohrprobe einer 17 Jahre alten als Turbinenleitung betriebenen Asbestzement-Druckrohrleitung NW 175.

und besitzt eine Gesamthärte von nur 0,5° d G. Infolgedessen ist die vorhandene freie Kohlensäure insgesamt aggressiv. Der pH-Wert resultiert sowohl aus dem Gehalt an Kohlensäure als auch aus demjenigen an Huminsäure. Abb. 421 zeigt ein Stück der 1955 aus vorstehender Leitung ausgebauten Rohrprobe. Das unter einem ständigen Betriebsdruck von 8 atü stehende Rohr, das außen und innen bituminiert war, zeigte im Innern, wie aus der Abbildung ersichtlich ist, einen einwandfreien Zustand des Schutzanstriches, der an keiner Stelle abgerieben oder beschädigt war. Hinsichtlich der Beschaffenheit der Außenfläche unterlag das untersuchte Asbestzement-Druckrohr besonders ungünstigen Bedingungen. Infolge eines Montagefehlers beim Verlegen war die oberhalb des ausgebauten Rohres liegende Muffenverbindung undicht geblieben. Das aus der Muffe seit dem Einbau ständig austretende Wasser hat zusammen mit dem Sickerwasser und der sandig-steinigen Grabenfüllung auf der Unterseite und den Kämpferseiten alsbald einen mechanischen Abrieb des Bitumenanstriches auf der Außenseite bewirkt, der das bloßgelegte Asbestzementmaterial direkt dem Angriff des aggressiven Wassers aussetzte. Wie aus einem vorliegenden Gutachten[1] hervorgeht, zeigte die bloßgelegte Stelle eine korrodierte Schicht von etwa 0,25 mm Dicke, darunter war das Material jedoch intakt und unverändert. Es läßt sich somit feststellen, daß selbst unter den geschilderten Umständen das Asbestzement-Druckrohr sich durchaus bewährt hat und für die beschriebene Verwendung auch voll geeignet war.

Selbstverständlich sind mit diesen Beispielen bei weitem nicht alle bestehenden Leitungen, Erfahrungsberichte sowie Untersuchungsergebnisse erfaßt worden. Es kam vielmehr auf einen Querschnitt an, der das Grundsätzliche aufzeigen sollte. Natürlich sind auch außerhalb Deutschlands solche Erfahrungen gesammelt und ausgewertet worden; praktisch überall dort, wo Asbestzement-Druckrohre angewendet und verlegt werden. Es erscheint daher sinnvoll, einige der in anderen Ländern gemachten Erfahrungen auf Grund der darüber erfolgten Veröffentlichungen als Ergänzung anzuführen.

5.113 Ausbau von Asbestzement-Druckrohren in niederländischen Wasserwerken

In den Niederlanden liegen zum großen Teil Bodenverhältnisse vor, die eine Sulfatreduktion begünstigen. Sofern darüber hinaus eine anschließende Belüftung des Bodens ermöglicht wird, entstehen hochaggressive, schwefelsaure Böden, die den bestehenden Rohrnetzen schwerste Schäden zufügen. Nicht zuletzt dieser Tatsache ist es zuzuschreiben, daß auf der Suche nach einem Rohrmaterial, das der Bodenkorrosion besser als die metallischen Leitungen widersteht,

---

[1] Zusammenfassende Begutachtung eines ETERNIT-Druckrohres von Oberreg.- und -baurat AUER, Regierungspräsidium Südwürttemberg-Hohenzollern v. 20. 10. 1955.

gerade Asbestzement eine verhältnismäßig weitverbreitete Anwendung erfahren hat, so daß, wie bereits an anderer Stelle erwähnt, 1956 etwa ein Drittel aller in den Niederlanden verlegten Hauptleitungen in Asbestzement ausgeführt waren.

In dem schon so oft angeführten KIWA-Bericht von 1948 [120] und dem hierzu 1958 erschienenen Ergänzungsbericht [121] wird auch über Aufgrabungen von Asbestzement-Druckrohrleitungen und die hierbei gemachten Beobachtungen berichtet. Es handelt sich dabei hauptsächlich um Untersuchungen bezüglich der Außenkorrosion. In den Klei-, Schlick- und Moorböden der niederländischen Landschaften sinken die pH-Werte nicht selten unter 4,0 ab, es liegen also in der Regel saure bis stark saure Reaktionen in den Böden vor. Da natürlich die neueren Ausgrabungsergebnisse mehr interessieren, seien einige Beispiele aus dem Ergänzungsbericht [121] angeführt.

Abb. 422.
Im Rohrinnern losgelöste Schicht [121].

Die älteste in den Niederlanden verlegte Asbestzement-Druckrohrleitung liegt im Bereich des Städt. Elektrizitäts- und Wasserwerkes 's-Hertogenbosch und wurde 1931 eingebaut. Es handelt sich um eine Asbestzementleitung NW 200, der Klasse 20, die innen nicht geschützt war. Diese Leitung war bis 1949, also 18 Jahre in Betrieb, wurde 1949 ausgebaut und lagert seitdem im Magazin des Werkes. Rein äußerlich zeigten die ausgebauten Rohre keine Veränderungen. Als man jedoch an einigen Rohren Festigkeitsprüfungen durchführte, stellte man verschiedenlich fest, daß sich innen über den ganzen Rohrumfang eine 1 mm dicke Schicht losgelöst hatte (Abb. 422). Auch unter dieser Schicht war noch ein Angriff festzustellen. Diese Zerstörung erklärt die *niederländische Studienkommission* damit, daß das Wasser in 's-Hertogenbosch zu der Zeit, da die Leitung verlegt wurde, noch nicht entsäuert und daher sehr aggressiv war. Vielleicht hat die jetzt abgelöste, lose liegende Schicht, nachdem man zur Entsäuerung übergegangen war, aus dem entsäuerten Wasser wieder Kalk aufgenommen, wodurch sie wieder etwas verhärtete. Beim Lagern in dem Schuppen des Werkes trockneten die Rohre aus, wobei vermutlich die innere Schicht mehr einschrumpfte als die übrige Wandung, so daß eine Trennung der Schichten erfolgte [121]. Das eigenartige Bild der Zerstörung, das allen bisherigen Erfahrungen widerspricht, kann m. E. durch die ausgesprochene Vermutung über die Entstehung nicht gänzlich erklärt werden. Es liegt der Gedanke nahe, daß bereits bei der Herstellung der Rohre eine Schichtentrennung erfolgte, um so mehr, als es sich vermutlich um Rohre aus einer der ersten Produktionsgänge der damals noch im Anfang stehenden Asbestzement-Druckrohr-Industrie handelt. Ist dies der Fall, dann konnte natürlich das aggressive Wasser, über dessen Beschaffenheit im einzelnen leider nichts ausgesagt wird, von der Stirnseite der Rohre hier in den Spalt eindringen und eine Korrosion der Randzone des Spaltes hervorrufen. Mit der Zeit führte dies dann zu einer Trennung des beidseitig korrodierten Ringes von der Rohrwand, dessen nachträgliche Härtung durch Kalkausfall noch während der Betriebszeit nicht von der Hand zu weisen ist. Durch Schrumpfung infolge Austrocknung wurde dann der Ring frei. Unter Ausschluß der angegriffenen Teile des Querschnitts vorgenommene Festigkeitsprüfungen ergaben trotz allem Werte, die die Mindestforderung übertrafen.

Im Gegensatz zu dem Beispiel von 's-Hertogenbosch beziehen sich die folgenden Untersuchungen ausschließlich auf die Außenkorrosion. Auf Ersuchen der Studienkommission wurde 1956 im Bereich des Provinzialwasserwerkes von Nordholland (P.W.N.) eine Asbestzement-Druckrohrleitung NW 100 und eine weitere mit der Nennweite 150 (mm) aufgegraben und jeweils drei Proberohre entnommen. Die Leitung NW 100 war 1933 in *Assendelft*, die Leitung NW 150 1934 in *Edam* verlegt worden. Während der Boden in Edam bei einem pH-Wert von 7,5 nicht aggressiv für Asbestzement war, wies der Boden von Assendelft mit dem pH-Wert 5,5, eine erhebliche Angriffsfähigkeit auf. Dementsprechend zeigten die Rohre von Assendelft eine Außenkorrosion, die sich über die ganze Oberfläche erstreckte und einmal weniger, ein anderes Mal stärker in Erscheinung trat, dagegen wiesen die Rohre aus Edam fast keine Angriffsschäden auf. Lediglich an einigen Stellen war eine geringfügige Korrosion zu beobachten. Festigkeitsprüfungen, die mit den ausgebauten Rohrproben angestellt wurden, ergaben Werte, die über den Mindestforderungen des Studienausschusses lagen. Die Proben wurden hierbei durch Abdrehen von den angegriffenen Schichten befreit, so daß jeweils nur das kernige, gesunde Asbestzementmaterial geprüft wurde [*121*].

Abschließend sei noch von einem Ausbau in *Oosterzee* berichtet, der ebenfalls 1956 stattfand und eine 1933 verlegte Asbestzement-Druckrohrleitung NW 175 ohne Schutzanstrich betraf. Bodenuntersuchungen hatten im Bereich des aus dieser Leitung ausgebauten Rohres pH-Werte von 6,0 und weniger ausgewiesen. Die nähere Untersuchung der ausgebauten Rohre ergab, daß diese im allgemeinen stärker korrodiert waren, und zwar meistens an der Sohle und am Scheitel, während die Kämpferseiten wenig oder überhaupt keine Angriffserscheinungen zeigten. Die Ermittlung der Materialfestigkeit dieser Rohre erbrachte Werte, die die Mindestfestigkeit übertrafen. Die stattgefundene Korrosion hatte demnach die Festigkeit der Rohre nicht beeinflußt [*121*].

5.114 Ausbau von Asbestzement-Druckrohren in englischen Versorgungsbetrieben

Neben den Niederlanden liegen auch aus Großbritannien Erfahrungsberichte von offizieller Seite vor, in denen das Verhalten von Asbestzment-Druckrohren in der Praxis beschrieben wird. So berichtet der Special Report Nr. 15 [*110*], der vom *Stationary Office of Her Majesty* in London 1952 im Rahmen der National Building Studies veröffentlicht wurde, über die Untersuchungen an ausgebauten Probestücken von Asbestzementleitungen der verschiedensten Anwendungsgebiete.

In Großbritannien werden Asbestzement-Druckrohre seit 1928 hergestellt. Im allgemeinen erhalten sie grundsätzlich eine innere und äußere Bitumenschutzschicht. Bereits 1933 entstand die Britische Norm Nr. 486 für „Asbestzement-Druckrohre". Ausgehend von der Tatsache, daß nach dem zweiten Weltkrieg eine immer mehr verbreitete Anwendung von Asbestzement-Druckrohren erfolgte, mußte untersucht werden, ob eine Revision der seit ihrer ersten Veröffentlichung unverändert bestehenden Norm wünschenswert bzw. unumgänglich ist. Dazu bedurfte es aber Unterlagen. Die vorhandenen Ergebnisse eines umfangreichen Versuchsprogrammes, das im Laboratorium durchgeführt worden war, sollte hierbei durch praktische Erfahrungen mit verlegten Leitungen ergänzt werden. Aus diesem Grunde wurden insgesamt 17 Behörden und sonstige Stellen, die nachweislich Asbestzement-Druckrohre verlegt hatten und diese Leitungen auch betrieben, befragt und die erhaltenen Auskünfte nach folgenden Gesichtspunkten geordnet:

a) Rohre in nichtkorrosiven Böden die nichtaggressives Wasser leiten,

b) Rohre in korrosiven Böden, die nichtaggressives Wasser leiten,

c) Rohre in nichtkorrosiven Böden, die aggressives Wasser leiten,

d) Rohre, die saures Grubenwasser leiten. (Diese Ergebnisse werden an anderer Stelle besprochen.)

Bei nichtkorrosiven Böden der Gruppe a) handelt es sich um Sande und Tone. Die untersuchten Leitungen förderten ausnahmslos aufbereitete Trinkwässer, die nicht bzw. nur leicht aggressiv waren. Demzufolge waren an keiner der untersuchten Rohrproben größere Korrosionserscheinungen festzustellen, wenn sie auch 12 bis 17 Jahre in Betrieb gewesen waren. Die bituminösen Schutzschichten innen und außen waren zum Teil nicht mehr vorhanden. Die entblößten Stellen zeigten die kernige, harte Struktur des unbeeinflußten Asbestzementmaterials, sie waren demnach un-

Abb. 423. Äußere Oberfläche und Verbindung einer nach 17 Betriebsjahren ausgebauten Rohrprobe [*110*].

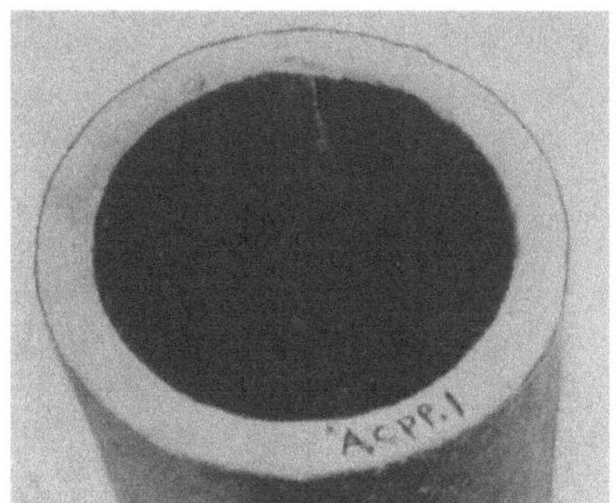

Abb. 424. Blick in das Innere der gleichen Rohrprobe [*110*].

beeinflußt geblieben. Interessanterweise zeigen alle Rohre im abgedrehten Teile eine gewindeähnliche Unebenheit, die verhältnismäßig schwer zu isolieren ist. Es ergab sich denn auch, daß hauptsächlich auf den Graten die Bitumenschicht zuerst zerstört bzw. abgenutzt wurde. Sofern GIBAULT- oder Flansch-Kupplungen verwendet wurden, was meistens der Fall war, konnten leichte Korrosionserscheinungen dort beobachtet werden, wo der Schutzanstrich beseitigt war. Die Schraubenbolzen und Muttern dagegen waren stärker korrodiert. Die Abb. 423 und 424 zeigen ein Beispiel einer ausgebauten Rohrprobe, die unter den beschriebenen Boden- und Wasser-

Abb. 425. Ansicht eines 12 Jahre in saurem Moorboden gelegenen Asbestzement-Rohres mit Asbestzement-Schraubmuffenverbindung [*110*].

Abb. 426. Blick in das innere der gleichen Rohrprobe [*110*].

verhältnissen 17 Jahre in Betrieb gestanden hatten (gelegt 1931, ausgebaut 1948) [*110*]. Ergänzend wäre zu bemerken, daß es im wesentlichen auf die zweckmäßige Wahl des Anstrichmittels und die entsprechende Auftragstechnik ankommt, um Abhebungen des Anstriches zu vermeiden. Vergleiche hierzu insbesondere die Kapitel 7.0 (Rohrschutz) und 4.63 (Außenkorrosion.)

In der Gruppe b) stehen zwei Proben zur Verfügung, deren eine aus einem sauren Moorboden stammt, während die andere einem sulfathaltigen Tonboden („Londoner Ton") entnommen wurde. Die in dem sauren Moorboden 12 Jahre gelegene Probe (Abb. 425, 426) wies eine im großen und ganzen einwandfreie äußere Oberfläche auf, wenn auch zahlreiche Stellen festgestellt werden konnten, an denen der Schutzanstrich entfernt war und das Asbestzementmaterial bloßlag. Hier ließen sich dann oberflächliche Erweichungen nachweisen, die maximal 1 mm tief reichten. Ein ähnliches Bild bietet auch die äußere Oberfläche der Asbestzement-Schraubmuffenverbindung [*110*].

Die Probe, die in dem sulfathaltigen Ton insgesamt 11 Jahre gelegen hatte, machte ebenfalls einen sehr guten Eindruck und zeigte äußerlich keine Veränderungen, die auf eine Korrosion hätten schließen lassen. Der Schutzanstrich war sehr gut und vor allem zusammenhängend erhalten. Lediglich an der Stelle, wo eine Anbohrbrücke gesessen hatte, war eine mechanische Abnützung durch Abschliff, vermutlich infolge Undichtigkeit, auszumachen.

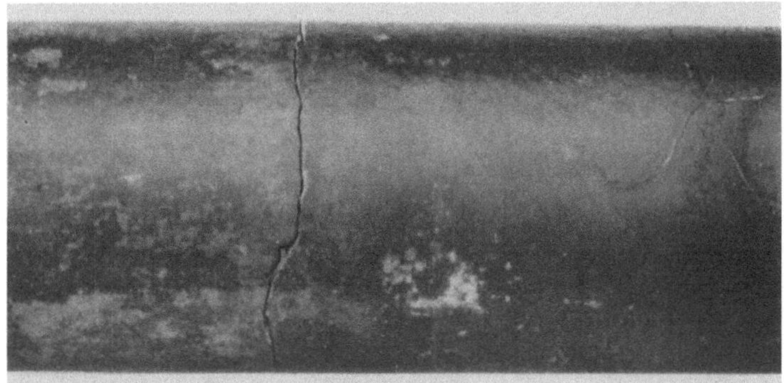

Abb. 427. Ansicht einer im sulfathaltigen Ton 11 Jahre gelegenen Rohrprobe [*110*].

Daß der Boden jedoch sehr stark korrosiv ist, geht aus dem Zustand einer gußeisernen Flansch-Kupplung hervor, die einer ebenfalls in diesem Boden verlegten Asbestzementleitung entnommen wurde und lediglich 8 Jahre im Boden verweilt hatte.

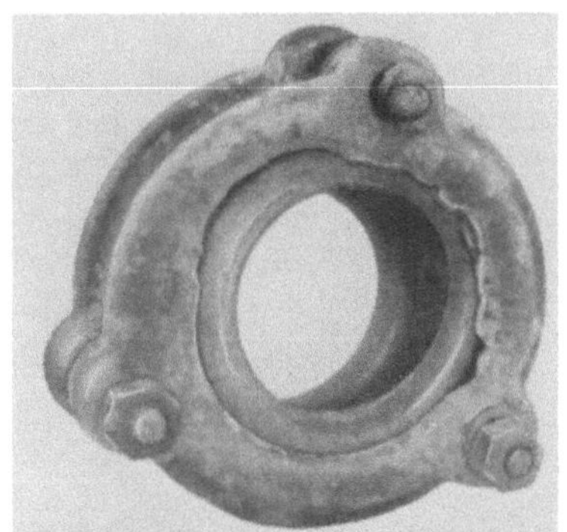

Abb. 428. Im sulfathaltigen Tonboden nach 8jährigem Aufenthalt stark angegriffene Flansch-Kupplung [*110*].

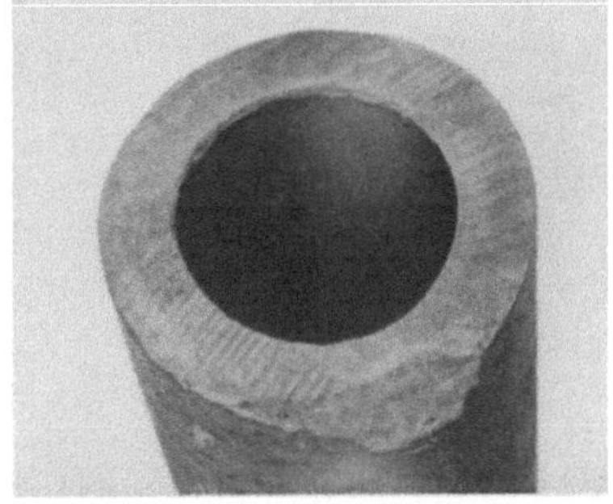

Abb. 429. Blick in ein aus einer 10 Jahre lang betriebenen Rohwasserleitung ausgebautes Proberohr [*110*].

Da der Innenanstrich vollkommen erhalten war, konnte bei der in Abb. 429 gezeigten Probe, die 10 Jahre lang ein aggressives Rohwasser mit einem pH-Wert von 6,0 und darunter förderte, keinerlei Korrosion festgestellt werden. Das Rohr befand sich nach wie vor in einem einwandfreien Zustand [*110*]..

Soviel über die in Großbritannien gemachten Erfahrungen mit Asbestzementleitungen in der Trinkwasserversorgung.

5.115 Ausbau von Asbestzement-Druckrohren in italienischen Versorgungsbetrieben

In Italien wurden, wie bereits dargelegt, die ersten Leitungen aus Asbestzement-Druckrohren verlegt. Daher ist es nicht möglich, an den Erfahrungen vorbeizugehen, die SCIMEMI mit einigen älteren Asbestzementleitungen machte und über die er in einer Veröffentlichung von 1951 [*207*] berichtete.

Die 1925 verlegte Wasserleitung von *Sestri Levante* hat eine Gesamtlänge von 15 km und führt ein im Gleichgewicht stehendes Wasser mittlerer Härte (10,5°dK). Der Innendurchmesser dieser Leitung beträgt 200 mm, die Wanddicke 15 mm. Es ist noch zu erwähnen, daß seinerzeit für die Hausanschlüsse und Endstränge eiserne Leitungen NW 50 verwendet worden waren, die jedoch

mit der Zeit wegen allzu starker Inkrustierung ausgebaut und durch Asbestzementrohre erset
werden mußten. Demnach darf angenommen werden, daß das Wasser auch eisenhaltig ist.

Beim Freilegen eines Probestückes 1948 wurde die Außenfläche in einem einwandfreien Zustar
angetroffen. Nach dem Öffnen der Leitung zeigte sich eine völlig glatte Rohrinnenwand, auf d
sich ein dünner, gelbgefärbter und hauptsächlich Eisen enthaltender Niederschlag gebildet hatt
der dem Abkratzen einen geringeren Widerstand entgegenstellte als die darunterliegende
Schichten. Das Rohr hatte sich also während der 23jährigen Betriebszeit, während der mit eine
Druck von 30 m WS gefahren wurde, praktisch nicht verändert. Das beim Asbestzement-Druck
rohr vorteilhafte Verhalten gegenüber Ablagerungen und insbesondere Inkrustierungen zeigt
sich an diesem Beispiel besonders deutlich [207].

Eine besondere, allerdings nicht näher beschriebene Beobachtung machte SCIMEMI bei de
Wasserleitung von *Turin* nach *Monferrato*, die von verschiedenen Quelleitungen gespeist wirc
Bei der Untersuchung einer Gruppe von Rohren, die 1947 nach 20jährigem Betrieb aus eine
von artesischen Brunnen gespeisten Zuleitung ausgebaut worden war, stellte man fest, daß di
innere Oberfläche sich zwar glatt anfühlte, daß sie aber in einer Dicke von Millimeterbruchteile
schartig war. Bei einem an anderer Stelle der gleichen Leitung ausgebauten Rohr trat diese Er
scheinung dagegen nicht auf [207]. Obwohl SCIMEMI keine nähere Begründung für dieses Verhal
ten der untersuchten Rohre angibt, darf angenommen werden, daß hier örtliche Einflüsse, wi
die Beschaffenheit des jeweiligen Einspeisungswassers und die lokalen Strömungsverhältniss
eine Rolle spielen; diese Hauptleitung hatte eine Nennweite von 800 mm.

Bei der 300 km langen Asbestzementstrecke der *Apulischen Wasserleitung* wurde ein Roh
aus einer Abzweigleitung NW 275 ausgebaut. Diese in kalk- und tonhaltigem Grund verlegt
Leitung war auf Sockeln verlegt, dergestalt, daß jede Rohrlänge von 4,0 m auf vier Fundamenten
aus Schamottesteinen lagerte. Irgendwelche Beanstandungen gab es bei der Untersuchung de
ausgebauten Rohres nicht. Das Rohrinnere war vollständig intakt und zeigte keinerlei Angriffserscheinungen. Überzogen war die Innenwandung jedoch mit einer leichten, tonhaltigen Schicht,
wie diese auch in dem Hauptkanal und in den Behältern der ApulischenLeitung angetroffen wird.

Bemerkenswert ist noch die von SCIMEMI den veröffentlichten Berichten der Apulischen Wasserleitung entnommene Feststellung, daß nämlich die Leitungsschäden pro Kilometer Leitung in der
Asbestzementstrecke von allen bei dieser Wasserleitung verwendeten Rohrmaterialien am
niedrigsten liegen [207].

Die Wasserleitung von *Vigevano*, die 1932 verlegt wurde, verhielt sich ähnlich. Das in dieser
Leitung geförderte Wasser war eisen- und manganhaltig und besaß eine nur geringe Karbonathärte (3°dK). Nach 16 Jahren wurden einige Rohre des rund 38 km umfassenden Versorgungsnetzes, in dem alle Durchmesser zwischen 60 und 250 mm vorkommen, ausgebaut und untersucht. Dabei stellte SCIMEMI eine noch glattere innere Oberfläche fest, als sie bei den für den
Ersatz der ausgebauten Rohrstücke bereitgestellten fabrikneuen Asbestzementrohren vorgefunden wurde. Infolge des Mangangehaltes des Wassers waren die Rohre innen dunkel gefärbt [207].
Da die sehr geringe Karbonathärte die Ablagerung einer Karbonatschicht nicht vermuten läßt,
deutet die Dunkelfärbung darauf hin, daß sich Mangan und Eisen ausschied und als feiner poren-
füllender Niederschlag auftrat.

5.116 Ausbau von Asbestzement-Druckrohren in der kanadischen Stadt Winnipeg/Manitoba

Zum Schluß seien noch die Untersuchungen an in Winnipeg ausgebauten Rohren erwähnt
[102]. Dort wurden 1932 die ersten Asbestzement-Druckleitungen verlegt. Eine dieser Leitungen
wurde 1946 aufgegraben. Es handelte sich hierbei um eine 18-in.-Leitung (NW 450). Gleichzeitig
erfolgten Reibungsverlustmessungen an dieser Leitung. Die Analyse des Bodens erwies diesen
als nicht korrosiv, während das geförderte Wasser leicht aggressiv war.

Auf Grund der Analysen konnte von vornherein erwartet werden, daß Korrosionserscheinungen
nicht auftreten würden. Dies bestätigt auch die vorgenommene Untersuchung. Sowohl die durchgeführten Festigkeitsprüfungen, als auch die hydraulischen Überprüfungen ergaben Werte, die
denen fabrikneuer Rohre nicht nachstehen. Die Lebensdauer der nach 14 Betriebsjahren untersuchten Rohre dürfte demnach ein Mehrfaches des bis dahin erreichten Alters betragen [102].

5.2 Erfahrungen mit Meerwasser- und Soleleitungen

Die korrosive Wirkung von Meerwasser ist allgemein bekannt. Mit um so größerem Interesse wurde daher das Verhalten von Asbestzement-Druckrohrleitungen verfolgt, in denen Meerwasser zum Teil auch mit höheren Temperaturen, weitergeleitet wird.

5.21 Ausbau Genua

Zu den ältesten Asbestzement-Druckrohrleitungen größerer Länge gehört die 1923 in *Genua* verlegte Brauchwasserleitung NW 250, mit deren Hilfe Meerwasser für die Straßenreinigung gefördert wird. Die Verbindung der einzelnen Rohre erfolgt durch eiserne GIBAULT-Kupplungen. Infolge ungünstiger dynamischer Verhältnisse können beim Pumpbetrieb Druckschwankungen von 3 bis 13 atü auftreten. In dem von dieser Leitung abgehenden Verästelungsnetz mit einer Länge von 15 km reduzieren sich die Nennweiten bis herunter auf 50 mm. Innerhalb dieses Netzes wurde nach etwa 25 Betriebsjahren ein Rohrstück NW 100 ausgebaut. Hierbei erwies sich das Rohrinnere völlig unberührt und intakt. Dagegen war die Hülse der GIBAULT-Kupplung, deren innere Wandung teilweise mit dem Meerwasser in der Leitung in Berührung kommt, bis zu 2 mm tief korrodiert [*207*].

5.22 Ausbau Wittdün auf Amrum

In *Wittdün* auf der Insel Amrum wurde 1955 eine Asbestzement-Saugleitung NW 100/ND 10 verlegt, in der Nordseewasser direkt für die Bäderabteilung des Kurbadehauses gewonnen wird. Diese Leitung ist in Seesand verlegt, in dem nach dem Untersuchungsbefund des Städt. Labor. und Fachinstituts für Gas, Wasser und Abwasser der Stadt Kiel infolge der vorhandenen Muschelschalen usw. ein sehr hoher Kalkgehalt von insgesamt 22,8 g CaO je kg Boden vorherrscht. Daneben wurden 232 mg SO_4^{--}/kg und 610 mg Cl^-/kg festgestellt. Das Nordseewasser selbst wird durch einen hohen Chloridgehalt gekennzeichnet und hat etwa folgende Zusammensetzung[1] (Tab. 130).

Im August 1960, also nach rund fünf Betriebsjahren, wurde von dieser Leitung ein Rohrstück ausgebaut und näher untersucht. Das Rohrstück war sowohl innen als auch außen mit einem Schutzanstrich versehen, der an der Außenfläche teilweise abgescheuert war und sich nur noch in den vom Webmuster der Transportfilze stammenden Vertiefungen nachweisen ließ. Trotzdem war

Tabelle 130. *Zusammensetzung des durch Asbestzement-Druckrohre NW 100 geförderten Nordseewassers von Wittdün auf Amrum*

Na^+	: 10,56 g/l	Cl^-	: 18,98 g/l
Mg^{++}	: 1,27 g/l	SO_4^{--}	: 2,65 g/l
Ca^{++}	: 0,40 g/l	HCO_3^-	: 0,14 g/l
K^+	: 0,38 g/l	Br^-	: 0,065 g/l

keinerlei Korrosion an der Außenfläche festzustellen und nach der Bodenanalyse auch nicht zu erwarten. Im Inneren des Rohres war der Schutzanstrich noch voll erhalten und bedeckte die Rohrwand vollständig. Auf diesem Schutzanstrich hatte sich ein grauer, teilweise auch graubräunlicher Niederschlag abgesetzt, der an der Rohrsohle eine feine Sandrauhigkeit aufwies und sich nicht ohne weiteres abwischen ließ. Die Analyse dieses Niederschlags ergab, daß er sich praktisch aus den im Nordseewasser Gelösten zusammensetzte. Unter der Schutzschicht war das Rohrmaterial völlig intakt, es war kernig und gleichsam fabrikneu. Auch die nebenher ermittelten Festigkeiten des untersuchten Rohrstückes entsprachen denen fabrikneuer Rohre. Es kann somit festgestellt werden, daß die Asbestzement-Druckrohre die allerdings bisher sehr kurze Zeit von fünf Jahren gut überstanden haben und ihrer Aufgabe als Meerwasserleitung voll und ohne Schaden zu nehmen gerecht wurden. Es darf angenommen werden, daß auch in den folgenden Jahren keine Schwierigkeiten mit dieser Leitung auftreten werden. In Abb. 430 ist ein Stück des ausgebauten Rohres abgebildet.

5.23 Ausbau Westerland auf Sylt

Innerhalb des Kurbadehauses in *Westerland* auf der Insel Sylt wird in einer 1956 eingebauten Asbestzement-Druckrohrleitung NW 100, ND 10, Nordseewasser gefördert, das auf 60°C erhitzt ist. Aus dieser Leitung wurde ein Rohrstück im Jahre 1960 ausgebaut, von dem ein Teilstück in

---

[1] Nach C. Zo BELL: Marine Mikrobiology, Waltham, Mass. 1946 und H. RÖMPP: Chemie-Lexikon, 4. Aufl., Stuttgart 1958.

Abb. 431 gezeigt wird. Die innen mit einem Schutzanstrich versehene Leitung war bis zum Ausbau nur $4^1/_2$ Jahre in ununterbrochenem Betrieb. Wie aus der Abb. 431 ersichtlich wird, ist das Innere des Rohres in einem tadellosen Zustand vorgefunden worden. Der Schutzanstrich war voll erhalten und hatte keinerlei Ablösungen oder Bläschenbildung erfahren. Es ist bemerkenswert, daß sich keine Inkrustierungen oder Ablagerungen gebildet hatten, lediglich ein hauchdünner, rötlichbrauner Niederschlag haftete verhältnismäßig fest auf dem Bitumenanstrich. Wie

Abb. 430. Blick in das in Wittdün ausgebaute Asbestzement-Rohrstück NW 100 aus einer Meerwasser-Saugleitung.

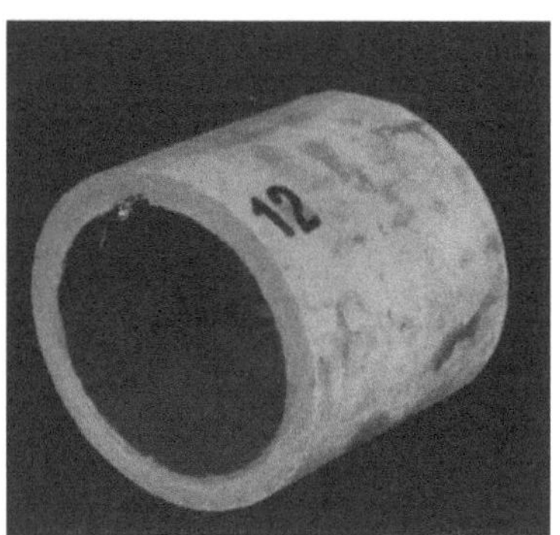

Abb. 431. Blick in das in Westerland nach $4^1/_2$jähriger Förderung von erhitztem Nordseewasser ausgebaute Rohrstück.

eine Analyse zeigte, enthielt dieser Niederschlag in der Hauptsache Eisen, das vermutlich aus den benachbarten eisernen Leitungsteilen stammte. Daneben fanden sich Spuren von Kalzium, Magnesium sowie von Chloriden an. Unter dem Schutzanstrich war das Material hart und von ursprünglicher Beschaffenheit. Die mit der ausgebauten Rohrprobe durchgeführten Festigkeitsprüfungen ergaben Innendruck- und Scheiteldruckfestigkeiten, die weit über den Mindestwerten der Norm lagen.

5.24 Ausbau Bad Nenndorf

Ein sehr interessanter Ausbau erfolgte in *Bad Nenndorf*. Hier wird die schwefelhaltige Sole seit 1939 in einem Asbestzement-Druckrohr NW 125 von der Fassung in Soldorf zum Kurbad in Bad Nenndorf gefördert. Nach einer Analyse der Sole, die vom Niedersächsischen Wasseruntersuchungsamt in Hildesheim vorgenommen wurde, setzt sich die Sole wie folgt zusammen:

Tabelle 131. *Zusammensetzung der schwefelhaltigen Sole von Bad Nenndorf*

Fe^{++}	2,3	mg/l	Gesamthärte	472°d
NH_4^+	15,5	mg/l	Kalkhärte	165°d
NO_2^-	0,1	mg/l	Magnesiumhärte	307°d
NO_3^-	1,0	mg/l	Karbonathärte	15,1°d
Cl^-	56 500	mg/l	Kohlensäure	0
SO_4^{--}	8 900	mg/l	pH-Wert	6,6
H_2S	70	mg/l		
K^+	267	mg/l		
N^+	32 460	mg/l		

Abb. 432. Blick in ein nach 20 Betriebsjahren einer Sole-Leitung in Bad Nenndorf entnommenes Rohrstück.

Nach 20 Betriebsjahren wurde 1959 ein Stück dieser Soleleitung ausgebaut und begutachtet. Abb. 432 zeigt ein Teilstück der Probe, die sowohl innen als auch außen mit einem Schutzanstrich versehen worden war. Der innere Schutzanstrich ist noch vollständig erhalten. Teilweise erfolgte die bereits wiederholt beobachtete Bläschenbildung, die jedoch jedesmal nur die oberste Lage der Schutzschicht erfaßte. Unter den Bläschen kommt eine weitere Lage des Schutzanstriches zum Vorschein, so daß die Bläschenbildung auf die eigentliche Schutzwirkung keinen Einfluß nimmt. Dies erhellt auch die Tatsache, daß das Asbestzementmaterial an keiner Stelle in Mitleidenschaft gezogen wurde und überall unter der Schutzschicht seine ursprüngliche Härte behalten hatte. Entlang der Rohrsohle hatte sich ein dünner, grauer, nach Schwefel riechender Niederschlag gebildet, der sich leicht abwischen ließ und aus von der Förderpumpe in der Fassung mitgerissenen Schwebstoffen bestand. Das Asbestzementrohr hat demnach die 20jährige Soleförderung sehr gut überstanden und sich für diese Aufgabe als voll geeignet erwiesen. Der bemerkenswert gute Zustand des ausgebauten Rohres geht auch aus den gefundenen Festigkeiten hervor. So wurde eine Innendruckfestigkeit von 363 kp/cm² und eine Scheiteldruckfestigkeit von 912 kp/cm² festgestellt. Diese Werte liegen erheblich über den Normmindestwerten.

Die Außenfläche zeigte einige Schadstellen im Schutzantsrich, die jedoch von einer mechanischen Zerstörung beim Ausbau herrühren. Die Untersuchung des Bodens, ebenfalls vom Niedersächsischen Wasseruntersuchungsamt in Hildesheim durchgeführt, erbrachte zwar, daß der Boden neben den Chloriden (146 mg/kg Trockensubstanz [TS]) einen hohen Sulfatgehalt (740 mg/kg TS) besaß. Da gleichzeitig aber auch 220 mg Kalk je kg TS und 91 mg Magnesium je kg TS angetroffen wurden, ist der Boden als hinreichend gepuffert und damit als nicht korrosiv anzusehen. Aus diesem Grunde waren auch an der Außenfläche keinerlei Korrosionsschäden oder sonstige auf einen Angriff hindeutende Veränderungen des ursprünglichen Materials zu erkennen.

5.3 Erfahrungen mit Abwasserleitungen

Die Verwendung von Asbestzement-Druckrohren für den Transport von Abwässern in Deutschland reicht schon in die Zeit vor dem zweiten Weltkrieg zurück. Wie Prof. Dr.-Ing. h. c. ZUNKER 1956 in einer gutachtlichen Stellungnahme zum Ausdruck brachte, haben sich speziell für Abwasserverregnungsanlagen, die in den Jahren 1936 bis 1940 in Sachsen gebaut wurden, Asbestzement-Druckrohre ausgezeichnet bewährt. In seiner Dissertation[1] befaßte sich auch Dr. KALWEIT eingehend mit diesen Leitungen. Er stellte u. a. fest, daß sich die Asbestzement-Druckrohre auch bei fehlender Vorklärung, bei angefaultem Abwasser und langen Standzeiten bewährt haben und nach der Betriebszeit von 18—23 Jahren weder Anzeichen einer Korrosion, noch Spuren eines stattgefundenen Abschliffes durch den im Abwasser enthaltenen Sand aufwiesen [*88, 213*].

5.31 Ausbau Stuttgart

Die für Abwasser- und besonders für Klärschlammleitungen günstige Eigenschaft des Asbestzement-Druckrohres, keine Inkrustationen zuzulassen, kommt u. a. in einer Stellungnahme des Tiefbauamtes der Stadt Stuttgart zum Ausdruck. Im Hauptklärwerk Stuttgart-Mühlhausen wurde eine 1938 verlegte Klärschlammleitung nach 18 Betriebsjahren ausgebaut. Es zeigte sich, daß das ausgebaute Rohrstück weder Korrosionsschäden noch irgendwelche Inkrustierungen aufwies.

5.32 Ausbau Starnberg

1934 verlegte die Stadt Starnberg/Bay. eine Asbestzement-Druckrohrleitung NW 200 als Abflußleitung, in der das in Klärteichen geklärte städtische Abwasser dem Vorfluter zugeführt wurde. Die Leitung verlief mit 1,60 m Überdeckung unmittelbar am Fuße des Teichdammes. Der an der Ausbaustelle anstehende Boden bestand aus Moorboden, der mit stinkigen, fäkalen Sickerwässern durchsetzt war. Die Leitung war bis 1954, also 20 Jahre, in Betrieb.

Wie aus dem Untersuchungsbefund von Dr. FRISKE hervorgeht, besitzt der Boden auf Grund seines Kalkgehaltes eine gewisse Pufferungsfähigkeit, so daß der pH-Wert trotz des Gehaltes an Sulfiden bzw. Sulfaten sich um 6,45 bewegt. Der hohe $KMnO_4$-Verbrauch (202 mg/l) weist auf starke huminöse Verunreinigung hin. (Gesamthärte: 35,0°d; 38,0 mg NH_4^+/l; 39 mg Cl^-/l; 70 mg SO_4^{--}/l; S^{--} qualit. stark vorhanden.)

---

[1] Die landwirtschaftliche Abwasserverwertung in Sachsen, Berlin: Bauverlag 1951.

Das ausgebaute Rohrstück (Abb. 433) besaß innen und außen einen Schutzanstrich und zeigte sowohl innen als auch außen ein unversehrtes, kerniges Material. Die Schutzanstriche waren sehr gut erhalten. Die im Rohrinnern zu erkennenden Rauhigkeiten stammen von einem dünnen Schlammüberzug, der getrocknet ist und nun abblättert. Er ließ sich im übrigen mühelos abwischen

5.33 Kläranlage Bottrop-Bernemünde

Abschließend sei von der neu gebauten Klärschlammleitung aus Asbestzement-Druckrohren für das Klärwerk Bottrop-Bernemünde der Emschergenossenschaft die Rede. In dieser Leitung NW 200 wird der Klärschlamm mittels Pumpen 3200 m gefördert. Die bisherigen, allerdings noch sehr kurzfristigen Betriebserfahrungen mit dieser Leitung sind gut. Schwierigkeiten des eventuellen Verstopfens der Leitung infolge Ablagerungen sind bisher selbst nach längerer Standzeit noch nicht aufgetreten. Die hydraulischen Reibungsverluste liegen noch in den bei Betriebsbeginn gefundenen Größenordnungen, so daß vermutet werden darf, daß Inkrustierungen bisher nicht erfolgten [5].

5.34 Ausbau einer Grubenwasserleitung

Der Special Report Nr. 15 (National Building Studies) [*110*] berichtet unter anderem auch über Erfahrungen mit Asbestzement-Druckrohren, die saure Grubenwässer gefördert haben. Abb. 434 zeigt den Blick in ein Rohr, das $9^1/_2$ Jahre in Betrieb war und ein Wasser mit dem pH-Wert von 2,0 bis 4,0 transportierte. Der sehr niedrige pH-Wert ist hierbei auf den hohen Gehalt an Eisensulfaten zurückzuführen.

Abb. 433. Blick in das in Starnberg/Bay. ausgebaute Abwasserrohr.

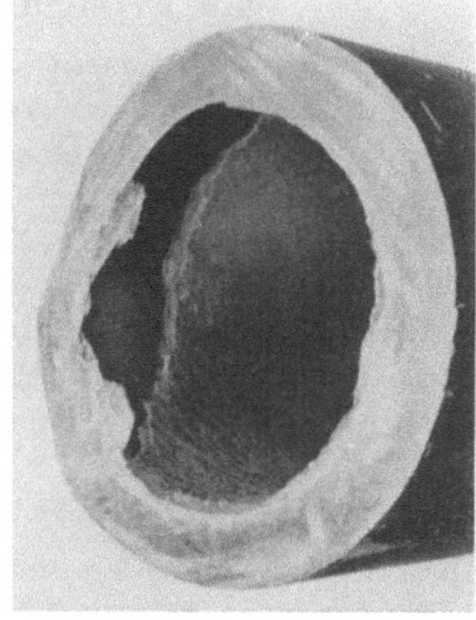

Abb. 434. Blick in ein Rohrstück, in dem $9^1/_2$ Jahre lang saure Gruben- wässer mit einem pH-Wert von 2,0 bis 4,0 flossen [*110*].

Die nähere Untersuchung des ausgebauten, beidseitig bituminierten Rohrstückes zeigte, daß sich im Innern des Rohres eine 1 bis 4 mm dicke, harte und teilweise spröde Kruste abgesetzt hatte, die an manchen Stellen sehr fest mit dem darunterliegenden Bitumenanstrich verhaftet war. Die Analyse der abgelagerten Kruste ergab, daß diese Schicht hauptsächlich aus Eisenhydroxyd und Eisensulfat bestand. Unter der Kruste war das Asbestzementmaterial völlig unversehrt. Ein Angriff hatte also nicht stattgefunden. Das in der Rohrleitung geförderte Wasser hatte mithin eine Schutzschicht gebildet, die das Rohr vor einem Angriff bewahrte [*110*].

5.35 Ausbau einer Leitung für Kaliendlauge

Am 29. 10. 1959 wurde im Kalikombinat „Werra" in Merkers/Rhön ein Versuchsrohr NW 500 ND 10 (Fabrikat ETERNIT) eingebaut. Nach erfolgtem Ausbau am 14. 2. 1961 waren durch die Leitung in 9422 Betriebsstunden jeweils 585 m³/h Kaliendlauge transportiert worden. Die sehr eingehende mechanische Prüfung durch die Bundesanstalt für Materialprüfung (BAM)[1] zeigte,

---

[1] Prüfzeugnis Nr. 2/9193 v. 15. 6. 1961.

daß das Proberohr infolge der Einwirkung der Kaliendlauge keine Einbuße seiner Festigkeiten aufwies.

Nach Angaben des Kalikombinats „Werra" hatte die Kaliendlauge die in Tab. 132 aufgeführte
Zusammensetzung.

Zu der Beschaffenheit der inneren Rohroberfläche, die ohne einen Schutzanstrich war, wird in
dem genannten Gutachten der BAM ausgeführt: „Die innere Rohroberfläche war mit einer
gleichmäßig hellbraunen, sehr dünnen, mit einem Messer leicht
abschabbaren Schicht überzogen. Anfressungen oder Zerstörungser-
scheinungen an dem Rohr selbst waren nicht vorhanden."

Die Festigkeiten des Proberohres lagen wesentlich über den geforderten Mindestfestigkeiten. So ergab die Prüfung auf Ringzugfestigkeit einen Wert von

$$\sigma_z = 355 \text{ kp/cm}^2$$

und die Prüfung auf Scheiteldruckfestigkeit sogar

$$\sigma_d = 728 \text{ kp/cm}^2.$$

Tabelle 132. *Zusammensetzung der Kaliendlauge im
Kalikombinat „Werra"*

KCl	14,0	g/l
MgSO$_4$	26,0	g/l
MgCl$_2$	52,0	g/l
NaCl	186,0	g/l
H$_2$O	905,0	g/l

Soweit man nach der relativ kurzen Einbauzeit bereits ein Urteil abgeben kann, scheint die
Verwendung von Asbestzement für Kaliendlaugen der in Tab. 132 genannten Zusammensetzung
möglich und vorteilhaft zu sein.

5.4 Erfahrungen mit Jaucheleitungen

Über die Verwendung von Asbestzement-Druckrohren für Jaucheleitungen liegen vor allem
aus der Schweiz sehr positive Erfahrungen vor. Dies ist insofern besonders bemerkenswert, als
Jauche auf Grund ihres Ammoniakgehaltes als kalk- bzw. zementangreifend zu betrachten ist.
Durch mikrobiologische Vorgänge wird das Ammoniak in der Jauche zu Salpetersäure aufoxydiert, die ihrerseits durch die Bildung von löslichem Kalknitrat korrodierend wirkt. In
diesem Zusammenhang wird auf den bereits im Abschnitt 1.216 erwähnten „Mauerfraß" hingewiesen.

In der Schweiz sind bisher insgesamt etwa 250 km Jaucheleitungen vorwiegend NW 100 und
NW 125, seltener NW 150, mit Asbestzement-Druckrohren verlegt worden, ohne daß bisher
irgendwelche Betriebsstörungen oder Korrosionsschäden bekannt wurden. Als besonders vorteilhaft ist hierbei auch die Tatsache anzusehen, daß sich in den Jaucheleitungen keinerlei
Inkrustierungen bildeten. Es mag noch besonders interessieren, daß allein auf dem Gut der
bekannten Maggis Nährmittelfabrik in Kempttal seit 1928 über 5400 m derartige Leitungen aus Asbestzement in Betrieb sind und, ohne bisher irgendwelche Reklamationen ergeben zu haben, heute ihren Dienst noch genauso gut versehen wie vor nunmehr über 30 Jahren.

In Deutschland wurden ebenfalls Asbestzement-Druckrohre für Jaucheleitungen verwendet,
wenn auch in wesentlich geringerem Umfange. Auch hier liegen bisher noch keinerlei Schadens-
meldungen vor.

5.5 Zusammenfassung

Im vorstehenden Abschnitt wurden einige Erfahrungen zusammengetragen, die beim Ausbau
von Rohrproben aus bestehenden Asbestzementleitungen für die verschiedensten Anwendungsgebiete gemacht wurden. Es konnte hierbei größtenteils nachgewiesen werden, daß Asbestzement-
Druckrohre selbst unter Bedingungen, die diesem Material auf Grund seiner Zusammensetzung
feindlich gesinnt sind, sich sehr widerstandsfähig gezeigt haben und ihren Verwendungszwecken
voll gewachsen waren. Insofern hat die praktische Anwendung die im Laboratorium gewonnenen
Erkenntnisse bestätigt, untermauert und verschiedentlich übertroffen. Mit der sich daraus ergebenden Ausweitung der Anwendungsgebiete werden auch die Erfahrungen mit diesem Rohrmaterial immer reichhaltiger und größer werden, so daß noch vorhandene Zweifel in speziellen
Fällen eindeutig geklärt werden können.

23*

6. Rohrverbindungen und Formstücke

6.1 Rohrverbindungen

Jede Rohrleitung besteht aus einzelnen Rohren, die durch eine Rohrverbindung zusammengehalten und mit der die Stoßstellen gedichtet werden. Die Rohrverbindungen müssen demnach zwei Aufgaben erfüllen: Zusammenhalt der einzelnen Rohre und Dichtung der Stoßstellen. Diese Aufgaben konnten nicht immer zufriedenstellend erfüllt werden. Erst mit der Einführung der Gummidichtung war es möglich, eine allen Anforderungen gerecht werdende Rohrverbindung zu schaffen.

Besonders bei Druckleitungen werden hohe Anforderungen an eine gute Rohrverbindung gestellt. Neben Dichtigkeit weisen Beweglichkeit, Korrosionsbeständigkeit, Unempfindlichkeit auf der Baustelle und nicht zuletzt einfache und schnelle Montage eine gute Verbindung aus.

Zur Verbindung von Rohren, insbesondere von Druckrohren für die Wasserversorgung, die Abwasserbeseitigung und die Gasversorgung gibt es drei Möglichkeiten:

1. Formung der Rohrenden so, daß eine Verbindung und Dichtung dieser Enden ohne zusätzliche Teile, von Schrauben und Dichtungen abgesehen, ermöglicht wird. Hierzu sind Rohre mit festen Flanschen, weiterhin Rohre mit Steck- bzw. Glockenmuffen zu rechnen.

2. Bei Verwendung schweißfähiger Materialien, die Herstellung von Schweißverbindungen.

3. Herstellen der Rohrverbindung mit Hilfe sogenannter Rohrkupplungen. Hierzu gehören alle flansch- und muffenlosen Rohre, also solche, die nur glatte Enden besitzen.

Von diesen drei möglichen Rohrverbindungsarten entfallen für Asbestzement-Druckrohre von vornherein die unter Ziffer 2 erfaßten Verbindungen ganz und die unter Ziffer 1 aufgeführten zum Teil. Nachfolgend soll im einzelnen auf diese drei Punkte eingegangen werden.

Zu 1: Asbestzementrohre mit festem Flansch werden nur in Sonderfällen hergestellt und angewendet. In diesen Fällen ist im allgemeinen der Flansch aus einem anderen Material als das Rohr selbst, beispielsweise aus einem metallischen Werkstoff. Es muß jedoch an dieser Stelle darauf hingewiesen werden, daß in allerletzter Zeit der Klebetechnik eine immer größere Bedeutung beigemessen wird. Mit dieser Technik im Zusammenwirken mit hochfesten Klebemitteln könnte es durchaus möglich sein, entsprechend geformte Flanschverbindungen aus Asbestzement herzustellen.

Bis vor einiger Zeit besaßen Asbestzementrohre mit festen monolithisch mit dem Rohr verbundenen Glockenmuffen, hergestellt nach dem „MAGNANI-" oder „DALMINE"-Verfahren[1], vorübergehend auch für die Wasserversorgung eine gewisse Bedeutung. Sie finden heute jedoch nur noch für die Hausinstallation Verwendung. Abb. 435 zeigt die schematische Darstellung einer derartigen Rohrverbindung.

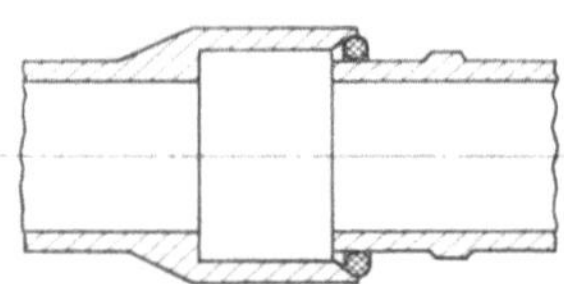

Abb. 435. Schema einer Rohrverbindung mit festgewalzter Muffe.

Zu 2: Wie bereits erwähnt, scheiden Schweißverbindungen für Asbestzementrohre aus. Es haben sich jedoch beispielsweise bei Kunststoffrohren bereits geklebte Verbindungen gut bewährt. Unter Berücksichtigung der schon erwähnten Tatsache, daß die Klebung von Asbestzement in letzter Zeit immer mehr Beachtung findet, ist es durchaus denkbar, daß derartige Verbindungen auch für Asbestzement-Druckrohre entwickelt werden. Bei der Herstellung von Formstücken und Bögen aus Asbestzement liegen bereits erste Ansätze einer derartigen Entwicklung vor.

---

[1] s. Abschn. 3.22 und 3.23.

Zu 3: Asbestzement-Druckrohre werden heute fast ausschließlich ohne Muffen oder Flansche, d. h. mit sogenannten Spitzenden hergestellt. Daher sind zur Verbindung und Dichtung besondere Teile, die man in diesem Falle Kupplungen nennt, erforderlich. Hierbei bietet sich zwangsläufig eine Überschiebkupplung bzw. Überschiebmuffe an, die in irgendeiner Form gegen die Rohraußenseite abgedichtet werden muß. Während die Kupplungshülse heute fast ausschließlich werkstoffgleich ist, d. h. aus Asbestzement besteht, wurden für die Dichtungen zunächst verschiedene andere Materialien verwendet; heute gelangt jedoch praktisch ausschließlich Gummi zur Anwendung.

Die nachfolgende Beschreibung der wichtigsten Rohrverbindungen soll einen Überblick über die grundsätzlichen Möglichkeiten für die Verbindung von Asbestzement-Druckrohren geben. Hierbei wird auf die älteren Verbindungsarten nur insoweit eingegangen, als es sich um die Stammformen handelt, aus denen sich die heutigen modernen Rohrverbindungen entwickelt haben.

6.11 Die Stemm- und Vergußverbindungen

Bei den ersten Versorgungsleitungen aus Asbestzement in Casale und Rom wurden die Überschiebmuffen entweder mit Blei vergossen (Casale) oder mit Bleiwolle verstemmt (Rom). Die Mängel dieser Verbindungsarten waren jedoch so groß, daß man schon frühzeitig nach besseren Lösungen suchte. Während Stemmverbindungen für Asbestzement-Druckrohre nie größere Bedeutung erlangten, werden für spezielle Zwecke auch heute, vor allem in den USA, Vergußverbindungen angewendet. Eine in den USA für bestimmte Zwecke konstruierte Flanschenverbindung mit Vergußdichtung zeigt Abb. 436.

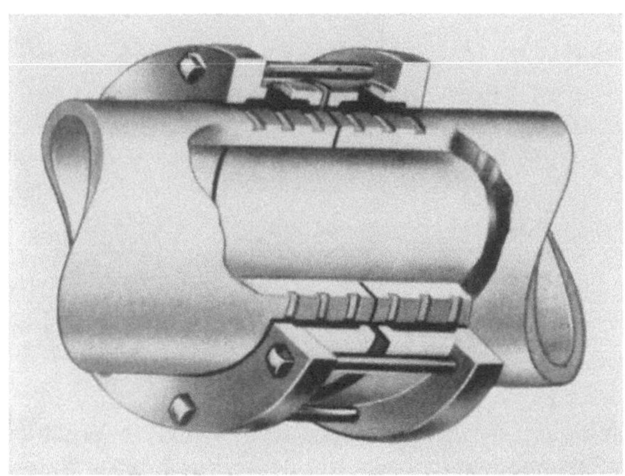

Ab'> 436. Spezial-Flanschenverbindung mit Vergußdichtung der JOHNS-MANVILLE Corp.

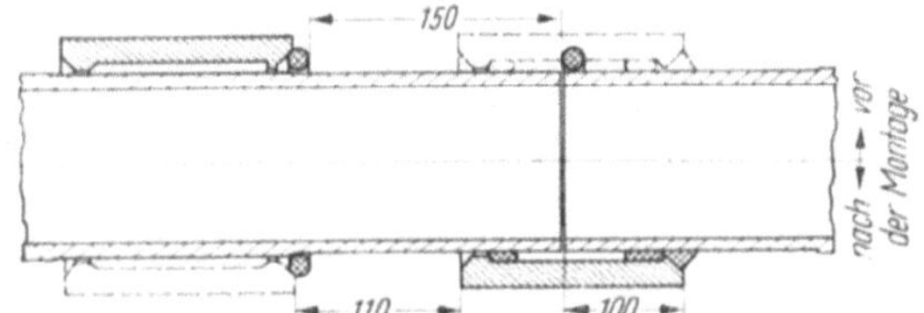

Abb. 437. Schematische Darstellung der Simplex-Kupplung und ihrer Montage.

6.12 Die Simplex-Kupplung

Nachdem Gummi als Dichtungsmittel bereits in der zweiten Hälfte des vorigen Jahrhunderts Eingang in die Gas- und Wasserversorgung gefunden hatte, lag es nahe, den bislang üblichen Verguß bzw. die Verstemmung durch Gummidichtungen zu ersetzen. Eine derartige Überschiebmuffe wurde bereits 1916 in Italien von der S.A. ETERNIT entwickelt und erhielt wegen ihrer im Vergleich zu den anderen damaligen Verbindungen einfachen Handhabung den Namen SIMPLEX-Kupplung. Diese Verbindung kann als Stammform mehrerer später entwickelter Kupplungen dieser Art für Asbestzement-Druckrohre angesehen werden.

Die Überschiebkupplung vom Typ SIMPLEX wird aus einem Asbestzement-Druckrohr mit größerer Wanddicke geschnitten und dann entsprechend ausgedreht, so daß der in Abb. 437 gezeigte Querschnitt der Muffenwand entsteht.

Damit ein einwandfreier Paßsitz und die völlige Dichtheit gewährleistet wird, ist der Zwischenraum zwischen Muffe und Rohr auf ein bestimmtes Maß begrenzt. Es ist daher notwendig, daß sowohl die Kupplungsmuffe als auch das Rohrende aufeinander abgestimmte Abmessungen besitzen, was praktisch nur durch eine Bearbeitung auf der Drehbank sichergestellt werden kann. Zur Montage der Rohrverbindung streift man die SIMPLEX-Muffe über eines der zu verbindenden

Rohrenden. Die Seite mit dem kleineren Innenwulst zeigt dabei in Richtung auf den Rohrstoß. Danach werden die beiden, die Dichtung bewirkenden Schnurgummiringe so auf die Rohrenden aufgezogen, daß der eine Gummiring auf dem bereits die Muffe tragenden Rohrende in einem der Muffenlänge entsprechenden Abstand vom Stirnende zu liegen kommt, während der andere bündig zur Stirnseite auf das andere Rohr aufgelegt wird (s. Abb. 437, obere Hälfte). Beim Überschieben der Muffe über den Rohrstoß bewegen sich die Dichtungsringe mit, bis sie schließlich im Endzustand an den beiden Ringwülsten an der Innenseite der Kupplungsmuffe anliegen. Damit die Muffe möglichst symmetrisch zum Rohrstoß zu liegen kommt, bringt man vor dem Aufschieben entsprechende Markierung auf den Rohrenden an. Um zu verhindern, daß der Wasserdruck im Rohrinneren den Gummidichtungsring an dem kleinen Wulst herausdrückt, muß zum Schluß der Montage diese Muffenseite besonders gesichert werden, z. B. mit Zementmörtel (s. Abb. 437, untere Hälfte) oder durch einen Schraubring (Abb. 442). Zur Erleichterung der Montage ist ein besonderes Aufziehgerät entwickelt worden, mit dem die Muffen gleichmäßig und ohne Verkanten aufgezogen werden können (Abb. 438).

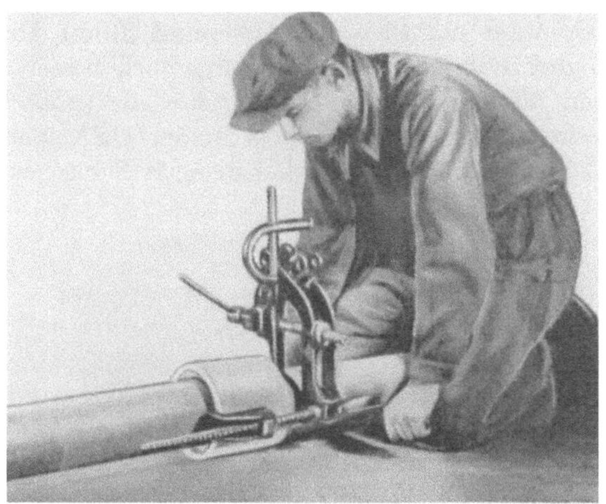

Abb. 438. Aufziehen der Simpelx-Kupplung mit dem Aufziehapparat.

Abb. 439. Aufziehen der Simplex-Kupplung mit Hilfe von Brechstangen.

Bei kleineren Nennweiten genügen zum Überschieben der Kupplungsmuffe zwei Brechstangen, die in die Grabensohle eingestemmt und als Hebel rechts und links der Muffe unter Benützung von Futterhölzern angesetzt werden (Abb. 439).

Ehe der Dichtungsring an der einen Seite der Kupplung gesichert wird, muß dafür Sorge getragen werden, daß zwischen den Stirnseiten der Rohrenden ein Spalt von mindestens 5 mm vorhanden ist. Dieser Spalt erlaubt einmal die ungehinderte Längsbeweglichkeit der Rohre infolge Temperatur und Wasseraufnahme, zum anderen gestattet er die Auslenkung der Rohre in der Kupplungsmuffe. Daher werden die durch die Kupplungsmontage meistens gegeneinander gepreßten Rohre im Anschluß an die Kupplungsmontage wieder auseinandergezogen. Durch Markierung auf dem Rohrende läßt sich leicht die erzielte Spaltweite ablesen. Kleine Durchmesser lassen sich mit der Hand unter gleichzeitigem Anheben des freien Rohrendes ausrücken, während bei größeren Durchmessern das Ausziehen mit Hilfe einer Brechstange und einer Seilschlinge, wie auf Abb. 440 gezeigt, in einfacher und praktischer Weise erfolgen kann. Hierbei muß durch entsprechendes Festlegen des vorletzten Rohres der Leitung dafür Sorge getragen werden, daß beim Ausrücken des letzten Rohres nicht auch andere Verbindungen gelöst oder zumindest gelockert werden.

Im Vergleich zu der Stemmuffenverbindung zeichnete sich die neuartige Simplex-Kupplung vor allem durch die Beweglichkeit der Verbindung aus. Diese Beweglichkeit gestattete nunmehr auch das Verlegen von Bögen mit größeren Radien in Form von Polygonzügen, wobei der Auslenkungswinkel pro Rohr in Abhängigkeit von der Nennweite maximal etwa 5° betragen kann (Abb. 441).

Bei der praktischen Anwendung haben sich jedoch bei dieser Rohrkupplung auch einige Nachteile herausgestellt. Die Notwendigkeit, eine Seite der Simplex-Kupplung nach erfolgter Montage

Abb. 440. Herstellen des Spaltes zwischen den Rohrenden nach Montage der Kupplungsmuffe mit Hilfe einer Brechstange und einer Seilschlinge.

Abb. 441. Im Bogen verlegte Asbestzement-Druckrohrleitung mit SIMPLEX-Kupplung.

wieder verschließen zu müssen, bringt außer der zusätzlichen Arbeit wieder eine Verminderung der gerade als Vorteil zu wertenden Beweglichkeit der Verbindung. An dieser Stelle sei auf die in Abb. 442 dargestellte SIMPLEX-Kupplung mit Schraubring verwiesen, die von dem ETERNIT-Werk Niederurnen (Schweiz) entwickelt wurde. Der nach dem Überschieben der Kupplungsmuffe einzuschraubende Ring am Asbestzement ersetzt die sonst notwendige Auszementierung in besserer Weise. Diese Kupplung hat sich jedoch wegen des größeren herstellungstechnischen Aufwandes nicht allgemein durchgesetzt.

Die Montage der SIMPLEX-Kupplung bereitet unter Umständen auch Schwierigkeiten. Ist der runde Gummiring von der Muffe überrollt worden, so wird er wegen des geringen Zwischenraumes zwischen Muffe und Rohr deformiert. Beim weiteren Vorwärtsbewegen der Muffe wird daher der Ring gezwungen, im breitgedrückten Zustand zu rollen. Zu der einfachen Rollbewegung tritt eine Art Walkbewegung hinzu, der sich das Material entgegenstemmt. Ist nun die Oberfläche des

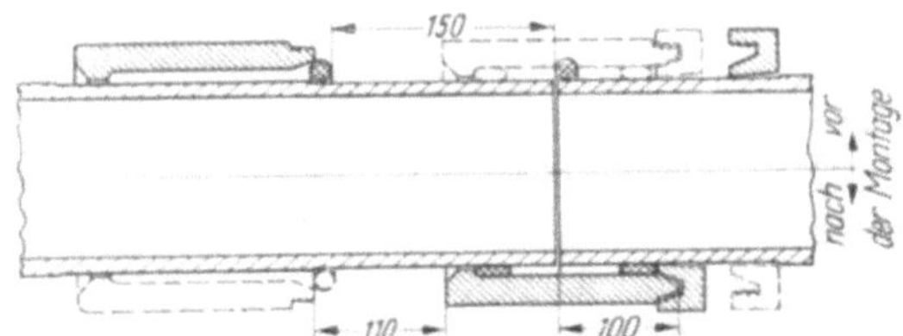

Abb. 442. Schnitt durch eine SIMPLEX-Kupplung mit Schraubring.

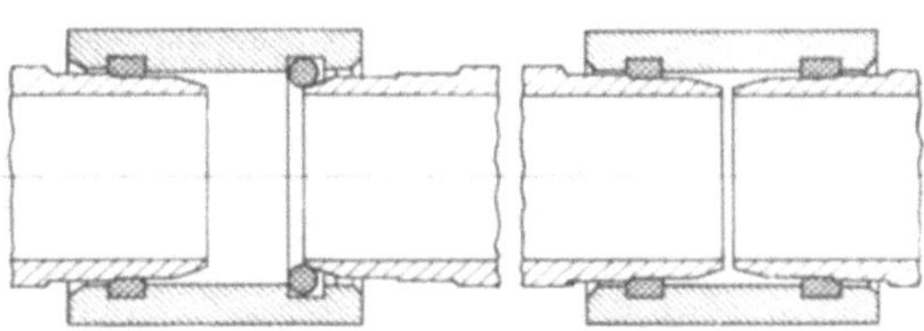

Abb. 443. RINGTITE-Kupplung.

Rohrendes durch Feuchtigkeit oder Verschmutzung, wie das beim Verlegen in einem Graben ohne weiteres vorkommen kann, nur ein bißchen schlüpfrig geworden, dann rollen die Gummiringe beim Aufschieben der Muffe nicht mehr, sondern gleiten über die Rohroberfläche. Das hat zur Folge, daß sie im Endzustand nicht in der richtigen Lage ruhen, sondern sich meistens etwas schräg gestellt haben. Diese Verbindungen sind dann häufig undicht. Wenn man sich auf der Baustelle auch mit Einstäuben der Rohrenden und der Gummiringe mit Zementpulver hilft, bei feuchter Witterung oder schon bei hohem Grundwasserstand kann die Montage dieser Kupplung daher zu einem Problem werden. Abgesehen von der montagetechnischen Schwierigkeit ist bei der Beurteilung dieser Kupplung auch zu berücksichtigen, daß die Dichtungsringe über die ganze Betriebsdauer konstant eine hohe Quetschung zu ertragen haben, welche zu ihrer früheren Ermüdung beiträgt.

Trotz der aufgezeigten Mängel bedeutete die SIMPLEX-Kupplung einen erheblichen Fortschritt, der an der nun einsetzenden, immer größer werdenden Verbreitung der Asbestzement-Druckrohre einen entscheidenden Anteil hatte. Heute wird die SIMPLEX-Kupplung in ihrer Urform nur noch vereinzelt angewendet. Dagegen werden abgewandelte Ausführungen, bei denen jedoch das Dichtungsprinzip der SIMPLEX-Kupplung erhalten blieb, in verschiedenen Ländern auch heute noch angewendet.

Einige Beispiele der abgewandelten Kupplungsformen zeigen die Abb. 443 bis 445.

Abb. 444. MAGNANI-Kupplung[1].

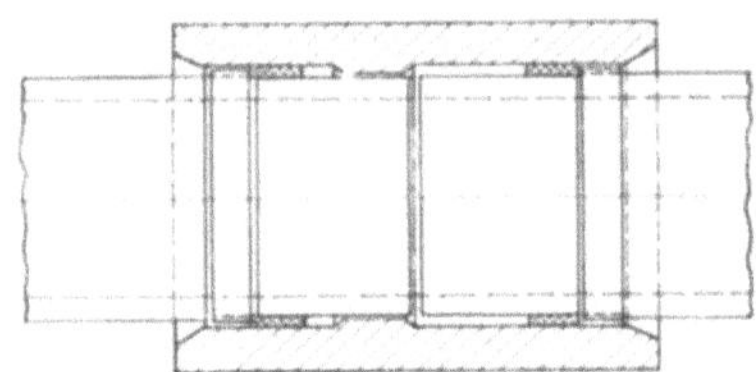

Abb. 445. TOSCHI-Kupplung [121].

6.13 Die Gibault-Kupplung

Die aus Gußeisen bestehende GIBAULT-Kupplung ist bereits seit Mitte des vergangenen Jahrhunderts bekannt und hat sich zur Herstellung von eisernen Gas- und Wasserleitungen besonders in Frankreich sehr eingeführt und überall bewährt. Es lag daher nahe, dieser Kupplung auch für

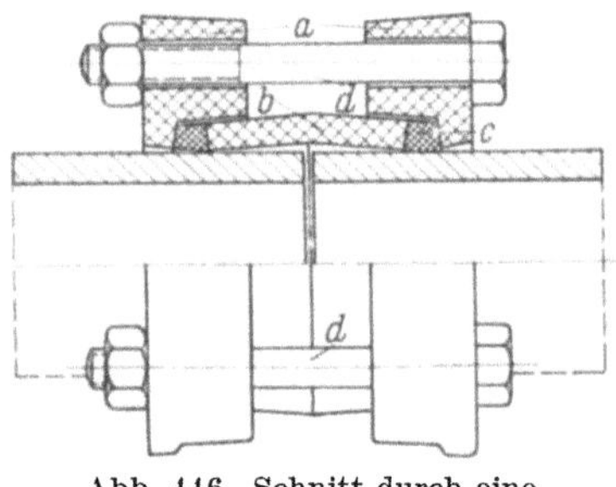

Abb. 446. Schnitt durch eine GIBAULT-Kupplung.

die Asbestzement-Druckrohrleitungen mit heranzuziehen. Tatsächlich wurde sie früher auch häufig benutzt und z. B. in der Schweiz bis zum 2. Weltkrieg fast ausschließlich angewendet.

Wie der Abb. 446 zu entnehmen ist, besteht die GIBAULT-Kupplung aus zwei losen Flanschen (a) mit Bohrungen für die durchzusteckenden Bolzen, einer Hülse (b), zwei Schnurgummiringen (c) und schließlich den Schraubbolzen (d), deren Anzahl sich nach dem Rohrdurchmesser richtet.

Zur Montage der GIBAULT-Kupplung (Abb. 447) werden zunächst auf jedes der zu verbindenden Rohrenden je ein Flansch und ein Gummiring, sodann die Mittelhülse auf eines der beiden Enden aufgesteckt, die Rohre bis auf Spaltweite zusammengeschoben und die Mittelhülse über den Rohrstoß angeordnet. Nun werden die beiden Schnurgummiringe an die Hülse herangerollt, die beiden Flansche ebenfalls zusammengeschoben und durch die Bolzen miteinander verbunden. Beim gleichmäßigen Anziehen der Schraubenbolzen werden die Gummiringe zusammengepreßt; der dabei deformierte Ring kann nur in Richtung auf das Rohr ausweichen und stellt so die gewünschte Abdichtung her.

Die GIBAULT-Kupplung läßt etwa die gleichen Bewegungen der Rohrenden zu, wie die Überschiebkupplungen. Auch hier ist es jedoch angebracht, die Auslenkung in Abhängigkeit von der Nennweite nicht über 5° ansteigen zu lassen.

Abb. 449 zeigt eine im Boden verlegte Asbestzement-Druckrohrleitung mit GIBAULT-Kupplungen.

Als weitere Vorteile dieser Verbindung muß die Tatsache erwähnt werden, daß die GIBAULT-Kupplung größere Maßtoleranzen bei den Rohrenden aufnehmen kann. Sie eignet sich infolge ihrer Dreiteiligkeit auch gut für nachträgliche Ein- und Umbauten an bereits verlegten Leitungen oder für die Verbindung von Hängeleitungen. Die GIBAULT-Kupplung kann auch nachträglich festgezogen und somit nachgedichtet werden, wenn dies erforderlich sein sollte. Als Nachteil muß

---

[1] aus einem Prospekt der WANIT Gesellschaft für Asbestzement-Erzeugnisse mbH & Co KG.

jedoch die andersartige Materialbeschaffenheit angesehen werden. Die Erfahrung hat gezeigt, daß in bestimmten Böden verlegte Asbestzement-Druckrohrleitungen, die GIBAULT-Kupplungen

Abb. 447. Montage der GIBAULT-Kupplung.

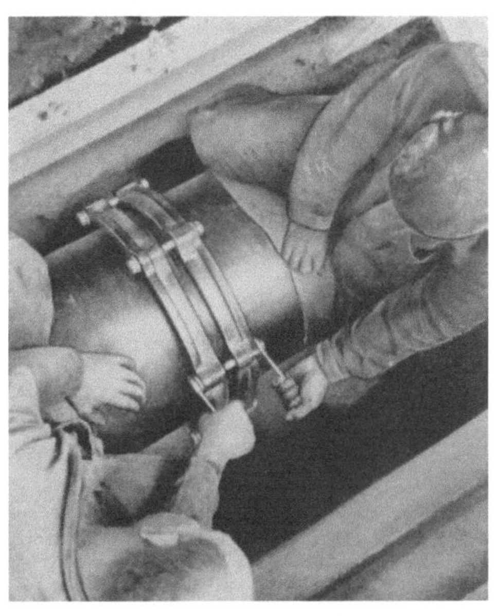

Abb. 448. Anziehen der Bolzen einer GIBAULT-Kupplung im Rohrgraben.

besaßen, nur deshalb in gewissen Zeitabständen bauliche Maßnahmen erforderten, weil vornehmlich die stählernen Schrauben durch Korrosion zerstört worden waren. Wenn man auch

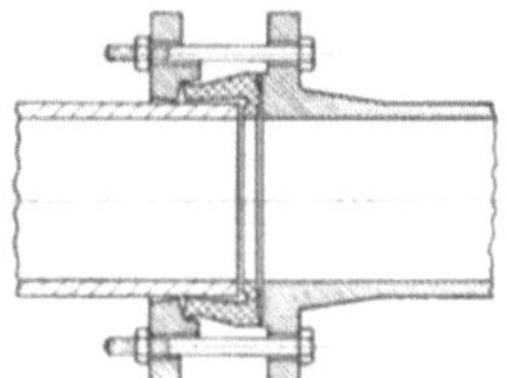

Abb. 451. Schnitt durch eine Flansch-Kupplung.

Abb. 449. Im Bogen verlegte Asbestzement-Druckrohrleitung mit GIBAULT-Kupplungen.

versucht, die Schraubenbolzen zu schützen, so wird dadurch die Korrosionsgefahr lediglich verringert, aber nicht beseitigt. Daher wird die GIBAULT-Kupplung jetzt immer seltener verwendet.

6.14 Die Flansch-Kupplung

Die Flansch-Kupplung ist aus der GIBAULT-Kupplung hervorgegangen. Mit Hilfe einer besonders geformten Mittelhülse stellt sie den Übergang zur Flanschenverbindung mit genormten Abmessungen, Bolzenzahl und Bohrungen her. Die Flansch-Kupplung dient zum Anschluß von Flanschenrohren, Flanschenschiebern oder zum Abschluß von Endsträngen mit einem genormten Blindflansch (Abb. 450; 451).

6.15 Die Reka-Kupplung

Eine bedeutsame Weiterentwicklung auf dem Gebiete der Rohrverbindungen stellt die nach ihrem Erfinder KARL RESCHENEDER benannte REKA-Kupplung dar. Sie wurde von dem ETERNIT-Werk „Ludwig Hatschek" in Vöcklabruck, Österreich, nach dem 2. Weltkrieg in die Praxis eingeführt. Diese Rohrverbindung, die in vielen Ländern patentiert ist (in Deutschland unter BP 975 487 seit 1952), hat sich seit ihrer Einführung hervorragend bewährt und darf als Schrittmacher für die allgemeine Verbreitung sogenannter Steckmuffen und der Lippendichtungen angesehen werden.

Die Kupplungsmuffe besteht wie bei den Überschiebmuffen-Kupplungen der bisher beschriebenen Arten aus Asbestzement. Völlig neu und bahnbrechend ist jedoch die Querschnittsform der Dichtungsringe, sowie die Tatsache, daß die Montage der Verbindung den Dichtungsring unverändert in seiner Lage beläßt, lediglich seine Dichtungslippen werden umgelegt.

Aus Abb. 452 ist zu ersehen, welcher wesentliche Unterschied sich bereits aus der Querschnittsform gegenüber den Rundgummiringen ergibt. Während die Dichtungsringe der SIMPLEX-Kupp-

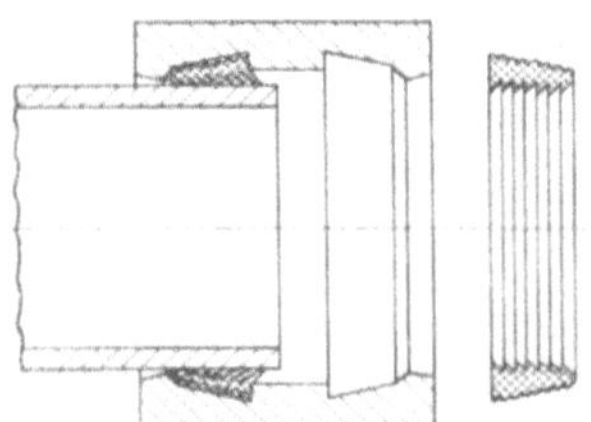

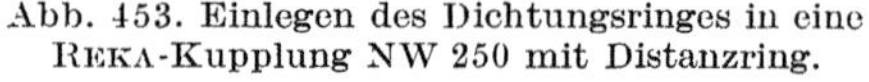

Abb. 452. Schema der REKA-Kupplung ohne Distanzring. links: Kupplung mit eingeschobenem Rohrende, rechts: keilförmiger Dichtungsring der REKA-Kupplung.

Abb. 453. Einlegen des Dichtungsringes in eine REKA-Kupplung NW 250 mit Distanzring.

lung und der mit ihr verwandten Rohrverbindungen nach erfolgter Montage einer großen Quetschung (bis zu 50%) ausgesetzt sind, damit sie dichten, zeigt Abb. 452 die wesentlich geringere Deformation der REKA-Dichtungsringe. Dadurch wird der Gummiring weniger beansprucht und seine Funktionsdauer entsprechend verlängert. Das Prinzip der Abdichtung bei der REKA-Kupplung beruht auf einem doppelten Effekt:

a) Durch den Innendruck im Rohr werden die beim Einschieben des Rohres in die Kupplungen in Richtung auf den Rohrstoß umgelegten Lippen des Dichtungsringes gegen die äußere Rohroberfläche gedrückt. Hieraus ergibt sich die Anfangsdichtheit.

b) Ein erhöhter Innendruck preßt den konischen Dichtungsring tiefer in die ebenfalls konische Kammer, so daß daraus eine Keilwirkung resultiert.

Die Eigenart dieses Abdichtungsprinzips hat zur Folge, daß sich mit steigendem Innendruck das Dichtungsvermögen der REKA-Kupplung erhöht, gleichzeitig aber die Gummiringe schont. Daneben wird durch die Anordnung der Lippen, die Montage, d. h. das Einschieben des Rohrendes, wesentlich erleichtert, weil die Lippen lediglich umgelegt werden, der Dichtungsring im übrigen aber nicht verformt zu werden braucht. Das dem Gummi anhaftende Rückstellvermögen sorgt hierbei für einen ausreichenden Anpreßdruck der Lippen an die Rohroberfläche, so daß auch bei einem etwa im Rohrinnern herrschenden Unterdruck die Dichtung einwandfrei arbeitet.

Die REKA-Kupplungsmuffen werden abhängig von der Nennweite im allgemeinen bereits mit fabrikseitig eingelegten Dichtungsringen angeliefert. In Ausnahmefällen oder bei größeren Nennweiten kann jedoch das Einlegen der Ringe auf der Baustelle erforderlich werden. Abb. 453 und 454 zeigen das Einlegen des Ringes in eine kleine und große Kupplung. Die sichtbaren Wellen werden mit den Fingern ausgedrückt, so daß die Ringe schließlich fest am Kammergrund anliegen.

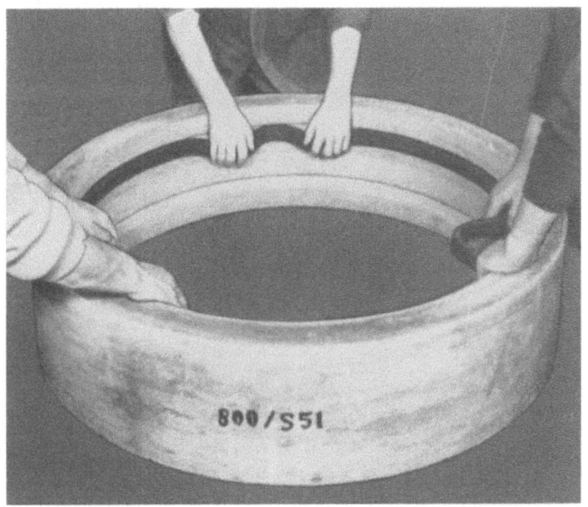

Abb. 454. Einlegen des Dichtungsringes in eine REKA-Kupplung NW 900.

Die Überlegenheit der REKA-Kupplung gegenüber der SIMPLEX-Kupplung erweist sich während der Montage und im Betrieb. Durch den Wegfall des Einrollens der Gummiringe ist es möglich geworden, die REKA-Kupplung auch unter den ungünstigsten Witterungs- und Bodenverhältnissen zu montieren. Ja, es ist sogar möglich, notfalls eine Rohrverbindung unter Wasser herzustellen[1]. Es ist für die REKA-Kupplung weiterhin ohne Belang, ob das Rohrende mit einem Schutzanstrich versehen ist oder nicht, eine Tatsache, die besonders deutlich den Fortschritt zeigt. Auch bei der REKA-Kupplung ist die Einhaltung der zulässigen Maßtoleranzen notwendig, daher ist es, besonders bei großen Nennweiten, erforderlich, daß die Rohrenden abgedreht werden. Eine große Erleichterung der Montage wird durch die Verwendung eines Gleitmittels erreicht, mit dem Rohrende und Innenseite der Dichtungsringe, also die Dichtungslippen gleitfähig gemacht werden.

Dieses *Gleitmittel* besteht aus einer säurefreien Schmierseife. Die in hygienischer Hinsicht einwandfreie Beschaffenheit des Gleitmittels bestätigt das Ergebnis von bakteriologischen Untersuchungen, die auf Veranlassung des Verfassers von KRUSE und HÖSEL [*V15*] durchgeführt wurden. Versuche nach dem Röhrchentestverfahren zeigten, daß das Gleitmittel selbst in Verdünnung bis 1 : 10 innerhalb 24 Stunden alle Testkeime abtötet, während bei größerer Verdünnung (bis 1 : 100) eine deutliche Wachstumshemmung zu beobachten war. Erst bei sehr starker Verdünnung (bis 1 : 10 000) nahm in den ersten zwei Tagen die bakterizide Wirkung des Gleitmittels ab. Als Testkeime wurden die möglicherweise im Wasser vorkommenden Bakterien E. coli, A. aerogenes, Ps. aeruginosa, M. pyrogenes var. aureus, Bac. subtilis und Bac. mesentericus verwendet.

Zu völlig übereinstimmendem Resultat gelangte auch das Bezirks-Hygiene-Institut in Dresden bei seinerseits angestellten Untersuchungen [*V6*].

Ist auf einer Baustelle vorübergehend kein Gleitmittel zur Hand, kann an seiner Stelle notfalls Graphit, Talkum oder Glyzerin benutzt werden, auf keinen Fall aber Öle und Fette.

Auch bei der REKA-Kupplung ist zur Aufrechterhaltung der Beweglichkeit der Rohrenden in der Muffe ein Spalt zwischen den Stirnenden der Rohre notwendig. Dies kann durch verschiedene Mittel bewerkstelligt werden, z. B. durch die Anwendung eines in die Kupplung eingelegten Distanzringes. Bis vor kurzem verwendete man ausschließlich eine Anschlagschelle, die verhinderte, daß die halbseitig aufmontierte Kupplung beim Einschieben des folgenden Rohres aus

---

[1] s. Abschn. 8.24.

ihrer Lage verschoben wurde. Ein gewisser Nachteil liegt bei Anwendung der Anschlagschelle darin, daß das Anschlagen der Schelle eine zusätzliche Arbeit bedeutet. Dafür erlaubt die Verwendung der REKA-Kupplung älterer Bauart, d. h. ohne Distanzring, die Benutzung der Kupplung als Überschieber. Heute wird die Anschlagschelle nur noch bei der Montage größerer Nennweiten benutzt, wobei sie gleichzeitig das notwendige Widerlager für das Aufzieheisen bietet (s. Abb. 460). Für die Nennweiten bis 400 mm wird die REKA-Kupplung mit eingelegten Distanzringen geliefert.

  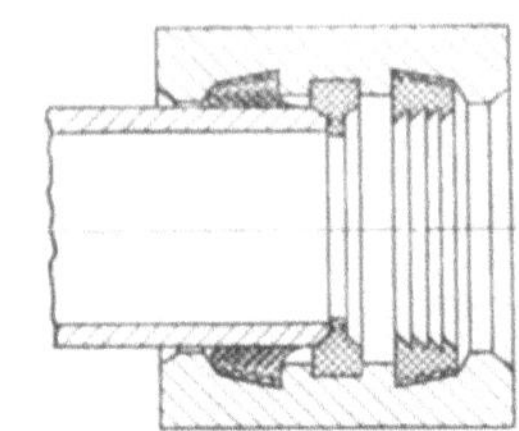

Abb. 456. Schema der REKA-Kupplung mit eingelegtem Anschlagring.

Abb. 455. Rohrenden mit aufgesetzter Anschlagschelle. Links sind die Distanzhaken in Aktion, rechts zurückgeklappt.

6.151 Die Reka-Kupplung mit Anschlagring

Die Einrichtung des Distanzringes innerhalb der REKA-Kupplung als Alternative zur Anschlagschelle ist begründet in dem Bestreben, die Verlegezeiten noch weiter zu verkürzen und die Sicherung der Stoßfuge zu vereinfachen. Die gewisse Einschränkung der Überschiebbarkeit wird hierbei bewußt in Kauf genommen.

Dieser Anschlagring, dessen Querschnittsform aus Abb. 456 zu erkennen ist, wird genau so wie die REKA-Dichtungsringe im allgemeinen werksseitig in eine entsprechend geformte Kammer eingelegt. Die Montage dieser Kupplung unterscheidet sich nicht von der der REKA-Kupplung ohne Anschlagring, lediglich die Anschlagschelle entfällt. Ihre Aufgabe übernimmt der mittig eingelegte Anschlagring. Durch seine zweckmäßige Form wird erreicht, daß ein Spalt von 5 mm zwischen den Rohrstößen gewährleistet ist. Außerdem dient er bei der Montage als Anschlag für die Kupplung, deren richtiger Sitz somit in jedem Falle sichergestellt ist.

Selbstverständlich kann die Kupplung auch ohne Anschlagring verwendet werden. Dies bedeutet, daß die Überschiebbarkeit der REKA-Kupplung in jedem Falle erhalten bleibt. Es können somit nachträgliche Einbauten von Formstücken, Umbauten usw. ohne weiteres vorgenommen werden. Im allgemeinen werden es jedoch nur wenige Stellen innerhalb einer Leitung sein, an denen mit derartigen Möglichkeiten gerechnet werden muß, während im großen und ganzen die einmal verlegte Leitung unberührt liegenbleiben wird. Nachdem die ersten praktischen Erprobungen in der Praxis die Brauchbarkeit und Zweckmäßigkeit des Anschlagringes bewiesen haben, werden von der ETERNIT Aktiengesellschaft Berlin nunmehr die REKA-Kupplungen bis zur Nennweite 400 mm ausschließlich mit dem Anschlagring versehen.

6.152 Die Montage der Reka-Kupplung

6.152 1 Reka-Kupplung ohne Anschlagring (NW 450 bis NW 1000)

Nachdem die bereits beschriebene Anschlagschelle auf das Ende des zuletzt verlegten Rohres aufgezogen und festgeschraubt worden ist (Abb. 459) wird das Gleitmittel[1] als dünner Film auf die zu verbindenden Rohrenden und auf die Dichtungslippen der bereits vorher in die REKA-Kupplung eingelegten Dichtungsringe mit Pinsel, Bürste oder am besten mit einem Lappen aufgetragen (Abb. 460). Danach wird die Kupplungsmuffe auf das so vorbereitete Rohrende

---

[1] gegebenenfalls Ersatzmittel.

aufgeschoben, bis sie an der Schelle allseitig anliegt. Bei großen Nennweiten dient hierbei die Anschlagschelle gleichzeitig als Widerlager für den Ansatz eines Montiereisens, mit dessen Hilfe die Kupplungsmuffe im Scheitel aufgezogen wird, während ein zweiter Mann die Muffe mit Hilfe

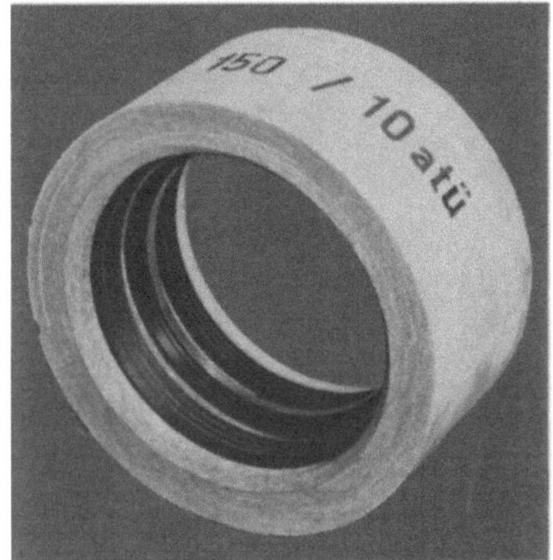

Abb. 457. Blick in die REKA-Kupplung mit eingelegten Anschlag- und Dichtungsringen.

Abb. 458. Einbringen eines Asbestzement-Druckrohres NW 700 in den Graben. Vorn rechts sieht man die Wasserhaltung.

einer Brechstange und eines Zwischenholzes andrückt (Abb. 461). Es wird auf diese Weise das Verkanten und Verklemmen der Kupplungsmuffe verhindert. Ist die Muffe aufgeschoben, kann das nächste Rohr herangebracht, in den Graben abgelassen und in die Muffe eingeschoben werden,

Abb. 459. Befestigen der Anschlagschelle auf dem Ende des zuletzt gelegten Asbestzement-Druckrohres.

nachdem zuvor das Ende dieses Rohres ebenfalls mit Gleitmitteln versehen worden ist. Das Einschieben geschieht am zweckmäßigsten auch mit Brechstangen, die in die Grabensohle eingestemmt und unter Zwischenlegen von Querhölzern als Hebel angesetzt werden (Abb. 462). Bei Rohren größerer Nennweiten, die ohnehin mit einem Hebezug (Dreibock, Flaschenzug, Autokran, Bagger usw.) in den Graben abgesenkt werden müssen, empfiehlt es sich, das zu legende Rohr zur Erleichterung der Montage im Gurt oder Seil hängen zu lassen, bis es in die Kupplung eingeschoben, nivelliert und festgelegt ist.

Wichtig ist, daß zwischen den Stirnseiten der montierten Asbestzement-Druckrohre ein Spalt von mindestens 5 mm bestehenbleibt, damit sich die Rohre, z. B. infolge Temperatur, unge-

Abb. 460. Aufbringen des Gleitmittels.

Abb. 461. Aufziehen der REKA-Kupplung mit Brechstange und Montiereisen.

hindert verlängern können. Über die zweckmäßigsten Methoden zur Einhaltung dieses Spaltes geben die Ausführungen über die praktische Anwendung von Asbestzement-Druckrohren im Abschn. 8.103, Aufschluß.

Abb. 462. Einschieben des Rohres in die REKA-Kupplung. (Foto: Brandes.)

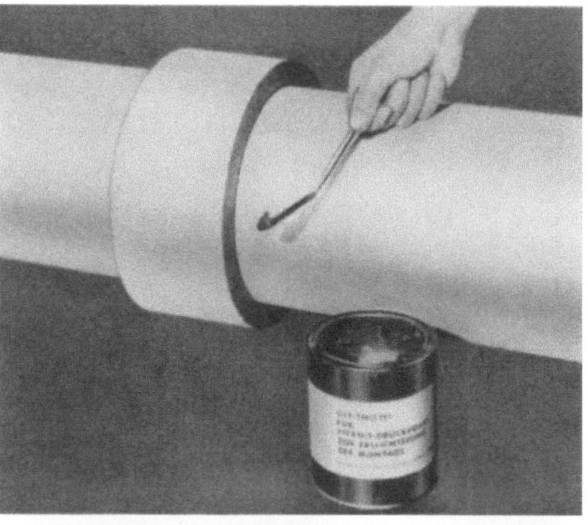

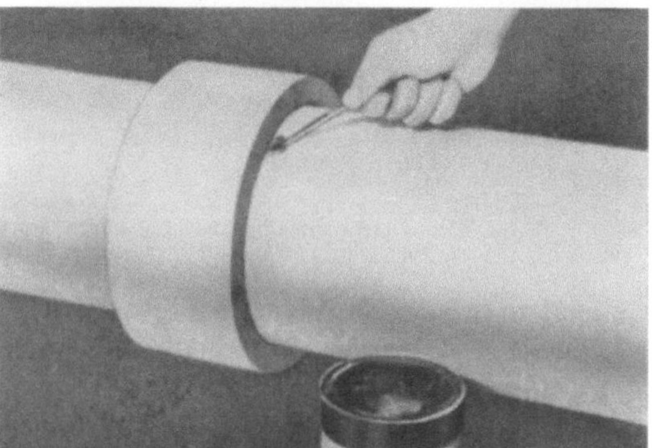

Abb. 463. Lösen und Gleitfähigmachen der Gummilippen einer alten REKA-Kupplung als Vorbereitung zum Ausbau der Verbindung.

Die REKA-Kupplung kann ohne jede Schwierigkeit wieder gelöst werden; sollten die Dichtungslippen der Gummiringe im Laufe der Zeit an der Rohraußenseite etwas anhaften, so empfiehlt es sich, mit einem schmalen Stahlblatt, das mit Gleitmitteln versehen ist, zwischen Rohr und Gummiring einzustechen und den Gummiring loszulösen, wobei dieser gleichzeitig durch das miteingeführte Gleitmittel wieder gleitfähig gemacht wird.

Die Möglichkeit, die REKA-Kupplung als Überschiebmuffe[1] zu verwenden, erweist sich als großer Vorteil. Wie der nachträgliche Einbau z. B. eines Formstückes in eine bestehende Druckrohrleitung durchzuführen ist, ergibt sich aus Abb. 464.

Nachdem aus dem betreffenden Asbestzement-Druckrohr ein der Formstücklänge zuzüglich zwei Spaltweiten entsprechendes Rohrstück herausgesägt worden ist, die Rohrenden mit dem Abdrehgerät[2] abgedreht und mit Gleitmitteln versehen sind, werden die REKA-Kupplungsmuffen aufgesetzt und unter der Benutzung von zwei Hilfsrohrstutzen in ihrer ganzen Länge auf die Rohrenden aufgeschoben, so daß man das Formstück in die Rohrlücke setzen kann. Schließlich werden die REKA-Muffen zurückgeschoben. Damit ist das Formstück eingebaut. Die REKA-Kupplungsmuffe wird dabei, wie in der Darstellung schematisch gezeigt, zurückgeschlagen oder vorwärts bzw. rückwärts gedrückt.

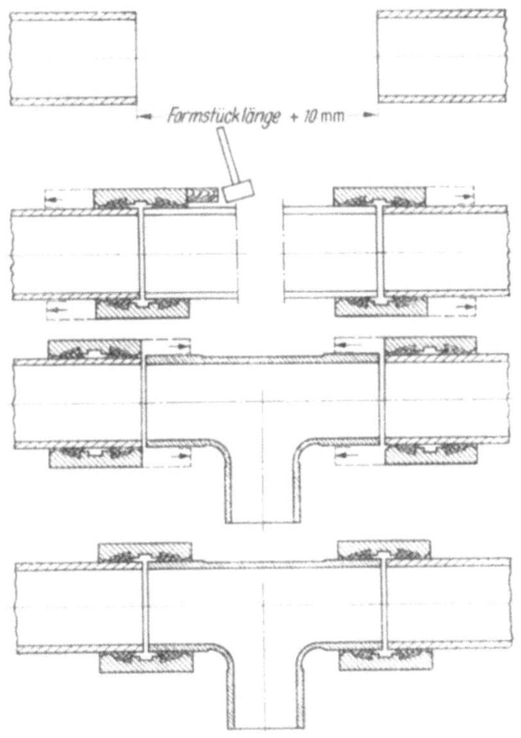

Abb. 464. Schematische Darstellung des nachträglichen Einbaues eines Formstückes in eine bestehende Asbestzement-Druckrohrleitung unter Verwendung von REKA-Kupplungen ohne eingelegten Anschlagring.

Abb. 465. Versuchsanordnung zur Ermittlung der Reibungskraft der REKA-Kupplung [V40].

Die von der SIMPLEX-Kupplung her bekannte Beweglichkeit der Rohrenden in der Kupplungsmuffe ist auch bei der REKA-Kupplung voll vorhanden, ja sogar im doppelten Maße, da die Beweglichkeit auf beiden Seiten der REKA-Kupplung erhalten bleibt. In diesem Zusammenhang sei auf die unter 6.153 5 beschriebenen Auslenkversuche mit REKA-Kupplungen NW 300 verwiesen.

6.152 2 Reka-Kupplung mit Anschlagring (NW 50 bis NW 400)

Die Montage der REKA-Kupplung mit eingelegtem Anschlagring ist wegen des Fortfalls der Anschlagschellen noch einfacher. Es brauchen keine Maßnahmen für die Einhaltung des Spaltes zwischen den Stirnenden der Rohre durchgeführt worden.

---

[1] Im Gegensatz dazu ist die *Niederländische Studienkommission für Asbestzementrohre* in ihrem Bericht von 1948 der fälschlichen Meinung, daß sich REKA-Kupplungen als Überschieber nicht verwenden lassen [129].

[2] s. Abschn. 8.104.

Alle sonstigen Arbeiten, wie Einreiben der Rohrenden mit Gleitmitteln usw., sind sinngemäß anzuwenden. Ist an bestimmten Leitungsteilen mit dem nachträglichen Einbau von Formstücken zu rechnen, so ist an diesen Stellen vor der Montage der Anschlagring zu entfernen. Sollte dennoch infolge eines Rohrbruchs ein Rohr in einer Leitung mit REKA-Kupplungen mit Anschlagring einzulassen sein, so wird im allgemeinen die Möglichkeit gegeben sein, das beschädigte Rohr aus der Kupplung herauszuziehen. Anschließend wird dann der Anschlagring aus der betreffenden Kupplung herausgenommen, so daß sie auf das nächste Rohr ganz aufgeschoben werden kann. Der Einbau eines neuen Rohres erfolgt dann in der beschriebenen Art und Weise.

6.153 Versuche mit der Reka-Kupplung

6.153 1 Haftfestigkeit in Längsrichtung

Die REKA-Kupplung ist nicht in der Lage, größere Kräfte in Richtung der Rohrachse aufzunehmen. Aus diesem Grunde müssen Endverschlüsse, richtungsändernde Formstücke und Schieber, wie bei anderen nicht zugfesten Rohrverbindungen, hinterbaut und abgefangen werden. Um sich ein Bild über die vorhandene Haftfestigkeit der Kupplungsmuffe zu machen, veranlaßte der Verfasser Versuche, bei denen die Reibungskräfte zwischen Rohrmaterial und Kupplung bzw. Dichtungslippen des Gummiringes gemessen wurden. Bei diesen Versuchen, die PILNY in seinem Institut durchführte [*V40*], wurden jeweils 50 cm lange Rohrstücke der Nennweiten 100, 200, 300 und 400, alle ND 12,5 atü, mit GAZ-P-Stücken[1] und REKA-Kupplungen beidseitig so verschlossen, daß lediglich an einer Kupplung die Beweglichkeit zwischen Rohr und Kupplungsmuffe erhalten blieb. Während sich das eine Rohrende gegen ein festes Widerlager stemmte, erhielt die andere Stirnseite der Versuchsanordnung einen Axialdruckmesser, mit dem die durch den aufgebrachten Innendruck erzeugte Schubkraft in Richtung der Rohrachse gemessen werden konnte. Zur Aufrechterhaltung einer Gleitreibung führte das feste Widerlager während des Versuches eine gleichmäßige Ausweichbewegung aus. Als Reibungskraft ließ sich nunmehr die Differenz zwischen der gemessenen Axialkraft und der aus Innendruck, multipliziert mit der Querschnittsfläche, gewonnenen Stirndruckkraft definieren.

Bei vorschriftsmäßiger Montage der REKA-Kupplung unter Benutzung des Gleitmittels zeigte sich im Innendruck-Bereich bis zum Nenndruck (12,5 atü), daß die Reibungskraft anfänglich einen höheren Wert besitzt, mit ansteigendem Innendruck, dann steil abfällt, um schließlich wieder allmählich anzusteigen, bis der Innendruck den Nenndruck überschreitet, dann sinkt die Reibungskraft wieder ab. Dies beruht darauf, daß zunächst die Ruhereibung überwunden werden muß, während später nach Einsetzen des Auseinandergleitens der Verbindung, die durch die gleitende Reibung bedingte Verminderung der Reibungskraft im zunehmenden Maße durch die mit steigendem Innendruck erhöhte Anpressung der Gummidichtungslippen überlagert wird. Mit weiterer Erhöhung des Innendrucks überwiegt die Längskraft derart, daß die gleichzeitig verstärkte Anpressung der Dichtungslippen nicht mehr ins Gewicht fällt. Im Gegensatz zu dem geschilderten Verhalten ergab sich bei trockenen, d. h. ohne Gleitmittel montierten REKA-Kupplungen innerhalb des untersuchten Innendruckbereiches bis zum doppelten Nenndruck ein etwa linearer Anstieg der Reibungskraft. Bei konstantem, dem Nenndruck (12,5 atü) entsprechendem Innendruck fand PILNY für mit Gleitmitteln montierte REKA-Kupplungen aller untersuchten Nennweiten einen Verlauf der Reibungskraft, der sich angenähert durch die Kurve beschreiben läßt:

$$R = \frac{1}{1375} \cdot (NW)^{2,4} \ (kp) \tag{6/1}$$

Hierbei bedeuten: R = Reibungskraft (kp); NW = Nennweite (mm).

Die Abhängigkeit der Reibungskraft von den Nennweiten — konstanter Innendruck vorausgesetzt — leuchtet ohne weiteres ein.

---

[1] s. S. 387 (Abb. 504).

6.153 2 Dichtheit bei Wasser-Innenüberdruck

Die REKA-Kupplung wird vom Hersteller mit einer etwas größeren Wanddicke als die der zugehörigen Rohre versehen. Damit wird erreicht, daß bei Überbeanspruchung einer Asbestzement-Druckrohrleitung eher die Rohre selbst gesprengt werden, ehe eine Kupplungsmuffe reißt. Ungezählte praktische Erfahrungen, aber besonders auch Laborversuche haben diese Tatsache immer wieder bestätigt. Es sind daher spezielle Versuche zur Ermittlung der Ringzugfestigkeit der Kupplungsmuffen nicht mehr durchgeführt worden, zumal bei der im Kapitel „Asbestzement-Druckrohre" im Abschn. 4.501 beschriebenen Überprüfung der Ringzugfestigkeit die zum Bruch durch Innendruck vorgesehenen Rohre zum größten Teil mit REKA-Kupplungen verschlossen waren. Die hierbei erzeugten Innendrücke, bei denen die Prüfrohre rissen, ohne daß sich an den immer wieder aufs neue benutzten Kupplungen Undichtigkeiten zeigten, lagen je nach NW und ND des zu prüfenden Rohres zwischen 50 und 80 atü.

6.153 3 Dichtheit bei äußerem Wasserüberdruck und bei Vakuum im Innern der Leitung

Die keilförmige Ausbildung des Gummidichtungsringes im Querschnitt, sowie die ebenfalls konische Kammer für den Ring in der Muffe, könnten vermuten lassen, daß sich diese Dichtung zwar für einen von innen nach außen gerichteten Druck eignet, aber weniger für ein Druckgefälle von außen nach innen. Die Ergebnisse einer ganzen Reihe entsprechender Versuche lassen jedoch erkennen, daß die REKA-Kupplung auch bei einem äußeren Überdruck, z. B. bei Vakuum im Rohrinneren, einwandfrei abdichtet.

Während im *Technologischen Gewerbemuseum* in Wien eine Versuchskonstruktion, bestehend aus zwei Asbestzement-Druckrohrstücken, die mit REKA-Kupplungen verbunden und an ihren freien Enden verschlossen waren, in ein Wasserbad gelegt und einem äußeren Wasserdruck von 10 atü ausgesetzt wurde [*V53*], erhöhte PRESS den äußeren Wasserdruck auf 25 atü [*V41*]. In beiden Fällen waren die REKA-Verbindungen völlig dicht geblieben. Anzeichen einer eingedrungenen Feuchtigkeit konnten nach Ausbau und Zerlegung der Versuchsanordnung nicht festgestellt werden.

Die Dichtheit der REKA-Kupplung bei Vakuum im Rohrinnern ist einmal Voraussetzung für ihre Eignung für Saugleitungen und zum anderen überhaupt Voraussetzung für ihre Verwendung in Trinkwasserversorgungsleitungen, da ja auf jeden Fall vermieden werden muß, daß einmal bei etwa auftretendem Unterdruck hygienisch nicht einwandfreies Grundwasser angesaugt wird. Solche Unterdrücke können z. B. als Folge von Druckstößen auftreten, wie beim Schnellschluß von Schiebern, Pumpenausfall usw. Zum Nachweis dafür, daß die REKA-Kupplungen auch vakuumfest sind, wurden von verschiedenen Instituten entsprechende Versuche angestellt, die die Dichtheit gegenüber Vakuum bestätigen.

PRESS [*V42*] evakuierte eine mit REKA-Kupplung verbundene Versuchskonstruktion im Wasserbad auf 516 mm HgS, was 0,32 ata entspricht, während es in Wien [*V53*] gelang, das Vakuum unter gleichen Versuchsbedingungen für etwa $^1/_2$ Std. auf 740 mm HgS zu bringen, entsprechend dem absoluten Wert von 0,0263 at. Die REKA-Verbindung erwies sich bei diesen Versuchen als absolut dicht. Zu dem gleichen Ergebnis gelangten die Versuche, die auf Veranlassung vom Verfasser in der *Physikalisch-Technischen Bundesanstalt* — Institut Berlin — [*V33*] durchgeführt wurden. Hierbei lagerte die Versuchskonstruktion 48 Std. in einem Wasserbad bei einem Innendruck in den Rohren von 0,1 ata. Nach Abbruch der Versuche wurde die Konstruktion geöffnet. Es fand sich keinerlei Feuchtigkeit an, die Verbindungen waren im Innern völlig trocken.

6.153 4 Dichtheit gegenüber Luft-Innenüberdruck

Um festzustellen, wie sich die REKA-Kupplung unter extremen Bedingungen verhält, ließ der Verfasser ebenfalls im Institut Berlin der *Physikalisch-Technischen Bundesanstalt* Versuche durchführen, bei denen zwei kurze Rohrstücke in der Mitte mit einer REKA-Kupplung verbunden und an den Enden durch REKA-Kupplungen mit *GAZ-P*-Stücken verschlossen, in ein Wasserbad gelegt und mit einem Luft-Innendruck belastet wurden. Während eine Versuchskonstruktion NW 300 einem zweistündigen Innendruck von 6 atü, ohne undicht zu werden, widerstand, stiegen bei einer Versuchskonstruktion mit Rohren und Kupplungen NW 100 nach Erreichen eines Innendrucks von 5 atü an den Verbindungsstellen Bläschen auf. Obwohl die Dichte der Luft gegenüber der des Wassers rund tausendmal geringer ist, blieben die REKA-Verbindungen bis zu Gasdrücken intakt, die weit über den in der Praxis in Mittel- und Niederdruck-Gaswerken vorkommenden Betriebsdrücken liegen [*V33*]. Für Gasleitungen aus Asbestzement-Druckrohren wird die REKA-Kupplung mit geringerem Innendurchmesser geliefert, so daß dort die Gummiringe stärker angepreßt werden, besonders auch gegen die Muffeninnenwand. Wie die Untersuchungen des Instituts für Gastechnik, Feuerungstechnik und Wasserchemie an der TH Karlsruhe gezeigt haben, ist die Dichtheit der REKA-Kupplung gegenüber Gas als sehr gut zu bezeichnen (s. S. 116 Tab. 27).

6.1535 Dichtheit bei Auslenkung der Rohre in der Kupplungsmuffe

Die abdichtende Eigenschaft der REKA-Kupplung ist hervorragend. Die besondere Querschnittsform der Gummidichtungsringe gewährleistet durch die breite Anliegefläche auch bei extremster Auslenkung der Rohrenden vollkommene Dichtheit. Eine einwandfreie Abdichtung erfolgt auch dann noch, wenn weniger als die Hälfte der normalen Lippen des Dichtungsringes am Rohr anliegen. Auf Veranlassung der *Stadtwerke Trier* wurden 1959 mit zwei mit REKA-Muffe verbundenen ETERNIT-Druckrohren NW 300, ND 10 Abwinkelungsversuche durchgeführt, die die Dichtheit der REKA-Kupplung bei ausgelenkten Rohren überprüfen sollte. Zu diesem Zweck installierte man die Rohre in einem Prüfgraben, verschloß sie mit *GAZ-P*-Stücken und sicherte die Rohrleitung durch Hölzer gegen Hochtreiben. Da nur P-Stücke ND 10 zur Verfügung standen, mußten diese mit REKA-Übergangskupplungen angeschlossen werden. Zunächst wurde die Abwinkelung auf 4,5° festgelegt, die Rohre versteift und mit einem Innendruck von 18 atü belastet, ohne daß sich irgendeine Undichtheit der REKA-Kupplung zeigte. Die Abweichung des Rohrstoßes von der Geraden betrug hierbei 430 mm.

Nach Beseitigen der Aussteifungen und erneutem Aufbringen eines Innendruckes wanderte der Rohrstoß weiter aus und erreichte bei 10 atü eine Abweichung von der Geraden von 455 mm, das entspricht einem Winkel von 5° (Abb. 467). Im dritten Versuch erreichte die Abwinkelung bei 9 atü bereits einen Wert von 7° mit einer Abweichung von 610 mm (Abb. 468). Die Steigerung des Innendruckes auf 14 atü ergab eine weitere Auswinkelung, die bei 7,6° durch die von den Rohren vor sich hergeschobene Erde der Grabensohle gestoppt wurde. Die horizontal nicht abgestützten Rohre stemmten sich daraufhin hoch, sprengten die Versteifung zur Verhinderung dieser Bewegung und brachten eine Übergangskupplung am Ende eines Rohres zum Bruch (Abb. 469). Die Versuche haben gezeigt, daß die REKA-Kupplung auch extremste Auslenkung verträgt, ohne undicht zu werden. Der Bruch an der Übergangskupplung ist auf das Weglassen der horizontalen Versteifung zurückzuführen. Die maximale Abweichung von der Geraden betrug 670 mm.

Versuche, die 1956 von PRESS an Asbestzement-Druckrohren NW 100, ND 12,5 mit REKA-Kupplungen im Auftrage der ETERNIT AG durchgeführt wurden, zeigten selbst bei einem Verschwenken der Rohrachse um 6° und einem Innendruck bis zu 75 atü keine Undichtheit. Auch eine aufgebrachte Rüttelfrequenz von 40 Hz wirkte sich in keiner Weise negativ aus [*V41*].

PILNY stellte bei seinen auf Veranlassung des Verfassers durchgeführten Versuchen mit Asbestzement-Druckrohren der Nenndruckstufe 10 und der Nennweiten 100, 200 und 300 (mm) ein ganz ähnliches Verhalten der REKA-Kupplungen fest. Die Versuchsanordnung bestand hierbei aus zwei mit einer REKA-Kupplung verbundenen Rohrstücken, deren Enden mit durch REKA-Kupplungen angeschlossenen Endstopfen (*GAZ-P*-Stücke) abgedichtet waren. Zur Aufnahme der Stirn- und Umlenkkräfte wurde ein besonderes Gestell gebaut, in das die Versuchskonstruktion dergestalt eingebaut wurde, daß einmal die mittlere Kupplung sich in jeder beliebigen Stellung festlegen ließ, zum anderen die Endverschlüsse der Rohrstücke unverrückbar befestigt waren. Alle Untersuchungen fanden unter Innendruck von 20 atü statt, was dem doppelten Nenndruck entsprach (Abb. 470).

Vor den Versuchen wurde zunächst nach Entfernen der Gummidichtungsringe und Verkanten der in die REKA-Kupplung eingeschobenen Rohrenden der überhaupt größtmögliche Auslenkwinkel bestimmt. Er betrug bei der Nennweite 100 etwa 8° je Kupplungsseite. Nachdem die

Abb. 466. Abwinkelungsversuch: Auslenkung der Rohre um 5° entsprechend einer Abweichung von 455 mm von der Geraden.

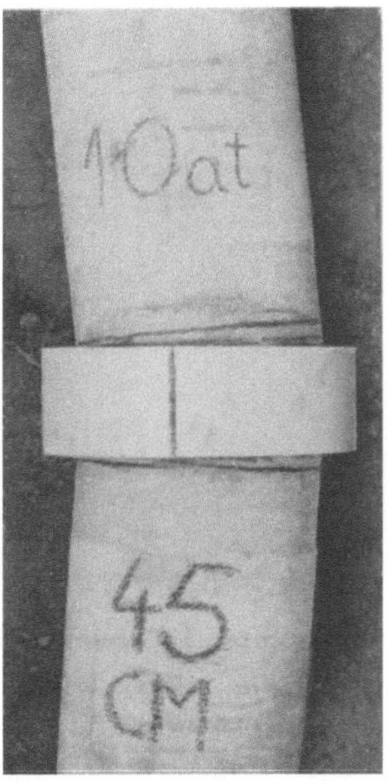

Abb. 467. Blick auf die ausgelenkte REKA-Kupplung. Die Markierungen geben den Rohreinschub in der Geraden an.

Abb. 468. Auswinkelung um 7° mit Abweichung von der Geraden um 610 mm. Man erkennt deutlich den Erdwall, den das Rohr vor sich hergeschoben hat und der an der Grabenwand ein Widerlager findet.

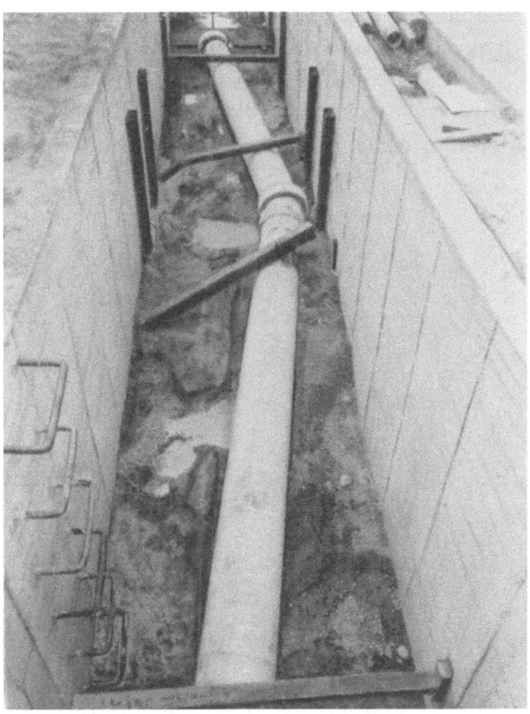

Abb. 469. Bruch der Übergangskupplung am Ende des hinteren Rohres. Die Holzsteifen zur Verhinderung des Hochstemmens der Rohre sind am Rohrstoß gesprengt worden. Die Auslenkung ist durch den Erdwall an der Grabenwand gestoppt.

Versuchskonstruktion axial ausgerichtet worden war, wurde die mittlere Kupplung ausgelenkt, der Innendruck bis auf den doppelten Nenndruck erhöht und die Dichtigkeit der REKA-Kupplung überprüft. Danach wurde der Innendruck wieder verringert, die Auslenkung vergrößert und abermals der Innendruck auf 20 atü gebracht. Dies wiederholte sich bis zum Bruch bzw. Undicht-

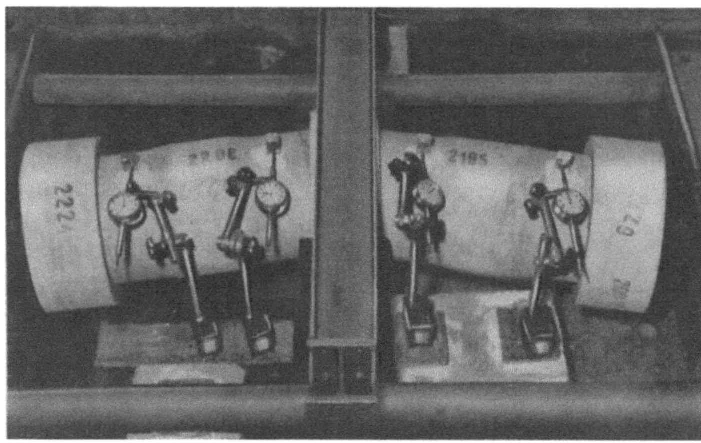

Abb. 470. Blick auf die Versuchsanordnung mit den einzelnen Meßstellen [V 40].

werden der Kupplung. Die meisten Versuche endeten durch Bruch der Kupplung, so 7 von 8 Versuchen mit NW 200, jedoch nur 3 von 8 Versuchen mit NW 300. Bei dieser Nennweite ist die Wanddicke der Kupplungsmuffe bereits relativ groß, so daß die auftretenden Kräfte infolge Auslenkung noch vom Material aufgenommen werden können. Die oben angeführten Grenzwinkel wurden nur in zwei Fällen bei der Nennweite 100 nicht ganz erreicht, in allen übrigen jedoch überschritten. Das hatte zur Folge, daß die Rohrkanten der Stirnseite miteinander zusammenstießen bzw. gegen die Innenwandung der Kupplungsmuffe gepreßt wurden und Quetschungserscheinungen sowie Absplitterungen an den Rohrenden hervorriefen. Trotz dieser Beschädigungen blieben die Verbindungen jedoch noch bis zum Abbruch des Versuches infolge Zerstörung der Kupplungsmuffe dicht (Abb. 471).

Die gemittelten Maximalwerte der bis zum Versagen der Verbindung erreichten Auslenkung je Rohr ergeben sich aus Tab. 133. Gleichzeitig ist auch die Spaltweite zwischen den Rohrenden in der montierten Reka-Kupplung im unausgelenkten Zustand der Versuchsanordnungen aufgeführt.

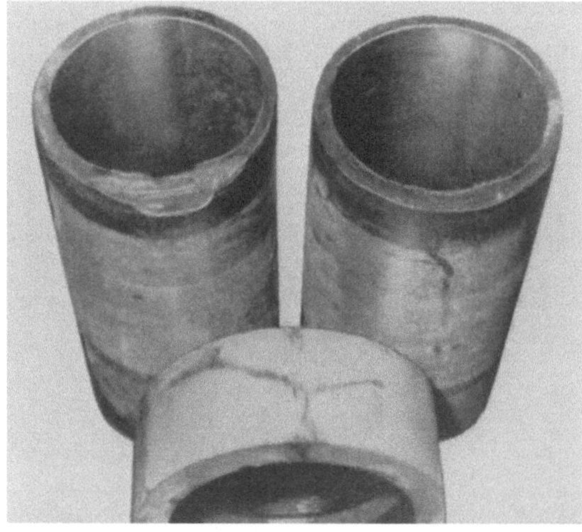

Abb. 471. Bruchbild einer zerstörten Versuchsanordnung NW 200. REKA-Kupplung gebrochen, Rohrenden durch Stauchungen beschädigt [V 40].

Tabelle 133. *Maximale Auslenkung bei 20 atü Innendruck bis zu der die Reka-Kupplung intakt blieb* [V 40]

Nennweite	Auslenkwinkel je Rohr	Spaltweite
100	9,6°	25 mm
200	11,2°	25 mm
300	10,1°	40 mm

Die verhältnismäßig hohen Werte für die Auslenkung sind auf die großen Spaltweiten zurückzuführen. In der Praxis werden letztere geringer sein, so daß auch die dadurch eingeschränkte Auslenkung niedrigere Werte annimmt. Überdies wird man aus Sicherheitsgründen ohnehin nicht bis an die obere Grenze der möglichen Auslenkung gehen. Es muß hier noch besonders betont werden, daß die infolge der großen Spaltweite verbliebene kurze Einschublänge der Rohre, bei der NW 100 und 200 betrug sie 50 mm, bei der NW 300 nur 60 mm, ausreichte, um eine einwandfreie und selbst bei größerer Auslenkung noch dichtende Verbindung herzustellen.

Daß sogar andauerndes Hin- und Herschwenken des Rohres in der REKA-Muffe keinen Einfluß auf die Güte und Beschaffenheit der REKA-Verbindung nehmen kann, bewiesen sehr interessante Dauerschwenkversuche in der Amtl. Forschungs- und Materialprüfanstalt für das Bauwesen der TH Stuttgart, dem OTTO-GRAF-Institut. In einer festgehaltenen REKA-Kupplung wurde ein Rohrstück bis zu $2 \cdot 10^6$ Male hin- und hergeschwenkt, ohne daß der konstant gehaltene Innendruck von 24 atü, mit dem diese Konstruktion belastet wurde, durch auftretende Undichtigkeiten verringert wurde. Der Auslenkwinkel betrug dabei maximal $1°48'$ (Abb. 472 u. 473) [V1].

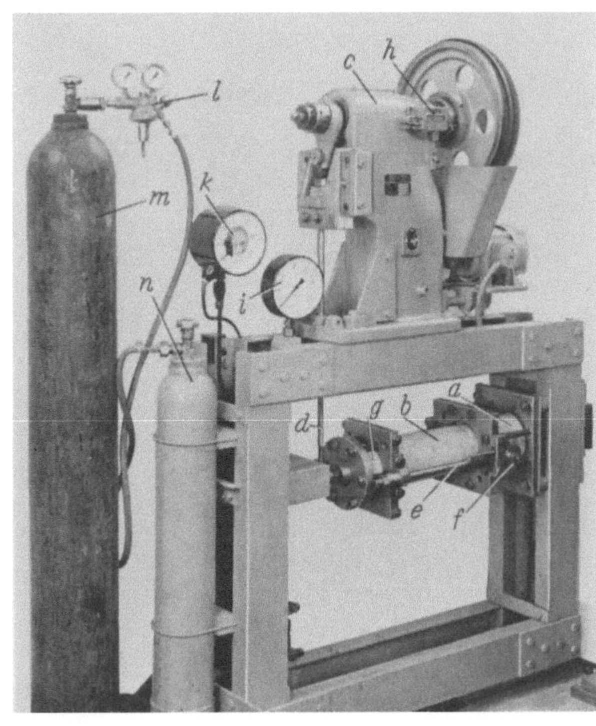

Abb. 472. Versuchseinrichtung für die Dauerschwenkversuche [V1].

a REKA-Kupplung,
b ETERNIT-Rohr,
c Exzenterpresse,
d Schubstange,
e Zugstange,
f Zugstangendrehpunkt,
g Verschlußdeckel,
h Hubzähler,
i Feinmeßmanometer,
k Steuermanometer,
l Druckminderer,
m Preßluftflasche,
n Luft-Wasserflasche.

Wenn schon unter besonderen Umständen, wie z. B. im ausgeschwenkten Zustand, kein Lecken der REKA-Kupplung erfolgt, so darf mit Recht angenommen werden, daß in der normalen, nicht ausgelenkten Rohrlage erst recht nicht mit Undichtigkeiten zu rechnen ist.

6.153 6 Bakteriologisches Verhalten der REKA-Kupplung

Es ist für die Verwendung in einer Trinkwasserversorgungsleitung wichtig zu wissen, wie sich die REKA-Kupplung in hygienischer, d. h. bakteriologischer Hinsicht verhält. Aus diesem Grund wurden im Rahmen der vom Verfasser veranlaßten bakteriologischen Untersuchung an Asbestzement-Druckrohren, über deren Ergebnisse bereits im Abschn. 4.7 berichtet wurde, auch spezielle Versuche mit REKA-Kupplungen angestellt. Hierbei sollte geklärt werden, ob die REKA-Kupplung von Mikroben durchwandert werden kann. Zu diesem Zweck wurden jeweils ein etwa 30 cm langes und ein etwa 15 cm langes Rohrstück NW 50 mit einer REKA-Kupplung NW 50 verbunden, das kürzere Rohr am offenen Ende verschlossen und die Konstruktion in ein entsprechendes Glasgefäß mit dem verschlossenen Rohrstück nach unten gestellt. Vorher wurde die Konstruktion vier Wochen lang in fließendem Leitungswasser gespült, damit eine anfängliche Erhöhung des pH-Wertes infolge Kalkabgabe die Nährbouillon nicht beeinflußt. Die Sterilisation der Versuchseinrichtung bereitete außerordentliche Schwierigkeiten und gelang erst nach ausgiebigen Vorversuchen. Diese ergaben die Notwendigkeit, vor Einsetzen der Rohrstücke den Boden der Gläser mit einer etwa 2 cm hohen, vorher trocken sterilisierten Kiesschicht zu bedecken, die Rohrstücke jeweils auf der unteren Seite mit Gummistopfen zu verschließen und die normalen Gummidichtungsringe der Kupplungen durch hitzebeständige Gummidichtungsringe zu ersetzen. Nach Sterilisation der gesamten Versuchseinrichtung (Rohrkupplung und Glasgefäß) wurde das äußere Glasgefäß mit Nährbouillon angefüllt. Zwei Rohrkonstruktionen erhielten als innere Füllung entchlortes Leitungswasser, vier weitere wurden mit Nährbouilllon aufgefüllt; alle sechs Füllungen wurden mit E. coli geimpft. Zwei weitere Proben, die einmal mit entchlortem Leitungswasser und einmal mit Nährbouillon angefüllt waren, wurden als Sterilitätskontrolle bei 37° Bruttemperatur gehalten. Von den sechs Proben, die je zur Hälfte bei 22°C und 37°C bebrütet wurden, zeigten sich nach Ablauf der vierwöchentlichen Versuchszeit vier als absolut dicht, während bei zwei mit Nährbouillon gefüllten Proben, und zwar bei je einer mit 22°C und 37°C Bebrütungstemperatur, E.-coli-Keime in der äußeren Nährbouillon nachgewiesen werden konnten; die mit Leitungswasser gefüllten Proben zeigten einen negativen Befund.

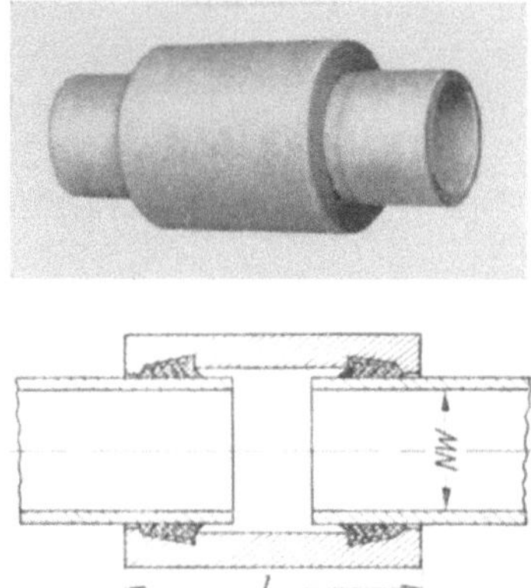

Abb. 474. REKA-Langkupplung.

Abb. 473. Abbildung einer Versuchsprobe nach 2 058 480 Querschwenkungen um 34′. Rohr mit Muffe und Gummiring waren vor dem Versuch zusammen 7 Tage bei 70°C gealtert worden [V1].

Offen geblieben ist bei diesen Versuchen die Frage, ob der positive Befund bei zwei Proben auf Undichtigkeiten der Kupplung oder auf Beschädigung der Gummidichtungsringe infolge der Sterilisation der Versuchsanordnung zurückzuführen ist. Das Bundesgesundheitsamt — *Institut für Wasser-, Boden- und Lufthygiene* —, das die Versuche durchgeführt hat, weist in seinem Versuchsbericht ausdrücklich darauf hin, daß die notwendige Sterilisation der Kupplungen den Gummi der Dichtungsringe u. U. soweit geschädigt haben könnte, daß mit einem Durchwandern der Keime gerechnet werden müßte. Es dürfte jedoch angenommen werden, daß unter den Bedingungen der Praxis derartige Beanspruchungen nicht auftreten [V14].

Dieser gutachtlichen Stellungnahme durch das Bundesgesundheitsamt ist nichts hinzuzufügen. Die eigenen Erfahrungen mit REKA-Kupplungen decken sich mit dieser Stellungnahme. Es läßt sich daher abschließend feststellen, daß die REKA-Kupplung dicht gegen Bakterien ist.

Versuchsergebnisse wie praktische Erfahrungen beweisen eindeutig, daß die REKA-Kupplung in ihrer Dichtungsfunktion allen Anforderungen der Praxis gerecht wird. Sie eignet sich sowohl zur Verbindung von Asbestzement-Druckrohren als auch zur Herstellung von Saugleitungen aus Asbestzement. Für die REKA-Kupplung spricht weiter der Umstand, daß in ihr der Gummidichtungsring weniger deformiert wird als in der SIMPLEX-Kupplung. Eine Tatsache, die sich auf die Lebensdauer der Gummiringe günstig auswirkt.

6.154 Spezialformen der Reka-Kupplung

Nach der Behandlung der REKA-Kupplung, ihres Funktionsprinzips und ihrer sonstigen Eigenschaften sollen hier noch einige ihrer Spezialformen aufgeführt werden, mit denen die vielseitigen Anforderungen, die in der Praxis an die Rohrverbindungen gestellt werden, erfüllt werden können.

Sind im Zuge einer Asbestzement-Druckrohrleitung besonders große Bewegungen zu erwarten, wie dies z. B. in Bergsenkungsgebieten der Fall sein kann, so empfiehlt sich die Anwendung von REKA-*Langkupplungen* (Abb. 474). Diese Langmuffen gestatten von vornherein größere Spaltweiten, da sie etwa 1,5fach länger als die normalen Muffen sind. Es können hierbei Längenänderungen innerhalb der Rohrleitung aufgefangen werden, die, je nach Nennweite, 10—12 cm betragen.

Für den Übergang von Asbestzement-Druckrohren auf Druckrohre anderer Materialien benutzt man die REKA-*Übergangskupplung* (Abb. 475). Sie ist durch Farbringe gekennzeichnet. Bei ihrer Montage ist zu beachten, daß die Muffenseite mit der Farbkennzeichnung zum werkstofffremden Rohr bzw. zum Asbestzement-Druckrohr der niedrigeren Nenndruckstufe gehört. Die Farbzeichnungen sind:

roter Farbring:	Übergang auf Gußrohre;
blauer Farbring:	Übergang auf Stahlrohre;
grüner Farbring:	Übergang auf Kunststoffrohre;
gelber Farbring:	Übergang auf Asbestzementrohre und für diese vorgesehene Gußformstücke anderer Druckstufen.

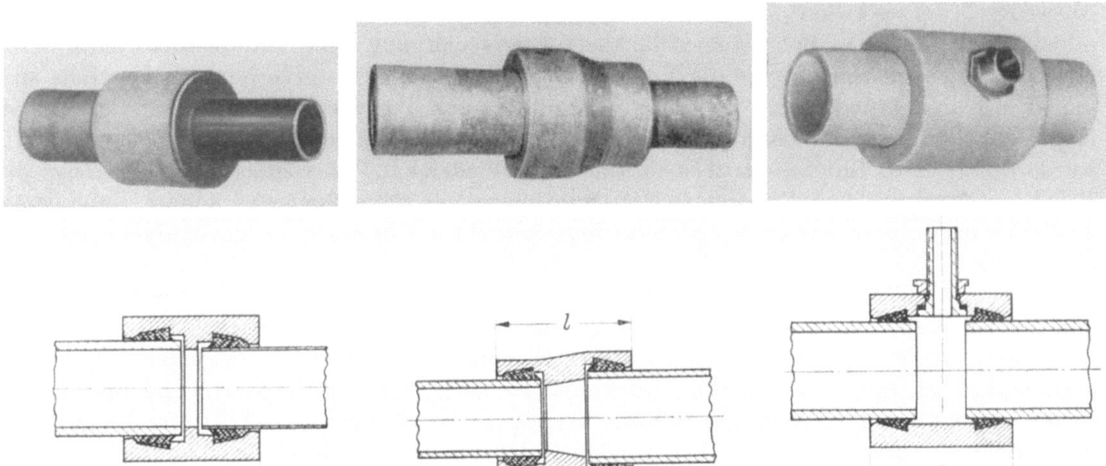

Abb. 475. REKA-Übergangskupplung.   Abb. 476. REKA-Reduktionskupplung.   Abb. 477. REKA-Anbohrkupplung.

Zur Vermeidung einer Bewegung der Kupplung in Richtung zum kleineren Durchmesser hin als Folge des Wasserinnendrucks ist im Innern der Muffe ein Anschlagring angeordnet. Soll die Übergangsmuffe als Übergangsschieber verwendet werden, so kann auf Wunsch der Anschlagring weggelassen werden. Dann muß allerdings durch eine anderweitige Festlegung (z. B. Schelle) eine Bewegung verhindert werden. Die Befestigung ist selbstverständlich nur dort notwendig, wo nicht bereits andere Umstände, wie z. B. ein künstliches Widerlager die Muffenbewegung verhindern. Im Erdboden verlegte Leitungen mit Übergangskupplungen benötigen an und für sich keine zusätzlichen Maßnahmen, wohl aber frei verlegte Leitungen oder Grabenleitungen, die noch nicht restlos verfüllt sind (z. B. bei der Druckprobe). Die praktische Erfahrung hat allgemein gelehrt, daß es zweckmäßig ist, die Reduktionskupplung grundsätzlich festzulegen. Dies ist meist mit einfachen Mitteln möglich, z. B. bei Stahl durch Aufschweißen von kleinen Nocken, und entlastet den inneren Anschlagring, was insbesondere bei dünnwandigen Rohren, wie Stahlrohre, von Vorteil ist.

Soll von einem größeren Asbestzement-Druckrohr auf ein solches kleinerer Nennweite übergegangen werden, so benutzt man die REKA-*Reduktionskupplung* (Abb. 476), die allerdings nur für Nennweiten bis 200 mm und da auch nur für Übergänge auf die nächst kleinere Nennweite geliefert wird. Bei größeren Nennweiten müssen Reduktionsstücke verwendet werden.

Hausanschlüsse oder sonstige Abgänge bis 2″ l. W. lassen sich elegant mit Hilfe der REKA-*Anbohrkupplung* (Abb. 477) ermöglichen. Der in die Muffe eingezogene und verschraubte Anschlußstutzen besteht aus Messing. Die Gewindeabmessungen betragen: $^3/_4{}''$, $1''$, $1^1/_2{}''$ und ab NW 150 2$''$. In Großrohrleitungen können darüber hinaus auch Anbohrkupplungen mit größeren Abgängen eingebaut werden. So zeigt Abb. 536, in Abschn. 8.106 eine Anbohrkupplung NW 700 mit Flanschabgang NW 150.

6.16 Die zugfeste Rohrverbindung

Alle bisher angeführten Rohrverbindungen haben den Nachteil, daß sie keine Kräfte in Richtung der Rohrachse aufnehmen können. Wenn dies auch meistens nicht erforderlich ist, so kann es jedoch in bestimmten Fällen erwünscht oder gar erforderlich sein, daß sich die Rohre an ihren Verbindungen nicht auseinanderziehen lassen. Denkt man z. B. an eine freihängende Pumpensaugleitung, an Brunnenrohre oder an eine Rohrleitung, die zur Unterquerung eines Dammes (Straße oder Eisenbahn) durch ein Schutzrohr gezogen werden muß, so wird die Notwendigkeit einer zugfesten Verbindung offenbar. Der zugfeste Anschluß eines Krümmers oder eines Endverschlusses kann auch unter Umständen die sonst notwendige Verankerung ersetzen.

Daß man mit verhältnismäßig einfachen Mitteln eine zugfeste Verbindung für Asbestzement-Druckrohre herstellen kann, zeigen die Abb. 478 und 479. Weil die Aggressivität des Bodens zum Auswechseln der eisernen Rohre nach wenigen Jahren zwang, wählte man „TRANSITE"-Druckrohre[1] zur Herstellung von Bohrbrunnen für die Wasserversorgung einer nordamerikanischen Stadt [149]. Da aus gleichem Grunde die Verwendung einer eisernen Rohrverbindung ebenfalls ausschied, war man gezwungen, eine zugfeste Kupplung aus Asbestzement zu verwenden und gelangte dabei zu folgender Lösung: Eine für diesen Zweck etwas länger gehaltene SIMPLEX-Muffe wurde durch je 12 Bronzeschrauben an die zu verbindenden Rohre geschraubt. Im Zuge des Brunneneinbaus, bei dem die gesamte Konstruktion jeweils aufgehängt war, konnte die so hergestellte Verbindung schließlich das gesamte Eigengewicht der Brunnenverrohrung von etwa 4 Mp aufnehmen.

Für einen ähnlichen Verwendungszweck, bei dem aus anderen Gründen die Verwendung von gußeisernen Kupplungen ausschied, nämlich für die Grundwasserabsenkung im Rheinischen Braunkohlenrevier, wurde eine zugfeste REKA-Kupplung entwickelt, die besonders einfach und wirkungsvoll ist. Sowohl in die Rohraußenwand als auch in die Muffeninnenwand sind jeweils Nuten mit halbkreisförmigem Querschnitt eingedreht, die bei montierter Kupplungsmuffe genau aufeinanderpassen und einen kreisrunden Hohlraum ergeben. Nach der Kupplungsmontage wird durch eine tangential zur Nut stehende Kupplungsdurchbohrung ein Stahlseil eingeschoben. Dieses Stahlseil wirkt als Scherelement und ist in der Lage, z. B. bei Rohren der Nennweite 600 mm etwa 80—100 Mp aufzunehmen (Abb. 480).

Es laufen zur Zeit Versuche zum Studium der Verwendbarkeit dieser Kupplungen bei Horizontal-Druckleitungen als Widerlagersatz.

Die S.A. ETERNIT in Italien brachte in früheren Jahren eine zugfeste Verbindung auf den Markt, die aus einer Schraubhülse aus Gußeisen oder aus Asbestzement mit einem Innengewinde bestand, in die die mit einem Außengewinde versehenen Rohrenden eingeschraubt wurden (Abb. 481). Die Zugfestigkeit war hierbei abhängig von der Festigkeit des Schraubgewindes im Asbestzementmaterial, welche allerdings, wie in Abschn. 8.16 gezeigt, verhältnismäßig hoch liegt.

Heute benutzt man für zugfeste Verbindungen auch Flanschen-Kupplungen, bei denen die Längszugfestigkeit durch Keilwirkung erzeugt wird. Abb. 482 zeigt eine zugfeste Flanschverbindung der JOHNS-MANVILLE-Corporation (USA).

Rohrenden und die Innenseiten der Flanschenringe sind keilförmig bearbeitet. Beim Zusammenziehen der Flansche durch Anziehen der Bolzen verkeilen sich Rohrende und Flansch. Das Rohr sitzt dann fest, wenn es sich infolge äußerster Kompression des zwischen den Stirnseiten der Rohrenden liegenden Gummi-Flanschdichtungsringes nicht mehr in Richtung auf den Rohrstoß bewegen läßt. Da bei dieser Konstruktion die Flansche nicht über die Rohrenden geschoben werden können, sind sie aus zwei Ringhälften zusammengesetzt. Vor der Montage werden zu-

---

[1] „TRANSITE" ist die Markenbezeichnung für AZ-Druckrohre, die die JOHNS-MANVILLE-Corporation, USA, herstellt.

Abb. 478. Bohren der Löcher für die Schraubenbolzen zur Herstellung einer zugfesten Rohrkupplung [149].

Abb. 479. An einer angeschraubten SIMPLEX-Kupplung hängendes Brunnenrohr [149].

Abb. 480. Schnittmodell der durch tangential eingeschobene und in Nuten geführte Drahtseile zugfest gemachten REKA-Kupplung.

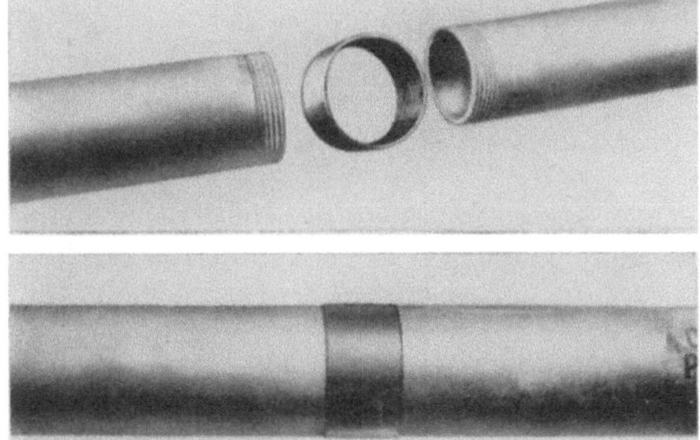

Abb. 481. Schraubverbindung der S. A. ETERNIT.

Abb. 482. Schnittmodell der zugfesten Rohrverbindung der JOHNS-MANVILLE-Corporation.

nächst die beiden Ringhälften über dem Rohr zusammengesteckt und mit einer Schraubenlasche an jeder Stoßstelle verbunden. Erst dann können die so hergestellten beiden Flanschenringe mittels Bolzen zur Rohrkupplung vereinigt werden.

Ganz ähnlich ist die zugfeste Rohrkupplung der S.A. ETERNIT in Genua (Abb 483). Auch hier werden zweiteilige Flanschenringe mit schrägen Innenseiten benutzt. Während jedoch bei der oben beschriebenen Kupplung die Längskraft nur durch Keilreibung übertragen wird, ist hier neben der Keilwirkung noch ein Anschlag für den Flansch angeordnet. Als Nachteil dieser sowohl als auch der Kupplung der JOHNS-MANVILLE-Corporation muß die nicht unbeträchtliche Schwächung des Wandquerschnittes angesehen werden.

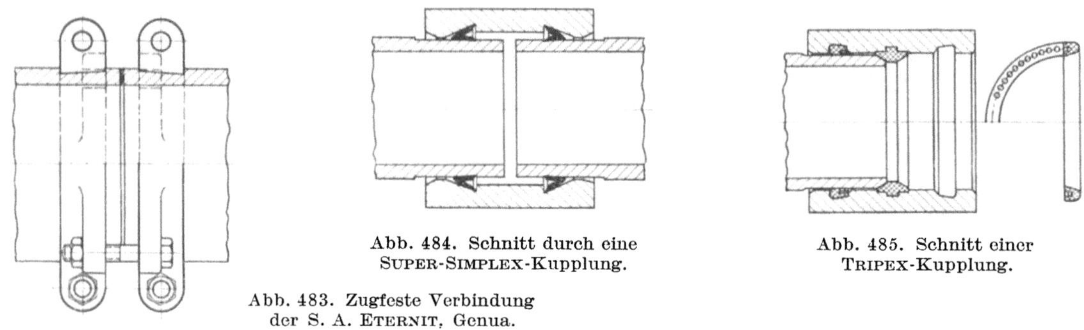

Abb. 483. Zugfeste Verbindung der S. A. ETERNIT, Genua.

Abb. 484. Schnitt durch eine SUPER-SIMPLEX-Kupplung.

Abb. 485. Schnitt einer TRIPEX-Kupplung.

6.17 Sonstige Rohrverbindungen für Asbestzement-Druckrohre

Das Prinzip der Keilringdichtung, wie es bei der REKA-Kupplung erstmalig zur Anwendung gelangte, hat sich ausgezeichnet bewährt, es wird deshalb auch von verschiedenen anderen Herstellern in abgewandelter Form angewendet.

6.171 Die Super-Simplex-Kupplung

Die Abdichtung erfolgt bei der von der S.A. ETERNIT in Genua herausgebrachten SUPER-SIMPLEX-Kupplung durch winkelförmige Dichtungsringe, deren Winkelschenkel etwa einen Winkel von 40° einschließen und eine Dicke von 3,5 bis 5,0 mm, je nach Nennweite, besitzen (Abb. 484).

Wie bei der REKA-Kupplung werden auch hier die Gummiringe vor der Montage in die entsprechend der Querschnittsform der Ringe ausgedrehten Kammern an der Innenseite der Muffen eingelegt. Ein am Rohrende angedrehter Absatz sorgt beim Einschieben des Rohres in die Muffe für die Einhaltung des Spaltes zwischen den Stirnseiten der Rohre.

In der montierten Kupplung werden die Gummiringe etwas zusammengedrückt. Dadurch entsteht eine Eigenspannung im Gummiring, die die Schenkel gegen die Wandungen der Muffenkammer bzw. Rohrwand drückt. Ein im Rohr herrschender Überdruck erhöht die von der durch die Eigenspannung im Gummi ausgeübte Kraft, mit der die Winkelschenkel gegen die Wandungen gedrückt werden. Im Auftrage des Herstellers durchgeführte Versuche mit Innenvakuum sollen befriedigende Ergebnisse[1] gezeigt haben. Leider liegen keine Untersuchungsbefunde über Versuche mit höheren Druckgefällen von außen nach innen vor.

6.172 Die Triplex-Kupplung

Die ETERNIT AG. in Niederurnen, Schweiz, benutzt für die TRIPLEX-Kupplung Gummiringe in abgerundeter Keilform mit dicht nebeneinander liegenden runden Aussparungen, so daß gewissermaßen ein Hohlkeil entsteht, Die lochartigen Aussparungen erhöhen — wie die Lippen der REKA-Dichtungsringe — die Zusammendrückbarkeit der Ringe bei der Montage und die Dichtheit bei Innendruck (Abb. 485).

---

[1] „giunto supersimplex" per tubazione „ETERNII" — prove idrauliche di tenuta, von Prof. Ing. MARIO MARCHETTI, Polytechnikum Mailand. Herausgegeben von der S.A. ETERNIT, Genua, März 1956.

Wie die Abb. 485 weiterhin zeigt, ist bei der TRIPLEX-Kupplung ein trapezförmiger Distanzring vorgesehen worden, gegen den die Rohrenden stoßen. Dadurch wird die Einhaltung des Montagespaltes in einfacher Weise sichergestellt.

6.173 Die Self-Tite-Kupplung

Bei der SELF-TITE-Kupplung, die von der ETERNIT AG in Belgien herausgebracht wurde, hat man auf eine keilförmige Ausbildung des Gummiquerschnitts verzichtet und dem Gummidichtungsring eine Form gegeben, die der Ausbildung der Ringkammer in der Kupplungsmuffe entspricht. Jedoch wird auch hier erreicht, daß der Dichtungsring sich bei Innendruck um so mehr gegen seine Kammer preßt, je höher der Innendruck im Rohr wird. Die Montage der SELF-TITE-Kupplung wird durch elastische Anschlagringe, die sich auf den Rohrenden befinden, wesentlich erleichtert. Auch hier wird die Einhaltung des Montagespaltes automatisch gewährleistet (Abb. 486).

6.174 Die Komeet-Kupplung

Bei der in den Niederlanden entwickelten KOMEET-Kupplung (Abb. 487) verzichtet man auf das Keildichtungsprinzip. Durch Verwendung eines Gummidichtungsringes mit rundem Querschnitt, der jedoch einen schmalen, streifenförmigen Fortsatz besitzt, welcher sich beim Einschieben des Rohres nach innen umlegt und zwischen Rohraußenfläche und Kupplungsinnenfläche schiebt, wird eine sehr leichte Montage der Rohrverbindungen ermöglicht.

6.175 Die Himanit-Kupplung

Auch diese Kupplung ist nach dem Keildichtungsprinzip konstruiert worden. Sie ähnelt der REKA-Kupplung sehr stark, sieht man von dem Querschnitt des Gummidichtungsringes ab (Abb. 488).

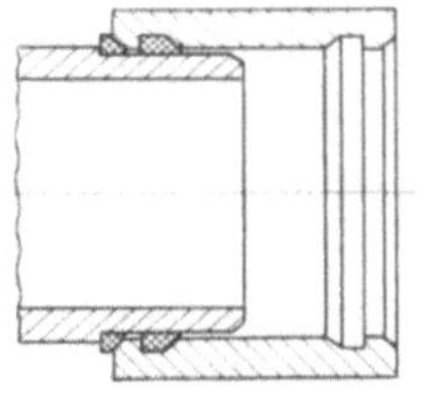

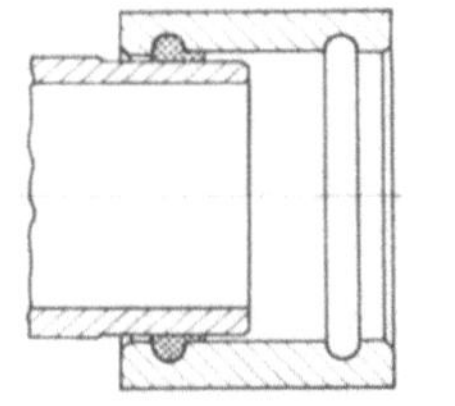

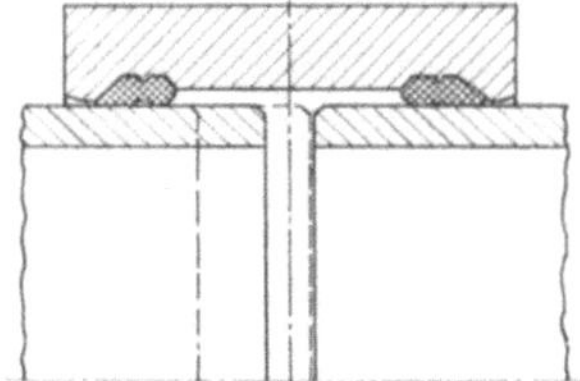

Abb. 486. Schnitt einer SELF-TITE-Kupplung.

Abb. 487. Schnitt einer KOMEET-Kupplung.

Abb. 488. Schnitt einer HIMANIT-Kupplung.

6.176 Die Schraubverbindungen aus Asbestzement

Der Vollständigkeit halber seien zum Schluß noch zwei Verbindungen erwähnt, deren Einzelteile aus Asbestzement bestehen, die zusammengeschraubt wurden. Diese Schraubverbindungen

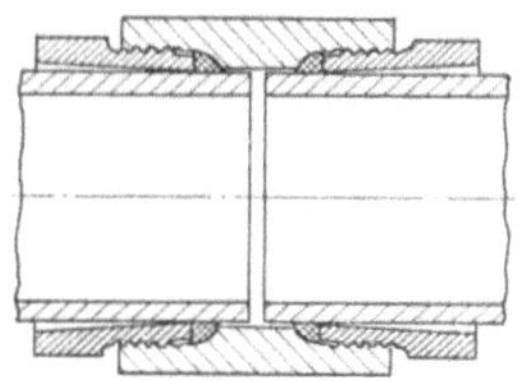

Abb. 490. Schraubmuffen-Verbindung aus Asbestzement.

Abb. 489. Schraubflanschen-Verbindung aus Asbestzement [110].

genießen heute nur noch historisches Interesse, erlangten jedoch besonders in England in früherer Zeit eine gewisse Bedeutung. Auf dem Kontinent konnten sie sich dagegen nicht richtig durchsetzen, was mit auf ihre aufwendige und kostspielige Herstellung zurückgeführt werden muß.

Die in Abb. 489 gezeigte Schraubverbindung arbeitet nach dem Prinzip der GIBAULT-Kupplung.

Auf eine aus Asbestzement bestehende Hülse mit Außengewinde wurden zwei Flansche, ebenfalls aus Asbestzement, die mit Innengewinde versehen sind, aufgeschraubt. Sie pressen dabei zwei Gummidichtungsringe, ähnlich wie bei der GIBAULT-Kupplung, zusammen.

Die Schraubmuffen-Verbindung der Abb. 490 entspricht dagegen der SIMPLEX-Kupplung mit Schraubringen. Hier besitzt die Kupplungsmuffe an den Enden Innengewinde, in das Schraubringe mit Außengewinde eingeschraubt werden.

6.2 Das Dichtungsmittel Gummi

Nachdem im vorhergehenden Abschnitt dargelegt wurde, daß die Rohrverbindungen bei Asbestzement-Druckrohren fast ausschließlich mit Gummi als Dichtungsmittel hergestellt werden, soll auch auf dieses Material hier noch kurz eingegangen werden.

Gummidichtungen sind bereits seit der zweiten Hälfte des vorigen Jahrhunderts bekannt. Obwohl die damaligen Gummiqualitäten noch nicht an die heutigen heranreichten, haben sich diese Dichtungen aber im allgemeinen auch damals schon gut bewährt. Es ist nicht verwunderlich, daß die ersten Gummidichtungen bei den besonders empfindlichen Verbindungen von Gasleitungen angewandt worden sind. So treffen wir 1858 in Lahr (Baden), 1864 in Hanau und 1888 in Burscheid (Rheinland) zum ersten Mal Gummi als Dichtungsmittel für Gasleitungen an [233]. Auch im Ausland setzt um diese Zeit seine Verwendung für Gasleitungen ein. BLAKELEY [23] erwähnt eine Leitung in England aus dem Jahre 1863 und eine 1870 in Elisabeth, New Jersey, verlegte Rohrleitung, bei der die Gummiringe nach 61 Betriebsjahren, als man die Leitung 1931 ausbaute, in noch gutem Zustand vorgefunden wurden. SCIMEMI [206] führt u. a. die Gasleitung von Turin an, deren älteste Teile ebenfalls aus dem Jahre 1870 stammen und deren zur Dichtung von Flanschen-Verbindungen benutzter Gummi sich ebenfalls gut bewährt habe. In der Wasserversorgung wird 1883 in Köln von THIEM die erste Heberleitung für Wasser mit Gummirundringen abgedichtet; ein Jahr später verlegt man in Leipzig eine Wasserversorgungsleitung mit diesem Dichtungsmaterial. Inzwischen liegen bei der Verwendung von Gummiringen für Asbestzement-Druckrohre ebenfalls schon Erfahrungen von über 40 Jahren vor, die für dieses Material sprechen.

Auf Grund der möglichen Belastungen, denen Gummiringe in den Rohrverbindungen ausgesetzt sein können, müssen folgende Forderungen an die Gummidichtungen gestellt werden, wobei anschließend zu untersuchen sein wird, inwieweit Gummi diesen Anforderungen gerecht zu werden vermag. Für die Beurteilung im Einzelfall und die Festlegung der Anforderungen solllte auch berücksichtigt werden, unter welcher mechanischen Dauerbeanspruchung die Gummiringe ihre Dichtfunktion ausüben müssen, d. h. in welchem Maße Zug, Druck oder Verdrillung auftreten.

1. Das Dichtungsvermögen des Gummis beruht auf seinem inkompressiblen und elastischen Verhalten. In dem Maße, in dem er durch die Verbindungteile (Muffen, Flansche usw.) zusammengedrückt wird, preßt er sich gegen die ihn einschließenden Wände. Geben diese geringfügig nach (z. B. bei Auslenkung des Rohrendes in der Muffe oder Flanschenverbindung), so muß der Gummi, damit die Abdichtung erhalten bleibt, sich ebenfalls sofort ausdehnen, ohne seine Eigenspannung restlos zu verlieren. Hieraus ergibt sich als erste Forderung, daß das Gummimaterial im Gegensatz zu den plastischen Dichtungspackungen, z. B. in Stopfbüchsen u. dgl., die man durch Nachziehen nachdichten kann, im hohen Maße elastisch sein und diese Elastizität auch über lange Zeiträume hinweg beibehalten muß.

2. Gummidichtungen sollen je nach den Anwendungsgegebenheiten wasserbeständig, säure- und laugenfest sowie ölbeständig sein und auch biologischen Einflüssen widerstehen können.

3. Sowohl Hitze als auch Frost sollen die Gummidichtungen nicht beeinträchtigen können (Temperaturbereich $-20°$ bis $+70°C$).

4. Schließlich darf der Gummi nicht oder nur geringfügig altern; er muß seine Härte bzw. Elastizität behalten.

Zu 1: Elastisches Verhalten. Der Forderung nach Elastizität des Gummis steht gegenüber, daß Gummi zwar elastisch ist, seine Belastung jedoch einen zeitabhängigen Formänderungsrest zurückläßt, der die Elastizität herabsetzt. Es muß daher ein Gummi mit geringstem Formänderungsrest und optimalem Vulkanisationsgrad verwendet werden. Dies bereitet rein herstellungsmäßig heutzutage keine Schwierigkeiten mehr. Die Ermittlung der bleibenden Verformung unter Druck erfolgt im allgemeinen bei Raumtemperatur oder bei $+70\,^{\circ}$C in einem durchlüfteten Ofen. Dabei werden die zu prüfenden Gummiproben in Abhängigkeit von ihrer Shore-Härte ($\leqq 60\,^{\circ}$) auf ein Drittel bzw. auf die Hälfte ihrer ursprünglichen Dicke zusammengepreßt. Die bleibende Verformung darf nach den Versuchen nicht größer sein als 10% bei Raumtemperatur und 25% beim Versuch mit $+70\,^{\circ}$C. Von einer guten Gummiqualität wird ferner erwartet, daß die Mindeststreckung beim Zug-Bruch 450—500% beträgt.

Zu 2: Die Beständigkeit gegenüber Wasser, Chemikalien und biologischen Einflüssen. Die Beständigkeit des Gummis gegen Wasser kann praktisch als gegeben betrachtet werden. Das schließt aber nicht aus, daß Gummi trotzdem Wasser aufnimmt und das Wasser auch durch Gummi diffundiert. VAN WIJK [*229*] fand einen mittleren Wert von 20 g je m² Oberfläche bei normaler Wassertemperatur. Er setzte 30 g je m² Gummioberfläche als Grenzwert fest, bis zu dem ein Gummi als wasserbeständig angesehen werden kann. Wie groß der Einfluß der Wassertemperatur auf die Wasseraufnahme — besser auf das Lösungsvermögen — ist, erhellt ein Versuch mit Wasser von $100\,^{\circ}$C, bei dem der Forscher bereits nach sechs Stunden eine Wasseraufnahme feststellte, die bei normaler Temperatur erst nach zwei Monaten zu verzeichnen war. VAN WIJK führte auch Versuche mit vulkanisierten Gummiproben an, die verschiedene Mengen an wasserlöslichen Füllstoffen enthielten. Er fand, daß die Wasseraufnahme sich etwa proportional der Menge an wasserlöslichen Bestandteilen im Gummi verhält.

Nach den Vorschriften des holländischen KIWA-Instituts ist beim Versuch in kochendem Wasser eine maximale Wasseraufnahme von 30 g/m² · 6 Std. zulässig.

Bei Säuren oder Basen im Wasser besteht die Gefahr, daß säure- oder laugenlösliche Füllstoffe aus dem Gummi herausgelöst werden. Im Gummiinstitut T.N.O. in Delft (Niederlande) wurden diesbezügliche Untersuchungen durchgeführt, bei denen man feststellte, daß z. B. Gummimischungen mit säurelöslichen Füllstoffen in wäßriger Umgebung mit einem pH-Wert von 5,6 bis 4,6 angegriffen wurden [*120*].

Die Wasseraufnahme des Gummis ist für die Praxis, wie schon früher angedeutet, bedeutungslos. Zur Erzielung einer hinreichenden Säure- bzw. Laugenfestigkeit müssen die säure- und laugenlöslichen Füll- und Hilfsstoffe eingeschränkt oder durch entsprechend widerstandsfeste Materalien ersetzt werden (Kaolin, Kieselsäuren und Silikate). Die Niederländer schreiben daher vor, daß der Gehalt an Zinkoxyd auf ein Mindestmaß reduziert werden soll und 3 Gewichtsprozent nicht überschreiten darf. Daß schädliche oder gar giftige Bestandteile nicht an das Trinkwasser abgegeben werden dürfen, ist selbstverständlich und wird hier nur am Rande erwähnt.

Eine einwandfreie Ölbeständigkeit läßt sich bei der Verwendung von Naturkautschuk zur Gummiherstellung nicht erreichen. Unter der Einwirkung der organischen Lösungsmittel, zu denen auch Mineralöle zählen, quillt Gummi auf. Man kann sich diesen Vorgang so vorstellen, daß das Lösungsmittel von außen in den Kautschuk eindringt, die Bindungskräfte im Molekül lockert und das Molekül zu einem netzartigen Gebilde erweitert, dessen Zwischenräume nun vom Lösungsmittel durchtränkt werden. Es gibt daher eine Sättigungsgrenze, bis zu der Lösungsmittel aufgenommen werden. Das hierbei erreichte Quellmaximum ist bei den einzelnen Lösungsmitteln verschieden. Während Rohgummimischungen schließlich gänzlich aufgelöst werden, ist das Vulkanisat zwar vor der Auflösung geschützt, jedoch ändern sich infolge der Quellung die Materialeigenschaften. Die Forderung nach Ölbeständigkeit kann also von Naturgummi nicht erfüllt werden. Hier öffnet sich die Tür für eines der besonderen Anwendungsgebiete synthetischer Gummiprodukte. Eine gute Ölbeständigkeit besitzt z. B. der synthetische Kautschuk *Perbunan*. Daß Gummidichtungen im Wasserleitungsbau auch gegen biologische Angriffe gefeit sein müssen, beweist die erst vor wenigen Jahren zum ersten Mal entdeckte mikrobiologische Korrosion von Gummiringen. In den Niederlanden gelang es J. ROOK im mikrobiologischen Laboratorium Prof. KLUYVERs in Delft, einen Mikroorganismus zu isolieren, der — unter aeroben Bedingungen lebend — in der Lage ist, vulkanisierten Naturgummi anzugreifen. Durch Ing. LEEFLANG wurden im Auftrage der Arbeitsgruppe „Gummiringe" des KIWA-Verbandes diese Untersuchungen fortgesetzt. Im Verlauf umfangreicher Versuche, die noch nicht abgeschlossen sind, wurde u. a. festgestellt, daß sowohl synthetischer Gummi als auch Naturgummi, dem bestimmte Giftstoffe beigemischt waren, nur bedingt angegriffen wird. Im Gegensatz zu den nicht angegriffenen Gummiringen, die sämtlich frei von Mikroorganismen waren, wurden diese bei den angegriffenen Ringen in allen Fällen festgestellt. Ing. LEEFLANG beobachtete weiterhin, daß gechlortes Flußwasser fast keinen Angriff zuließ, während bei ungechlortem Grundwasser Angriffe verschiedenster Stärke zu beobachten waren. Bei den isolierten Organismen handelt es sich um Strahlenpilze der Gattung Streptomyces aus der Familie der Streptomycetacearum [119]. Wenn die mikrobiologische Korrosion auch nur sehr langsam fortschreitet, sich also erst nach vielen Jahren bemerkbar machen könnte und wenn weiter ihre Wirksamkeit bisher nur in bestimmten Gegenden beobachtet werden konnte, so sollte die Forschung weiter bemüht bleiben, die Zusammenhänge zu erhellen und Abwehrmittel zu finden.

Zu 3: Temperaturbeständigkeit. Die im Wasserversorgungsfach auftretenden Temperaturen liegen, sofern es sich um Versorgungsleitungen handelt, etwa in dem Bereich zwischen 6° und 18°C. Innerhalb dieser Grenzen ist exakt behandelter Naturgummi nicht gefährdet. Bei niedrigeren Temperaturen beginnt Gummi normalerweise zu erhärten, er versprödet und verliert an Elastizität. Dieser Vorgang kann, ähnlich wie die Erhärtung infolge zunehmender Verformung, als Übergang zur gittermäßigen Ordnung kristalliner Körper gedeutet werden. Kautschuk beginnt bei Temperaturen unterhalb von 12°C teilweise zu kristallisieren. Ist ein Gummi untervulkanisiert, so zeigt er ähnliche Erscheinungen bei Temperaturen zwischen 10° und 0°C, wenn gleichzeitig eine Verformung unter Druck stattfindet. Man bezeichnet dieses Verhalten dann als „Frieren" des Gummis. Da der Rohrleitungsbau auch bei Frost erfolgen kann und zum anderen eine gewisse Sicherheit erforderlich ist, wird im allgemeinen verlangt, daß der für Dichtungsringe verwendete Gummi bis zu − 20°C frostbeständig ist. Für Warm- und Heißwasserleitungen oder Dampfleitungen mit Temperaturen über 70°−80°C kommen ausschließlich hitzebeständige Dichtungsringe zur Anwendung. Diese bestehen aus synthetischen Erzeugnissen oder hitzefestem Naturkautschuk.

Zu 4: Alterung. Wie fast alle Stoffe unterliegt auch Gummi einer Alterung. Diese „Ermüdungserscheinung", die nach Fortschreiten dieses Prozesses infolge Verminderung der Elastizität eine zuverlässige Abdichtung in Frage stellen kann, ist Ausdruck besonderer Vorgänge im Inneren des Materials. Sie sind beim Gummi auf äußere Einflüsse zurückzuführen. Das Kautschukmolekül bietet durch seine relative Größe und trotz der Vulkanisation nicht restlos erfolgten Sättigung seiner Doppelverbindungen allen kautschukfeindlichen Agenzien eine große Angriffsfläche. Insbesondere sind es die Atmosphärilien, die Gummi gefährlich werden. Die Alterung des Gummis ist daher hauptsächlich auf eine Oxydation zurückzuführen. Infolge langsamer Sauerstoffaufnahme entstehen Abbauprodukte, mit denen Hand in Hand eine Molekülverkleinerung, also eine „Depolymerisation" geht. Vulkanisierter Gummi ist in dieser Hinsicht zwar widerstandsfähiger, jedoch wurde nachgewiesen, daß der gebundene Schwefel infolge Neuvulkanisation mit als Ursache der Alterung herangezogen werden kann. In diesem Zusammenhang erscheint es angebracht, auch auf eine andere Erscheinung aufmerksam zu machen, und zwar auf die Rißbildung an der Oberfläche eines gedehnten Gummikörpers. Sie ist ebenfalls auf die Einwirkung des Luftsauerstoffs, insbesondere des Ozongehaltes der Luft sowie auf Wärme zurückzuführen. Untersuchungen ergaben, daß Licht zur Bildung dieser Risse nicht erforderlich ist. Daher sollte man an Stelle des früheren Ausdrucks „Lichtrisse" besser die Bezeichnung „atmosphärische" Risse gebrauchen. Daß Licht seinerseits das Kautschukmolekül verändern kann, haben Versuche mit Licht verschiedener Wellenlängen in einer CO_2-Atmosphäre bewiesen [123].

Zur Verminderung oder mindestens zur Verzögerung einer Alterung werden der Rohgummimischung Antioxydatoren, sogenannte Alterungsschutzmittel, beigegeben. Ihre Aufgabe ist es, den Sauerstoff abzufangen und zu binden. Im Naturgummi gelingt dies nicht vollkommen, weil diesen Alterungsschutzmitteln andere unangenehme Begleiterscheinungen anhaften, die ihre Verwendung mengenmäßig begrenzen. Im Wasserleitungsbetrieb ist der Einfluß von Licht, Wärme und Sauerstoff im allgemeinen weitgehendst eingeschränkt. Die Gefahr der Alterung von

Gummidichtungen in Wasserleitungen besteht daher nicht, sofern einwandfreies Gummimaterial zur Anwendung gelangt. Eine Zerstörung des Gummis aus diesem Grunde ist deshalb nicht zu erwarten; eine Tatsache, die zahlreiche praktische Erfahrungen auch bestätigen. Zusammenfassend kann die eingangs gestellte Frage, ob Gummi den an ihn als Dichtungsmaterial zu stellenden Anforderungen gewachsen ist, dahingehend beantwortet werden, daß bei der Verwendung von einwandfreiem Material Gummi unbedenklich als Dichtungsmaterial sowohl für Wasserversorgungs- als auch für städtische Abwasserleitungen verwendet werden kann. Für Gasleitungen müssen besondere Gummiringe verwendet werden, wenn es die Umstände (z. B. Benzolgehalt) erfordern. Grundsätzlich ist aber auch hier die Benutzung von Gummidichtungen möglich, wie die praktischen Erfahrungen gezeigt haben.

In besonders gelagerten Fällen, wo Gummi auf Grund seiner Eigenschaften unangebracht ist, ist heute das Ausweichen auf Erzeugnisse aus synthetischem Kautschuk oder kautschukähnlichen Kunststoffen möglich. Diese Materialien können auf eine besondere Widerstandsfähigkeit gegenüber höheren Temperaturen und chemischen Einflüssen eingestellt werden. Von den bekanntesten Arten seien nur das 1932 auf den Markt gebrachte *Neopren* erwähnt, das inzwischen zum Ausgangsmaterial für eine große Anzahl der verschiedensten Kunststoffe wurde, sowie das *Perbunan*. Neben diesen synthetischen Kautschukarten gibt es auch kautschukähnliche Kunststoffe, die besonders hohe Temperaturen vertragen können und auch in anderen Eigenschaften den Naturkautschuk übertreffen. Bekannte Erzeugnisse dieser Art sind z. B. *Vulkollan, Vulkaprene, Paracon, Teflon, Fluony* und der sogenannte *Silikongummi*. Wenn es auch keinen Zweifel mehr daran gibt, daß der künstliche Kautschuk dem Naturkautschuk in besonderen Eigenschaften überlegen ist, so verliert heute der Naturkautschuk trotzdem nicht an Bedeutung. Die Herstellungskosten sind bei den synthetischen Erzeugnissen noch so hoch, daß man in den meisten Fällen gezwungen sein wird, nur dort derartige Erzeugnisse anzuwenden, wo die Umstände die Benutzung von Naturkautschukprodukten unter allen Umständen ausschließen.

Abb. 491a–e. Ansichten der aufgeschnittenen REKA-Ringe a bis e der Dauerschwenkversuche (a Nullring) [*V1*] nach $2 \cdot 10^6$ Auslenkungen.

Im Anschluß an diese allgemeinen Ausführungen über Gummi als Dichtungsmittel betrachten wir noch einmal die Gummidichtung für die Rohrverbindung von Asbestzement-Druckrohrleitungen.

Die mechanische Belastung bestimmt die Größe der bleibenden Formänderung bzw. des Formänderungsrestes, wovon wiederum die verbleibende Elastizität des Gummidichtungsringes abhängt. Es gilt demnach, einmal einen Gummi mit geringstem Formänderungsrest zu verwenden, zum anderen die Beanspruchung des Gummis in der Kupplung in bestimmten Grenzen zu halten. Von diesem Standpunkt aus gesehen, finden wir bei den Kupplungsarten, die im vorigen Abschnitt behandelt wurden, ganz unterschiedliche Verhältnisse vor. Bei der REKA-Kupplung und allen nach diesem Prinzip gestalteten Kupplungen liegt die geringste Beanspruchung in mechanischer Hinsicht vor. In der GIBAULT-Kupplung wird der Gummiring sehr stark gequetscht, wenn auch die Verformung, teilweise behindert, nicht groß erscheint. Da die Beanspruchung hier jedoch aus einer allseitigen Zusammendrückung besteht, ist sie eher zu vertreten als die aus verschiedenen Beanspruchungen herrührende Belastung des Gummiringes in der SIMPLEX-Kupplung. Dort besteht beim Einrollen der Schnurgummiringe die Gefahr, daß diese infolge ungleichmäßigen Rollens einseitig verdrillt werden, so daß neben der Druckspannung eine Torsionsspannung entsteht. Dazu kommt noch, daß der Schnurgummiring nach seiner Herstellung in seiner Lage eindeutig durch eine kürzere Innenseite und eine längere Außenseite festgelegt ist. Versucht man die Ringinnenseite nach außen zu wölben, so wird sich im Moment des Loslassens die ursprüngliche Lage wieder einstellen. Bei der Kupplungsmontage kann es durchaus passieren, daß der Gummiring, beim Einrollen ohnehin zu dieser Bewegung gezwungen, in einer solchen seitenverkehrten Lage verbleibt. Er wird dann gedrückt, verdrillt und außerdem noch in sich gestaucht bzw. verzerrt. Es ist leicht einzusehen, daß derartig beanspruchte Gummiringe früher erlahmen werden.

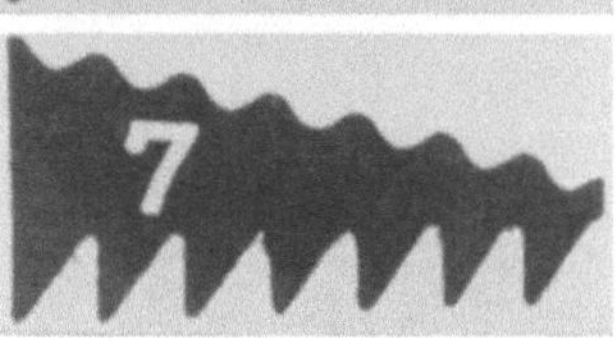

Nur in wenigen Ländern gibt es nationale Normen, die Vorschriften über die Materialbeschaffenheit, Zusammensetzung und die Eigenschaften der Gummiringe enthalten. Dazu zählen u. a. die USA, England und die Niederlande. Seit einigen Jahren ist aber die Normung im Rahmen der Internationalen Normenorganisation (ISO) im Gange, so daß in absehbarer Zeit eine Internationale Norm zur Verfügung stehen wird. Bisher erfolgt die Entwicklung einer einwandfreien und dem jeweiligen Kupplungstyp angepaßten Gummidichtung in direkter Zusammenarbeit zwischen dem Rohrhersteller und dem Gummiwarenfabrikanten, und zwar auf der Grundlage beiderseitiger langjähriger Erfahrungen.

Die Qualität der REKA-Ringe in bezug auf eine mechanische Dauerbeanspruchung beweist der im vorigen Abschnitt bereits angeführte Dauerversuch (S. 373). Abb. 491 zeigt die Ansicht der Versuchsringe, während die Abb. 492 a bis e die Querschnitte dieser Gummiringe wiedergeben. Es lassen sich auch bei längerer

Abb. 492a—e. Die zu der Abbildung 491 zugehörigen Querschnitte der Ringe a bis e (a Nullring) [V1].

Tabelle 134. *Versuchsprogramm*

Nr.	Nr. des Ringes	Alterung	Auslenkungs-winkel	n
a	N	—	—	—
b	1	7 Tage (nur Ring)	1° 48′	2 000 000
c	3	7 Tage (Ring u. Muffe)	0° 34′	2 058 480
d	5	21 Tage (wie c)	0° 45′	2 063 100
e	7	—	0° 42′	2 010 800

Beanspruchung nur geringfügige Abnutzungserscheinungen feststellen. Selbst der 21 Tage in montiertem Zustand gealterte Ring der Abb. 491 d zeigt nach 2 063 100 Schwenkspielen um 0 45′ lediglich einen stärkeren Formänderungsrest [V1].

Im allgemeinen werden Naturkautschukringe verwendet. Für besondere Zwecke stehen REKA-Ringe aus *Neopren* zur Verfügung. Für hohe Anforderungen hinsichtlich Hitzebeständigkeit werden HFR-Ringe benutzt. Die Härte der Ringe beträgt etwa 50° Shore-Einheiten.

6.3 Formstücke

Mit Formstücken bezeichnet man diejenigen besonderen Teile, mit deren Hilfe sich innerhalb einer Rohrleitung Verzweigungen, Kreuzungen, Leitungsabschlüsse, Richtungsänderungen usw. herstellen lassen. Sie sind also zum Bau von Versorgungsnetzen unerläßlich. Bei der Legung von Asbestzement-Druckrohren werden, abgesehen von Bögen, die auch aus Asbestzement bestehen, fast ausschließlich Formstücke aus Gußeisen geliefert[1]. Die verwendeten Formstücktypen unterscheiden sich nicht von den für Druckrohrleitungen allgemein bekannten, jedoch sind die Enden der Formstücke den für die Verbindung von Asbestzementrohren verwendeten Kupplungen angepaßt. Der Außendurchmesser des Formstück-Schaftendes ist identisch mit dem genormten Rohraußendurchmesser ND 10. Für den Anschluß der Formstücke an Asbestzement-Druckrohre anderer Druckstufen werden Übergangskupplungen verwendet.

Es muß hier jedoch gesagt werden, daß die Bearbeitung der Formstücke an den Enden für ND 10 keinesfalls bedeutet, daß die Formstücke nur bis zu dieser Druckstufe verwendet werden können. Vielmehr sind sie für Betriebsdrücke bis zu 16 Atmosphären verwendbar. Die Normung der Schaftenden nach DIN 19 800, ND 10, dient nur der Vereinfachung der Lagerhaltung. Auf Grund des Unterschiedes in der spezifischen Festigkeit zwischen Asbestzement und Gußeisen hat auch bei dieser Regelung das Schaftende der Formstücke eine größere Wanddicke als der Formstückkörper.

Die Flansche werden normalerweise nach DIN 28 504 (ND 10) ausgeführt, für höhere Betriebsdrücke nach DIN 28 505 (ND 16).

Zur eindeutigen Unterscheidung zwischen Gußformstücken für Gußrohrleitungen und Gußformstücken für Asbestzementrohrleitungen hat die Norm festgelegt, daß vor der Kurzbezeichnung des Formstücks noch die Buchstaben GAZ (was Guß-Asbestzement bedeutet) steht. Ein Einflanschstück heißt also in abgekürzter Form: GAZ-F-Stück.

Im einzelnen befassen sich die noch im Gelbdruck vorliegenden, aber bereits endgültig verabschiedeten DIN-Blätter 19 802—19 807 mit den gußeisernen Formstücken für Asbestzement-Druckrohrleitungen. Aus der Zusammenstellung aller Formstücke (Abb. 513) wird ersichtlich, welche Formstücke von den neuen Normen erfaßt werden, sie sind durch die Bezeichnung GAZ kenntlich gemacht. Alle übrigen Formstücke sind entweder in den Gußnormen oder in den Normen für Asbestzement-Druckrohre erfaßt.

Nachstehend wird ein Überblick über die gebräuchlichen Formstücke gegeben.

Abb. 493 zeigt das übliche T-Stück, dem in Abb. 494 das für den Anschluß mit REKA-Kupplung abgeänderte B-Stück gegenübersteht. Das Kreuzstück, entweder als TT-Stück oder als BB-Stück ausgebildet, ist nicht mehr üblich und auch in den neuen Normen nicht erfaßt. Wie die Schnittdarstellung der Abb. 494 zeigt, wird die Wanddicke der Spitzenden durch Verstärkung auf den den Asbestzement-Druckrohren entsprechenden Außendurchmesser gebracht.

Zum Übergang auf Flanschrohre dient das Einflanschstück (F-Stück) (Abb. 495), während z. B. Muffenrohre mit dem Anschlußstück mit Spitzende (Gußschwanz) an Asbestzementrohre angeschlossen werden können (Abb. 496).

Abgänge für Flanschenrohre lassen sich mit einem Rohrstück mit Flanschstutzen (A-Stück) (Abb. 497) und dem Einflansch-Stück mit Flanschstutzen (FA-Stück), der ebenfalls als Übergang auf Flanschrohre dient, herstellen (Abb. 498).

Ist innerhalb einer Druckrohrleitung der Durchmesser zu ändern, so stehen hierfür Reduktionsstücke zur Verfügung. Neben dem Flanschenreduktionsstück (FFR-Stück) (Abb. 499), gibt es ein Reduktionsstück mit Spitzenden (R-Stück) (Abb. 500) sowie Reduktionsstücke mit wahlweise Flanschenanschluß an der engen oder weiten Seite (FR-Stücke) (Abb. 501 und 502).

---

[1] Auf Wunsch können allerdings auch Formstücke aus Stahl geliefert werden.

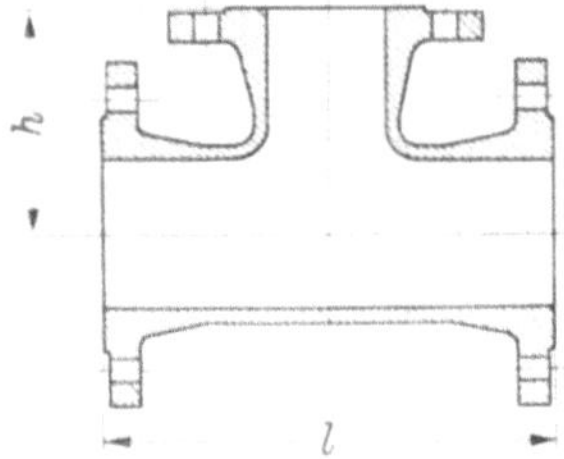

Abb. 493. T-Stück.

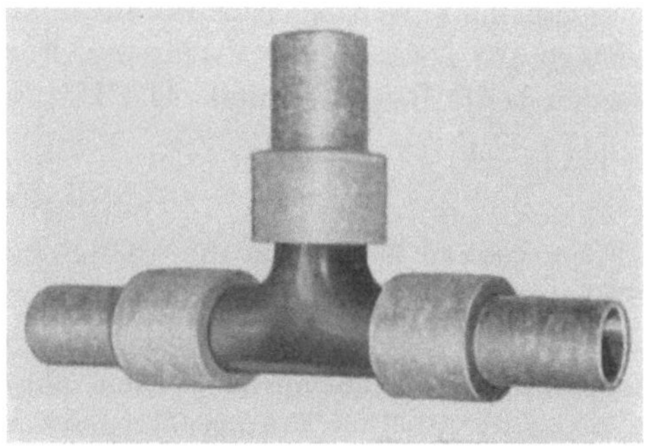

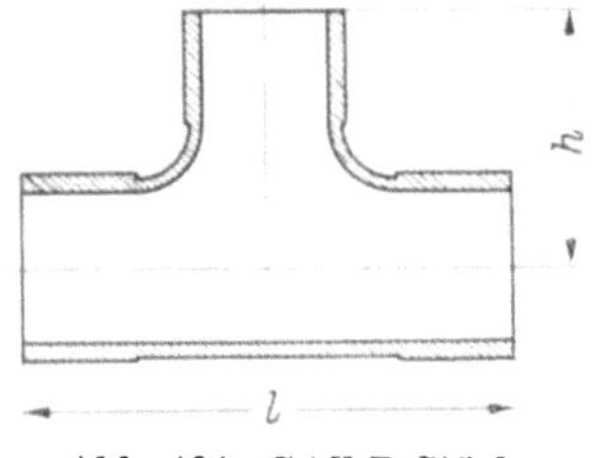

Abb. 494. GAZ-B-Stück.

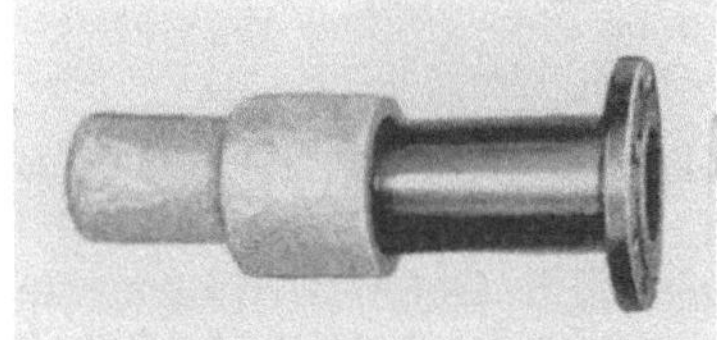

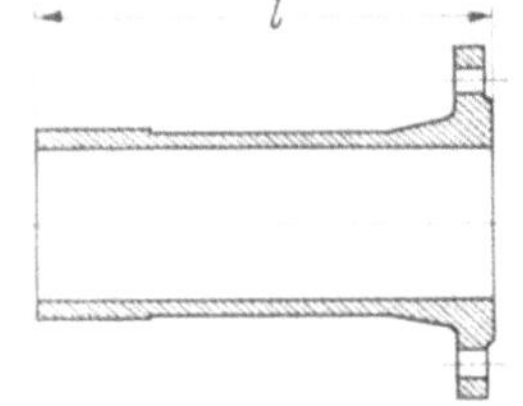

Abb. 495. GAZ-F-Stück.

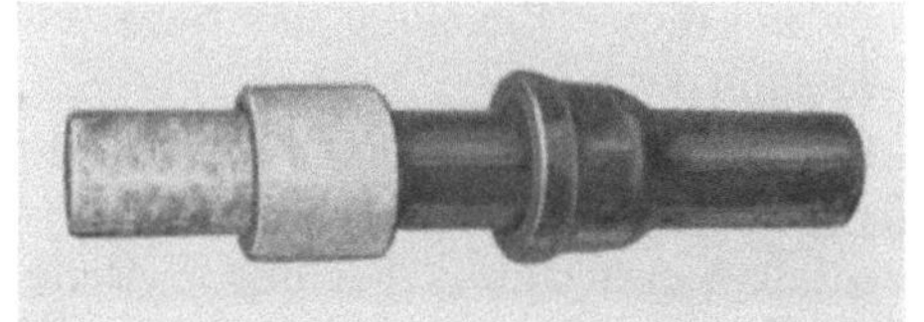

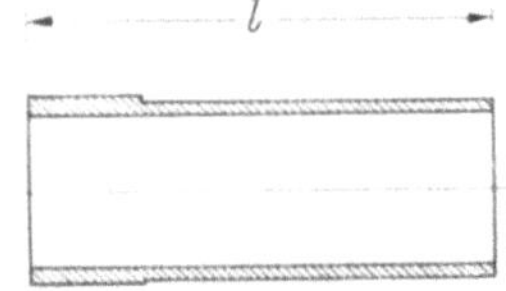

Abb. 496. GAZ-G-Stück.

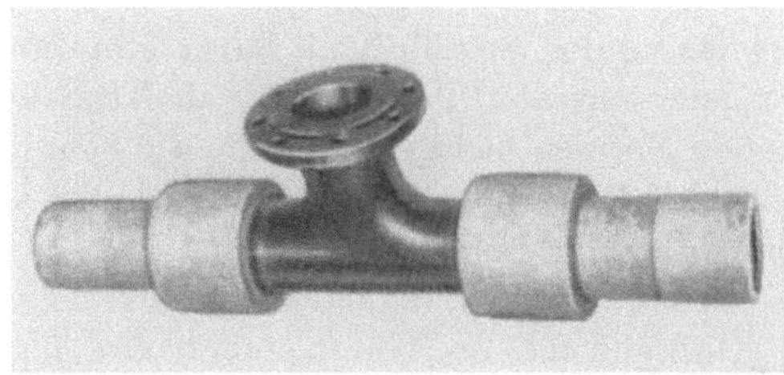

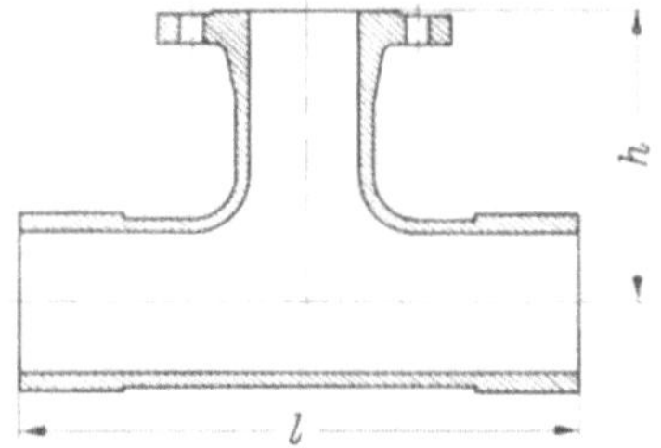

Abb. 497. GAZ-A-Stück.

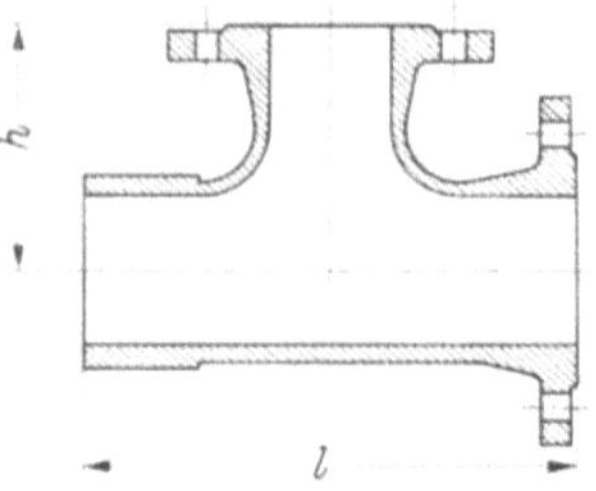

Abb. 498. GAZ-FA-Stück.

Abb. 499. FFR-Stück.

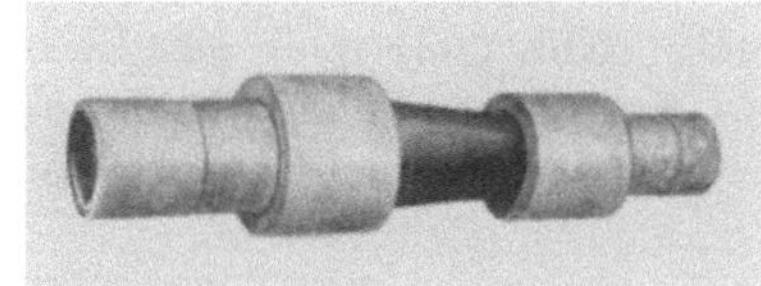

Abb. 500. GAZ-R-Stück.

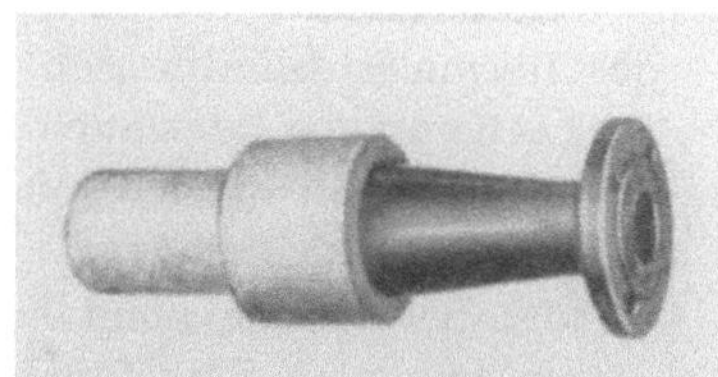

Abb. 501. GAZ-FR-Stück (Flansch am engen Ende).

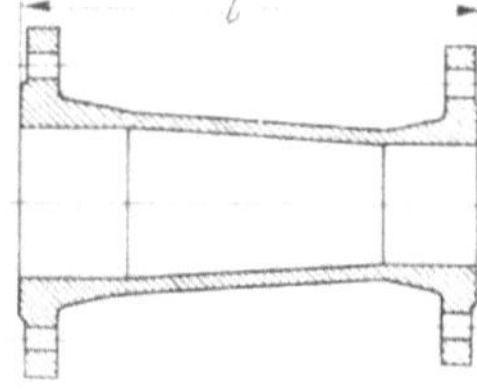

Abb. 502. GAZ-FRW-Stück (Flansch am weiten Ende).

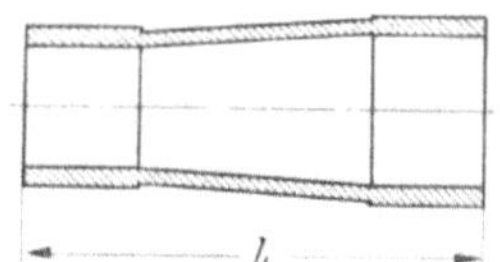

Abb. 503. X-Stück mit Flanschkupplung

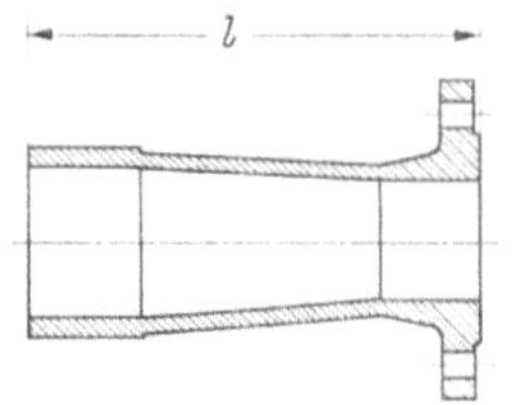

Abb. 504. GAZ-P-Stück.

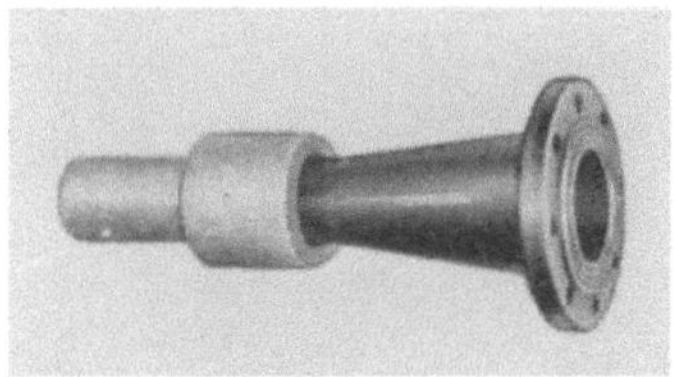

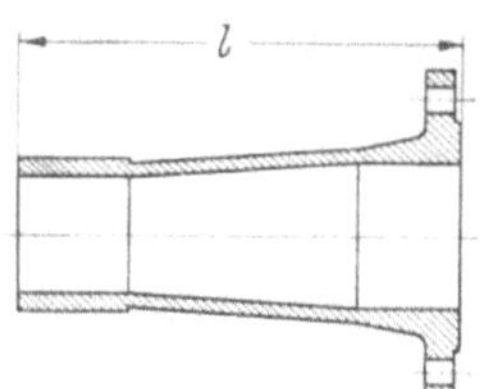

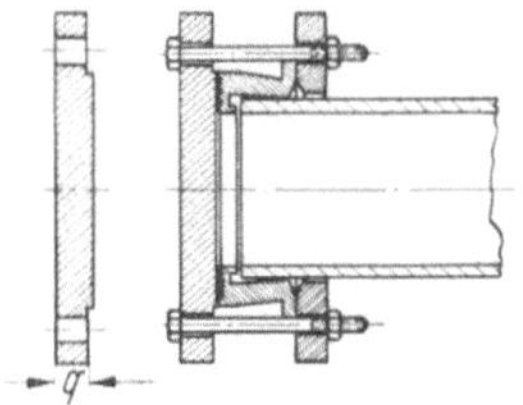

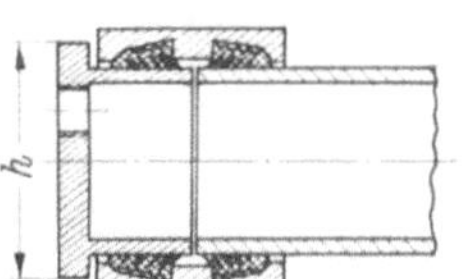

Abb. 505. Anbohrbrücke mit Gewindeabgang.

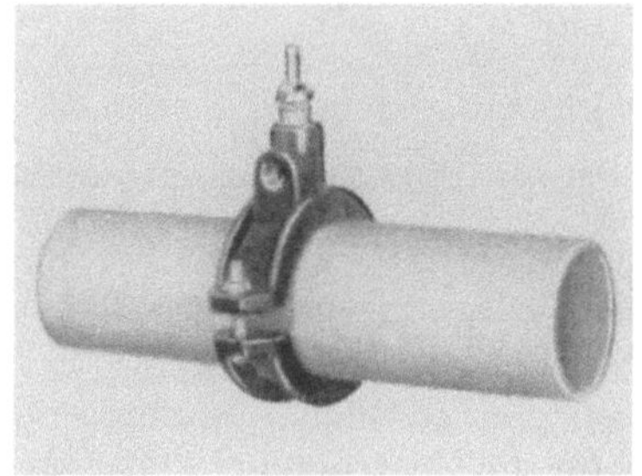

Abb. 506. Ventil-Anbohrbrücke.

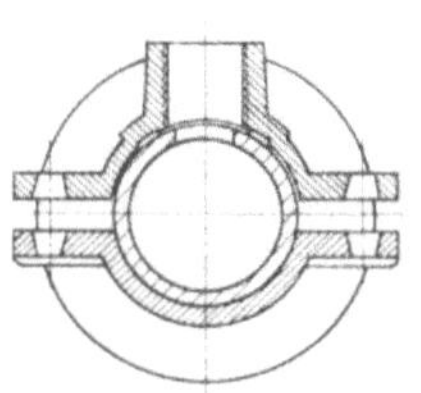

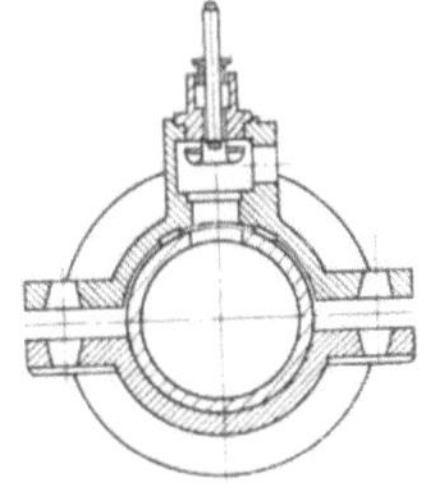

Dem Verschluß von Endsträngen dient entweder ein mit der Flanschkupplung anzuschließender normaler Blindflansch (X-Stück) (Abb. 503) oder ein Endstopfen (P-Stück)[1], der durch REKA-Kupplung oder auch GIBAULT-Kupplung mit dem Endstrang verbunden wird (Abb. 504). Die Endstopfen werden mit einer Gewindeanbohrung von $^3/_4''$ bis $1^1/_2''$ je nach Nennweite geliefert.

Auch bei Asbestzement-Druckrohren besteht die Möglichkeit, Hausanschlüsse und dergleichen durch Anbohren der Rohre an beliebiger Stelle herzustellen. Hierzu stehen einfache Anbohrbrücken mit Gewindeabgang (Abb. 505) oder Ventil-Anbohrbrücken (Abb. 506) zur Verfügung.

Da die Anbohrbrücken starr mit dem Rohr verbunden sind, werden eventuelle Bewegungen, denen die angeschraubten Anschlußleitungen bei besonderen Verhältnissen ausgesetzt sein könnten, über sie auf die Asbestzement-Druckrohrleitung übertragen. In solchen Fällen kann es u. U. ratsam sein, das Rohr rechts und links der Anbohrbrücke zu trennen und mit einer REKA-Kupplung, die ja eine gewisse Beweglichkeit besitzt, wieder zu verbinden. Durch den Einbau dieser Gelenke wird die Übertragung der Bewegungen der Anschlußleitung auf die Versorgungsleitung auf jeden Fall verhindert.

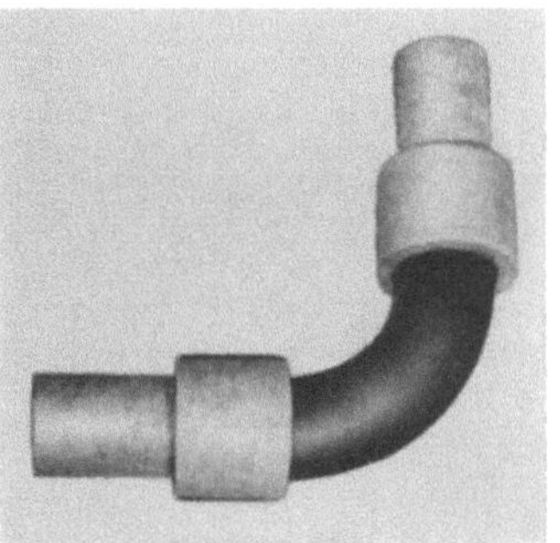

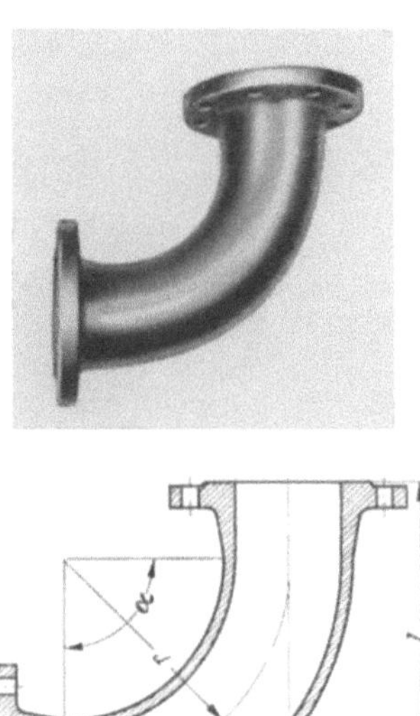

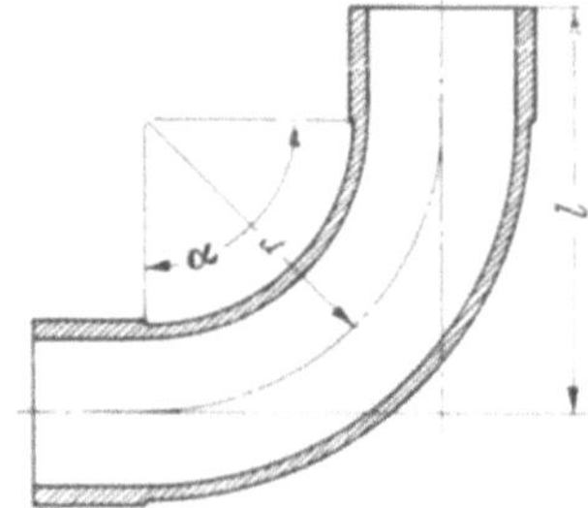

Abb. 507. Flanschenkrümmer (Q-Stück).   Abb. 508. Spitzenden-Krümmer (Q-Stück).

Für die Verlegung von Bögen stehen Flanschenkrümmer von 90° und Spitzenden-Krümmer 90° (Q-Stücke) zur Verfügung.

Daneben gibt es auch Krümmer mit Spitzenden, nach den neuen Normen jetzt K-Stücke genannt, für die Zentriwinkel $11^1/_4°$, $22^1/_2°$, 30°, 45° und 90°. Der Radius ist hierbei vom Zentriwinkel abhängig (Abb. 509).

Sofern Armaturen, wie Schieber usw., Flanschenanschlüsse haben, werden sie mit der Flansch-Kupplung an Asbestzement-Druckrohre angeschlossen. Daneben werden aber auch Armaturen mit Spitzenden geliefert, die über REKA-Kupplungen mit der Rohrleitung verbunden werden können (Abb. 510).

Den gußeisernen Formstücken haften bei ihrer Verwendung innerhalb von Asbestzementleitungen die gleichen Nachteile wie die der GIBAULT-Kupplung an. Sie haben höheres Gewicht, sind teurer und unter bestimmten Voraussetzungen korrosionsgefährdeter als Asbestzement.

---

[1] Soweit bei der Erwähnung von Formstücken den üblichen Abkürzungen ein E vorgestellt ist, z. B. EP-Stück, handelt es sich um Formstücke der ETERNIT Aktiengesellschaft Berlin.

Es ist verständlich, daß sich ein besonderer Zweig der Forschung innerhalb der Asbestzement-industrie mit dem Ersatz der bisherigen Gußformstücke durch gleiche Formstücke aus Asbest-zement befaßt. Ausschlaggebend hierfür sind die Vorteile der Materialeinheit einer Leitung sowie die größere Wirtschaftlichkeit in der Anschaffung und im Unterhalt.

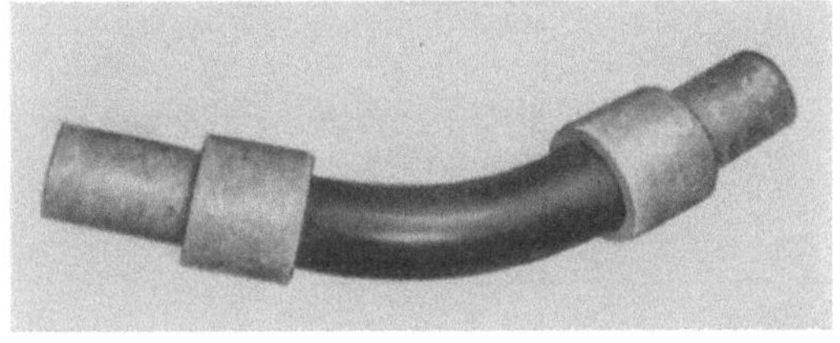

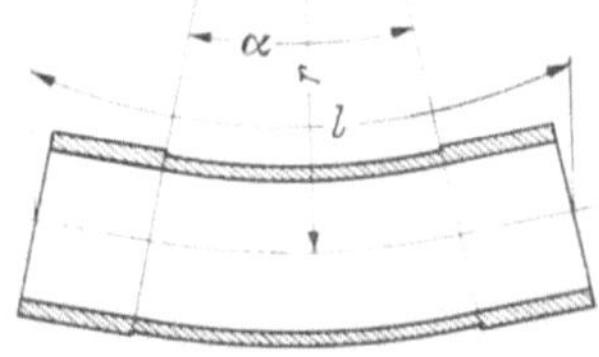

Abb. 509. GAZ-K-Stück.

Abb. 510. Spitzendenschieber mit REKA-Kupplung.

Diese Entwicklung hat einen besonderen Impuls erhalten aus der Schaffung von hochfesten, porenfreien Klebern, deren Eigenfestigkeit mit der von Asbestzement auf dem gleichen Niveau liegt. Die für ein im Klebeverfahren hergestelltes Formstück verwendeten Teile können als normale Rohre angefertigt werden und auch — wie das Rohrmaterial selbst — störungsfrei ab-

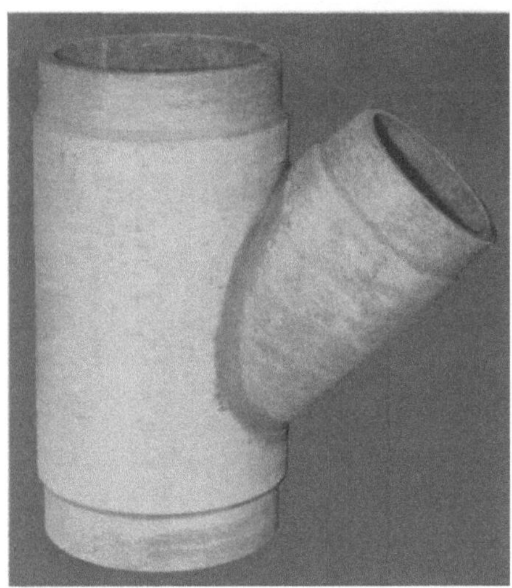

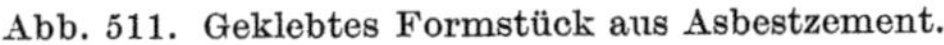

Abb. 511. Geklebtes Formstück aus Asbestzement.

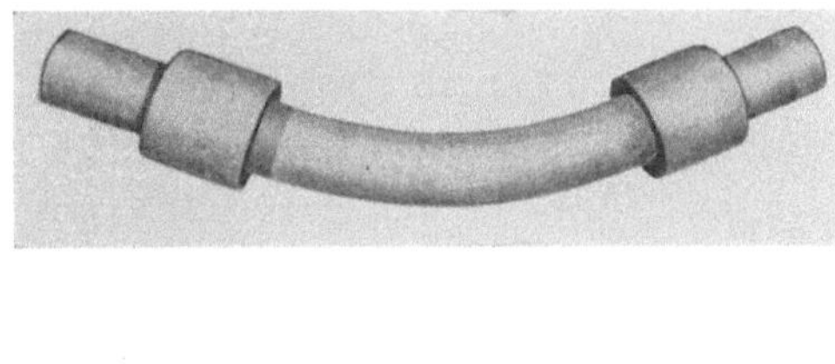

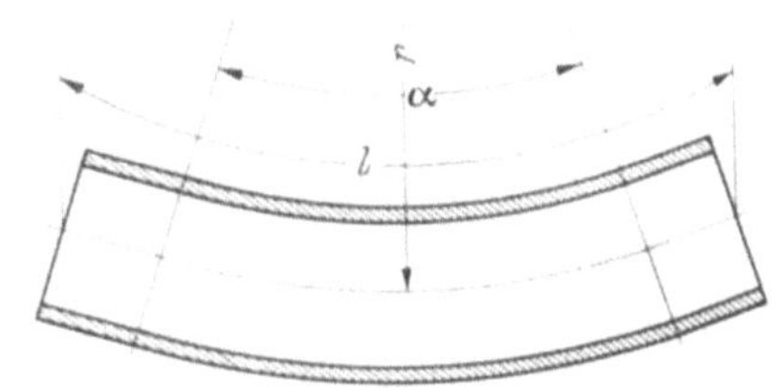

Abb. 512. Asbestzement-Druckrohrkrümmer (L-Stück).

binden. Erst nachher werden sie zerschnitten und bearbeitet. Der Einflußbereich zufälliger Störungen in der Herstellung dieser Formstücke ist dadurch wesentlich eingeengt, und man kann im ganzen sagen, daß diese Entwicklung aussichtsreich ist, obwohl bisher innerhalb von Druck-leitungen solche Formstücke nur versuchsweise und leicht zugänglich eingebaut sind.

Bei den Krümmern bietet sich die Möglichkeit, druckfeste Formstücke aus gewickelten Asbest-zementrohren unmittelbar herzustellen. Bereits 1931 wurde dem Eternitwerk „Ludwig Hatschek" in Vöcklabruck ein Patent auf die Herstellung von gekrümmten Asbestzement-Druckrohren erteilt, nach welchem auch heute noch druckfeste Asbestzementkrümmer erzeugt werden (s. Abschn. 3.5).

Es ist auf diese Weise möglich, Krümmer bis zu NW 450 herzustellen. Bei größeren Nennweiten stellen sich beim Biegen des Rohres größere Gefügeauflockerungen ein, die durch das nachträgliche Verdichten in der Form nur schwer zu beseitigen sind. Das gleiche gilt für Rohre mit sehr starken Wandungen. Zur Zeit kommen Asbestzementbögen für Druckrohrleitungen als L-Stücke mit den üblichen Zentriwinkeln $11^1/_4°$ bis $90°$ und dem Radius $r = 7 \times$ NW auf den Markt, wobei die serienmäßige Herstellung bis NW 200 geht. In der Nennweite 200 sind allerdings nur maximal bis zu $45°$ gebogene Krümmer erhältlich (Abb. 512).

Eine Zusammenstellung der Formstücke mit den zugehörigen symbolischen Darstellungen bringt Abb. 513.

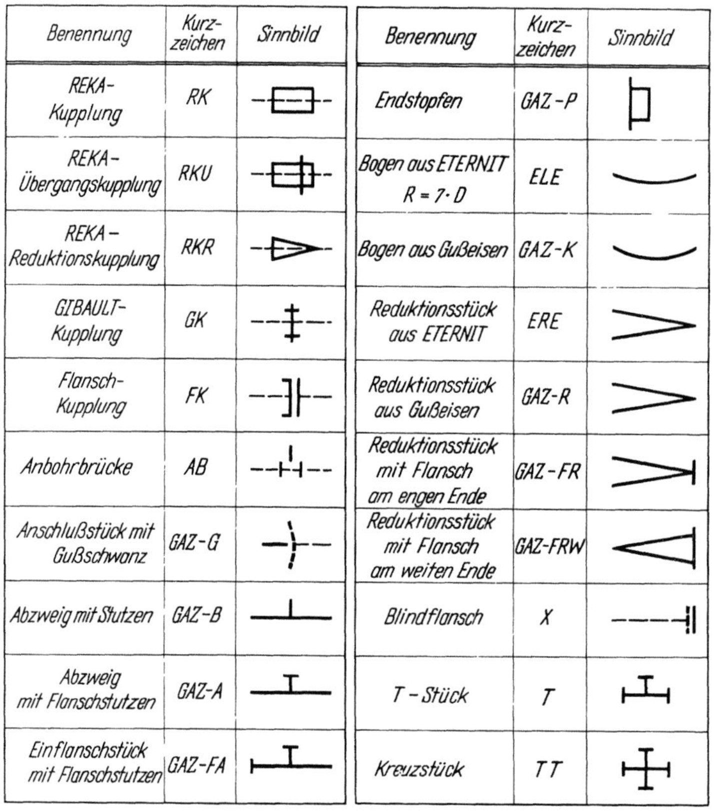

Benennung	Kurz-zeichen	Sinnbild	Benennung	Kurz-zeichen	Sinnbild
REKA-Kupplung	RK		Endstopfen	GAZ-P	
REKA-Übergangskupplung	RKU		Bogen aus ETERNIT $R = 7 \cdot D$	ELE	
REKA-Reduktionskupplung	RKR		Bogen aus Gußeisen	GAZ-K	
GIBAULT-Kupplung	GK		Reduktionsstück aus ETERNIT	ERE	
Flansch-Kupplung	FK		Reduktionsstück aus Gußeisen	GAZ-R	
Anbohrbrücke	AB		Reduktionsstück mit Flansch am engen Ende	GAZ-FR	
Anschlußstück mit Gußschwanz	GAZ-G		Reduktionsstück mit Flansch am weiten Ende	GAZ-FRW	
Abzweig mit Stutzen	GAZ-B		Blindflansch	X	
Abzweig mit Flanschstutzen	GAZ-A		T-Stück	T	
Einflanschstück mit Flanschstutzen	GAZ-FA		Kreuzstück	TT	

Abb. 513. Zusammenstellung der Formstücke und ihrer symbolischen Darstellung.
(Nicht aufgeführt ist das Gaz-F-Stück (Einflansch-Stück), Abb. 495, das wie das Gaz-Fa-Stück, jedoch ohne Flanschstutzen, dargestellt wird).

7. Rohrschutz

In Fällen, in denen in vorliegenden Wasser- bzw. Bodenanalysen für Asbestzement-Druckrohre aggressive Bestandteile ausgewiesen werden, ist ein Rohrschutz erforderlich. Hierbei ist grundsätzlich zwischen dem passiven und dem aktiven Rohrschutz zu unterscheiden.

Der passive Rohrschutz wird meistens schon im Rahmen der Leitungsplanung vorgesehen und bezweckt, durch entsprechende Maßnahmen die Aggressivität des zu fördernden Wassers bzw. des vorliegenden Bodens zu beseitigen oder wenigstens stark zu schwächen. Seinen Zweck kann der passive Rohrschutz nur erfüllen, wenn dafür Sorge getragen wird, daß dem vorhandenen ständigen Nachschub an aggressiven Medien in gleichem Maße entgegengewirkt wird. Da dies im allgemeinen nur für das zu fördernde Wasser möglich ist, halten sich entsprechende Maßnahmen für aggressive Böden in engen Grenzen und verlieren nach größeren oder kürzeren Zeiträumen weitgehend an Wirkung.

Im Hinblick auf die hohen und laufenden Kosten des passiven Rohrschutzes und der weitgehenden Unmöglichkeit des ständigen Schutzes gegen aggressive Böden kommt daher dem aktiven Rohrschutz eine besondere Bedeutung zu.

Zwei Methoden lassen sich beim aktiven Rohrschutz unterscheiden:

In der überwiegenden Zahl aller Fälle werden die Oberflächen der betreffenden Asbestzementrohre mit einer Schutzschicht überzogen, die den direkten Kontakt zwischen dem aggressiven Medium und der mit ihm reaktionsfähigen Rohrwand verhindern.

Bei der zweiten Methode des aktiven Rohrschutzes wird bereits das Rohrmaterial selbst durch geeignete Maßnahmen widerstandsfähig gemacht, so daß ein Angriff, z. B. wegen fehlender Reaktionsfähigkeit zwischen aggressivem Agens und Rohrwerkstoff ausgeschlossen ist. Da letzteren Schutzmaßnahmen eine ständig steigende Bedeutung — insbesondere durch die Verwendung sulfatbeständiger Zemente — zukommt, wird noch besonders darauf eingegangen.

7.1 Der passive Rohrschutz

Es ist bei allen Möglichkeiten eines Angriffes auf das Rohrmaterial zu unterscheiden, ob sich die Aggressivität gegen die Innenfläche oder gegen die Außenfläche des Rohres richtet. Dabei ist wegen der größeren Fließgeschwindigkeit des Wassers im Rohr der Nachschub an aggressiven Bestandteile größer als bei dem sehr langsam strömenden Grundwasser im Boden. Auch darauf ist der innere oder äußere Rohrschutz abzustellen.

Wie schon erwähnt, haben die Maßnahmen des passiven Rohrschutzes den Zweck, die aggressiven Bestandteile des Wassers im Rohr oder im Boden zu neutralisieren und unschädlich zu machen. Die hierfür notwendigen Einrichtungen und Maßnahmen werden häufig schon im Zuge der Planung einer Anlage vorgesehen, können jedoch hinsichtlich eines inneren passiven Rohrschutzes auch noch nachträglich vorgenommen werden.

Der innere passive Rohrschutz wird bei Trink- und Brauchwässern im allgemeinen durch eine entsprechende Wasserbehandlung erreicht, die sich nach der Art der Aggressivität des Wassers richtet. Durch Zugabe von Luft (Sauerstoff) oder bestimmter Chemikalien werden chemische Prozesse eingeleitet, die die Wechselbeziehungen zwischen dem Wasser und der Rohrwand, aus denen sich Korrosion und Inkrustationen ergeben können, unterbinden bzw. in dem Rohrschutz dienliche Bahnen lenken. (Eine gewollte Schutzschichtbildung, die ebenfalls durch die Zugabe bestimmter Agenzien erreicht werden kann, zählt dagegen bereits zum aktiven inneren Rohrschutz und ist nicht Gegenstand dieser Betrachtung.)

Bei Asbestzement-Druckrohren kommt nur die Verhinderung der Korrosion in Frage, da, wie bereits an anderer Stelle ausführlich behandelt, Inkrustationen erfahrungsgemäß in diesen Rohren nicht auftreten und Wassertrübungen infolge Reaktionen mit der Rohrwand unbekannt sind.

Da sich Kohlensäure in allen natürlichen Wässern in geringerer oder stärkerer Konzentration anfindet, stellt die Entfernung oder Neutralisation der aggressiven Kohlensäure die häufigste, aber auch einfachste Art des passiven Rohrschutzes dar. Durch Belüften (Verdüsung oder Verrieselung), durch Zugabe neutralisierender Stoffe, wie Kalkmilch, Ätznatron usw., aber auch durch den Einsatz von Marmorfiltern, Magnesitfiltern usw. läßt sich die Aggressivität beseitigen. In der Trinkwasserversorgung ist die Beseitigung der aggressiven Kohlensäure meistens ein Bestandteil des Aufbereitungsprozesses. Bei Wässern, die an sich sich keine Aufbereitung erfordern, kann allein aus Gründen des passiven Rohrschutzes eine entsprechende Behandlung notwendig werden.

Alles in allem kann gesagt werden, daß die Anwendung des ursprünglich auf Metallrohre abgestellten passiven Rohrinnenschutzes auch bei Asbestzement-Druckrohren vorteilhaft und völlig unbedenklich ist.

Beim passiven äußeren Rohrschutz läßt sich durch geeignete Maßnahmen ein Korrosionsschutz über begrenzte Zeiträume auch für das Asbestzement-Druckrohr erzielen.

Sofern Asbestzementrohre in saure Böden verlegt werden, kann die Einlagerung alkalischer Stoffe (z. B. Kalk) in die Verfüllmasse für die Dauer ihrer Wirksamkeit den Angriff vom Rohr fernhalten.

Bei allen Fragen des passiven äußeren Rohrschutzes ist zu bedenken, daß die hierzu ergriffenen Maßnahmen nur den Charakter einer vorübergehenden und daher nur zusätzlichen Sicherheit für den Anfang haben. Es sollte daher immer überprüft werden, inwieweit sich nicht Maßnahmen des aktiven Rohrschutzes zweckmäßiger anwenden lassen.

7.2 Der aktive Rohrschutz

Der aktive Rohrschutz hat, wie schon ausgeführt, die Aufgabe, durch eine auf die Rohroberfläche aufgebrachte Schutzschicht die aggressiven Bestandteile des Wassers von der Rohrwand fernzuhalten, nimmt dagegen keinen unmittelbaren Einfluß auf die Zusammensetzung des Wassers. Die Schutzschicht kann hierbei auf verschiedene Weise erzeugt werden. Neben dem Aufbringen einer Schicht aus organischen oder synthetischen Substanzen besteht die Möglichkeit, durch Zumengung entsprechender Chemikalien (Inhibitoren) zum Wasser den Ausfall unlöslich gewordener Bestandteile aus dem Wasser zu erzwingen, die sich dann auf der Rohrwand absetzen, oder aber Wechselbeziehungen zwischen dem Wasser und der Rohrwand einzuleiten, die ebenfalls zu der Bildung einer unlöslichen Schicht an der Rohrwand führen. Die Verwendung von Inhibitoren kommt natürlich nur für den Innenschutz in Frage. Schließlich kann durch eine entsprechende Zusammensetzung des Rohrmaterials eine korrosionchemische Reaktion zwischen Rohr und Wasser vermindert bzw. verhindert werden.

Die werkseitig aufgebrachten Schutzschichten lassen sich durch Aufsprühen, durch Tauchen, im Schleuderverfahren oder durch Aufstreichen herstellen, jedoch oft mit unterschiedlicher Güte, worauf noch eingegangen wird. Je nach Bedarf können Asbestzement-Druckrohre innen, außen oder auch beidseitig geschützt werden. Als Schutzschichtmittel haben sich die auch anderweitig mit Erfolg verwendeten Steinkohlenteerpechlösungen oder Bitumenlösungen bewährt. Neuerdings stehen außerdem Kunststoffanstriche in der Erprobung, jedoch beschränken die zur Zeit noch verhältnismäßig hohen Kosten dieser Präparate ihre Anwendungsmöglichkeiten.

An ein Rohrschutzmittel sind eine ganze Reihe von Anforderungen zu stellen: Es muß chemischen Angriffen Widerstand entgegensetzen, muß wasser-, säure- und alkaliunlöslich sein und einen dichten, nach Austrocknung nicht klebenden Film bilden können. Es muß weiterhin an der Rohroberfläche gut haften und darf schließlich durch die mechanischen Einwirkungen von Verunreinigungen der strömenden Flüssigkeiten nicht wesentlich abgerieben oder gar zerstört werden. Bei Trinkwasserversorgungsleitungen ergibt sich außerdem die Forderung, daß Schutzmittel für den Rohrinnenschutz frei von löslichen, gesundheitsschädlichen Bestandteilen sowie von geruch- und geschmackbeinträchtigenden Stoffen sein müssen.

Ursprünglich wurde das Asbestzement-Druckrohr durch Tauchen in ein Tauchbad, in dem das Schutzmittel erwärmt und daher in flüssiger Form vorlag, geschützt. Dieses Verfahren zeigte jedoch gewisse Mängel. Die Haftung der Schutzschichten an der Rohroberfläche war nicht immer zufriedenstellend. Als Ursache hierfür ist einmal das Vorhandensein einer Staubschicht auf der Oberfläche des Rohres anzusehen, die sich praktisch nicht vermeiden läßt. Sie müßte deshalb vor dem Tauchen mit schnellverdunstenden Lösungen abgewaschen werden, sofern dies wirtschaftlich und produktionsmäßig möglich wäre. Zum anderen vermag die zähflüssige Masse des Schutzmittels beim Tauchen nicht in die Unebenheiten und Poren der Rohroberfläche einzudringen. Das heiße Schutzmittel erstarrt im Kontakt mit der kälteren Rohrwand, so daß die zum Eindringen in die kleinen Poren erforderliche Konsistenz verlorengeht. Eine wesentlich größere Haftfestigkeit erhält man, wenn das Schutzmittel aufgestrichen wird. Hierzu verwendet man zweckmäßigerweise ein Schutzmittel, welches bei normaler Temperatur streichfähig ist. Wesentlich ist hierbei, daß das Schutzmittel in die Unebenheiten und Poren der Rohroberfläche sorgfältig eingearbeitet wird. Dadurch erzielt man eine gegenüber dem Tauchen erheblich größere Haftung. Um die Streichfähigkeit der normalen, hochviskosen Schutzmittel zu erhöhen, werden sie mit einem Lösungsmittel versetzt. Darüber hinaus ist es der Industrieforschung gelungen, die Eigenschaften der Schutzmittel auf Asbestzement auszurichten, so daß man heute über sehr wirksame Anstriche verfügt, wobei Qualität und Auftragstechnik für den Bestand und die Wirksamkeit des Anstrichs von besonderer Wichtigkeit sind.

7.21 Der Steinkohlenteerpechanstrich

Steinkohlenteere werden bei der trockenen Destillation der Steinkohle gewonnen, wo sie als ein früher lästiger Rückstand anfallen. Man unterscheidet zwischen zwei Gruppen. Hochtemperaturteere erhält man bei Temperaturen zwischen $750-1500\,°C$. Sie bestehen hauptsächlich aus aromatischen Kohlenwasserstoffen. Dagegen werden die Tieftemperaturteere durch vorsichtige Behandlung der Steinkohle im Temperaturbereich zwischen $450-500\,°C$ gewonnen. Besonders die Niedertemperaturteere werden durch fraktionierte Destillation weiter aufgearbeitet, wobei als Rückstand bis zu 50% Pech anfällt. Teer und Pech werden dann in geeigneter Mischung mit passenden Lösemitteln versetzt und zu Anstrichmitteln weiterverarbeitet. Diese Anstriche sind in mancher Hinsicht den Bitumenlösungen überlegen. Besonders sind die bessere Haftfestigkeit und die höhere Wasser- und Ölbeständigkeit hervorzuheben. Auf Grund der in Steinkohlenteerpechen enthaltenen wasserlöslichen Phenole wirken sie bakterizid und wachstumsverhindernd. CARRIERE[1] führt aus, daß Wurzeln bestimmter Pflanzenarten, die Bitumenschichten durchwuchsen, in Schutzschichten aus Teerpechlösungen nicht eindrangen. Aus der einesteils vorteilhaften Anwesenheit von wasserlöslichen Phenolen ergibt sich andererseits jedoch ein für diese Anstriche wesentlicher Nachteil. Phenole haben die Eigenschaft, besonders in wäßriger Phase über die reaktionsfähigen OH-Gruppen mit Chlor Verbindungen einzugehen, die dem Wasser einen üblen „Arzneigeschmack" verleihen[2]. Da auch bei extremer Verdünnung diese Beeinträchtigung der Wasserqualität nicht verschwindet, sind derartige Anstriche als Innenschutz für Trinkwasserleitungen wegen der häufigen Chlorung des Wassers ungeeignet. Man versucht seit langem, die Phenolverbindungen aus den Teerpechen zu entfernen, um deren Vorteile auch für Innenanstriche bei Trinkwasserleitungen ausnützen zu können. Eine vollkommene Phenolfreiheit konnte jedoch auf wirtschaftlicher Basis bisher nicht erreicht werden. Aus diesem Grunde kommen für den Rohrinnenschutz bei Trinkwasserleitungen nur Bitumenlösungen und neuerdings auch Kunststoffe zur Anwendung. Als Außenschutz und bei Abwasserleitungen sowohl außen als auch innen bieten phenolarme Teerpechlösungen jedoch einen zuverlässigen und bewährten aktiven Rohrschutz.

7.22 Der Bitumenanstrich

Als Bitumen bezeichnet man normalerweise die bei der Destillation anfallenden Rückstände des Erdöls, darüber hinaus auch einige Bestandteile des Naturasphalts. Im Gegensatz zu den Teerpechen liegen hier verschiedene Kohlenwasserstoffe vor, die im allgemeinen nicht der aro-

---

[1] Gesamtbericht „Schutz der Rohrnetze gegen Korrosion", erstattet auf dem 2. Internationalen Wasserkongreß in Paris 1952.

[2] Phenole sind giftig. Mengen bis zu 20 p Phenol können bereits tödlich sein.

matischen Gruppe angehören. Rohbitumen ist von zähflüssiger bis fester Konsistenz. Auch hier erhält man durch Zusatz von Lösungsmitteln streichfähige Schutzanstriche, die weite Verbreitung gefunden haben. Sie sind phenolfrei und daher überall dort angebracht, wo keine gesundheitsschädigende oder Geruch und Geschmack beeinflussende Stoffe an das Wasser abgegeben werden dürfen, also z. B. bei Trinkwasserleitungen. Gegenüber Ölen und Fetten zeigen Bitumenlösungen eine gewisse Anfälligkeit[1].

Wie bereits angedeutet, weisen Teerpeche noch reaktionsfähige Verbindungen auf, deren Anlagerung an Bestandteile des Asbestzementrohres möglicherweise mit für ihre gute Haftfestigkeit verantwortlich ist. Ähnliche Reaktionen liegen beim Bitumen nicht oder nur in geringem Maße vor. Die Haftung der Bitumenlösungen ist daher nicht ganz so gut wie die der Teerpechlösungen. Besonders deutlich macht sich dieser Unterschied im Verhalten der beiden Schutzmittel beim geblasenen Bitumen bemerkbar. Geblasene Bitumen werden durch Einblasen von sauerstoffreicher Luft in das Destillationsbitumen hergestellt und zeichnen sich durch besondere Geschmeidigkeit und Biegsamkeit auch bei niedrigen Temperaturen aus. Ursache hierfür ist die durch Zufuhr von Luft weitergetriebene Polymerisation der Kohlenwasserstoffe des Bitumens, wodurch eine großmolekulare, abgesättigte Struktur entsteht. Diese wiederum führt zu einer geringeren Haftfestigkeit und zu einer kapillaren Struktur. In diesem Zusammenhang können möglicherweise auch die z. T. negativen Erfahrungen [*120*] mit Schutzfilmen aus geblasenem Bitumen gesehen werden. Aus diesem Grunde ist man nach MOSLER [*165*] dort, wo Bitumenanstriche erforderlich sind, immer mehr zur Anwendung des mit einem höheren Feststoffgehalt versehenen und wasserbeständigeren dampfdestillierten Bitumen übergegangen.

Die Notwendigkeit, das Asbestzement-Druckrohr vor chemischen Einflüssen zu bewahren, ergibt sich erst dann, wenn die Aggressivität des Bodens oder der geförderten Flüssigkeit so stark ist, daß mit Angriffen auf das Asbestzementmaterial zu rechnen ist. In der Literatur wird vorgeschlagen, dann einen Schutzanstrich vorzusehen, wenn der pH-Wert unter 6,0 liegt oder wenn im Boden mehr als 1000 mg SO_4^{--}/kg Boden (Trockengewicht) vorhanden sind. Dies deckt sich auch mit eigenen Erfahrungen. In Anbetracht der verhältnismäßig geringen Kosten für einen Schutzanstrich ist jedoch zu überlegen, ob nicht bereits ab pH $= 6,5$ ein Schutzanstrich vorgesehen werden sollte, man erhält hierdurch eine zusätzliche Sicherheit.

Die Stärke der durch Anstrich erzielbaren Schutzschicht schwankt zwischen 50 μ und 500 μ je nach dem Anteil an Lösungsmitteln und der Anzahl der aufgebrachten Schichten. Sie richtet sich nach dem zu erwartenden Angriff. Im allgemeinen wird man höchstens drei Anstriche aufeinanderbringen, weil dann ein praktisch porenfreier Schutzfilm geschaffen ist. Durch die verdunstenden Lösungsmittel entstehen in den verschiedenen Schutzmitteln Mikroporen. Diese werden aber durch die folgenden Anstriche überdeckt, so daß keine durchgehenden Poren vorhanden sind.

PILNY [*V40*] führte Versuche durch, bei denen Asbestzement-Druckrohre NW 200, ND 10, von 2,0 m Länge zu je einem Drittel einen ein-, zwei- und dreilagigen Außenanstrich auf Steinkohlenteerpech-Basis erhielten. Beim Dauerversuch mit 10 atü Innendruck zeigte sich im Bereich des einlagigen Anstrichs eine Durchfeuchtung, die nur durch Verhinderung der Verdunstung mittels Umhüllen mit einer Plastikfolie sichtbar gemacht werden konnte. Dieser Feuchtigkeitsdurchtritt ist nach den vorliegenden Erfahrungen abhängig von der Wanddicke und dem Wassergehalt der Rohrwand zu Beginn der Prüfung. Bei dünnwandigen Rohren, bei denen die Wasserdiffusion rascher die Außenfläche erreicht, als die Poren durch die Quellung der Zementgele sich schließen können, kann diese Erscheinung temporär festgestellt werden.

Beim zweimaligen und in verstärktem Maße beim dreimaligen Anstrich entstanden wassergefüllte Bläschen, die ein Beweis dafür sind, daß der Anstrich zwar einen dichten Film ergeben hatte, der aber anfangs, d. h. bis zum Zuquellen der Poren des Zementes dem Feuchtigkeitsdruck stellenweise nicht ausreichenden Haftwiderstand entgegensetzen konnte. Er wurde deshalb abgedrückt.

---

[1] Bekanntlich werden Bitumen mit Ölen verschnitten, auch sind viele Öle und Fette Lösungsmittel für Bitumen.

Ein Gegenversuch unter den gleichen Versuchsbedingungen, jedoch mit Rohren, die außer den äußeren Anstrichen noch zusätzlich einen Innenanstrich mit einer Bitumenlösung (Inertol 49 W) erhielten, ergab auch nach 70 Tagen Versuchsdauer keinerlei Anzeichen dafür, daß Feuchtigkeit durch die Rohrwand gedrungen war und den Außenanstrich abdrückte. Diese Versuche zeigen, daß es bei Druckleitungen, die einen mehrfachen Außenanstrich benötigen, zweckmäßig ist, auch einen Innenanstrich aufzubringen, wenn es sich um dünnwandige Rohre handelt. Entsprechende Erfahrungen wurden auch durch das Niederländische Keuringsinstituut voor Waterleidingartikelen (KIWA) gemacht und im Bericht 1948 [*120*] niedergelegt.

Abb. 514. Versuchsanordnung der Überprüfung der Haftfestigkeit von „schwarzen" Schutzanstrichen [*V 40*].

Abb. 515. Blick auf ein Versuchsrohr. Da die Poren des Materials noch nicht zugequollen sind, kam es durch Abdrücken des Außenanstriches zur Bläschenbildung [*V 40*].

Zusammenfassend kann gesagt werden, daß die angewendeten Anstriche, sowohl als Innen- wie auch als Außenschutz, sich — wie die Praxis lehrt — gut bewährt haben. Wie umfangreiche Erfahrungen, über die an anderer Stelle ausführlich berichtet wird (Kap. 5.0), beweisen, zeigten Rohre nach langer Betriebszeit festen Schutzanstrich sowohl innen als auch außen. Die etwas geringere Haftfestigkeit der Bitumenlösungen, über die im vorhergehenden berichtet wurde, ist praktisch bedeutunglos, da wegen ihrer anschließlichen Anwendung für den Innenschutz bei Druckleitungen ein Abdrücken von der Rohrwand nicht zu befürchten ist.

7.23 Die Verwendung von Inhibitoren

Neben den Schutzanstrichen werden im Rahmen des aktiven Rohrschutzes auch Maßnahmen angewandt, bei denen durch Chemikalienzugabe eine Veränderung der Rohrwand in der Richtung stattfindet, daß sich eine gegen die entsprechenden aggressiven Bestandteile unempfindliche und festhaftende Schutzschicht bildet.

Diese Verfahren ergaben sich ursprünglich aus der umgekehrten Problemstellung, nämlich das Wasser vor löslichen Bestandteilen bestimmter Rohrmaterialien zu schützen. Der Anlaß zu diesen Maßnahmen des „Wasserschutzes" waren aufgetretene Bleivergiftungen infolge der für Anschluß- und Hausleitungen vielfach verwendeten Bleirohre. Hierbei führten besonders weiche Wässer, die freie Kohlensäure enthielten, zur Bildung von Bleikarbonat, dessen toxische Wirkung auf den Körper sattsam bekannt ist.

Die zur Bildung von Schutzschichten benutzten Chemikalien bezeichnet man als Inhibitoren. Ihre Wirkungsweise beruht bei metallischen Werkstoffen in der Hauptsache auf elektro-chemischen Vorgängen, weshalb man je nach Wirkungsweise zwischen anodischen und kathodischen Inhibitoren unterscheidet. Eine dritte Art von Inhibitoren sind die Adsorptions-Inhibitoren. Es ist nicht Aufgabe, an dieser Stelle die Wirkungsweise von Inhibitoren zu beschreiben, dafür sei vielmehr auf KLAS und STEINRATH [122] verwiesen. Soviel aber soll hier gesagt werden, daß anodische Inhibitoren aus löslichen Stoffen bestehen, deren Anionen sich mit den aus der Rohrwand austretenden Metallionen zu schwer löslichen Salzen verbinden, aus deren Vorhandensein möglicherweise eine Schutzschichtbildung resultiert. Hierfür kommen eine ganze Reihe von Stoffen in Frage. Am bekanntesten sind die polymeren Phosphate. Ein kathodischer Inhibitor ist dagegen das Kalziumkarbonat, der die bekannte Kalkrostschutzschicht auf kathodischen Flächen bildet. Als wichtigster Vertreter der Adsorptions-Inhibitoren ist Wasserglas zu nennen. Es führt zur Bildung einer Silikatschutzschicht, die u. U. durch Phosphate noch weiter verdichtet werden kann.

Bei Asbestzement-Druckrohren lassen sich unter Mitwirkung der Rohrwand durch Inhibitoren unter gewissen Voraussetzungen ebenfalls Schutzwirkungen erzielen. Sind Kalkhärtebildner im Wasser enthalten, kann die Zugabe von Phosphaten zur Bildung unlöslicher Kalziumphosphate führen, die sich als Deckschicht an der Rohrwand niederschlagen und einen Korrosionsschutz abgeben. Das deuten auch die Ergebnisse diesbezüglicher Durchflußversuche an, die auf Veranlassung des Verfassers von HÖFER [V16] *im Institut für Wasser-, Boden- und Lufthygiene* durchgeführt wurden.

Durch Zugabe von 2,5 mg/l Dinatriumphosphat wurde die Korrosion gegenüber der von Vergleichsversuchen ohne Phosphatzugabe um die Hälfte abgebaut. Da hierbei die Versuchsdauer aber nur 24 Wochen betrug, kann angenommen werden, daß sich die bereits in dieser Zeitdauer deutlich abzeichnende Schutzschicht bei längerer Dauer so weit verstärken dürfte, daß eine Korrosion weitgehendst verhindert wird. Das in den Versuchen benutzte Wasser war Berliner Leitungswasser mit einer künstlichen Anreicherung von 55 mg/l aggressiver Kohlensäure (s. S. 263).

Nach den Ergebnissen von Versuchen mit reiner Silikatzugabe *(Ferrosil)*, die ebenfalls im *Institut für Wasser-, Boden- und Lufthygiene* im Rahmen der chemischen Untersuchungen mit Asbestzement-Druckrohren [V16] durchgeführt wurden, scheinen sich die Wechselbeziehungen zwischen Rohroberfläche und im Transportwasser gelöster Kieselsäure bei Asbestzement-Druckrohren nicht so positiv im Sinne eines Rohrschutzes auszuwirken. Es konnte nur eine unwesentliche Verringerung der Korrosion beobachtet werden. Mit der bereits angedeuteten Verdichtung der möglicherweise vorhandenen gelartigen Silikatschutzschicht, z. B. durch Phosphate, hätte sich der Korrosionsschutz eventuell auch hier verbessern lassen. Allerdings war es im Rahmen dieser Versuche auch nicht möglich, die optimale Einstellung der Silikatzugabe auszuprobieren. Es ist daher durchaus denkbar, daß bei einer genau abgestimmten Dosierung bessere Erfolge erzielt worden wären.

7.24 Die Verwendung von sulfatbeständigem Zement

Schließlich ist als Maßnahme für einen aktiven Rohrschutz noch die Anwendung sulfatresistenter Zemente für die Herstellung der Asbestzement-Druckrohre zu erwähnen. Wie bereits im Abschnitt 2.333 ausgeführt, ist die Bildung der Kalziumaluminatsulfathydrate (CANDLOTsches Salz) bei einem Sulfatangriff auf die Anwesenheit der Zementkomponente Trikalziumaluminat (C_3A) zurückzuführen. Es lag daher nahe, zu versuchen, diesen Bestandteil durch andere zu ersetzen und somit die Angriffsgefahr gegenüber Sulfaten herabzusetzen oder gar zu beseitigen. MICHAELIS[1] fand zuerst, daß sich die Tonerde im Portlandzement fast vollständig durch andere Oxyde, beispielsweise Eisenoxyd, aber auch Mangan- bzw. Chromoxyd ersetzen läßt. Wesentlicher war jedoch seine Feststellung, daß Zemente, denen an Stelle der Tonerde die vorgenannten Oxyde

---

[1] MICHAELIS, W.: DRP 143 604 (1901).

beigegeben wurden, Sulfatlösung, wie z. B. das Meerwasser, unbegrenzt widerstanden. Diese Erkenntnis wurde von den Zementherstellern in der letzten Zeit wieder aufgegriffen und hat zu einer Reihe von Erzzementen (Abschn. 2.332) und von hochsulfatbeständigen Portland- und Hochofenzementen geführt, die im verstärkten Maße im Betonbau eingesetzt werden.

Bereits an anderer Stelle wurde erwähnt, daß es schwierig ist, die Bodenzusammensetzung besonders einer längeren Rohrtrasse genau zu ermitteln. Sobald daher die geforderte Grenzkonzentration von 1000 mg SO_4^{--}/kg Boden erreicht wird, sollte ein Rohrschutz vorgesehen werden. Hierfür kann neben Schutzanstrichen die Verwendung von Asbestzement-Druckrohren aus sulfatbeständigem Zement — z. B. SULFADUR-Zement — empfohlen werden.

7.25 Der Fluatanstrich

Abschließend sei der Vollständigkeit halber noch ein Verfahren angegeben, welches sich in der Praxis des Rohrschutzes von Asbestzement-Druckrohren jedoch nicht durchgesetzt hat. Es handelt sich um die sogenannte „Fluatierung". Durch Einwirkung der meist als „Fluate" bezeichneten Silikofluoride in wäßriger Lösung kommt es zur Bildung von Kalziumfluorid neben Kieselsäure und Metallhydroxyd. Insbesondere das unlösliche Kalziumfluorid — welches durch Reaktion mit Kalkhydrat entsteht — wirkt porenverstopfend. Hierdurch wird einer Korrosion vorgebeugt. Als Mangel dieses Verfahrens ist im Blickwinkel der praktischen Anwendung insbesondere hervorzuheben, daß die Poren des Zementes zu früh verstopft werden, so daß die „Fluatierung" nur eine geringe Eindringtiefe in die Rohrwand aufweist. Der Nutzeffekt steht in keinem Verhältnis zum wirtschaftlichen Aufwand.

8. Legung und Anwendung der Asbestzement-Druckrohre

8.1 Legen von Asbestzement-Druckrohren

Das Legen[1] von Asbestzement-Druckrohren geschieht in sehr einfacher Weise und geht verhältnismäßig schnell vonstatten, so daß trotz der Tatsache, daß die Rohre einzeln in den Graben heruntergebracht und erst dort zusammengefügt werden können, Leistungen von 200—300 m Rohrstrecke unter normalen Bedingungen auch bei großen Rohrdurchmessern nichts Außergewöhnliches darstellen. Nach kurzer Anleitung, wofür im allgemeinen erfahrene Monteure der Herstellerwerke zur Verfügung stehen, können selbst ungelernte Kräfte die Rohrmontage vornehmen. Es ist aber aus Gründen der allgemeinen Sicherheit zweckmäßig, wie sonst auch, die Verlegung nur Fachfirmen zu übertragen. Maßgebend für die Legung von Gas- und Wasserleitungen sind allgemein die „Rohrverlegungs-Richtlinien für Gas-, Wasser- und Rohrnetze", DIN 19 630 vom März 1959[2], die sich auf Guß, Stahl-, Asbestzement- und Stahlbetonrohre beziehen; für Abwasserleitungen DIN 4033. Daneben müssen die auf das spezielle Bauvorhaben abgestimmten Normen, wie z. B. DIN 1988, „Wasserleitungsanlagen in Grundstücken, technische Bestimmungen für Bau und Betrieb", beachtet werden. Schließlich ist die Druckprüfung an einer montierten Asbestzement-Druckrohrleitung nach den Bestimmungen der DIN 19 801[2], „Asbestzement-Druckrohrleitungen für Wasser außerhalb von Gebäuden, Richtlinien für Druckprüfung", durchzuführen.

Für die Legung von Asbestzement-Druckrohren bestehen viele Möglichkeiten, es kann daher ein allgemein gültiges Rezept nicht gegeben werden, zumal die äußeren Verhältnisse an der einen Baustelle meistens ganz andere sind als an der anderen. Mit der folgenden Beschreibung der Rohrlegung und den damit verbundenen Nebenarbeiten soll lediglich auf die Besonderheiten hingewiesen werden, die sich bei der Verwendung von Asbestzement-Druckrohren ergeben. Daraus möge der Leser die eine oder andere Anregung für seine eigene Baustelle entnehmen.

8.101 Laden und Transport

Es ist üblich, Leitungsrohre entweder frei Baustelle bzw. Zwischenlagerplatz oder nach einem bestimmten Ort, z. B. einem Bahnhof oder einem Hafen, zu liefern. Im letzteren Falle, der bei Schiffs- oder Bahntransport in Frage kommt, ebenso bei Zwischenlagerung, müssen die Rohre vom ersten Transportträger auf einen zweiten umgeladen werden. Aber auch bei der Lieferung frei Baustelle mittels Lkw müssen die Rohre häufig noch längs der vorgesehenen Rohrtrasse verschoben werden, so daß auch hier oftmals eine Umladung notwendig wird. Mit dem Umladen und dem Transport zur Baustelle, auf alle Fälle aber mit dem Abladen der Rohre am Verwendungsort, beginnt die Verantwortlichkeit des Bauherren oder des Unternehmers für die Rohre. Dies ist insofern bedeutungsvoll, als die hierbei eventuell angerichteten Schäden von dem Lieferwerk im allgemeinen nicht mehr getragen werden. Die Verladung im Herstellerwerk erfolgt stets unter Verwendung von geeigneten Hilfsmitteln, auch ist das Personal mit dieser Arbeit vertraut, eine Beschädigung der Rohre durch unsachgemäße Behandlung scheidet daher weitgehend aus. Das gleiche gilt auch von dem anschließenden Versand, weil die im Herstellerwerk verladenen Rohre auf dem Transportmittel sachkundig gesichert bzw. festgelegt werden. Auf der Baustelle stehen dagegen oft nur Behelfsmittel zur Verfügung, so daß hier die Gefahr einer Beschädigung weit größer ist.

---

[1] Neuerdings wird vom DVGW an Stelle des Ausdrucks „verlegen" der Ausdruck „legen" empfohlen.
[2] s. Anhang „Normen".

Grundsätzlich sollte angestrebt werden, auch Asbestzement-Druckrohre mit Hilfe von Hebe-einrichtungen, wie Autokränen oder Bagger usw., auf- bzw. abzuladen. Das relativ geringe Ge-wicht der Asbestzement-Druckrohre erlaubt es, auch kleinere Greifbagger einzusetzen, die mei-

Abb. 516. Transport von innenisolierten Asbestzement-Druckrohren im Hersteller-werk mit Hubstapler.

stens auf den Leitungsbaustellen anzutreffen sind. Es ist hierbei unerheblich, ob das zu hebende Rohr mit zwei Seilschlingen (Hanfseil), mit breiten Bändern oder mit einer Hakentraverse gefaßt wird. Letztere ist besonders für das Auf-, Ab- und Umladen zu empfehlen, da mit den Haken ein schnelles und äußerst bequemes Greifen möglich ist.

Abb. 517. Beladen eines Lkw im Herstellerwerk mit Großrohren (NW 900) unter Zuhilfenahme von Hubstaplern.

Die Haken sollen hierbei möglichst kantig und rechtwinklig abgebogen sein, auch verhindert eine starke Gummierung des Hakens die Beschädigung der Rohrkanten und gegebenenfalls der

Abb. 518. Ausladen von Asbestzement-Rohren NW 700 aus einem Schiff mit Hilfe einer Hakentraverse.

Innenisolierung. Seilschlingen oder Tragbänder müssen im Gegensatz zu den Haken jeweils unter dem Rohr hindurchgezogen werden; der Arbeitsaufwand wird hier größer. Sind die Asbestzement-Druckrohre mit einem Außenanstrich versehen, so muß insbesondere bei der Verwendung von Tragseilen dafür gesorgt werden, daß der Außenanstrich nicht beschädigt wird; notfalls müssen die betreffenden Stellen nachgestrichen werden. Erfahrungsgemäß wird der Außenanstrich durch Tragseile beim Heben nicht beschädigt. Dagegen kommen leicht Beschädigungen dadurch zustande, daß das Tragseil nach Ablegen der Rohre gewaltsam unter dem Rohr hervorgezogen wird. Weniger gebräuchlich ist die Verwendung von Ketten an Stelle der Seilschlingen. Hier ist die Gefahr einer Beschädigung der Rohre bzw. des Außenanstrichs größer, außerdem sind Ketten unhandlicher und schon aus diesem Grunde wenig zu empfehlen. Eine Ausnahme bilden die Kettenbänder, die in ihrer Anwendung den Tragbändern entsprechen.

Abb. 519. Abladen von Asbestzement-Druck-rohren NW 900 von einem Lkw unter Verwendung von 2 Seilschlingen an einer Traverse.

Stehen auf einer Baustelle zum Abladen der Rohre z. B. vom Lkw keine Hebegeräte zur Verfügung, so bleibt nur ein Abrollen der Rohre übrig. Diese Art der Abladung muß mit besonderer Sorgfalt durchgeführt werden. Auf keinen Fall darf man das Rohr beim Abrollen sich selbst überlassen. Es kann leicht schräg laufen und von einem der beiden Rampenhölzer abrutschen, die Rampenhölzer können hochschlagen, wenn das Rohr sie mit Schwung verläßt, und schließlich besteht die große Gefahr, daß das ausrollende Rohr gegen die bereits abgeladenen Rohre schlägt.

Abb. 520. Längs einer Trasse verzogene Asbestzement-Druckrohre NW 700.

Während das Abrollen der Rohre mit kleineren Nennweiten ohne weiteres von Hand gebremst werden kann, z. B. durch Einlegen von Rundhölzern in die Rohrenden, was allerdings nur bei innen ungeschützten Rohren zu empfehlen ist, lassen sich Rohre größerer Nennweiten gut mit Seilen halten. Jedoch sollten hierzu keine Drahtseile verwendet werden. Der etwas größere Zeit- und Arbeitsaufwand macht sich immer bezahlt; er schützt vor unliebsamen Beschädigungen der Rohre, die sich meistens erst nach der Druckprobe an der gelegten Leitung zeigen. An dieser

Stelle sei auch noch auf das Abladen der Kupplungsmuffen hingewiesen. Es wird auf der Baustelle immer wieder beobachtet, daß die mitgelieferten Kupplungsmuffen, speziell diejenigen größerer Nennweiten, einfach an die Kante der Ladefläche gerollt und dann über die Kante abgekippt werden, ähnlich wie man mit schweren Autoreifen verfährt. Der grundsätzliche Unterschied besteht jedoch darin, daß der Aufprall des Reifens auf dem Boden entsprechend abgefedert wird. Die Kupplungsmuffe staucht dagegen mit ihrem ganzen Gewicht auf dem Boden auf, ohne daß der Aufprall gemindert wird, es sei denn, ein entsprechend weicher Boden fängt den Stoß ab. Eine derartige Beanspruchung der Muffe wirkt ähnlich wie die einer Scheiteldruckprüfung. Die Muffe wird auf Ringbiegung beansprucht und reißt an der Aufschlagstelle, sofern die Stauchung im vertikalen Durchmesser zu groß wurde. Es entsteht ein durchgehender Riß, der jedoch schwer zu erkennen ist, weil er durch die Eigenspannung des Ringes zusammengepreßt wird. Daher werden derartige Beschädigungen vor der Montage meist nicht erkannt und als Unzulänglichkeit des Materials deklariert, wenn sie bei der Druckprobe zutage treten. Es ist daher besser, vor allem großkalibrige Kupplungsmuffen in waagerechter Lage auf einer durch Bohlen oder Balken hergestellten Schräge abrutschen zu lassen. Beschädigungen werden dann mit Sicherheit vermieden.

Zusammenfassend läßt sich sagen, daß die handliche Rohrlänge von 4,0 bis 5,0 m und das verhältnismäßig geringe Eigengewicht das Auf- und Abladen der Asbestzement-Druckrohre sehr vereinfacht. Hebegeräte mit größerer Tragkraft sind im allgemeinen nicht erforderlich. Darüber hinaus ist der bei Bedarf als Korrosionsschutz angebrachte Außenanstrich robust und quetschfest und kann schnell und ohne besonderen Aufwand ergänzt bzw. ausgebessert werden. Sofern das Laden unter Berücksichtigung der angegebenen Hinweise erfolgt, sind Beschädigungen der Rohre oder des Außenanstrichs nicht zu erwarten. Werden Rohre an einer Stelle gestapelt, so sind die bekannten Sicherheitsvorkehrungen zu treffen. Dazu gehört einmal die ordnungsgemäße Sicherung des Stapels vor dem Auseinanderrollen (das Vorlegen von Steinen genügt u. U. nicht), zum anderen ist die Stapelhöhe entsprechend der Rohrnennweite zu begrenzen.

Abb. 521. Legung von Asbestzement-Druckrohren NW 500 entlang einer stark befahrenen Eisenbahnlinie.

Abb. 522. Schwer verbauter Rohrgraben im Sandboden, Legung von Asbestzement-Druckrohren NW 800.

8.102 Herstellen des Rohrgrabens

Die Herstellung des Rohrgrabens für Asbestzement-Druckrohre erfolgt in der üblichen Weise. Maßgebend hierzu ist Ziff. 5 der DIN 19 630, die für alle Gas- und Wasserrohrnetze gilt. Danach muß die Leitung frostsicher liegen. Das lichte Maß der Sohlenbreite darf bei einer Grabentiefe von 1,75 m 0,60 m, bei größeren Tiefen 0,80 m nicht unterschreiten. Wegen des erforderlichen Arbeitsraumes links und rechts der gelegten Rohrleitung werden diese Maße jedoch meistens überschritten, insbesondere bei größeren Durchmessern. Je nach der Standfestigkeit des Bodens wird die Grabenwand steiler oder flacher geböscht. In leichten, rolligen Böden, in befahrenen Straßen sowie an Eisenbahndämmen müssen die Grabenwände häufig verbaut werden. In jedem Fall sind die einschlägigen Unfallverhütungsvorschriften zu beachten. Da die Asbestzement-Druckrohrleitung auf Grund ihrer beweglichen Verbindung eine Gelenkkette darstellt, ist die Grabensohle besonders sorgfältig herzustellen und hinsichtlich ihrer Höhenlage zu überprüfen. Steine sind zu entfernen, nichttragende Böden müssen gegebenenfalls ausgekoffert und durch Sand ersetzt werden. Dagegen ist als Vorteil anzusehen, daß tiefere Kopflöcher an den Rohrenden entfallen. Dieser Vorteil wirkt sich vor allem dort aus, wo die Leitung im Grundwasser liegt und zur Trockenlegung des Grabens eine Wasserhaltung angesetzt werden muß. Zur Montage der Kupplung ist lediglich eine flache Vertiefung entsprechend der Wanddicke der Kupplung erforderlich, die nach Legung des Asbestzement-Druckrohres am freien Rohrende leicht hergestellt werden kann.

8.103 Leitungslegung

Die Legung von Asbestzement-Druckrohren ist sehr einfach und geht rasch vonstatten. Die übliche Baulänge der einzelnen Rohre von 4,0 bzw. 5,0 m und das verhältnismäßig geringe Eigengewicht erleichtern die Handhabung der Rohre außerordentlich. Vor allem aber ermöglicht die Steckmuffenverbindung, z.B. die REKA-Kupplung, eine sehr schnelle Rohrmontage, so daß Tagesfortschritte von 200 m und mehr ermöglicht werden, Leistungen, die bei anderen Rohrmaterialien, sieht man von der Legung eines endlosen Stranges ab, im allgemeinen nicht erreicht werden. Ein weiterer, großer Vorteil ist darin zu sehen, daß die Montage auch von ungelernten Kräften durchgeführt werden kann. Die Erfahrung hat gezeigt, daß eine kurze Einweisung genügt, um Arbeitskräfte, die bisher noch keine Erfahrung mit Asbestzement-Druckrohren hatten, auf dieses Rohrmaterial umzustellen.

Abb. 523. Einbringen eines Asbestzement-Druckrohres NW 600 in einen verbauten Graben an einer stark befahrenen Straße.

Zum Einbringen des Asbestzement-Druckrohres in den Rohrgraben wird für große Nennweiten zweckmäßig ein Bagger oder Autokran benutzt. Das hat gegenüber dem herkömmlichen Verfahren mit Dreiböcken, die bei den kleinen Nennweiten verwendet werden, den Vorteil, daß das Rohr sofort vom Grabenrand aufgenommen, eingeschwenkt und abgesenkt werden kann. Zum Aufheben des Rohres verwendet man hier ausschließlich die Seilschlinge oder das Tragband. Eine Hakentraverse, wie in Abb. 518 gezeigt, scheidet aus Gründen, die gleich noch dargelegt werden, hier aus. In Abb. 523 ist das Einbringen eines Asbestzement-Druckrohres NW 600 mit Hilfe eines Autokrans in einen Rohrgraben dargestellt. Die Lage des Grabens in der Nähe einer stark befahrenen Straße und zwischen höheren Häusern erforderte einen Verbau. Das Rohr mußte daher zwischen den Querstreben durchgefädelt werden. In solchen

Fällen wird das Einbringen umständlich und zeitraubend, weil u. U. Querstreben vorübergehend entfernt oder umgebaut werden müssen. Bei Asbest-Druckrohren läßt sich dieser Mehraufwand häufig vermeiden. Die verhältnismäßig kurze Rohrlänge steht in einem günstigeren Verhältnis zu den üblichen Abständen der Querstreben und erhöht somit die Manövrierfähigkeit. In besonders schwierigen Fällen kann darüber hinaus die Verwendung von Kurzlängen trotz der erhöhten Anzahl an herzustellenden Rohrverbindungen zeitsparend sein. Der Zeitaufwand für die zusätzlichen Muffenmontagen fällt nicht ins Gewicht.

Die Herstellung der Rohrverbindung für Asbestzement-Druckrohrleitungen wurde im Kapitel „Rohrverbindungen und Formstücke" bereits gezeigt (Abb. 459 bis 462). Es genügt daher, an dieser Stelle noch einmal darauf hinzuweisen, daß das Einschieben des folgenden Asbestzement-Druckrohres in die bereits vorher auf das Ende des zuletzt gelegten Rohres aufgeschobenen Muffe wesentlich erleichtert wird, wenn das Rohr während der Montage noch am Haken des Hebegerätes frei hängt; es muß allerdings genau in der Rohrachse des vorher gelegten Rohres liegen. Bei der Verwendung einer Hakentraverse läßt sich diese geschilderte Montagehilfe nicht anwenden.

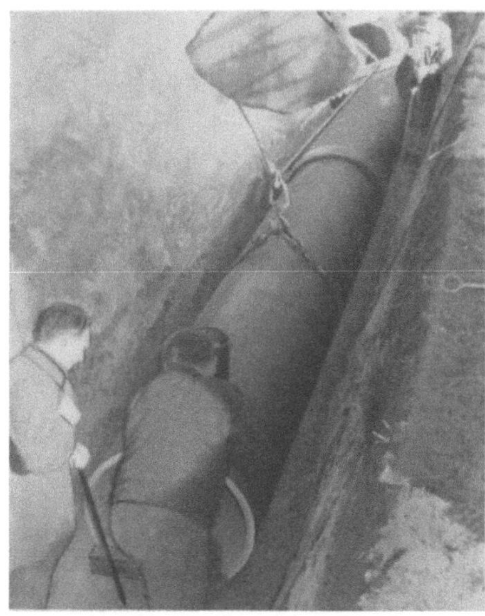

Abb. 525. Legung einer Asbestzement-Druckrohrleitung NW 800 mit Hilfe eines Portalkranes.

Abb. 524. Einschieben eines am Bagger angehängten Asbestzement-Druckrohres NW 700 in die Reka-Muffe.

Sofern Kupplungsmuffen mit einem inneren Anschlagring (Gummi) verwendet werden, z.B. die neuen Reka-Kupplungen, wird das Rohr bis zum Anschlag eingeschoben. Andernfalls muß dafür gesorgt werden, daß zwischen den beiden Rohrenden ein Luftspalt von mindestens 5 mm bestehen bleibt. Die Herstellung dieses Spaltes läßt sich auf verschiedene Weise ermöglichen. Bei Rohren kleiner Nennweiten genügt es, das eingeschobene Rohr am freien Ende anzuheben und dabei etwas zurückzuziehen. Jedoch ist es auch mit Hilfe einer am einzuführenden Rohrende vor der Montage aufgebrachten Anschlagschelle möglich, die erforderliche Distanz einzuhalten. Dieses Verfahren eignet sich besonders bei mittleren Nennweiten und ersetzt die vorherige Markierung des späteren Kupplungssitzes. Mit einem kurzen Holzkeil, der an einer etwa 6,0 m langen Stange rechtwinklig befestigt ist und dessen Dicke der geforderten Spaltweite entspricht, läßt sich der geforderte Spalt bei der Montage ebenfalls erreichen. Die Stange wird durch das zu montierende Rohr geschoben, bis der an ihr befestigte Keil in der Muffe gegen das Rohrende des bereits liegenden Rohres stößt. Nunmehr ist das Zusammenschieben der Rohre in der Muffe nicht mehr möglich. Allerdings kann hierbei der Keil so fest eingeklemmt werden, daß seine Entfernung auf Schwierigkeiten stößt. Das Gerät muß daher stabil ausgelegt werden, insbesondere ist die Verbindung des Keiles mit der Handstange entsprechend fest herzustellen. Bei Rohren mit großen Nennweiten, die begangen bzw. befahren werden können, also etwa ab NW 700, hat es sich als zweckmäßig herausgestellt, einen Mann in das bereits liegende Rohr schlüpfen zu

26*

lassen, der dann zwei Holzkeile zwischen die Rohrenden hält. Nach erfolgter Montage ist er dann angehalten, auf seinem Weg ins Freie gleich das neu gelegte Rohr von innen zu säubern. Ehe das montierte Rohr endgültig festgelegt wird, ist seine Richtung und Höhenlage zu überprüfen. Erst dann wird es seitlich festgelegt und notfalls teilweise oder ganz mit dem ausgehobenen Erdboden zugeschüttet. Normalerweise sollte man mit dem endgültigen Verfüllen des Rohrgrabens solange warten, bis die Druckprobe die Dichtheit des gelegten Leitungsabschnittes bewiesen hat. Treten während der Druckprobe undichte Stellen an der Leitung auf, so ist es ein leichtes, diese Stellen ausfindig zu machen und zu beseitigen. Leider zwingen die örtlichen Verhältnisse den Rohrleger manchmal dazu, den Graben so schnell wie möglich wieder zuzuwerfen. Dies ist vornehmlich dann der Fall, wenn die Rohrleitung in das Grundwasser gelegt, daher mit einer Grundwasserhaltung eingebaut und gegen Auftrieb gesichert werden muß. Je nach dem Rohrdurchmesser und der Grabentiefe, sowie der Eintauchtiefe in das Grundwasser ist die Schüttung auf das Rohr zu bemessen. Im einfachen Falle genügt eine Erdbrücke, die die Kupplungen noch frei läßt. Bei ungünstigen Verhältnissen ist es aber möglich, daß die Rohrlänge von 4,0 bzw. 5,0 m eine Brückenschüttung nicht zuläßt. Hier bleibt nur die vollkommene Verfüllung sofort im Anschluß an die Legung übrig. Es leuchtet ein, daß bei dem letzten Verfahren eine besonders sorgfältige Montage und vorherige Kontrolle der Rohre und Muffen notwendig ist, um Montagefehler auszuschließen. Treten hier bei der anschließenden Druckprobe Undichtigkeiten auf, so ist das Auffinden der Schadstelle mühselig und zeitraubend und nur mit Horchgeräten möglich. Die sofortige restlose Verfüllung birgt somit ein erhebliches Risiko in sich, um das man allerdings in bestimmten Fällen nicht herumkommt, auf das man aber nicht unnötigerweise eingehen sollte.

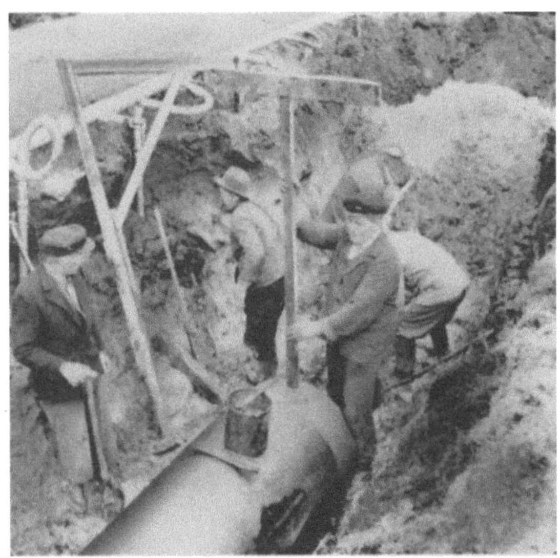

Abb. 526. Nivellieren eines unter schwierigen Bodenverhältnissen gelegten Asbestzement-Druckrohres NW 700.

Abb. 527. Im Bogen verlegte Asbestzement-Druckrohrleitung NW 300.

Da die REKA-Kupplung eine bewegliche Rohrverbindung darstellt, ist es ohne weiteres möglich, die einzelnen Rohre in der Muffe auszuwinkeln und so Bögen größerer Radien zu legen. Hierbei ist allerdings zu beachten, daß der Auslenkwinkel mit wachsender Nennweite kleiner wird. Während Kleinrohre etwa bis NW 80 noch Auslenkungen bis zu 10° erlauben, ist bei großen Nennweiten, etwa ab NW 400, nur noch ein Winkel von höchstens 2°—3° möglich. Werden diese Maße eingehalten, so besteht keine Gefahr für die Überbeanspruchung der Kupplungen durch Auswinkelungskräfte infolge Innendruck.

.8.104 Bearbeitung der Asbestzement-Druckrohre auf der Baustelle

Bei der Legung einer Rohrleitung bleibt es nicht aus, daß an manchen Stellen Paßlängen eingebaut werden müssen. Auch bei einem späteren Umbau an einer bereits liegenden Rohrleitung ergibt sich häufig die Notwendigkeit, ein Rohrstück herauszunehmen und in die Lücke ein Formstück, eine Armatur oder ähnliches wieder einzupassen. Derartige Baumaßnahmen erfordern die Bearbeitung einzelner Rohre, das Einpassen der Ersatzstücke bzw. Formstücke und den Anschluß der neuen Leitungsteile an die bereits liegende Rohrleitung. Bei Asbestzement-Druckrohren ist diese Aufgabe einfach zu lösen; sie lassen sich gut bearbeiten und können bereits mit

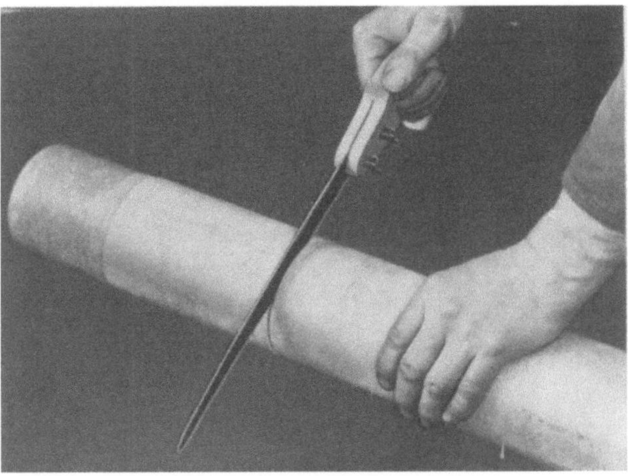

Abb. 528. Ablängen eines Asbestzement-
Druckrohres mit einer Handsäge.

einer einfachen Handsäge zerschnitten werden. Besser ist allerdings die Verwendung eines Spezialsägeblattes, bei dem Zahnabstand und Schränkung auf das Asbestzementmaterial abgestimmt sind oder die Verwendung besonderer Schneidgeräte. Auch lassen sich Asbestzement-Druckrohre ohne weiteres anbohren.

Abb. 529. Ablängen eines Asbestze-   Abb. 530. Abdrehen eines Rohrendes   Abb. 531. Herstellen der Fase mit
ment-Druckrohres mit Hilfe des   mit dem Abdrehapparat der   einer Raspel.
Schneidapparates der ETERNIT AG.   ETERNIT AG.

Um von Asbestzement-Druckrohren normaler Länge auf der Baustelle Paßlängen herzustellen, werden von den Herstellerwerken entsprechend den in Frage kommenden Rohrnennweiten Schneide- und Abdrehapparate zur Verfügung gestellt, die einfach zu handhaben sind und eine exakte Bearbeitung der Rohre ermöglichen. Abb. 529 zeigt den Schneideapparat der ETERNIT AG. Er besteht aus einem Zentrierkranz, einem auf diesem geführten Laufkranz und aus der Messerspindel, die am Laufkranz befestigt ist. Nachdem der Zentrierkranz mit den Zentrierschrauben am Rohr befestigt ist, erfolgt der Schnitt durch Drehen des Laufkranzes. Die Messerspindel wird dabei durch Anschlag des Spindelkreuzes an einem feststehenden Mitnehmerstab nach einer Umdrehung jeweils um eine Vierteldrehung tiefergestellt, so daß der Schneidstahl während des Schneidens einen selbsttätigen Verschub erhält. Die beiden Kränze sind zweiteilig ausgeführt, so daß sie auch im Graben an einer liegenden Leitung montiert werden können. Allerdings muß in diesem Falle der Rohrgraben entsprechend dem Umfang der mit Steckgewinde versehenen Handstangen erweitert werden. Der gezeigte Schneidapparat der ETERNIT AG liegt in neun Größen vor:

NW 150—200	NW 700
NW 250—300	NW 800
NW 350—400	NW 900
NW 500	NW 1000.
NW 600	

Für die kleineren Rohre NW 50 bis NW 125 wird an Stelle des Schneidapparates zweckmäßigerweise eine Stichsäge verwendet.

Wie schon früher erwähnt, wird die Wanddicke der Asbestzement-Druckrohre aus fabrikationstechnischen Gründen etwas stärker ausgeführt als es auf Grund des DIN-Maßes für die Kupplung notwendig wäre. Die Rohrenden müssen daher auf den nach DIN 19 800 festgelegten Außendurchmesser abgedreht werden, wodurch gleichzeitig auch die vollkommene Rundheit des Rohrendes sichergestellt wird. Zum Abdrehen des Rohrendes auf der Baustelle dient der in Abb. 530 gezeigte Apparat. Das sehr einfache, handliche Gerät besteht aus einem zur jeweiligen Nennweite passenden dreiteiligen Holzfutter, dessen einzelne Teile durch versenkte Gummischnurringe zusammengehalten werden, einem Doppelkonus mit angesetzter Gewindespindel, auf dem das Holzfutter sitzt, und aus der Handkurbel mit dem Stahlhalter. Zum Gebrauch wird das etwa 12 cm lange Holzfutter in das Rohrende geschoben, bis es mit der Rohrstirnwand abschließt, und danach der Konus mit einem Dorn angezogen. Hierdurch spreizt sich das Holzfutter gegen die Rohrinnenwand, gleichzeitig wird der Konus und die an ihm sitzende, feststehende Gewindespindel zentriert und in dieser Stellung festgehalten. Eine Kontermutter verhindert hierbei das ungewollte Lockerwerden des Konus. Nun wird der Stahlhalter radial verschoben, auf den Außendurchmesser des abzudrehenden Rohres grob eingestellt und mit der Flügelmutter festgezogen. Die genaue Einstellung des Drehstahles erfolgt über die Feineinstellung an der Messerhalterung. Nach Fixierung der Feineinstellung mit der am freien Ende des Stahlhalters angebrachten Flügelschraube kann das Abdrehen vorgenommen werden. Der Vortrieb des Drehmessers erfolgt hierbei über die Gewindespindel, auf der die Handkurbel läuft. Die Länge der Spindel und des Messerhalters sind auf die notwendige Abdrehlänge abgestimmt. Beim Abdrehen selbst sollte die Spanstärke nicht größer als maximal 2 mm gewählt werden. Die ETERNIT AG liefert die Abdrehapparate, die bis NW 350 mit stählernen Spreizscheren an Stelle der Holzfutter ausgeführt werden, für folgende Rohrnennweiten:

NW 50—200	NW 700
NW 250—300	NW 800
NW 400—500	NW 900
NW 600	NW 1000

Um schließlich die Kupplung bequem aufschieben zu können und insbesondere zu verhindern, daß hierbei die Dichtungslippen der REKA-Gummiringe beschädigt werden, ist es ratsam, die Außenkanten der Stirnwand zu brechen. Mit einer Raspel ist schnell eine Fase angebracht (Abb. 531).

Die Tatsache, daß sich das Asbestzementmaterial sägen, bohren, ja sogar nageln läßt, um nur einige Möglichkeiten hervorzuheben, erleichtert die Handhabung dieses Materials ungemein und darf als echter Vorteil gewertet werden, der nicht zuletzt auch die Wirtschaftlichkeit dieses Rohrmaterials im günstigen Sinne beeinflußt. Schließlich sei noch vermerkt, daß für besondere Zwecke Asbestzement-Druckrohre auch abgeschliffen und poliert werden können, was sie für Säulenummantelung und ähnliche Verwendungszwecke geeignet macht (s. Abb. 569).

8.105 Krümmer- und Schieberwiderlager

Die Längsbeweglichkeit der Rohrverbindung bei Asbestzement-Druckrohrleitungen zwingt, wie bei allen Druckleitungen mit längsbeweglichen Verbindungen, zu einem besonders sorgfältigen Verbau der Krümmer und Endverschlüsse bzw. Absperrorgane. Nur die Unverschieblichkeit dieser Leitungsteile garantiert die Dichtheit der unter Innendruck stehenden Leitung. Die einfachste und zweckmäßigste Festlegung von Krümmern stellt das Betonwiderlager dar, das im allgemeinen auch angewendet wird. Hierbei ist darauf zu achten, daß die Druckfläche des Widerlagers gegen den *gewachsenen* Boden betoniert wird. Nur in diesem Fall darf der Erdwiderstand in Rechnung gestellt werden, was zu einer wesentlichen Verringerung des erforderlichen Betonvolumens führt. In besonderen Fällen ist allerdings eine Hinterfüllung des Widerlagers unumgänglich. Hier muß größte Sorgfalt beim Verdichten der Hinterfüllung gewahrt werden, weil nur dann die Heranziehung des Erddrucks bzw. -widerstandes gerechtfertigt ist. Es ist zu überlegen, ob in besonderen Fällen nicht Steinschüttungen mit eingebracht werden sollten. Sofern Krümmerwiderlager in nicht oder nur teilweise standfestem Boden hergestellt werden müssen, können die Erdkräfte meist nicht mit in Rechnung gestellt werden. In diesen Fällen muß das Fundament als Schwergewichtsfundament ausgeführt werden, wobei besonders zu untersuchen ist, inwieweit der Boden das Gewicht des Fundamentes aufnehmen kann. Schwergewichtsfundamente kommen auch für Leitungen in Dämmen in Frage, bei denen eine standfeste Grabenwand nicht vorhanden ist. Unter Umständen müssen bei sehr schwierigen Bodenverhältnissen Pfähle und Spundwandbohlen gerammt werden. Letztere finden auch dort Anwendung, wo beengte Platzverhältnisse die Abmessungen eines normal ausgeführten Betonfundamentes nicht gestatten. Schließlich kann nach EINSELE [64] ein entsprechend angelegtes und eingerütteltes Steinskelett die Standfestigkeit des Widerlagers erheblich erhöhen.

Die durch den Innendruck erzeugten Leitungskräfte berechnen sich wie folgt:

8.105 1 Endverschluß- bzw. Schieberkraft

$$P = \frac{\pi \cdot D^2}{4} \cdot p_i \ (\text{kp}) \tag{8/1}$$

mit P = Endverschlußkraft (kp)

D = Rohraußendurchmesser (cm)

p_i = Innendruck (atü),

Sofern P in (Mp) ausgedrückt werden soll, ist Gl. (8/1) mit 10^{-3} zu multiplizieren. Zu beachten ist fernerhin die Tatsache, daß in die vorstehende Gleichung der *Außendurchmesser* des Rohrendes eingesetzt werden muß, da die Überschiebverbindung den Innendruck auch auf die Rohrstirnwand wirken läßt. Weiterhin ist bei dem rechnerischen Innendruck neben dem zukünftigen Betriebsdruck auch die eventuelle Erhöhung durch Druckstöße und insbesondere der Prüfdruck bei der Druckprobe zu berücksichtigen. Aus Abb. 532 sind die Endverschlußkräfte in Abhängigkeit vom Außendurchmesser für p_i = 1, 3, 5, 7, 10, 15 und 20 atü abzulesen.

Aus Gründen der Übersichtlichkeit wurde auf eine vollständige Darstellung aller Zwischengrößen des Innendruckes verzichtet. Die Endverschlußkräfte für beliebige Werte p_i lassen sich aus der Linie „1" bzw. „10" leicht ableiten. So findet man z. B. für einen bestimmten Außendurchmesser die Kraft P für p_i = 13 atü, indem man zunächst für P den Wert der Kurve für p_i = 10 atü entnimmt und diesen dann mit 1,3 multipliziert.

8.105 2 Krümmerkraft

$$N = 2 \cdot P \cdot \sin \frac{\alpha}{2} = \frac{\pi \cdot D^2}{4} \cdot p_i \cdot 2 \sin \frac{\alpha}{2} \ (\text{kp}) \tag{8/2}$$

mit N = Krümmerkraft (kp)

α = Zentriwinkel des Krümmers

Die Krümmerkraft läßt sich ebenfalls mit Hilfe der Kurven für die Endverschlußkraft (Abb. 532) ermitteln. Entsprechend dem Zentriwinkel des Krümmers muß dann der aus Abb. 532 entnommene Wert mit den in Tab. 135 aufgeführten Beiwerten multipliziert werden ($N = P \times$ Beiwert).

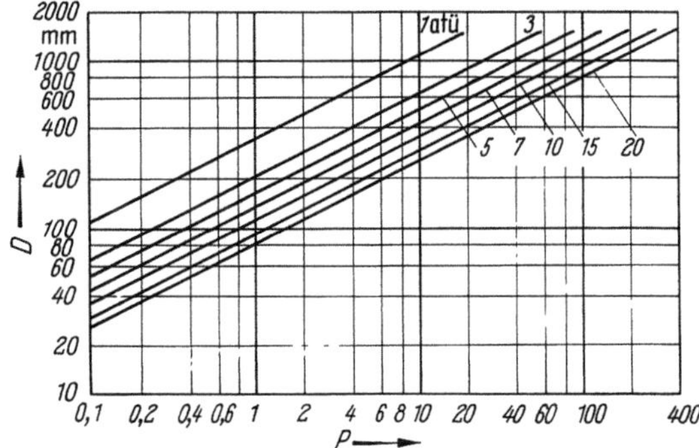

Abb. 532. Endverschlußkräfte P (Mp) in Abhängigkeit vom Außendurchmesser D (mm).

Tabelle 135. *Beiwerte zur Bestimmung der Krümmerkraft N aus der Endverschluß-kraft P*

Zentriwinkel	Beiwert
$11\frac{1}{4}°$	0,20
$22\frac{1}{2}°$	0,39
$30°$	0,52
$45°$	0,77
$60°$	1,00
$90°$	1,41

Für die Aufnahme der unter 8.105 1 und 8.105 2 ermittelten Leitungskräfte kann in den meisten Fällen der gewachsene Boden herangezogen werden. Das Betonfundament dient dann zur Verteilung der Leitungskräfte und zur Einleitung dieser Kräfte in den Boden, wobei sowohl die Sohlfuge als auch die Grabenwand mitwirken. Im ungünstigsten Falle muß die Leitungskraft durch das Reibungsgewicht des Betonklotzes aufgenommen werden.

8.105 3 Aufnahme der Krümmerkraft durch die Grabensohle ·

Die Reibungskraft des Betonwiderlagers beträgt

$$R = V \cdot \gamma_B \cdot \mu \ (\text{kp}) \tag{8/3}$$

mit R = Reibungskraft (kp)
V = Betonvolumen (m³)
γ_B = spez. Gewicht des Betons = 2200 (kp/m³)
μ = Reibungsziffer Beton-Erdboden
　　0,65 bei festem Boden
　　0,45 bei mittlerem Boden (Sand)
　　0,30—0,35 bei fetten und feuchten Böden (Ton, Klei usw.).

Steht das Fundament im Grundwasser, so ist für den eingetauchten Teil der Auftrieb zu berücksichtigen

$$\gamma_B^* = (\gamma_B - 1) \tag{8/4}$$

Bei der Bemessung des Fundaments ist die zulässige Bodenpressung σ_{zul} einzuhalten, damit Setzungen vermieden bzw. in Grenzen gehalten werden. Es empfiehlt sich, in setzungsgefährdeten Böden beim Betonieren des Fundamentes dafür zu sorgen, daß der Rohrkrümmer nicht fest mit dem Fundament verbunden wird. Eine Setzung des Fundamentes würde dann u. U. die Leitung gefährden.

Nach SCHLEICHER, Taschenbuch für Bauingenieure, können die zulässigen Bodenpressungen gemäß Tab. 136 angenommen werden.

An Hand eines Beispiels sei der Rechnungsgang für ein Krümmerwiderlager, das die Krümmerkraft in die Grabensohle leiten soll, aufgezeichnet:

Beispiel:　　Rohrkrümmer NW 400, p_i = 12,5 atü
　　　　Bogenwinkel 30°, μ = 0,45 für mittleren Boden, D = 480 mm (Außendurchmesser am Rohr- bzw. Krümmerende).

Aus Abb. 532 entnimmt man für P bei $p_i = 10$ atü den Wert 18,1 Mp. Bezogen auf $p_i = 12,5$ atü wird

$$P = 18,1 \cdot 1,25 = 22,6 \text{ Mp.}$$

Tabelle 136. *Zulässige Bodenpressungen* σ_{zul} *nach* F. SCHLEICHER

Bodenart	zul. Bodenpressung σ_{zul} (kp/cm²)
Schlamm, Torf, Moor	0
Mutterboden, aufgeschütteter Boden	bis 0,5
Sandige Anschüttung	bis 1,5
Plastischer Ton, Lehm, Mergel	0,5 bis 2,0
Toniger Sand	1,5 bis 2,5
Reiner Sand	2,0 bis 3,0[1]
Grobsand bis Kies	2,0 bis 4,5[1]
Fester Ton, Lehm	3,0 bis 5,0[1]
Festgelagerter Mergel	3,0 bis 6,0[1]
Kies, Schotter, besonders fest gelagert	5,0 bis 6,0[1]
Weichere Gesteine (Sandstein)	7,0 bis 15,0
Fels	20,0 bis 30,0

[1] Voraussetzung: Preßbare Schichten in größerer Tiefe nicht vorhanden, Mächtigkeit der angeführten Bodenart mindestens 3 bis 4 m unter Gründungsohle.

Der Beiwert für $\alpha = 30°$ beträgt gemäß Tab. 135 0,52, somit wird

$$N = 22,6 \cdot 0,52 = 11,8 \text{ Mp.}$$

Diese Kraft ist durch das Reibungsgewicht des Betonklotzes aufzunehmen, wobei die Sicherheit gegen Verschieben 1,1fach sein soll ($\nu = 1,1$).

$$N \cdot \nu = R_{erf} = V_B \cdot \gamma_B \cdot \mu \; (\text{Mp}) \tag{8/5}$$

$$R_{erf} = 11,8 \cdot 1,1 = 13,0 \text{ Mp}$$

$$G_B = \frac{R_{erf}}{\mu} = \frac{13,0}{0,45} = 28,9 \text{ Mp}$$

$$\text{somit } V_B = \frac{G_B}{\gamma_B} = \frac{28,9}{2,2} = 13,1 \text{ m}^3.$$

Unter Annahme einer zulässigen Bodenpressung von $\sigma_{zul} = 2,0$ kp/cm² wird

$$F_{min} = \frac{28\,900}{2,0} = 14\,450 \text{ cm}^2.$$

Zur Aufnahme des Krümmerschubs $N = 11,8$ Mp ist also ein Betonklotz von 13,1 m³ Inhalt erforderlich. Daraus geht hervor, daß die Ableitung der Krümmerkraft über die Sohlfuge allein sehr unwirtschaftlich ist und nur im Sonderfall angewendet werden sollte.

8.105 4 Aufnahme der Krümmerkraft durch die Grabenwand

Gewöhnlich wird der gewachsene Boden in der Lage sein, die Krümmerkraft horizontal aufzunehmen. Die Heranziehung der Erdkräfte ermöglicht die Anwendung kleinerer Widerlager. Für die Berechnung genügt in der Praxis die klassische Erddrucktheorie nach COULOMB, bei der der Bruchzustand in der Gleitfuge eines Erdkeiles als ebenes Problem betrachtet wird. Ein monolithischer Erdkeil rutscht auf einer unter den Winkel ϑ_a geneigten Gleitfläche ab und drückt gegen den in Abb. 533 dargestellten Baukörper, z.B. einer Stützmauer.

Das Gleichgewicht aller Kräfte in der Gleitfuge lautet:

$$- E_a \cdot \cos \vartheta_a + G \cdot \sin \vartheta_a - R = 0 \qquad (8/6)$$

$$G = \frac{h^2}{2 \cdot \tan \vartheta_a} \cdot \gamma \; (\text{Mp/m}) \qquad (8/7)$$

$$R = (E_a \cdot \sin \vartheta_a + G \cdot \cos \vartheta_a) \cdot \tan \varrho \qquad (\varrho = \text{\textit{Winkel der inneren Reibung}}) \qquad (8/8)$$

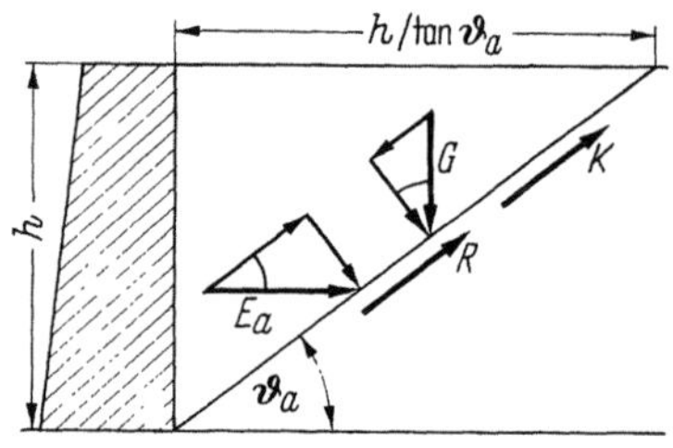

Abb. 533. Berechnung des Erddruckes nach Coulomb.
In der Gleitfuge wirken die Kräfte
E_a = Erddruck,
G = Gewicht des Erdkeiles,
R = Reibungskraft,
K = Haftfestigkeit bei kohäsiven Böden (Ton, Lehm usw.) kann hier vernachlässigt werden.

somit:

$$E_a = \frac{\gamma \cdot h^2}{\cos \vartheta_a + \sin \vartheta_a \cdot \tan \varrho} \cdot \left(\frac{\sin \vartheta_a}{2 \cdot \tan \vartheta_a} - \frac{\cos \vartheta_a \cdot \tan \varrho}{2 \cdot \tan \vartheta_a} \right) \qquad (8/9)$$

aus:

$$\frac{d\,(E_a)}{d\,\vartheta_a} = 0 \rightarrow \vartheta_a = 45° + \frac{\varrho}{2} \qquad (8/10)$$

Durch trigonometrische Umformung erhält man schließlich für den Erddruck

$$E_a = \frac{\gamma \cdot h^2}{2} \cdot \tan^2 \left(45° - \frac{\varrho}{2} \right) \; (\text{Mp/m}) \qquad (8/11)$$

oder nach Krey

$$E_a = \frac{\gamma \cdot h^2}{2} \cdot \lambda_a \; (\text{Mp/m}) \qquad (8/12)$$

(λ_a für senkrechte Wand bei Vernachlässigung des Wandreibungswinkels).

Die Annahme des Erddruckes bedeutet, daß der Erdkeil auf der Gleitfläche abrutscht und mit seiner Masse gegen das Fundament drückt, das seinerseits als unverschieblich betrachtet wird. Es handelt sich also praktisch um eine Anschüttung. Die Berechnung geht hierbei davon aus, daß durch das Widerlager eine entsprechend große Druckfläche gegen die Grabenwand geschaffen wird, bis der damit erfaßte Erddruck gerade der Krümmerkraft entspricht, d. h. bis E_a und N im Gleichgewicht stehen. Wie anschließend noch gezeigt wird, ist der Erddruck nicht sehr groß und erfordert immer noch verhältnismäßig langgezogene Fundamente.

Im Gegensatz zum Ansatz des aktiven Erddruckes E_a ergibt die Ausnutzung des *Erdwiderstandes E_p* (passiver Erddruck) wesentlich günstigere Werte. Bisher war von der Annahme ausgegangen, daß der Baukörper in Ruhe ist und die auf ihn horizontal wirkende Krümmerkraft von der Masse des in der Bruchfuge abrutschenden Erdkeiles aufgefangen wird. Es läßt sich aber auch denken, daß das Bauwerk durch die Krümmerkraft horizontal an die Erde herangedrückt wird und nun versucht, die hindernde Erde wegzuschieben. Sofern die Horizontalkraft entsprechend groß wäre, würde sie auch tatsächlich den Erdkeil wiederum auf einer schrägen Gleitfuge in Bewegung setzen. Rechnerisch findet man die Größe des Erdwiderstandes analog zum Erddruck, nur wirken hier Reibung R und Haftfestigkeit K (wird vernachlässigt) umgekehrt (Abb. 533).

Man erhält so

$$E_p = \frac{\gamma \cdot h^2}{2} \cdot \tan^2 \left(45° + \frac{\varrho}{2} \right) = \frac{\gamma \cdot h^2}{2} \cdot \lambda_p \; (\text{Mp/m}) \qquad (8/13)$$

und

$$\vartheta_p = 45° - \frac{\varrho}{2} \qquad (8/14)$$

Aus Gl. (8/14) wird ersichtlich, daß in dem vorliegenden Falle ein größerer Erdkeil mobilisiert wird, da sich eine flacher geneigte Gleitfuge ausbildet.

In dem Rechenbeispiel auf S. 408 betrug die Krümmerkraft unter Berücksichtigung einer 1,1fachen Sicherheit $N = 13,0$ Mp. Für Sandboden, mit dem in dem Beispiel gerechnet wurde, kann weiterhin angesetzt werden:

$$\gamma = 2,0 \ (\text{Mp/m}^3)$$
$$\varrho = 30°.$$

Ferner sei die Höhe des Grabens $h = 1,50$ m.
Es ergibt sich somit:

$$E_a = \frac{2,0 \cdot 1,5^2}{2} \cdot \tan^2 (45° - 15°) = 2,25 \cdot 0,333 = 0,75 \ \text{Mp/m}$$

$$E_p = \frac{2,0 \cdot 1,5^2}{2} \cdot \tan^2 (45° + 15°) = 2,25 \cdot 3,0 \quad = 6,75 \ \text{Mp/m}.$$

Der Erddruck ist verschwindend gering, dagegen wächst der Erdwiderstand sehr stark an. Um die Krümmerkraft aufzunehmen, brauchte demnach das Krümmerfundament lediglich eine Breite an der Grabenwand von 2,0 m zu haben. Dagegen sollte seine Höhe die Ausbreitung der Krümmerkraft im Winkel von 45° nach oben und nach unten berücksichtigen. Sie richtet sich dabei bis zu einer gewissen Grenze nach der Grabenbreite. Allerdings muß berücksichtigt werden, daß die Pressung Grabenwand-Beton etwa 1,0 kp/ cm² nicht übersteigen sollte, was im allgemeinen auch ohne weiteres möglich ist. Weiterhin sollte das Fundament auch nicht zu nahe an die obere Grabenkante hochgezogen werden, damit genügend Überdeckung vorhanden ist. Dies gilt vor allem in landwirtschaftlich genutzten Gebieten, u. U. auch in Straßen usw.

Abschließend sei zu dem Ansatz des Erdwiderstandes noch bemerkt, daß dieser exakt nur dann *voll* aktiviert wird, wenn bereits eine geringe Verschiebung des Fundamentes eingetreten ist. Nach FRANZIUS ist hierzu ein Verschiebungsweg von angenähert

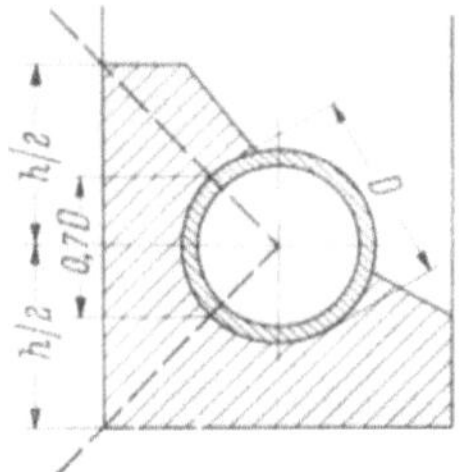

Abb. 534. Ermittlung der Widerlagerhöhe.

$$\text{s} = 3 \cdot h^{1,5} \ (\text{cm}) \quad [h \ \text{in (m) eingesetzt}]$$

notwendig. In dem durchgerechneten Beispiel würde der Weg demnach etwa 5,6 cm betragen, erst dann käme der errechnete Erdwiderstand von 6,75 Mp/m voll zur Wirkung. Es empfiehlt sich daher, das Fundament etwas über die theoretische Breite hinaus zu verlängern. Die Verschiebung muß sich selbstverständlich auf den ungestörten Boden übertragen, was nur dann möglich ist, wenn der Beton satt gegen den gewachsenen Boden betoniert wurde. Die nachträgliche Verfüllung eines entstandenen Zwischenraums zwischen Fundament und ungestörter Grabenwand bleibt hinsichtlich des Ansatzes des Erdwiderstandes auch bei bester Verdichtung problematisch. Die Annahme einer geradlinigen Gleitfuge trifft in Wirklichkeit nicht zu. Vielmehr stellt sich eine gekrümmte Fuge ein. Während diese Krümmung beim Erddruck vernachlässigt werden kann, wirkt sich die Abweichung von der Geraden beim Erdwiderstand stärker aus. Aus diesem Grunde sind z. B. die höheren Werte für λp, die sich unter entsprechenden Bedingungen aus den KREYschen Tabellen[1] ergeben, nicht mehr anwendbar. STRECK[2] hat die geradlinige Gleitfuge durch einen Polygonzug ersetzt. Moderne Verfahren gehen indessen von gekrümmten Gleitfugen aus, so z. B. von der logarithm. Spirale. Als oberer Grenzwert für den gewöhnlichen, sandigen Erdboden kann ein λp von 6,0 bis 7,0 angesehen werden.

8.106 Die Herstellung von Rohrabgängen und Hausanschlüssen

Für die Herstellung von Leitungsabzweigen innerhalb einer Asbestzement-Druckrohrleitung stehen die üblichen Formstücke (B- und A-Stücke) zur Verfügung, so daß gegenüber anderen Rohrmaterialien kein nennenswerter Unterschied besteht. Die Nennweiten der Abgänge sind in den für Asbestzement-Druckrohre bestehenden und für Rohre bis NW 400 genormten Größen

---

[1] KREY, H: Erddruck, Erdwiderstand und Tragfähigkeit des Baugrundes. Berlin 1936, Tabellen S. 295.
[2] STRECK, A: Bauing. 7 (1926) S. 1 u. 32, Abb. 12 a u. 13.

erhältlich[1]. Bemerkenswert ist jedoch die Tatsache, daß alle Formstücke und Armaturen mit verstärktem Spitzende geliefert werden, so daß sie mit der normalen Kupplungsmuffe ND 10[2] angeschlossen werden können. Hierbei ist allerdings zu berücksichtigen, daß dieser Anschluß längsbeweglich bleibt und daher gegebenenfalls z.B. bei einem Schieber oder Abzweig, eine Verankerung durch ein Fundament erfolgen muß. Die verschiedenen Formstücke sind im Kap. 6 „Rohrverbindungen und Formstücke" näher beschrieben.

Der Einbau von A- und B-Stücken wird unwirtschaftlich, wenn die abgehende Leitung kleine oder kleinste Durchmesser aufweist, wie dies im besonderen Maße bei den Hausanschlüssen der Fall ist. Hier bieten sich speziell bei dem Asbestzement-Druckrohr eine Reihe von Möglichkeiten an, derartige Hausanschlüsse rationeller herzustellen. Am einfachsten gestaltet sich der Hausanschluß durch Verwendung der REKA-Anbohrkupplung[3]. An Stelle der normalen Kupplungs-

Abb. 535. REKA-Anbohrkupplung mit angebautem ELDAG-Ventil.

Abb. 536. REKA-Anbohrkupplung NW 700 mit F-Stutzen NW 150.

muffe wird einfach eine etwas länger gehaltene Muffe eingebaut, die werkseitig bereits mit einem Anschlußstutzen versehen wird. Die aus Messing bestehenden Gewindestutzen werden normalerweise in den Abmessungen $^3/_4''$ bis $2''$ geliefert und gestatten das Anbauen entsprechender Anschlußleitungen (z.B. aus Kunststoff).

In gleicher Weise lassen sich auf Anforderung bei größeren Nennweiten auch Anbohrkupplungen mit größeren Abgängen herstellen, die dann als Lüfter-, Entleerungs- oder Abzweigstutzen verwendet werden können. Abb. 536 zeigt eine REKA-Langkupplung NW 700 mit werkseitig angebrachtem F-Stutzen NW 150.

Abb. 537. Anbohrbrücke mit Flanschenabgang.

Müssen Hausanschlüsse nachträglich hergestellt werden, so geschieht dies in einfacher Weise durch Anbohren der Asbestzement-Druckrohrleitung. Hierzu stehen die bekannten Anbohrbrücken als Verstärkung des Rohrwandquerschnittes zur Verfügung. Neben der einfachen Anbohrbrücke mit Gewindeabgang gibt es Ventilanbohrbrücken und auch Anbohrbrücken mit Flanschenabgang. Anbohrbrücken werden im allgemeinen bis NW 350 geliefert. Die Abgänge sind wiederum von $^3/_4''$ bis $2''$ gestaffelt. Sofern die Anschlußleitung starr ist und die örtlichen Verhältnisse größere Bodenbewegungen oder -erschütterungen erwarten lassen, kann es zweckmäßig sein, rechts und links der Anbohrbrücke je eine REKA-Kupplung einzubauen und damit die Anbohrstelle über je ein „Gelenk" an die liegende Leitung anzuschließen. Eine in den USA

---

¹ Auch hier ist die internationale Normung bis NW 1000 erfolgt.
[1] Auch hier ist die internationale Normung bis NW 1000 erfolgt.
[2] Andere Nenndruckstufen müssen mit Übergangskupplungen angeschlossen werden.
[3] s. auch Kap. 6. „Rohrverbindungen und Formstücke", S. 375.

sehr verbreitete Methode, einen Hausanschluß herzustellen, besteht darin, in das Asbestzement-Versorgungsrohr einfach ein Loch mit einem Innengewinde zu schneiden und einen Gewindestutzen einzuschrauben. An diesem Stutzen läßt sich dann die Hausanschlußleitung anschrauben. Hierzu nimmt man zweckmäßigerweise eine flexible Leitung, um den eingeschraubten Stutzen vor einer eventuellen Biegebeanspruchung zu bewahren. In den USA werden zwei grundsätzliche Typen von Einschraubstutzen (Corporation stops) verwendet:

a) Stutzen mit konischem Gewinde (Abb. 538),
b) Stutzen mit zylindrischem Gewinde (Abb. 539).

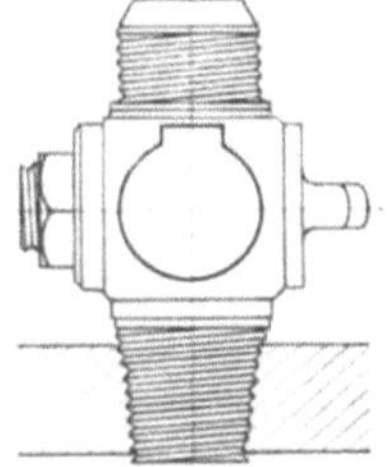
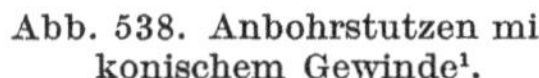
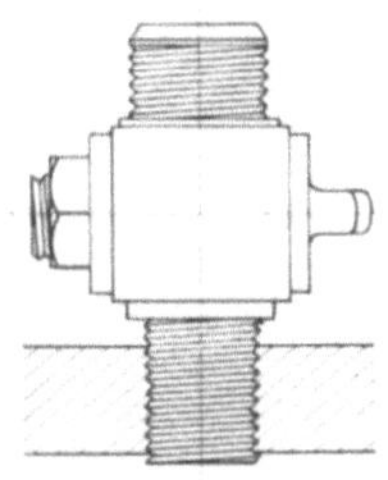
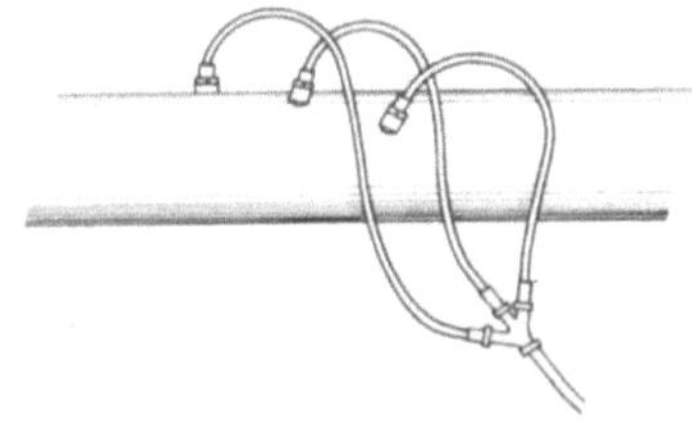

Abb. 538. Anbohrstutzen mit konischem Gewinde[1].

Abb. 539. Anbohrstutzen mit zylindrischem Gewinde[1].

Abb. 540. Hausanschluß durch 3 Anbohrstutzen, deren Abgänge zu einer Anschlußleitung vereinigt werden (schematische Darstellung)[1].

Im allgemeinen werden Versorgungsleitungen, bei denen die Hausanschlüsse durch Anbohren hergestellt werden, die Nennweite 300 nicht überschreiten. Daher werden die Anbohrstutzen in den USA nur bis 1″ Durchmesser geliefert, d. h. die Hausanschlüsse können normalerweise ebenfalls nur 1″ betragen. In Fällen, wo dieser Anschluß zu klein ist, hilft man sich damit, daß man 2 oder drei Anbohrstutzen gegeneinander versetzt anbringt und die von den einzelnen Stutzen abgehenden Leitungen zu einer Leitung vereinigt. Dies ist in Abb. 540 schematisch veranschaulicht. Die gemeinsame Anschlußleitung kann in diesem Fall starr ausgeführt werden, weil die Stutzenanschlüsse flexibel gehalten sind.

Abb. 541. Zugversuch mit einem ³/₄″ Gewindestutzen, Probe nach dem Bruch [102].

Das Vorbohren der Gewindelöcher bereitet, wie schon ausgeführt, keine Schwierigkeiten. Zum Schneiden der Gewinde müssen scharfe Gewindebohrer verwendet werden, die die im Material eingelagerten Asbestfasern glatt durchschneiden. Die Verwendung einer Graphit-Wasser-Emulsion erleichtert das Gewindeschneiden. Es gibt auch kombinierte Bohr- und Gewindeschneid-

---

[1] Aus einer Verlegeanleitung für TRANSITE-Rohre der JOHNS-MANVILLE-Corp., USA.

stähle, mit denen das Vorbohren und anschließende Gewindeschneiden in einem Arbeitsgang durchgeführt werden kann. Bei der Verwendung von konischen Gewinden müssen natürlich auch konisch geschnittene Gewindelöcher hergestellt werden. Ein fachgemäß sauber geschnittenes Gewinde im Asbestzement ist in der Lage, erstaunlich große Zugkräfte aufzunehmen. HURST [102] berichtet von einem Versuch, bei dem ein handelsüblicher, genormter Gewindestutzen von $^3/_4''$ in die Wand eines 76 cm langen Stückes eines 18-in.-Rohres (NW 450) eingeschraubt worden war. Erst bei einer aufgebrachten Zugkraft von 2094 kp wurde der Stutzen frei. Von besonderem Interesse ist hierbei die Tatsache, daß der Bruch durch Zerstörung der Rohrwand, nicht aber durch Abscheren des Gewindes im Asbestzement erfolgte, wie das in Abb. 541 deutlich zu erkennen ist.

8.107 Eisenbahn- und Straßenkreuzungen

Im Zuge einer Rohrleitung sind häufig Eisenbahnwege oder stark belastete Verkehrsstraßen zu kreuzen. Hierfür werden im allgemeinen Schutzrohre vorgeschrieben[1], durch die die Versorgungsleitung geführt wird. Vielerorts wird die Meinung vertreten, daß für solche Versorgungsleitungen Asbestzement-Druckrohre nicht geeignet wären, weil deren Festigkeit gegenüber der von metallischen Rohrwerkstoffen geringer sei. Diese Argumentation erscheint nicht ganz logisch. Eine Leitung lagert doch nirgends sicherer vor äußeren Einflüssen als gerade in einem Schutzrohr, für das die Bruchsicherheit infolge der äußeren Belastung statisch nachgewiesen werden muß. Auch die Angst vor einem Bruch der Leitung ausgerechnet im Schutzrohr, wo eine Erhöhung der Beanspruchung des Rohres durch Erdauflasten oder Verkehrslasten nicht stattfindet, ist unberechtigt, sofern dafür Sorge getragen wird, daß die Rohre einwandfrei aufgelagert sind und damit die Biegebeanspruchungen im Rahmen gehalten werden. Letzteres spielt aber nur bei Rohren mit kleinerem Durchmesser eine Rolle. Zu empfehlen ist jedoch bei der Schutzrohrdurchfahrung mit einer Asbestzement-Druckrohrleitung die Verwendung von zugfesten Kupplungen[2]. Notfalls kann jede Muffenverbindung an Ort und Stelle zugfest gemacht werden, indem man beidseits der Überschiebmuffe Schellen anschlägt und diese durch zwei oder vier Zugbänder miteinander verbindet. Diese einfache Konstruktion gestattet gleichzeitig das Anbringen von Gleitrollen. HUGELMANN [98] berichtet von Asbestzement-Druckrohrleitungen NW 250 und 300, die in den Jahren 1938 und 1939 mit Schutzrohren durch Eisenbahndämme (auch durch Dämme von Hauptlinien) geführt wurden und seitdem ohne Störung in Betrieb sind. Abb. 542 zeigt die

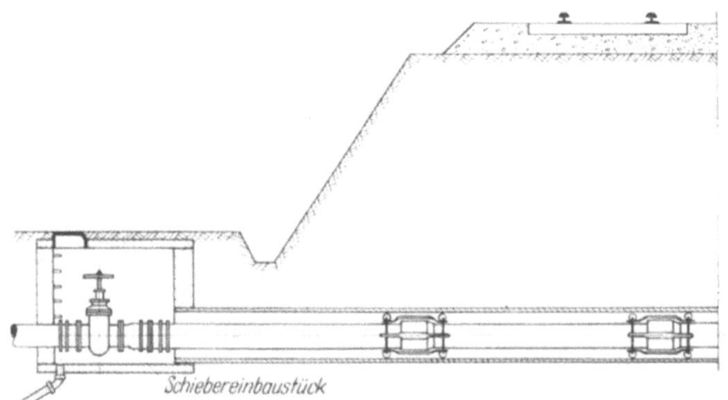

Abb. 542. Kreuzung von Eisenbahngleisen mit Asbestzement-Druckrohren [98].

schematische Darstellung einer Kreuzung. Die Rohrverbindung, damals noch mit der SIMPLEX-Kupplung hergestellt, machte man in der in Abb. 543 dargestellten Weise zugfest und benutzte die hierfür angefertigte Konstruktion gleichzeitig zum Anbringen der Führungsrollen. Jedes Rohr lagert als Balken auf zwei Stützen. Die hierbei auftretende Durchbiegung in Rohrmitte betrug

---

[1] Siehe Richtlinien über Kreuzungen von Wasserleitungen eines Unternehmens der öffentlichen Wasserversorgung (WVU) mit DB-Gelände oder DB-Wasserleitungen (WasserleitungskrRichtl.) vom 1. 1. 1956 sowie DWGW-Regelwerk: Arbeitsblatt W 305.

[2] s. Kap. 6. „Rohrverbindungen und Formstücke".

nur 0,3 mm. Natürlich lassen sich die Rollen auch anders anordnen. So ist im Gegensatz zu der Punktlagerung auf einer Linie auch eine solche auf zwei Linien denkbar, die dann entsteht, wenn z. B der Rollenkranz in Abb. 543 um 45° gedreht wird. Es ist üblich, die Rollen von Lager zu Lager zu versetzen, wobei jedoch immer das entstehende Moment berücksichtigt werden muß. Auch können die Rollen im Scheitel entfallen. Die Stützwirkung für das Schutzrohr fällt dann weg, dafür werden eventuell Verformungen des Schutzrohres in vertikaler Richtung nicht auf das Leitungsrohr übertragen. Jeder Fall ist anders gelagert und bedingt eine spezielle Überprüfung dieser Frage. Insofern können die obigen Ausführungen nur Anregungen sein. Inzwischen sind schon viele Kreuzungen auch mit großer Nennweite durchgeführt worden, ohne daß sich bisher Reklamationen ergaben. Für die zugfesten Kupplungen eignet sich besonders auch die zugfeste REKA-Kupplung (Abb. 480).

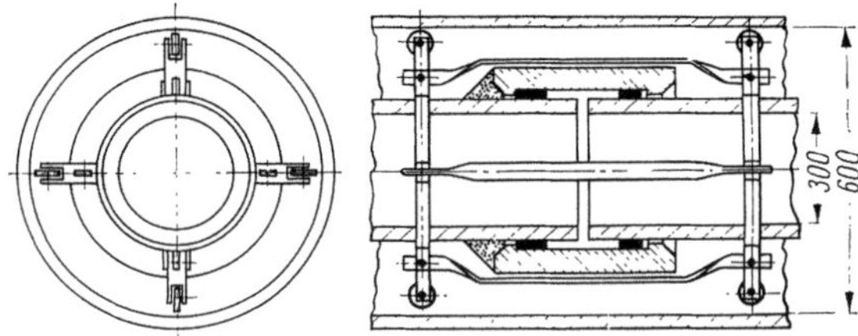

Abb. 543. Ausbildung der Zugverankerung für die Rohrverbindung von Asbestzement-Druckrohren, die gleichzeitig als Führung in dem Schutzrohr dient [98].

Abb. 544. Legung einer Asbestzement-Druckrohrleitung NW 600 in eine Verkehrsstraße.

Für Verkehrsstraßen gilt das gleiche, sofern Schutzrohre für die Kreuzung mit einer Rohrleitung vorgeschrieben sind. Während die Eisenbahn in jedem Fall ein Schutzrohr fordert, ist dies bei Straßen nicht immer der Fall. Dies gilt vor allem für Straßen, in denen eine Rohrleitung parallel zur Straßenachse verläuft, wie dies hauptsächlich in Ansiedlungen der Fall ist. In früheren Zeiten, als über Asbestzement-Druckrohre noch weniger Erfahrungen vorlagen, wurde sehr häufig der Standpunkt vertreten, daß für solche Leitungen das Asbestzementmaterial nicht geeignet sei. Man war der Ansicht, daß sowohl die ständigen Erschütterungen als auch die auftretenden Biegebeanspruchungen das Rohr in kürzester Zeit zerstören würden. Nur wenige Bauherren fanden den Mut, auch in Verkehrsstraßen Asbestzement-Druckrohre zu verlegen. Inzwischen erbrachte die Auswertung von in- und ausländischen Erfahrungen genügend Beweise für die Eignung von Asbestzement-Druckrohren, die bis zu NW 800 gelegt worden waren, ohne daß sich Störungen ergaben.

8.108 Benutzung von Asbestzement-Druckrohren für Erdungszwecke

Gemäß VDE 0100/11.58 sind für Stromanlagen und deren Betrieb Erdungen oder gleichwertige Einrichtungen erforderlich, um den Stromabnehmer vor Gefahren, die mit der Verwendung elektrischer Geräte verbunden sind, zu schützen. Die Elektrizitätsversorgungsunternehmen (EVU) benutzen hierzu meistens die vorhandenen Wasserversorgungsnetze. Das hatte einmal für sie den Vorteil, daß sie keine entsprechenden Anlagen selbst zu erstellen brauchten, zum anderen stand ihnen mit dem Rohrnetz ein weitläufiger und damit leistungsfähiger Erdleiter zur Verfügung. Für die Eigentümer der Rohrnetze bedeutete die Heranziehung ihrer Leitungen zur Erdung dagegen eine erhebliche Mehrbelastung, die sich aus der Verantwortlichkeit, einer größeren Sorgfalt beim Bau und dem Inkaufnehmen von verschiedenen Erschwernissen und nicht zuletzt aus der Korrosion ergaben. Hinzu kam, daß Erdungsanschlüsse an das Rohrnetz meist ohne Wissen der Wasserversorgungsunternehmen vorgenommen wurden. Bereits 1931 wurde zwischen dem Deutschen Verein von Gas- und Wassermännern (DVGW) und der Vereinigung Deutsche Elektrizitätswerke (VDEW) eine Vereinbarung getroffen, die allerdings für das einzelne Wasserversorgungsunternehmen nicht bindend war, sondern vielmehr als Grundlage für die jeweils örtlich abzuschließenden Gestattungsverträge gelten sollten. In diesen Vereinbarungen wurde festgelegt, daß Erdungen unter Benutzung von Wasserleitungen die Genehmigung des zuständigen WVU bedürfen. Man ging jedoch grundsätzlich davon aus, daß auf das Rohrnetz als Erder nicht verzichtet werden könne, da andere Maßnahmen als zu aufwendig oder als unzureichend angesehen werden mußten. Gleichzeitig wurden hierbei Richtlinien (v. 23. 4. 1931) aufgestellt, die später, 1940, in der VDE-Vorschrift 0190/VII.40 Aufnahme fanden. Grundlage der Genehmigung war die Ausführung der Erdanschlüsse entsprechend dieser Richtlinien. Die VDE 0190 war nach dem letzten Kriege erneut Gegenstand von Verhandlungen zwischen dem DVGW und der VDEW, aus denen schließlich die Fassung VDE 0190/5.57[1] entstand [62]. Es leuchtet ein, daß die Verwendung des Wasserversorgungsnetzes als Erdung nur dann möglich und zu verantworten ist, wenn feststeht, daß die Eignung des Rohrnetzes für diesen Zweck auch in Zukunft erhalten bleibt. Dies ist jedoch kaum noch zu erwarten.

Bereits die Einführung gummigedichteter Verbindungen bei metallischen Rohrleitungen stellte die EVU vor die Tatsache, daß ein durchgehender elektrischer Leiter im Rohrnetz nicht mehr vorhanden ist. Inzwischen haben Rohre Eingang gefunden, die keinen oder nur einen begrenzten elektrischen Leiter abgeben. Dies ist um so bedeutungsvoller, weil diese Rohrmaterialien, z.B. Kunststoff, vorzugsweise gerade an den Stellen Verwendung finden, an denen hauptsächlich Erdungsanschlüsse vorgenommen werden, nämlich an den Hausanschlußleitungen. Das gleiche ist von Asbestzement-Druckrohren zu sagen, deren Eignung speziell für Endstränge bereits aufgezeigt wurde und die dabei ebenfalls vielerorts an den erdungskritischen Stellen eines Rohrnetzes eingebaut werden, daneben aber auf Grund ihrer Eigenschaften und ihrer Wirtschaftlichkeit auch für Haupt- und Nebenstränge in steigendem Maße Anwendung finden. Da einerseits den WVU nicht zugemutet werden kann, zu Gunsten der elektrischen Leitfähigkeit ihres Rohrnetzes auf die technischen und wirtschaftlichen Vorteile der Verwendung neuzeitlicher Rohrmaterialien zu verzichten, andererseits die Sicherheit des Stromverbrauchers gewährleistet sein muß, verlangen die WVU, die Mitbenutzung ihrer Rohrnetze als Erder nicht mehr zuzulassen und empfehlen den EVU, andere Erdungsmöglichkeiten zu suchen. Als Beispiel wird vorgeschlagen, für das Kabelnetz Kabel mit Bleimänteln zu verwenden und diese als Erdleiter zu benutzen. Auf der anderen Seite sind die WVU verpflichtet, bei bestehenden Erdungen an Wasserrohren die EVU zu benachrichtigen, wenn die elektrische Leitfähigkeit durch isolierende Einbauten in die Rohrleitungen nicht mehr erhalten bleibt. In einem Rundschreiben des DVGW vom Dezember 1961 an alle WVU[2] kommt diese Entwicklung zum Ausdruck.

Es muß an dieser Stelle noch einmal eingehend darauf hingewiesen werden, daß infolge der Verwendung gummigedichteter Rohrverbindungen und der erhöhten Anwendung nichtleitender Rohrwerkstoffe die Verwendung des Rohrnetzes als Erdleiter allgemein nicht mehr verantwortet werden kann (siehe hierzu auch Abschn. 4.46).

8.109 Druckprüfung im Anschluß an die Leitungslegung

Vor Inbetriebnahme bzw. vor der Abnahme durch den Bauherrn muß die gelegte Druckrohrleitung auf ihre Dichtheit überprüft werden. Hierzu wird die Leitung mit einem Druckmittel gefüllt und sodann unter einen Druck von bestimmter Höhe gesetzt. Die Dauer dieser Druckprüfung bestimmt sich aus der Zeit, die notwendig ist, um die eindeutige Dichtheit der zu prüfenden Leitung festzustellen. Stellt sich eine Undichtigkeit heraus, muß die Schadensstelle gesucht und nach deren Beseitigung eine neue Druckprüfung angesetzt werden. Die Undichtigkeit einer Leitung ergibt sich normalerweise aus dem eintretenden Druckabfall, sofern nicht Temperaturunterschiede eine Abkühlung des Druckmittels bewirken. Dies wäre z.B. dann möglich,

---

[1] VDE-0190/5. 57: Richtlinien für das Erden von Starkstromanlagen mit Betriebsspannungen unter 1000 V am Wasserrohrnetz.

[2] Erhältlich bei der DVGW-Hauptgeschäftsstelle Frankfurt/M.

wenn eine unter Druck stehende Leitung am Tage von der Sonne zunächst „angewärmt" und in der Nacht dann wieder abgekühlt wird. Wasserleitungen werden ausschließlich mit Wasser gefüllt und abgedrückt. Das schließt nicht aus, daß unter besonderen Umständen eine Vorprüfung mit Luft als Druckmedium vorgenommen wird, während der man die Verbindungsstellen mit Seifenwasser abpinselt. Undichte Stellen zeigen sich dann durch Bildung von Blasen. Auch kann die Luftdruckprobe zum Aufspüren von Schadensstellen einer unter Wasser liegenden Rohrleitung zweckmäßig sein. Für Asbestzement-Druckrohrleitungen regelt sich die Druckprüfung nach den Richtlinien der DIN 19 801[1] vom Dezember 1956. Hiernach gliedert sich die Druckprüfung in die Vor- und in die Hauptprüfung. Diese Aufteilung ist notwendig, weil Asbestzement-Druckrohre wie bereits in Abschn. 4.432 ausgeführt, zunächst eine gewisse Wasseraufnahme zeigen. Diese Wasseraufnahme muß bei der Druckprüfung berücksichtigt werden, da sie, solange der Sättigungsprozeß anhält, zu einem Druckabfall führt.

Bevor eine Druckprobe angesetzt werden kann, müssen alle Richtungsänderungen der Rohrtrasse entsprechend festgelegt und verbaut sein, d. h. die Krümmerwiderlager müssen stehen. Mit besonderer Sorgfalt sind sodann die Endverschlüsse der abzudrückenden Leitung herzustellen und einzubauen. Meist wird man Endstopfen (GAZ-P-Stücke)[2] mit den gewöhnlichen Verbindungsmuffen anschließen. Entsprechend den auftretenden Stirndrücken, die von der Nennweite und der Höhe des Prüfdruckes abhängig sind, müssen die Endverschlüsse vor dem Herausdrücken gesichert werden. Am einfachsten läßt sich der Endverbau gegen den gewachsenen Boden herstellen. Gegen ein Bohlenwiderlager (Eisenbahnschwellen) stützen sich vier Schraubspindeln ab. Eine stählerne Druckplatte sorgt für die Verteilung der Druckkraft (Abb. 545). Mit Hilfe der Spindeln oder auch einer hydraulischen Presse läßt sich der Zwischenraum zwischen Endverschluß und Bohlenwiderlager leicht und elegant ausfüllen; das Einpassen von Hölzern usw. fällt fort. Alle Rohre der Leitung müssen weiterhin vor dem Aufbringen des Prüfdruckes soweit abgedeckt sein, daß ein Aufbäumen der Leitung verhindert wird. Soweit es möglich ist, sollten nur sogenannte Brücken geschüttet werden, die die Rohrkupplungen freilassen. Liegt die Leitung jedoch im Grundwasser, so ist es, besonders bei größeren Nennweiten, oft nicht zu umgehen, daß der Rohrgraben voll verfüllt wird, weil der Auftrieb zu groß wird. Stellt sich in diesen Fällen bei der Druckprobe eine Undichtigkeit der Leitung heraus, dann bleibt nur übrig, die Schadensstelle mit Hilfe von Suchgeräten zu orten. Es empfiehlt sich daher, die Prüfstrecke

Tabelle 137. Füllzufluß für Asbestzement-Druckrohrleitung (Erfahrungswerte nach DIN 19 801)

NW	Zufluß l/s	NW	Zufluß l/s
65	0,1	300	3
80	0,2	400	6
100	0,3	500	9
125	0,5	600	14
150	0,7	700	19
200	1,5	800	25
250	2,0	900	32

Abb. 545. Endverbau einer Asbestzement-Druckrohrleitung NW 700 für die Druckprüfung.

solcher voll eingedeckten Leitungen möglichst kurz zu halten. Normalerweise wird man die Prüfstrecke nicht länger als 500 m wählen. Sofern eine Rohrleitung in einzelnen Teilstrecken

---

[1] s. Anhang „Normen".

[2] s. Abschn. 6.3.

geprüft wird, ist zum Schluß eine Gesamtprüfung durchzuführen, die sicherstellt, daß auch die nachträglichen Verbindungen der einzelnen Teilstrecken in Ordnung sind.

Das Füllen der zu prüfenden Leitung sollte vom tiefsten Punkt der Leitung ausgehen. Damit wird sichergestellt, daß die Luft zum hohen Punkt hin entweichen kann. Sofern innerhalb der Prüfstrecke mehrere Hochpunkte liegen, müssen diese natürlich laufend entlüftet werden. Zurückbleibende Luftpolster können eine Leitung zerstören und verfälschen überdies die Druckanzeige. Nach DIN 19 801 werden für das Füllen die Erfahrungswerte der Tab. 137 empfohlen.

Trinkwasserleitungen müssen auf jeden Fall mit hygienisch einwandfreiem Wasser gefüllt werden. Da solches nicht immer zur Verfügung steht, muß u. U., z.B. bei der Legung von Fernleitungen, Grundwasser an Ort und Stelle erbohrt werden. Es genügt dann meistens schon ein kleiner Brunnen, dessen Kostenaufwand in tragbaren Grenzen bleibt.

Ist die Leitung gefüllt und nochmals entlüftet, wird gemäß DIN 19 801 zunächst die Vorprüfung angesetzt. Hierbei ist der Nenndruck für 24 Stunden aufzubringen. In dieser Zeit soll sich die Leitung mit Wasser sättigen und etwaige Luftreste in der Leitung absorbiert werden. Außerdem können unter Umständen bereits bei dieser Vorprüfung eventuelle Schäden aufgezeigt werden; ist sie ordnungsgemäß beendet, erfolgt im Anschluß daran die Hauptprüfung. Nach DIN 19 801 hat dabei der Prüfdruck zu betragen:

ND 2,5	5 kp/cm²
ND 6	10 kp/cm²
ND 10	15 kp/cm²
ND 12,5	18 kp/cm²

Für Nennweiten größer als 400, die in der Norm nicht erfaßt sind, hat der Prüfdruck das 1,5-fache desjenigen Druckes zu betragen, der für die Bemessung der Leitung zugrunde gelegt wurde. Er soll jedoch 5 kp/cm² nicht unterschreiten. Die zur Druckerzeugung nötigen Wassermengen sind am Behälter der Preßpumpe zu ermitteln.

Als Druckmeßgerät ist ein Manometer mit 0,1 atü Einteilung zu verwenden. Besser ist jedoch, daneben einen Druckschreiber anzuschließen, weil die von ihm aufgezeichnete Kurve den Druckverlauf deutlicher darstellt und dokumentarisch festhält (Abb. 546). Die Prüfdauer soll $^1/_2$ Stunde je angefangene 100 m Leitungslänge betragen.

Durch die anfängliche Wasseraufnahme der Asbestzement-Druckrohre ergibt sich in der ersten Zeit der Druckprüfung ein stetiger Druckabfall, der allmählich ausklingt. Um die Gewißheit zu haben, daß der eintretende

Tabelle 138. *Zulässige Wasseraufnahme nach DIN 19 801*

Zeit	ND	Wasseraufnahme l/m² Innenfläche
während der 1. halben Stunde	2,5	0,0173
	6	0,0245
	10	0,0300
	12,5	0,0328
während der 2. halben Stunde	2,5	0,0115
	6	0,0163
	10	0,0200
	12,5	0,0219
während der 3. halben Stunde	2,5	0,0086
	6	0,0122
	10	0,0150
	12,5	0,0164
während der 4. halben Stunde	2,5	0,0086
	6	0,0122
	10	0,0150
	12,5	0,0164
von der 5. halben Stunde ab je $^1/_2$ Stunde	2,5	0,0058
	6	0,0082
	10	0,0100
	12,5	0,0109

Abb. 546. Druckschreiber in Betrieb.

Druckabfall auf die Wasseraufnahme, nicht aber auf die Undichtigkeit der Leitung zurückzuführen ist, sind in der DIN 19 801 die zulässigen Werte der Wasseraufnahme aufgeführt. Zur

Wiederherstellung des Prüfdruckes dürfen diese Wassermengen in regelmäßigen Zeitabständen zugefüllt werden. Sie werden in l/m² Innenfläche gemessen und sind nach den Wanddicken entsprechend den Nenndrücken gestaffelt (Tab. 138).

Tab. 139 gibt die zulässige Wasseraufnahme in Litern pro 100 m Leitungslänge bis NW 400 an. Wird bei der Hauptprüfung zur Herstellung des ursprünglichen Prüfdruckes die zugefüllte Wassermenge größer als dies nach den Tabellen zulässig ist, dann kann mit Sicherheit auf eine Leckstelle geschlossen werden. In der Praxis hat sich gezeigt, daß die Wasseraufnahme bei der Druckprüfung wesentlich unter den Werten liegt, die in der DIN 19 801 als zulässig angeführt sind. Im Abschn. 4.432 wurde darauf bereits eingegangen. Die Abb. 117 (S. 109) verdeutlicht den Unterschied zwischen der tatsächlichen und der theoretischen Wasseraufnahme nach DIN 19 801.

Ist die Hauptprüfung beendet und haben sich keine Leitungsschäden feststellen lassen, so ist über die Druckprüfung eine Niederschrift anzufertigen. DIN 19 801 enthält ein Muster für die Niederschrift über Druckprüfungen an Wasserleitungen aus Asbestzement. Sofern ein Druckschreiber während der Prüfung angeschlossen war, ist das Druckdiagramm der Niederschrift beizuheften.

Tabelle 139. *Zulässige Wasseraufnahme in Litern pro 100 m Leitungslänge nach DIN 19 801*

		65	80	100	125	150	200	250	300	350	400
nach ¹/₂ Stunde für ND	2,5	0,35	0,44	0,54	0,68	0,82	1,09	1,36	1,63	1,90	2,17
	6	0,50	0,62	0,77	0,96	1,15	1,54	1,92	2,31	2,69	3,08
	10	0,61	0,76	0,94	1,18	1,41	1,89	2,36	2,83	3,30	3,77
	12,5	0,67	0,82	1,03	1,29	1,55	2,06	2,57	3,09	3,61	4,12
nach 1 Stunde für ND	2,5	0,58	0,72	0,90	1,13	1,35	1,81	2,26	2,71	3,16	3,62
	6	0,83	1,02	1,27	1,60	1,92	2,56	3,20	3,84	4,48	5,13
	10	1,02	1,27	1,57	1,96	2,37	3,14	3,93	4,71	5,50	6,28
	12,5	1,11	1,37	1,72	2,15	2,58	3,44	4,29	5,15	6,00	6,87
nach 1¹/₂ Stunden für ND	2,5	0,76	0,94	1,17	1,47	1,76	2,35	2,94	3,53	4,11	4,70
	6	1,08	1,33	1,66	2,08	2,50	3,33	4,16	4,99	5,83	6,66
	10	1,33	1,63	2,04	2,55	3,06	4,09	5,11	6,13	7,15	8,17
	12,5	1,45	1,79	2,23	2,79	3,35	4,47	5,58	6,70	7,81	8,93
nach 2 Stunden für ND	2,5	0,94	1,15	1,44	1,80	2,17	2,88	3,61	4,33	5,06	5,78
	6	1,33	1,63	2,04	2,56	3,07	4,09	5,12	6,13	7,17	8,18
	10	1,63	2,02	2,51	3,14	3,77	5,03	6,27	7,53	8,80	10,05
	12,5	1,79	2,20	2,74	3,43	4,12	5,49	6,87	8,24	9,61	10,99
nach 2¹/₂ Stunden für ND	2,5	1,06	1,30	1,63	2,03	2,44	3,25	4,07	4,88	5,70	6,51
	6	1,50	1,84	2,30	2,88	3,46	4,61	5,76	6,91	8,07	9,21
	10	1,84	2,27	2,83	3,54	4,24	5,66	7,06	8,48	9,90	11,31
	12,5	2,01	2,48	3,09	3,86	4,64	6,17	7,73	9,27	10,81	12,36
nach 3 Stunden für ND	2,5	1,18	1,45	1,81	2,26	2,71	3,61	4,53	5,43	6,34	7,24
	6	1,67	2,05	2,56	3,20	3,85	5,12	6,40	7,68	8,97	10,24
	10	2,04	2,52	3,14	3,93	4,71	6,29	7,84	9,42	11,00	12,57
	12,5	2,23	2,75	3,43	4,29	5,15	6,85	8,59	10,30	12,01	13,73
je weitere ¹/₂ Stunde f. ND	2,5	0,12	0,15	0,18	0,23	0,27	0,36	0,46	0,55	0,64	0,73
	6	0,17	0,21	0,26	0,32	0,39	0,51	0,64	0,77	0,90	1,03
	10	0,20	0,25	0,31	0,39	0,47	0,63	0,78	0,94	1,10	1,26
	12,5	0,22	0,27	0,34	0,43	0,51	0,68	0,86	1,03	1,20	1,37

8.110 Verfüllen des Rohrgrabens

Das Verfüllen des Rohrgrabens gestaltet sich auch bei Asbestzement-Druckrohren nicht anders als bei der Verwendung anderer Rohrmaterialien[1]. Mit dem seitlichen Anstampfen und

---

[1] Siehe DIN 19 630.

Festlegen des eben verlegten Rohres wird das Zufüllen des Grabens eingeleitet. Gerade diese Arbeit trägt sehr viel zu der Standsicherheit der Rohrleitung bei und muß sehr sorgfältig durchgeführt werden. Je besser das Rohr unterstampft wird, um so besser ist seine Auflagerung und damit seine Tragfähigkeit hinsichtlich einer äußeren Beanspruchung. Das „Merkblatt über das Zufüllen von Leitungsgräben", das von der *Forschungsgesellschaft für das Straßenwesen,* Köln, herausgegeben wird, empfiehlt für das Unterstampfen der Rohre die Verwendung eines hölzernen Flachstampfers, dessen gekrümmter Stiel eine bessere Verdichtung unter den Rohrkämpfern ermöglicht (Abb. 547), allerdings darf beim Stampfen die Isolierung der Rohre nicht beschädigt werden. Es ist bei dem Wiedereinbringen des ausgehobenen Bodens darauf zu achten, daß das Füllgut, solange es noch mit der Leitung in Berührung kommen kann, d. h. solange die Leitung noch nicht bis etwa 30 cm über dem Rohrscheitel eingedeckt ist, absolut steinfrei ist (Größtkorn 20 mm). Sofern der Boden mit einem Bagger rückverfüllt wird, sollte auch darauf geachtet werden, daß das Füllgut nicht aus großer Höhe auf das Rohr fällt. Sind die Kämpfer des Rohres unterstampft, wird der freie Raum zwischen Rohr und Grabenwand bis zum Rohrscheitel angefüllt und dann abgestampft. Je nach Nennweite und Wanddicke des Rohres richtet es sich, ob von Hand oder maschinell angestampft werden kann. Bei größeren Nennweiten kann die Verwendung einer Explosionsramme zugelassen werden, wenn die Grabenbreite genügend Platz bietet. Um jedoch zu verhindern, daß das Rohr beim Rammen in Mitleidenschaft gezogen wird, da die Gefahr des Streifens des Rohres doch sehr groß ist, empfiehlt es sich, der Rammplatte einen dicken Gummi- oder Kunststoffschuh überzuziehen (Abb. 548). Grundsätzlich soll der Stampfvorgang immer von der Grabenwand zur Grabenmitte hin erfolgen.

Abb. 547. Anstampfen der Rohrkämpfer mit gekrümmtem Handstampfer.

Abb. 548. Explosionsramme zum Verdichten der Rohrgrabenfüllung beidseits der Rohre, deren Rammplatte mit einem dicken Gummischuh versehen ist.

Bei rolligen Böden kann die maschinelle Verdichtung auch durch Rüttelgeräte erfolgen. Liegen dagegen bindige Böden vor, so eignen sich Rüttelgeräte nicht. Bei dieser Art von Böden müssen außerdem die Höhen der einzelnen Schüttlagen kleiner gehalten werden und sollten 15 cm nicht übersteigen, während Sand und Kiese Schütthöhen von 20 bis 50 cm gestatten. Stehen jedoch sehr weiche, bindige Böden oder Torfe an, dann können die Aushubmassen nicht als Füllgut verwendet werden. In solchen Fällen muß entweder ein anderwärts geschürfter Boden eingebracht werden, oder aber dem weichen Boden körniges Material, wie Sand, Kies, Steinschlag, Ziegelbruch usw. möglichst lagenweise zugesetzt werden. Durch diese Maßnahme wird eine Bodenkonsistenz erzielt, die dann den Einsatz von Verdichtungsgeräten ermöglicht. Die Menge des Zusatzmaterials richtet sich dabei nach Art und Feuchtigkeitsgehalt des anstehenden Bodens.

In Straßen und Wegen muß die Rückverfüllung bis zur Geländeoberkante sorgfältig verdichtet werden. Mit Sondiergeräten läßt sich die bei der Verdichtung erreichte Lagerungsdichte im Verhältnis zu einer anderen, z. B. der ursprünglichen, feststellen. Straßenbehörden schreiben meistens den erforderlichen Grad der Verdichtung vor und überprüfen die erhaltene Lagerungsdichte. Bei einer guten Verdichtung ist mit nachträglichen Setzungen der Verfüllung nicht zu rechnen. Sofern neben dem Rohrgraben Straßendecken teilweise mit aufgenommen werden mußten, ist vor der Wiederherstellung der Decke der Untergrund ebenfalls zu verdichten, erst dann darf der Deckenanschluß wieder hergestellt werden.

Führt die Rohrtrasse durch landwirtschaftlich genutzte Flächen, so muß der obere Teil der Grabenverfüllung unverdichtet bleiben. Dies gilt insbesondere für den zuletzt einzubringenden Mutterboden.

Sollte die Verdichtung nach Abschluß der Verfüllung sich als zu gering erweisen, kann u. U. ein Nachverdichten mit einem schweren Gerät (z. B. Delmag-Frosch [1000 kp] oder Vibromax AT 1000, 2000 oder 5000) Erfolg haben. Hierbei muß allerdings der Graben breiter als das verwendete Gerät sein und darüber hinaus muß eine hinreichende Überdeckung der Leitung eine Gefahr für diese ausschließen.

War der Graben wegen zu geringer Standfestigkeit des Bodens verbaut, so wird die Verdichtungsarbeit oft erschwert. Es muß an dieser Stelle eingehend darauf hingewiesen werden, daß die einschlägigen Unfallverhütungsvorschriften auch beim Verfüllen und Verdichten streng befolgt werden müssen. Der Verbau ist entsprechend dem Verfüllfortschritt erst nach der ordentlichen Verdichtung der betreffenden Schüttlagen von unten her aufzunehmen.

Dies gilt besonders für maschinelles Verdichten, weil hier durch die stärkere Erschütterung die Gefahr des Einbrechens der Grabenwand groß ist.

Ein Einschlämmen der Verfüllung ist nach dem eingangs erwähnten Merkblatt nicht zu empfehlen und führt nur dort zu einigem Erfolg, wo der Untergrund sehr durchlässig ist.

Abschließend sei noch auf die im Abschn. 4.511 1 behandelten Schwing- und Verdichtungsversuche an erdverlegten Asbestzement-Druckrohren verwiesen. Daraus geht hervor, daß insbesondere bei schweren Verdichtungsgeräten die Beanspruchung der liegenden Leitung auch bei größeren Überdeckungshöhen noch relativ hoch ist, so daß beim Einsatz derartiger Geräte allgemein Vorsicht geboten ist.

8.2 Beispiele besonderer Anwendung von Asbestzement-Druckrohren

Die Möglichkeiten zur Anwendung von Asbestzement-Druckrohren sind vielgestaltig und gehen weit über den Rahmen des einfachen Leitungsbaues hinaus. Asbestzement-Druckrohre haben sich in der Praxis als Leitungsbauteil bewährt. Darüber hinaus haben sie auch ihre Eignung für spezielle Zwecke auf den verschiedensten Gebieten bewiesen. Das weite Feld ihrer Verwendbarkeit anzudeuten und gleichzeitig Anregungen zu geben, sei der Zweck dieses Abschnittes, in dem einige Beispiele einer speziellen Anwendung von Asbestzement-Druckrohren aufgeführt werden. Die folgende Aufzählung kann selbstverständlich keinen Anspruch auf Vollständigkeit erheben.

8.21 Asbestzement-Druckrohre als Mantelrohre für Fernheizleitungen

Fernheizwerke werden in zunehmendem Maße erstellt. Auch zwingt die Notwendigkeit einer Rationalisierung bestehende Wärmeerzeuger, wie Kraftwerke, Hütten usw., zu einer stärkeren Ausnutzung ihres Wärmeüberschusses, wozu sich die Verwertung der Abwärme für Fernheizzwecke anbietet. Damit rückt das Problem eines wirtschaftlichen Wärmetransportes in den Vordergrund. Die optimale Wirtschaftlichkeit einer Fernheizleitung ist dann erreicht, wenn die Wärmeverlustkosten und die Isolierungskosten ein Minimum bilden. Daraus ergibt sich die Notwendigkeit, sowohl der Wärmeisolierung als auch ihrem Schutz vor Feuchtigkeit und einer mechanischen Beschädigung ein besonderes Augenmerk zu schenken. Bisher wurden wärmeisolierte Fernheizleitungen in betonierten oder gemauerten Kanälen verlegt. Das bedeutete verhältnismäßig hohe Anlagekosten und bot darüber hinaus nicht immer die Gewähr dafür, daß auf diese Weise die Bodenfeuchtigkeit von der Rohrisolierung ferngehalten wurde. Der Kanal besaß viele Fugen, seine Elastizität war gering. In Schweden wurde der Gedanke zum erstenmal aufgegriffen, die bisherigen Kanäle durch Asbestzement-Druckrohre zu ersetzen. Die ETERNIT AG hat diesen Gedanken aufgegriffen, zum Teil weiterentwickelt und nunmehr bereits mehrere solcher Leitungen ausgeführt. Die günstigen Eigenschaften der Asbestzement-Druckrohre, insbesondere ihre verhältnismäßig hohe Wärmedämmung, kommen hierbei diesem Vorhaben sehr entgegen.

Für die Herstellung von Fernheizleitungen mit Asbestzement-Mantelrohren stehen zwei Verfahren zur Verfügung. Das erstere und ältere, das aus Schweden stammt und in Deutschland weiterentwickelt wurde, sieht den Zusammenbau von vorher hergestellten Fertigteilen (Abb. 549) vor. In ein Asbestzement-Druckrohr von 4,0 oder 5,0 m Länge werden je nach Bedarf ein oder zwei Stahlrohre (Vor- und Rücklauf), die eine Wärmeisolierung der üblichen Art erhalten, eingeschoben, wobei ihre Enden an beiden Seiten über das Rohrende des Asbestzement-Mantelrohrs vorstehen. Von Nocken zentrisch gehaltene Gleitlagerhülsen stützen die Stahlrohre gegen das Mantelrohr ab und lassen beliebige Dehnungswege zu. Bei der Leitungsmontage werden die Stahlrohre an den Stoßstellen verschweißt und letztere nach der Druckprüfung nachträglich isoliert (Abb. 550). Die Verbindung der Mantelrohre erfolgt durch eine 70 cm lange, vor dem Verschweißen der Stahlrohre auf das Mantelrohr aufzuschiebende Überschiebmuffe ebenfalls aus Asbestzement, deren REKA-Gummidichtungsringe nach der Montage von außen her eingestemmt werden. Die Gummiringe müssen ebenfalls vor dem Zusammenschluß der Stahlrohre auf die Mantelrohre aufgezogen werden (Abb. 551).

Beim zweiten und neueren Verfahren, das besonders wirtschaftlich ist und am meisten angewendet wird, werden die Asbestzement-Mantelrohre vorher jeweils in Strecken bis 60 m und mehr im Graben gelegt und mit der normalen REKA-Kupplung verbunden. Sodann wird der isolierte und mit Gleitlagern versehene Stahlrohrstrang ebenfalls mit der Länge bis 60 m in das bereits liegende Mantelrohr eingeschoben. Dadurch wird die Anzahl der im Rohrgraben herzustellenden Schweißverbindungen reduziert. Allerdings bedingt diese Legemethode das Vorhandensein gerader Rohrstrecken. In der Praxis werden sich also beide Methoden ergänzen. Bei gerader Trassenführung und guten Platzverhältnissen wird die zuletzt beschriebene Methode ihre Anwendung finden, während in sehr bogenreichen Trassen und dort, wo z.B. aus Verkehrsgründen für die Legung einschl. Verfüllung des Grabens nur sehr wenig Zeit zur Verfügung steht, den Fertigteilen der Vorzug zu geben ist.

Das Fertigungsprogramm für die ETERNIT-Fernheizungsschutzrohre umfaßt zusätzlich eine Reihe von Spezialformstücken für Leitungsabgänge, Dehnungseckpunkte usw. sowie für sonstige Konstruktionsteile, von denen lediglich die Schachtkupplung erwähnt werden soll. Bei dieser Kupplung handelt es sich praktisch um eine einseitige REKA-Muffe, die als Schachtwanddurchführung in die Schachtwand eingebaut wird. Das Mantelrohr wird von außen in diese Muffe eingeschoben und durch einen REKA-Ring abgedichtet. In Abb. 553 ist ein gemauerter Schacht mit eingebauten Schachtkupplungen dargestellt.

Die Verwendung von Asbestzement-Druckrohren als Mantelrohre weist gegenüber der herkömmlichen Kanalbauweise einige bemerkenswerte Vorzüge auf:

1. Absolut wasserdichte Rohrummantelung, also keine Stahlrohrkorrosion und Verminderung der Wärmedämmung als Folge einer Durchnässung.

2. Einwandfreie Auflagerung für die Stahlrohre in Form von Hüls-Gleitlagern mit niedrigem Reibungskoeffizienten (Asbestzement auf Asbestzement).

3. Verlegung der ETERNIT-Mantelrohre unmittelbar hinter dem Grabenbagger, daher

a) nur Mindestaushub an Erdmassen,

b) kurzfristige Verfüllung der Rohrgräben, daher Verringerung der Einsturzgefahr und der Verkehrsbehinderung,

c) beachtliche Zeit- und Kosteneinsparung.

4. Sicherer Schutz der Transportleitungen und der Isolation gegen äußere Lasten (Lastannahmen nach DIN 1072).

Abb. 549. Fertigbauteile für eine Fernheizleitung NW 500.

Abb. 550. Nachträgliche Isolierung der zum Verschweißen
offen gebliebenen Stahlrohrstöße.

Abb. 551. Einstemmen der REKA-Ringe.

Abb. 552. Fernheizleitungen mit Asbestzement-
Mantelrohren NW 400.

Abb. 553. Schacht mit eingebauten Schachtkupplungen.

5. Die Schweißnähte der Stahlrohre sind leicht zugänglich und durch Überschieben der Kupplung auf das Rohr schnell freigelegt.

6. Ein beträchtlicher Teil der Montagearbeiten kann auf dem Lagerplatz ausgeführt werden, wobei die Arbeiten für die Wärmeisolierung unabhängig von der Witterung vorgenommen werden können. Die Durchnässung der Isolierung während ihrer Herstellung ist praktisch nicht möglich.

8.22 Asbestzement-Druckrohre für Großrohrpostanlagen

Eine sehr interessante und zukunftsreiche Anwendung von Asbestzement-Druckrohren stellt die von der ETERNIT AG in Verbindung mit der Oberpostdirektion Hamburg in *Hamburg* erstellte Großrohrpostanlage dar, bei der Asbestzement-Druckrohre NW 450 als Fahrrohre verwendet wurden. Die Wahl dieses Rohrmaterials entgegen der bisherigen Praxis, ausschließlich Präzisionsstahlrohre für Rohrpostanlagen zu verwenden, spricht für die technischen Vorteile, die vor allem in der Maßhaltigkeit, der Korrosionsfestigkeit, der Isolierwirkung, der Glätte der Innenflächen und nicht zuletzt in seiner Wirtschaftlichkeit liegen.

Abb. 556.   Asbestzement-Bögen der Großrohrpost-Anlage in Hamburg.

Abb. 554. Kreuzung des U-Bahn-Tunnels und der Straßenbahn mit der Großrohrpostleitung NW 450 aus Asbestzement auf dem Adolphsplatz in Hamburg.

Die in Hamburg gebaute Anlage verbindet das am Hauptbahnhof gelegene Postamt 1 mit dem ebenfalls in der City liegenden Postamt 11. Die Leitungslänge beträgt 1800 m. Die Unterbringung der Leitung in den Straßen bereitete nicht unerhebliche Schwierigkeiten. So mußte die Rohrleitung z.B. auf dem Adolphsplatz zwischen Straßenbahnschienen und U-Bahn-Tunnel hindurchgeführt werden, wobei als lichter Raum lediglich 55 cm zur Verfügung standen (Abb. 554).

Die Asbestzement-Druckrohre sind für schwerste Verkehrslasten dimensioniert und wurden mit normalen REKA-Kupplungen miteinander verbunden, in die lediglich Zentrier- und Distanzhalteringe eingebaut sind. Es war zunächst zu klären, wie sich die innere Oberfläche des Rohres und die Stoßkanten gegenüber der rollenden Bewegung des Postbehälters mit einem Gewicht von 45 kp verhalten. Zu diesem Zweck wurde ein Kippgerät aufgebaut (Abb. 555), in dem zwei durch eine Kupplung verbundene Rohrstücke NW 450 eine Kippbewegung durchführten. In dem so erhaltenen Kipprohr befand sich ein Postbehälter, der bei jeder Kippbewegung mit einer Geschwindigkeit bis zu 3,5 m/s hin und her rollte. Nach einer Versuchsdauer von einem Jahr zeigte sich die innere Rollfläche ideal geglättet, so daß die Eignung des Rohres für den Rohrpostbetrieb von dieser Seite aus feststand. Bei der Herstellung von Asbestzement-Fahrrohren mußte die Maßtoleranz von ± 2 mm genauestens eingehalten werden, was höchste Präzision bedeutete.

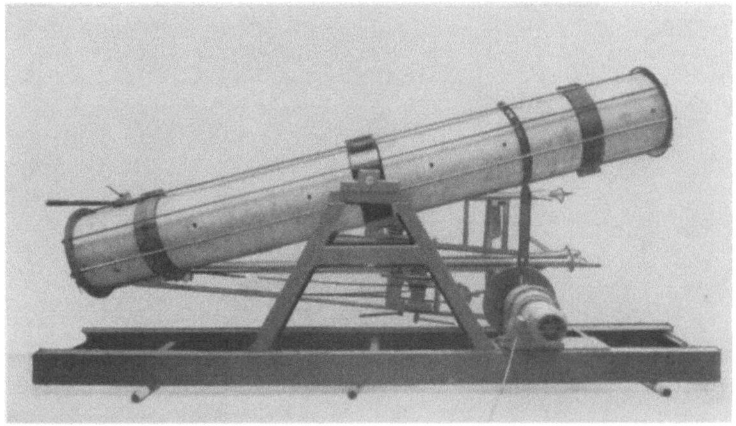

Abb. 555.
Kippgerät für die Vorversuche.

War dieses Problem bei den geraden Rohren noch verhältnismäßig einfach zu lösen, so bereitete es doch ziemliche Schwierigkeiten bei der Herstellung der Bögen, die ebenfalls aus Asbestzement bestehen und den gleichen Maßtoleranzen unterworfen waren. Es darf als Verdienst der ETERNIT AG gewertet werden, auch diese Schwierigkeiten überwunden zu haben. (Siehe hierzu auch Abb. 66). Die Bögen haben einen Radius von 20 × NW = 9 m bzw. 10 × NW = 4,50 m. Abb.

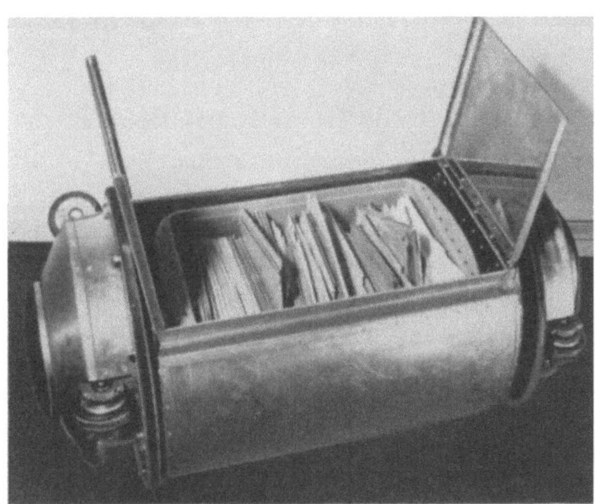

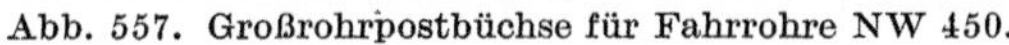

Abb. 557. Großrohrpostbüchse für Fahrrohre NW 450.　　　Abb. 558. Empfangs- und Sendestation.

556 zeigt eine Horizontalkrümmung. Die Legung erfolgte sehr sorgfältig unter genauester Einhaltung des Nivellements, da mit Rücksicht auf den ruhigen Lauf des Postbehälters in der Leitung die Kupplungsfugen genauestens zu zentrieren waren. Auslenkungen in der Muffe, die eine einseitige Aufweitung der Stoßfuge zur Folge gehabt hätten, mußten vermieden werden. Aus diesem Grunde wurde auch die Druckprüfung mit 3 atü sehr sorgsam durchgeführt.

Der Betrieb der Anlage erfolgt mit Großrohrpostbüchsen, die auf gummibereiften, sternförmig angeordneten Rollen laufen. Sie nehmen einen Normalbriefbehälter der Post mit einem Fassungsvermögen von 1000 Briefen auf. Bei einem Gesamtgewicht von 45 kp beträgt die Nutzlast einer Büchse 10 kp. Bei einem Betriebsdruck von $^1/_{10}$ atü (Druck oder Sog) erfahren die Rohrpostbüchsen eine Geschwindigkeit von zunächst 36 km/h, die später auf 50 km/h gesteigert werden soll. Für den Betrieb wurden die angeschlossenen Postämter mit Empfangs- und Sendestationen ausgestattet.

Zum Abbremsen der Fahrgeschwindigkeit wurde ein automatisch arbeitendes Bremsluftsystem eingebaut, so daß die Büchsen im Schrittempo in die Empfangsstation einfahren. Hier werden sie automatisch ausgeschleust, geöffnet und entladen. Die Förderleistung der Anlage beläuft sich theoretisch auf 5 bis 6 Büchsen pro Minute. Die Steuerung der Anlage kann von einem Platz aus sowohl elektronisch als auch elektromechanisch vorgenommen werden.

Abb. 559. Großversuchsanlage Berlin mit Horizontal- und Vertikalbögen.

Parallel zu der in Hamburg gebauten Betriebsanlage erstellte man in *Berlin-Spandau* eine Großrohrpostversuchsanlage im Auftrage des Posttechnischen Zentralamts Darmstadt. Diese als Ringleitung ausgeführte Anlage, ebenfalls NW 450, hat eine Länge von 400 m und dient der Forschung und Entwicklung.

Die erfolgreiche Inbetriebnahme der Hamburger Anlage hat an vielen Stellen im In- und Ausland großes Interesse für diese Art der Postbeförderung geweckt. Das echte Bedürfnis für derartige Anlagen ist zweifellos da, so daß sicherlich in absehbarer Zeit, vor allem nach Vorliegen weiterer Betriebserfahrungen, die mit dieser ersten Anlage eingeleitete Entwicklung fortschreiten wird.

8.23 Asbestzement-Druckrohre als Brunnenfilter- und Brunnenaufsatzrohre

Die Verwendung von Asbestzement-Druckrohren im Brunnenbau ist nicht neu. Sie blieb aber auf einzelne Anlagen beschränkt, in denen sich die Asbestzement-Druckrohre allerdings gut bewährt haben. Die Voraussetzung für ihre Anwendung im Brunnenbau ist das Vorhandensein einer zugfesten Kupplung, die in der Lage ist, das Gewicht der anhängenden Brunnenrohre aufzunehmen. Die Kupplung muß einfach zu montieren sein und sollte nach Möglichkeit aus Asbestzement bestehen, weil meistens gerade die chemischen Eigenschaften des Asbestzements mitbestimmend für die Wahl dieses Rohrmaterials sind. So berichtet LUMBERT [*149*] von einem Brunnenbau im Jahre 1937 in *Scituate*, Mass. (USA), bei dem wegen der hohen Aggressivität des Grundwassers Asbestzement-Druckrohre NW 400 eingebaut wurden, nachdem eiserne Rohre in dem gleichen Fassungsgebiet nach wenigen Jahren derart korrodierten, daß sie ausgewechselt werden mußten. Das Problem der zugfesten Kupplung wurde dadurch gelöst, daß jede Kupplungsmuffe durch jeweils 12 Steckschrauben aus Edelstahl mit dem Rohrende verbunden wurde. Die auf diese Weise zugfest gemachte Verbindung genügte den gestellten Anforderungen vollauf. Die oberste Muffe nahm z. B. bei dem Anheben des Stranges sein volles Gewicht von über 4,0 Mp auf, ohne daß ein Abreißen des Rohres oder der Muffen in der Schraubenebene erfolgte[1].

Da das Aufsatzrohr nicht gleichzeitig auch als Saugrohr dienen sollte, konnte in diesem Falle auf die Gummidichtungsringe verzichtet werden. In konsequenter Anwendung des Asbestzementmaterials wurde bei diesem Brunnen auch die Filterstrecke aus diesem Material hergestellt. Während es bei kleinen Brunnenabmessungen üblich war, das Filterrohr mit Bohrlöchern zu versehen, wurden hier einzelne Rohrringe, deren untere Kante mit symmetrisch angeordneten, schräg nach außen unten verlaufenden Aussparungen versehen war, übereinandergesetzt. Die Wandung dieser Ringe war parallel zur Rohrachse nochmals durchbohrt, so daß die einzelnen

---

[1] s. hierzu auch Abschn. 6.16, Abb. 478 und 479.

Ringe an Führungsstangen aufgefädelt und zu einem Filterrohr zusammengezwängt werden konnten. Die Aussparungen an den Ringen ergaben dann im zusammengesetzten Zustand horizontale Filterschlitze, deren Schlitzweiten auf die vorhandenen Bodenarten abgestimmt waren. Wenn diese Art der Filterherstellung auch sehr aufwendig und umständlich war, so stellt sie doch immerhin den beachtenswerten Versuch dar, Asbestzement-Druckrohre auch für Brunnenfilter zu verwenden und auf diese Weise, materialmäßig gesehen, zu einem durch und durch gleichartigen und einheitlichen Brunnenausbau zu gelangen. Es interessiert vielleicht am Rande, daß zur gleichen Zeit in Deutschland noch über eine derartige Anwendung von Asbestzement-Druckrohren polemisiert wurde [7, 180].

Neue und bedeutungsvolle Impulse erhielt die Verwendung von Asbestzement-Druckrohren zum Brunnenausbau in jüngster Zeit, als im rheinischen Braunkohlenrevier die Entscheidung getroffen wurde, die dortigen Braunkohlenvorkommen trotz ihrer tiefen Lage von 150 bis 250 m Teufe im Tagebau zu gewinnen. Die Voraussetzung für einen derartigen Abbau war eine sehr umfangreiche Grundwasserhaltung, mit der der Grundwasserspiegel bis auf etwa 300 m unter Geländeoberkante abgesenkt werden mußte. Die hierfür in großer Zahl erforderlichen Tiefbrunnen bereiteten insofern Schwierigkeiten, als sie bei Verwendung der üblichen Brunnenbaumaterialien dem Abraum, insbesondere beim Einsatz

Abb. 560. Anschluß eines ETERNIT-Filterrohres mit Kiesfilterpanierung an eine hängende ETERNIT-Brunnenrohrtour.

großer und größter Bagger- und Abraumgeräte, im Wege stehen würden und andererseits aus rationellen Gründen der laufende Abbau solcher Brunnen von oben her nicht zu vertreten war. Aus diesem Grunde fiel die Wahl auf Asbestzement-Druckrohre, die sich, wie sich später zeigte, ohne Gefahr für den Bagger oder die Transportbänder sowohl von Eimerketten- als auch vom Schaufelradbagger abschneiden ließen (Abb. 561). Das Asbestzement-Druckrohr wurde dabei in relativ kleine Scheiben zerbrochen.

Nachdem eingehende Materialuntersuchungen die Eignung der Asbestzement-Druckrohre für die vorgesehene Verwendung in mechanischer Hinsicht bestätigt hatten und auch die für die Brunnen ausreichende Korrosionsfestigkeit des Asbestzementmaterials erwiesen war, konnte daran gedacht werden, die Tiefbrunnen mit Teufen über 300 m aus Asbestzement-Druckrohren NW 600 herzustellen. Die Rohrwanddicke wurde dabei auf 37 mm festgelegt. Allerdings war dies erst möglich,

Abb. 561. Mit dem Eimerkettenbagger sauber abgeschnittenes Brunnenaufsatzrohr NW 600 aus Asbestzement-Druckrohren [173].

nachdem man eine brauchbare Zugkupplung entwickelt hatte.

Diese Kupplung, die im In- und Ausland zum Patent angemeldet ist, hat als tragendes Konstruktionsteil für jedes Rohrende ein korrosionsfestes Stahlseil. Halbkreisförmige Nute am Rohrende und in der Kupplungsmuffe aus Asbestzement ergeben bei richtigem Sitz der Verbindung einen runden Ringnutgang, in den durch eine tangentiale Anbohrung der Muffe ein Drahtseil unter Zuhilfenahme von Gleitmitteln eingeschoben wird und eine scherfeste Verbindung abgibt (Abb. 480). Bei einer Restwanddicke von 25 mm lag die Zugbruchlast bei rund 100 Mp. Hierbei ist bemerkenswert, daß sich das Drahtseil nach Entlastung von einer Beanspruchung von 85 Mp gut wieder ziehen ließ, während es unter Last naturgemäß nicht zu bewegen war.

Auch für die Filterrohre wurden die gleichen Asbestzement-Druckrohre benutzt. Sie erhielten Anbohrungen und wurden anschließend mit einem kunststoffgebundenen Kiesmantel umgeben. Die Querschnittsverringerung infolge der Filterlöcher wurde dahingehend begrenzt, daß die Zugfestigkeit der Filterrohre noch mindestens derjenigen der zugfesten Verbindung entsprach.

Abb. 562. Filterrohre aus Asbestzement-Druckrohren NW 600 noch ohne Kiesmantel. Demonstration der Herstellung der zugfesten Verbindung.

Im Juli 1960 wurde der erste im Saugbohrverfahren bis 250 m abgeteufte Brunnen mit Asbestzement-Druckrohren NW 600 hergestellt. Die gesamte Rohrtour von 250 m Länge wurde dabei mit einer noch ungeübten Mannschaft in $12^1/_2$ Stunden zusammengebaut und abgesenkt [173]. Die kurze Montage- bzw. Einbauzeit, die inzwischen weiter verringert werden konnte, in Verbindung mit der Abräumbarkeit und nicht zuletzt die Wirtschaftlichkeit der Asbestzement-Druckrohre gegenüber anderen Materialien waren ausschlaggebend für die Wahl dieses Materials. Es darf angenommen werden, daß hier eine richtungweisende Entwicklung eingeleitet wurde, die zu weiteren Anwendungen im Brunnenbau führen wird. Bisher ist eine Vielzahl solcher Brunnen bis zu einer Teufe von 340 m gebaut worden, die Erweiterung auf NW 800 steht bevor.

8.24 Asbestzement-Druckrohre für Abwasserdüker

Im Zuge des Neubaus einer Zentralkläranlage in Lübeck mußte der Elbe-Lübeck-Kanal in Lübeck in der Nähe des Burgtores mit einer Kanalleitung unterfahren werden. Hierzu wurden drei Asbestzement-Druckrohrleitungen NW 600 vorgesehen. Wie aus Abb. 563 hervorgeht, mußte der Düker in einer Tiefe von 5,95 m unter Mittelwasser unter die Kaimauer gelegt werden. Die aufsteigenden Dükeräste sollten hierbei in Spundwandkästen trocken montiert werden.

Das Mittelteil des Dükers wurde in einem Schwimmdock als Rohrbündel von drei nebeneinanderliegenden Asbestzement-Druckrohrleitungen NW 600 montiert und dann eingeschwommen. Um später die aufsteigenden Äste anbauen zu können, wurde das Mittelteil mit seinen Rohrenden auf jeder Seite des Kanals in einem Schlitz in der Stirnwand der Spundwandkästen geführt, der nach der Absenkung mit entsprechend vorbereiteten Verschlußbohlen geschlossen und gegen die Dükerrohre gedichtet werden konnte, so daß die Anschlußkupplungen innerhalb der Spundwandkästen im Trockenen lagen. Danach sollten die aufsteigenden Dükeräste an beiden Seiten hergestellt werden.

Beim Ausbaggern des einen, stadtwärts gelegenen Spundwandkastens traten bei einer Baggertiefe von NN.– 5,20 m etwa 40 cm unter Kaimauersohle außerhalb des Schachtes Bodeneinbrüche auf. Gleichzeitig zeigte sich ein stärkeres Treiben auf der Baugrubensohle. Der Wassereinbruch

wurde immer heftiger. Nachdem verschiedene Maßnahmen fehlgeschlagen waren, umfassendere
Arbeiten zur Trockenlegung der Baugrube dagegen zu große Kosten verursacht hätten, entschloß
man sich, die aufsteigenden Dükeräste in diesem Spundwandkasten unter Wasser zu montieren.
Ermutigend war für dieses Vorhaben die Tatsache, daß sich REKA-Kupplungen leicht und einfach
montieren lassen und die Verbindung auch von einem ungeübten Mann fachgemäß hergestellt
werden kann. Mit Hilfe einer entsprechend eingebauten Spannvorrichtung ließen sich die einzelnen

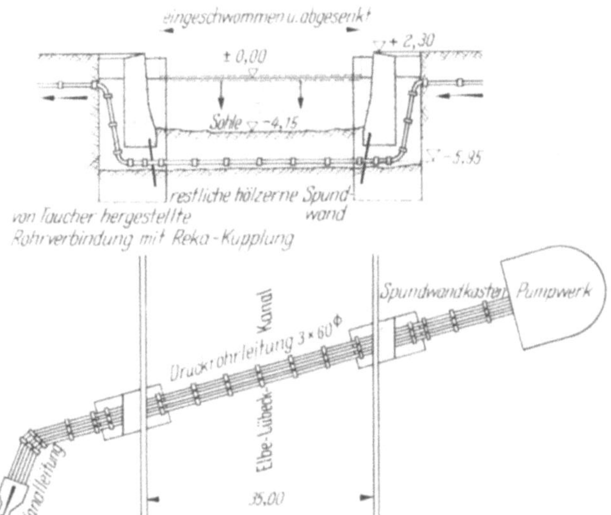

Abb. 563. Schnitt- und Lageplan des Elbe-
Lübeck-Kanaldükers aus Asbestzement-
Druckrohren NW 600 [51].

Rohre von der Wasserseite her unter der Kaimauer hindurch an die vorbereitete Rohrkupplung
heranführen. In verhältnismäßig kurzer Zeit vollbrachte dann der Taucher die Montage der drei
aufsteigenden Äste des Dükers, jeden für sich getrennt [51].

Die durch die Umstände bedingte Montage der Dükeräste hat gezeigt, daß sich Asbestzement-
Druckrohre unter Verwendung der REKA-Kupplung auch unter Wasser leicht montieren lassen.
Die Zuverlässigkeit der Rohrverbindung wird davon nicht berührt.

Abb. 564. Absenken des Mittelteils.

8.25 Asbestzement-Druckrohre als Brückenleitungen

Brückenüberbauten werden sehr häufig gleichzeitig als Träger für Rohrleitungen, Strom- und
Fernmeldekabel usw. benutzt. Selbstverständlich eignen sich für solche Rohrleitungen auch
Asbestzement-Druckrohre. Hierbei ist es gleich, ob die Asbestzement-Druckrohrleitung aufge-
lagert oder aufgehängt wird. Früher wurden Rohrleitungen häufig außen an der meist stählernen
Brückenkonstruktion angebracht. Die modernen Stahlbetonkonstruktionen mit ihren speziellen

Querschnittsformen gestatten jetzt im allgemeinen die Rohrleitungen mehr oder weniger ver
steckt zu führen, so daß die architektonische Wirkung der Brücke nicht beeinträchtigt wird

Abb. 566 zeigt eine Stahlbetonbrücke, zwischen derer
beiden Hauptträgern zwei Asbestzement-Druckrohrlei
tungen entlangführen.

Bei einer Spannbetonbrücke mit einem Kasten
hohlprofil als Querschnitt wurde die Asbestzement
Druckrohrleitung im Innern des Kastenträgers gelegt
und dadurch völlig der Sicht entzogen (Abb. 566).

8.26 Asbestzement-Druckrohre bei Verwendung von Rohrbrücken

Zur Überquerung eines 6,0 m tiefen Eisenbahnein
schnitts mit einer Trinkwasserleitung wurde in *Bayreuth* eine Stahlrohrbrücke erstellt, in die eine As
bestzement-Druckrohrleitung NW 300 als Trinkwas
serleitung eingezogen wurde. Diese Konstruktion trat
an die Stelle einer alten, an der benachbarten Stra
ßenbrücke angehängten Versorgungsleitung, die wegen
Abbruch der Straßenbrücke ersetzt werden mußte.
Einer freitragenden Wasserrohrleitung über dem Ei
senbahneinschnitt stand die Forderung der Bundes
bahn entgegen, wonach Kreuzungen von Wasserleitun
gen mit Bahnanlagen stets unter Verwendung eines
Schutzrohres zu erfolgen haben, damit im Falle eines

Abb. 566. Asbestzement-Druckrohrleitung im Innern des Kastenträgers einer Stahlbetonbrücke.

Rohrbruchs das freiwerdende Wasser von den Bahnanlagen weggeführt wird (s. hierzu auch
Abschn. 8.107).

Gewählt wurde ein aus acht stählernen Einzelrohren NW 500 bestehendes Schutz- und Trage
rohr, das sich als Dreifeldträger im Polygon frei über den Bahneinschnitt spannt. In dieses
Schutzrohr wurde eine zur Verhinderung der Schwitzwasserbildung isolierte Asbestzement-
Druckrohrleitung NW 300 eingezogen (Abb. 567).

Abb. 565. Asbestzement-Druckrohrleitung
zwischen den Hauptträgern einer Stahlbetonbrücke.

Das Problem der zugfesten Kupplung wurde hier dahingehend gelöst, daß jeweils rechts und
links der REKA-Kupplung Schellen mit je drei gummierten Laufrollen angeschlagen und beide
Schellen durch Rundeisen miteinander verbunden wurden [*134*].

Auch hier bereitete die Montage und der Einbau der Asbestzement-Druckrohre keinerlei
Schwierigkeiten und bewies wiederum die Vielseitigkeit der Anwendungsmöglichkeiten dieser
Rohre.

8.27 Asbestzement-Druckrohre für Gewächshausheizungsleitungen

Die Verwendung von Asbestzement-Druckrohren für Warm- und Heißwässer erweist sich als vorteilhaft. Erfahrungen mit derartigen Leitungen haben gezeigt, daß Asbestzement-Druckrohre selbst bei kalkharten Warmwässern neben der Korrosionsbeständigkeit praktisch keine Inkrustierungen aufweisen, die den Leitungsquerschnitt wesentlich verengen und damit die Leistungsfähigkeit herabsetzen. Es ist daher nicht von ungefähr, daß Asbestzement-Druckrohrleitungen für Heizungsleitungen verwendet werden, insbesondere in Holland.

Besonders haben sich Asbestzement-Druckrohre zur direkten Beheizung von Gewächshäusern bewährt, wo die Wassertemperaturen zwischen 70° und 90°C liegen. Als Vorteil wird hierbei

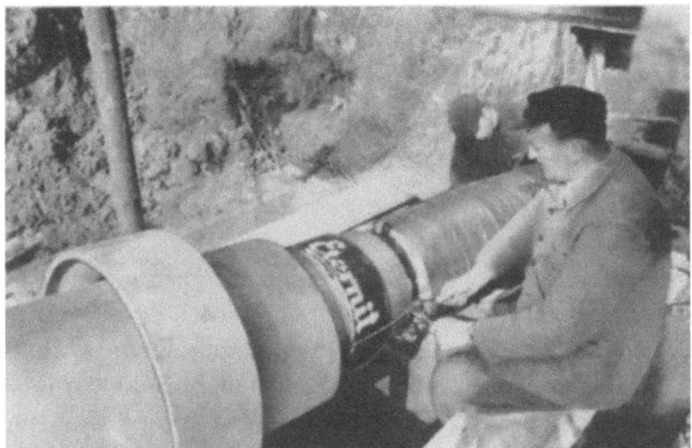

Abb. 567. Montage der Schellen mit den Laufrollen.

Abb. 569. Poliertes Asbestzement-Druckrohr
als Säulenverkleidung.

die für die Pflanzen schonende Wärmeabgabe hervorgehoben. Das ist auch einleuchtend, wenn man bedenkt, daß neben der hohen Wärmedämmung das Speichervermögen der im Vergleich zu anderen Rohrmaterialien dicken Wandung zur Verfügung steht. Während beim Aufheizen die

Abb. 568. Heizungsleitungen aus Asbestzement-
Druckrohren in einem Gewächshaus.

Wärmeabgabe langsamer und gleichmäßiger erfolgen wird, wirkt beim Abkühlen der Heizung die Wärmespeicherung nach, so daß auch hier eine allmähliche Abnahme der Wärmeabgabe erfolgt. Im vollen Betrieb unterscheiden sich die Asbestzement-Druckrohre von anderen Rohrmaterialien in wärmetechnischer Hinsicht natürlich nicht.

8.28 Asbestzement-Druckrohre als Säulenverkleidung

Eine ganz andere mit den sonstigen Aufgaben nicht zu vergleichende Verwendung von Asbestzement-Druckrohren sei zum Abschluß erwähnt. Wie Abb. 569 beweist, lassen sich Asbestzement-Druckrohre auch als Konstruktions- und Stilelemente im modernen Hochbau benutzen. Das Asbestzement-Druckrohr wird hierbei als Schalungskörper für Betonsäulen konstruktiv eingesetzt und dient anschließend als Säulenverkleidung. Zu diesem Zwecke wird das Asbestzement-Druckrohr über seine ganze Länge abgedreht und anschließend geschmirgelt und poliert. Hierbei treten die im Material verteilten Asbestfasern durch ihren hellen Ton hervor und bilden einen Kontrast zu dem dunkleren Bindemittel, so daß ein dem Marmor ähnliches Bild entsteht. Die durch die Politur erzeugte glatte Oberfläche des Rohres ist schmutzabweisend und daher praktisch im Gebrauch. Zum Schutze der polierten Oberfläche während des Baues ist das Säulenrohr jedoch mit einer Papierumwicklung zu versehen.

8.3 Die allgemeine Anwendung von Asbestzement-Druckrohren

Asbestzement-Druckrohre werden hauptsächlich für Wasserleitungen auf dem Trink-, Brauch- und Abwassersektor eingesetzt. Aus der Vorstellung einer Verwendung für diese Zwecke entstanden letzten Endes die Ideen zur Herstellung dieser Rohre. In einer nunmehr 60jährigen Entwicklung wurden neben konstruktiven und herstellungstechnischen Verbesserungen auch neue Anwendungsgebiete für das Asbestzement-Druckrohr erschlossen, von denen die angeführten Beispiele des vorhergehenden Abschnittes Zeugnis ablegen. Daneben darf jedoch nicht vergessen werden, daß die Versorgungsleitungen nach wie vor den Hauptanteil der Anwendung ausmachen.

Aus der *Trinkwasserversorgung* ist das Asbestzement-Druckrohr nicht mehr wegzudenken. Hier kommen seine Eigenschaften, die in diesem Buch ausführlich behandelt sind, vorteilhaft zur Anwendung. Die Legung von Großrohrdruckleitungen aus Asbestzement nimmt in steigendem Maße zu und beweist sowohl die Wirtschaftlichkeit des Materials als auch die praxisnahe Lösung der damit verbundenen konstruktiven Probleme.

Auf dem *Abwassersektor* werden Asbestzement-Druckrohre aller Dimensionen bis hinauf zum Großrohr NW 1000 gelegt. Auch hier entsprechen die erwiesenen Eigenschaften den in der Praxis an die Rohrleitung gestellten Forderungen, wobei Asbestzement-Druckrohre sich naturgemäß besonders zum Bau von Abwasser-Druckleitungen empfehlen. Sie stehen aber auch für Gefälleleitungen zur Verfügung, die absolut dicht sein müssen. Abwasserleitungen, an die derartige Anforderungen gestellt werden, sind mit den herkömmlichen Rohrmaterialien auf dem Abwassersektor nicht immer sicherzustellen [*5, 88, 213*].

Die Verwendung von Asbestzement-Druckrohren für *Gasleitungen* fand schon verhältnismäßig frühzeitig statt. Hierauf wurde bereits im Abschn. 4.435 näher eingegangen. Eine große Anzahl von Gasleitungen aus Asbestzement-Druckrohren in der ganzen Welt haben in längerer oder kürzerer Betriebszeit bewiesen, daß auch für derartige Leitungen Asbestzement-Druckrohre risikolos gelegt werden können. In großem Umfange werden sie für Gasleitungen in Belgien verwendet.

Der Vollständigkeit halber sei hier noch angeführt, daß Asbestzement-Druckrohre auch zum *Transport von Feststoffen* in grober Form, wie z.B. Gemüse, Zuckerrübenschnitzel oder in feiner Form, wie Zement, Kalkmehl usw. mit Erfolg angewandt wurden. Von besonderem Interesse ist in diesem Zusammenhang die Tatsache zu erwähnen, daß Asbestzement-Druckrohre auch schon von mehreren Brauereien für das Kühlsystem, speziell zum *Transport der Kühlsole* eingebaut wurden. Es wurden hierbei sehr positive Erfahrungen gesammelt. So wird z.B. von der *Brauerei Moritz* in Barcelona berichtet, daß diese Brauerei 1949 begonnen hat, ihre Stahlleitungen durch Asbestzement-Druckrohrleitungen zu ersetzen. Die guten Erfahrungen, die mit den ersten Asbestzement-Rohrleitungen gemacht wurden, haben den Anstoß dazu gegeben, das gesamte Kühlsystem dieser Brauerei, das etwa 40 bis 50 km beträgt, durch Asbestzement-Druckrohre zu ersetzen[1].

---

[1] Bericht aus einer AC-Revue.

Auch in einer Brauerei in *Berlin* laufen z. Z. ähnliche Versuche. Neben den wärmetechnischen Vorzügen des Asbestzement-Druckrohres, z. B. die verringerte Kondenswasserbildung, fällt hierbei besonders das korrosionschemische Verhalten der Asbestzement-Druckrohre ins Gewicht.

Eine weitere Anwendung für Asbestzementrohre, auf die bisher noch nicht näher eingegangen wurde, die aber den Rahmen einer „Sonderanwendung" längst gesprengt hat und mit gutem Recht hier unter der „allgemeinen" Anwendung von Asbestzement-Druckrohren anzuführen ist, soll zum Schluß behandelt werden. Es handelt sich hierbei um die Verwendung von Asbestzement-Druckrohren als *Kabelschutzrohre.* Diese werden in steigendem Maße von der Bundespost zum Schutze ihrer Telefonkabel, aber auch von EVU und der Bundesbahn eingebaut.

Kabelschutzrohre werden wie Druckrohre hergestellt und sind daher den auftretenden Erdauflasten und Beanspruchungen durch Verkehr gewachsen. Die dem Asbestzement eigene geringe elektrische Leitfähigkeit und der hohe Durchschlagswiderstand (s. hierzu Abschn. 4.46) in Verbindung mit einer leichten Handhabung, infolge des geringen Gewichts sowie der einfachen Kupplungsmontage haben ihrer Anwendung einen breiten Raum erschlossen. Normalerweise werden Kabelschutzrohre mit und ohne Korrosionsschutz bis zu NW 200[1] hergestellt. Die Baulängen betragen 1000, 2000 und 4000 bzw. 5000 mm. Für einen nachträglichen Einbau sind auch Rohrhalbschalen der gleichen Abmessungen, jedoch nur bis 2000 mm Länge erhältlich.

Abb. 570. Kabelschutzrohre aus Asbestzement-Druckrohren, entlang eines Bahndammes gelegt.

Zur Verbindung der Kabelschutzrohre stehen fünf Kupplungstypen zur Verfügung, die es gestatten, sich den jeweiligen Legebedingungen und Bodenverhältnissen in zweckmäßiger Weise anzupassen.

Die *Konusmuffe* (Abb. 571) ist unverschiebbar und zentriert die Rohre besonders genau. Die Rohrenden müssen hier konisch angedreht werden. Die Verbindung ist nicht wasserdicht und daher nur für erdverlegte Kabelschutzrohrleitungen in ausgesprochen trockenen Böden oder für Freileitungen anwendbar.

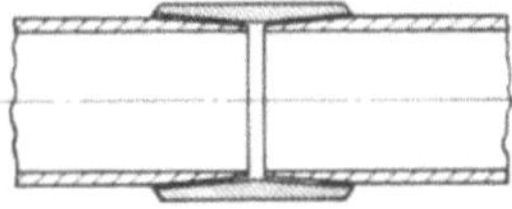 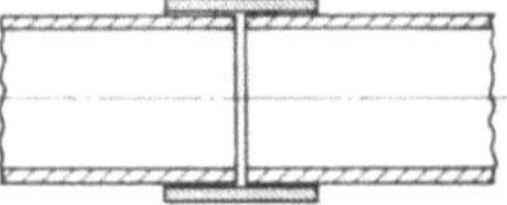 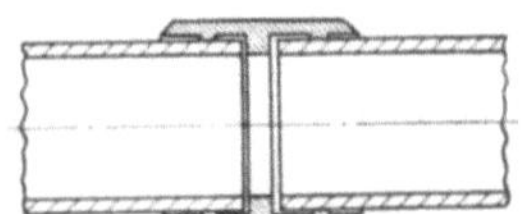

Abb. 571. Konusmuffe für Asbestzement-Kabelschutzrohre.	Abb. 572. Hülsmuffe für Asbestzement-Kabelschutzrohre.	Abb. 573. Aufschiebmuffe „S" für Asbestzement-Kabelschutzrohre mit Gummidichtungsringen.

Die Hülsmuffe (Abb. 572) entspricht der Konusmuffe hinsichtlich der Verwendungsmöglichkeit, sie läßt sich jedoch überschieben. Auch diese Kupplung ist nicht wasserdicht.

Die *Aufschiebmuffe* „S" (Abb. 573) wird mit Gummiringen, die einen trapezförmigen Querschnitt haben, gegen Wasser abgedichtet. Sie kommt daher für Leitungen, die im Grundwasser

---

[1] Größere Nennweiten in Sonderanfertigung.

liegen, in Frage. Ein weiterer Vorteil dieser Kupplung ist die Elastizität der Verbindung. Die Aufschiebmuffe „S" kann auch ohne Gummidichtungsringe verwendet werden.

Schließlich ist noch eine *Glockenmuffen-Verbindung* vorhanden (Abb. 574). Hier wird die Glockenmuffe auf das Rohr aufgesetzt. Das eingeschobene Spitzende des anzuschließenden Kabelschutzrohres muß anschließend verstrickt und verstrichen werden.

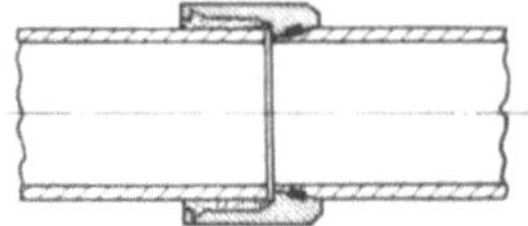

Abb. 574. Aufgesetzte Glockenmuffe für Asbestzement-Kabelschutzrohre.

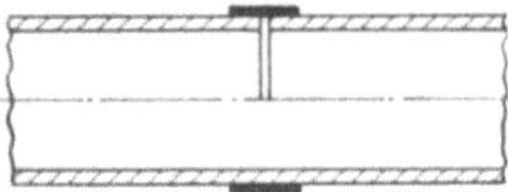

Abb. 575. Verzinkte Eisenschelle zur Verbindung von Asbestzement-Rohrschalen.

Kommen Rohrhalbschalen zur Anwendung, so werden die Stöße mit verzinkten Eisenschellen (Abb. 575) verbunden. Hierbei sind die Stöße der Halbschalen zu versetzen, so daß bei einer Länge der Rohrhalbschalen von 2,0 m eine Schelle pro Meter erforderlich ist. Mit Rohrhalbschalen können bereits gelegte Kabel nachträglich geschützt werden.

Für die Verlegung der Kabelschutzrohre sind die gleichen Grundsätze wie bei den normalen Druckrohrleitungen zu beachten. Sind Bahn- oder Straßendämme, Flußläufe oder sonstige Anlagen unterirdisch zu kreuzen, so erfolgt dies meistens mit Hilfe des Horizontalpreßbohrverfahrens. Von einer Preßgrube aus wird ein Strang horizontal vorgetrieben, bis die an dem End-

Abb. 576. Blick auf eine Preßbohrstelle an einem Flußlauf.

punkt der Durchpressung ebenfalls vorher hergestellte Baugrube erreicht ist. Beim Zurückziehen des Bohrgestänges werden die Kabelschutzrohre von dem Endpunkt aus über das Gestänge geschoben und mit zurückgezogen. Als Verbindung eignet sich für dieses Verlegeverfahren besonders die Aufschiebmuffe „S", da ihre äußere Form den Reibungswiderstand vermindert und der innere Anschlagring ein Verschieben bzw. Abstreifen der Muffe verhindert. Abb. 576 zeigt einen Blick auf eine Preßbohrstelle an einem Flußlauf zur Verlegung von Kabelschutzrohren aus Asbestzement. Um die Baugrube in ihren Abmessungen zu beschränken, werden für dieses Verfahren Kurzlängen von 1000 mm bevorzugt.

9. Die Berechnung von Druckrohrleitungen

Für eine Rohrleitung zum Transport von Flüssigkeiten oder Gasen ergibt sich die Nennweite aus dem Verhältnis der vorgesehenen Fördermenge zu der meistens von vornherein festgesetzten Strömungsgeschwindigkeit, die die Größe des infolge Reibung zu erwartenden Druckverlustes maßgeblich mitbestimmt. Die Höhe des Druck- oder Reibungsverlustes ist eine Frage der Wirtschaftlichkeit und muß daher sorgfältig untersucht werden. Ein hoher Druckverlust vergrößert die Pumpkosten, bzw. vermindert die Enddruckhöhe u. U. soweit, daß, wie z. B. bei Versorgungsleitungen, der notwendige Versorgungsdruck nicht mehr gewährleistet ist. Wenn Asbestzement-Druckrohre im Hinblick auf die hydraulischen Reibungsverluste infolge ihrer glatten Innenwand auch sehr günstig liegen, so muß trotzdem auch bei diesem Rohrmaterial der Druckverlust, besonders bei längeren Leitungen, bestimmt werden. Es wurde deshalb schon verhältnismäßig frühzeitig nach Grundlagen für ihre hydraulische Berechnung gesucht (Abschn. 9.1).

Die folgenden Abschnitte sollen den Weg zur Bestimmung der Reibungsverluste strömender Flüssigkeiten und Gase aufzeigen und die hierfür notwendigen Rechenoperationen darlegen. Dabei wird auch das Problem des hydraulischen Druckstoßes mit angeschnitten.

In einem weiteren Abschnitt wird auf die Statik erdverlegter Asbestzement-Druckrohre eingegangen. An Hand der Ausführungen in diesem Kapitel wird die Möglichkeit aufgezeigt, selbst zu überprüfen, inwieweit die Erd- und Verkehrslasten von dem Rohr aufgenommen werden.

Die in der DIN 19 800 erfaßten AZ-Druckrohre, d. h. also bis zu NW 400, liegen in ihren Abmessungen fest. Dagegen werden Rohre über NW 400 auf Grund der Angaben des Bestellers dimensioniert.

9.1 Reibungsverluste in einer Druckrohrleitung für Flüssigkeiten

Der Druckverlust in einer Rohrleitung berechnet sich ganz allgemein aus

$$\frac{\Delta p}{\gamma_{Fl}} = h_v = \lambda \cdot \frac{L}{d} \cdot \frac{v^2}{2g} \tag{9/1}$$

Hierin bedeuten:

$\Delta p =$ Druckverlust (Mp/m²)
$\gamma_{Fl} =$ Spezifisches Gewicht der Flüssigkeit (Mp/m³)
$h_v =$ Verlusthöhe (m)
$\lambda =$ Widerstandszahl, Reibungsziffer
$L =$ Länge der Rohrleitung (m)
$d =$ Rohrdurchmesser (m)
$v =$ Strömungsgeschwindigkeit (m/s)
$g =$ Erdbeschleunigung (m/s²).

In dieser Form hat DARCY 1858 als erster die Rohrreibung angegeben.

Die Schwierigkeit, die Widerstandszahl λ richtig zu bestimmen, führte in früheren Zeiten zu den verschiedensten Beziehungen, die alle mehr oder weniger auf unzulässigen Voraussetzungen fußten. Noch fehlten die theoretischen Grundlagen zum Verständnis der Reibungs- und Turbulenzprobleme und alle empirischen oder auch bereits experimentell gefundenen Werte wurden mangels besserer Einsicht unbedenklich auch auf andere Verhältnisse übertragen. Die meisten dieser Formeln zur Berechnung der Druckverluste in Rohrleitungen sind auch heute noch in Gebrauch, obwohl nunmehr exakte, theoretisch wie praktisch untermauerte Gleichungen zur

Verfügung stehen, die die Möglichkeit zu einem einheitlichen Berechnungsverfahren bieten. Um einmal die historische Entwicklung aufzuzeigen, zum anderen die unbedingte Notwendigkeit einer Vereinheitlichung der Berechnung zu unterstreichen und schließlich all denen gerecht zu werden, die mit den bisher gebräuchlichen Gleichungen umzugehen gewohnt sind, muß zunächst auf die wichtigsten herkömmlichen Berechnungsverfahren eingegangen werden, ehe die neueren Verfahren betrachtet werden können.

9.11 Überblick über die vorhandenen Formeln zur Berechnung von Druckverlusten in Rohrleitungen

Nachdem A. BRAHMS sich als erster dahingehend geäußert hatte, daß das Sohlengefälle beim normalen Abfluß eines offenen Wasserlaufs dadurch bestimmt wird, daß die beschleunigende Komponente der Schwerkraft mindestens gleich dem Reibungswiderstand des Flußbettes sein muß [196], stellte DE CHEZY 1775 diesem Gedanken folgend, seine bekannte Formel für den mittleren Abfluß auf, die zum Ausgangspunkt aller Strömungsberechnungen wurde. Die ursprünglich für offene Gerinne gedachte und unter Benutzung des Verhältnisses von durchflossener Querschnittsfläche zu benetztem Umfang auf Rohrleitungen übertragene Gleichung von DE CHEZY lautet:

$$v = C \sqrt{R \cdot J} \ \text{(m/s)} \tag{9/2}$$

$$\text{mit } R = \frac{F}{U} \ \frac{\text{Durchflußquerschnitt}}{\text{benetzter Umfang}} \tag{9/3}$$

Es bedeuten:

$v =$ Fließgeschwindigkeit (m/s)

$R =$ Hydraulischer Radius (m)

$J =$ Reibungs- bzw. Druckgefälle

$C =$ DE CHEZY-Koeffizient oder Geschwindigkeitsbeiwert $\left(\frac{\sqrt{m}}{s}\right)$.

Der Geschwindigkeitsbeiwert C ist von einer ganzen Reihe von Umständen abhängig, wie später bei den moderneren Berechnungsverfahren noch gezeigt werden wird. Aus diesem Grunde stieß die Berechnung dieses Beiwertes auf nicht geringe Schwierigkeiten. Man half sich, indem man hydraulische Versuche anstellte und den C-Wert experimentell bestimmte. Da jedoch die Ähnlichkeitsgesetze noch unbekannt waren, führte die einfache Übertragung der Versuchswerte auf andere Verhältnisse zu erheblichen Fehlern. Als Nachteil des DE CHEZYschen C-Wertes ist die Tatsache anzusehen, daß dieser C-Wert dimensionsbehaftet ist. Dieser Umstand, der bei allen nachfolgend ausgeführten Formeln für diesen Koeffizienten zu beachten ist, wird bei der Benutzung von Berechnungstafeln häufig übersehen. Während EYTELWEIN zu Anfang des 19. Jahrhunderts auf Grund von Versuchen DU BUATS C noch konstant annahm, fand COULOMB, daß der Widerstand eines im Wasser bewegten Körpers von der Geschwindigkeit seiner Bewegung abhängig ist. DARCY wies an Rohren nach, daß die Wandungsoberfläche die Geschwindigkeit beeinflußt. Zusammen mit BAZIN führte er Versuche aus, deren Ergebnisse BAZIN später in der Formel

$$C = \frac{87 \sqrt{R}}{\alpha + \sqrt{R}} \left(\frac{\sqrt{m}}{s}\right) \tag{9/4}$$

zusammenfaßte. Die Schweizer GANGUILLET und KUTTER werteten Messungen an verschiedenen Flüssen aus und kamen zu der Beziehung

$$C = \frac{23 + \dfrac{1}{n} + \dfrac{0{,}00155}{J}}{1 + \left(23 + \dfrac{0{,}00155}{J}\right) \cdot \dfrac{n}{\sqrt{R}}} \left(\frac{\sqrt{m}}{s}\right) \tag{9/5}$$

die dann einfach auf Rohre übertragen wurde. Wegen der etwas umständlichen Gleichung bürgerte sich die sogenannte „kleine" KUTTER-Formel mehr und mehr ein. Sie lautet:

$$C = \frac{100 \sqrt{R}}{m + \sqrt{R}} \left(\frac{\sqrt{m}}{s}\right) \tag{9/6}$$

Der Nachteil, daß der C-Wert erst durch eine besondere Gleichung ermittelt werden muß, die außerdem dimensionsunrein und überdies meistens höchst zweifelhaft ist, führte zu dem Wunsche, ausgehend von der DE CHÉZYschen Beziehung eine Gleichung zu finden, in der C als fester Wert entsprechend der Art des vorliegenden Gerinnes eingesetzt werden kann. GOTTHELF HAGEN hatte 1871 bereits eine Gleichung der Form

$$v = C \cdot R^a \cdot J^b \tag{9/7}$$

in Erwägung gezogen [235], die dann von GAUKLER und MANNING in der Form

$$v = C_{ST} \cdot R^{2/3} \cdot J^{1/2} \tag{9/8}$$

niedergelegt wurde, wobei MANNING für C den Wert $1/n$ der GANGUILLETschen Gleichung einsetzte. Später hat STRICKLER dann den Wert $1/n$ in Beziehung zur Wandrauhigkeit gebracht, indem er von der Korngröße des Geschiebes offener Gerinne ausging. FORCHHEIMER kam in ähnlicher Weise zu der Gleichung

$$v = C_F \cdot R^{0,7} \cdot J^{0,5} \tag{9/9}$$

Von der Vielzahl der an Hand von Versuchsergebnissen speziell für neue, ungestrichene Asbestzementrohre aufgestellten Potenzformeln seien nur die bekanntesten erwähnt (v in m/s):

SCIMEMI (Padua, 1925):	$v = 165 \cdot R^{0,68} \cdot J^{0,56}$	(9/10)
MEYER-PETER (Zürich, 1931):	$v = 135,3 \cdot R^{0,68} \cdot J^{0,526}$	(9/11)
LUDIN[1] (Berlin, 1932):	$v = 134 \cdot R^{0,65} \cdot J^{0,54}$	(9/12)
STUCKY (Lausanne, 1938):	$v = 140 \cdot R^{0,654} \cdot J^{0,555}$	(9/13)
SCIMEMI (Padua, 1950):	$v = 158 \cdot R^{0,68} \cdot J^{0,56}$	(9/14)

In Amerika fanden WILLIAMS und HAZEN

$$v = 1{,}318 \cdot 140 \cdot R^{0,63} \cdot J^{0,54} \quad \text{(ft/s)} \tag{9/15}$$

Der österreichische Normenausschuß empfahl nach STRICKLER

$$v = 115 \cdot R^{2/3} \cdot J^{1/2} \tag{9/16}$$

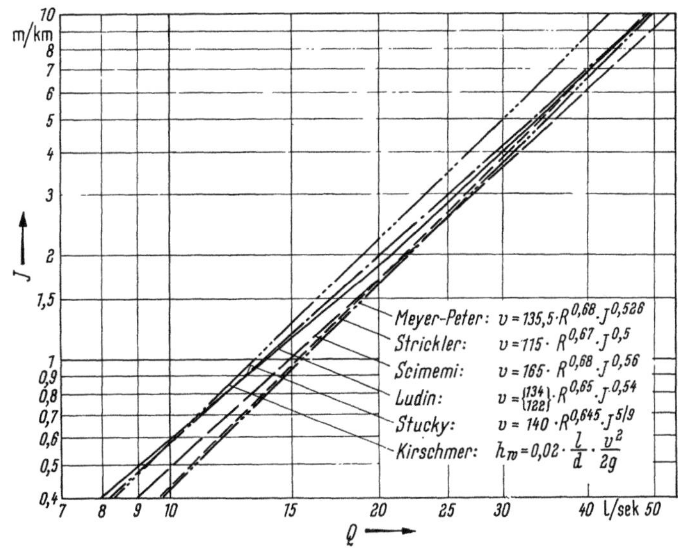

Abb. 577. Gegenüberstellung verschiedener Formeln zur Druckverlustberechnung [98].

SCOBEY stellte an Hand von Versuchsergebnissen an Holzdaubenrohren die Formel

$$v = C \cdot R^{0,65} \cdot J^{0,56} \quad \text{(m/s)}$$

auf und setzte für C den Wert 122 ein.

---

[1] s. Abschn. 4.31, Gl. (4/17).

Die Untersuchungen LUDINs [147] ergaben für den C-Wert eine gewisse Abhängigkeit von der Fließgeschwindigkeit. Er legte daher als Mittelwerte

für $v > 0,6$ m/s $C = 134$ und

für $v < 0,6$ m/s $C = 122$ fest.

Mit Rücksicht auf die damalige Ungewißheit über das Verhalten der Asbestzementrohre bei längerer Betriebsdauer empfahl LUDIN den Wert $C = 124$. Erst nachdem Messungen, die LUDIN an einer fünf Jahre in Betrieb befindlichen Asbestzement-Wasserversorgungsleitung im Jahre 1936 durchführte, ergeben hatten, daß der C-Wert erheblich gestiegen, also die Rohre im Laufe der Zeit nicht rauher, sondern im Gegenteil glatter geworden waren, schlug LUDIN [148] vor, in seiner Potenzformel grundsätzlich mit $C = 134$ zu rechnen. Die Messungen hatten einen C-Wert von 140 ergeben. Die Erhöhung des C-Wertes gegenüber neuen Rohren kann auf eine vorhandene hauchdünne Schutzschicht zurückgeführt werden, die die mikroskopischen Unebenheiten der Rohrwand ausgleicht und abrundet. Übrigens sei noch bemerkt, daß Versuche von NEUMANN [170] die Richtigkeit und somit Brauchbarkeit der LUDINschen Formel bestätigt haben (siehe auch Abschn. 4.31).

SCIMEMI berichtigte den C-Wert seiner 1925 aufgestellten Gleichung für die Fließgeschwindigkeit [206] nach neueren Versuchen (1950) an ebenfalls alten, lange Zeit in Betrieb gewesenen Rohren. Den im Vergleich zu seinem früher gefundenen, wesentlich ungünstigeren Wert begründet er damit, daß er glaubt, daß seine Messungen von 1925 nicht ganz fehlerfrei gelangen. Im Zusammenhang mit den von anderen Forschern gefundenen Gleichungen für die Fließgeschwindigkeit hält SCIMEMI den neuen C-Wert für angemessener [207].

Bereits REYNOLDS[1] und auch BLASIUS[2] stellten fest, daß der C-Wert in der DE CHEZYschen Formel $v = C \cdot \sqrt{R \cdot J}$ unter hydraulisch ähnlichen Verhältnissen eine Funktion der sogenannten REYNOLDSschen Zahl

$$Re = \frac{v \cdot 4\,R}{\nu} = \frac{v \cdot d}{\nu} \qquad (9/17)$$

$v =$ Fließgeschwindigkeit (m/s)
$R =$ hydraulischer Radius (m)
$d =$ Rohrdurchmesser (m)

$$\nu = \frac{\eta}{\varrho} = \text{kinematische Zähigkeit} \left(\frac{\text{m}^2}{\text{s}}\right) \qquad (9/18)$$

$$\eta = \text{Zähigkeit} \left(\frac{\text{kp} \cdot \text{s}}{\text{m}^2}\right)$$

$$\varrho = \text{Dichte} \left(\frac{\text{kp} \cdot \text{s}^2}{\text{m}^4}\right)$$

sein muß, da die inneren Reibungsvorgänge ausschlaggebend sind. KREY[3] wies darauf hin, daß, strenge Beachtung des Ähnlichkeitsgesetzes vorausgesetzt, in der Potenzformel der allgemeinen Art

$$v = C \cdot R^b \cdot J^c \qquad (9/19)$$

ein Zusammenhang zwischen C und den Exponenten b und c besteht und setzte

$$C = B\,(v \cdot R \cdot \psi)^n \qquad (9/20)$$

---

[1] Phil. Transact. of the Royal Soc. of London 1883, Bd. 174, S. 938.

[2] „Das Ähnlichkeitsgesetz bei Reibungsvorgängen in Flüssigkeiten", 131. Heft der Mitteilung über Forschungsarbeiten und Z. VDI 1912, S. 639.

[3] Die Grundlage der allgemeinen Abflußformel $v = A \cdot R^b \cdot J^c$, Zentralblatt der Bauverwaltung 1922, S. 5 und 378.

Den Ausdruck $v \cdot R \cdot \psi$ bezeichnete er als sogenannte Kennzahl.

$$v \cdot R \cdot \psi = \mathrm{Re} \cdot 1{,}2 \cdot 10^{-6} \qquad \text{daraus}$$

$$v = \frac{1{,}2 \cdot 10^{-6}}{\psi}\,{}^1$$

$$v = B\,(v \cdot R \cdot \psi)^n \cdot \sqrt{R \cdot J}$$

$$v = B \cdot v^n \cdot R^n \cdot \psi^n \cdot R^{1/2} \cdot J^{1/2}$$

$$v^{1-n} = B \cdot R^{(n+1/2)} \cdot \psi^n \cdot J^{1/2}$$

$$v = B^{\left(\frac{1}{1-n}\right)} \cdot \psi^{\left(\frac{n}{1-n}\right)} \cdot R^{\left(\frac{n+0,5}{1-n}\right)} \cdot J^{\left(\frac{0,5}{1-n}\right)} = C \cdot R^b \cdot J^c \tag{9/21}$$

Daraus $\quad B^{\left(\frac{1}{1-n}\right)} \cdot \psi^{\left(\frac{n}{1-n}\right)} = C \approx B^{\frac{1}{1-n}}.$ Mit

$$b = \frac{n+0{,}5}{1-n},$$

$$c = \frac{0{,}5}{1-n}$$

wird $\quad n = \dfrac{b-0{,}5}{1+b} = \dfrac{2c-1}{2c}\,;\;$ so daß $\;\; b = 3\,c - 1 \tag{9/22a}$

$$c = \frac{1+b}{3} \tag{9/22b}$$

Der Wert n ist kein Festwert, sondern von den jeweiligen geometrischen und hydraulischen Verhältnissen abhängig. KREY hat ausdrücklich bemerkt, daß alle Potenzformeln, bei der die Beziehungen (9/20) nicht vorhanden sind, als unzuverlässig abzulehnen seien. Überprüft man daraufhin die vorhandenen und gebräuchlichen Potenzformeln, so stellt man meistens fest, daß sie die Beziehungen (9/20) im allgemeinen nicht erfüllen, trotzdem leisten diese Formeln im Rahmen ihrer Grenzen gute Dienste und führen zu brauchbaren Ergebnissen. LUDIN weist z.B. selbst darauf hin, daß seine Gleichung die Ähnlichkeitsbedingungen nicht erfüllt. C müßte bei Einhaltung der Ähnlichkeitsbeziehungen 146,65 an Stelle 134 lauten, wobei außerdem der Exponent c den Wert 0,55 an Stelle von 0,54 haben müßte. Um eine einfache Anwendung zu ermöglichen, wurden der Potenzformel auf Grund von Versuchsergebnissen konstante Werte gegeben, die innerhalb der in der Praxis gezogenen Grenzen (besonders bei Wasserleitungen) genügend genau sind. Die Potenzformeln sind empirische Formeln, es fehlt ihnen die streng theoretische Grundlage. Wenn auf Versuchsergebnissen aufgebaut wird, so sind die dabei gefundenen Werte nicht ohne weiteres auf andere Verhältnisse übertragbar. Sofern jedoch einander ähnliche Verhältnisse betrachtet werden, und das ist bei Versorgungsleitungen immer der Fall, geben sie ein brauchbares Werkzeug für den planenden Ingenieur ab und erfüllen die ihnen gestellte Aufgabe voll und ganz.

9.12 Berechnung der Reibungsverluste nach Prandtl-Colebrook

Die Vielzahl der vorhandenen Fließformeln, von denen im vorhergehenden Abschnitt eine Anzahl aufgeführt wurde, erlaubte naturgemäß keine einheitliche Betrachtungsweise der Fließvorgänge. Darüber hinaus war es schwer, wenn nicht sogar unmöglich, die einzelnen Ergebnisse der Formeln untereinander zu vergleichen und somit deren Zuverlässigkeit zu überprüfen, weil allen Formeln jeweils spezielle Versuchsergebnisse zugrunde lagen. Solange jedoch keine allgemein gültige Theorie über die Fließvorgänge existierte, bestand auch keine Hoffnung auf eine einzige, möglichst allen Verhältnissen gerecht werdende Formel zur Berechnung der Reibungsverluste in Rohren.

In der PRANDTL-COLEBROOKschen Gleichung ist nunmehr eine theoretisch begründete und experimentell überprüfte „Universal-Beziehung" für die turbulente Rohrströmung gefunden worden, die entsprechend dem heutigen Stand der Erkenntnisse als die Gleichung angesehen

---

[1] $\psi = 1{,}0$ bei $13{,}3\,°\mathrm{C}$. In den Grenzen der bei natürlichen Wässern vorkommenden Temperatur kann angenähert $\psi = 1{,}0$ gesetzt werden.

werden muß, die den tatsächlichen Verhältnissen am ehesten gerecht wird. Der Beschluß auf dem 2. Internationalen Wasserversorgungskongreß in Paris im Jahre 1952, in Zukunft an Stelle der älteren empirischen Beziehungen nur noch die PRANDTL-COLEBROOKsche Gleichung anzuwenden (s. auch [240]), erfüllt einen langjährigen Wunsch vieler Fachleute, die mit hydraulischen Problemen zu tun haben. Auf der andern Seite trifft man immer wieder auf Unbehagen, welches breiteste Kreise der Fachwelt bei der Arbeit mit dieser Gleichung erfaßt. Dies liegt m. E. weniger an ihrer etwas ungewöhnlichen, impliziten Form als an der Tatsache, daß das Verständnis dieser Gleichung gewisse Kenntnisse des Turbulenzproblems voraussetzt. Während durch Arbeitsunterlagen in Form von Tabellen, Nomogrammen und Spezialrechenschiebern die mühelose Benutzung der COLEBROOKschen Gleichung jedermann zugängig ist, gehört zum Verständnis der Grundlagen dieser Gleichung das Eindringen in die Probleme der Turbulenz, wozu dem Praktiker häufig die Zeit und Gelegenheit fehlt. Es kann nicht Aufgabe dieses Buches sein, eine eingehende Behandlung des Turbulenzproblems mit seinen zugehörigen Randgebieten zu bringen. Es wird deshalb auf die einschlägige Literatur verwiesen. Andererseits erscheint es aber nützlich, daß das Verständnis der Grundlagen der PRANDTLschen und COLEBROOKschen Arbeit auch in den praktisch tätigen Fachkreisen immer mehr Raum gewinnt; denn ein guter Ingenieur darf sich nicht nur mit dem rein mechanischen Gebrauch seiner Handwerkszeuge zufrieden geben. Aus diesem Grunde soll hier eine kurze Einführung in das Gebiet der Strömungslehre gegeben werden. Auf einige Veröffentlichungen wird in diesem Zusammenhang verwiesen [47, 112, 182, 183].

9.121 Die Grundlagen der Prandtl-Colebrookschen Formel

Die Meßwerte der Fließgeschwindigkeiten in einem Rohrleitungslängsschnitt über dem Durchmesser aufgetragen, ergeben das Geschwindigkeitsprofil der turbulenten Rohrströmung, das sich etwa entsprechend Abb. 578 einstellt[1]. Es ist hierbei ohne Bedeutung, ob die Geschwindigkeitskurve im einzelnen Fall stärker oder weniger stark gekrümmt ist. Die Fließgeschwindigkeit ist an der Wand gleich Null, hier soll die Flüssigkeit an der Wand haften, während in Rohrmitte die Höchstgeschwindigkeit herrscht. Es findet demnach in Abhängigkeit von dem Abstand zur Wand ein Anwachsen der Geschwindigkeit von $v = 0$ an der Wand bis $v = v_{\max}$ in Rohrmitte statt. Man unterscheidet hierbei zwei Bereiche (Abb. 579):

a) die sogenannte Grenzschicht in unmittelbarer Nähe der Wand, in der die Geschwindigkeit noch sehr klein ist, so daß hier ein laminarer Zustand vorherrscht;

b) die Kernströmung, die vollturbulent ist.

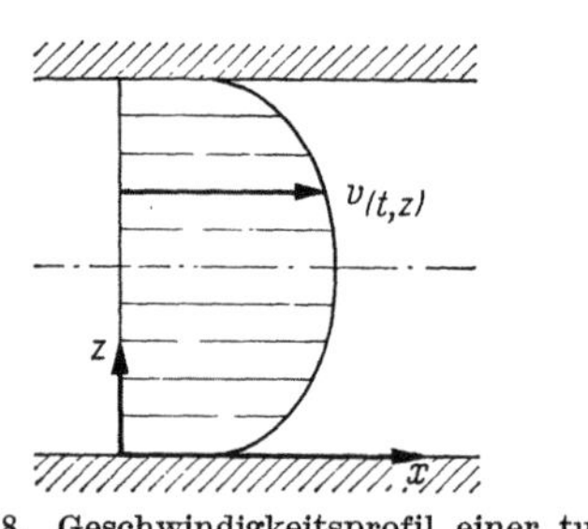

Abb. 578. Geschwindigkeitsprofil einer turbulenten Rohrströmung.

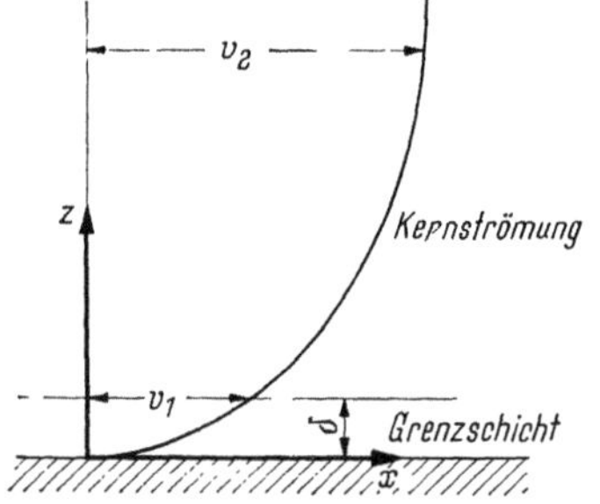

Abb. 579. Schematische Darstellung der Grenzschicht und der Kernströmung.

Das Absinken der Geschwindigkeiten von v_2 auf v_1 bzw. von v_1 auf v_0 wird durch Schubspannungen verursacht, die man sich zwischen den einzelnen Strömungsschichten wirkend denken kann und die zu Reibungsverlusten führen.

In der laminaren Grenzschicht liegt eine echte, dem NEWTONschen Gesetz folgende Schubspannung vor, die von der absoluten Zähigkeit der Flüssigkeit abhängig ist.

$$\tau_1 = \eta \cdot \frac{dv}{dz} \tag{9/23}$$

---

[1] $Re > 2320$ vorausgesetzt.

dv/dz ist die Änderung der Geschwindigkeit quer zur Strömungsrichtung x an einer bestimmten Stelle, η ist die absolute Zähigkeit (kp · s · m^{-2}).

Im Bereich der Kernströmung läßt sich die Gl. (9/23) nicht anwenden. Man muß sich hier den Strömungsvorgang so vorstellen, daß sich Wirbelballen nicht nur in Strömungsrichtung, sondern auch quer dazu bewegen. Dabei geraten sie, je nachdem, entweder in Zonen höherer oder niedrigerer Geschwindigkeiten als sie selbst besitzen und verzögern oder beschleunigen die Hauptströmung. Es finden also laufend Impulsaustausche statt, die bewirken, daß an jedem Punkt die Geschwindigkeit v um den Betrag $\pm \Delta v$ schwankt. Entsprechend ihrer Ausgangsenergie können die Wirbelballen einen bestimmten Weg quer zur Strömungsrichtung (in z-Richtung also) zurücklegen, ehe sie in der neuen Umgebung verschwinden. Diesen Weg nannte L. Prandtl den Mischungsweg l. Die Geschwindigkeitsdifferenz, die demnach ein Wirbelballen an seiner neuen Umgebung vorfindet, beträgt in x-Richtung

$$\pm \Delta v_x = \pm \left(\frac{dv}{dz}\right) \cdot l \tag{9/24}$$

Es sind aber auch Geschwindigkeitsänderungen in z-Richtung vorhanden, deren Entstehen ebenfalls auf die Querbewegung der Wirbelballen zurückzuführen ist. Schematisch läßt sich dies nach Kirschmer [117] wie folgt erklären:

In Abb. 580a steigt ein Wirbel I von der langsameren Bahn 1 herauf auf die Bahn 2 und ein anderer Wirbel II von der schnelleren Bahn 3 herunter auf Bahn 2. Mit der Annahme, daß beide Wirbelballen mit der Strömung in x-Richtung weiterschwimmen, ergibt sich die Tatsache, daß der schnellere Wirbel II sich dem langsameren Wirbel I nähert oder, entsprechend Abb. 580b,

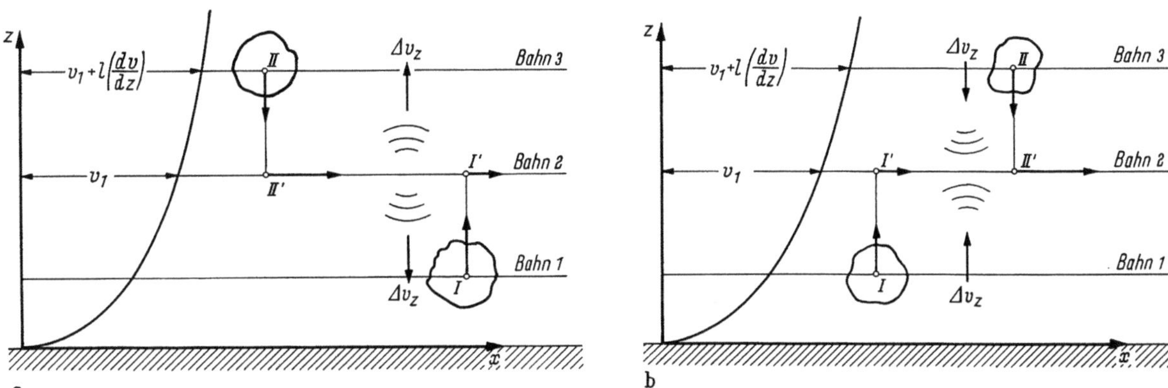

Abb. 580a u. b. Schematische Darstellung der Wirbelquerbewegung in einer turbulenten Strömung (nach Kirschmer [117].

daß der schnellere Wirbel II dem langsameren Wirbel I davoneilt. Damit das Gesetz der Kontinuität überall erfüllt bleibt, muß im ersteren Falle Wasser zwischen den Wirbelballen in z-Richtung austreten, im letzteren Fall dagegen ebenfalls in z-Richtung, einströmen. Da die Relativgeschwindigkeit der Wirbelballen zueinander in beiden Fällen $2 \cdot l \, (dv/dz)$ beträgt, wird die Geschwindigkeitsänderung der Flüssigkeit in z-Richtung Δv_z ebenfalls dem Ausdruck $l \cdot (dv/dz)$ proportional. L. Prandtl hat die aus diesem Impulsaustausch hervorgehenden Kräfte als die ,,scheinbare Schubspannung der Turbulenz`` bezeichnet und gelangt über die Anwendung des Impulssatzes zu dem Ansatz

$$\tau_2 = \varrho \cdot \Delta v_x \cdot \Delta v_z \tag{9/25}$$

und mit Gl. (9/25) und der Tatsache, daß auch Δv_x proportional $l \cdot (dv/dz)$ ist, ergibt sich schließlich

$$\tau_2 = \varrho \cdot l^2 \left(\frac{dv}{dz}\right)^2 \tag{9/26}$$

Die scheinbare Schubspannung der Turbulenz ist also proportional dem Quadrat der Geschwindigkeitsänderung, was sich mit der bekannten Erscheinung deckt, daß die Strömungsverluste in turbulenter Strömung im hydraulisch rauhen Gebiet dem Quadrat der Geschwindigkeit proportional sind.

Die gesamte Schubspannung setzt sich nunmehr aus den beiden Anteilen τ_1 und τ_2 zusammen.

$$\tau = \tau_1 + \tau_2 \tag{9/27}$$

Der Anteil τ_1 ist gegenüber τ_2 verschwindend klein und kann vernachlässigt werden. Wenn weiterhin vorausgesetzt wird, daß sich die scheinbare Schubspannung τ_2 über den ganzen Fließquerschnitt bis zur Wand unverändert erstreckt und man die scheinbare Schubspannung direkt an der Wand mit τ_0 bezeichnet, so ergibt sich aus Gl. (9/26)

$$\sqrt{\frac{\tau_0}{\varrho}} = l \cdot \left(\frac{dv}{dz}\right) \tag{9/28}$$

Den Ausdruck $\sqrt{\dfrac{\tau_0}{\varrho}}$ nannte L. PRANDTL wegen seiner Dimension die Schubspanngeschwindigkeit und bezeichnete diese mit

$$v_* = \sqrt{\frac{\tau_0}{\varrho}} \tag{9/29}$$

Aus den Gl. (9/28) und (9/29) findet man die Differentialgleichung der Geschwindigkeitsverteilung:

$$\frac{dv}{dz} = \frac{v^*}{l} \tag{9/30}$$

Um die Differentialgleichung integrieren zu können, ist es notwendig, den Mischweg l durch einen entsprechenden Ansatz in Abhängigkeit zum Wandabstand z zu bringen.

L. PRANDTL wählte folgenden Ansatz:

$$l = \varkappa \cdot z \tag{9/31}$$

und stellte damit die wichtigste Beziehung in der modernen Turbulenztheorie auf. Es ist nicht ohne Interesse und zeugt von einer durchaus begründeten Annahme PRANDTLs für Gl. 9/31, daß sein Schüler TH. V. KÁRMÁN über die Ähnlichkeitsbetrachtungen zu diesem Ansatz gelangte; weshalb Gl. (9/31) auch als KÁRMÁNsches Gesetz bezeichnet wird. Schließlich bestätigen die systematischen Versuche mit vollgefüllten Kreisrohren von NIKURADSE [171, 172], die heute bereits als ,,klassisch" bezeichnet werden, die Rechtmäßigkeit der getroffenen Annahme.

Nach den Versuchsergebnissen NIKURADSEs wird die ,,universelle Konstante des Turbulenzproblems" [117] $\varkappa = 0{,}40$ und

$$\frac{dv}{dz} = \frac{v_*}{0{,}4 \cdot z} \; ; \quad \frac{dv}{v_*} = 2{,}5 \cdot \frac{dz}{z} \tag{9/32}$$

Die Integration ergibt

$$\frac{v}{v_*} = 2{,}5 \, (\ln z + C).$$

Mit der Randbedingung, daß bei z_1 (Abb. 581) die Geschwindigkeit $v = 0$ ist, erhalten wir mit $C = -\ln z_1$

$$\frac{v}{v_*} = 2{,}5 \ln \frac{z}{z_1} = 5{,}756 \lg \frac{z}{z_1} \tag{9/33}$$

Die Integrationskonstante z_1 spiegelt die Wandverhältnisse wider, mit $z = z_1$ wird v Null. Bei der weiteren Betrachtung muß daher streng unterschieden werden, ob hydraulisch gesehen ein ,,rauher" oder ,,glatter" Zustand vorherrscht.

a) Rauhe Rohre. Es liegt nahe, z_1 in Zusammenhang mit der absoluten Wandrauhigkeit zu bringen.

An Hand der Versuchsergebnisse[1] von NIKURADSE kann man setzen

$$z_1 = \frac{k}{30} \tag{9/34}$$

(SCHLICHTING fand für Hamburger Sand den Zahlenwert 20 und COLEBROOK für den von ihm benutzten Sand den Wert 25 [117].)

---

[1] s. hierzu S. 446.

Um die mittlere Durchflußgeschwindigkeit zu bekommen, muß die Durchflußmenge $Q = F \cdot v_m$ bekannt sein,

$$Q = 2 \cdot \pi \cdot \int_0^{d/2} v \cdot \left(\frac{d}{2} - z\right) dz \qquad (9/35)$$

mit v aus Gl. (9/33) und z_1 aus Gl. (9/34) erhält man

$$Q = 2 \cdot 2{,}5 \cdot \pi \cdot v_* \int_0^{d/2} (\ln z + \ln 30 - \ln k) \left(\frac{d}{2} - z\right) dz \qquad (9/35\,\mathrm{a})$$

und nach Integration:

$$Q = \frac{2{,}5 \cdot d^2 \cdot \pi}{4} \cdot v_* \left\{\ln d - \ln 2 + \ln 30 - \ln k - 1{,}5\right\} \qquad (9/35\,\mathrm{b})$$

schließlich mit $\ln x = 2{,}3 \cdot \lg x$ und $v_m = \dfrac{Q}{F}$; $\quad F = \dfrac{d^2 \cdot \pi}{4}$

$$\frac{v_m}{v_*} = 5{,}756 \lg \frac{d}{k} + 3{,}0158 \approx 5{,}76 \lg \frac{d}{k} + 3{,}02 \qquad (9/36)$$

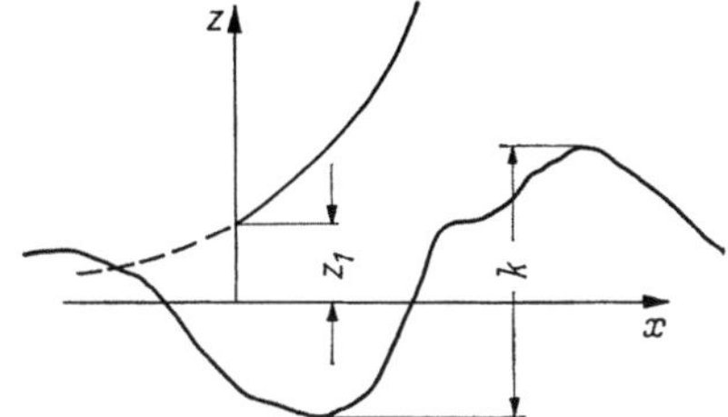

Abb. 581. Schematische Darstellung der Beziehung z_1 zur absoluten Wandrauhigkeit.

Wenn man annimmt, daß der Reibungsverlust im Rohr lediglich auf die Wandreibung zurückzuführen ist, kann man ansetzen

$$(p_1 - p_2) \cdot F = \tau_0 \cdot U \cdot L$$

woraus mit $\dfrac{1}{\gamma}$ erweitert,

$$\frac{p_1 - p_2}{\gamma \cdot L} = \frac{h_v}{L} = J = 4 \cdot \frac{\tau_0}{d} \cdot \frac{1}{\gamma} \quad \text{wird.} \qquad (9/37)$$

Nach Gl. (9/1) ist aber auch

$$J = \lambda \cdot \frac{1}{d} \cdot \frac{v_m^2}{2\,g}, \text{ so daß}$$

$$J = \lambda \cdot \frac{1}{d} \cdot \frac{v_m^2}{2\,g} = 4 \cdot \frac{\tau_0}{\gamma\,d} \quad \text{daraus} \quad \tau_0 = \frac{\lambda \cdot v_m^2}{8} \cdot \frac{\gamma}{g} \cdot$$

$$\tau_0 = \frac{\lambda}{8} \cdot \varrho \cdot v_m^2 \ (\text{mit Dichte } \varrho = \gamma/g). \qquad (9/38)$$

Setzt man Gl. (9/38) in Gl. (9/29) ein, so erhält man

$$\sqrt{\frac{\tau_0}{\varrho}} = v_* = \sqrt{\frac{\lambda}{8}} \cdot v_m \quad \text{oder}$$

$$\frac{v_m}{v_*} = \sqrt{\frac{8}{\lambda}} \qquad (9/39)$$

Eingesetzt in Gl. (9/36) ergibt:

$$\frac{1}{\sqrt{\lambda}} = \frac{5{,}756}{\sqrt{8}} \cdot \lg\left(\frac{d}{k}\right) + \frac{3{,}0158}{\sqrt{8}} \qquad (9/40)$$

$$\frac{1}{\sqrt{\lambda}} = 2{,}0345 \cdot \lg \frac{d}{k} + 1{,}066 \qquad (9/41)$$

Die Gl. (9/41) zeigte bereits eine gute Übereinstimmung mit den Ergebnissen der Versuche von NIKURADSE. Um sie den Versuchsergebnissen noch besser anzupassen, wurden die konstanten Werte geringfügig geändert, so daß man als endgültige Gleichung erhält:

Für rauhe Rohre:

$$\frac{1}{\sqrt{\lambda}} = 2 \lg \left(\frac{d}{k}\right) + 1{,}14 \quad \text{oder}$$

$$\frac{1}{\sqrt{\lambda}} = 2 \lg \left(\frac{3{,}71}{k/d}\right) \tag{9/42}$$

Im „hydraulisch rauhen Zustand", d. h. dann, wenn die laminare Grenzschicht nicht imstande ist, die Wandunebenheiten zu verdecken (z. B. wenn sie sehr dünn geworden ist, wie dies bei hoher Re-Zahl der Fall ist, oder wenn die Unebenheiten der Wand einfach zu groß sind), hängen die Reibungsverluste lediglich von der absoluten Wandrauhigkeit bzw. dem als „relative" Wandrauhigkeit bezeichneten Verhältnis k/d ab. In diesem Falle verhält sich demnach nach Gl. (9/1) der Reibungsverlust proportional dem Quadrat der Fließgeschwindigkeit v

$$J = C \cdot v^2.$$

b) Glatte Rohre. Das Verhalten hydraulisch „glatter" Rohre unterscheidet sich grundsätzlich von den hydraulisch „rauhen" Rohren. Maßgebend für die Vorgänge an der Wand ist hier die laminare Grenzschicht. Daher setzte man in Analogie zur vorherigen Betrachtung die Integrationskonstante z_1 proportional zu den die Grenzschicht bestimmenden Größen,

$$\text{z. B.} \quad z_1 = \frac{v}{a \cdot v^*} \tag{9/43}$$

$$(v = \text{kinematische Zähigkeit} = \eta/\varrho \ (m^2/s) \ \text{(s. Abb. 584)}$$

z_1 in Gl. (9/33) eingesetzt, gibt:

$$\frac{v}{v_*} = 5{,}756 \cdot \lg \frac{z}{z_1} = 5{,}756 \cdot \lg \cdot \frac{z \cdot a \cdot v_*}{v} \tag{9/44}$$

Der Zahlenfaktor a wurde auf Grund der Versuche an glatten Rohren von NIKURADSE zu $a = 9{,}12$ bestimmt[1], so daß mit v_m aus Gl. (9/35) unter Verwendung von Gl. (9/43) und v_* aus Gl. (9/39) in Verbindung mit den Versuchsergebnissen der Ausdruck

$$\frac{v_m}{v_*} = \sqrt{\frac{8}{\lambda}} = 5{,}756 \cdot \lg \frac{v \cdot d}{v} \cdot \sqrt{\frac{\lambda}{8}} \tag{9/45}$$

zustande kommt.

Um anzudeuten, daß es sich um den Widerstandsbeiwert für glatte Rohre handelt, wird λ mit dem Index „0" versehen.

$$\frac{1}{\sqrt{\lambda_0}} = 2{,}0345 \cdot \lg \left(\frac{v \cdot d}{v}\right) \cdot \sqrt{\lambda_0} - 0{,}9031 \tag{9/46}$$

Zur Abstimmung mit den Versuchsergebnissen und unter Verwendung der REYNOLDSschen Zahl

$$\text{Re} = \frac{v \cdot d}{v} \tag{9/17}$$

wurde endgültig festgesetzt:

für glatte Rohre:

$$\frac{1}{\sqrt{\lambda_0}} = 2 \cdot \lg \left(\text{Re} \cdot \sqrt{\lambda_0}\right) - 0{,}8$$

$$\frac{1}{\sqrt{\lambda_0}} = 2 \cdot \lg \frac{\text{Re} \cdot \sqrt{\lambda_0}}{2{,}51} \tag{9/47}$$

Der Reibungsverlust im „hydraulisch glatten" Zustand ist lediglich von der REYNOLDSschen Zahl abhängig, die Rohrdurchmesser, Fließgeschwindigkeit und kinematische Zähigkeit zu einer Kennzahl zusammenfaßt.

---

[1] s. a. KIRSCHMER [*117*].

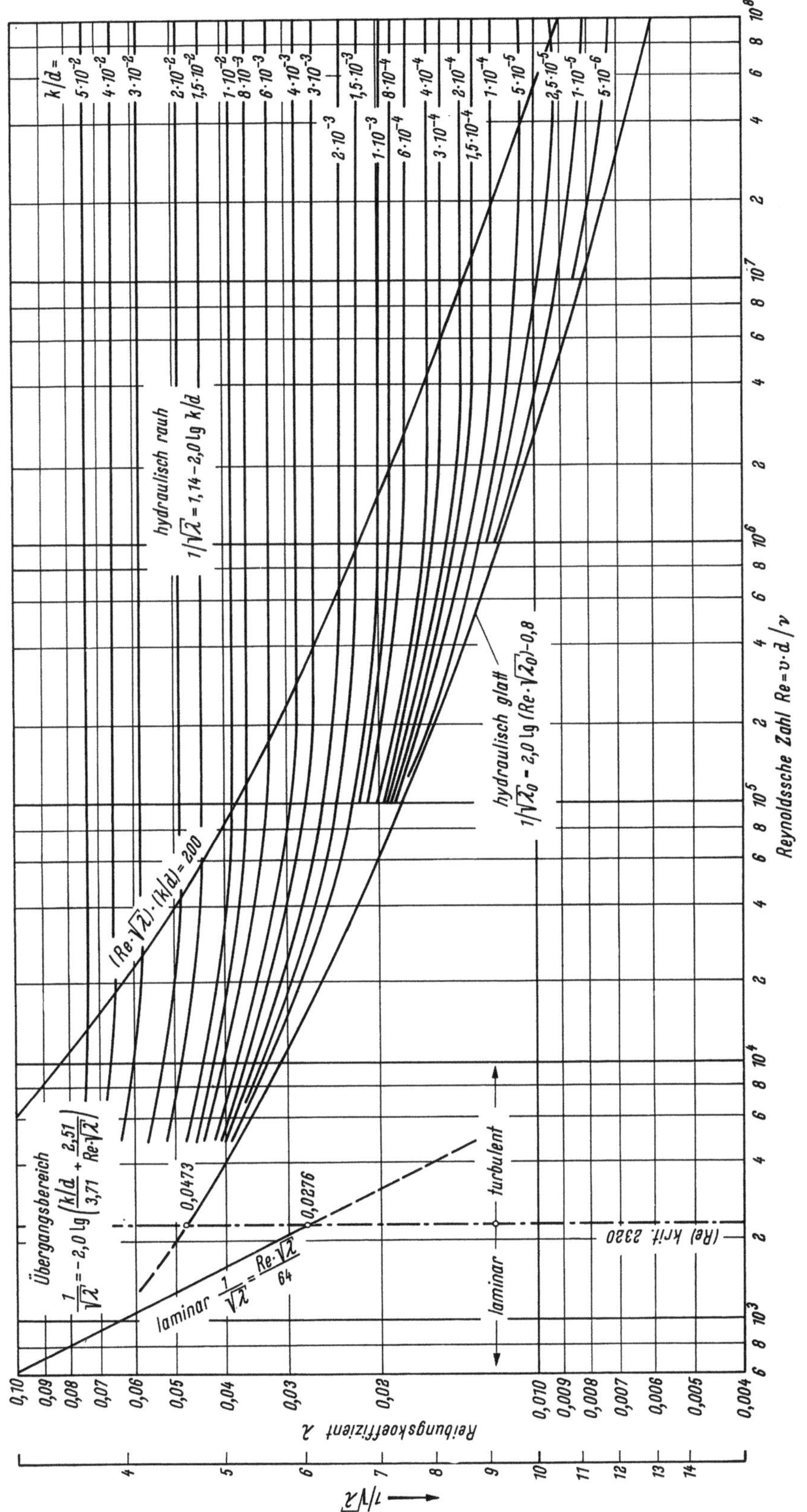

Abb. 582. Diagramm von MOODY.

Die beiden Gl. (9/42) und (9/47) stellen Grenzen dar. Betrachtet man das in Abb. 582 dargestellte Diagramm $\lambda = f$ (Re, k/d), wie es z.B. von MOODY[1] aufgestellt wurde, so erkennt man sofort die „Glattkurve", d. h. die Kurve, die der Gl. (9/47) entspricht, als unterste Grenze für die Widerstandsbeiwerte λ_0 (Darunter kann es im turbulenten Bereich nichts geben, weil eine Steigerung von „glatt" nicht möglich ist.) Weiterhin ist aus dem MOODYschen Diagramm zu erkennen, daß im „hydraulisch rauhen" Bereich ab einer stark ausgezogenen Linie alle k/d-Kurven waagerecht verlaufen, sie entsprechen dort der Gl. (9/42).

Die Begrenzungslinie, die als „Rauhgrenzlinie" bezeichnet werden kann, gehorcht etwa der Funktion

$$\text{Re} \cdot \sqrt{\lambda} \cdot \left(\frac{k}{d}\right) = 200 \tag{9/48}$$

Erlaubten die Gl. (9/42) und (9/47) eindeutige Aussagen, so kann das leider von dem zwischen der Glattkurve (9/47) und der „Rauhgrenzlinie" (9/48) liegenden Gebiet, das als Übergangsbereich bezeichnet wird, nicht gesagt werden. Es ist einzusehen, daß sich die k/d-Kurven in irgendeiner Form der Glattkurve annähern werden. Ihr Verhalten auf dem Wege zur Glattkurve kann jedoch sehr unterschiedlich sein. NIKURADSE fand bei seinen Versuchen mit Rohren, deren Innenseite er durch Aufkleben von Sandkörnern eine künstliche und vor allem gleichförmige Rauhigkeit gab (Sandrauhigkeit), daß die k/d-Kurven bei der Annäherung an die Glattkurve zunächst abfallen, dieser folgen und sich dann sehr steil der Laminarkurve annähern.

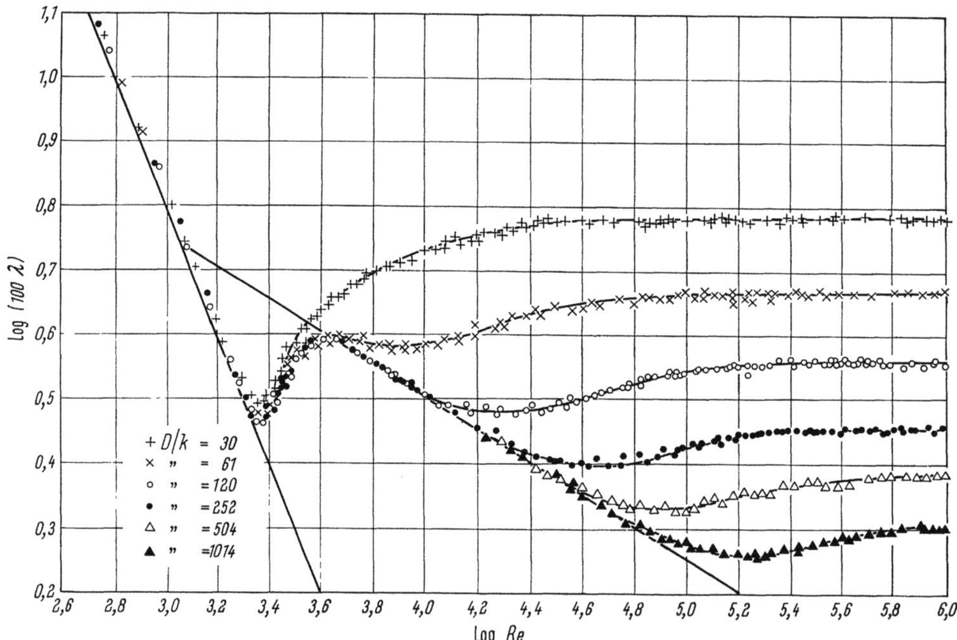

Abb. 583. Verlauf der k/d-Kurven im Übergangsbereich nach NIKURADSE aus [99].

COLEBROOK führte seine Versuche mit technischen Rohren aus, so daß seine Versuche eine größere Bedeutung für die Praxis haben. Er fand den stetigen Übergang der k/d-Kurve von der Waagerechten zur Neigung der Glattkurve, ohne daß Wendepunkte entstehen entsprechend der (Abb. 582).

In der Praxis liegen meistens Strömungen vor, die sich im Hinblick auf die REYNOLDSsche Zahl im Übergangsbereich bewegen. Es mußte daher für den Verlauf der k/d-Kurven in diesem Bereich eine Beziehung gefunden werden. COLEBROOK und WHITE [48] stellten an Hand ihrer durch Versuche an Rohren gefundenen Kurven folgende Beziehung auf

$$\frac{1}{\sqrt{\lambda}} = -2 \lg \left[\frac{2{,}51}{\text{Re} \cdot \sqrt{\lambda}} + \frac{k}{3{,}71 \cdot d} \right] \tag{9/49}$$

____

[1] MOODY, L. F.: Friction factors for pipe flow. Trans. Amer. Soc. Mech. Engrs. Bd. 66 (1944).

Diese Beziehung, die als Prandtl-Colebooksche Gleichung bezeichnet wird, läßt erkennen, daß in ihr die beiden „Randbedingungen" Gl. (9/42) und Gl. (9/47) enthalten sind. Die Prandtl-Colebrooksche Gleichung gilt also sowohl für den gesamten Übergangsbereich, als auch für das angrenzende hydraulisch rauhe Gebiet bzw. für glatte Rohre.

Wie gezeigt wurde, mußte L. Prandtl im Verlauf seiner Ableitungen einige Annahmen treffen. Es ist nur zu natürlich, daß eine Kritik, berechtigt oder unberechtigt, hier einsetzt. Im Ansatz für den Mischungsweg $l = x \cdot z$ (9/31) steckt trotz der Tatsache, daß v. Kármán zu gleichem Ergebnis kam und der Wert $\varkappa = 0{,}40$ am Versuch exakt bestimmt werden konnte, eine gewisse Willkür. Auch die Voraussetzung einer gleichförmigen, scheinbaren Schubspannung über dem gesamten Querschnitt wird in Wirklichkeit nicht erfüllt. In der Rohrmitte wird die Schubspannung zum mindesten in der Theorie gleich Null. Es ließe sich auch die Gültigkeit der Gl. (9/33) bezweifeln, bei der die Geschwindigkeit an der Wand nicht gleich Null ist, wie vorausgesetzt wird [118].

Mit der dargelegten Kritik sollen in keiner Weise die Verdienste der Wissenschaftler L. Prandtl, v. Kármán, Colebrook und White geschmälert werden. Vielmehr ging es darum, demjenigen, der sich zum erstenmal mit diesen Dingen befaßt, zu zeigen, wo die Prandtlsche Theorie gegebenenfalls eine Verbesserung oder Berichtigung erfahren könnte, sofern die derzeitigen Erkenntnisse durch neuere erweitert werden.

9.122 Die Anwendung der Prandtl-Colebrookschen Gleichung auf gerade Asbestzement-Druckrohrleitungen

a) Reinwasser. Die Reibungs- oder Druckverluste in geraden Asbestzement-Druckrohrleitungen errechnen sich, wie schon erwähnt, aus der allgemeinen Beziehung

$$J = \frac{h_v}{L} = \lambda \cdot \frac{v^2}{2g} \cdot \frac{1}{d} \tag{9/1}$$

Hierin bedeuten:

J = Reibungs- oder Druckgefälle
h_v = Verlusthöhe (m)
L = Leitungslänge (m)
λ = Widerstandszahl
v = Fließgeschwindigkeit (m/s)
g = Erdbeschleunigung (m/s²)
d = Innendurchmesser, der bei Asbestzement-Druckrohren gleich der Nennweite (NW) gesetzt werden kann[1].

Die Widerstandszahl λ ergibt sich aus der Gleichung nach Prandtl-Colebrook:

$$\frac{1}{\sqrt{\lambda}} = -2 \lg \cdot \left[\frac{2{,}51}{\mathrm{Re} \cdot \sqrt{\lambda}} + \frac{k}{3{,}71 \cdot d} \right] \tag{9/49}$$

mit λ = Widerstandszahl

Re = Reynoldssche Zahl = $\dfrac{v \cdot d}{\nu}$

k = absolute Wandrauhigkeit (m)
d = Innendurchmesser (m).

Hierbei kann die absolute Wandrauhigkeit für Asbestzement-Druckrohre mit

$k = 0{,}025 \text{ mm} = 0{,}025 \cdot 10^{-3}$ (m)

angesetzt werden. Mit diesem Wert, der zum Teil ungünstiger liegt als der in den Fließuntersuchungen[2] gefundene, folgen wir den Empfehlungen[3] des 2. Internationalen Wasserkongresses in London, 1955, der für unisolierte Asbestzementrohre den Wert $k = 0{,}025$ mm vorschlägt, während isolierte Asbestzementrohre als hydraulisch glatt anzusehen sind.

---

[1] Dies gilt auch für Rohre mit Innenschutz.
[2] s. Abschn. 4.31, S. 82.
[3] Bericht B: Technischer Ausschuß des Intern. Wasserkongresses, London 1955.

Der Widerstandsbeiwert λ kann nicht ohne weiteres aus Gl. (9/49) ermittelt werden, da diese in implizierter Form vorliegt. Es wurde daher auf Grund dieser Gleichung Tab. 140 aufgestellt, aus der für jede Nennweite sofort die drei zueinandergehörenden Werte J, Q und v entnommen werden können. Zur weiteren Vereinfachung der Druckverlustberechnung steht eine Netzlinientafel[1] zur Verfügung. Die aus dieser Tafel entnommenen Reibungsgefälle J beziehen sich auf Reinwasser mit einer Temperatur von 12°C. Mit genügender Genauigkeit können die Tabellen- und Tafelwerte auch für Wassertemperaturen zwischen 10° und 15°C verwendet werden. Bei größeren Temperaturabweichungen oder einer gewünschten höheren Genauigkeit der Rechnung sind die Tabellenwerte gemäß Punkt c dieses Abschnittes umzurechnen.

Die Abhängigkeit der kinematischen Zähigkeit v für Reinwasser von der Temperatur t ergibt sich aus Abb. 584.

Tabelle 140. *Reibungsgefälle und Fließgeschwindigkeiten bei Asbestzement-Druckrohrleitungen (k = 0,025 mm) für verschiedene Wassermengen (Q in (l/s), v in (m/s), J in (m/km), t = 12° C)*

Q	NW 50		NW 65		NW 80		NW 100		NW 125	
	v	J	v	J	v	J	v	J	v	J
1,0	0,509	7,078	0,301	2,002	0,199	0,748	0,127	0,255	0,081	0,089
1,5	0,764	14,816	0,452	4,149	0,298	1,523	0,191	0,521	0,122	0,181
2,0	1,019	24,875	0,603	6,842	0,396	2,543	0,255	0,867	0,163	0,298
2,5	1,273	37,168	0,753	10,359	0,497	3,778	0,318	1,289	0,204	0,442
3,0	1,528	51,884	0,904	14,610	0,597	5,246	0,382	1,786	0,244	0,608
3,5	1,783	68,627	1,055	18,938	0,696	6,974	0,446	2,342	0,285	0,798
4,0	2,037	87,978	1,205	24,138	0,796	8,801	0,509	3,012	0,326	1,018
4,5	2,292	109,778	1,356	29,989	0,895	10,920	0,573	3,697	0,367	1,263
5,0	2,546	134,134	1,507	36,684	0,995	13,182	0,637	4,488	0,407	1,519
5,5			1,657	43,704	1,094	15,708	0,700	5,294	0,448	1,800
6,0			1,808	51,264	1,194	18,529	0,764	6,218	0,489	2,106
6,5			1,959	59,584	1,293	21,409	0,828	7,198	0,530	2,439
7,0			2,109	68,359	1,393	24,477	0,891	8,213	0,570	2,783
7,5			2,260	77,697	1,492	27,799	0,955	9,342	0,611	3,166
8,0			2,411	87,516	1,592	31,325	1,019	10,533	0,652	3,570
8,5			2,561	98,229	1,691	35,161	1,082	11,695	0,693	3,975
9,0			2,712	105,768	1,790	38,989	1,146	13,053	0,733	4,404
9,5					1,890	43,240	1,210	14,402	0,774	4,837
10,0					1,989	47,384	1,273	15,857	0,815	5,310
11,0					2,188	56,730	1,401	18,908	0,896	6,317
12,0					2,387	66,431	1,528	22,134	0,978	7,449
13,0					2,586	77,543	1,655	25,686	1,059	8,643
14,0					2,785	89,441	1,783	29,489	1,141	9,873
15,0							1,910	33,469	1,222	11,143
16,0							2,037	37,645	1,304	12,549
17,0							2,165	42,350	1,385	14,078
18,0							2,292	47,124	1,467	15,620
19,0							2,419	52,194	1,548	17,309
20,0							2,547	57,531	1,630	19,066
22,0							2,801	68,779	1,793	22,678
24,0									1,956	26,676
26,0									2,119	30,939
28,0									2,282	35,459
30,0									2,447	40,529

[1] In Tasche am Schluß des Buches.

Tabelle 140 (Fortsetzung)

Q	NW 150		NW 200		NW 250		NW 300		NW 350	
	v	J	v	J	v	J	v	J	v	J
5	0,283	0,630	0,159	0,158	0,102	0,055				
6	0,339	0,862	0,191	0,220	0,122	0,075				
7	0,396	1,162	0,223	0,290	0,143	0,101	0,099	0,043		
8	0,453	1,471	0,255	0,370	0,163	0,125	0,113	0,053		
9	0,509	1,813	0,286	0,451	0,183	0,154	0,127	0,063		
10	0,566	2,211	0,318	0,544	0,204	0,188	0,141	0,078	0,104	0,038
12	0,679	3,054	0,382	0,759	0,244	0,259	0,170	0,108	0,125	0,053
14	0,792	4,049	0,446	1,004	0,285	0,332	0,198	0,143	0,146	0,069
16	0,905	5,176	0,509	1,274	0,326	0,436	0,226	0,181	0,166	0,086
18	1,019	6,421	0,573	1,582	0,367	0,539	0,255	0,223	0,187	0,107
20	1,132	7,794	0,637	1,913	0,407	0,649	0,283	0,269	0,208	0,129
25	1,415	11,769	0,796	2,891	0,509	0,977	0,354	0,405	0,260	0,193
30	1,698	16,459	0,955	4,021	0,611	1,355	0,424	0,558	0,312	0,268
35	1,981	22,002	1,114	5,345	0,713	1,803	0,495	0,740	0,364	0,353
40	2,264	28,216	1,273	6,815	0,815	2,288	0,566	0,947	0,416	0,449
45	2,546	35,240	1,432	8,466	0,917	2,845	0,637	1,171	0,468	0,555
50	2,829	42,967	1,592	10,334	1,019	3,451	0,707	1,409	0,520	0,674
55			1,751	12,345	1,120	4,117	0,778	1,686	0,572	0,800
60			1,910	14,503	1,222	4,840	0,849	1,985	0,624	0,941
65			2,069	16,800	1,324	5,611	0,920	2,301	0,676	1,091
70			2,228	19,355	1,426	6,426	0,990	2,631	0,728	1,251
75			2,387	22,070	1,528	7,330	1,061	2,983	0,779	1,414
80			2,546	24,944	1,630	8,234	1,132	3,374	0,831	1,589
85			2,706	27,990	1,732	9,235	1,202	3,781	0,883	1,771
90					1,833	10,275	1,273	4,212	0,935	1,973
95					1,935	11,373	1,344	4,634	0,987	2,185
100					2,037	12,521	1,415	5,103	1,039	2,405
120					2,445	17,673	1,698	7,151	1,247	3,351
140					2,852	23,714	1,981	9,534	1,455	4,501
160							2,264	12,278	1,663	5,759
180							2,546	15,308	1,871	7,188
200							2,829	18,764	2,079	8,749
220									2,286	10,426
240									2,494	12,319

Tabelle 140 (Fortsetzung)

Q	NW 400		NW 450		NW 500		NW 600		NW 700	
	v	J	v	J	v	J	v	J	v	J
20	0,159	0,067	0,126	0,038	0,102	0,024				
25	0,199	0,100	0,157	0,057	0,127	0,034				
30	0,239	0,140	0,189	0,079	0,153	0,048	0,106	0,021		
35	0,279	0,184	0,220	0,105	0,178	0,062	0,124	0,026		
40	0,318	0,236	0,252	0,134	0,204	0,080	0,141	0,033	0,104	0,016
45	0,358	0,292	0,283	0,166	0,229	0,098	0,159	0,040	0,117	0,020
50	0,398	0,354	0,314	0,201	0,255	0,119	0,177	0,050	0,130	0,024
55	0,438	0,420	0,346	0,238	0,280	0,142	0,195	0,059	0,143	0,029
60	0,477	0,490	0,377	0,277	0,306	0,166	0,212	0,069	0,156	0,034
65	0,517	0,566	0,409	0,321	0,331	0,193	0,230	0,080	0,169	0,038
70	0,557	0,648	0,440	0,368	0,357	0,221	0,248	0,091	0,182	0,043
75	0,597	0,735	0,472	0,418	0,382	0,250	0,265	0,104	0,195	0,050
80	0,637	0,832	0,503	0,470	0,407	0,281	0,283	0,116	0,208	0,057
85	0,676	0,925	0,534	0,524	0,433	0,313	0,301	0,124	0,221	0,063
90	0,716	1,025	0,566	0,580	0,458	0,347	0,318	0,144	0,234	0,069
95	0,756	1,136	0,597	0,638	0,484	0,385	0,336	0,158	0,247	0,075
100	0,796	1,251	0,629	0,699	0,509	0,422	0,354	0,173	0,260	0,083
150	1,194	2,653	0,943	1,480	0,764	0,893	0,531	0,367	0,389	0,173
200	1,592	4,521	1,258	2,528	1,019	1,514	0,707	0,621	0,520	0,292
250	1,989	6,856	1,572	3,835	1,273	2,280	0,884	0,936	0,650	0,444
300	2,387	9,583	1,886	5,399	1,528	3,213	1,061	1,310	0,780	0,620
350	2,785	12,848	2,201	7,188	1,783	4,278	1,238	1,745	0,909	0,825
400			2,515	9,710	2,037	5,457	1,415	2,228	1,039	1,053
450			2,829	11,513	2,292	6,800	1,592	2,777	1,169	1,313
500					2,546	8,326	1,768	3,372	1,299	1,598
550					2,801	9,998	1,945	4,050	1,429	1,903
600							2,122	4,781	1,559	2,230
650							2,299	5,523	1,689	2,596
700							2,476	6,354	1,819	2,987
750							2,653	7,235	1,949	3,402
800							2,829	8,159	2,079	3,839
850									2,209	4,335
900									2,339	4,780
950									2,468	5,278
1000									2,598	5,799

An dieser Stelle sei noch auf einige Näherungslösungen hingewiesen, mit deren Hilfe eine Umgehung der impliziten Form der Gl. (9/49) möglich ist, ohne das der dabei gemachte Fehler die in der Praxis zulässigen Grenzen übersteigt.

Tabelle 140 (Fortsetzung)

Q	NW 800		NW 900		NW 1000	
	v	J	v	J	v	J
90	0,179	0,035	0,141	0,020	0,115	0,013
100	0,199	0,043	0,157	0,025	0,127	0,016
120	0,239	0,060	0,189	0,034	0,153	0,021
140	0,279	0,081	0,220	0,045	0,178	0,027
160	0,318	0,101	0,252	0,058	0,204	0,035
180	0,358	0,127	0,283	0,071	0,229	0,043
200	0,398	0,154	0,314	0,087	0,255	0,052
250	0,497	0,229	0,393	0,130	0,318	0,079
300	0,597	0,322	0,472	0,183	0,382	0,108
350	0,696	0,430	0,550	0,241	0,446	0,144
400	0,796	0,549	0,629	0,309	0,509	0,185
450	0,895	0,678	0,707	0,382	0,573	0,229
500	0,995	0,827	0,786	0,466	0,637	0,277
550	1,094	0,983	0,865	0,555	0,700	0,330
600	1,194	1,153	0,943	0,650	0,764	0,387
650	1,293	1,342	1,022	0,758	0,828	0,447
700	1,393	1,545	1,100	0,863	0,891	0,514
750	1,492	1,758	1,179	0,984	0,955	0,586
800	1,592	1,986	1,258	1,111	1,019	0,661
850	1,691	2,222	1,336	1,244	1,082	0,740
900	1,790	2,470	1,415	1,383	1,146	0,823
950	1,890	2,731	1,493	1,527	1,210	0,910
1000	1,989	2,999	1,572	1,679	1,273	0,999
1200	2,387	4,211	1,886	2,377	1,528	1,404
1400	2,785	5,683	2,201	3,182	1,782	1,879
1600			2,515	4,083	2,037	2,411
1800			2,829	5,075	2,292	3,026
2000					2,546	3,703
2200					2,801	4,399
2400					3,056	5,188

COLEBROOK [47] hat selbst als Ersatz für Gl. (9/47) die Funktion angeführt:

$$\frac{1}{\sqrt{\lambda_0}} = 1{,}8 \cdot \lg\left(\frac{\mathrm{Re}}{7}\right) \qquad (9/50)$$

Die Abweichung von dem Verlauf der exakten Funktion (9/47) beträgt $\pm\,0{,}5\%$ im Bereich der Re-Zahlen $5 \cdot 10^3$ bis $1 \cdot 10^9$. Man kann daher bei einer solchen Genauigkeit eigentlich nicht mehr von einer „Annäherungsformel" sprechen.

STEINBACHER [*214*] benutzt Gl. (9/50), um zu folgendem Ausdruck zu kommen:

$$\frac{1}{\sqrt{\lambda}} = -2 \lg \cdot \left[\left(\frac{7}{\mathrm{Re}} \right)^{0,9} + \frac{k}{3,71 \cdot d} \right] \tag{9/51}$$

LIEBHOLD [*144*] setzt für $1/\sqrt{\lambda}$ auf der rechten Seite den mittleren Wert 8,2 ein und schreibt Gl. (9/49) für $T = 10°\mathrm{C}$ in der Form

$$\frac{1}{\sqrt{\lambda}} = -2 \lg \cdot \left[\frac{k}{3,71 \cdot d} \cdot \frac{v}{v} + \frac{2,51 \cdot 1,31}{10^6 \cdot d \cdot v} \cdot 8,2 \cdot \frac{3,71}{3,71} \right], \quad \left(\mathrm{Re}_{(10°\,\mathrm{C})} = \frac{v \cdot d \cdot 10^6}{1,31} \right),$$

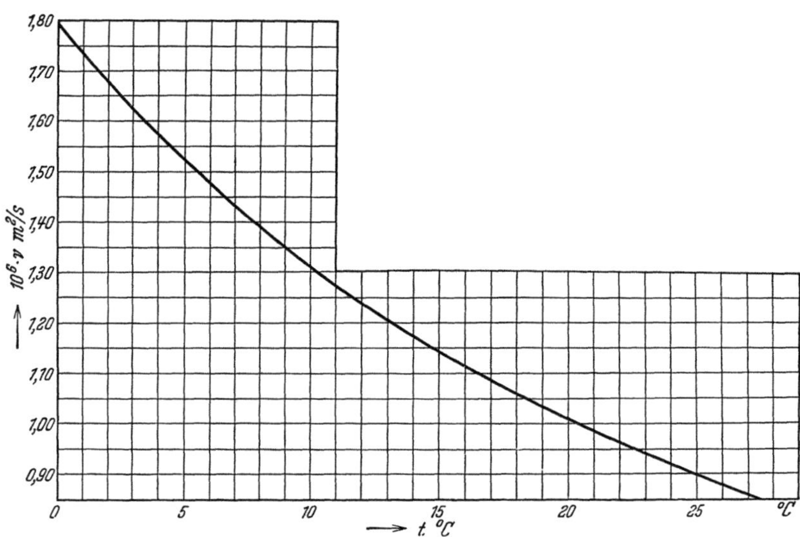

Abb. 584. Abhängigkeit der kinematischen Zähigkeit v für Reinwasser von der Temperatur (nach RICHTER [*190*]).

zusammengefaßt

$$\frac{1}{\sqrt{\lambda}} = -2 \lg \left(\frac{k \cdot v}{3,71 \cdot d \cdot v} + \frac{1}{10^4 \cdot 3,71 \cdot d \cdot v} \right)$$

oder

$$\frac{1}{\sqrt{\lambda}} = 9,14 - 2 \lg \left(\frac{10^4 \cdot k \cdot v + 1}{v} \right) + 2 \cdot \lg d$$

schließlich mit $C = 9,14 - 2 \lg \left(\dfrac{10^4 \cdot k \cdot v + 1}{v} \right)$

$$\frac{1}{\sqrt{\lambda}} = C + 2 \lg d \tag{9/52}$$

Für die absolute Rauhigkeit $k = 0,025 \cdot 10^{-3}$ (m) ergibt sich ein C-Wert in Abhängigkeit von der Fließgeschwindigkeit v entsprechend Abb. 585.

HARRIS[1] führt ebenfalls für die Gleichung der „Glattkurve" (Gl. 9/47) eine Ersatzfunktion ein [*117*]:

$$\lambda = 0,0061 + \frac{0,55}{\mathrm{Re}^{1/3}} \tag{9/53}$$

Schließlich sei noch die Ersatzfunktion von SUPINO[2] angeführt.

Er faßte Gl. (9/49) in einer TAYLOR-Reihe zusammen und brach nach dem zweiten Gliede ab [*117*]. So fand er

$$\lambda = \lambda_0 + 0,17 \cdot \mathrm{Re} \cdot \lambda_0^2 \cdot \left(\frac{k}{d} \right) \tag{9/54}$$

λ_0 ist hierbei die Widerstandszahl der Glattkurve gemäß Gl. (9/47), die, wie aus Abb. 586 hervorgeht, genügend genau mit Gl. (9/50) ermittelt werden kann.

---

[1] HARRIS, CH. W.: An Engineering Concept of Flow in Pipes. Proc. Amer. Soc. Civ. Engrs. Bd. 75 (1949).

[2] SUPINO, G.: Le formule per il calcolo del moto uniforme nelle tubazione. Atti della Academia delle Sciene di Bologna 1950/51.

Eine Gegenüberstellung der angeführten Näherungslösungen mit der PRANDTL-COLEBROOK-schen Gleichung (9/49) bringt Abb. 586.

Mit den angeführten Näherungslösungen können besondere Fälle, die nicht in der Druckverlust-Tabelle enthalten sind, schnell und verhältnismäßig einfach berechnet werden. Grundsatz sollte jedoch bleiben, daß nur in Ausnahmefällen auf die Näherungslösungen zurückgegriffen wird. In diesem Zusammenhang sei auf das ausgezeichnete Tabellenwerk von SCHEWIOR-PRESS[1]

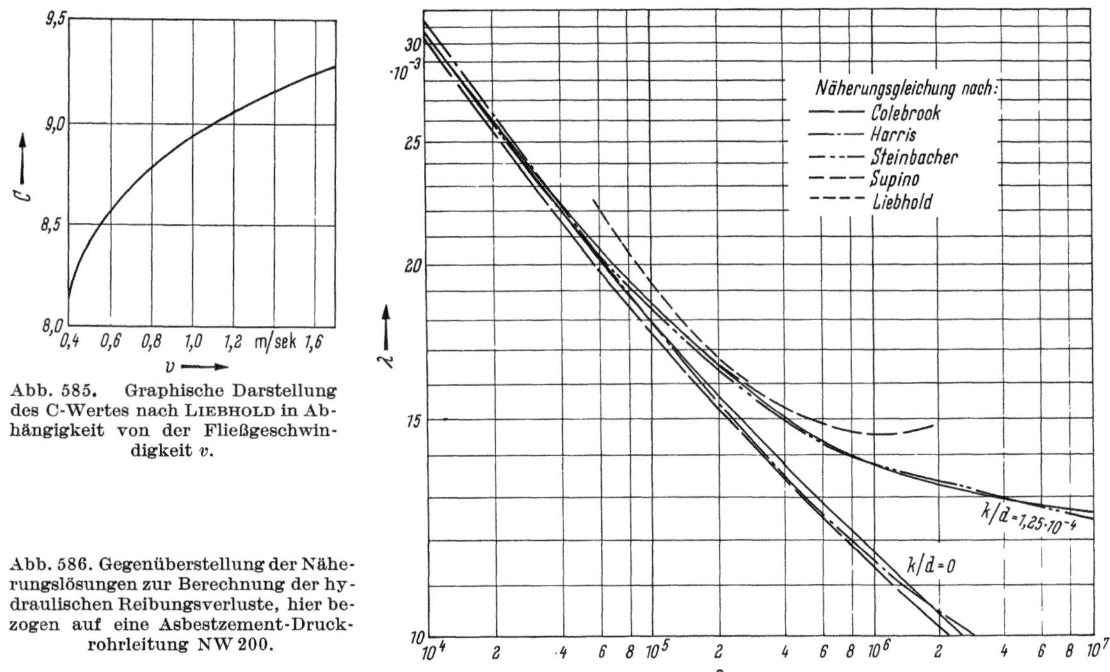

Abb. 585. Graphische Darstellung des C-Wertes nach LIEBHOLD in Abhängigkeit von der Fließgeschwindigkeit v.

Abb. 586. Gegenüberstellung der Näherungslösungen zur Berechnung der hydraulischen Reibungsverluste, hier bezogen auf eine Asbestzement-Druckrohrleitung NW 200.

verwiesen, in dem u. a. sehr gut ablesbare Nomogramme für die λ-Werte in Abhängigkeit von der Re-Zahl sowie der relativen Rauhigkeit k/d enthalten sind. Mit den daraus entnommenen λ-Werten lassen sich die Reibungsverluste für gerade Rohrleitungen exakt nach PRANDTL-COLE-BROOK berechnen.

Für den planenden Ingenieur ist die Beantwortung der Frage wichtig, wie verhält sich die Wandrauhigkeit mit wachsender Betriebszeit? Lassen sich die Annahmen für k bei der Planung der Rohrleitung auch nach längerer Betriebszeit aufrechterhalten oder müssen von vornherein Zuschläge für die Erhöhung der Wandrauhigkeit infolge Inkrustationen und Ablagerungen berücksichtigt werden? Diese Fragen sind bedeutungsvoll und haben zu einer ganzen Reihe von Ansätzen geführt, ohne daß bisher ein zufriedenstellendes Ergebnis in dieser Hinsicht erzielt wurde. Es wird dies auch kaum in allgemein gültiger Form möglich sein, weil zu viele Faktoren eine Rolle dabei spielen, die ganz von Art und Umständen des jeweiligen Falls abhängen.

Bezüglich des Verhaltens der Wandrauhigkeit bei Asbestzement-Druckrohren gehen die bisherigen Erfahrungen dahin, daß, von wenigen Ausnahmen abgesehen, die Wand sich eher glättet, als daß sie im Laufe des Betriebs rauher wird. Große Ablagerungen oder gar Inkrustationen sind beim Asbestzementrohr nicht zu erwarten, während ein oft zu beobachtender feiner Niederschlag durch Ausfüllen der feinen und feinsten Unebenheiten und Poren der Wand glättend wirkt.

LUDIN [148] fand bei einer fünf Jahre in Betrieb stehenden Wasserversorgungsleitung eine Erhöhung des ursprünglichen C-Wertes seiner Formel (9/12) von 134 auf 145, das entspricht einer Verminderung des Reibungsverlustes um etwa 15% (s. auch Abschn. 4.31, S. 79). Es ist daher nicht notwendig, bei Planung von Asbestzement-Druckrohrleitungen einen Zuschlag auf die Wandrauhigkeit einzukalkulieren. Vielmehr kann mit gutem Gewissen der k-Wert des fabrik-

---

[1] SCHEWIOR-PRESS: Hilfstafeln zur Bearbeitung von Meliorationsentwürfen. 7. Aufl., Berlin 1958.

neuen Asbestzementrohres für alle Rechnungen herangezogen werden. Diese Tatsache bedeutet einen wirtschaftlichen Vorteil, den man nicht hoch genug einschätzen kann.

b) Abwasser. Bei Abwasserleitungen stößt die exakte Bestimmung der Reibungsverluste auf Schwierigkeiten, da einmal die kinematische Zähigkeit schwer festzulegen ist — Untersuchungen darüber liegen kaum vor — und zum anderen unkontrollierbare Ablagerungen im Rohr entstehen können, die die angenommene Rauhigkeit verändern. Daher war es üblich, die Druckverluste in Abwasserleitungen nach Gl. (9/2) zu berechnen, wobei der C-Wert nach KUTTER und GANGUILLET (Gl. 9/5) bzw. nach der „kleinen" KUTTER-Formel (Gl. 9/6) zu bestimmen war. Die Beschaffenheit des Wassers berücksichtigt in letzter Formel der Wert m, der für Reinwasser mit $m = 0{,}25$ und für Abwasser mit $m = 0{,}35$ anzusetzen war. Diese Methode besaß eine sehr große Sicherheit und war daher allgemein beliebt. Neuere Untersuchungen haben gezeigt, daß bei Reinwasser der Wert $m = 0{,}1$ den Asbestzement-Druckrohren eher gerecht wird[1]. Für Abwasser wird sich zweifellos infolge einer anderen Zähigkeit, deren Größenordnung variabel und daher nur schwer abzuschätzen ist, ein höherer m-Wert ergeben. Ablagerungen in fester Form sind bei Asbestzement-Druckrohren nicht zu erwarten. Es erscheint daher angebracht, bei Asbestzement-Druckrohrleitungen für den Abwassersektor, wenn überhaupt mit der KUTTERschen Formel gerechnet wird, den Wert

$$m = 0{,}15$$

zu benutzen, der um 50% höher liegt als der für Reinwasser. Auch hierbei ist noch eine angemessene Sicherheit vorhanden. Analog hierzu kann in der LUDINschen Formel (Gl. 9/12) für Abwasser der Wert

$$k = 115$$

eingesetzt werden.

Unter Berücksichtigung der Empfehlungen des Deutschen Vereins von Gas- und Wasserfachmännern (DVGW) ist es angebracht, auch Abwasserleitungen nach PRANDTL-COLEBROOK zu berechnen. Hierzu zeichnen sich drei Möglichkeiten ab, den gegenüber Reinwasser veränderten Verhältnissen Rechnung zu tragen. Es ließe sich die absolute Wandrauhigkeit k erhöhen, zum anderen wäre eine andere kinematische Zähigkeit und damit eine andere Re-Zahl denkbar, und schließlich könnte man beide Werte k und r in veränderter Form einführen. Um jedoch die vorhandenen Rechentabellen und Nomogramme für die PRANDTL-COLEBROOKsche Gleichung benutzen zu können, erscheint der zweckmäßigste Weg der zu sein, die aus den vorliegenden Hilfsmitteln für Reinwasser entnommene Reibungsverlusthöhe bzw. das Reibungsgefälle J um einen angemessenen Betrag zu erhöhen. Damit entfielen alle Zusatztabellen und sonstige zusätzliche Hilfsmittel.

Für eine Asbestzement-Druckrohrleitung NW 200 ergeben sich bei der gebräuchlichen Fließgeschwindigkeit von $v = 1{,}0$ (m/s) folgende Reibungsgefälle:

α) nach KUTTER:

$$m_{\text{(Reinwasser)}} = 0{,}1 \qquad\qquad\qquad J_R = 4{,}16 \cdot 10^{-3}$$
$$m_{\text{(Abwasser)}} = 0{,}15 \qquad\qquad\qquad J_A = 5{,}56 \cdot 10^{-3}$$
$$J_A = 1{,}35 \cdot J_R$$

β) nach LUDIN:

$$k_{\text{(Reinwasser)}} = 134 \qquad\qquad\qquad J_R = 4{,}23 \cdot 10^{-3}$$
$$k_{\text{(Abwasser)}} = 115 \qquad\qquad\qquad J_A = 5{,}62 \cdot 10^{-3}$$
$$J_A = 1{,}33 \cdot J_R$$

γ) nach PRANDTL-COLEBROOK:

$k = 0{,}025$ (mm), $t = 12\,°\text{C}$ $J_R = 4{,}38 \cdot 10^{-3}$.

Um größenordnungsmäßig in denselben Grenzen zu liegen, die sich nach KUTTER und LUDIN ergeben, wird vorgeschlagen, bei Abwasser den aus der Netztafel gefundenen Wert J_R um 25% zu erhöhen.

$$J_A = 1{,}25 \cdot J_R = 5{,}47 \cdot 10^{-3}.$$

---

[1] „Wasser und Boden", 4/1957, S. 137.

Annen [5] berichtet, daß für die Planung einer Klärschlammleitung NW 200 aus Asbestzement-Druckrohren ein Reibungsgefälle von $J_A = 0,025$ angesetzt wurde. Die Betriebserfahrungen haben dann die Richtigkeit dieser Annahme insofern bestätigt, als bisher keine höheren Reibungsverluste festgestellt werden konnten.

c) Sonstige Flüssigkeiten. Werden andere tropfbare Flüssigkeiten als Wasser transportiert, so ändert sich grundsätzlich nichts an der bisherigen Rechnung. Bei der Ermittlung der Reynoldsschen Zahl Re muß lediglich die veränderte Zähigkeit in Rechnung gestellt werden. Durch eine einfache Umrechnung läßt sich hierfür ebenfalls die für Reinwasser aufgestellte Netzlinientafel verwenden.

Es sei für einen zu untersuchenden Fließvorgang

$$\mathrm{Re} = \frac{v \cdot d}{\nu} = \frac{4\,Q}{d \cdot \pi \cdot \nu}$$

(d = vorhandener Innendurchmesser des Rohres).

Für einen ähnlichen, jedoch auf Reinwasser bezogenen Zustand muß analog gelten

$$\mathrm{Re}_0 = \frac{v_0 \cdot d_0}{\nu_0} = \frac{4\,Q_0}{d_0 \cdot \pi \cdot \nu_0},$$

wobei der Index „0" die Zugehörigkeit zum Reinwasser bedeutet. Die Einhaltung des Ähnlichkeitsgesetzes verlangt, daß

$$\mathrm{Re} = \mathrm{Re}_0$$

somit $\quad \dfrac{Q}{Q_0} = \dfrac{\nu}{\nu_0}\,; \quad Q_0 = Q\left(\dfrac{\nu_0}{\nu}\right).$

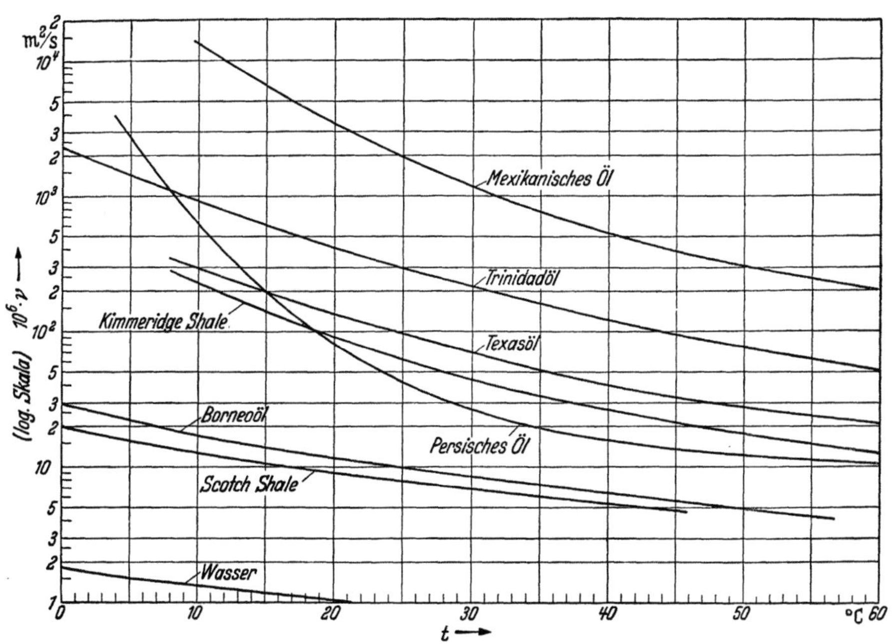

Abb. 588. Kinematische Zähigkeiten von rohen Erdölen nach Watkins (aus Richter [190]).

Aus der Netzlinientafel findet man für den Durchmesser d bei der Flüssigkeitsmenge Q das Reibungsgefälle J_0. Da allgemein gilt

$$J_0 = \lambda \cdot \frac{1}{d} \cdot \frac{v_0^2}{2\,g} = \lambda \cdot \frac{16}{d^4 \cdot \pi^2 \cdot 2\,g} \cdot Q_0^2 = \lambda \cdot a \cdot Q_0^2$$

wird $\qquad \lambda = \dfrac{J_0}{a \cdot Q_0^2}$ und

$$J = \lambda \cdot a \cdot Q^2 = J_0 \cdot \left(\frac{Q}{Q_0}\right)^2$$

$$\underline{J = J_0 \left(\frac{v}{v_0}\right)^2} \qquad\qquad (9/55)$$

J ist das tatsächliche Reibungsgefälle, das sich in der Asbestzement-Druckrohrleitung mit dem Innendurchmesser d infolge Fließens einer Flüssigkeit mit der kinematischen Zähigkeit v einstellt. Die vorstehende Umrechnung kann auch dann in Frage kommen, wenn die Temperatur eines Reinwassers wesentlich von $12\,°\mathrm{C}$ abweicht, weil die Netzlinientafel für $t = 12\,°\mathrm{C}$ aufgestellt wurde.

In den Abb. 587 und 588 sind die kinematischen Zähigkeiten einiger Öle in Abhängigkeit von der Temperatur angegeben.

9.13 Reibungsverluste in Bögen, Formstücken und Armaturen

Die bisherigen Betrachtungen über die Reibungsverluste bezogen sich auf die gerade Rohrleitung. In der Praxis ergeben sich jedoch Bögen, Abzweige und Querschnittsveränderungen; es müssen Armaturen eingebaut werden usw. Alle diese Maßnahmen rufen zusätzliche Druckverluste hervor, deren Höhe sehr unterschiedlich sein kann. Man wird daher in jedem Falle prüfen

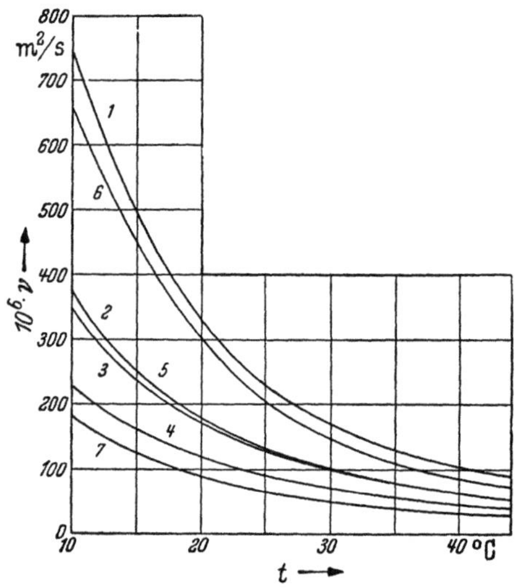

Abb. 587. Kinematische Zähigkeiten von handelsüblichen Maschinenölen (nach RICHTER [190]).
1 Maschinenöl Deutz, *2* Valvoöl (wie 5), *3* Vakuumöl, *4* Championöl, *5* Championöl extra (wie 2), *6* helles Maschinenöl, *7* helles, dünnes Maschinenöl.

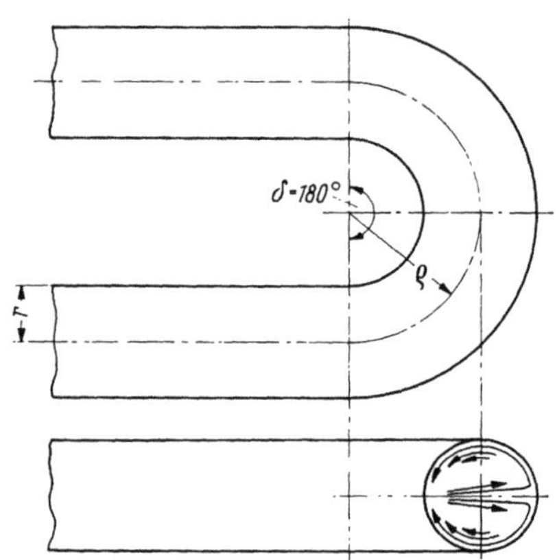

Abb. 589. Querströmung in einem Rohrbogen.

müssen, ob diese Zusatzverluste infolge Rohrbögen oder sonstigen Einbauten bei der Gesamtverlustbilanz zu berücksichtigen, vernachlässigbar oder durch einen entsprechenden Aufschlag auf die Widerstandszahl auf die gesamte Leitung umlegbar sind. Letzteres kann sehr leicht zu sehr unwirtschaftlichen Annahmen führen und läßt sich nur bei Versorgungsnetzen sinnvoll anwenden, weil hier eine gewisse Regelmäßigkeit hinsichtlich der Einbauten vorliegt.

9.131 Verluste in Bögen und Kniestücken

Beim Durchfluß durch ein gekrümmtes Rohr entsteht zusätzlich zu dem Verlust infolge der Wandreibung ein Umlenkungsverlust, der sich aus Verlusten infolge einer Querströmung und infolge von Ablösungserscheinungen zusammensetzt. Die auftretenden Fliehkräfte erzeugen eine nach außen gerichtete Querströmung, die sich der Strömung in Fließrichtung, d. h. parallel zur Rohrachse, überlagert. Hierbei verursacht die Querbewegung der einzelnen Wasserteilchen einen ständigen Energieaustausch untereinander.

Allgemein bezeichnet man die Verlusthöhe eines Bogens oder sonstiger besonderen Einbauten in eine Rohrleitung mit

$$\frac{\Delta p}{\gamma_w} = h_v = \zeta \, \frac{v^2}{2\,g} \qquad (9/56)$$

für den Rohrbogen: $h_v = \zeta_B \cdot \dfrac{v^2}{2\,g}$ $\qquad (9/56\,\mathrm{a})$

Hierbei setzt sich die Widerstandsziffer[1] ζ_B aus dem Wandreibungs- und dem Umlenkverlust zusammen, wobei zu beachten ist, daß u. U. die Beschaffenheit der Oberfläche des Rohres infolge Verformung zum Bogen eine Änderung erfahren kann. Bei Asbestzementbögen bleibt die den Asbestzementrohren allgemein eigentümliche glatte Oberfläche erhalten. Auch Guß- oder Spritzteile können bei entsprechend sorgfältig vorbereiteten Formen mit unveränderter Wandbeschaffenheit geliefert werden. Der Umlenkungsverlust wird maßgeblich beeinflußt vom Krümmungsverhältnis ϱ/r und vom Ablenkungswinkel (Zentriwinkel [Abb. 589]), während der Einfluß der REYNOLDSschen Zahl Re auf die Umlenkverluste praktisch genau so groß ist wie auf die Reibungsverluste.

Es läßt sich also der Bogenverlust schreiben:

$$h_{v\,B} = \left(\frac{\lambda \cdot L'}{d} + \zeta_u\right) \cdot \frac{v^2}{2\,g} \qquad (9/57)$$

Hierbei ist L' die Bogenlänge, λ die Widerstandszahl für die Wandreibung des betreffenden geraden Rohres und ζ_u die Widerstandsziffer für die Umlenkverluste. Sofern bei der Emittlung der Reibungsverluste über die gesamte Leitungslänge die der eingebauten Bögen bereits mit erfaßt worden sind, verbleibt als zusätzlicher Bogenverlust lediglich der 2. Ausdruck in der Klammer der Gl. (9/57). Es ist dann

$$h_{v\,\text{Leitung}} = \frac{v^2}{2\,g}\left\{\lambda\left(\frac{L + \Sigma L'}{d}\right) + \Sigma\,\zeta_u\right\} \qquad (9/58)$$

Hierin bedeuten:

L = Gesamtlänge der geraden Rohrstrecken (m)

L' = Gesamtlänge der Bögen (m)

d = Innendurchmesser (m)

λ = Widerstandszahl für die Rohrreibung

$\Sigma\,\zeta_u$ = Summe der Widerstandsziffern der einzelnen Bögen

v = Fließgeschwindigkeit (m/s)

g = Erdbeschleunigung (m/s²)

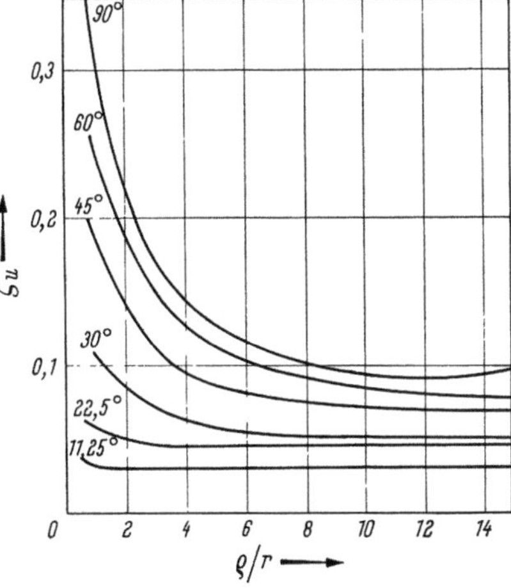

Abb. 590. Umlenkungsverlustziffern ζ_u in Abhängigkeit vom Ablenkungswinkel.

Für die Umlenkverlustziffern ζ_u ergeben sich die nach HOFMANN[2] und WASIELEWSKI[3] für Re = etwa $1 \cdot 10^5$ bis $2 \cdot 10^5$ aufgestellten Werte der Abb. 590.

Werden Rohrbögen aus einem anderen Material als dasjenige der Rohrleitungen eingebaut, so wird man in der Praxis die damit verbundene Veränderung der absoluten Wandrauhigkeit vernachlässigen, sofern nicht erhebliche Unterschiede in der Wandbeschaffenheit auftreten. Erscheint jedoch die Berücksichtigung des veränderten k-Wertes angebracht, so müssen die betreffenden Rohrbogenlängen aus der Gesamtlänge herausgenommen und ihre Gesamtverlusthöhen

---

[1] Zum Unterschied von der Widerstandszahl für die Wandreibung.

[2] HOFMANN, A.: Der Verlust in 90°-Rohrkrümmungen mit gleichbleibendem Querschnitt, Mittlg. Hydraul. Inst. TH München, 3/1929.

[3] WASIELEWSKI, R.: Verluste in glatten Rohrkrümmern mit kreisrundem Querschnitt bei weniger als 90° Ablenkung, Mittlg. Hydraul. Inst. TH München, 5/1932.

gesondert berechnet werden. Bei Asbestzement-Druckrohrleitungen NW 250 und mehr werden Rohrbögen aus Gußeisen verlegt. Die absolute Wandrauhigkeit k beträgt für das neue, unisolierte Gußrohr $k = 0{,}25$ (mm) und für das neue, isolierte $k = 0{,}125$ (mm)[1]. Diese Werte können jedoch infolge Inkrustierungen nach längerer Betriebszeit erheblich ansteigen. RICHTER [190] führt Werte von $k = 1{,}5$ bis $4{,}0$ (mm) an. Bei der Annahme eines über eine längere Zeit bestehenden mittleren k-Wertes von 0,4 lassen sich die zugehörigen λ_R-Werte für Gußeisen aus der Abb. 591 ablesen.

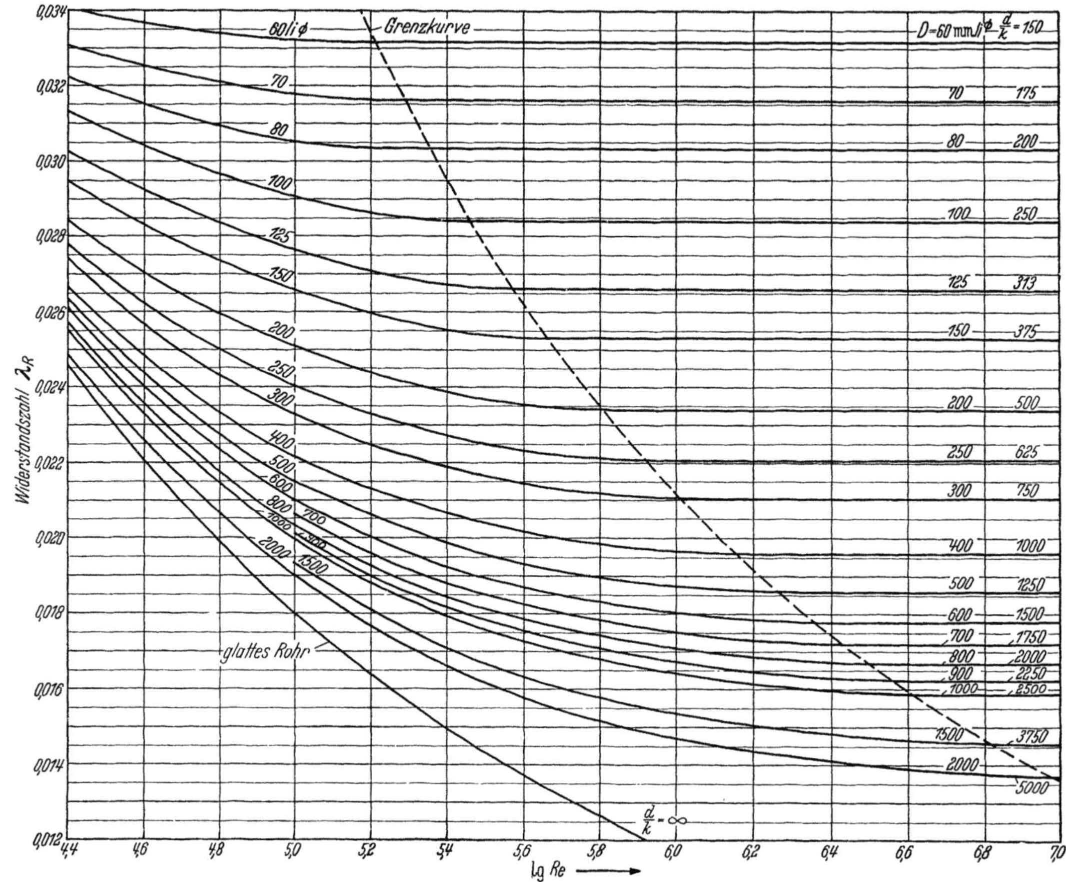

Abb. 591. Bestimmung der Widerstandszahlen λ_R für gußeiserne Rohre ($k = 0{,}4$ mm) (nach RICHTER [190]).

Mit den so gefundenen λ_R-Werten läßt sich der Anteil der Wandreibung am Bogenverlust sofort ermitteln. Es ist

$$\zeta_R = \frac{L' \cdot \lambda_R}{d} \tag{9/59}$$

$$L' = \text{Bogenlänge} = \frac{\delta^\circ}{180^\circ} \cdot \pi \cdot \varrho \ \text{(m)}.$$

Mit ζ_u aus Abb. 590 erhält man dann den Gesamtverlust eines Bogens:

$$h_v = (\zeta_R + \zeta_u)\frac{v^2}{2g} = \zeta_B \cdot \frac{v^2}{2g} \tag{9/56a}$$

Sind neben Bögen auch andere Einbauten, wie z. B. Schieber oder Ventile in einer Rohrleitung vorhanden, deren Verluste im allgemeinen nur als Gesamtverluste angegeben werden, so ist es oft wünschenswert, auch die Bogenverluste als Gesamtverluste aufzuführen. Das hat den Vorteil, daß man bei der Bestimmung der Reibungslänge einer Leitung grundsätzlich alle Einbauten ausneh-

---

[1] Bericht B: Technischer Ausschuß des Internationalen Wasserkongresses, London 1955.

men kann. Aus diesem Grunde werden nachstehend die Gesamtverluste der für Asbestzement-Druckrohrleitungen in Frage kommenden Rohrbögen und Krümmer[1] aufgeführt.

a) Asbestzement-Rohrbögen. Für Asbestzement gilt $k = 0{,}025$ (mm). Mit der Annahme einer Durchflußgeschwindigkeit von 1,0 (m/s) und der damit bestimmten mittleren REYNOLDschen Zahl ergeben sich folgende ζ_B-Werte ($\zeta_B = \zeta_R + \zeta_u$):

Tabelle 141. *Widerstandsziffern ζ_B für Asbestzement-Rohrbögen (k = 0,025 mm)*

NW	ζ_B					
	$\delta = 11^1/_4{}^\circ$	$\delta = 22^1/_2{}^\circ$	$\delta = 30^\circ$	$\delta = 45^\circ$	$\delta = 60^\circ$	$\delta = 90^\circ$
65	0,163	0,208	0,234	0,295	0,343	0,440
80	0,138	0,183	0,206	0,266	0,308	0,404
100	0,116	0,161	0,183	0,242	0,284	0,371
125	0,102	0,143	0,166	0,220	0,262	0,349
150	0,089	0,128	0,148	0,200	0,240	0,320
200	0,079	0,117	0,138	0,189	—	—

b) Gußeiserne Rohrbögen. Für den Einbau in Asbestzement-Druckrohrleitungen stellen die Hersteller von Asbestzement-Druckrohren besondere genormte gußeiserne Bogen-Formstücke zur Verfügung, deren Abmessungen und Krümmungsradien in DIN 19 805 festgelegt sind. Ihre Enden sind so ausgebildet, daß die Formstücke mit handelsüblichen Kupplungen angeschlossen werden können. Unter Zugrundelegung der Re-Zahlen entsprechend einer Durchflußgeschwindigkeit von 1,0 (m/s) und der absoluten Wandrauhigkeit $k = 0{,}4$ (mm), die der zu erwartenden Zunahme der Unebenheiten an der Rohrwand Rechnung trägt, ergeben sich für diese speziellen Bogen-Formstücke die nachstehend aufgeführten Widerstandsziffern ζ_B. Sie können auch für Flanschbögen angewandt werden.

Tabelle 142. *Widerstandsziffern ζ_B für gußeiserne Rohrbögen (k = 0,4 mm) und ζ_k für 90°-Krümmer (k = 0,4 mm)*

NW	ζ_B						ζ_k
	$\delta = 11^1/_4{}^\circ$	$\delta = 22^1/_2{}^\circ$	$\delta = 30^\circ$	$\delta = 45^\circ$	$\delta = 60^\circ$	$\delta = 90^\circ$	$\delta = 90^\circ$
65	0,117	0,159	0,185	0,238	0,295	0,379	0,320
80	0,099	0,136	0,159	0,212	0,258	0,328	0,293
100	0,083	0,116	0,136	0,186	0,230	0,290	0,269
125	0,071	0,100	0,120	0,166	0,210	0,263	0,256
150	0,065	0,092	0,113	0,158	0,202	0,251	0,251
200	0,057	0,081	0,103	0,147	0,191		0,243
250	0,052	0,075	0,100	0,144	0,187		0,239
300	0,049	0,071	0,097	0,141	0,186		0,238
350	0,047	0,069	0,096	0,140			0,237
400	0,045	0,066	0,095	0,139			0,235
500	0,042	0,063	0,093	0,139			0,235
600	0,041	0,061	0,093	0,140			0,235
700	0,040	0,061	0,093	0,141			0,234
800	0,038	0,059	0,092	0,140			0,235
900	0,038	0,060	0,092	0,140			0,237
1000	0,037	0,060	0,093	0,140			0,245

---

[1] Es ist üblich, Bogenformstücke mit gerade auslaufenden Endstrecken „Bogen" und solche, bei denen die Krümmung bis zum Ende des Formstücks durchgeht „Krümmer" zu nennen.

Die Bogenverluste lassen sich auch dadurch berücksichtigen, daß man an Stelle der Bogenlänge eine „äquivalente" Länge x einsetzt, deren Größe demjenigen geraden Rohr entspricht, dessen Wandreibungsverlust genau so groß wie der gesamte Bogenverlust werden würde. Der Druckabfall für x Meter gerader Rohrleitung beträgt allgemein

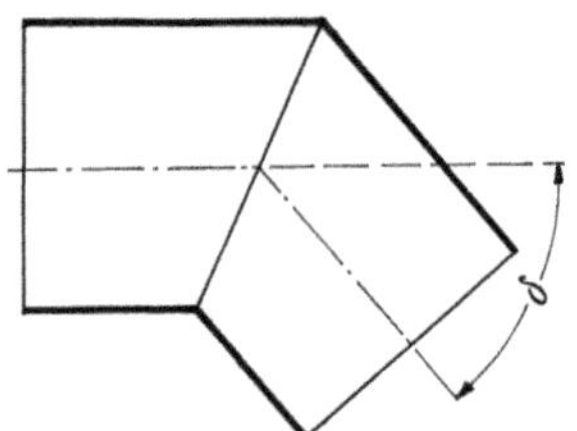

Abb. 592. Kniestück.

$$h_v = \lambda\, \frac{x}{d} \cdot \frac{v^2}{2\,g}$$

der eines Rohrbogens

$$h_{v\,B} = \left(\lambda\, \frac{L'}{d} + \zeta_u\right) \frac{v^2}{2\,g},$$

wobei $L' = \dfrac{\delta°}{180°} \cdot \pi \cdot \varrho =$ Bogenlänge. Aus der Gleichsetzung dieser beiden Gleichungen erhält man die notwendige „äquivalente" Rohrleitungslänge

$$x = L' + \frac{\zeta\,u \cdot d}{\lambda} \tag{9/60}$$

Zur Ermittlung des gesamten Druckverlustes einer Leitung unter Berücksichtigung der zusätzlichen Krümmer- bzw. Bogenverluste ist daher die Leitungslänge $L + \Sigma\,x$ einzusetzen.

Bei Leitungen mit wenig Formstücken kann im allgemeinen die Ermittlung und Berücksichtigung der Formstückverluste entfallen, da die tatsächliche Wandrauhigkeit der Rohre gegenüber dem in der Rechnung verwendeten k-Wert von 0,025 geringer ist; bei isolierten Rohren nähert sich k sogar dem Wert Null.

Im Gegensatz zu den kreisförmigen Bögen mit konstantem Krümmungsradius werden die sogenannten Segmentbögen aus einzelnen Teilstücken zusammengesetzt. Bei nur zwei Teilstücken spricht man auch von Kniebögen oder Kniestücken.

Für aus Asbestzement-Rohrstücken zusammengesetzte Kniebögen können mit genügender Genauigkeit die von KIRCHBACH[1] und SCHUBART[2] gefundenen Werte für glatte Rohre angenommen werden.

Tabelle 143. *Widerstandsziffern ζ_k für Kniestücke*

$\delta°$	5°	10°	15°	22,5°	30°	45°	60°	90°
ζ_k	0,016	0,018	0,042	0,066	0,110	0,236	0,471	1,129

Für aus mehreren Teilen bestehende Segmentbögen liegen keine allgemein gültigen Angaben vor. Abb. 593a-f zeigt einige Beispiele von untersuchten Segmentbögen, die der Veröffentlichung von RICHTER entnommen wurden.

Für Asbestzement können die jeweils für glatte Rohre angegebenen ζ-Werte benutzt werden. Es hat sich gezeigt, daß die günstigsten ζ-Werte dann erhalten werden, wenn die Länge der Teilstücke etwa $1{,}5\,d$ beträgt. Es läßt sich jedoch der Gesamtwiderstand eines Segmentbogens nicht aus der Summation der Widerstände jedes einzelnen Knickes errechnen. Eine derartige Rechnung ergibt zu große Verlusthöhen.

9.132 Verluste in Abzweigen

Rohrverzweigungen werden meist mit A-Stücken (senkrechter Abzweig) oder mit C-Stücken die jedoch nicht mehr genormt sind (um 45° geneigter Abzweig), hergestellt. Für die Betrachtung der hierbei auftretenden Widerstände bzw. Verluste ist zu beachten, ob es sich um eine Strom

---

[1] KIRCHBACH, H.: Der Energieverlust in Kniestücken. Mittlg. Hydraul. Institut TH München, 3/1929.

[2] SCHUBART, W.: Der Energieverlust in Kniestücken bei glatter und rauher Wandung. Mittlg. Hydraul. Institut TH München, 3/1929.

trennung oder um eine Stromvereinigung handelt. VOGEL[1] fand bei seinen Untersuchungen die in Abb. 594 und 595 wiedergegebenen Werte für ζ_a und ζ_d.

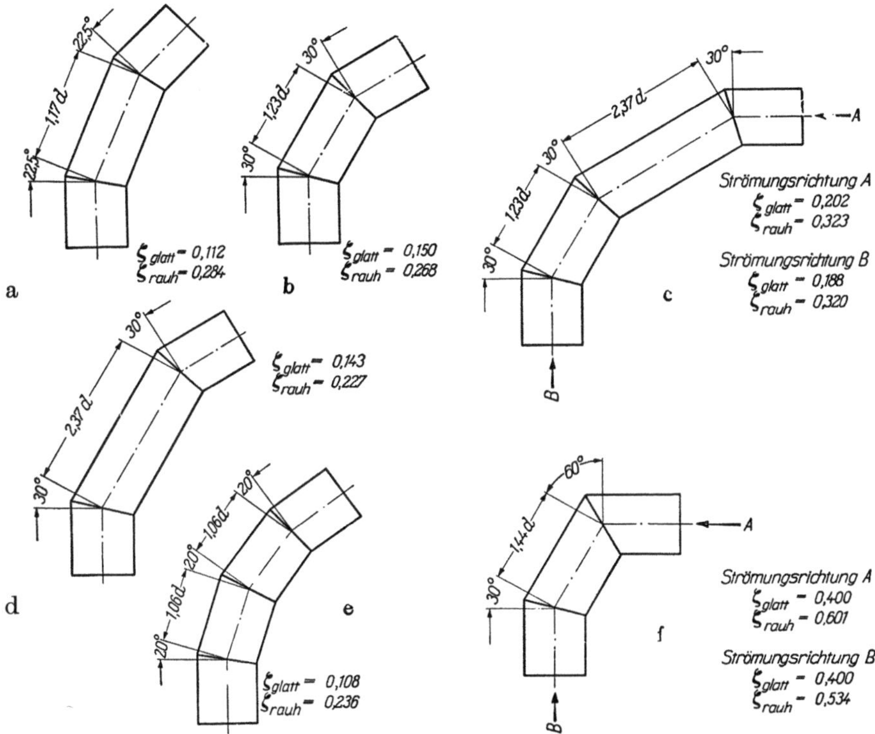

Abb. 593a—f. Widerstandsziffern für Segmentbögen [190].

9.133 Verluste infolge Querschnittsveränderungen

Die plötzliche Veränderung des Durchflußquerschnitts hat zur Folge, daß die Rohrströmung sich von der Wand ablöst und einmal Wirbelzonen schafft, zum anderen, daß sich eine Einschnürung ergibt, wie dies z.B. bei der scharfkantigen *Verengung* immer der Fall ist.

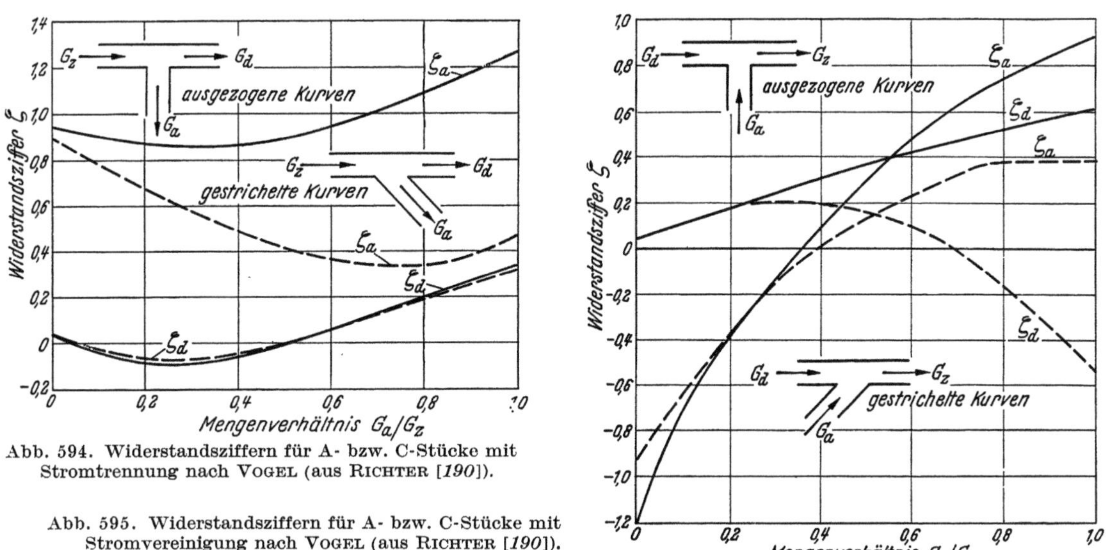

Abb. 594. Widerstandsziffern für A- bzw. C-Stücke mit Stromtrennung nach VOGEL (aus RICHTER [190]).

Abb. 595. Widerstandsziffern für A- bzw. C-Stücke mit Stromvereinigung nach VOGEL (aus RICHTER [190]).

---

[1] VOGEL, G.: Untersuchungen über den Verlust in rechtwinkligen Rohrverzweigungen. Mittlg. Hydraul. Institut TH München, 1/1926.

Es entsteht ein Wandreibungsverlust zwischen den Stellen 1 und 2 und außerdem ein Aufprallverlust zwischen den Stellen 0 und 2. Die Gesamtverlusthöhe ergibt sich demnach zu

$$h_v = \zeta\,\frac{v_2^2}{2\,g} = \varkappa\,\frac{v_0^2}{2\,g} + \frac{(v_0 - v_2)^2}{2\,g} \tag{9/61}$$

mit $\dfrac{F_0}{F_2} = \mu$ wird $v_0 = \dfrac{v_2}{\mu}$ und Gl. (9/61)

$$h_v = \frac{\varkappa \cdot v_2^2}{\mu^2 \cdot 2\,g} + \frac{\left(\dfrac{v_2}{\mu} - v_2\right)^2}{2\,g} = \frac{v_2^2}{2\,g}\left[\frac{\varkappa}{\mu^2} + \left(\frac{1}{\mu} - 1\right)^2\right].$$

Somit ist

$$\zeta_1 = \frac{\varkappa}{\mu^2} + \left(\frac{1}{\mu} - 1\right)^2 \tag{9/62}$$

Nach WECHMANN kann $\varkappa = 0{,}0765$ gesetzt werden. Für verschiedene Querschnittsverhältnisse F_2/F_1 ergeben sich nach WEISBACH die Werte der Tab. 144.

Tabelle 144. *Widerstandsziffern ζ_1 und Kontraktionskoeffizienten μ scharfkantiger Querschnittsverengung [235]*

$\dfrac{F_2}{F_1}$	0,01	0,1	0,2	0,3	0,4	0,6	0,8	1,0
μ	0,64	0,65	0,66	0,68	0,70	0,75	0,84	1,0
ζ	0,50	0,47	0,42	0,37	0,33	0,25	0,15	0,08

Wie sich die Ausrundung der Kante an der Verengung auf den Kontraktionskoeffizienten μ auswirkt, möge nachstehende Aufstellung von RICHTER [190] zeigen.

Für $F_2 \leqq 0{,}1\,F_1$ gilt:

scharfkantige Durchflußöffnung:	$\mu = 0{,}62$ bis $0{,}64$
ganz schwache Kantenbrechung:	$\mu = 0{,}7$ bis $0{,}8$
wenig abgerundete Kanten:	$\mu = 0{,}9$
stark abgerundete Kanten:	$\mu = 0{,}99.$

Eine scharfkantige plötzliche Verengung liegt z. B. auch beim Einbau einer *Meßblende* vor. Allerdings folgt sofort hinter dem schmalen Blendenring eine plötzliche Erweiterung. Die dadurch bedingten Verluste können jedoch vernachlässigt werden. Damit ergibt sich, wenn die Blendenöffnung mit F_B bezeichnet wird und da $F_1 = F_2 = F$

$$\zeta_s = \left(\frac{F}{\mu_B \cdot F_s} - 1\right)^2 \tag{9/63}$$

WEISBACH fand für ζ_s und μ_B die Werte der Tab. 145.

Tabelle 145. *Widerstandsziffern ζ_s und Kontraktionskoeffizienten μ_B für in Rohrleitungen eingebaute Blenden (Scheibenringe) aus [235]*

$\dfrac{F_s}{F}$	0,1	0,2	0,3	0,4	0,5	0,6	0,7	0,8	0,9	1,0
μ_B	0,624	0,632	0,643	0,659	0,681	0,712	0,755	0,813	0,892	1,0
ζ	225,9	47,77	17,15	7,801	3,755	1,797	0,797	0,290	0,060	0

Günstiger verhalten sich Kurzventurirohre. Einige von RICHTER gegebene Werte mögen dies veranschaulichen:

Tabelle 146. *ζ_v-Werte für Kurzventurirohre [190]*

$\dfrac{F_s}{F_1}$	0,1	0,2	0,25	0,3	0,35	0,4	0,49	0,5	0,69
ζ	17	3	1,7	1	0,6	0,5	0,3	0,3	0,2

Die Verlusthöhe, die sich bei einer plötzlichen *Querschnittserweiterung* einstellt, läßt sich nach dem Impulssatz berechnen.

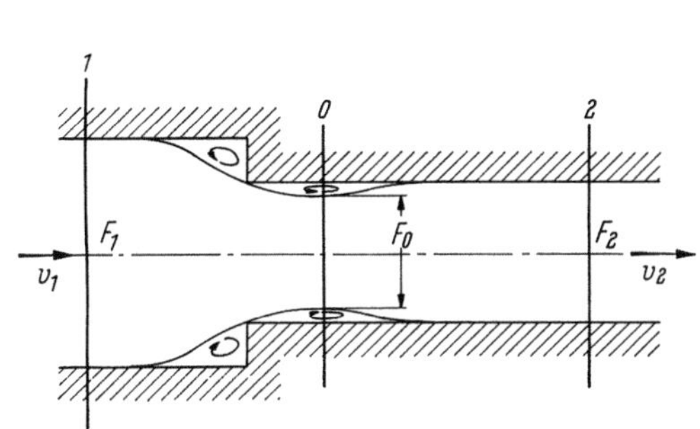

Abb. 596. Rohr mit scharfkantiger Querschnittsverengung.

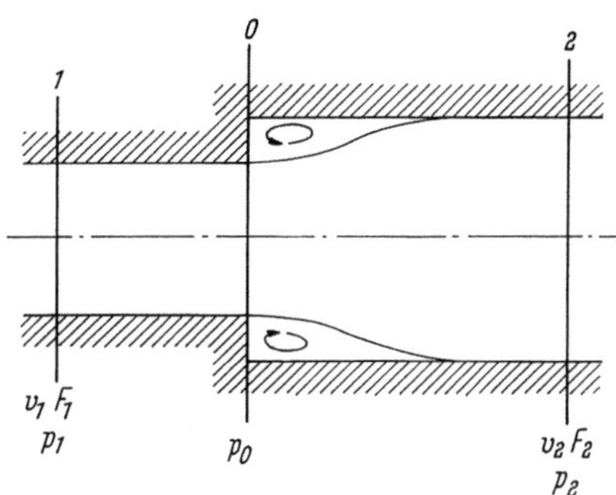

Abb. 597. Rohr mit scharfkantiger Querschnittserweiterung.

Der Impulssatz lautet: $d\,(m \cdot v) = \Sigma\, P \cdot dt$ $\qquad$ (9/64)

Für ein Zeitintervall dt gilt:

$$\frac{\gamma_{Fl}}{g}\,[F_2 \cdot dx_2 \cdot v_2 - F_1 \cdot dx_1 \cdot v_1] = [F_1 \cdot p_1 + (F_2 - F_1)\,p_0 - F_2 \cdot p_2]\,dt \qquad (9/65)$$

Die Kontinuität verlangt, daß $F_1 \cdot v_1 = F_2 \cdot v_2$, ferner kann nach WECHMANN [235] auf Grund von Versuchsergebnissen $p_0 = p_1$ gesetzt werden:

$$\frac{\gamma_{Fl}}{g}\,[F_2 \cdot v_2\,(dx_2 - dx_1)] = F_2\,(p_1 - p_2)\,dt.$$

Durch Division mit $F_2 \cdot dt$ wird, da $dx/dt = v$:

$$\frac{v_2\,(v_1 - v_2)}{g} = \frac{p_2 - p_1}{\gamma_{Fl}} \qquad (9/66)$$

Wäre der Übergang von der höheren Geschwindigkeit v_1 auf die niedrigere Geschwindigkeit v_2 reibungslos, so würde sich die Differenz der Geschwindigkeitshöhen einfach in einer veränderten Druckdifferenz ausdrücken, also etwa nach der Beziehung

$$\frac{p_2 - p_1}{\gamma_{Fl}} = \frac{v_1^2 - v_2^2}{2\,g} \qquad (9/67)$$

In Wirklichkeit ist aber eine zusätzliche Verlusthöhe vorhanden, sie entspricht nämlich der Differenz zwischen den Gl. (9/67) und (9/66)

$$h_v = \frac{v_1^2 - v_2^2}{2\,g} - \frac{v_2\,(v_1 - v_2)}{g} = \frac{(v_1 - v_2)^2}{2\,g} \qquad (9/68)$$

damit erhält man

$$\zeta_2 = \left(\frac{v_1}{v_2} - 1\right)^2 = \left(\frac{F_2}{F_1} - 1\right)^2 \qquad (9/69)$$

Wie in Abb. 597 angedeutet, löst sich der Strahl von der Kante ab und erweitert sich allmählich auf den Querschnitt F_2. SCHÜTT[1] fand, daß zur völligen Wiederherstellung des Strahles eine Übergangsstrecke von 8 bis 10 d erforderlich ist. Die Natur bildet also gewissermaßen von selbst einen stetigen Übergang von einem Querschnitt zum anderen. Es liegt daher nahe, Erweiterungs- bzw. Reduktionsstücke so zu formen, daß Strahlablösungen tunlichst vermieden werden, da vor allem letztere die Verluste bringen. Bei Rohrverengungen können keine Strahlablösungen

---

[1] SCHÜTT, H.: Versuche zur Bestimmung der Energieverluste bei plötzlicher Rohrerweiterung. Mittlg. Hydraul. Institut der TH München, Heft 1 (1927).

auftreten, daher entstehen dort geringere Verluste als bei Rohrerweiterungen. Abb. 598 gibt die Abhängigkeit der Widerstandsziffer von dem Erweiterungswinkel wieder. Hierbei ist die Verlusthöhe auf die Austrittsgeschwindigkeit w_2 bezogen[1]. Es ist demnach die Gesamtverlusthöhe für eine allmähliche Erweiterung des Durchflußquerschnittes

$$h_v = \zeta_2 \, \frac{w_2^2}{2\,g} \qquad (9/70)$$

Die geringsten Widerstände ergeben sich dann, wenn der Öffnungswinkel so klein gehalten wird, daß keine Ablösung des Strahles erfolgt. Dies ist der Fall, wenn α kleiner als 6° bis 8° gehalten wird. Wegen der dabei notwendigen großen Baulänge läßt sich dieser Grenzwinkel jedoch nicht einhalten. Vielmehr müssen die Baulängen möglichst kurz gehalten werden, so daß die Öffnungswinkel in der Praxis bei Reduktionsstücken etwa zwischen 15° und 30° liegen.

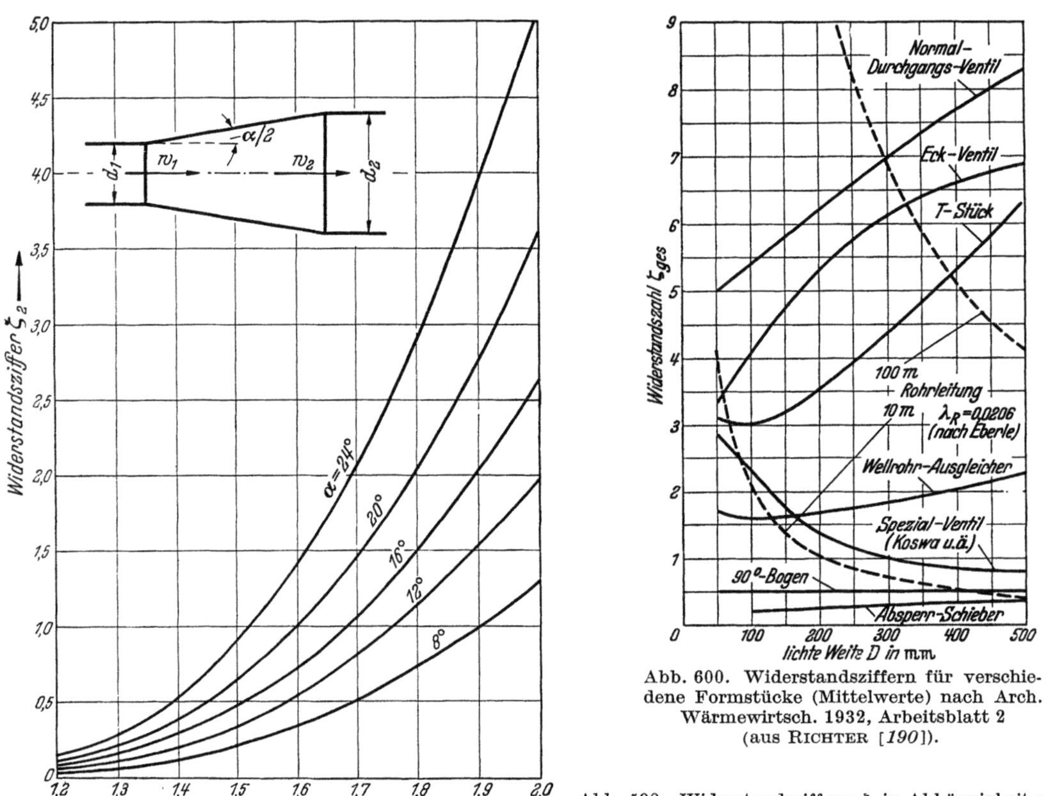

Abb. 600. Widerstandsziffern für verschiedene Formstücke (Mittelwerte) nach Arch. Wärmewirtsch. 1932, Arbeitsblatt 2 (aus RICHTER [190]).

Abb. 598. Widerstandsziffern ζ_2 in Abhängigkeit vom Öffnungswinkel α [190].

9.134 Verluste infolge Armaturen

Die genaue Angabe von Reibungsverlusten in *Armaturen* stößt auf große Schwierigkeiten. Es finden sich daher in der Literatur kaum allgemein gültige Angaben. Als Anhalt mögen daher die Abb. 599 und 600 dienen.

Für kleinere Nennweiten bringt RICHTER [190] die in Tab. 147 wiedergegebenen Werte für Ventile und Klappen im geöffneten Zustand.

Für Freiflußventile NW größer 200 gibt RICHTER den Wert $\zeta = 0,5$ an. Rückschlagklappen ohne Hebel und Gewicht haben eine Verlusthöhe von mindestens 0,2 m WS, mit Hebel und Gewicht von 0,5 m WS.

Schieber haben im geöffneten Zustand relativ geringe Verluste. Wasserschieber können mit $\zeta = 0,3$ bis 0,37 berücksichtigt werden.

---

[1] Mit Rücksicht auf die Bezeichnungen der von RICHTER [190] übernommenen Abb. 598 wird die Fließgeschwindigkeit ausnahmsweise mit „w" angegeben.

Tabelle 147. *Widerstandsziffern ζ von Ventilen und Klappen in geöffnetem Zustand* [190]

NW	50	65	80	100	125	150	200	300	400	500
Durchgangsventile										
Koswa	2,7	2,6	2,6	2,5	2,5	2,4	2,4	2,3	2,2	2,1
Rhei	2,9	2,9	2,8	2,7	2,3	2,0	1,4	1,0	0,8	0,7
Freifluß	1,0	0,9	0,81	0,7	0,6	0,6	0,6			
Boa	2,3	2,4	2,5	2,4	2,3	2,1	2,0			
DIN	4,5	4,7	4,8	4,8	4,5	4,1	3,6			
Eckventile										
Boa	1,9	2,0	2,0	1,9	1,7	1,5	1,3			
DIN	3,5	3,7	3,9	3,8	3,3	2,7	2,0			
Rückschlagventile										
Freifluß	2,0	2,0	2,0	1,6	1,6	2,0	2,5			
Boa	3,3	3,6	3,9	4,1	3,9	3,3	2,6			
DIN	6,0	6,6	7,4	7,6	7,2	6,0	4,5			
Rückschlagklappen	1,4	1,4	1,3	1,2	1,0	0,9	0,8			

Für Saugkörbe mit Fußventil lassen sich ζ-Werte von 2,2 bis 2,5 annehmen.

Abschließend werden in Tab. 148 Angaben über die ζ-Werte und die relativen „äquivalenten" Rohrlängen x/d verschiedener Formstücke und Armaturen gebracht, die RICHTER [190] nach

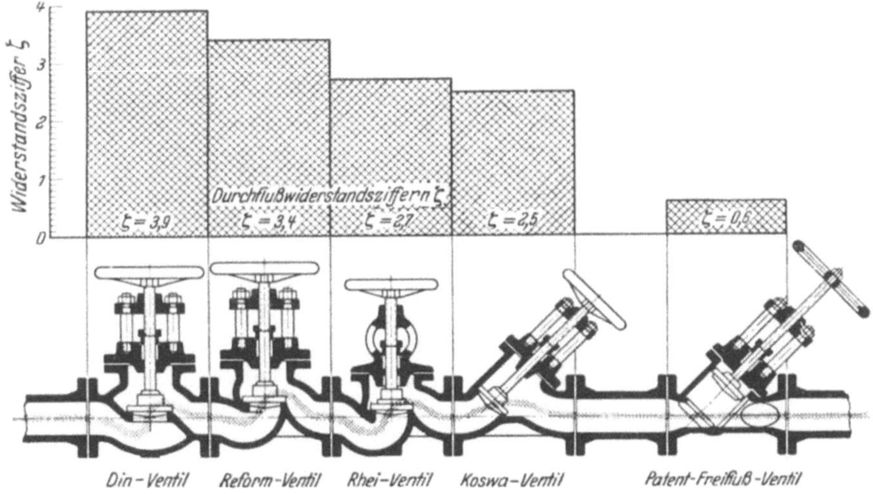

Abb. 599. Widerstandsziffern für verschiedene Arten von Durchgangsventilen NW 100 nach PFLEIDERER (aus RICHTER [190]).

amerikanischen Veröffentlichungen zusammengestellt hat. Durch Multiplikation der relativen „äquivalenten" Rohrlänge x/d mit dem Durchmesser der Rohrleitung erhält man die äquivalente Rohrlänge x (s. auch S. 460).

9.2 Druckstoß in Rohrleitungen

Bei der Betätigung eines Absperrorgans in einer durchströmten Leitung ergeben sich Druckänderungen, die beim Schließen eine Erhöhung und beim Öffnen eine Verminderung des vorhandenen Druckes bewirken. Hierbei werden ganz allgemein die Druckänderungen einen um so höheren Wert annehmen, je schneller der Schließ- bzw. Öffnungsvorgang vor sich geht. Schlagartiger Ausfall von Pumpen, z. B. infolge Stromausfall oder Rohrbruch auf der einen, Schnellschlußorgane auf der andern Seite stellen hierbei hinsichtlich ihres zeitlichen Verlaufs Grenzfälle dar, bei denen sich zwangsläufig auch die extremsten Druckänderungen ergeben werden, sofern nicht durch besondere Maßnahmen für Abhilfe gesorgt wird.

Tabelle 148. *Widerstandsziffern ζ und relative äquivalente Rohrlängen verschiedener Formstücke und Armaturen*

Typ des Leitungsstückes	x/d	ζ
45°-Standard-Ellbogenkrümmer	15	0,3
desgl., weiter Krümmungsradius	10	0,2
90°-Standard-Ellbogenkrümmer	32	0,74
desgl., mittlerer Krümmungsradius	26	0,6
desgl., weiter Krümmungsradius	20	0,46
90°-Kniestück (scharfe Umlenkung)	60	1,3
180°-Umlenkung (enge Krümmung)	75	1,7
desgl., mittlere Krümmung	50	1,2
Standard-A-Stück bei geradem Durchfluß (Abzweigung verschlossen)	20	0,4
desgl., als Ellbogen benutzt, Austritt in Abzweigung	60	1,3
desgl., als Ellbogen benutzt, Eintritt in Abzweigung	70	1,5
A-Stück mit großer Krümmung als Ellbogen benutzt, Austritt aus Abzweigung	30	0,5
Verschraubkupplung	2	0,04
Schieber offen	7	0,13
desgl., ¾ offen	40	0,8
desgl., ½ offen	200	3,8
desgl., ¼ offen	800	15,0
Kugelventil, Schrägsitz, offen	350	6,3
desgl., ½ offen	550	10,0
Kugelventil, Scheibensitz, offen	330	6,0
desgl., ½ offen	500	9,0
Kugelventil, Stempelsitz, offen	500	9,0
desgl., ¾ offen	700	13,0
desgl., ½ offen	2000	35,0
desgl., ¼ offen	6000	110,0
Eckventil, offen	170	3,0
Y- oder Abblasventil, offen	170	3,0
Prüfventil, Laufsitz	110	2,0
desgl., Scheibensitz	500	10,0
desgl., Kegelsitz	3500	65,0
Wassermeßuhren, Scheibenprinzip	400	8,0
desgl., Kolbenprinzip	600	12,0
desgl., Drehmomentprinzip	300	6,0

Zur Beurteilung und Abschätzung der zu erwartenden Druckänderungen infolge Druckstöße in einer Rohrleitung muß man sich ein Bild darüber machen, inwieweit die Rohrleitung selbst beteiligt ist. Dazu ist ein kurzer Einblick in die Theorie der Druckstöße unumgänglich.

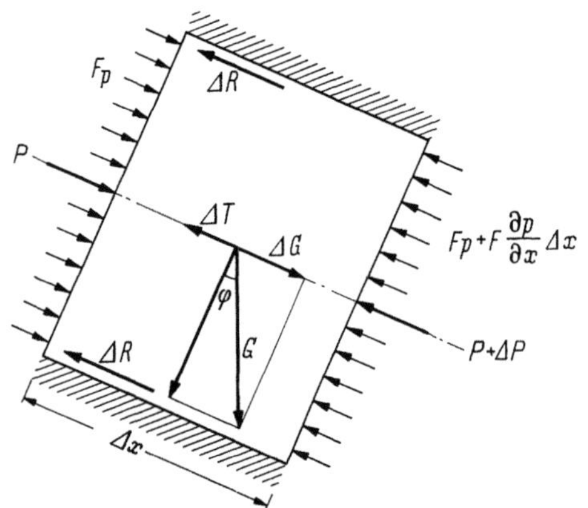

Abb. 601. Gleichgewichtsbetrachtungen an einem herausgeschnittenen Leitungsteil.

Schneidet man aus einer Rohrleitung ein beliebiges Teilstück der Länge Δx heraus und stellt an diesem das Kräftegleichgewicht auf, so findet man gemäß Abb. 601

$$\Delta P + \Delta R + \Delta T + \Delta G = 0 \qquad (9/71)$$

ΔP stellt den Zuwachs der Druckkräfte dar,

$$\Delta P = -F \cdot \frac{\partial p}{\partial x} \cdot \Delta x \qquad (9/72)$$

ΔT ist die resultierende Trägheitskraft längs der Rohrachse, die sich der Bewegung der Wassersäule entgegengestellt.

$$\Delta T = -\Delta m \cdot b. \qquad (9/73)$$

Hierbei ist Δm die Masse der Wassersäule $(\gamma/g) \cdot F \cdot \Delta x$ und b die Beschleunigung

$$b = \frac{\partial v}{\partial t} + \frac{\partial \left(\frac{v^2}{2}\right)}{\partial x},$$

somit wird

$$\Delta T = - \frac{\gamma F}{g} \left(\frac{\partial v}{\partial t} + \frac{\partial \left(\frac{v^2}{2} \right)}{\partial x} \right) \cdot \Delta x \tag{9/74}$$

Die Resultierende der Reibungskräfte, die ebenfalls der Strömung entgegengerichtet ist, beträgt

$$R = - \gamma \cdot \Delta H_v \cdot F = - \frac{\gamma \cdot \lambda \cdot F}{d} \cdot \frac{v^2}{2g} \Delta x \tag{9/75}$$

(ΔH_v = Reibungsverlusthöhe auf die Länge Δx bezogen.)

Schließlich wirkt die Komponente des Eigengewichts der Wassersäule in Bewegungsrichtung.

$$\Delta G = \gamma \cdot F \cdot \sin \varphi \cdot \Delta x = \gamma \cdot F \cdot \frac{dy}{dx} \Delta x \tag{9/76}$$

Setzt man die gefundenen Ausdrücke in Gl. (9/71) ein und dividiert gleichzeitig durch $\gamma \cdot F \cdot \Delta x$, so erhält man

$$+ \frac{1}{\gamma} \cdot \frac{\partial p}{\partial x} + \frac{1}{g} \left(\frac{\partial v}{\partial t} + \frac{\partial \left(\frac{v^2}{2} \right)}{dx} \right) + \frac{\lambda}{d} \cdot \frac{v^2}{2g} - \frac{\partial y}{\partial x} = 0 \tag{9/77}$$

oder mit

$$\frac{\lambda}{d} \cdot \frac{v^2}{2g} = \frac{\partial}{\partial x} \cdot \left(\int\limits_0^x \frac{\lambda}{d} \frac{v^2}{2g} \, dx \right)$$

$$\frac{\partial}{\partial x} \cdot \left(\frac{p}{\gamma} - y + \frac{v^2}{2g} + \int\limits_0^x \frac{\lambda}{d} \cdot \frac{v^2}{2g} \, dx \right) + \frac{1}{g} \frac{\partial v}{\partial t} = 0 \tag{9/78}$$

Der Klammerausdruck stellt aber nichts anders als den BERNOULLIschen Ansatz für die Energiehöhe H_0 unter Berücksichtigung der Reibungsverluste dar. Hierbei ist allerdings zu beachten, daß ein instationärer, also zeitabhängiger Strömungszustand vorliegt. ($H = f_{(x, t)}$.) Es läßt sich also Gl. (9/78) sehr einfach schreiben

$$\frac{\partial H}{\partial x} + \frac{1}{g} \cdot \frac{\partial v}{\partial t} = 0 \tag{9/79}$$

Der für alle Strömungsvorgänge geltende Satz der Einhaltung der Kontinuität, d. h.

$$v = \frac{Q}{F} \tag{9/80}$$

muß an jeder Stelle x zu jedem Zeitpunkt t gewahrt sein.

Betrachtet man die Wandung des Leitungsstückchen als vollkommen starr, so ergibt sich infolge des Wasserdruckes eine Volumenverminderung der eingeschlossenen Wassersäule, die sich nach HOOKE mit Gl. (9/81) beschreiben läßt:

$$\Delta V_1 = \frac{1}{E_{Fl}} \left(\frac{\partial p}{\partial t} \cdot \Delta t \cdot F \cdot \Delta x \right) \tag{9/81}$$

(E_{Fl} = E-Modul der Flüssigkeit).

In Wirklichkeit ist die Rohrwandung elastisch. Ihr Nachgeben, d. h. Aufweiten infolge des Innendrucks, führt zu einer Volumenvergrößerung.

Die elastische Dehnung des Durchmessers d bzw. Halbmessers r beträgt:[1]

für dünnwandige Rohre:

$$\varepsilon_r = \frac{\Delta r}{r} = \frac{\Delta \left(\frac{d}{2} \right)}{\frac{d}{2}} = \frac{p \cdot d}{2 \cdot s} \cdot \frac{1}{E_r} \quad (E_r = \text{E-Modul des Rohres}) \tag{9/82}$$

---

[1] s. hierzu auch Abschn. 4.32.

30*

für dickwandige Rohre:

$$\varepsilon_r = \frac{\Delta r}{r} = \frac{\Delta\left(\dfrac{d}{2}\right)}{\dfrac{d}{2}} = \frac{1}{E_r} \cdot \frac{p}{2}\left(\frac{(d+s)^2 + s^2}{(d+s)\cdot s}\right) \tag{9/83}$$

Aus Gl. (9/83) ergibt sich die Volumenvergrößerung

$$\Delta V = \Delta\left(\frac{d}{2}\right)\cdot d\cdot \pi\cdot x = \frac{p\cdot d^2}{4\cdot s\cdot E_r}\cdot d\cdot \pi\cdot \Delta x \tag{9/84}$$

und unter Berücksichtigung der Zeitabhängigkeit

$$\Delta V_2 = \frac{d}{E_r\cdot s}\cdot \frac{\partial p}{\partial t}\cdot \Delta t\cdot F\cdot \Delta x \tag{9/85}$$

Gl. (9/85) setzt voraus, daß die Längsverschieblichkeit innerhalb der Rohrleitung, wie z.B. bei Asbestzement-Druckrohrleitungen gewährleistet ist. Ist dies nicht der Fall, so müssen die infolge der Querkontraktion entstehenden Spannungen auch in Längsrichtung berücksichtigt werden.

Für E_r ist dann der Ausdruck $\dfrac{E_r}{1-v^2}$ zu setzen ($v=$ Querkontraktionszahl).　　　　(9/82a)

In den durch ΔV_1 und ΔV_2 gewonnenen Raum ergießt sich eine zusätzliche Wassermenge ΔQ. Da jedoch die Kontinuität erhalten bleiben muß, wird

$$\Delta Q + \Delta V_1 + \Delta V_2 = 0$$

und mit den Gln. (9/81) und (9/85) schließlich

$$\frac{\partial v}{\partial x} + \frac{1}{E_{Fl}}\cdot \frac{\partial p}{\partial t} + \frac{d}{E_r\cdot s}\cdot \frac{\partial p}{\partial t} = 0 \tag{9/86}$$

Durch Trennung der Variablen erhält man

$$-\frac{\partial v}{\partial x} = \left(\frac{1}{E_{Fl}} + \frac{d}{s\cdot E_r}\right)\frac{\partial p}{\partial t}.$$

Setzt man den Ausdruck

$$\frac{\gamma}{g}\left(\frac{1}{E_{Fl}} + \frac{d}{s\cdot E_r}\right) = \frac{1}{a^2}\quad \text{und}$$

$$p = \gamma\cdot H,\quad \text{so erhält man}$$

$$\frac{\partial v}{\partial x} + \frac{g}{a^2}\frac{\partial H}{\partial t} = 0 \tag{9/87}$$

Damit ergeben sich zwei Beziehungen für den Druckstoß

$$\frac{\partial v}{\partial t} + g\cdot \frac{\partial H}{\partial x} = 0 \tag{9/79}$$

$$\frac{\partial v}{\partial x} + \frac{g}{a^2}\frac{\partial H}{\partial t} = 0 \tag{9/88}$$

wobei der Ausdruck

$$a = \sqrt{\frac{\dfrac{g}{\gamma}}{\left(\dfrac{1}{E_{Fl}} + \dfrac{d}{s\cdot E_r}\right)}}\quad \text{(m/s)} \tag{9/89}$$

die Fortpflanzungsgeschwindigkeit der Druckwelle beschreibt. Gl. (9/89) wurde von ALLIEVI[1] aufgestellt.

---

[1] ALLIEVI, L. R. DUBS und V. BATAILLARD: Allgemeine Theorie über die veränderliche Bewegung des Wassers in Leitungen. Berlin 1909.

Entsprechend ihrer Ableitung muß beachtet werden, daß der Wert H in Gl. (9/79) die Energiehöhe und in Gl. (9/88) die Druckhöhe darstellt. TÖLKE [*220*] schlägt daher vor, auch die zweite Druckstoßgleichung (9/88) auf die Energiehöhe zu beziehen. Der dabei gemachte Fehler liegt innerhalb der Differenzen, die sich in der Praxis zwangsläufig den theoretischen Annahmen gegenüber ergeben.

Die allgemeinen Lösungen der beiden simultanen Differentialgleichungen für den Druckstoß lauten:

$$H - H_0 = \Phi\left(t - \frac{x}{a}\right) + \varphi\left(t + \frac{x}{a}\right) \tag{9/90}$$

$$v - v_0 = - \frac{g}{a}\left[\Phi\left(t - \frac{x}{a}\right) - \varphi\left(t + \frac{x}{a}\right)\right] \tag{9/91}$$

Hierbei bedeuten H_0 bzw. v_0 die Ausgangswerte der Energiehöhe bzw. der Fließgeschwindigkeit, Φ stellt eine beliebige, mit der Geschwindigkeit a forteilende Druckwelle dar, die z. B durch die Betätigung eines Schiebers erzeugt wurde und deren Form von der Schließkennlinie des betreffenden Verschlußorgans abhängig ist. φ ist die reflektierte Druckwelle, die z. B. am Behälter zurückgeworfen werden kann. Ihre Form wird sowohl von Φ als auch von den Reflektionsbedingungen, vorhandenen Dämpfungen usw. beeinflußt.

Den weiteren Ausführungen wird ein einfaches Leitungssystem (Abb. 602) zugrunde gelegt. Von einem Behälter B führt eine Druckleitung, die in der Entfernung $x = L$ durch einen Schieber S getrennt werden kann. Es herrsche ein stationärer Fließzustand, d. h. der Behälterspiegel behalte auch während des Fließens seine ursprüngliche Lage. Wird der Schie

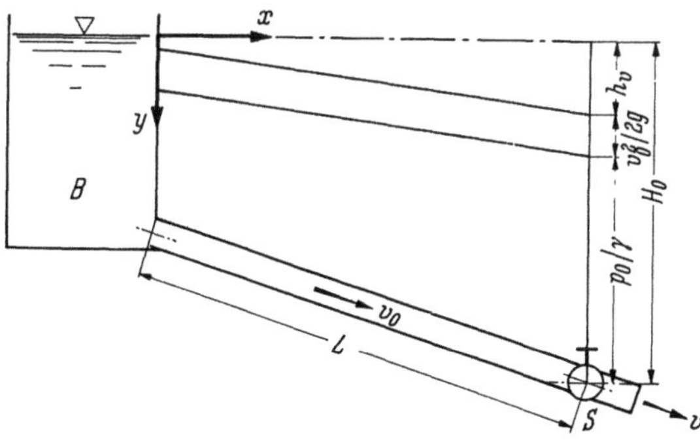

Abb. 602. Schematische Darstellung eines einfachen Leitungssystems.

ber S geschlossen, so erzeugt die auflaufende Wassersäule eine Druckwelle, die von S nach B läuft, von dort zurück nach S geworfen wird und aufs neue in Richtung B wandert. Dieser Vorgang wiederholt sich viele Male, wobei, je nach der vorhandenen Dämpfung, die Schwingungsamplitude abgebaut wird. Das Schaubild der Druckwelle zeigt die Form einer gedämpften „harmonischen" Schwingung. Die Druckwelle pflanzt sich mit der Geschwindigkeit a [Gl. (9/89)] fort. Wenn sie von B zurückkommt und S wieder erreicht, hat sie den Weg $2\,L$ zurückgelegt. Es leuchtet ohne weiteres ein, daß die Beanspruchung des Schiebers und der mit ihm verbundenen Leitung dann am größten ist, wenn die aufschießende Druckwelle den geschlossenen Schieber trifft oder, anders ausgedrückt, wenn die Laufzeit der Druckwelle größer ist als die Schließzeit T des Schiebers, also

$$T < \frac{2\,L}{a} \tag{9/92}$$

Im anderen Falle, wenn die zurückkehrende Druckwelle den Schieber noch teilweise geöffnet antrifft, wenn also

$$T > \frac{2\,L}{a} \tag{9/93}$$

ist, wird der Druckstoß durch die abfließende Wassermenge vermindert. Die Größe der Druckwelle, d. h. die Höhe ihrer Amplituden, wird hierbei weitgehend von dem Schließgesetz des Regelorgans, das die Durchflußquerschnittsveränderung in Abhängigkeit von der Regelzeit widerspiegelt, beeinflußt. In der Praxis wird man soweit wie möglich vermeiden, daß Regelvorgänge entsprechend der Gl. (9/92) vorgenommen werden, weil dann die größten Druckschwankungen auftreten. Jedoch bedingt die Anpassung des Regelvorganges an die jeweiligen Betriebsverhältnisse die Berücksichtigung der verschiedensten Faktoren, wie Querschnittsverhältnis, Regelzeit bzw. Regelgeschwindigkeit (letztere kann gleichmäßig oder ungleichmäßig verlaufen), Rohrleitungslänge und Reibungswiderstand, Dämpfung usw. Durch entsprechende konstruktive Maßnahmen sowohl beim Leitungsbau als auch bei der Ausbildung der Regelarmaturen lassen sich die gestellten Forderungen erfüllen. Es sei hier z. B. auf die Veröffentlichung von W. WIEDERHOLD und A. GEROMILLER [242] verwiesen.

Zur Abschätzung der maximalen Druckstoß-Belastung einer Rohrleitung ist der Regelverlauf entsprechend der Gl. (9/92) heranzuziehen. Diese Verhältnisse sind u. U. bei Ausfall von Pumpen gegeben. Da die Schließzeit kürzer als die Laufzeit der Druckwelle ist, ist bis zur Rückkehr der Reflexionswelle am Schieber S der zweite Anteil der Gl. (9/90) bzw. (9/91) $\varphi \cdot \left(t + \dfrac{x}{a}\right) = 0$. Man erhält

$$H - H_0 = \Phi \left(t - \frac{x}{a}\right) \tag{9/94}$$

$$v - v_0 = - \frac{g}{a} \cdot \Phi \left(t - \frac{x}{a}\right) \tag{9/95}$$

und nach Einsetzen der Gl. (9/94) in Gl. (9/95)

$$v = v_0 - \frac{g}{a} \left(H - H_0\right) \tag{9/96}$$

Es läßt sich also durch Eliminieren der Funktion φ auch ohne deren Kenntnis der maximale Druckanstieg errechnen. Setzt man $H - H_0 = \dfrac{\Delta p}{\gamma}$, der hierbei begangene Fehler ist, wie schon früher ausgeführt, unerheblich, so ergibt sich aus Gl. (9/96), da v am geschlossenen Schieber Null,

$$\frac{\Delta p}{\gamma} = \frac{v_0}{g} \cdot a \tag{9/97a}$$

Δp ist die maximale Druckänderung bei der ersten Druckwelle, die einen positiven oder negativen Wert annehmen kann, je nachdem, ob man in Fließrichtung gesehen, die Stelle vor oder hinter dem Schieber betrachtet. Hinter dem Schieber erzeugt die ablaufende Wassersäule bei plötzlichem Abschluß zunächst einen Unterdruck. Die Höhe der Druckveränderung Δp hängt nach Gl. (9/97) lediglich von der Ausgangsgeschwindigkeit v_0 ab. Bei Rohrleitungen mit hohen Fließgeschwindigkeiten können daher Druckstöße besonders große Belastungen für das Material bringen. Für derartige Leitungen sind vorbeugende Maßnahmen unerläßlich.

Für $T > \dfrac{2L}{a}$ hat ALLIEVI abgeleitet:

$$\frac{\Delta p}{\gamma} = H \left(\frac{L \cdot v_0}{g \cdot H \cdot T}\right)^2 \left[\frac{1}{2} + \sqrt{\frac{1}{4} + \left(\frac{g \cdot H \cdot T}{L \cdot v_0}\right)^2}\right] \tag{9/97b}$$

Dieser Druckanstieg tritt am Ende des Schließvorganges ein und ist sein Höchstwert unter der Bedingung, daß

$$\frac{v_0 \cdot a}{2g \cdot H} > 1{,}5 \,,$$

was meistens der Fall ist [235].

In der Praxis liegen die Verhältnisse nur selten so einfach wie in dem behandelten Beispiel. Durch Einbauten, Verästelungen des Netzes, Querschnittsveränderungen, Änderungen des Rohrmaterials, der Festpunktfundamente usw. werden sekundäre Wellen erzeugt, die die ursprünglichen überlagern. Die sekundären Wellen können verstärkend, aber auch vermindernd wirken. Darüber hinaus sind auch die Vorgänge von großem Interesse, die sich ergeben, wenn die Schließzeit länger als die Laufzeit ist und somit das Verhalten des Regelorgans, d. h. seine Kennlinie, in die Rechnung mit eingeht. Es wurde jedoch an dieser Stelle bewußt auf eine vollständige Darstellung der Druckstoßprobleme verzichtet; vielmehr sollten die hier angegebenen Betrachtungen lediglich dem besseren Verständnis der Mitwirkung der Rohrleitung an sich beim Druckstoß dienen. Für diejenigen Leser, die sich eingehender mit dem Wesen und der Theorie des Druckstoßes beschäftigen wollen, steht eine Vielzahl an Literatur zur Verfügung, wie z. B. die Veröffentlichungen von GANDENBERGER [82][1], von SCHNYDER [201] und die bereits erwähnten, von TÖLKE [220] herausgegebenen Veröffentlichungen des Deutschen Druckstoß-Ausschusses. Eine ausführliche Theorie des Druckstoßes findet sich bei JAEGER [107].

9.3 Druckabfall in einer Druckrohrleitung für Gase

9.31 Allgemeines

Der Druckabfall in Gasleitungen berechnet sich nach den allgemein gültigen Gleichungen für die Verluste in durchströmten Rohrleitungen. Den Besonderheiten der Gase gegenüber den Flüssigkeiten muß jedoch durch zusätzliche Faktoren Rechnung getragen werden. Ehe die Berechnung von Gasleitungen aufgezeigt wird, müssen daher einige grundsätzliche Betrachtungen über die Gase im Hinblick auf ihr gasdynamisches Verhalten angestellt werden.

In Abb. 603 sind die kinematischen Zähigkeiten einiger Gase bei 760 Torr in halblogarithmischer Auftragung wiedergegeben. Daraus wird ersichtlich, daß die kinematische Zähigkeit der Gase mit steigender Temperatur zunimmt, während sie bei Flüssigkeiten abnimmt. Bei Gasgemischen stößt die Bestimmung von v auf Schwierigkeiten. Nach RICHTER [190] können für technische Gasgemische vorerst die in Tab. 149 aufgeführten Werte verwendet werden.

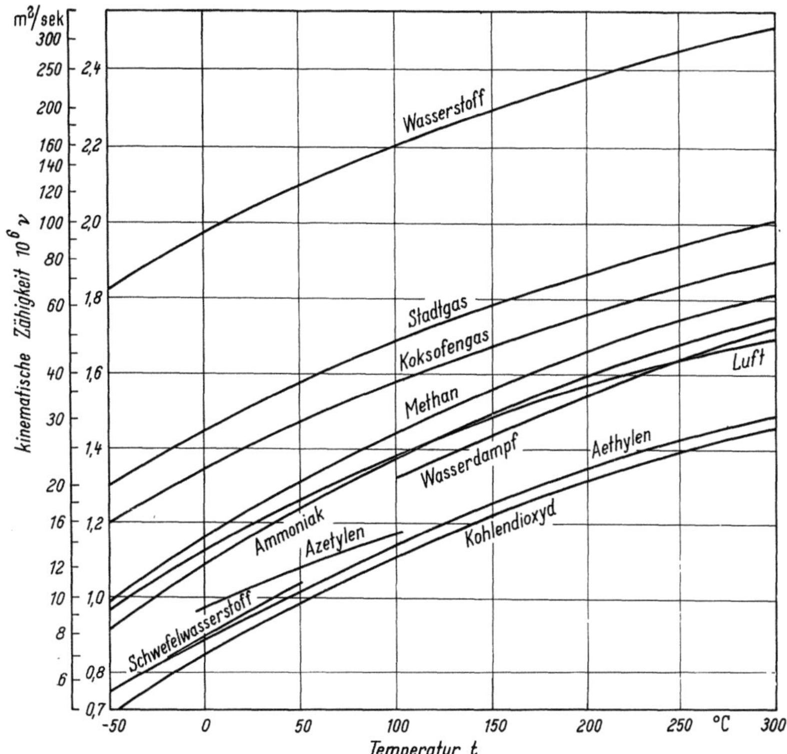

Abb. 603. Kinematische Zähigkeiten einiger Gase bei 760 Torr (nach RICHTER [190]).

Im Unterschied zu den Flüssigkeiten ändert sich der statische Druck bei Gasen infolge ihres geringen spezifischen Gewichts bei verschiedenen geodätischen Höhen praktisch nicht, es sei denn, daß sehr große Höhenunterschiede vorhanden sind. Dann allerdings verläuft die Druckabnahme mit steigender geodätischer Höhe wegen der Kompressibilität der Gase nicht mehr linear. Sofern die Temperatur im Rohr nicht wesentlich schwankt und man daher mit einem

---

[1] s. auch [83, 84].

Mittelwert T_m rechnen kann, läßt sich der Druckunterschied mit Hilfe der barometrischen Höhenformel

$$p_2 = p_1 \cdot e^{-\frac{h_2 - h_1}{R \cdot T_m}} \tag{9/98}$$

(R = Gaskonstante in m/Grad,

T_m = mittlere absolute Temperatur in °K)

berechnen.

Tabelle 149. *Kinematische Zähigkeiten v in m^2/s bei $20°C$ und 760 Torr [190]*

Gasart	$v \cdot 10^6$
Steinkohlengas, trockner Betrieb	28,0
Steinkohlengas, nasser Betrieb	27,5
Steinkohlengas mit 40% Wassergas	26,3
Wassergas (blau)	24,1
Wassergas (karburiert)	19,0
Generatorgas aus Kohle	14,4
Generatorgas aus Koks	13,8
Generatorgas, nasser Betrieb	15,4
Braunkohlengas (bei 500°C entgast)	22,0
Ölgas	15,6
Schwelgas aus Steinkohlen	23,8
Koksofengas	29,5
Mondgas	16,4
Gichtgas	13,9
Blausgas	14,0
Naturgas	23,0
Luftgas	14,5 bis 12,2
Rauchgas	15,5

Bei Gasen besteht ein Zusammenhang zwischen Volumen, Druck und Temperatur, der sich aus der allgemeinen Gasgleichung

$$P \cdot V = R \cdot T \qquad \text{(für 1 kp Gas)}$$

bzw.

$$P \cdot V = G \cdot R \cdot T \qquad \text{(für } G \text{ kp Gas)} \tag{9/99}$$

ergibt. Hierin bedeuten P der absolute Druck in kp/m^2, V das Volumen in m^3 und T die absolute Temperatur[1] in °K (Kelvin). R in m/Grad ist die Gaskonstante, die die Art des Gases kennzeichnet. Nach BOYLE und MARIOTTE (1. Gasgesetz) gilt auch für eine Zustandsänderung unter gleichbleibender Temperatur

$$P \cdot V = \text{const}; \qquad \frac{P}{\gamma} = \text{const.} \tag{9/100}$$

und nach GAY-LUSSAC (2. Gasgesetz) für eine Zustandsänderung unter gleichbleibendem Druck

$$\frac{T}{V} = \text{const}; \qquad T \cdot \gamma = \text{const.} \tag{9/101}$$

Die beiden Gasgesetze, auf denen die allgemeine Gasgleichung beruht, werden jedoch streng nur erfüllt, wenn ein ideales oder vollkommenes Gas vorliegt, d. h. ein Gas, bei dem die molekularen Anziehungskräfte verschwinden bzw. sehr gering werden. Diesem Zustand nähert sich z. B. Wasserstoff am weitesten. Die technischen Gase, mit denen man in der Praxis zu tun hat, weichen in den Grenzen ihrer Anwendung nur wenig von den idealen Gasen ab, so daß sie mit

---

[1] T in °K (Kelvin) = 273 $\pm$ t°C.

genügender Genauigkeit wie ideale Gase behandelt werden können. Dagegen sind die Unterschiede im Dampfzustand eines Stoffes erheblich, z. B. beim Wasserdampf, weil R von P und T abhängig wird.

Mit $\gamma = G/V$ geht Gl. (9/99) über in

$$\gamma = \frac{P}{R \cdot T} = 10\,000\ \frac{p}{R\,(273 + t)}\ \left(\frac{\text{kp}}{\text{m}^3}\right) \tag{9/102}$$

Um in den Dimensionen kp, m, s zu bleiben, ist also ein in ata (kp/cm²) gegebener Druck p mit 10 000 zu multiplizieren. Sofern ein gegebenes spez. Gewicht γ_1 auf andere Druck- und Temperaturverhältnisse umzurechnen ist, kann dies nach Gl. (9/103) erfolgen:

$$\gamma_2 = \gamma_1 \cdot \frac{p_2 \cdot T_1}{p_1 \cdot T_2} \tag{9/103}$$

Setzt man in Gl. (9/99) den Normdruck $P_N = 10\,332$ kp/m² und die Normtemperatur $T_N = 273\,°$K (entsprechend 0 °C) ein, so erhält man das Normvolumen V_N in Nm³ (Normkubikmeter).

$$V_N = \frac{T_N}{P_N} \cdot \frac{P \cdot V}{T} = 0{,}02642\ \frac{P \cdot V}{T} = 264\ \frac{p \cdot V}{T}\ (\text{Nm}^3) \tag{9/104}$$

Mit den gleichen Normwerten findet man auch die Normwichte γ_N (Normkubikmetergewicht)

$$\gamma_N = \frac{P_N}{R \cdot T_N} = \frac{37{,}85}{R}\ \left(\frac{\text{kp}}{\text{Nm}^3}\right) \tag{9/105}$$

Aus der Normwichte eines Gases läßt sich wiederum das spez. Gewicht

$$\gamma = \gamma_N \cdot 0{,}0264\ \frac{P}{T}\ \left(\frac{\text{kp}}{\text{m}^3}\right) \tag{9/106}$$

für einen bestimmten Druck- und Temperaturzustand ermitteln. Häufig wird das spez. Gasgewicht in das Verhältnis zum spez. Gewicht der Luft γ_L gesetzt.

$$\delta = \frac{\gamma}{\gamma_L} = \frac{R_L}{R} = \frac{29{,}27}{R} \tag{9/107}$$

Schließlich ist noch die spezifische Wärme eines Gases anzuführen, die bei konstantem Druck mit c_p und bei konstantem Volumen mit c_v bezeichnet wird, wobei beide in kcal/kp · Grad gemessen werden. Das Verhältnis

$$\frac{c_p}{c_v} = \varkappa \tag{9/108}$$

ist maßgebend für das dynamische Verhalten der Gase. Der Wert $\varkappa$ wird Adiabatenexponent genannt. Er ist bei idealen Gasen druck- und temperaturunabhängig, während er bei wirklichen Gasen mit steigender Temperatur etwas abnimmt, dagegen bei wachsendem Druck geringfügig größer wird. Für die meisten technischen Gase schwankt $\varkappa$ zwischen 1,3 und 1,4.

In Tab. 150 sind die wichtigsten Angaben für verschiedene Gas aufgeführt.

9.32 Gasleitung mit großem Druckabfall

Die Tatsache, daß ein Gas bei Druckabfall sein Volumen verändert, also es z. B. unter ständiger Wärmezufuhr vergrößert, führt bei konstantem Rohrquerschnitt zu einer Erhöhung der Strömungsgeschwindigkeit. Dadurch verändert sich zwangsläufig auch der Reibungsverlust. Der gesamte Druckverlust kann also nur durch Integration über die gesamte Leitungslänge gewonnen werden. Hinzu kommt ein zweiter Druckabfall, der sich aus der Beschleunigung der Gasmasse (Beschleunigungsdruckverlust) ergibt und der um so mehr anwächst, je höher die Strömungsgeschwindigkeit ist. Dies gilt besonders dann, wenn die Anfangsgeschwindigkeit des Gases sich der Schallgeschwindigkeit nähert. Aus Gründen, die mit den Gesetzen der Thermodynamik zusammenhängen, ergibt sich jedoch bei gewissen Strömungszuständen ein Größtwert der

Tabelle 150. *Kennwerte für verschiedene Gase nach* RICHTER [190]

Gas	Zei-chen	Molekular-gewicht M	Norm-kubikm.-gewicht γ_N kp/Nm³	Bezogene Dichte δ (Luft = 1)	Gas-konstante R $\dfrac{\text{m} \cdot \text{kp}}{\text{kp} \cdot \text{Grad}}$	Wahre spez. Wärme bei 0°C, 0 at abs ≈ 760 Torr c_p kcal/kp · Grad	c_v kcal/kp · Grad	Verhältnis der spez. Wärmen $\dfrac{c_p}{c_v} = \alpha$
Luft	—	29	1,293	1,0000	29,27	0,240	0,171	1,40
Helium	He	4	0,1785	0,1381	211,9	1,250	0,755	1,66
Wasserstoff	H_2	2	0,0899	0,0695	420,8	3,400	2,415	1,41
Stickstoff	N_2	28	1,251	0,967	30,26	0,248	0,177	1,40
Sauerstoff	O_2	32	1,429	1,105	26,49	0,219	0,157	1,40
Kohlenoxyd	CO	28	1,250	0,967	30,28	0,249	0,178	1,40
Stickoxyd	NO	30	1,340	1,037	28,25	0,238	0,172	1,39
Kohlendioxyd	CO_2	44	1,977	1,529	19,25	0,196	0,151	1,30
Schwefeldioxyd	SO_2	64	2,929	2,264	13,24	0,145	0,114	1,27
Schwefelwasserstoff	H_2S	34	1,539	1,191	24,88	0,238	0,179	1,33
Wasserdampf...............	H_2O	18	0,804	0,622	47,1	0,443	0,333	1,33
Ammoniak	NH_3	17	0,771	0,597	49,76	0,491	0,374	1,31
Methan	CH_4	16	0,717	0,555	52,89	0,516	0,391	1,32
Azetylen..................	C_2H_2	26	1,171	0,906	32,59	0,361	0,290	1,26
Äthylen	C_2H_4	28	1,261	0,975	30,25	0,385	0,308	1,25
Äthan	C_2H_6	30	1,356	1,049	28,22	0,413	0,345	1,20
Benzoldampf..............	C_6H_6	78	3,48	2,69	10,86	0,266	0,241	1,10
Schwelgas v. Steinkohlen.....		(15,75)	0,705	0,545	53,8			
Leuchtgas I[1] v. Steinkohlen ..		(11,26)	0,503	0,389	75,3			
Leuchtgas II[1] v. Steinkohlen ..		(11,04)	0,493	0,381	76,8			
Koksofengas v. Steinkohlen ..		(11,88)	0,530	0,410	71,4			
Wassergas von Steinkohlen ..		(15,97)	0,712	0,551	53,1			
Mischgas von Steinkohlen ...		(25,03)	1,117	0,864	33,9			
Luftgas von Steinkohlen		(26,89)	1,201	0,929	31,5			
Gichtgas		(28,26)	1,262	0,976	30,0			
Mondgas		(23,64)	1,056	0,817	35,9			
Generatorgas aus Braunkohlen		(15,26)	1,127	0,872	33,6			
Starkgas aus Braunkohlen ...		(13,09)	0,584	0,452	64,8			
Reichgas aus Braunkohlen ...		(18,19)	0,813	0,629	46,6			

[1] Nach Hütte, des Ingenieurs Taschenbuch, Bd. 1, 28. Aufl. (1955) S. 443 und 528/9. ( ) = scheinbares Molekulargewicht.

Durchflußmenge, der auch dann nicht mehr überschritten werden kann, wenn z. B. am Leitungs-ende eine Drucksenkung bis auf Null stattfindet, konstante Anfangswerte hinsichtlich Druck und Temperatur vorausgesetzt.

9.321 Isothermische Strömung

Die Annahme, daß eine Gasströmung in einer Rohrleitung bei gleichbleibender Gastemperatur stattfindet, vereinfacht die Berechnung des Druckabfalls. Eine derartige Annahme kann z. B. für erdverlegte Ferngasleitungen getroffen werden, weil die Bodentemperatur mit hinreichender Genauigkeit als konstant anzusehen ist. Die durch die Ausdehnung des Gases infolge Druckabfall entstehende Abkühlung wird hierbei durch eine ständige Wärmezufuhr aus dem Boden wett-gemacht, dessen Wärmereservoir als unendlich groß aufgefaßt werden kann.

Das Reibungsgefälle — die Reibungsarbeit je lfdm Rohr und kp strömende Flüssigkeit [190] — beträgt gemäß Gl. (9/1)

$$J = \frac{h_v}{L} = \frac{\Delta h}{L} + \frac{\Delta P}{\gamma \cdot L}.$$

Im Gegensatz hierzu ändert sich das Reibungsgefälle, um beim gleichen Ausdruck zu bleiben, bei der isothermischen Gasströmung von Meter zu Meter Rohrlänge, da ein Druckabfall in Verbindung mit Volumenausdehnung und Geschwindigkeitserhöhung eintritt. Ist an einer Stelle der Rohrleitung der Druck P_1 und das spez. Gewicht γ_1 des Gases bekannt, so wird, bezogen auf das Längendifferential, unter Vernachlässigung des geodätischen Höhenunterschiedes

$$J = \frac{P_1}{\gamma_1 \cdot P} \cdot \frac{d P}{d L} \tag{9/109}$$

Eingesetzt in die allgemeine Druckverlustgleichung ergibt sich somit

$$\frac{P_1}{\gamma \cdot P} \, d P = (\lambda_R + \lambda_B) \cdot \frac{1}{d} \, \frac{u^2}{2 g} \cdot d L^1 \tag{9/110}$$

λ_R ist hierbei die Widerstandszahl für die Rohrreibung, die von der Rohrlänge dann praktisch unabhängig ist, wenn die Rohrrauhigkeit über die gesamte Leitungslänge hinweg konstant bleibt. Man findet den Zahlenwert für λ_R z. B. aus dem Diagramm von MOODY (Abb. 582), indem man mit $k = 0{,}025$ den entprechenden k/d-Wert ausrechnet und hierzu in Abhängigkeit von Re die Ordinate λ_R bestimmt. λ_B ist dagegen ein Widerstandsbeiwert, der sich aus dem Druckverlust infolge der zusätzlichen Beschleunigung ergibt. Er ist u. a. von der Rohrlänge abhängig, kann jedoch in den meisten Fällen gleich Null gesetzt werden. Wenn jedoch dieser Wert berücksichtigt werden soll, was nur bei höheren Strömungsgeschwindigkeiten in Frage kommt, kann man nach RICHTER [190] auch schreiben

$$\lambda = (\lambda_R + \lambda_B) = \lambda_R \left(1 + \frac{\lambda_B}{\lambda_R}\right) \tag{9/111}$$

Das Verhältnis λ_B/λ_R ist ein Korrekturfaktor, der um so niedrigere Werte annimmt, je höher die Temperatur und je größer die Gaskonstante R ist. In Tab. 151 sind einige Werte λ_B/λ_R angegeben.

Tabelle 151. *Das Verhältnis λ_B/λ_R für verschiedene Gase bei bestimmten Temperaturen ($\xi = 1{,}03$) nach* RICHTER *[190]*

Gasart		w (m/s)			
		50	100	150	200
Luft	$t = 20°$C	0,0316	0,14	0,3800	0,9600
	$R = 29{,}27$ m/Grad				
Wasserstoff	$t = 20°$C	2,0022	0,0086	0,0195	0,0353
	$R = 420{,}6$ m/Grad				
Stadtgas	$t = 20°$C	0,0124	0,0515	0,1240	0,2440
	$R = 73{,}1$ m/Grad				
Wasserdampf, erhitzt	$t = 400°$C	0,0083	0,0343	0,0805	0,1530
	$R = 47{,}1$ m/Grad				

Mit zunehmender Strömungsgeschwindigkeit wächst der Anteil von λ_B und nähert sich dem Wert λ_R, den er z. B. bei Luft von 20 °C, bei einer Geschwindigkeit von etwa 200 m/s praktisch erreicht. Für Luft sind in Abb. 604 auch die λ_B/λ_R-Kurven für verschiedene Temperaturen dargestellt.

Aus der Annahme $t = $ const. folgt für das isothermische Verhalten auch Re $= $ const. Damit wird aber bei gleichen Leitungsverhältnissen, d. h. gleichem Durchmesser und gleicher Rohrrauhigkeit, nach der PRANDTL-COLEBROOKschen Gleichung (9/49) auch

$$\lambda_R = \text{const.}$$

Da ferner für die isothermische Zustandsänderung gilt (Gl. 9/100)

$$\frac{P_1}{\gamma_1} = \frac{P}{\gamma} \quad \text{und} \quad w_1\, P_1 = w \cdot P \tag{9/100 a}$$

$$w_1\, \gamma_1 = w \cdot \gamma = \frac{\gamma_1}{P_1} \cdot w_1\, P_1 = \frac{\gamma}{P} \cdot w \cdot P$$

---

[1] Entgegen der bisherigen Bezeichnung wird hier für die Geschwindigkeit der Buchstabe w benutzt, da der Buchstabe v für das Volumen benötigt wird.

wird

$$Pw^2 \cdot \gamma = \text{const.} \tag{9/112}$$

Mit $\lambda_B = 0$ gilt somit für die Strömungen zwischen den Querschnitten 1 und 2 und für die Rohrlänge L

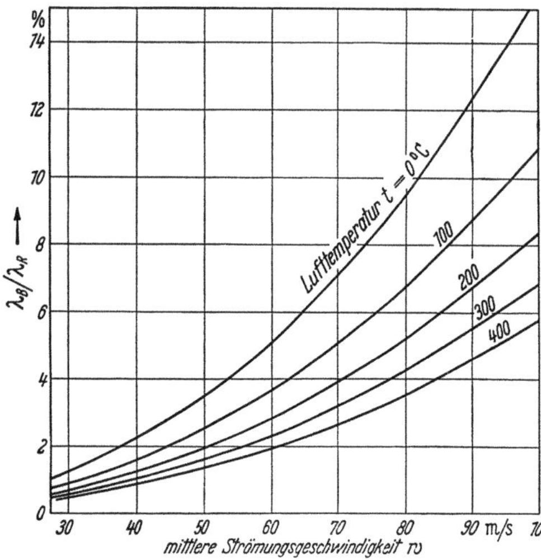

Abb. 604. Das Verhältnis λ_B/λ_R für Luft von verschiedener Temperatur ($\xi = 1{,}05$) (aus RICHTER [190]).

$$\int_{P_2}^{P_1} P\,dp = \frac{1}{d}\,P_1 \cdot \gamma_1\,\frac{w_1^2}{2\,g} \cdot \int_0^L \lambda_R \cdot dL \tag{9/113}$$

$$P_1^2 - P_2^2 = 2\,\lambda_R \cdot P_1 \cdot \gamma_1 \cdot \frac{L}{d} \cdot \frac{w_1^2}{2\,g} \tag{9/114}$$

Der Index „1" gibt hierbei einen bestimmten, als bekannt vorauszusetzenden Zustand an. Es kann z.B. der Anfangszustand oder der Normzustand (760 Torr, 0°C) sein. In letzterem Falle würde die Gl. (9/114)

$$P_1^2 - P_2^2 = 2 \cdot \lambda_R \cdot P_N \cdot \gamma_N \cdot \frac{L}{d} \cdot \frac{w_N^2}{2\,g}$$

lauten. Der *Druckabfall* ergibt sich dann zu

$$P_1 - P_2 = P_1 \cdot$$
$$\cdot \left[1 - \sqrt{1 - 2\,\lambda_R \cdot \frac{\gamma_1}{P_1} \cdot \frac{L}{d} \cdot \frac{w_1^2}{2\,g}} \right] \left(\frac{\text{kp}}{\text{m}^2} \right) \tag{9/115}$$

Mit Gl. (9/1) läßt sich der Wurzelausdruck auch schreiben:

$$\sqrt{1 - 2 \cdot \lambda_R \cdot \frac{\gamma_1}{P_1} \cdot \frac{L}{d} \cdot \frac{w_1^2}{2\,g}} = \sqrt{1 - 2 \cdot \frac{\gamma_1 \cdot L}{P_1} \cdot J} \tag{9/115a}$$

Hierbei ist die Wurzel positiv zu nehmen, da $P_1 - P_2$ nicht größer als P_1 werden kann. Für λ_R gilt bezogen auf den Normzustand angenähert [190]

$$\lambda_R = 0{,}0344 \left(\frac{10^6 \cdot \gamma_N}{V_{N(\eta)}} \right)^{0,125} . \tag{9/115b}$$

Das *Durchflußvolumen* V_N ermittelt man aus

$$V_N = \frac{\pi}{4} \sqrt{\frac{2\,g}{2 \cdot \lambda_R} \cdot \frac{R_L}{T_N} \cdot \frac{T_N}{p_N}} \cdot \sqrt{\frac{d^5 \cdot (p_1^2 - p_2^2)}{\delta \cdot L}} \left(\frac{\text{Nm}^3}{s} \right) \tag{9/116}$$

Hierin bedeutet $R_L = 29{,}27$ m · Grad (Gaskonstante für Luft), $T_N = 273°$, $p_N = 1{,}0332$ ata und δ bezogene Gasdichte (Luft = 1).

Schließlich findet man den *Rohrinnendurchmesser aus*

$$d = 1362 \cdot \lambda_R \cdot \frac{w_N^2 \cdot \delta \cdot L}{P_1^2 - P_2^2} = 1{,}362 \cdot 10^{-5} \cdot \lambda_R \cdot \frac{w_N^2 \cdot \delta \cdot l}{p_1^2 - p_2^2} \ (\text{m}) \tag{9/117}$$

9.322 Adiabatische Strömung

Wenn eine Leitung entsprechend wärmeisoliert ist, findet kein Wärmeaustausch statt. Unter diesen Verhältnissen findet eine adiabatische Gasströmung statt. Während das isothermische Verhalten den einen Grenzfall darstellt, ergibt das adiabatische Verhalten den anderen. Zwischen diesen beiden Grenzen bewegen sich alle praktisch vorkommenden Gasströmungen.

Für die adiabatische Zustandsänderung gilt:

$$\frac{P}{\gamma} \left(1 + \frac{\varkappa - 1}{2} \cdot \frac{w^2}{a^2} \right) = \text{const.} \tag{9/100b}$$

Hierin ist $\varkappa$ der Adiabatenexponent (Tab. 150) und a die Schallgeschwindigkeit.

$$a^2 = \varkappa \cdot g \cdot \frac{P}{\gamma} = \varkappa \cdot g \cdot R \cdot T \quad (\text{m/s})^2 \tag{9/118}$$

Aus Gl. (9/100 b) folgt, daß je kleiner die Geschwindigkeit w ist, um so mehr eine isothermische Zustandsänderung vorliegt (Gl.9/100a). Daraus geht hervor, daß sich in dem Bereich der technischen Geschwindigkeiten bis etwa zu $w = 50$ m/s die Temperatur nicht wesentlich ändert. Nach RICHTER [190] beträgt bei dieser Geschwindigkeit die Abweichung 0,5%. Es ist daher im allgemeinen erlaubt, bei Strömungsgeschwindigkeiten unter 50 m/s mit einer isothermischen Strömung zu rechnen. Dies gilt insbesondere für verhältnismäßig kurze Rohrleitungen. Der Druckabfall wird immer schneller vonstatten gehen als der Temperaturabfall.

Bei großen Strömungsgeschwindigkeiten und bei langen Rohrleitungen kann der Temperaturabfall jedoch nicht mehr vernachlässigt werden.

Mit $\gamma = \dfrac{P}{R\,T} \left(\text{aus } \dfrac{G}{V} = \gamma\right)$ (9/99) wird Gl. (9/110)

$$\frac{R\,T}{w^2} \cdot \frac{d\,P}{P} = \frac{\lambda}{2\,g} \cdot \frac{1}{d} \cdot d\,L$$

da weiterhin gilt:

$$\frac{d\,v}{v} = \frac{d\,w}{w} \quad \text{und} \quad \frac{d\,v}{v} + \frac{d\,P}{P} = \frac{d\,T}{T} \left(v = \frac{1}{\gamma} = \text{spez. Volumen}\right)$$

folgt $\qquad \dfrac{R\,T}{w^2} \cdot \dfrac{d\,T}{T} - \dfrac{R\,T}{w^2} \cdot \dfrac{d\,w}{w} = \dfrac{\lambda}{2\,g} \cdot \dfrac{1}{d} \cdot d\,L \tag{9/119}$

Ferner ist längs der Leitung

$$T_1 + \frac{A}{c_p} \cdot \xi \cdot \frac{w_1^2}{2\,g} = T_2 + \frac{A}{c_p} \cdot \xi \cdot \frac{w_2^2}{2\,g} = T_n + \ldots = T_0 = \text{const.} \tag{9/120}$$

Hierin ist $A = 1/427$ (kcal/kp $\cdot$ m) das mechanische Wärmeäquivalent, c_p die spez. Wärme bei konstantem Druck (kcal/kp $\cdot$ Grad) und ξ der Energiebeiwert, der im Bereich der üblichen Re-Zahlen mit 1,03 oder vereinfachend mit 1,0 angenommen werden kann. Die Gl. (9/120) sagt aus, daß die Reibungswärme im adiabatischen Zustand, da kein Wärmeaustausch stattfindet, sich auf die Geschwindigkeit w auswirkt. Die Gesamttemperatur bleibt konstant und entspricht der Ruhetemperatur T_0, die dann entsteht, wenn sich sämtliche kinematische Energie in Wärme umsetzt, w also gleich Null wird. Dann ist mit

$$\frac{A}{c_p} = \frac{\varkappa - 1}{\varkappa} \cdot \frac{1}{R} \tag{9/121}$$

$$T = T_0 - \frac{\varkappa - 1}{\varkappa} \cdot \frac{1}{R} \cdot \xi \cdot \frac{w^2}{2\,g} \quad \text{und}$$

$$d\,T = -\frac{\varkappa - 1}{\varkappa} \cdot \frac{1}{R} \cdot \xi \cdot \frac{w\,d\,w}{g}$$

eingesetzt in Gl. (9/119) und integriert gibt

$$L = \frac{\varkappa - 1}{\varkappa} \cdot \frac{d}{\lambda} \left[\xi \cdot \ln \frac{w_2}{w_1} - \frac{c_p}{A} \cdot g\,T_0 \left(\frac{1}{w_2^2} - \frac{1}{w_1^2}\right) \right] \tag{9/122}$$

Schließlich findet man aus Gl. (9/120) in Verbindung mit der allgemeinen Gasgleichung und

$$P_2 = \frac{P_1 \cdot v_1}{T_1} \cdot \frac{T_2}{v_2} = P_1 \frac{w_1}{w_2} \cdot \frac{T_2}{T_1}$$

den Druckabfall

$$P_1 - P_2 = P_1 \left(1 - \frac{w_1}{w_2} \cdot \frac{T_2}{T_1}\right) \tag{9/123}$$

Mit den drei Gln. (9/120), (9/122) und (9/123) stehen Gleichungen für die Rohrlänge L, die Strömungsgeschwindigkeit w_2, den Druckabfall $P_1 - P_2$ und den Temperaturabfall $T_1 - T_2$ zur Verfügung. Sofern eine dieser Größen bekannt ist, im allgemeinen ist dies mit der Rohrlänge L der Fall, können die übrigen Werte berechnet werden. Infolge der Reibung fällt der Druck, gleichzeitig steigt die Geschwindigkeit an, da sich das Volumen vergrößert. Damit überhaupt ein Strömungsvorgang existiert, ist ein Druckgefälle $P_1 - P_2$ notwendig. Wiederholt sei hierzu, daß sich die Förderleistung einer adiabatischen Strömung nicht beliebig erhöhen läßt. Die Strömungsgeschwindigkeit verhält sich so, daß sie am Ende der Rohrleitung einen Höchstwert annimmt, der der Schallgeschwindigkeit des Gases im betreffenden Zustande entspricht, darüber hinaus ist eine Erhöhung der Geschwindigkeit nicht mehr möglich. Für den theoretischen Sonderfall, bei dem die Anfangsgeschwindigkeit die Schallgeschwindigkeit übersteigt, verringert sich die Strömungsgeschwindigkeit bis auf Schallgeschwindigkeit am Leitungsende.

Abschließend sei noch einmal festgestellt, daß für die meisten technischen Gasleitungen die einfache Berechnung unter der Annahme isothermischer Strömungsverhältnisse möglich ist. Die hierbei gemachten Fehler sind bei Geschwindigkeiten bis zu 50 m/s bedeutungslos.

9.33 Gasleitung mit kleinem Druckabfall

Ist der Druckabfall in einer Gasleitung gering, wie das z.B. in Stadtgasnetzen der Fall ist, kann man die Geschwindigkeit w und das spezifische Gewicht γ als unveränderlich entlang der ganzen Leitung ansehen. Mit dem mittleren Leitungsdruck

$$P_m = \frac{P_1 + P_2}{2}$$

findet man aus Gl. (9/114)

$$\frac{P_1^2 - P_2^2}{2} = P_m (P_1 - P_2) = \lambda_R \cdot P_N \cdot \gamma_N \cdot \frac{l}{d} \cdot \frac{w_N^2}{2g}$$

$$P_1 - P_2 = \frac{P_N}{P_m} \cdot \lambda_R \cdot \gamma_N \cdot \frac{L}{d} \cdot \frac{w_N^2}{2g} \quad \text{(kp/m}^2\text{)} \tag{9/124}$$

Meistens kann $P_m \approx P_N$ gesetzt werden. Der hierbei gemachte Fehler berechnet sich nach RICHTER [*190*] zu

$$100 \cdot \frac{P_m - P_N}{P_N} \quad (\%)$$

9.4 Statische Berechnung erdverlegter Asbestzement-Druckrohre

Die Belastung einer im Graben liegenden Rohrleitung infolge Erdauflast und Verkehrslast ist von einer Reihe von Faktoren abhängig, die sich aus der Rohrabmessung, der Grabenbreite, der Legetiefe, den Lagerungsbedingungen, den Boden- und Grundwasserverhältnissen und bei Straßen aus der Art der Straßendecke sowie derjenigen des anzutreffenden Straßenverkehrs ergeben. Die Kenntnis der Rohrbelastung, zumindest aber die überschlägliche Abschätzung der zu erwartenden Kräfte, gestattet eine entsprechende Dimensionierung der Rohre und erlaubt den Schluß auf die zulässigen Grenzwerte hinsichtlich Legetiefe und Überdeckungshöhe. Sofern in DIN 19 800 genormte Asbestzement-Druckrohre bis NW 400 zur Anwendung gelangen, sind die Rohrabmessungen, d. h. die Wanddicken, festgelegt. In diesen Fällen darf die Auflast nicht größer sein als die vorhandene Tragfähigkeit des Rohres. Diese genormten Rohre genügen aber allgemein den in der Praxis vorkommenden Belastungen. Bei den Großrohren übernehmen die Herstellerwerke die Dimensionierung der Rohre auf Grund der Angaben des Bestellers, so daß der Abnehmer normalerweise keine Berechnung durchzuführen braucht. Es können sich jedoch während des Leitungsbaues Veränderungen, Umplanungen usw. ergeben, auf Grund deren ein statischer Nachweis über die Eignung der angelieferten Großrohre für die neue Verwendung notwendig werden kann. Aufgabe des nachstehenden Abschnittes soll es daher sein, einen Einblick in die Statik erdverlegter Rohre zu geben und den Weg zur Berechnung der erforderlichen Größen aufzuzeigen.

9.41 Erdauflasten

9.411 Grabenleitung

Zur Vereinfachung wird der Rohrgraben, dessen Breite sich aus DIN 18 300 ergibt, mit parallelen Grabenwänden angenommen. Der hierbei auftretende Fehler ist nach amerikanischen Untersuchungen nicht sehr groß, wenn man bei schrägen Wänden die Grabenbreite in Rohrscheitelhöhe zugrunde legt[1]. Zur Berechnung der Auflast aus der Grabenverfüllung kann die „Silotheorie" herangezogen werden, die von JANSSEN [109] erstmals aufgestellt wurde. Hierbei vermindert sich die Erdauflast im Graben um die Reibungskräfte, die sich beim Setzen der Verfüllung an den Grabenwänden einstellen, wobei zur Vereinfachung auf die Unterscheidung zwischen bindigen und nicht bindigen Böden verzichtet wird. Unter der Annahme, daß der vertikale Erddruck in einem Horizontalabschnitt jeweils konstant ist, ergibt sich entsprechend Abb. 605 das Gleichgewicht in vertikaler Richtung

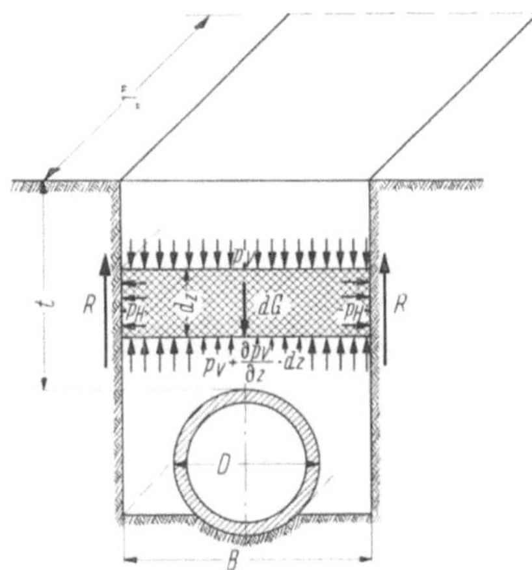

Abb. 605. Erdbelastung im Rohrgraben.

$$p_V \cdot B \cdot ,,1" - \left(p_V + \frac{\partial p_V}{\partial_z} \cdot dz\right) \cdot$$

$$\cdot B \cdot ,,1" + dG - 2 \cdot dR = 0 \qquad (9/125)$$

Hierbei ist das Eigengewicht des Erdstreifens

$$dG = B \cdot dz \cdot ,,1" \cdot \gamma_B \quad (\text{Mp}). \qquad (9/126)$$

γ_B ist das Raumgewicht des Verfüllbodens. Unter der Voraussetzung, daß durch die Verdichtung eine Lagerdichte des ungestörten Bodens erzielt wird, kann hierfür das Raumgewicht des natürlichen Bodens eingesetzt werden. Wenn die Rohrleitung im *Grundwasser* liegt, ist das Raumgewicht des Verfüllbodens im Bereich des Grundwassers um den Auftrieb zu vermindern. Das Raumgewicht γ_B geht dann über in

$$\gamma_B{}^* = (\gamma_B - 1).$$

Die Reibungskräfte, die sich durch das Setzen der Verfüllung an den Grabenwänden einstellen, lauten:

$$dR = p_H \cdot dz \cdot \mu \cdot ,,1" \quad (\text{Mp}) \qquad (9/127)$$

p_H = Horizontaler Erddruck,
μ = Reibungsbeiwert = $\tan \varrho'$
     mit ϱ' als Winkel der Wandreibung, der angenähert dem Winkel ϱ der inneren Reibung gleichgesetzt werden kann.

Zur Ermittlung des Horizontaldruckes p_H wurde bisher der *aktive* Erddruck herangezogen. Nach WETZORKE [239] ist es jedoch richtiger, den sogenannten *Ruhedruck* in Rechnung zu setzen. Das Verhältnis des vertikalen Erddruckes zum horizontalen Erddruck wird durch die Erddruck-Ziffer λ ausgedrückt;

$$\frac{p_H}{p_V} = \lambda \qquad (9/128)$$

je nachdem, ob es sich um *aktiven* oder *passiven* Erddruck oder um den Ruhedruck handelt, ist in Gl. (9/128) die Erddruckziffer λ_a, λ_0 oder λ_p einzusetzen. Allgemein gilt:

$$\lambda_a < \lambda_0 < \lambda_p$$

WETZORKE [239] schlägt vor, für alle Bodenarten das gleiche Verhältnis λ_0 einzuführen, wenn das auch den Verhältnissen in der Natur nicht ganz entspricht. Dagegen unterscheidet er, ob eine

---

[1] s. WETZORKE [239].

stark verdichtete oder unverdichtete Verfüllung vorliegt, fügt allerdings einschränkend hinzu, daß die Nichtbeachtung der Verdichtung zu einer höheren Sicherheit in den rechnerischen Annahmen führt, so daß daher allgemein auf die Berücksichtigung der Verdichtung verzichtet werden sollte.

WETZORKE [239] setzt

$$\lambda_0 = 0{,}5 \text{ für die unverdichtete Verfüllung,}$$
$$\lambda_0 = 1{,}0 \text{ für die stark verdichtete Verfüllung.}$$

Der Horizontaldruck ergibt sich somit nach Gl. (9/128) zu

$$p_H = p_V \cdot \lambda_0 = \frac{p_V}{2} \tag{9/129a}$$

bzw. $$\qquad p_H = p_V \cdot \lambda_0 = p_V \tag{9/129b}$$

Durch Einsetzen von Gl. (9/126) bis Gl. (9/128) in Gl. (9/125) erhält man die sogenannte „Siloformel", wenn Gl. (9/125) zusammengefaßt und mit den Randbedingungen $p_V = 0$ für $t = 0$ integriert wird:

für die unverdichtete Grabenverfüllung:

$$p_V^* = \frac{\gamma_B \cdot B}{\tan \cdot \varrho'} \left(1 - e^{-\tan \varrho' \cdot \frac{t}{B}}\right) \ (\mathrm{Mp/m^2}) \tag{9/130a}$$

für die stark verdichtete Grabenverfüllung

$$p_V^* = \frac{\gamma_B \cdot B}{2 \cdot \tan \varrho'} \left(1 - e^{-2\tan \varrho' \cdot \frac{t}{B}}\right) \ (\mathrm{Mp/m^2}) \tag{9/130b}$$

(γ_B in $\mathrm{Mp/m^3}$ und B in m eingesetzt).

Die vertikale Flächenpressung gemäß Gl. (9/130a) oder (9/130b) wirkt bei kreisrunden Rohren in voller Höhe nur am Rohrscheitel, weil hier die Kraftrichtung parallel zur Flächennormalen verläuft. Dagegen wird der Winkel zwischen der Vertikalen und der Rohroberfläche zum Rohrkämpfer hin immer spitzer und verschwindet am Rohrkämpfer ganz. Aus diesem Grunde muß auch die Vertikalbelastung zu den Rohrkämpfern hin abnehmen und an dem Rohrkämpfer selbst Null werden. Zur Vereinfachung der Rechnung und zur Erhöhung der Sicherheit werden entlastend wirkende, horizontale Kräfte, wie sie bei sehr sorgfältiger Verdichtung auftreten können, nicht berücksichtigt. Als weiterer Beitrag zur sicheren Rechnung wird auf die Minderung der vertikalen Kräfte durch die zwischen Rohrkämpfer und Grabenwand an und für sich mittragenden Flächen verzichtet. Die genaue Begrenzung der Belastungsfläche ist kompliziert und mathematisch schwer zu erfassen. MARQUARDT [154] hat durch Druckbandmessungen an verschiedenen Rohren die Verteilung der Normalkräfte auf das Rohr ermittelt. Er stellte dabei fest, daß die Form der Belastungsfläche von der Grabenbreite beeinflußt wird. Diese war in den meisten Fällen eiförmig oder angenähert elliptisch anzusprechen. Eine dieser Form angenäherte Belastungsfläche ergibt sich dann, wenn man die Vertikalbelastung als eine Cosinusfunktion aufträgt

$$p = p_V \cdot \cos \varphi \tag{9/131}$$

Sofern noch Verkehrslasten zu berücksichtigen sind, gilt

$$p = (p_V + p_V') \cdot \cos \varphi \tag{9/132}$$

(p_V' = Verkehrslast nach Gl. 9/142)

In Abb. 606 ist die Belastungsfläche gemäß Gl. (9/131) dargestellt. Zur Vereinfachung der Berechnung der Erdauflast hat WETZORKE [239] Kurven aufgestellt, aus denen für verschiedene Böden der Anteil der Reibungskräfte in Abhängigkeit von dem Verhältnis Überdeckungshöhe zu Grabenbreite abgelesen werden kann. In Abb. 607 ist der entlastende Reibungsanteil für unverdichtete Verfüllung mit $\lambda_0 = 0{,}5$ berechnet.

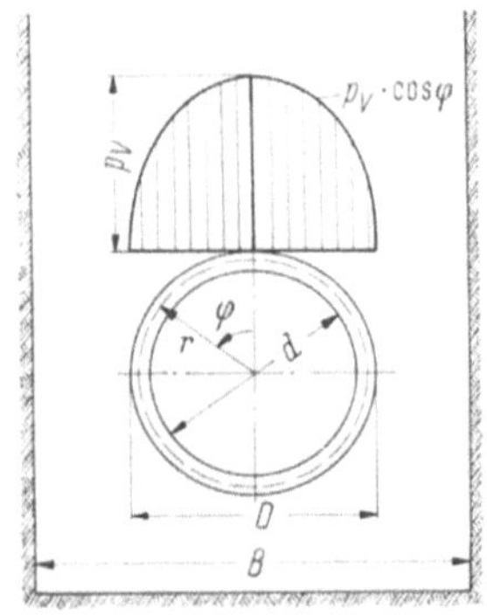

Abb. 606. Belastungsfläche der an einer Grabenleitung angreifenden vertikalen Kräfte.

In Abb. 608 wird dagegen eine verdichtete Verfüllung mit $\lambda_0 = 1{,}0$ berücksichtigt. Hier sind daher nur verdichtungsfähige Böden aufgeführt.

Es ist

$$p_V = \gamma \cdot t \cdot \frac{4 \cdot B}{\pi \cdot D} \cdot A \quad (\mathrm{Mp/m^2})^1 \qquad (9/133\,\mathrm{a})$$

bzw.

$$P_V = \gamma \cdot t \cdot B \cdot A \quad (\mathrm{Mp/m}) \qquad (9/133\,\mathrm{b})$$

mit

$$A = \frac{1 - \mathrm{e}^{-\tan\varrho' \cdot \frac{t}{B}}}{\tan\varrho'} \cdot \frac{B}{t} \quad (\text{gemäß Abb. 607})$$

Die den Kurven entnommenen Zahlenwerte für A müssen entsprechend Gl. (9/133 a) mit

$$\gamma \cdot t \cdot \frac{4 \cdot B}{\pi \cdot D}$$

multipliziert werden, um die auf das Rohr wirkende Erdauflast p_V in $\mathrm{Mp/m^2}$ zu erhalten.

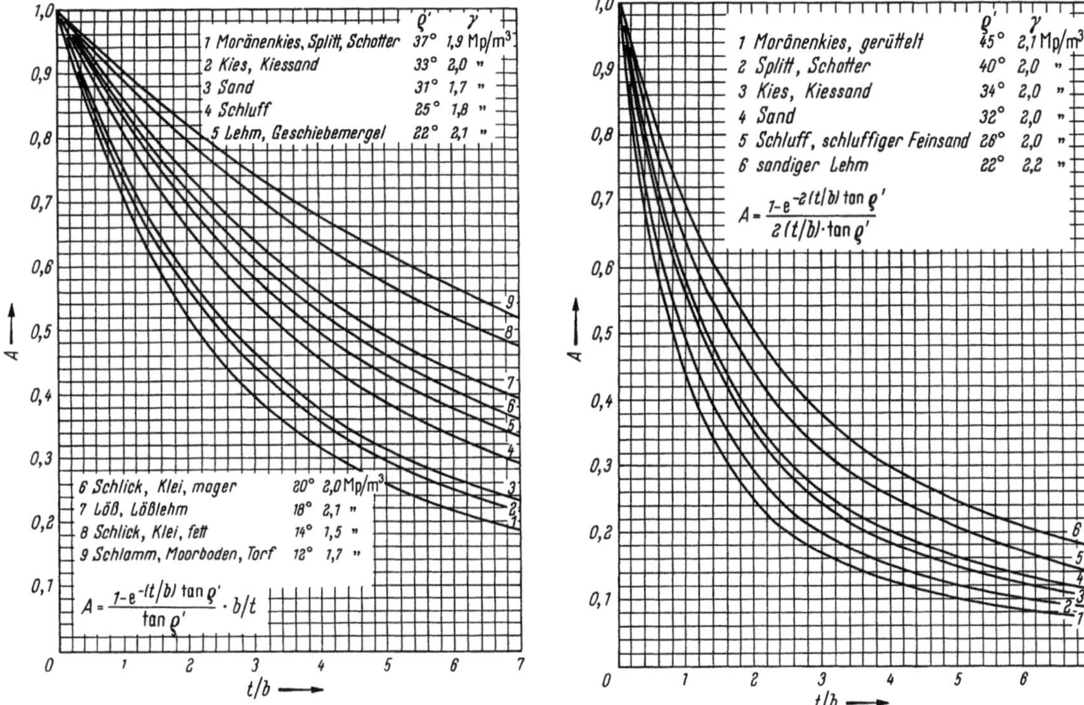

Abb. 607. Anteil der Reibung an den Grabenwänden für unverdichtete Verfüllung nach WETZORKE [239].

Abb. 608. Anteil der Reibung an den Grabenwänden für verdichtete Verfüllung nach WETZORKE [239].

9.412 Dammleitung

Während bei Grabenleitungen angenommen werden kann, daß sich die Gleitfugen, entlang derer sich die Grabenverfüllung beim Setzvorgang bewegt, an den Grabenwänden ausbilden und damit vorgezeichnet sind, ist dies bei Rohrleitungen in aufgeschütteten Dämmen nicht der Fall. Zwar werden die Gleitfugen auch hier vom Rohr ausgehen, jedoch ist ihre genaue Lage zunächst unbekannt. Als Grenzwert wird sich jedoch der Winkel ϱ einstellen. Durch die Setzungen des Bodens rechts und links der Rohrleitungen erfährt das Rohr, unter der Annahme, daß es sich weniger als der benachbarte Boden verformt, eine zusätzliche Belastung, so daß die Erdauflast für Dammleitungen oder Leitungen in breiten Gräben wie folgt anzuschreiben ist:

$$p_V = \gamma \cdot t + \Delta p \quad (\mathrm{Mp/m^2}) \qquad (9/134\,\mathrm{a})$$

bzw.

$$P_V = D\,(\gamma \cdot t + \Delta p) \quad (\mathrm{Mp/m}) \qquad (9/134\,\mathrm{b})$$

Δp ist der Zusatzdruck, der aus den Legebedingungen ermittelt werden muß. VOELLMY [232] hat für das starre Rohr theoretische Beziehungen aufgestellt und diese empirisch überprüft. Er geht davon aus, daß sich infolge Setzung beidseitig des eingebetteten Bauwerks über dem Bau-

---

[1] Der Faktor $\dfrac{4 \cdot B}{\pi \cdot D}$ berücksichtigt die über Reibung auf das Rohr wirkenden Erdlasten beidseits des Rohres.

werk eine Zone bildet, die einen stärkeren Druck auf das Bauwerk ausübt, als dies auf Grund der Überdeckungshöhe zu erwarten ist. Man kann sich diesen Vorgang so vorstellen, daß der sich setzende Boden beidseits des Bauwerks über die Reibung in den Gleitfugen versucht, auch die über dem Bauwerk liegende Zone mitzunehmen. Sie wird also gewissermaßen auf das Bauwerk gedrückt. Es hängt hierbei von der Überdeckungshöhe ab, ob diese Druckzone bis zur Geländeoberkante reicht oder nicht. Erwähnt sei, daß wie WETZORKE [239] berichtet, eine aufgelockerte Überschüttungsschicht unmittelbar über dem Bauwerk eine erhebliche Entlastung des Bauwerkes herbeiführen kann. Nach dem Vorhergesagten leuchtet dies auch ein. VOELLMY stellte seine Berechnung auf ein eingebettetes Bauwerk von quadratischem Querschnitt ab. Für Rohrleitungen muß daher der Rohrquerschnitt auf einen quadratischen Querschnitt von gleicher Zusammendrückbarkeit bezogen werden, dessen Kantenlänge

$$\frac{\pi}{2} \cdot r_a = \frac{\pi}{4} \cdot D \quad (D = \text{Außendurchmesser}) \text{ beträgt.}$$

Mit Hilfe von Abb. 609 findet man:

$$u = \frac{\pi \cdot D}{8 \cdot \tan \varrho} \tag{9/135}$$

$$w = u + 0{,}107 \cdot D + t \tag{9/136}$$

Mit dem Verhältnis w/u findet man aus Abb. 609 für ein bestimmtes μ den Wert $\Delta p/(u \cdot \gamma)$ und daraus den Zusatzdruck Δp. Reicht u, wie in Abb. 609 gezeigt, unter die Rohrsohle, dann ergibt sich aus $u_0/u = \mu$ die Kurve, an Hand derer $\Delta p/(u \cdot \gamma)$ ermittelt werden muß. In allen anderen Fällen, d. h. wenn die Strecke u oberhalb der Rohrsohle endet, gilt $\mu = 0$.

Neben den Vertikalbelastungen müssen bei Dammleitungen auch horizontale Erdkräfte mit in Rechnung gestellt werden. Auch hier kann angenähert eine Cosinusfunktion angesetzt werden. Durch Drehen um 90° erhält man aus dem Vertikalbelastungsbild das Horizontalbelastungsbild. Es ergibt sich analog zu Gl. (9/131)

$$p_h = p_H \cdot \cos \varphi \tag{9/137}$$

mit
$$p_H = p_V \cdot \lambda_a = \gamma \cdot \left(t + \frac{D}{2}\right) \cdot \lambda_a \tag{9/138}$$

und nach KREY

$$\lambda_a = \tan^2 \left(45° - \frac{\varrho}{2}\right)$$

(Beiwert des *aktiven* Erddruckes bzw. der Erddruckziffer).

Verkehrslasten werden hierbei zur Ermittlung der Horizontalkräfte nicht mit herangezogen. Der Erddruckbeiwert λ_a bringt zum Ausdruck, daß mit dem aktiven Erddruck[1] gerechnet wird. Für elastische Rohre, zu denen in gewissem Umfange auch AZ-Druckrohre zu rechnen sind, kann u. U. der *passive* Erddruck (Erdwiderstand) in Anspruch genommen werden. Dies setzt jedoch eine intensive Verdichtung der Verfüllung voraus. Man bleibt auf der sicheren Seite, wenn man lediglich mit dem aktiven Erddruck rechnet.

9.42 Verkehrslast

Die Belastungen des Rohres durch statische Verkehrslasten werden nach der Theorie von BOUSSINESQ für den elastisch-isotropen Halbraum ermittelt. Hierbei stimmen die der Theorie zugrunde liegenden Annahmen um so besser mit der Praxis überein, je mehr und je besser der verfüllte Graben verdichtet ist. Ganz allgemein setzt sich die Verkehrslast aus einem statischen und einem dynamischen Anteil zusammen. Letzterer wird durch die *Stoßziffer* φ berücksichtigt. Maßgebend für den dynamischen Lastanteil ist die Frequenz der Erregung. Sofern z.B. die Eigenfrequenz des Schwingungssystems Boden—Straße angeregt wird, erreicht die Rohrbeanspruchung ein Maximum, während eine weitere Frequenzsteigerung die Rohrbeanspruchung

---

[1] s. Kap. 8, Ziffer 8.154.

wieder zurückgehen läßt. Weiterhin spielt die Art der Straßendecke eine Rolle. Je größer die lastverteilende Wirkung der Straßendecke ist, um so geringer wird die Rohrbeanspruchung.

Die Ermittlung der statischen Verkehrslast erfolgt gemäß Abb. 611, wobei von der BOUSSINESQschen Formel

$$p_{R_i} = \frac{3 \cdot P_i}{2 \cdot \pi \cdot R_i^2} \cdot \cos \beta_i \quad (\text{Mp/m}^2) \tag{9/139}$$

ausgegangen wird.

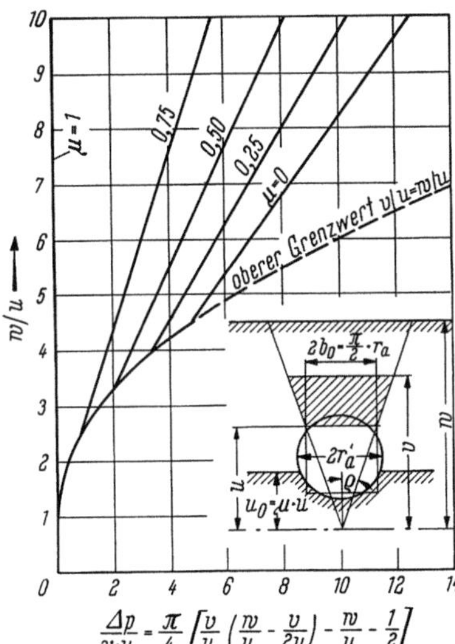

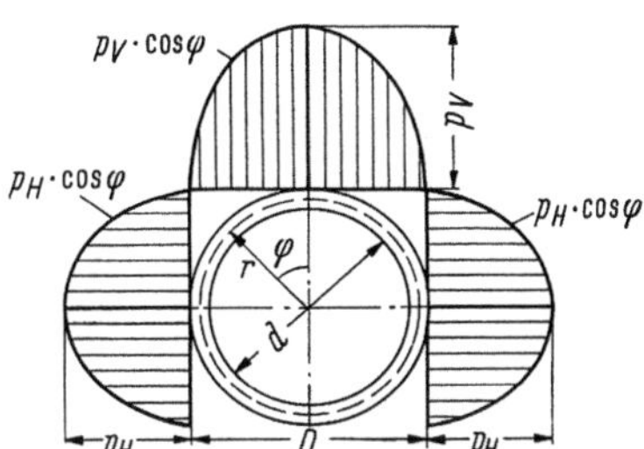

Abb. 610. Belastungsflächen der an einem Rohr in einer Aufschüttung angreifenden äußeren Kräfte.

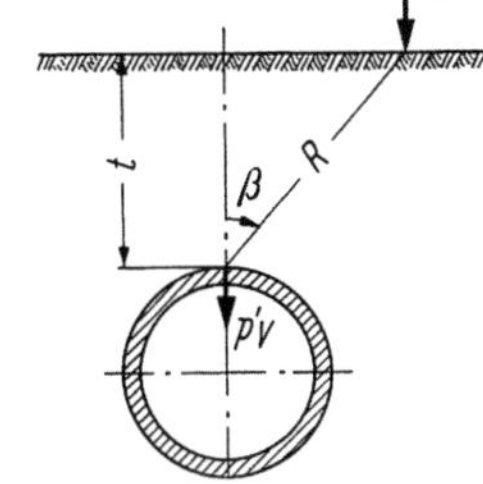

Abb. 611. Ermittlung der Rohrbeanspruchung infolge einer ruhenden Einzellast nach BOUSSINESQ.

Abb. 609. Bestimmung des Zusatzdruckes Δp für Dammleitungen nach VOELLMY [231].

Für die Bemessung ist nur der vertikale Anteil dieser Pressung auf den Rohrscheitel infolge einer ruhenden Einzellast zu berücksichtigen. An Hand des MOHRschen Spannungskreises erhält man aus Gl. (9/139):

$$p'_{V_i} = \frac{3 \cdot P_i}{2 \cdot \pi \cdot R_i^2} \cdot \cos^3 \beta_i \quad (\text{Mp/m}^2) \tag{9/140}$$

Die Verkehrsbelastung ist abhängig von der Überdeckungshöhe und der Entfernung des Lastangriffspunktes vom Rohrscheitel. Die genaue Verteilung des Druckes auf den Rohrumfang wird hierbei vernachlässigt. Durch Superpositionen erhält man die gesamte statische Belastung infolge mehrerer Einzellasten (z.B. Radlasten)

$$p'_{V\,\text{stat}} = \sum_k p'_{V_k} \tag{9/141}$$

WETZORKE hat die statische Verkehrsbelastung für das Regelfahrzeug nach DIN 1072 in einer graphischen Darstellung zusammengefaßt, aus der die Belastung in Abhängigkeit von der Überdeckungshöhe entnommen werden kann (Abb. 612).

An Stelle des Regelfahrzeugs darf nach Tabelle IV der DIN 1072 (Ausgabe Juni 1952) eine Regelersatzlast angesetzt werden. Es ist zu beachten, daß die Verkehrslasten nicht in die Erdauflasten mit einbezogen werden können, weil sonst der entlastende Reibungsanteil fälschlich hoch werden würde, d. h. sie dürfen nicht mit dem Abminderungsfaktor A multipliziert werden. Dies gilt besonders auch für die Regelersatzlasten, die häufig als Erdauflast umgerechnet werden. Dammleitungen sollten dagegen nur mit Einzellasten gerechnet werden.

Den Einfluß der dynamischen Erschütterungen beim Überfahren der Rohrleitung berücksichtigt die *Stoßziffer* φ, mit dem die statische Verkehrslast, also die tatsächliche Radlast bzw. deren Summe, zu multiplizieren ist. Das Produkt stellt dann die Gesamtverkehrslast dar.

$$p'_V = \left(\sum_k p'_{V_k\,\text{stat}} \right) \cdot \varphi \tag{9/142}$$

31*

Die Größe des Stoßfaktors ist von der Art der Straßenbefestigung und der Überdeckungshöhe abhängig. Die allgemein verbreitete Meinung, daß der Stoßfaktor mit zunehmender Tiefe wesentlich abnimmt und nach 2—3 m Tiefe den Wert „1" erreicht, fand WETZORKE bei seinen Versuchen jedoch nicht bestätigt. Die dynamischen Beanspruchungen klingen langsamer ab als die sich nach BOUSSINESQ ergebenden statischen Lasten. Andererseits scheint es aber eine zu große Vereinfachung zu sein, wenn empfohlen wird, den Stoßfaktor völlig unabhängig von der Überdeckungshöhe als fixen Wert festzulegen.

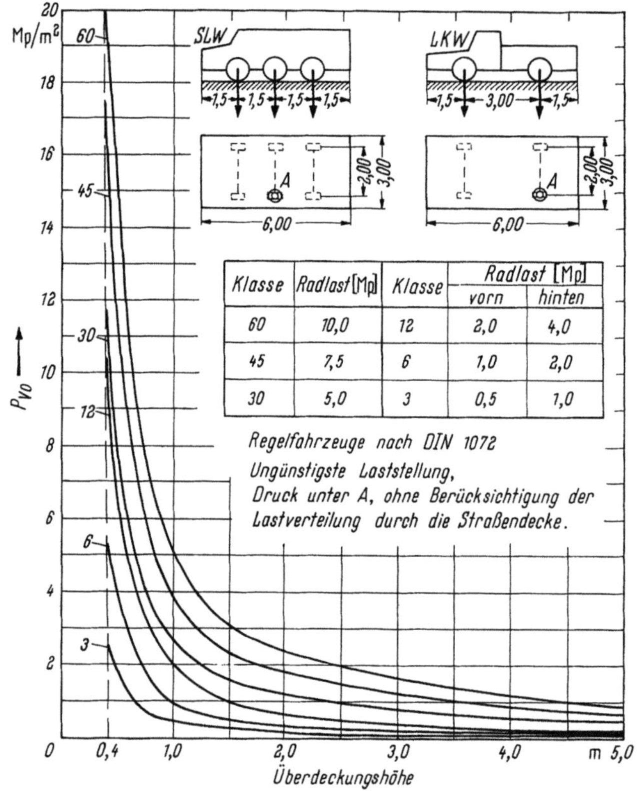

Abb. 612. Rohrbelastung unter Verkehrslasten nach WETZORKE [239].

Auch in den Versuchen von WETZORKE [239] hat sich gezeigt, daß die Stoßwirkung wesentlich von der Beschaffenheit der Straßendecke abhängt. Danach kann, wenn von Beton- und Schwarzdecken ausgegangen wird, mit der folgenden Steigerung der Stoßwirkung gerechnet werden:

Bei Kleinpflaster auf gutem Unterbau um etwa 15 bis 20%;

bei Erd-, Schotter-Kopfsteinpflasterdecken um etwa 40%.

Die im Rahmen der Schwing- und Fahrversuche angegebenen Stoßziffern in Tab. 62 auf S. 233 liegen zwischen 1,1 und 1,75. Es muß jedoch hierzu ergänzend bemerkt werden, daß die dort ermittelten Werte durch Überfahren eines auf Kopfsteinpflaster liegenden 10 cm hohen Holzkeiles entstanden sind und somit extrem ungünstige Verhältnisse widerspiegeln. In der endgültigen Fassung der DIN 4033 wird bis auf weiteres für die Ermittlung der Stoßziffer die Gleichung

$$\varphi = 1 + \frac{0.3}{H} \qquad (\text{H} = \text{Überdeckungshöhe in (m)}) \qquad (9/143)$$

empfohlen (Abb. 613).

Auch ROSKE [194] verweist auf die Abhängigkeit der Stoßwirkung von der Verlegetiefe, und zwar infolge des Verbrauchs der Stoßenergie durch Raumausbreitung und Absorption. Er empfiehlt einen Schwingbeiwert von $\varphi = 1{,}0$ bis $1{,}4$ bei Überdeckungshöhen zwischen $2{,}5$ bis $0{,}5$ m, für größere Überdeckungshöhen ist demnach der Schwingbeiwert nach ROSKE vernachlässigbar. Stellt man der φ-Kurve nach DIN 4033 die Abb. 312 gegenüber, so findet man bezüglich des Abklingens des Schwingungseinflusses mit zunehmender Tiefe eine gute Übereinstimmung beider Kurven, was die in DIN 4033 empfohlene Funktion für φ rechtfertigt.

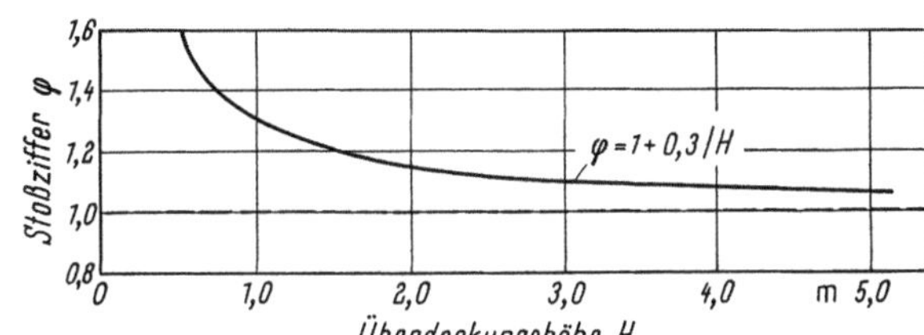

Abb. 613. Stoßfaktor φ nach DIN 4033 in Abhängigkeit von der Überdeckungshöhe H.

9.43 Wasserfüllung

Bei Vollfüllung des Rohrquerschnittes beträgt das Gewicht pro Einheitslänge des Rohres

$$G_W = F \cdot \gamma_W = r^2 \cdot \pi \quad (\text{Mp/m}) \tag{9/144}$$

Die Belastung längs des mittleren Umfanges gibt für die untere Rohrhälfte vertikale Teilkräfte.

$$\Delta P_i = \Delta F \cdot \gamma_W = \frac{\Delta F \cdot \gamma_W}{r \cdot \gamma_W} \cdot g_W.$$

Hierbei bedeutet ΔF eine durch senkrechte Sehnen begrenzte Teilfläche des Rohrquerschnitts. Für die Schnittkräfte gilt dabei

$$g_W = r \cdot \gamma_W = r \cdot 1{,}0 \quad (\text{Mp/m}^2) \tag{9/145}$$

9.44 Eigengewicht des Rohres

Die Einbeziehung des Eigengewichts in die Rechnung kann ähnlich wie bei Berücksichtigung der Wasserfüllung in bestimmten Fällen sinnvoll sein. Im allgemeinen können beide Einflüsse jedoch vernachlässigt werden. Der Belastungsanteil des Eigengewichtes berechnet sich aus dem Gesamtgewicht. Es ist das Metergewicht eines Rohres

$$G_E = F_{\text{Rohr}} \cdot \gamma_{AZ} \quad (\text{Mp/m}).$$

Mit $F_R = \pi \cdot (r_a^2 - r_i^2) = 2 \cdot r \cdot \pi \cdot s$ und $\gamma_{AZ} = $ Raumgewicht des Asbestzementrohres $\approx 2{,}0$ (Mp/m^3) ergibt sich

$$G_E = 2 \cdot r \cdot \pi \cdot s \cdot 2{,}0 = 2\,r \cdot \pi \cdot g_E \tag{9/146}$$

$$g_E = 2{,}0 \cdot s \quad (\text{Mp/m}^2) \tag{9/147}$$

$$g_E = \text{Umfangsgewicht (Mp/m}^2)$$

$$s = \text{Wanddicke (m)}.$$

9.45 Einfluß der Rohrlagerung

Alle an das Rohr angreifenden vertikalen Kräfte müssen in das Auflager des Rohres abgeführt werden. Dabei wird vorausgesetzt, daß die Auflagekräfte ebenfalls nur in vertikaler Richtung verlaufen. Auflagerkräfte aus den Dammbelastungen in horizontaler Richtung entstehen wegen der rechnerischen Annahme einer Vollsymmetrie nicht. Es leuchtet ein, daß die Beanspruchung der Rohrsohle um so geringer ist, je größer der Rohrumfang ist, auf dem sich die Auflagerkraft verteilen kann. Die größte Beanspruchung erfolgt daher bei der Linienlagerung, die kleinste dagegen dann, wenn das Rohr bis zum Kämpfer in einer tragfähigen Bettung ruht. Das im Erdboden liegende Rohr besitzt eine Flächenlagerung. Die Länge des dabei herangezogenen Rohrumfanges wird durch den Zentriwinkel α_0 gekennzeichnet (Abb. 614). In der Praxis kann für das normal auf glatte Sohle gelegte und gut angestampfte Rohr ein Zentriwinkel von $\alpha_0 = 90°$ angesetzt werden[1]. Bei besonders sorgfältiger Bettung können auch Zentriwinkel bis $\alpha_0 = 180°$ angenommen werden. Dies ist z.B beim Legen des Rohres in ein Betonbett möglich. Unter Umständen ist die Lagerung entsprechend $\alpha_0 = 180°$ auch bei einem Rohr denkbar, das durch das Erdreich hydraulisch durchgepreßt wird. Letztere Annahme setzt allerdings voraus, daß beim Preßvorgang tatsächlich auch nur der Erdboden entnommen wird, der innerhalb des Rohrquerschnittes anfällt.

Nach dem von MARQUARDT [154] festgestellten Verlauf der Auflagerkräfte kann auch hier angenähert eine Cosinusfunktion angesetzt werden. Der Inhalt der Belastungsfläche Q muß gleich der Summe aller vertikalen Belastungskräfte sein:

$$Q = (P + G_E + G_W) \quad \text{(Mp/m)} \tag{9/148}$$

Hierbei ist P der Inhalt der Belastungsfläche, die sich aus den vertikalen Erdlasten und der Verkehrslast ergibt. Bezogen auf den mittleren Rohrradius r beträgt der Inhalt dieser Belastungsfläche

$$P = \frac{\pi}{2} \cdot p \cdot r \quad \text{(Mp/m)} \tag{9/149}$$

wobei sich die Scheitelordinate p aus der Erdauflast p_V und der Verkehrslast p_V' zusammensetzt.

G_W ist das Gewicht der Wasserfüllung (Vollfüllung):

$$G_w = r^2 \cdot \pi \cdot \gamma_w = r \cdot \pi \cdot g_w \quad \text{(Mp/m)} \tag{9/144}$$

G_E ist das Eigengewicht des Rohres:

$$G_E = 2 \cdot r \cdot \pi \cdot g_E \quad \text{(Mp/m)} \tag{9/146}$$

Der Inhalt der Belastungsfläche aus den Auflagerkräften errechnet sich analog zu Gl. (9/149) aus

$$Q = \frac{\pi}{2} \cdot q \cdot r' \tag{9/150}$$

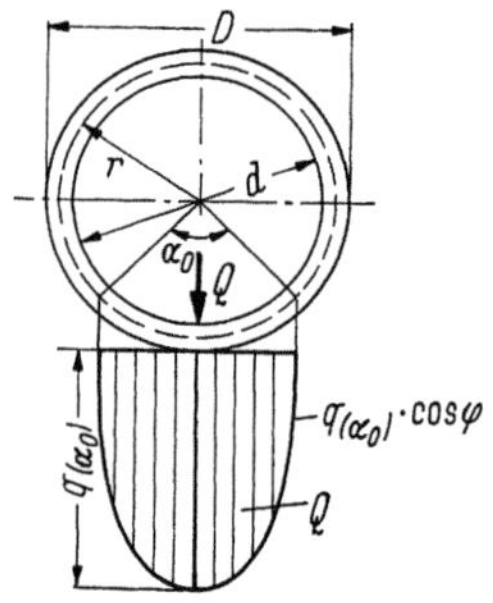

Abb. 614. Belastungsfläche der Auflagerkräfte.

q stellt die Scheitelordinate der Auflagerbelastungsfläche dar, während r' die Begrenzungsabszisse dieser Fläche ist. Je nach dem Zentriwinkel wird hierbei r', bezogen auf den mittleren Rohrradius, für

$$\alpha_0 = 60°: \qquad r' = 0{,}5 \cdot r$$
$$\alpha_0 = 90°: \qquad r' = 0{,}7 \cdot r$$
$$\alpha_0 = 120°: \qquad r' = 0{,}86 \cdot r$$
$$\alpha_0 = 180°: \qquad r' = r.$$

Schließlich ergibt sich aus Gl. (9/149) die Scheitelordinate für

$$\alpha_0 = 60°: \qquad q_{60°} = 1{,}27 \cdot \frac{Q}{r} \tag{9/151 a}$$
$$\alpha_0 = 90°: \qquad q_{90°} = 0{,}91 \cdot \frac{Q}{r} \tag{9/151 b}$$
$$\alpha_0 = 120°: \qquad q_{120°} = 0{,}74 \cdot \frac{Q}{r} \tag{9/151 c}$$
$$\alpha_0 = 180°: \qquad q_{180°} = 0{,}64 \cdot \frac{Q}{r} \tag{9/151 d}$$

Die statische Untersuchung von Rohren, die auf einzelnen Betonsockeln ruhen, erfordert einen größeren Rechenaufwand. Wegen der Seltenheit dieser Rohrlagerung wurde hier auf die Behandlung dieser Auflagerbedingungen verzichtet. Sofern sich die Notwendigkeit einer derartigen Untersuchung ergibt, wird auf VOELLMY [231] verwiesen.

---

[1] s. DIN 4033.

9.46 Schnittkräfte

Mit Hilfe der in den Abschn. 9.41 bis 9.45 berechneten Belastungswerte (Scheitelordinaten der Belastungsflächen) können nunmehr die Biegemomente M und Normalkräfte N berechnet werden. Streng genommen handelt es sich bei Rohren in statischer Hinsicht um ein Schalenproblem. Jedoch wäre eine Berechnung nach der Schalentheorie sehr aufwendig und unrationell. Aber selbst die vereinfachte Berechnung des Rohres als Ringträger ist noch sehr umfangreich. Im Rahmen dieses Buches wird daher auf die Aufführung der notwendigen Rechenoperationen verzichtet und hierzu auf die einschlägige Literatur verwiesen.

Für die Dimensionierung eines erdverlegten Rohres sind die maximal beanspruchten Zonen des Rohrumfanges maßgebend. Diese Zonen sind in der Regel an der Rohrsohle und an dem Rohrscheitel zu suchen. In den meisten aller Fälle ist die Beanspruchung des Rohres an der Rohrsohle am größten. Es genügt daher, die Schnittkräfte, die sich aus der Belastung und der Auflagerreaktion ergeben, an der Rohrsohle zu kennen. Es ist jedoch interessant, den Verlauf der Schnittkräfte über den gesamten Rohrumfang zu verfolgen. Man erhält dadurch Gelegenheit, den Einfluß eines einzelnen Lastfalles auf eine beliebige Stelle des Rohrumfangs zu studieren. Hierbei ist zu beachten, daß die mit den Mitteln der Statik errechneten Werte für die Schnittlasten sich nicht auf ein bestimmtes Rohrmaterial beziehen, sondern Allgemeingültigkeit besitzen.

In der Tab. 152 sind die Biegemomente, in der Tab. 153 die Normalkräfte angegeben, wobei bewußt einzelne Lastfälle unterschieden wurden. Alle Werte sind dabei auf den mittleren Rohrradius r bezogen und unter der Voraussetzung einer Belastungssymmetrie (Vertikaldurchmesser als Symmetrieachse) berechnet worden. Bei der Handhabung der Tabellen ist folgendes zu beachten:

1. Die Bezugspunkte am Kreis, für die die einzelnen Schnittkräfte ermittelt werden, ergeben sich gemäß Abb. 615 aus der Beziehung

$$\sin \varphi = \frac{n \cdot 0{,}1 \cdot r}{r}\ (n = 1, 2, 3, 4, 5, 6, 7, 8, 9, 10).$$

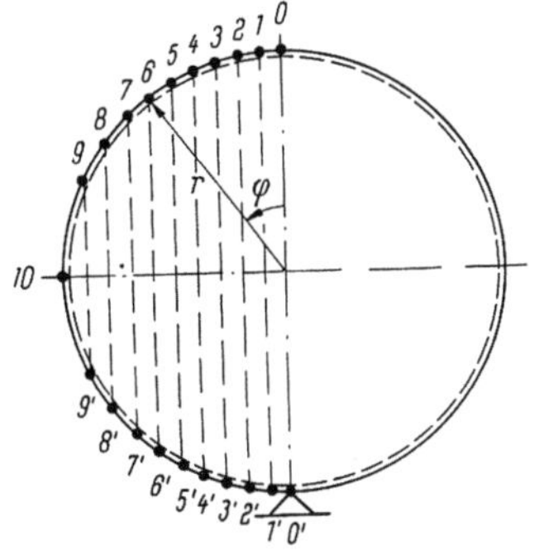

Abb. 615. Bezugspunkte am Kreis, für die die Schnittkräfte aufgestellt werden.

2. Für die Vorzeichen der Biegemomente wurde eine innen liegende Zugfaser angenommen. Biegemomente, die eine Dehnung der Innenwandung erzeugen, gelten daher als positiv.

Normalkräfte werden positiv gerechnet, wenn sie Zugspannungen im Wandquerschnitt hervorrufen. Negative Normalkräfte ergeben dagegen Druckspannungen

3. Es werden acht Lastfälle unterschieden, in denen die verschiedenen Einflüsse auf das Rohr getrennt untersucht werden:

Lastfall I $(M^{\mathrm{I}}, N^{\mathrm{I}}$ [1]$)$: Belastung durch eine Einzellast P in der Symmetrieebene und Linienlagerung $(\alpha_0 = 0)$

Lastfall II $(M^{\mathrm{II}}, N^{\mathrm{II}})$: Vertikale Flächenbelastung durch Erdauflast und Linienlagerung $(\alpha_0 = 0)$

Lastfall III $(M^{\mathrm{III}}, N^{\mathrm{III}})$: Horizontale beidseitige Flächenbelastung durch Erddruck $(\alpha_0 = 0)$

Lastfall IV $(M^{\mathrm{IV}}, N^{\mathrm{IV}})$: Belastung durch die drucklose Wasserfüllung und Linienlagerung $(\alpha_0 = 0)$

Lastfall V $(M^{\mathrm{V}}, N^{\mathrm{V}})$: Belastung durch das Eigengewicht und Linienlagerung $(\alpha_0 = 0)$

Lastfall VI $(M^{\mathrm{VI}}, N^{\mathrm{VI}})$: Einfluß der Flächenlagerung $(\alpha_0 = 60°)$

Lastfall VII $(M^{\mathrm{VII}}, N^{\mathrm{VII}})$: Einfluß der Flächenlagerung $(\alpha_0 = 90°)$

Lastfall VIII $(M^{\mathrm{VIII}}, N^{\mathrm{VIII}})$: Einfluß der Flächenlagerung $(\alpha_0 = 180°)$.

4. Alle Schnittkräfte der Belastungsfälle I bis V sind auf die Linienlagerung bezogen $(\alpha_0 = 0)$. Sofern sie allein angewendet werden, muß also beachtet werden, daß eine Linienlagerung voraus-

---

[1] Dieser Lastfall entspricht der Scheiteldruckprüfung nach DIN 19 800, Ziff. 4.23.

Tabelle 152. *Biegemomente M für verschiedene Lastfälle, bezogen auf r.*

Biegemomente, bezogen auf r

Punkt	Symm. Einzellast.	Erdauflasten	Horizontale L.	Wasserfüllung	Eigengewicht	Flächenlager 60°	Flächenlager 90°	Flächenlager 180°
	$M^{\mathrm{I}} = 0, \ldots P \cdot r$	$M^{\mathrm{II}} = 0, \ldots p \cdot r^2$	$M^{\mathrm{III}} = 0, \ldots p_H \cdot r^2$	$M^{\mathrm{IV}} = 0, \ldots g_W \cdot r^2$	$M^{\mathrm{V}} = 0, \ldots g_E \cdot r^2$	$M^{\mathrm{VI}} = 0, \ldots \varsigma_{60°} \cdot r^2$	$M^{\mathrm{VII}} = 0, \ldots \varsigma_{90°} \cdot r^2$	$M^{\mathrm{VIII}} = 0, \ldots \varsigma_{180°} \cdot r^2$
0	$+\,0{,}319$	$+\,0{,}260$	$-\,0{,}215$	$+\,0{,}059$	$+\,0{,}489$	$-\,0{,}004$	$-\,0{,}011$	$-\,0{,}028$
1	$+\,0{,}269$	$+\,0{,}255$	$-\,0{,}210$	$+\,0{,}058$	$+\,0{,}482$	$-\,0{,}004$	$-\,0{,}011$	$-\,0{,}028$
2	$+\,0{,}219$	$+\,0{,}239$	$-\,0{,}205$	$+\,0{,}056$	$+\,0{,}459$	$-\,0{,}004$	$-\,0{,}010$	$-\,0{,}027$
3	$+\,0{,}169$	$+\,0{,}212$	$-\,0{,}185$	$+\,0{,}053$	$+\,0{,}422$	$-\,0{,}004$	$-\,0{,}010$	$-\,0{,}025$
4	$+\,0{,}119$	$+\,0{,}176$	$-\,0{,}156$	$+\,0{,}048$	$+\,0{,}368$	$-\,0{,}003$	$-\,0{,}009$	$-\,0{,}023$
5	$+\,0{,}069$	$+\,0{,}129$	$-\,0{,}118$	$+\,0{,}042$	$+\,0{,}297$	$-\,0{,}003$	$-\,0{,}008$	$-\,0{,}020$
6	$+\,0{,}019$	$+\,0{,}073$	$-\,0{,}069$	$+\,0{,}034$	$+\,0{,}207$	$-\,0{,}002$	$-\,0{,}007$	$-\,0{,}016$
7	$-\,0{,}031$	$-\,0{,}001$	$-\,0{,}011$	$+\,0{,}023$	$+\,0{,}094$	$-\,0{,}002$	$-\,0{,}005$	$-\,0{,}010$
8	$-\,0{,}081$	$-\,0{,}068$	$+\,0{,}058$	$+\,0{,}009$	$-\,0{,}046$	$-\,0{,}001$	$-\,0{,}002$	$-\,0{,}003$
9	$-\,0{,}131$	$-\,0{,}151$	$+\,0{,}154$	$-\,0{,}012$	$-\,0{,}228$	$+\,0{,}001$	$+\,0{,}001$	$+\,0{,}007$
10	$-\,0{,}181$	$-\,0{,}257$	$+\,0{,}233$	$-\,0{,}066$	$-\,0{,}572$	$+\,0{,}004$	$+\,0{,}011$	$+\,0{,}033$
9'	$-\,0{,}131$	$-\,0{,}197$	$+\,0{,}154$	$-\,0{,}118$	$-\,0{,}602$	$+\,0{,}007$	$+\,0{,}020$	$+\,0{,}059$
8'	$-\,0{,}081$	$-\,0{,}139$	$+\,0{,}058$	$-\,0{,}128$	$-\,0{,}470$	$+\,0{,}009$	$+\,0{,}024$	$+\,0{,}064$
7'	$-\,0{,}031$	$-\,0{,}068$	$-\,0{,}011$	$-\,0{,}118$	$-\,0{,}372$	$+\,0{,}009$	$+\,0{,}026$	$+\,0{,}059$
6'	$+\,0{,}019$	$+\,0{,}005$	$-\,0{,}069$	$-\,0{,}093$	$-\,0{,}094$	$+\,0{,}010$	$+\,0{,}027$	$+\,0{,}046$
5'	$+\,0{,}069$	$+\,0{,}079$	$-\,0{,}118$	$-\,0{,}048$	$+\,0{,}130$	$+\,0{,}011$	$+\,0{,}022$	$+\,0{,}024$
4'	$+\,0{,}119$	$+\,0{,}154$	$-\,0{,}156$	$+\,0{,}016$	$+\,0{,}373$	$+\,0{,}010$	$+\,0{,}010$	$-\,0{,}008$
3'	$+\,0{,}169$	$+\,0{,}231$	$-\,0{,}185$	$+\,0{,}099$	$+\,0{,}634$	$+\,0{,}003$	$-\,0{,}010$	$-\,0{,}050$
2'	$+\,0{,}219$	$+\,0{,}307$	$-\,0{,}205$	$+\,0{,}204$	$+\,0{,}910$	$-\,0{,}014$	$-\,0{,}040$	$-\,0{,}102$
1'	$+\,0{,}269$	$+\,0{,}385$	$-\,0{,}210$	$+\,0{,}329$	$+\,1{,}202$	$-\,0{,}037$	$-\,0{,}080$	$-\,0{,}165$
0'	$+\,0{,}319$	$+\,0{,}463$	$-\,0{,}215$	$+\,0{,}476$	$+\,1{,}509$	$-\,0{,}071$	$-\,0{,}130$	$-\,0{,}238$

Tabelle 153. *Normalkräfte N für verschiedene Lastfälle, bezogen auf r*

Normalkräfte, bezogen auf r

Punkt	Symm. Einzellast. $N^{\mathrm{I}} = 0, \ldots P$	Erdauflasten $N^{\mathrm{II}} = 0, \ldots p \cdot r$	Horizontale L. $N^{\mathrm{III}} = 0, \ldots p_H \cdot r$	Wasserfüllung $N^{\mathrm{IV}} = 0, \ldots g_W \cdot r$	Eigengewicht $N^{\mathrm{V}} = 0, \ldots g_E \cdot r$	Flächenlager 60° $N^{\mathrm{VI}} = 0, \ldots q_{60°} \cdot r$	Flächenlager 90° $N^{\mathrm{VII}} = 0, \ldots q_{90°} \cdot r$	Flächenlager 180° $N^{\mathrm{VIII}} = 0, \ldots q_{180°} \cdot r$
0	0	+ 0,065	− 0,785	+ 0,124	+ 0,481	− 0,008	− 0,022	− 0,061
1	− 0,050	+ 0,060	− 0,766	+ 0,124	+ 0,464	− 0,008	− 0,022	− 0,060
2	− 0,100	+ 0,034	− 0,755	+ 0,122	+ 0,421	− 0,008	− 0,021	− 0,060
3	− 0,150	− 0,012	− 0,735	+ 0,119	+ 0,352	− 0,007	− 0,021	− 0,058
4	− 0,200	− 0,078	− 0,706	+ 0,114	+ 0,254	− 0,007	− 0,020	− 0,056
5	− 0,250	− 0,161	− 0,630	+ 0,108	+ 0,125	− 0,007	− 0,019	− 0,053
6	− 0,300	− 0,261	− 0,534	+ 0,099	− 0,044	− 0,006	− 0,017	− 0,049
7	− 0,350	− 0,375	− 0,472	+ 0,088	− 0,259	− 0,006	− 0,016	− 0,043
8	− 0,400	− 0,499	− 0,358	+ 0,075	− 0,530	− 0,005	− 0,013	− 0,037
9	− 0,450	− 0,630	− 0,188	+ 0,054	− 1,001	− 0,004	− 0,009	− 0,027
10	− 0,500	− 0,785	0	0	− 1,796	0	0	0
9′	− 0,450	− 0,735	− 0,188	− 0,151	− 2,116	+ 0,004	+ 0,009	+ 0,032
8′	− 0,400	− 0,667	− 0,358	− 0,226	− 2,117	+ 0,005	+ 0,013	+ 0,046
7′	− 0,350	− 0,596	− 0,472	− 0,346	− 2,039	+ 0,006	+ 0,024	+ 0,056
6′	− 0,300	− 0,523	− 0,534	− 0,417	− 1,919	+ 0,006	+ 0,056	+ 0,065
5′	− 0,250	− 0,449	− 0,630	− 0,459	− 1,754	+ 0,014	+ 0,086	+ 0,071
4′	− 0,200	− 0,374	− 0,706	− 0,468	− 1,554	+ 0,036	+ 0,106	+ 0,074
3′	− 0,150	− 0,298	− 0,735	− 0,441	− 1,326	+ 0,053	+ 0,112	+ 0,075
2′	− 0,100	− 0,221	− 0,755	− 0,376	− 1,069	+ 0,057	+ 0,102	+ 0,073
1′	− 0,050	− 0,143	− 0,766	− 0,271	− 0,788	+ 0,042	+ 0,072	+ 0,068
0′	0	− 0,065	− 0,785	− 0,124	− 0,481	+ 0,008	+ 0,022	+ 0,061

gesetzt wird. Den Einfluß der Flächenlagerung berücksichtigen, je nach dem angenommenen Zentriwinkel, die Lastfälle VI bis VIII.

Um die Schnittkraft (M, N) für eine bestimmte Stelle am Rohrumfang, z.B. für Pkt. 0', die Rohrsohle, zu ermitteln, werden zunächst die in Frage kommenden Lastfälle ausgesucht, sodann die zugehörigen Belastungswerte (p, p_H, g_W, g_E) ausgerechnet und mit den zugehörigen Faktoren der Tabellen multipliziert. Durch Addition der so erhaltenen Einzelprodukte findet man dann den Wert für die gesuchte Schnittkraft. Hierbei sind die Vorzeichen streng zu beachten.

9.47 Spannungsermittlung

Da die behandelte Rohrbelastung ein Ringbiegeproblem darstellt, berechnet sich die Spannung im Ringquerschnitt aus Biegemoment und Normalkraft nach der Formel

$$\sigma_b = \frac{N}{F} \pm \frac{M}{W} \; (\text{Mp/m}^2)^1 \tag{9/152}$$

W ist das Widerstandsmoment des Querschnittes

$$W = \frac{b \cdot h^2}{6} \; (\text{m}^3) \tag{9/153}$$

Der Rohrquerschnitt wird als Ringträger aufgefaßt, dessen Höhe h gleich der Rohrwanddicke s ist, während die Breite der Einheitslänge „1" entspricht. Somit wird das Widerstandsmoment für den betrachteten Rohrring

$$W = \frac{s^2}{6} \; (\text{m}^3) \tag{9/154}$$

Die Gl. (9/152) hat allerdings nur Gültigkeit für den geraden Stab, für den das NAVIERsche Gradliniengesetz der Spannungen zugrunde gelegt werden kann. Bei gekrümmten Stäben trifft das NAVIERsche Gradliniengesetz nur noch bedingt zu, nämlich dann, wenn die Höhe des Querschnitts, hier also die Wanddicke, im Verhältnis zum Krümmungsradius klein ist. Daher können nach Gl. (9/152) exakt nur dünnwandige Rohre berechnet werden.

Das Wanddickenverhältnis eines Rohres wird durch das in Kapitel 4.0 häufig angeführte Verhältnis $\delta = d/s$ charakterisiert. Je größer der Wert δ wird, um so geringer wird der Einfluß der Wanddicke und Krümmung auf die Spannung. Beim kreisrunden, dickwandigen Rohr ist aus geometrischen Gründen die Spannung an der Rohrinnenwand immer am größten, gleich welches Vorzeichen sie besitzt. Dies ergibt sich aus einer hyperbolischen Spannungsverteilung im Gegensatz zur gradlinigen beim geraden Stab. Will man diesen Gegebenheiten Rechnung tragen, so muß daher die Biegespannung M/W der Gl. (9/152) mit einem Korrekturfaktor ψ versehen werden, der sich aus dem Verhältnis

$$\frac{\sigma \; \text{gekrümmter Stab}}{\sigma \; \text{gerader Stab}} = \psi \tag{9/155}$$

ergibt.

In Abb. 616 sind die Korrekturfaktoren ψ_i für die Ringbiegespannung an der Rohrinnenwand σ_d^i und ψ_a für die Ringbiegespannung an der Rohraußenwand σ_d^a graphisch dargestellt.

Für den gekrümmten Stab gilt damit exakt

$$\sigma_b = \frac{N}{F} \pm \frac{6 \cdot M}{s^2} \cdot (\psi_{i,a}) \;\; (\text{Mp/m}^2) \tag{9/156}$$

Wie aus der Abb. 616 ersichtlich wird, erreicht der Beiwert ψ_i für $\delta = 7$ den Wert 1,1, d. h. daß sich die genaue Biegespannung an der Innenseite eines gekrümmten Stabes um 10% höher einstellt, als dies beim geraden Stab der Fall sein würde. Dagegen macht es bei $\delta = 30$ noch etwa 2,5% aus. Daraus geht hervor, daß für die praktische Rohrberechnung ebenfalls die Gl. (9/152) völlig ausreicht.

---

[1] Zur Umrechnung dient: $1 \; \text{Mp/m}^2 = 0{,}1 \; \text{kp/cm}^2$.

9.48 Innerer und äußerer Überdruck

Ein Wasser- oder Gasdruck wirkt in radialer Richtung auf den Rohrquerschnitt. Es können daher nur Normalkräfte, aber keine Biegemomente in der Rohrwand auftreten, da ja der Kreis Stützlinie für Radiallasten darstellt. Es werden demnach nur Druck- oder Zugspannungen in der Rohrwand erzeugt, je nachdem, ob die Druckrichtung von außen nach innen oder von innen nach außen zeigt.

Für den Innendruck gilt nach Abschn. 4.141

$$\sigma_z = \frac{p_i \cdot d}{2 \cdot s} \ (\text{kp/cm}^2)^1 \tag{9/157a}$$

Die nach dieser Gleichung ermittelte Spannung σ_z stellt einen Mittelwert dar. Sie berücksichtigt nicht die beim dickwandigen Rohr auch hier vorhandene hyperbolische Spannungsverteilung über den Wandquerschnitt, die an der Innenwand zur größten Spannung führt, während an der Außenwand die kleinste Spannung vorhanden ist. Nach der genauen Theorie lautet die Gleichung für σ_z

$$\sigma_z = \frac{p_i \cdot r_i^2}{r_a^2 - r_i^2} \left(1 - \frac{r_a^2}{z^2}\right) \tag{9/157b}$$

wobei z jeden beliebigen Wert zwischen r_i und r_a annehmen kann (r_a = Außenradius, r_i = Innenradius).

Der Zusammenhang beider Gl. (9/157a und 9/157b) miteinander ergibt sich aus der Tatsache, daß der Inhalt der durch beide Gleichungen jeweils beschriebenen Spannungsflächen gleich groß ist.

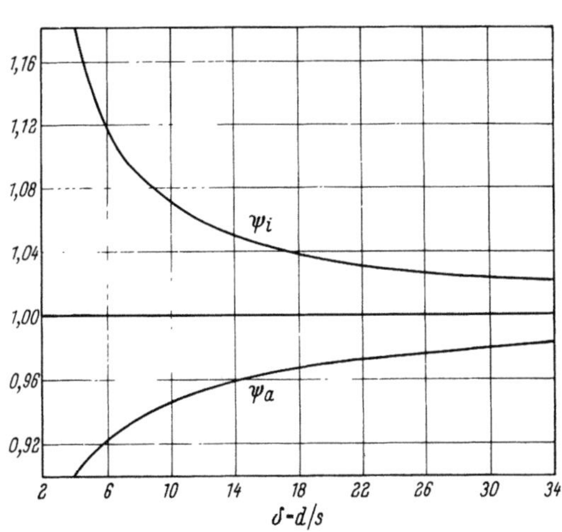

Abb. 616. Korrekturfaktoren $\psi_{i,a}$ für die Ringbiegespannung σ_d am gekrümmten Stab in Abhängigkeit von δ.

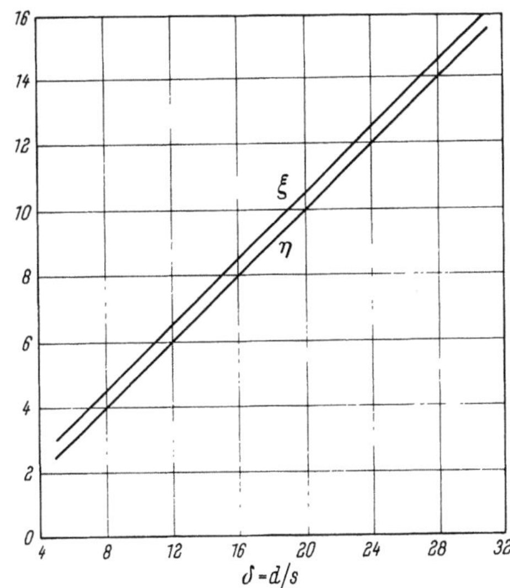

Abb. 617. Beiwerte ζ und η in Abhängigkeit von δ.

Infolge eines Innendrucks ergeben sich nunmehr die genauen Spannungen an der Innenwand:

$$\sigma_z^i = \sigma_z^{\max} = p_i \left(\frac{r_a^2 + r_i^2}{r_a^2 - r_i^2}\right) \ (\text{kp/cm}^2) \tag{9/158a}$$

an der Außenwand:

$$\sigma_z^a = \sigma_z^{\min} = p_i \left(\frac{2\,r_i^2}{r_a^2 - r_i^2}\right) \ (\text{kp/cm}^2) \tag{9/158b}$$

Wird eine Rohrleitung von einem Außendruck p_a belastet, wie das z. B. bei einer in einem See oder bei einer sehr tief im Grundwasser liegenden Rohrleitung der Fall ist, so ergeben sich die Spannungsgleichungen analog

---

[1] Zur Umrechnung dient: 1 kp/cm² = 10 Mp/m².

an der Innenwand:

$$\sigma_z^i = \sigma_z^{\max} = -\, p_a \left(\frac{2\,r_a^2}{r_a^2 - r_i^2} \right) \; (\text{kp/cm}^2) \tag{9/159a}$$

an der Außenwand:

$$\sigma_z^a = \sigma_z^{\min} = -\, p_a \left(\frac{r_a^2 + r_i^2}{r_a^2 - r_i^2} \right) \; (\text{kp/cm}^2) \tag{9/159b}$$

der äußere Wasserdruck p_a wird hierbei genügend genau mit

$$p_a = 0{,}1 \cdot \gamma_W \cdot \left(t + \frac{D}{2} \right) \; (\text{Kp/cm}^2)\,[1] \tag{9/160}$$

angesetzt.

t = Überdeckungshöhe (m)

D = Außendurchmesser (m)

γ_W = spez. Gewicht des Wassers (Mp/m³).

Wenn sowohl ein Außendruck als auch ein Innendruck vorhanden ist, erhält man die gemeinsame Spannung aus der Superposition der Gl. (9/158) und (9/159).

Zur Vereinfachung der Berechnung der Maximalspannungen infolge eines Innendrucks sind für die Spannung an der Innenwand $\sigma_z^{\max}$ in Abb. 617 die Beiwerte ζ und η in Abhängigkeit von $\delta = d/s$ graphisch aufgetragen, mit denen der gegebene Innendruck zu multiplizieren ist. Es wird dann für die tatsächliche Spannung an der Innenwand

$$\sigma_z^{\max} = p_i \cdot \zeta \quad (\text{kp/cm}^2) \tag{9/161}$$

und für die mittlere Wandspannung nach Gl. (9/157)

$$\sigma_z^{\max} = p_i \cdot \eta \quad (\text{kp/cm}^2) \tag{9/162}$$

bzw.
$$\sigma_z^{\max} = -\, p_a \cdot \eta \quad (\text{kp/cm}^2) \tag{9/163}$$

Es läßt sich leicht nachweisen, daß die Maximalrandspannung für einen Außendruck sofort durch die Beziehung (9/164) gefunden wird.

$$\sigma_z^{\max} = -\, p_a \cdot (\zeta + 1) \tag{9/164}$$

Ähnlich wie bei der Ringbiegespannung genügt für die praktische Anwendung in den meisten Fällen die Beziehung (9/157) bzw. (9/162). Der hierbei gemachte Fehler läßt sich leicht abschätzen. Bezogen auf die tatsächliche Spannung $p_i \cdot \zeta$ wird der Fehler

$$\frac{\eta}{\zeta} \cdot 100 \quad (\%)$$

für $\delta = 10$:   9%

für $\delta = 15$:   6%

für $\delta = 20$:   5%

für $\delta = 30$:   3%.

Diese Werte liegen im Rahmen der natürlichen Streuung der Festigkeitswerte. Es erschien jedoch ratsam, auch die genaue Spannungsermittlung mit anzuführen, um den Zusammenhang beider Wege aufzuzeigen.

Die Überlagerung der Ringzug- bzw. Ringdruckspannungen aus der Druckbelastung mit der Ringbiegespannung aus Erdbelastung, Eigengewicht und Wasserfüllung bereitet beim Asbestzement-Druckrohr gewisse Schwierigkeiten, weil die Gültigkeit des HOOKEschen Gesetzes nur bedingt besteht. Auf Grund der Schichtenstruktur ist die Reihenfolge der Verformung infolge einzelner Belastungszustände nicht gleichgültig. Es ist daher für das Festigkeitsverhalten eines Asbestzement-Druckrohres von Wichtigkeit, ob zum Beispiel ein unter Innendruck stehendes Rohr durch Scheitellasten ovalisiert wird, oder ob ein unter einer Scheitellast ruhendes und bereits ovalisiertes Rohr anschließend durch Innendruck aufgeweitet wird. Für die Praxis dürfte der letztere Fall zutreffen, da zunächst ein Druckrohr gelegt und anschließend erst in Betrieb genommen wird. Es läßt sich daher nicht ohne weiteres eine Aussage über die Auswirkungen der beiden gleichzeitig vorhandenen Belastungsarten treffen.

---

[1] s. Fußnote, S. 491.

Versuche mit Astbestzement-Druckrohren unter praktischen Bedingungen, bei denen Innendruck und Scheiteldruck gleichzeitig aufgebracht wurden, haben ergeben, daß bei einer Ringzugspannung bis etwa 100 kp/cm² die Scheiteldruckfestigkeit gegenüber den Ergebnissen aus reinen Scheiteldruckversuchen sich nicht vermindert. Es zeichnete sich sogar eine Tendenz zur Steigerung der Tragfähigkeit der untersuchten Rohre ab, was sich durch eine günstigere Verteilung der Spannungen erklären läßt.

9.49 Spannungen und Sicherheiten

Zur praktischen Anwendung der ermittelten Werte für die Spannungen ist ein Maßstab notwendig, an dem die Zulässigkeit der erhaltenen Spannungen abgelesen werden kann. Dieser Maßstab wird durch die Festsetzung von zulässigen Spannungen σ_{zul} geschaffen. Die zulässigen Spannungen, die in der Rechnung nicht überschritten werden dürfen, bieten die Gewähr dafür, daß das Material nicht überbeansprucht wird. Die Festsetzung der zulässigen Spannungen geht von den festgestellten Bruchspannungen unter Berücksichtigung der jeweils erforderlichen Sicherheitsfaktoren aus.

Für Asbestzement-Druckrohre bis NW 400 sind die Wanddicken vorgeschrieben (vgl. Kap. 4.11).

Werden Rohre besonders bemessen, so ist der Sicherheitsfaktor entsprechend den Anwendungsgegebenheiten festzulegen. Er kann dann um so kleiner gehalten werden, je genauer die Betriebsverhältnisse bekannt sind und je exakter diese bei den Belastungsermittlungen berücksichtigt werden können.

9.491 Scheiteldruck (drucklose Leitungen)

Für die Scheiteldruckbelastung bei Zweilinienlagerung entsprechend DIN 19 800 ergab sich nach Abschn. 4.5021 eine mittlere Scheiteldruckbruchfestigkeit von

$$\sigma_d = 603 \ (\text{kp/cm}^2).$$

Die in der Norm geforderte Mindestbruchfestigkeit beträgt dagegen 450 kp/cm². Nach WETZORKE [239] genügt für drucklose Leitungen ein Sicherheitsfaktor von $\nu = 1{,}5$, da Versuche ergeben haben, daß die tatsächlichen Beanspruchungen von Grabenleitungen wesentlich geringer als der Rechnung nach ausfallen. Das liegt u. a. mit an der Außerachtlassung der Bodenverdichtung und der Seitendrücke, die eine Erhöhung der Tragfähigkeit des Rohres ergeben. Die Erfahrungen der Praxis und weitere Empfehlungen in der Literatur zeigen jedoch, daß der Wert $\nu = 1{,}5$ als oberer Grenzwert für diese Leitungen anzusehen ist. ROSKE [194] empfiehlt in Abhängigkeit von der Bauausführung einen Sicherheitsfaktor zwischen 1,2 und 1,5. Man liegt also auf der sicheren Seite, wenn für drucklose Leitungen die zulässige Spannung auf Grund der Mindestbruchfestigkeit mit

$$\sigma_{d\ zul} = 350 \ (\text{kp/cm}^2)$$

eingesetzt wird.

9.492 Innendruck

Die Innendruckversuche nach DIN 19 800 brachten in den Nennweiten nach Abschn. 4.5012 eine mittlere Bruchfestigkeit von $\sigma_z = 270$ (kp/cm²), während die Mindestbruchfestigkeit nach DIN 19 800 $\sigma_z = 200$ (kp/cm²) betragen muß. Parallelversuche an Großrohren NW 500—1000 (s. Tab. 35, Seite 130). ergaben eine mittlere Bruchfestigkeit von

$$\sigma_{z\ \text{Bruch}} = 315 \ (\text{kp/cm}^2).$$

Nun sind bereits in der Norm Sicherheitsfaktoren für die Bemessung der Wanddicken von Asbestzement-Druckrohren bis NW 400 im Hinblick auf die Belastung durch einen Innendruck vorgeschrieben. Ihre Größe ist in Abhängigkeit von der Nennweite abgestuft (s. Abschn. 4.13). Für Großrohre sind sie dagegen im Einzelfall auf Grund der Gegebenheiten zu bestimmen. Geht man davon aus, daß für Rohre NW 400 noch eine dreifache Sicherheit, bezogen auf die Mindestbruchlast, vorgeschrieben ist, so liegt man auf der sicheren Seite und folgt auch den für die Nennweiten bis NW 400 gültigen Abstufungen, wenn man auch für Großrohre die dreifache Sicherheit ansetzt.

Die zulässige Spannung ergibt sich also allgemein aus

$$\sigma_{z\ \text{zul}} = \frac{\sigma_{z\ \text{Bruch}}}{\nu}.$$

Unter Berücksichtigung der in den Versuchen erhaltenen Mindestbruchfestigkeiten ergibt sich bei dreifacher Sicherheit:

$$\text{für NW}\ \ 65-\ \ 400: \sigma_{\text{zul}} = 70\ (\text{kp/cm}^2)$$
$$\text{für NW}\ 450-1000: \sigma_{\text{zul}} = 80\ (\text{kp/cm}^2).$$

Bei eindeutigen Betriebsverhältnissen, wie sie zumeist bei großkalibrigen Hauptversorgungsleitungen oder Fernleitungen vorhanden sind, ist der Sicherheitsfaktor $\nu = 2{,}5$ ausreichend.

Werden Druckstöße bei der Bemessung voll erfaßt, so kann nach Roš die zulässige Ringzugspannung um etwa 30% erhöht werden.

9.493 Scheiteldruck und Innendruck zusammen

Für die in der Praxis meist bestehende kombinierte Belastung aus Scheiteldruck und Innendruck läßt sich eine gemeinsame zulässige Spannung nicht so ohne weiteres angeben. Andererseits ist die getrennte Bemessung des erdverlegten Druckrohres nach Scheiteldruck und Innendruck auch nur als eine Näherung anzusehen. Obwohl beide Verfahren keinen Anspruch auf Vollkommenheit erheben können, sind sie — wie die Praxis und verschiedene Versuche zeigen — mit ausreichender Genauigkeit anwendbar.

Bei der ersten Bemessungsmethode mit Hilfe der *zusammengesetzten* Spannung ergibt sich die erforderliche Wanddicke s aus

$$s = \frac{\sqrt{N^2 \pm 24 \cdot \bar{M} \cdot \sigma_{\text{zul}}} + N}{2 \cdot \sigma_{\text{zul}}}\ (\text{m}) \qquad (9/165)$$

N setzt sich hierbei zusammen aus der Normalkraft N_d infolge der Ringbiegebelastung und aus der Normalkraft N_z infolge des Innendrucks. Für Innen- oder Außendruck errechnet sich die Normalkraft gemäß Gleichung

$$N_z = p_i \cdot r = -\ p_a \cdot r\ (\text{Mp/m}) \qquad (9/166)$$

Die Größe der zulässigen zusammengesetzten Spannung $\sigma_{(d+z)\ \text{zul}}$ ist abhängig von den im Betrieb vorhandenem Verhältnis der Innendruckbelastung zur Scheiteldruckbelastung. Überwiegt der Innendruck, was z. B. bei Überlandleitungen mit geringen Verkehrsbelastungen der Fall ist, so ist $\sigma_{(d+z)\ \text{zul}}$ kleiner, da für die Dimensionierung der Innendruck maßgebend und die Innendruckfestigkeit geringer als die Scheiteldruckfestigkeit ist. Wirken dagegen größere äußere Lasten, z. B. starker Verkehr, auf das Rohr ein, dann wird der Scheiteldruck maßgebend, und deshalb kann ein höheres $\sigma_{(d+z)\ \text{zul}}$ eingesetzt werden. In Abhängigkeit von diesen Belastungsfällen wird eine zusammengesetzte zulässige Spannung von

$$\sigma_{(d+z)\ \text{zul}} = 160\ \text{bis}\ 200\ (\text{kp/cm}^2)$$

empfohlen.

Bei der *getrennten* Dimensionierung für die kombinierte Belastung wird die Wanddicke zunächst nach der Kesselformel (4/2 bzw. 9/157) ermittelt. Mit der so gefundenen Wanddicke wird die Scheiteldrucktragfähigkeit des Rohres bei Zweilinienlagerung (Gl. 4/6) berechnet. Die Scheiteldrucktragfähigkeit des Rohres im eingebetteten Zustand muß größer sein, und zwar unter Berücksichtigung eines Sicherheitsfaktors von $\nu = 2{,}5$. Der die Tragfähigkeit gegenüber Linienlagerung steigernde Einfluß der Bettung wird durch den Bettungsfaktor k berücksichtigt:

$$\text{Bettungswinkel}\ \ \alpha_0 = \ \ 0°\ \ \ k = 1{,}0$$
$$\text{Bettungswinkel}\ \ \alpha_0 = 60°\ \ \ k = 1{,}4$$
$$\text{Bettungswinkel}\ \ \alpha_0 = 90°\ \ \ k = 1{,}7.$$

Bei üblicher Auflagerung kreisförmiger Rohre kann nach DIN 4033 normalerweise mit dem Bettungswinkel $\alpha_0 = 90°$ gerechnet werden. Für die Scheiteldrucktragfähigkeit ist demnach folgende Formel zu verwenden

$$P_{Tr} = \frac{\sigma_d \cdot \pi \cdot s^2 \cdot L}{3 \cdot (d + s)} \cdot k \tag{9/167}$$

Die errechnete Tragfähigkeit P_{Tr} muß entsprechend dem Sicherheitsfaktor $\nu = 2,5$ um das 2,5fache größer sein als die gesamte äußere Last. Es gilt also:

$$P_{Tr} \geqq \nu \cdot P_V.$$

9.5 Anwendungsbeispiele

9.51 Berechnung einer Wasserleitung

Eine Asbestzement-Druckrohrleitung soll eine Reinwassermenge von 30 (l/s) über eine Länge von 3 km fördern. Die Höhendifferenz zwischen Leitungsanfang und Leitungsende beträgt 18,0 (m), die Wassertemperatur in einem Falle 12°C, im anderen 8°C. Es seien drei Bögen mit $\delta = 30°$ und zwei Schieber eingebaut. Verlangt wird der Druckverlust.

Mit der Annahme von $v = 1,0$ (m/s) ergibt sich entsprechend dem Kontinuitätsgesetz

$$F = Q/v = 0,030/1,0 = 0,030 \ (\text{m}^2)$$

und $\qquad d = \sqrt{\dfrac{F \cdot 4}{\pi}} = \sqrt{\dfrac{0,03 \cdot 4}{3,14}} = 0,195 \ (\text{m})$

gewählt $\quad d = 200$ mm.

Die kinematische Zähigkeit des Reinwassers von 12° C beträgt gemäß Abb. 584

$$\nu = 1,24 \cdot 10^{-6} \ (\text{m}^2/\text{s}).$$

Damit wird

$$\text{Re} = \frac{v \cdot d}{\nu} = \frac{1,0 \cdot 0,2}{1,24} \cdot 10^6 = 161\,000 > 2300.$$

Die Strömung im Rohr ist vollturbulent. Das Reibungsgefälle findet man mit Hilfe der Netzlinientafel zu

$$J = 4,0 \ (^0/_{00}),$$

damit wird der Reibungsverlust der reinen Rohrstrecke

$$h_{v_1} = 4 \cdot 3000 \cdot 10^{-3} = 12 \ (\text{mWS}).$$

Die zugehörige Geschwindigkeit ist laut Netztafel etwa 0,95 m/s.

Zu dem Reibungsverlust h_v sind noch die Verluste infolge der Bögen und Schieber hinzuzurechnen. Nach Tab. 141 wird $\zeta_B = 0,138$ für Asbestzementbögen NW 200 von 30°, und aus Abb. 600 kann für Absperrschieber NW 200 der Wert $\zeta = 0,25$ entnommen werden. Der Druckverlust für die Einbauten beläuft sich damit auf

$$h_{v_2} = (\Sigma\zeta_B + \Sigma\zeta) \frac{v^2}{2g} = (3 \cdot 0,138 + 2 \cdot 0,25) \cdot \frac{1,0^2}{2 \cdot 9,81} = 0,05 \ (\text{mWS}).$$

Der Gesamtverlust wird damit

$$h_v = h_{v_1} + h_{v_2} = 12,0 + 0,05 = 12,05 \ (\text{mWS}).$$

Der Einfluß der Einbauten ist hier gegenüber der Rohrreibung vernachlässigbar gering.

Für $t = 8°$ C findet man aus Abb. 584 $\nu = 1,39 \cdot 10^{-6}$ (m²/s). Die reduzierte Wassermenge beträgt

$$Q_0 = Q \cdot \left(\frac{\nu_0}{\nu}\right) = 30 \cdot \left(\frac{1,24}{1,39}\right) = 26,8 \ (\text{l/s}) \ .$$

Hierfür findet man aus der Netztafel $J_0 = 3{,}6\,(^0/_{00})$. Für $t = 8\,°\mathrm{C}$ ergibt sich somit der Reibungsverlust

$$J = J_0 \cdot \left(\frac{v}{v_0}\right)^2 = 3{,}6 \cdot \left(\frac{1{,}39}{1{,}24}\right)^2 = 4{,}52\,(^0/_{00})$$

der demnach gegenüber dem wärmeren Wasser von $12\,°\mathrm{C}$ um rund 13% höher liegt.

Die Abschätzung des zu erwartenden maximalen Druckstoßes beim Schließen eines Schiebers am Ende der Druckrohrleitung läßt sich mit Gl. (9/97a) durchführen. Es ist mit $a \approx 1000\,(\mathrm{m/s})$

$$\frac{\varDelta p}{\gamma_W} = \frac{v_0}{g} \cdot a = \frac{1{,}0}{9{,}81} \cdot 1000 = 102\,(\mathrm{mWS}).$$

Diese Höhe des Druckstoßes kann sich nur dann einstellen, wenn die Schieberschließzeit gemäß Gl. (9/92) kürzer wird als

$$\frac{2 \cdot L}{a} = \frac{2 \cdot 3000}{1000} = 6\ \mathrm{sek}.$$

Eine solch kurze Schließzeit eines Schiebers ist in der Praxis normalerweise nicht gegeben, so daß der oben errechnete maximale Druckstoß von 102 mWS tatsächlich nicht eintreten wird.

9.52 Berechnung einer Ferngasleitung

Eine Asbestzement-Druckrohrleitung NW 500 von 5 km Länge soll bei einer Gastemperatur von $T = 293\,°\mathrm{K}$ ($20\,°\mathrm{C}$) und einem Anfangsdruck von 5 ata (4 atü) Stadtgas fördern. Die Anfangsgeschwindigkeit sei $w_1 = 30$ m/s. Der Adiabatenexponent betrage $\varkappa = 1{,}36$ mit $c_p = 0{,}29$ (kcal/kp· Grad) und die Gaskonstante $R = 76$ (m/Grad). Wie groß ist der Druckabfall bei einem Durchsatzvolumen von $V_N = 130\,000$ (Nm³/h) und welche Geschwindigkeit herrscht am Ende der Leitung?

Der Rohrquerschnitt beträgt $F = \dfrac{\pi \cdot d^2}{4} = \dfrac{3{,}14 \cdot 0{,}5^2}{4} = 0{,}196$ m², die Re-Zahl errechnet sich mit $\nu = 31 \cdot 10^{-6}$ (m²/s) (aus Abb. 603)

$$\mathrm{Re} = \frac{30 \cdot 0{.}5}{31} \cdot 10^6 = 485\,000 > 2300.$$

Die Strömung ist also vollturbulent.

Das spez. Gewicht des Gases beim Eintritt in die Leitung wird nach Gl. (9/102)

$$\gamma_1 = \frac{10\,000 \cdot p_1}{R \cdot T} = \frac{10\,000 \cdot 5}{76 \cdot 293} = 2{,}24\left(\frac{\mathrm{kp}}{\mathrm{m^3}}\right).$$

Der Druckverlust $P_1 - P_2 = 1000\,(p_1 - p_2)$ ergibt sich aus Gl. (9/115). Sofern die Beaufschlagung der Rohrleitung nicht zu groß ist, kann zur Bestimmung des Reibungsgefälles J die Netztafel herangezogen werden, wobei allerdings zu beachten ist, daß die gegenüber $t = 12\,°\mathrm{C}$ der Tafel veränderte Temperatur eine Umrechnung des abgelesenen J-Wertes erforderlich macht. Das Durchsatzvolumen ist außerdem auf Nm³/s zu beziehen.

$$V_{N(s)} = \frac{V_{N(h)}}{3600}\left(\frac{\mathrm{Nm^3}}{\mathrm{s}}\right).$$

Im anderen Falle kann λ_R entweder mit der Näherungsgleichung (9/116) berechnet oder aus dem MOODYschen Diagramm (Abb. 582) abgelesen werden. Letzteres wird empfohlen.

Es ist für Asbestzement-Druckrohre NW 500 ($k = 0{,}025$ mm)

$$\frac{k}{d} = \frac{0{,}025}{500} = 0{,}00005 = 5 \cdot 10^{-5},$$

ferner war $\mathrm{Re} = 4{,}85 \cdot 10^5$. Aus Abb. 582 findet man hiermit

$$\lambda_R = 0{,}014.$$

Die Gleichung für den Druckabfall (9/115) lautet nunmehr

$$\Delta P = P_1 - P_2 = P_1 \left[1 - \sqrt{1 - 2 \cdot \lambda_R \cdot \frac{\gamma_1}{P_1} \cdot \frac{L}{d} \cdot \frac{w_1^2}{2g}} \right] \ (\mathrm{kp/m^2})$$

$$\Delta P = P_1 \left[1 - \sqrt{1 - 2 \cdot 0{,}014 \cdot \frac{2{,}24}{10\,000 \cdot 5} \cdot \frac{5000}{0{,}5} \cdot \frac{30^2}{2 \cdot 9{,}81}} \right] \ (\mathrm{kp/m^2})$$

$$\Delta P = 10\,000 \cdot p_1 \cdot 0{,}348 = 17\,410 \ \left(\frac{\mathrm{kp}}{\mathrm{m^2}} \right) \ \text{oder}$$

$$\Delta p = 1{,}74 \ \mathrm{ata},$$

somit herrscht am Leitungsende der Druck

$$p_2 = 3{,}26 \ \mathrm{ata}.$$

Für die isothermische Zustandsänderung gilt gemäß Gl. (9/100a)

$$w_2 = \frac{w_1 \cdot p_1}{p_2} = \frac{30 \cdot 5}{3{,}26} = 46{,}0 \ \left(\frac{\mathrm{m}}{s} \right).$$

Die Austrittsgeschwindigkeit des Gases am Leitungsende beträgt demnach $w_2 = 46{,}0 \ (\mathrm{m/s})$.

9.53 Statische Untersuchungen an erdverlegten Asbestzement-Druckrohrleitungen
9.531 Grabenleitung

Eine Druckrohrleitung NW 800 soll in einen Graben unter eine Hauptverkehrsstraße mit 1,2 m Überdeckung gelegt werden. Der Betriebsdruck für diese Leitung ist mit $p_i = 2{,}5$ atü angegeben. Die Grabenbreite beträgt 1,5 m. Als Verkehrslast ist das Regelfahrzeug SLW Klasse 60 nach DIN 1072 einzusetzen. Der anstehende Boden hat ein Raumgewicht von $\gamma_B = 1{,}7 \ (\mathrm{Mp/m^3})$ und einen Reibungswinkel $\varrho = 31°$.

Die Mindestwanddicke entsprechend dem Betriebsdruck ergibt sich gemäß Gl. (9/157a) zu

$$s = \frac{p_i \cdot d}{2 \cdot \sigma_{z\,\mathrm{zul}}} = \frac{2{,}5 \cdot 80}{2 \cdot 80} = 1{,}25 \ \mathrm{cm}.$$

Da diese Wanddicke für die in diesem Falle maßgebende Scheiteldruckbeanspruchung nicht ausreicht, wird geschätzt:

$$s = 4{,}0 \ (\mathrm{cm}), \ \text{damit wird} \ D = d + 2s = 0{,}88 \ (\mathrm{m}) \ \text{und} \ r = \frac{d + s}{2} = 0{,}42 \ (\mathrm{m}).$$

Berechnung der Belastungswerte

Lastfall II: Grabenbreite $B = 1{,}5$ m   Überdeckung $t = 1{,}2$ m

Aus Abb. 607 erhält man mit dem Verhältnis $t/b = 1{,}2/1{,}5 = 0{,}8$ den Reibungsanteil für die unverdichtete Grabenverfüllung: $A = 0{,}79$.

Mit Gl. (9/133a) ergibt sich somit die vertikale Erdauflast

$$p_V = \gamma_B \cdot t \cdot \frac{4 \cdot B}{\pi \cdot D} \cdot A = 1{,}7 \cdot 1{,}2 \cdot \frac{4 \cdot 1{,}5}{3{,}14 \cdot 0{,}88} \cdot 0{,}79$$
$$p_V = 3{,}50 \ (\mathrm{Mp/m^2})$$

Die statische Verkehrslast für das Regelfahrzeug SLW Klasse 60 beträgt gemäß Abb. 612 für die Überdeckungshöhe $t = 1{,}2$ m

$$p'_{V\,\mathrm{stat}} = 4{,}1 \ (\mathrm{Mp/m^2})$$

Die dynamische Beanspruchung berücksichtigt die Stoßziffer φ. Aus Gl. (9/143) erhält man

$$\varphi = 1 + 0{,}3/H = 1 + 0{,}3/1{,}2 = 1{,}25$$

Damit ergibt sich die vertikale Gesamtlast

$$p = p_V + p'_V \cdot \varphi = 3{,}5 + 4{,}1 \cdot 1{,}25 = 8{,}63 \ (\mathrm{Mp/m^2})$$

Lastfall IV: Für die Wasserfüllung erhält man nach Gl. (9/145)

$$g_W = r \cdot \gamma_W = 0{,}42 \cdot 1{,}0 = 0{,}42 \ (\mathrm{Mp/m^2})$$

Lastfall V: Das Eigengewicht des Rohres berechnet sich nach Gl. (9/147).

$$g_E = 2{,}0 \cdot s = 2{,}0 \cdot 0{,}04 = 0{,}08 \ (\mathrm{Mp/m^2})$$

Lastfall VII: Für die normale Auflagerung wird der Zentriwinkel $\alpha_0 = 90°$ angenommen.

Nach Gl. (9/149) ist

$$P = \frac{\pi \cdot (p_V + p_V' \cdot \varphi) \cdot r}{2} = \frac{3,14 \cdot 8,63 \cdot 0,42}{2} = 5,70 \ (\text{Mp/m})$$

Nach Gl. (9/144) ist

$$G_W = r \cdot \pi \cdot g_W = 0,42 \cdot 3,14 \cdot 0,42 = 0,552 \ (\text{Mp/m})$$

Nach Gl. (9/146) ist

$$G_E = 2 \cdot r \cdot \pi \cdot g_E = 2 \cdot 0,42 \cdot 3,14 \cdot 0,08 = 0,211 \ (\text{Mp/m})$$

Damit wird (Gl. 9/148)

$$Q = P + G_W + G_E = 5,70 + 0,552 + 0,211 = 6,463 \ (\text{Mp/m})$$

und nach Gl. (9/151 b)

$$q_{90°} = 0,91 \cdot \frac{Q}{r} = 0,91 \cdot \frac{6,463}{0,42} = 14,0 \ (\text{Mp/m}^2)$$

Nunmehr lassen sich die Schnittkräfte M und N_d für die am stärksten beanspruchte Rohrsohle — Punkt 0' (gemäß Abb. 615) — aus den Tab. 152 und 153 ermitteln.

$$M = r^2 \, (0,463 \cdot p + 0,476 \cdot g_W + 1,509 \cdot g_E - 0,130 \cdot q_{90°})$$
$$= 0,42^2 \, (0,463 \cdot 8,63 + 0,476 \cdot 0,42 + 1,509 \cdot 0,08 - 0,130 \cdot 14,0)$$
$$M = 0,176 \cdot 2,50 = 0,440 \ (\text{Mpm/m}) \ \text{bzw.} \ 440 \ (\text{kpcm/cm})$$
$$N_d = r \, (- \, 0,065 \cdot p - 0,124 \cdot g_W - 0,481 \cdot g_E + 0,022 \cdot q_{90°})$$
$$= 0,42 \, (- \, 0,065 \cdot 8,63 - 0,124 \cdot 0,42 - 0,481 \cdot 0,08 + 0,022 \cdot 14,0)$$
$$N_d = 0,42 \cdot (- \, 0,343) = - \, 0,144 \ (\text{Mp/m}) \ \text{bzw.} \ - 1,44 \ (\text{kp/cm}).$$

Die gesamte Normalkraft beträgt $N = N_d + N_z$.

Nach Gl. (9/166) ist $N_z = p_i \cdot r$, somit wird

$$N = - \, 1,44 + 2,5 \cdot 42 = - \, 1,44 + 105 = + \, 104 \ (\text{kp/cm}).$$

Die erforderliche Wanddicke berechnet sich nach Gl. (9/165):

$$s_{\text{erf}} = \frac{\sqrt{N^2 \pm 24 \cdot M \cdot \sigma_{(d+z)\,\text{zul}}} + N}{2 \cdot \sigma_{(d+z)\,\text{zul}}} = \frac{\sqrt{104^2 + 24 \cdot 440 \cdot 200} + 104}{2 \cdot 200}$$

$$s_{\text{erf}} = \frac{1490 + 104}{400} = 3,98 \ (\text{cm}) < 4,0 \ (\text{cm})$$

gewählt: $s = 4,0 \ (\text{cm})$.

Bei der getrennten Dimensionierung für die kombinierte Belastung ergibt die Überprüfung der Scheitelbruchbeanspruchung:

Vorhandene Auflast: $Q = P = 6,463 \ (\text{Mp/m})$

Mindestbruchspannung gemäß Abschn. 4.502, Tab. 40:

$$\sigma_{d\,\text{Bruch}} = 515 \ (\text{kp/cm-})$$

Bettungsfaktor für $\alpha_0 = 90°$:

$$k = 1,7.$$

Die Tragfähigkeit des Rohres für die Auflagerung mit $\alpha_0 = 90°$ ist dann entsprechend Gl. 9/167:

$$P_{\text{Tr}} = \frac{\sigma_{d\,\text{Bruch}} \cdot \pi \cdot s^2 \cdot L}{3 \cdot (d + s)} \cdot k = \frac{515 \cdot 3,14 \cdot 4,0^2 \cdot 100}{3 \cdot (80 + 4)} \cdot 1,7 = 17\,450 \ (\text{kp/cm})$$

Gegenüber der vorhandenen Auflast ergibt die ermittelte Tragfähigkeit des Rohres die Sicherheit: $v = P_{\text{Tr}}/P = 17\,450/6\,463 = 2,7 > 2,5$

9.532 Dammleitung

Eine Druckrohrleitung NW 500 soll in eine Aufschüttung mit 2,0 m Überdeckung gelegt werden. Der Betriebsdruck beträgt maximal 12,5 atü. Sofern Straßen zu kreuzen sind, ist das Regelfahrzeug Klasse 30 nach DIN 1072 zu berücksichtigen. Es steht ein Sand mit

$$\gamma_B = 1,7 \ (\text{Mp/m}^3) \ \text{und} \ \varrho = 31° \ \text{an.}$$

Zunächst wird die Wanddicke überschlagen. Auf Grund des hohen Betriebsdruckes kann angenommen werden, daß in diesem Fall der Innendruck für die Dimensionierung maßgebend sein wird. Mit Gl. (9/157a) erhält man

$$s = \frac{p_i \cdot d}{2 \cdot \sigma_{z\,zul}} = \frac{12{,}5 \cdot 50}{2 \cdot 80} = 3{,}90\ (\text{cm})$$

Für die Ermittlung der Belastungswerte wird gewählt:

$$s = 4{,}0\ (\text{cm}),\ \text{damit wird}\ D = d + 2 \cdot s = 0{,}58\ (\text{m})\ \text{und}\ r = \frac{d+s}{2} = 0{,}27\ (\text{m}).$$

Berechnung der Belastungswerte

Lastfall II: Nach Gl. (9/134a) beträgt die vertikale Erdauflast für die Dammleitung

$$p_V = \gamma_B \cdot t + \Delta p$$

Zur Bestimmung des vertikalen Zusatzdruckes Δp berechnet man mit $\tan \varrho = 0{,}60$ nach Gl. (9/135)

$$u = \frac{\pi \cdot D}{8 \cdot \tan \varrho} = \frac{3{,}14 \cdot 0{,}58}{8 \cdot 0{,}60} = 0{,}38$$

und nach Gl. (9/136)

$$w = u + 0{,}107 \cdot D + t = 0{,}38 + 0{,}107 \cdot 0{,}58 + 2{,}0 = 2{,}442$$

Mit $\dfrac{w}{u} = \dfrac{2{,}442}{0{,}38} = 6{,}42$ findet man aus Abb. 609 für $\mu = 0$: $\dfrac{\Delta p}{\gamma \cdot u} = 7{,}5$,

somit $\quad \Delta p = 7{,}5 \cdot \gamma \cdot u = 7{,}5 \cdot 1{,}7 \cdot 0{,}38 = 4{,}85\ (\text{Mp/m}^2)$.

Die vertikale Erdauflast für die Dammleitung beträgt demnach

$$p_V = 1{,}7 \cdot 2{,}0 + 4{,}85 = 8{,}25\ (\text{Mp/m}^2)$$

Der Anteil der statischen Verkehrslast bei 2,0 m Überdeckung für das Regelfahrzeug SLW Klasse 30 beträgt nach Abb. 612

$$p_V' = 1{,}2\ (\text{Mp/m}^2).$$

Unter Berücksichtigung der Stoßziffer (Gl. (09/143)

$$\varphi = 1 + 0{,}3/H = 1 + 0{,}3/2{,}0 = 1{,}15$$

ergibt sich nunmehr die vertikale Gesamtbelastung für die Dammleitung:

$$p = p_V + p_V' \cdot \varphi = 8{,}25 + 1{,}2 \cdot 1{,}15 = 9{,}63\ (\text{Mp/m}^2)$$

Lastfall III: Für den horizontalen Erddruck gilt für die Dammleitung gemäß Gl. (9/138)

$$p_H = \gamma_B \cdot (t + D/2) \cdot \lambda_a \quad \text{mit} \quad \lambda_a = \tan^2 (45^\circ - \varrho/2) = \tan^2 29{,}5^\circ$$

Es ist $\tan 29{,}5^\circ = 0{,}566$ und $\tan^2 29{,}5^\circ = 0{,}32$.

$$p_H = 1{,}7\,(2{,}0 + 0{,}29) \cdot 0{,}32 = 1{,}25\ (\text{Mp/m}^2)$$

Lastfall IV: Der Belastungswert für die Wasserfüllung des Rohres lautet nach Gl. (9/145)

$$g_W = r \cdot \gamma_W = 0{,}27 \cdot 1{,}0 = 0{,}27\ (\text{Mp/m}^2)$$

Lastfall V: Als Eigengewicht des Rohres ist nach Gl. (9/147) zu berücksichtigen:

$$g_E = 2{,}0 \cdot s = 2{,}0 \cdot 0{,}04 = 0{,}08\ (\text{Mp/m}^2)$$

Lastfall VII_b Bei der Annahme einer normalen Lagerung des Rohres ist der Zentriwinkel $\alpha_0 = 90^\circ$ zu wählen. Die Auflagerreaktion entspricht der Summe aller vertikalen Lasten Q. Nach Gl. (9/149) ist

$$P = \frac{\pi \cdot (p_V + p_V' \cdot \varphi) \cdot r}{2} = \frac{(3{,}14 \cdot 9{,}63 \cdot 0{,}27)}{2} = 4{,}08\ (\text{Mp/m})$$

Nach Gl. (9/144) ist

$$G_W = r \cdot \pi \cdot g_W = 0{,}27 \cdot 3{,}14 \cdot 0{,}27 = 0{,}229\ (\text{Mp/m})$$

Nach Gl. (9/146) ist

$$G_E = 2 \cdot r \cdot \pi \cdot g_E = 2 \cdot 0{,}27 \cdot 3{,}14 \cdot 0{,}08 = 0{,}136\ (\text{Mp/m})$$

Damit wird Gl. (9/148)

$$Q = P + G_W + G_E = 4{,}08 + 0{,}229 + 0{,}136 = 4{,}445\ (\text{Mp/m})$$

und nach Gl. (9/151 b)

$$q_{90°} = 0,91 \cdot \frac{Q}{r} = 0,91 \cdot \frac{4,445}{0,27} = 14,9 \; (\text{Mp/m}^2)$$

Mit den errechneten Belastungswerten ergeben sich die Schnittkräfte M und N_d unter Verwendung der Tab. 152 und 153. Maßgebend für die Dimensionierung ist die am stärksten beanspruchte Stelle des Rohrquerschnittes, hier die Rohrsohle. Entsprechend Abb. 615 sind daher die Schnittkräfte für den Punkt 0' aufzustellen.

$$M = r^2 \, (+ \, 0,463 \cdot p - 0,215 \cdot p_H + 0,476 \cdot g_W + 1,509 \cdot g_E - 0,130 \cdot q_{90°})$$
$$= 0,27^2 \, (+ \, 0,463 \cdot 9,63 - 0,215 \cdot 1,25 + 0,476 \cdot 0,27 + 1,509 \cdot 0,08 - 0,130 \cdot 14,9)$$
$$M = 0,073 \cdot 2,501 = + \, 0,183 \; (\text{Mpm/m}) \; \text{bzw.} \; 183 \; (\text{kpcm/cm})$$
$$N_d = r \, (- \, 0,065 \cdot p - 0,785 \cdot p_H - 0,124 \cdot g_W - 0,481 \cdot g_E + 0,022 \cdot q_{90°})$$
$$= 0,27 \, (- \, 0,065 \cdot 9,63 - 0,785 \cdot 1,25 - 0,124 \cdot 0,27 - 0,481 \cdot 0,08 + 0,022 \cdot 14,9)$$
$$N_d = 0,27 \cdot (- \, 1,35) = - \, 0,365 \; (\text{Mp/m}) \; \text{bzw.} \; - \, 3,65 \; (\text{kp/cm})$$

Aus Innendruck ergibt sich die Normalkraft gemäß Gl. (9/166) $N_z = p_i \cdot r = 12,5 \cdot 0,27 = + \, 338 \; (\text{kp/cm})$, so daß die gesamte Normalkraft beträgt

$$N = N_z + N_d = + \, 338 - 3,65 = \sim \, + \, 334 \; (\text{kp/cm})$$

Die erforderliche Wanddicke errechnet sich somit nach Gl. (9/165):

$$s_{\text{erf}} = \frac{\sqrt{N^2 + 24 \cdot M \cdot \sigma_{(d+z)\text{zul}}} + N}{2 \cdot \sigma_{(d+z)\text{zul}}} = \frac{\sqrt{334^2 + 24 \cdot 183 \cdot 160} + 334}{2 \cdot 160} = \frac{902 + 334}{320}$$
$$= 3,86 \; (\text{cm})$$

gewählt: $s = 3,9 \; (\text{cm})$

Zur Kontrolle die getrennte Dimensionierung für kombinierte Belastung:

Der reine Innendruck ergibt: $s_{\text{erf}} = 3,9 \; (\text{cm})$

Zur Bestimmung der Scheiteldrucktragfähigkeit des Rohres ist anzusetzen (unter Vernachlässigung des horizontalen Erddruckes):

$$Q = P = 4,445 \; (\text{Mp/m})$$

Mindestbruchspannung gemäß Abschn. 4.502:

$$\sigma_{d \, \text{Bruch}} = 515 \; (\text{kp/cm})$$

Bettungsfaktor für $\alpha_0 = 90°$: $k = 1,7$.

Hiermit errechnet sich die Tragfähigkeit des Rohres zu:

$$P_{\text{Tr}} = \frac{\sigma_{d \, \text{Bruch}} \cdot \pi \cdot s^2 \cdot L}{3 \cdot (d + s)} \cdot k$$
$$P_{\text{Tr}} = \frac{515 \cdot 3,14 \cdot 3,9^2 \cdot 100}{3 \cdot (50 + 3,9)} \cdot 1,7 = 25 \, 800 \; (\text{kp/m}).$$

Mit der vorhandenen Auflast ergibt sich eine Sicherheit von

$$v = P_{\text{Tr}}/P = 25 \, 800/4 \, 445 = 5,82 > 2,5$$

9.533 Kanalisationsleitung

Eine Kanalisationsleitung NW 1000 soll unter eine Hauptverkehrsstraße mit 3,0 m Überdeckung gelegt werden. Die Grabenbreite soll hierbei 1,70 m betragen, für die Verkehrslast ist das Regelfahrzeug SLW Klasse 60 in Rechnung zu setzen. Der anstehende Sandboden hat ein Raumgewicht $\gamma_B = 1,7 \; (\text{Mp/m}^3)$ und einen Reibungswinkel von $\varrho = 31°$.

Die Untersuchung erstreckt sich in diesem Falle lediglich auf die Scheiteldruckbeanspruchung, da ein Innendruck entfällt.

Die Wanddicke des Rohres wird in erster Näherung geschätzt: $s = 3,5 \; (\text{cm})$, damit $D = 1,07 \; (\text{m})$ und $r = 0,52 \; (\text{m})$.

Berechnung der Belastungswerte

Lastfall II: Mit dem Verhältnis $t/b = 3,0/1,7 = 1,77$ erhält man aus Abb. 607 den Reibungsanteil $A = 0,62$.

Die vertikale Erdauflast beträgt somit (Gl. 9/133a)

$$p_V = \gamma_B \cdot t \cdot \frac{4 \cdot B}{\pi \cdot D} \cdot A = 1{,}7 \cdot 3{,}0 \cdot \frac{4 \cdot 1{,}7}{3{,}14 \cdot 1{,}07} \cdot 0{,}62 = 6{,}4 \; (\mathrm{Mp/m^2})$$

Die statische Verkehrslast für das Regelfahrzeug SLW Klasse 60 wird nach Abb. 612 für eine Überdeckung von 3,0 m

$$p'_V = 1{,}7 \; (\mathrm{Mp/m^2})$$

und der Stoßzuschlag nach Gl. (9/143)

$$\varphi = 1 + 0{,}3/H = 1 + 0{,}3/3{,}0 = 1{,}1$$

Es ergibt sich die vertikale Gesamtlast

$$p = p_V + p'_V \cdot \varphi = 6{,}4 + 1{,}7 \cdot 1{,}1 = 8{,}27 \; (\mathrm{Mp/m^2})$$

Lastfall V: Der Belastungswert für das Eigengewicht des Rohres berechnet sich nach Gl. (9/147):

$$g_E = 2{,}0 \cdot s = 2{,}0 \cdot 0{,}035 = 0{,}07 \; (\mathrm{Mp/m^2})$$

Lastfall VII: Nach Gl. (9/149) ist

$$P = \frac{\pi \cdot (p_V + p'_V \cdot \varphi) \cdot r}{2} = \frac{3{,}14 \cdot 8{,}27 \cdot 0{,}52}{2} = 6{,}75 \; (\mathrm{Mp/m})$$

Nach Gl. (9/146) ist

$$G_E = 2 \cdot r \cdot \pi \cdot g_E = 2 \cdot 0{,}52 \cdot 3{,}14 \cdot 0{,}07 = 0{,}227 \; (\mathrm{Mp/m})$$

Schließlich nach Gl. (9/148) mit $\alpha_0 = 90°$

$$Q = P + G_E = 6{,}75 + 0{,}227 = 6{,}977 \; (\mathrm{Mp/m}) \qquad \text{und Gl. (9/151 b)}$$

$$q_{90°} = 0{,}91 \cdot \frac{Q}{r} = 0{,}91 \cdot \frac{6{,}977}{0{,}52} = 12{,}3 \; (\mathrm{Mp/m^2})$$

Mit den Werten der Tab. 152 und 153 ergeben sich für Punkt 0′ die Schnittkräfte:

$$M = r^2 (0{,}463 \cdot p + 1{,}509 \cdot g_E - 0{,}130 \cdot q_{90°})$$
$$= 0{,}52^2 (0{,}463 \cdot 8{,}27 + 1{,}509 \cdot 0{,}07 - 0{,}130 \cdot 12{,}3)$$
$$M = 0{,}27 \cdot 2{,}346 = 0{,}632 \; (\mathrm{Mpm/m}) \text{ bzw. } 632 \; (\mathrm{kpcm/cm})$$
$$N = r \, (- 0{,}065 \cdot p - 0{,}481 \cdot g_E + 0{,}022 \cdot q_{90°})$$
$$N = 0{,}52 \, (- 0{,}065 \cdot 8{,}27 - 0{,}481 \cdot 0{,}07 + 0{,}022 \cdot 12{,}3)$$
$$N = 0{,}52 \cdot (- 0{,}309) = - 0{,}160 \; (\mathrm{Mp/m}) \text{ bzw. } - 1{,}60 \; (\mathrm{kp/cm})$$

Die erforderliche Wanddicke berechnet sich nach Gl. (9/165):

$$s_\mathrm{erf} = \frac{\sqrt{N^2 + 24 \cdot M \cdot \sigma_{d\,\mathrm{zul}}} + N}{2 \cdot \sigma_{d\,\mathrm{zul}}} = \frac{\sqrt{24 \cdot 632 \cdot 350}}{2 \cdot 350} = 3{,}29 \; (\mathrm{cm})$$

(N wird wegen seines geringen Wertes vernachlässigt.)

gewählt: $s = 3{,}4 \; (\mathrm{cm})$

Wenn lediglich die Tragfähigkeit des Rohres ermittelt werden soll, wird die Erdauflast zweckmäßigerweise nach Gl. (9/133 b) ermittelt.

$$P_V = \gamma_B \cdot t \cdot B \cdot A = 1{,}7 \cdot 3{,}0 \cdot 1{,}7 \cdot 0{,}62 = 5{,}37 \; (\mathrm{Mp/m})$$
$$G_E = 2 \cdot r \cdot \pi \cdot g_E = 2 \cdot 0{,}52 \cdot 3{,}14 \cdot 0{,}07 = 0{,}227 \; (\mathrm{Mp/m})$$

Die Verkehrslast wird als konstant über den ganzen Grabenquerschnitt wirkend angenommen dann ist

$$P'_V = p'_V \cdot \varphi \cdot D = 1{,}7 \cdot 1{,}1 \cdot 1{,}07 = 2{,}0 \; (\mathrm{Mp/m})$$

Somit wird die Gesamtbelastung

$$P = P_V + P'_V + G_E = 5{,}37 + 2{,}0 + 0{,}227 = 7{,}597 \; (\mathrm{Mp/m})$$

Mit der Mindestbruchspannung $\sigma_{d\,\mathrm{Bruch}} = 515 \; (\mathrm{kp/cm^2})$ und dem Zentriwinkel $\alpha_0 = 90°$ wird die Tragfähigkeit des Rohres

$$P_\mathrm{Tr} = \frac{515 \cdot 3{,}14 \cdot 3{,}4^2 \cdot 100}{3 \cdot (100 + 3{,}4)} \cdot 1{,}7 = 10\,220 \; (\mathrm{kp/m})$$

Die Sicherheit beträgt hierbei, wenn die stets vorhandene Überwicklung der Rohre unberücksichtigt gelassen wird:

$$\nu = P_\mathrm{Tr}/P = 10\,220/7597 = 1{,}35.$$

Literaturverzeichnis

[1] *American Society for Testing Materials, Philadelphia:* Tentative Specifikations for Asbestos-Cement Pressure Pipe, Nr. C 296 — 52 T, June 1952.

[2] *American Society for Testing Materials, Philadelphia:* Standard Specifikations and Methods of Tests for Asbestos-Cement Pressure Pipe, ASTM Designation C 296 — 55, 1955.

[3] *American Water Works Association:* Tentative Standard Specifikation for Asbestos-Cement Water Pipe. Approved as "Tentative", AWWA C 400 — 53 T, 1953.

[4] ANDERS, H.: Schutzschichtbildung in Wasserleitungsrohren. Wasser, Luft und Betrieb 1959, H. 3.

[5] ANNEN, G.: Bau einer 3200 m langen Klärschlammleitung. Das Gas- und Wasserfach 1959, H. 40.

[6] *Anonymus:* Asbestzement-Rohre mit festangewalzter Muffe. Techn. Gemeindeblatt 1938, H. 11.

[7] *Anonymus:* Neue Werkstoffe im Brunnenbau: ETERNIT. Pumpen- und Brunnenbau, Bohrtechnik, 26. 11 1937.

[8] *Anonymus:* ETERNIT-Rohre als Brunnenrohre. Pumpen- und Brunnenbau, Bohrtechnik, 15. 4. 1932.

[9] *Anonymus:* Kühlanlage einer Brauerei in Barcelona. AC Revue.

[10] ARCHAMBAULT, A. F.: Investigations of Electrolytic Corrosions of Steel in Concrete. Corrosion, January 1947.

[11] BAARS, J. K.: Over Sufaatreductie door Bacterien. Diss. TH. Delft, 16. 9. 1927.

[12] BAES, L.: Rapport sur les tuyaux en Eternit fabriqués en Belgique, au point de vue de la résistance mécanique, 1933 und 1934.

[13] BADOLLET, M. S.: Asbestos, a mineral of unparalleled properties, 1951

[14] BADOLLET, M. S.: Research on Asbestos fibres, 1948.

[15] BEGER, H.: Leptothrix echinata, ein neues vorwiegend Mangan fällendes Eisenbakterium. Zentralblatt für Bakteriologie, Parasitenkunde und Infektionskrankheiten, 92 (Jena 1935).

[16] BENEDICKT, W.: Rohre aus Beton und Asbestzement in der Siedlungswasserwirtschaft. Das Gas- und Wasserfach 1962, H. 8.

[17] BERENDT, E.: Über die Wechselwirkung von Asbest in Beton- und Mörtelmassen. Baurundschau 1952, H. 9.

[18] BERGER, H.: Asbest-Fibel, Stuttgart 1961.

[19] BERKOWITSCH, T. M.: Thermochemische Untersuchung des Abbindevorganges von Asbestzement. Journ. angew. Chemie (Moskau) 26 (1953) Nr. 4.

[20] BESIG, F.: Erdstromuntersuchungen in Amerika. Journal für Gasbeleuchtung und Wasserversorgung 1913, H. 41.

[21] BEYERINCK, W. M.: Über Spirillum desulfuricans als Ursache von Sulfatreduktion. Centralblatt für Bakteriologie und Parasitenkunde, Jena 1895, H. 2.

[22] BIEL, R.: Formeln zur Berechnung des Druckabfalls in Wasserohrleitungen. Das Gas- und Wasserfach 1933, H. 36.

[23] BLAKELEY, G. W.: TRANSITE Pipe, Journal of the New England Water Works Association, September 1937.

[24] BLANKS, F., u. H. L. KENNEDY: The Technology of Cement and Concrete, Vol. I, New York 1955.

[25] BÖSS, P.: Zur Normung der allgemeinen Druckstoß-Formelzeichen. Veröffentlichungen znr Erforschung der Druckstoßprobleme in Wasserkraftanlagen und Rohrleitungen, Berlin 1949.

[26] BÖSS, P.: Die Berechnung der stationären Wasserbewegung in Gerinnen mit freier Oberfläche und gefüllten Rohrleitungen mit Hilfe des BERNOULLIschen Energiesatzes. Das Gas- und Wasserfach 1953, H. 6.

[27] BÖSS, P.: Die zweidimensionale Bewegung des Wassers und ihre Berechnung. Das Gas- und Wasserfach 1953, H. 18.

[28] BÖSS, P.: Der Impulssatz und seine Anwendung im praktischen Wasserbau. Das Gas- und Wasserfach 1953, H. 22.

[29] BRIGHAM, H. L.: Our Introduction to TRANSITE Pipe. Journal of the New England Water Works Association, September 1937.

[30] *British Standards Institution:* British Standard 486 : 1956: Asbestos-Cement Pressure Pipe.

[31] BRUYNOGNE, R.: Essai de la perméabilité du fibrociment aux microorganismes, Rapport 1933.

[32] BÜRKNER, G.: Der pH-Wert — seine Bedeutung und sein Einfluß auf die Beständigkeit von Abwasser, Kanalisation und Kläranlagen. Das Baugewerbe 1960, H. 14.

[33] CARRIERE, J. E.: Asbestzementrohre. Das Gas- und Wasserfach 1956, H. 4

[34] CARRIERE, J. E.: Neue Wege im Rohrleitungsbau und Betrieb. Bericht über die wasserfachliche Aussprachetagung des DVGW und VGW, Feb. 1956 (Regensburg).

[35] CARRIERE, J. E.: Overzicht van het Speurwerk in KIWA-Verband. Gedurende 1956. KIWA-Mitteilung 1956, Nr. 16.

[36] CARRIERE, J. E.: Overzicht van het Speurwerk in KIWA-Verband. Gedurende 1957, KIWA-Mitteilung 1957, Nr. 18.

[37] CARRIERE, J. E.: Overzicht van het Speurwerk in KIWA-Verband. Gedurende 1958, KIWA-Mitteilung 1958, Nr. 20.

[38] CARRIERE, J. E.: Overzicht van het Speurwerk in KIWA-Verband. Gedurende 1959, KIWA-Mitteilung 1959, Nr. 23.

[39] CARRIERE, J. E.: Schutz der Rohrnetze gegen Korrosion. Das Gas- und Wasserfach 1956, H. 4.

[40] CARTNER: Asbestzement in der Papierfabrikation. Der Papierfabrikant 1936, H. 34.

[41] CASAGRANDI, O.: Il tubo ETERNIT. Università di Padova, 1927.

[42] CASAGRANDI, O., u. A. SEPPILLI: Esperienze sui tubi ETERNIT di fronte a liquami di fogna ed acque salmastre e seletinose. Università di Padova, 1931.

[43] CHARISIUS, K.: Laboratoriumsbuch für die Zementindustrie, 2. u. 3. Aufl., Halle/Saale 1948.

[44] CHAPPELL, E. L.: Chemical Characteristics of Cement Pipe Lining. Industrial and Engineering Chemistry 1930, H. 11.

[45] CHECHENIN, M. E.: Herstellung und Verwendung von Asbestzement-Rohren für Gasleitungen in der U.d.S.S.R. Übers. aus Asbestos Bulletin 1960, H. 5.

[46] C.J.S.S.: Toepassing van ETERNIT Buizen. Water 19 (1937).

[47] COLEBROOK, F.: Turbulent Flow in Pipes with reference to the Transition Region between the Smooth and Rough Pipe Laws. Journal of the Institution of the Civil Engineers, London 11 (1939).

[48] COLEBROOK, F., u. C. M. WHITE: The reduction of carrying capacity of pipes with age. Journ. Inst. Civ. Engrs., London (1937/38). H. 1

[49] *Committee-Bericht:* Investigation of Transite Pipe. Journal of the American Water Works Association, May 1937.

[50] COVA, F.: L'evoluzione dell'industria del cemento amianto nel mondo. Il Cemento 1946.

[51] DALSTEIN, W.: Erfahrungen beim Bau eines Abwasserdükers aus Asbestzement unter dem Elbe-Lübeck-Kanal. Das Gas- und Wasserfach 1960, H. 26.

[52] DEHLER, G., u. W. DANNIEN: Aus der Arbeit des Ausschusses „Asbestzement-Druckrohre" im DNA. DIN-Mitteilungen 36 (1957) H. 8/9.

[53] DELATRÉE-WEGNER, K.: Wassersteinverhütung und Korrosionsschutz in industriellen Kalt- und Warmwassersystemen durch Phosphate. Wasser, Luft und Betrieb 1959, H. 8.

[54] DENISON, J. A., u. M. ROMANOFF: Effect of Exposure to Soils on the properties of Asbestos Cement Pipe. Corrosion, May 1954.

[55] DENISON, J. A., u. M. ROMANOFF: Soil-Corrosion Studies 1946. Ferrous Metals and Alloys. US Department of Commerce, National Bureau of Standards, Research Paper RP 2057, 44, (January 1950.)

[56] DE WAAL, D.: Weerstand van Asbest-Cementbuizen. Water en Gas 1931, H. 7.

[57] DE WAAL, D.: Fabricage van ETERNITbuizen in Nederland. Water 27 (1943).

[58] DIECKMANN, D.: Kleine Baustoffkunde, 3. Aufl., Braunschweig 1948.

[59] DIEGMANN, H.: Asbest, seine Gewinnung und Verwertung. Der Naturforscher 1938.

[60] DVGW: Druckabfalltafeln und Tabellen für Wasserversorgungsleitungen (Rohrdurchmesser von 40 bis 2000 mm). Das Gas- und Wasserfach 1957, H. 28.

[61] DVGW und VDEW: Neue Richtlinien für die Erdung an Wasserleitungen. Das Gas- und Wasserfach 1955, H. 10.

[62] DVGW: Erdung am Wasserrohrnetz. Das Gas- und Wasserfach 1961, H. 52.

[63] EICK, H.: Korrosionsfragen aus dem Transportwasser bei Asbestzement-Druckrohren. Vom Wasser, XXVII (1960).

[64] EINSELE, G.: Boden-Steinskelett-Körper zur Aufnahme von Horizontalkräften beim Rohrleitungsbau in geologisch schwierigem Gelände. Das Gas- und Wasserfach 1962, H. 12.

[65] EMPERGER, F.: ETERNIT-Druckrohre. Wasserkraft und Wasserwirtschaft 25 (1930) H. 19 u. 20.

[66] EMPERGER, F.: Buisleidingen van Asbestbeton. Bouw- en Waterbouwkunde 3 (1932) Nr. 13.

[67] ETERNIT-Werke „Ludwig Hatschek" Vöcklabruck: „Ludwig Hatschek", Festschrift anläßlich des 100. Geburtstages von LUDWIG HATSCHEK. Vöcklabruck 1956.

[68] *Federal Supply Service, General Service Administration (USA):* Federal Specification: Pipe, Asbestos-Cement, Sewer, Non-pressure, SS-P-331a vom 14. 9. 1953.

[69] *Federal Supply Service, General Services Administration(USA):* Federal Specification: Pipe, Asbestos-Cement, SS-P-351a vom 7. 10. 1953.

[70] FERRARI, F.: Asbestzement Morbelli. Tonindustrie-Zeitung 57 (1933) H. 97.

[71] FERRARI, F.: Del fibro-cemento „Morbelli" in presenza di aggressivi. Le industrie del Cemento, Milano (Februar 1934) Nr. 2.

[72] FERRARI, F.: Le Ciment Ferrari. La Revue des Materiaux de Construction, August 1938, Nr. 346.

[73] FERRARI, E.: Nuovo procedimento per la preparazione di cemento-amianto d'uso generale, L'Industria Chimica. 1932, H. 7.

[74] FRANCOIS, E., u. A. VAN HECKE: The Manufacture of the EVERITE pipes for Water Mains. Water and Water Engineering, September 1931.

[75] FRANK, K.: Asbest. 2. Aufl., Hamburg 1952.

[76] FRANKOVIC, A.: Druckverlust bei gleichförmiger turbulenter Flüssigkeitsströmung. Wasserwirtschaft 1957, H. 3.

[77] FREY, H.: ETERNIT im Gas- und Wasserfach unter besonderer Berücksichtigung der ETERNIT-Rohre Schweiz. Verein der Gas- und Wasserfachmänner, Monatsbulletin, 1949, Nr. 1.

[78] v. FREYHOLD, H.: Chemische Vorgänge beim Korrosionsschutz mit Silikaten. Neue DELIWA-Zeitschrift 1953, H. 10.

[79] v. FREYHOLD, H.: Neueste Erkenntnisse mit dem Ferrosilverfahren. Neue DELIWA-Zeitschrift 1957, H. 10.

[80] FUCHS, W., H. STEINRATH u. H. TERMES: Untersuchungen über die Wechselstromkorrosion von Eisen in Abhängigkeit von der Stromdichte und Frequenz. Das Gas- und Wasserfach 1958, H. 2 u. 4.

[81] GABBANO, L.: Ulteriori ricerche sulla depurazione bacterica delle acque a contatto di materiali cementizi. Igiene Moderna 1935.

[82] GANDENBERGER, W.: Druckschwankungen in Wasserversorgungsleitungen. Graphische Methode, München 1950.

[83] GANDENBERGER, W.: Druckstoß und Wasserschlag beim Abschluß von Hauswasserleitungen. Aus: Veröffentlichungen zur Erforschung der Druckstoßprobleme in Wasserkraftanlagen und Rohrleitungen, Berlin 1956.

[84] GANDENBERGER, W.: Gesteuerte und selbsttätige Abschlußeinrichtungen in Wasserrohrleitungen. Das Gas- und Wasserfach 1941, H. 47.

[85] GANDENBERGER, W.: Nachrechnung der Drucksteigerung einer langen Wasserversorgungsleitung mit großem Rohrreibungsverlust. Das Gas- und Wasserfach 1942, H. 37 u. 38.

[86] GANDENBERGER, W.: Zur Dämpfung der Druckschwankungen langer Druckleitungen nach deren Abschaltung. Das Gas- und Wasserfach 1942, H. 5 u. 6.

[87] GARRONE, M.: Prove eseguite su una tubazione ETERNIT. Acqua e Gas, 1929.

[88] GELHAUSEN, W.: Asbestzementrohre für Abwasserleitungen. Abwasser-Technik 1959, H. 2.

[89] GOFFEY, A.: Treatment of water and its effect on ferruginous encrustations. Surveyor, 79, Nr. 2042.

[90] HAASE, L. W.: Beton und Durasbest in chemischer Beziehung. Zeitschrift für Gesundheitstechnik und Städtehygiene 1935, H. 4.

[91] HAASE, L. W.: Über künstliche und natürliche Schutzschichtbildung in Wasserleitungsröhren. Das Gas- und Wasserfach 1931, H. 24.

[92] HAASE, L. W.: Werkstoffzerstörung und Schutzschichtbildung im Wasserfach, Weinheim/Bergstr. 1951.

[93] HALLINK, G. J. J.: Het Verwijderen der Simplexmoffen van Asbestzement-Leidingen. Water 25 (1941).

[94] HAYDEN, R.: Grundsätzliche Fragen der Herstellung von Asbestzement. Berlin: Zementverlag 1942.

[95] HERBST: Über Erzeugnisse aus Asbestzement, besonders über Rohre aus ETERNIT. Zement 1935, H. 32 u. 33.

[96] HOKE, G.: Das Asbestzement-Druckrohr. Kommunalwirtschaft 1955, H. 8.

[97] HOLLUTA, J.: Die Wasserverteilung. Bericht über die wasserfachliche Aussprachetagung des DVGW in Bad Neuenahr am 12./13. 2. 1953.

[98] HUGELMANN, H.: Asbestzementrohre in der Wasserversorgung. Das Gas- und Wasserfach 1953, H. 22.

[99] HUISMAN, L.: Stromingsweerstanden in buisleidingen. KIWA-Mitteilung (1955) Nr. 14.

[100] HUMMEL, A.: Zementmörtel und Beton. Zementkalender 1951.

[101] HÜNERBERG, K.: Gedanken über großstädtische Wasserrohrnetze unter besonderer Berücksichtigung von Asbestzementrohren. Gas/Wasser/Wärme, 13 (1959) H. 3.

[102] HURST, W. D.: Performance Record of 14 year old TRANSITE Water Main at Winnipeg. Water and Sewage Works, November 1947.

[103] HURST, W. D.: The use of asbestos-cement pressure pipe to combat soil corrosion in Winnipeg. Water and Water Engineering, March 1951.

[104] HUSMANN, W.: Detergentien im Abwasser. Das Gas- und Wasserfach 1956, H. 24.

[105] HUSMANN, W., u. J. BENISCH: Was ist eine Sielhaut? Gesundheits-Ingenieur 1941, H. 27.

[106] JAEGER, CH.: Technische Hydraulik. Basel 1949.

[107] JAEGER, R. G.: Strahlenschutz, ein neues Problem der Gesundheitstechnik. Gesundheits-Ingenieur 1959, H. 7.

[108] JAHNKE, O.: Kritische Betrachtungen über die Ermittlung der Fließwiderstände in Druckrohrleitungen für Wasserversorgungen. Wasser und Boden 1957, H. 4.

[109] JANSSEN, H. A.: Versuche über Getreidedruck in Silozellen. Z. VDI. 39 (1895).

[110] JONES, F. E., u. J. P. LATHAM: A Survey of the Behavior in Use of Asbestos-Cement Pressure Pipe. National Buildings Studies — Nr. 15, Her Majesty's Stationary Office London, 1952.

[111] KAATZ, L., u. H. E. RICHTER: Chemisches Verhalten von ETERNIT-Rohren. Gas und Wasser 1934, H. 8.

[112] KÁRMÁN, TH. v.: Mechanische Ähnlichkeit und Turbulenz. Nachr. der Gesellsch. d. Wissensch.; Fachgruppe 1, Math.-phys. Klasse 58, Nr. 5, Göttingen 1930.

[113] KELLER, J. C.: De toepassing van ETERNIT Leidingen. Water 1931, H. 26.

[114] KERR, S. L.: Practical Aspects of Water Hammer. Journal of the American Water Works Association 1948, H. 6.

[115] Kessler, L. H.: Speed of Water-Hammer Pressure Wave in Transite Pipe. Transactions of the A.S.M.E., January 1939.

[116] Kimmich, W.: Der Reibungswiderstand in Eternit-Druckrohren. Wasserkraft und Wasserwirtschaft 1938, H. 19 u. 20.

[117] Kirschmer, O.: Der gegenwärtige Stand unserer Erkenntnisse über die Rohrreibung. Das Gas- und Wasserfach 1953, H. 16.

[118] Kirschmer, O.: Kritische Betrachtungen zur Frage der Rohrreibung. Z. VDI 1952, H. 24.

[119] KIWA: Aantasting van rubberringen voor waterleidingbuizen. s'Gravenhage, November 1961.

[120] KIWA: Rapport van de studiecommissie „asbest-cementbuizen". Amsterdam 1948.

[121] KIWA: Toepassing van asbestcementbuizen voor waterleidingen (aanvullend rapport). Commissie niet-metalen leidingen, Mitteilung Nr. 5, 1958.

[122] Klas, H., u. H. Steinrath: Die Korrosion des Eisens und ihre Verhütung. Düsseldorf 1956.

[123] Kluckow, P.: Die Praxis des Gummichemikers. Stuttgart 1954.

[124] Klut-Olszewski: Untersuchung des Wassers an Ort und Stelle. 9. Aufl., Berlin 1945.

[125] Koch: Über die Zementauswahl bei Sulfatangriff auf Mörtel und Beton. Material und Technik, Sept. 1960.

[126] Kögler, F.: Die Beanspruchung von Rohren durch ihre Überschüttung. Gesundheits-Ingenieur 1936, H. 7.

[127] König, A.: Die Verwendung des Asbestzementrohres für Abwasserleitungen. Kommunalwirtschaft 1961, H. 9.

[128] Koschare, E.: Die Bedeutung des pH-Wertes bei Ab- und Grundwässern. Kommunalwirtschaft 1955, S. 138—139.

[129] Kramer, D.: Zusammensetzung und Reinigung der Abwässer von Zuckerfabriken. Wasser, Luft und Betrieb 1958, H. 4.

[130] Kramer, S.: Het verwijderen van Asbest-Cement-buisleidingen en de daarbij opgedane ervaringen. Water 1941, H. 20.

[131] Kühl, H.: Zement-Chemie, Bd. I bis III, Berlin 1952.

[132] Kukuschkin, A., u. E. Draschkewitz: Untersuchungen über einige Eigenschaften der Asbestzement-rohre (Ref. aus dem Russ.). Das Gas- und Wasserfach 1935, H. 34.

[133] Lammers, G.: Die Anwendung der Prandtl-Colebrookschen Formel auf die Berechnung von Entwässerungsleitungen. Das Gas- und Wasserfach 1960, H. 24.

[134] Lang, R.: Bau einer Rohrbrücke über einen Bahneinschnitt. Bohrtechnik, Brunnenbau, Rohrleitungsbau 1959, H. 7.

[135] Lang, R.: Erfahrungen mit Asbestzementrohren. Siedlungs-Wasserwirtschaft 1959, H. 3.

[136] Lang, R.: Herstellung einer Flußkreuzung mit Asbestzementrohren. Bohrtechnik, Brunnenbau, Rohrleitungsbau 1958, H. 8.

[137] Lange, W.: Asbestzement-Druckrohre für Trink- und Abwasser. Städtehygiene 1957, H. 11.

[138] Lechner, E.: Altes und Neues aus der Asbestzementindustrie. Zement 25 (1936).

[139] Lechner, E.: Der heutige Stand der Asbestzement-Rohrerzeugung. Zement 20 (1931).

[140] Lechner, E.: Die englischen Normen für Asbestzementrohre. Zement 24 (1935).

[141] Lechner, E.: Gütefragen beim Asbestzement. Zement 25 (1936).

[142] Lechner, E.: 6 m lange Asbestzementrohre. Zement 22 (1933).

[143] Levi, M. G., C. Giordani u. B. Demcenco: Asbestzementrohre für Gas- und Wasserleitungen. Das Gas- und Wasserfach 1937, H. 28.

[144] Liebhold, F.: Vereinfachte Berechnung der Druckhöhen in Rohrleitungen. Gesundheits-Ingenieur 1960, H. 12.

[145] Liwurdow, J. F.: Hydraulische Druckstöße in Asbestzementrohren (Ref. aus dem Russ.). Gesundheits-Ingenieur 1941, H. 3.

[146] Logan, K. H., u. M. Romanoff: Soil corrosion studies; Research paper RP 1062. Journ. of Research of the National Bureau of Standards 33 (1933).

[147] Ludin, A.: Ermittlung der Fließwiderstände in Asbestzementrohren. 13. Mitt. des Institutes für Wasserbau an der TH Berlin, 1932.

[148] Ludin, A.: Ermittlung der Fließwiderstände in einer gebrauchten Asbestzementrohrleitung. 23. Mitt. des Institutes für Wasserbau an der TH Berlin, 1937.

[149] Lumbert, W. J.: Transite for Wells and Screens. Journal of the New England Water Works Association, September 1937.

[150] Lwow, W.: Asbestzementrohre für Gasleitungen. Erste nichtmetallische Überlandgasleitung in der UdSSR. Sanitär- und Röhrenmarkt 1960, H. 6.

[151] Mäkelt, A.: Baustoffe. Leipzig 1951.

[152] Manz: Die Erneuerung des Innenschutzes erdverlegter Wasserrohre. Das Gas- und Wasserfach 1958, H. 4.

[153] Marquardt, E.: Der Bau eingebetteter Rohrleitungen aus Massivbaustoffen. Fortschritte und Forschungen im Bauwesen (April 1942) H. 2, Reihe A.

[154] Marquardt, E.: Erdbedeckte Rohrleitungen und ihr Baugrund. Der Deutsche Baumeister (1953) H. 14; (1954) H. 10, 11, 12, 15.

[155] Marquardt, E.: Fortschritte bei der Bemessung und Bauausführung von Beton- und Stahlbetonleitungen. Die Bauwirtschaft (1952) H. 44 bis 46.

506   Literaturverzeichnis

[156] MARSTON, F. A.: TRANSITE Pipe River Crossing at Scituate, Mass. Journal of the New England Water Works Association, September 1937.

[157] MASSINK, A.: De Invloed van ETERNIT-Buizen op Leidingwater. Water 1932, H. 25.

[158] MAURER, G. V.: Freeport Solves Its Water Loss Problem. Water and Sewage Works, September 1951.

[159] McGINNIS, C. A.: Asbestos Cement Water Pressure Mains. Journal of the American Water Works Association, May 1934.

[160] McGINNIS, C. A.: A complete Installation of Supply and Distribution Mains with asbestoscement pipe. Journal of the American Water Works Association 1955, H. 3.

[161] MENG, W. v.: Über die Beständigkeit des zur Erstellung von Abwasseranlagen, insbesondere von Kanalleitungen verwendeten Betons. Das Baugewerbe 1955, H. 15.

[162] MENGES, G.: Spannungen in eingeerdeten Rohren. Der Bauingenieur 1958, H. 2.

[163] MERTENS, E.: La résistance du fibrociment aux agents chimiques et son emploi dans la fabrication des tubes, Rapport 1933.

[164] MEYFROOT, A.: Asbestzementrohre in der Gasversorgung. Het Gas 1961, H. 10.

[165] MOSLER, J.: Korrosion und Rohrschutz bei Asbestzementrohren. Kommunalwirtschaft 1957, H. 6.

[166] MOSLER, J.: Asbestzementrohre — Leitungselement in der Wasserwirtschaft. Wasser, Luft und Betrieb 1958, H. 12.

[167] MUHS, H.: Die Verdichtung des Bodens beim Verfüllen von Leitungsgräben. Das Gas- und Wasserfach 1956, H. 8.

[168] NEUFERT, E.: Well-ETERNIT-Handbuch, 2. Aufl. Wiesbaden 1955/56.

[169] NAUMANN, G.: Ein neues Verfahren zur Herstellung von Asbestzement. Der Bautenschutz 1932, 3.

[170] NEUMANN, E.: Die Strömungswiderstände von neuen Guß-, Stahl- und Asbestzementrohren. Das Gas- und Wasserfach 1939, H. 13.

[171] NIKURADSE, J.: Gesetzmäßigkeiten der turbulenten Strömung in glatten Rohren. VDI-Forschungsheft 356, Berlin 1932.

[172] NIKURADSE, J.: Strömungsgesetze in rauhen Rohren. VDI-Forschungsheft 361, Berlin 1933.

[173] OETTEL, R., u. D. LAUTE: Der erste Tiefbrunnen mit Ausbau aus Asbestzementrohren. Braunkohle, Wärme und Energie 1960, H. 10.

[174] OFROSSIMOW, D. W.: Anwendung der Asbestzementrohre für den Bau von Wasserleitungen. (Ref. aus dem Russ.) Das Gas- und Wasserfach 1935, H. 42.

[175] PAAVEL, V.: Berechnung von Wasserleitungs-Ringnetzen. Das Gas- und Wasserfach 1957, H. 28.

[176] PARDOE, W. S.: Tests of Cement-Asbestos Pipe. Engineering News-Record, January 1926.

[177] PERFETTI, M.: La resistenza dei tubi ETERNIT. Rivista tecnica delle Ferrovie de fer italiens, 1926.

[178] PETERSEN, G.: Die Silikat-Schutzschichtbildung in einem Wasserrohrnetz. Neue DELIWA-Zeitschrift 1952, H. 11.

[179] PFEIFFER, B.: Eternitrohre. Das Gas- und Wasserfach 1933, H. 30.

[180] PFEIFFER, G.: Neuzeitliche Brunnenfilterrohre. Das Gas- und Wasserfach 1935, H. 52.

[181] PIRNIE, M.: Comparative Physical Data — TRANSITE and Cast Iron Pipe. Journal of the American Water Works Association, June 1937.

[182] PRANDTL, L.: Führer durch die Strömungslehre, 3. Aufl., Braunschweig 1949,

[183] PRANDTL, L.: Neue Ergebnisse der Turbulenzforschung. Z. VDI 77 (1933).

[184] PROCKAT, F. u. TH. WINDEL: Asbestose und ihre Bekämpfung. Staub 10/1939.

[185] PROCKAT, F.: Zur Verhütung der Asbestose in der Industrie. Staub 1937, S. 133 ff.

[186] QUIRING, H.: Kurzeinführung in die Gesteinskunde. Berlin 1949.

[187] RAMDOHR, P.: Klockmanns Lehrbuch der Mineralogie. 14. Aufl., Stuttgart 1954.

[188] REIF, K.: Die Anwendung von Phosphaten bei der Wasseraufbereitung. Das Gas- und Wasserfach 1958, H. 52.

[189] RICH, A. B.: Experience with TRANSITE Pipe. Journ. of the New England Water Works Association, September 1937.

[190] RICHTER, H.: Rohrhydraulik. 3. Aufl. 1958; 4. Aufl. 1962, Berlin/Göttingen/Heidelberg: Springer.

[191] ROŠ, M.: ETERNIT-Rohre der ETERNIT AG Niederurnen. Bericht Nr. 148 der EMPA, Zürich 1944.

[192] ROSENBAUM, G.: Über die Festigkeitsverhältnisse beim Asbestzement. Zement 25 (1936).

[193] ROSENBAUM, G.: Zur Erzeugungstechnik der Asbestzementrohre. Zement 26 (1937).

[194] ROSKE, K.: Betonrohre nach DIN 4032, Belastung und Tragfähigkeit. 2. Aufl., Wiesbaden 1962.

[195] ROSKE, K.: Die Wasserdichtheit der Beton- und Stahlbetonrohre und der daraus hergestellten Leitungen. Betonstein-Zeitung 1957, H. 8.

[196] ROSKE, K.: Dimensionslose Größen in der Hydromechanik der offenen Gerinne. Stuttgarter Berichte zur Siedlungswasserwirtschaft, Nr. 5.

[197] SAUTTER, L.: Wärmeschutz und Feuchtigkeitsschutz im Hochbau. Berlin 1948.

[198] SCHÄFFLER, H.: Über die Entwicklung der Betontechnologie und der betontechnischen Bestimmungen. Das Gas- und Wasserfach 1961, H. 10.

[199] SCHLÄPFER, P.: I. Bericht über das Verhalten von ETERNIT-Rohren gegenüber verschiedenen chemischen Angriffen und die Eignung von ETERNIT als Material für Abzugsrohre von Gasverbrauchsapparaten. Bericht Nr. 94 der EMPA, Zürich 1935.

[200] SCHNEIDER, J. H.: Eternit-Buizen. Water en Gas 1930, H. 9.

[201] SCHNYDER, O.: Über Druckstöße in Rohrleitungen. Wasserkraft und Wasserwirtschaft 1932, H. 5.

[202] SCHOTTAK, A.: Asbestzementrohre, ihre Erzeugung, Eigenschaften und Verwendungsmöglichkeiten. Das Gas- und Wasserfach 1931, H. 13.

[203] SCHÖNAICH, F.: Wasserstein- und Korrosionsverhütung in wasserführenden Systemen: Gas/Wasser/ Wärme 1958, H. 2.

[204] SCHREWE, H., u. W. SCHWARTZ: Stahlbetonrohre im Bau und Betrieb, ihre Muffendichtungen, ein mechanisches und mikrobiologisches Problem. Das Gas- und Wasserfach 1953, H. 22.

[205] SCHULZ, H.: Die graphisch-rechnerische Auswertung der allgemeinen Widerstandsformel von PRANDTL- v. KÁRMÁN-COLEBROOK für die Anwendung in der Praxis des Rohrleitungsbaues. Bohrtechnik, Brunnenbau, Rohrleitungsbau 1959, H. 4.

[206] SCIMEMI, E.: Misure di deflusso nei tubi di ETERNIT. Annali della R. Scuola d'Ingegneria di Padova, 1925.

[207] SCIMEMI, E.: Sulle condotto di cemento-amianto-ETERNIT di lungo esercizio. L'Ingegnere, März 1951.

[208] SHELTON, M. J., u. B. C. WILKAS: Exposure Tests on three types of pipe. Journal American Water Works Association 47 (November 1955).

[209] SHERMAN, CH. W.: Underwriter's Tests of TRANSITE Pipe. Journ. of the New England Water Works Association, September 1937.

[210] *South African Bureau of Standards:* Standard Specification for Asbestos Cement Pressure Pipes, 18th June 1951.

[211] SOUTHGATE, B. A.: Synthetic Detergents — a new pollution problem. Water and Water Engineering, April 1957.

[212] STEELANT, L.: Die Berechnung von ETERNIT-Rohrleitungen. Techn. Wetensch. Tidjschrift 1950, H. 1 u. 2.

[213] STEINBACHER, K.: Die Verwendung von Asbestzementrohren zum Transport von Industrieabwässern. Kommunalwirtschaft 1958, H. 9.

[214] STEINBACHER, K.: Betrachtungen über die Rohrreibungsverluste, insbesondere bei Asbestzement-Druckrohren. Neue DELIWA-Zeitschrift 1959, H. 6.

[215] STEIERT, F.: Die Benutzung des Wasserrohrnetzes zur Erdung. WGZ 1959, H. 24.

[216] STREULI, R.: Schutz gegen biologische Korrosion an Druckleitungen. Neue Zürcher Zeitung v. 14.3.1957, Blatt 11.

[217] THYSSE, TH. R.: Energieverlies in Buisleidingen. Water 1944, H. 1.

[218] TILLMANS, J.: Die chemische Untersuchung von Wasser und Abwasser, 2. Aufl., 1932.

[219] TILLMANS, J.: Über die kohlensauren Kalk angreifende Kohlensäure der natürlichen Wässer. Gesundheits-Ingenieur 35 (1912).

[220] TÖLKE, F.: Über den Druckstoß in einsträngigen Rohrleitungen. Veröffentlichungen zur Erforschung der Druckstoßprobleme in Wasserkraftanlagen und Rohrleitungen, Berlin 1949.

[221] TONN, H.: Das Übergangsgebiet zwischen Glattströmung und Rauhströmung bei technisch rauhen Rohren. Gesundheits-Ingenieur 1957, H. 9 u. 10.

[222] TONN, H.: Ermittlung der Rauhigkeiten und Widerstandszahlen techn. Rohre. Gesundheits-Ingenieur 1955, H. 3 u. 4.

[223] TONN, H.: Graphische Ermittlung und Berechnung der Rauhigkeitscharakteristik von Rohren. Gesundheits-Ingenieur 1952, H. 19 u. 20.

[224] TRAUB, G.: Cement-Asbestos Pipe used for water line. Engineering News Record, 12. Januar 1933.

[225] TRAUB, G.: Erfahrungen mit ETERNIT-Rohren bei Wasserleitungen. Techn. Gemeindeblatt 1933, H. 14.

[226] ULLMANNS Enzyklopädie der technischen Chemie, Bd. 4, 3. Aufl., 1953.

[227] *Underwriter's Laboratories:* Report on TRANSITE pressure pipe and couplings. Johns-Manville Products Corporation.

[228] VANNI, M.: Asbestos Cement Pipes. ITALIT Piping. Water and Water Engineering 32 (1930), S. 324 ff.

[229] VAN WIJK, D. J.: Toepassing van Rubber in het Waterleidingsbedrijf. Gegevens over Rubber als Constructiemateriaal, Dezember 1939.

[230] VEGGEBERG, J. M.: 17-year-old Water Main — Brand New Performance. The American City, November 1954.

[231] VOELLMY, A.: Bemessung und Bruchsicherheit von Rohrleitungen, insbesondere von Eternitleitungen. Schweizer Bauzeitung 1943, H. 15 bis 17.

[232] VOELLMY, A.: Eingebettete Rohre. Diss. ETH. Zürich 1937.

[233] WAGENFÜHR: Kautschuk als Werkstoff für die Dichtung von gußeisernen Muffendruckrohren für Gas- und Wasserleitungen. Das Gas- und Wasserfach 1936, H. 16.

[234] WAKSMAN, S. A., u. J. S. JOFFE: Microorganismes concerned in the oxidation of sulfur in the soil. Journal of Bacteriology 1922, H. 7.

[235] WECHMANN, A.: Hydraulik. Berlin 1955.

[236] WENDEHORST, R.: Baustoffkunde, 11. Aufl., Leipzig 1949.

[237] WENTEN, H.: Zur Frage der Beständigkeit von Kanalisationsleitungen. Das Baugewerbe 1957, H. 21.

[*238*] WERNEKKE: ETERNIT-Rohre in der Wasserversorgung. Wasserkraft und Wasserwirtschaft 1943, H. 1.
[*239*] WETZORKE, M.: Über die Bruchsicherheit von Rohrleitungen in parallelwandigen Gräben. Veröffentlichung des Institutes für Siedlungswasserwirtschaft der TH Hannover, H. 5, Hannover 1960.
[*240*] WIEDERHOLD, W.: Die Berechnung der Rohrleitungen. Das Gas- und Wasserfach 1952, H. 24.
[*241*] WIEDERHOLD, W.: Zur Vereinheitlichung der Berechnungsverfahren des Druckabfalls in Wasserversorgungsleitungen. Das Gas- und Wasserfach 1949, H. 17 u. 18.
[*242*] WIEDERHOLD, W., u. A. GEROMILLER: Die Regelvorgänge in langen hydraulischen Leitungen. Veröffentlichungen zur Erforschung der Druckstoßprobleme in Wasserkraftanlagen und Rohrleitungen, Berlin 1949.
[*243*] WIERZ, A.: Die Ermittlung der Rauhigkeiten bei der Strömung von Flüssigkeiten und Gasen in technischen Rohren. Gesundheits-Ingenieur 1952, H. 5 u. 6.
[*244*] WIERZ, A.: Widerstandszahlen und Rauhigkeiten technischer Rohre. Die Technik 1954, H. 5.
[*245*] WILLIAMSON, E. u. J.: An Asbestos-Cement Pipe Sewer System Complete. Water and Sewage Works, September 1950.
[*246*] WOLZOGEN KÜHR, C. A. v., u. L. S. VAN DER VLUGT: Het Corrosieproces van ijzer in zure gronden. Water 1942, S. 17 bis 20.
[*247*] WOUTERSEN, C. N.: Ervaringen ut de Gaspraktijk. Het Gas 1959, H. 4.
[*248*] ZATLOUKAL, V.: Ein Nomogramm für die Bemessung von Asbestzement-Rohrleitungen. Das Gas- und Wasserfach 1933, H. 36.
[*249*] ZOLLINGER, R.: Die mineralischen Baustoffe, Bd. I, Berlin 1949.
[*250*] ZOLLINGER, R.: Ist der Ebener-Prüfer nach DIN 51 951 als geeignetes Prüfgerät für die Ermittlung des Trocken-Rollverschleißes von Belägen anzusehen? Bautechnik 1957, H. 9.

Verzeichnis der ausgewerteten Versuchsberichte

[*V 1*] Amtliche Forschungs- und Materialprüfungsanstalt für das Bauwesen, OTTO-GRAF-Institut an der TH Stuttgart: Prüfungsbericht über Versuche mit REKA-Kupplungen NW 100, vom 10. 10. 1957.

[*V 2*] BATTELLE-Institut e.V., Frankfurt/M.: Untersuchungen an Asbestzement-Druckrohren, Teil I: Untersuchung über die Adsorption von radioaktiven Substanzen an Asbestzement, vom 30. 6. 1960.

[*V 3*] BATTELLE-Institut e.V., Frankfurt/M.: Untersuchungen an Asbestzement-Druckrohren, Teil II: Messung der Absorption von Gamma- und Neutronenstrahlen an Asbestzement, vom 22. 2. 1960.

[*V 4*] BATTELLE-Institut e.V., Frankfurt/M.: Untersuchungen an Asbestzement-Druckrohren, Teil III: Rechnerische Ermittlung der bei der Einwirkung von thermischen Neutronen auf Asbestzement zu erwartenden Aktivität, vom 22. 2. 1960.

[*V 5*] Berliner Wasserwerke, Abtlg. Hygiene: Versuche über Keimwachstum in verschiedenen Rohrmaterialien, vom 23. 1. und 16. 2. 1959.

[*V 6*] Bezirkshygieneinstitut Dresden: Bakt. und Biolog. Untersuchung des Gleitmittels, vom 3. 9. 1957.

[*V 7*] Bundesanstalt für Materialprüfung (BAM): Vergleich der Korrosionsbeständigkeit von ETERNIT- und LNA-Abflußrohren durch eine Wechseltauchprüfung. Aktz. — Z. 1. 4./1010, vom 2. 9. 1957.

[*V 8*] Bundesanstalt für Materialprüfung (BAM): Prüfung der Wärmeleitfähigkeit, Aktz. 2/6438[1], vom vom 24. 1. 1958.

[*V 9*] Bundesanstalt für Materialprüfung (BAM): Prüfung von ETERNIT-Druckrohren auf Ringzug- und Scheiteldruckfestigkeit in Anlehnung an DIN 19 800, Blatt 2. Aktz. 2/6438[5], vom 15. 12. 1962.

[*V 10*] Bundesgesundheitsamt — Institut für Wasser-, Boden- und Lufthygiene: 1. Bericht über die bakteriologischen Untersuchungen an ETERNIT-Rohren. (Versuchsgruppe I: Durchflußversuche) Aktz.: B-A 1129/57, vom 16. 1. 1960.

[*V 11*] Bundesgesundheitsamt — Institut für Wasser-, Boden- und Lufthygiene: 2. Bericht über die bakteriologischen Untersuchungen an ETERNIT-Rohren. (Versuchsgruppe II: Stehendes Wasser ohne Belüftung). Aktz.: B-A-579, vom 17. 5. 1960.

[*V 12*] Bundesgesundheitsamt — Institut für Wasser-, Boden- und Lufthygiene: 3. Bericht über die bakteriologischen Untersuchungen an ETERNIT-Rohren. (Versuchsgruppe III: Stehendes Wasser mit Belüftung). Aktz.: B-A-583, vom 19. 5. 1960.

[*V 13*] Bundesgesundheitsamt — Institut für Wasser-, Boden- und Lufthygiene: 4. Bericht über die bakteriologischen Untersuchungen an ETERNIT-Rohren. (Versuchsgruppe IV: Durchwachsversuche an ETERNIT-Rohren NW 25). Aktz.: B-A-739, vom 30. 6. 1960.

[*V 14*] Bundesgesundheitsamt — Institut für Wasser-, Boden- und Lufthygiene: 5. Bericht über die bakteriologischen Untersuchungen an ETERNIT-Rohren. (Versuchsgruppe V: Durchwachsversuche an REKA-Kupplungen NW 25.) Aktz.: B-A-739, vom 30. 6. 1960.

[*V 15*] Bundesgesundheitsamt — Institut für Wasser-, Boden- und Lufthygiene: 6. Bericht über die bakteriologischen Untersuchungen an ETERNIT-Rohren. (Versuchsgruppe VI: Untersuchungen des Gleitmittels.) Aktz.: B-A-739, vom 7. 9. 1960.

[*V 16*] Bundesgesundheitsamt — Institut für Wasser-, Boden- und Lufthygiene: Untersuchungsbericht über das chemisch-physikalische Verhalten von Asbestzement-Druckrohren. Aktz.: B-A-1060, vom 7. 9. 1960.

[*V 17*] Bundesgesundheitsamt — Institut für Wasser-, Boden- und Lufthygiene: Nachtrag zum Untersuchungsbericht vom 7. 9. 1960: Schlachthof- und Wäschereiabwässer. Aktz.: B-A-1488, vom 14. 11. 1961.

[*V 18*] CURT-RISCH-Institut an der TH Hannover: Bericht über dynamische Untersuchungen an Rohrleitungen in Hamburg-Eidelstedt (Sandboden), vom 24. 5. 1957.

[*V 19*] CURT-RISCH-Institut an der TH Hannover: Bericht über dynamische Untersuchungen an Rohrleitungen in bindigem Boden in Hamburg-Altona, vom 22. 3. 1958.

[*V 20*] Druckstoßkommission der S.I.A.: Druckstoßmessungen an einer ETERNIT-Rohrleitung im „Hägsten" bei Glattfelden vom 20. bis 22. Februar 1939.

[*V 21*] ETERNIT Aktiengesellschaft, Berlin: Abriebversuche für die Verwendung der REKA-Auflagerkupplung für ETERNIT-Fernheiz-Schutzrohre vom 5. 3. 1960.,

[*V 22*] Forschungsinstitut der Zementindustrie, Düsseldorf: Untersuchungen an Asbestzementrohren, vom 23. 7. 1962.

[*V 23*] Forschungs- und Entwicklungsinstitut für Industrie- und Siedlungswasserwirtschaft sowie Abfallwirtschaft e.V. in Stuttgart: Bericht über Abriebversuche an ETERNIT-Rohren, März 1961.

[*V 24*] GANDENBERGER, W.: Versuche zur Ermittlung der Druckwellenfortpflanzungsgeschwindigkeit in Asbestzementrohren, vom 5. 7. 1961.

[V 25] Institut für Gastechnik, Feuerungstechnik und Wasserchemie der TH Karlsruhe, vormals Gasinstitut: Bericht über Untersuchungen zur Frage der Eignung von Asbestzementrohren als Gasleitungsrohr, vom 14. 7. 1961.

[V 26] Laboratorium für chemische Untersuchungen Dr. ARNO FRISKE, Karlsruhe: Untersuchung der Färberei-abwässer und des Verhaltens von Rohrhalbschalen aus Asbestzement. 9 Gutachten vom 15. 1. 1959 bis 7. 2. 1961.

[V 27] Niedersächsisches Materialprüfungsamt in Verbindung mit dem Institut für Materialprüfung und Forschung des Bauwesens der TH Hannover: Prüfungszeugnis Nr. 1014/60/A — 1/15/59 a vom 15. 2. 1960 über statische Scheiteldruckversuche an Asbestzement-Druckrohren NW 400 und NW 600.

[V 28] Niedersächsisches Materialprüfungsamt in Verbindung mit dem Institut für Materialprüfung und Forschung des Bauwesens der TH Hannover: Prüfungszeugnis Nr. 1014/60/A — 1/15/59 b vom 25. 3. 1960 über statische Scheiteldruckversuche an Asbestzement-Druckrohren NW 250 und NW 1000.

[V 29] Niedersächsisches Materialprüfungsamt in Verbindung mit dem Institut für Materialprüfung und Forschung des Bauwesens der TH Hannover: Prüfungszeugnis Nr. 1014/60/A — 1/15/59 c vom 4. 4. 1960 als Nachtrag zu den Prüfungsberichten Nr. 1014/60/A — 1/15/59 a, b über Druckschwellversuche mit Scheitellast an Asbestzement-Druckrohren NW 400 und NW 600.

[V 30] Niedersächsisches Materialprüfungsamt in Verbindung mit dem Institut für Materialprüfung und Forschung des Bauwesens der TH Hannover: Prüfungszeugnis Nr. 1014/60/A — 1/15/59 d vom 8. 8. 1960 über Druckschwellversuche mit Scheitellast an Asbestzement-Druckrohren NW 400 und NW 600.

[V 31] Niedersächsisches Materialprüfungsamt in Verbindung mit dem Institut für Materialprüfung und Forschung des Bauwesens der TH Hannover: Prüfungszeugnis Nr. 1014/60/A — 1/15/59 e vom 9. 11. 1960 über Druckschwellversuche mit Scheitellast an Asbestzement-Druckrohren NW 400 und NW 600.

[V 32] Physikalisch-Technische Bundesanstalt — Institut Berlin: Versuchsbericht Nr. 477.55 B-W vom 12. 3. 1955.

[V 33] Physikalisch-Technische Bundesanstalt — Institut Berlin: Versuchsbericht Nr. 925.58 JB B/W 1. Ang. vom 9. 1. 1959; 6. Ang. vom 26. 5. 1959.

[V 34] Physikalisch-Technische Bundesanstalt — Institut Berlin: Versuchsbericht Nr. 925.58 JB B/W 2. Ang. vom 9. 1. 1959.

[V 35] Physikalisch-Technische Bundesanstalt — Institut Berlin: Versuchsbericht Nr. 925.58 JB B/W 3. Ang. vom 9. 1. 1959.

[V 36] Physikalisch-Technische Bundesanstalt — Institut Berlin: Versuchsbericht Nr. 925.58 JB B/W 4. Ang. vom 6. 3. 1959.

[V 37] Physikalisch-Technische Bundesanstalt — Institut Berlin: Versuchsbericht Nr. 925.58 JB B/W 5. Ang. vom 2. 4. 1959.

[V 38] Physikalisch-Technische Bundesanstalt — Institut Berlin: Versuchsbericht Nr. 925.58 JB B/W 7. Ang. vom 24. 7. 1959 und 3. 11. 1959.

[V 39] Physikalisch-Technische Bundesanstalt — Institut Berlin: Versuchsbericht Nr. 925.58 JB B/W 8. Ang. vom 21. 12. 1959.

[V 40] PILNY, F.: Versuchsberichte 22/1 bis 22/3 über Untersuchungen an Asbestzement-Druckrohren, vom 6. 4. 1960.

[V 41] PRESS, H.: Gutachten über die Dichtheit von REKA-Kupplungen NW 100, ND 12,5, vom 18. 7. 1956.

[V 42] PRESS, H.: Gutachten über die Luftdurchlässigkeit einer Vacuum-Leitung, vom 4. 4. 1957.

[V 43] PRESS, H.: Bericht über Druckverlustmessungen an Druckrohren aus Asbestzement NW 200, Aktz.: 111-57-9/1 — Mo/N, vom 27. 10. 1958.

[V 44] PRESS, H.: Bericht über Druckstoß-Messungen an einer Rohrleitung aus Asbestzement NW 200, ND 12,5, Aktz.: 111-57-9/2 — Mo/Fr, vom 14. 8. 1959.

[V 45] PRESS, H.: Gutachten über die Dichtheit von REKA-Kupplungen bei Unterdruck- und Überdruck-Wechselbeanspruchungen, vom 10. 9. 1959.

[V 46] PRESS, H.: Bericht über die Durchführung von Verschleißversuchen an Asbestzement-Druckrohren NW 100, ND 10, Aktz.: 111-57-9/3 — Ht/Fr, vom 28. 7. 1960.

[V 47] Preußische Landesanstalt für Wasser-, Boden- und Lufthygiene: Bericht über die im Städtischen Wasserwerk Frankfurt/Oder an verschiedenen Versuchsstrecken aus ETERNIT-Rohren während eines Jahres durchgeführten Untersuchungen. Tgb. Nr. A 2064, vom 16. 4. 1936.

[V 48] R. Scuola di Ingegneria di Milano: Abriebversuche mit ETERNIT- und Betonrohr.

[V 49] Staatliches Materialprüfungsamt, Berlin-Dahlem: Prüfung von Asbestzementrohren — Längenänderung des Rohrmaterials bei Erwärmung. Aktz.: III b/28911, vom 21. 2. 1935.

[V 50] Staatliches Materialprüfungsamt, Berlin Dahlem: Prüfung von Asbestzementrohren — Längenänderung des Rohrmaterials bei Erwärmung und Abkühlung. Aktz.: A 110 105, vom 11. 12. 1935.

[V 51] Stadtwerke Trier: Prüfbericht über den Abwinkelungsversuch mit ETERNIT-Asbestzementdruckrohren NW 300, ND 12,5 mit REKA-Kupplung am 14. 9. 1959, vom 24. 9. 1959.

[V 52] Technologisches Gewerbemuseum, Wien: Gutachten der staatlichen Versuchsanstalt für Baustoffe über ETERNIT-Rohre. Aktz.: 1538/34, vom 19. 3. 1935.

[V 53] Technologisches Gewerbemuseum, Wien: Gutachten der staatlichen Versuchsanstalt über ETERNIT-REKA-Kupplungen. Aktz.: 776/53, vom 12. 5. 1953.

Verzeichnis der Asbestzementrohr-Normen in verschiedenen Ländern

Empfehlung der Internationalen Normenorganisation:

ISO/R 160 — 1960 „Asbestos Cement Pressure Pipes"*.

Ägypten
EOS S 55 — 1960	Asbestzement-Druckrohre

Argentinien
IRAM 11516 — 1947, 1959	Caños de asbestocemento para liquidos a presión (vorher 1515)
IRAM 11517 — 1958	— — a baja presión, (vorher 1518).

Australien
AS A 41 — 1959	Asbestos Cement Pressure Pipes.

Belgien
NBN 540	Tuyaux en Asbeste-Ciment sans Soudure, pour Batiments.
NBN 541	Tuyaux et Accessoires en Asbeste-Ciment avec Soudure, pour Batiments.

Brasilien
ABNT EB 69 R — 1954	Tubos de cimento-amianto para sanitario
ABNT MB 140/144 R — 1954	— ; ensaios
ABNT P NB 77 — 1957	Projeto e execuçãoes de tubulações de pressão de cimento-amianto (Entwurf aus Boletim ABNT 31, 1957).
ABNT EB 109 — 1957	Tubos de pressão de cimento-amianto
ABNT P MB 241/253 — 1957	— ; ensaios (Entwürfe aus Boletim ABNT 34, 1957).

Deutschland
DIN 19 800*	Asbestzement-Druckrohre
DIN 19 801*	Asbestzement-Druckrohrleitungen für Wasser außerhalb von Gebäuden
DIN 19 802--19 807	Gußeiserne Formstücke für Asbestzement-Druckrohrleitungen
DIN 19 630*	Rohrverlegungs-Richtlinien für Gas- und Wasser-Rohrnetze
DIN 19 830	Asbestzement-Abflußrohre und -Formstücke
DIN 19 831	Asbestzement-Abflußrohre und -Formstücke mit Muffe
DIN 19 841	Asbestzement-Abflußrohre und Formstücke ohne Muffe
DIN 4 033	Entwässerungskanäle und -leitungen aus vorgefertigten Rohren

Frankreich
NF P 16-301	Éléments en Amiante-Ciment pour canalisations sans pression
NF P 41-301	Canalisations sous pression en amiante-ciment Tuyaux (Qualités)
NF P 41-401	Canalisation sous pression en amiante-ciment Tuyaux et Raccords Tableau Récapitulatif

Großbritannien
BSS 486	Asbestos Cement Pressure Pipes
BSS 567	Asbestos Cement Flue Pipes and Fittings
BSS 569	Asbestos Cement Rainwater Pipes, Gutters and Fittings
BS 582	Asbestos Cement Soil, Waste and Ventilating Pipes and Fittings
BS 835	Asbestos Cement Flue Pipes and Fittings, Heavy Quality

Indien
IS 1592 — 1960	Asbestos cement pressure pipes
IS 1626 — 1960	Asbestos cement building pipes, gutters and fittings

Irland
IRS 71 — 1957	Asbestos cement rainwater goods

---

* siehe Anhang „Normen".

Italien

UNI 4372	Tubi di amianto-cemento per condutture in pressione
A.N.D.I.S. Publicate dalla Rivista „Ingegneria Sanitaria" no 5	Norme per tubi di cemento-amianto per condotte d'acqua in pressione
UNI 3274	Tubazioni per fognature edilizie — Tubi, raccordi e pezzi speciali de amianto-cemento — Caratteristiche qualitative e prove
UNI 3275	Tubazioni per fognature edilizie — Tubi diritti, di amianto-cemento
UNI 3276	Tubazioni per fognature edilizie — Tubi diritti con espezione, die amianto-cemento
UNI 3277	Tubazioni per fognature edilizie — Curve a 45° di amianto-cemento
UNI 3278	Tubazioni per fognature edilizie — Curve a 90° di amianto-cemento
UNI 3279	Tubazioni per fognature edilizie — Manicotti di giunzione, di amianto-cemento
UNI 3280	Tubazioni per fognature edilizie — Raccord idi passaggio, die amianto-cemento
UNI 3281	Tubazioni per fognature edilizie — Paralleli di amianto-cemento
UNI 3282	Tubazioni per fognature edilizie — Giunti a squadra, di amianto-cemento
UNI 3283	Tubazioni per fognature edilizie — Giunti biforcati di amianto-cemento
UNI 32 84	Tubazioni per fognature edilizie — Giunti a 45° di amianto-cemento
UNI 3285	Tubazioni per fognature edilizie — Sifoni ad immissione e scarico orizzontali, di amianto-cemento
UNI 3286	Tubazioni per fognature edilizie — Sifoni ad immissione verticale e scarico orizzontale, di amianto-cemento
UNI 3287	Tubazioni per fognature edilizie — Sifoni ad immissione e scarico verticali, di amianto-cemento
UNI 3288	Tubazioni per fognature edilizie — Sifoni ad immissione e scarico orizzontali e con asalatore di amianto-cemento
Fascicolo UNI — No 28 54	Unificazione dei tubi, dei fondelli e dei raccordi di amianto-cemento per fognature urbane stradali

Israel

SI 156 — 1955	Asbestzementrohre (nicht auf Druck beanspruchbar)
SI 214 — 1957	Formstücke für drucklose Asbestzementrohre
SI 226 — 1957	Anlagen von drucklosen Asbestzementrohren
SI 333 — 1959	Asbestzement-Druckrohre

Japan

JIS A 5405 — 1951	Asbestzementrohre

Kanada

CSA C 127 — 1957	Fibre conduit
CSA C 128 — 1956	Asbestos-cement conduit

Kolumbien

UNCO 10 — 1962	Aglutinados de asbesto; uniones para tuberia, accesorios
UNCO 11/13 — 1962	—; tuberias de presión

Mexiko

DGN C 12 — 1960	Tubos de presion de asbesto cemento

Neuseeland

NZSS 284 — 1950	Mineral-fibre spigot and socket rainwater pipes, gutters, spoutings and fittings
NZSS 1573 — 1961	Asbestos cement sewer and drain pipes and fittings

Österreich

ÖNORM B 9001	Asbestzementrohre, Muffenrohre und Formstücke

Portugal

N.P. 270	Tubos de fibrocimento — Ensaio de rotura por pressao interior
N.P. 271	Tubos de fibrocimento — Ensaio de compressao diametral
N.P. 272	Tubos de fibrocimento — Ensaio de flexao
Spécification E. 102 du L.N.E.C.	Tubos de fibrocimento — Ensaio de estanquidade
Spécification E. 103	Tubos de fibrocimento para aba abastecimento de água — Caracteristicas e recepcao

Spanien
  UNE Nr. 41.080   Tuberias de presión de amianto-cemento

Südafrikanische Union
  S.A.B.S. 286   Standard Specification for Asbestos Cement Pressure Pipes
  S.A.B.S. 721   Asbestos cement soil, waste and ventilating pipes and fittings

Tschechoslowakei
  CSN 72 31 30 — 1960   Asbestzement-Abflußrohre und Formstücke
  CSN 71 31 31 — 1960   Asbestzement-Druckrohre

Uruguay
  UNIT 79 — 1951   Caños de fibrocemento
  UNIT 112 — 1955   — para instalaciones sanitarias

USA
  ASTM C 428 — 59 T   Asbestos Cement Non-Pressure Sewer Pipe
  ASTM C 296 — 59 T   Asbestos Cement Pressure Pipe
  AWWA C 400 — 53 T   Tentative Standards Specifications for Asbestos-Cement Water Pipe
  SS — P — 331a   Pipe: Asbestos-Cement, Sewer, Non-Pressure
  SS — P — 351a   Pipe, Asbestos Cement

UdSSR
  GOST 539 — 1959   Asbestzementrohre und Muffen für Wasserrohrleitungen
  GOST 1839 — 1948   — für drucklose Rohrleitungen

Namenverzeichnis

Sachverzeichnis

Anhang

Anhang: Normen[1]

Ein ausführliches Normenverzeichnis der Asbestzement-Druckrohr-Normen in verschiedenen Ländern befindet sich auf S. 511.

---

[1] Die Normblatt-Wiedergaben erfolgen mit Genehmigung des Deutschen Normenausschusses. Maßgebend ist die jeweils neueste Ausgabe des Normblattes im Normformat A 4, die bei der Beuth-Vertrieb GmbH, Berlin 15, Uhlandstr. 175, und Köln, Friesenplatz 16, erhältlich ist.

<table>
<tr><td>DK 666.94/.95 : 691.54</td><td>DEUTSCHE NORMEN</td><td>Dezember 1958</td></tr>
</table>

Portlandzement, Eisenportlandzement, Hochofenzement

DIN 1164

Frühere Ausgaben: 7. 42 x

Deutscher Normenausschuß, Berlin W 15

Änderung Dezember 1958:
Inhalt teilweise überarbeitet,
Näheres siehe Vorbemerkung.

Vorbemerkung

Die Neuausgabe dieser Norm war erforderlich wegen der Erhöhung der in § 6 angegebenen Festigkeiten und der neu eingeführten Kennzeichnung von losem Zement, der zur Baustelle oder zum Betonwerk in besonderen Transportgefäßen geliefert und dort in Silos eingelagert wird.

Dabei wurden gleichzeitig weitere erforderlich gewordene Änderungen, wie Angabe des Chloridgehaltes auf den Zementsäcken und Anforderungen an den Normensand, berücksichtigt.

Gestrichen wurden die bisherigen Angaben des § 14 über den Meßzapfen, des § 18 über die Vorrichtung zum trockenen Lagern der Probekörper, des § 19 über das Schwindmeßgerät und des § 26 über die Prismen zur Ermittlung des Schwindmaßes.

Trotz dieser Streichungen wurde die bisherige Gliederung nach §§ beibehalten und auch die Benummerung der Bilder nicht geändert, weil in anderen Normen vielfach auf §§ und Bilder von DIN 1164 verwiesen wird. Andernfalls wären auch Änderungen der betroffenen Normen gleichzeitig nötig geworden.

Eine vollständige Neubearbeitung dieser Norm entsprechend der Güteverbesserung der Zemente und der Entwicklung neuer Prüfverfahren ist in Angriff genommen.

DIN 1171 Blatt 1 „Prüfsiebe, Drahtgewebe, Abmessungen" wurde inzwischen ersetzt durch DIN 4188 Blatt 1 „Siebe, Drahtgewebe für Prüfsiebe, Maße", Ausgabe Februar 1957.

DIN 4188 Blatt 1 weist hinsichtlich der lichten Maschenweiten und der Drahtdurchmesser gegenüber der bisherigen Norm nur geringfügige Änderungen auf. Die Norm enthält folgende Vorbemerkung:

„Um der Industrie die Möglichkeit zu geben, die vorhandenen Einrichtungen zur Herstellung von Prüfsieben aufzubrauchen, darf noch bis zum 31. 12. 1959 nach DIN 1171 Blatt 1 gefertigt werden.

Es ist beabsichtigt, DIN 1171 Blatt 1 am 1. 1. 1960 zurückzuziehen, so daß von diesem Zeitpunkt ab nur noch DIN 4188 Blatt 1 Gültigkeit haben wird."

Wenn in der Übergangszeit noch Prüfsiebgewebe nach DIN 1171 verwendet werden, ist dies im Prüfbericht anzugeben.

Inhalt

Fortsetzung Seite 2 bis 11

Fachnormenausschuß Bauwesen im Deutschen Normenausschuß (DNA)
Arbeitsgruppe Einheitliche Technische Baubestimmungen (ETB) des Fachnormenausschusses Bauwesen im DNA

A. Kennzeichnung, Begriffsbestimmung, Eigenschaften und Überwachung

§ 1. Benennung, Überwachung und Kennzeichnung von Portlandzement, Eisenportlandzement und Hochofenzement [1]

Portlandzement, Eisenportlandzement und Hochofenzement kommen in drei Güteklassen in den Handel [2]:

    Z e m e n t 275 (Kurzbezeichnung: Z 275)
    Z e m e n t 375 (Kurzbezeichnung: Z 375)
    Z e m e n t 475 (Kurzbezeichnung: Z 475)

Die Güteklassen unterscheiden sich hauptsächlich durch die Anfangsfestigkeiten (vgl. § 6).

Bei Portlandzement, Eisenportlandzement oder Hochofenzement von Werken, die sich der dauernden Überwachung ihrer Erzeugung durch die zuständigen Vereinslaboratorien oder durch ein hierfür vorgesehenes Materialprüfungsamt [3] unterworfen haben, tragen die Säcke oder bei Lieferung von losem Zement der Lieferschein (siehe unten) das nachstehende in die Zeichenrolle des Patentamtes eingetragene Warenzeichen [4].

Die Säcke oder die Lieferscheine müssen in deutlicher Schrift die Bezeichnungen „Portlandzement", „Eisenportlandzement" oder „Hochofenzement", die Güteklasse, das Bruttogewicht der Säcke [5] oder das Nettogewicht des losen Zements, die Firma, die Marke und die Handelsbezeichnung des erzeugenden Werkes tragen [6]. Angaben über ggf. zugesetztes Chlorid nach § 2c, letzter Absatz, müssen Säcke und Lieferschein enthalten.

Für Zement 375 sind grüne Säcke, für Zement 475 rote Säcke zu verwenden. Für die Verpackung anderer pulverförmiger Baustoffe sind einfarbig grüne und rote Säcke nur dann zulässig, wenn sie eine anerkannte Kennzeichnung tragen.

Bei der Abgabe von **losem** Zement hat das Lieferwerk dem Abholer einen Lieferschein auszuhändigen, und zwar für

Z 275 in hellbrauner Farbe, Z 375 in grüner Farbe, Z 475 in roter Farbe.

Der **Lieferschein** (Format: mindestens DIN A 5) hat folgende Angaben zu enthalten:

    Zementart,
    Güteklasse des Zementes,
    gegebenenfalls Angaben über den Gehalt an Chlorid nach § 2c, letzter Absatz,
    Lieferwerk,
    Normenüberwachungszeichen, gegebenenfalls Vereinszeichen,
    Nettogewicht,
    Tag und Stunde der Lieferung,
    polizeiliches Kennzeichen des Fahrzeuges,
    Auftraggeber, Auftragsnummer und Empfänger.

Ferner soll er die Aufschrift tragen:

„Dem Bauleiter bzw. Werkleiter oder seinem Beauftragten auszuhändigen".

Bei Eintreffen einer Lieferung losen Zementes auf der Baustelle oder im Betonwerk hat sich der Bauleiter bzw. Werkleiter oder sein Beauftragter den Lieferschein aushändigen zu lassen und ihn am Zementsilo anzubringen.

An jedem Zementsilo auf der Baustelle oder im Betonwerk ist ein geeigneter Kasten mit Drahtgitter für das Anbringen des Lieferscheines vorzusehen.

Anmerkung

Die Bezeichnung „Portlandzement", „Eisenportlandzement" oder „Hochofenzement" soll dem Käufer die Gewähr dafür geben, daß die Ware der (in Betracht kommenden) nachstehenden Begriffsbestimmung entspricht.

§ 2. Begriffsbestimmung

Die drei dieser Norm entsprechenden Zemente haben wie alle hydraulischen Bindemittel die Fähigkeit, unter Wasser und an der Luft zu erhärten.

Die Bezeichnung Normenzement oder ein Hinweis auf DIN 1164 in der Bezeichnung eines Bindemittels sowie die Bezeichnung Zement 275, Zement 375 und Zement 475 sind nur für solche Zemente zulässig, die dieser Norm in allen Teilen entsprechen.

a) Portlandzement

Portlandzement wird durch Feinmahlen von Portlandzementklinker erhalten.

---

[1] Abgekürzt: PZ, EPZ, HOZ.

[2] Die Zahlen 275, 375 und 475 entsprechen den gewährleisteten Druckfestigkeiten nach 28 Tagen (vgl. § 6).

[3] Forschungsinstitut der Zementindustrie, Düsseldorf.
Laboratorium der Westfälischen Zementindustrie, Beckum.
Bundesanstalt für Materialprüfung, Berlin-Dahlem.
Institut für Bauforschung an der Rheinisch-Westfälischen Technischen Hochschule Aachen.
Institut für Baustoffkunde und Materialprüfung an der Technischen Hochschule Braunschweig.
Materialprüfungsamt für das Bauwesen der Technischen Hochschule München — Prüfamt und Forschungsinstitut für Baustoffe und Bauarten.
Materialprüfungsamt der Bayerischen Landesgewerbeanstalt Nürnberg.
Amtliche Forschungs- und Materialprüfungsanstalt für das Bauwesen — Otto-Graf-Institut — an der Technischen Hochschule Stuttgart.
Deutsches Amt für Material- und Warenprüfung der DDR, Prüfdienststelle 371, Dresden A 24, und
Prüfdienststelle 571, Weimar.

[4] An Stelle dieses Zeichens tritt im Bereich der DDR das untenstehende Dreieck.

[5] Abweichungen vom Sollgewicht bis zu 2% sind nicht zu beanstanden.

[6] Zement von Werken, die dem Verein Deutscher Zementwerke e. V. angehören, trägt außerdem auf den Säcken das nachstehend abgebildete Warenzeichen des Vereins. Die Mitglieder des Vereins haben sich gegenseitig verpflichtet, ihren Zement genau nach den B e s t i m m u n g e n dieser Norm herzustellen.

a *

Portlandzementklinker besteht aus hochbasischen Verbindungen von Calciumoxyd mit Siliciumdioxyd (Tricalciumsilikat, Dicalciumsilikat) und hochbasischen Verbindungen von Calciumoxyd mit Aluminiumoxyd, Eisenoxyd, Manganoxyd sowie geringen Mengen Magnesiumoxyd. Er wird hergestellt durch Brennen bis mindestens zur Sinterung der feingemahlenen und innig gemischten Rohstoffe.

Der Gehalt an Magnesiumoxyd (MgO) darf 5 Gew.-%, der an Schwefelsäureanhydrid (SO₃) 3 Gew.-% — alles auf den geglühten Portlandzement bezogen — nicht überschreiten.

Die Portlandzement-Rohmasse muß die Aufbaustoffe innig gemischt und gleichmäßig verteilt in ganz bestimmtem Verhältnis enthalten und muß hierzu besonders aufbereitet werden. Die aufbereitete Rohmasse darf nach dem Schlämmen durch das Prüfsiebgewebe 0,09 DIN 4188 Blatt 1 [7]) nicht mehr als 30 Gew.-% Rückstand, bezogen auf das bei 105 °C getrocknete und dann abgeschlämmte Gut, hinterlassen.

b) Eisenportlandzement und Hochofenzement

Eisenportlandzement erhält man durch gemeinsames Feinmahlen von mindestens 70 Gewichtsteilen Portlandzementklinker und höchstens 30 Gewichtsteilen schnell gekühlter Hochofenschlacke. Hochofenzement erhält man durch gemeinsames Feinmahlen von 15 bis 69 Gewichtsteilen Portlandzementklinker und entsprechend 85 bis 31 Gewichtsteilen schnell gekühlter Hochofenschlacke.

Der Portlandzementklinker wird nach der Begriffsbestimmung für Portlandzement hergestellt.

Die als Zusatz dienenden Hochofenschlacken sind kalktonerdesilikatische Schmelzen, die beim Eisenhochofenbetrieb gewonnen werden. Sie dürfen auf einen Gewichtsteil der Summe von Calciumoxyd (CaO) + Magnesiumoxyd (MgO) + Aluminiumoxyd (Al₂O₃) höchstens einen Gewichtsteil lösliches Siliciumdioxyd (SiO₂) enthalten, d. h. sie müssen in Gewichtsteilen folgender Formel entsprechen:

$$\frac{CaO + MgO + Al_2O_3}{SiO_2} \geq 1$$

Bei Eisenportlandzement darf der Gehalt an Schwefelsäureanhydrid (SO₃) 3 Gew.-% — bezogen auf den geglühten Zement — nicht überschreiten.

Bei Hochofenzement darf der Gehalt an Schwefelsäureanhydrid (SO₃) 4 Gew.-% — bezogen auf den geglühten Zement — nicht überschreiten. Hochofenzement soll weniger als 55 Gew.-% Calciumoxyd (CaO) enthalten.

c) Zusätzliche Bestimmungen zu a) und b)

Der Glühverlust des Zements darf zur Zeit der Anlieferung durch das Werk höchstens 5 Gew.-% betragen [8]).

Neben den Bestandteilen Gips und Wasser, die zur Regelung des Erstarrens notwendig sind und deren Menge durch den zulässigen Gehalt an Schwefelsäureanhydrid und durch den zulässigen Glühverlust begrenzt wird, dürfen Zusätze zu anderen Zwecken insgesamt 1 Gew.-% nicht überschreiten.

Zemente, die nicht den vorstehenden Bestimmungen entsprechend aufbereitet sind, sowie Zemente, denen außer Gips und Wasser mehr als 1 Gew.-% fremde Stoffe zugesetzt sind, haben demnach keinen Anspruch auf die Bezeichnung Portlandzement, Eisenportlandzement oder Hochofenzement, auch nicht auf Wortbildungen unter Verwendung dieser Bezeichnung, es sei denn, daß diese durch amtlich anerkannte Normen festgelegt werden.

Werden Chloride dem Zement zugesetzt, so muß deren Menge auf den Säcken oder in den Begleitpapieren angegeben werden. Zemente ohne Chloridzusatz können von Natur aus bis zu 0,1 Gew.-% Cl enthalten.

§ 3. Mahlfeinheit

Der Zement muß so fein gemahlen sein, daß er auf dem Prüfsiebgewebe 0,09 DIN 4188 Blatt 1 [7]) höchstens 20 Gew.-% Rückstand hinterläßt.

§ 4. Raumbeständigkeit

Der Zement muß raumbeständig sein; er ist raumbeständig, wenn aus ihm hergestellte Kuchen den Kochversuch (§ 23b) und den Kaltwasserversuch (§ 23c) bestehen.

§ 5. Erstarren

Das Erstarren darf bei der Prüfung mit dem Nadelgerät (§ 10) frühestens 1 Stunde nach dem Anmachen des Zementbreies beginnen und soll spätestens 12 Stunden nach dem Anmachen beendet sein.

Der Erstarrungsbeginn kann auch durch den Eindrückversuch (§ 24a) bestimmt werden. In Zweifelsfällen ist der Versuch mit dem Nadelgerät maßgebend.

§ 6. Festigkeiten

Die Zemente müssen in der Mörtelmischung 1 Gewichtsteil Zement + 1 Gewichtsteil Normensand Körnung I (fein) + 2 Gewichtsteile Normensand Körnung II (grob) + 0,6 Gewichtsteile Wasser folgende Festigkeiten in kg/cm² erreichen:

Mörtelfestigkeit	Mindestwerte in kg/cm² nach			
	1	3	7	28
	Tagen			
Zement 275				
Biegezug	—	—	30	**50**
Druck	—	—	110	**275**
Zement 375				
Biegezug	—	30	**40**	**60**
Druck	—	150	**225**	**375**
Zement 475				
Biegezug	30	**50**	60	**70**
Druck	100	**300**	360	**475**

Bei abgekürzten Prüfungen genügt es, die fettgedruckten Werte nachzuprüfen.

Für das Lagern der Probekörper gilt § 25d.

§ 7. Dauernde Überwachung von Zementwerken

Die Prüfstellen (siehe § 1) müssen mindestens folgende Prüfungen durchführen:

1. Zunächst ist zu prüfen, ob in dem Werk eine einwandfreie und gleichmäßige Herstellung möglich ist, besonders ob die für eine sorgfältige Aufbereitung der Rohstoffe erforderlichen Einrichtungen vorhanden sind.

2. Jährlich mindestens einmal sind die Rohstoffe oder die Rohmasse auf Normen-Beschaffenheit zu untersuchen (§§ 2a, 2b, 2c).

3. In der Regel ist monatlich, mindestens aber alle 2 Monate, eine vollständige Prüfung durchzuführen. Hierzu sind die Proben aus dem Handel zu beziehen oder, wenn dies auf Schwierigkeiten stößt, durch einen sachverständigen Beauftragten der Prüfstelle unvermutet im Werk zu entnehmen.

---

[7]) Bisherige Bezeichnung: 4900 Maschen auf 1 cm².

[8]) Norm für den Analysengang ist in Bearbeitung.

Seite 4 DIN 1164

Bei ungenügendem Befund verwarnt die Prüfstelle das Werk, im Wiederholungsfalle erstattet sie der Obersten Baubehörde des Landes, in dem das Werk liegt, Anzeige und stellt die Überwachung ein. Das Werk darf dann das im § 1 angeführte Warenzeichen nicht mehr führen und seinen Zement nicht mehr als Normenzement bezeichnen. Gegen die Entscheidung der Prüfstelle ist Beschwerde zulässig.

B. Normensand und Geräte zum Prüfen von Portlandzement, Eisenportlandzement und Hochofenzement

§ 8. Normensand

1. Bezeichnung und Herkunft

Der Normensand wird aus zwei Körnungen zusammengesetzt, die als Körnung I (fein) und Körnung II (grob) bezeichnet werden.

Körnung I wird durch Mahlen von Quarzsand aus einem Lager bei Dörentrup (Lippe) bzw. Hohenbocka [9] gewonnen.

Körnung II wird durch Absieben aus gewaschenem und getrocknetem Rheinsand aus der Gegend von Xanten bzw. aus einem Vorkommen bei Fürstenwalde [9] gewonnen.

2. Anforderungen

Die Sande müssen folgenden Bedingungen entsprechen:

Rückstand auf dem Prüfsiebgewebe nach DIN 4188 Blatt 1 in Gew.-%

Körnung	I			II	
Prüfsiebgewebe	0,063	0,09	0,2	0,63	1,25
Rückstand	$\geqq 70$ bis $\leqq 80$	$\geqq 60$ bis $\leqq 70$	$\geqq 8$ bis $\leqq 14$	$\geqq 95$	$\leqq 1$

In Körnung II darf der Gehalt an Teilen bis 0,09 mm (Abschlämmbares; ermittelt durch Absieben auf dem Prüfsiebgewebe 0,09 DIN 4188 Blatt 1 unter Wasserzufuhr) nicht mehr als 0,15 Gew.-% betragen.

Körnung I muß aus mindestens 99 Gew.-% SiO_2, Körnung II aus mindestens 95 Gew.-% SiO_2 bestehen.

3. Lieferung und Überwachung

Die Körnungen I und II werden von der Normensand GmbH., Beckum/Westf., bzw. den Erzeugerwerken [9] aufbereitet und in Säcken zu 50 kg geliefert.

Die Sande werden von der Amtl. Forschungs- und Materialprüfungsanstalt für das Bauwesen, Otto-Graf-Institut, an der Technischen Hochschule Stuttgart bzw. vom Deutschen Amt für Material- und Warenprüfung (DAMW) Dresden [9] überwacht und abgenommen.

Nach der Abnahme wird der Verschluß eines jeden Sackes mit einer Plombe des überwachenden Instituts versehen.

§ 9. Siebe und Siebgewebe

Beim Sieben von Hand sind quadratische Siebe mit Holzrahmen von etwa 22 cm lichter Weite und etwa 9 cm Höhe oder runde Metallrahmensiebe von 20 cm Durchmesser und 5 cm Höhe zu verwenden.

Die Drahtgewebe für Prüfsiebe müssen DIN 4188 Blatt 1 entsprechen.

Für Prüfsiebe ist nur Drahtgewebe glatter Webart zu verwenden.

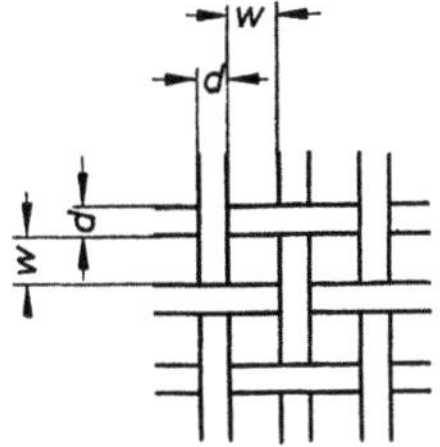

Lichte Maschenweite w in mm [10]	Drahtdurchmesser d in mm
1,25	0,8
0,2	0,125
0,09	0,056
0,063	0,04

§ 10. Nadelgerät [11]

a) Gerät

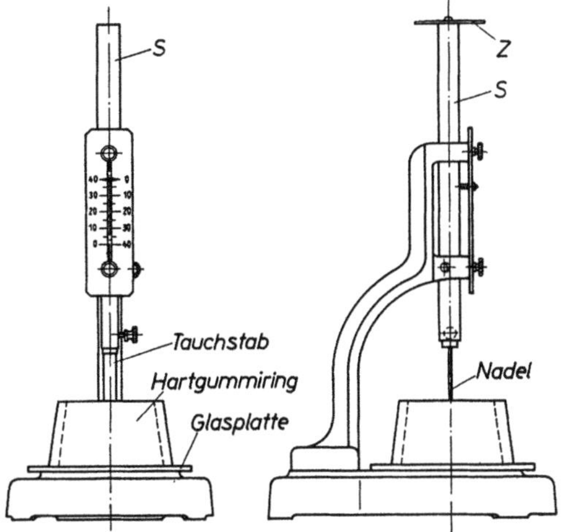

Bild 1a. Gerät mit Tauchstab   Bild 1b. Gerät mit Nadel

Gegenstand	Gewicht in g		
	Nennwert	Grenzwert für die Herstellung	
		oberer	unterer
Stange S	265	267	263
Tauchstab (Bild 2, § 10b)	35	36	34
Nadel (Bild 3, § 10c)	7,5	8	7
Zusatzgewicht Z (Bild 1b)	27,5	28	27
Gesamtes wirksames Gewicht ..	300	302 *)	298 *)

*) Die Einzelteile sind so zu wählen, daß ihr Gesamtgewicht innerhalb dieser Grenzwerte liegt.

---

[9] Die zuletzt genannten Orte und Stellen gelten für das Gebiet der DDR.

[10] Bisherige Bezeichnungen: 25, 900, 4900, 10 000 Maschen auf 1 cm².

[11] Die in den §§ 10 und 12 bis 17 angegebenen Maße, die ohne Grenzmaße genannt sind, gelten als Sollmaße, die annähernd einzuhalten sind.

b) T a u c h s t a b [12])

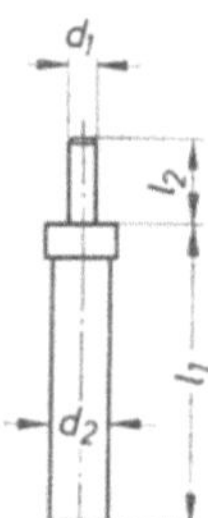

Bild 2. Tauchstab

Maßbenennung	Maß-buch-stabe	Nenn-wert	Maße in mm Grenzwert für die Herstellung	
			oberer	unterer
Durchmesser des Tauchstabes	d_2	10	10,02	9,98
Länge des Tauchstabes	l_1	50 **)	—	—
Durchmesser des Einsteckstiftes	d_1	5	4,97	4,92
Länge des Einsteckstiftes	l_2	14 **)	—	—

c) N a d e l [12])

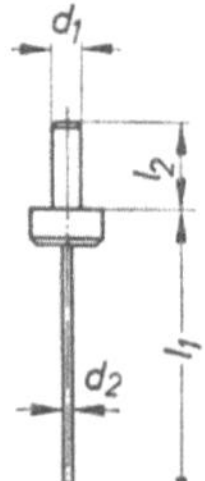

Bild 3. Nadel

Maßbenennung	Maß-buch-stabe	Nenn-wert	Maße in mm Grenzwert für die Herstellung	
			oberer	unterer
Durchmesser der Nadel	d_2	1,13	1,14	1,11
Länge der Nadel	l_1	50 **)	—	—
Durchmesser des Einsteckstiftes	d_1	5 .	4,97	4,92
Länge des Einsteckstiftes	l_2	14 **)	—	—

d) K e g e l i g e r   H a r t g u m m i r i n g

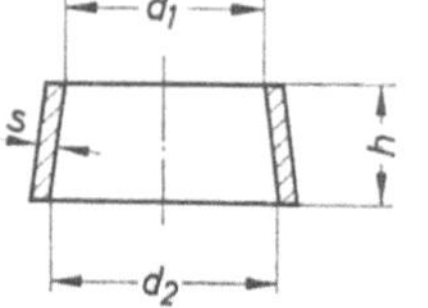

Bild 4. Hartgummiring

Maßbenennung	Maß-buch-stabe	Maße in mm Nenn-wert
Lichter Durchmesser oben	d_1	65 **)
Lichter Durchmesser unten	d_2	75 **)
Höhe	h	40 **)
Wanddicke	s	7 **)

**) Ungefährmaße

[12]) Tauchstab und Nadel müssen poliert und dürfen nicht vernickelt sein.

§ 11. Mörtelmischer

a) G e r ä t [13]), N e n n w e r t e, G r e n z w e r t e   f ü r   H e r s t e l l u n g   u n d   A b n u t z u n g

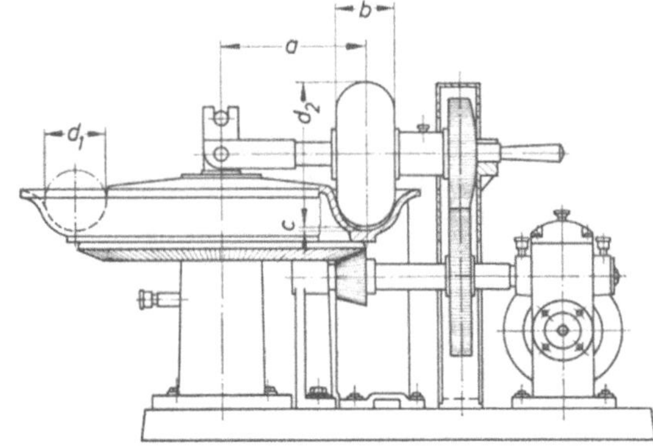

Bild 5. Mörtelmischer

Maßbenennung	Maßbuchstabe	Nenn-wert	Maße in mm Grenzwert für die Herstellung		Grenzwert für die Abnutzung
			oberer	unterer	
Dicke der Mischwalze ..	b	80,8	80,8	80,2	—
Durchmesser der Misch-walze	d_2	203,5	203,5	202,5	—
Abstand der Walze von der Schale	c	5,0	6,0	5,0	7,0
Durchmesser des ein-beschriebenen Kreises (im Schalenprofil)	d_1	80,8	81,2	80,8	—
Abstand vom Drehpunkt der Schale bis Mitte Mischwalze	a	197,5	198,0	197,0	—

b) G e w i c h t e   d e r   M i s c h w a l z e   m i t   u n d   o h n e   A c h s e

Gegenstand	Nenn-wert	Gewicht in kg Grenzwert für die Herstellung		Grenz-wert für die Ab-nutzung
		oberer	unterer	
Mischwalze ohne Achse	19,1	19,4	19,1	18,5
Mischwalze mit Achse	21,5	22,0	21,5	20,9

c) Anzahl der Umdrehungen der Schale je Minute: 8
Anzahl der Umdrehungen der Mischwalze je Minute: 72
Gesamtzahl der Umdrehungen der Schale je Mischung: 20
Maschinenantrieb ist zweckmäßig.

d) Außen- und Innenschaufel sollen mit einer schneiden-artigen Kante an der Schale streifen. Eine Vorrichtung ist vorzusehen, die nach je 20 Umdrehungen der Schale ein Läutewerk ertönen läßt oder den Mörtelmischer selbst-tätig stillsetzt.

e) Die Schalenabnutzung soll mit einer den Sollwerten ent-sprechenden Walze nachgeprüft werden.

---

[13]) Nicht dargestellt sind die am Zahnrad auf der Antriebsachse und am folgenden Zahnrad erforderlichen Schutzvorrichtungen.

§ 12. Formen

Werkstoff: Stahl, Gußeisen oder anderer geeigneter Werkstoff

Die Teile der Form (lfd. Nr 2) und (lfd. Nr 5) sollen auf der ebengehobelten Unterlagsplatte (lfd. Nr 1) satt aufliegen und oben und unten ebengeschliffen sein. Die Stirnteile (lfd. Nr 2) der Form in Verbindung mit den Längsteilen (lfd. Nr 5) sollen durch eine Spannschraube (lfd. Nr 3) so gegen die Widerlager (lfd. Nr 4) gedrückt werden, daß die Form zwangsläufig auf die Unterlagsplatte (lfd. Nr 1) niedergezogen und ihre Längsteile fest an die Stirnteile gedrückt werden können (Bild 6, bisher 6a).

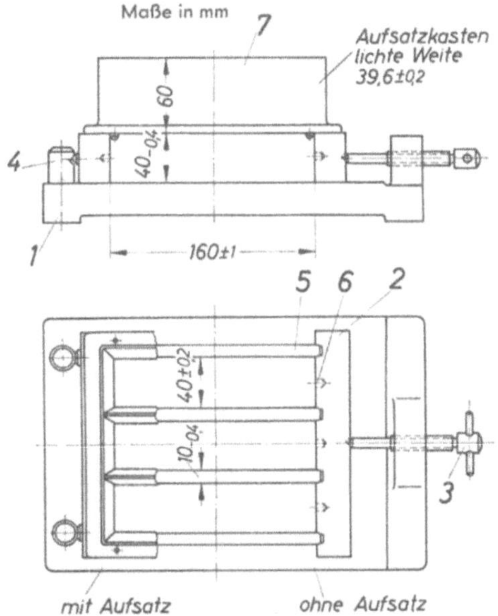

Bild 6. Formteile und Aufsatzkasten

Die Stirnteile sind für die Herstellung von Körpern zur Ermittlung des Schwindmaßes (Schwindkörper) mit Bohrungen (lfd. Nr 6) zur Aufnahme der Meßzapfen versehen. Da die Herstellung von Probekörpern zur Ermittlung des Schwindmaßes (bisher § 26) entfällt, sind die Bohrungen (lfd. Nr 6) mit Plastilin zu verschließen. (Bild 6b ist gestrichen.)

Die Unterlagsplatte soll so beschaffen sein, daß man sie zum Tragen mühelos anfassen kann.

Der Aufsatzkasten (lfd. Nr 7) soll mit den Auflageflächen satt auf der Form aufsitzen. Er wird durch Anschläge ausgerichtet und darf über die Innenkanten der Form um höchstens 0,4 mm vorstehen.

§ 13. Stampfer

Die Stampfer zum Herstellen der Biegekörper (Bild 7) sollen aus Holz hergestellt sein und am unteren Ende einen Schuh aus Blech tragen. Statt der Holzstampfer mit Blechschuh können Stampfer aus Leichtmetall verwendet werden.

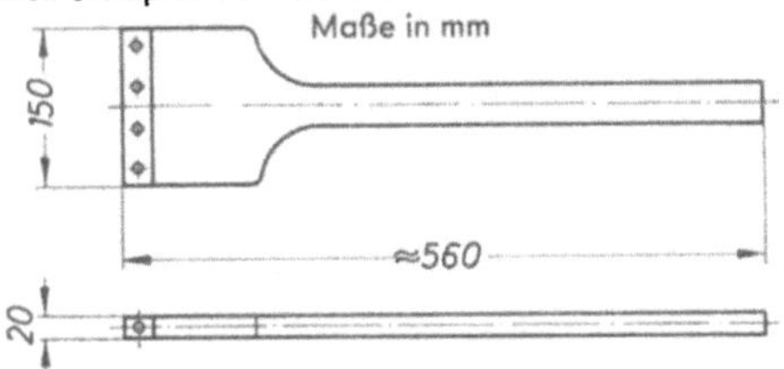

Bild 7. Stampfer für Biegekörper, Gewicht: 0,675 bis 0,720 kg

Bild 8 (gestrichen)

§ 14 (gestrichen)

Bild 9 (gestrichen)

§ 15. Rütteltisch

Das Gestell (lfd. Nr 1) für den Rütteltisch (Bild 10) soll aus Gußeisen angefertigt und kräftig gebaut sein. Der Rütteltisch ist unmittelbar auf eine waagerechte, nicht federnde Unterlage (Betonklotz) aufzustellen.

Auf der Welle (lfd. Nr 2) des Rütteltisches befindet sich die Hubkurve (lfd. Nr 3), die die Hubachse (lfd. Nr 4) mitsamt der Tischplatte (lfd. Nr 5) um 10 mm hebt. Die Welle muß mit einer Zählvorrichtung (lfd. Nr 6) verbunden sein.

Die Hubachse trägt unten eine drehbare Rolle (lfd. Nr 7) und oben eine Tischplatte aus Stahl oder Gußeisen. Im tiefsten Punkt muß die Hubkurve von der Rolle der Hubachse

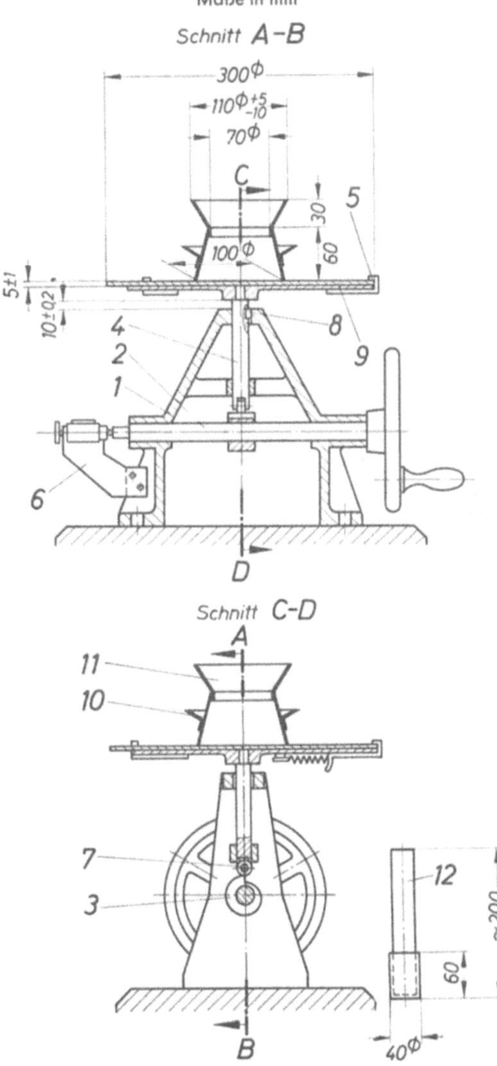

Bild 10. Rütteltisch und zugehöriger Stampfer (Bild rechts)

freigehen, so daß die Tischplatte mit ihrer Nabe fest auf die Gegennabe (lfd. Nr 8) des Tischgestelles aufschlägt. Die Tischplatte muß gegen Drehung gesichert sein.

Die Tischplatte ist auf der oberen Fläche in der Mitte mit einem Kreis von 100 mm Durchmesser und 1 mm Tiefe versehen; sie trägt eine Spiegelglasscheibe (lfd. Nr 9) von 300 mm Durchmesser, die mittig festgehalten wird. (Gewicht der Tischplatte einschl. Glasplatte und Hubachse: 3,2 kg bis 3,35 kg. Hubgeschwindigkeit: 1 Hub je Sekunde.)

Der Setztrichter (lfd. Nr 10) mit dem Aufsatz (lfd. Nr 11) wird beim Einfüllen des Mörtels derart mit der Hand auf der Glasplatte gehalten, daß sein Rand mit dem zentrischen Kreis in der Tischplatte übereinstimmt.

Der Stampfer (lfd. Nr 12) besteht aus einem runden Holzstab mit Blechschutz und wiegt 0,250 kg ± 0,015 kg.

§ 16. Prüfgerät zur Bestimmung der Biegezugfestigkeit

Die vom Prüfgerät (Bild 11a) auszuübende Gesamtlast beträgt mindestens 500 kg, zu empfehlen sind Geräte für 1000 kg Gesamtlast.

Das Übersetzungsverhältnis ist 1:50; es wird durch zwei Hebel vom Verhältnis 1:10 und 1:5 erreicht.

Maße in mm

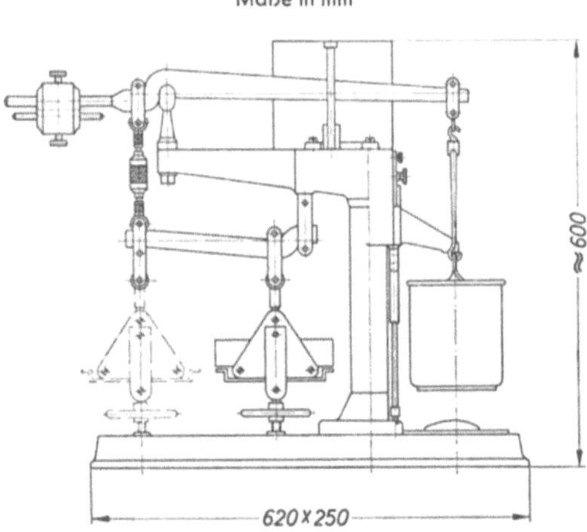

a) Prüfgerät

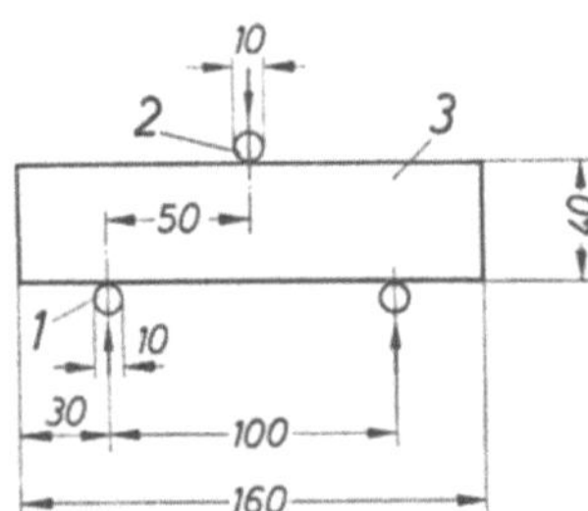

b) Lastanordnung

Bild 11. Prüfgerät zur Bestimmung der Biegezugfestigkeit

---

14) Statt des Prüfgerätes (Bild 11a) mit Schrotzulauf kann auch ein motorisch angetriebenes Gerät verwendet werden, sofern dieses die in § 16 vorgeschriebene Geschwindigkeit des Lastanstieges und die Genauigkeit der Lastanzeige von ± 1% einhält. Die in Bild a links eingetragene 2. Stellung für die Auflagerung der Probekörper ermöglicht es, das Übersetzungsverhältnis auf 1:10 für die Prüfung von Probekörpern mit geringer Festigkeit zu verringern.

Die Pfannenwinkel sollen 90° sein, mit Ausnahme des Pfannenwinkels der Mittelschneide des oberen Hebelbalkens, der bis zu 110° betragen kann. Die Schneidenwinkel aller Schneiden betragen 60°.

Als Belastung dient gleichmäßig zulaufender Schrot von 3 mm Korn; in jeder Sekunde sollen 100 g Schrot zulaufen; die Lastanzeige soll bis auf ± 1% genau sein [14].

Die Biegevorrichtung soll so beschaffen sein, daß die beiden Auflagerwalzen (lfd. Nr 1) unten liegen und die Belastungswalze (lfd. Nr 2) oben (Bild 11b). Auflagerwalzen und Belastungswalze sind parallel ausgerichtet. Die Belastungswalze ist so zu führen, daß sie beim Biegeversuch mittig zu den Auflagerwalzen liegt und keine Klemmungen auftreten. Die Haltevorrichtung für die Belastungswalze ist kugelig zu lagern.

Als Walzen sind Bolzen von 10 mm Durchmesser aus St 60 nach DIN 17 100 zu verwenden.

Der Mittenabstand der Auflagerwalzen beträgt 100 mm.

Zum Ausrichten des Probekörpers (lfd. Nr 3) sind sowohl der Länge als auch der Breite nach Richtflächen vorzusehen.

§ 17. Vorrichtung zur Ermittlung der Druckfestigkeit

Die Vorrichtung zur Ermittlung der Druckfestigkeit besteht aus zwei gehärteten und geschliffenen Druckplatten, die so befestigt und geführt sind, daß sich ihre Druckflächen beim Versuch achsengerecht einander nähern.

Die Flächenmaße der Druckplatten sind 40 mm × 62,5 mm; die zulässigen Abmaße betragen ± 0,2 mm. Ein Beispiel ist in Bild 12 angegeben.

Maße in mm

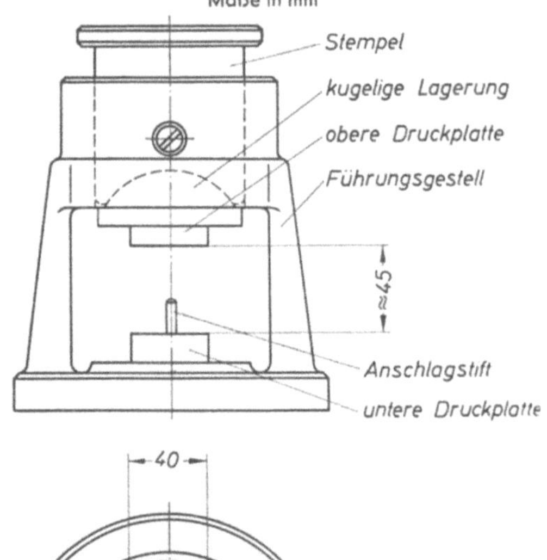

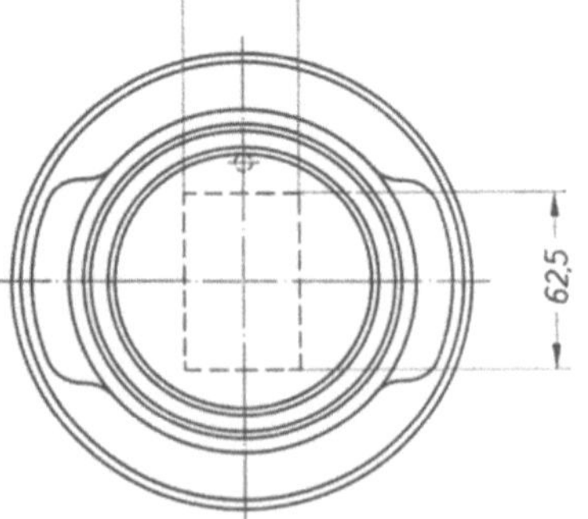

Bild 12. Druckeinrichtung

Seite 8· DIN 1164

Der Stempel, an dessen unterem Ende die obere Druckplatte kugelig gelagert befestigt ist, wird in dem Führungsgestell verdrehungssicher geführt und durch eine (im Bild nicht sichtbare) Druckfeder so in der Schwebe gehalten, daß der freie Abstand der Druckplatten etwa 45 mm beträgt. Der Stempel muß in der Druckachse leicht beweglich sein.

Die Vorrichtung wird mittig zwischen die Druckplatten der Prüfpresse eingebaut.

Die Prüfpresse muß in dem Kraftbereich von 2 bis 20 t verwendbar sein, den Bestimmungen der Norm DIN 51 220 „Werkstoff-Prüfmaschinen, Begriff, allgemeine Richtlinien, Klasseneinteilung" genügen und mindestens der Klasse 2 entsprechen.

§ 18 (gestrichen)

Bild 13 (gestrichen)

§ 19 (gestrichen)

Bild 14 (gestrichen)

Bild 15 (gestrichen)

C. Prüfverfahren für Portlandzement, Eisenportlandzement und Hochofenzement

§ 20. Probenahme

Bei verpacktem Zement ist als Probe Zement aus mehreren Säcken oder Fässern zu entnehmen.

Soll in großen Behältern (Silos, Kähnen oder dgl.) unverpackt lagernder Zement geprüft werden, so sind an verschiedenen Stellen und aus verschiedenen Höhenlagen mit einem Rohr nach Art der Getreidestecher Einzelproben zu entnehmen.

Die Einzelproben sind durch inniges Mischen zu einer Durchschnittsprobe von mindestens 10 kg zu vereinigen.

Die Proben sind bis zur Prüfung luftdicht zu verschließen.

§ 21. Behandlung des Zements und Vorbereitung der Prüfung

Der Zement muß vor der Prüfung zunächst durch das Prüfsiebgewebe 1,25 DIN 4188 Blatt 1 [15]) gesiebt werden. Fremde Bestandteile (Stroh, Holzabfälle u. a.), die auf dem Sieb zurückbleiben, sind zu entfernen. Zementklumpen sind zwischen den Fingern zu zerkleinern und dem Siebgut durch das Sieb beizufügen. Klumpen, die nicht mehr zwischen den Fingern zerdrückt werden können, sind von der Prüfung auszuscheiden; ihre Menge ist zu bestimmen. Über den Befund ist im Prüfungszeugnis zu berichten.

Bei der Prüfung des Erstarrens, der Raumbeständigkeit und der Festigkeiten muß im Prüfraum eine Temperatur von 18 bis 21 °C herrschen. Auch Zement, Anmachwasser, Normensand und Geräte müssen diese Temperatur haben.

§ 22. Mahlfeinheit

Die Mahlfeinheit ist in der Regel durch Sieben von Hand zu bestimmen. Hierbei sind nach § 9 quadratische Siebe mit Holzrahmen oder runde Siebe zu verwenden.

An Stelle des Handsiebverfahrens kann auch ein maschinelles Siebverfahren angewandt werden. wenn es zu annähernd gleichem Ergebnis führt. In Streitfällen ist das Handsiebverfahren zweitgebend.

Um die Mahlfeinheit des Zements festzustellen, werden 100 g Zement, der bei 105 °C getrocknet ist, auf das Prüfsiebgewebe 0,09 DIN 4188 Blatt 1 gebracht und 25 Minuten

---

15) Bisherige Bezeichnung: 25 Maschen auf 1 cm².

gesiebt, indem das Sieb mit der einen Hand gefaßt und in leicht geneigter Lage gegen die andere Hand geschlagen wird, und zwar etwa 125mal in der Minute. Nach je 25 Schlägen wird das Sieb in waagerechter Lage um 90° gedreht und dann leicht mehrmals auf eine feste Unterlage geklopft. Nach 10 und 20 Minuten Siebdauer wird die untere Fläche des Siebes mit einer feinen Stielbürste abgebürstet, um etwa verstopfte Maschen zu öffnen.

Nach insgesamt 25 Minuten Siebdauer wird der Rückstand durch Schräghalten des Siebes unter Aufklopfen auf einer festen Unterlage in einer Ecke gesammelt, in eine Schale geschüttet und gewogen.

Zur Nachprüfung wird der Rückstand auf demselben Sieb so oft je weitere 2 Minuten gesiebt, bis er sich in dieser Zeit um weniger als 0,1 g vermindert. Der Rückstand ist in Prozenten des Siebgutes mit einer Genauigkeit von 0,5 Gew.-% anzugeben.

Der Siebversuch wird mit einer zweiten Menge von 100 g Zement in derselben Weise wiederholt. Die Ergebnisse dürfen dabei höchstens um 1% von den ersten abweichen; bei größeren Abweichungen ist zum drittenmal zu sieben. Maßgebend ist der Mittelwert aus allen Siebversuchen.

§ 23. Raumbeständigkeit

a) Anfertigung der Probekörper

200 g Zement werden mit etwa 46 bis 60 g (23 bis 30 Gew.-%) Wasser (im allgemeinen genügen 54 g = 27 Gew.-%) 3 Minuten lang unter Kneten zu einem steifen Brei gut durchgearbeitet. Der Wasserzusatz ist richtig gewählt, wenn sich der Brei erst bei mehrmaligem Rütteln der Glasplatte langsam ausbreitet.

Aus dem Brei werden zwei Kuchen in der Weise hergestellt, daß die beiden Hälften des Breies als Klumpen auf die Mitte je einer leicht geölten, ebenen Glasplatte (Spiegelglas) gebracht und so lange leicht gerüttelt werden, bis Kuchen von 8 cm bis 10 cm Durchmesser mit einem Querschnitt nach Bild 16 entstehen. Die Kuchen dürfen nach dem Ausbreiten nicht mit dem Messer oder Spachtel bearbeitet werden.

Der eine Kuchen ist für den Kochversuch (§ 23b), der andere für den Kaltwasserversuch (§ 23c) bestimmt.

Bild 16. Normgerechter Kuchen — Querschnitt

b) Kochversuch

Der für den Kochversuch bestimmte Kuchen wird sofort nach dem Anfertigen in einen bedeckten Kasten mit feuchter Luft gelegt und darin ungestört dem Erstarren überlassen. Etwa 24 Stunden nach dem Herstellen wird der Kuchen vorsichtig von der Glasplatte gelöst und mit der ebenen Seite nach oben in einen mit kaltem Wasser gefüllten Topf gelegt.

Das Wasser wird in etwa 15 Minuten zum Sieden gebracht und muß während der ganzen Versuchsdauer den Kuchen völlig bedecken. Nach zweistündigem Kochen muß der Kuchen noch scharfkantig und rißfrei sein und darf sich nicht erheblich verkrümmt haben.

Wird der Versuch nicht bestanden, so ist er mit Zement zu wiederholen, der drei Tage lang in einer etwa 5 cm dicken Schicht offen ausgebreitet bei 18 bis 21 °C und mehr als

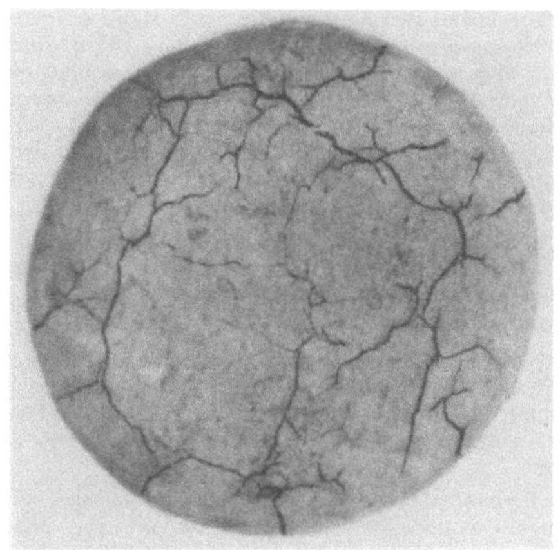

Bild 17. Kuchen mit Treibrissen — Oberseite

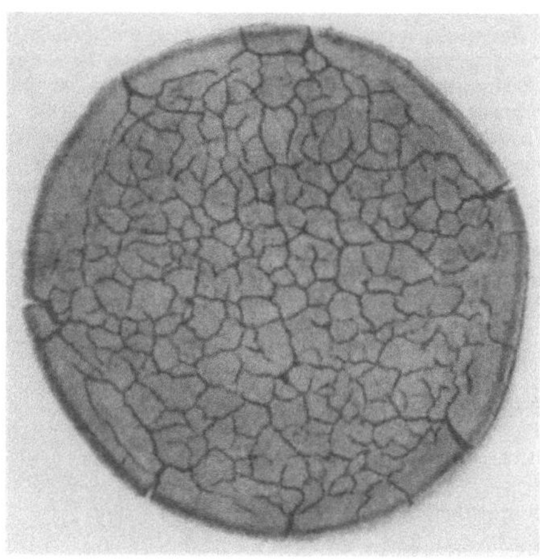

Bild 18. Kuchen mit Treibrissen — Unterseite

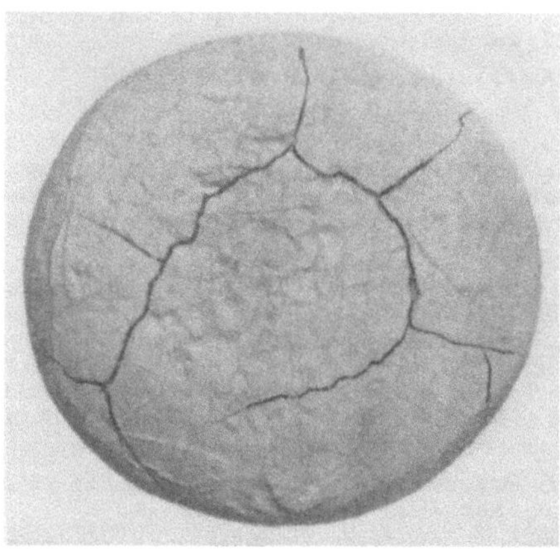

Bild 19. Kuchen mit Schwindrissen — Oberseite

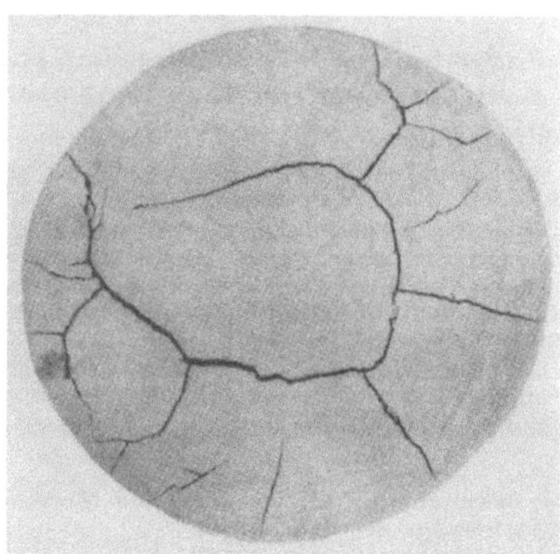

Bild 20. Kuchen mit Schwindrissen — Unterseite

50% relativer Luftfeuchtigkeit gelegen hat. Dieser Versuch ist dann maßgebend.

c) Kaltwasserversuch

Der für den Kaltwasserversuch bestimmte Kuchen wird sofort nach dem Anfertigen in einen bedeckten Kasten mit feuchter Luft gelegt und darin ungestört dem Erstarren überlassen. Etwa 24 Stunden nach dem Herstellen wird der Kuchen vorsichtig von der Glasplatte gelöst und unter Wasser von 18 bis 21 °C gelegt. Er wird während weiterer 27 Tage beobachtet. Zeigen sich Verkrümmungen oder klaffende Kantenrisse, allein oder in Verbindung mit Netzrissen, so deutet dies „Treiben" an, d. h. der Kuchen zerklüftet unter allmählicher Lockerung des zuerst gewonnenen Zusammenhanges, was bis zu gänzlichem Zerfall führen kann (Bild 17 und 18).

Die Erscheinungen des Treibens zeigen sich an den Kuchen häufig bereits nach 3 Tagen; jedenfalls genügt eine Beobachtung bis zu 28 Tagen, um Treiben mit Sicherheit zu erkennen.

Der Kuchen darf zur Beobachtung höchstens 30 Minuten aus dem Wasser genommen werden, da sonst leicht radiale Schwindrisse an den Rändern entstehen können (Bild 19 und 20).

§ 24. Erstarren

a) Vorläufige Bestimmung des Erstarrungsbeginns (Eindrückversuch)

Ein weiterer, nach § 23a angefertigter Kuchen wird während der Prüfung mit einem Teller, einer Schale oder dgl. zugedeckt, um vorzeitiges Austrocknen zu verhüten.

Bild 21 (gestrichen)

Bild 22 (gestrichen)

Das fortschreitende Erstarren des Breies wird durch Eindrücken eines Stabes in den Kuchen beobachtet. Der Stab hat die Form einer Bleistifthülse mit etwa 3 mm Durchmesser an der Spitze. Er wird etwa 15 mm vom Rande des Kuchens entfernt senkrecht bis auf die Glasplatte gedrückt. Der Erstarrungsbeginn des Breies wird dadurch gekennzeichnet, daß sich beim Eindrücken des Stabes ein Kantenriß bildet, der radial vom Rande zur Druckstelle verläuft. Der Versuch wird erstmalig 55 Minuten nach dem Anmachen des Breies durchgeführt und nach weiteren 5 Minuten wiederholt. Der Zement ist normalbindend im Sinne dieser Norm, wenn bei dem Eindrückversuch nach 1 Stunde der Brei noch so weich ist, daß kein Kantenriß entsteht (Bild 23).

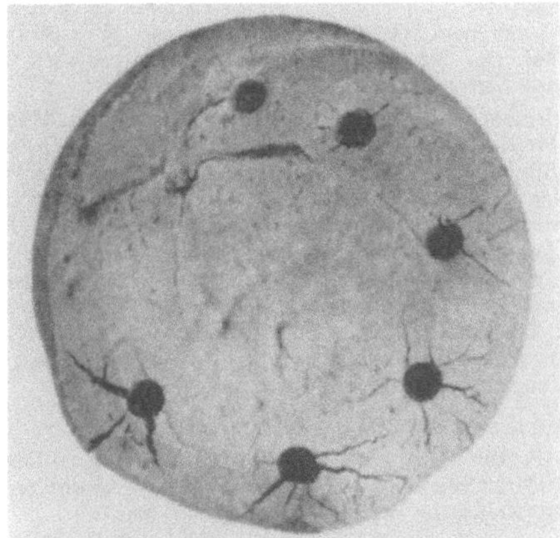

Bild 23. Eindrückversuch
Das Bild zeigt die Oberseite eines Kuchens mit 6 nacheinander gemachten Eindrücken. Beim letzten Eindruck sieht man einen Kantenriß (im Bilde links unten), der radial vom Rande zur Druckstelle verläuft und den Erstarrungsbeginn kennzeichnet.

Da hohe Temperatur das Erstarren des Zements beschleunigt, niedrige Temperatur es dagegen verzögert, ist es bei der Prüfung des Erstarrens b e s o n d e r s wichtig, daß Zement, Wasser, Prüfraum und Gerät die in § 21 vorgeschriebene Temperatur von 18 bis 21 °C haben.

b) P r ü f u n g d e s E r s t a r r e n s m i t d e m N a d e l g e r ä t

1. A n f e r t i g e n d e r P r o b e k ö r p e r u n d N o r m e n s t e i f e

300 g Zement werden mit Wasser von 18 bis 21 °C zweckmäßig in einer Schale mit einem flachen Löffel 3 Minuten lang unter Rühren und Kneten zu einem steifen Brei angemacht.

Da die zum Anmachen des Zements verwendete Wassermenge von Einfluß auf den Verlauf des Erstarrens ist, muß der Brei die richtige Steife, Normensteife, haben. In den meisten Fällen werden hierzu 23 bis 30 Gew.-% Wasser erforderlich sein.

Der Brei wird unter leichtem Einrütteln in einen kegeligen Hartgummiring (§ 10, Bild 4) gefüllt, der auf einer ebenen Glasplatte steht. Die Oberfläche wird bündig abgestrichen.

Zunächst wird der gut gereinigte und getrocknete Tauchstab (§ 10, Bild 1a) auf die Glasunterlage aufgesetzt und der Zeiger auf den Nullpunkt der Millimeterteilung eingestellt. Dann wird sofort die Probe mittig unter den Tauchstab gebracht und dieser langsam auf die Oberfläche des Breies herabgelassen. Beim Berühren des Breies wird der Stab losgelassen; durch sein Eigengewicht dringt er in den Brei ein.

Der Brei hat die Normensteife, wenn der Tauchstab ½ Minute nach dem Loslassen 7 bis 5 mm über der Glasplatte steht.

Während des Versuches ist das Gerät vor Erschütterungen zu schützen.

Der Versuch wird mit verschiedenen Wassermengen wiederholt, bis die Normensteife erreicht ist.

Der Wasserzusatz wird in Prozenten des Gewichts des trockenen Zementes angegeben.

Die für die Prüfung des Erstarrens vorgesehene Probe ist bis zum Ende des Versuchs (vgl. § 24b, 3) in einem Kasten mit feuchtigkeitsgesättigter Luft aufzubewahren oder so zu bedecken, daß das Anmachwasser nicht vorzeitig verdunstet.

2. E r s t a r r u n g s b e g i n n

Zunächst wird die gut gereinigte und trockene Nadel (§ 10, Bild 1b) auf die Glasunterlage aufgesetzt und der Zeiger auf den Nullpunkt der Millimeterteilung eingestellt.

Sodann wird der mit Brei von Normensteife gefüllte Hartgummiring zusammen mit der Glasunterlage unter die Nadel gebracht.

Die Nadel wird auf die Oberfläche des Zementbreies aufgesetzt und dann losgelassen.

Als Beginn des Erstarrens gilt der Zeitpunkt, in dem die Nadel 3 bis 5 mm über der Glasplatte im Brei steckenbleibt.

Die Nadel ist nach dem Eintauchen jedesmal zu reinigen.

3. E r s t a r r u n g s e n d e

Das Erstarren gilt als beendet, wenn die Nadel noch höchstens 1 mm in den erstarrten Brei eindringt.

Da an der oberen Fläche eine dünne, wasserreiche Schicht entsteht, soll zur Bestimmung des Erstarrungsendes die untere Fläche der Probe benutzt werden. Die Probe wird zu diesem Zweck nach Ermittlung des Erstarrungsbeginns mit dem Ring von der Glasplatte abgezogen und umgekehrt wieder unter die Nadel gebracht.

§ 25. Prismen zur Ermittlung der Biegezugfestigkeit und Druckfestigkeit

Die Festigkeitsprüfung bietet nur dann Gewähr für zuverlässige, vergleichbare Ergebnisse, wenn die für ihre Ausführung gegebenen Vorschriften genau und in allen Einzelheiten beachtet werden.

a) P r o b e k ö r p e r
Die Probekörper sind Mörtelprismen mit den Abmessungen 4 cm × 4 cm × 16 cm.

b) M ö r t e l
Der Mörtel wird aus 1 Gewichtsteil Zement, 1 Gewichtsteil Normensand Körnung I (fein) [16], 2 Gewichtsteilen Normensand Körnung II (grob) [16] und in der Regel 0,6 Gewichtsteilen Wasser angemacht.

c) H e r s t e l l e n d e r P r o b e k ö r p e r
1. V o r b e r e i t e n d e r F o r m e n (§ 12 Bild 6)
Die Formteile werden leicht geölt und die Zwischenstege der Form an der unteren, auf der Unterlagsplatte liegenden Fläche mit einer dünnen Schicht Staufferfett versehen. Um Wasserverluste zu vermeiden, sind nach dem Zusammensetzen der Form die äußeren Fugen abzudichten, z. B. mit einer Mischung aus etwa 3 Teilen Paraffin und 1 Teil Kolophonium.

Nach dem Abdichten der Form wird der Aufsatzkasten auf die Form gesetzt. Wegen des Verschließens der in den Stirnteilen befindlichen Bohrungen wird auf § 12 verwiesen.

2. M i s c h e n d e s M ö r t e l s u n d E r m i t t l u n g d e s A u s b r e i t m a ß e s
Für 3 Prismen werden benötigt:

    450 g Zement,
    450 g Normensand Körnung I (fein),
    900 g Normensand Körnung II (grob),
    270 g Wasser.

---

[16]) siehe § 8

Zement und Normensand Körnung I werden von Hand — am besten mit einem Löffel in einer Schüssel — so lange gemischt, bis das Gemenge nach dem Glätten mit dem Löffelrücken einen gleichmäßigen Farbton aufweist. Dann wird Normensand Körnung II zugesetzt und das Ganze eine Minute lang gemischt. Schließlich werden 270 g Wasser zugegeben und der Mörtel nochmals eine Minute lang innig von Hand gemischt. Danach wird er in den Mörtelmischer (§ 11) gebracht, gleichmäßig in dem zugänglichen Teil der Schale verteilt und durch 20 Umdrehungen bearbeitet. Mörtel, der an den Schaufeln und an der Walze kleben bleibt, wird während des Mischens abgestreift und dem übrigen Mörtel zugefügt. Beim Entleeren des Mischers sind die Mörtelreste mit einer Gummischeibe (Breite etwa 80 mm) sorgfältig von den Schaufeln, der Walze und aus der Schale zu entfernen und mit dem übrigen Mörtel in einer Schüssel nochmals kurz durchzumischen.

Sodann wird das Ausbreitmaß wie folgt festgestellt: Der Setztrichter wird mittig auf die Glasplatte·des Rütteltisches (§ 15 Bild 10) gestellt und mit dem Mörtel in zwei Schichten gefüllt. Jede Mörtelschicht ist durch 10 Stampfstöße mit dem Stampfer (§ 15 Bild 10) zu verdichten. Während des Einfüllens und Stampfens des Mörtels wird der Setztrichter mit der linken Hand auf die Glasplatte gedrückt. Nach dem Stampfen der zweiten Mörtelschicht ist noch etwas Mörtel in den Setztrichter nachzufüllen und der überstehende Mörtel mit einem Lineal abzustreichen. Nach weiteren 10 bis 15 Sekunden wird der Setztrichter langsam senkrecht hochgezogen. Dann wird der Mörtel mit 15 Rüttelstößen während etwa 15 Sekunden ausgebreitet. Der Durchmesser des ausgebreiteten Kuchens wird nach zwei zueinander senkrechten Richtungen gemessen. Beträgt das Ausbreitmaß 16 bis 20 cm, so ist mit dem Wasserzusatz von 270 g weiterzuarbeiten. Ist das Ausbreitmaß kleiner als 16 cm oder größer als 20 cm, dann ist außerdem neuer Mörtel mit größerem bzw. kleinerem Wasserzusatz so herzustellen, daß sein Ausbreitmaß 17 bis 19 cm beträgt. Die Probekörper aus dem Mörtel mit 270 g Wasserzusatz sind für die Beurteilung des Zements maßgebend. Die Probekörper aus Mörtel mit dem größeren oder kleineren Wasserzusatz werden als Vergleichsproben geprüft. Die Ergebnisse dieser Prüfung sind im Prüfbericht anzugeben.

Die Feststellung des Ausbreitmaßes soll spätestens 5 Minuten nach dem Mischen beendet sein. Das ermittelte Ausbreitmaß und der Wasserzementwert sind im Versuchsbericht zu vermerken.

3. Verdichten des Mörtels

Der Mörtel wird unmittelbar vor dem Einbringen in die Prismenform durch wenige Rührbewegungen nochmals gemischt. Dann werden für jeden der 3 Formteile 310 g Mörtel abgewogen, in die Form gebracht und in dieser gleichmäßig verteilt. Der Mörtel wird in jedem Formteil durch 20 Stampfstöße mit dem 700 g schweren Stampfer (§ 13 Bild 7) verdichtet. Der Stampfer gleitet dabei abwechselnd an den beiden Seitenwänden des Aufsatzkastens.

Nach dem Verdichten der ersten Schicht werden 310 g Mörtel für die zweite Schicht eingebracht und ebenfalls durch 20 Stampfstöße verdichtet. Dann wird der Aufsatzkasten entfernt und der überstehende Mörtel durch zwei bis drei Bewegungen mit einem Spachtel oder einer breiten Messerklinge geglättet. Die gefüllten Formen sind in Kästen mit feuchtigkeitsgesättigter Luft zu stellen. Der überstehende Mörtel wird 2 Stunden später mit einem Messer abgestrichen und die obere Fläche der Probekörper geglättet. Dann bleiben die Formen in waagerechter Stellung in den Kästen mit feuchtigkeitsgesättigter Luft.

d) Lagern der Probekörper

Die Probekörper werden nach 20 Stunden entformt; sie lagern anschließend während 4 Stunden auf ebenen Glasplatten in Kästen mit feuchtigkeitsgesättigter Luft.

Dann werden die Probekörper unverzüglich unter Wasser von 18 bis 21 °C mit einer Seitenfläche auf einem Holzrost gelagert, dessen Dreikantleisten 10 cm Abstand haben. Hierbei ist die oben liegende Seitenfläche des Prismas zu kennzeichnen. Die Probekörper bleiben bis zur Prüfung unter Wasser.

e) Ermittlung der Biegezugfestigkeit und der Druckfestigkeit

Unmittelbar nach der Entnahme aus dem Wasser werden die Prismen — mit der gekennzeichneten Seitenfläche nach oben — in die Biegevorrichtung gebracht (§ 16 Bild 11a und b). Die Belastung im Schrotbecher soll in 10 Sekunden um 1 kg zunehmen. Die Biegezugfestigkeit beträgt 11,7 G kg/cm², wenn die Breite und die Höhe des Probekörpers im Bruchquerschnitt je 4,0 cm messen und G in kg das Gewicht des Bechers mit dem Schrot bedeutet. Wird ein elektromotorisch angetriebenes Biegezugfestigkeitsprüfgerät benutzt, so soll die Biegezugfestigkeit in kg/cm² an der Skala unmittelbar ablesbar sein.

Je eine Bruchhälfte der Prismen wird nach § 17 auf Druckfestigkeit geprüft. Der Druck ist stets auf zwei Seitenflächen, nicht aber auf die Bodenfläche und die bearbeitete obere Fläche auszuüben. Die Druckfläche beträgt 25 cm². Die Belastung ist in 1 Sekunde um 15 bis 20 kg/cm² zu steigern.

Um sichere Durchschnittswerte zu erhalten, sind für jede Festigkeitsprüfung mindestens drei Probekörper zu untersuchen. Offensichtliche Fehlproben sind auszuschalten. Als offensichtliche Fehlproben gelten Druckproben, deren Werte mehr als 5%, Biegezugproben, deren Werte mehr als 15% vom Mittel sämtlicher Werte nach unten abweichen.

§ 26 (gestrichen)

DK 691.54 : 666.951

DEUTSCHE NORMEN

August 1940 ×

Traßzement

**DIN
1167**

1. Begriffsbestimmung, Bezeichnung, Überwachung und Kennzeichnung

Traßzement ist ein hydraulisches Bindemittel, das aus normengemäßem Traß (DIN 51043[1]) und normengemäßem Portlandzementklinker (DIN 1164) hergestellt ist.

Traßzement wird in den folgenden 2 Mischungen hergestellt:

Mischverhältnis:	Bezeichnung:
30 G.-T. Traß und 70 G.-T. Portlandzement	**Traßzement 30:70**
40 G.-T. Traß und 60 G.-T. Portlandzement	Traßzement 40:60

Traßzement aus 30 G.-T. Traß und 70 G.-T. Portlandzement wird als **Regel-Traßzement** bezeichnet.

Traßzement wird vorzugsweise zu massigen Bauwerken, besonders des Wasserbaus verwendet.

Traß und Portlandzementklinker werden im Fabrikbetrieb miteinander fein gemahlen und hierbei innig gemischt.

Bei Traßzement aus Werken, die sich der dauernden Überwachung ihrer Erzeugnisse durch das zuständige Vereinslaboratorium oder durch ein Staatliches Materialprüfungsamt unterworfen haben, trägt die Verpackung das nachstehende, in der Zeichenrolle des Patentamts eingetragene Warenzeichen:

Für die Überwachung gelten sinngemäß die Richtlinien für die dauernde Überwachung von Zementwerken in den Deutschen Normen für Portlandzement, Eisenportlandzement, Hochofenzement, DIN 1164*) § 19.

Die Verpackung muß in deutlicher Schrift die Bezeichnung „Traßzement", das Mischverhältnis **30:70** oder **40:60**, das Bruttogewicht und die Firma des erzeugenden Werkes tragen.

---

*) Ausg. Juli 1942 ×

Erläuterung: Der dem Portlandzement zugemahlene Traß muß DIN 51043[1] entsprechen, weil die bisherigen Erfahrungen nur mit Traßzement gesammelt sind, der normengemäßen Traß enthält. Der Portlandzement muß die Eigenschaften nach DIN 1164 aufweisen. Dem Traßzement dürfen dementsprechend nicht mehr als 3% fremde Stoffe, bezogen auf den Klinkerteil, zugesetzt werden.

Bindemittel, die diesen Normen nicht entsprechen, haben keinen Anspruch auf die Bezeichnung „Traßzement", auch nicht auf Wortbildungen unter Verwendung dieser Bezeichnung.

2. Feinheit der Mahlung

Traßzement muß so fein gemahlen sein, daß er auf dem Sieb Nr. 30 DIN 1171 (900 Maschen auf 1 cm²) höchstens 0,5% und auf dem Sieb Nr. 70 DIN 1171 (4900 Maschen auf 1 cm²) höchstens 8% Rückstand hinterläßt.

Erläuterung: Die feine Mahlung des Traßzements erleichtert die Herstellung von gut verarbeitbarem und dichtem Beton.

3. Erstarrungsbeginn, Raumbeständigkeit, Festigkeit

Für diese Eigenschaften und ihre Prüfung gilt DIN 1164.

Erläuterung: Für den Erstarrungsbeginn, die Raumbeständigkeit und die Festigkeit des Traßzements gelten die gleichen Mindestforderungen wie für die übrigen Normenzemente.

4. Bestimmung des Traßgehalts

Der Traßgehalt wird durch die chemische Analyse des Traßzements geprüft. Aus dem gefundenen Kalkgehalt und einem angenommenen Kalkgehalt des Portlandzements mit 65% und des Trasses mit 3% kann der Traßgehalt in der Regel mit genügender Genauigkeit errechnet werden.

Abweichungen vom vorgeschriebenen Traßgehalt in Höhe von ± 2% (28 bis 32% bzw. 38 bis 42%) bleiben unbeanstandet.

Erläuterung: Bei dieser Prüfung ist die chemische Zusammensetzung nach dem Analysengang für Normenzemente [2] festzustellen.

---

[1] früher DIN DVM 1043
[2] Vgl. Zement 20. Jahrgang 1931, Nr. 12 S. 258—261, Nr. 13 S. 290—292, Nr. 46 S. 987, sowie Sonderdruck im Zementverlag. Der Analysengang wird zur Zeit neu bearbeitet.

DK 691.544 **DEUTSCHE NORMEN** Februar 1954

Sulfathüttenzement

**DIN
4210**

1 Benennung, Überwachung, Kennzeichnung

1.1 Sulfathüttenzemente (SHZ) werden, wie die Normenzemente nach DIN 1164, eingeteilt in 3 Güteklassen: SHZ 225, SHZ 325, SHZ 425. (Güteklassen entsprechend DIN 1164).

1.2 Sulfathüttenzemente unterliegen der dauernden Überwachung nach DIN 1164, § 1, Fußnote 3.

1.3 Die Verpackung muß in deutlicher Schrift die Bezeichnung „Sulfathüttenzement", die Güteklasse, das Bruttogewicht[1]), die Firma, die Marke und die Bezeichnung des erzeugenden Werkes tragen, sowie das Warenzeichen „Normenüberwachung" nach DIN 1164[2]).

1.4 Für Sulfathüttenzement SHZ 225 sind bei Verpackung in Papiersäcken naturfarbige (braune) Säcke, für Sulfathüttenzement SHZ 325 grüne Säcke und für Sulfathüttenzement SHZ 425 rote Säcke zu verwenden. Die Säcke aller drei Güteklassen sind auf der Vorder- und Rückseite mit je 3 schwarzen Schrägstreifen und mit dem Aufdruck „Nicht mit anderen Bindemitteln vermischen" zu versehen.

2 Begriffe

Sulfathüttenzement (SHZ) ist ein Erzeugnis, das aus feingemahlener, schnellgekühlter, basischer Hochofenschlacke als Hauptrohstoff und aus feingemahlenem Rohgipsstein (Dihydrat) oder anderen Hydratstufen des Kalziumsulfates oder aus

künstlichem oder natürlichem Anhydrit als sulfatischem Anreger besteht. Der Anteil an Hochofenschlacke muß mindestens 75% und der Anteil an SO_3 mindestens 3% betragen. Zusätze von Portlandzement oder anderen alkalischen Erregerstoffen dürfen insgesamt 5% nicht überschreiten.

Die zu verwendenden Hochofenschlacken werden bei der Erzeugung des Roheisens gewonnen. Ausschlaggebend für die Eignung der Hochofenschlacke zur Herstellung von Sulfathüttenzement ist ihr Tonerdegehalt und ihr hoher Anteil an basischen Bestandteilen. Ihr Tonerdegehalt darf 13% nicht unterschreiten. Die Hochofenschlacke muß folgende Bedingung erfüllen:

$$\frac{CaO + MgO + Al_2O_3}{SiO_2} \geqq 1,6$$

3 Eigenschaften

Der Sulfathüttenzement (SHZ) muß so fein gemahlen sein, daß er auf dem Prüfsiebgewebe 0,090 nach DIN 1171 höchstens 5% Rückstand hinterläßt. Hinsichtlich der Raumbeständigkeit, des Erstarrens und der Festigkeit müssen die Sulfathüttenzemente SHZ 225, SHZ 325 und SHZ 425 den entsprechenden Forderungen nach DIN 1164 — Portlandzement, Eisenportlandzement, Hochofenzement — genügen.

4 Anwendung

4.1 Sulfathüttenzement kann für Beton- und Stahlbetonbauten im gleichen Umfang verwendet werden wie die Normenzemente nach DIN 1164.

4.2 Der Sulfathüttenzement darf nicht in Mischung mit anderen Bindemitteln, wie Normenzementen nach DIN 1164, Kalk oder Gips, verarbeitet werden; bei Lieferung von Sulfathüttenzement in ungesackter Form muß das erzeugende Werk den Verarbeiter hierauf aufmerksam machen.

---

[1]) Abweichungen vom Sollgewicht bis zu 2 vH sind nicht zu beanstanden.

[2]) Zemente von Werken, die dem Verein Deutscher Zementwerke e. V. angehören, tragen außerdem auf der Verpackung das Warenzeichen des Vereins (VDZ) — siehe DIN 1164.

Fachnormenausschuß Bauwesen im Deutschen Normenausschuß

Deutscher Normenausschuß, Berlin W 15

| DK 621.643.2 : 662.76 : 628.1 | DEUTSCHE NORMEN | März 1959 |

Gas- und Wasserverteilungsanlagen
Rohrverlegungs-Richtlinien für
Gas- und Wasser-Rohrnetze

DIN
19 630

Vorbemerkung

Die in dieser Norm enthaltenen Richtlinien gelten, soweit sie über die ganze Breite der Spalte gedruckt sind, für Gas- und Wasserleitungen. Bestimmungen, die sich nur auf der

linken | rechten

Hälfte einer Spalte befinden, beziehen sich nur auf

Gasleitungen | Wasserleitungen

1. Geltungsbereich

1.1 Die Richtlinien gelten für in die Erde zu verlegende Rohrleitungen für Gas oder Wasser in Orts- und Stadtrohrnetzen [1]. Für frei zu verlegende Rohrleitungen können sie sinngemäß angewendet werden. Sondervorschriften [2] für Mittel-, Hochdruck- und Fernleitungen gehen diesen Richtlinien vor.

1.2 Anlagen zur Steigerung oder Minderung des Betriebsdruckes und zur Mengenmessung fallen nicht unter diese Richtlinien.

2. Allgemeines

2.1 Die Zubehörteile und Baustoffe müssen den einschlägigen Normen entsprechen.

Rohre und Zubehörteile sind nach den zu erwartenden höchsten Betriebsdrücken, mindestens aber für ND 10 zu bemessen.

Fernleitungen können fallweise unter ND 10 nach dem zu erwartenden höchsten Betriebsdruck und sonstigen zusätzlichen Beanspruchungen bemessen werden.

2.2 Die Verlegungsarbeiten sind durch zuverlässige Fachkräfte unter sachkundiger Aufsicht auszuführen [3].

2.3 Beim Bau der Leitungen sind die Anleitungen der Lieferwerke zu beachten.

[1] Richtlinien für Fernleitungen in Vorbereitung.

[2] DVGW-Arbeitsblatt G 460 „Richtlinien für den Bau und Betrieb von Gasleitungen mit einem Betriebsdruck von 500 bis 10 000 mm WS in industriellen und gewerblichen Anlagen".

DVGW-Arbeitsblatt G 461 „Richtlinien für Gasrohrleitungen mit mehr als 1 atü Betriebsdruck aus gußeisernen Rohren und Formstücken".

DIN 2470 „Gasrohrleitungen von mehr als 1 kg/cm² Betriebsdruck aus Stahlrohren mit geschweißten Verbindungen, Richtlinien (Richtlinien für Ferngasleitungen)."

[3] Siehe auch: „DVGW-Richtlinien für die Überprüfung von Firmen des Rohrleitungsbaus im Gas- und Wasserfach" GWF 97 (1956) S. 1010.

3. Rohre und Zubehör [4]

3.1 Gußeiserne Druckrohre

3.11 Es sind Rohre für ND 10 oder höher nach DIN 2431 „Muffendruckrohre (Schleudergußrohre), Grauguß, für Nenndruck 10 und 16" und DIN 2432 „Muffendruckrohre, Grauguß, für Nenndruck 10" mit Schraubmuffen nach DIN 2855 „Schraubmuffen, Schraubringe, Dichtringe" oder Flanschenrohre nach DIN 2422 „Flanschenrohre, Grauguß, für Nenndruck 10" sowie genormte Formstücke nach DIN 2829 „Grauguß-Formstücke, für Nenndruck 10, Übersicht", zu verwenden.

3.12 Für Werkstoff, Oberflächenbeschaffenheit und Form sowie für Maß- und Gewichtsabweichungen gilt DIN 2420 „Graugußrohre und Formstücke, Technische Lieferbedingungen".

3.2 Stahlrohre

Nahtlose Stahlrohre müssen DIN 1629 „Nahtlose Flußstahlrohre, Technische Lieferbedingungen" oder DIN 2460 „Nahtlose Stahlmuffenrohre für Gasleitungen bis NW 600 und bis 1 kg/cm² Betriebsdruck, für Wasserleitungen bis NW 300 und ND 20, über NW 300 bis ND 16", geschweißte Stahlrohre DIN 1626 „Stahlrohre, schmelzgeschweißt, Technische Lieferbedingungen" oder DIN 2461 „Sondergeschweißte Stahlmuffenrohre von NW 300 bis 800, für Gasleitungen bis 1 kg/cm² Betriebsdruck und für Wasserleitungen bis ND 16", Gewinderohre DIN 2440 „Gewinderohre, mittelschwer" oder DIN 2441 „Gewinderohre, schwer" entsprechen.

Rohre mit Gewindeverbindungen dürfen nur für Betriebsdrücke unter 5000 mm WS angewendet werden.

3.21 Bei Rohren aus St 00 kann mit einem Werkstoffkennwert von 15 kg/mm² (nach DIN 2413, Ausgabe Mai 1954, „Stahlrohre, Berechnung der Wanddicke gegen Innendruck", Abschnitt 4.11) gerechnet werden. Rohre für Schweißverbindungen müssen schmelzschweißbar sein, Gewinderohre aus St 00 sind nicht immer schweißbar.

Es können auch Rohre aus den Werkstoffen St 35 oder St 34 oder aus anderen Werkstoffen mit höherer Zugfestigkeit und Streckgrenze gewählt werden.

[4] Für Kunststoffrohre besteht das DVGW-Arbeitsblatt W 321 „Richtlinien für die Verlegung von Kunststoffrohren in Wasserversorgungsanlagen außerhalb von Gebäuden".

Fortsetzung Seite 2 bis 5

Fachnormenausschuß Wasserwesen im Deutschen Normenausschuß (DNA)

Seite 2   DIN 19 630

3.22

Stahlrohrleitungen sollen möglichst mit geschweißten Rohrverbindungen hergestellt werden.	Stahlrohrleitungen sollen wegen der notwendigen inneren Nachisolierung nur ab NW 600 mit geschweißten Rohrverbindungen hergestellt werden.

3.3 Asbestzementrohre

	Asbestzement-Druckrohre nach DIN 19 800 Blatt 1 „Asbestzement-Druckrohre, Maße" und Blatt 2 „Asbestzement-Druckrohre, Technische Lieferbedingungen".

3.4 Stahlbetonrohre

	Stahlbetondruckrohre nach DIN 4036 „Stahlbetondruckrohre, Bedingungen für die Lieferung und Prüfung" unter Beachtung des vorstehenden Abschnittes 2.1.

4. Befördern und Lagern der Leitungsteile

4.1 Die Leitungsteile sind mit geeigneten Vorrichtungen und Fahrzeugen auf- und abzuladen und zu befördern. Beschädigungen der Leitungsteile sind zu vermeiden.

4.2 Alle Leitungsteile sind so zu lagern (erforderlichenfalls auf Hölzern) und zu bewegen, daß sie nicht durch Erde, Schlamm, Abwasser und dergleichen verunreinigt werden können. Besondere Vorsicht ist beim Lagern auf Grasböden erforderlich, da Pflanzenwurzeln in den Rohrschutz eindringen können. Gestapelte Leitungsteile sind durch Holzzwischenlagen zu trennen und zu sichern.

4.3 Für das Befördern auf der Baustelle sind Rohrwagen oder andere geeignete Vorrichtungen zu verwenden. Schleifen und längeres Rollen sind zu vermeiden. In der Querrichtung können Rohre auf genügend breiten Vierkanthölzern mit abgerundeten Kanten bewegt werden.

5. Rohrgraben

5.1 Der Rohrgraben ist so anzulegen und auszuheben, daß alle Leitungsteile

in frostfreier Tiefe (Rohrdeckung je nach klimatischen und Bodenverhältnissen 1,00 bis 1,80 m) liegen und

einwandfrei verlegt werden können. Beiderseits des Rohrgrabens muß zwischen Grabenkante und Grabenaushub bzw. Rohr ein Streifen frei bleiben, der nicht belastet werden darf und dessen Breite den Unfallverhütungsvorschriften entspricht.

5.2 Die Sohlenbreite des Rohrgrabens richtet sich nach dem Außendurchmesser des Rohres und nach dem zum Verlegen der Rohre notwendigen Arbeitsraum. Das lichte Maß muß aber bei Grabentiefen bis 1,75 m mindestens 0,60 m, bei größeren Tiefen mindestens 0,80 m betragen.

5.3 Die Grabensohle ist in der angegebenen Breite und Tiefenlage so herzustellen, daß die Leitung auf der ganzen Länge aufliegt. Vor dem Legen der Rohre hat der Rohrlegeunternehmer (-Betrieb) die Grabensohle zu prüfen. Bei Ab-

weichungen der Grabentiefe, ungenügender Sohlenbreite und Planierung, schlechten Untergrundverhältnissen usw. hat er Abhilfe zu veranlassen.

5.31 In trockenem, tragfähigem und steinfreiem Untergrund sind für die Rohrbettung keine besonderen Maßnahmen erforderlich, falls durch das Ergebnis der Bodenuntersuchung nichts anderes geboten erscheint.

5.32 In felsigem und steinigem Untergrund ist die Grabensohle mindestens 0,15 m tiefer auszuheben und der Aushub durch eine steinfreie Schicht zu ersetzen. Hierzu wird Sand, Feinkies, neutraler Lehm, gesiebter neutraler Boden, Magerbeton (B 80) oder Splittmaterial (kein Hochofensplitt) in entsprechender Schichtdicke eingebracht und festgestampft. In Gefällstrecken muß durch Einbau von Beton- oder Lettenriegeln das Abschwemmen dieser Auflageschicht verhindert werden, ggf. ist eine Dränung vorzusehen.

5.33 Bei wenig tragfähiger und stark wasserhaltiger Grabensohle ist die Leitung auf eine Steinvorlage mit Feinkiesschüttung zu legen oder durch andere Baumaßnahmen zu sichern.

5.34 Bei aggressiven Böden sind besondere Maßnahmen zu treffen, z. B. verstärkter Rohrschutz, Umhüllen der Leitung mit nicht aggressivem Boden, Entwässern des Rohrgrabens, Ändern der Linienführung.

5.35 Bei wechselnden Schichten und damit verbundener Tragfähigkeitsänderung der Grabensohle ist an den Übergangsstellen eine Feinkies- oder Sandschüttung über mehrere Rohrlängen vorzusehen.

5.36 An Berghängen ist das Abrutschen der Leitung durch entsprechende Maßnahmen zu verhüten. Die Grabensohle ist gegen Ausspülen durch Sickerwasser zu sichern.

5.4 Die Kopflöcher sind so auszuführen, daß die Herstellung der Rohrverbindungen, der Einbau von Armaturen und Formstücken und deren Nachprüfung möglich ist. Kopflöcher für Schweißarbeiten sind nach DIN 2470 „Gasrohrleitungen von mehr als 1 kg/cm² Betriebsdruck aus Stahlrohren mit geschweißten Verbindungen, Richtlinien (Richtlinien für Ferngasleitungen)" auszuführen.

5.5

Während der Verlegungsarbeiten sind Rohrgräben und Kopflöcher, während der Druckprüfung mindestens die Kopflöcher, wasserfrei zu halten.

5.6 In unmittelbarer Nähe von Leitungen darf nicht gesprengt werden.

6. Einbau der Leitungsteile

6.1 Die Leitungsteile sind vor dem Einbringen in den Graben außen und innen zu säubern und zu überprüfen.

Beschädigungen des Außen- und Innenschutzes der Leitungsteile sind vor dem Ablassen in den Rohrgraben nach Abschnitt 9 auszubessern. Zum Einbringen der Rohre müssen Geräte verwendet werden, die ein stoßfreies und gleichmäßiges Absenken der Rohre ohne Beschädigung gewährleisten. Hierbei sind zur Schonung des Rohrschutzes keine Ketten oder Seile zu verwenden.

6.2 Längsgeschweißte Rohre sind so zu verlegen, daß die Längsnaht im oberen Drittel des Rohres liegt, jedoch möglichst nicht im Rohrscheitel. Die Nähte zweier aneinanderstoßender Rohre sind bei Schweißverbindungen versetzt anzuordnen.

6.3 Rohrschnitte müssen glatt verlaufen und einen einwandfreien Übergang haben. Unebenheiten an der Schnittfläche und Grate sind zu beseitigen. Die Schnitte sind mit Rohrsäge oder Rohrschneider auszuführen; bei Stahlrohren können sie auch mit dem Schneidbrenner ausgeführt werden, wenn dadurch keine nachteiligen Wirkungen eintreten.

6.4 Die Leitungen sind nach den Bauplänen mit dem vorgeschriebenen Gefälle einzubauen. Rohre mit Schweiß- und Stemmuffen sind bei starken Steigungen mit der Muffe gegen die Steigung zu verlegen.

6.5 Richtungsänderungen in der Rohrtrasse durch Abwinkelung der Rohre aus der Rohrachse dürfen nur nach der Verlegeanweisung der Rohrhersteller vorgenommen werden; sonst sind Krümmer einzubauen.

6.6 Krümmer, Endstücke, Schieber, Hydranten, Dehner, Abzweige usw. sind unter Berücksichtigung der auftretenden Kräfte abzustützen und zu verankern. Es ist zu beachten, daß diese Kräfte von bedeutender Größe sein können.

6.7 In der Rohrleitung soll immer eine dicht anliegende Rohrbürste sitzen, die beim Vorstrecken weiterer Rohre nachzuziehen ist. Bei Arbeitsunterbrechungen sind alle Öffnungen durch Stopfen, Deckel oder Blindflansche zu verschließen.

6.8 Vor dem Verfüllen des Rohrgrabens ist der Außenschutz der Rohre nochmals zu überprüfen.

Beim Verfüllen des Rohrgrabens ist zunächst die Leitung auf der ganzen Länge mit steinfreiem, das Rohr nicht angreifendem Material sorgfältig zu unterstopfen, seitlich und nach oben festzulegen. Zum Unterstopfen sind gebogene hölzerne Stampfer zu verwenden. Dabei darf der Rohrschutz nicht beschädigt werden.

6.81 Nach dem Unterstopfen ist der Rohrgraben mit Boden nach Abschnitt 6.8 von Hand in Lagen unter sorgfältigem Stampfen bis auf 0,30 m über Rohrscheitel zu verfüllen (1 Stampfer auf 2 Einwerfer). Geeigneter Boden muß gegebenenfalls angefahren werden.

> Die Rohrverbindungen bleiben bis zur Druckprobe frei.

6.9 Für den Bau geschweißter Stahlrohrleitungen gelten DIN 2470 sowie folgende Bestimmungen:

6.91 In den Rohrgraben abgesenkte Rohre sind, nachdem sie die Erdtemperatur angenommen haben, mit dem bereits verlegten Rohrstrang zu verschweißen und nach Abschnitt 6.81 einzudecken.

Freiliegende Rohrstränge sollen durch Abdecken mit Brettern, Dachpappe, Strohmatten usw. gegen Sonnenbestrahlung geschützt werden.

Leitungen in offenen Gräben sind bei langer Sonneneinstrahlung besonders gefährdet und deshalb zügig zu verfüllen. In der warmen Jahreszeit soll der Rohrgraben möglichst in den frühen Morgenstunden verfüllt werden, während in der kalten Jahreszeit wärmere Tage mit Temperaturen über dem Gefrierpunkt zu bevorzugen sind.

b Hünerberg, Asbestcement-Druckrohr

7. Herstellung von Rohrverbindungen

7.1 Vor Herstellen der Rohrverbindungen sind störende, die Dichtheit gefährdende Isolierstoffe, Anstrichreste und andere Verunreinigungen an den Rohr- und Flanschdichtungsflächen zu entfernen.

7.2 Bewegliche Rohrverbindungen

7.21 Als bewegliche Rohrverbindungen gelten:
bei Gußrohren die Schraubmuffenverbindung für Rohre bis NW 600 und die Stopfbuchsenmuffen-Verbindung für Rohre der NW 500 bis 1200;
bei Stahlrohren die Schraubmuffenverbindung für Rohre bis NW 500 und die Rollgummiverbindung für Rohre bis NW 800;

> bei Asbestzementrohren selbstdichtende Keilringverbindungen sowie die Rollgummiverbindung.

Diese Rohrverbindungen lassen — ohne Beeinträchtigung der Dichtwirkung — eine begrenzte Ablenkung des Rohres aus der Leitungsachse zu.

7.22 Vor Herstellen der Rohrverbindung sind die Dichtflächen mit einer Spezialmasse (z. B. Graphitmasse) zu bestreichen. Bei Schraubmuffenverbindungen gilt das insbesondere für glatte Rohrenden, das Muffeninnere, den Schraubring und den Dichtungsring.

7.23 Beim Herstellen der Rohrverbindungen muß die zentrische Lage des Rohrendes in der Muffe gesichert sein. Zwischen dem glatten Rohrende und dem Muffengrund ist das vom Hersteller angegebene Abstandsmaß einzuhalten. Für die elastischen Rohrverbindungen sind Dichtungsringe zu verwenden, die vom Hersteller auf Eignung und Güte geprüft sind.

7.24 Eine Ablenkung in der Rohrverbindung darf erst nach Fertigstellung der Rohrverbindung vorgenommen werden.

7.25 Schraub- und Stopfbuchsenmuffen - Verbindungen müssen sofort fest angezogen und vor der Druckprüfung des verlegten Leitungsstranges — soweit möglich — nochmals nachgezogen werden.

7.3 Stemmuffen-Verbindungen

7.31 Stemmuffen-Verbindungen sollen auf Ausnahmefälle beschränkt werden, da die Muffenverbindungen mit elastischen Dichtungen erhebliche Vorteile aufweisen.

7.32 Die Rohrverbindung wird mit Dichtungsstrick und Blei hergestellt.

Als Dichtungsstrick ist ein Teerstrick (in Holzteer schwach getränkter, langfaseriger, ungekräuselter Hanfstrick) zu verwenden. Als Abschluß der Verstrickung wird zweckmäßig ungetränkter Hanfstrick eingebracht. | Als Dichtungsstrick ist ein ungetränkter, langfaseriger, ungekräuselter Hanfstrick zu verwenden.

Als Blei (Gußblei, Riffelblei oder Bleiwolle) ist doppelt raffiniertes Hüttenweichblei mit 99,9 % Reinheit zu verwenden.

7.33 Bei Verwendung von Riffelblei oder Bleiwolle ist das Blei in gleichmäßigen Lagen einzustemmen und gut zu verdichten (metallisches Klingen, Prellschläge).

7.34 Gußblei kann bei Rohren bis NW 250 unter Verwendung von Gießstricken mit vorgesetzter Tonwulst eingebracht werden. Bei Rohren über NW 250 sollen abgedichtete Gießschellen verwendet werden. Das Blei ist gut fließend in einem Guß einzubringen. Der Bleiring ist mit

Seite 4   DIN 19 630

geeigneten Setzern — mit den kleinsten Setzern beginnend — in der Weise zu verdichten, daß der Vorguß in einem Ring abfällt.

7.4 Schweißverbindungen

7.41 Als Schweißverbindungen kommen die Schweißmuffenverbindung und die Stumpfschweißverbindung in Frage. Für ihre Herstellung gelten sinngemäß die Bestimmungen von DIN 2470.

Bei Lufttemperaturen unter − 5 °C dürfen Schweißarbeiten an Rohrleitungen nicht ausgeführt werden. Bei unter 0 °C ist vor dem Schweißen der Rohrstrang beiderseits der Muffe anzuwärmen.

Die Schweißer müssen die Prüfung nach DIN 8560 „Vorschriften für die Prüfung und Überwachung der Schweißer" (Prüfgruppe R I, mit Muffennaht) abgelegt haben und von fachkundigem Personal bei der Arbeit überwacht werden.

7.42 Die Schweißverbindung soll möglichst außerhalb des Rohrgrabens hergestellt werden. In diesem Fall kann auch die Innen- und Außenisolierung der Schweißverbindung im Gelände ungehindert aufgebracht werden.

7.43 Lichtbogenschweißung ist im allgemeinen anzuwenden, Gasschmelzschweißung (möglichst unter Verwendung von Flaschengas) kann bei kleinen Wanddicken angewendet werden.

7.431 Bei Lichtbogenschweißung sind die Elektroden nach DIN 1913 „Lichtbogen-Schweißelektroden für Verbindungsschweißen" zu wählen. Mehrlagenschweißung ist vorzuziehen, da hierdurch die tieferen Lagen vergütet werden.

7.432 Bei Gasschmelzschweißung sind die Schweißverbindungen in Nachrechtsschweißung auszuführen. Der Schweißdraht ist nach DIN 8554 „Gasschweißdrähte für das Verbindungsschweißen von Stählen, Bezeichnung, Technische Lieferbedingungen" zu wählen. Nach dem Schweißen ist das zuletzt geschweißte Stück der Naht in rotwarmem Zustand abzuhämmern.

7.44 Bei Kugelschweißmuffen sind die Muffen so fest ineinander zu ziehen, daß die Außenkugel sich satt an das eingesteckte Rohr anschmiegt. Ein dann noch verbleibender Muffenspalt ist durch Anrichten zu beseitigen. Das Anrichten darf nur in rotwarmem Zustand vom Muffengrund zur Muffenstirn hin erfolgen.

Bei Stumpfschweißungen sind die Stöße zu zentrieren.

7.45 Werden Rohrstutzen aufgeschweißt, so soll das Hauptrohr — mindestens bei Abgängen ab NW 150 oder ND 16 — ausgehalst und der Stutzen mittels Stumpfnaht angeschweißt werden. Beim Aufschweißen von Stutzen kann eine Verstärkung der Wanddicke des Hauptrohres notwendig werden (s. AD-Merkblatt B 9 „Verstärkung von Ausschnitten" (in Vorbereitung)).

7.46 Kaltverformung beim Bördeln, Aushalsen, Anrichten usw. ist zu vermeiden.

7.47 Undichtheiten an den Schweißnähten sind nicht durch unmittelbares Nachschweißen oder Stemmen zu beseitigen, die fehlerhaften Stellen sind zu entfernen und sorgfältig nachzuschweißen.

Bei ausgedehnten Schadenstellen sind andere Maßnahmen zu ergreifen, z. B. Einbau eines Überschiebers.

7.48 Es empfiehlt sich, in wichtigen Fällen die Schweißnähte zu durchstrahlen (s. DIN 54 111 „Richtlinien für die Prüfung von Schweißverbindungen metallischer Werkstoffe mit Röntgen- und Gammastrahlen") oder mit Ultraschall zu prüfen. Als Anhalt für die Beurteilung der Schweißnähte kann bis zur Herausgabe von Richtlinien folgendes gelten:

7.481 Schweißnähte mit kleinen Fehlern können belassen werden. Als solche können gelten: schwache Einbrandkerben, kleine Bindefehler, auch in der Wurzel, kleine Schlackeneinschlüsse und kleine Gasblasen.

7.482 Bei größeren Fehlern und Rissen sind die Nähte auszubessern oder ganz herauszuschneiden.

7.5 Flanschverbindungen

Die Dichtflächen der Flansche sind vor Herstellen der Verbindungen zu säubern, die Schrauben nötigenfalls zu entrosten, die Oberflächen zu schützen und die Gewinde zu ölen. Nach dem Anbringen der Dichtung und dem Ausrichten sind die Schrauben gleichmäßig über Kreuz anzuziehen. Das Gewinde soll möglichst nicht mehr als 1 bis 2 Gang hervorstehen. Für die Isolierung der Flanschverbindungen gilt Abschnitt 9.

8. Druckprüfungen

8.1

Für Leitungen mit Betriebsdrücken über 1 atü soll die Prüfung bei Gußrohren nach dem DVGW-Arbeitsblatt G 461, bei Stahlrohren nach DIN 2470 erfolgen.

Bei Betriebsdrücken unter 1 atü sollen die Prüfungen entsprechend dem DVGW-Arbeitsblatt G 460 durchgeführt werden, wobei ein Prüfdruck von mindestens 1 atü auf eine Zeitdauer von 1 bis 2 Stunden gehalten werden soll.

Das Prüfen mit Sauerstoff oder Wasser ist unzulässig. Vor dem Prüfen ist die Rohrleitung gegen Lageänderung zu sichern (siehe Abschnitt 6.6, 6.8 und 6.81).

Die Prüfungen sind bei Guß- und Stahlrohren nach DIN 4279 „Guß- und Stahlrohrleitung für Trink- und Brauchwasser außerhalb von Gebäuden, Richtlinien für Druckprüfung (Innendruckprüfung)" und bei Asbestzement-Druckrohren nach DIN 19 801 „Asbestzement - Druckrohrleitungen für Wasser außerhalb von Gebäuden, Richtlinien für Druckprüfung", bei Stahlbetonrohren und Spannbetondruckrohren nach DIN 4037 „Stahlbetondruckrohre, Richtlinien für die Abnahme von Stahlbetondruckrohrleitungen" durchzuführen. Die Art und Dauer der Prüfung (Luftdruck, Wasserdruck, Vakuum), die Höhe des Druckes oder Vakuums richten sich nach den technischen Anforderungen, denen die Anlage genügen soll.

8.2

Bei Außentemperaturen unter 0 °C sind Druckprüfungen zu unterlassen.

9. Rohrschutz [5]

9.1 Gußrohre

Die beim Befördern und Einbauen beschädigten Stellen des Rohrschutzes sind zu reinigen, zu entrosten, nötigenfalls zu trocknen und mit einem phenolfreien Rohrschutzmittel auszubessern.

9.2 Stahlrohre

Die Rohre sind gegen schädliche Einflüsse des Bodens und des Durchflußstoffes zu schützen. Für die Auswahl von Rohrschutzmitteln sind die Einbauverhältnisse maßgebend (siehe DIN 2460, Ausgabe 11. 42, Abschnitt 6, und DIN 2461, Ausgabe 11. 42, Abschnitt 7).

9.21 Außenschutz

9.211 Bei Schaden und Druckstellen wird der nicht mehr haftende Rohraußenschutz entfernt. Ein Abschlagen mit dem Hammer ist hierbei zu vermeiden. Zweckmäßig ist es, mit einem Meißel eine rechteckige Fläche um die Schadenstelle vom gesunden Rohrschutz abzutrennen und dann die Reste des Schutzstoffes bis auf die Grundschicht zu entfernen. Die so freigelegte Stelle ist mit Schaber oder Drahtbürste von

---

[5] Auf die Richtlinien der Arbeitsgemeinschaft DVGW/VDE für Korrosionsfragen (VDE 0150) und die Erdungsrichtlinien (VDE 0190) wird hingewiesen. VDE-Verlag GmbH, Berlin-Charlottenburg 4.

Schmutz und Rost zu reinigen. Nach Aufbringen des Grundanstriches und dessen Trocknung ist die vorbereitete Stelle mit heißfließender Rohrschutzmasse auszugießen, darüber ein entsprechend zugeschnittenes Stück Wickelband aufzulegen, anzudrücken und das Ganze nochmals mit heißfließender Rohrschutzmasse zu überstreichen. Schadenstellen können auch mit Rohr-Schutzbinden ausgebessert werden, deren Material sich mit dem Rohrschutz verträgt. Ein entsprechendes Stück Binde wird nach dem Aufschmelzen seiner Oberfläche mit einem Isolierbrenner auf die vorbereitete Fläche (Grundanstrich, Kleber) aufgelegt und angedrückt.

Bei beiden Maßnahmen ist darauf zu achten, daß der Rand der gesunden Umwicklung in genügender Breite, mindestens 2 cm, überdeckt wird und keine Hohlstellen verbleiben. Oberflächenbeschädigungen und Eindruckstellen, die nur die Außenseite des Rohrschutzes betreffen und keine Hohlstellen bilden, werden durch Übergießen mit heißfließender Rohrschutzmasse oder durch Ausbügeln mit einem angewärmten geeigneten Werkzeug ausgebessert.

9.212 Der Außenschutz für die Rohrverbindungen ist erst nach der Druckprüfung anzubringen. Er ist durch Umgeben mit glasfaserverstärkten Bitumenbinden herzustellen; er kann auch durch andere Mittel (z. B. durch Umwickeln mit in heißfließender Rohrschutzmasse getauchtem Wickelverband) hergestellt werden, wenn die technischen Voraussetzungen dafür vorliegen und diese Mittel einen ausreichenden Rohrschutz gewährleisten.

9.22 I n n e n s c h u t z

9.221

> Schnittstellen und die Stirnflächen der Rohrenden sind vor dem Zusammenführen mit Rohrschutzmasse zu streichen.

9.222

> Bei geschweißten Rohrverbindungen ist das Rohrinnere im Bereich der Schweißzone entsprechend dem DVGW-Merkblatt W 341 „Innen-Nachisolieren geschweißter Verbindungsstellen von Wasserleitungsrohren mit verstärktem Innenschutz" zu schützen.

9.223 Bei Arbeiten in den Leitungen ist darauf zu achten, daß der Innenschutz nicht beschädigt wird; es sind Schuhe mit weichen Sohlen zu benutzen.

9.224 Bei Innenarbeiten sind besonders die Unfallverhütungsvorschriften hinsichtlich Anseilen und Atemschutz zu beachten.

9.3 Flanschverbindungen
Flanschverbindungen im Schacht sind nach Säubern, Entrosten und Trocknen mindestens zweimal mit einem Rostschutzmittel zu streichen. Flanschverbindungen im Erdreich sind außerdem durch Umwickeln mit plastischen Binden zu schützen. Die Zwischenräume zwischen den Flanschen können mit plastischer Masse ausgefüllt werden.

9.4 Asbestzementrohre und Stahlbetonrohre

> Die beim Befördern und Einbauen beschädigten Stellen des Rohrschutzes sind zu reinigen, nötigenfalls zu trocknen und mit einem phenolfreien Rohrschutzmittel auszubessern.

9.5 Prüfung des Rohrschutzes
Zur Prüfung der Dichtheit des Rohraußen- und -innenschutzes können elektrische oder andere Prüfgeräte verwendet werden.

10. Verfüllen des Rohrgrabens

10.1 Das restliche Verfüllen des Rohrgrabens (ab 0,30 m über Rohrscheitel) ist nach der Druckprobe entsprechend dem „Merkblatt über Zufüllen von Leitungsgräben"[6] vorzunehmen.

10.2 Einschlämmen ist in der Regel unzulässig. Es darf nur bei geeigneten Bodenarten (z. B. bei wasseraufnahmefähigem Sand oder Kies) angewendet werden, wenn Schäden wie Kolkbildung, Aufschwimmen der Leitung, Rutschungen, Unterspülen von Betonverankerungen, Frostschäden u. a., nicht eintreten können.

10.3 Für Leitungen, die durch Auftrieb gefährdet sind, sind besondere Vorkehrungen, z. B. stellenweises Verfüllen des Rohrgrabens oder Füllen der Leitungen mit Wasser zu treffen.

10.4 Straßenkappen und Schachtabdeckungen sind verkehrssicher einzubauen.

11. Besondere Maßnahmen

11.1 Bei Hangleitungen und Steilstrecken sowie bei möglichen Bodenbewegungen können besondere Schutzmaßnahmen notwendig werden (Bodenuntersuchung, Abfangen des Leitungsgewichtes, Einbau von Dehnern, besondere Verankerungen der Rohrteile gegeneinander, Sperriegel gegen Unterspülung und Dränung. Vergleiche Abschnitt 5.32).

11.2 Werden Leitungen im Bereich fremder Verwaltungen verlegt, so sind etwa bestehende Vorschriften zu beachten.

12. Inbetriebnahme

Unmittelbar vor dem Einlassen von Gas ist festzustellen, ob an den Leitungen kein Auslaß offen ist. Danach ist die Leitung mit Beachtung der Unfallverhütungsvorschriften zu entlüften. Leitungen sind vor ihrer ersten Inbetriebnahme sorgfältig zu säubern und zu spülen. Über das Füllen siehe auch DIN 4279 und DIN 19 801. Große Versorgungsleitungen sind grundsätzlich zu entkeimen (im übrigen gilt DIN 2000 „Leitsätze für zentrale Trinkwasserversorgung").

13. Einmessen, Bestandszeichnungen

Die eingebauten Leitungsteile sind einzumessen und in einer Bestandszeichnung festzuhalten (s. DIN 2425 „Richtlinien für Rohrnetzpläne der Gas- und Wasserversorgung"). Die Leitungen sind durch Schilder nach DIN 4065 „Hinweisschilder, Fern-Gasleitungen", DIN 4066 „Hinweisschilder, Feuerlöschwesen", DIN 4067 „Hinweisschilder, Wasser", DIN 4068 „Hinweisschilder, Abwasser" oder DIN 4069 „Hinweisschilder, Gasleitungen" zu kennzeichnen.

---

[6] Herausgegeben von der Forschungsgesellschaft für das Straßenwesen e. V. Köln, Deutscher Ring 17.

| DK 628.254:628.1:621.643.257 | DEUTSCHE NORMEN | Januar 1956 |

Asbestzement-Druckrohre
Maße

**DIN
19 800**
Blatt 1

Maße in mm

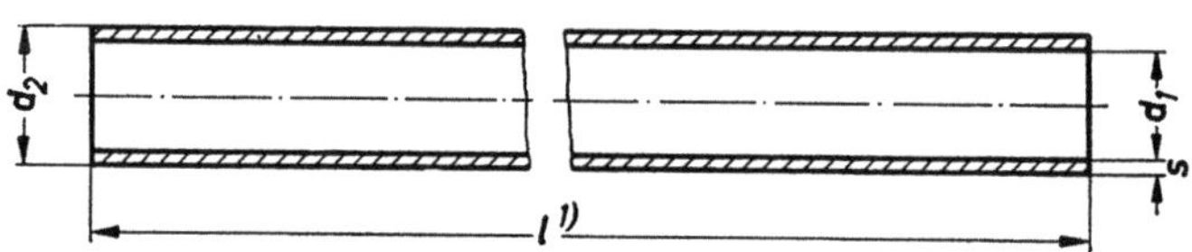

Bezeichnung eines Asbestzement-Druckrohres von Nennweite $d_1 = 65$ mm und Länge $l = 4000$ mm [1]) für Nenndruck 12,5 kg/cm²:

Asbestzement-Druckrohr 65 × 4000 [1]) — ND 12,5 — DIN 19 800

Nenn-weite NW	Für Nenndruck ND kg/cm²							
	2,5		6		10		12,5	
d_1	d_2	s	d_2	s	d_2	s	d_2	s
65	—	—	—	—	—	—	83	9
80	—	—	—	—	98	9	100	10
100	—	—	118	9	120	10	126	13
125	—	—	145	10	149	12	153	14
150	170	10	172	11	178	14	184	17
200	222	11	226	13	236	18	244	22
250	274	12	280	15	288	19	300	25
300	328	14	334	17	346	23	360	30
350	380	15	388	19	404	27	420	35
400	436	18	442	21	460	30	480	40

Die Normung größerer Nennweiten ist in Vorbereitung

[1]) Länge l (bei Bestellung angeben); übliche Herstellänge: 4000 mm

Werkstoff:
Asbestzement

Ausführung:
nach DIN 19 800 Blatt 2, Asbestzement-Druckrohre, Technische Lieferbedingungen

Geliefert werden in der Regel Rohre ohne besondere Schutzbehandlung. Wird ein Rohrschutz verlangt, so ist dies besonders zu vereinbaren.

Die Enden der Rohre können nach Wahl des Herstellers bearbeitet werden. Dann gelten die in Blatt 2, Tabelle 1 angegebenen engeren zulässigen Abweichungen.

Arbeitsausschuß Asbestzement-Druckrohre im Deutschen Normenausschuß (DNA)
Fachnormenausschuß Rohrleitungen im DNA

<table>
<tr><td>DK 628.254 : 628.1 : 621.643.257</td><td>DEUTSCHE NORMEN</td><td>Januar 1956</td></tr>
</table>

Asbestzement-Druckrohre
Technische Lieferbedingungen

**DIN
19 800
Blatt 2**

Maße in mm

1. Geltungsbereich

1.1 Herstellung

Diese Lieferbedingungen gelten für maschinell und unter Druck nahtlos geformte Asbestzement-Druckrohre, die aus einer innigen und maschinell bewirkten Mischung von Asbestfasern und Zement bestehen.

Asbestzement-Druckrohre werden für Nenndrücke von

| 2,5 | 6 | 10 | 12,5 | [kg/cm²] |

hergestellt.

1.2 Anwendung

Rohre nach dieser Norm können für Druckleitungen von Wasser und Abwasser entsprechend den in den einschlägigen Normen[1]) getroffenen Festlegungen verwendet werden.

2. Allgemeine Anforderungen

2.1 Beschaffenheit

Die Rohre sollen gerade sowie innen und außen rund sein. Neben der glatten inneren Oberfläche soll auch die äußere Oberfläche der Rohre — der Herstellung und Verwendung entsprechend — glatt sein. Geringfügige Unebenheiten, die innerhalb der zulässigen Abmaße liegen und den Verwendungszweck nicht beeinträchtigen, sind zulässig.

Die Stirnflächen der Rohre müssen ohne Bruchstellen (Ausbrüche) und Bearbeitungsgrate sein und rechtwinklig zur Rohrachse liegen.

2.2 Werkstoff- und Rohrgüte

Asbestzement-Druckrohre dürfen nur aus Asbestfasern, die frei sein müssen von anderen anorganischen oder organischen Fasern und Verunreinigungen, und aus Zement, der den Bedingungen von DIN 1164 „Portlandzement, Eisenportlandzement, Hochofenzement" entsprechen muß, hergestellt werden. Die Asbestfasern dürfen nicht durch Füllstoffe gemagert sein.

Die fertigen Rohre müssen geschnitten, gesägt und gebohrt werden können.

2.3 Maße und zulässige Abweichungen

Die Rohre werden im allgemeinen in Längen von $l = 4000$ mm geliefert. Die Rohrlängen dürfen um ± 3% vom Nennmaß abweichen.

5% der zur Lieferung kommenden Rohre dürfen Kurzlängen sein, die jedoch mindestens 75% der bestellten Rohrlängen haben müssen.

Die zulässigen Maßabweichungen der Außendurchmesser, der Wanddicken und von der Geraden müssen bei allen Rohren innerhalb der Werte nach Tabelle 1 und 2 liegen.

---

[1]) z. B. DIN 19 630 „Wasserversorgungsanlagen, Guß-, Stahl- und Asbestzement-Rohrleitungen für Trinkwasser, Richtlinien für den Bau" (z. Z. noch Entwurf).

Die Wanddicken von Asbestzement-Druckrohren sind nach DIN 19 800 Blatt 1, „Asbestzement-Druckrohre, Maße", so bemessen, daß der beim Versuch nach Abschnitt 4.2 zum Bruch führende Innendruck nicht kleiner ist als

bei Rohren bis NW 100	der 4fache Nenndruck
bei Rohren von NW 125 bis NW 200	der 3,5fache Nenndruck
bei Rohren von NW 250 bis NW 400	der 3,0fache Nenndruck
bei Rohren über NW 400	bis zur Erweiterung der Norm nach Vereinbarung.

Tabelle 1

Nennweite NW d_1	zulässige Abweichungen für Außendurchmesser		von der Geraden (siehe Bild 1)
	an unbearbeiteten Rohrenden	an bearbeiteten Rohrenden	
65	+ 2,0 — 0,8	+ 0,7 — 0,8	0,0055 l
80	+ 2,6 — 0,8	+ 0,7 — 0,8	0,0055 l
100	+ 2,6 — 0,8	+ 0,7 — 0,8	0,0055 l
125	+ 3,0 — 0,8	+ 0,7 — 0,8	0,0055 l
150	+ 3,2 — 0,8	+ 0,7 — 0,8	0,0045 l
200	+ 3,6 — 0,8	+ 0,7 — 0,8	0,0045 l
250	+ 4,2 — 0,8	+ 0,7 — 0,8	0,0035 l
300	+ 4,2 — 0,8	+ 0,7 — 0,8	0,0035 l
350	+ 4,6 — 1,5	+ 1,0 — 1,5	0,0035 l
400	+ 4,6 — 1,5	+ 1,0 — 1,5	0,0035 l

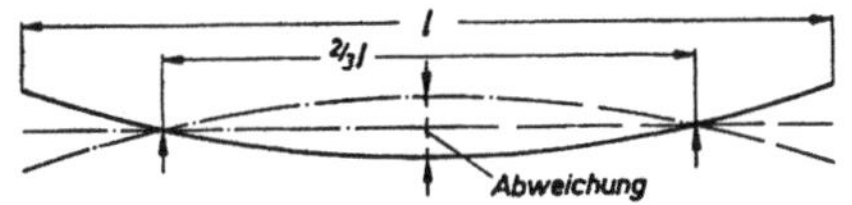

Bild 1

Tabelle 2

Wanddicke der Rohrenden	zulässige Abweichung
bis 10	± 1,5
über 10 bis 20	± 2,0
über 20 bis 30	± 2,5
über 30	± 3,0

Fortsetzung Seite 2 und 3

Arbeitsausschuß Asbestzement-Druckrohre im Deutschen Normenausschuß (DNA)
Fachnormenausschuß Rohrleitungen im DNA

Seite 2   DIN 19 800 Blatt 2

3. Festigkeiten

Die Festigkeit wird jeweils als Mittel aus 3 Prüfungen festgestellt, wobei kein Einzelwert der Prüfungen unter den nachfolgend angeführten Festigkeitswerten liegen darf.

    a) Ringzugfestigkeit   = 200 kg/cm²
    b) Scheiteldruckfestigkeit = 450 kg/cm²
    c) Biegezugfestigkeit   = 250 kg/cm²

4. Prüfungen

4.1 Werksprüfung

Der Nachweis über die laufend vorgenommenen Prüfungen wird in der Regel durch eine Werksbescheinigung nach DIN 50 049 „Bescheinigung über Werkstoffprüfungen" erbracht. Das Lieferwerk hat zu bescheinigen, daß sämtliche Rohre die Prüfung auf Wasserdichtheit bestanden haben und daß ihre Festigkeitswerte dieser Norm entsprechen.

4.11 Vorbehandlung

Die Rohre sind — nicht weniger als 28 Tage alt — in nassem Zustand zu prüfen. Falls der Hersteller über eine Schnellhärteanlage verfügt, kann die Wartefrist vor der Prüfung abgekürzt werden. Die Proberohre sind mindestens 48 Stunden vor der Prüfung in Wasser zu lagern, nach der Wassereinlagerung mit einem Schwamm leicht abzutrocknen und dann zu prüfen.

Über die Vorbehandlung muß das Prüf- oder Abnahmezeugnis nach Abschnitt 4.2 Auskunft geben.

4.12 Beschaffenheit

Jedes Rohr ist vor der Werkstoffprüfung nach entsprechender Säuberung auf die geforderte Oberflächenbeschaffenheit zu untersuchen.

4.13 Prüfung auf Wasserdichtheit

Alle Rohre sind vor Aufbringen eines etwaigen Rohrschutzes einem Abdruckversuch nach DIN 50 104 „Innendruckversuch für Hohlkörper beliebiger Form bis zu einem bestimmten Innendruck (Abdrückversuch)" mit Wasser in der zweifachen Höhe des Nenndruckes zu unterziehen. Während der Prüfung, bei der der Druck mindestens 30 Sekunden zu halten ist, dürfen sich keinerlei Undichtheiten oder Wasserflecken und Tropfen zeigen.

4.14 Kennzeichnung

Nach bestandener Prüfung auf Wasserdichtheit werden alle Rohre mit Nenndruck (ND), Nennweite (NW), Herstellerzeichen und Prüfdatum in dauerhafter Weise gekennzeichnet.

4.2 Besondere Abnahmeprüfungen

Bei Bestellung kann über die im Abschnitt 4.1 genannten Prüfungen hinaus vereinbart werden:

a) Werkzeugnis, d. h. die Vorlage eines Prüfzeugnisses einer anerkannten Materialprüfungsanstalt über die im Betrieb laufend hergestellten Rohre oder

b) Abnahmezeugnis, d. h. die Einzelprüfung, abgestellt auf die in Frage kommende Rohrlieferung.

4.21 Anzahl der Proberohre

Zur Vornahme der nachstehenden Werkstoffprüfungen bei der Abnahme nach Abschnitt 4.2 b sind die Rohre nach Nenndruck und möglichst auch nach Nennweite geordnet in Gruppen von 400 Stück einzuteilen.

Für die Prüfung selbst sind aus jeder Gruppe nach freier Wahl 2 Rohre herauszugreifen, wobei 25% der Proberohre, mindestens jedoch 1 Rohr, nach Abschnitt 4.23 und 4.24 zu prüfen sind.

4.22 Prüfung auf Ringzugfestigkeit

Die Ringzugfestigkeit wird durch einen Innendruckversuch nach DIN 50 105 „Innendruckversuch für Hohlkörper bis zur Zerstörung des Probestückes" mit Wasser bis zum Bruch des Rohres festgestellt.

Die Ringzugspannung wird nach der Formel

$$\sigma_z = \frac{p \cdot d}{2 \cdot s} \text{ in kg/cm}^2$$

berechnet, wobei

    p = Wasserdruck in kg/cm²
    d = tatsächliche lichte Weite des Rohres in cm
    s = tatsächliche Wanddicke des Rohres in cm
         (an Bruchstücken gemessen)

bedeutet. Die Länge der Probekörper ist 50 cm.

Der Druck wird gleichmäßig auf den maßgebenden Prüfdruck gebracht und dann so lange mit höchstens 2 kg/cm² je Sekunde gesteigert, bis der Bruch eintritt.

4.23 Prüfung auf Scheiteldruckfestigkeit

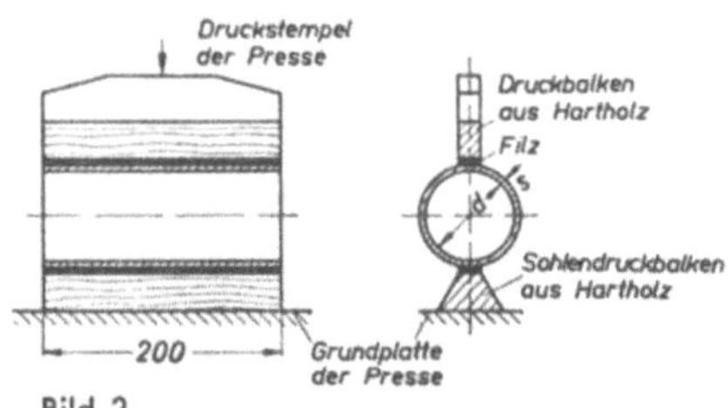

Bild 2

Die Prüfung auf Scheiteldruckfestigkeit wird nach DIN 52 150 „Prüfung von Rohren aus spröden Stoffen, Widerstandsfähigkeit gegen Scheiteldruck (Scheiteldruckfestigkeit)" und entsprechend Bild 2 ausgeführt (Zwei-Linien-Lagerung).

Zwischen das Rohr und die Platten der Prüfpresse werden Filzschichten von mindestens 10 mm Dicke gelegt.

Die Scheiteldruckfestigkeit wird nach der Formel

$$\sigma_d = \frac{3\,P \cdot (d + s)}{\pi \cdot s^2 \cdot l} \text{ in kg/cm}^2$$

berechnet, wobei

    P = Bruchlast in kg
    d = tatsächliche lichte Weite des Rohres in cm
    s = tatsächliche Wanddicke des Rohres in cm
         (an Bruchstücken gemessen)
    l = 20 cm Länge der belasteten Rohrmantellinie

bedeutet.

Die Belastung wird um 40 bis 60 kg je Sekunde gesteigert, bis die Bruchlast P erreicht ist, d. h. bis die Lastanzeige bei fortschreitendem Zusammendrücken des Rohres nicht mehr steigt.

4.24 Prüfung auf Biegezugfestigkeit

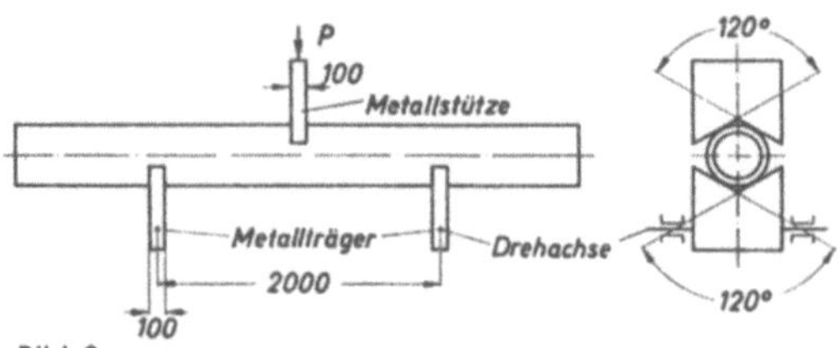

Bild 3

Die Biegezugfestigkeit wird bei geraden Rohren nur bis Nennweite 200 wie folgt ermittelt. Zwischen die um zwei waagerechte Achsen drehbaren Metallträger und das Rohr sowie zwischen die lastübertragende Metallstütze und das Rohr wird eine mindestens 10 mm dicke Schicht von Filz gelegt (siehe Bild 3). Die Biegezugfestigkeit wird nach der Formel

$$\sigma_b = \frac{8\,P\cdot l}{\pi} \cdot \frac{d+2\,s}{(d+2\,s)^4 - d^4} \quad \text{in kg/cm}^2$$

berechnet, wobei

P = Bruchlast in kg

l = Abstand zwischen den Mitten der Stützen in cm

s = tatsächliche Wanddicke des Rohres in cm (an Bruchstücken gemessen)

d = tatsächliche lichte Weite des Rohres in cm

bedeutet.

Die Belastung wird um 40 bis 60 kg je Sekunde gesteigert, bis die Bruchlast P erreicht ist.

4.3 Abnahme

Bestehen alle Proberohre nach Abschnitt 4.21 die vorgeschriebene Prüfung, so gilt dies als Nachweis für sämtliche Rohre der betreffenden Lieferung. Ist der Grund für das Versagen eines Rohres nicht offenkundig, dann kann der Auftraggeber verlangen, daß die Prüfung an der doppelten Zahl von Rohren aus der gleichen Lieferung wiederholt wird. Bestehen diese neuerlich ausgesuchten Proberohre die Prüfung, dann gilt die gesamte Lieferung als abgenommen. Fällt auch diese Prüfung ungenügend aus, so ist der Auftraggeber berechtigt, die betreffende Rohrgruppe zurückzuweisen.

5. Rohrschutz

Die Rohre werden nur auf Bestellung mit einem inneren und/oder äußeren Rohrschutz geliefert. Der Rohrschutz wird kalt oder warm aufgebracht. Er muß festhaften. Der Innenschutz darf die strömungstechnischen Eigenschaften der Rohre nicht mindern und muß den durch die jeweiligen Durchflußmittel bedingten Anforderungen entsprechen. Er muß insbesondere bei Trinkwasserleitungen frei von gesundheitsschädlichen Bestandteilen sein und darf dem Wasser weder Geruch noch Geschmack und Farbe geben.

6. Rohrverbindungen[2]

Die Brauchbarkeit der Rohrverbindungsart muß durch ein Prüfzeugnis einer anerkannten Materialprüfungsanstalt[3] erwiesen sein. Bei Anschlüssen an Armaturen ist DIN 19 630 „Wasserversorgungsanlagen, Guß-, Stahl- und Asbestzement-Rohrleitungen für Trinkwasser, Richtlinien für den Bau" (z. Z. noch Entwurf) zu beachten.

7. Formstücke[2]

Formstücke aus Asbestzement, im wesentlichen Rohrbögen, die nicht zu dieser Norm gehören, können zur Einhaltung der an die einzelnen Nenndrücke gestellten Anforderungen mit entsprechend größeren Wanddicken hergestellt werden. Formstücke aus Grauguß unterliegen den Bestimmungen der DIN 2420 „Graugußrohre und Formstücke, Technische Lieferbedingungen".

---

2) Normung in Vorbereitung.

3) Materialprüfanstalten in der Bundesrepublik: sind beim Arbeitsausschuß Asbestzement-Druckrohre zu erfragen.
Materialprüfanstalten in der DDR: . . . . .

DK 628.1:621.643.2:620.162.4	**DEUTSCHE NORMEN**	**Dezember 1956**

Asbestzement-Druckrohrleitungen für Wasser außerhalb von Gebäuden
Richtlinien für Druckprüfung

**DIN
19 801**

Inhalt

1. Allgemeines

Asbestzement-Druckrohrleitungen für Wasser müssen vor ihrer Inbetriebnahme einer Innendruckprüfung mit Wasser unterworfen werden. Dabei findet im Rohrwerkstoff eine gewisse Wasseraufnahme statt, die im Druckprüfverfahren berücksichtigt ist.

2. Druckprüfverfahren

Die Druckprüfung ist eine zeitlich begrenzte Prüfung mit einem den Nenndruck übersteigenden Prüfdruck.

Die Druckprüfung wird eingeteilt in

a) V o r p r ü f u n g
b) H a u p t p r ü f u n g.

Eine Leitung kann nicht immer in einem einzigen Prüfvorgang unter Druck geprüft werden, sie ist dann streckenweise zu prüfen (T e i l s t r e c k e n p r ü f u n g).

In diesem Falle werden die Verbindungsstellen zwischen den einzelnen Teilstrecken durch eine

G e s a m t p r ü f u n g (siehe Abschnitt 4.7) auf Dichtheit geprüft.

3. Bemessen der Teilstrecken

Im allgemeinen sollen die Teilstrecken nicht länger als 500 m sein. Wenn die Leitung größere Höhenunterschiede aufweist, so muß gewährleistet sein, daß bei der Prüfung am höchsten Punkt der Leitung noch mindestens der Nenndruck vorhanden ist.

4. Durchführung der Druckprüfung

4.1 Absteifen und Verankern

Vor der Druckprüfung ist jedes Rohr unter Freilassen der Rohrverbindungen so einzudecken, daß Achsabweichungen einzelner Rohre keine Lageveränderung der Rohrleitung bewirken können. Die Leitung ist vor dem Füllen mit Wasser nicht nur an den Enden der Prüfstrecke, sondern auch an allen Krümmern und Abzweigungen ausreichend abzusteifen und zu verankern, um Lageveränderungen und damit Gefährdungen der Dichtheit der Rohrverbindungen während der Prüfung und im Betrieb zu vermeiden.

Die Absteifungen und Verankerungen müssen für den jeweiligen Prüfdruck bemessen sein. Die zulässige Bodenpressung ist zu berücksichtigen.

Die Endabsteifungen dürfen erst entfernt werden, wenn die Leitung vollkommen druckentlastet ist.

4.2 Füllen der Rohrleitung

Die Leitung ist mit möglichst einwandfreiem Wasser so zu füllen, daß sie luftfrei ist.

4.3 Anordnung der Preßpumpe

Die Preßpumpe ist an einem unfallsicheren Ort aufzustellen.

4.4 Messen von Prüfdruck und Wasseraufnahme

4.41 Zur Prüfung sind geeichte Druckmesser zu verwenden. Sie müssen eine Teilung haben, die ein einwandfreies Ablesen von 0,1 kg/cm² Druckänderung gestattet.

Zu empfehlen sind selbstschreibende Meßgeräte und ein zusätzlicher Kontrolldruckmesser. Der Druckmesser ist im allgemeinen am tiefsten Punkt der Prüfstrecke anzubringen.

4.42 Die zur Druckerzeugung nötigen Wassermengen werden an einer Literteilung am Behälter der Preßpumpe abgelesen oder durch Zufüllen der verbrauchten Wassermenge am Schluß der Druckprüfung in Litern ermittelt. Die Größe des Behälters ist so zu wählen, daß eine genügend genaue Nachmessung des verbrauchten Wassers möglich ist.

4.43 Während der Prüfdauer soll der Arbeitnehmer eine Fachkraft stellen, die erforderlichenfalls in der Lage ist, einzugreifen.

Um einen ungestörten Ablauf der Prüfung zu gewährleisten, sowie aus Sicherheitsgründen, sind Arbeiten im Rohrgraben während der Prüfung unzulässig.

4.5 Vorprüfung [1]

Nach dem Füllen ist die Leitung nochmals zu entlüften und 24 Stunden lang einer Vorprüfung mit dem Nenndruck zu unterziehen. Während dieser Zeit soll sich die Leitung mit Wasser sättigen und die restliche Luft absorbiert werden. Zeigen sich dabei Lageveränderungen einzelner Bauteile oder undichte Verbindungen, so ist der Druck zu steigern — wenn möglich bis zum Prüfdruck —, damit die Fehler leichter zu erkennen sind.

---

[1] Gilt vor allem für längere Leitungen (siehe Erläuterungen zu Abschnitt 3).

Fortsetzung Seite 2 bis 5

Arbeitsausschuß Asbestzement-Druckrohre im Deutschen Normenausschuß (DNA)
Fachnormenausschuß Wasserwesen im DNA
Fachnormenausschuß Rohrleitungen im DNA

4.6 Hauptprüfung

Wenn bei der Vorprüfung keine Lageveränderung einzelner Bauteile oder sichtbare Wasseraustritte an den Rohrwandungen oder an den Rohrverbindungen, Undichtheiten an Armaturen und dgl. auftreten, so kann anschließend die Hauptprüfung durchgeführt werden.

Nach Beendigung der Hauptprüfung ist die Prüfstrecke solange mit dem Nenndruck zu belasten, bis die Rohrverbindungen mindestens 30 cm über Rohrscheitel eingedeckt sind, damit beim Eindecken eintretende Beschädigungen vom Druckmesser angezeigt werden können.

4.61 Höhe des Prüfdrucks

Der Prüfdruck beträgt für Leitungen von

ND 2,5   5 kg/cm²
ND 6   10 kg/cm²
ND 10   15 kg/cm²
ND 12,5 18 kg/cm²

Nicht für Versorgungs- und Anschlußleitungen für Trinkwasser (siehe DIN 19 630)

Der Prüfdruck von Rohrleitungen über NW 400 soll das 1,5fache des der Bemessung der Leitung zugrundegelegten Druckes betragen, jedoch 5 kg/cm² nicht unterschreiten.

4.62 Prüfdauer

Die Prüfdauer ist abhängig von der Rohrnennweite, der Bedeutung der Leitung sowie von der Länge der Prüfstrecke. Sie soll solange ausgedehnt werden, daß alle Schäden erkannt werden können.

Es wird empfohlen, die Prüfdauer auf eine halbe Stunde je angefangene 100 m Leitungslänge festzusetzen.

4.63 Zulässige Wasseraufnahme

Bei der Hauptprüfung wird der Prüfdruck alle ½ Stunde wieder hergestellt. Die dazu erforderlichen Wassermengen (Wasseraufnahme) dürfen die Werte nach Tabelle 1 nicht überschreiten:

Tabelle 1

Zeit	ND	Wasseraufnahme l/m² Innenfläche
während der 1. halben Stunde	2,5	0,0173
	6	0,0245
	10	0,0300
	12,5	0,0328
während der 2. halben Stunde	2,5	0,0115
	6	0,0163
	10	0,0200
	12,5	0,0219
während der 3. halben Stunde	2,5	0,0086
	6	0,0122
	10	0,0150
	12,5	0,0164
während der 4. halben Stunde	2,5	0,0086
	6	0,0122
	10	0,0150
	12,5	0,0164
von der 5. halben Stunde ab je ½ Stunde	2,5	0,0058
	6	0,0082
	10	0,0100
	12,5	0,0109

Die Wasseraufnahme in Litern je 100 m Leitung ist in Tabelle 2 zusammengestellt:

Tabelle 2

NW		65	80	100	125	150	200	250	300	350	400
nach ½ Stunde für ND	2,5	0,35	0,44	0,54	0,68	0,82	1,09	1,36	1,63	1,90	2,17
	6	0,50	0,62	0,77	0,96	1,15	1,54	1,92	2,31	2,69	3,08
	10	0,61	0,76	0,94	1,18	1,41	1,89	2,36	2,83	3,30	3,77
	12,5	0,67	0,82	1,03	1,29	1,55	2,06	2,57	3,09	3,61	4,12
nach 1 Stunde für ND	2,5	0,58	0,72	0,90	1,13	1,35	1,81	2,26	2,71	3,16	3,62
	6	0,83	1,02	1,27	1,60	1,92	2,56	3,20	3,84	4,48	5,13
	10	1,02	1,27	1,57	1,96	2,37	3,14	3,93	4,71	5,50	6,28
	12,5	1,11	1,37	1,72	2,15	2,58	3,44	4,29	5,15	6,00	6,87
nach 1½ Stunden für ND	2,5	0,76	0,94	1,17	1,47	1,76	2,35	2,94	3,53	4,11	4,70
	6	1,08	1,33	1,66	2,08	2,50	3,33	4,16	4,99	5,83	6,66
	10	1,33	1,63	2,04	2,55	3,06	4,09	5,11	6,13	7,15	8,17
	12,5	1,45	1,79	2,23	2,79	3,35	4,47	5,58	6,70	7,81	8,93
nach 2 Stunden für ND	2,5	0,94	1,15	1,44	1,80	2,17	2,88	3,61	4,33	5,06	5,78
	6	1,33	1,63	2,04	2,56	3,07	4,09	5,12	6,13	7,17	8,18
	10	1,63	2,02	2,51	3,14	3,77	5,03	6,27	7,53	8,80	10,05
	12,5	1,79	2,20	2,74	3,43	4,12	5,49	6,87	8,24	9,61	10,99
nach 2½ Stunden für ND	2,5	1,06	1,30	1,63	2,03	2,44	3,25	4,07	4,88	5,70	6,51
	6	1,50	1,84	2,30	2,88	3,46	4,61	5,76	6,91	8,07	9,21
	10	1,84	2,27	2,83	3,54	4,24	5,66	7,06	8,48	9,90	11,31
	12,5	2,01	2,48	3,09	3,86	4,64	6,17	7,73	9,27	10,81	12,36
nach 3 Stunden für ND	2,5	1,18	1,45	1,81	2,26	2,71	3,61	4,53	5,43	6,34	7,24
	6	1,67	2,05	2,56	3,20	3,85	5,12	6,40	7,68	8,97	10,24
	10	2,04	2,52	3,14	3,93	4,71	6,29	7,84	9,42	11,00	12,57
	12,5	2,23	2,75	3,43	4,29	5,15	6,85	8,59	10,30	12,01	13,73
je weitere ½ Stunde für ND	2,5	0,12	0,15	0,18	0,23	0,27	0,36	0,46	0,55	0,64	0,73
	6	0,17	0,21	0,26	0,32	0,39	0,51	0,64	0,77	0,90	1,03
	10	0,20	0,25	0,31	0,39	0,47	0,63	0,78	0,94	1,10	1,26
	12,5	0,22	0,27	0,34	0,43	0,51	0,68	0,86	1,03	1,20	1,37

4.64 Undichtheiten

Zeigen sich bei der Hauptprüfung undichte Stellen an den Rohrverbindungen (Tropfenabfall, Wasserablauf und dgl.), so muß die Prüfung unterbrochen und die Leitung langsam so weit entleert werden, bis alle undichten Stellen wasserfrei sind. Die Prüfung darf erst nach Beseitigung dieser Mängel wiederholt werden.

4.7 Gesamtprüfung

Nach der Fertigstellung eines größeren Leitungsabschnittes muß dieser nochmals einer 2stündigen Druckprüfung mindestens mit dem Nenndruck unterzogen werden, damit auch die nachträglichen Verbindungsstellen zwischen den einzelnen Prüfstrecken noch geprüft werden. Diese Verbindungsstellen müssen deshalb bis zur Gesamtprüfung uneingedeckt bleiben.

5. Prüfbericht

Über die Druckprüfungen sind Niederschriften zu fertigen, die von dem Auftraggeber und Auftragnehmer anzuerkennen sind (siehe beiliegendes Muster).

6. Zu beachtende Normen

Folgende Normen sind bei Durchführung einer Druckprüfung dieser Norm mitzubeachten:

DIN 19 800 Blatt 1   Asbestzement-Druckrohre, Maße
DIN 19 800 Blatt 2   Asbestzement-Druckrohre, Technische Lieferbedingungen
DIN 1988   Wasserversorgungsanlagen, Wasserleitungsanlagen in Grundstücken, Technische Bestimmungen für den Bau und Betrieb
DIN 19 630   Wasserversorgung, Guß-, Stahl- und Asbestzement-Rohrleitungen für Trinkwasser, Richtlinien für den Bau (z. Z. noch Entwurf).

Erläuterungen

Zu Abschnitt 1:

Das Rohrnetz einer Wasserversorgungsanlage usw. bindet den größten Teil des gesamten Anlage-Kapitals. Es ist deshalb aus wirtschaftlichen Gründen dringend nötig, das Netz einwandfrei auszuführen und zu unterhalten.

Abgesehen von ganz wenigen Teilstrecken, wie Brückenleitungen, in Unterführungen von Verkehrsstraßen gelegte Leitungen; Rohrstollenleitungen und dgl. ist das Rohrnetz erdbedeckt gelegt und kann also nicht jederzeit unmittelbar geprüft werden. Es ist deshalb von jeder Leitung zu fordern, daß ihre einzelnen Bauteile — Rohre, Formstücke und Armaturen — genügende Festigkeit haben und so zusammengebaut werden, daß sie keine unerwünschte Lageveränderung erfahren können, und die fertige Leitung völlig dicht ist. Ungenügende Festigkeit und Lageveränderungen einzelner Bauteile haben Betriebsstörungen und Schäden vielfältiger Art, wie Rohrbrüche und dgl., zur Folge. Das aus undichten unter Druck stehenden Rohren und Rohrverbindungen austretende Wasser erweitert mit der Zeit die einzelnen Schadenstellen. Die hieraus bei durchlässigem Untergrund eintretenden Wasserverluste können unter Umständen einen recht beträchtlichen Umfang annehmen, bevor sie erkannt werden, und Schäden an Grundstücken und Bauwerken verursachen, die zu Schadenersatzforderungen führen können. Diese sind zu vermeiden, wenn Wasserleitungen nach ihrer Fertigstellung auf Dichtheit geprüft werden.

Zu Abschnitt 2:

Prüfdruck und Prüfdauer sind gemäß Abschnitt 4.61 und 4.62 in der Leistungsbeschreibung anzugeben.

Zu Abschnitt 3:

Die Bemessung der Teilstrecken hängt von der Anlage, von der Jahreszeit und von den örtlichen Verhältnissen ab (Bebauung des Geländes, Verkehr, Höhenlage der Anlage, Verlauf der Drucklinie des höchsten Betriebsdruckes u. a. (siehe Abschnitt 4.61).

Bei kurzen Prüfstrecken kann die Leitung rascher eingedeckt und damit Verkehrsstörungen und Gefährdungen der Leitungen eingeschränkt werden.

Bei langen Prüfstrecken ist der Zeit- und Kostenaufwand für die Prüfungen geringer, außerdem gibt es weniger ungeprüfte Verbindungen zwischen den Prüfstrecken.

Mechanische Beschädigungen (durch einstürzende Grabenwände, Aufprall schwerer Körper u. ä.) können zu Rohrbrüchen führen. Überflutungen durch Sturzregen, Schneeschmelze, auftreibenden Schwemmsand u. ä. bringen unter Umständen die nicht oder nur teilweise eingedeckte Rohrleitung durch Auftrieb zum Schwimmen, wodurch die Leitung gefährdet wird.

Zu Abschnitt 4.2:

Luftansammlungen in der Leitung gefährden diese und beeinflussen das Prüfergebnis, besonders bei größeren Temperaturänderungen.

Zweckmäßig wird die Leitung bei offenen Entlüftungen vom Tiefpunkt aus langsam gefüllt, damit die Luft entweichen kann.

Für das Füllen der Leitung werden folgende Erfahrungswerte empfohlen:

NW	Zufluß l/s	NW	Zufluß l/s
65	0,1	300	3
80	0,2	400	6
100	0,3	500	9
125	0,5	600	14
150	0,7	700	19
200	1,5	800	25
250	2	900	32

Zu Abschnitt 4.4:

Bei der geringen Wärmeleitfähigkeit von Asbestzement-Druckrohrleitungen erübrigt es sich, die Temperatur der Luft und des Leitungswassers zu messen.

Zur Prüfung des Verhaltens der Leitung wird empfohlen, Bewegungen an Krümmern und Abzweigverankerungen, Absperrorganen und Reduzierstücken zu messen, ebenso das Schieben der Muffen.

Zu Abschnitt 4.6:

Die sicherste Nachprüfung der Muffenverbindungen ist die Untersuchung jeder einzelnen Muffe während der Druckprüfung. Zu diesem Zweck sind die Muffenlöcher soweit möglich auch bei der Druckprüfung so offen zu halten, daß die Muffen beobachtet werden können.

Zu Abschnitt 4.63:

Die zulässige Wasseraufnahme in Abhängigkeit von den Nenndruckstufen ist direkt proportional den Quadratwurzel-Werten der zugehörigen Prüfdrücke.

Wenn z. B. die Wasseraufnahme für Rohre ND 10 bekannt ist, ergeben sich die zugehörigen Umrechnungsfaktoren k für andere Nenndruckstufen aus den Prüfdrücken p wie folgt:

$$k = \frac{\sqrt{p}}{\sqrt{15}}.$$

Zu Abschnitt 4.64:

Erfahrungsgemäß haben Druckprüfungen, die gegen geschlossene Schieber ausgeführt werden, im allgemeinen nur dann ein einwandfreies Ergebnis, wenn die Schieber in ihrem Neufertigungszustand mit geschlossenem Keil eingebaut sind. Anderenfalls müssen zum Abschließen Blindflansche, Verschlußdeckel oder Steckscheiben verwendet werden.

Seite 4 DIN 19 801

Muster für die Niederschrift über Druckprüfungen an Wasserleitungen aus Asbestzement

Auftraggeber: ....

Auftragnehmer: ....

Niederschrift Nr: ....

über die Durchführung der Druckprüfung der nachgenannten Wasserleitung nach den Richtlinien DIN 19 801

am ....

1. Beschreibung der Leitung

Bezeichnung der Leitung (Art und Lage) ....

....

....

Prüfstrecke Nr: .... von .... bis .... Länge der Prüfstrecke .... m

Rohrlieferwerk ....

Nennweite (NW) .... Nenndruck (ND) ....

Art der Rohrverbindungen .... Anzahl der Rohrverbindungen ....

2. Prüfdaten

Einbaustelle des Druckmessers: ...., Höhe .... NN

Tiefster Punkt der Prüfstrecke: ...., Höhe .... NN

Vorgeschriebene Prüfdrücke an der Einbaustelle des Druckmessers:

a) für die Vorprüfung nach Abschnitt 4.5 .... kg/cm^2

b) für die maßgebende Hauptprüfung nach Abschnitt 4.6 während .... Stunden .... kg/cm^2

c) für die Gesamtprüfung nach Abschnitt 4.7 .... kg/cm^2

Zulässige Wasseraufnahme nach Abschnitt 4.63 .... Liter

3. Durchführung der Druckprüfung
Vorprüfung:

Füllen der Leitung: Beginn .... Ende .... Füllzeit: .... Stunden

Prüfbeginn: .... Prüfende: .... Prüfdauer: .... Stunden

Ergebnis der Vorprüfung: ....

....

....

Bemerkung:

Etwaige Wiederholungen der Vorprüfung sind anzugeben, und zwar mit den jeweiligen Ergebnissen und den anschließend durchgeführten Leitungsverbesserungen.

Hauptprüfung:

Wasserbedarf zur Wiederherstellung des Prüfdrucks (Wasseraufnahme).

Prüfbeginn: ....   Prüfende: ....   Prüfdauer: .... Stunden

Ergebnis der Hauptprüfung: ....

....

....

Nachfüllung	Liter Wasser je ½ Stunde
nach ½ Stunde (1. Nachfüllung)	
nach 1 Stunde (2. Nachfüllung)	
nach 1½ Stunden (3. Nachfüllung)	
nach 2 Stunden (4. Nachfüllung)	
nach ... Stunden (5. Nachfüllung)	
nach ... Stunden (6. Nachfüllung)	
Summe der Nachfüllungen 1 bis ...	

Maßgebender Druckmesser Nr: ....   Kontroll-Druckmesser Nr: ....

Gesamtprüfung:

Prüfbeginn: ....   Prüfende: ....   Prüfdauer: .... Stunden

Ergebnis der Gesamtprüfung: ....

....

....

Weitere Feststellungen

a) an den Druckmessern ....

b) an den Rohren und Armaturen ....

c) an den Rohrverbindungen ....

d) Sonstiges, z. B. Wiederholungen der Druckprüfungen mit ihren Ergebnissen und den durchgeführten Leitungsverbesserungen

....

....

4. Abnahmevermerk

....

....

5. Unterschrift der Abnahmebeauftragten

Die anliegende Niederschrift anerkennen:

für den Auftraggeber ....

für den Auftragnehmer ....

Anlagen   ...., den ....

1 Lageplanskizze   }
1 Längenprofilskizze }   falls vorgeschrieben

Die Internationale Normen-Organisation hat sich bereits mit der Normung der Asbest-Zement-Druckrohre befaßt und an die Nationalen Normen-Institutionen die Empfehlung **ISO/R 160 — June 1960** herausgegeben.

Der Inhalt dieser Empfehlung wird nachstehend abgedruckt.

CONTENTS

ISO Recommendation

ASBESTOS CEMENT PRESSURE PIPES

1. PURPOSE AND SCOPE

This ISO Recommendation applies to pipes and joints in asbestos cement intended for use under pressure.

It specifies certain conditions of manufacture, the classification, dimensions and acceptance tests applicable to these products.

2. PIPES

2.1 Composition

Pipes should be made from a close and homogeneous mixture essentially consisting of cement, conforming to the national standards of the producing country, asbestos fibre and water, and excluding material liable to cause ultimate deterioration in the quality of the pipes.

2.2 Finish

The interior surface of the pipes should be regular and smooth.

Since pipes are to be laid with rubber ring joints, the surface on which the rings rest should satisfy the tolerances for the exterior diameters, set out in clause 2.5.1, for a sufficient length to suit the type of joint adopted.

2.3 Marking

Pipes should be marked legibly and indelibly as follows:

Manufacturer's mark,
Date of manufacture,
Nominal diameter,
Class.

The method of marking should conform to the national standards of the producing country.

2.4 Classification and dimensions

2.4.1 *Classification.* Pipes are classed according to the tightness test pressure. Either of the following series of classes * may be chosen:

Classes: Series I

Feet head	kgf/cm^2 (approximately)
200	6
400	12
600	18
800	24

Classes: Series II

kgf/cm^2	Feet head (approximately)
5	165
10	330
15	495
20	660
25	825

---

* The choice of the class of the pipes is determined by the purchaser's engineer, who alone is qualified to judge the conditions of laying and using the pipes. Nevertheless, it is recommended that a class be selected such that the working pressure does not exceed half the tightness test pressure (see clause 2.6.1) given for that class.

2.4.2 *Nominal diameters.* The nominal diameter of asbestos cement pipes corresponds to the internal diameter (bore), tolerances not being taken into account.

The series of nominal diameters is given below. The dimensions in millimetres and in inches are considered to be "Corresponding values", although they are only approximate.

Series of nominal diameters

Millimetres	Inches (approximately)	Millimetres	Inches (approximately)
50	2	350	14 or 15
60	—	400	16
80	3	450	18
100	4	500	20 or 21
125	—	600	24
150	6	700	—
200	8	800	—
250	10	900	—
300	12	1 000	—

2.4.3 *Thickness.* The actual thickness should be at least 8 mm and be such that the tightness test pressure defining the class gives, in relation to the bursting pressure (see clause 2.6.2), a safety factor of not less than

2   for pipes up to 100 mm diameter,
1.75 for pipes from 125 to 200 mm diameter,
1.5   for pipes of 250 mm diameter and over.

NOTE: The bursting pressure (see clause 2.6.2) should be not less than the working pressure (equal to a maximum of 50 per cent of the tightness test pressure), multiplied by the coefficients 4, 3.5 and 3 respectively.

2.4.4 *Length.* The nominal length (length between extremities for pipes with plain ends, effective length for pipes with sockets) should be not less than

3 m for pipes of nominal diameter of 100 mm or less,
4 m for pipes of nominal diameter greater than 100 mm.

The nominal length should preferably be a multiple of 0.50 m.

2.5   Tolerances on the dimensions

2.5.1 *Tolerances on the external diameter at finished ends*

DIMENSIONS IN MILLIMETRES

Nominal diameters		Tolerances
equal to and over	equal to and under	
50	300	± 0.6
350	500	± 0.8
600	700	± 1.0
700	1 000	± 1.2

NOTE: Should the tightness of certain types of joints necessitate more severe tolerances, these tolerances should be specified, when ordering, by agreement between the manufacturer and the purchaser.

2.5.2 *Tolerances on the internal diameter (bore) (tolerances of ovality)*, (optional test). The regularity of the internal diameter should be checked by means of a sphere or a disc, of a material unaffected by water, which should pass freely along the pipe.

The disc should be kept perpendicular to the axis of the pipe. The diameter of the sphere or the disc should be less than the internal diameter of the pipe by the following value, expressed in millimetres:

$$2.5 + 0.01\ d$$

d being the internal diameter, in millimetres.

NOTE: In the acceptance conditions it should be made clear that this test will only be applied on the special request of the purchaser, to which attention is called in the title by the mention of "optional test".

2.5.3 *Tolerances on the thickness of the wall*

2.5.3.1 TOLERANCES AT FINISHED ENDS

DIMENSIONS IN MILLIMETRES

Nominal thickness *		Tolerances
over	under or equal to	
—	10	± 1.5
10	20	± 2.0
20	30	± 2.5
30	—	± 3.0

* Indicated by the manufacturer.

The above tolerances are also subject to the provision that the difference between any two internal diameters should never be greater than 10 per cent of the nominal internal diameter.

2.5.3.2 TOLERANCES ON THE BARREL OF THE PIPE. The thickness at any point should be not less than that laid down by the application of the tolerances given in clause 2.5.3.1.

NOTE: The wall thickness of a pipe should be not less than 8 mm after application of the tolerance in order to comply with clause 2.4.3.

2.5.4 *Tolerances on the nominal length*

Upper deviation: + 5 mm
Lower deviation: − 20 mm   for all lengths.

2.5.5 *Tolerances on the straightness.* The deviation j is determined by rolling the pipe under examination on two parallel runners placed at a distance apart equal to two thirds of its length l (see Fig. 1, page 7). The deviation should not exceed the following values:

DIMENSIONS IN MILLIMETRES

Nominal diameter		Maximum deviation j
equal to or over	equal to or under	
50	60	5.5 l *
80	200	4.5 l *
250	500	3.5 l *
600	1 000	2.5 l *

* l = length of the pipe, expressed in metres.

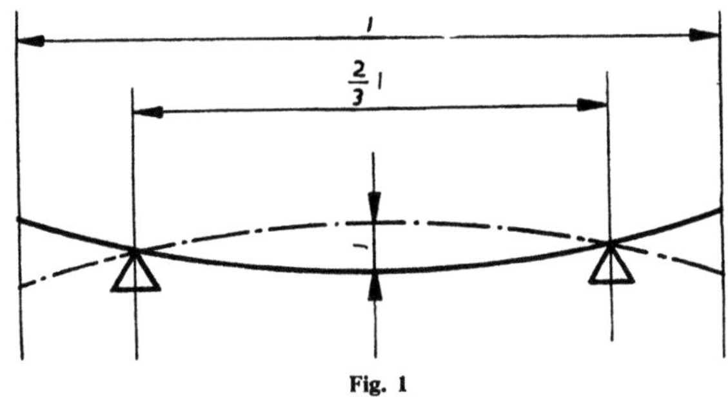

Fig. 1

2.6   Tests

Any acceptance tests are carried out at the manufacturer's works on pipes which the manufacturer guarantees to be sufficiently matured. There are two sorts of tests:

(a) Compulsory tests

 1. Internal hydraulic pressure tightness test on all pipes (method as specified in clause 2.6.1).

 2. Internal hydraulic pressure bursting test (method as specified in clause 2.6.2; number of tests as specified in clause 4.2.2).

(b) Optional tests at purchaser's request

 3. Transverse crushing test (method as specified in clause 2.6.3; number of tests as specified in clause 4.2.2).

 4. Longitudinal bending test (method as specified in clause 2.6.4; number of tests as specified in clause 4.2.2).

2.6.1 *Internal hydraulic pressure tightness test.* The pipes are placed in a hydraulic press, the tightness of the ends being ensured by an appropriate device.

The internal pressure is measured by a pressure gauge calibrated to give accurate readings. The internal hydraulic pressure is raised gradually until the gauge registers a figure corresponding to the class. This pressure is maintained for 30 seconds to check that there is no loss or visible sweating on the outside surface of the pipe.

The test time may be reduced to 10 seconds without modification of the class, provided that the internal pressure is increased by 10 per cent.

2.6.2 *Internal hydraulic pressure bursting test.* A piece not less than 50 cm long is taken from the end of a pipe and immersed in water for 48 hours. It is put under pressure by a device based on the method of jointing used in actual practice and avoiding as far as possible any axial compression of the pipe, the distance between the sealing rings being not less than 45 cm, measured between the centres of the rings.

The piece is submitted to a pressure which is raised gradually and regularly to breaking point. The rate of increase of the pressure is 1 to 2 kgf/cm² per second.

The unit bursting stress R_t, expressed in kilogrammes-force per square centimetre, is given by the conventional formula :

$$R_t = \frac{p\,d}{2\,e}$$

where

p = internal hydraulic pressure, expressed in kilogrammes-force per square centimetre,

d = actual internal diameter of the pipe, expressed in centimetres,

e = actual thickness of the pipe in the broken section, expressed in centimetres.

The unit bursting stress R_t should be not less than 200 kgf/cm². *

2.6.3 *Transverse crushing test.* The test is carried out on a piece of pipe 20 cm long after immersion for 48 hours in water. Strips of felt or soft fibre not more than 1 cm thick are interposed between the press plates and the test piece. The load transmitted by the press is raised gradually so as to increase the stresses at the rate of 40 to 60 kgf/cm² per second up to breaking point.

The unit transverse crushing stress R_e, expressed in kilogrammes-force per square centimetre, is given by the conventional formula:

$$R_e = \frac{M}{W}$$

where

$$M = \frac{1}{2\pi} P (d + e)$$

$$W = \frac{1}{6} g e^2$$

P = breaking load, expressed in kilogrammes-force,

d = actual internal diameter of the pipe, expressed in centimetres,

e = actual thickness of the pipe in the broken section, expressed in centimetres,

g = actual length of the loaded specimen depending on the section of potential rupture, expressed in centimetres.

The unit transverse crushing stress R_e should be not less than 450 kgf/cm².**

NOTE: The value R_e may be derived from the formula:

$$R_e = 0.955 \frac{P (d + e)}{g e^2} ,$$

the values being expressed in the same units.

2.6.4 *Longitudinal bending test.* Taking into account the practical possibilities of carrying out the test and the nature of the bending stresses, this test should be called for only on pipes of 150 mm diameter and less.

The test is carried out on a pipe or part of a pipe (test piece) at least 2.20 m long which has been immersed in water for 48 hours. The test piece is placed on two metal supports. The supports are V-shaped with an opening of 120°, presenting a face 5 cm wide to the pipe and are free to move in the plane of bending on two horizontal axes 2 m apart (see Fig. 2, page 9).

---

* Any tolerances on a similar bursting stress requirement, when specified by national standards, should not lead to the acceptance of values lower than the minimum indicated in this ISO Recommendation.

When national standards specify tests on non-immersed pipes, the unit bursting stress should be not less than 225 kgf/cm².

** Any tolerances on a crushing stress, when specified by national standards, should not lead to the acceptance of values lower than the minimum indicated in this ISO Recommendation.

When national standards specify tests on non-immersed pipes, the unit crushing stress should be not less than 500 kgf/cm².

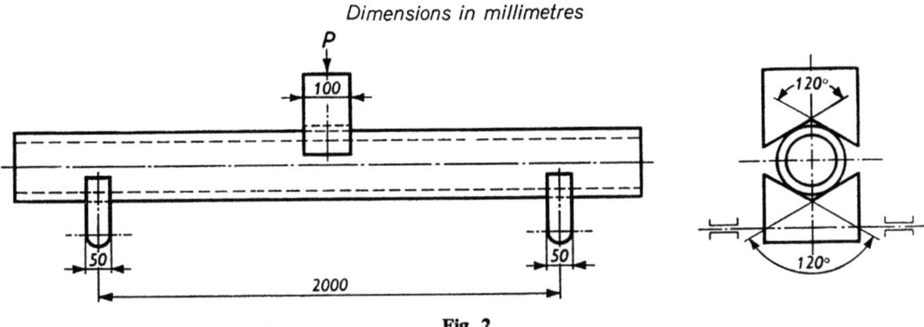

Fig. 2

The pipe is loaded at the centre of the distance between the supports by means of a metal pad having the same shape as the supports, but with a width of 10 cm. Strips of felt or soft fibre not more than 1 cm thick are interposed between the supports and the pipe, and the pad and the pipe. The applied load is raised gradually so as to increase the maximum stresses at the rate of 8 to 12 kgf/cm² per second up to breaking point.

The unit longitudinal breaking stress R_f, expressed in kilogrammes-force per square centimetre, is given by the conventional formula:

$$R_f = \frac{M}{W}$$

where

$$M = \frac{P\,l}{4}$$

$$W = \frac{\pi}{32}\,\frac{(d+2e)^4 - d^4}{d+2e},\text{ expressed in cubic centimetres,}$$

P = breaking load, expressed in kilogrammes-force,
l = distance between centres of supports, expressed in centimetres,
d = actual internal diameter of the pipe, expressed in centimetres,
e = actual thickness of the pipe in the broken part, expressed in centimetres.

The unit longitudinal breaking stress R_f should be not less than 250 kgf/cm².*

NOTE: The value R_f may be derived from the formula:

$$R_f = 2.547\,\frac{P\,l\cdot(d+2e)}{(d+2e)^4 - d^4},$$

the values being expressed in the same units.

3. JOINTS

3.1   Jointing

Pipes are jointed by means of natural or synthetic rubber rings held in place by a suitable device.

3.2   Jointing rings

The jointing rings should be suitable for the.type of joint selected. If the pipes are to be used to convey drinking water, the rings should not affect the quality of the water.

3.3   Parts of the joints

The parts of the joints, other than those made in asbestos cement, should conform to the national standards for the materials of the producing country.

---

* Any tolerances on a bending stress, when specified by national standards, should not lead to the acceptance of values lower than the minimum indicated in this ISO Recommendation.
When national standards specify tests on non-immersed pipes, the unit bending stress should be not less than 275 kgf/cm².

c *

3.4 Dimensions

The dimensions of all parts of the joints are those indicated by the manufacturer.

3.5 Tolerances

The tolerances on the internal diameter of the joints should be agreed with the manufacturer, taking account of the tolerances of the rubber rings and the tolerances permitted by clause 2.5.1 for the external diameter of the pipes.

3.6 Internal hydraulic pressure tightness test

The assembled joints should be capable of withstanding the specified tightness test pressure (see clause 2.6.1) of the pipes on which they are to be used, when the pipes are set at the maximum angular deviation indicated by the manufacturer of the joints.

4. ACCEPTANCE TESTS

Enquiries and orders should state whether the consignment is to be delivered with or without acceptance tests. Failing this statement in the order, the latter is presumed to be with acceptance tests, if agreements on the date of the tests or the nature of the optional tests have been reached between the manufacturer and the purchaser. Otherwise, the consignment is presumed to be without acceptance tests.

4.1 Checking on each item of the consignment

4.1.1 *Finish–Marking–Dimensions*

4.1.1.1 The finish (see clause 2.2), the marking (see clause 2.3), the dimensions (see clauses 2.4.2, 2.4.3 and 2.4.4) and the tolerances on pipes and joints (see clauses 2.5.1, 2.5.3, 2.5.4, 2.5.5 and 3.5) may be verified on each item of the consignment.

4.1.1.2 The test on the regularity of the internal diameter (see clause 2.5.2) should be carried out only when required by the order.

4.1.2 *Length–Delivery tolerances.* At least 95 per cent of the pipes supplied should be of the nominal length (subject to the tolerances given in clause 2.5.4), and the remainder may be shorter by not more than one metre. However, the total length of the pipes supplied should be not less than the length ordered.

4.1.3 *Internal hydraulic pressure tightness test.* The internal hydraulic pressure tightness test (see clause 2.6.1) should be carried out by the manufacturer on all pipes. The purchaser, if he so desires, may be present while the tests are being carried out.

4.2 Checking on samples

4.2.1 *Batching.* The consignment is divided by the manufacturer before testing into batches. A batch should include only items of the same diameter and class.

The batches are of 200 units.

Any homogeneous consignment smaller than this number or any remaining fraction form a batch when they are greater than 100 units.

4.2.2 *Sampling.* The purchaser selects at random the pipes or joints for testing in the ratio of one unit for each batch constituted according to clause 4.2.1.

For fractions of batches smaller than 100 units, no sampling is carried out.

4.2.3 *Internal hydraulic pressure tightness test.* If the purchaser does not witness the compulsory internal hydraulic pressure tightness test (see clause 4.1.3), he may, for checking purposes and after giving notice, ask for an additional internal hydraulic pressure tightness test (see clause 2.6.1) to be carried out, but only on a number of pipes selected in accordance with clause 4.2.2. In this instance, the pressure appropriate to the class should be maintained for 5 minutes.

4.3   Carrying out of tests

The tests are carried out on a date fixed by agreement.

For the tightness test the purchaser should observe the needs of the manufacturing programme.

Unless otherwise agreed the purchaser should inform the manufacturer, when ordering or not later than one month before dispatch, of the other tests (see clause 2.6) he wishes to have carried out.

4.4   Access to the works

The purchaser may have free access at any reasonable time to the place of testing and to the stocks for the sole purpose of inspecting and testing the materials which he has ordered.

4.5   Costs of testing

The following tests only are to be carried out at the expense of the manufacturer:

— the compulsory tests,
— any optional tests, called for when ordering,
— any optional tests, asked for after ordering, when a test results in rejection of the batch.

By preliminary agreement between the manufacturer and the purchaser when ordering, additional tests may be carried out at the purchaser's expense, at the works or in an independent laboratory designated by agreement. The manufacturer has the right to be represented.

4.6   Period for testing

All tests should be completed before dispatch of the consignment and at the latest four weeks after the date of sampling for the tests provided for in clauses 2.6.2, 2.6.3 and 2.6.4.

5. ACCEPTANCE OR REJECTION OF THE CONSIGNMENT

5.1   Checking on each item of the consignment

Any pipes and joints which fail to satisfy any of the requirements specified in clause 4.1 may be rejected.

5.2   Checking on samples

If any pipe or joint fails to satisfy any of the tests specified in clause 2.6, the tests in question are to be repeated on two further specimens selected from the same batch (see clause 4.2.1), and should either of these further specimens fail any of the tests, the batch may be rejected.

5.3   Manufacturer's certificate

5.3.1 *Orders with acceptance tests.* If the purchaser or his representative is not present at all or part of the tests, the manufacturer should supply the purchaser with a certificate showing that the pipes and joints satisfied the tests he was unable to witness.

5.3.2 *Orders without acceptance tests.* For orders without acceptance tests, the manufacturer is considered to have discharged his obligations by effecting dispatch, provided that the pipes have passed the tightness test (see clause 2.6.1) and comply with the requirements of clauses 4.1.1 and 4.1.2.

6. DRAFTING OF ORDERS

The purchaser's engineer alone is qualified to judge the conditions of installation and use of the pipes, therefore the following advice is given solely as guidance when drafting the order.

6.1 Fluid conveyed

Because of the special requirements (particularly as regards the rings of the joints), which may arise if certain fluids are to be conveyed, it is necessary that the nature of the fluid be stated beforehand to the manufacturer.

If necessary, the conditions of test for resistance to chemical agents should be, for each case, the subject of special technical directions.

6.2 Class

It is recommended that a class be selected such that the working pressure does not exceed half the tightness test pressure given for that class (see clause 2.4.1).

6.3 Length

It is recommended that those pipe lengths are selected which best suit the installation and soil requirements.